机械制图工程手册

第二版

孙开元　郝振洁　主编

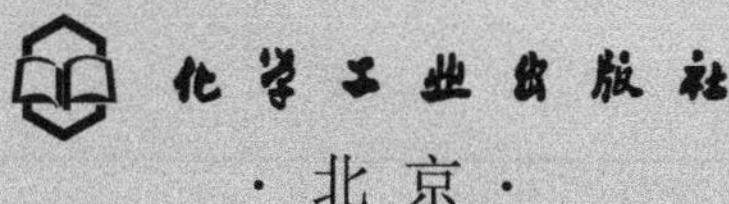

·北京·

本书以机械工程制图、识图的基本知识、基本理论、基本图形符号、基本画法和基本读法为基础，以机械工程图样实例为分析对象，全面介绍了机械工程图的画法和识读方法。机械工程图分为机械工程图样和机械工程简图，包括总图、外形图、布置图、装配图、零件图、安装图、包装图、捆绑加固图、机构运动简图、电气工程图、液压原理图、气动原理图、管路系统简图、管道图、铸件图、锻件图、钣金图、焊接图、模具图、夹紧和定位图等。

本书贯彻最新颁布的标准，全面介绍了国家标准《技术制图》和国家标准《机械制图》；摘要介绍了与机械工程制图相关的国家标准和行业标准；比较介绍了ISO、美国、日本、俄罗斯制图标准；重点介绍了零件标准结构、常用件和标准件基本知识和画法；详细介绍了有关图样管理方面的知识。全书将机械工程制图理论知识与机械工程制图应用实践有机结合，内容脉络清晰，文字通俗易懂，插图标准规范，方便读者自学。本书可供机械工程技术人员参考使用，也可作为高等学校机械类各专业师生的参考书。

图书在版编目（CIP）数据

机械制图工程手册/孙开元，郝振洁主编. —2版. —北京：化学工业出版社，2018.9（2021.1重印）

ISBN 978-7-122-32454-2

Ⅰ.①机… Ⅱ.①孙…②郝… Ⅲ.①机械制图-手册 Ⅳ.①TH126-62

中国版本图书馆CIP数据核字（2018）第135214号

责任编辑：张兴辉　金林茹　　装帧设计：王晓宇

责任校对：宋　夏

出版发行：化学工业出版社（北京市东城区青年湖南街13号　邮政编码100011）

印　　装：北京盛通商印快线网络科技有限公司

787mm×1092mm　1/16　印张45¾　字数1235千字　2021年1月北京第2版第2次印刷

购书咨询：010-64518888　　售后服务：010-64518899

网　　址：http://www.cip.com.cn

凡购买本书，如有缺损质量问题，本社销售中心负责调换。

定　　价：180.00元

前 言

机械工程图包括机械工程图样和机械工程简图。机械工程图样是以投影原理为主绘制的、能够准确表达机械工程对象特征的图样，包括机械图样、工艺图样、工序图样、安装图样、包装图样、捆绑加固图样等。机械工程简图是以图形符号为主绘制的、能够准确表达机械工程对象之间相互关系的图形，包括机构运动简图、电气简图、系统简图等。机械工程图样和简图都是指导机械加工制造、试验检验、包装运输、使用维修的重要技术文件，两者不可或缺，否则就无法完整准确地表达机械工程对象。

机械工程图是机械工程信息的重要载体，能读会画机械工程图是工程技术人员必备的基本素质。为了方便读者了解机械工程图样的画法和读法，本版在查阅大量相关标准和资料、整理诸多工程案例的基础上，调整了体系结构，更新了相关标准，增加了读图基础内容，增收了工程实例，丰富了实例分析内容，更正了第一版在文字和图例方面的疏漏和错误。本书以工程制图基本知识、基本理论、基本图形符号、基本画法和基本读法为基础，以机械工程实例为分析对象，全面介绍了机械工程图的画法和读法，内容全面详尽，具有很强的实用性。具体特点如下。

① 内容全面合理。本书以基本画法和基本读法为基础，结合机械工程实例，详细介绍了各种机械工程图的画图方法和读图方法。

② 机械工程图体系完整。机械工程图种类包括总图、外形图、布置图、装配图、零件图、安装图、包装图、捆绑加固图、机构运动简图、电气工程图、液压原理图、气动原理图、管路系统简图、管道图、铸件图、锻件图、钣金图、焊接图、模具图、夹紧和定位图等。

③ 基本图样内容全面。基本图样包括图样画法、标准件画法、常用件画法、液压基本回路画法、基本电气工程图画法等。

④ 基本图形符号种类齐全。图形符号包括机构运动简图用图形符号、电气简图用图形符号、流体传动系统及元件图形符号和回路图、管路图形符号、定位和夹紧及其装置符号、焊缝符号等。

⑤ 选编工程实例标准典型。鉴于高新技术广为渗透，机械工程日新月异，我们精筛细选了诸多工程领域的著名产品和典型设备的标准图样，作为剖析的机械工程图案例。

⑥ 理论联系实践紧密。以机械工程图实例为主体，把绘图的规则和方法、读图的技巧与步骤贯穿其中，实现理论、实践融合为一体。

⑦ 采用了全新的国家行业标准。本书采用了近 200 个标准，全面介绍了《技术制图》国家标准和《机械制图》国家标准；摘要介绍了与机械工程制图相关的国家标准和行业标准；比较介绍了 ISO、美国、日本、俄罗斯制图标准；重点介绍了零件标准结构、常用件和

标准件；详细介绍了有关图样管理方面的标准。

⑧ 附送书中所有工程图的CAD文件（dwg格式），方便读者调用。

⑨ 形式简洁明快，便于查阅。为方便读者查阅，本书在理论上取其精华、简明扼要；在文字叙述上尽量做到从略从简，使之条文化、表格化。

本书主编孙开元、郝振洁，副主编齐继东、匡小平、丁伟东、王开勇，主审李长娜、于战果。参加本书编写工作的还有：王敏、龙绵伟、孙爱丽、柴树峰、李立华、刘洁、王文照、冯晓梅、南竹芳、戴然、邵汉强、袁一、董宏国、廖苓平、韩继富、张育益、冯叔忠、汤向东、申雪静、王美丽、张大鹏、李波、孙振邦、刘宝萍、孙佳璐、孙燕、孙葳、骆素君、张宝玉、李书江、康来、吴继东、李涛、刘志刚、王洪春、陈永祥、叶罗云、柯爱萍、赵忠双、周华。

在此，对于支持和帮助本书编辑出版的单位和个人表示衷心的感谢，并向参考文献的作者致谢。限于编者的水平，书中难免存在不足之处，真诚地希望读者给予批评指正。

编者

目 录

第 3 章　正投影法理论及其基础应用 ………… 87

第 4 章　轴测图 ………… 114

第 5 章　交线、过渡线 ………… 131

第12章 总图、外形图、布置图、装配图、零件图 …… 294

第13章 安装图、包装图、捆绑加固图 …… 339

第14章 机构运动简图 …… 356

第23章　螺纹及螺纹紧固件 ………… 593

第24章　键、花键、销、挡圈、弹簧 ………… 614

第25章　传动轮、轴承、油杯 ………… 653

附录

参考文献

第 1 章　制图国家标准基本规定

1.1　制图国家标准简介

1.1.1　制图国家标准史略

1949 年，1949 年 10 月以前，国家制图标准不统一。

1951 年，政务院财经委员会颁布了 13 项“工程制图”标准。以机械制图为主，规定用第一角画法，扭转了我国机械图样中第一角和第三角画法并用的混乱状态。

1956 年，机械部发布了 21 项“机械制图”部颁标准。

1959 年，国家科学技术委员会批准发布了 19 项“机械制图”国家标准。标准对图纸的幅面、比例、图线、剖面线、图样画法、尺寸注法、标准件和通用件的画法等作了统一规定。之后，相关部门参照“机械制图”国家标准，制订了建筑、电气等行业的制图标准。

1970 年，中国科学院修订了 1959 年“机械制图”国家标准，重新发布的 7 项“机械制图”国家标准在全国试行。

1974 年，国家标准计量局在 1970 年“机械制图”国家标准的基础上进行了扩充，正式转正发布了 10 项“机械制图”国家标准。

1984 年，1984 年 7 月 11 日国家标准局批准发布了 17 项“机械制图”国家标准。距我国 1978 年重新加入 ISO 不久，所以在制订过程中，既保留了原标准的精华，又尽可能向 ISO 标准靠拢。其中，7 项标准等效采用了 ISO 标准，6 项标准修改采用了 ISO 标准。至此颁布的制图标准都是整套成批颁布，且都是强制性标准。

1989 年，1989 年“全国技术制图标准化技术委员会”成立，1996 年更名为“全国技术产品文件标准化技术委员会”。其全称为“中国标准化管理委员会/技术产品文件标准化技术委员会”，英文缩写为“SAC/TC146”，挂靠在“机械科学研究总院”，主管中国的“技术产品文件标准化”工作，并与相关部门一起，连续地制订和修订了一大批技术产品文件国家标准。1988 年之后颁布的制图标准基本上都是推荐性标准。

1.1.2　制图国家标准体系

现行国家制图标准体系分成四个部分：

《技术产品文件标准汇编　技术制图卷》，将各类制图（如机械制图、建筑制图、化工制图、电气工程制图、园林制图、道路工程制图、铁路工程制图、地质工程制图、水利水电工程制图、飞机制图、供热工程制图、电信工程制图、家具制图、服装制图等）中共性的基础内容统一起来制订了国家标准，比专业制图标准高一个层次；

《技术产品文件标准汇编　××制图卷》，专业或行业制图标准，例如《技术产品文件标准汇编　机械制图卷》；

《技术产品文件标准汇编　CAD 制图卷》；

《技术产品文件标准汇编　CAD 文件管理卷》。

1.1.3　制图国家标准与国际标准关系

等同采用。制图国家标准与国际标准在技术内容和文本结构上完全相同，或含小的编辑性修改。

等效采用。制图国家标准与国际标准在技术内容上完全相同，在文本结构上或编排形式上有所变动。

修改采用。制图国家标准与国际标准存在技术性差异，同时对技术性差异清楚地表明并给出解释。

非等效采用。制图国家标准与国际标准在技术内容和文本结构上不同，不采用国际标准。

1.1.4 本手册采用的标准及国家标准与国际标准之间的关系

本手册采用的国家标准、国内行业标准、国际标准和外国标准，以及国家标准与国际标准之间的关系见表 1-1。

表 1-1 本手册采用的标准以及国家标准与国际标准之间的关系

国家标准《技术制图》		
序号	标准代号及名称	标准说明
1	GB/T 4457.2—2003《技术制图 图样画法 指引线和基准线的基本规定》	等同采用 ISO 128-22:1999《技术制图 通用规则 指引线和参考线的基本规定与应用》
2	GB/T 4656—2008《技术制图 棒料、型材及其断面的简化表示法》	等同采用 ISO 5261:1995《技术制图 棒料、型材及其断面的简化表示法》
3	GB/T 6567.1—2008《技术制图 管路系统的图形符号 基本原则》	
4	GB/T 6567.2—2008《技术制图 管路系统的图形符号 管路》	
5	GB/T 6567.3—2008《技术制图 管路系统的图形符号 管件》	
6	GB/T 6567.4—2008《技术制图 管路系统的图形符号 阀门和控制元件》	
7	GB/T 6567.5—2008《技术制图 管路系统的图形符号 管路、管件和阀门等图形符号的轴测图画法》	
8	GB/T 10609.1—2008《技术制图 标题栏》	
9	GB/T 10609.2—2009《技术制图 明细栏》	修改采用 ISO 7573:1983《技术制图 明细表》
10	GB/T 10609.3—2009《技术制图 复制图的折叠方法》	
11	GB/T 12212—2012《技术制图 焊缝符号的尺寸、比例及简化画法》	与 GB/T 324《焊缝符号表示法》配套使用
12	GB/T 13361—2012《技术制图 通用术语》	
13	GB/T 14689—2008《技术制图 图纸幅面和格式》	修改采用 ISO 5457:1999《技术制图 图纸幅面和格式》
14	GB/T 14690—1993《技术制图 比例》	等效采用 ISO 5455:1979《技术制图 比例》

续表

国家标准《技术制图》		
序号	标准代号及名称	标准说明
15	GB/T 14691—1993《技术制图　字体》	等效采用 ISO 3098/1:1974《技术制图　字体　第 1 部分:常用字母》和 ISO 3098/2:1984《技术制图　字体　第 2 部分:希腊字母》
16	GB/T 14692—2008《技术制图　投影法》	
17	GB/T 15754—1995《技术制图　圆锥的尺寸和公差注法》	等效采用 ISO 3040:1990《技术制图　尺寸和公差注法　圆锥》
18	GB/T 16675.1—1996《技术制图　简化表示法　第 1 部分:图样画法》	
19	GB/T 16675.2—2012《技术制图　简化表示法　第 2 部分:尺寸注法》	
20	GB/T 17450—1998《技术制图　图线》	等同采用 ISO 128-20:1996《技术制图　画法通则　第 20 部分:图线的基本规定》
21	GB/T 17451—1998《技术制图　图样画法　视图》	修改采用 ISO/DIS 11947-1:1995《技术制图　视图、断面图和剖视图　第 1 部分:视图》
22	GB/T 17452—1998《技术制图　图样画法　剖视图和断面图》	等效采用 ISO/DIS 11947-2:1995《技术制图　视图、断面图和剖视图　第 2 部分:断面图和剖视图》
23	GB/T 17453—2005《技术制图　图样画法　剖面区域的表示法》	等同采用 ISO 128-50:2001《技术制图　图样画法　剖面与截面区域表示的一般要求》
24	GB/T 19096—2003《技术制图　图样画法　未定义形状边的术语和注法》	等同采用 ISO 13715:2000《技术制图　未定义形状边刃用语与特征》
25	GB/T 24741.1—2009《技术制图　紧固组合的简化表示法　第 1 部分:一般原则》	等同采用 ISO 5845-1:1995《技术制图　紧固组合的简化表示法　第 1 部分:一般原则》
国家标准《机械制图》		
26	GB/T 4457.4—2002《机械制图　图样画法　图线》	修改采用 ISO 128-24:1999《技术制图　图样画法　机械工程制图用图线》
27	GB/T 4457.5—2013《机械制图　剖面区域的表示法》	非等效采用国际标准
28	GB/T 4458.1—2002《机械制图　图样画法　视图》	修改采用 ISO 128-34:1999《技术制图　图样画法　机械工程制图用视图》
29	GB/T 4458.2—2003《机械制图　图样画法　装配图中零、部件序号及其编排方法》	
30	GB/T 4458.3—2013《机械制图　轴测图》	非等效采用国际标准
31	GB/T 4458.4—2003《机械制图　尺寸注法》	
32	GB/T 4458.5—2003《机械制图　尺寸公差与配合注法》	等效采用 ISO 406:1982《工程制图　直线尺寸与角度的公差注法》和等同采用 ISO 5458:1998《产品几何量技术规范(GPS)　几何公差　位置度公差注法》

续表

国家标准《机械制图》		
序号	标准代号及名称	标准说明
33	GB/T 4458.6—2002《机械制图　图样画法　剖视图和断面图》	修改采用 ISO 128-44:2001《技术制图　图样画法　机械工程制图用剖视图和断面图》
34	GB/T 4459.1—1995《机械制图　螺纹及螺纹紧固件表示法》	等效采用 ISO 6401:1993《技术制图　螺纹和螺纹件的表示法》
35	GB/T 4459.2—2003《机械制图　齿轮表示法》	修改采用 ISO 2203:1973《齿轮的规定画法》
36	GB/T 4459.3—2000《机械制图　花键表示法》	
37	GB/T 4459.4—2003《机械制图　弹簧表示法》	修改采用 ISO 2162:1973《弹簧表示法》
38	GB/T 4459.5—1999《机械制图　中心孔表示法》	等效采用 ISO 6411:1982《技术制图　中心孔表示法》
39	GB/T 4459.6—1996《机械制图　动密封圈表示法》	等效采用 ISO 9222-1:1989《技术制图　动密封圈　第 1 部分:通用的简化表示法》和 ISO 9222-2:1989《技术制图　动密封圈　第 2 部分:细致的简化表示法》
40	GB/T 4459.7—1998《机械制图　滚动轴承表示法》	等效采用 ISO 8826-1:1989《技术制图　滚动轴承　第 1 部分:通用的简化表示法》和 ISO 8826-2:1994《技术制图　滚动轴承　第 2 部分:细致的简化表示法》
41	GB/T 4460—2013《机械制图　机构运动简图用图形符号》	非等效采用 ISO 3952-4:1997《运动学简易表示法　第 4 部分:复杂机构及其部件》
其他国家标准		
42	GB/T 3—1997《普通螺纹收尾、肩距、退刀槽和倒角》	等效采用了 ISO 3508:1976《普通螺纹紧固件的收尾》和 ISO 4755:1983《紧固件　ISO 米制外螺纹的螺纹退刀槽》
43	GB/T 65—2000《开槽圆柱头螺钉》	等效采用 ISO 1207:1992《开槽圆柱头螺钉　产品等级 A 级》
44	GB/T 67—2016《开槽盘头螺钉》	等效采用 ISO 1580:1994《开槽盘头螺钉　产品等级 A 级》
45	GB/T 68—2000《开槽沉头螺钉》	等效采用 ISO 2009:1994《开槽沉头螺钉(通用头型)　产品等级 A 级》
46	GB/T 71—1985《开槽锥端紧定螺钉》	等效采用 ISO 7434:1983《开槽锥端紧定螺钉》
47	GB/T 75—1985《开槽长圆柱端紧定螺钉》	等效采用 ISO 7435:1983《开槽长圆柱端紧定螺钉》
48	GB/T 91—2000《开口销》	等效采用 ISO 1234:1997《开口销》
49	GB/T 93—1987《标准型弹簧垫圈》	
50	GB/T 95—2002《平垫圈　C 级》	等效采用 ISO 7091:2000《平垫圈　标准系列产品等级 C 级》
51	GB/T 97.1—2002《平垫圈　A 级》	等效采用 ISO 7089:2000《平垫圈　标准系列产品等级 A 级》
52	GB/T 97.2—2002《平垫圈　倒角型　A 级》	等效采用 ISO 7090:2000《平垫圈、倒角　标准系列　产品等级 A 级》
53	GB/T 117—2000《圆锥销》	等效采用 ISO 2339:1986《圆锥销不淬硬》
54	GB/T 119.1—2000《圆柱销　不淬硬钢和奥氏体不锈钢》	等效采用 ISO 2338:1997《圆柱销　不淬硬钢和奥氏体不锈钢》

续表

其他国家标准		
序号	标准代号及名称	标准说明
55	GB/T 131—2006《产品几何技术规范(GPS)　技术产品文件中表面结构的表示法》	等同采用 ISO 1302:2002《产品几何技术规范(GPS)　技术产品文件中表面结构的表示法》
56	GB/T 193—2003《普通螺纹　直径与螺距系列》	修改采用 ISO 261:1998《ISO 一般用途米制螺纹—直径与螺距系列》
57	GB/T 196—2003《普通螺纹　基本尺寸》	修改采用 ISO 724:1993《ISO 一般用途米制螺纹　基本尺寸》和 ISO 4755:1983《紧固件　ISO 米制外螺纹的螺纹退刀槽》
58	GB/T 324—2008《焊缝符号表示法》	修改采用 ISO 2553:1992《焊接、硬钎焊及软钎焊接头　在图样上的符号表示法》
59	GB/T 145—2001《中心孔》	A 型中心孔等同采用国际标准 ISO 866:1975《不带护锥的中心钻　A 型》附录中 A 型中心孔的型式和尺寸，B 型中心孔等同采用国际标准 ISO 2540:1973《带护锥的中心钻　B 型》附录中 B 型中心孔的型式和尺寸，R 型中心孔等同采用国际标准 ISO 2541:1972《弧形中心钻　R 型》附录中 R 型中心孔的型式和尺寸。C 型中心孔等同采用德国标准 DIN 332/2—1970《电机转子用带螺纹的 60 中心孔》
60	GB/T 158—1996《机床工作台　T 形槽和相应螺栓》	等效采用国际标准 ISO 299:1987《机床工作台　T 形槽和相应的螺栓》
61	GB/T 786.1—2009《流体传动系统及元件图形符号和回路图　第 1 部分:用于常规用途和数据处理的图形符号》	等同采用 ISO 1219-1:2006《流体传动系统及元件图形符号和回路图　第 1 部分:用于常规用途和数据处理的图形符号》
62	GB/T893—2017《孔用弹簧挡圈》	
63	GB/T894—2017《轴用弹簧挡圈》	
64	GB/T 897—1988《双头螺柱　螺柱 $b_m=1d$》	
65	GB/T 898—1988《双头螺柱　螺柱 $b_m=1.25d$》	
66	GB/T 899—1988《双头螺柱　螺柱 $b_m=1.5d$》	
67	GB/T 900—1988《双头螺柱　螺柱 $b_m=2d$》	
68	GB/T 1096—2003《普通型　平键》	修改采用 ASME B18.25.1M—1996《矩形和长方形键与键槽》
69	GB/T 1099—2003《普通型　半圆键》	修改采用 ASME B18.25.2M—1996《半圆键和键槽》
70	GB/T1182—2008《产品几何技术规范(GPS)　几何公差　形状、方向、位置和跳动公差标注》	等同采用 ISO 1101:2004《产品几何技术规范(GPS)　几何公差　形状、方向、位置和跳动公差标注》
71	GB/T 1184—1996《形状和位置公差　未注公差值》	等效采用 ISO 2768-2:1989《一般几何公差　第 2 部分:未注几何公差》

续表

其他国家标准		
序号	标准代号及名称	标准说明
72	GB/T 1239.6—2009《圆柱螺旋弹簧设计计算》	
73	GB/T1357—2008《通用机械和重型机械用圆柱齿轮　模数》	等同采用 ISO 54:1996《通用机械和重机械用圆柱齿轮　模数》
74	GB/T1565—2003《钩头型　楔键》	
75	GB/T 1800.1—2009《产品几何技术规范(GPS)　极限与配合　第1部分:公差、偏差和配合的基础》	修改采用 ISO 286-1:1988《极限与配合　第1部分:公差、偏差和配合的基础》
76	GB/T 1800.2—2009《产品几何技术规范(GPS)　极限与配合　第2部分:标准公差等级和孔、轴的极限偏差表》	修改采用 ISO 286-2:1988《极限与配合　第2部分:标准公差等级和孔、轴的极限偏差表》
77	GB/T 1801—2009《产品几何技术规范(GPS)　极限与配合　公差带和配合的选择》	修改采用 ISO 1829:1975《一般用途公差带的选择》
78	GB/T 1803—2003《极限与配合　尺寸至18mm孔、轴公差带》	
79	GB/T 1804—2000《一般公差　未注公差的线性和角度尺寸的公差》	等效采用 ISO 2768-1:1989(E)《一般公差　第1部分:未单独注出公差的线性和角度尺寸的公差》
80	GB/T 1805—2001《弹簧术语》	
81	GB/T3505—2009《产品几何规范(GPS)　表面结构　轮廓法　术语、定义及表面结构参数》	等效采用 ISO 4287:1997《产品几何规范(GPS)　表面结构　轮廓法　术语、定义及表面结构参数》
82	GB/T 4728.1—2005《电气简图用图形符号　第1部分:一般要求》	等同采用 IEC 60617 database《电气简图用图形符号》数据库标准(IEC 60617_Snapshot_2007-08-03)
83	GB/T 4728.2—2005《电气简图用图形符号　第2部分:符号要素、限定符号和其他常用符号》	等同采用 IEC 60617 database《电气简图用图形符号》数据库标准(IEC 60617_Snapshot_2007-08-03)
84	GB/T 4728.3—2005《电气简图用图形符号　第3部分:导体和连接件》	等同采用 IEC 60617 database《电气简图用图形符号》数据库标准(IEC 60617_Snapshot_2007-08-03)
85	GB/T 4728.4—2005《电气简图用图形符号　第4部分:基本无源元件》	等同采用 IEC 60617 database《电气简图用图形符号》数据库标准(IEC 60617_Snapshot_2007-08-03)
86	GB/T 4728.5—2005《电气简图用图形符号　第5部分:半导体管和电子管》	等同采用 IEC 60617 database《电气简图用图形符号》数据库标准(IEC 60617_Snapshot_2007-08-03)
87	GB/T 4728.6—2008《电气简图用图形符号　第6部分:电能的发生与转换》	等同采用 IEC 60617 database《电气简图用图形符号》数据库标准(IEC 60617_Snapshot_2007-08-03)
88	GB/T 4728.7—2008《电气简图用图形符号　第7部分:开关、控制和保护器件》	等同采用 IEC 60617 database《电气简图用图形符号》数据库标准(IEC 60617_Snapshot_2007-08-03)
89	GB/T 4728.8—2008《电气简图用图形符号　第8部分:测量仪表、灯和信号器件》	等同采用 IEC 60617 database《电气简图用图形符号》数据库标准(IEC 60617_Snapshot_2007-08-03)
90	GB/T 4728.9—2008《电气简图用图形符号　第9部分:电信:交换和外围设备》	等同采用 IEC 60617 database《电气简图用图形符号》数据库标准(IEC 60617_Snapshot_2007-08-03)

续表

其他国家标准		
序号	标准代号及名称	标准说明
91	GB/T 4728.10—2008《电气简图用图形符号　第 10 部分:电信:传输》	等同采用 IEC 60617 database《电气简图用图形符号》数据库标准(IEC 60617_Snapshot_2007-08-03)
92	GB/T 5782—2000《六角头螺栓》	等效采用 ISO 4014:1999《六角头螺栓　产品等级 A 和 B 级》
93	GB/T 5783—2000《六角头螺栓　全螺纹》	等效采用 ISO 4017:1999《六角头螺钉　产品等级 A 和 B 级》
94	GB/T 5796.1—2005《梯形螺纹　第 1 部分:牙型》	修改采用 ISO 2901:1993《ISO 米制梯形螺纹　基本牙型和最大实体牙型》
95	GB/T 5796.2—2005《梯形螺纹　第 2 部分:直径与螺距系列》	修改采用 ISO 2902:1977《ISO 米制梯形螺纹　直径与螺距系列》
96	GB/T 5796.3—2005《梯形螺纹　第 3 部分:基本尺寸》	修改采用 ISO 2904:1977《ISO 米制梯形螺纹　基本尺寸》
97	GB/T 6170—2000《1 型六角螺母》	等效采用 ISO 4032:1999《六角螺母、1 型　产品等级 A 和 B 级》
98	GB /T 6172.1—2016《六角薄螺母》	等效采用 ISO 4035:1999《六角薄螺母(倒角)　产品等级 A 和 B 级》
99	GB/T 6175—2000《2 型六角螺母》	等效采用 ISO 4033:1999《六角螺母、2 型　产品等级 A 和 B 级》
100	GB/T 6403.4—2008《零件倒圆与倒角》	
101	GB/T 6403.5—2008《砂轮越程槽》	
102	GB/T 6414—1999《铸件　尺寸公差与机械加工余量》	等效采用 ISO 8062:1994《铸件　尺寸公差与机械加工余量体系》
103	GB/T 7408—2005《数据元和交换格式　信息交换　日期和时间表示法》	等同采用 ISO 8601:2000《数据元和交换格式　信息交换　日期和时间表示法》
104	GB/T 10088—1988《圆柱蜗杆、蜗轮》	
105	GB/T 13385—2008《包装图样要求》	
106	GB/T 14665—2012《机械工程 CAD 制图规则》	
107	GB/T 18618—2002《产品几何量技术规范(GPS)　表面结构轮廓法　图形参数》	等效采用 ISO 12085:1996《产品几何量技术规范(GPS)　表面结构　轮廓法　图形参数》
108	GB/T 18778.1—2002《产品几何量技术规范(GPS)　表面结构　轮廓法　具有复合加工特征的表面　第 1 部分:滤波和一般测量条件》	等效采用 ISO 13565-1:1996《产品几何技术规范(GPS)　表面结构　轮廓法:具有复合加工特征的表面　第 1 部分:滤波和一般测量条件》
109	GB/T 18778.2—2003《产品几何量技术规范(GPS)　表面结构　轮廓法　具有复合加工特征的表面　第 2 部分:用线性化的支承率曲线表征高度特性》	等同采用 ISO 13565-2:1996《产品几何量技术规范(GPS)　表面结构　轮廓法　具有复合加工特征的表面　第 2 部分:用线性化的支承率曲线表征高度特性》
110	GB/T 18778.3—2006《产品几何量技术规范(GPS)　表面结构　轮廓法　具有复合加工特征的表面　第 3 部分:用材料概率曲线表征高度特性》	等同采用 ISO 13565-3:1996《产品几何量技术规范(GPS)　表面结构　轮廓法　具有复合加工特征的表面　第 3 部分:用材料概率曲线表征高度特性》

续表

行业标准	
序号	标准代号及名称
111	JB/T 2560—2007《整体有衬正滑动轴承座　型式与尺寸》
112	JB/T 2560—2007《对开式二螺柱正滑动轴承座　型式与尺寸》
113	JB/T 2560—2007《对开式四螺柱正滑动轴承座　型式与尺寸》
114	JB/T 2560—2007《对开式四螺柱斜滑动轴承座　型式与尺寸》
115	JB/T5105—1991《铸件模样　起模斜度》
116	JB/T 5054.1—2000《产品图样及设计文件　总则》
117	JB/T 5054.2—2000《产品图样及设计文件　图样的基本要求》
118	JB/T 5054.3—2000《产品图样及设计文件　格式》
119	JB/T 5054.4—2000《产品图样及设计文件　编号原则》
120	JB/T 5054.5—2000《产品图样及设计文件　完整性》
121	JB/T 5054.6—2000《产品图样及设计文件　更改办法》
122	JB/T 5054.7—2001《产品图样及设计文件　标准化审查》
123	JB/T 5054.8—2001《产品图样及设计文件　通用件管理办法》
124	JB/T 5054.9—2001《产品图样及设计文件　借用件管理办法》
125	JB/T 5054.10—2001《产品图样及设计文件　管理规则》
126	JB/T 5061—2006《机械加工定位、夹紧符号》
127	JB/T 5105—1991《铸件模样　起模斜度》
128	JB/T 7940.1—1995《直通式压注油杯》
129	JB/T 7940.2—1995《接头式压注油杯》
130	JB/T 7940.3—1995《旋盖式油杯》
131	JB/T 7940.4—1995《压配式压注油杯》
132	JB/ZQ 4450—2006《外六角螺塞》
133	JB/ZQ 4606—1997《毡圈油封形式及尺寸》
134	SJ/T 207.7—2001《设计文件管理制度　第 7 部分：电气简图的编制》
采用的国际制图标准	
135	ISO 128-1：2003(E)《Technical drawings—General principles of presentation—Part 1：Introduction and index》
136	ISO 128-20：2002(E)《Technical drawings—General principles of presentation—Part 20：Basic conventions for lines》
137	ISO 128-21：1997(E)《Technical drawings—General principles of presentation—Part 21：preparation of lines by CAD systems》

续表

采用的国际制图标准	
序号	标准代号及名称
138	ISO 128-22:1999(E)《Technical drawings—General principles of presentation—Part 22:Basic conventions and applications for leader lines and reference lines》
139	ISO 128-23:1999(E)《Technical drawings—General principles of presentation—Part 23:lines on construction drawings》
140	ISO 128-24:1999(E)《Technical drawings—General principles of presentation—Part 24:Lines on mechanical engineering drawings》
141	ISO 128-30:1999(E)《Technical drawings—General principles of presentation—Part 30:Basic conventions for views》
142	ISO 128-34:2001(E)《Technical drawings—General principles of presentation—Part 34:Views on mechanical engineering drawings》
143	ISO 128-40:2001(E)《Technical drawings—General principles of presentation—Part 40:Basic conventions for cuts and sections》
144	ISO 128-44:2001(E)《Technical drawings—General principles of presentation—Part 44:Sections on mechanical engineering drawings》
145	ISO 128-50:2001(E)《Technical drawings—General principles of presentation—Part 50:Basic conventions for representing areas on cuts and sections》
146	ISO 129:1985《Technical drawings—Dimensioning—General principles,definitions,methods of execution and special indications》
147	ISO 406:1987《Technical drawings—Tolerancing of linear and angular dimensions》
148	ISO 1660:1987《Technical drawings—Dimensioning and tolerancing of profiles》
149	ISO 2203:1973《Technical drawings—Conventional representation of gears》
150	ISO 3040:1990《Technical drawings—Dimensioning and tolerancing—Cones》
151	ISO 5261:1995《Technical drawings—Simplified representation of bars and profile sections》
152	ISO 5456-1:1996《Technical drawings—Projection methods—Part 1:Synopsis》
153	ISO 5456-2:1996《Technical drawings—Projection methods—Part 2:Orthographic representations》
154	ISO 5456-3:1996《Technical drawings—Projection methods—Part 3:Axonometric representations》
155	ISO 5456-4:1996《Technical drawings—Projection methods—Part 4:Central projection》
156	ISO 6410-1:1993《Technical drawings—Screw threads and threaded parts—Part 1:General conventions》
157	ISO 6433:1981《Technical drawings—Item references》
158	ISO 7200:1984《Technical drawings—Title blocks》
159	ISO 8826-1:1989《Technical drawings—Rolling bearings—Part 1:General simplified representation》
160	ISO 8826-2:1994《Technical drawings—Rolling bearings—Part 2:Detailed simplified representation》
161	ISO 10135:1994《Technical drawings—Simplified representation of moulded,cast and forged parts》
162	ISO 10578:1992《Technical drawings—Tolerancing of orientation and location—Projected tolerance zone》
163	ISO 15786:2008《Technical drawings—Simplified representation and dimensioning of holes》

续表

采用的外国制图标准	
序号	标准代号及名称
164	ASME Y14.1—2012《Decimal Inch Drawing Sheet Size and Format》
165	ASME Y14.1M—2005《Metric Drawing Sheet Size and Format》
166	ASME Y14.2—2008《Line Conventions and Lettering》
167	ASME Y14.3—2012《Orthographic and Pictorial Views》
168	ASME Y14.4—1989(R2004)《Pictorial Drawings》
169	ASME Y14.5—2009《Dimensioning and Tolerancing》
170	ASME Y14.5.1M—1994(2004)《Mathematical Definition of Dimensioning and Tolerancing Principles》
171	ASME Y14.6—2001《Screw Thread Representation》
172	ASME Y14.7.1—1971(R2003)《Gear Drawing Standards—Part1 for Spur Helical,Double Helical and Rack》
173	ASME Y14.13M—1981(R2003)《Mechanical Spring Representation》
174	ASME Y14.24—1999(R2004)《Types and Applications of Engineering Drawings》
175	ASME Y14.100—2004《Engineering Drawing Practices》
176	BS EN ISO 5455:1995,BS 308-1.4:1995《Technical drawings—Scales》
177	BS EN ISO 5457:1999,BS 3429:1984《Technical product documentation—Sizes and layout of drawing sheets》
178	JIS B 0001:2010《Technical drawings for Mechanical Engineering》
179	JIS B 0002:1982《Drawings Office Practice for Screw Threads》
180	JIS B 0003:1989《Drawings Office Practice for Gears》

1.2 图纸幅面和格式

1.2.1 图纸幅面

根据 GB/T 14689—2008《技术制图 图纸幅面和格式》的规定，绘制技术图样时，优先采用表 1-2 所规定的基本幅面，如图 1-1 粗实线所示。

表 1-2 图纸基本幅面尺寸（第一选择） mm

幅面代号	A0	A1	A2	A3	A4
尺寸 $B\times L$	841×1189	594×841	420×594	297×420	210×297

1.2.2 图纸的加长幅面

必要时，也允许选用表 1-3 所规定的加长幅面，如图 1-1 中细实线所示。表 1-3 所列幅面为第二选择幅面。

表 1-3 图纸加长幅面尺寸（第二选择） mm

幅面代号	A3×3	A3×4	A4×3	A4×4	A4×5
尺寸 $B\times L$	420×891	420×1189	297×630	297×841	297×1051

还允许选择表 1-4 所规定的加长幅面，如图 1-1 中虚线所示。表 1-4 所列幅面为第三选择幅面。

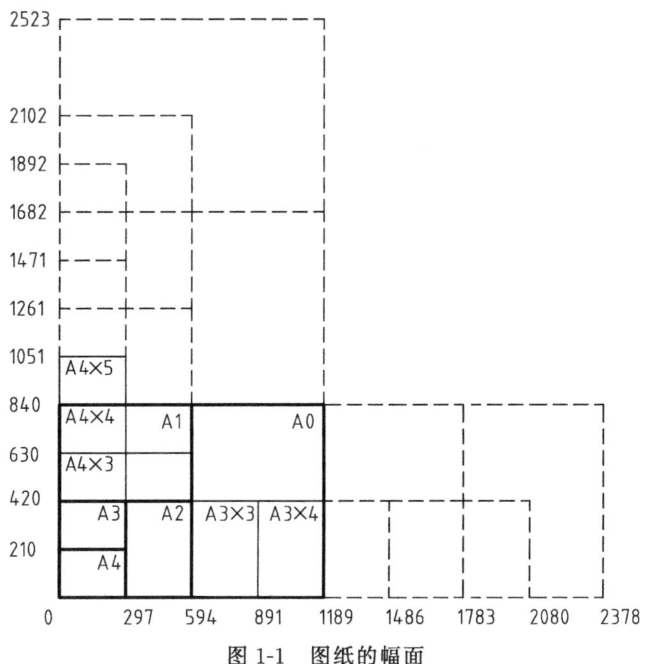

图 1-1　图纸的幅面

表 1-4　图纸加长幅面尺寸（第三选择）　mm

幅面代号	A0×2	A0×3	A1×3	A1×4	A2×3
尺寸 $B\times L$	1189×1682	1189×2523	841×1783	841×2378	594×1261
幅面代号	A2×4	A2×5	A3×5	A3×6	A3×7
尺寸 $B\times L$	594×1682	594×2102	420×1486	420×1783	420×2080
幅面代号	A4×6	A4×7	A4×8	A4×9	
尺寸 $B\times L$	297×1261	297×1471	297×1682	297×1892	

表 1-3 和表 1-4 所列的幅面尺寸是由基本幅面的短边成整数倍增后得出的。

1.2.3　图框格式及标题栏位置

（1）图框格式

图框格式分为不留装订边和留装订边两种。同一种产品应采用同一种图框格式。图框线用粗实线绘制。

不留装订边的图框格式如图 1-2 所示，尺寸规定见表 1-5。

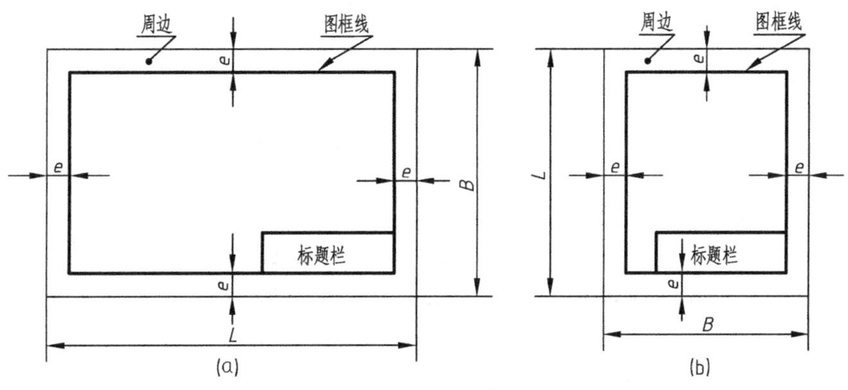

图 1-2　不留装订边

留有装订边的图框格式如图 1-3 所示，尺寸规定见表 1-5。

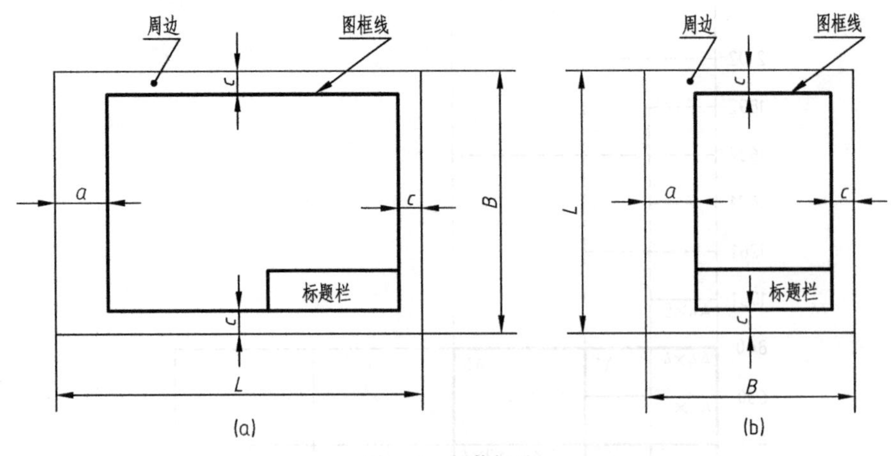

图 1-3 留装订边

表 1-5 图框尺寸 mm

幅面代号	A0	A1	A2	A3	A4
幅面尺寸 $B\times L$	841×1189	594×841	420×594	297×420	210×297
e	20		10		
c	10			5	
a	25				

加长幅面的图框尺寸，按所选用的基本幅面大一号的图框尺寸确定。例如 A2×3 的图框，按 A1 的图框尺寸绘制；例如 A3×4 的图框，按 A2 的图框尺寸绘制。

(2) 标题栏位置

每张图纸上都必须绘制标题栏。标题栏位于图纸的右下角。标题栏的格式和尺寸按 GB/T 10609.1—2008 的规定绘制。当标题栏的长边为水平方向，并且与图纸长边平行时，构成 X 型图纸，如图 1-2(a) 及图 1-3(a) 所示。当标题栏长边与图纸长边垂直时，构成 Y 型图纸，如图 1-2(b) 及图 1-3(b) 所示。上述两种情况，看图的方向与看标题栏方向一致。

为了利用预先印制好的图纸，允许将 X 型图纸的短边和 Y 型图纸的长边放成水平位置使用。但需要明确看图方向，此时应在图纸的下边对中符号处画出方向符号，如图 1-4 所示。方向符号用细实线绘制成等边三角形，如图 1-5 所示。

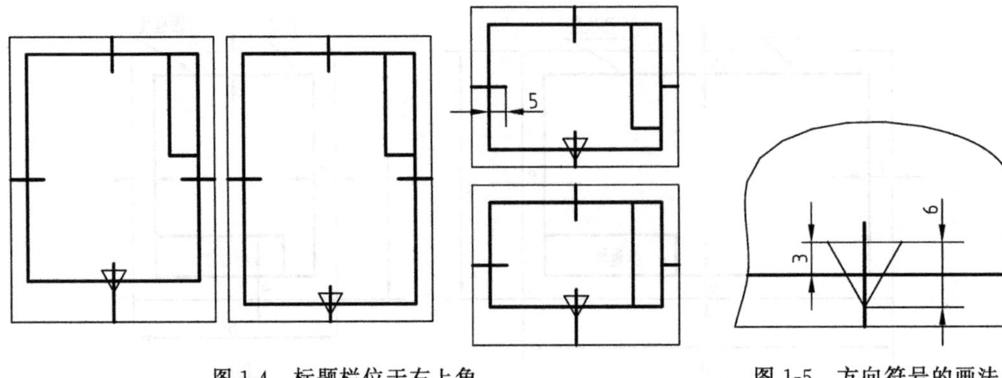

图 1-4 标题栏位于右上角

图 1-5 方向符号的画法

1.2.4　对中符号

为了使图样复制和缩微摄影时定位方便，对表 1-2（第一选择）和表 1-3（第二选择）所列各种型号图纸，均应在图纸各边长的中点处分别画出对中符号。

对中符号用粗实线绘制，线宽不小于 0.5mm，长度从纸边界开始至伸入图框内 5mm，如图 1-4 所示。

对中符号的位置误差应不大于 0.5mm；当对中符号处于标题栏范围时，深入标题栏部分省略不画，见图 1-4。

1.2.5　图幅分区

为了便于查找复杂图样的局部，可以用细实线在图纸周边内画出分区，见图 1-6。

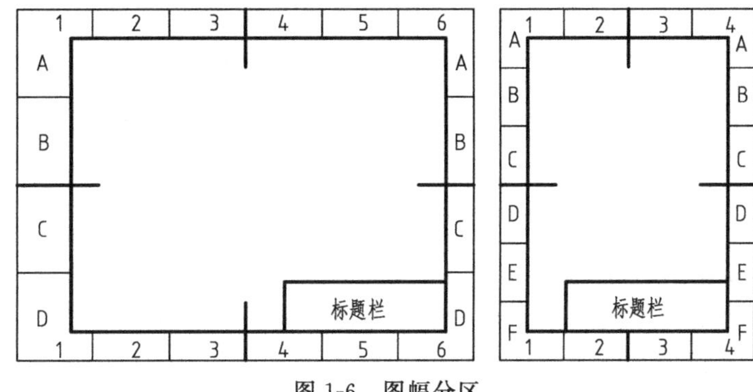

图 1-6　图幅分区

每一分区的长度应在 25mm～75mm 之间选定，分区的数目必须是偶数。分区编号，依看图方向为准，上下方向用大写拉丁字母由上至下顺序编写；沿水平方向用阿拉伯数字从左至右顺序编写，左右编号必须对应一致，上下编号必须对应一致。

当分区超过 26 个字母的总数时，超过的各区用双字母（AA、BB、CC……）依次编写。

当分区代号合成时，字母在前，数字在后，如 A2、B3 等。若需要同时注图形名称时，图形名称在前，中间空一个字的宽度，例如“A—A　B3”。

1.2.6　剪切符号

为使复制图样时便于自动剪切，可在供复制用的底图的四个角上分别画出剪切符号。

剪切符号可采用直角边边长为 10mm 的黑色等腰三角形，见图 1-7(a)，当这种符号不适合在某些自动切纸机上使用时，也可以将剪切符号画成两条粗线段，线段的线宽为 2mm，线段长为 10mm，见图 1-7(b)。

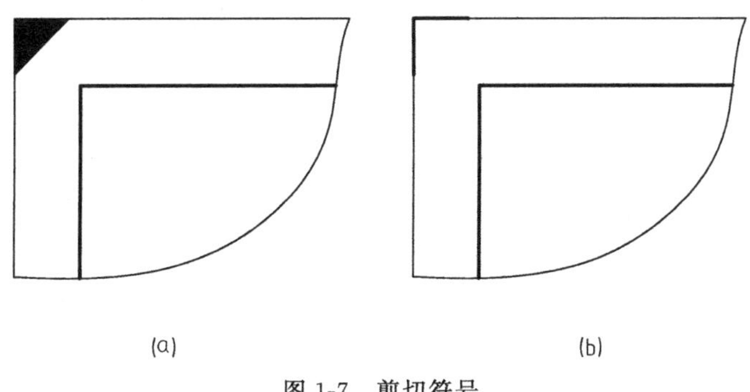

(a)　(b)

图 1-7　剪切符号

1.2.7 投影符号

在 GB/T 14692—2008《技术制图 投影法》中，规定了投影符号的画法。

第一角画法的投影识别符号，如图 1-8(a) 所示。第三角画法的投影识别符号，如图 1-8(b) 所示。

投影符号中的线型用粗实线和细点画线绘制，其中粗实线的线宽不小于 0.5mm。投影符号一般放置在标题栏中名称及代号区的下方。

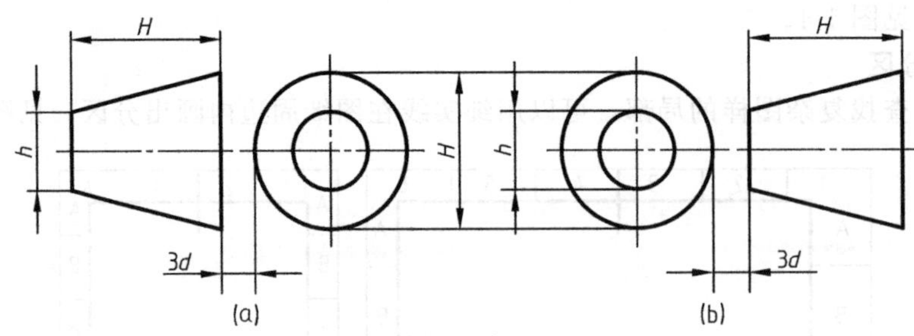

图 1-8 投影识别符号

1.2.8 米制参考分度

对于用作缩微摄影的原件，可在图纸的下边设置不注尺寸数字的米制参考分度，用以识别缩微摄影的放大或缩小的倍率。

米制参考分度用粗实线绘制，线宽不小于 0.5mm，总长为 100mm，等分 10 格，格高为 5mm，对称地配置在图纸下边的对中符号两侧，图 1-9(a) 周边宽度为 5mm，图 1-9(b) 周边宽度为 10mm。

当同时采用米制参考分度与图幅分区时，绘制米制参考分度的区域省略图幅分区。

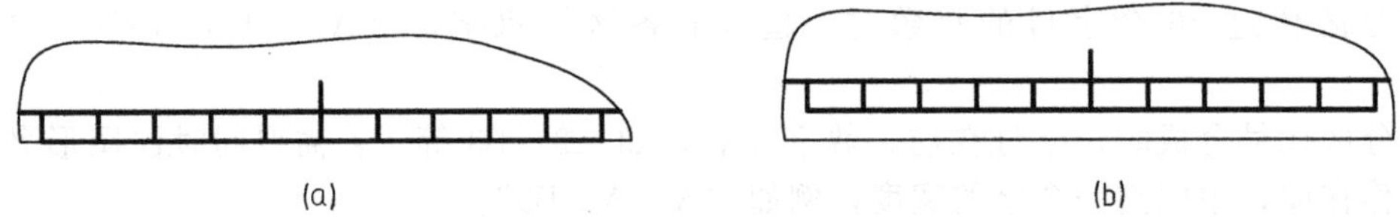

图 1-9 米制参考分度

1.2.9 图纸幅面和格式国外标准简介

ISO、美国、俄罗斯、日本在制图标准中规定的图纸幅面及格式见表 1-6。

表 1-6 幅面代号及尺寸

制图标准	ISO 5457:2010	美国 ANSI Y14.1—2012	俄罗斯 CT СЭВ 140—78	日本 JIS B0001—2010
幅面代号及尺寸	A 系列有五种代号，即 A0～A4，其中 A0 尺寸为 841×1189。 专门加长的尺寸系列：A3×3、A3×4、A4×3、A4×4、A4×5，其中 A3×3 的尺寸为 420×891。 特殊加长的尺寸系列：A0×2、A0×3、A1×3、A1×4、A2×3、A2×4、A2×5、A3×5、A3×6、A3×7、A4×6、A4×7、A4×8、A4×9	平式纸有 A、B、C、D、E、F 六种代号，其尺寸单位为 in： A:8.5×11； B:11×17； C:17×22； D:22×34； E:34×44； F:28×40。 卷式纸有四种： G:宽 11； H:宽 28； J:宽 34； K:宽 40	一般有五种代号，即 A0～A4，必要时可采用 A5。 也可采用加长幅面，按 A4 号纸的 210 或 297 的长成整数倍增加	有五种代号，即 A0～A4，A0 幅面为 841×1189。 另有加长系列，加长方法与 ISO 相同

续表

制图标准	ISO 5457:2010	美国 ANSI Y14.1—2012	俄罗斯 CT CЭB 140—78	日本 JIS B0001—2010
图框尺寸	不需要装订时，对 A0、A1 各边留 20；对 A2、A3、A4 各边留 10。 需要装订时，各种图幅的装订边一律为 20，其他三边与不装订时相同	图框留的边宽随图纸的不同而变化，如 A 号图纸，在长边上留 0.38in，在短边上留 0.25in	装订边为 20	需要装订时，装订边为 25，其他边 A0、A1 为 20，A2～A4 为 10。 不需要装订时，四边 A0、A1 为 20，A2～A4 为 10

注：表中尺寸单位，除美国标准为英寸（in）外，其他均为 mm。

1.3　标题栏

GB/T 10609.1—2008《技术制图　标题栏》对标题栏的内容和格式作了规定。

1.3.1　标题栏的基本要求

每张技术图样中均应画出标题栏，而且其位置配置、线型、字体等都要遵守相应的制图国家标准。

标题栏中日期“年　月　日”应按照 GB/T 7408—2005《数据元和交换格式　信息交换　日期和时间表示法》的规定填写。主要形式有三种：20090718、2009-07-18 及 2009 07 18，可任选一种形式填写。

1.3.2　标题栏的组成及内容

标题栏一般由更改区、签字区、名称及代号区、其他区组成，也可按实际需要增加或减少。图 1-10(a) 采用了国际标准中标题栏的格式，图 1-10(b) 是考虑到国内现有情况而制定的另外一种格式。

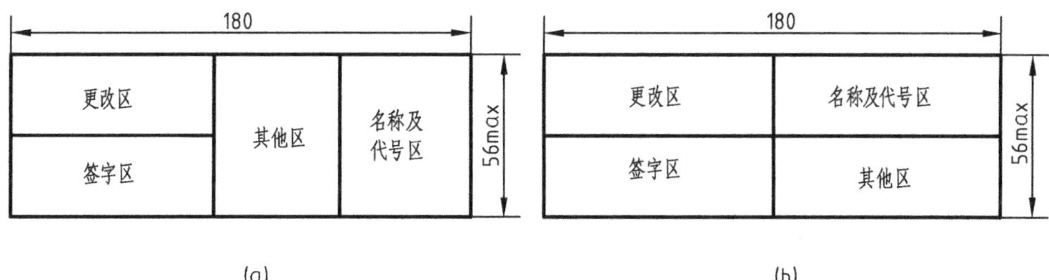

图 1-10　标题栏分区格式

更改区：一般由更改标记、处数、分区、更改文件号、签名和“年 月 日”等组成。

签字区：一般由设计、审核、工艺、标准化、批准、签名和“年 月 日”等组成。

名称及代号区：一般由单位名称、图样名称、图样代号和投影符号等组成。

其他区：一般由材料标记、阶段标记、重量、比例、“共　张第　张”等组成。

1.3.3　标题栏的格式及填写

当采用图 1-10(a) 的格式绘制标题栏时，名称及代号区中的图样代号应放在该区的最下方，标题栏的线型、尺寸及格式，如图 1-11。

参考图 1-11，标题栏各区的填写如下：

(1) 更改区

更改区中的内容，由下而上顺序填写，可根据实际情况顺延；也可放在图样中其他的地方，这时应有表头。

标记：要按有关的规定或要求填写。

处数：填写同一标记所表示的更改数量。

分区：为了方便查找更改位置，必要时，按照 GB/T 14689—2008《技术制图　图纸幅面和格式》的规定，注明分区代号。

更改文件号：更改图样时所依据的文件号。

签名和“年、月、日”：填写更改人的姓名和更改的时间。

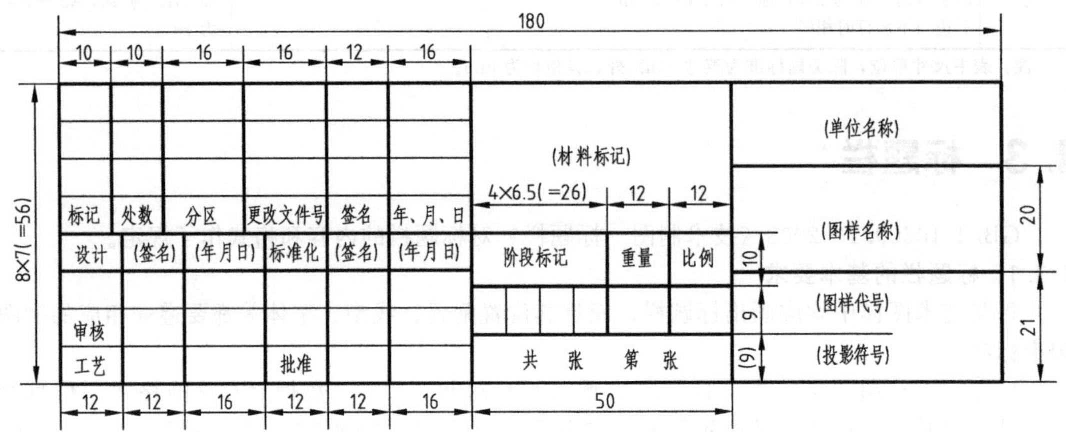

图 1-11　标题栏的格式及尺寸（参考画法）

（2）签字区

签字区一般按设计、审核、工艺、标准化、批准等有关规定签署姓名和“年 月 日”。

（3）名称及代号区

单位名称：图样绘制单位的名称或单位代号。根据情况，也可不填写。

图样名称：所绘制对象的名称。

图样代号：按有关标准或规定填写图样的代号。

投影符号：投影符号如图 1-8 所示，一般放置在标题栏中代号区下方，第一角画法的投影符号必要时才绘制，而第三角画法必须画出其投影符号。

（4）其他区

材料标记：需要填写的图样，一般应按照相应标准或规定填写所使用的材料。

阶段标记：按有关规定由左向右填写图样的各生产阶段。由于各行业采用的标记可能不同，所以不强求统一。

重量：图样对应产品的计算重量，以千克（公斤）为计量单位时，可不写计量单位。

比例：填写绘制图样时采用的比例。

“共 张第 张”：当一个零件（或组件）需用两张或两张以上图纸绘制时，需填写同一图样代号中图样的总张数及该张所在的张次。当一个零件（或组件）只用一张图纸绘制时，可不填数值。

1.4 明细栏

GB 10609.2—2009《技术制图　明细栏》规定了图样中明细栏的画法和填写要求。

1.4.1 明细栏的画法

明细栏一般配置在装配图标题栏的上方，按由下而上的顺序填写。当标题栏上方的位置不够时，可紧靠标题栏的左边延续。当有两张或两张以上同一图样代号的装配图，应将明细栏放在第一张装配图上。明细栏的画法见图 1-12。

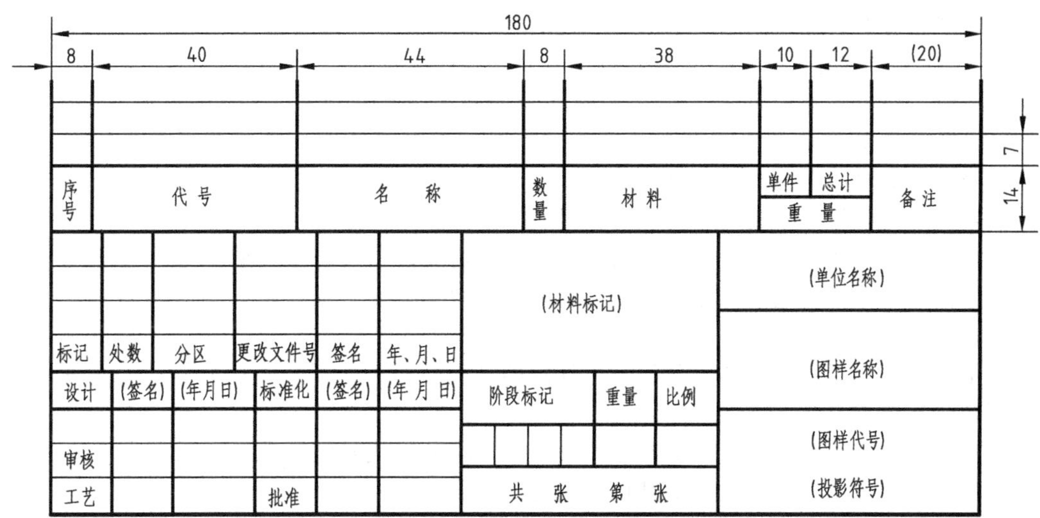

图 1-12　明细栏的格式（参考画法）

装配图上不便绘制明细栏时，可作为装配图的续页按 A4 幅面单独绘出，填写顺序由上而下延续，图 1-13 是根据需要，省略部分内容的明细栏。可连续加页，但每页明细栏的下

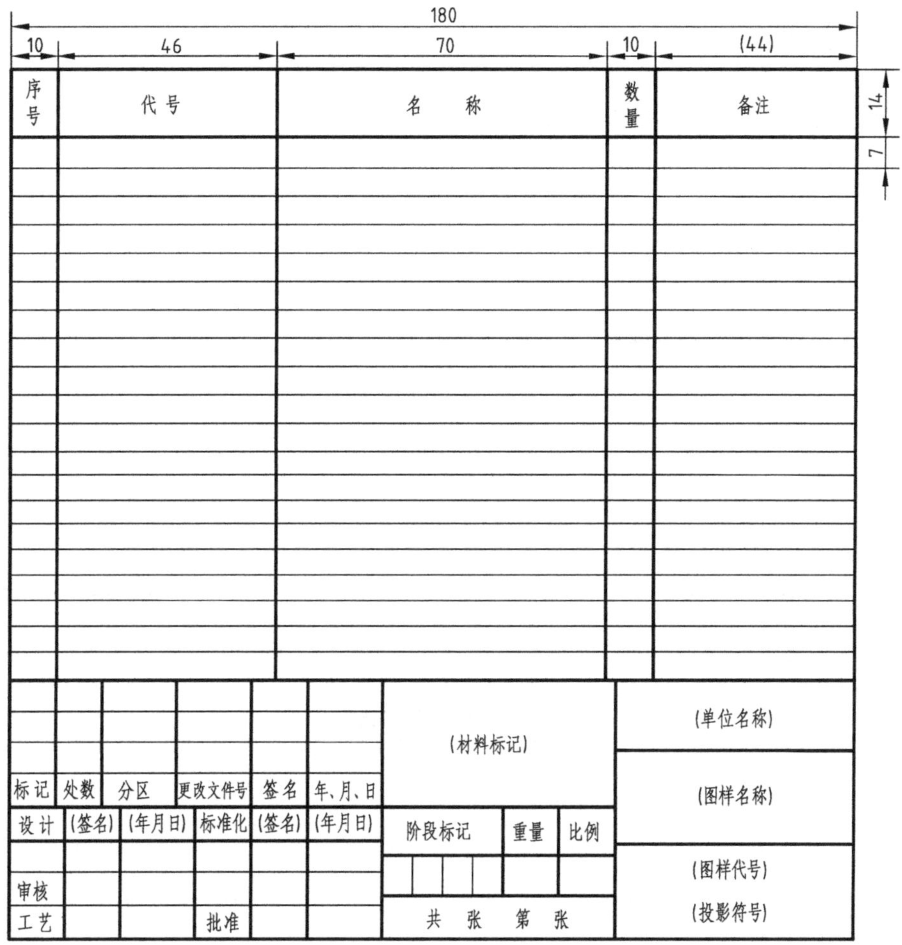

图 1-13　按 A4 幅面单独绘出明细栏（参考画法）

方都要绘制标题栏，并在标题栏中填写一致的名称和代号。

1.4.2 明细栏的填写

明细栏一般由序号、代号、名称、数量、材料、重量（单件、总计）、分区、备注等组成，可以根据需要增加或减少内容。

序号：对应图样中标注的序号。

代号：图样中相应组成部分的图样代号或标准号。

名称：填写图样中相应组成部分的名称，根据需要，也可写出其型式与尺寸。

数量：图样中相应组成部分在装配中所需要的数量。

材料：图样中相应组成部分的材料标记。

重量：图样中相应组成部分单件和总件数的计算重量。以千克（公斤）为计量单位时，可不写其计量单位。

分区：为了方便查找相应组成部分，按照规定将分区代号填写在备注栏中。

备注：填写该项的附加说明或其他有关的内容。

1.5 比例

GB/T 14690—1993《技术制图　比例》规定了图样比例的种类和系数，并规定了比例的填写和标注要求。

1.5.1 比例的概念及其种类

（1）比例的概念

图中图形与其实物相应要素的线性尺寸之比。

（2）比例的种类

原值比例：比值为 1 的比例，即 1∶1。

放大比例：比值大于 1 的比例，如 2∶1。

缩小比例：比值小于 1 的比例，如 1∶2。

1.5.2 比例系数

绘制技术图样时，一般应在表 1-7 规定的系列中选取适当比例。

表 1-7　一般选用的比例

种类	比　　例
原值比例	1∶1
放大比例	5∶1　2∶1　5×10^n∶1　2×10^n∶1　1×10^n∶1
缩小比例	1∶2　1∶5　1∶10　1∶2×10^n　1∶5×10^n　1∶1×10^n

注：n 为正整数。

必要时，也允许选取表 1-8 规定的比例。

表 1-8　允许选用的比例

种类	比　　例
放大比例	4∶1　2.5∶1　4×10^n∶1　2.5×10^n∶1
缩小比例	1∶1.5　1∶2.5　1∶3　1∶4　1∶6　1∶1.5×10^n　1∶2.5×10^n　1∶3×10^n　1∶4×10^n　1∶6×10^n

注：n 为正整数。

一般情况下，比例应填写在标题栏中的比例栏内。当某个视图采用不同于标题栏的比例时，可在视图名称的下方注出比例，如图 1-14 和图 1-15 所示，或在视图名称的右侧注出比例，例如：$\frac{\mathrm{I}}{2:1}$，$\frac{A}{1:100}$，$\frac{B-B}{5:1}$，平面图 1∶100。

根据绘图的需要，允许在同一视图中的垂直和水平方向标注不同的比例，但两种比值不得超过 5 倍，如：河流横剖面图 $\begin{matrix}\text{铅垂方向 } 1:1000 \\ \text{水平方向 } 1:2000\end{matrix}$。

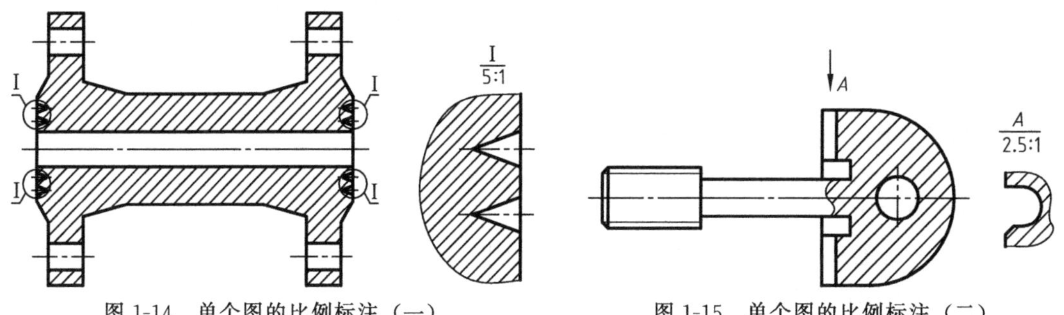

图 1-14　单个图的比例标注（一）　　图 1-15　单个图的比例标注（二）

1.5.3　比例国外标准简介

ISO、美国、俄罗斯、日本在制图标准中规定的比例种类见表 1-9。

表 1-9　比例种类

制图标准	ISO 5455—1995	美国标准	俄罗斯 ГОСТ 2.302—68	日本 JIS B0001—2010
比例种类	原大 1∶1。 缩小比例有：1∶2，1∶5，1∶10，1∶20，1∶50，1∶100，1∶200，1∶500，1∶1000，1∶2000，1∶5000，1∶10000。 放大比例有：2∶1，5∶1，10∶1，20∶1，50∶1。 允许沿放大或缩小比例向两个方向延伸	原大 1=1。 缩小比例有：$\frac{1}{2}$=1，$\frac{1}{4}$=1，$\frac{1}{8}$=1 等。 放大比例有：2=1，4=1 等	原大 1∶1。 缩小比例有：1∶2，1∶2.5，1∶4，1∶5，1∶10，1∶15，1∶20，1∶25，1∶40，1∶50 等。 放大比例有：2∶1，2.5∶1，4∶1，5∶1，10∶1 等	原大 1∶1。 第一系列缩小比例有：1∶2，1∶5，1∶10，1∶20，1∶50，1∶100，1∶200 等。 第二系列缩小比例有：1∶$\sqrt{2}$，1∶2.5，1∶2$\sqrt{2}$，1∶3，1∶4，1∶5$\sqrt{2}$，1∶25，1∶250。 第一系列放大比例有：2∶1，5∶1，10∶1，20∶1，50∶1。 第二系列放大比例有：$\sqrt{2}$∶1，2.5$\sqrt{2}$∶1，100∶1

1.6　字体

GB/T 14691—1993《技术制图　字体》规定了图样中字体的大小和书写要求等，在标准中还列举了各种字例。

1.6.1　基本要求

书写字体必须做到：字体工整、笔画清楚、间隔均匀、排列整齐。

字体高度（用 h 表示）的公称尺寸系列为：1.8mm，2.5mm，3.5mm，5mm，7mm，10mm，14mm，20mm 八种。字体的高度称为字体的号数，如 2.5 号字是指字体的高度为 2.5mm。若需要书写大于 20 号的字，其字体高度应按$\sqrt{2}$的倍数递增。

1.6.2　汉字的书写要求与字例

图样中的汉字应写成长仿宋体字，并应采用中华人民共和国国务院正式公布推行的《汉字简化方案》中规定的简化字。汉字的高度 h 不应小于 3.5mm，其字宽一般为 $h/\sqrt{2}$。图 1-16

所示为长仿宋汉字字例。

3.5号字 字体工整 笔画清楚 间隔均匀 排列整齐

5号字 横平竖直注意起落结构均匀填满方格

7号字 技术制图工程制图机械制图

图 1-16 长仿宋汉字字例

1.6.3 字母和数字的书写要求与字例

如图 1-17～图 1-20 所示，数字和字母分 A 型和 B 型两类，在同一张图样上，只允许选用一种型式的字体。

A 型字体的笔画宽度（d）为字高（h）的十四分之一。

B 型字体的笔画宽度（d）为字高（h）的十分之一。

字母和数字可写成斜体和直体。斜体字字头向右倾斜，与水平基准线成 75°。但是，量的单位、化学元素、数学、物理、计量单位符号及其他符号、代号应分别符合国家有关法令和标准的规定。

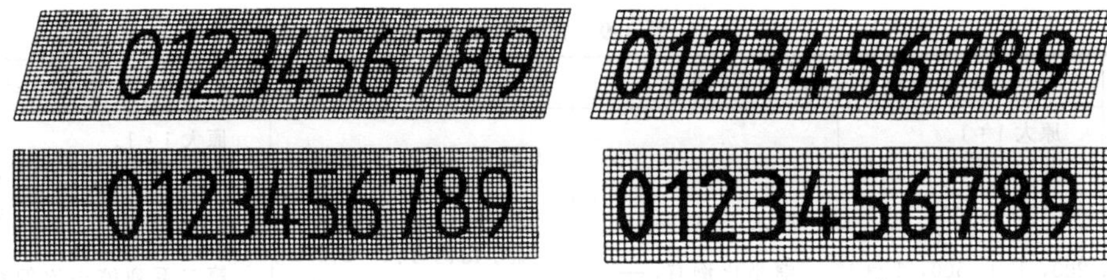

(a) A型 (b) B型

图 1-17 阿拉伯数字字例

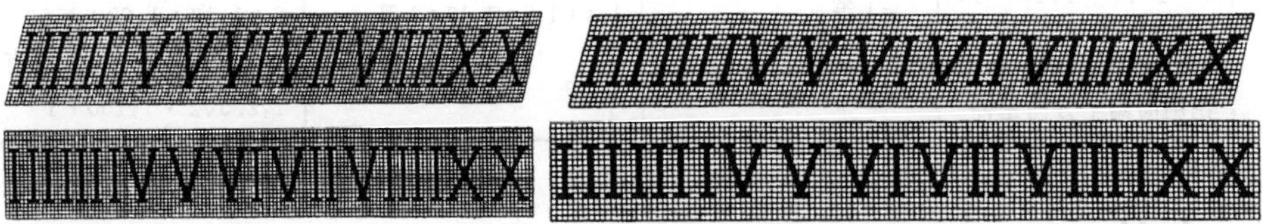

(a) A型 (b) B型

图 1-18 罗马数字字例

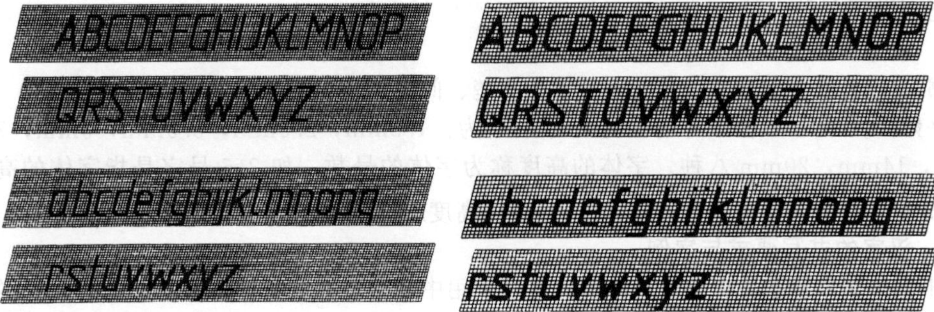

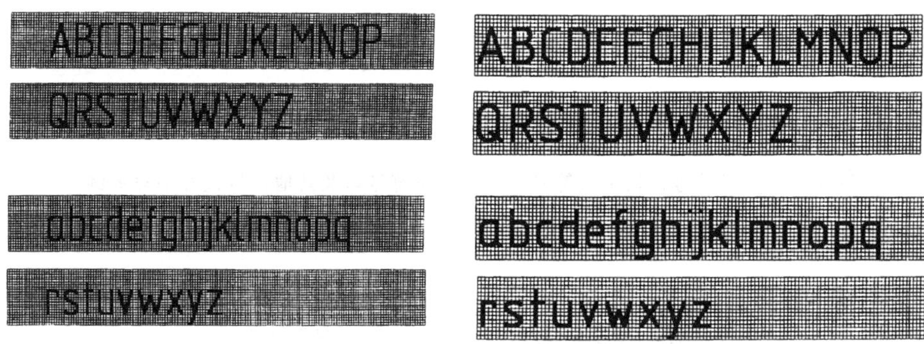

(a) A型　　(b) B型

图 1-19　拉丁字母字例

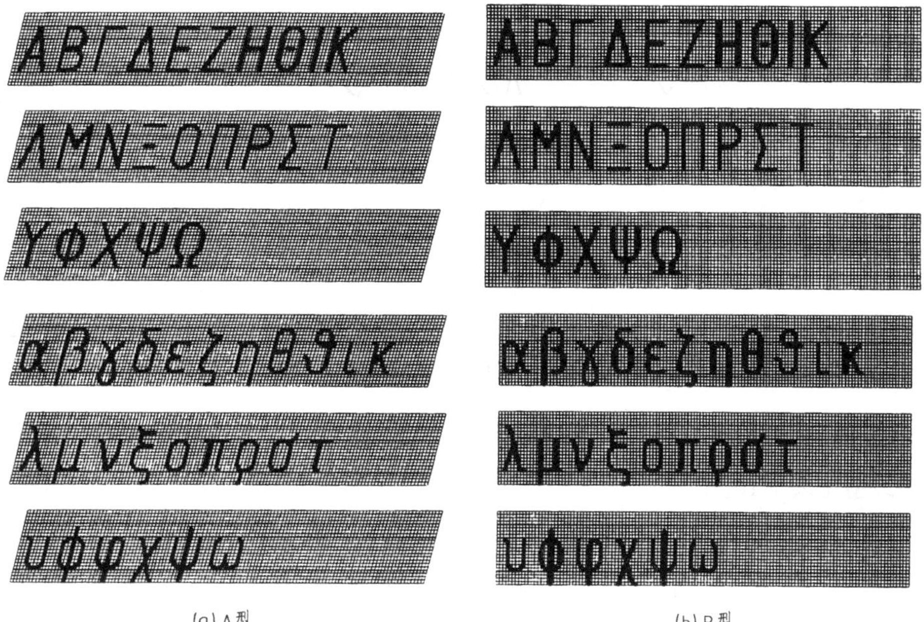

(a) A型　　(b) B型

图 1-20　希腊字母字例

1.6.4　字体书写综合举例

① 用作指数、分数、极限偏差、注脚等的数字及字母一般应采用小一号的字体，见图 1-21。

$$10^{3} \quad S^{-1} \quad D_{1} \quad T_{d}$$

$$\Phi 20^{+0.010}_{-0.023} \quad 7^{\circ}{}^{+1^{\circ}}_{-2^{\circ}} \quad \frac{3}{5}$$

图 1-21　指数、分数、极限偏差、注脚书写字例

② 图样中的数学符号、物理量符号、计量单位符号以及其他符号代号，应分别符合国家有关法令和标准的规定，见图 1-22。

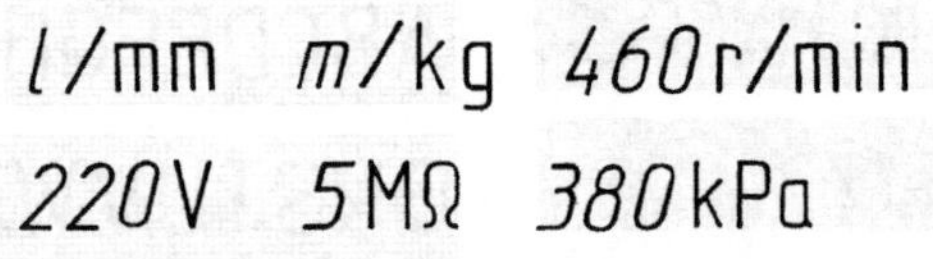

l/mm *m*/kg 460r/min

220V 5MΩ 380kPa

图 1-22 数学符号、物理量符号、计量单位符号以及其他符号代号书写字例

③ 其他应用示例，见图 1-23。

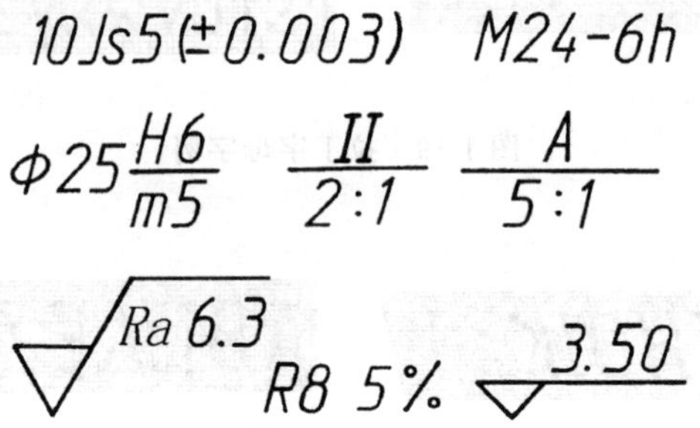

10Js5(±0.003) M24-6h

$\phi 25\frac{H6}{m5}$ $\frac{II}{2:1}$ $\frac{A}{5:1}$

Ra 6.3 R8 5% 3.50

图 1-23 其他应用示例

1.7 图线

GB/T 17450—1998《技术制图 图线》规定了图线的名称、型式、结构、标记及画法规则；GB/T 4457.4—2002《机械制图 图样画法 图线》规定了机械制图所用图线的一般规则。

1.7.1 线型

常用线型见表 1-10。

表 1-10 常用线型

类型	代码	名称		线型
基本线型	01.2	实线	粗实线	
	01.1		细实线	
	02.1	虚线		
	04.1	点画线	细点画线	
	04.2		粗点画线	
	05.1	双点画线		
基本线型的变形	01.1	波浪线		
图线的组合	01.1	双折线		

注：1. GB/T 17450—1998《技术制图 图线》中规定了 15 种基本线型以及多种基本线型的变形和图线的组合。

2. 表 1-10 中列出了技术制图常用的四种基本线型、一种基本线型的变形（波浪线）和一种图线组合（双折线）。

1.7.2 图线的尺寸

所有线型的宽度（d）应按图样的类型和尺寸在下列系数中选择。该系数的公比为 $1:\sqrt{2}$（≈1∶1.4）：0.13mm，0.18mm，0.25mm，0.35mm，0.5mm，0.7mm，1mm，1.4mm，2mm。宽度组别见表 1-11。

表 1-11　图线宽度组别

线型组别	粗线	细线	线型组别	粗线	细线
0.25	0.25	0.13	1	1	0.5
0.35	0.35	0.18	1.4	1.4	0.7
0.5①	0.5	0.25	2	2	1
0.7①	0.7	0.35			

①为优先选用的组别。

构成图线线素的长度见表 1-12。

表 1-12　线素长度

线　素	线　型	长　度	示　例
点	点画线、双点画线	≤0.5*d*	24*d*　0.5*d*　3*d*
短间隔	虚线、点画线	3*d*	
画	虚线	12*d*	12*d*　3*d*
长画	点画线、双点画线	24*d*	注：*d* 为粗线的宽度。

1.7.3　图线的画法及应用

(1) 图线的画法

① 除非另有规定，两条平行线之间的最小间隙不得小于 0.7mm。

② 虚线、点画线、双点画线应恰当交于画线处，而不是点或间隔处。当使用计算机绘图时，图线应尽量相交在线段处，见图 1-24。

③ 虚线圆弧与实线相切时，虚线圆弧应留出间隙，见图 1-24。

④ 画圆的中心线时，圆心应是画的交点，点画线两端应超出轮廓 2～5mm。当圆心较小时，允许用细实线代替点画线，见图 1-24。

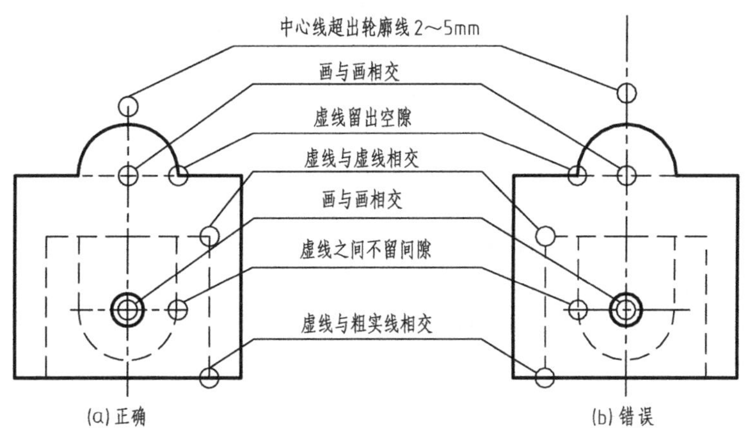

图 1-24　图线的正误对比画法

(2) 细实线的应用

细实线的应用见图 1-25。

(3) 粗实线的应用

粗实线的应用见图 1-26。

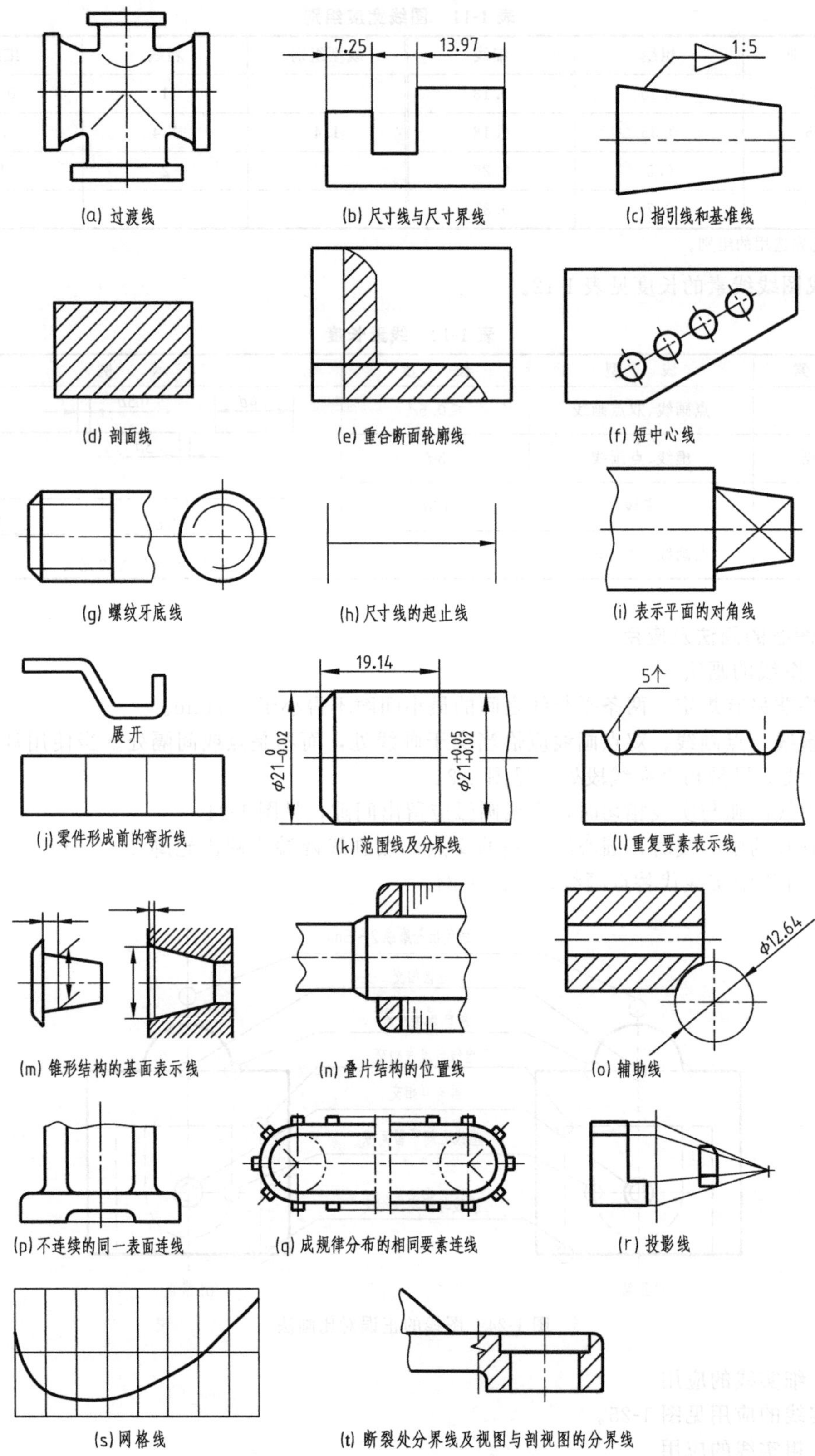

(a) 过渡线 (b) 尺寸线与尺寸界线 (c) 指引线和基准线
(d) 剖面线 (e) 重合断面轮廓线 (f) 短中心线
(g) 螺纹牙底线 (h) 尺寸线的起止线 (i) 表示平面的对角线
(j) 零件形成前的弯折线 (k) 范围线及分界线 (l) 重复要素表示线
(m) 锥形结构的基面表示线 (n) 叠片结构的位置线 (o) 辅助线
(p) 不连续的同一表面连线 (q) 成规律分布的相同要素连线 (r) 投影线
(s) 网格线 (t) 断裂处分界线及视图与剖视图的分界线

图 1-25 细实线的应用

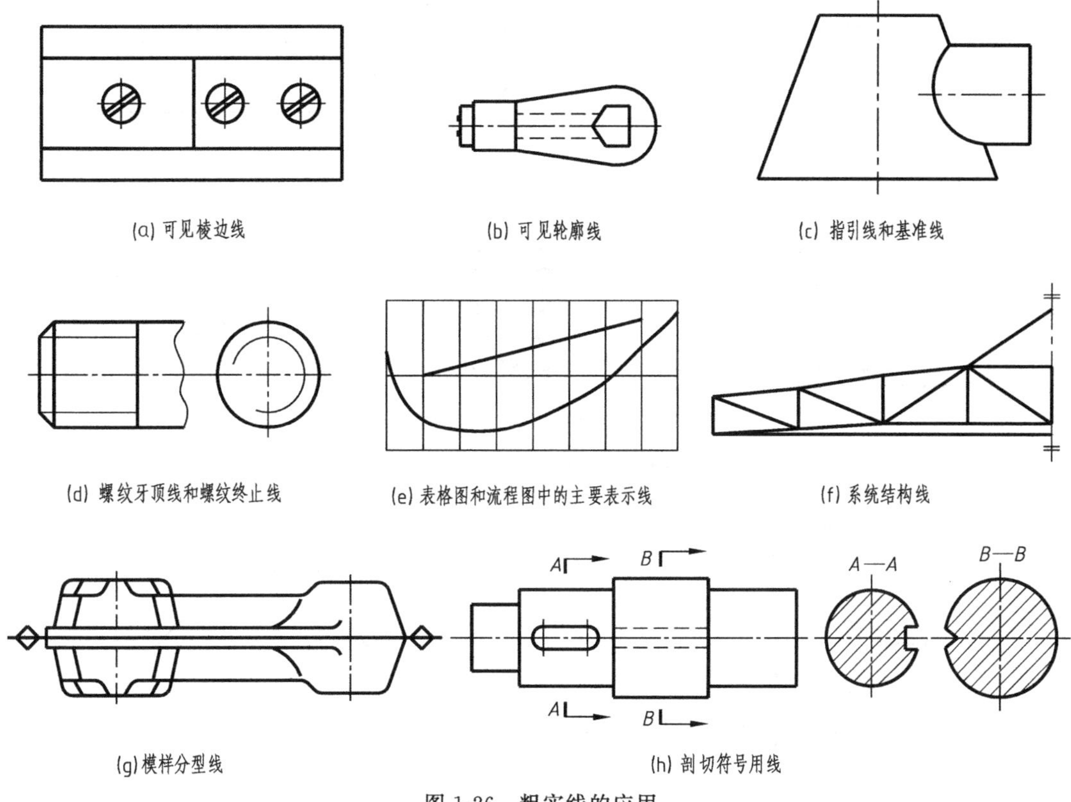

图 1-26　粗实线的应用

(4) 细虚线的应用

细虚线的应用见图 1-27。

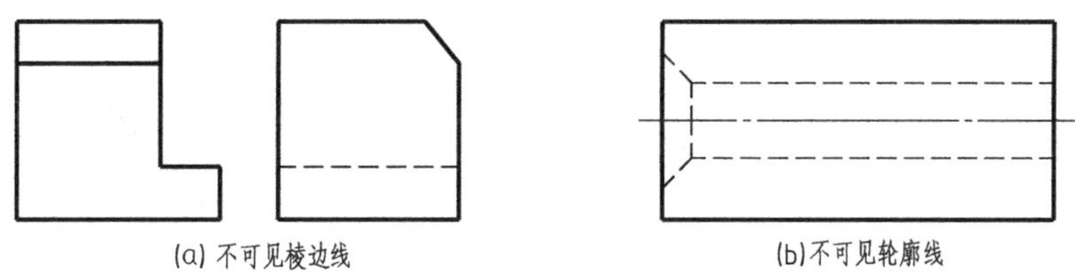

图 1-27　细虚线的应用

(5) 粗虚线的应用

粗虚线用于允许表面处理的表示线，见图 1-28。

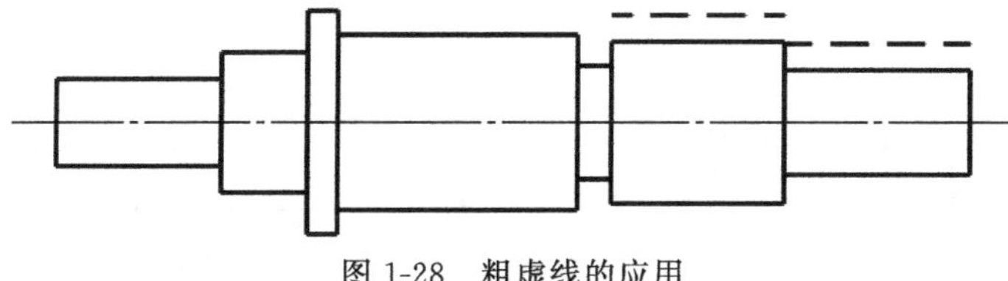

图 1-28　粗虚线的应用

(6) 细点画线的应用

细点画线的应用见图 1-29。

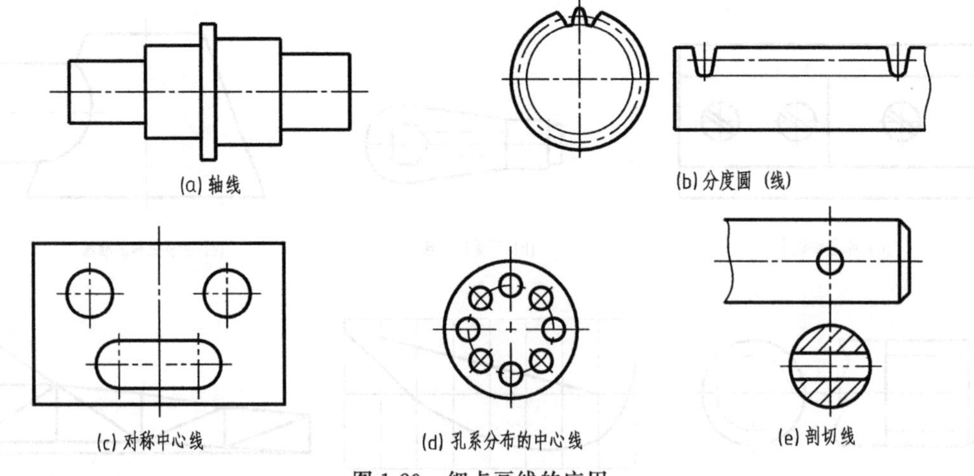

图 1-29 细点画线的应用

(7) 粗点画线的应用

粗点画线用于限定范围表示线，例如限定测量热处理表面的范围等，见图 1-30。

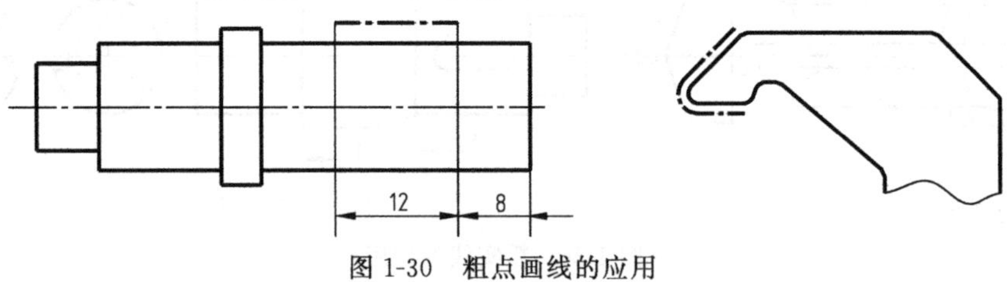

图 1-30 粗点画线的应用

(8) 细双点画线的应用

细双点画线的应用见图 1-31。

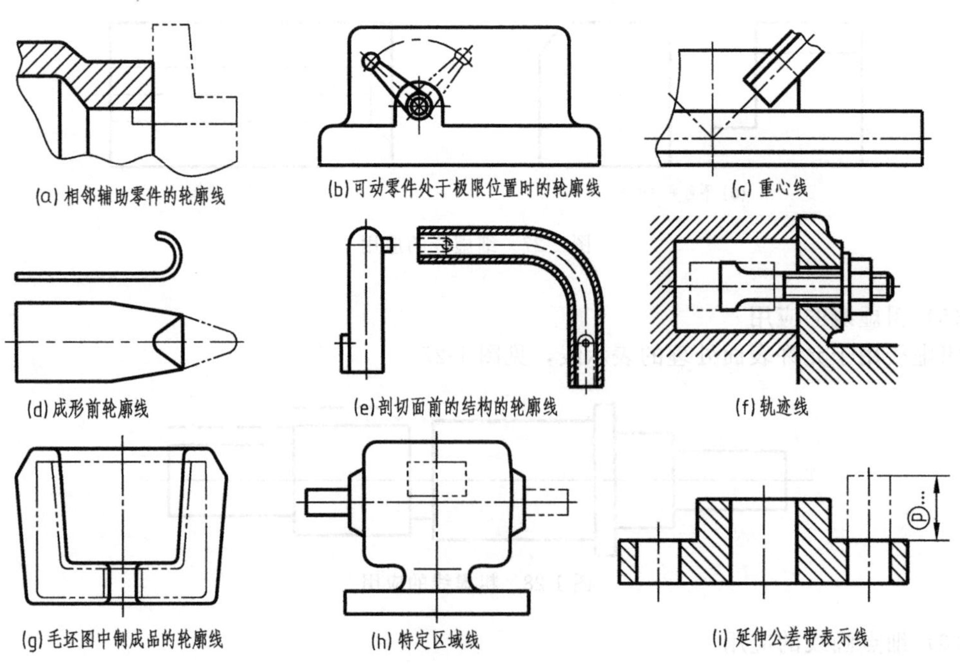

图 1-31 细双点画线的应用

(9) 图线综合应用

图线综合应用见图 1-32。

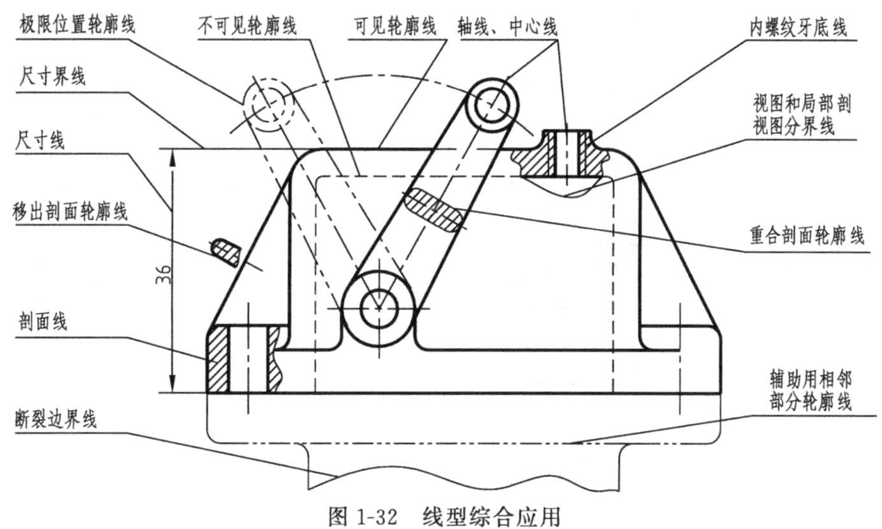

图 1-32　线型综合应用

1.7.4 图线国外标准简介

ISO、美国、俄罗斯、日本在制图标准中规定的图线种类及图线宽度见表 1-13。

表 1-13　图线种类及宽度　mm

制图标准	ISO 128-20:2002	美国 ANSI Y14.2M—2008	俄罗斯 ГОСТ 2.302—68	日本 JIS B0001—2010
图线种类	有 10 种图线,名称及代号分别为:粗实线(A),细实线(B),波浪线(C),双折线(D),粗虚线(E),细虚线(F),细点画线(G),在两端和转折处变粗的细点画线(H),粗点画线(J),双点画线(K)	有 7 种图线:粗实线,细实线,虚线,点画线,双点画线,波浪线,双折线。可用双点画线、虚线表示剖切平面迹线	有 9 种图线,与 ISO 比较,虚线只有一种。剖切平面迹线的形式较简单,为两段粗线	有 9 种图线,除虚线只有一种细的,粗线增加一种极粗实线外,其他与 ISO 相同
图线宽度	粗线与细线的线宽之比不大于 2∶1。线宽尺寸系列:0.18,0.25,0.35,0.5,0.7,1,1.4,2	粗实线宽度约为 0.7,细线宽度约为 0.35	粗线的宽度为 S,$S=0.6\sim1.5$。中粗线为 $S/2\sim2S/3$。细线为 $S/3\sim S/2$。加粗线为 $(1\sim1.5)S$	线宽有 0.18,0.25,0.35,0.5,0.7,1 等。细线、粗线、极粗线的比例关系为 1∶2∶4

1.8 剖面符号

GB/T 17453—2005《技术制图　图样画法　剖面区域的表示法》规定了技术制图表示剖面区域的总体原则,GB/T 4457.5—2013《机械制图　剖面符号》规定了机械图样中各种剖面符号及其画法。

1.8.1 剖面符号

剖面符号见表 1-14。

表 1-14 剖面符号

材料	剖面符号	材料		剖面符号
金属材料（已有规定剖面符号者除外）		型砂、填砂、粉末冶金、砂轮、陶瓷刀片、硬质合金刀片		
线圈绕组元件	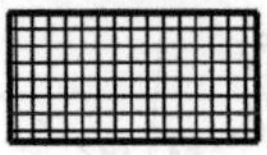	玻璃及供观察用的其他透明材料		
转子、电枢、变压器和电抗器等的叠钢片		木材	纵断面	
非金属材料（已有规定剖面符号的除外）			横断面	
木质胶合板（不分层数）		砖		
基础周围的泥土	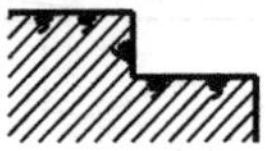	格网（筛网、过滤网等）		
混凝土	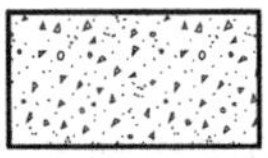	液体		
钢筋混凝土				

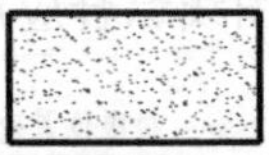

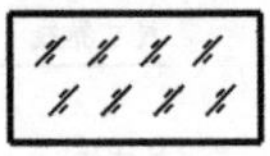

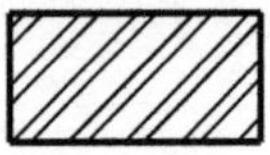

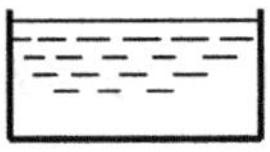

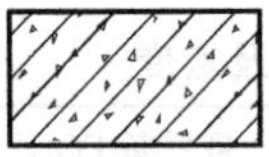

注：1. 剖面符号仅表示材料的类别，材料的名称和代号必须另行注明。

2. 叠钢片的剖面线方向，应与束装中叠钢片的方向一致。

3. 液面用细实线绘制。

4. 由不同材料嵌入或粘贴的成品，用其中主要材料的剖面符号表示，如夹丝玻璃的剖面符号用玻璃的剖面符号表示。

1.8.2 剖面符号的画法示例

剖面符号的画法见表 1-15。

表 1-15 剖面符号的画法

图 例	画法说明
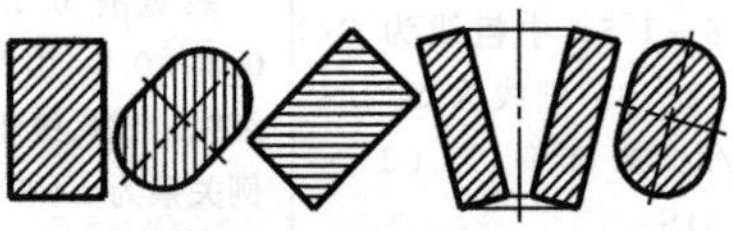	剖面线是由 GB/T 4457.4 所指定的细实线来绘制，而且与剖面区域的主要轮廓或对称线成 45°的平行线。必要时剖面线也可画成与主要轮廓线成适当角度
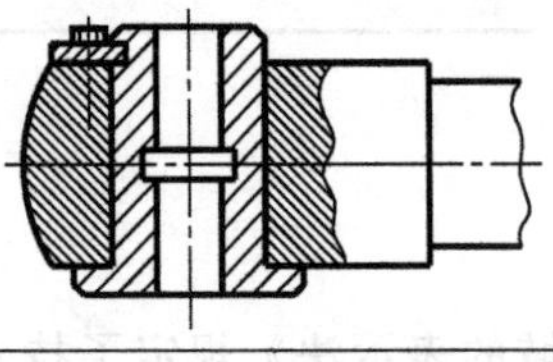	同一零件相隔的剖面或断面应使用相同的剖面线，相邻零件的剖面线应该用方向不同间距不同的剖面线。剖面线的间距应与剖面或断面尺寸的比例相一致，应与 GB/T 17450 所给出最小间距的要求一致，即最小间隙不得小于 0.7mm
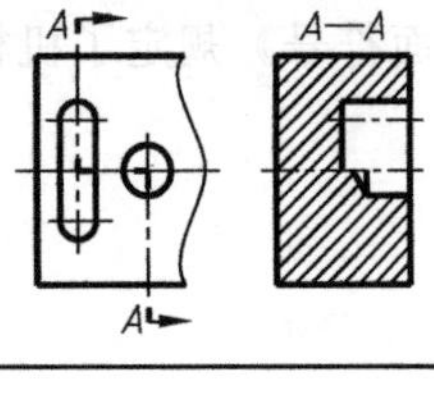 A A A—A	同一个零件的剖面或断面线要平行并列绘制，剖面线要统一。但沿着剖面或断面的方向偏移可能更清楚一些

续表

图　　例	画法说明
	当剖面区域较大时，可只沿轮廓的周边画出剖面符号
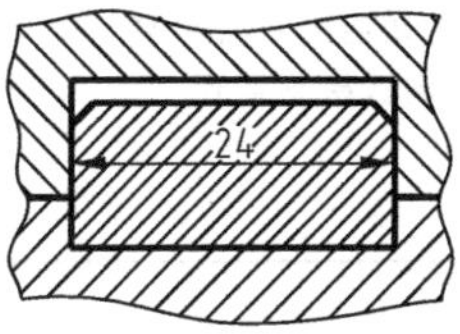 24	剖面内可以标注尺寸
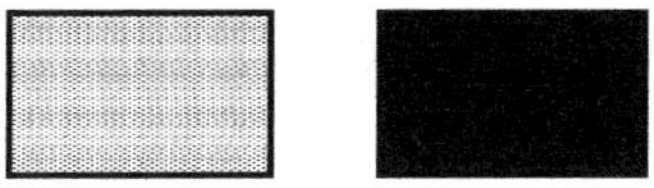	在零件图中可以涂色或点阵代替剖面符号
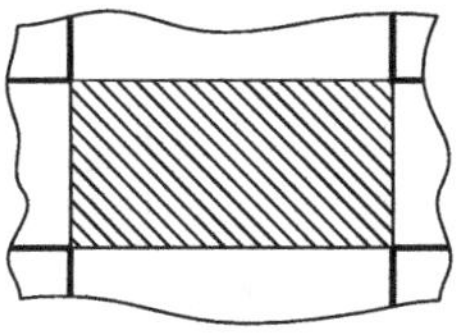	断面或剖面可以用 GB/T 17450《技术制图　图线》所规定的加粗实线来强调表示
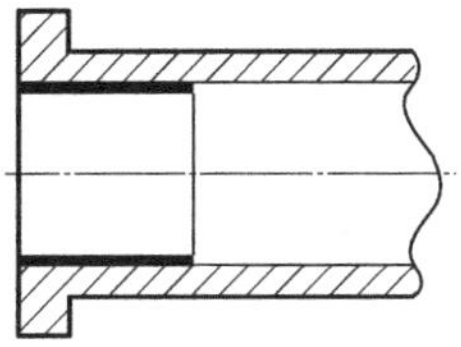	在装配图中，宽度小于或等于 2mm 的狭小面积的剖面区域，可用涂黑代替剖面符号，如果是玻璃或其他材料，而且不易涂黑时，可不画剖面符号
	相近的狭小剖面可以表示成完全黑色，在相邻的剖面之间至少应留下 0.7mm 的空隙
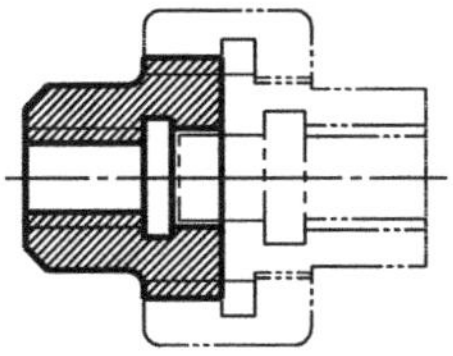	作为辅助表达用的相邻零件，一般不画剖面符号，若必须画时，仍用细实线绘制
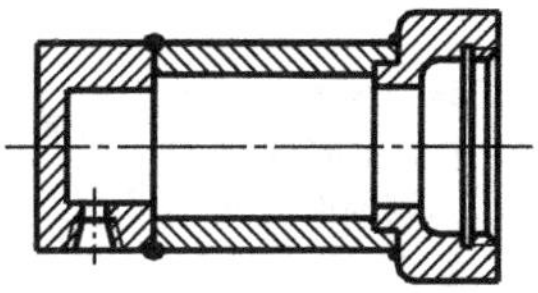	金属接合件图样中的剖面符号，相互邻接的金属零件，其剖面线应画成相反的倾斜方向或方向相同、间隔不同
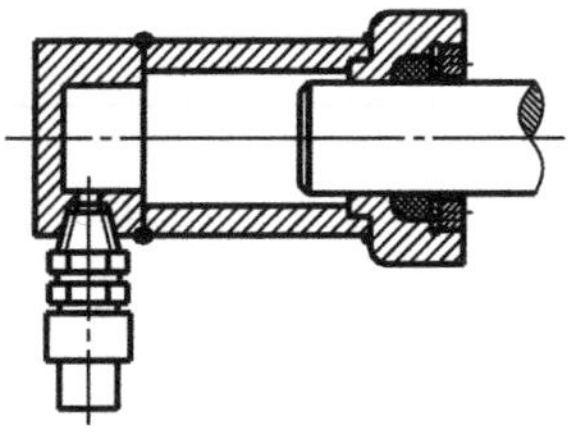	当绘制接合件（如焊接件）与其他零件的装配图时，这时接合件中各零件的剖面符号相同，即作为一个整体画出

续表

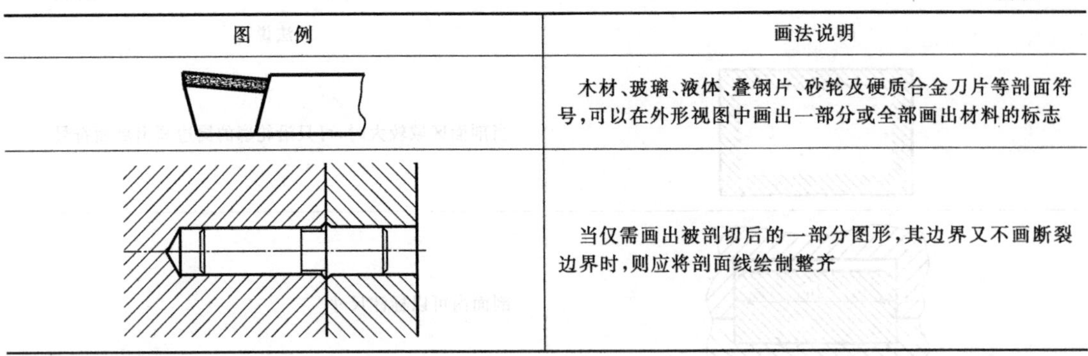

图　例	画法说明
	木材、玻璃、液体、叠钢片、砂轮及硬质合金刀片等剖面符号，可以在外形视图中画出一部分或全部画出材料的标志
	当仅需画出被剖切后的一部分图形，其边界又不画断裂边界时，则应将剖面线绘制整齐

1.8.3　剖面符号国外标准简介

ISO、美国、俄罗斯、日本在制图标准中规定的剖面符号型式见表 1-16。

表 1-16　剖面符号

制图标准	ISO 128-50:2001	美国 ANSI Y14.3M—2008	俄罗斯 ГОСТ 2.306—68	日本 JIS B0001—2010
剖面符号的形式	无单独标准，对剖面符号的形式未作规定	详细地规定了各种材料的剖面线符号，如金属分为： 铸铁　钢 铜及铜合金　铝 非金属分为： 隔声或隔声材料　弹性材料 混凝土　玻璃、大理石等	大部分符号与我国标准相同，也有一些差别，如 建筑上陶器制品 格网 基础周围的泥土	分金属材料和非金属材料两大类。金属一般为： 非金属分为： 玻璃 木材 混凝土 液体
剖面方向	与轮廓线或对称中心线成 45°，如	剖面线与水平方向成 45°或 60°	一般剖面线与水平方向成 45°。当主要轮廓线与水平成 45°时，则剖面线方向画成 30°或 60°	剖面线与水平方向成 45°。 也可省略剖面线

第 2 章　几何作图

机件的轮廓都是由直线、圆、圆弧或其他曲线组合而成。熟练地掌握基本几何作图方法，是绘制图样的基础。本章介绍几种常见几何图形的作图方法。

2.1　几何图形的作图

2.1.1　直线段的等分

任意等分直线段的方法如图 2-1 所示（如将线段 AB 四等分）。

作图步骤：

① 过线段的端点 A（或 B）做任一直线 AC；

② 在直线 AC 上，以任意长度为单位截取 4 个等分点，得 1、2、3、4；

③ 连点 B、4；

④ 过 AC 上各等分点作 $B4$ 的平行线与 AB 相交，其交点即为所求的等分点。

2.1.2　作直线的垂线

2.1.2.1　作直线的垂直平分线

作线段 AB 的垂直平分线，如图 2-2 所示。

作图步骤：

① 分别以线段的端点 A，B 为圆心，取 $R>AB/2$ 为半径，作两圆弧相交于 M、N；

② 连接 M、N，MN 即为所求的垂直平分线。

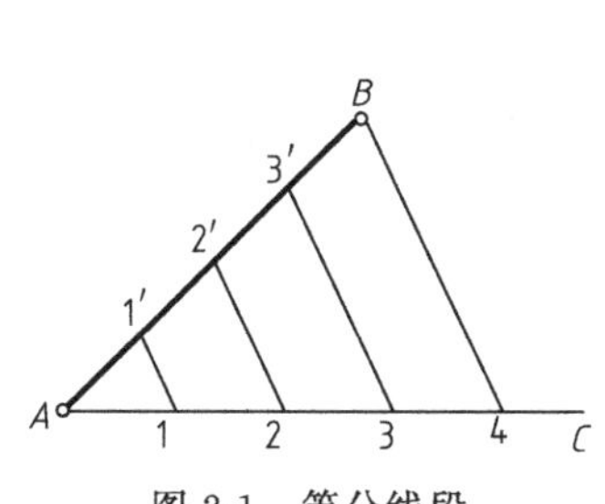

图 2-1　等分线段

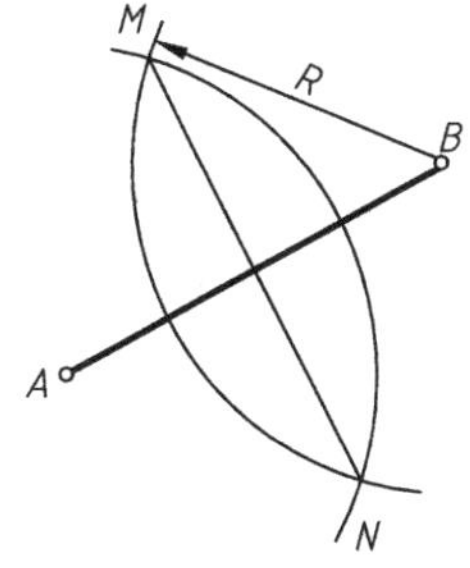

图 2-2　作中垂线

2.1.2.2　过直线外一点作垂线

过直线 AB 外一点 M 作直线 AB 的垂线，如图 2-3 所示。

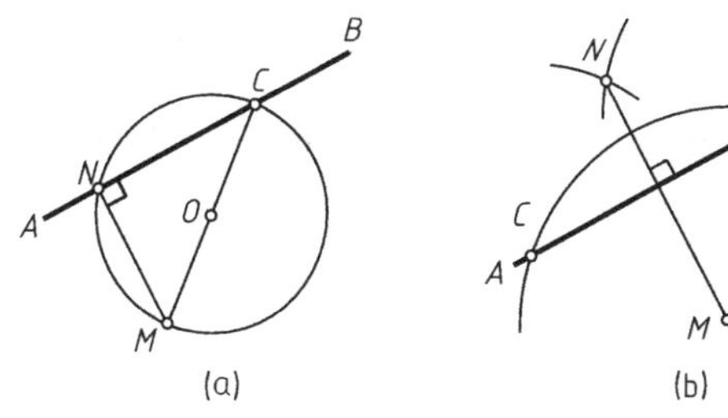

图 2-3　过直线外一点作垂线

方法 1，如图 2-3(a) 所示。

作图步骤：

① 过点 M 作任意直线与已知直线 AB 相交于点 C；

② 以 MC 的中点 O 为圆心，OC 为半径作圆，与 AB 相交于点 N；

③ 连接 M、N，MN 即为所求的垂线。

方法 2，如图 2-3(b) 所示。

作图步骤：

① 以点 M 为圆心，任意长为半径作弧，与 AB 相交于点 C、D；

② 作 CD 的垂直平分线 NM，即为所求的垂线。

2.1.2.3 过直线内一点作垂线

过直线 AB 上已知点 M 作该直线的垂线，如图 2-4 所示。

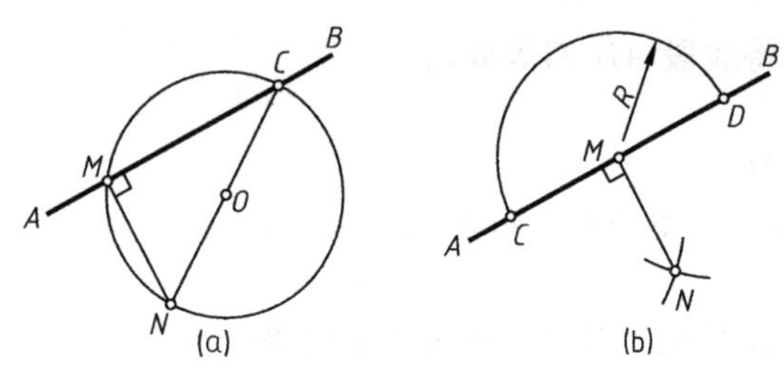

图 2-4 过直线内一点作垂线

方法 1，如图 2-4(a) 所示。

作图步骤：

① 以直线外任意一点 O 为圆心，OM 为半径作圆，与直线相交于点 C；

② 连接 O、C 并延长，与圆相交于 N；

③ 连接 M、N，MN 即为所求的垂线。

方法 2，如图 2-4(b) 所示。

作图步骤：

① 以点 M 为圆心，取任意长为半径作半圆，与 AB 相交于点 C 和 D；

② 作 CD 的垂直平分线 MN，即为所求垂线。

2.1.3 作直线的平行线

2.1.3.1 按已知距离作平行线

已知距离 S，作直线平行于 AB，且与 AB 距离为 S，如图 2-5 所示。

作图步骤：

① 在直线 AB 上取任意两点 M、N，过 M 和 N 分别作 AB 垂线（作法如图 2-4）；

② 在两垂线上分别截取长度 $MT_1=NT_2=S$；

③ 连接 T_1、T_2，T_1T_2 即为所求直线。

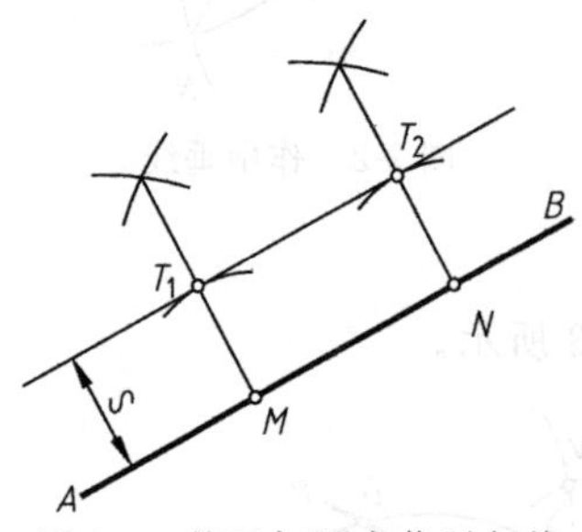

图 2-5 按已知距离作平行线

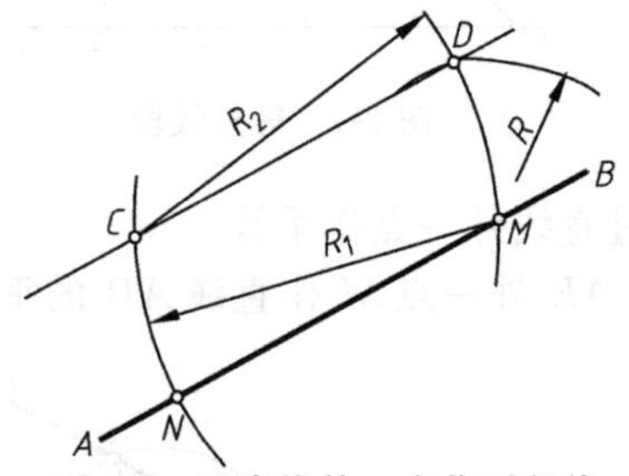

图 2-6 过直线外一点作平行线

2.1.3.2 过直线外一点作平行线

过直线外任意一点 C，作 AB 的平行线 CD，如图 2-6 所示。

作图步骤：

① 在直线 AB 上任取一点 M，以 M 为圆心，MC 为半径作弧 R_1，与 AB 交于点 N；

② 以点 C 为圆心，MC 为半径作弧 R_2，与 AB 交于点 M；

③ 以 M 为圆心，NC 为半径作弧 R，与弧 R_2 交于点 D；

④ 连接 C、D，CD 即为所求直线。

2.1.4 圆及圆弧的作图

2.1.4.1 过不在同一直线上的三点作圆

已知 A、B、C 三点，作过此三点的圆，如图 2-7 所示。

作图步骤：

① 分别连接 A、B 和 B、C；

② 分别作 AB、BC 两线段的垂直平分线，交于一点 O，即为所求圆圆心，且 $OA=OB=OC$；

③ 以 O 为圆心，OA（或 OB 或 OC）为半径作圆，此圆即为所求。

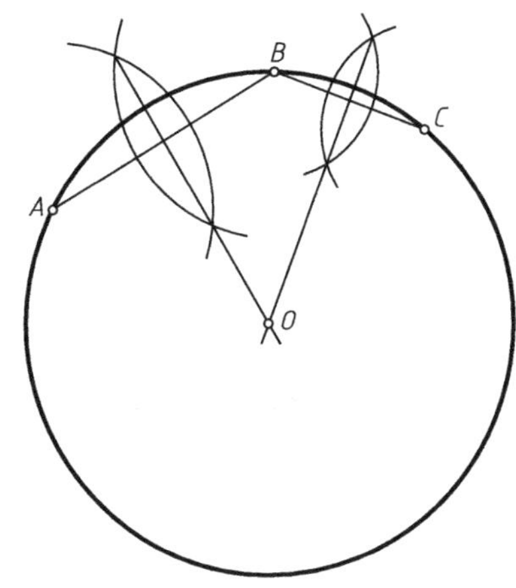

图 2-7　过不在同一直线上的三点作圆

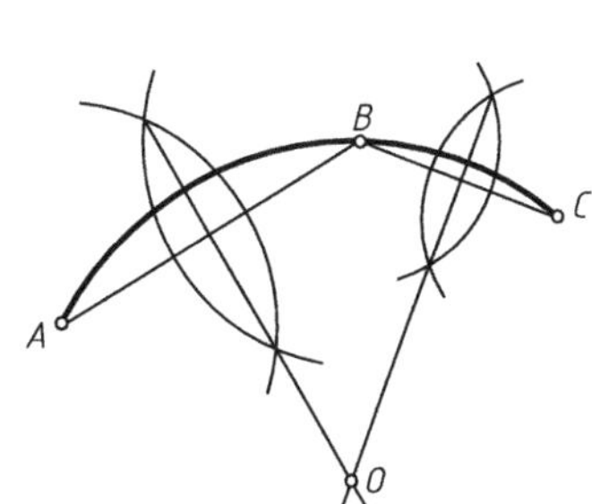

图 2-8　作已知圆弧的圆心

2.1.4.2 作已知圆弧的圆心

已知圆弧 $\overset{\frown}{AC}$，求其圆心 O，如图 2-8 所示。

作图步骤：

① 在 $\overset{\frown}{AC}$ 上任作两条弦 AB 和 BC；

② 作 AB、BC 两弦的垂直平分线，其交点 O 即为所求的圆心。

2.1.4.3 作圆周展开长度（近似作图）

已知圆，求作展开长度 L，如图 2-9 所示。

作图步骤：

① 在圆上取点 A 及 M，并使 $OA \perp OM$；

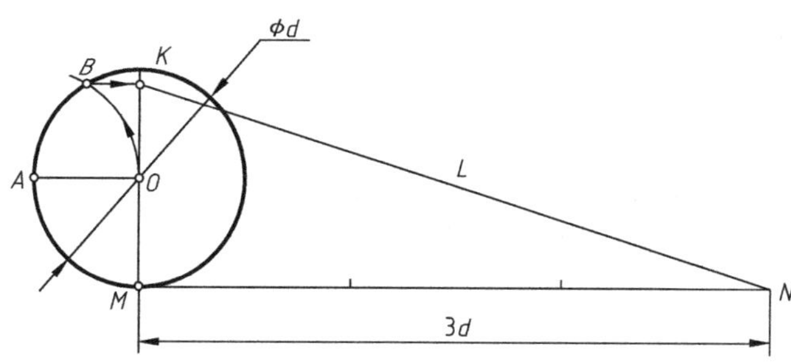

图 2-9　作圆周展开长度（近似作图）

② 作 $MN /\!/ OA$，并使 $MN=3d$（d 为圆的直径）；
③ 以 A 为圆心，AO 为半径作弧交圆于点 B；
④ 过 B 作 MN 的平行线，与 OM 的延长线相交于点 K；
⑤ KN 长度即为该圆周的近似展开长度 L。

2.1.4.4　按已知圆周的展开长度作其半径（近似作图）

已知圆周的展开长度 L，用作图法求圆的半径 R，如图 2-10 所示。

作图步骤：

① 取 $AB=\frac{1}{4}L$，并在 AB 上作点 C，使 $AC=\frac{1}{4}AB$；
② 作 $AD \perp AB$；
③ 作 $\angle BAD$ 的角平分线 AF；
④ 以 C 为圆心，CB 为半径作弧，交 AF 于点 K；
⑤ 作 $KE /\!/ AB$，AE 长度即为所求圆的半径 R。

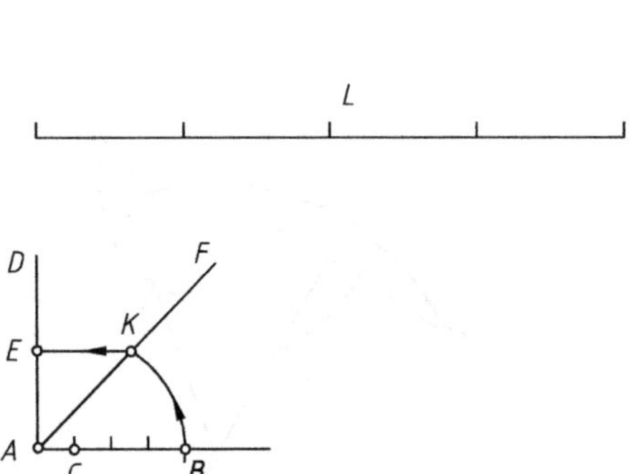

图 2-10　按已知圆周的展开长度作其半径

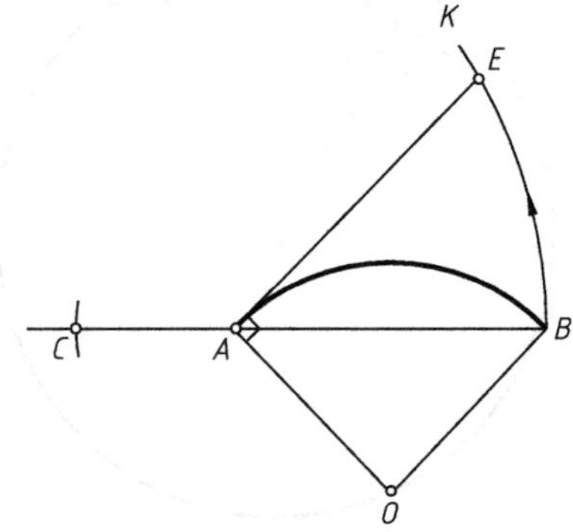

图 2-11　作已知圆弧的展开长度

2.1.4.5　作已知圆弧的展开长度（近似作图）

已知圆弧 $\overset{\frown}{AB}$，O 为其圆心，作其展开长度，如图 2-11 所示。

作图步骤：

① 作已知圆弧所对应的弦 AB；
② 在 AB 线上的反向延长线上取 $AC=\frac{1}{2}AB$；
③ 以 C 为圆心，CB 为半径作弧 $\overset{\frown}{BK}$；
④ 过点 A 作 OA 的垂线与弧相交于 E，AE 长度即为圆弧 $\overset{\frown}{AB}$ 的近似展开长度。

2.1.4.6　已知圆弧的展开长度及半径作圆弧（近似作图）

已知圆弧 $\overset{\frown}{AB}$ 的展开长度 L 及半径 R，求作圆弧 $\overset{\frown}{AB}$，如图 2-12 所示。

作图步骤：

① 以任一点 O 为圆心，R 为半径，作弧 $\overline{AF}$；
② 过点 A 作 OA 的垂线 AC 使其长度等于展开长度 L；
③ 在 AC 上取点 D，使 $AD=\frac{1}{4}AC$；
④ 以 D 为圆心，DC 为半径作弧，交 $\overline{AF}$ 于点 B，弧 $\overset{\frown}{AB}$ 即为所求。

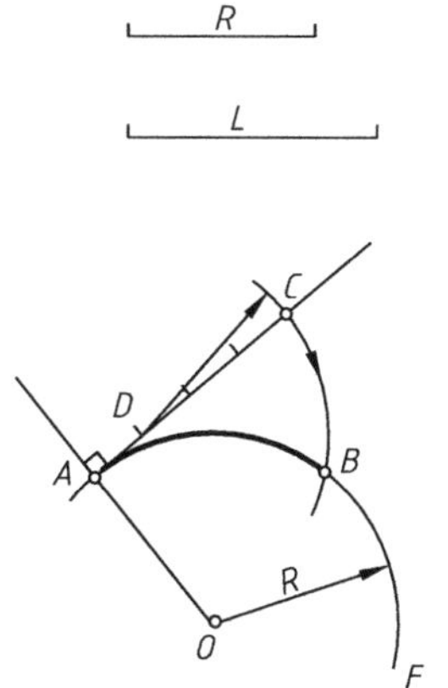

图 2-12　按圆弧的展开长度及半径作圆弧

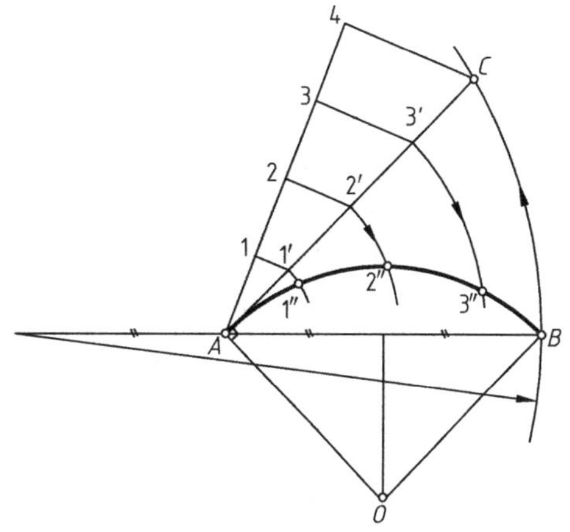

图 2-13　圆弧的等分

2.1.4.7　圆弧的等分

已知圆弧$\overset{\frown}{AB}$，用作图法将$\overset{\frown}{AB}$ 四等分，如图 2-13 所示。

作图步骤：

① 先作出圆弧$\overset{\frown}{AB}$ 的展开长度线 AC（参考图 2-11）；

② 四等分线段 AC；

③ 画出各段等分展开长度所对应的弧长（参考图 2-12）。

2.1.5　直线与圆弧连接

2.1.5.1　过圆上一点作圆的切线

已知圆上一点 A，过点 A 作该圆的切线，如图 2-14 所示。

作图步骤：

① 连接圆心 O 和切点 A；

② 作 OA 的垂直平分线；

③ 在垂直平分线上任取一点 O_1（不在 OA 上），以 O_1 为圆心、O_1A 为半径作半圆，交 OO_1 的延长线于点 B；

④ 连 A、B 两点，AB 即为所求的切线。

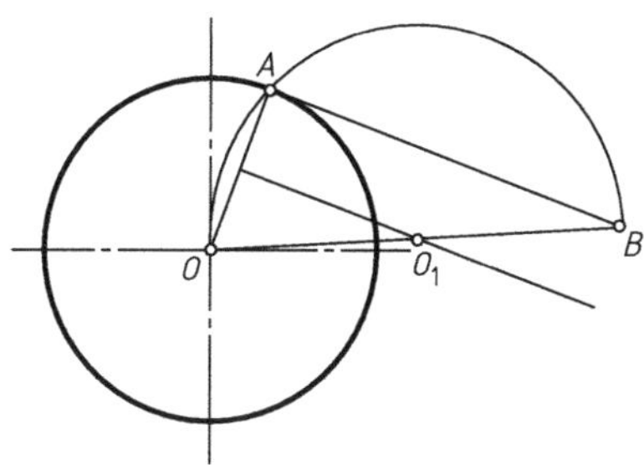

图 2-14　过圆上一点作圆的切线

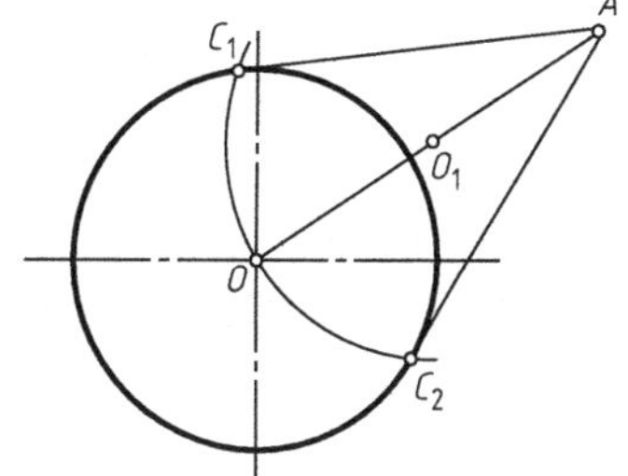

图 2-15　过圆外一点作圆的切线

2.1.5.2　过圆外一点作圆的切线

已知圆外一点 A，过点 A 作该圆的切线，如图 2-15 所示。

作图步骤：

① 作点 A 与圆心 O 的连线；

② 以 OA 的中点 O_1 为圆心，OO_1 为半径作弧，与已知圆相交于点 C_1、C_2；

③ 分别连接点 A、C_1 和点 A、C_2，AC_1 和 AC_2 即为所求切线。

2.1.5.3 作两圆的公切线

(1) 已知圆 O_1 和圆 O_2，求作同侧公切线

如图 2-16 所示，作图步骤：

① 以 O_2 为圆心，R_2-R_1 为半径作辅助圆；

② 过 O_1 作辅助圆的切线 O_1C；

③ 连接 O_2C 并延长，使与圆 O_2 交于 C_2；

④ 作 $O_1C_1 /\!/ O_2C_2$，连接 C_1、C_2，C_1C_2 即为所求的公切线。

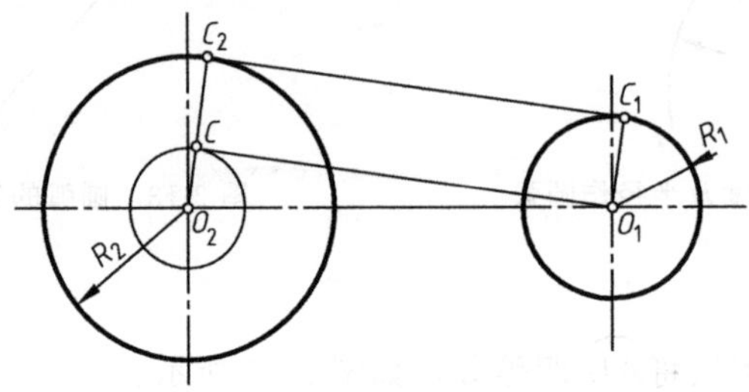

图 2-16 作同侧公切线

(2) 已知圆 O_1 和圆 O_2，求作异侧公切线

如图 2-17 所示，作图步骤：

① 以 O_1O_2 为直径作辅助圆；

② 以 O_2 为圆心，R_2+R_1 为半径作弧，与辅助圆相交于点 K；

③ 连 O_2K 与圆 O_2 相交于 C_2；

④ 作 $O_1C_1 /\!/ O_2C_2$，连接 C_1、C_2，C_1C_2 即为所求的公切线。

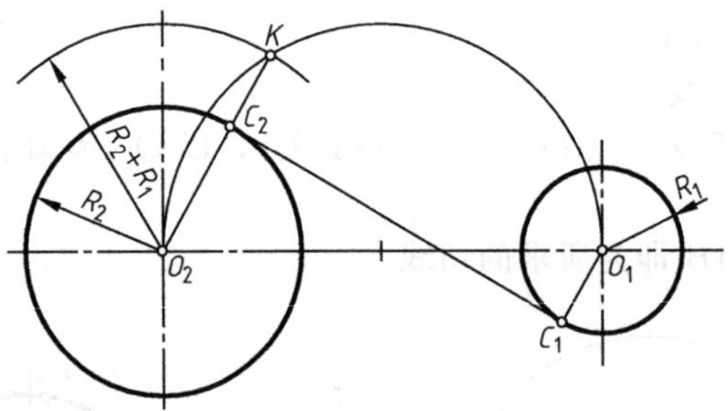

图 2-17 作异侧公切线

2.1.5.4 圆弧连接两已知直线

用半径为 R 的圆弧连接两已知直线 AB 和 CD，如图 2-18 所示。

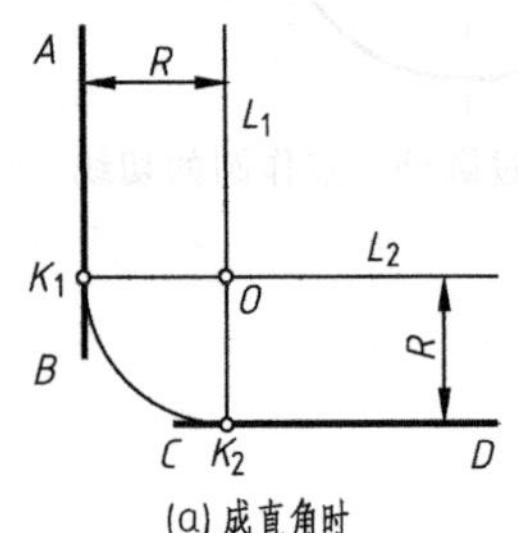

(a) 成直角时

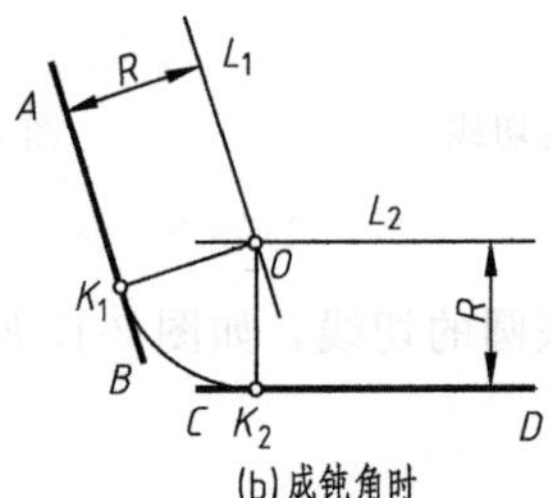

(b) 成钝角时

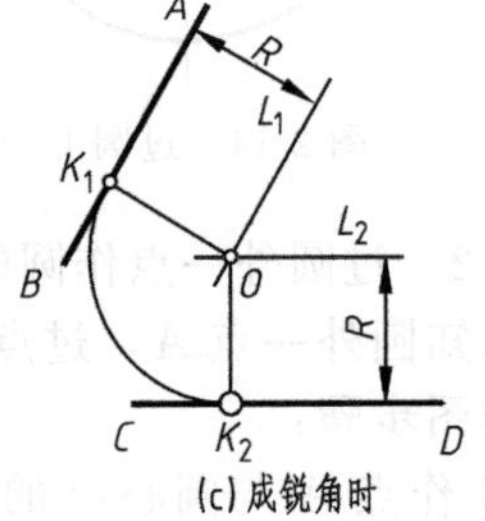

(c) 成锐角时

图 2-18 圆弧连接两已知直线

作图步骤：

① 分别作与两已知直线 AB、CD 相距为 R 的平行线 L_1，L_2，相交于点 O，点 O 即半径为 R 的连接弧的圆心；

② 过点 O 分别作 AB 及 CD 垂线，垂足为 K_1 和 K_2，即为切点；

③ 以 O 为圆心，R 为半径，自点 K_1 至 K_2 画圆弧，即为所求圆弧。

2.1.5.5　圆弧连接已知直线和圆弧

用半径为 R 的圆弧连接已知直线 AB 和圆弧（半径 R_1），如图 2-19 所示。

作图步骤：

① 作与已知直线 AB 相距为 R 的平行线 MN，以已知圆弧（半径 R_1）的圆心 O_1 为圆心，R_1+R（外切时）或 $|R_1-R|$（内切时）为半径画弧，与 L 交于点 O，点 O 即半径为 R 的连接弧的圆心；

② 以点 O 为圆心，作 AB 的垂线，垂足为 K_2；再作两圆心连线 OO_1（外切时）或两圆心连线 OO_1 的延长线（内切时），与已知圆弧（半径 R_1）相交于点 K_1，则 K_1、K_2 即为切点；

③ 以 O 为圆心，R 为半径，自点 K_1 至 K_2 画圆弧，$\overset{\frown}{K_1K_2}$ 即为所求圆弧。

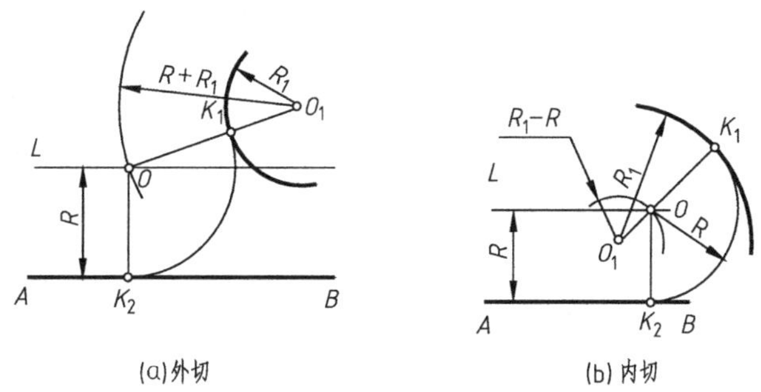

图 2-19　圆弧连接已知直线和圆弧

2.1.6　圆弧与圆弧连接

2.1.6.1　圆弧与两已知圆相切

(1) 作半径为 R 的圆弧，与两已知圆 O_1、O_2 内切

如图 2-20 所示，作图步骤：

① 分别以点 O_1、O_2 为圆心，以 $R-R_1$ 和 $R-R_2$ 为半径作圆弧，两弧相交于 O，点 O 即为所求圆弧的圆心；

② 连线 OO_1 和 OO_2，分别与两已知圆相交于 T_1，T_2，即为切点。

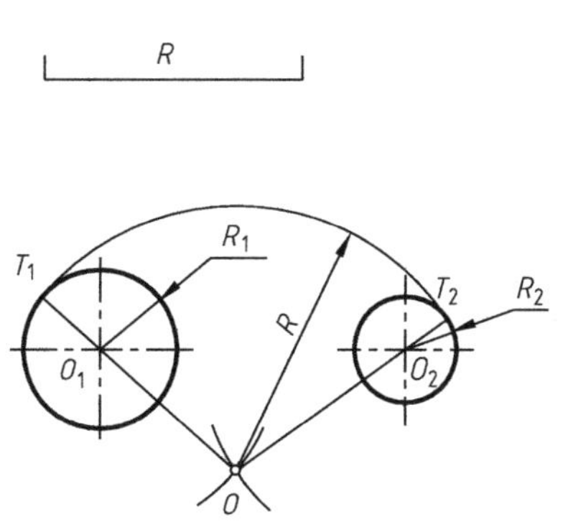

图 2-20　圆弧与两已知圆相内切

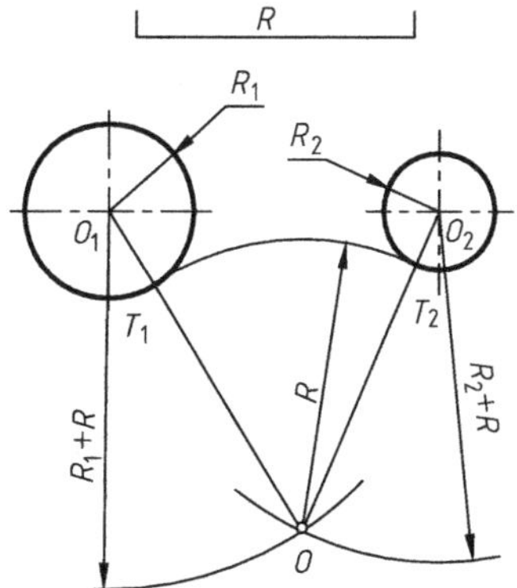

图 2-21　圆弧与两已知圆相外切

(2) 作半径为 R 的圆弧，与已知圆 O_1、O_2 外切

如图 2-21 所示，作图步骤：

① 分别以点 O_1、O_2 为圆心，以 $R+R_1$ 和 $R+R_2$ 为半径作圆弧，两弧相交于点 O，点 O 即为所求圆弧的圆心；

② 连线 OO_1 和 OO_2，分别与两已知圆相交于 T_1，T_2，点 T_1，T_2 即为切点。

(3) 作半径为 R 圆弧，与已知圆 O_1 内切，与已知圆 O_2 外切

如图 2-22 所示，作图步骤：

① 以 O_1 为圆心，$R-R_1$ 为半径作弧，以 O_2 为圆心，$R+R_2$ 为半径作弧，两弧交点 O 即为所求圆弧的圆心；

② 连线 OO_1 和 OO_2，分别与两已知圆相交于 T_1，T_2，即为切点。

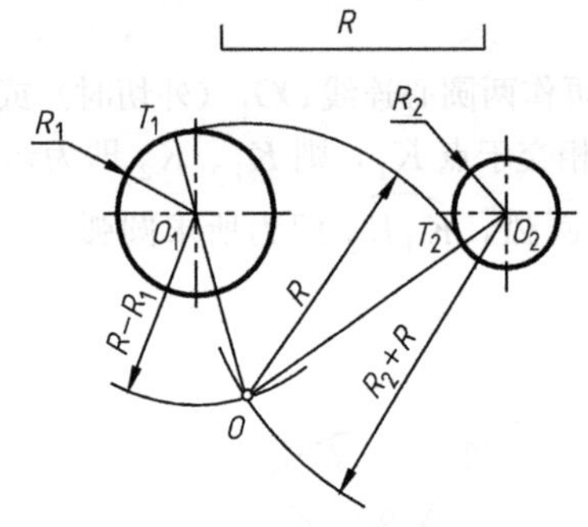

图 2-22 圆弧与两已知圆内外切

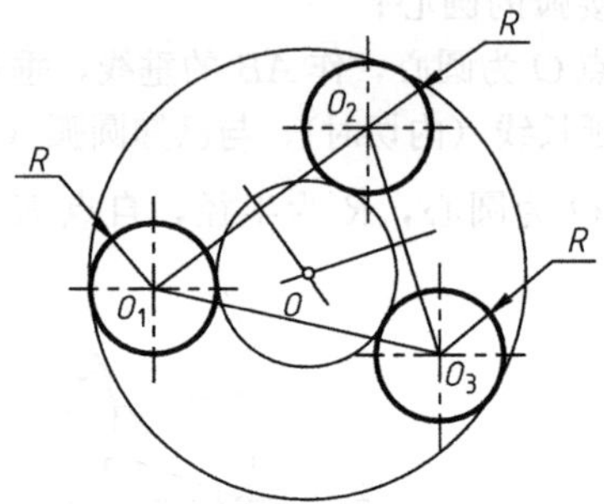

图 2-23 作圆与三同径已知圆相切

2.1.6.2 作圆与三同径已知圆相切

已知圆 O_1、O_2、O_3，半径 R 相等，求作圆 O 与三圆相切，如图 2-23 所示。

作图步骤：

① 作三已知圆的圆心连线 O_1O_2、O_2O_3、O_3O_1；

② 作 O_1O_2、O_2O_3、O_3O_1 中任意两直线的垂直平分线；

③ 两条垂直平分线的交点 O 即为公切圆的圆心，内公切圆半径为 OO_1-R，外公切圆半径为 OO_1+R。

2.1.6.3 作圆与三异径已知圆相切

已知圆 O_1、O_2、O_3，半径不等，求作圆 O 与三圆外切，如图 2-24 所示。

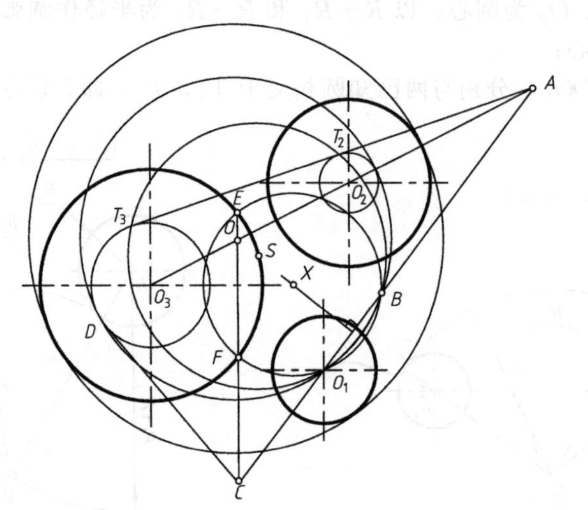

图 2-24 作圆与三异径已知圆相切

作图步骤：

① 圆 O_1、O_2、O_3 半径分别为 R_1、R_2、R_3，以点 O_2、O_3 为圆心，R_2-R_1 和 R_3-R_1 为半径，分别作两个辅助圆；

② 作两辅助圆的同侧外公切线，切点为 T_2，T_3；

③ T_2T_3 与 O_2O_3 相交于点 A；

④ 过 O_1、T_2，T_3 三点作辅助圆 S，与 AO_1 相交于点 B；

⑤ 作 O_1B 中垂线，并在中垂线上任取一点 X，以点 X 为圆心，XB 为半径作圆，交圆 O_3 于点 E、F，连接 E、F 并延长，交 AO_1 于点 C；

⑥ 过点 C 作直线与 O_3 辅助圆相切于 D；

⑦ 过 B、D、O_1 三点作辅助圆，圆心即为点 O；

⑧ 以 O 为圆心，$OD+R_1$ 为半径作圆，即为所求。

2.1.6.4　圆弧连接综合作图

(1) 过圆外一点作弧与已知圆相切于定点

过圆外一点 A 作弧与已知圆相切于点 B，如图 2-25 所示。

作图步骤：

① 作 A、B 连线的垂直平分线；

② 连接点 O、B 并延长，与 AB 的垂直平分线相交于点 O_1，点 O_1 即所求相切圆弧的圆心，半径 $R=O_1B=O_1A$。

(2) 过圆外两点作弧与已知圆相切

过圆外两点 A 和 B 作圆弧与已知圆相切，如图 2-26 所示。

作图步骤：

① 连接 A、B，在 AB 的垂直平分线上任取一点 S，以点 S 为圆心（点 S 不在 AB 上），以 $SA=SB$ 为半径作弧，与已知圆 O 相交于点 M 和点 N；

② 连接点 M、N，MN 与 AB 相交于点 C；

③ 过点 C 作已知圆 O 的切线，切点为 T_1 和 T_2；

④ 作直线 OT_1 和 OT_2，与 AB 的垂直平分线相交于 O_1 和 O_2；O_1、O_2 即为所求圆弧圆心的两个解，半径分别为 O_1T_1 及 O_2T_2。

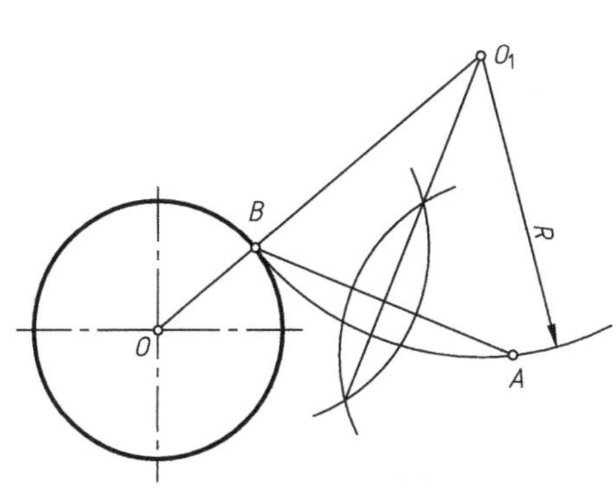

图 2-25　作弧与已知圆相切于定点

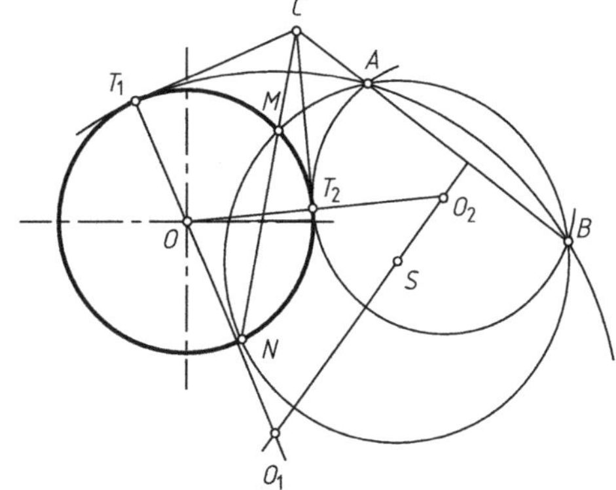

图 2-26　过圆外两点 A 和 B 作圆弧与已知圆相切

(3) 作圆弧与已知直线及已知圆相切

作半径为 R 的圆弧与已知直线 l 及已知圆 O_1 外切，如图 2-27 所示。

作图步骤：

① 以点 O_1 为圆心，R_1+R 为半径作辅助圆；
② 作直线 $l_1 /\!/ l$，其距离为半径 R；
③ l_1 与辅助圆交于点 A 和点 B，点 A 和点 B 即为所求相切圆弧的圆心。

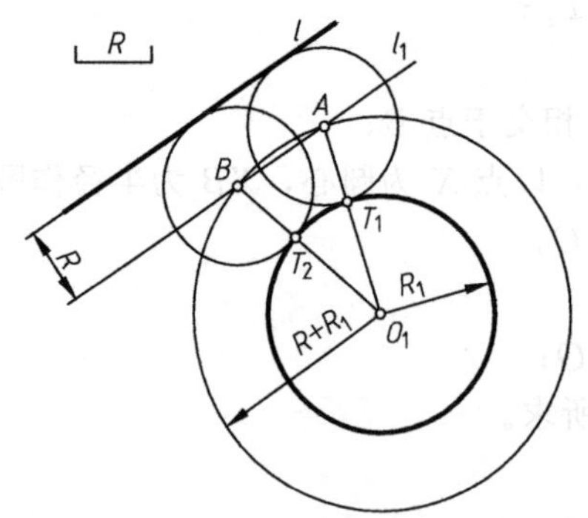

图 2-27 作圆弧与已知直线及已知圆相切

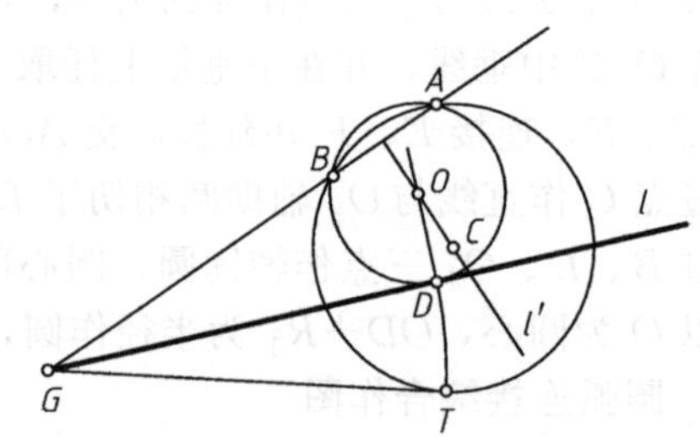

图 2-28 过两已知点作圆与已知直线相切

(4) 过两已知点作圆与已知直线相切

过 A、B 两点作圆与已知线 l 相切，如图 2-28 所示。

作图步骤：

① 连接点 A、B，作 AB 的中垂线 l'；
② 在线 l' 上任取一点 C（不在 AB 上），以点 C 为圆心，$CA=CB$ 为半径作圆；
③ AB 延长线与 l 相交于点 G，过点 G 作直线与辅助圆相切于 T；
④ 以 G 为圆心，GT 为半径作弧，交 l 于点 D；
⑤ 过点 D 作 l 的垂线，交 l' 于点 O，点 O 即为所求圆的圆心。

(5) 过已知点作圆与两相交直线相切

过点 A 作圆与相交两直线 l_1、l_2 相切，如图 2-29 所示。

作图步骤：

① 作两相交直线 l_1 及 l_2 的角平分线 l'；
② 作点 A 关于 l' 的对称点 A'；
③ 在 l' 上取一点 C，以点 C 为圆心、$CA=CA'$ 为半径作辅助圆；
④ 连接点 A、A' 并延长，交 l_2 于点 K，过点 K 作辅助圆的切线 KT，切点为 T；
⑤ 以点 K 为圆心，KT 为半径作弧，交 l_2 于点 D；
⑥ 过点 D 作 l_2 的垂线，交 l' 于 O。点 O 及为所求圆的圆心。

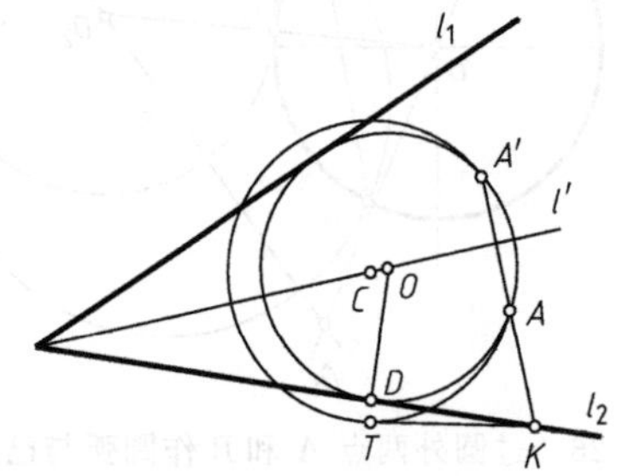

图 2-29 过点作圆与两相交直线相切

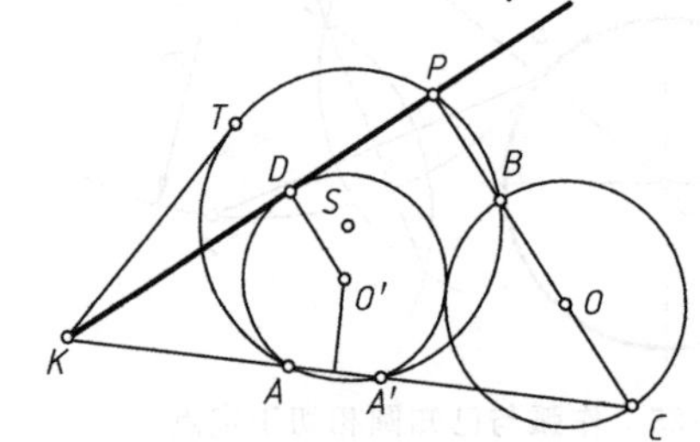

图 2-30 过点作圆与已知直线及圆相切

(6) 过已知点作圆与已知直线及圆相切

过已知点 A 作圆与直线 l 及圆 O 相切，如图 2-30 所示。

作图步骤：

① 过圆心 O 作 l 的垂线，垂足为 P，OP 与圆 O 相交于点 B、C；

② 过点 A、B、P 作辅助圆 S，与 CA 相交于点 A'；

③ 延长 CA 交 l 于点 K，过点 K 作辅助圆 S 的切线，切点为 T；

④ 以点 K 为圆心，KT 为半径作弧，交 l 于点 D；

⑤ 过点 D 作 l 的垂线与线段 AA' 的中垂线相交于点 O'，点 O' 即为所求圆心。

(7) 作圆与已知圆及两相交直线相切

作圆与两相交直线 l_1、l_2 和圆 O 都相切，如图 2-31 所示。

作图步骤：

① 作直线 m_1、m_2 分别平行已知直线 l_1、l_2，其距离为已知圆 O 的半径 R；

② 作 l_1 及 l_2 的角平分线 l_3；

③ 过圆心 O 作 l_3 的垂线，与 m_1 相交于点 A；

④ 在 l_3 上任取一点 C，以 C 为圆心，CO 为半径作辅助圆；

⑤ 过点 A 作直线与辅助圆相切于 T；

⑥ 以点 A 为圆心，AT 为半径作弧，交 m_1 于点 D；

⑦ 作线段 OD 的垂直平分线，交 l_3 于点 O'，O' 即为所求圆心。

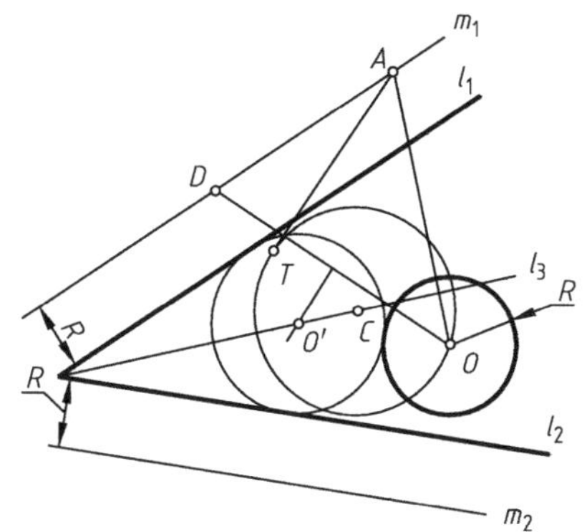

图 2-31　作圆与已知圆及两相交直线相切

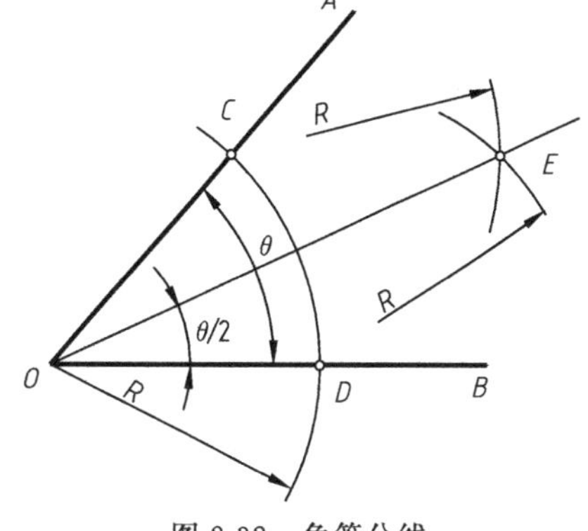

图 2-32　角等分线

2.1.7　角

2.1.7.1　角等分线

已知$\angle AOB=\theta$，作角等分线 OE，如图 2-32 所示。

作图步骤：

① 以顶点 O 为圆心，取任意半径 R 作弧，与角的两边相交于点 C、D；

② 分别以点 C、D 为圆心，R 为半径作弧，两弧相交于点 E；

③ 连接 OE，即为$\angle AOB$ 的等分线。

2.1.7.2　作 30°角及 60°角

作$\angle AOC=30°$，$\angle BOC=60°$，如图 2-33 所示。

作图步骤：

① 过 O 点作直角；

② 以点 O 为圆心，取任意半径 R 作弧，与直角的两边相交于点 A、B；

③ 以点 B 为圆心，R 为半径作弧，与弧$\overset{\frown}{AB}$ 交于点 C，则$\angle AOC=30°$，$\angle BOC=60°$。（或者 30°角也可以用等分 60°角的方法作图，如图$\angle COD=\angle BOD=30°$。）

2.1.7.3 作15°角、45°角及75°角

作$\angle BOC=15°$，$\angle AOE=45°$，$\angle COA=75°$，如图2-34所示。

作图步骤：

① 将直角AOB分为$\angle BOD=30°$和$\angle AOD=60°$；

② 等分30°角为$\angle BOC=\angle COD=15°$；

③ 截取$\overset{\frown}{CE}=\overset{\frown}{BD}$，得$\angle AOE=45°$；

④ $\angle COA=75°$。

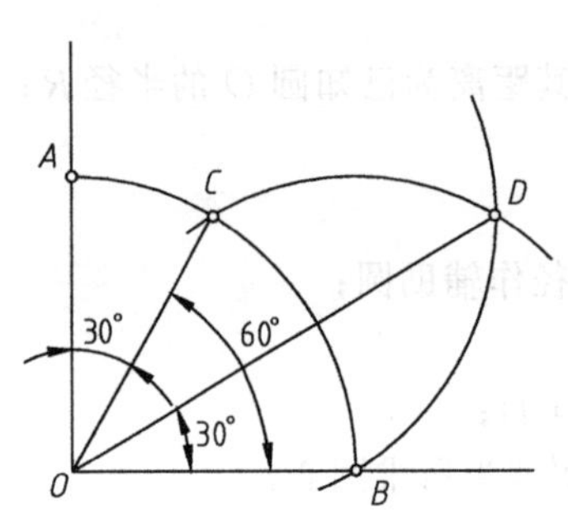

图2-33 30°角和60°角

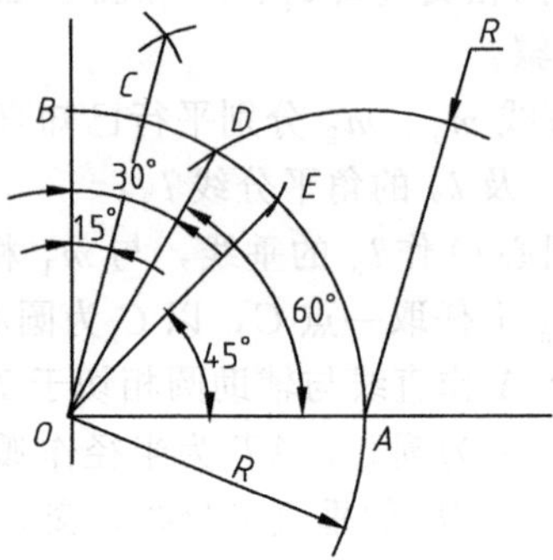

图2-34 15°角、45°角及75°角

2.1.8 正多边形

2.1.8.1 正三角形

(1) 已知边长L，作正三角形

如图2-35(a)所示，作图步骤：

① 作直线AB等于边长L；

② 分别以点A、B为圆心，边长L为半径，作两弧相交于点C；

③ $\triangle ABC$即为所求。

(2) 作已知圆的内接正三角形，圆半径为R

如图2-35(b)所示，作图步骤：

① 以圆的直径端点C为圆心，$\sqrt{3}R$为半径作弧，与圆相交于点A、B；

② 连接A、B、C三点即为所求的正三角形。

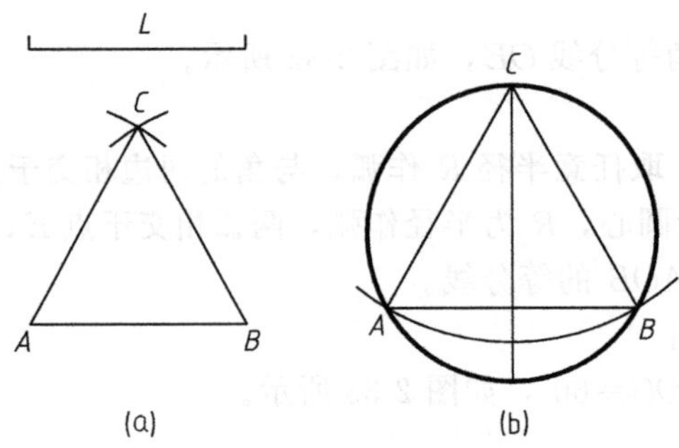

图2-35 正三角形

2.1.8.2 正四边形

(1) 已知边长L，作正四边形

如图2-36(a)所示，作图步骤：

① 作直线 AB 等于边长 L；

② 过点 A 作垂线，并以点 A 为圆心、边长 L 为半径作弧，与垂线相交于点 D；

③ 分别以 D、B 为圆心，L 为半径作两弧相交于 C，四边形 $ABCD$ 即为所求。

(2) 作已知圆的内接正四边形

如图 2-36(b) 所示，作图步骤：

作四个象限角的角平分线与圆周相交于 A、B、C、D 四点，四边形 $ABCD$ 即为所求。

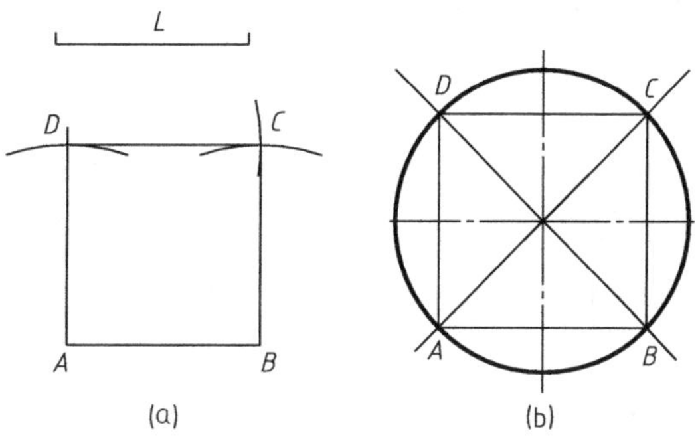

图 2-36　正四边形

2.1.8.3　正五边形

(1) 已知边长 L，作正五边形

如图 2-37(a) 所示，作图步骤：

① 作直线 AB 等于边长 L；

② 分别以点 A、B 为圆心，线段 AB 长为半径作弧，交点为 N；

③ 连接 N 和 AB 中点 M，在 MN 延长线上取 D 点，使 $ND=\frac{2}{3}AB$；

④ 以点 D 为圆心，AB 为半径作弧，交前两段弧于点 C、E，连接 A、B、C、D、E，$ABCDE$ 即为所求。

(2) 作已知圆的内接正五边形，近似作图

如图 2-37(b) 所示，作图步骤：

① 在已知圆中取半径 ON 的中点 F；

② 以点 F 为圆心，FA 为半径作弧与 OM 交于点 G；

③ 以点 A 为圆心，AG 为半径作弧与圆相交于点 B、E，AB 即为正五边形的近似边长；

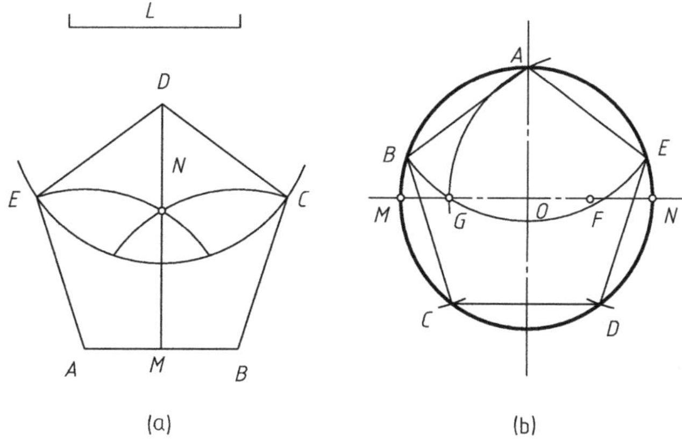

图 2-37　正五边形

④ 分别以点 B、E 为圆心，AB 长为半径作弧，交圆于 C、D，依次连接 A、B、C、D、E，得正五边形。

2.1.8.4 正六边形

作已知圆的内接正六边形，如图 2-38 所示。

作图步骤：

以已知圆的直径两端点 A，D 为圆心，以 OA、OD 为半径作弧，与圆相交于点 B、F、C、E 四点，$ABCDEF$ 即为所求正六边形。

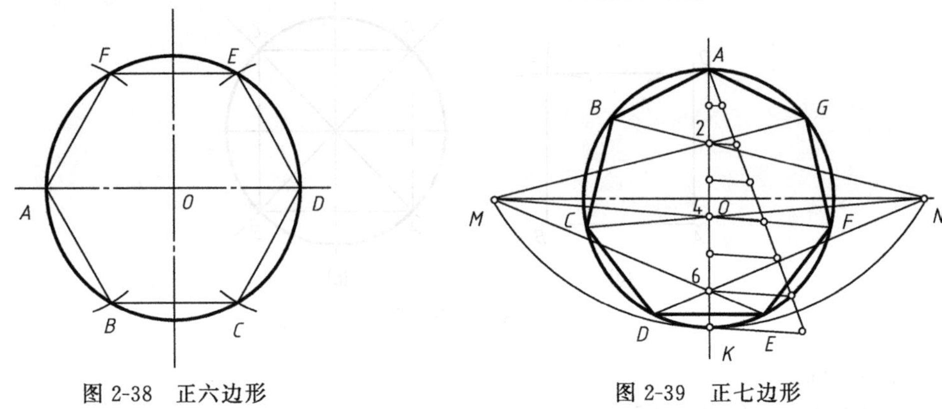

图 2-38 正六边形　　图 2-39 正七边形

2.1.8.5 正 n 边形

作已知圆 O 的内接正 n 边形，近似作图，如图 2-39 所示。

作图步骤：

① 将铅垂直径分为 n 等份（图中 $n=7$）；

② 以点 A 为圆心，以 AK（圆 O 的直径）为半径画弧，与水平直径延长线相交于点 M，N；

③ 由点 M 和 N 分别与偶数（或奇数）点连线，并与圆 O 相交于点 G、F、E、B、C、D；

④ 连接点 A、B、C、D、E、F、G 得正七边形。

除上述方法，还可利用边长与直径的关系作圆的内接正多边形，如表 2-1 所示。

表 2-1 正多边形边长 L 与外接圆直径 d 的关系

边数 n	$L\approx()d$	边数 n	$L\approx()d$
3	$L\approx0.87d$	12	$L\approx0.26d$
4	0.71	13	0.24
5	0.59	14	0.22
6	0.50	15	0.21
7	0.43	16	0.19
8	0.38	17	0.18
9	0.34	18	0.17
10	0.31	19	0.16
11	0.28	20	0.15

注：1. 表中所列数值一般为近似值，作图时应作适当调整。

2. 此表计算公式为：$L=d\sin\frac{180°}{n}$。

2.1.9 斜度及锥度

(1) 斜度

如图 2-40 所示，作图步骤：

① 作 $OD \perp OA$；

② 在 OD 线上取 OB 为一个单位长度；

③ 在 OA 线上取 OE 为 n 个单位长度，直线 BE 的斜度即为 $1:n$，凡与 BE 线平行的直线，其斜度均为 $1:n$。

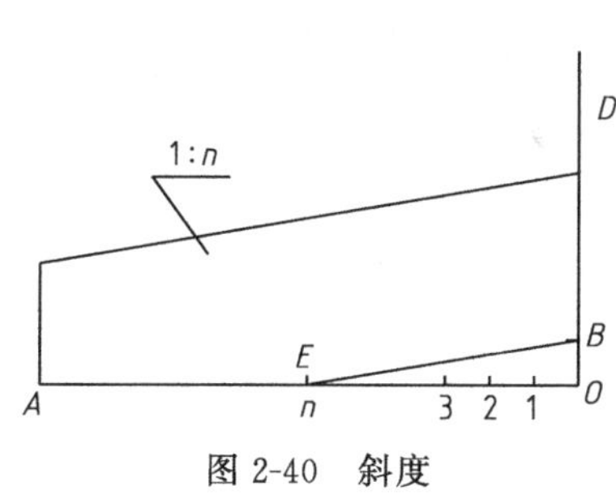

图 2-40　斜度

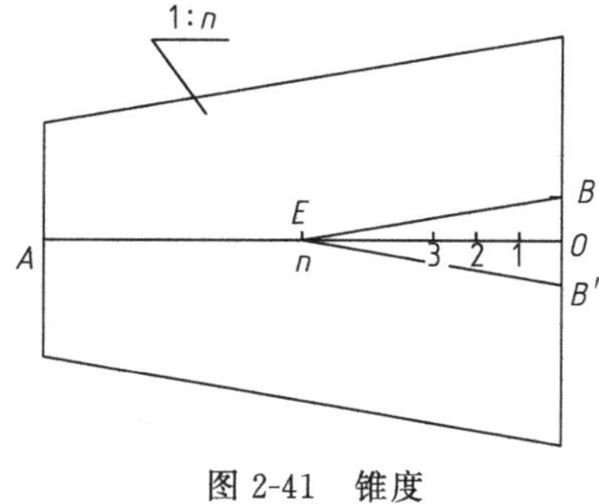

图 2-41　锥度

(2) 锥度

如图 2-41 所示，作图步骤：

① 以 OA 为轴线，过点 O 作 OA 的垂线；

② 在垂线上量取 BB' 为一个单位长度，使 $OB=OB'=\frac{1}{2}BB'$；

③ 在 OA 上取 OE 为 n 个单位长度，以 BB' 为底圆直径、OE 为高的圆锥的锥度即为 $1:n$，凡与 BE、$B'E$ 平行并对称于轴 OA 的两直线，均为锥度 $1:n$ 的圆锥素线。

2.2 几何曲线的作图

2.2.1 椭圆

2.2.1.1 已知长、短轴，作椭圆

(1) 已知椭圆的长轴 AB、短轴 CD，作椭圆

如图 2-42 所示，作图步骤：

① 以长、短轴为直径作两个同心辅助圆；

② 在两辅助圆上作出对应的等分点，如 1、2、3、…及 1′、2′、3′、…（等分数量随精确度要求而定）；

③ 从等分点 1′、2′、3′、…作铅垂线，从等分点 1、2、3、…作水平线；

④ 各铅垂线与其对应的水平线的交点 P_1、P_2、P_3、…即椭圆曲线上的点，依次连接各点得椭圆。

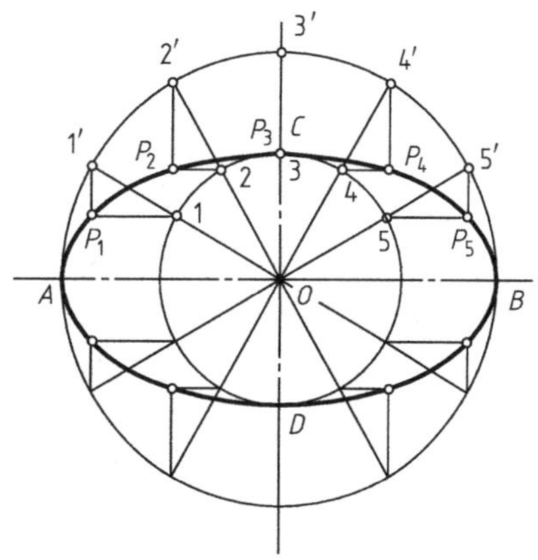

图 2-42　已知椭圆长、短轴作椭圆

(2) 已知椭圆长、短轴为 AB、CD，找出椭圆的焦点后，再作椭圆

如图 2-43 所示，作图步骤：

① 以短轴端点 D 为圆心，$R=\frac{1}{2}AB$ 为半径作辅助圆与 AB 交于点 F_1、F_2（即为焦点）；

② 将 OF_1、OF_2 分为相应的若干分段，如 $F_1 1$、

12、23、…及 $F_2 1'$、$1'2'$、$2'3'$、…（靠近 F_1、F_2 处分段宜较密）；

③ 以 F_1 为圆心，依次以 $A1$、$A2$、…为半径作弧；以 F_2 为圆心，依次以 $B1$、$B2$、…为半径作弧；

④ 两对应弧的交点 P_1、P_2、P_3、…即为椭圆弧上点，依次连接各点得椭圆。

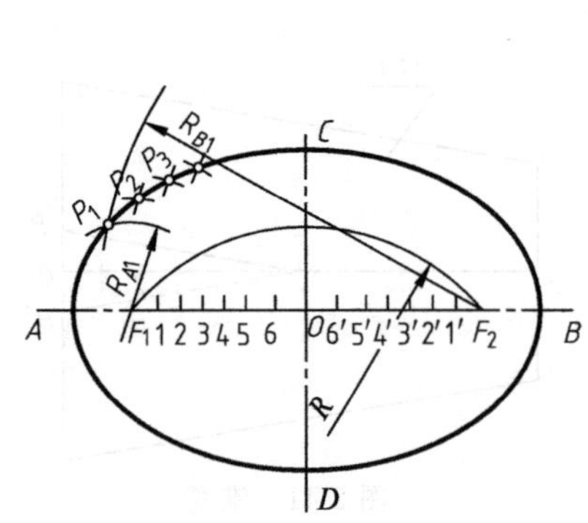

图 2-43 求焦点后作椭圆

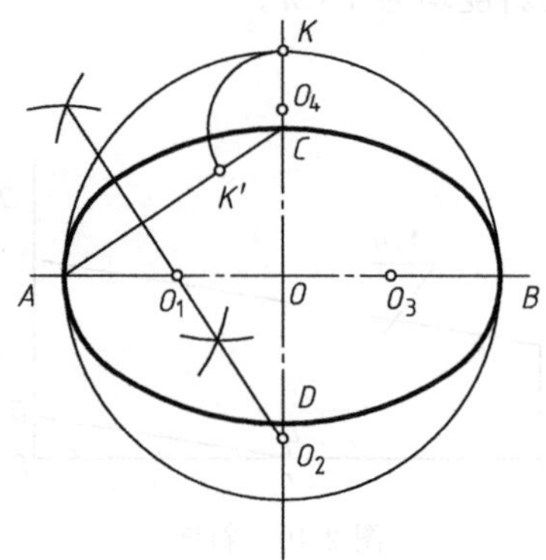

图 2-44 四心扁圆法作椭圆

(3) 已知椭圆的长、短轴 AB、CD，用四心扁圆的方法作椭圆（近似作图）

如图 2-44 所示，作图步骤：

① 在短轴 CD 线上取 $OK=OA$，得点 K；

② 连接 A、C，在 AC 线上取 $CK'=CK$，得点 K'；

③ 作 AK' 的中垂线，交 OA 于点 O_1，交 OD 于点 O_2；

④ 作点 O_2、O_1 对称于长、短轴线的对称点 O_4、O_3；

⑤ 以点 O_1、O_2、O_3、O_4 为圆心，分别以 O_1A、O_2C、O_3B、O_4D 为半径作四段圆弧，即为近似椭圆。

2.2.1.2 已知共轭轴，作椭圆

方法 1，如图 2-45(a) 所示。

作图步骤：

① 以共轭轴 MM_1 为直径作辅助圆；

② 过 MM_1 上的各点 1、2、3、…作 MM_1 的垂线与辅助圆相交于点 1′、2′、3′、…；

③ 连接过圆心 O 所作垂线的交点 5′与另一共轭轴 NN_1 的端点 N；

④ 过点 1′、2′、3′、…作 $5'N$ 的平行线，过 1、2、3、…作 NN_1 的平行线，相应两平行线的交点 P_1、P_2、P_3、…即为椭圆上的点，依次连接各点得椭圆。

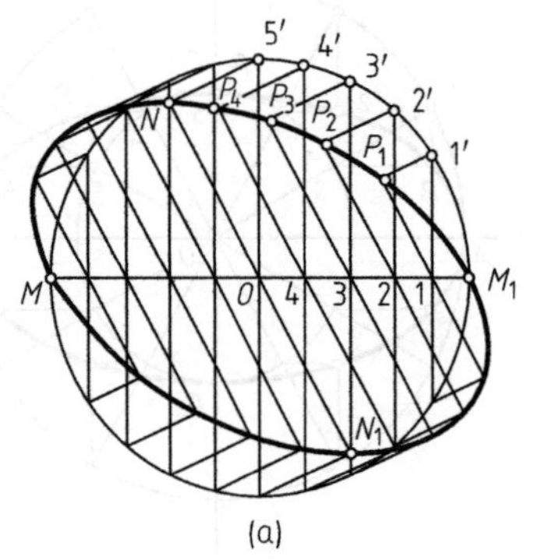

(a)

(b)

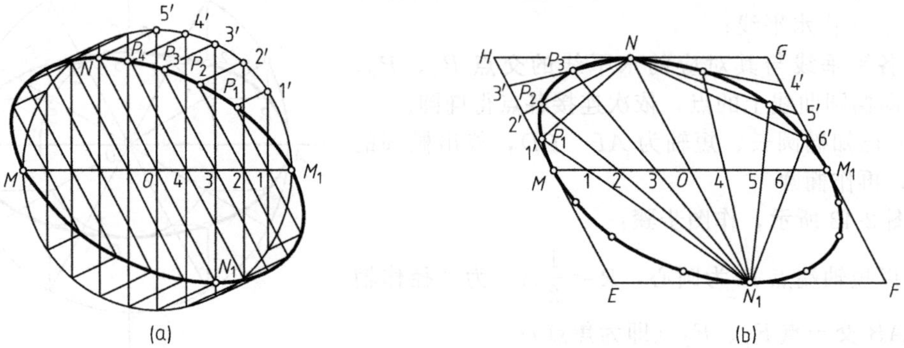

图 2-45 根据共轭轴作椭圆

方法 2，如图 2-45(b) 所示。

作图步骤：

① 过共轭轴的各端点 N、N_1、M、M_1 作平行四边形 $EFGH$（其对边分别平行于 MM_1 及 NN_1）；

② 在 OM、OM_1 及其相邻边 HM、GM_1 上作同数目的等分点 1、2、3、…及 1′、2′、3′、…；

③ 从 NN_1 的一个端点 N_1 出发，过 MM_1 上的等分点 1、2、3、4、5、6 作射线；再从另一端 N 出发向 HM，GM_1 各等分点 1′、2′、3′、4′、5′、6′作射线。两组射线中两相应射线的交点 P_1、P_2、P_3、…即为椭圆线上的点，依次连接各点得椭圆。

2.2.1.3　确定椭圆长、短轴的方向和大小

(1) 已知椭圆 O，求椭圆的长、短轴

如图 2-46(a) 所示，作图步骤：

① 以点 O 为圆心，任作一圆与椭圆相交于点 1、2、3、4；

② 矩形 1234 的对称中心线即为椭圆的长、短轴方向，与椭圆曲线的交点的连线 AD、BC 即为椭圆的长、短轴。

(2) 已知椭圆的共轭轴 MM_1、NN_1，求作长、短轴

如图 2-46(b) 所示，作图步骤：

① 作 $OE \perp MM_1$，并使 $OE=OM$；

② 连接 E 及 N_1，以 EN_1 的中点 S 为圆心，OS 为半径作弧，与 EN_1 的延长线相交于 G、K 两点；

③ OG 为椭圆的长轴方向，长轴的长度为 $2EG$；OK 为短轴方向，其长度为 $2KE$。

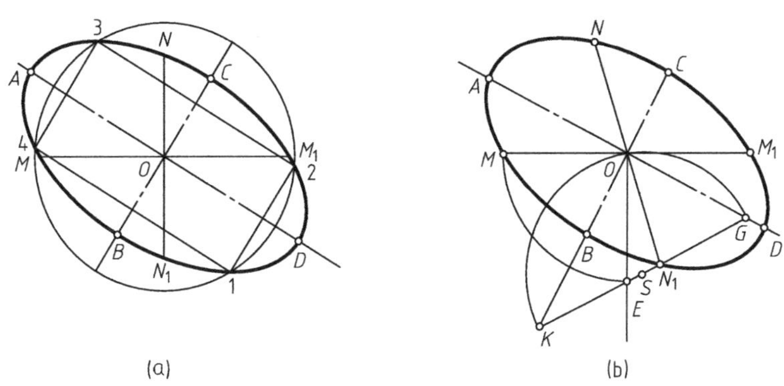

图 2-46　椭圆长、短轴的求法

2.2.1.4　作椭圆的切线及法线

(1) 已知椭圆及线上一点 T，过点 T 作椭圆的法线和切线

如图 2-47 所示，作图步骤：

① 以短轴端点 C 为圆心，OA 为半径作弧，交 AB 于点 F_1、F_2（即为焦点）；

② 连接 F_1、T 和 F_2、T；

③ 作 $\angle F_1TF_2$ 的角平分线，即椭圆上点 T 处的法线；

④ 过点 T 作法线的垂线，即为椭圆切线。

(2) 已知椭圆及椭圆外一点 S，过 S 作椭圆的法线

如图 2-48 所示，作图步骤：

① 以短轴端点 C 为圆心，OA 为半径作弧，交 AB 于 F_1、F_2（即焦点）；

② 作连线 F_1S 及 F_2S，分别与椭圆交于 M 及 N；

③ 两连线 F_1N 及 F_2M 相交于 K，KS 即为所求的法线。

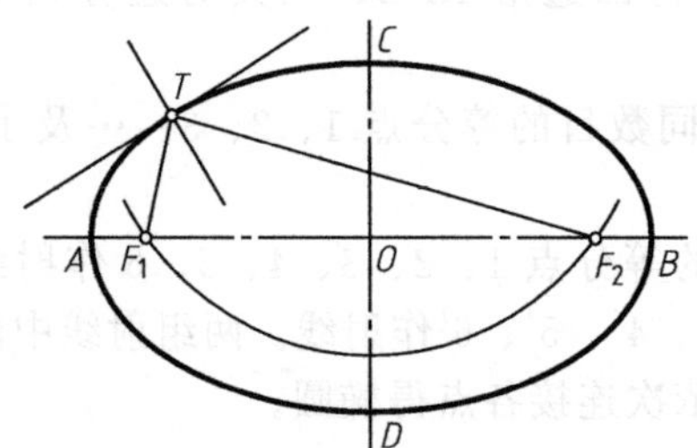

图 2-47 过椭圆上一点作切线

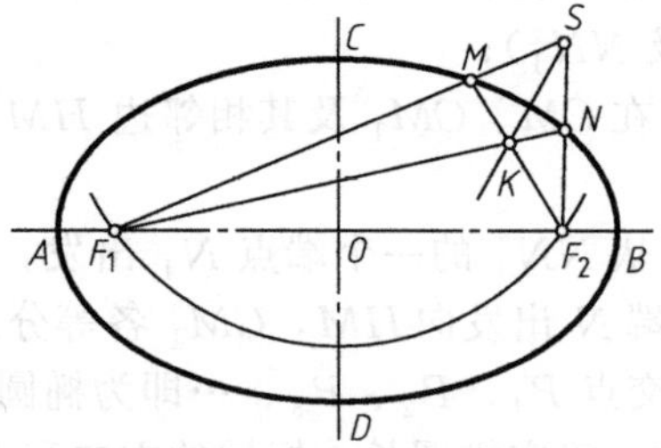

图 2-48 过椭圆外一点作法线

(3) 已知椭圆及椭圆外一点 S，过 S 作椭圆的切线

如图 2-49 所示，作图步骤：

① 以短轴端点 C 为圆心，OA 为半径作弧，交 AB 于点 F_1、F_2（即为焦点）；

② 以 F_2 为圆心，长轴 AB 为半径作弧；

③ 以 S 为圆心，SF_1 为半径做弧，两弧相交于 K；

④ KF_2 与椭圆相交于点 T，连接 S、T，直线 ST 即为椭圆切线。

2.2.1.5 作椭圆的展开长度

如图 2-50 所示，作图步骤：

① 求出椭圆的一个焦点 F_2；

② 连接椭圆长、短轴端点 D、A；

③ 过 F_1 作 $F_1E \perp DA$，在 DA 延长线上量取 $AS=1.5AE$；

④ 以点 S 为圆心、SD 为半径作弧，与过点 A 所作铅垂线（切线）相交于点 K，AK 即为 AD 曲线段展开长度（近似）。

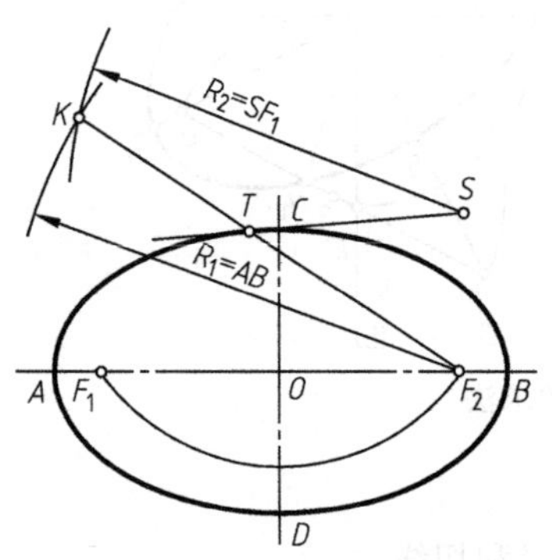

图 2-49 椭圆外一点作切线

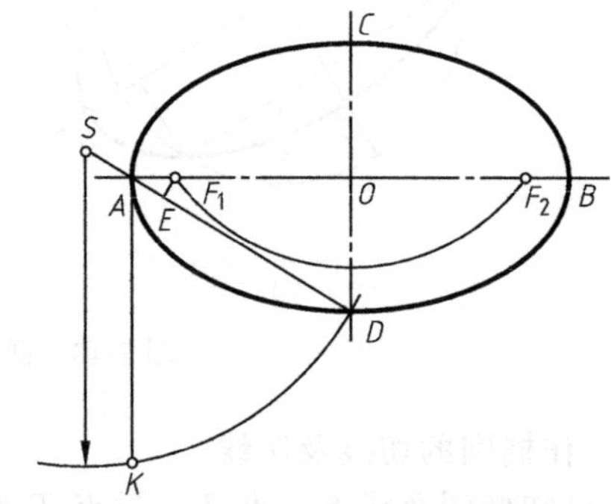

图 2-50 作椭圆展开长度

2.2.2 抛物线

2.2.2.1 已知准线及焦点作抛物线

如图 2-51 所示，作图步骤：

① 过焦点 F 作对称轴 AK 垂直于准线 MN；

② 求出抛物线的顶点 O，$AO=\frac{1}{2}AF$；

③ 在 OK 之间任作分点 1、2、3、…；

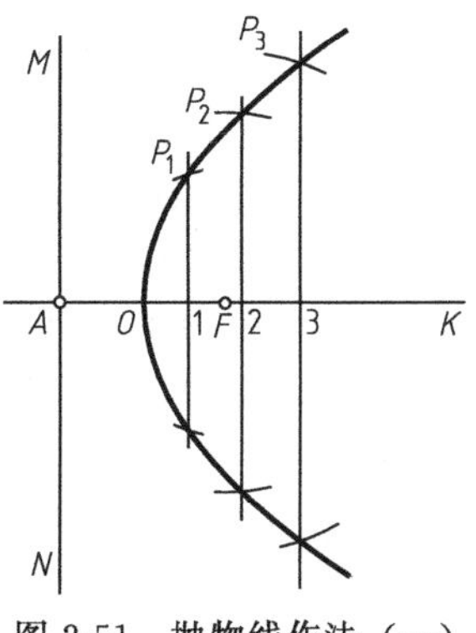

图 2-51　抛物线作法（一）

④ 过各分点作 l_1、l_2、l_3、…垂直于 AK；

⑤ 以 F 为圆心，依次以 $A1$、$A2$、$A3$、…为半径作弧，与 l_1、l_2、l_3、…相交，连接交点 P_1、P_2、P_3、…即为所求的抛物线。

2.2.2.2　已知对称轴、顶点及曲线上一点，作抛物线

方法 1，如图 2-52(a) 所示，作图步骤：

① 过曲线上的已知点 D 及顶点 O 分别作直线平行及垂直于对称轴线 OK，两直线相交于点 B；

② 在 OB 及 BD 上作出相同数量的等分点；

③ 以点 O 为中心，向 BD 线上的各分点 $1'$、$2'$、$3'$、…作射线；

④ 过 OB 线上的各分点 1、2、3、…作 BD 的平行线；

⑤ 两组直线中相应两线的交点 P_1、P_2、P_3、…即为所求的抛物线上的点。

方法 2，如图 2-52(b) 所示，作图步骤：

① 过已知点 D 作 OK 的垂线，与 OK 相交于点 E；

② 在 DE 的延长线上取点 D 关于 OK 的对称点 D'；

③ 在 OE 和 DE 两线上作出相同数量的等分点；

④ 以点 D'为中心，向 OE 上的各分点 $1'$、$2'$、$3'$、…作射线；

⑤ 过 ED 上的各分点 1、2、3、…作 OE 的平行线，两组直线中相应两线的交点即为抛物线上的点。

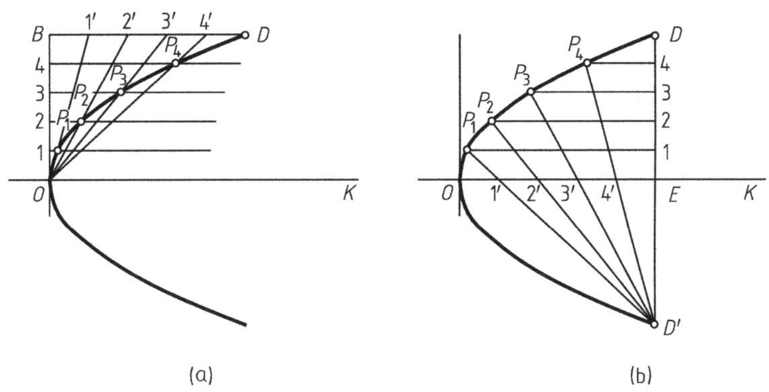

图 2-52　抛物线作法（二）

2.2.2.3　已知与抛物线相切的两线段，作抛物线

已知 SA、SB 为抛物线的两切线，作抛物线，如图 2-53 所示。

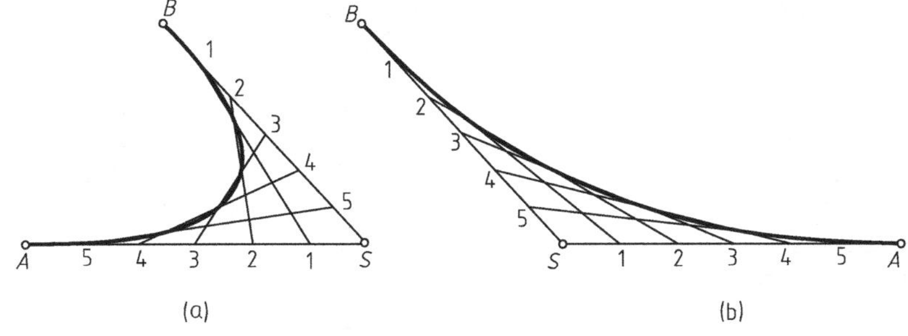

图 2-53　抛物线作法（三）

作图步骤：

① 在切线 SA、SB 上作出相同数量的等分点；

② 如图所示将各点进行编号；

③ 依次用直线连接相应序号的点；

④ 作各连线的包络线即得所求抛物线，A、B 两点为切点。

2.2.2.4 作抛物线的切线

(1) 已知抛物线，焦点为 F，准线为 MN，抛物线上点 T，过点 T 作抛物线的切线

如图 2-54 所示，作图步骤：

① 过 T 作直线 TE 垂直于准线 MN；

② 连接已知点 T 及焦点 F；

③ 作∠ETF 的角平分线，此角平分线即为所求切线。

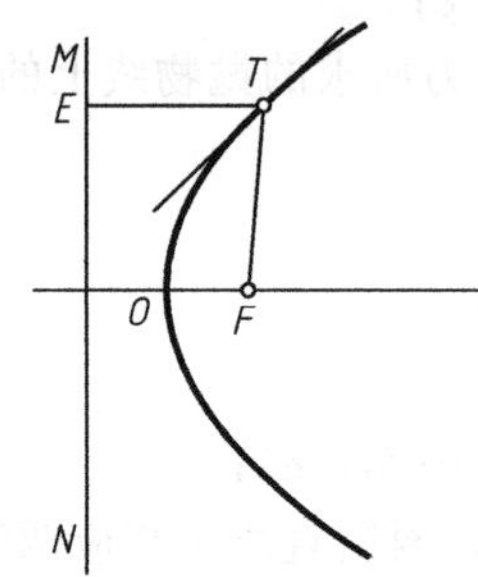

图 2-54 抛物线切线（一）

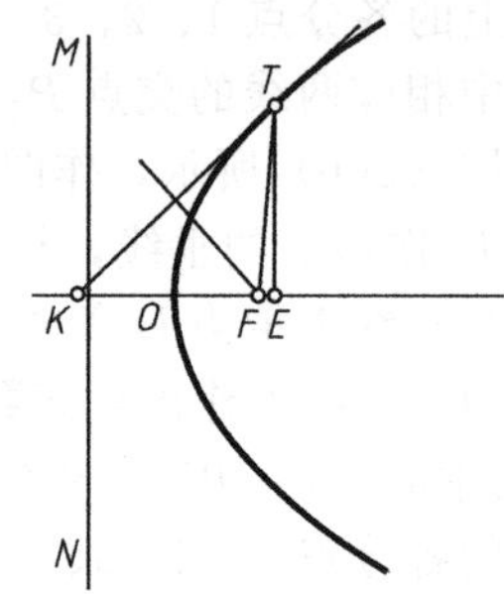

图 2-55 抛物线切线（二）

(2) 已知抛物线及其上一点 T，过点 T 作抛物线的切线并求曲线焦点 F

如图 2-55 所示，作图步骤：

① 由已知点 T 作直线 TE 垂直于对称轴线；

② 在轴线上自顶点 O 量取 $OK=OE$；

③ 连接点 K、T，KT 即为所求切线；

④ 作切线 KT 的垂直平分线与对称轴线相交于点 F，点 F 即为焦点。

(3) 已知抛物线及抛物线外一点 S，作抛物线的切线

如图 2-56 所示，作图步骤：

① 以点 S 为圆心，SF 为半径作弧，交准线 MN 于点 B_1、B_2；

② 过点 B_1、B_2 分别作直线平行于对称轴线，并与曲线相交于点 T_1、T_2；

③ 连接点 S、T_1 和点 S、T_2，ST_1 及 ST_2 即为所求的切线。

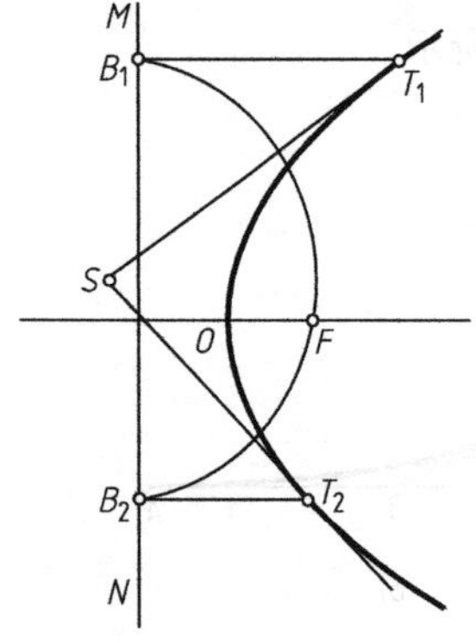

图 2-56 抛物线切线（三）

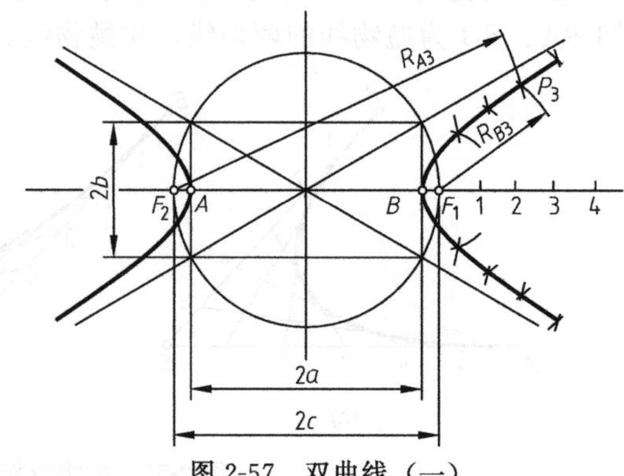

图 2-57 双曲线（一）

2.2.3　双曲线

2.2.3.1　已知双曲线的实半轴 a 及虚半轴 b，作双曲线

如图 2-57 所示，作图步骤：

① 根据 $c=\sqrt{a^2+b^2}$ 的关系作图，求出焦点 F_1、F_2；

② 从焦点向外任作若干分点 1、2、3、…；

③ 分别以点 F_1、F_2 为圆心，以曲线两顶点 A、B 到某一分点的距离为半径（R_{A3} 及 R_{B3}）作两弧；

④ 相应两弧的交点（如 P_3）即为曲线上的点。

2.2.3.2　已知双曲线上的一点及渐近线，作双曲线

如图 2-58 所示，作图步骤：

① 过已知点 P 作渐近线 l_1 和 l_2 的平行线 l_1' 和 l_2'；

② 在 l_1' 或 l_2' 上，如 l_2' 上任取 1、2、3、…；

③ 自 l_1 与 l_2 的交点 O 依次与各分点作连线，与另一平行线 l_1' 相交于相应的分点 1′、2′、3′、…；

④ 自 l_2' 上各分点作线平行于 l_1'，自 l_1' 上各分点作线平行于 l_2'；

⑤ 连接各对相应平行线的交点 P_1、P_2、P_3、…，即得所求双曲线的一支。

2.2.3.3　作双曲线的切线

(1) 已知双曲线及其上一点 P，过点 P 作双曲线的切线

如图 2-59 所示，作图步骤：

① 作点 P 与两个焦点 F_1、F_2 的连线；

② 作 $\angle F_1PF_2$ 的角平分线即为所求的切线。

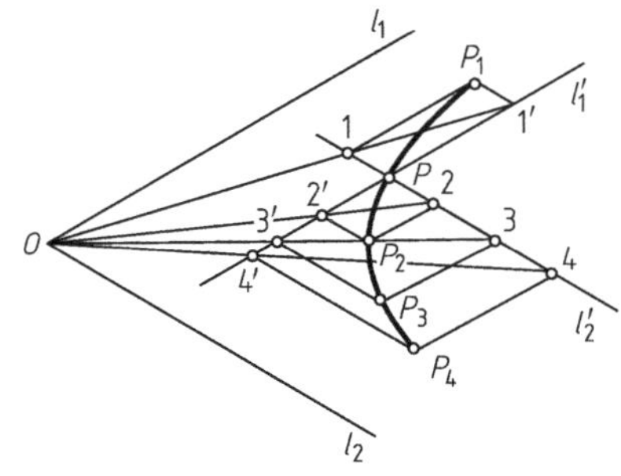

图 2-58　双曲线（二）

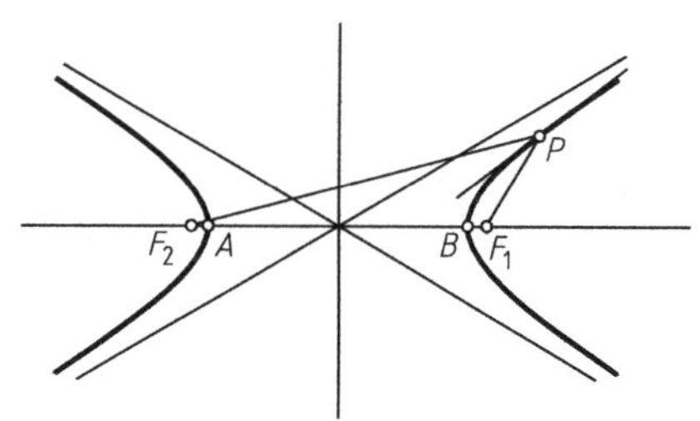

图 2-59　过双曲线上一点作切线

(2) 已知双曲线及双曲线外一点 S，过 S 作双曲线的切线

如图 2-60 所示，作图步骤：

① 以 S 为圆心，SF_1 为半径作辅助圆，以 F_2 为圆心，以双曲线两顶点的距离 AB 为半径作辅助圆，两辅助圆相交于点 1、2；

② 连接 F_2 和 1 与曲线交于 T_1，连接 F_2 和 2 与曲线交于 T_2，点 T_1、T_2 即为所求切点。

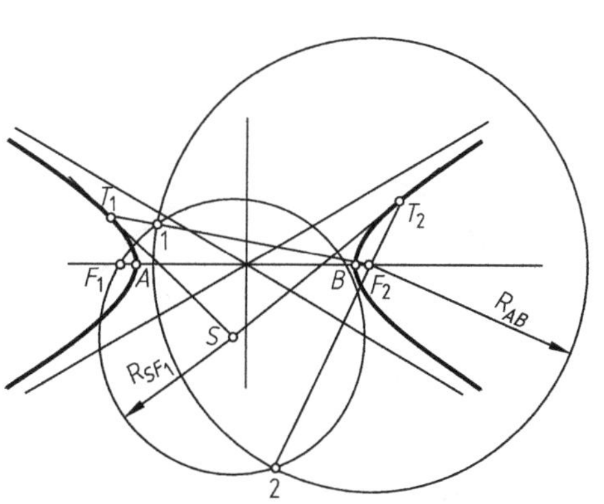

图 2-60　过双曲线外一点作切线

2.2.4　渐开线

2.2.4.1　圆的渐开线

如图 2-61 所示，作图步骤：

① 在基圆上作出若干等分点（图示为 12 等分）；

② 自每个等分点作基圆的切线。在点 12 处的切线上量取基圆的展开长度 πD，并在此切线上作出同样数量的等分点（12 等分）；

③ 在基圆的每条切线上量取相应的圆弧展开长度，得到相应的点 1′、2′、3′、…12′，连接各点即为所求圆的渐开线。

2.2.4.2 多边形的渐开线

如图 2-62 所示，图为正五边形，作图步骤：

① 自各顶点向同一侧延长各边；

② 自某一顶点开始（图为顶点 1），依次以边长的 1 倍、2 倍…为半径在相应各边的延长线之间作圆弧，即构成正五边形的渐开线。

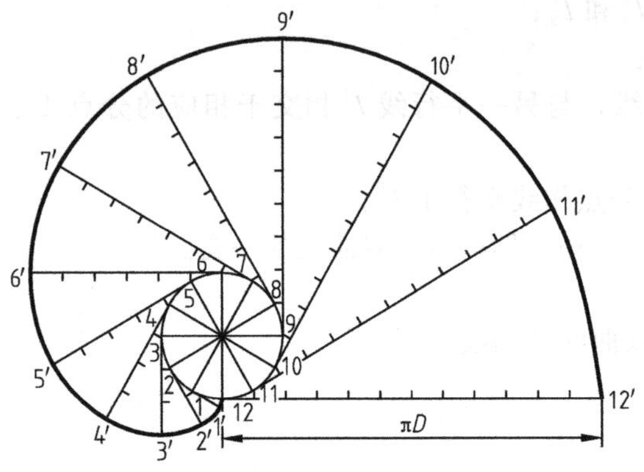

图 2-61 圆的渐开线

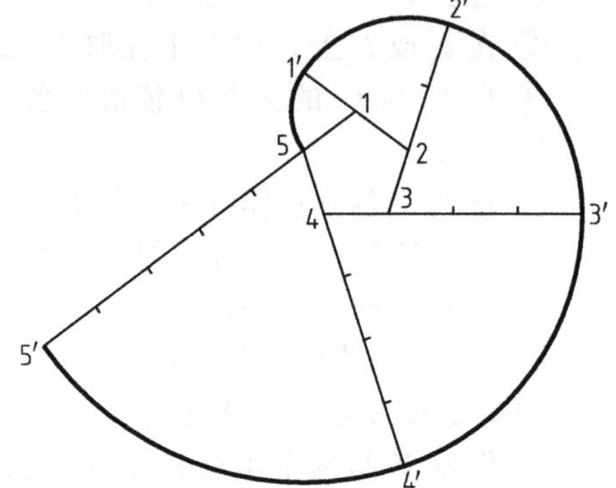

图 2-62 正五边形渐开线

2.2.4.3 渐开线的切线

(1) 过圆的渐开线上一点 T 作切线

如图 2-63 所示，作图步骤：

① 过点 T 作一辅助线与基圆相切；

② 自 T 点作辅助线的垂线，该垂线即为所求的切线。

(2) 过正五边形的渐开线上一点 T 作切线

如图 2-64 所示，作图步骤：

① 延长正五边形的各边至渐开线，分析已知点 T 所在圆弧段的圆心 O；

② 作 T 与该圆心 O 的连线；

③ 过 T 作 TO 的垂线，该垂线即为所求切线。

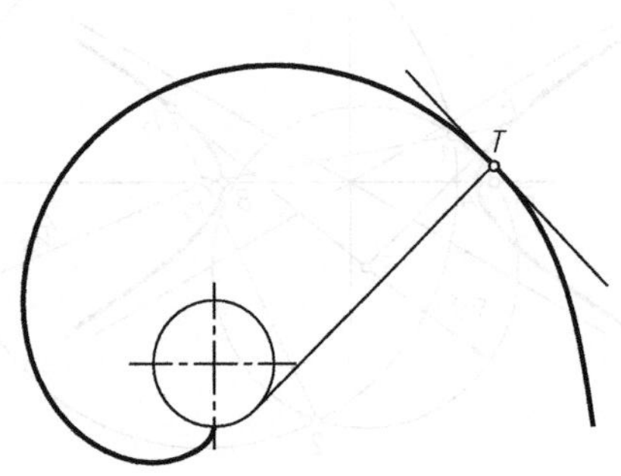

图 2-63 圆渐开线的切线

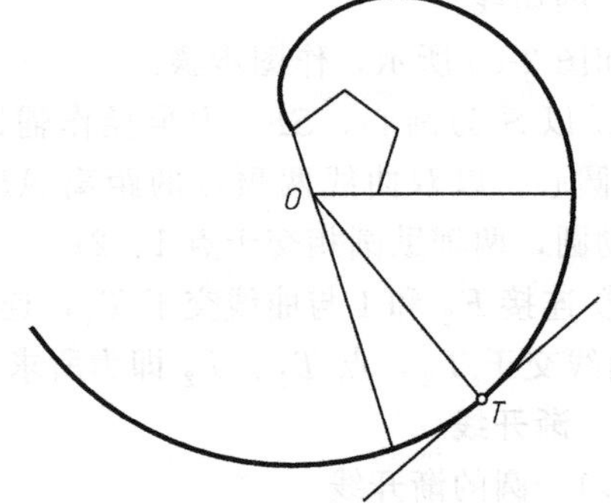

图 2-64 正五边形渐开线的切线

2.2.5 摆线

2.2.5.1 作平摆线

如图 2-65 所示，作图步骤：

① 在直线上取 AA' 等于滚动圆周的展开长度；

② 将滚动圆周及 AA' 线段按相同数量等分（图示为 12 等分）；

③ 过圆周上各分点作直线 AA' 的平行线；

④ 当圆由 O_1 滚动到 O_2 位置时，圆 O_2 与过点 2 所作的平行线相交于 P_2，此即动点由 P_1 到 P_2 的新位置。用此法依次求出动点的各个位置 P_3、P_4、…即可连成平摆线。

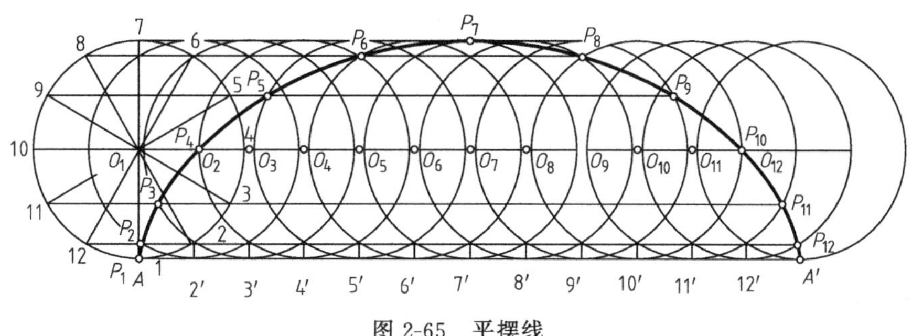

图 2-65　平摆线

2.2.5.2 作外摆线

如图 2-66 所示，作图步骤：

① 自滚圆的点 A 在基圆弧上取圆心角 $\alpha=\dfrac{r}{R}\times 2\pi=\angle AOA_1$；

② 将∠α 和滚动圆周分成同样数量的等份（图示为 12 等份）；

③ 以 O 为圆心，过滚圆的各等分点作圆弧；

④ 当滚圆由 O_1 到 O_2 位置时，圆 O_2 与过分点 2 所作的弧相交于 P_2，此即动点由 P_1 到 P_2 的新位置。用此法依次求出动点的各个位置 P_3、P_4、…、P_{12} 即可连成外摆线。

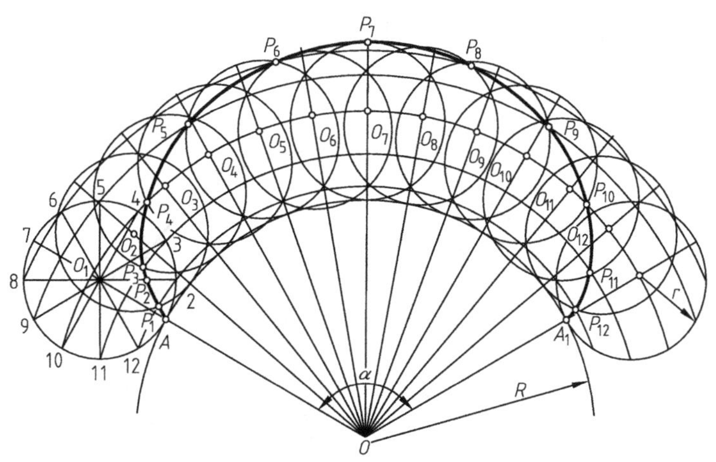

图 2-66　外摆线

2.2.5.3 作内摆线

作图方法与外摆线相同，如图 2-67 所示。

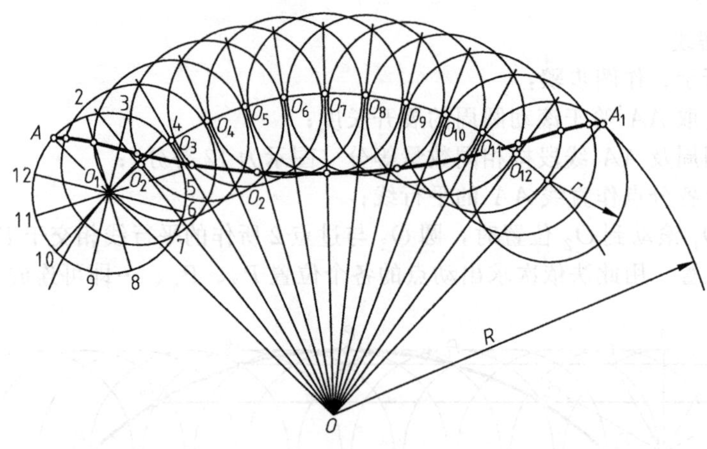

图 2-67　内摆线

2.2.5.4　作摆线的切线

(1) 过已知平摆线上一点 T 作切线

如图 2-68 所示，作图步骤：

① 以点 T 为圆心，滚圆半径 r 为半径作弧，交基圆圆心的轨迹线 O_1O'于点 O_T；

② 过 O_T 作 AA'垂线，垂足为 A_T；

③ 过点 T 作 A_TT 垂线，即为所求摆线的切线。

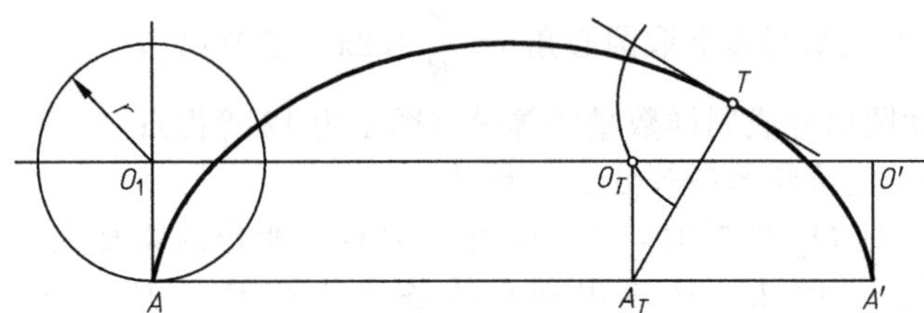

图 2-68　摆线切线（一）

(2) 过已知外摆线 AA'上一点 T 作切线

如图 2-69 所示，作图步骤：

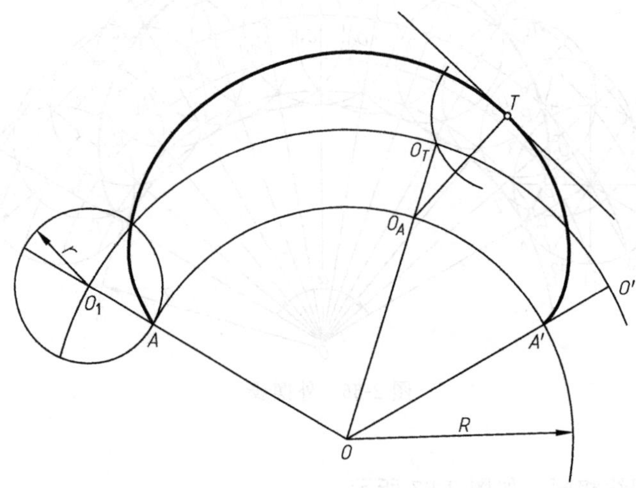

图 2-69　摆线切线（二）

① 以点 T 为圆心，滚圆半径 r 为半径作弧，交基圆圆心的轨迹线 $\overset{\frown}{O_1O'}$ 于点 O_T；

② 连接 O_T 及 O，与 $\overset{\frown}{AA'}$ 交于点 O_A；

③ 过点 T 作 TO_A 的垂线，即为所求的切线。

2.2.6　阿基米德涡线

阿基米德涡线作法如图 2-70 所示。

作图步骤：

(1) 将圆的半径 OA 分成若干等份，图示为 8 等份；

(2) 将圆周作同样数量的等分，得 1′、2′、3′、…、8′；

(3) 以 O 为圆心，$O1$、$O2$、$O3$、…、$O8$ 为半径作弧；

(4) 各弧与相应射线 $O1'$、$O2'$、$O3'$、…、$O8'$ 相交于 P_1、P_2、P_3、…，将各点连成曲线即为所求。

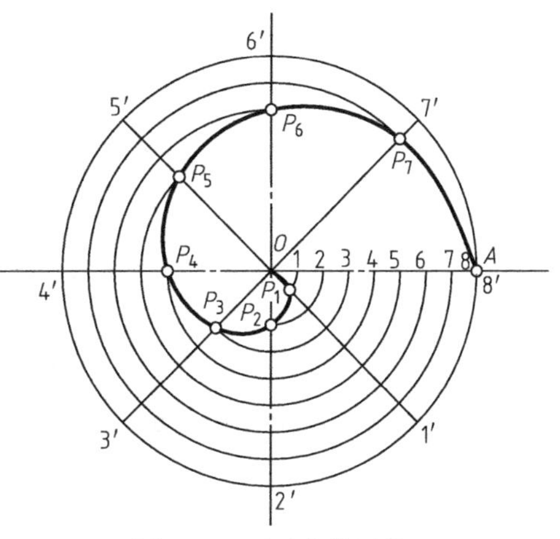

图 2-70　阿基米德涡线

2.3　空间曲线与曲面

2.3.1　空间曲线

在平面内，曲线可以看成是动点的轨迹，因此在空间中，曲面也可看成是一个动点或动曲线（直线）按一定的规律形成的空间轨迹。

2.3.1.1　空间曲线概述

(1) 空间曲线表达

① 投影表达。在正投影图中画出曲线上一系列点的投影，然后用曲线板将各点投影按序光滑连接，即得空间曲线的投影，如图 2-71 所示。若曲线的投影为规则曲线（如圆、椭圆等），则可用平面曲线的作图法画出其投影。

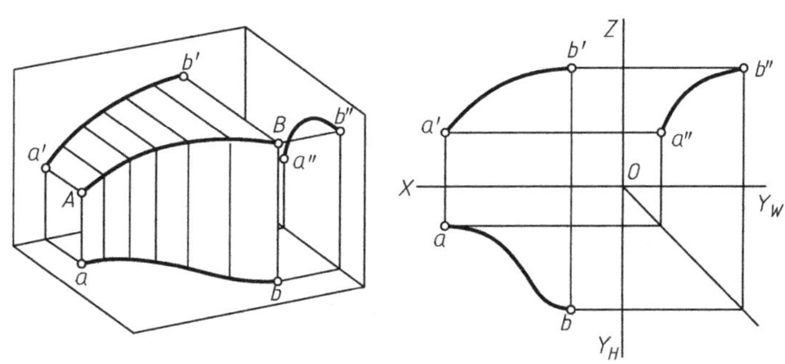

图 2-71　投影表达

② 解析表达。空间曲线可以看作两空间曲面的交线，因此空间曲线可以用两空间曲面方程联立来表示。

$$\left.\begin{aligned}F(x,y,z)=0\\G(x,y,z)=0\end{aligned}\right\}$$

其几何意义为用两曲面 F、G 的交线来表达空间曲线。若用

$$\left.\begin{aligned}f(x,y)=0\\g(x,z)=0\end{aligned}\right\}$$

表示，其几何意义为用两个投射柱面 f、g 的交线来表达空间曲线，如图 2-72 所示。

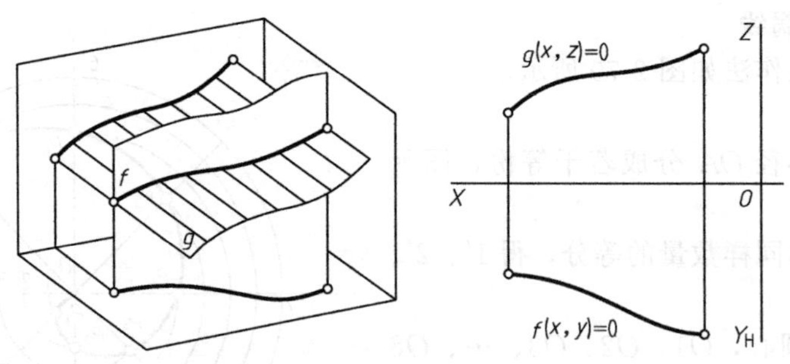

图 2-72 解析表达

空间曲线也可以用参数方程表示，

$$\left.\begin{aligned}x&=x(t)\\y&=y(t)\\z&=z(t)\end{aligned}\right\}t_1\leqslant t\leqslant t_2$$

其意义为有向曲线段，如图 2-73 所示，参数 t_1，t_2 对应的空间曲线段为 P_1P_2。

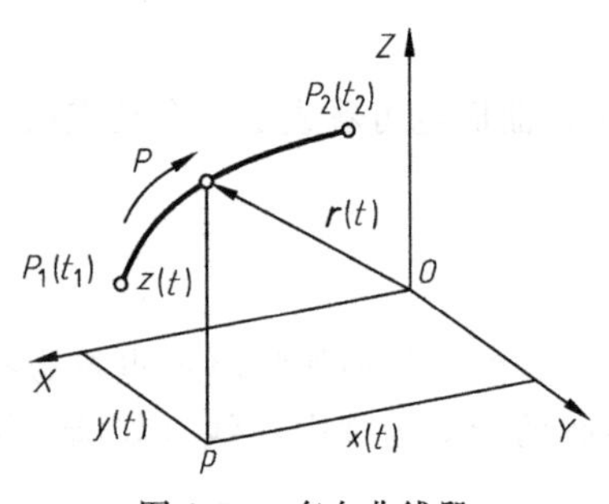

图 2-73 有向曲线段

空间曲线还可以用矢函数表示，$\boldsymbol{r}(t)=\{x(t),y(t),z(t)\}t_1\leqslant t\leqslant t_2$ 表示空间有向曲线。几何意义为用变矢量（称为位置矢量）$\boldsymbol{r}(t)$ 的端点轨迹来描述一条空间曲线，如图 2-73 所示。

（2）空间曲线的有关名词

① 切线—割线。M_0M_1 在 M_0 处的极限位置为空间曲线在 M_0 点处的切线，如图 2-74(a) 所示。如曲线用 $\boldsymbol{r}(t)$ 表达，则曲线上一点 M_0 处的矢量为

$$\boldsymbol{r}'(t)=\{x'(t),y'(t),z'(t)\}$$

它位于 M_0 点的切线上，其单位切矢记为 $\boldsymbol{\alpha}$。

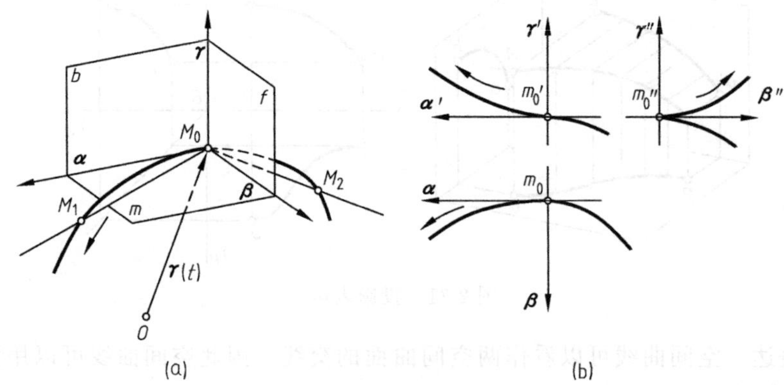

图 2-74 空间曲线

在非退化情况下，曲线上一点处的切线投射后，仍为投影曲线的切线，其切点为该点的投影。

② 切平面。过 M_0 点切线的各平面都是空间曲线在 M_0 点处的切平面，它们组成一个

切面束。

③ 密切平面。曲线上相邻三点 M_1、M_0、M_2 所确定的平面，在 M_0 点处的极限位置（即当 $M_1 \to M_0$ 和 $M_2 \to M_0$ 时），称为曲线在 M_0 点处的密切平面，记作 m。

④ 法面。过 M_0 点并和其切线垂直的平面，称为空间曲线在 M_0 点处的法面，记作 f。

⑤ 化直平面（从切面）。过 M_0 点并和平面 m、f 垂直的切平面，称为空间曲线在 M_0 点处的化直平面（从切面），记作 b。

⑥ 主法线。法面 f 与密切平面 m 的交线，称为空间曲线在 M_0 点处的主法线，如图 2-74 所示。对应的单位主法矢记作 $\boldsymbol{\beta}$。

⑦ 副法线。法面 f 与化直平面 b 的交线，称为空间曲线在 M_0 点处的副法线，如图 2-74 所示。对应的单位副法矢记作 $\boldsymbol{\gamma}$。

⑧ 动标三面形。由 m、f、b 三面与 $\boldsymbol{\alpha}$、$\boldsymbol{\beta}$、$\boldsymbol{\gamma}$ 三矢量组成的一个坐标系称为空间曲线的动标三面形，如图 2-74(a) 所示，它随 M_0 点在曲线上移动变化。$\boldsymbol{\alpha}$、$\boldsymbol{\beta}$、$\boldsymbol{\gamma}$ 三矢量组成一个右旋坐标系。

在 M_0 点邻域内，空间曲线在 M_0 点的动标三面形上的正投影如图 2-74(b) 所示。

(3) 空间曲线动标三面形的作图方法

如图 2-75 所示，已知空间曲线段 PQ 的投影，求曲线上 M_0 点处的动标三面形，作图步骤如下：

① 在 M_0 点近旁，取相邻点 P、Q……，作出各点 M_0、P、Q……的切线；

② 作出切线曲面 $P1M_02Q3$……，其水平迹线为曲线 123……；

③ 作出曲线 123……在 2 点处的切线，即为 M_0 点处的密切平面 m 的水平迹线 m_H，密切平面 m 由相交直线 m_H 与 M_02 确定；

④ 利用重合法把 m 平面重合到水平投影面上，作出密切平面内 M_0 点的主法矢 $\boldsymbol{\beta}$；

⑤ 按线面垂直作图法与右旋规则，作出副法矢 $\boldsymbol{\gamma}=\boldsymbol{\alpha}\times\boldsymbol{\beta}$，由此确定 M_0 点处的动标三面形。

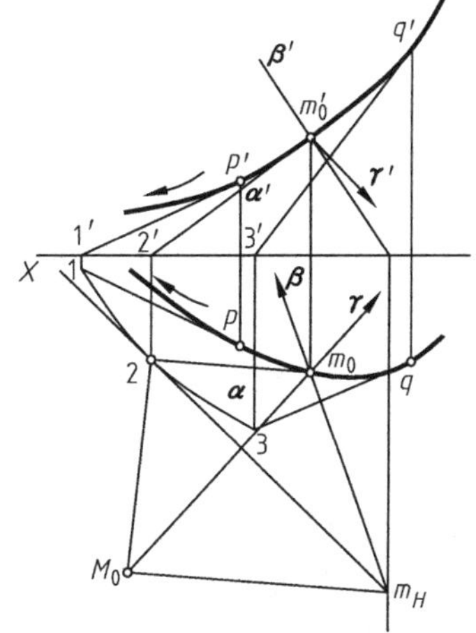

图 2-75　空间曲线动标三面形作图方法

(4) 空间曲线的右旋和左旋

在空间曲线上的一般点（非奇异点）处，可按曲线在该点的动标三面形中的投影状况，区分该点附近的曲线段为右旋或左旋。

① 右旋。如图 2-74 所示，空间曲线 M_0 点处的走向（按 $\boldsymbol{\alpha}$ 矢方向）符合右旋规则。

② 左旋。如图 2-76 所示，空间曲线 M_0 点处的走向（按 $\boldsymbol{\alpha}$ 矢方向）符合左旋规则。

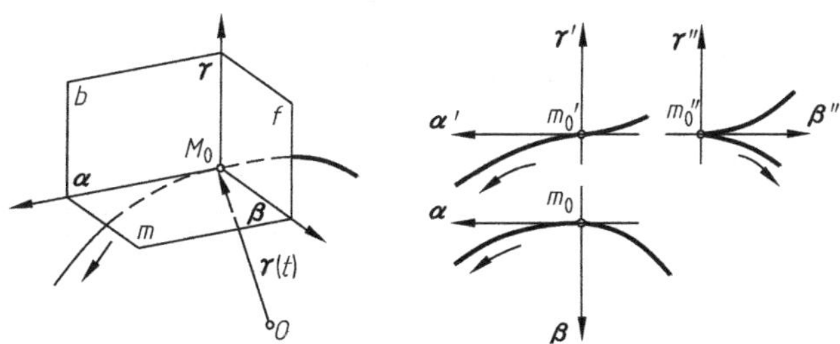

图 2-76　空间曲线的右旋和左旋

(5) 空间曲线的弧长

① 作图法求弧长。用作图法求空间曲线弧长如图 2-77 所示。

a. 把曲线分成若干段；

b. 将各段用直线段近似，把各直线段的水平投影展开成水平线；

c. 求出各点的正投影，并用曲线板把它们连接起来，即把空间曲线展开成平面曲线；

d. 求出此平面曲线的弧长。

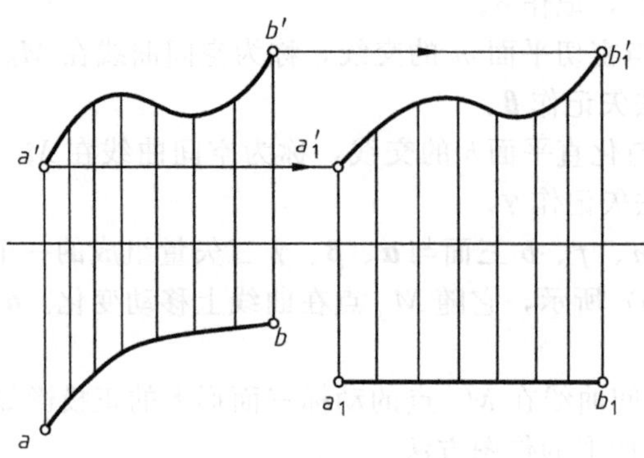

图 2-77 作图法求弧长

② 计算法求弧长。

设曲线段用参数方程

$$\left.\begin{array}{l} x=x(t) \\ y=y(t) \\ z=z(t) \end{array}\right\} t_1 \leqslant t \leqslant t_2$$

表示，则此段曲线的弧长为

$$S=\int_{t_1}^{t_2} \sqrt{x'(t)^2+y'(t)^2+z'(t)^2}\,\mathrm{d}t$$

（6）空间曲线的曲率、挠率和曲率半径

① 曲率和曲率半径。空间曲线在 M_0 点处的曲率为该点的切线相对于弧长的转动率。它描述了曲线在该点附近对该点切线的偏离程度。如图 2-78 所示，设曲率为 k，则

$$k=\lim_{\Delta S \to 0}\left|\frac{\Delta\varphi}{\Delta S}\right|$$

当空间曲线用参数方程表示时，曲率的计算公式为

$$k=\frac{\sqrt{(y'z''-z'y'')^2+(z'x''-z''x')^2+(x'y''-y'x'')^2}}{(x'^2+y'^2+z'^2)^{\frac{3}{2}}}$$

曲率的倒数为曲率半径，记为 R，$R=\dfrac{1}{k}$。其几何意义为：在密切平面内，与曲线在 M_0 点处密切的圆（该圆与曲线在 M_0 点处的切触阶为 2）的半径。这个密切圆又称为 M_0 点的曲率圆，圆心 μ 在主法矢 $\boldsymbol{\beta}$ 上。

② 挠率。空间曲线在 M_0 点处的挠率为该点的密切平面（或副法矢 $\boldsymbol{\gamma}$）相对于弧长的转动率，它描述了曲线上一点处曲线对于密切平面的扭曲程度。如图 2-79 所示，设挠率为 τ，则

$$\tau=\pm\lim_{\Delta s \to 0}\left|\frac{\Delta\theta}{\Delta S}\right|$$

空间曲线在该点右旋时，τ 为正；左旋时，τ 为负。

空间曲线用参数方程表示时，τ 的计算公式为

$$\tau=\frac{\begin{vmatrix} x' & y' & z' \\ x'' & y'' & z'' \\ x''' & y''' & z''' \end{vmatrix}}{(y'z''-z'y'')^2+(z'x''-x'z'')^2+(x'y''-y'x'')^2}$$

挠率的倒数称为挠率半径，记为 G，$G=\frac{1}{\tau}$。

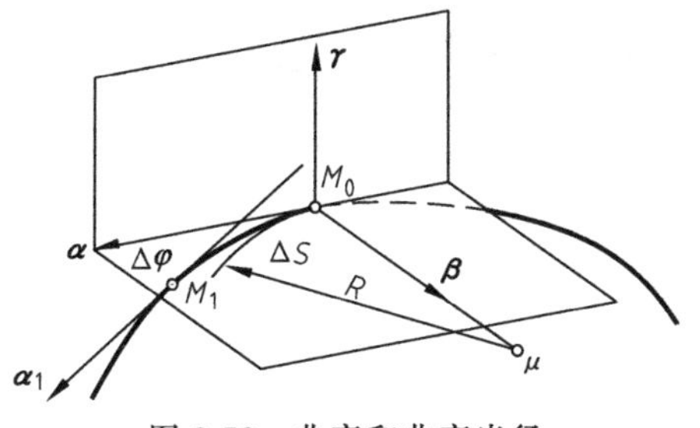

图 2-78　曲率和曲率半径

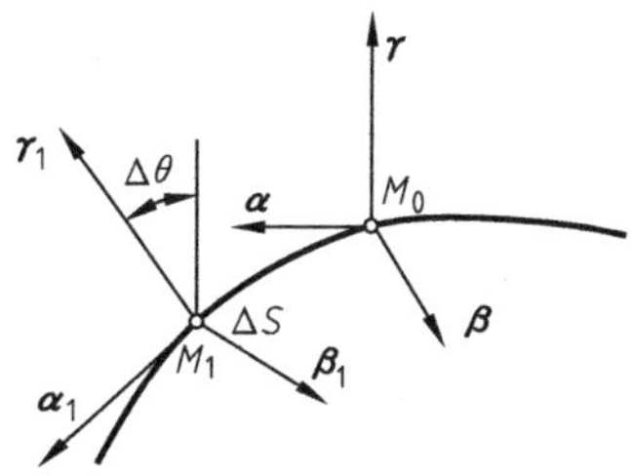

图 2-79　挠率

③ 曲率半径的正投影关系式。空间曲线上一点处的曲率半径 R 与曲线的水平投影和正面投影上对应点处曲率半径 r_H、r_V 之间，有如下关系式，如图 2-80 所示。

$$r_H=R\,\frac{\cos^3\varphi_H}{\cos^3\varepsilon_H}\qquad\qquad r_V=R\,\frac{\cos^3\varphi_V}{\cos^3\varepsilon_V}$$

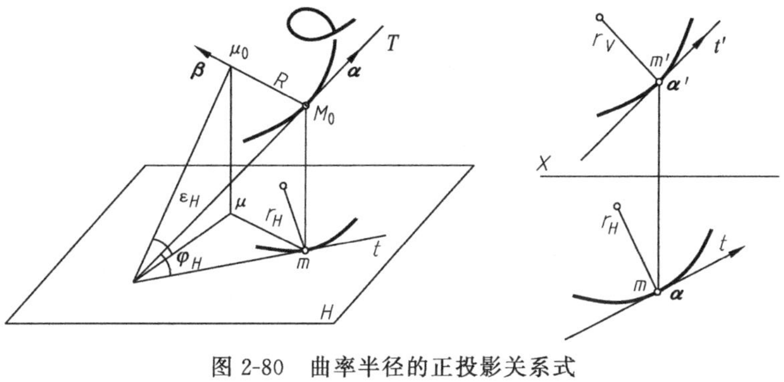

图 2-80　曲率半径的正投影关系式

其中，φ_H、φ_V 为该点处切线对正投影面、水平投影面的倾角；ε_H、ε_V 为该点的密切平面对正投影面、水平投影面的倾角。

利用上述关系式，如已知 r_H、φ_H、ε_H，则可求出 R，即由空间曲线的投影可求出空间曲线某点处的曲率半径。

2.3.1.2　等导程圆柱螺旋线

由于动点 M 在圆柱面（称为导圆柱）上作等导程的螺旋运动所形成的空间曲线称为等导程圆柱螺旋线，如图 2-81 所示。

（1）圆柱螺旋线的参数

① 导圆柱半径。记作 a。

② 导程。母线 EF 回转一周时，动点 M 沿圆柱面轴线移动的距离，记作 L。

③ 螺旋参数。母线 EF 回转单位弧度时，动点 M 沿轴线移动的距离，记作 b。

$$b=L/2\pi$$

④ 螺旋角。曲线的切线与圆柱面素线的交角，记作 β。

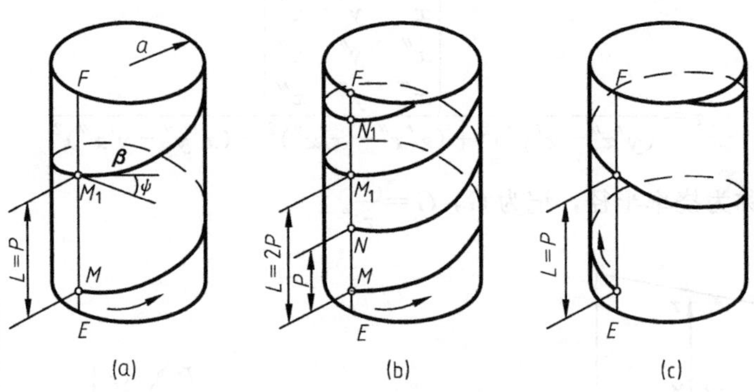

图 2-81　等导程圆柱螺旋线

$$\tan\beta = a/b$$

⑤ 升角。曲线的切线对圆柱面端面的倾角，记作 ψ。

$$\psi = 90° - \beta = \arctan b/a$$

⑥ 线数。在导圆柱上，作等导程螺旋运动的曲线数，记作 n。

⑦ 螺距。在一条素线上，相邻两条螺旋线上点的距离（即轴向距离），记作 P。单线时：$P=L$，即螺距与导程相等，见图 2-81(a)；多线时：$P=L/n$，即 $L=nP$，见图 2-81(b)。

⑧ 旋向。右旋，见图 2-81(a)、(b)；左旋，见图 2-81(c)。

(2) 圆柱螺旋线的参数方程

如图 2-82，若以转角 θ 为参数，一匝螺旋线的参数方程为：

$$\left.\begin{aligned} x &= a\cos\theta \\ y &= a\sin\theta \\ z &= b\theta \end{aligned}\right\} 0 \leqslant \theta \leqslant 2\pi$$

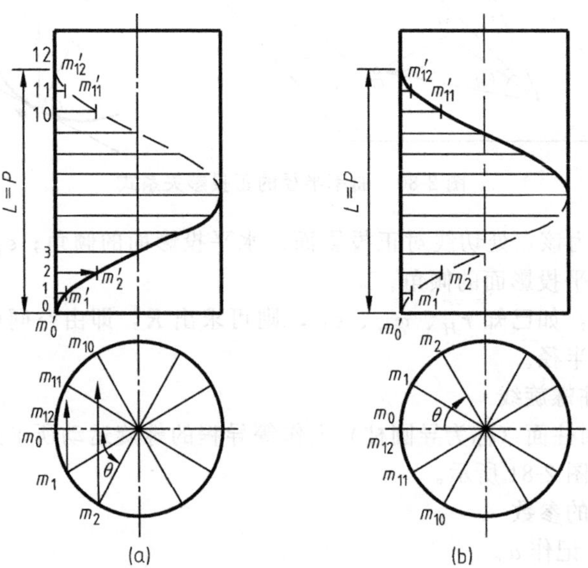

图 2-82　圆柱螺旋线

(3) 圆柱螺旋线的投影作图

圆柱螺旋线（右旋）的投影作图法如图 2-82(a) 所示，其步骤为：

① 作出导圆柱（半径为 a），截取导程 L；

② 将底圆周及导程分为相同的 n 等份（现取 $n=12$）；

③ 由底圆的各分点 m_0、m_1、…、m_{12} 与导程的各分点 0、1、…、12，按投影关系求得螺旋线上各分点的正面投影 m_0'、m_1'、…、m_{12}'(图中表示了 m_1'、m_2'的作图)。光滑连接各点，即得螺旋线的正面投影。

在图 2-82(a) 中，圆柱螺旋线的水平投影为圆，正面投影为余弦曲线。

对于左旋的圆柱螺旋线，其投影图的画法与上述相似，见图 2-82(b)。

(4) 圆柱螺旋线的十个几何性质

① 螺旋线上各点的切线与螺旋轴的夹角为定角（即螺旋角 β），如图 2-83 所示。

② 螺旋线的切线与导圆柱的端平面（垂直于轴线）的交点轨迹为渐开线。

③ 螺旋线上一点的切线为该点的密切平面对端面的最大斜度线。

④ 螺旋线上各点的主法线和螺旋轴垂直相交。

⑤ 螺旋线上各点的副法线与螺旋轴的夹角为定角（即升角 ψ），如图 2-83(b) 所示。

⑥ 螺旋线的弧长 S 和基圆弧长 S_1 成正比，即

$$\cos\psi=\frac{S_1}{S}$$

所以，一匝螺旋线的长度为：

$$S=\sqrt{(2\pi a)^2+L^2}=2\pi\sqrt{a^2+b^2}$$

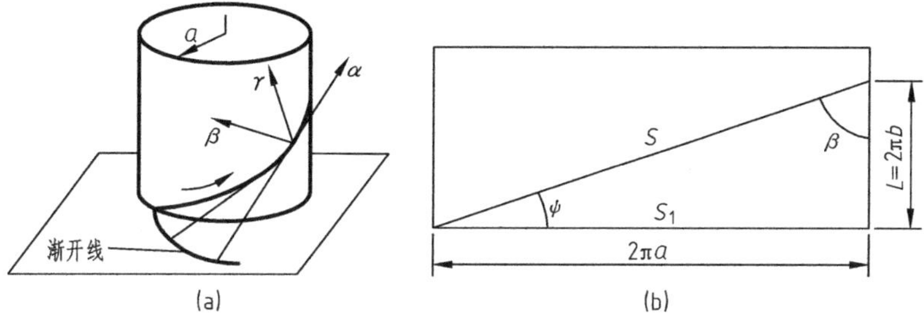

图 2-83　圆柱螺旋线

⑦ 螺旋线为圆柱面上的导程线，圆柱面展开后，螺旋线展开为直线。

⑧ 螺旋线上各点的曲率为常数，即：

$$k=\frac{a}{a^2+b^2}$$

⑨ 螺旋线上各点的挠率为常数，即：

$$\tau=\frac{b}{a^2+b^2}$$

右旋时，τ 为正值（b 为正值）；左旋时，τ 为负值（b 为负值）。

⑩ 螺旋线上各点的副法线和所有其他法线都是属于一个螺旋（由螺旋轴与螺旋参数确定）的螺旋射线，即满足关系式

$$d\tan\varphi=b$$

式中，d 为射线与螺旋轴的距离；φ 为射线与螺旋轴的夹角；b 为螺旋参数。

(5) 圆柱螺旋线上任一点的切线、法面、密切平面、曲率半径、挠率半径的做法

① 切线。如图 2-84(a) 所示，螺旋线上各点切线对水平投影面的倾角为螺旋线的升角 ψ，故切线的方向可以由导圆锥 S 的对应素线予以确定（导圆锥 S 的底圆半径为 a、高为

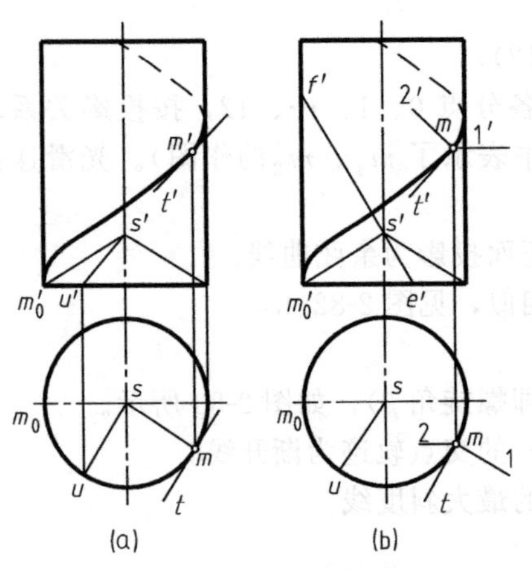

图 2-84　圆柱螺旋线

b)。例如：M 点的切线 MT 对应于导圆锥素线 SU（$su//mt$），由水平投影 $s'u'$，作 $m't'//s'u'$，$m't'$ 即为切线的正面投影。

② 法面。M 点处的法面与切线 MT 垂直，可用相交直线 $M1$、$M2$ 表示该法面，如图 2-84(b) 所示。

③ 密切平面。M 点的密切平面与导圆锥 S 面上相应素线的切平面平行。密切平面可用相交直线 MT、$M1$ 表示，见图 2-84(b)。

④ 曲率半径与挠率半径。M 点的曲率半径为 $\dfrac{a^2+b^2}{a}$，挠率半径为 $\left|\dfrac{a^2+b^2}{b}\right|$。

相应的作图方法如图 2-84(b) 所示，过导圆锥顶点 s'，作 $e'f' \perp s'm'_0$，则 m'_0e' 即为曲率半径，m'_0f' 即为挠率半径。

2.3.1.3　变导程圆柱螺旋线

(1) 变导程圆柱螺旋线的参数

如图 2-85 所示，螺旋线的导程变化规律由函数 $L=\varphi(\theta)$ 给出，或由展开图给出（图中画出了一匝螺旋线）。

螺旋线上任意一点 M 对应于展开图上的 $\overline{M}$ 点，作切线 $\overline{MT}$，即可确定在该点处的各参数。

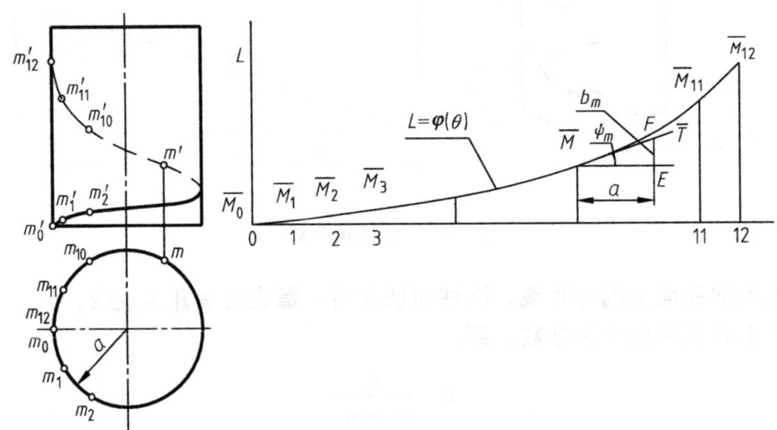

图 2-85　变导程圆柱螺旋线

瞬时螺旋参数 $b_m=EF$

瞬时导程 $L_m=2\pi b_m$

瞬时升角 $\psi_m=\arctan\dfrac{b_m}{a}$

瞬时螺旋角 $\beta_m=90°-\psi_m=\arctan\dfrac{a}{b_m}$

(2) 变导程圆柱螺旋线的参数方程（一匝）

$$\left.\begin{aligned} x&=a\cos\theta \\ y&=a\sin\theta \\ z&=\varphi(\theta) \end{aligned}\right\} 0\leqslant\theta\leqslant 2\pi$$

（3）变导程圆柱螺旋线的投影作图

一匝螺旋线的画图步骤，如图 2-85 所示：

① 画出该匝螺旋线的展开图，即根据给出的变导程函数 $L=\varphi(\theta)$，画出它对应的图像；

② 将底圆（导圆柱的水平投影）与展开图上的底线作相同的 n 等分（现为 12 等分），得展开图中螺旋线各分点位置 $\overline{M_0}$、$\overline{M_1}$、…、$\overline{M_{12}}$；

③ 由水平投影的各分点 m_0、m_1、…、m_{12} 与展开图上的对应高度 $0\overline{M_0}$、$1\overline{M_1}$、…、$12\overline{M_{12}}$，求得各分点的正面投影 m_0'、m_1'、…、m_{12}'。光滑连接各分点，即为此变导程螺旋线的正面投影。

2.3.1.4　圆锥螺旋线

根据不同的运动规律，在导圆锥面上可以形成不同的圆锥螺旋线。

（1）等导程（或等螺距）圆锥螺旋线

如图 2-86(a) 所示，动点 M 绕轴线等速回转，同时沿圆锥母线作等速移动，即形成等导程圆锥螺旋线。

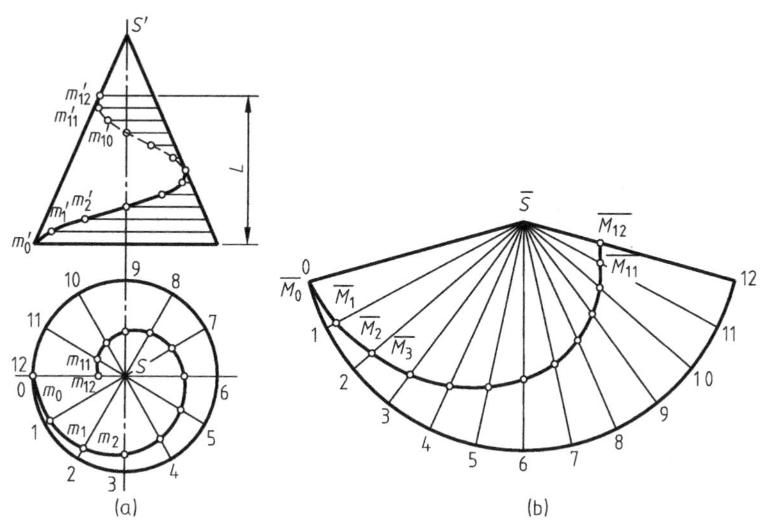

图 2-86　圆锥螺旋线

这种螺旋线的水平投影为阿基米德螺线，如图 2-86(a) 所示，其展开图如图 2-86(b) 所示，亦为阿基米德螺线。

投影图的作图步骤：

① 画出导圆锥面，定出起始点 M_0 与导程 L；

② 将底圆与导程作 n 等分（现为 12 等分），并求出圆锥母线上的对应分点；

③ 作出圆锥各素线，并定出各素线上的对应分点 m_0、m_1、…、m_{12} 和 m_0'、m_1'、…、m_{12}'。光滑连接各分点，即为圆锥螺旋线（一匝）的水平投影与正面投影。同理可画出展开图。

图 2-87 所示的搅拌器，其三个斜螺旋面的边界即为等导程圆锥螺旋线Ⅰ、Ⅱ（三线，右旋），它们分别位于圆锥面 A、B 上，各为半匝。

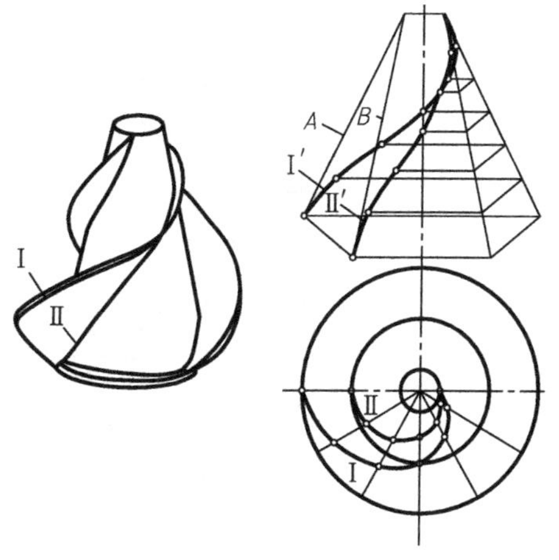

图 2-87　搅拌器

(2) 等斜角圆锥螺旋线

如图 2-88 所示，这种螺旋线的特点为：曲线与圆锥素线交于定角 β。

这种螺旋线的水平投影为对数螺线，其矢径与曲线切线的交角为 β_1，且 $\cot\beta_1 = \cot\beta\sin\delta$；其展开图仍为对数螺线，曲线与各素线的交角仍为 β。作图步骤如下：

① 画出导圆锥投影图及展开图，作出 n 条等分素线（现为 12 等分），求出各 θ_1 或 θ 角；

② 在水平投影中按 $\rho_1 = ae^{-\theta_1\cot\beta_1}$，求出各分点 m_1、m_2、…、m_{12}（或在展开图中按 $\rho = \dfrac{a}{\sin\delta}e^{-\theta\cot\beta}$ 求得各分点 $\overline{M_1}$、$\overline{M_2}$、…、$\overline{M_{12}}$）；

③ 由水平投影中［或展开图 2-88(b) 中］的各分点，求得正面投影中的各分点 m'_1、m'_2、…、m'_{12}。

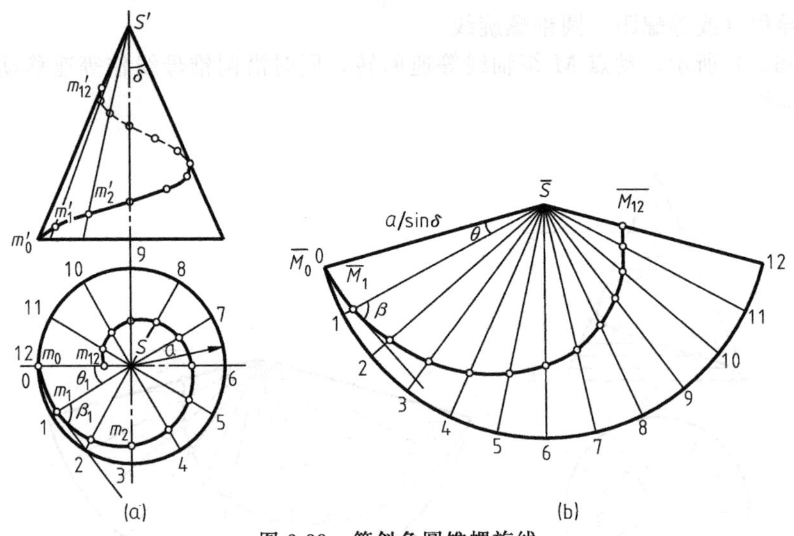

图 2-88 等斜角圆锥螺旋线

(3) 圆弧型圆锥螺旋线

如图 2-89 所示，这种螺旋线的特点：在展开图中，曲线 $\overline{M_0}\overline{M_{12}}$ 为一圆弧。由此可画出

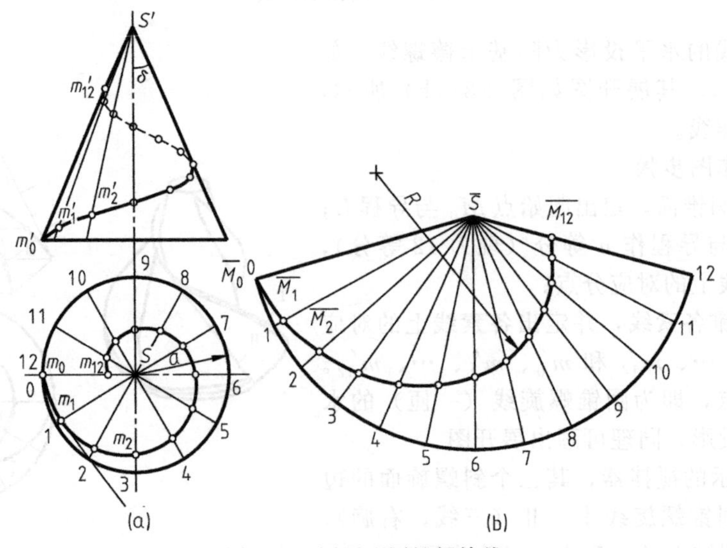

图 2-89 圆弧型圆锥螺旋线

这种螺旋线的正投影图，步骤如下：

① 作出导圆锥面的展开图［图 2-89(b)］，按给定的圆心和半径，画出圆弧 $\overline{M_0}\ \overline{M_{12}}$；

② 在展开图中，作出 n 条等分的圆锥面素线（现为 12 等分），求得螺旋线展开图上的各分点 $\overline{M_0}$、$\overline{M_1}$、…、$\overline{M_{12}}$；

③ 在正投影图中，作出各对应素线及素线上各分点的投影 m'_0、m_0；m'_1、m_1；…；m'_{12}、m_{12}，用曲线板光滑连接，即得此螺旋线的两个投影。

图 2-90 所示为一圆弧齿圆锥齿轮，其齿面与分度圆锥的交线——齿面线，即为圆弧型圆锥螺旋线。

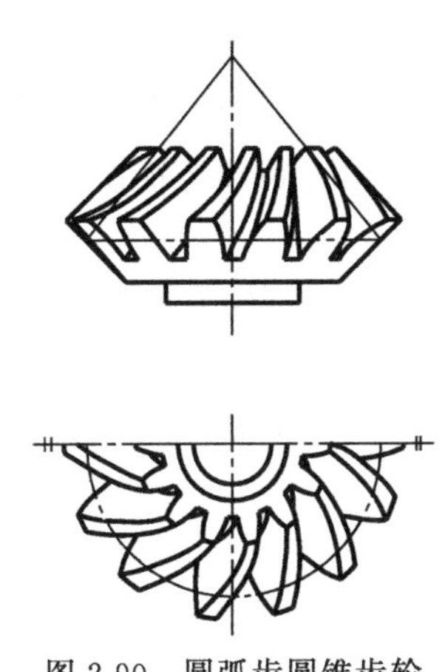
图 2-90　圆弧齿圆锥齿轮

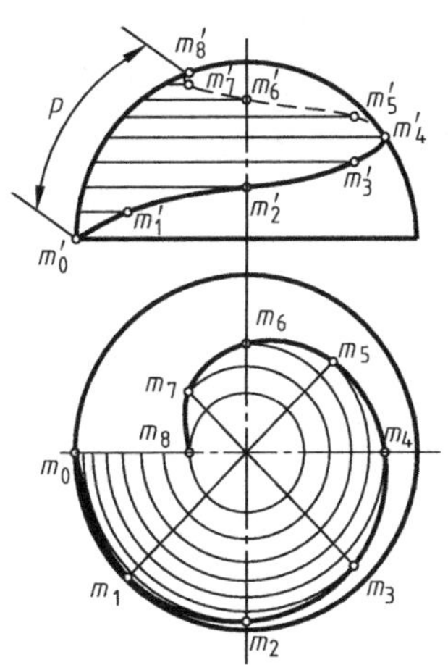

图 2-91　球面螺旋线

2.3.1.5　球面螺旋线

如图 2-91 所示，一动点沿球面的经线等速移动，同时绕球面的轴线等速回转，即形成球面螺旋线。作图步骤：

① 画出球面，确定始点 M_0 与螺距 P；

② 作出螺距 P 的 n 等分点（现为 8 等分），在水平投影的对应圆上，求出各分点 m_0、m_1、…、m_8，并光滑连接；

③ 求出正面投影中的对应点 m'_0、m'_1、…、m'_8，并光滑连接。

2.3.1.6　弧面螺旋线

螺旋线位于由弧线形成的回转面上。动点沿圆弧线（素线）作等速运动，同时绕轴线等速回转，即形成弧面螺旋线，见图 2-92(a)。

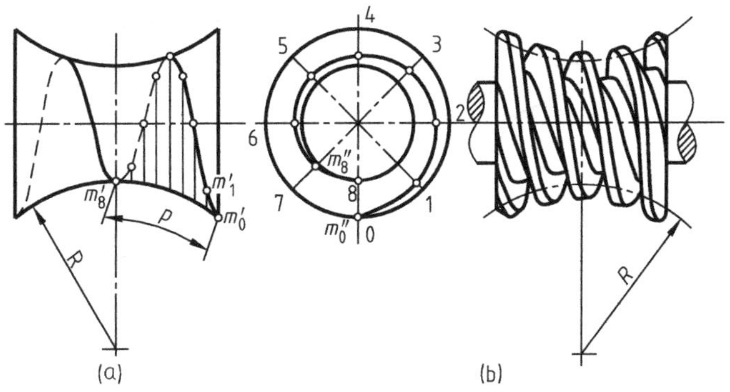

图 2-92　弧面螺旋线

弧面螺旋线的投影作图与图 2-91 类似。

图 2-92(b) 所示为弧面蜗杆，蜗杆的齿面线即为弧面螺旋线。

2.3.1.7 空间三次抛物线段

(1) 空间三次抛物线段的参数方程

空间三次抛物线段是一种空间三次代数曲线，曲线段可由下列参数方程表示：

$$\left.\begin{aligned} x&=a_1t^3+b_1t^2+c_1t+d_1 \\ y&=a_2t^3+b_2t^2+c_2t+d_2 \\ z&=a_3t^3+b_3t^2+c_3t+d_3 \end{aligned}\right\} t_1\leqslant t\leqslant t_2$$

(2) 确定空间三次抛物线段的几何方法

空间三次抛物线段可由不共面的四点确定，如图 2-93(a) 所示。其中 P_1、P_2 为曲线段的端点（对应参数为 t_1、t_2），P_{11}、P_{12} 为中间点（不位于曲线上），矢量 $\overrightarrow{P_1P_{11}}$、$\overrightarrow{P_{11}P_{12}}$、$\overrightarrow{P_{12}P_2}$ 构成一个空间特征三边形，称为贝齐尔 (bezier) 特征多边形。它有下述两个性质：

① 曲线段两端点处的切矢量 $\boldsymbol{P}'_1$、$\boldsymbol{P}'_2$ 分别等于 $3\overrightarrow{P_1P_{11}}$、$3\overrightarrow{P_{12}P_2}$；

② 若曲线的两端点不变，改变中间点 P_{11}、P_{12} 的位置，则可把原曲线段 C 调整为另一曲线段 $\overline{C}$ [图 2-93(b)]。在曲线的形状设计中，可以利用这一性质控制曲线的形状。

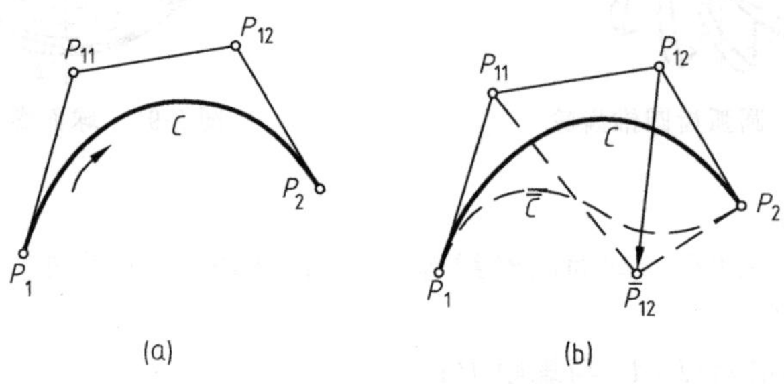

图 2-93 空间三次抛物线段

(3) 确定空间三次抛物线段上一点的作图方法

设曲线段由 $P_1P_{11}P_{12}P_2$ 确定，P_1、P_2 点对应的参数为 $t=0$、1，则曲线段上对应参数为 t_x $(0<t_x<1)$ 的点，可按图 2-94(a) 所示的作图方法求得，其步骤如下：

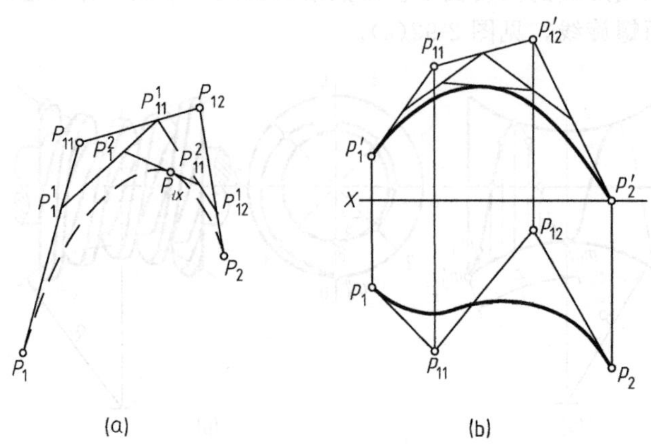

图 2-94 确定空间三次抛物线段上一点

① 在特征多边形的各边 P_1P_{11}、$P_{11}P_{12}$、$P_{12}P_2$ 上，分别取分点 P_1^1、P_{11}^1、P_{12}^1，使 $P_1P_1^1=t_xP_1P_{11}$、$P_{11}P_{11}^1=t_xP_{11}P_{12}$、$P_{12}P_{12}^1=t_xP_{12}P_2$；

② 在边 $P_1^1P_{11}^1$、$P_{11}^1P_{12}^1$ 上，取分点 P_1^2、P_{11}^2，使 $P_1^1P_1^2=t_xP_1^1P_{11}^1$、$P_1^1P_{11}^2=t_xP_{11}^1P_{12}^1$；

③ 在边 $P_1^2P_{11}^2$ 上取分点 P_{tx}，使 $P_1^2P_{tx}=t_xP_1^2P_{11}^2$、则 P_{tx} 即为曲线上对应参数为 t_x 的点，并且线段在 P_{tx} 点与边 $P_1^2P_{11}^2$ 相切。

若空间曲线由四点的投影给定，如图 2-94(b) 所示，则可在投影图中利用上述作图法，求出空间三次抛物线段上各点的投影。

(4) 空间三次抛物线段的组合

光滑连接数个空间三次抛物线段，可以构成任意形状的组合空间曲线。各段的端点称为曲线的节点。

如图 2-95 所示，由 n 个节点 P_1、P_2、…、P_n 构成，由 $n-1$ 条空间三次抛物线段光滑连接的组合空间曲线。

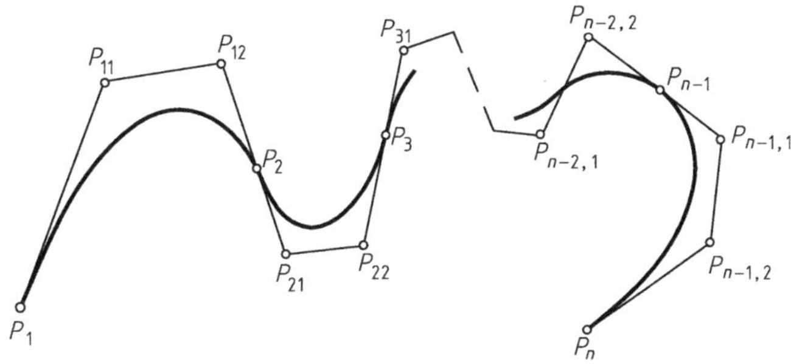

图 2-95　空间三次抛物线段的组合

每一段曲线的贝齐尔多边形分别为 $P_1P_{11}P_{12}P_2$、$P_2P_{21}P_{22}P_3$、…、$P_{n-1}P_{n-1,1}P_{n-1,2}P_n$。

如果要求各曲线段光滑连接，即在各中间节点处有公共切线（称为具有斜率连续），必须使相邻的两个贝齐尔多边形在连接点（节点）处的邻边共线，即相邻三点：$P_{12}P_2P_{21}$、$P_{22}P_3P_{31}$、…$P_{n-2,2}P_{n-1}P_{n-1,1}$ 分别共线。

2.3.2　空间曲面

2.3.2.1　曲面的形成

表 2-2 所示为空间曲面的形成方式及图例。

表 2-2　曲面的形成

形成方式	说明与举例
由空间点运动形成	例 1：与定点有定距的动点轨迹为一球面，如图(a)所示； 例 2：与定点和定平面有等距离的轨迹为回转抛物面，如图(b)所示。 (a)　(b)

续表

形 成 方 式	说 明 与 举 例
由母线运动形成	例：母线沿导线 1、2 滑动形成曲纹面 母线 导线2 导线1
由母线运动包络形成	例：球面作为母面，球心沿导线移动，其包络形成管状曲面 母面
由给出曲面用几何变换方式形成	几何变换方法可以是仿射变换、透视变换、二次变换、拓扑变换等

2.3.2.2　曲面的解析表达

(1) 隐式

$$F(x,y,z)=0$$

(2) 显式

$$z=f(x,y)$$

(3) 参数方程

$$\left.\begin{aligned} x&=x(u,v)\\ y&=y(u,v)\\ z&=z(u,v)\end{aligned}\right\} u_1\leqslant u\leqslant u_2, v_1\leqslant v\leqslant v_2$$

曲面上对应于 u 或 v 为常数的曲线，称为参数曲线，分别称为 u 线或 v 线。它们是两个参数曲线族，组成曲面上一个参数曲线网，见图 2-96。

(4) 矢量形式

$$\boldsymbol{r}(u,v)=\{x(u,v), y(u,v), z(u,v)\}$$
$$u_1\leqslant u\leqslant u_2, v_1\leqslant v\leqslant v_2$$

2.3.2.3　曲面的有关名词及公式

(1) 切平面

曲面Σ上过 M 点的各曲线的切线皆位于同一平面上，称为 M 点的切平面，记为 π，如图 2-97 所示。

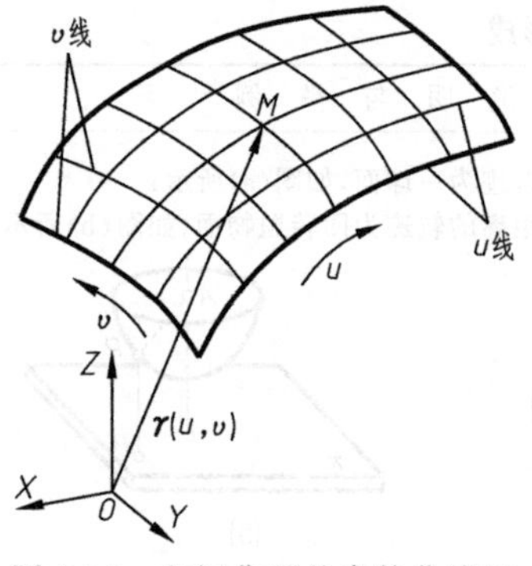

图 2-96　空间曲面的参数曲线网

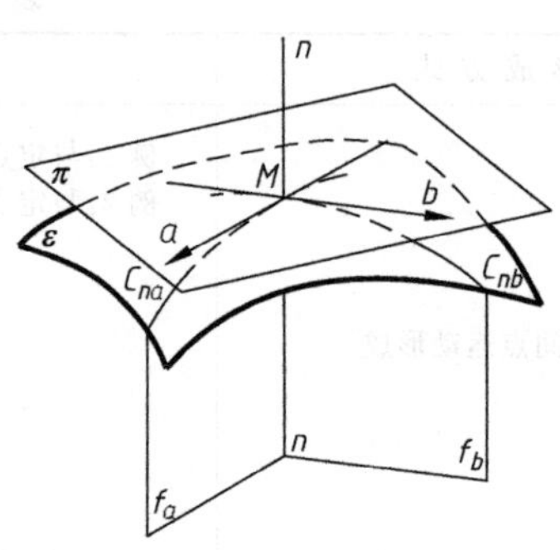

图 2-97　曲面名词及公式（一）

(2) 法线

在曲面的 M 点处，过 M 点对该点的切平面作垂线，称为 M 点的法线，记为 n，如图 2-97 所示。

(3) 法截面、法截线

过法线所作曲面的截平面，称为法截面，如图 2-97 中的 f_a、f_b 面。法截面与曲面的截交线称为法截线，如图中的 C_{na}、C_{nb}。

(4) 法曲率

法截线在 M 点处的曲率，称为法曲率。如图 2-97 中法截线 C_{na}、C_{nb} 的法曲率为 k_a、k_b，它们分别对应的切线方向称为该曲率的方向，如图中的 a、b。

(5) 主方向

过 M 点的各切线方向中，对应法曲率具有极大值或极小值的方向，称为主方向。一般有两个主方向，分别记为 e_1、e_2，并且 $e_1 \perp e_2$，见图 2-98(a)。

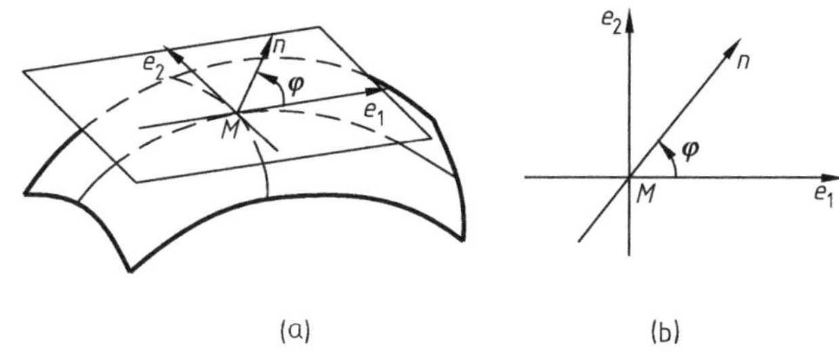

图 2-98　曲面名词及公式（二）

(6) 主曲率

对应于主方向的法曲率值，称为主曲率。分别记为 k_1、k_2。

(7) 总曲率（高斯曲率）

在曲面上的一点 M 处，它的两个主曲率的乘积，称为 M 点的总曲率，记作 K，$K=k_1k_2$。该值可用于描述曲面在点 M 处的弯曲性质。

(8) 欧拉公式

曲面上 M 点处任一方向的法曲率和两个主曲率的关系，可用欧拉公式表示：

$$k_n=k_1\cos^2\varphi+k_2\sin^2\varphi$$

其中，k_n 为对应 n 方向的法曲率，φ 为 n 方向与主方向 e_1 的夹角，如图 2-98(b) 所示。

2.3.2.4　曲面上点的分类

对于曲面上的非奇异点，按曲面在该点邻域内弯曲的性质，可分为下述几种类型，如图 2-99 所示。

(1) 椭圆型点

该点处总曲率 $K=k_1k_2>0$。即沿该点两个主方向，曲面弯曲方向相同，曲面位于该点切平面的同侧，如图 2-99(a) 所示。

(2) 双曲型点

该点处总曲率 $K=k_1k_2<0$。即沿该点两个主方向，曲面弯曲方向相反，曲面与该点的切平面相截交，如图 2-99(b) 所示。

(3) 抛物型点

该点处总曲率 $K=k_1k_2=0$，即至少有一个主曲率为零。曲面与该点的切平面沿一线（直线或曲线）相切或产生具有尖点的截交线。如图 2-99(c)、(d) 所示。

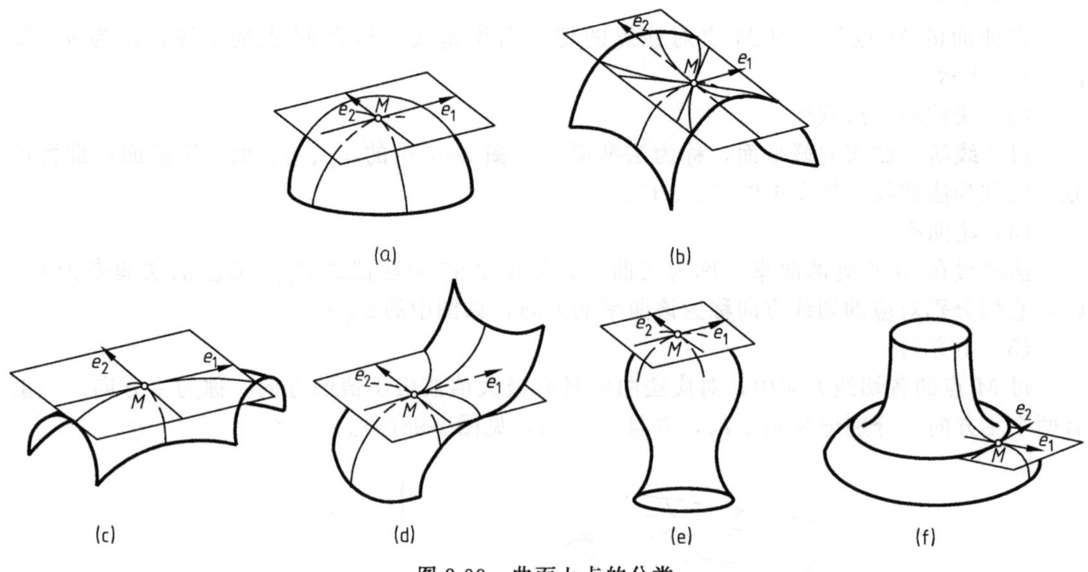

图 2-99 曲面上点的分类

(4) 球型点

在该点处 $k_1=k_2=k_n$，即各方向的法曲率皆相等。它为椭圆型点的一个特殊情况，如图 2-99(e) 所示。

(5) 平面型点

在该点处 $k_1=k_2=0$，即 $k_n=0$，各方向的法曲率皆为零。它为抛物型点的一个特殊情况，如图 2-99(f) 所示。

2.3.2.5 曲面的分类

(1) 曲面按其母线性质分类

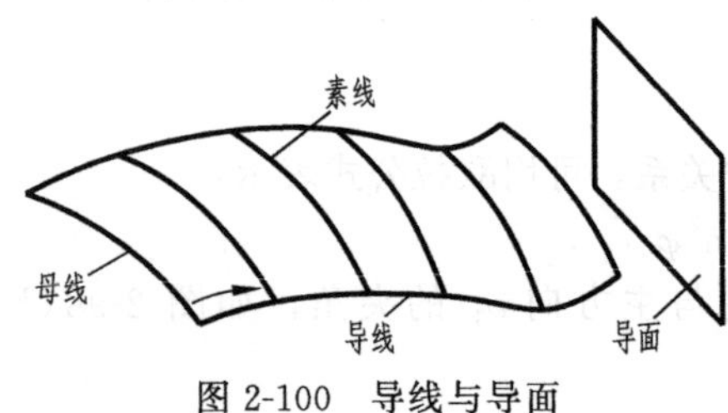

图 2-100 导线与导面

曲面是由按一定规律运动的母线而形成的，母线在曲面上的每一个位置，称为曲面的素线（或仍称为母线）。控制母线运动的直线或曲线、平面或曲面，分别称为导线、导面，如图 2-100 所示。

由直线作为母线运动形成的曲面，称为直纹面。只能由曲线作为母线运动形成的曲面，称为曲纹面。

曲面的分类如表 2-3 所示。各类曲面的说明详见表 2-4、表 2-6、表 2-8 和表 2-9。

表 2-3 曲面的分类

分类		举例
直纹面	可展曲面 (单曲面)	圆柱面,圆锥面,渐开线螺旋面
	不可展直纹面 (扭曲面)	单叶双曲面,双曲抛物面,正螺旋面
曲纹面	定母线曲面	球面,环线,双叶双曲面
	变母线曲线	三轴椭球面,机身曲面,船体曲面、车身曲面

(2) 曲面按其母线运动方式分类

按其母线运动方式，曲面可以分为：

① 回转曲面。由母线绕轴线回转形成，如圆柱面、圆锥面、球面、圆环面等。

② 平移曲面。由母线沿导线平移形成，如柱面。

③ 螺旋面。由母线做螺旋运动形成，如圆柱螺旋面等。

④ 其他。母线按其他运动规律形成的曲面。

(3) 曲面按其解析表达式分类

① 代数曲面。空间点 $P(x,y,z)$ 的坐标，如能满足关于 x、y、z 的 n 次代数多项式的方程式，则称 P 点的轨迹为 n 次代数曲面。

代数曲面可按其方程的次数分类，如 $n=2$ 时为二次曲面。

② 超越曲面。不能用代数多项式表示的曲面，称为超越曲面。例如曲面 $z=\sin x\sin y$、各种螺旋面等。

2.3.2.6　二次曲面的表达式

二次曲面可由二次代数方程表示为：

$$F(x,y,z)=a_{11}x^2+a_{22}y^2+a_{33}z^2+a_{12}xy+a_{23}yz+a_{31}zx+a_1x+a_2y+a_3z+a_4=0$$

二次曲面表达式的标准形式及对应的图形如表 2-4 所示（指非退化的二次曲面）。

表 2-4　二次曲面

曲　面		方　程	图　形	曲　面	方　程	图　形
柱面	圆柱面	$x^2+y^2=a^2$	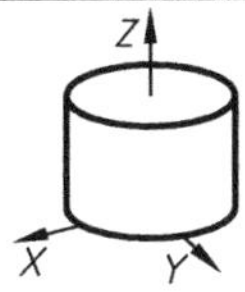	球面	$x^2+y^2+z^2=a^2$	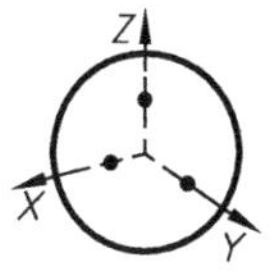
	椭圆柱面	$\frac{x^2}{a^2}+\frac{y^2}{b^2}=1$	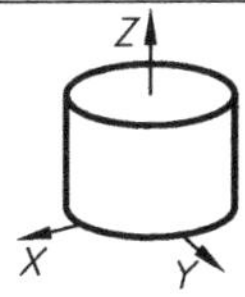	椭圆面	$\frac{x^2}{a^2}+\frac{y^2}{b^2}+\frac{z^2}{c^2}=1$	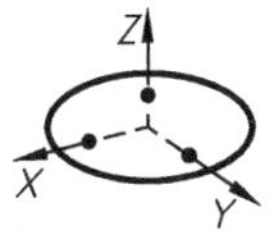
	双曲柱面	$\frac{x^2}{a^2}-\frac{y^2}{b^2}=1$	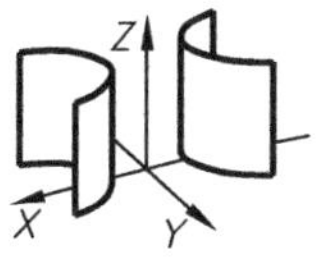	椭圆抛物面	$\frac{x^2}{p}+\frac{y^2}{q}-2z=0$	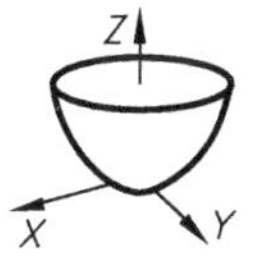
	抛物柱面	$x^2-2py=0$	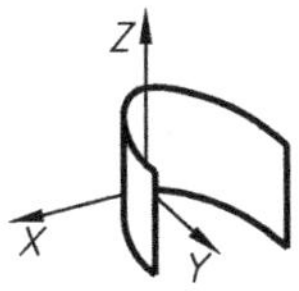	双叶双曲面	$\frac{x^2}{a^2}+\frac{y^2}{b^2}-\frac{z^2}{c^2}=-1$	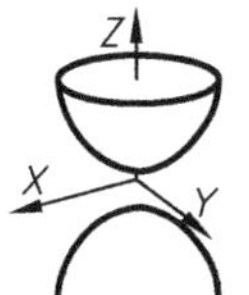
锥面	圆锥面	$\frac{x^2+y^2}{a^2}-\frac{z^2}{c^2}=0$	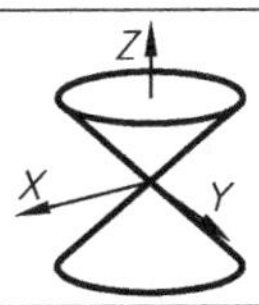	单叶双曲面	$\frac{x^2}{a^2}+\frac{y^2}{b^2}-\frac{z^2}{c^2}=1$	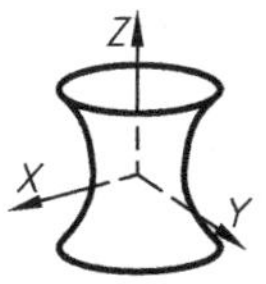
	椭圆锥面	$\frac{x^2}{a^2}+\frac{y^2}{b^2}-\frac{z^2}{c^2}=0$	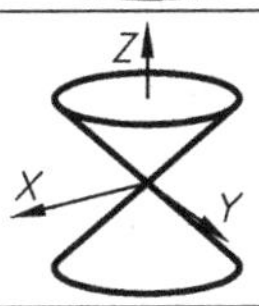	双曲抛物面	$\frac{x^2}{p}-\frac{y^2}{q}-2z=0$	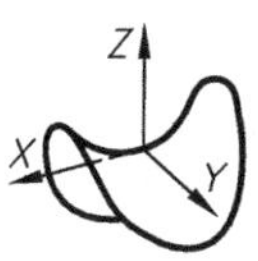

2.3.2.7 可展曲面（单曲面）

可展曲面又称（曲率）曲面。用直线作母线形成可展曲面的方式及与之对应的投影表示，如表 2-5 所示。可展曲面的几何特性见表 2-6。

表 2-5 可展曲面的形成及投影表示

曲面	形成方式	投影表示
回转面(圆柱面和圆锥面)	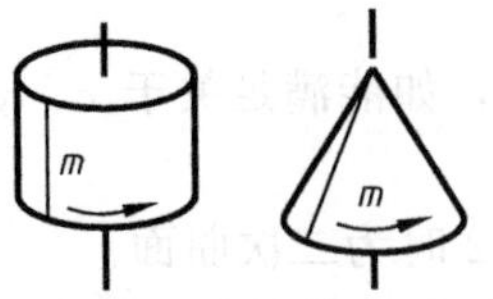 与轴线平行或相交的母线 m 回转形成圆柱面或圆锥面	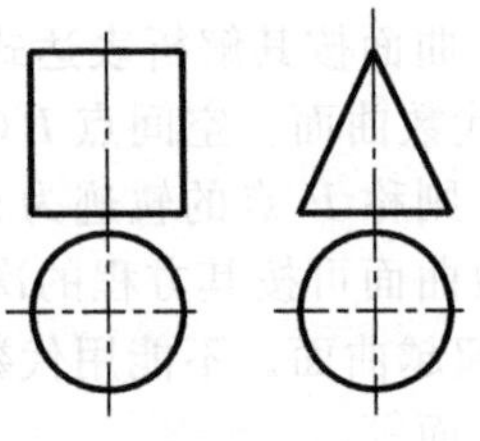 一般用曲面的轮廓线表示
一般柱面	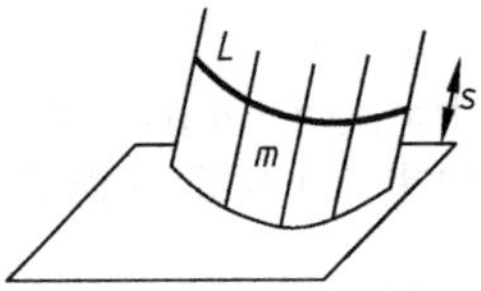 母线 m 与定直线 s 平行，同时与导线 L 相交而形成	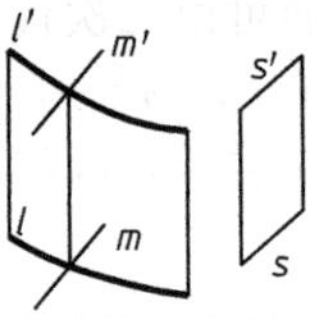 可用定直线 s 与导线 L 的投影来表示
一般锥面	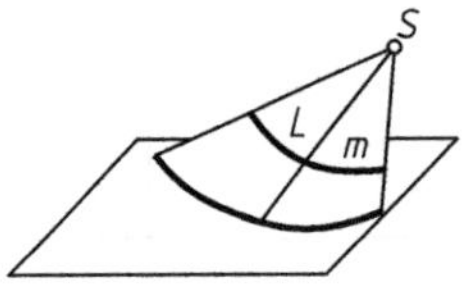 母线 m 过定点 S(锥顶)，且与导线 L 相交而形成	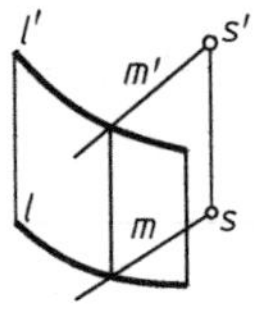 可用锥顶点 S 与导线 L 的投影来表示
切线曲面(又称回折棱面或盘旋面)	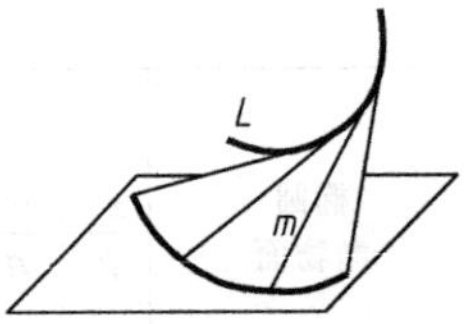 由导线 L(称为回折棱或脊线)的切线形成	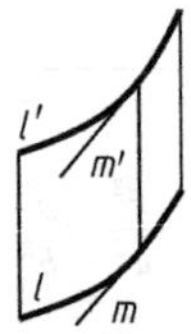 可用导线 L 的投影表示

表 2-6 可展曲面的几何特性

几何特性	图示
①曲面两相邻的素线皆为相交直线或平行直线； ②曲面可展开为一平面； ③曲面一直纹上各点具有公共的切平面，一直纹上各点的法线位于公共的法平面内，如图(a)所示； ④曲面上各点的总曲率为零，即曲面由抛物型点构成； ⑤过空间一点 S，作曲面素线的平行线，则形成该曲面的导锥面。曲面上一素线 m 的切平面 σ 与导锥面上对应素线 m_s 的切平面 σ_s 相互平行，如图(b)所示；	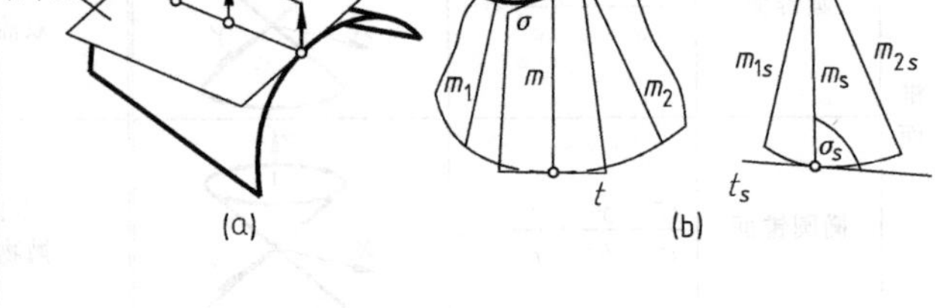 法平面 切平面 (a) (b)

续表

几何特性	图示
⑥曲面的各素线是曲面上一条曲线的切线（一般情况下），这条曲线 L 称为曲面的回折棱或脊线。曲面以脊线为界分为两叶。任一平面 ε 与曲面的截交线 C 以脊线上的交点 K 为尖点。所以一般情况下的可展曲线又称为切线曲面，如图(c)所示； ⑦曲面的各素线的切平面构成一个切平面族，它就是曲面脊线的密切平面族。反之，平面作单参数运动形成的平面族，其包络为一切线曲面，其特征线即为曲面的脊线； ⑧脊线 L 上一点的渐伸线是一条空间曲线。它位于曲面上，并和曲线各直纹垂直，所以脊线的渐伸线族与直纹组成曲面的正交网，如图(d)所示	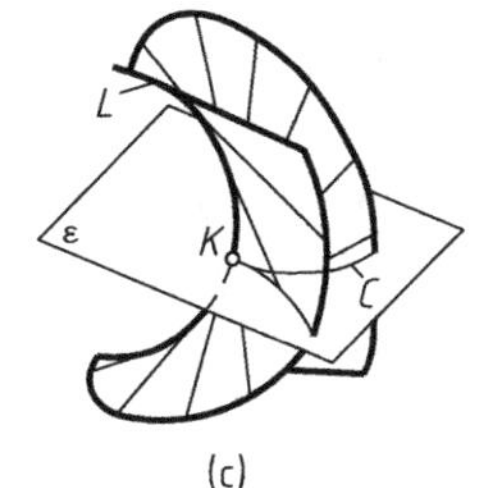 (c) 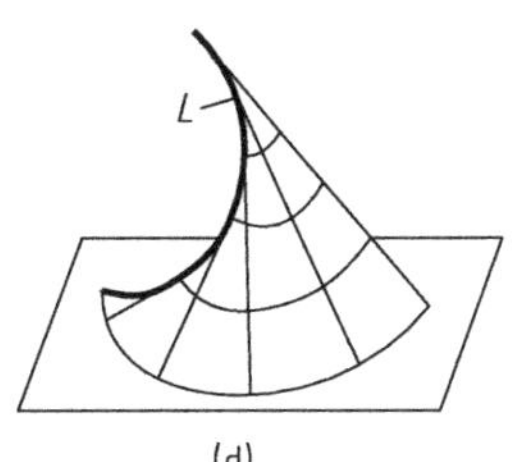 (d)

2.3.2.8　不可展直纹曲面（扭曲面）

不可展直纹曲面（扭曲面）又称为复（曲率）曲面。用直线作母线运动形成的不可展曲面，其形成方式和投影表示如表 2-7 所示。

表 2-7　不可展直纹曲面的形成及投影表示

曲面	形成方式	投影表示
单叶回转双曲面	由与轴线交叉的直母线回转运动形成，曲面有两族直纹	可用回转轴线与一素线的投影表示，或用曲面的轮廓线表示
一般单叶双曲面	直母线运动时，始终与三条交叉直导线 l_1、l_2、l_3 相交，曲面有两族直纹	可用三条交叉直线的投影表示，或用曲面的轮廓线表示
双曲抛物面	直母线运动时，与两条交叉直导线 l_1、l_2 相交，且与一导平面 π 平行。 曲面有两族直纹，分别平行对应的导平面 π_1 和 π_2	可用两导线 l_1、l_2 与导平面(例如 H 面)的投影表示，也可用给出曲面的四条边界 l_1、l_2、m_1、m_2 的投影表示

续表

曲面	形成方式	投影表示
柱状面	直母线运动时，与两条曲导线 l_1、l_2 相交，同时与一导平面 π 平行 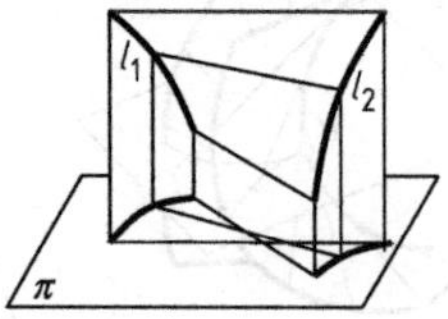	可用给定 l_1、l_2 与导平面(如 H 面)的投影表示，或用曲面轮廓线表示 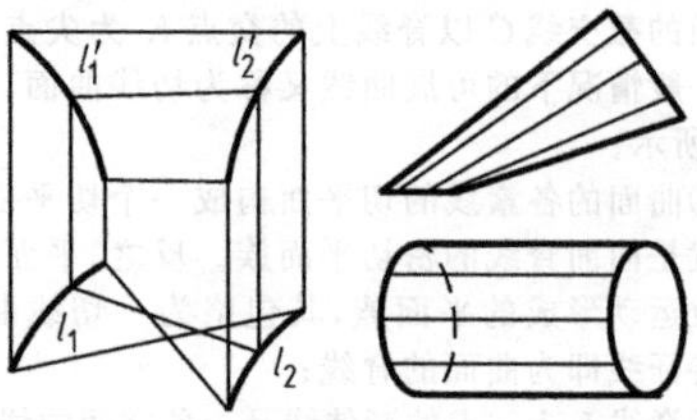
锥状面	直母线运动时，与一直导线 l_1，一导曲线 l_2 相交，同时与一导平面平行 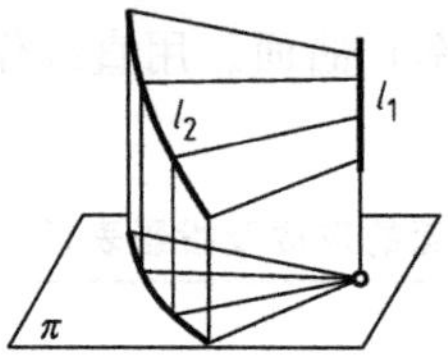	可用给定的 l_1、l_2 与导平面(如 H 面)的投影表示，或用曲面轮廓线表示 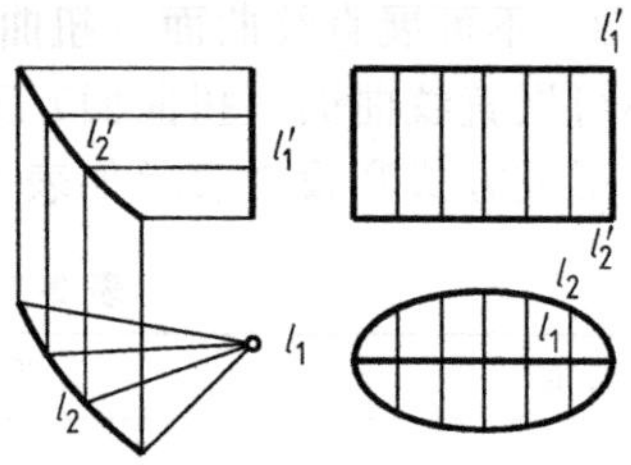
扭柱状面	直母线运动时，始终与一直导线 l_1、两条曲导线 l_2、l_3 相交 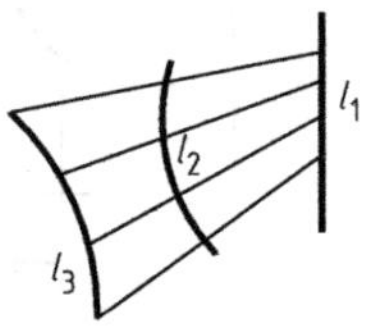	可用给定的 l_1、l_2、l_3 的投影表示 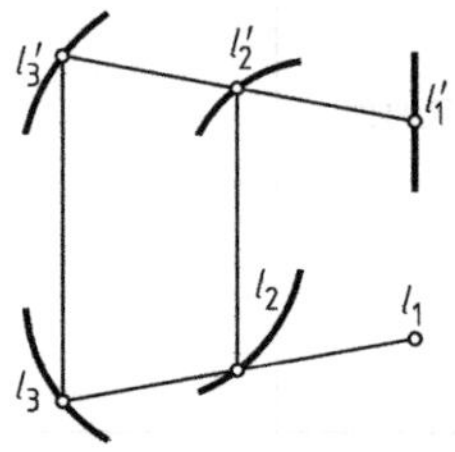
扭锥状面	直母线运动时，始终与两条直导线 l_1、l_3 和一条曲导线 l_2 相交 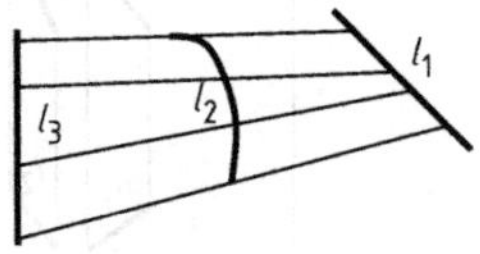	可用给定的 l_1、l_2、l_3 的投影表示 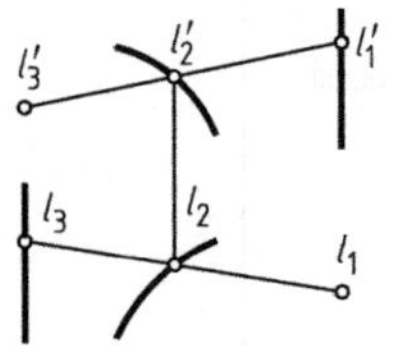
扭柱面	直母线运动时，始终与三条曲导线 l_1、l_2、l_3 相交 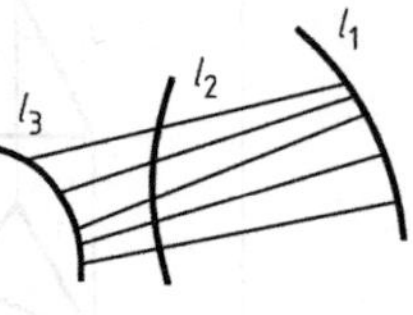	可用给定的 l_1、l_2、l_3 的投影表示 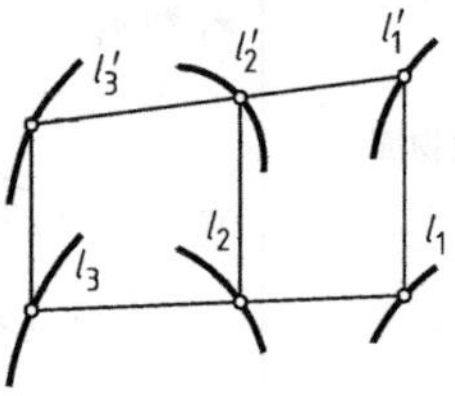

不可展直纹曲面的几何特性如表 2-8 所示。

表 2-8　不可展直纹曲面的几何特性

几 何 特 性	图　示
①曲面的两相邻素线为交叉直线，设其最短距离为 d，交角为 φ，则称 $p=\lim\limits_{d\to 0}\left(\dfrac{d}{\varphi}\right)$ 为分布参数，它描述了曲面上某一直纹处扭曲情况。对于不可展直纹曲面 $p\neq 0$，对于可展曲面 $p=0$，如图(a)所示	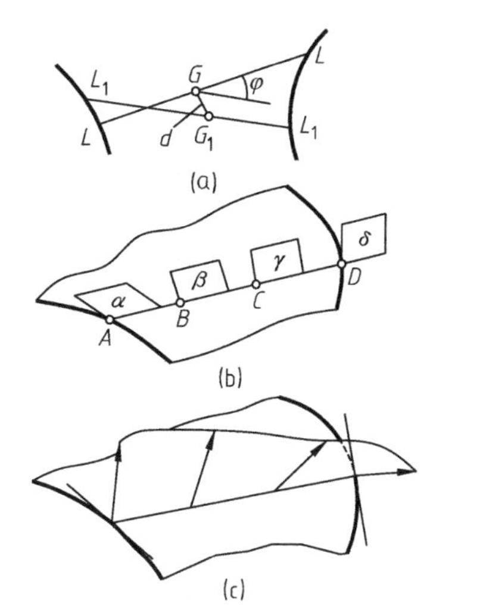
②曲面不可展开为平面	
③曲面沿一直纹上各点的切平面构成一平面束，它与该直纹上各切点组成的点列成射影对应，即 $l(ABCD)\overline{\wedge}\,l(\alpha\beta\gamma\delta)$，如图(b)所示	
④曲面沿一直纹上各点的法线构成一法线等边双曲抛物面的一族直纹，如图(c)所示	
⑤曲面的两相邻素线的公垂线垂足 G 的极限位置为该直纹的腰点。腰点的轨迹为曲面的腰曲线。腰点的切平面称为腰切面(对于可展曲面，腰曲线就是回折棱)	
⑥自空间一点 S，引直线与扭曲面各直纹平行，构成扭曲面的导锥面。曲面上一素线的腰切面与导锥面上对应素线的切平面垂直	
⑦曲面上各点的总曲率恒小于零，即不可展直纹曲面由双曲型点构成	

2.3.2.9　定母线曲纹面

曲纹面的母线只能是曲线（一般采用平面曲线）。曲纹面可分为定母线曲纹面与变母线曲纹面两大类。

定母线曲纹面指母线在运动过程中不改变其形状。母线的运动方式有绕轴线回转、与导平面平行、绕轴线做螺旋运动等，如表 2-9 所示。

表 2-9　定母线曲纹面

曲　面	说明与举例
回转面	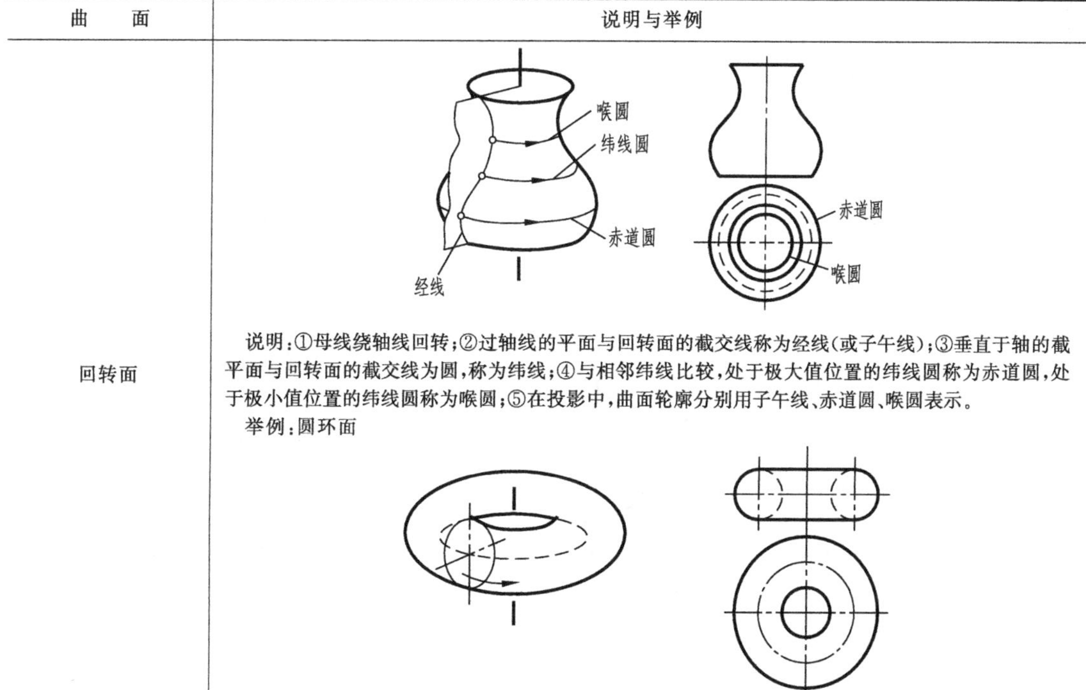 说明：①母线绕轴线回转；②过轴线的平面与回转面的截交线称为经线(或子午线)；③垂直于轴的截平面与回转面的截交线为圆，称为纬线；④与相邻纬线比较，处于极大值位置的纬线圆称为赤道圆，处于极小值位置的纬线圆称为喉圆；⑤在投影中，曲面轮廓分别用子午线、赤道圆、喉圆表示。 举例：圆环面

续表

曲　　面	说明与举例
平移曲面	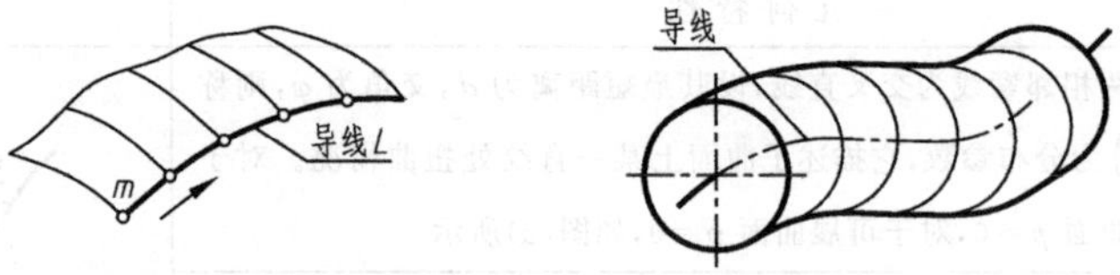 说明:母线 m 沿导线 L 平移,形成一般平移曲面。 举例:母线为圆纹,形成圆纹平移曲面
螺旋曲纹面	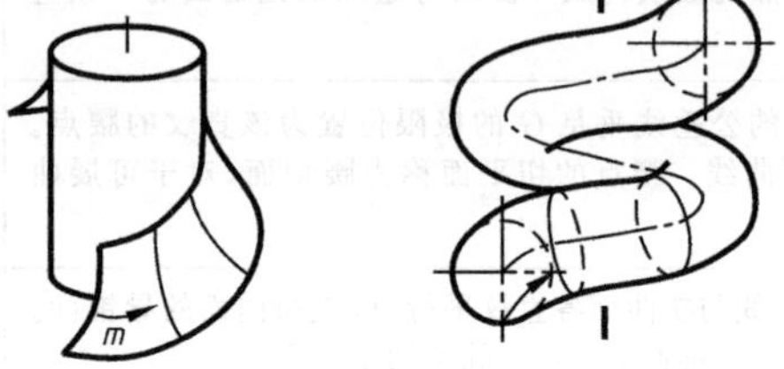 说明:母线 m 绕轴线做螺旋运动形成一般螺旋曲纹面。 举例:母线为圆,圆心轨迹为圆柱螺旋线,母线圆运动时始终在该螺旋线的相应法平面内,形成螺旋管状曲面
管状曲面	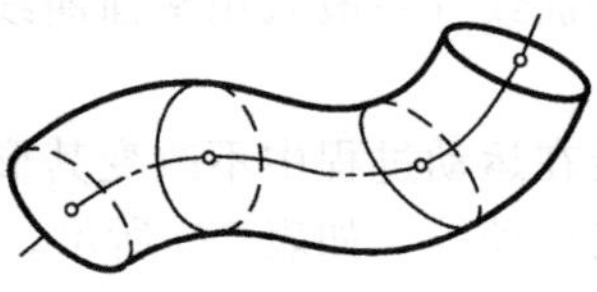 说明:由封闭曲线为母线连续运动而成。例如母线圆在运动时,保持其圆心在一条空间曲线上,且在对应的法平面内,可生成圆纹管状曲面

2.3.2.10　变母线曲纹面

母线在运动过程中连续改变形状，母线的运动方式也有绕轴回转、与导平面平行等，以形成任意曲面，如表 2-10 所示。

表 2-10　变母线曲纹面

曲　　面	举　　例	曲　　面	举　　例
回转型曲面	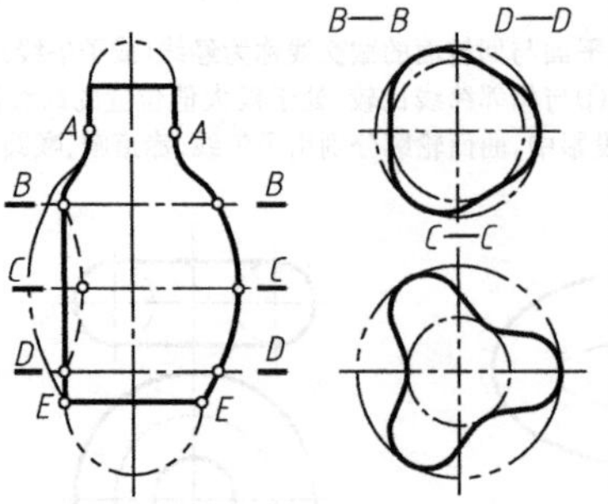 曲面的 $ABCDE$ 段为变母线回转型曲面	平移型曲面	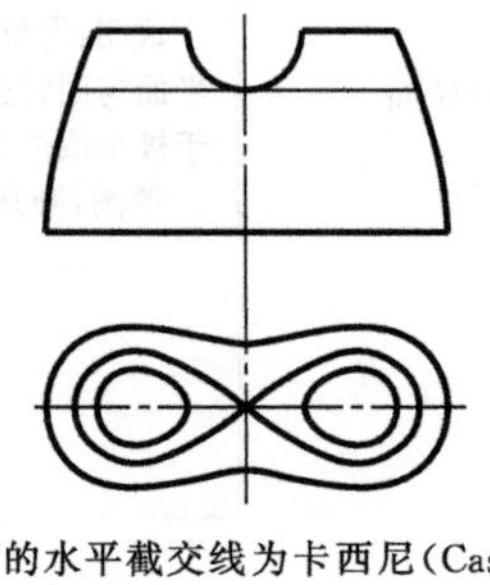 曲面的水平截交线为卡西尼(Cassinian)曲线族

续表

曲　面	举　例	曲　面	举　例
管型曲面	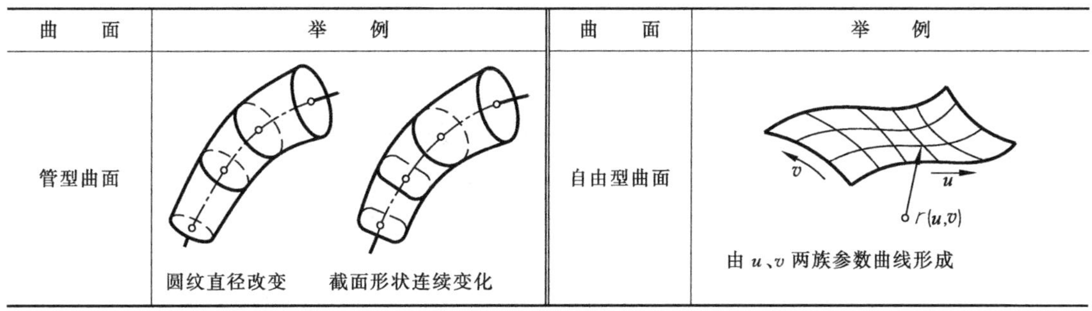圆纹直径改变　截面形状连续变化	自由型曲面	由 u、v 两族参数曲线形成

2.3.2.11　圆柱螺旋面

母线（直线或曲线）绕轴线做螺旋运动，可形成各种螺旋面，本节只介绍圆柱螺旋面。

直纹螺旋面（等导程）

直纹螺旋面由直纹绕轴线做等导程螺旋运动形成，如图 2-101(a) 所示。

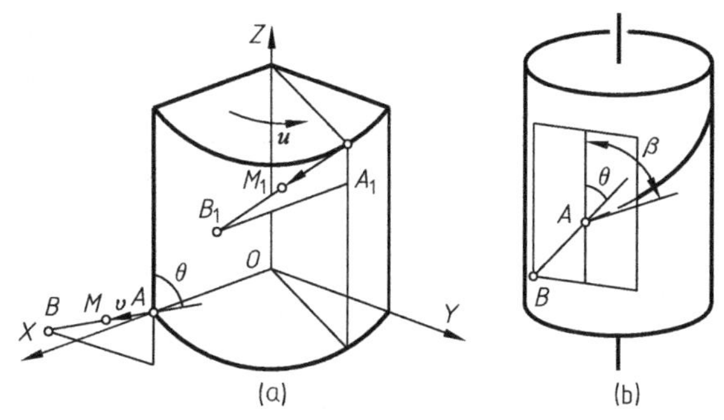

图 2-101　等导程直纹螺旋面

直纹螺旋面的参数方程为

$$\left.\begin{aligned}x&=a\cos u+\upsilon\sin\theta\sin u\\y&=a\sin u-\upsilon\sin\theta\cos u\\z&=bu-\cos u\theta\end{aligned}\right\}$$

其中，a 为直纹与轴线（Z 轴）的最短距离，即 OA；b 为螺旋参数；θ 为直纹与轴线的夹角。曲面的参数为 u、υ，其中 u 为直纹绕 Z 轴的回转角；υ 为直纹上 M 点对 A 点的位移。

设 A 点形成的圆柱螺旋线的螺旋角为 β，如图 2-101(b) 所示，则 $\beta=\arctan\dfrac{a}{b}$（设 $b>0$，即右旋时）。直纹与轴线的相对位置不同，所形成不同的螺旋面类型及其特征如表 2-11 所示。其图例如表 2-12 所示，其中 $T\upsilon$ 表示某一端截面位置，并画出了相应的端面截交线。

表 2-11　直纹螺旋面的分类及特征

闭式螺旋面（直纹与轴线相交，即 $a=0$）	阿基米德正螺旋面：直纹与轴线垂直相交，其端面截交线与轴向截交线为直纹	
	阿基米德斜螺旋面：直纹与轴线斜交，轴向截交线为直纹，端面截交线为阿基米德螺旋线	
闭式螺旋面（直纹与轴线不相交，即 $a\neq0$）	渐开线螺旋面：$\theta=\beta$，即直纹为 A 点所形成的螺旋线的切线，其端面截交线为基圆（半径为 a）的渐开线。该曲面为可展曲面	
	护轴线螺旋面 $\theta\neq\beta$	护轴线正螺旋面：$\theta=90°$，端面截交线为直纹 延长渐开线螺旋面：$\theta>\beta$，端面截交线为基础圆 a 的延长渐开线 缩短渐开线螺旋面：$\theta<\beta$，端面截交线为基础圆 a 的缩短渐开线 法向直廓螺旋面：$\theta=90°+\beta$ 或 $\theta=\beta-90°$，它在 A 点所形成的螺旋线的法向截面上，截交线为直纹

表 2-12 直纹螺旋面图例

曲面	图例
阿基米德正螺旋面	
阿基米德斜螺旋面	Tv 阿基米德螺线
渐开线螺旋面	Tv 渐开线
护轴线正螺旋面	
延长渐开线螺旋面	Tv θ β 延长渐开线
缩短渐开线螺旋面	Tv θ β 缩短渐开线
法向直廓螺旋面	Tv β θ 延长渐开线

2.3.2.12 曲线螺旋面

只能由曲母线做螺旋运动形成的螺旋面称为曲纹螺旋面。

【例 2-1】 图 2-102 所示的滚珠丝杠，其螺旋面的法向截交线为圆弧。

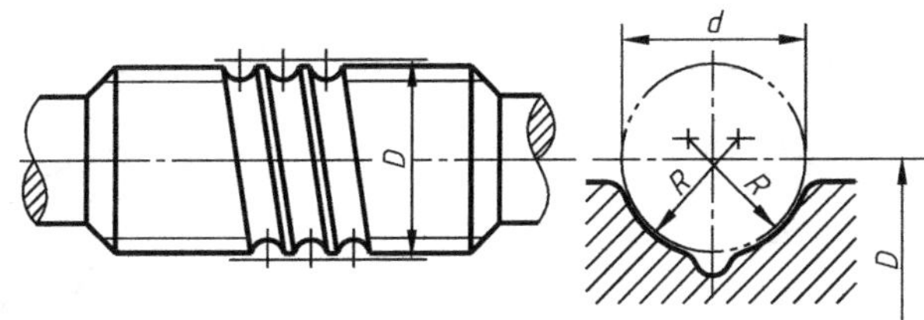

图 2-102　滚珠丝杠

【例 2-2】 图 2-103 所示螺杆泵中的螺杆，螺旋面的端面截交线为摆线弧。

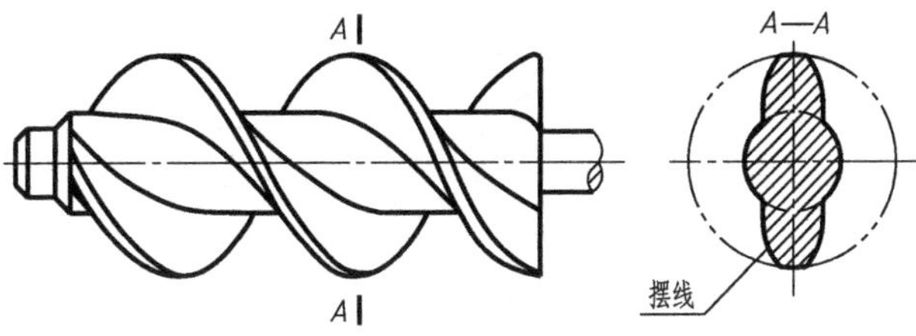

图 2-103　螺杆

2.3.2.13　用母面形成曲面

把曲面看成由母面运动形成的母面族的包络面，如表 2-13 所示。

表 2-13　用母面形成的曲面

母面类型	形成曲面举例
平面	(1)柱面：由平行于直线 S 的母面 υ 包络形成　(2)锥面：由过定点 S 的母面 υ 包络形成 (3)切线曲面：由单参数运动的平面为母面包络形成 ①由空间曲线的密切平面族、法平面族或化直平面族包络形成。 由密切平面族$\{m\}$包络形成　由法平面族$\{f\}$包络形成　由化直平面族$\{b\}$包络形成 ②由两曲线的公切平面族$\{\sigma\}$包络形成，又称盘旋面。

续表

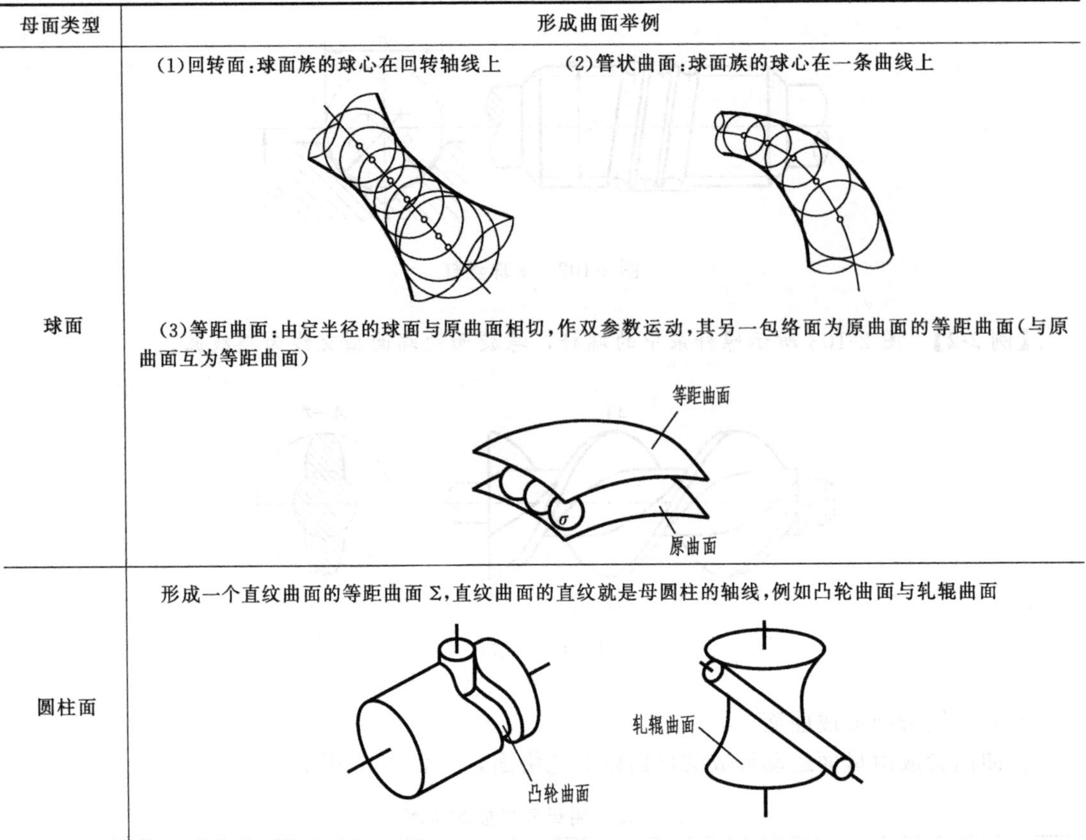

母面类型	形成曲面举例
球面	(1)回转面：球面族的球心在回转轴线上　(2)管状曲面：球面族的球心在一条曲线上 (3)等距曲面：由定半径的球面与原曲面相切，作双参数运动，其另一包络面为原曲面的等距曲面(与原曲面互为等距曲面) 等距曲面 σ 原曲面
圆柱面	形成一个直纹曲面的等距曲面Σ，直纹曲面的直纹就是母圆柱的轴线，例如凸轮曲面与轧辊曲面 凸轮曲面 轧辊曲面

2.3.2.14　用几何变换形成曲面

利用仿射变换、透视变换、反演变换及拓扑变换等，可将简单曲面（如球面、圆柱面等）变换为较复杂的曲面，如表 2-14 所示。

利用仿射变换和拓扑变换可以解决复杂曲面的设计作图问题。如表 2-15 所示。

表 2-14　用几何变换形成曲面

几何变换	变换举例
仿射变换	将球面变换为三轴椭球面：经二次空间仿射变换，第一次为沿 X 轴方向的拉伸；第二次为沿 Z 轴方向的压缩 沿X轴方向拉伸 沿Z轴方向压缩

续表

几何变换	变换举例
透视变换	将球面变换为回转抛物面：令“非固有”平面与球面在 D 点相切，透射中心 S 在球心与 D 点的连线上。球面轮廓线上 A、B、C、D 四点变换为回转抛物面轮廓线上 A_1、B_1、C_1、$D_{1\infty}$ 四点 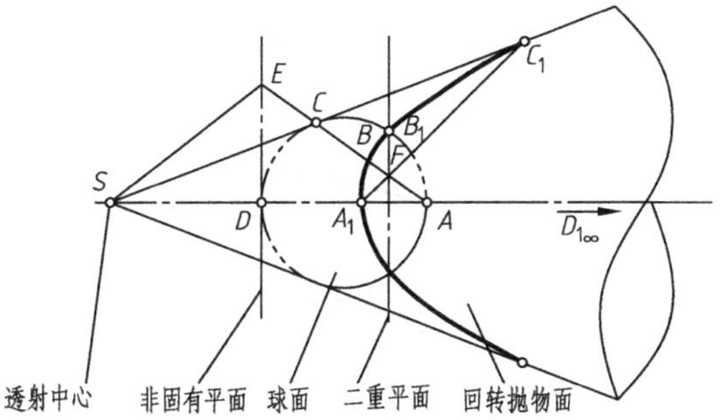
反演变换	将圆柱面变换为圆纹管状曲面；反演变换由基球面给定 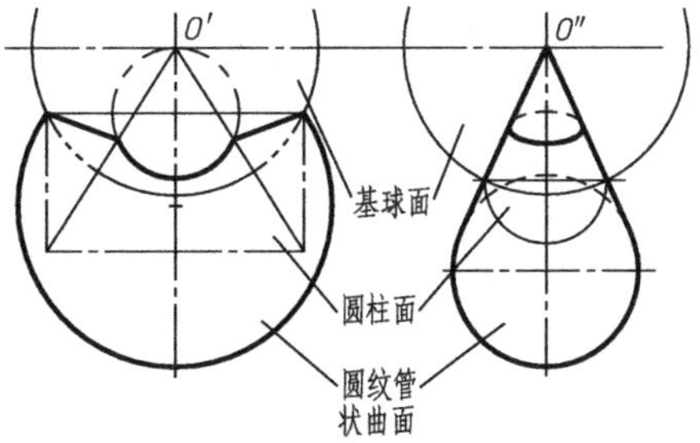
拓扑变换	将锥面变换为曲纹面：原曲面上 A 点变换为 A_1 点 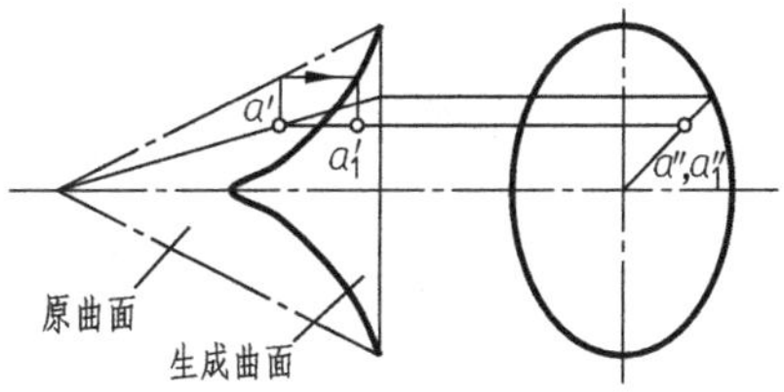

表 2-15　利用拓扑变换作曲面设计

约定条件	(1)原曲面的一组截面曲线与生成曲面对应的截面曲线成仿射对应，互为比例曲线 如图，$A12B$ 与 $C34D$ 互为比例曲线，因此，若 AB 为光滑曲线，则 CD 亦为光滑曲线 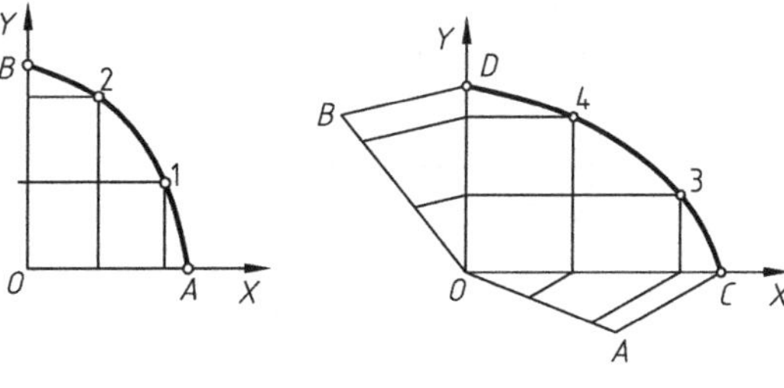

续表

<table>
<tr>
<td>约定条件</td>
<td>

(2)原曲面和生成曲面的边界曲线 AB 与 CD 间点列的对应可按下列关系选取

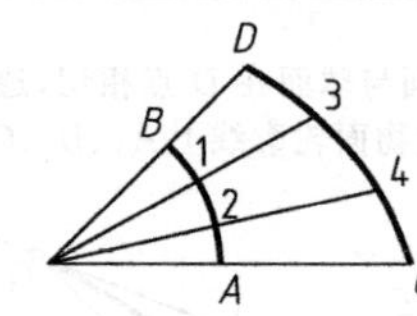

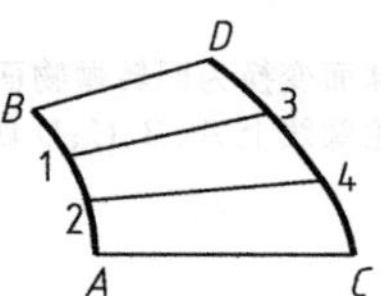

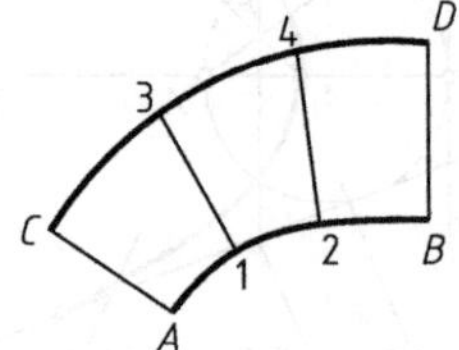

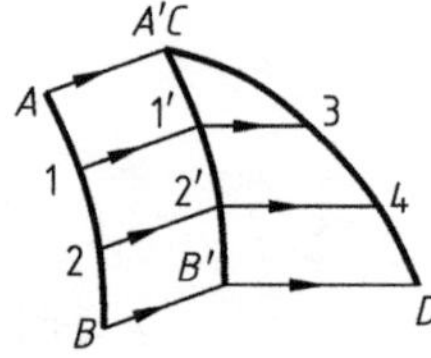

</td>
</tr>
<tr>
<td>曲面边界给定的方式</td>
<td>

(1)由三边界曲线 AB、BC、AC 给定　　(2)由四边界曲线 AB、CD、AC、BD 给定

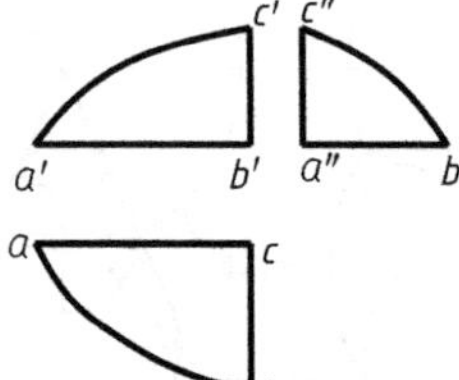

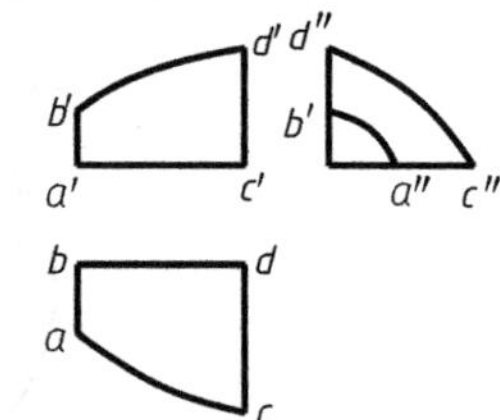

</td>
</tr>
<tr>
<td>由锥面生成曲纹面</td>
<td>

(1)原曲面:为锥面,其正面投影及水平投影是两个三角形线网

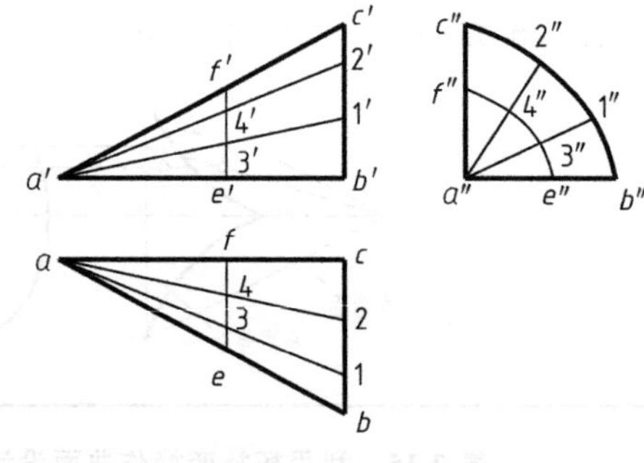

(2)生成曲面:各曲纹用两个三角形线网作图求出,如图中的截面线 EF 和曲纹 $A1$、$A2$

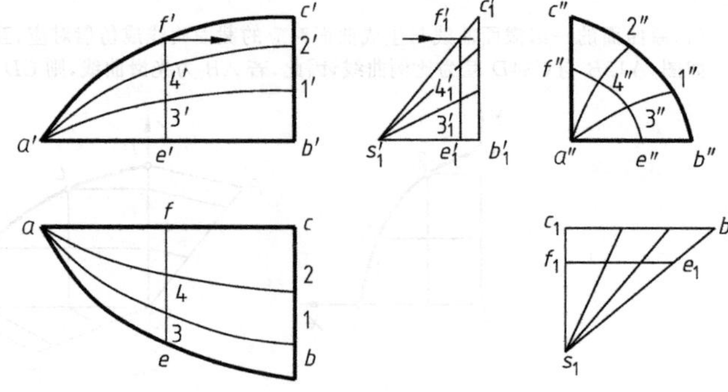

</td>
</tr>
</table>

续表

<table>
<tr>
<td>由扭柱状面生成曲纹面(一)</td>
<td>

(1)原曲面:为扭柱状面,先在水平投影中按中心投射关系建立边界曲线 AB、CD 间的点列对应,即曲面的水平投影构成三角形线网,正面投影构成梯形线网

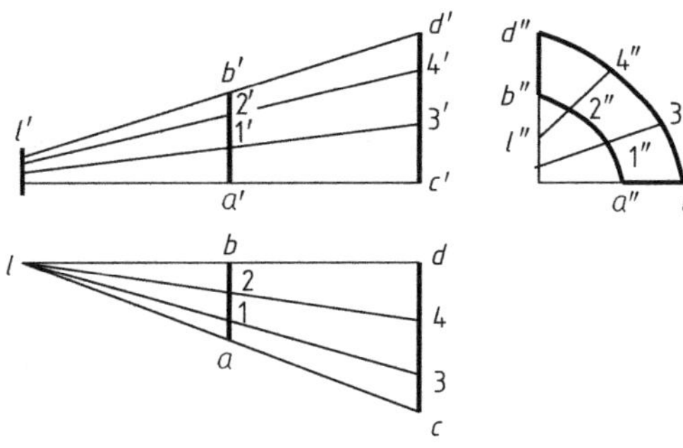

(2)生成曲面:各曲纹利用梯形线网与三角形线网作图求出

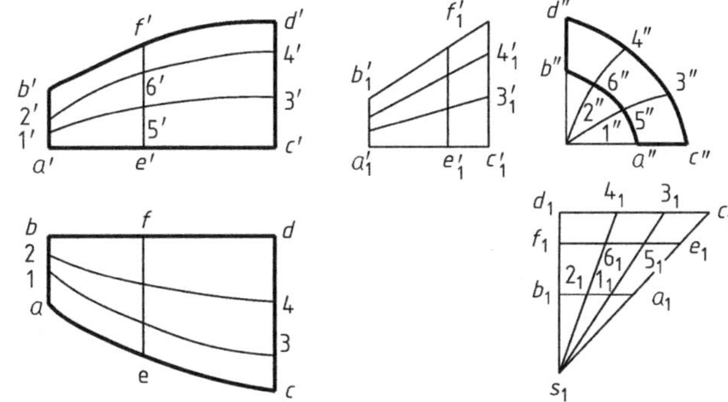

</td>
</tr>
<tr>
<td>由扭柱状面生成曲纹面(二)</td>
<td>

(1)原曲面:为扭柱状面

(2)生成曲面:边界曲线如图给定,边界曲线 AC、BD 间的对应点用法线法确定,由此确定各中间截面的位置

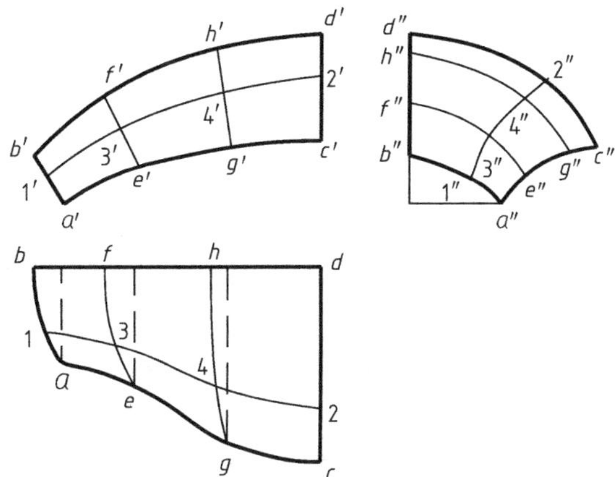

①生成曲面可视为由原曲面(扭柱状面)二次变形形成。

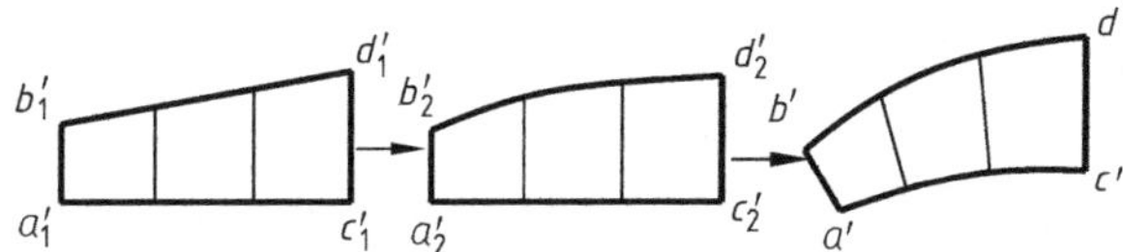

</td>
</tr>
</table>

续表

由扭柱状面生成曲纹面(二)	②各截面线的真实形状可用三角形线网与梯形线网方法作图求出。 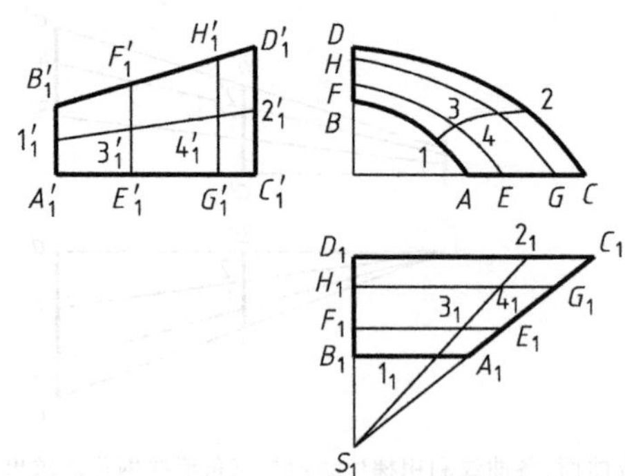

2.3.2.15　曲面中的作图问题

(1) 在直纹曲面中，由给定的导线作其素线

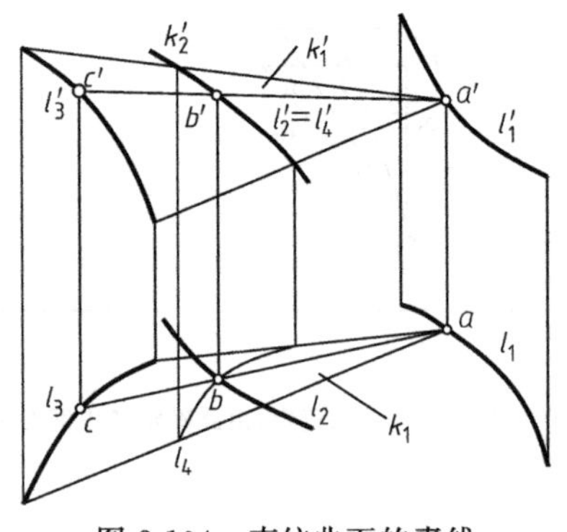

图 2-104　直纹曲面的素线

如图 2-104 所示，设由三曲导线 L_1、L_2、L_3 给出一扭柱面，现过 L_1 上的 A 点作曲面的素线（直纹），其步骤如下：

① 以 A 为顶点，以 L_3 为导线作一辅助锥面 K_1；

② 过 L_2 作一投射柱面 K_2（垂直正面）；

③ 求出曲面 K_1 与 K_2 的交线 L_4 的水平投影 l_4；

④ l_4 与 l_2 的交点为 b，由 b 求得 b'；

⑤ 连接 AB 并延长至 C（与 L_3 的交点），直线 ABC 即扭柱面上过 A 点的直纹。

(2) 作曲面的切平面与法线

过曲面一点 M 任作曲面上两条曲线，作出这两条曲线的切线 T_1、T_2，两相交直线 T_1、T_2 确定了 M 点的切平面。过 M 点作直线 MN 垂直于切平面。MN 即为过 M 点的法线。

如图 2-105 所示为一球面，过球面上 M 点作球面的水平圆与正面圆，然后作出此两圆的切线 T_1、T_2。T_1、T_2 所确定的平面即为过 M 点的切平面，法线 MN 过球心 O，并与切平面垂直。

图 2-106 所示为一阿基米德斜螺旋面，过螺旋面上 M 点作切平面与法线的步骤为：

① 作出 M 点的直纹，可视为曲面的切线 T_1；

② 由过 M 点的导圆柱半径 a_m、螺旋参数 b，求出过 M 点的圆柱螺旋线的升角 φ_m，由此可求出过 M 点与螺旋线的切线 T_2；

③ M 点的切平面即由切线 T_1、T_2 确定；

④ 法线 MN 与平面 T_1T_2 垂直；

⑤ 法线 MN 的水平投影过一点 f（$of \perp om$ 且 $of = b\tan\theta$）。过 M 点的直纹上各点法线的水平投影皆过此点 f（证明从略）。

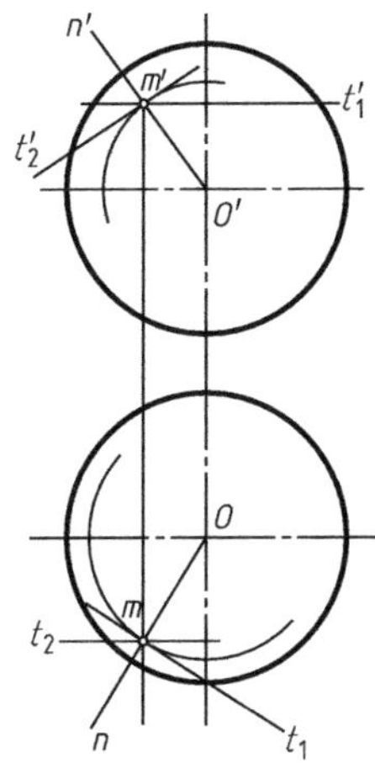

图 2-105　球面

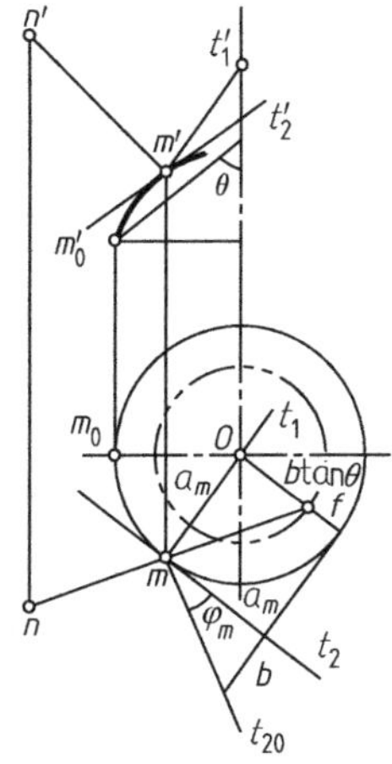

图 2-106　阿基米德斜螺旋面

(3) 作曲面的轮廓线

① 用曲面上曲线族投影的包络作图。

例如在图 2-107 中，作出曲面上一组圆纹，其水平投影的包络线 c 即为曲面水平投影的轮廓线（此包络线的正面投影为 c'）。

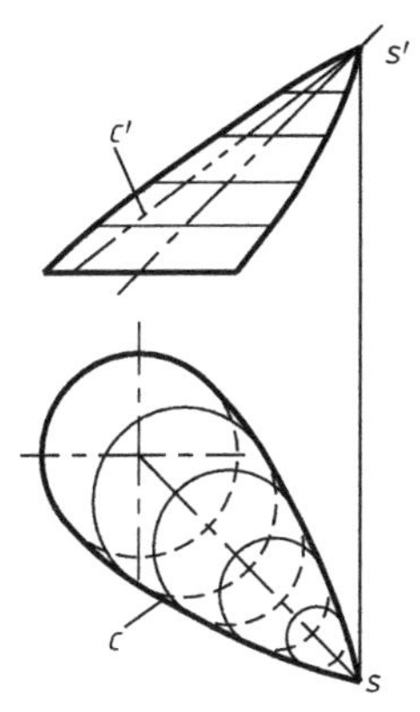

图 2-107　包络作图（一）

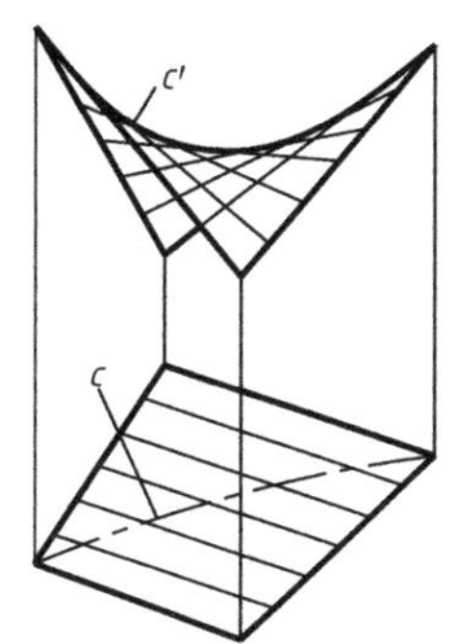

图 2-108　包络作图（二）

又如图 2-108 中，双曲抛物面正面投影的轮廓线为直线族的包络。

② 用母线族投影的轮廓线作图。

若将曲面看成由母线（例如球面）运动形成，而母面的投影轮廓线又易于作图（如圆），则可利用母面族的投影轮廓线来求曲面轮廓线。

③ 利用法线位置作图。

若曲面上 K 点为投影轮廓线上的点，则过点 K 的切平面必为投射面。因此，过点 K 的法线必为投影面平行线。根据这个规律，可作出某些曲面的轮廓线。

如图 2-109 所示，已给出阿基米德斜螺旋面，求位于直纹 LM 上而属于正面投影轮廓线的点 K。可按下列步骤作图：

a. 作出直纹 $l'm'$、lm；

b. 作 $lf \perp lm$，取 $lf = b\tan\theta$（其中，θ 为直纹与轴线交角，b 为螺旋线参数）；

c. 过点 f 作水平线与 lm 交于点 k，kf 即直纹上点 K 处法线的水平投影；

d. 由 k 求得 k'，点 K 即螺旋面正面投影轮廓线上的点。

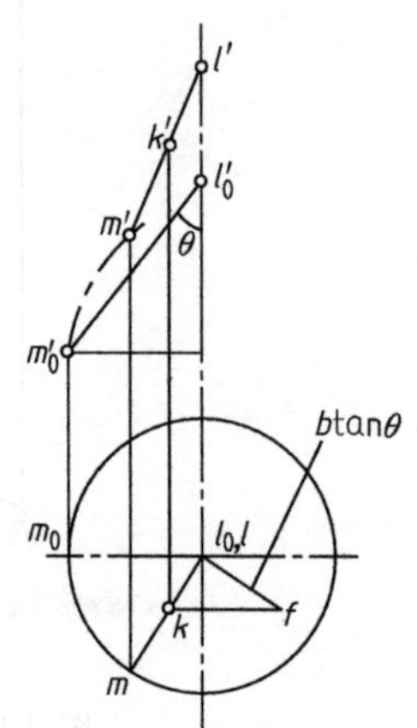

图 2-109 利用法线位置作图

第 3 章 正投影法理论及其基础应用

GB/T 14692—2008《技术制图 投影法》规定了投影法的基本规则。

3.1 投影法的基本知识

3.1.1 投影法的概念及分类

日常生活中，在阳光或灯光的照射下，物体在地面或墙壁上会出现影子，这个影子在某些方面反映出物体的形状特征，这就是日常生活中常见的投影现象。人们根据这种现象总结其几何规律，提出了形成物体图形的方法——投影法。

投影法就是投射线通过物体，向选定的面投射，并在该面上得到图形的方法。

如表 3-1 所示，设 S 为投影中心，平面 P 为投影面，SAa 为投影线，将三角板放置在投影面与投影中心之间，在投影面上可得到三角板的投影。若将投影中心移至无限远处，则投影线可看成是相互平行的直线，因此，投影法分为中心投影法和平行投影法两类。平行投影法又分为斜投影法和正投影法，其概念见表 3-1，投影法的分类及应用见图 3-1。

表 3-1 投影法的概念及分类

<table>
<tr><th colspan="2">投影法分类</th><th>投影法的概念</th><th>图 示</th></tr>
<tr><td colspan="2">中心投影法</td><td>所有的投影线通过一个投影中心，这种投射线交汇于一点的投影法，称为中心投影法</td><td>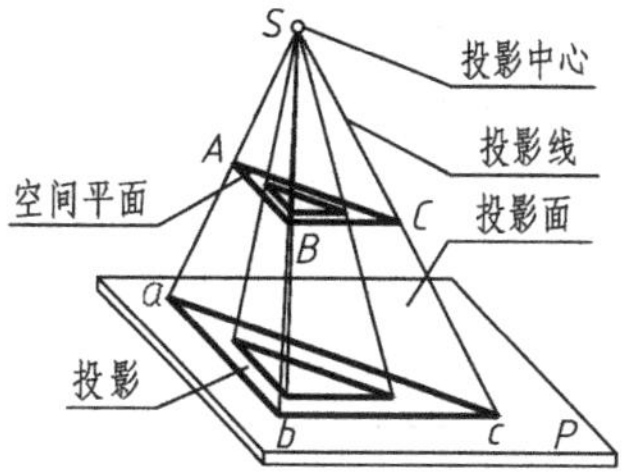
</td></tr>
<tr><td rowspan="2">平行投影法</td><td>斜投影法</td><td>投影线相互平行，且投影线与投影面倾斜的投影方法，称为斜投影法</td><td>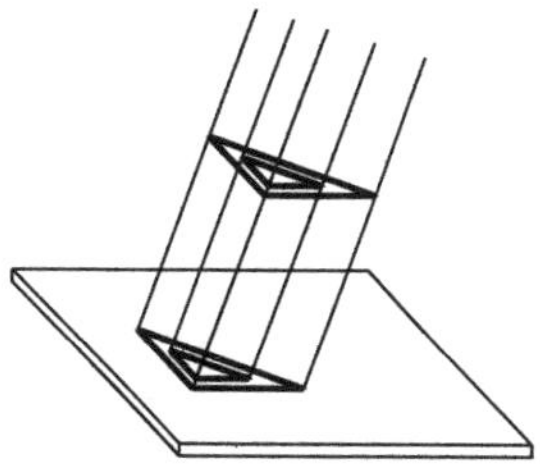</td></tr>
<tr><td>正投影法</td><td>投影线相互平行，且投影线与投影面垂直的投影方法，称为正投影法</td><td>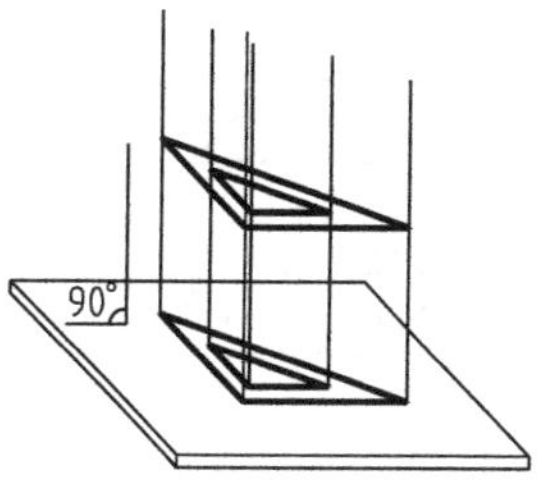
</td></tr>
</table>

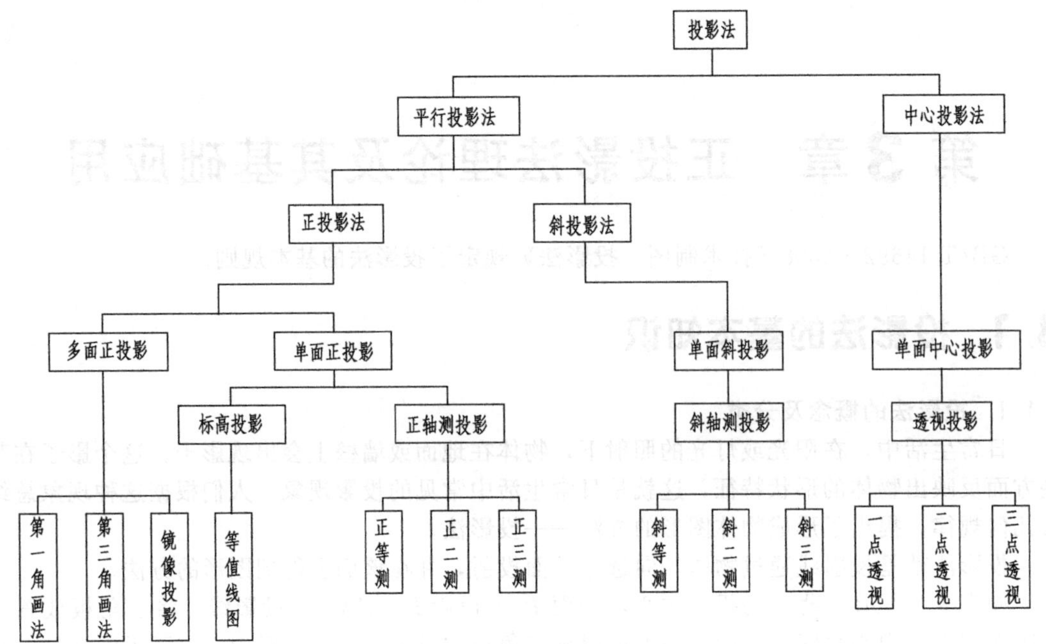

图 3-1 投影法分类及应用

用正投影法得到的投影叫正投影。正投影的主要特点是：物体位置规定在观察者与投影面之间，改变人、物、投影面三者之间的距离，不影响物体的投影；当物体上的平面平行于投影面时，该平面的正投影反映平面的真实形状和大小，且作图方便，因此是绘制机械图样的基本方法。正投影法原理是绘制和阅读机械图样的理论基础。其缺点是立体感较差，一般不易看懂，必须通过相关课程的学习才能掌握。

3.1.2 正投影的性质

正投影的基本性质如表 3-2 所示。这些性质可以运用几何学知识加以证明，是正投影法作图的重要依据。

表 3-2 正投影的性质

	相对于投影面的位置		
	平 行	垂 直	倾 斜
直线	正投影反映实长	正投影积聚成一点	正投影变短
平面	正投影反映实形	正投影积聚成直线	正投影变成类似形

续表

	相对于投影面的位置		
	平　行	垂　直	倾　斜
特性	真实性	积聚性	类似性

3.2 工程上常用的投影图

3.2.1 多面正投影

将空间物体同时向多个相互正交的投影面作正投影，并将各正投影绘制在同一平面上的方法，称为多面正投影。多面正投影在工程上得到广泛应用，如图 3-2 所示。

3.2.2 轴测投影

将物体连同其参考直角坐标系，沿不平行于任一坐标平面的方向，用平行投影法将其投射在单一投影面上所得的具有立体感的图形称为轴测投影，又称轴测图。轴测投影根据投射线与轴测投影面的相对位置（垂直或倾斜）又分为正轴测投影与斜轴测投影。

轴测图的优点是立体感强，直观性好，容易看懂。但不能准确表达物体的形状，且绘图繁杂，如图 3-3 所示。在机械工程中作为辅助图形多用于表达物体直观形状。

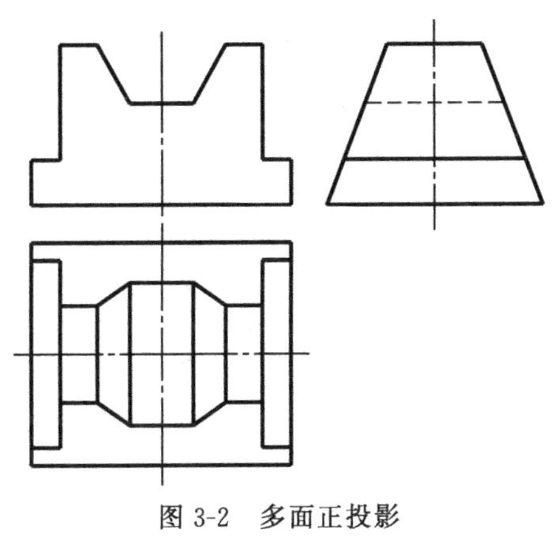

图 3-2　多面正投影

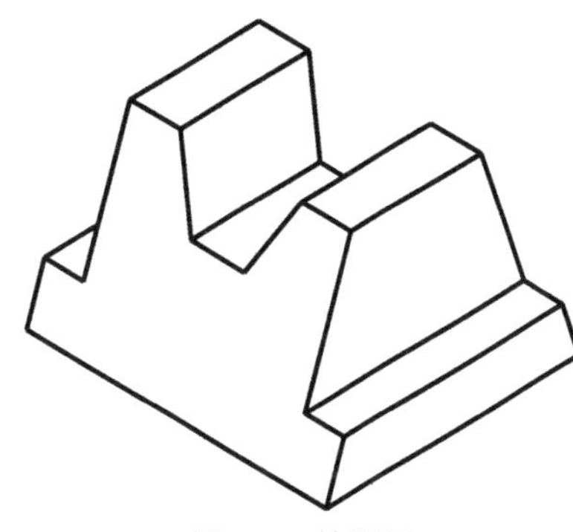

图 3-3　轴测图

3.2.3 标高投影

在工程上当表达一些较复杂的物体形状时，常采用一系列与投影面平行且等距离的平面截切，然后将截交线向投影面作正投影，并在投影面上标注出某些特征面、线以及控制点的高度数值。这种在物体的水平投影上用加注某些特征面、线及控制点的高程数值的单面正投影来表达空间形体的图示方法，称为标高投影。设某水平面为基准面，其高程为零，基准面以上的高程为正，基准面以下的高程为负。

在标高投影中，预定高度的水平面与所表示表面的截交线称为等高线。标高投影图中应标注比例和高程。比例可采用附有长度单位的比例尺形式，如图 3-4 所示，也可采用标注比例的形式，如 1∶1000 等；高程单位常采用“m”。

标高投影图多用于表示不规则曲面，如船体、飞行器、汽车曲面及地形等。

3.2.4 透视图

用中心投影法将物体投射在单一投影面上得到具有立体感图形的图示方法，称为透视投影，又称透视图或透视。根据画面对物体的长、宽、高三组主方向棱线的相对关系（平行、

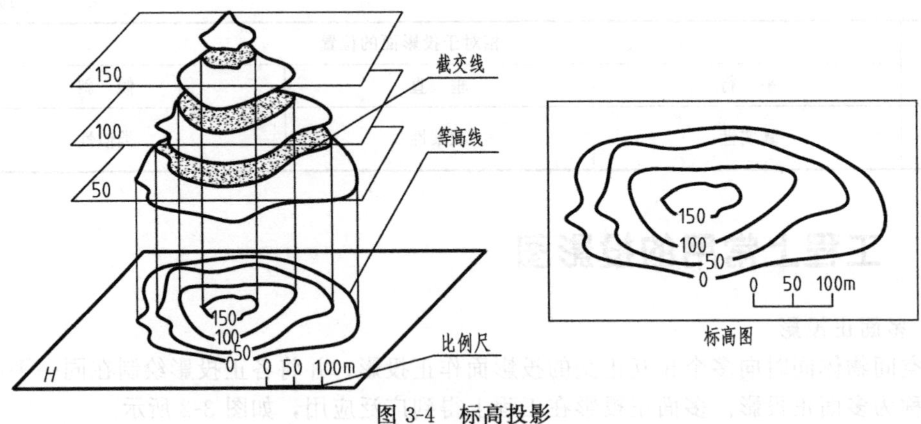

图 3-4 标高投影

垂直或倾斜），透视投影分为一点透视、两点透视和三点透视。可根据不同的透视效果分别选用。

(1) 一点透视

一点透视指画面平行于物体的一个坐标面（长度和高度两组棱线）所得的透视图，如图 3-5(a) 所示，宽度主方向的棱线与画面垂直，其主灭点就是主点。

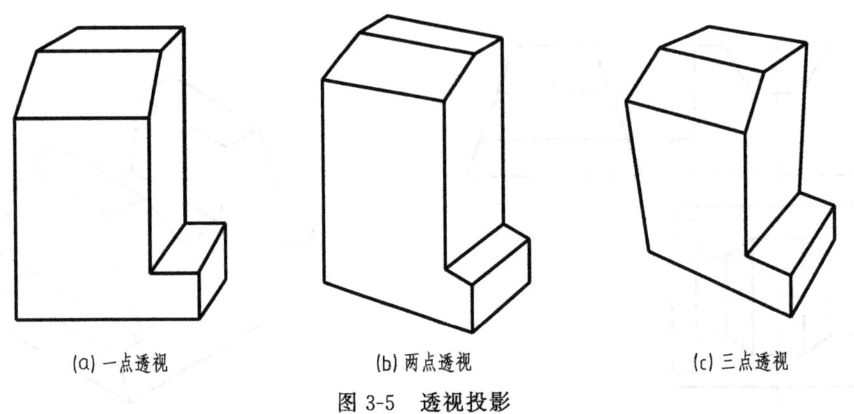

图 3-5 透视投影

(2) 两点透视

两点透视指画面与两个坐标平面成一定偏角，且平行于该两坐标面公共轴线所得到的透视图。如图 3-5(b) 所示，画面与物体的高度方向的棱线平行，物体的长度和宽度两组主方向的棱线与画面相交，有两个灭点。

(3) 三点透视

三点透视指画面与物体的三个坐标面都倾斜时所得到的透视图。如图 3-5(c) 所示，画面与物体的长、宽、高三组棱线均倾斜，三组主方向的棱线各有一个灭点，共有三个灭点。

3.3 物体的三视图

在正投影中，只用一个正投影图是不能确定物体的形状和大小的。图 3-6 所示即为几个不同形状的物体，因为它们的某些尺寸相等，所以它们在投影面上的投影完全相同。可见，不同的物体其视图可以完全相同，这说明在正投影图中，不附加其他条件，只有一个正投影图是不能全面、准确地反映出物体的形状和大小的。因此，为了确切表示物体的形状和大小，必须从几个方向进行投影，也就是要用几个正投影图才能完整地表达物体的形状和大小。在实际绘图中，常用的是三个正投影图。

假定人的视线是一组相互平行且垂直于投影面的投影线，这样利用正投影规律在投影面上得到的图形称为视图。因为常用的是三个正投影图，又称为三视图。

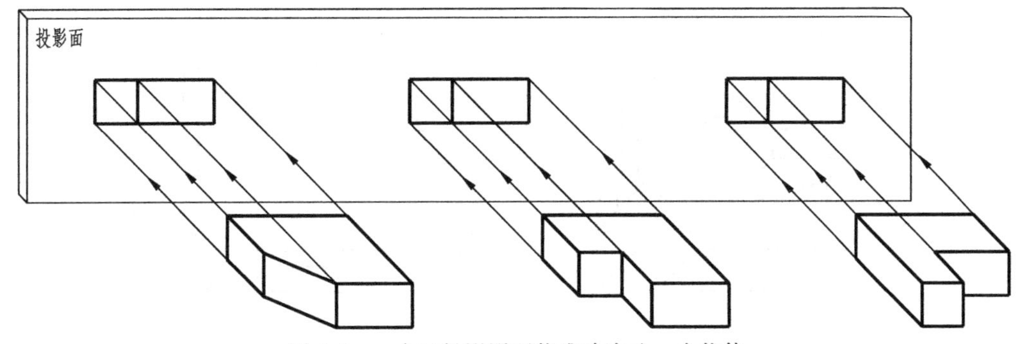

图 3-6　一个正投影图不能准确表达一个物体

3.3.1　三视图的形成

分别用 V、H、W 表示的三个相互垂直的投影面，彼此两两垂直相交，其交线分别称为投影轴 OX、OY、OZ，三轴共交于一点称为原点 O，构成三面投影体系，如图 3-7(a) 所示。

三个投影面将空间分成八个部分，每部分称为分角，分角编排顺序如图 3-7(a) 中的罗马数字注释。我国优先选用第一分角投影，即第一角画法，如图 3-7(b) 所示。必要时允许采用第三分角投影，即第三角画法，如图 3-7(c) 所示。本章重点介绍第一角画法。

建立三个相互垂直的投影面，如图 3-8(a) 所示，这三个投影面的名称是：正立投影面 (V)，简称正面；水平投影面 (H)，简称水平面；侧立投影面 (W)，简称侧面。投影面与投影面的交线，称为投影轴。V 面和 H 面的交线——OX 轴；H 面和 W 面的交线——OY

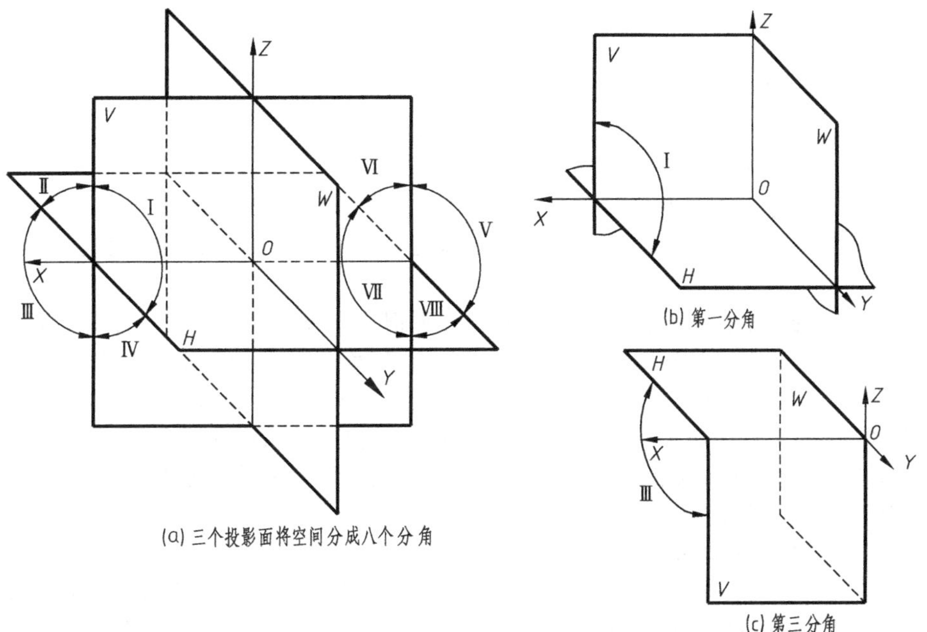

图 3-7　三视图的形成

轴；V 面和 W 面的交线——OZ 轴，三条投影轴的交点称为原点 O。

将物体置于三面投影体系中，使其底面与水平面平行，前面与正面平行，用正投影法分别向三个投影面进行投影，得到物体的三视图，如图 3-8(a) 所示，它们是：

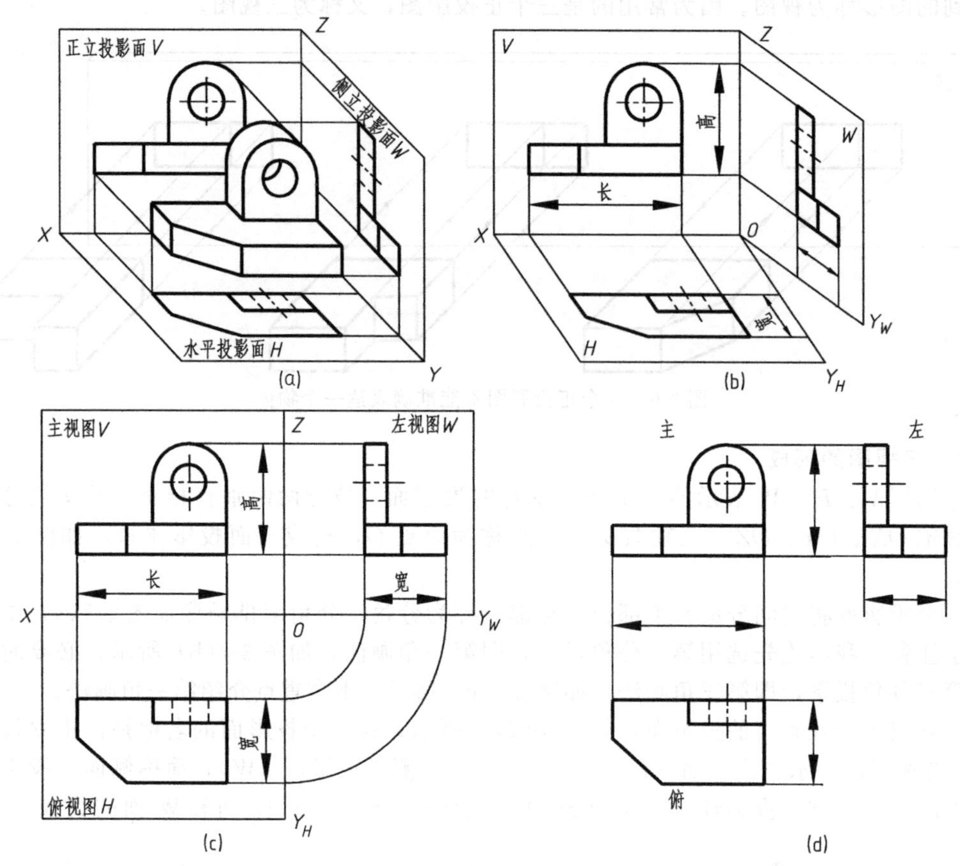

图 3-8 三视图的形成

主视图——由物体的前面向后投影，在正立投影面（V）上得到的图形。

俯视图——由物体的上面向下投影，在水平投影面（H）上得到的图形。

左视图——由物体的左面向右投影，在侧立投影面（W）上得到的图形。

按国家标准规定，视图中凡可见的轮廓线用粗实线表示；不可见的轮廓线用虚线表示；对称中心线用点画线表示。如图 3-8 中支架的圆孔，其轮廓线在左视图和俯视图中不可见，应该用虚线表示。三个视图中的中心线应画成点画线。

为了把空间的三个视图画在一个平面上，必须把三个投影面展开（摊平）。展开的方法如图 3-8(b) 所示，将物体从三面投影体系中移出，V 面保持不动，水平面和侧面由 OY 轴分开，将 H 面绕 OX 轴向下旋转 90°（随 H 面旋转的 OY 轴用 OY_H 表示）；W 面绕 OZ 轴向右旋转 90°（随 W 面旋转的 OY 轴用 OY_W 表示），使 V 面、H 面和 W 面摊平在同一个平面上，如图 3-8(c) 所示。由于投影面的边框是假想的，不必画出。这样，就得到物体的三视图，如图 3-8(d) 所示。

3.3.2 三视图与物体的对应关系

物体有上、下、左、右、前、后六个方位，当物体在三面投影体系的位置确定以后，距观察者近的是物体的前面，离观察者远的是物体的后面，同时物体的上、下，左、右方位也确定下来了，并反映在三视图中。二者的对应关系由图 3-9 可以看出：

主视图反映了物体的上、下、左、右的位置关系；
俯视图反映了物体的前、后、左、右的位置关系；
左视图反映了物体的前、后、上、下的位置关系。

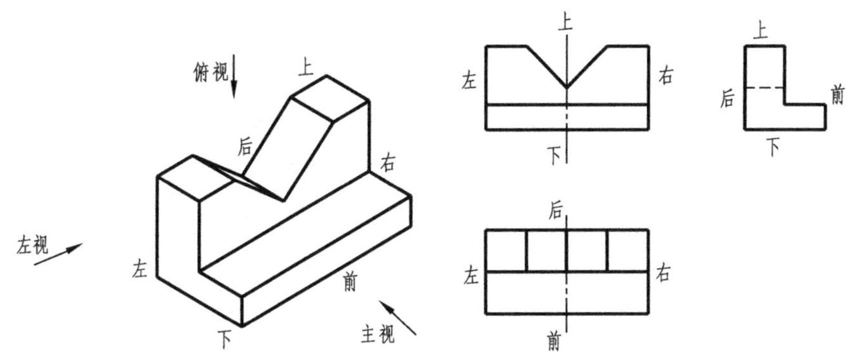

图 3-9　三视图与物体的位置关系

3.3.3　三视图之间的投影规律

物体都有长、宽、高三个方向的尺寸。左、右之间的尺寸叫做长；前、后之间的尺寸叫做宽；上、下之间的尺寸叫做高。从图 3-8(c) 中各视图之间的尺寸关系可以看出：每个视图反映物体两个方向的尺寸，如主视图反映物体的长和高方向的尺寸；俯视图反映物体的长和宽方向的尺寸；左视图反映物体的高和宽方向的尺寸。每一尺寸又由两个视图重复反映，即主视图和俯视图共同反映长度方向的尺寸，并对正；主视图和左视图共同反映高度方向的尺寸，且平齐；左视图和俯视图共同反映宽度方向的尺寸，并相等。从而可以总结出三视图之间的投影规律：

主、俯视图长对正；主、左视图高平齐；俯、左视图宽相等。简称为“长对正、高平齐、宽相等”。这是三视图之间最基本的投影规律，也是在绘图和读图时都必须遵循的投影规律。不仅整个物体的投影要符合这条规律，而且物体的每一个部分的投影亦必须符合这条规律，见图 3-10。

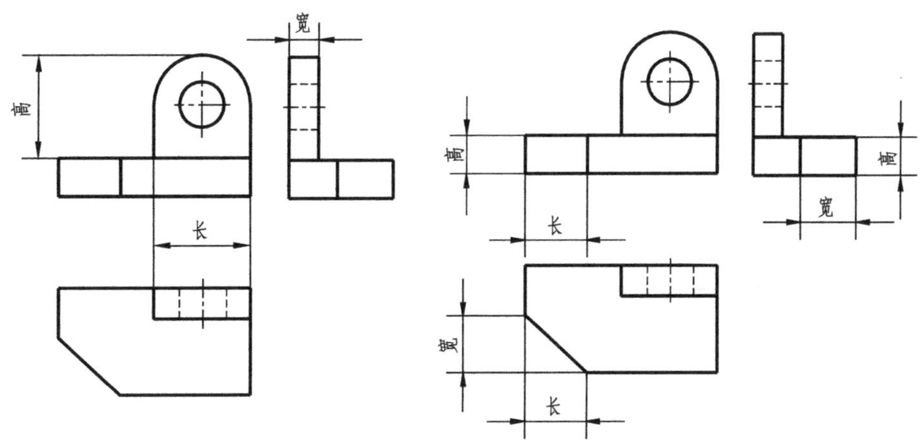

图 3-10　三视图的投影规律

在应用这一规律时要注意物体的上、下、左、右、前、后六个方位与视图的关系。如俯视图的下边和左视图的右边都反映物体的前面，俯视图的上边和左视图的左边都反映物体的后面，因此，在俯、左视图上量取宽度时，不但要注意量取的起点，还要注意量取的方向。

3.4 直线的投影

3.4.1 各种位置直线的三面投影

见表 3-3，直线相对于投影面的位置有垂直、平行和倾斜三种情况。根据直线与投影面的相对位置不同，可分为一般位置直线、投影面平行线和投影面垂直线三种。不平行任何一个投影面的直线，称为一般位置直线；平行于一个投影面的直线，称为投影面平行线；垂直于一个投影面（平行于两个投影面）的直线，称为投影面垂直线。

表 3-3 图解各种位置直线的投影特性

名称		立体图	投影图	直线投影特性
一般位置直线		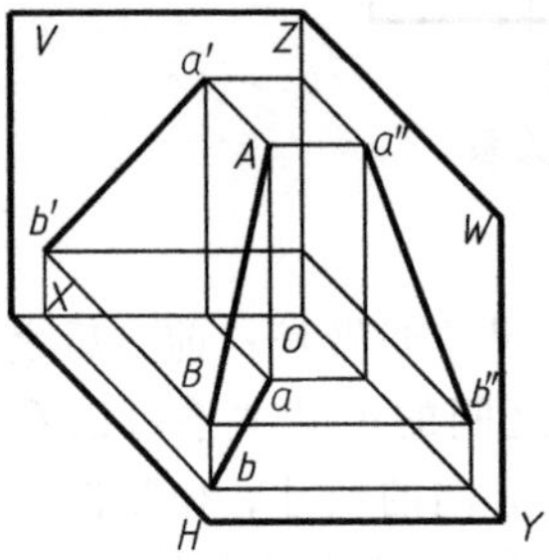	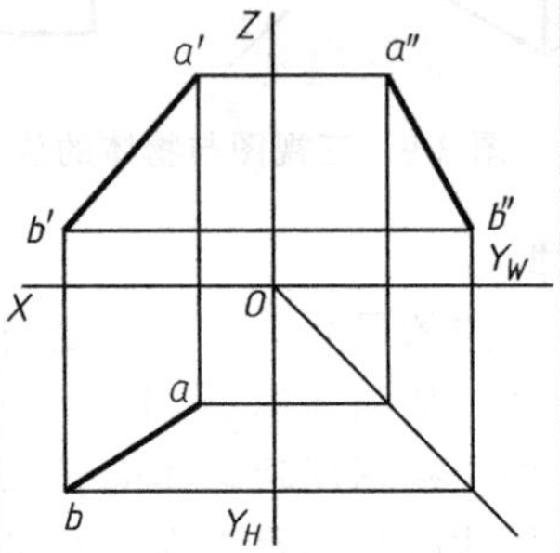	三面投影都具有类似性
平行线	水平线	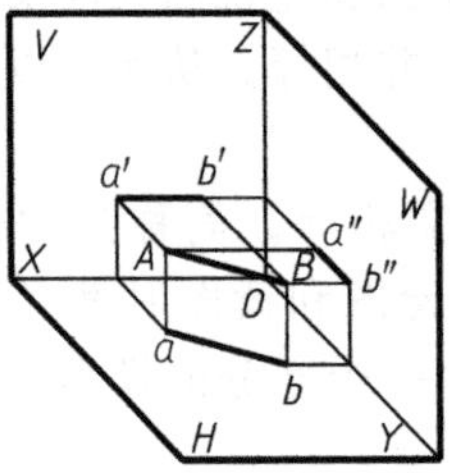	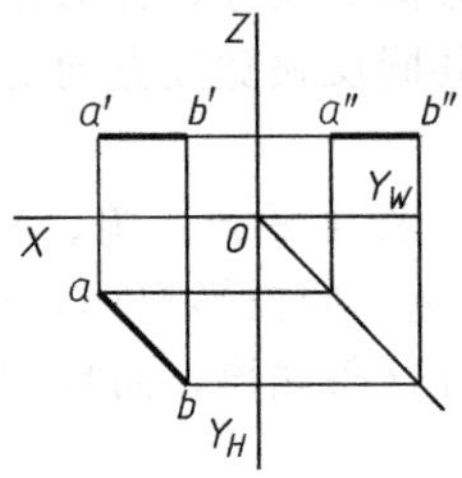	①直线的水平投影反映实长；②正面投影和侧面投影小于实长，且分别平行于 OX、OY_W 轴
	正平线	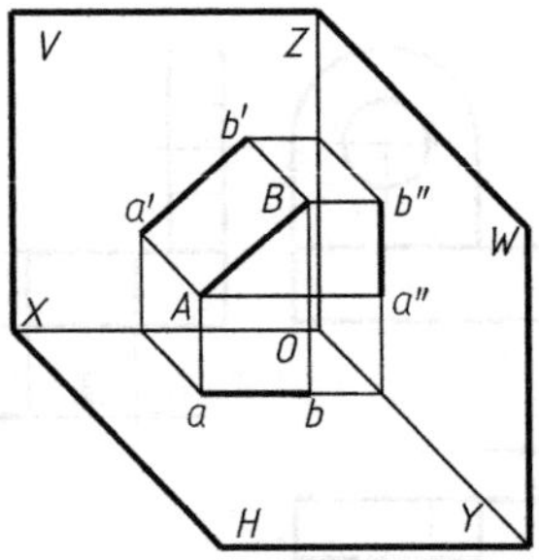	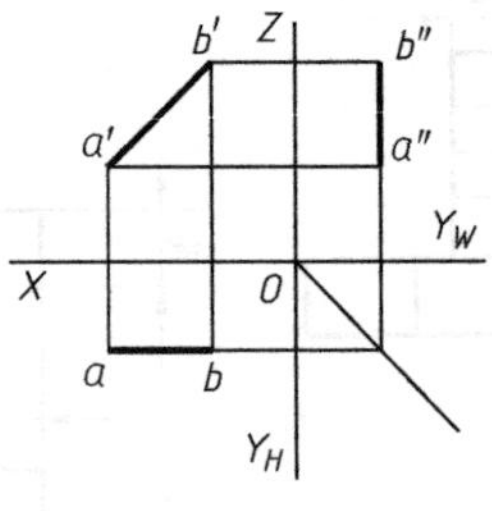	①直线的正面投影反映实长；②水平投影和侧面投影小于实长，且分别平行于 OX、OZ 轴
	侧平线	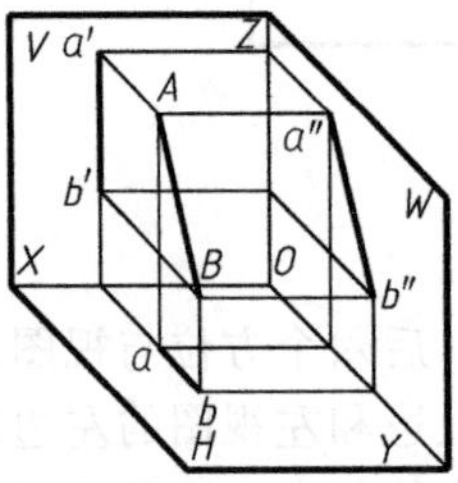	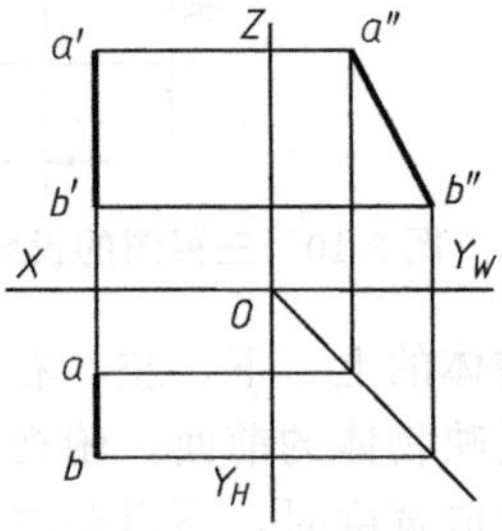	①直线的侧面投影反映实长；②正面投影和水平投影小于实长，且分别平行于 OZ、OY_H 轴

续表

名称		立体图	投影图	直线投影特性
垂直线	铅垂线			①直线的水平投影积聚成一点； ②正面投影和侧面投影反映实长，且分别垂直于 OX、OY_W 轴
	正垂线			①直线的正面投影积聚成一点； ②水平投影和侧面投影反映实长，且分别垂直于 OX、OZ 轴
	侧垂线			①直线侧面投影积聚成一点； ②正面投影和水平投影反映实长，且分别垂直于 OZ、OY_H 轴

3.4.2　点与直线的相对位置

点与直线相对位置包括：点在直线上；点不在直线上。这里讨论点在直线上的情况。

点在直线上的投影特点：点在直线上，则点的投影必在直线的同面投影上，即点的投影具有从属性；点分线段之比等于其投影分线段投影之比，即定比不变性。如图 3-11 所示，

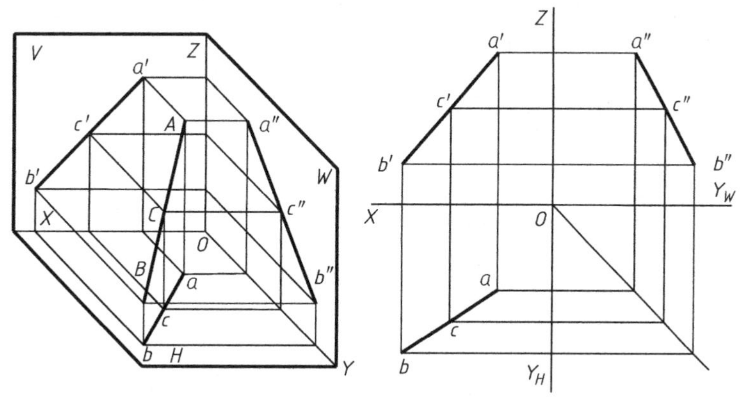

图 3-11　直线上点的投影

C 在 AB 上，则 c 在 ab 上、c' 在 $a'b'$ 上、c'' 在 $a''b''$ 上，并且 $AC:CB=ac:cb=a'c':c'b'=a''c'':c''b''$。

点的从属性和定比不变性是判断点是否在直线上的重要方法和作图的依据。

3.4.3 两直线的相对位置

空间两直线的相对位置有平行、相交和交叉。

（1）平行两直线

见图 3-12，空间平行的两直线，其同面投影一般仍然平行。反之，若两直线的同面投影平行，则两直线空间平行。空间平行的两线段之比等于其投影之比。

对于一般位置的两直线，只要两个同面投影平行，则直线空间必平行。对于两投影面的平行线，虽然有两个同面投影平行，但未必空间平行，一般需要用第三面投影来判断其是否平行。

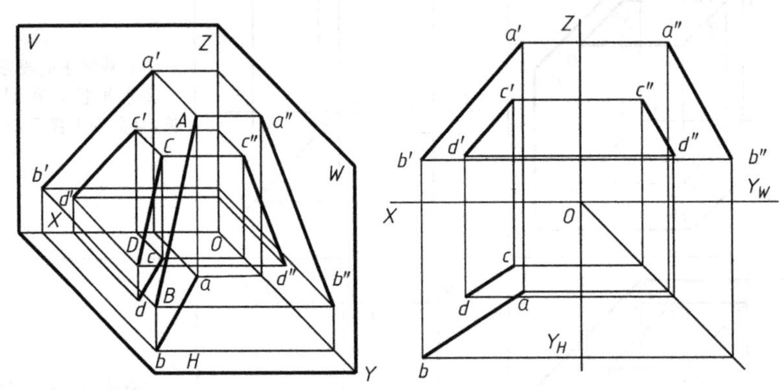

图 3-12 平行两直线

（2）相交两直线

相交两直线的同面投影均相交，且交点的投影符合点的投影规律。反之，若两直线的同面投影相交，且交点的投影符合点的投影规律，则该两直线空间一定相交，如图 3-13 所示。

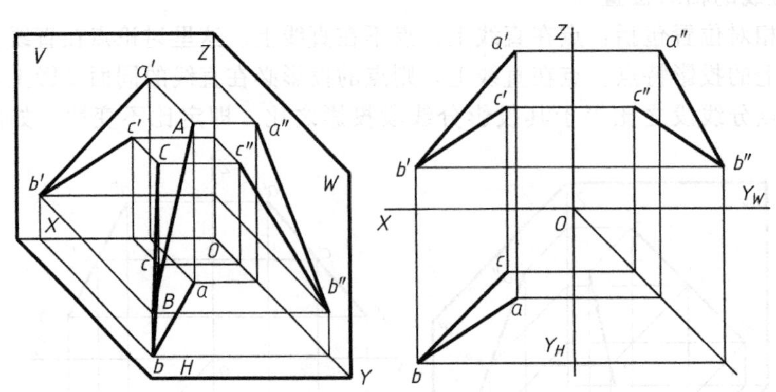

图 3-13 相交两直线

（3）交叉两直线

交叉两直线在空间既不平行又不相交，其投影若既不符合平行两直线的投影特点，又不符合两相交直线的投影特点，则可判定这两条直线为空间交叉直线。

图 3-14 所示的交叉两直线，在水平投影面上的投影 ab 和 cd 交于一点 $e(f)$，即为交叉两直线 AB、CD 上对 H 面的一对重影点 E、F 的水平投影。由图可知，直线 AB 在直线 CD 之上，故点 E 的 Z 坐标大。点 F 的 Z 坐标小，点 E 可见，点 F 不可见。

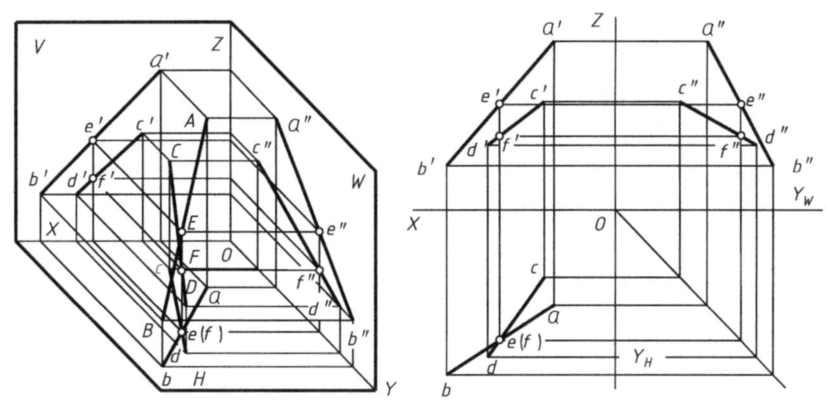

图 3-14　交叉两直线

(4) 垂直两直线（直角投影定理）

如图 3-15 所示，当空间两直线垂直，其中有一条直线平行于某一个投影面，则两直线在该投影面上的投影相互垂直；反之，两条直线在该投影面上的投影垂直，其中一条直线是该投影面的平行线时，则两直线相互垂直。

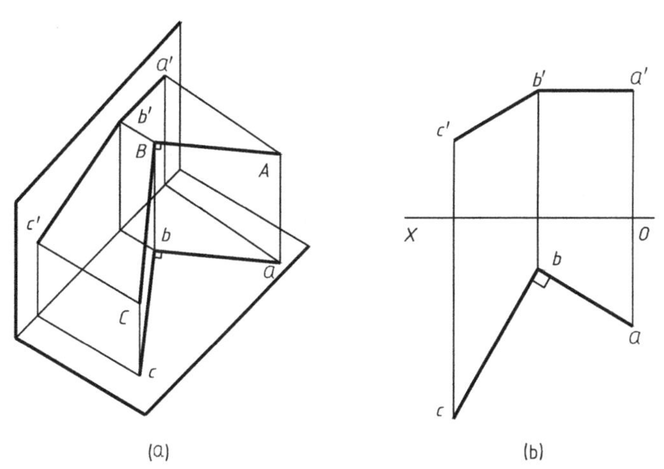

图 3-15　垂直相交两直线的投影

3.5 平面的投影

3.5.1 各种位置平面的三面投影

平面对投影面的相对位置关系有三种：一般位置平面、投影面平行面、投影面垂直面。与三个投影面都倾斜的平面，称为一般位置平面；只垂直于一个投影面（倾斜于另外两个投影面）的平面，称为投影面垂直面；平行于一个投影面的平面，称为投影面平行面。各种位置平面的投影特性，见表 3-4。

表 3-4 图解各种位置平面的投影特性

名称		立体图	投影图	平面投影特性
一般位置平面		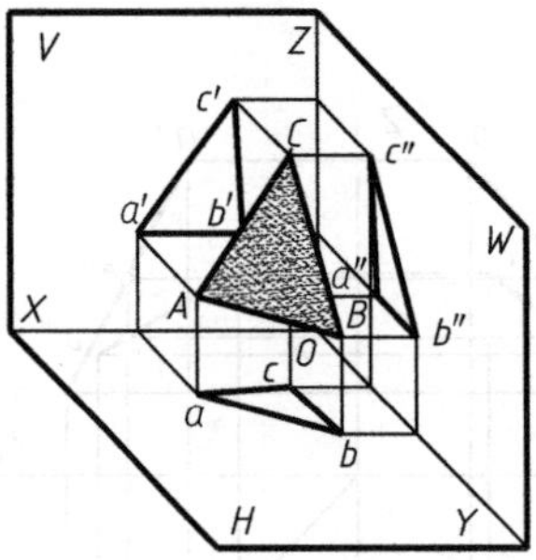	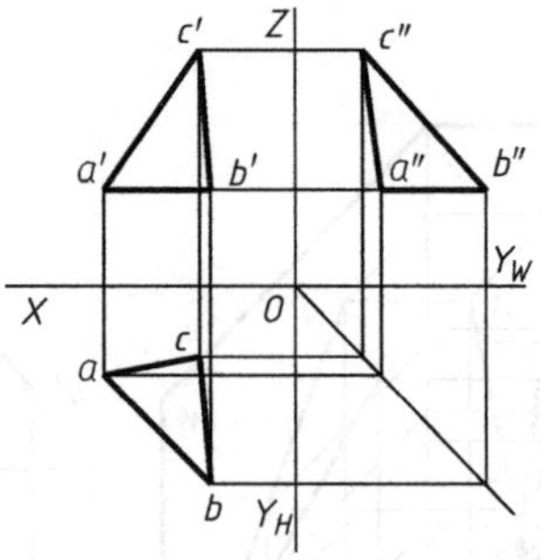	三面投影都具有类似性
垂直面	铅垂面	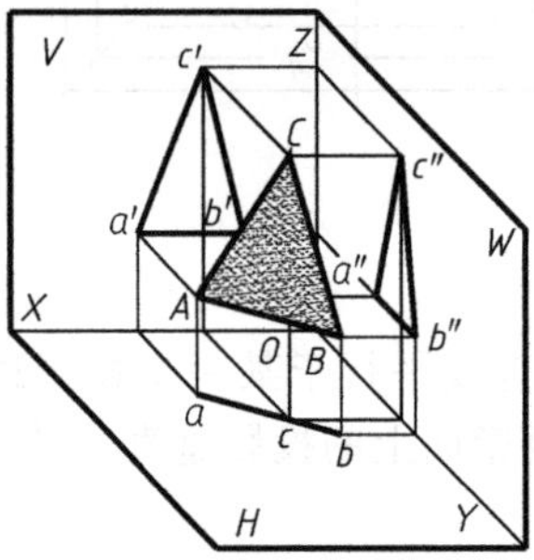	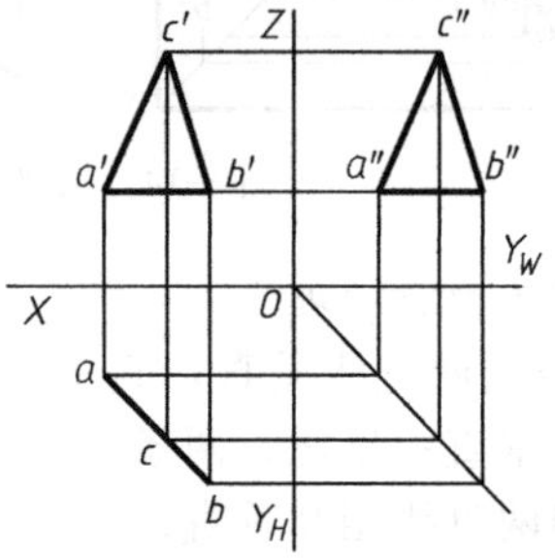	①水平面投影积聚成一直线； ②正面投影和侧面投影为类似形
	正垂面	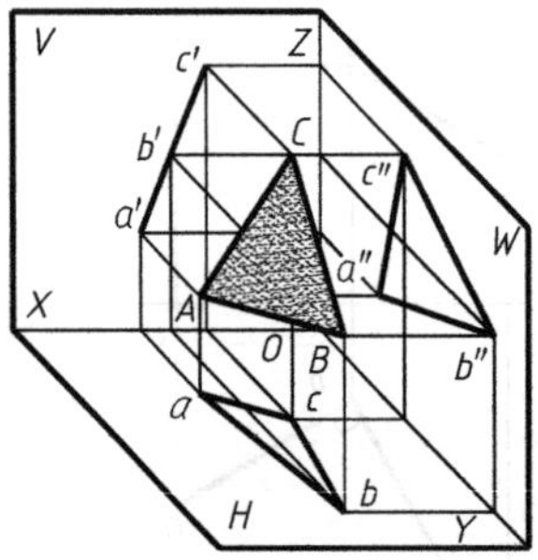	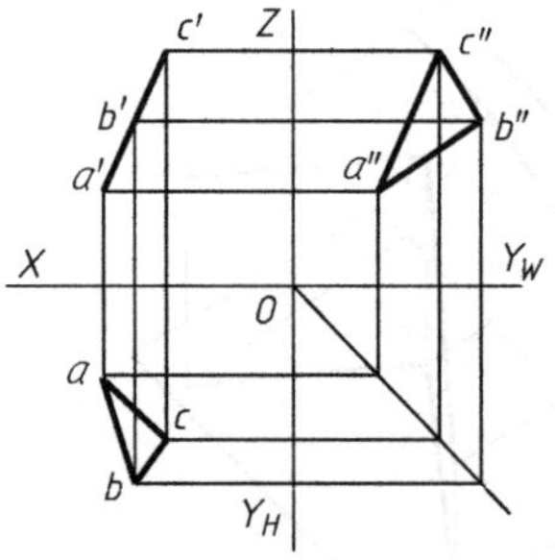	①正面投影积聚成一直线； ②水平投影和侧面投影为类似形
	侧垂面	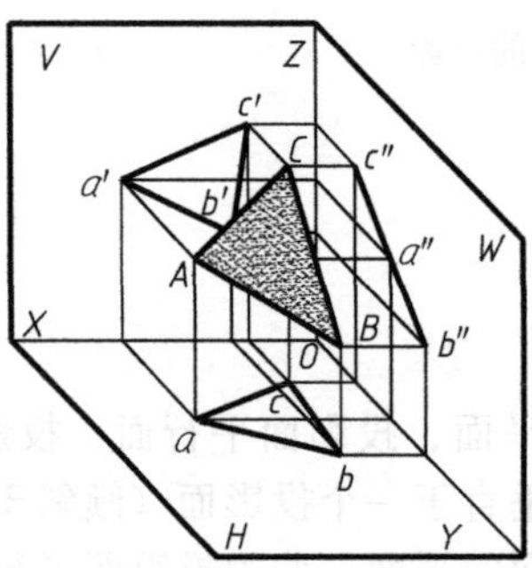	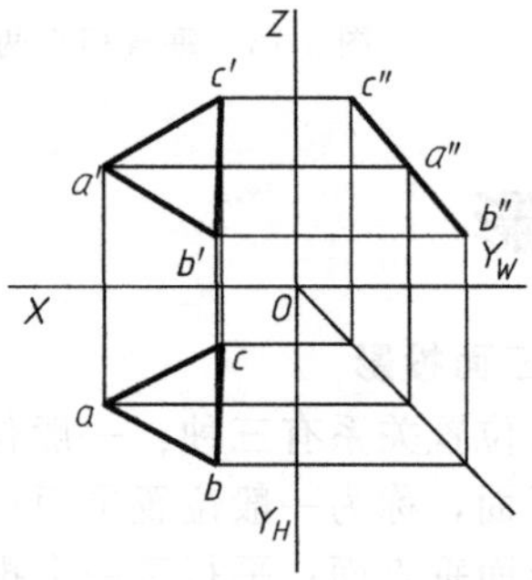	①侧面投影积聚成一直线； ②正面投影和水平投影为类似形

续表

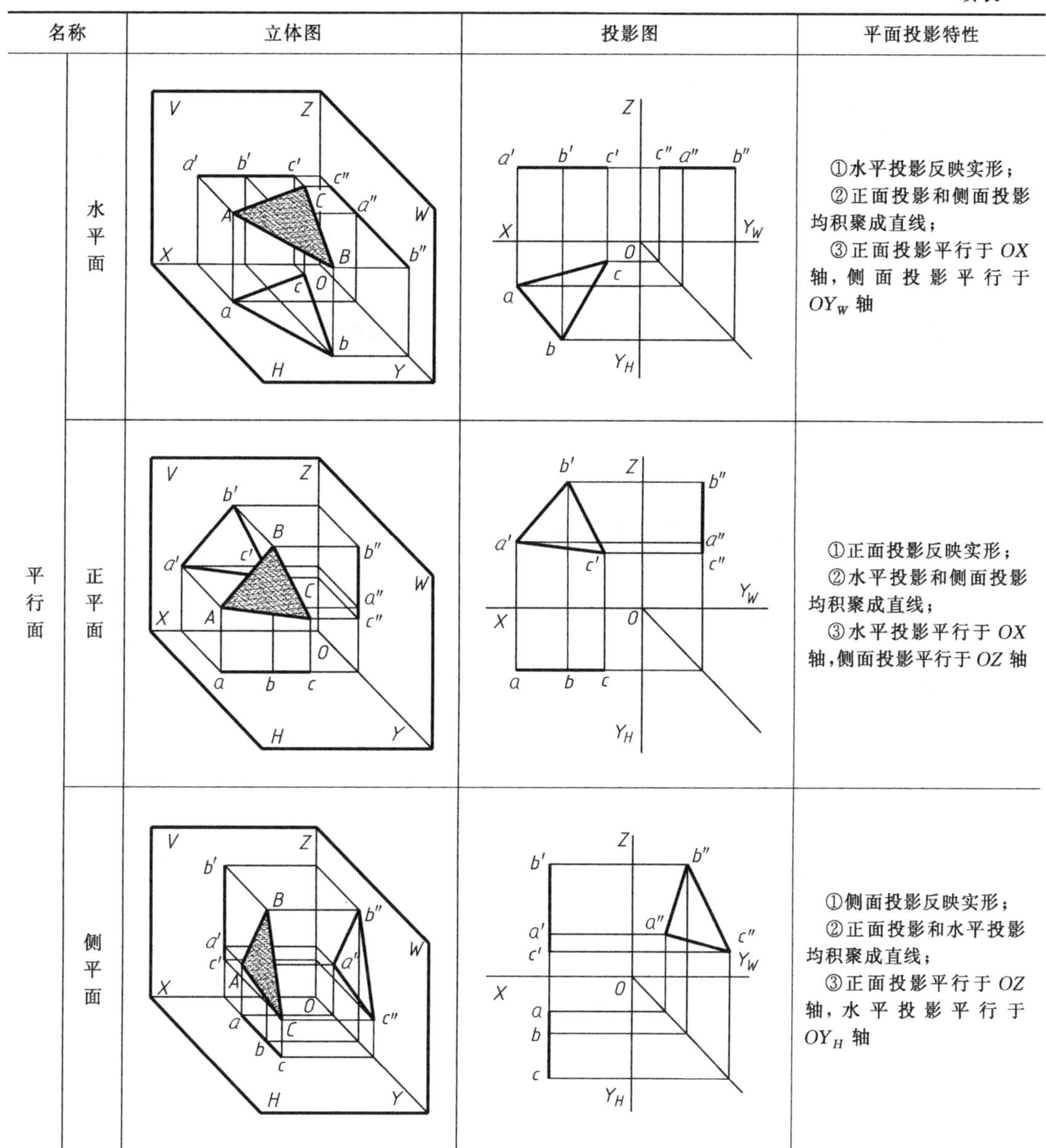

名称		立体图	投影图	平面投影特性
平行面	水平面			①水平投影反映实形； ②正面投影和侧面投影均积聚成直线； ③正面投影平行于 OX 轴，侧面投影平行于 OY_W 轴
	正平面			①正面投影反映实形； ②水平投影和侧面投影均积聚成直线； ③水平投影平行于 OX 轴，侧面投影平行于 OZ 轴
	侧平面			①侧面投影反映实形； ②正面投影和水平投影均积聚成直线； ③正面投影平行于 OZ 轴，水平投影平行于 OY_H 轴

3.5.2　平面上取点和直线

（1）平面上的点

点在平面上的几何条件是：点在平面内的一条直线上。也就是说，点在直线上，线在平面上，则点在平面上。如图 3-16 所示，点 K 在直线 AD 上，AD 在$\triangle ABC$ 平面上，所以，点 K 在$\triangle ABC$ 平面上。

（2）平面上的直线

直线在平面上的几何条件是：直线通过平面上的两点，或直线过平面上的一点，且平行于平面上的一条直线。如图 3-17 所示，A 和 D 是$\triangle ABC$ 平面上的两点，所以 AD 直线必在$\triangle ABC$ 平面上；直线 DK 过平面上的一点 D，且平行于$\triangle ABC$ 平面上的直线 AC，所以直线 DK 必在$\triangle ABC$ 平面上。

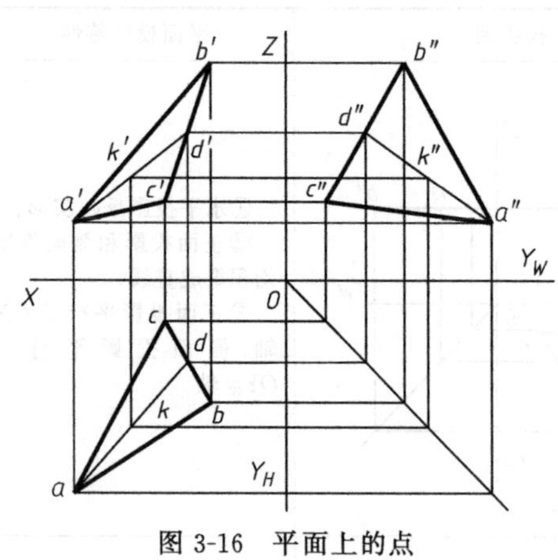

图 3-16 平面上的点

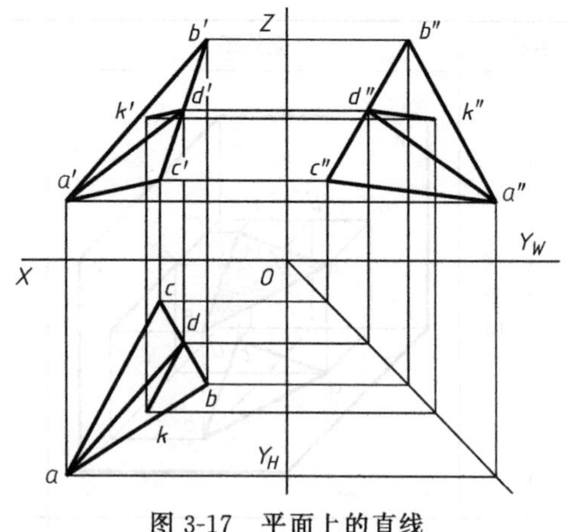

图 3-17 平面上的直线

3.6 直线、平面的相对位置

直线与平面、平面与平面的相对位置有平行、相交、垂直三种。

3.6.1 平行问题

(1) 直线与平面平行

如果一直线与平面内的一直线平行，则该直线与这个平面平行。如图 3-18 所示，直线 DE 平行于$\triangle ABC$ 平面上的直线 AC，则直线 DE 平行于$\triangle ABC$ 平面。

对于特殊位置平面，因为它的投影中必有一个具有积聚性，平面上的一切直线在该投影面上的投影都积聚成一直线，因而判断直线与特殊位置平面是否平行，只需看该平面具有积聚性的投影与已知直线的同面投影是否平行而定。如图 3-19 所示，$\triangle ABC$ 平面是正垂面，该平面在 V 面投影积聚成一条直线，直线 DE 的 V 面投影与积聚线平行，所以直线 DE 平行于$\triangle ABC$ 平面。

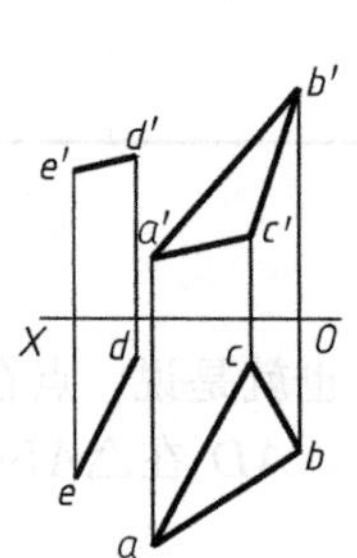

图 3-18 直线与平面平行（一）

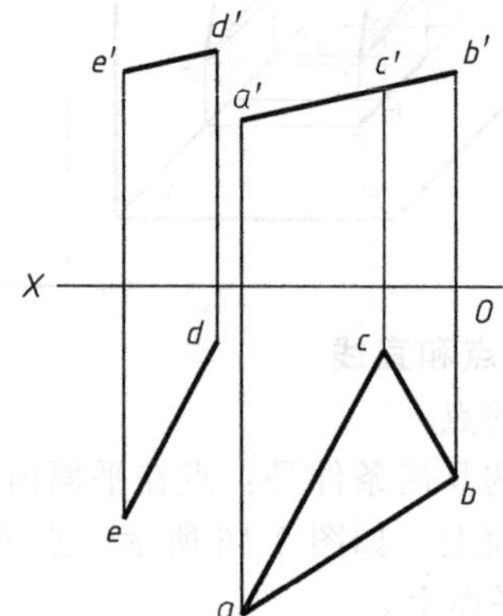

图 3-19 直线与平面平行（二）

(2) 平面与平面平行

若一平面上相交两直线对应地平行另一平面上相交两直线，则这两个平面相互平行。如图 3-20 所示，两相交直线 AB、AC 分别与两相交直线 DE、DF 平行，因此两平面相互平行。

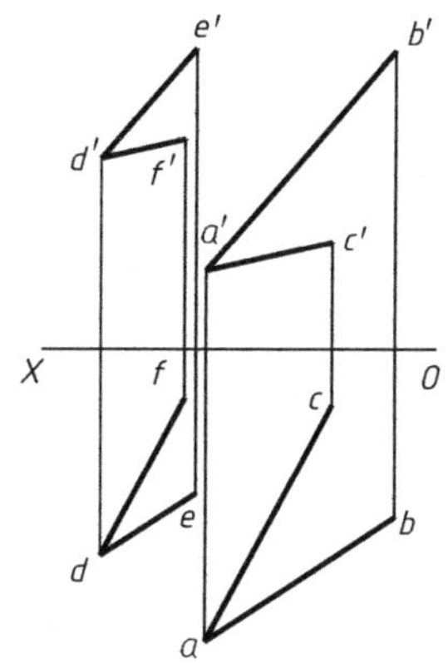

图 3-20　平面与平面平行

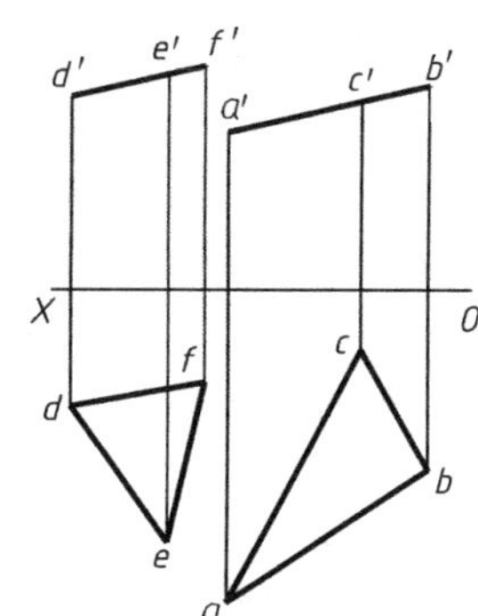

图 3-21　两正垂面相互平行

当两个相互平行的平面同时垂直于某一投影面时，则它们在该投影面上的投影也相互平行。图 3-21 表示两个正垂面△ABC 和△DEF 相互平行，则它们的正面投影相互平行；反之，若两个平面具有积聚性的同面投影相互平行，则这两个平面在空间必定相互平行。

3.6.2　相交问题

(1) 直线与平面相交

直线与平面相交时必有一个交点，该点是它们的共有点，即交点既在直线上又在平面上。当直线或平面两者之一垂直于某一投影面时，可利用其投影的积聚性求得交点。

① 一般位置直线与垂直面相交。如图 3-22 所示，在水平投影面上直接求得 k 点，由 k 点即可求 k'。判断可见性，当交点确定以后，还要判别线与面之间在正面投影中的可见性。在正面投影中，凡位于平面之前的线段为可见，位于平面之后的线段被平面遮住为不可见。将可见的线段画成粗实线，不可见的线段画成虚线，而交点便是可见与不可见的分界点。

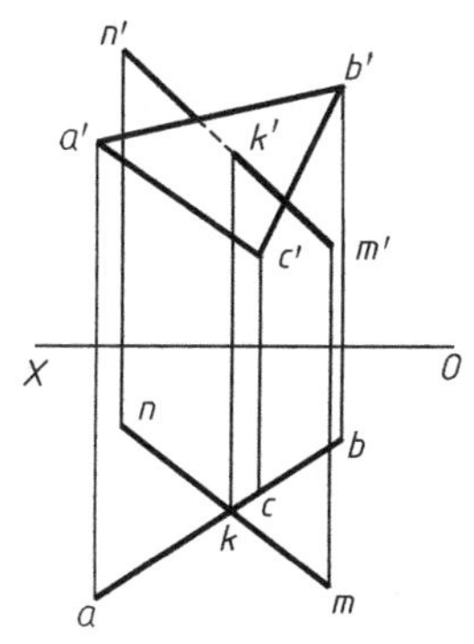

图 3-22　直线与铅垂面相交

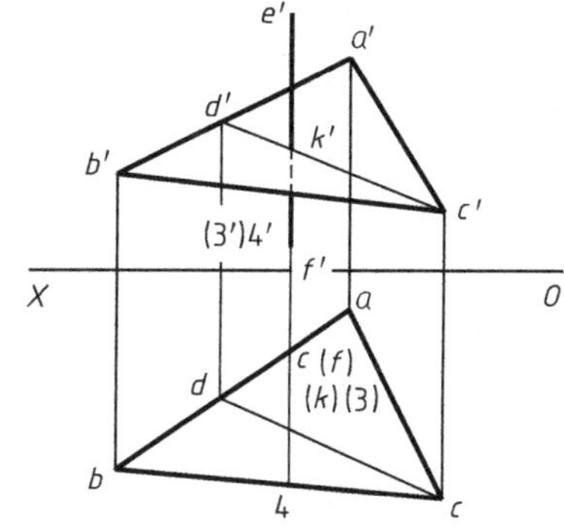

图 3-23　铅垂线与一般位置平面相交

② 投影面垂直线与一般位置平面相交。如图 3-23 所示，铅垂线 EF 与△ABC 相交，交点 K 的水平投影 k 一定重合在直线 EF 有积聚性的投影 $e(f)$ 上，即 k 为已知，k 点又属于平面上的点，过 k 点作属于△ABC 平面的直线 cd，求出 $c'd'$，K 点在 CD 上，k'必定在 $c'd'$上，由此求出直线与平面的交点。EF 直线与△ABC 的边 BC 是两条交叉直线，EF 线段上的Ⅲ点和 BC 上的Ⅳ在正面投影重合为一点，在水平投影上，Ⅳ在Ⅲ点的前面，因此 $3'k'$ 不可见。

③ 一般位置平面与一般位置直线相交。直线与平面处于一般位置相交时，由于它们都

没有积聚性投影，所以不能直接确定交点的投影，需通过作辅助平面来解决。如图 3-24 所示，含 AB 作辅助平面（铅垂面）R_H，R_H 与 ab 重合；R_H 辅助平面与△CDE 的交线 MN 的水平投影 mn 即可求得，由 m、n 可求得 m'、n'；由 $m'n'$ 与 $a'b'$ 的交点 k' 可作出其水平投影 k，则 k、k' 即为直线与平面的交点 K 的投影。判断可见性，如图 3-24(c) 所示，判断可见性时利用重影点Ⅰ、Ⅱ、Ⅲ、Ⅳ，判断正面投影可见性，用正面投影上的重影点 4′(3′) 对照水平投影 4 点和 3 点可知，Ⅳ点在前，Ⅲ在后，正面投影中 $a'k'$ 上的 4′为可见，即 $4'k'$ 应画粗实线，k' 与 b' 连线在 $c'd'e'$ 轮廓线范围内的一段画虚线。判断水平投影的可见性时，用水平投影上的重影点 1(2)，其方法与上述相同。

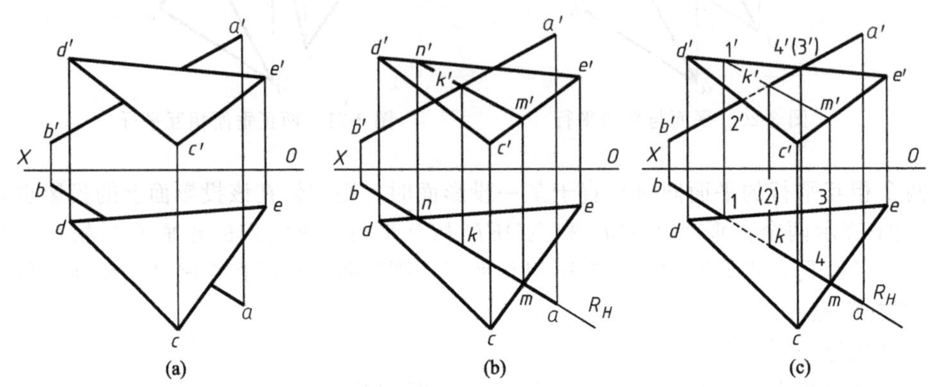

图 3-24　一般位置直线与平面相交

(2) 平面与平面相交

空间两个平面相交时的交线是一条直线。该直线是两个平面的共有线，交线上的每个点都是两平面的共有点。若已知交线上两个点或已知一个共有点和交线的方向，即可确定两平面的交线。

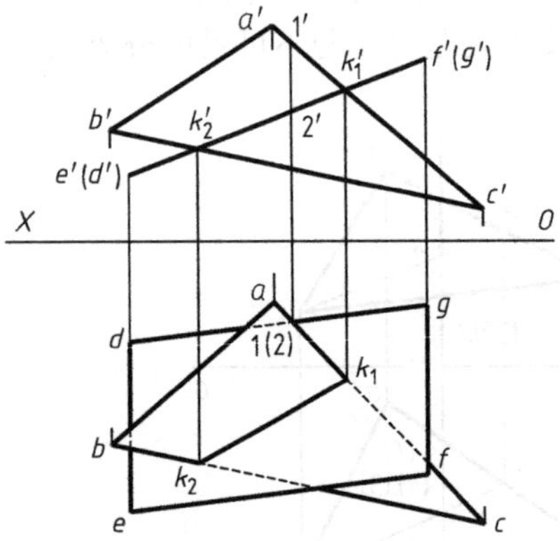

图 3-25　正垂面与一般位置平面相交

① 一般位置平面与特殊位置平面相交。两平面相交，若其中一个处于特殊位置，则交线的一个投影必与特殊位置平面的积聚性投影重合，另一面投影可由面上求线的方法求得。如图 3-25 所示，正垂面 $DEFG$ 与一般位置平面 ABC 相交，分别求出平面 ABC 上的两边 AC、BC 与正垂面 $DEFG$ 的交点 K_1、K_2，则连接 K_1、K_2 就是所求的交线。由正面投影直接得交点 k'_1、k'_2，再求出 k_1、k_2。连接 $k'_1k'_2$ 和 k_1k_2，即完成交线 K_1K_2 的两面投影，然后利用重影点判断可见性，完成作图。

② 两一般位置平面相交。两一般位置平面的投影均无积聚性，故它们相交时，不能直接确定其交线的投影，需要通过辅助作图才能求得。

方法之一，利用求线面交点的方法求交线。由于两平面也可用相交两直线来表示，所以可以在相交两平面中的一个平面上找出两相交线，然后分别求出此两直线与另一平面的两个交点，连接此两点即可求出相交两平面的交线。由此便可以运用前述辅助平面法求线面交点的方法，求出相交两平面的交线上的两个点，从而求得交线。如图 3-26 所示，分别包含 DE、DF 作两辅助正垂平面 P_V、Q_V，求得 K、L，即为所求交线。然后根据重影点判断平面轮廓的可见性。必须指出的是，利用此法求交线，其投影线段应在两平面的公共范围内。

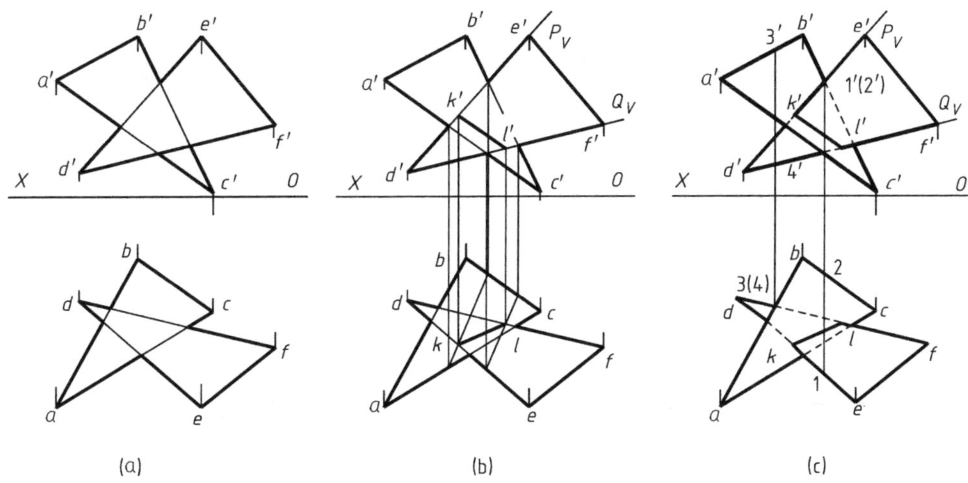

图 3-26　利用求线面交点的方法求两一般位置平面的交线

方法之二，利用三面共点法求作两平面的交线。有两个一般位置的平面△ABC 和△DEF，如图 3-27 所示，两平面在图示范围内没有公共的范围，不便用第一种方法求解。为求两平面的交线，可先作辅助平面 P，形成三面相交。辅助平面 P 与已知两平面相交于直线 KL、MN，由于两直线同在一个平面内，故必相交于一点 S，则 S 是已知两平面和辅助平面的三面共有点。同理求出 T 点，则 ST 即为两平面的交点。

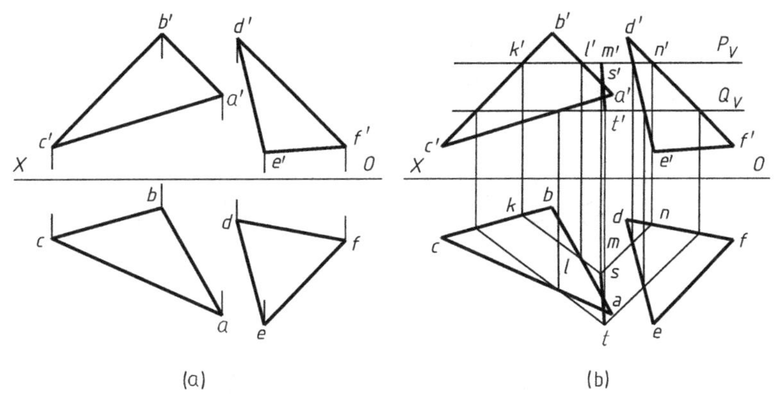

图 3-27　三面共点法求两一般位置平面的交线

3.6.3　垂直问题

直线与平面相互垂直可以看作是线面相交的一种特殊情况。垂直问题的作图方法，是建立在直角投影定理的基础上。

(1) 直线与平面垂直

由立体几何可知，如果直线垂直于平面，则该直线垂直于平面内的所有直线。如图 3-28 所示，设 LK 垂直于平面△ABC，K 为垂足，则 LK 也垂直于平面内过垂足 K 的水平线 RP 和正平线 MN。根据直角投影定理，可以得出直线与平面垂直的投影特性。

直线垂直于平面，则直线的水平投影垂直于平面内水平线的水平投影；直线的正面投影垂直于平面内正平线的正面投影；直线的侧面投影垂直于侧平线的侧面投影。如图 3-28(b) 所示，$KL \perp \triangle ABCE$，则 $kl \perp rp$；$k'l' \perp m'n'$。

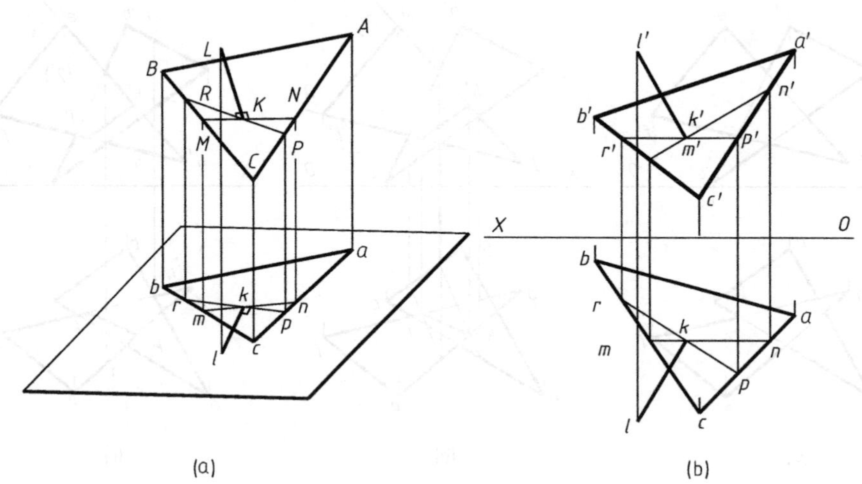

图 3-28 直线与平面垂直

(2) 两平面垂直

由立体几何已知，若一直线垂直于一平面，则包含此直线的所有平面都垂直于该平面。如图 3-29(a) 所示，直线 AB 垂直于平面 P，则包含直线 AB 作的平面 Q、R、S 均垂直于平面 P。所以两平面的垂直问题，是直线垂直于平面和包含直线作平面这两个问题的综合。利用上述原理，亦可判断两平面是否垂直。

如图 3-29(b) 所示，过 M 点作平面与平面$\triangle ABC$ 垂直。在平面$\triangle ABC$ 内作正平线 CD 和水平线 CE；过 M 点作 MF 垂直于平面$\triangle ABC$，即 $mf \perp ce$，$m'f' \perp c'd'$；过 M 点作任一直线 MG，则相交两直线 MF、MG 所确定的平面必垂直于平面$\triangle ABC$。

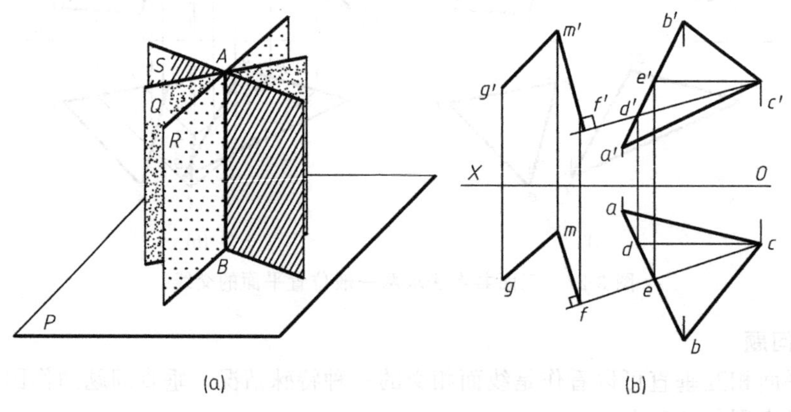

图 3-29 两平面垂直

工程实际问题一般都是较为复杂的、综合性的问题。因此，常将它们抽象为几何元素，以便于解决它们相互间的空间几何关系，如距离、角度、轨迹、形状及尺寸等。解决这类问题需要有良好的分析空间问题、解决空间问题的空间思维能力和想象能力。只有先从空间分析上把复杂的综合问题分解为简单的、各种相互位置的综合，进而明确解题步骤，才能顺利地在投影图上作出结果。上述的几何元素的空间关系投影表示法是图解空间几何元素关系问题的基础。

3.7 投影变换

当空间几何元素相对投影面处于特殊位置时，在投影图上可以直接反映出直线的实长、平面的实形、直线和平面对投影面的倾角、直线与平面的交点等。投影变换就是把几何元素相对于投影面由一般位置变换为特殊位置，以便于几何元素及其关系的度量和定位。投影变换方法包括换面法和旋转法。

3.7.1 换面法

在换面法中，新投影面必须符合以下两个基本条件：一是新投影面必须垂直于原投影体系中的一个投影面，从而建立起新的直角投影体系，以便应用正投影原理作出新的投影；二是新投影面必须使空间的几何元素处于有利于解题的位置。

(1) 点的换面规律

① 点的一次换面。如图 3-30 所示，H 面不动，用新投影面 V_1 更换 V 面，形成新的投影体系 V_1/H。V_1 与 H 面垂直，且交线为 O_1X_1 轴，即新投影轴。由 A 点向 V_1 面作垂线，便得到新投影 a_1'。由于 H 面不变，所以 A 点的水平投影也不变。当 V_1 面绕新投影轴旋转到与 H 面重合后，a_1'与 a 的连线必定垂直于O_1X_1 轴，点的投影变换规律：

点的新投影和不变投影的连线，必垂直于新投影轴，如图 3-30(b) 所示，$aa_1' \perp O_1X_1$；

点的新投影到新投影轴的距离，等于被更换的投影到旧投影轴的距离，$a_1'a_{X1}=a'a_X=Aa$。

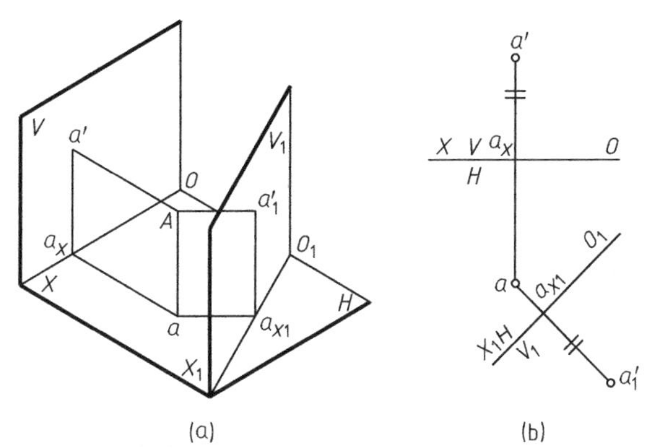

图 3-30 换面法（更换 V 面）

如图 3-31 所示，更换 H 面为 H_1 面的投影变换规律：

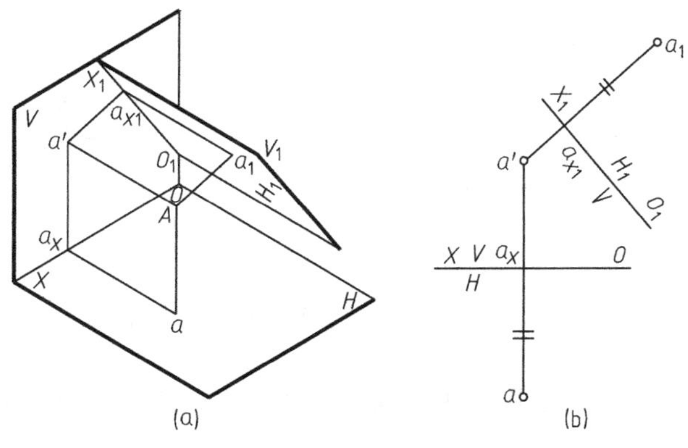

图 3-31 换面法（更换 H 面）

点的新投影和不变投影的连线，必垂直于新投影轴，如图 3-31(b) 所示，$a'a_1 \perp O_1X_1$；

点的新投影到新投影轴的距离，等于被更换的投影到旧投影轴的距离，$a_1a_{X1}=aa_X=Aa'$。

② 点的二次换面，其作图原理与点的一次换面类似。新投影面的选择必须满足前述的两个基本条件，而且不能连续更换同一个投影面，更换一个后，在新的两面体系的基础上，再更换另一个，如图 3-32 所示。

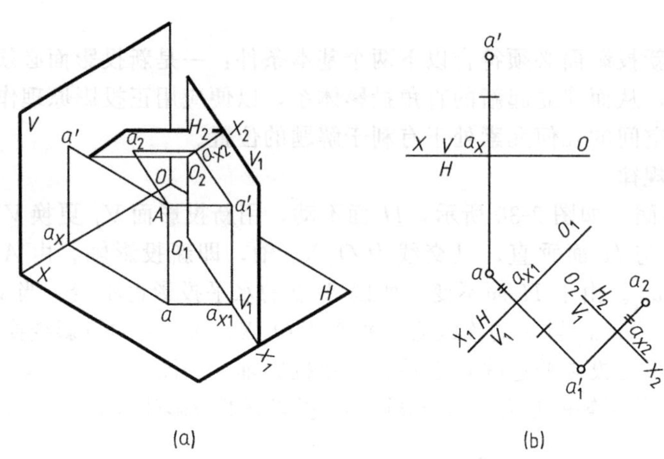

图 3-32　点的二次换面

(2) 四个基本作图问题

应用换面法解决工程实际问题时，会遇到各种各样的情况，但从基本作图方法来看，可归纳为以下四种：

① 把一般位置直线换成投影面平行线，选择一个既与已知直线平行，又与原投影体系中的一个投影面垂直的新投影面即可，如图 3-33 和图 3-34 所示。

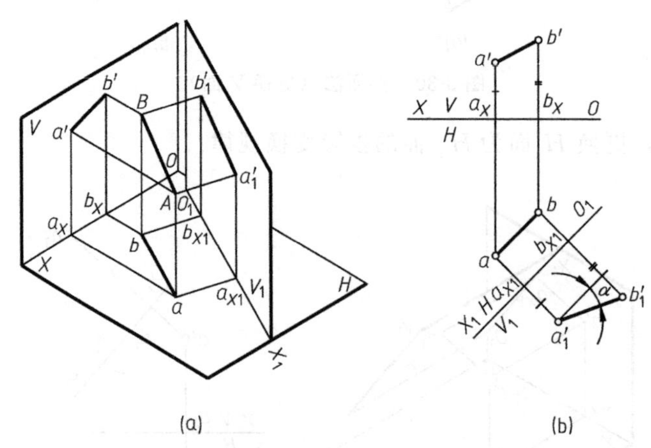

图 3-33　一般位置直线变换成 V_1 面的平行线

② 把投影面的平行线换成投影面垂直线，只要选择一个与已知平行线垂直的新投影面即可，如图 3-35 所示。

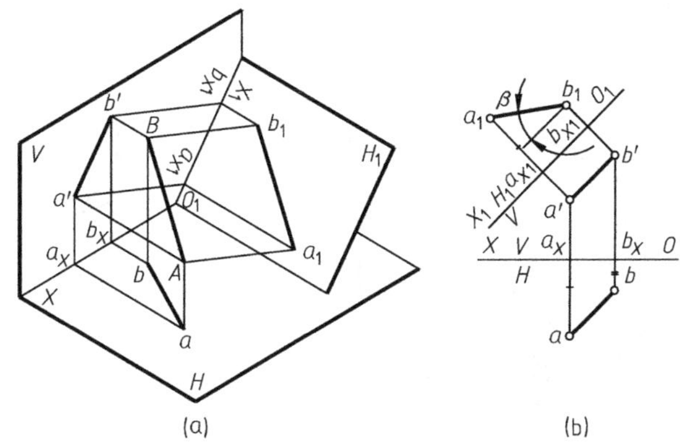

图 3-34　一般位置直线变换成 H_1 面的平行线

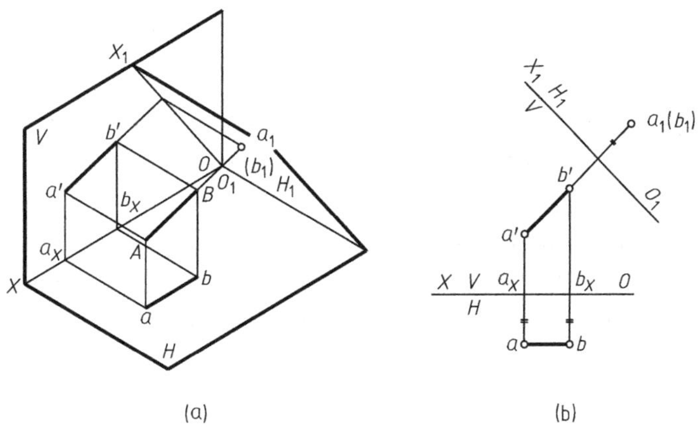

图 3-35　把投影面平行线更换成 H_1 面垂直线

③ 把一般位置平面换成投影面垂直面，如图 3-36 所示，$\triangle ABC$ 在 V/H 体系中是一般位置平面，若要使它变换成新投影面的垂直面，就必须使新投影面垂直于$\triangle ABC$ 平面上的直线，同时还要保持新投影面垂直于 V/H 体系中的一个投影面。若 V_1 垂直于 H 面，则$\triangle ABC$ 平面上所取直线一定是水平线才符合条件，如 CD 直线。

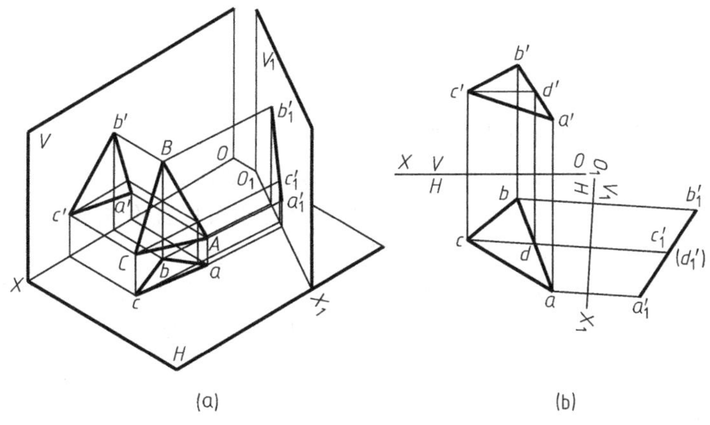

图 3-36　一般位置平面变换成垂直面

④ 把投影面垂直面换成投影面平行面，只要作一个新投影面与已知平面平行即可，如图 3-37 所示。

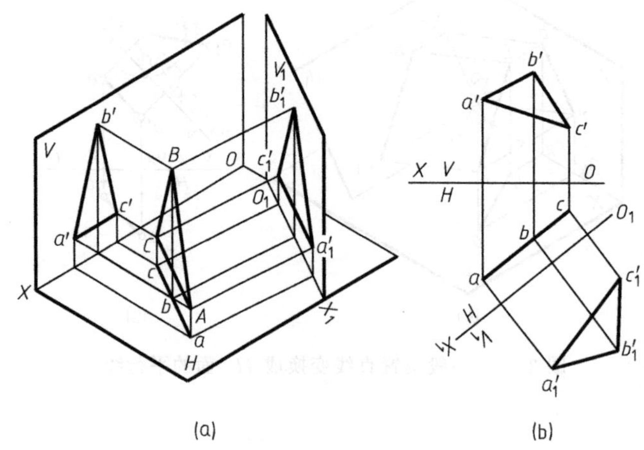

图 3-37 投影面垂直面换成投影面平行面

3.7.2 旋转法

旋转法是保持投影面体系不变，旋转空间几何元素使之与投影面之间成特殊关系，以解决度量和定位问题。旋转法可分为绕垂直于投影面的轴线（简称垂直轴）旋转和绕平行于投影面的轴线（简称平行轴）旋转。常用的是绕垂直轴旋转。

(1) 点绕垂直轴旋转时的投影规律

如图 3-38(a) 所示，点绕正垂线轴旋转时，其正面投影为圆，水平投影为一平行于 OX 轴的直线。同样，点绕铅垂线轴旋转时，其水平面投影为圆，正投影为一平行于 OX 轴的直线，如图 3-38(b) 所示。

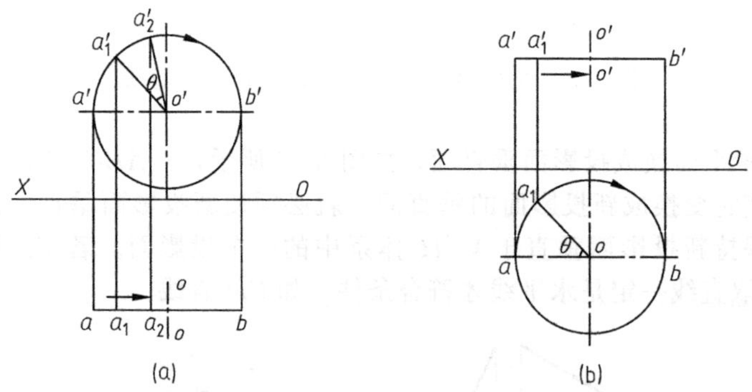

图 3-38 点绕垂直轴旋转时的投影规律

(2) 直线与平面绕垂直轴旋转时的投影规律

如图 3-39 所示，直线与平面绕垂直轴旋转时的投影规律：

①“三同”规律。直线、平面旋转时，其上各点的相对位置不能改变，必须绕同一旋转轴、同一方向、旋转同一角度，这是旋转时的“三同”规律。

② 旋转时的不变性。当线段绕垂直轴旋转时，它在轴所垂直的投影面上的投影长度不变，线段与该投影面的倾角不变；同理，平面在轴所垂直的投影面上的投影形状和大小不变，平面与该投影面的夹角不变。

作图时，根据直线或平面的一个投影的不变性，首先作出其不变投影，然后根据点绕垂直轴的旋转规律作出另一投影。图 3-39(c) 为不指明轴旋转法。

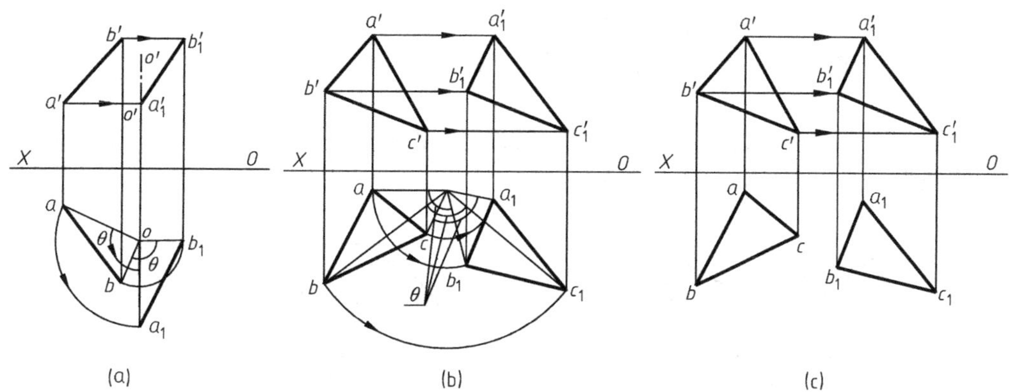

图 3-39　直线与平面绕垂直轴旋转时的投影规律

（3）旋转法中的四个基本作图问题

① 将一般位置直线旋转成投影面平行线。旋转后可以求出线段的实长和对投影面的倾角，如图 3-40 所示。

② 将投影面平行线旋转成投影面垂直线，如图 3-41 所示。要将一般位置直线旋转成投影面垂直线要经过二次旋转，如图 3-42 所示。

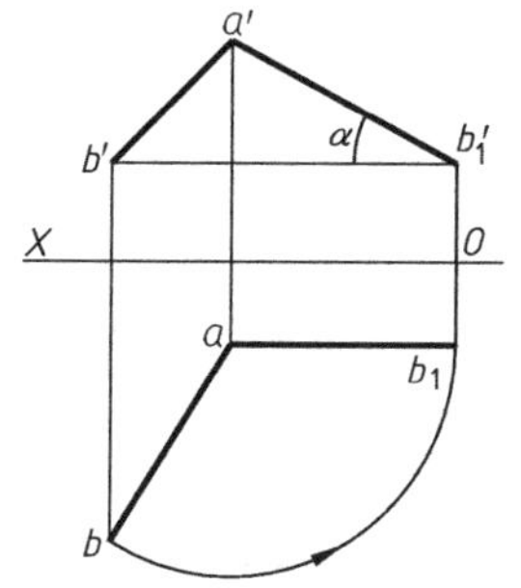

图 3-40　一般位置直线旋转成平行线

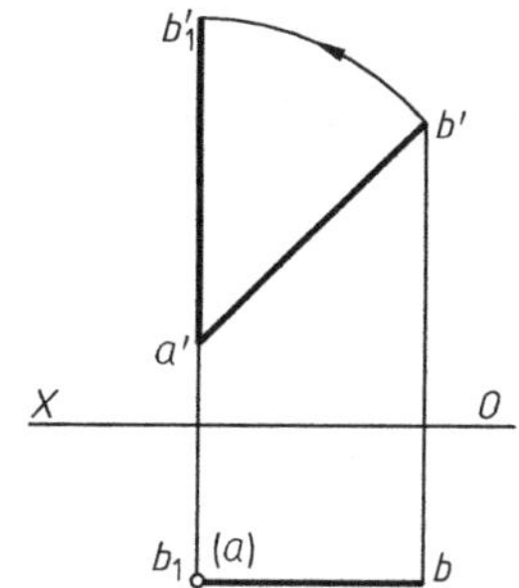

图 3-41　平行线旋转成垂直线

③ 将一般位置平面旋转成投影面垂直面。旋转后可以求出平面对投影面的倾角。如图 3-43 所示，△ABC 为一般位置平面，要旋转成铅垂面，则必须在平面上找一直线将它旋转成铅垂线。正平线经一次旋转即可旋转成为铅垂线，因此在平面内取一正平线 CN，将 CN 旋转成铅垂线 CN_1，再按“三同”规律及旋转时的不变性，将△ABC 随之旋转，这时 a_1cb_1 必定积聚成一条直线，a_1cb_1 与 OX 轴的夹角即反映平面对 V 面的倾角 β。

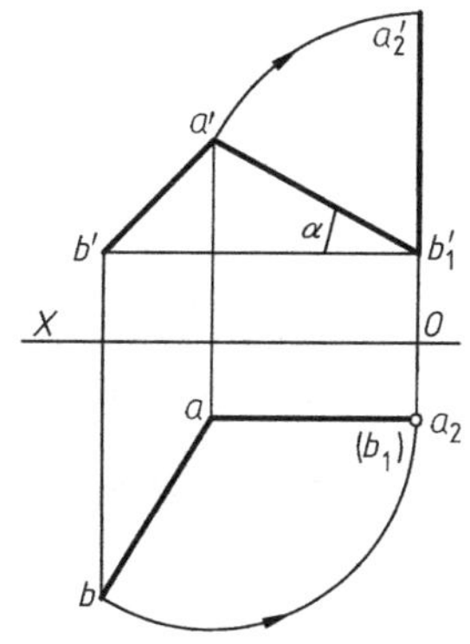

图 3-42　一般位置直线旋转成垂直线

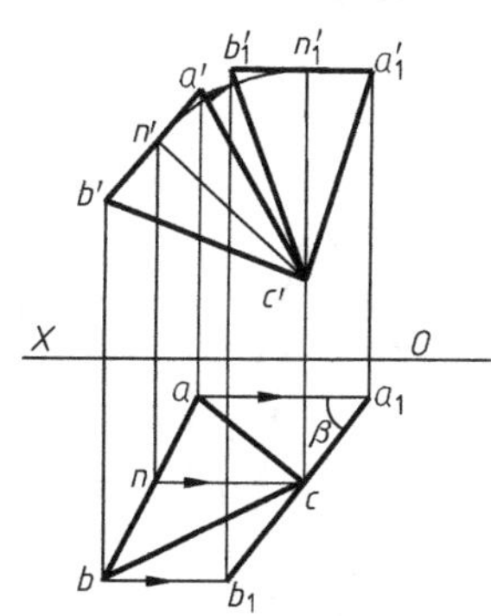

图 3-43　一般位置平面旋转成投影面垂直面

④ 将投影面垂直面旋转成投影面平行面，如图 3-44 所示，$\triangle ABC$ 为一铅垂面，要旋转成正平面，可绕过点 B 并垂直 H 面的旋转轴旋转，使其具有积聚性的投影旋转到平行于 OX 轴，此时该平面为正平面，其正面投影 $\triangle a_1'b'c_1'$ 反映实形。

将一般位置平面旋转成投影面平行面，需进行两次旋转，旋转成投影面垂直面后，再继续旋转成投影面平行面，如图 3-45 所示。

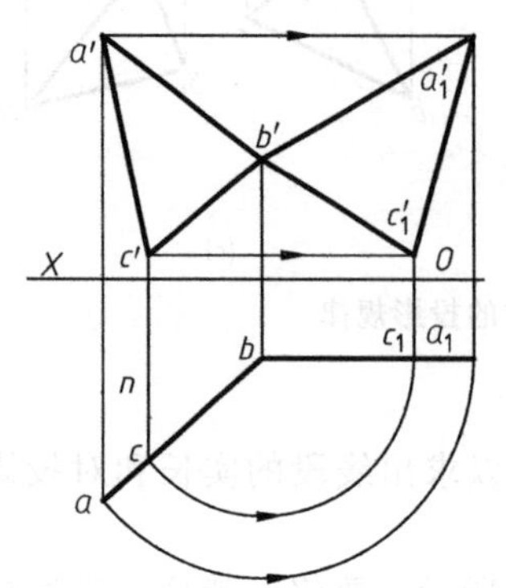

图 3-44 将投影面垂直面旋转成平行面

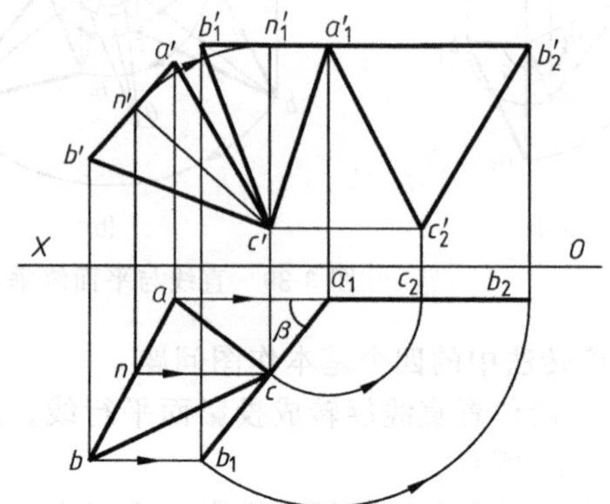

图 3-45 一般位置平面旋转成投影面平行面（求一般位置平面的实形）

3.8 基本立体的投影

3.8.1 基本立体的三面投影

基本立体按其表面的几何性质可以分为两类：表面都是平面的，称为平面立体；表面有曲面的，称为曲面立体。各种立体的表面投影见表 3-5。

表 3-5 基本立体的三面投影

名称		立体图	投影图	投影分析
平面基本立体	六棱柱			棱柱上、下底面为水平面，水平投影反映实形，正面、侧面投影积聚。前后棱面为正平面，正面投影反映实形，水平、侧面投影积聚。其余四个棱面为铅垂面，水平投影积聚，另两面投影是类似形
	三棱锥			棱锥底面是水平面，水平投影反映实形，正面、侧面投影积聚。后棱面是侧垂面，侧面投影积聚，正面、水平面投影是类似形。前面两棱面是一般位置平面，三面投影均为类似形

续表

名称		立体图	投影图	投影分析
曲面基本立体	圆柱	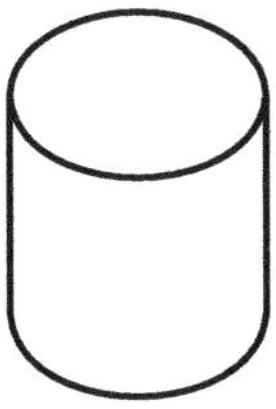	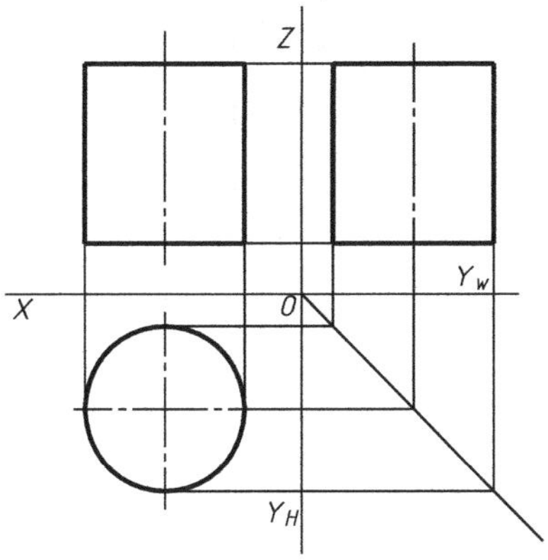 Z, X, O, Y_W, Y_H	圆柱上、下底面为水平面，水平投影反映实形，正面、侧面投影积聚。圆柱面是铅垂面，水平投影积聚。 正面投影呈现圆柱左右轮廓线。侧面投影呈现圆柱前后轮廓线
	圆锥	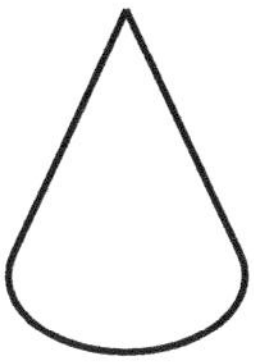	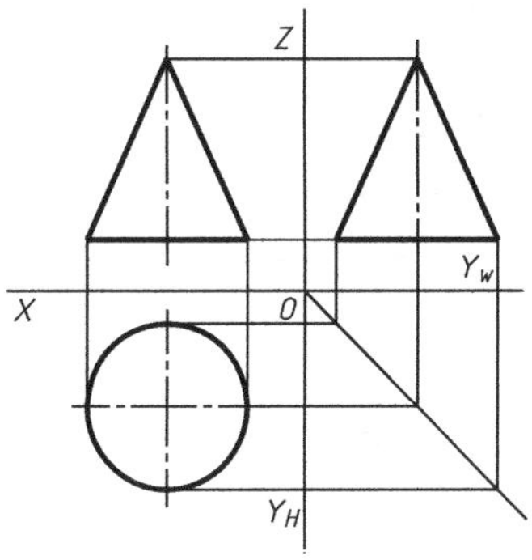 Z, X, O, Y_W, Y_H	圆锥底面为水平面，水平投影反映实形，正面、侧面投影积聚。圆锥面是一般位置平面。正面投影呈现圆锥左右轮廓线。侧面投影呈现圆锥前后轮廓线
	圆球	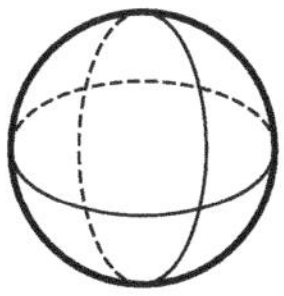	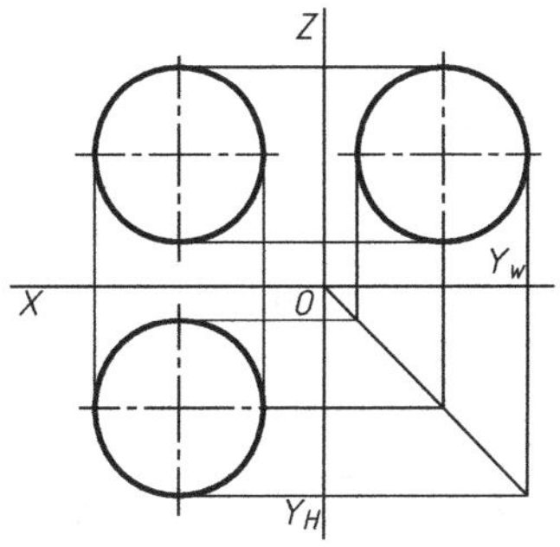 Z, X, O, Y_W, Y_H	圆球正面投影呈现前后转向线的圆；水平投影呈现上下转向线的圆；侧面投影呈现左右转向线的圆。所以，三面投影均为圆

3.8.2 基本立体表面取点画法示例

平面基本立体表面取点一般采用积聚性法和取线法。曲面立体表面取点一般采用积聚性法、素线法、纬圆法，画法示例见表 3-6。

表 3-6 基本立体表面取点画法示例

名称		立体图	投影图	投影分析
平面基本立体表面取点	积聚性法	A	Z, a′, a″, Y_W, X, O, a, Y_H	已知 a′,求 a,a″。 棱柱的棱面垂直于水平面,棱面的水平投影积聚成直线,平面上的点的水平投影都落在直线上。根据点的投影规律,先求出点的水平投影 a,再根据 a 和 a′求 a″
	取线法	A, C, B	Z, a′, c′, b′, c″, Y_W, X, O, a, c, b, Y_H	已知 c′,求 c,c″。 过棱锥棱面的 C 点作一直线 AB,与底面的边线平行。根据两直线空间平行同面投影平行的原理,求出 ab 和 a′b′,根据长对正,在 ab 上求出 c,再通过 c 和 c′求 c″
曲面基本立体表面取点	积聚性法	A	Z, a′, a″, Y_W, X, O, a, Y_H	已知 a′,求 a,a″。 圆柱面是铅垂面,水平投影积聚成为圆,根据长对正求出落在圆上的 A 点的水平投影 a,再根据 a 和 a′求 a″
	素线法	S, A, B	Z, s′, a′, b′, a″, Y_W, X, O, s, a, b, Y_H	已知 a′,求 a,a″。 圆锥的母线是直线,所以,圆锥的素线是直线。从 s′过 a′作素线的正面投影 s′b′,交底面圆投影于 b′,求出素线的水平投影 sb,根据长对正求出落在 sb 上的 a,再根据 a 和 a′求 a″

续表

名称		立体图	投影图	投影分析
曲面基本立体表面取点	纬圆法	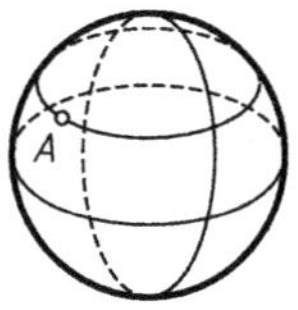 A	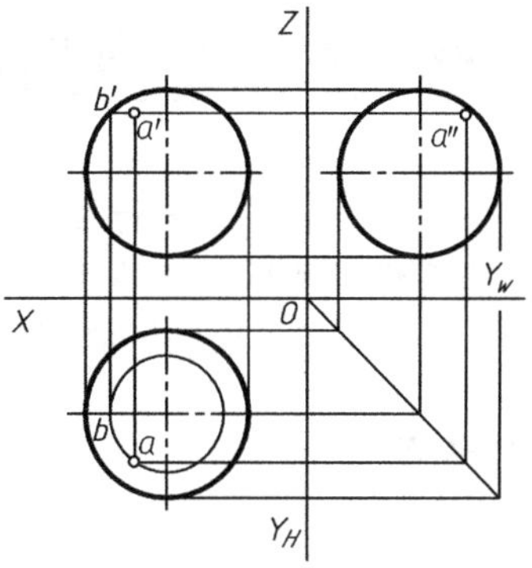 Z b′ a′ a″ X O Y_W b a Y_H	已知 a',求 a,a''。 在圆球面上,过 A 作一个与水平投影面平行的圆,该圆在水平面反映实形。根据长对正求出落在该圆上的 a,再根据 a 和 a' 求 a''

第 4 章　轴测图

轴测投影图简称轴测图，轴测图属于一种单面平行投影，虽然在表现力和度量方面不如多面正投影图，但轴测图有较强的直观性，所以在工程设计和工业生产中常用作辅助图样。GB 4458.3—2013《机械制图　轴测图》规定了绘制轴测图的基本方法。

4.1 轴测投影的基本概念

4.1.1 轴测投影图的形成

轴测图是用平行投影法将物体连同确定物体的直角坐标系一起沿不平行于任何一坐标平面的方向投射到一个投影面上所得到的图形，如图 4-1 所示。

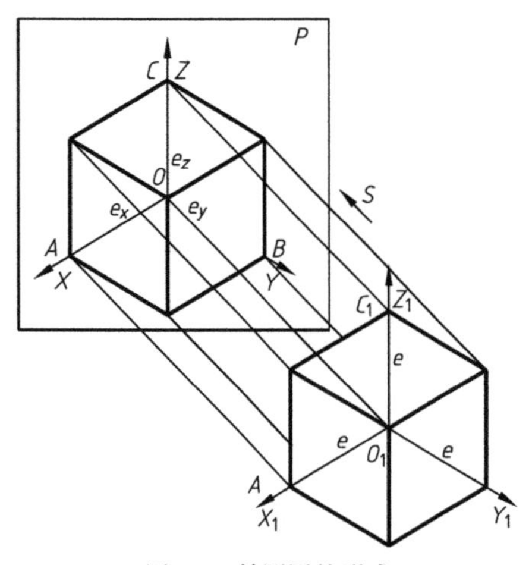

图 4-1　轴测图的形成

投影面 P 称为轴测投影面。投射线方向 S 称为投射方向。空间坐标轴 O_1X_1、O_1Y_1、O_1Z_1 在轴测投影面上的投影 OX、OY、OZ 称为轴测投影轴，简称轴测轴。

4.1.2 轴间角与轴向变形系数

轴测轴之间的夹角称为轴间角。坐标轴、投射方向与轴测投影面相对位置不同，轴间角大小也不同。

轴测单位长度与空间坐标单位长度之比，称为轴向变形系数。如在空间坐标轴 O_1X_1、O_1Y_1、O_1Z_1 上截取长为空间单位 e 的线段，使 $O_1X_1=O_1Y_1=O_1Z_1=e$，其轴测投影分别为 $OX=e_x$，$OY=e_y$，$OZ=e_z$。则有：

OX 变形系数 $p_1=OA/O_1A_1=e_x/e$；

OY 变形系数 $q_1=OB/O_1B_1=e_y/e$；

OZ 变形系数 $r_1=OC/O_1C_1=e_z/e$。

4.1.3 轴测投影的基本性质

轴测图属于一种单面平行投影，因此具有如下投影特性：

① 相互平行的两直线，其投影仍保持平行；

② 空间平行于某坐标轴的线段，其投影长度等于该坐标轴的轴向变形系数与线段长度的乘积。

由以上性质，若已知各轴向伸缩系数，在轴测图中即可测量出平行于轴测轴的各线段的尺寸，这就是轴测投影中“轴测”两字的含义。

4.1.4 轴测投影的种类

根据投射方向可分为两大类：

正轴测投影：投射方向垂直于轴测投影面。

斜轴测投影：投射方向倾斜于轴测投影面。

根据不同的轴向变形系数，每类又可分为三种。

（1）正轴测投影分类

① 正等轴测投影（正等轴测图），$p_1=q_1=r_1$；

② 正二等轴测投影（正二轴测图），如 $p_1=q_1\neq r_1$；

③ 正三轴测投影（正三轴测图），$p_1\neq q_1\neq r_1$。

（2）斜轴测投影分类

① 斜等轴测投影（斜等轴测图），$p_1=q_1=r_1$；

② 斜二等轴测投影（斜二轴测图），如 $p_1=q_1\neq r_1$；

③ 斜三轴测投影（斜三轴测图），$p_1\neq q_1\neq r_1$。

GB 4458.3—2013 在《机械制图　轴测图》中推荐了三种工程上常用的轴测图，即：正等轴测图、正二轴测图、斜二轴测图。本节将重点介绍正等轴测图的画法，简要介绍斜二轴测图的画法。

4.1.5　基本作图方法

画轴测图首先要确定轴测轴的位置（即确定轴间角）及各轴向变形系数。如图 4-2 所示，已知轴测轴 OX、OY、OZ 及相应的轴向伸缩系数 p_1、q_1、r_1，求作点 $B(6,8,10)$ 的轴测投影。

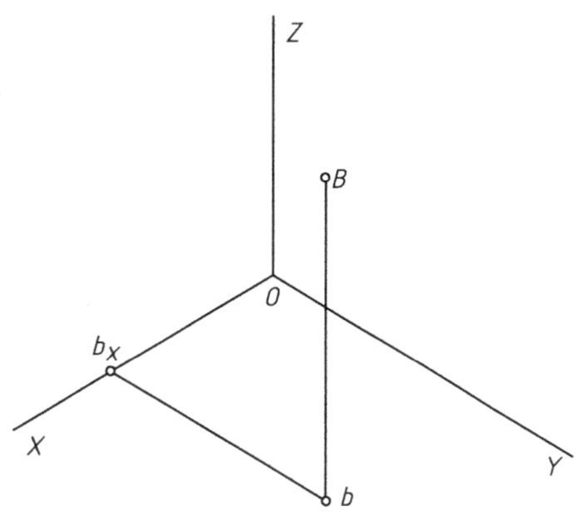

图 4-2　点的轴测投影

作图步骤：

① 沿 OX 截取 $Ob_x=6p_1$；

② 过 b_x 作 $b_xb // OY$，截取 $b_xb=8q_1$；

③ 过 b 作 $bB // OZ$，截取 $bB=10r_1$。

即得轴测投影点 B。

如图 4-3 所示，已知三棱锥的正投影图，如图 4-3(a) 所示，按已知轴测轴轴间角及轴向伸缩系数 $p_1=r_1=1$，$q_1=0.5$，根据上述基本作图方法，画出三棱锥的轴测投影。

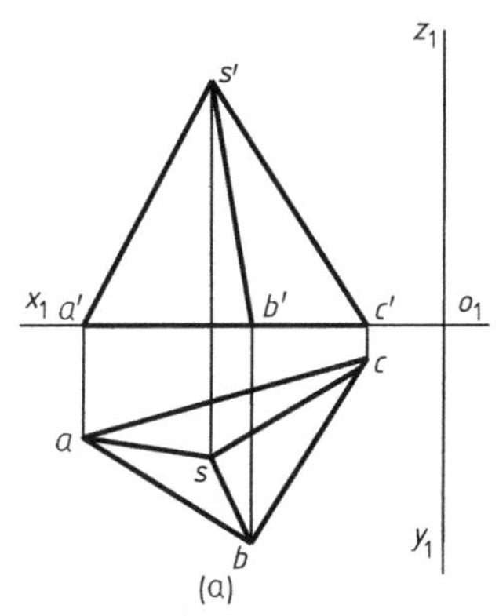

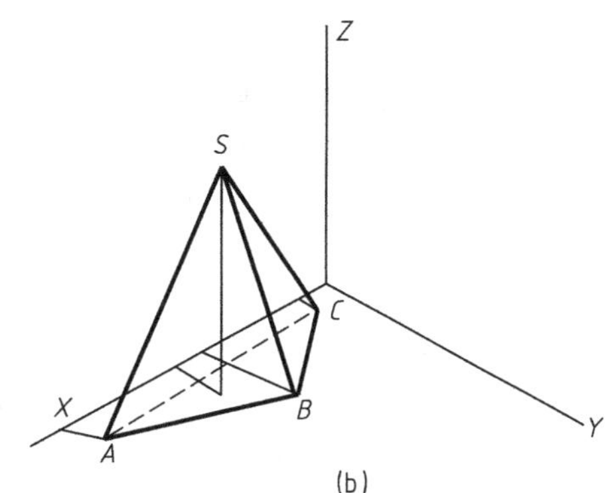

图 4-3　立体轴测投影

如图 4-3(b) 所示，在轴测投影中，三棱锥各顶点 X 轴、Z 轴的坐标值等于正投影图中的坐标值。沿 Y 轴，因 $q_1=0.5$，其轴测坐标值为正投影图上坐标值的 1/2。

4.2　正等轴测投影

4.2.1　轴向伸缩系数

如图 4-4 所示，表示了空间坐标系 $O_1X_1Y_1Z_1$ 与轴测投影面 P 之间的关系，$OXYZ$ 为空间坐标系的轴测投影，即轴测轴。根据图中的几何关系，可得如下关系式：

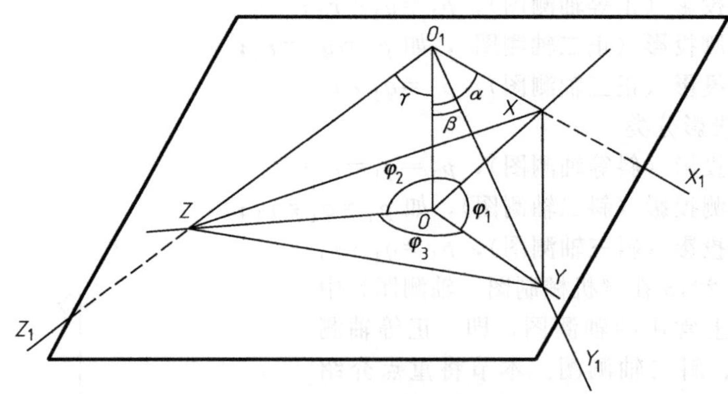

图 4-4 正等轴测图的伸缩系数与轴间角

$$p_1=\sin\alpha,q_1=\sin\beta,r_1=\sin\gamma$$

由解析几何知 OO_1 的方向余弦：

$$\cos^2\alpha+\cos^2\beta+\cos^2\gamma=1$$

$$(1-\sin^2\alpha)+(1-\sin^2\beta)+(1-\sin^2\gamma)=1$$

将 p_1、q_1、r_1 代入上式得：

$$p_1{}^2+q_1{}^2+r_1{}^2=2$$

正等测 $p_1=q_1=r_1$ 代入上式得：

$$p_1=q_1=r_1\approx0.82$$

将轴向伸缩系数放大 1.22 倍，得到简化伸缩系数：$p=q=r=1$

4.2.2 轴间角

对于正轴测投影，轴间角与轴向伸缩系数相互之间具有确定的关系，已知轴向伸缩系数，即可求出轴间角。当然，知道轴间角，也可确定轴向伸缩系数。

通过证明可得轴间角：$\varphi_1=\varphi_2=\varphi_3=120°$

4.2.3 平行坐标面的圆的正等轴测投影

在正等轴测投影中，空间坐标面对轴测投影面都是倾斜的。因此，平行坐标面上的圆，其轴测投影均是椭圆。为了画出在正轴测投影中的椭圆，需要知道椭圆长、短轴方向及其大小。

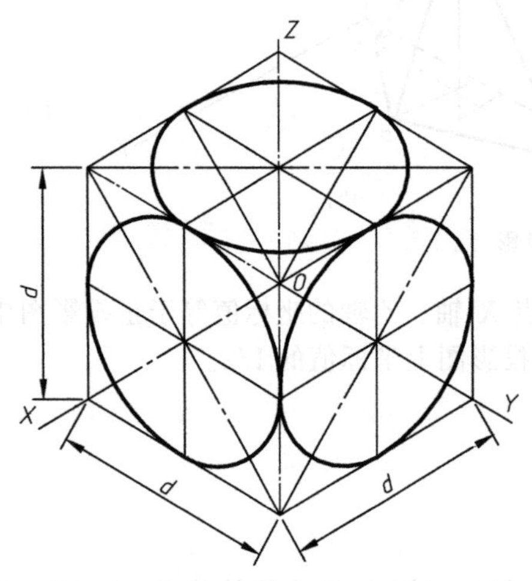

图 4-5 正轴测投影的圆的长短轴

(1) 长、短轴的方向

如图 4-5 所示，长轴垂直于相应的轴测轴。

平行于 $X_1O_1Y_1$ 面的圆，其轴测投影椭圆长轴垂直 OZ 轴；

平行于 $X_1O_1Z_1$ 面的圆，其轴测投影椭圆长轴垂直 OY 轴；

平行于 $Y_1O_1Z_1$ 面的圆，其轴测投影椭圆长轴垂直 OX 轴。

(2) 长、短轴的大小

按简化轴向伸缩系数作图时，椭圆的长、短轴均放大 1.22 倍。若平行空间坐标面的圆的直径是 d，则：

$$长轴=1.22d$$

通过几何证明得：

$$短轴=1.22\times0.58d=0.71d$$

(3) 正轴测图椭圆的近似画法

正等测图中，三个椭圆的近似画法，不需要计算长、短轴。正等测图三个椭圆的形状相同，现以水平椭圆为例，介绍两种近似画法，见表 4-1。

表 4-1　正等轴测图中椭圆的两种近似画法

方法	画　　法	说　　明
六点共圆法	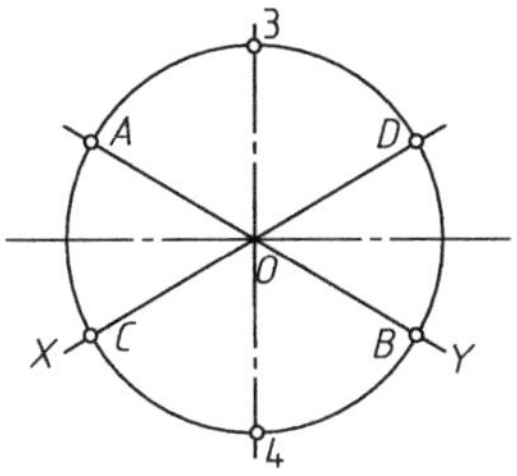 3, A, D, O, X, C, B, Y, 4	①画出轴测轴 X、Y 以及椭圆长、短轴方向； ②以 O 为圆心、空间圆的直径为直径画圆，与 X、Y 及短轴线交于 A、B、C、D、3、4 六点
	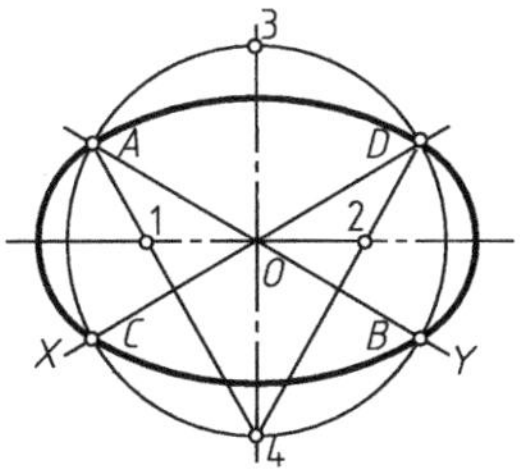 3, A, D, 1, 2, O, X, C, B, Y, 4	①连接 $A4$ 和 $D4$ 与椭圆长轴交于 1、2 两点； ②以 3、4 为圆心，以 $A4$ 为半径画大圆弧，以 1、2 为圆心，以 $A1$ 为半径画小圆弧，四段圆弧相切于 A、B、C、D 四点
直径求心法	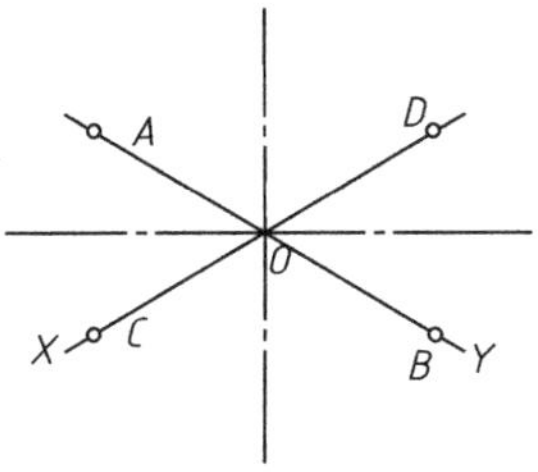 A, D, O, X, C, B, Y	①画出轴测轴 X、Y 以及椭圆长、短轴方向； ②在 X、Y 上取 $AB=CD=d$，d 为空间圆直径
	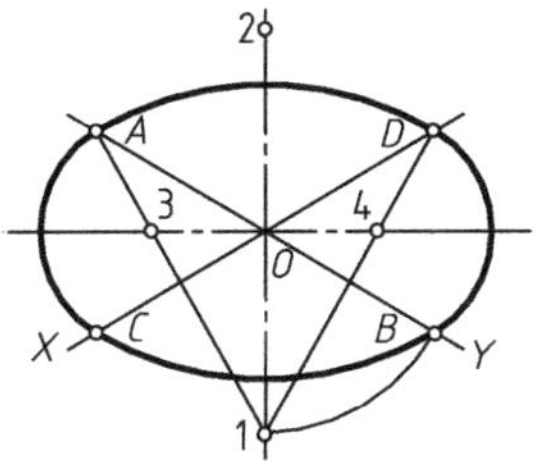 2, A, D, 3, 4, O, X, C, B, Y, 1	①以 O 为圆心，以 OB 为半径画圆弧，与短轴交于 1 点，再取对称点 2； ②连接 $A1$、$D1$ 交长轴于 3、4 点； ③以 3、4 为圆心，以 $A3$ 为半径画小圆弧，以 1、2 为圆心，以 $A1$ 为半径画大圆弧，四段圆弧相切于 A、B、C、D 四点

4.2.4　正等轴测图的画法示例

画机件轴测图的基本方法是沿轴测轴度量定出物体上一些点的坐标，然后逐步连线画出图形。

(1) 坐标法画图示例（见表 4-2）

表 4-2 坐标法画正等轴测图

步骤	画法	说明
1	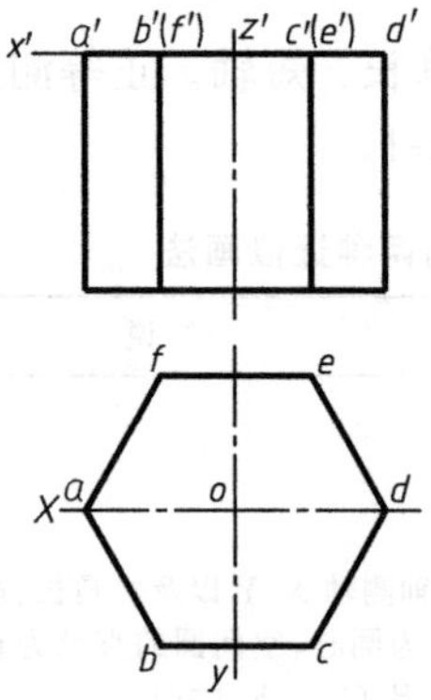	在投影图上建立空间坐标的投影
2	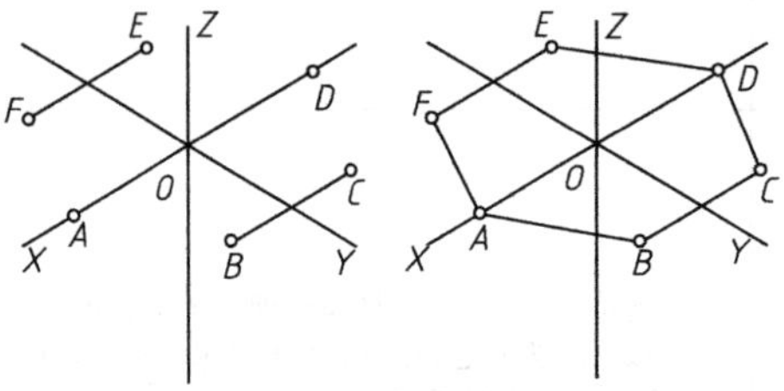	①画轴测轴； ②在轴测轴上，求出 *ABCDEF* 各点； ③连接六个点
3	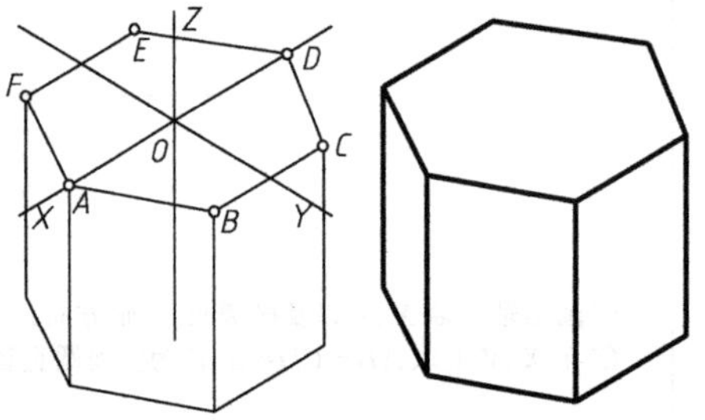	①过上底面各点向下画平行于 *OZ* 轴的各棱线； ②截取棱线的长度，使其等于六棱柱的高度； ③画出下底面，去掉多余的线； ④加深轮廓线，得到六棱柱的正等轴测图

(2) 切割法画图示例

切割法适用于绘制主要形体是由切割形成的物体的轴测图，绘图的步骤见表 4-3。

表 4-3 切割法画正等轴测图

步骤	画 法	说 明
1	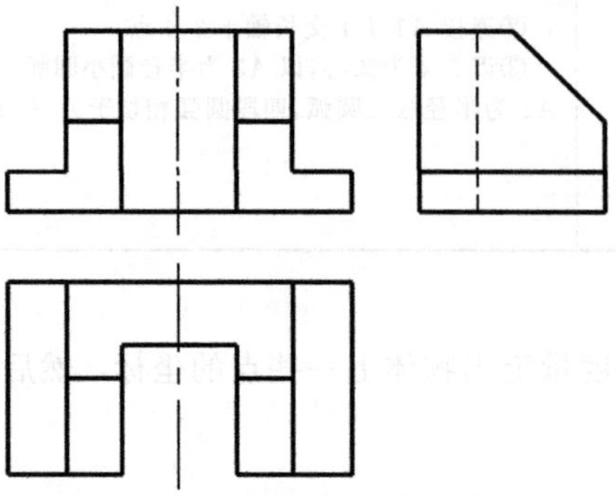	根据三视图，进行形体分析。该物体是由长方体多次切割而成的

续表

步骤	画　法	说　明
2	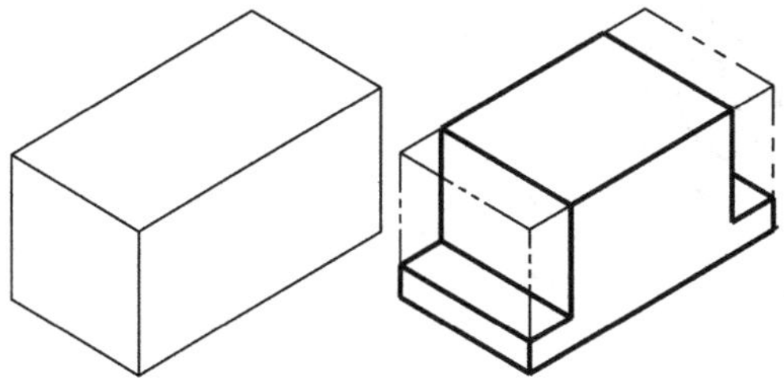	①画出长方体轴测图； ②切掉左右两个小长方体
3	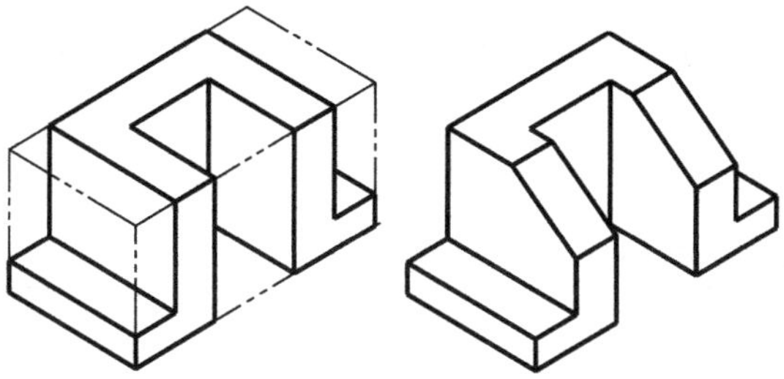	①挖出中间的长方槽； ②切去前方的斜角； ③去掉多余的线，整理后得到物体的正等轴测图

(3) 堆叠法画图示例

堆叠法适用于绘制主要形体是由堆叠形成的物体的轴测图。要注意形体堆叠时的位置关系、画图方法及画图步骤，见表4-4。

表4-4　堆叠法画正等轴测图

步骤	画　法	说　明
1	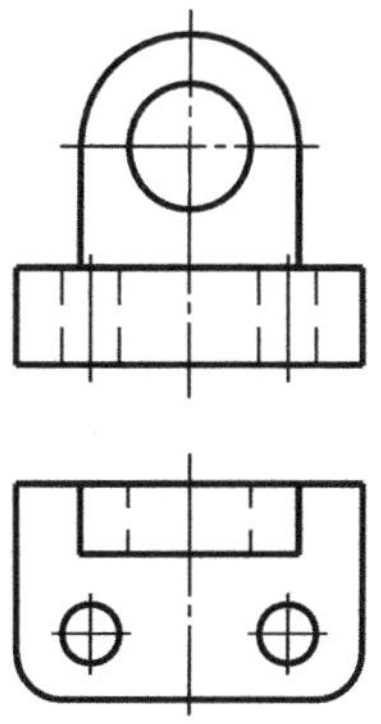	根据三视图，进行空间分析。该物体由底板和立板两个主要形体组成。底板由长方体加工而成；立板由长方体叠加半圆柱后钻圆孔而成
2	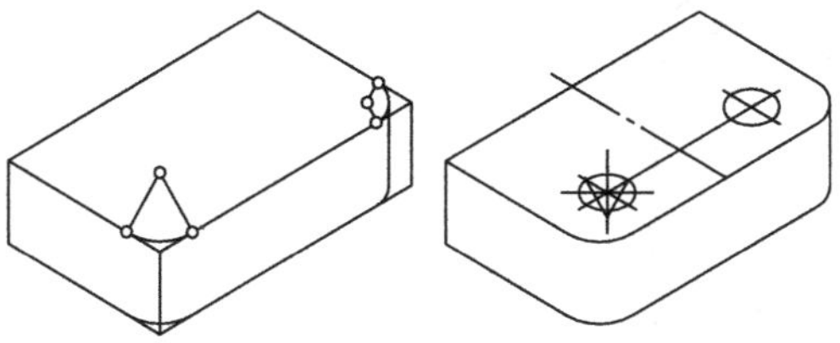	①画出底板基本形体； ②画出底板的两个倒圆。量出倒圆半径点，作垂线，以垂线交点为圆心，作圆弧； ③画出底板圆孔

续表

步骤	画 法	说 明
3	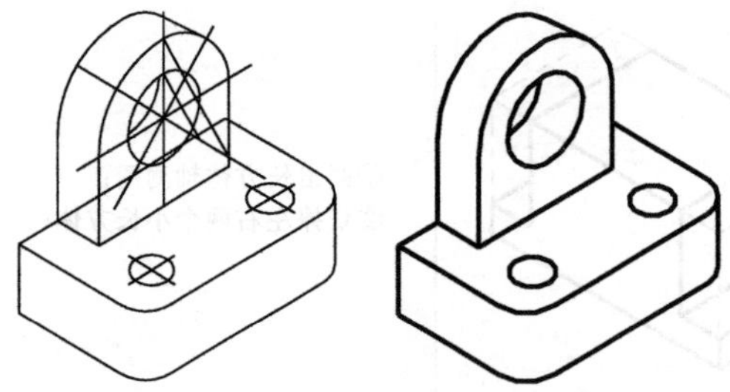	①画出立板； ②去掉多余的线，加深后得到物体的正等轴测图

4.2.5 正等轴测图中交线的画法示例

利用坐标法或辅助平面法求出一系列交线上点的轴测投影，然后光滑连接它们，便可作出物体表面的交线。

【例 4-1】 画出圆柱被截后的正等轴测图，作图方法和步骤见表 4-5。

表 4-5 圆柱被截后的正等轴测图的画法

步骤	画法	说明
1	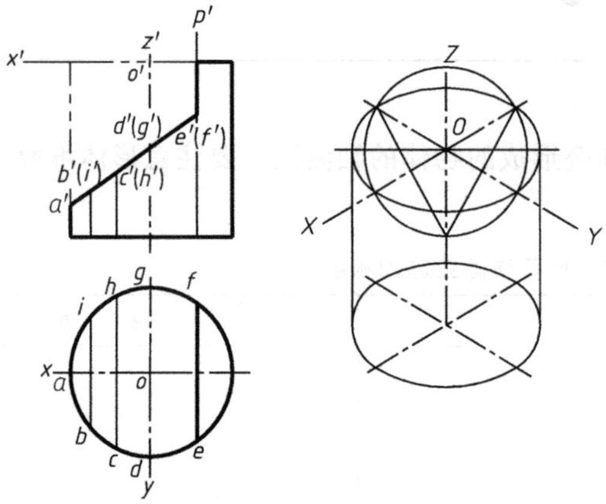	①在正投影上建立空间坐标的投影，并定出截交面上的一些点； ②画出轴测轴，采用简化伸缩系数，画出完整的圆柱
2	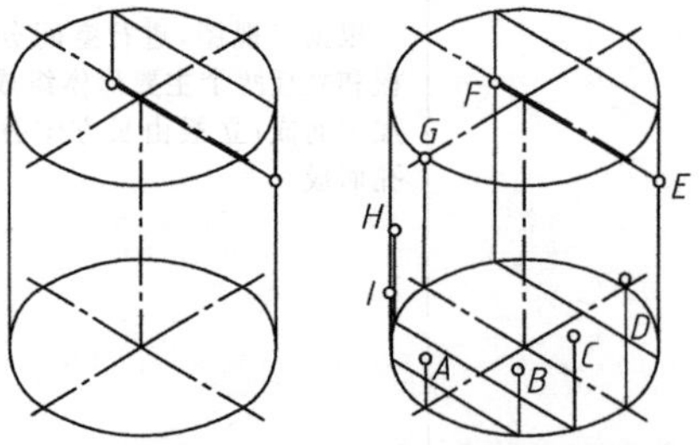	①在轴测图上，确定平面 P 的位置，得到所截矩形； ②按坐标关系定出截交线上的各点
3	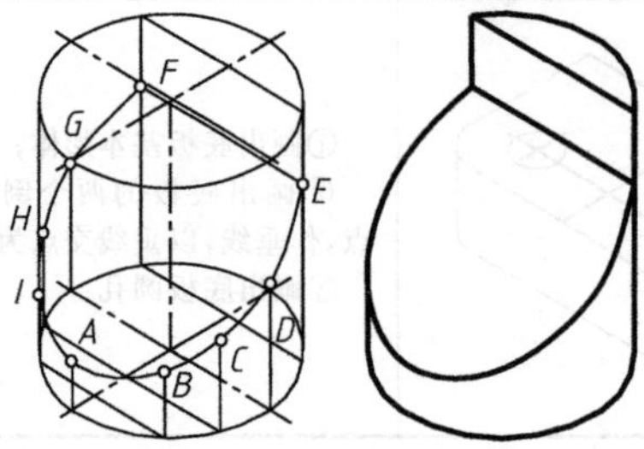	①光滑连接各点； ②去掉作图线，加深后得到物体的正等轴测图

【例 4-2】 画出两相交圆柱的正等轴测图。作图方法和步骤与例 4-1 相同，如图 4-6 所示。

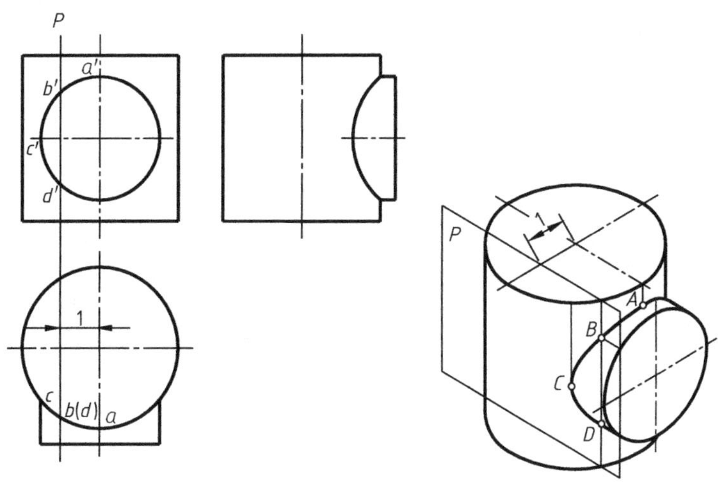

图 4-6　两相交圆柱的正等轴测图的画法

4.3 斜轴测投影

用斜投影法得到的轴测投影称为斜轴测投影，如图 4-7 所示。斜轴测投影通常选择轴测投影面 P 平行于坐标面 XOZ，而投射方向不应平行于任何坐标面，否则会影响图形的立体感。凡是平行于坐标面 XOZ 的平面，其斜轴测投影均反映实形，由于这个性质，使得许多情况下的作图变得非常方便。

4.3.1 轴间角和轴向伸缩系数

在斜轴测投影中，可以独立地选择沿 Y 轴方向的轴向伸缩系数及轴间角 $\angle XOY$。

在 GB 4458.3—2013《机械制图　轴测图》中推荐的斜二等轴测投影的轴向伸缩系数为 $p=r=1$，$q=0.5$，轴间角为 $\angle XOZ=90°$，$\angle XOY=\angle YOZ=135°$，如图 4-8 所示。

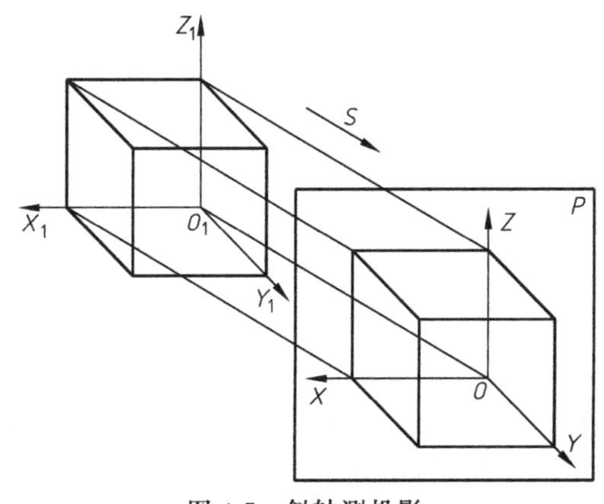

图 4-7　斜轴测投影

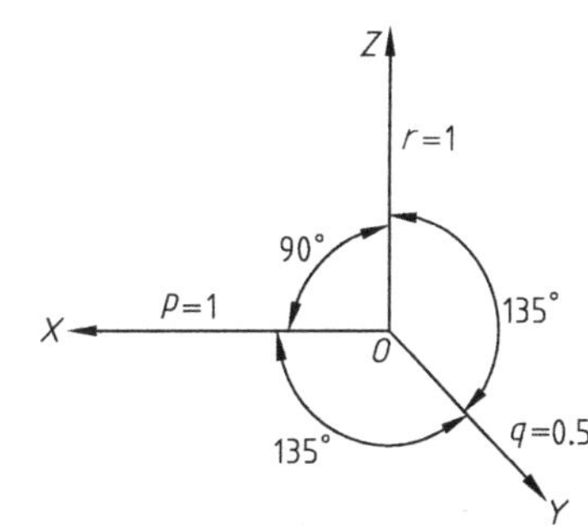

图 4-8　轴间角及伸缩系数

4.3.2 斜二等轴测投影中平行于坐标面的圆的投影

如图 4-9 所示，斜二等轴测投影中，平行于正面 XOZ 的圆轴测投影仍为圆，其他两面圆的轴测投影为椭圆，椭圆的画法如图 4-10 所示，画出轴测轴 X、Y 及椭圆长短轴的方向，在 X 轴上取 $AB=d$；在短轴上取 $O1=O2=d$，连接 $1A$ 和 $2B$ 与长轴交于 3、4 两点，分别以 1、2 为圆心，以 $1A$ 为半径画大圆弧，再分别以 3、4 为圆心，以 $3A$ 为半径画出小圆弧，四段圆弧相切，即得到斜二等轴测投影图中的椭圆。

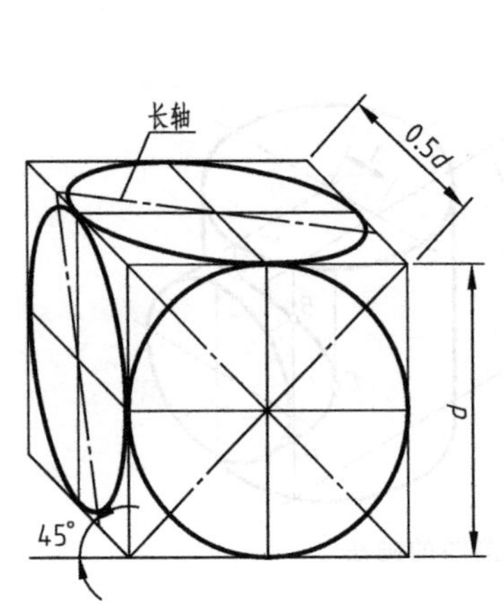

图 4-9 斜二轴测图椭圆的长轴

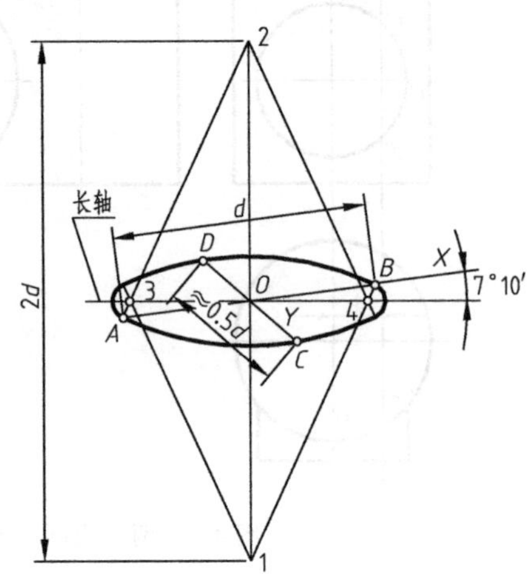

图 4-10 斜二轴测图椭圆的画法

4.3.3 斜二等轴测图的画法

斜二等轴测图的画法见表 4-6。

表 4-6 物体斜二等轴测图的画法

步骤	画法	说明
1	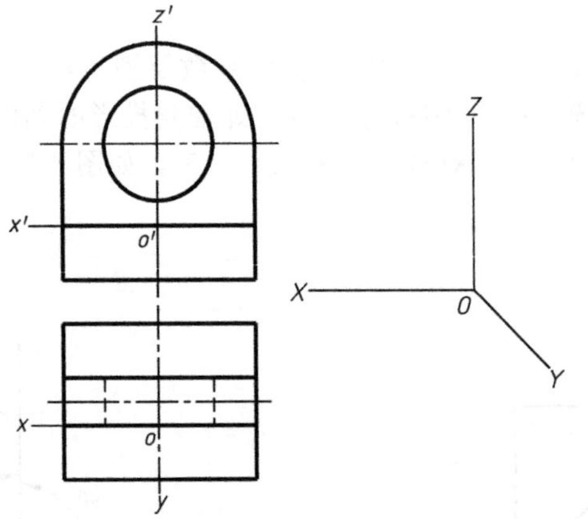	①在正投影上建立空间坐标的投影； ②画出轴测轴
2	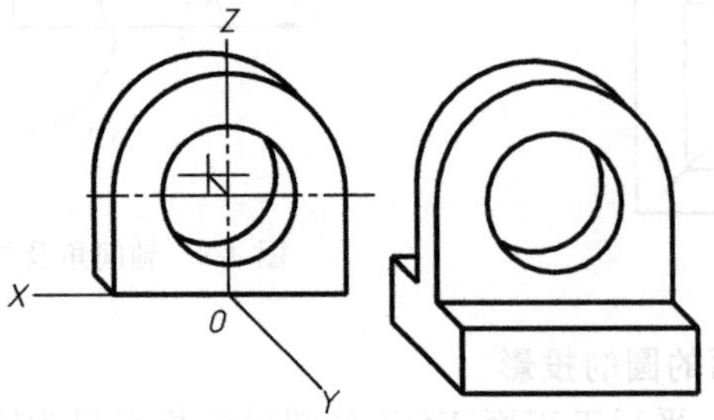	①根据轴测投影的特性和斜二轴测图的轴向伸缩系数，画出上部的立板； ②画出下部的底板，整理图形得斜二轴测图

4.4　轴测剖视图的画法

与正投影图一样，轴测图也可以画成剖视图。GB 4458.3—2013《机械制图　轴测图》规定了轴测图上剖面线的方向。正等轴测图、斜二轴测图剖面线的画法和剖视图的画法，见表 4-7。

表 4-7　剖面线和剖视图的画法

	正等测	斜二测
剖面线画法	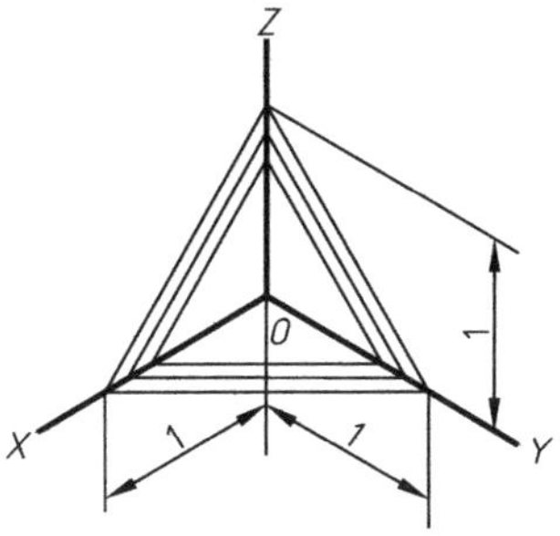	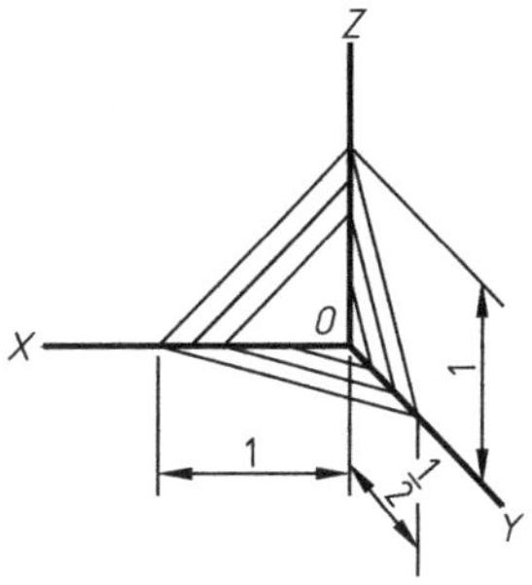
剖视图画法	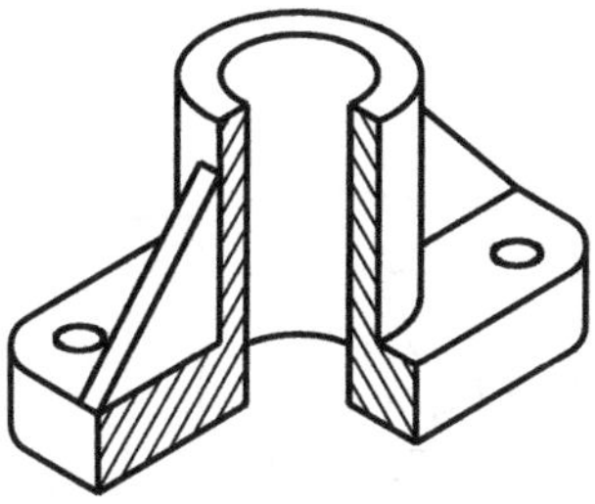	

注：肋纵剖时，即剖切平面通过肋的纵向对称平面，肋上不画剖面线，而用粗实线将它与邻接部分分开。

4.5　轴测图的选择

为了尽可能完全地表达零件结构形状，在绘制轴测图时需要进行某些选择。

4.5.1　零件位置及表示法的选择

图 4-11 画出了同一零件的三个轴测图，图 4-11(a) 只看到零件的背面，形状表达不完全，图 4-11(b) 看到零件正面，但背面形状表达不清楚，图 4-11(c) 采用了剖视，形状表

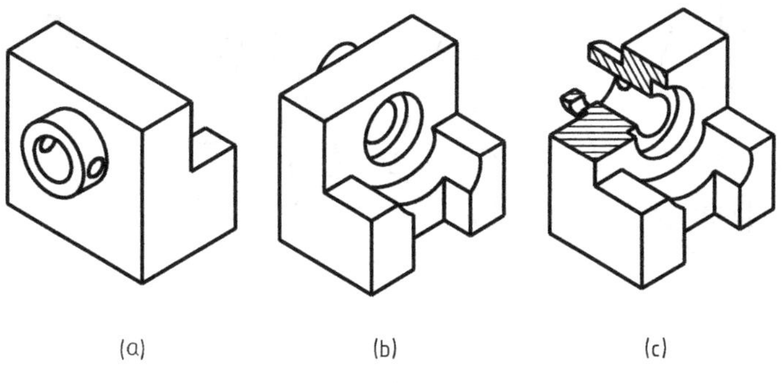

图 4-11　零件轴测图位置选择

达完整，显然图 4-11(c) 的位置及表示法比较合理。

4.5.2 轴测图种类的选择

利用图 4-12 所示三种标准轴测图投射方向 S 的正投影图，可在零件的正投影图上判断出采用何种轴测图能将其表达得较清晰。从图 4-13(a) 的俯视图中看到，采用投射方向 s_1（即正等测）时，小孔底部不可见，而采用其余两种投射方向时（即正二测和斜二测），都能看清小孔为通孔。

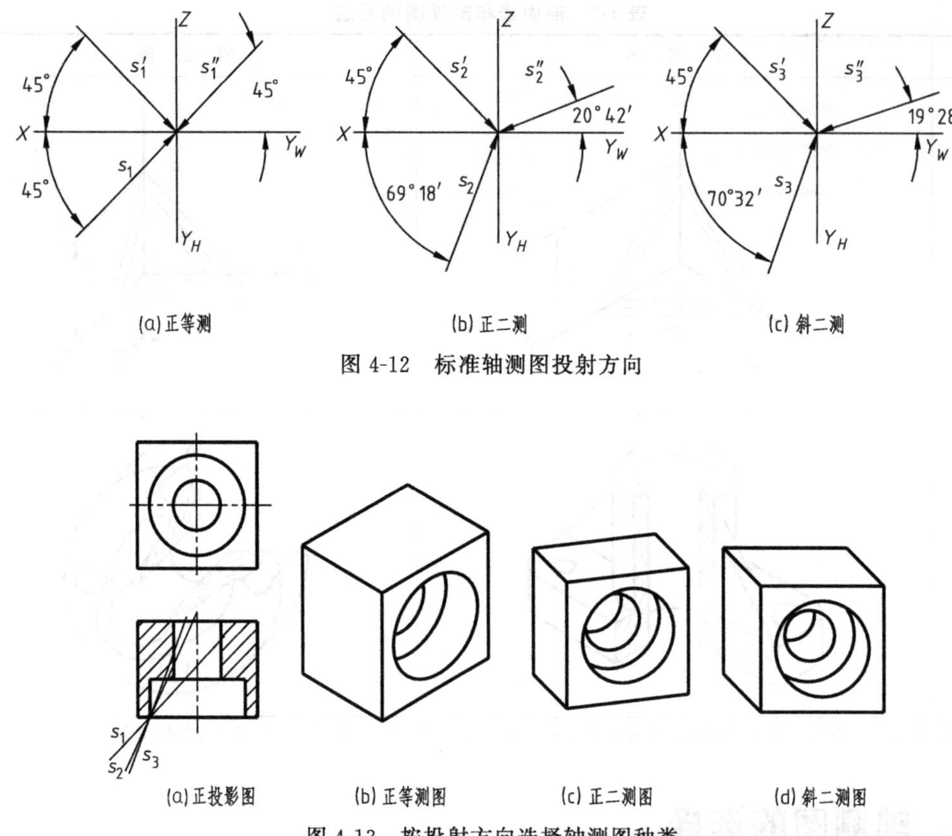

图 4-12 标准轴测图投射方向

图 4-13 按投射方向选择轴测图种类

轴测图中应避免出现棱线重合或积聚的现象，提高图的表达效果。如图 4-14 所示的模型，图 4-14(b) 采用正等测图，该棱台前棱线居中，两对称切面呈积聚现象，出现棱线重

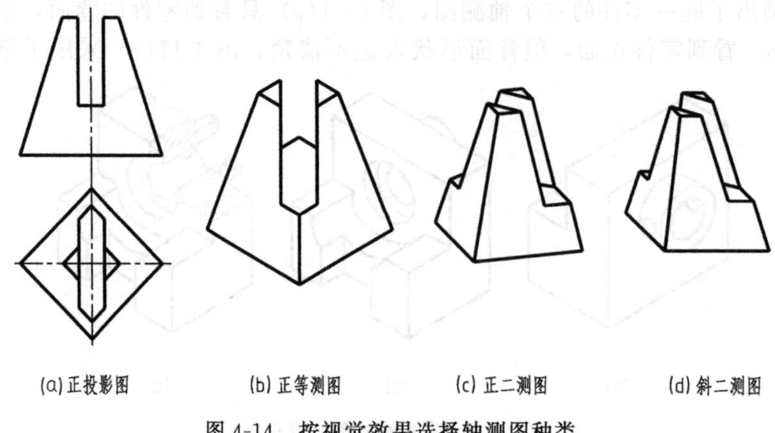

图 4-14 按视觉效果选择轴测图种类

合现象，立体感较差。图 4-14(c) 和 (d) 表达较清楚，因此图示该零件宜选用正二测图或斜二测图表达。

当三种标准轴测图都不能得到令人满意的效果时，可根据零件的形状特点选定最有利的投射方向而采用非标准轴测图。

4.6 轴测图中的尺寸标注

轴测图上常见的尺寸有长度尺寸、直径尺寸、半径尺寸和角度尺寸。

4.6.1 长度尺寸

长度尺寸一般沿轴测轴方向标注，尺寸线与所标线段平行；尺寸界线应平行于有关轴测轴；尺寸数字按相应的轴测图形标注在尺寸线的上方，出现字头向下的趋势时，用引出线将数字写在水平位置。图 4-15 为同一尺寸在不同位置标注时的示例。

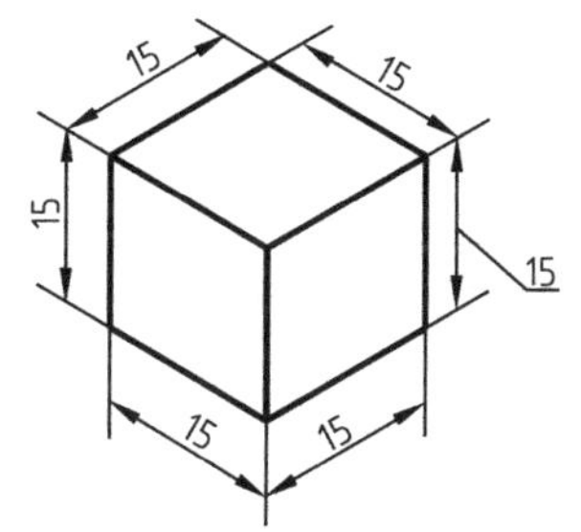

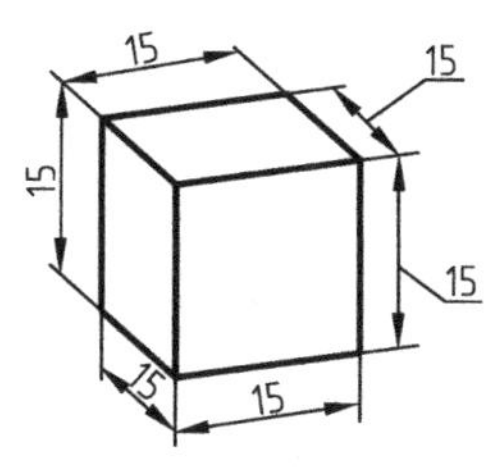

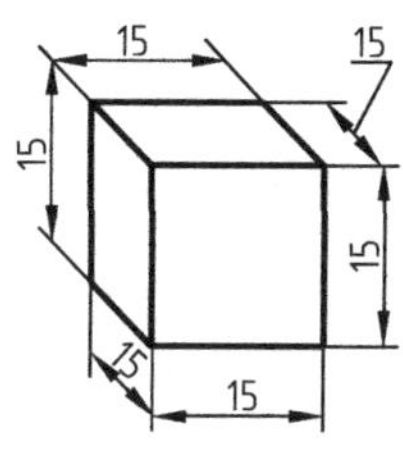

图 4-15　长度尺寸标注

4.6.2 直径尺寸

标注圆的直径时，尺寸线和尺寸界线分别平行于圆所在平面的轴测轴。标注较小圆的直径时，尺寸线可通过圆心引出，如图 4-16(a) 所示。

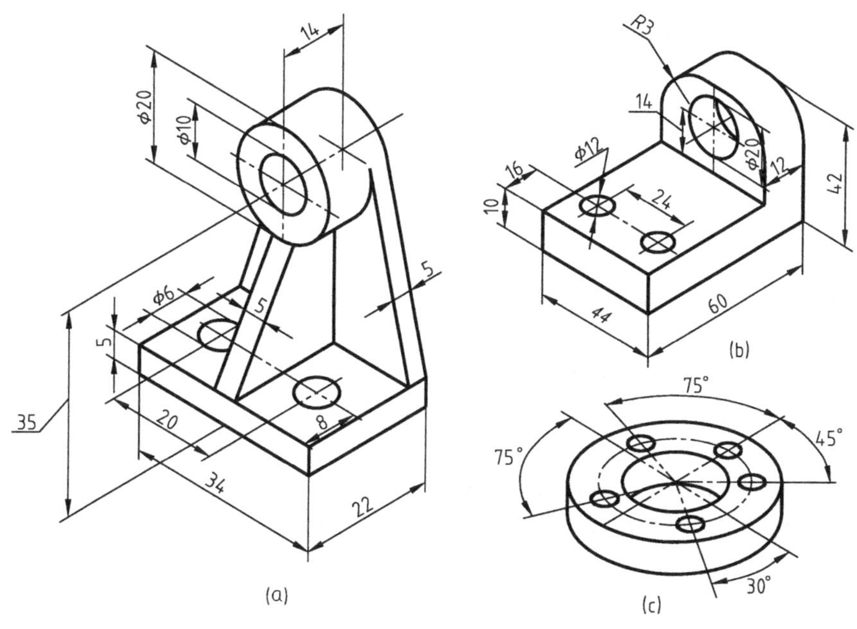

图 4-16　轴测图尺寸标注

4.6.3 半径尺寸

标注圆弧的半径时，尺寸线可从圆心引出，如图 4-16(b) 所示。

4.6.4 角度尺寸

标注角度时，尺寸线为相应的椭圆弧或圆弧，角度数字保持字头向上，一般写在尺寸线的中断处，如图 4-16(c) 所示。

4.7 用图解法建立非标准轴测系的方法

4.7.1 建立非标准正轴测系的方法

(1) 按选定的轴测投射方向（ε_1、ε_2）建立正轴测系的方法

如图 4-17 所示，作图步骤：

① 在 X 轴上任选 X_1 点，如图 4-17(a) 所示；

② 过 X_1 分别作 s 及 s' 的垂线 X_1Y_1 及 X_1Z_1；

③ 按投影关系作出 Z_1Y_1；

④ 以 X_1Y_1 为底，分别以 X_1Z_1 及 Y_1Z_1 为腰作三角形，如图 4-17(b) 所示；

⑤ 作三角形的三条高线，交于 O_1 点；

⑥ 由 O_1X_1、O_1Y_1、O_1Z_1 确立的正轴测系即为所求。在画轴测图时将 O_1X_1、O_1Y_1、O_1Z_1 简化为 OX、OY、OZ。

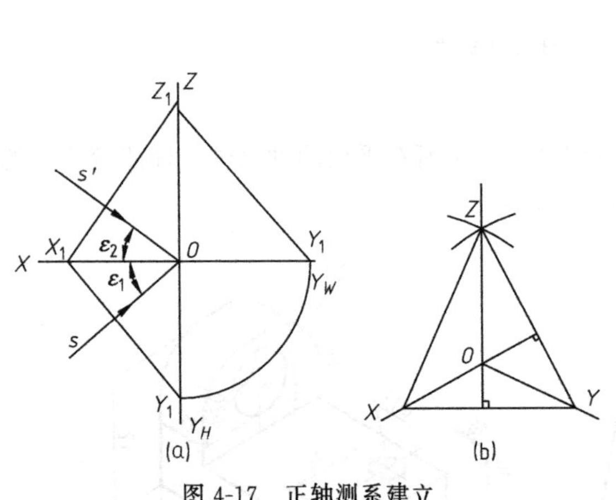

图 4-17 正轴测系建立

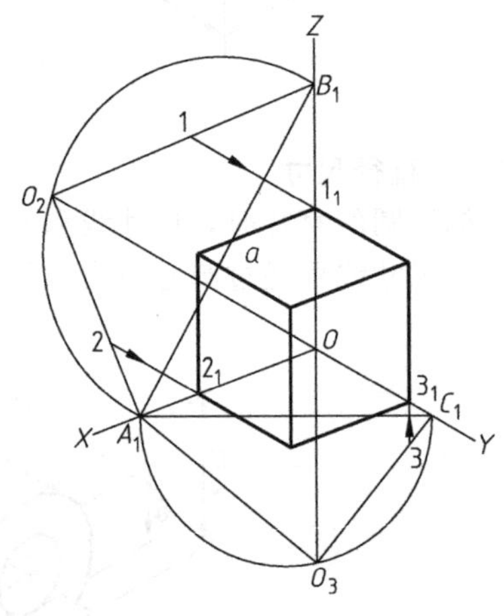

图 4-18 轴向伸缩系

(2) 按选定的轴间角（各轴间角大于 90°），求轴向伸缩系数的方法

如图 4-18 所示，作图步骤：

① 按给出的轴间角画轴测轴 X、Y、Z；

② 在 X 轴上任取 A_1 点，并引直线 A_1B_1 与 Y 轴垂直，交 Z 轴于 B_1 点；再过 A_1 点引 Z 轴的垂线，与 Y 轴交于 C_1 点；

③ 分别以 A_1B_1 及 A_1C_1 为直径画半圆，与 Y 轴及 Z 轴交于 O_2 及 O_3 点；

④ 用直线连接 O_2A_1、O_2B_1、O_3A_1、O_3C_1，则 $O_2A_1=O_3A_1$ 且为 OA_1 的实长，O_2B_1 为 OB_1 的实长，O_3C_1 为 OC_1 的实长，于是可知：$p_1=\dfrac{OA_1}{O_2A_1}$，$q_1=\dfrac{OC_1}{O_3C_1}$，$r_1=\dfrac{OB_1}{O_2B_1}$；

⑤ 若分别在 O_2A_1、O_2B_1、O_3C_1 上再取 $O_21=O_22=O_33=a$，即可画出边长为 a 的正立方体的正轴测图。

(3) 在任选的正轴测系中绘制平行于各坐标面的圆的轴测投影的方法在图 4-19 中，只画了正面椭圆及侧面椭圆，水平椭圆的画法与此相似。

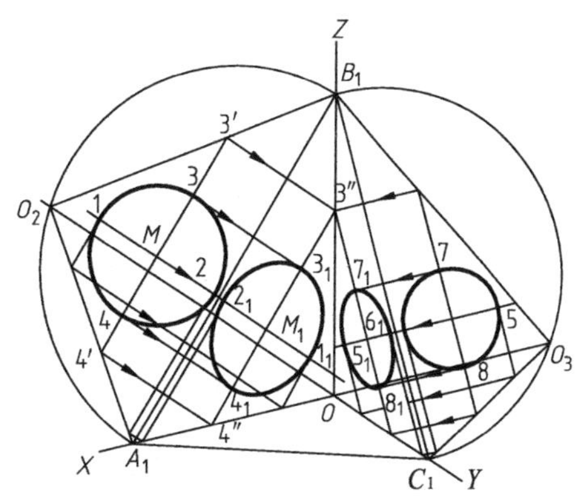

图 4-19 圆的轴测投影方法

作图步骤：

① 在 $A_1B_1O_2$ 内任画以 M 为圆心的圆；

② 过 M 点作 A_1B_1 平行线，与圆周交于 3、4，与 O_2A_1 交于 4′，与 O_2B_1 交于 3′；

③ 在 X 轴及 Z 轴上求得 4″及 3″，连 3″4″必平行于 A_1B_1，在 3″4″上求得 3_1、4_1、M_1，则 M_1 为椭圆的圆心，3_1、4_1 为长轴端点；

④ 以相同方法求出 1_1、2_1，即为短轴端点；

⑤ 过长、短轴端点画近似椭圆。

4.7.2 建立非标准正面斜轴测系的方法

(1) 轴间角及轴向伸缩系数

在正面斜轴测系中轴间角$\angle XOZ$ 总是 90°，X 及 Z 的轴向伸缩系数亦总是 1；可变的因素是 Y 轴的轴倾角和 Y 轴的轴向伸缩系数，这两者之间无对应关系，可分别选择。经常采用的是轴倾角为 30°或 60°的非标准正面斜二测和轴倾角为 30°或 60°的非标准正面斜等测，如图 4-20 和图 4-21 所示。

在正面斜二测中 Y 轴的轴向伸缩系数还可采用 0.75 或其他选定的数值。

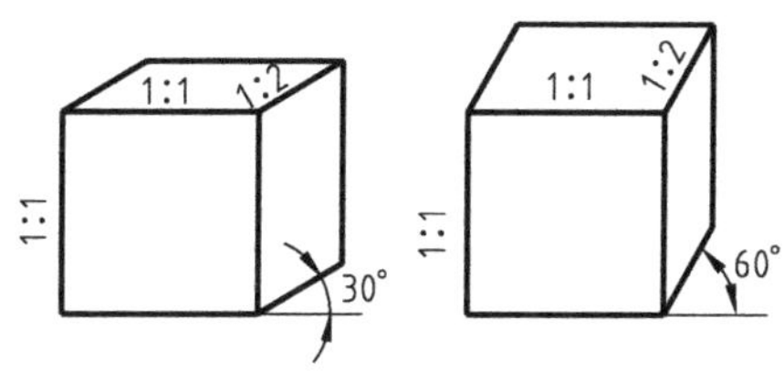

图 4-20 正面斜二测系

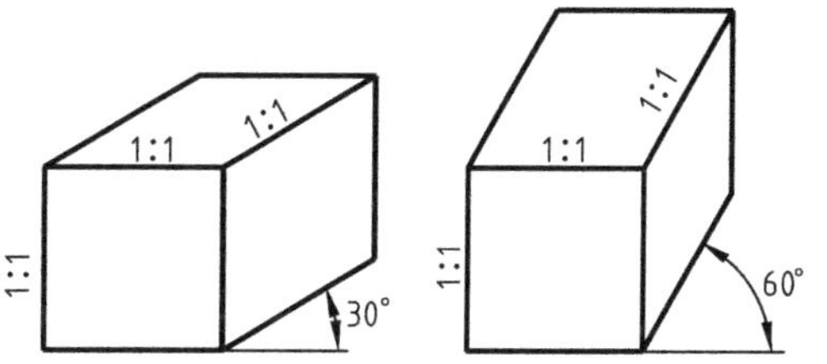

图 4-21 正面斜等测系

(2) 水平椭圆的画法

如图 4-22 所示，用图解法确定椭圆长、短轴的方向及大小。

作图步骤：

① 在正面上画以 O_2 为圆心、与正方形内切的圆，并求出 O_2 在水平面上的对应点 O_3；

② 连接 O_2O_3，并作 O_2O_3 的中垂线，与 OX 的延长线交于 B 点；

③ 以 B 点为圆心、O_2B 为半径画圆，与 OX 的延长线交于 A、C 两点；

④ 连接 O_2A、O_2C 得直角三角形 AO_2C，又连接 O_3A、O_3C 得另一直角三角形 AO_3C；

⑤ O_2A 及 O_2C 的延长线与正面圆交于 1、2、3、4 各点，12、34 是圆的一对互相垂直的直径；

⑥ O_3A 与 O_3C 是水平椭圆的长、短轴方向；

⑦ 过 1、2、3、4 各点分别引 O_2O_3 的平行线，与水平椭圆长、短轴交于 1_1、2_1、3_1、4_1 各点，即长、短轴的端点，画近似椭圆；

⑧ 根据椭圆长、短轴的长度与圆的直径之比，可计算出椭圆长、短轴方向的伸缩系数。

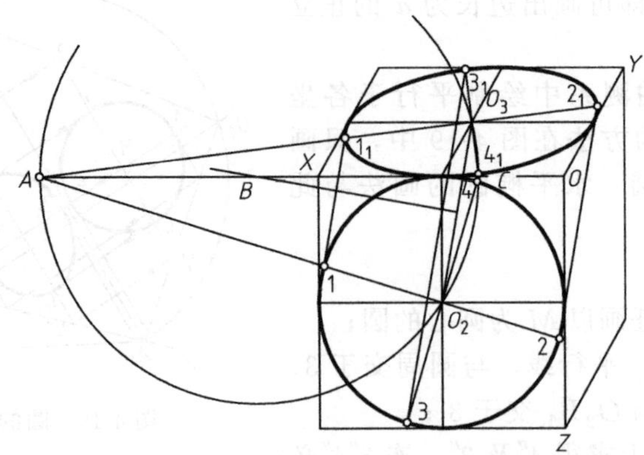

图 4-22 非标准正面斜轴测系中水平椭圆的画法

4.8 螺纹轴测图的画法

螺纹的轴测图常采用近似画法，其螺旋线是用同样大小的等距椭圆代替。如图 4-23 所示。

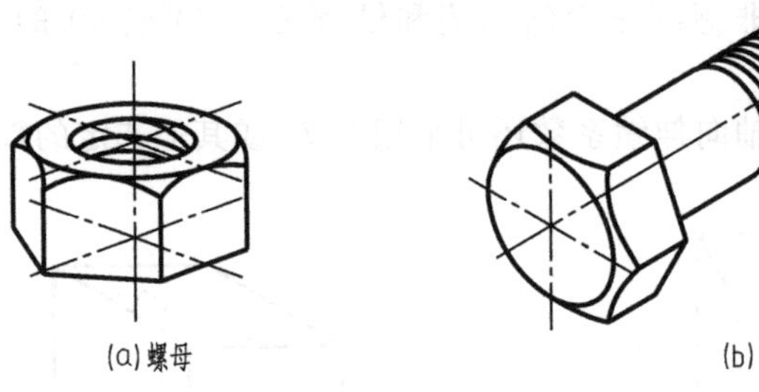
(a) 螺母　　(b) 螺栓

图 4-23 螺纹轴测图

4.9 齿轮的轴测图画法

直齿圆柱齿轮的轴测图画法，如图 4-24 所示。斜齿轮与锥齿轮可用类似方法作图。

直齿圆柱齿轮的轴测图的作图步骤：

① 画齿顶圆、分度圆、齿根圆的轴测投影（三个椭圆）；

② 分别以三个椭圆的长轴长度为直径画三个圆，然后再画出基圆；

③ 根据齿数在分度圆周上分度；

④ 在圆周上用近似画法画出齿形；

⑤ 将齿形上的 1 点至 6 点投射到相应的椭圆上，光滑连接各点，画出齿形的轴测图；

⑥ 依次画出全部齿形；

⑦ 按齿轮厚度将齿形平移到底面上；

⑧ 过各顶点引直线，即完成全图。

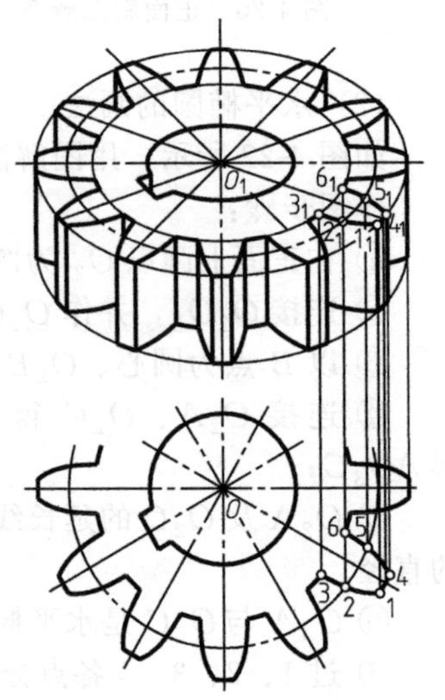

图 4-24 齿轮的轴测图

4.10 圆柱螺旋弹簧的轴测图画法

弹簧的轴测图可根据给定的节距（t）及中径（D_2）作图，如图 4-25 所示。

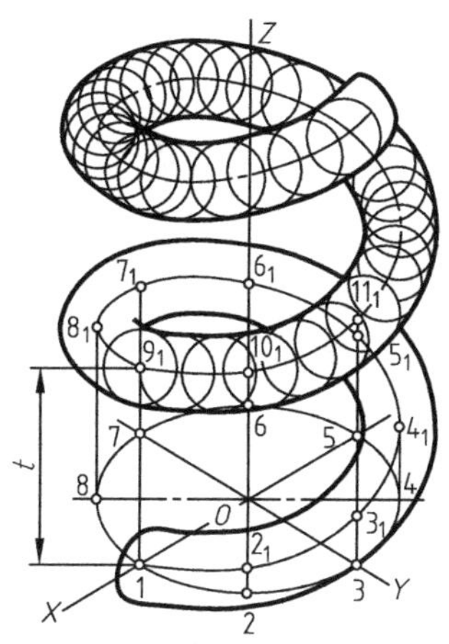

图 4-25　弹簧的轴测图画法

作图步骤：

① 画轴测轴 X、Y、Z，在 X 上取 $O1=O5=D_2/2$，在 Y 上也取 $O3=O7=D_2/2$，画水平椭圆得 1 点至 8 点；

② 过 1 点至 8 点分别引 Z 的平行线；

③ 在这些平行线上依次取点，并使 $22_1=t/8$，$33_1=2t/8$，$44_1=3t/8$，$55_1=4t/8$，$66_1=5t/8$，$77_1=6t/8$，$88_1=7t/8$，$19_1=t$，按此规律继续上升；

④ 连 1、2_1、3_1、…、9_1 等点，得钢丝中心线的轴测投影；

⑤ 在钢丝中心线上取点作为圆心，以钢丝直径为直径画一系列小圆，画出它们的包络线，即是弹簧的轴测图。

4.11 部件的轴测图画法

为表明构造，常采用轴测装配图或轴测分解图来表达部件，并可采用各种形式的剖切表达其内部结构，如图 4-26 所示。

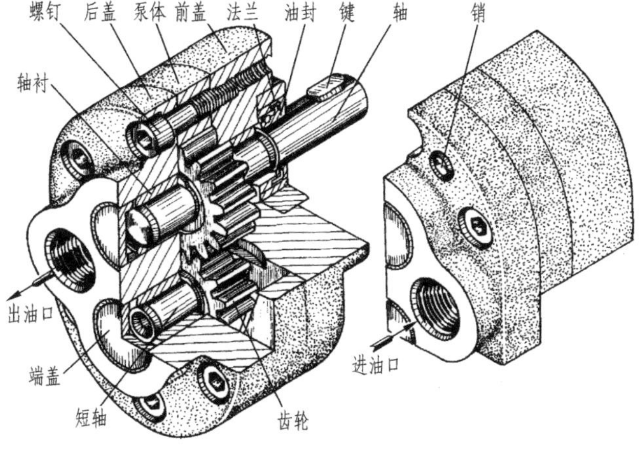

图 4-26　齿轮油泵剖切轴测图

为了分清轴测装配图上的相邻零件，可用方向相反或不同间隔的剖面线表示。

轴测分解图应将分离的零件按拆装顺序排列在相应的装配轴线上，并根据部件装配图编写序号或直接注写出零件名称，如图 4-27 所示。

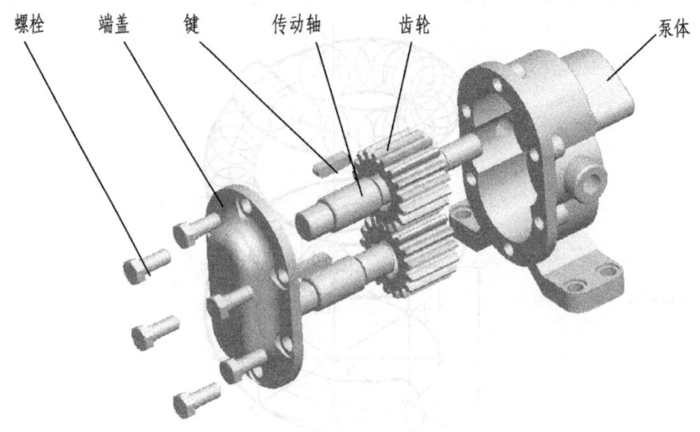

图 4-27 齿轮油泵轴测分解图

第 5 章　交线、过渡线

5.1 截交线

5.1.1 截交线的概念和性质

(1) 截交线的概念

如图 5-1 所示，用平面与立体相交，截去体的一部分，称为截切。用于截切立体的平面，称为截平面。截平面与立体表面的交线，称为截交线。

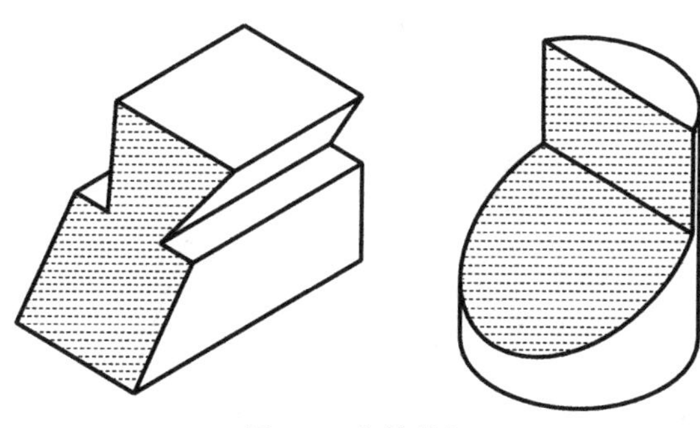

图 5-1　立体截切

(2) 截交线的性质

如图 5-1 所示，截交线一般是一个封闭的平面多边形；截交线的形状取决于被截立体的形状及截平面与立体的相对位置；截交线投影的形状取决于截平面与投影面的相对位置；截交线是截平面与立体表面的共有线。

5.1.2 平面立体截交线画法示例

求平面立体截交线的方法有两种：一种是求各棱线与截平面的交点，即棱线法；另一种是求各棱面与截平面的交线，即棱面法。

求平面立体截交线的步骤一般分两步：首先进行空间分析和投影分析，分析截平面与平面立体的相对位置，确定截交线的形状，分析截平面与投影面的相对位置，确定截交线的投影特性；然后分别求出截平面与棱面的交线，并连接成多边形，完成截交线的投影。

【例 5-1】 用棱线法求图 5-2(a) 所示平面立体截切后的投影。

(1) 空间分析和投影分析

用正垂面截断四棱锥，截平面是一个四边形，截平面与四棱锥四个棱线的交点是四边形的四个顶点。因为截平面是正垂面，其正面投影积聚成为一条直线，另外两面投影是个类似形。

(2) 求截交线

① 先画出四棱锥的正面投影、水平投影和侧面投影，如图 5-2(b)。

② 在正面投影上画出截平面与棱线的交点 1′、2′、3′、4′，如图 5-2(b)。

③ 根据点的投影规律，求出四个顶点的水平投影 1、2、3、4 和侧面投影 1″、2″、3″、4″，如图 5-2(b) 所示。

④ 连接四个顶点的同面投影，即求出截平面的三面投影，如图 5-2(c) 所示。

⑤ 擦去被截掉的轮廓线，补全缺少的轮廓线，并整理三面投影，如图 5-2(d) 所示。

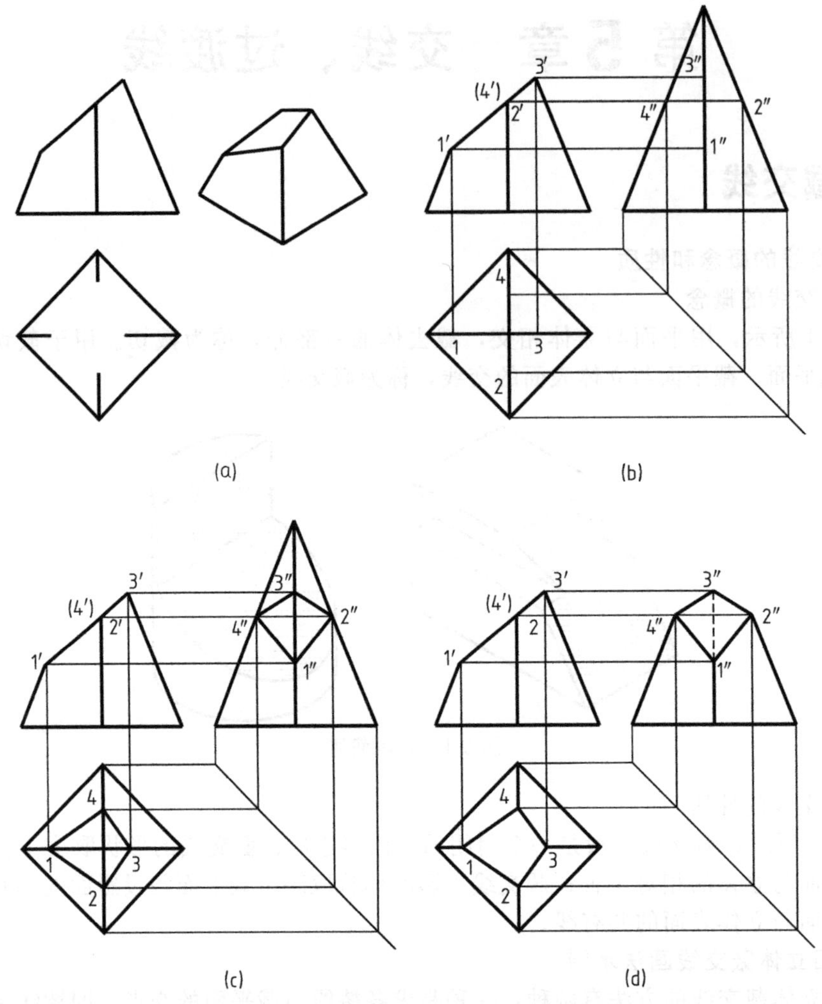

图 5-2 用棱线法求四棱锥的截交线

【例 5-2】 用棱线法求图 5-3(a) 所示平面立体截切后的投影。

(1) 空间分析和投影分析

用侧平面和水平面截四棱锥，侧平截平面是一个三边形，侧面投影反映实形，其他两面投影积聚为一条直线；水平截平面是一个五边形，水平投影反映实形，其他两面投影积聚为一条直线。

(2) 求截交线

① 先画出四棱锥的水平投影和侧面投影，如图 5-3(a) 所示。

② 在正面投影上画出截平面与棱线的交点 1′、2′、3′、4′点，如图 5-3(b) 所示。

③ 根据点的投影规律，求出四个交点的水平投影 1、2、3、4 和侧面投影 1″、2″、3″、4″，如图 5-3(b) 所示。

④ 假想截平面整体被截，可求出两个截平面交线的两个端点 A、B 的三面投影，画出水平截平面的水平投影和侧平截平面的侧面投影，如图 5-3(c) 所示。

⑤ 擦去被截掉的轮廓线，补全轮廓线，并整理三面投影，如图 5-3(d) 所示。

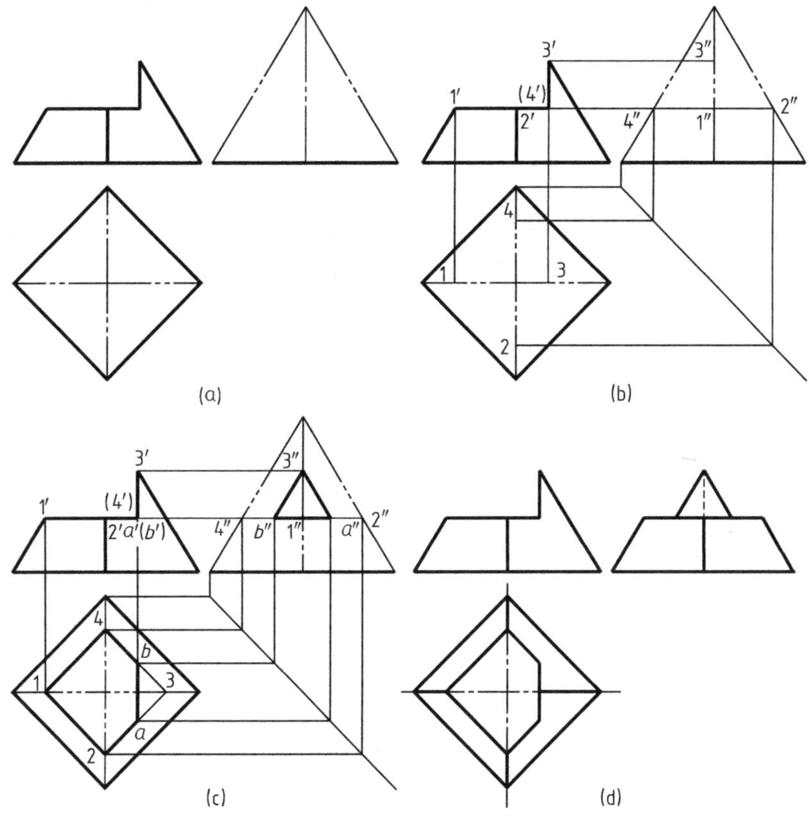

图 5-3　用棱线法求四棱锥的截交线投影

【例 5-3】 用棱面法求图 5-4(a) 所示平面立体的截交线。

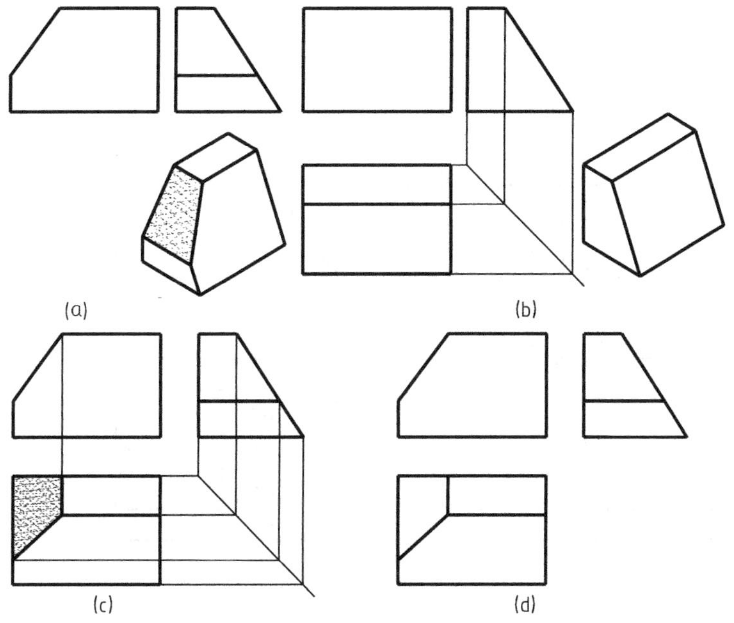

图 5-4　用棱面法求长方体的截交线

(1) 空间分析和投影分析

长方体分别用侧垂面和正垂面截切，侧垂截平面的侧面投影积聚，其他两面投影为类似形，正垂截平面正面投影积聚，其他两面投影为类似形。

(2) 求截交线

① 先画出长方体的水平投影，如图 5-4(b) 所示。

② 画出侧垂截平面与长方体顶面交线的水平投影，如图 5-4(b) 所示。

③ 画出正垂截平面与长方体顶面交线的水平投影，如图 5-4(c) 所示。

④ 擦去被截掉的轮廓线，补全轮廓线，并整理三面投影，如图 5-4(d) 所示。

【例 5-4】 用棱面法求图 5-5(a) 所示平面立体的截交线。

(1) 空间分析和投影分析

平面立体用正垂面截切，正垂截平面的正面投影积聚为一条直线，其他两面投影为类似形。

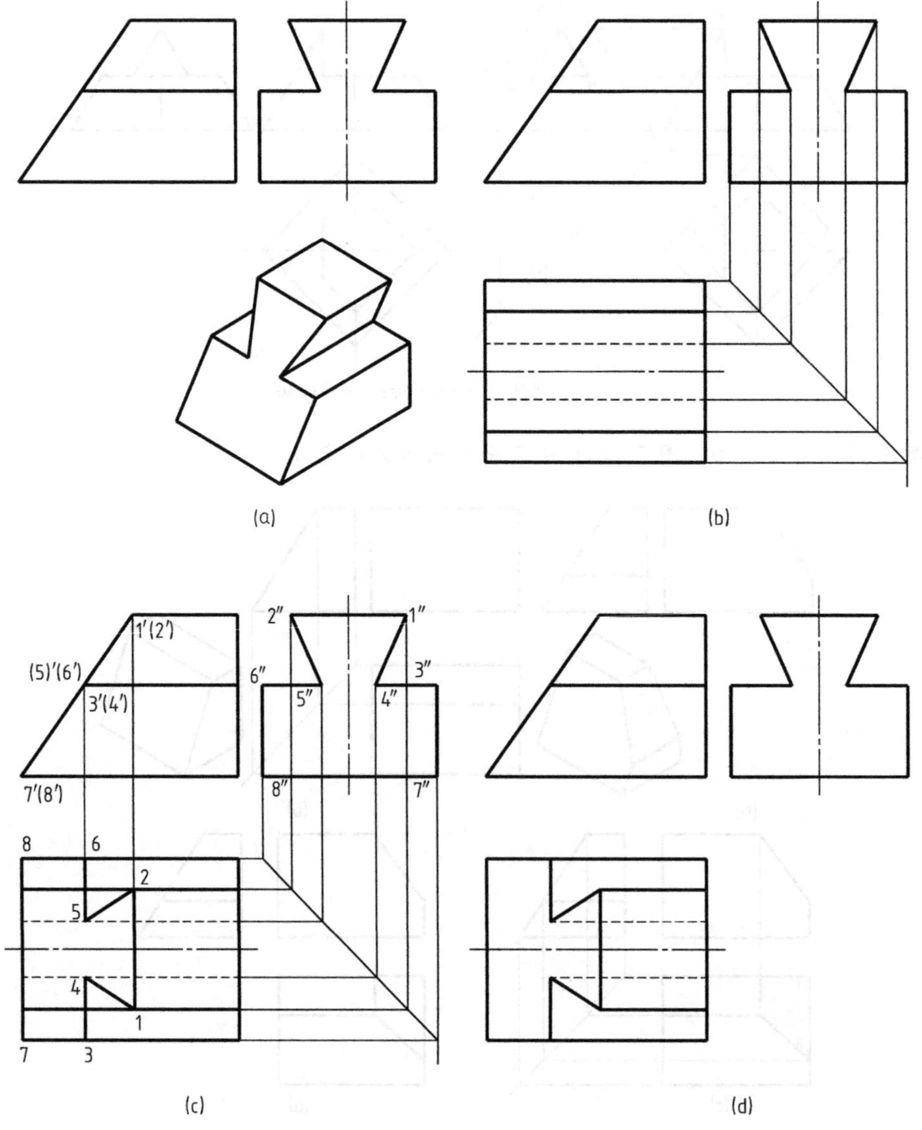

图 5-5　用棱面法求立体的截交线

(2) 求截交线

① 先画出平面立体的水平投影，如图 5-5(b) 所示。

② 画出正垂截平面与平面立体水平面交线的水平投影，如图 5-5(b) 所示。

③ 连接其他截交线，如图 5-5(c) 所示。

④ 擦去被截掉的轮廓线，补全轮廓线，并整理三面投影，如图 5-5(d) 所示。

5.1.3 曲面立体截交线画法示例

(1) 常见曲面截交线的性质

常见曲面截交线的性质见表 5-1。

表 5-1　常见曲面的截交线性质

类别	截平面位置	投影图	截交线性质
圆柱面	与轴线垂直	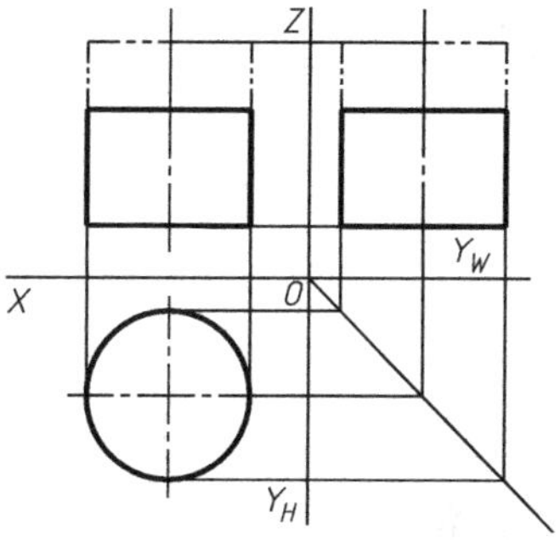	截交线为圆，该圆直径等于圆柱的直径
	与轴线平行	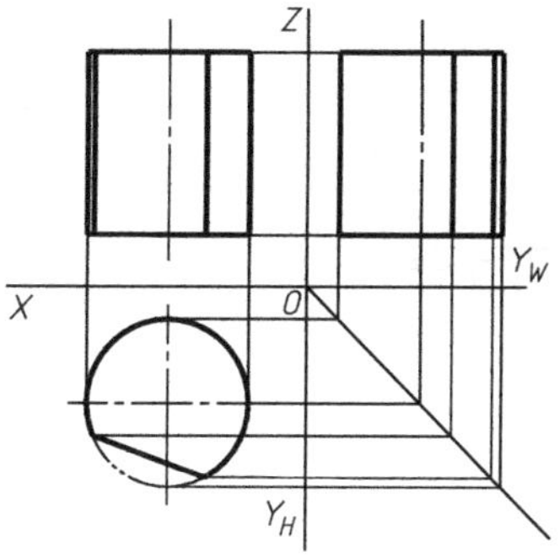	截交线为与圆柱轴线平行的两条直线(素线)
	与轴线倾斜	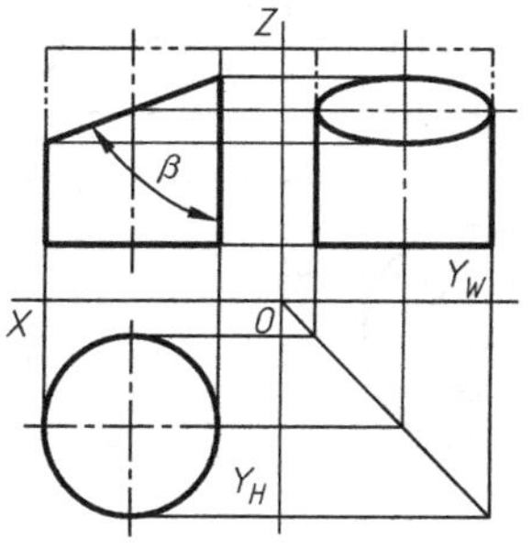	截交线为椭圆，其长短轴大小随 β 角而变化

续表

类别	截平面位置	投影图	截交线性质
圆锥面	与轴线垂直	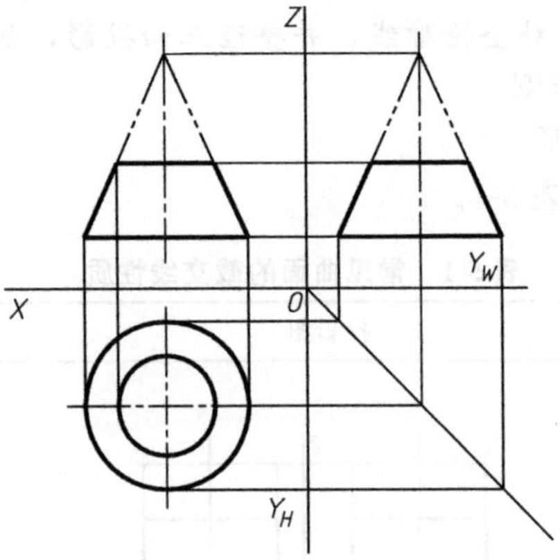 X O Z Y_W Y_H	截交线为圆
	过锥顶	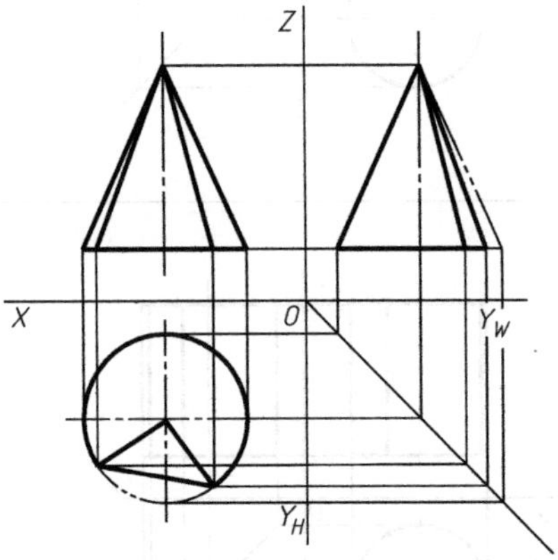 X O Z Y_W Y_H	截交线为两相交直线(素线)
	与轴线相交,且夹角大于锥顶角的一半,即β大于α	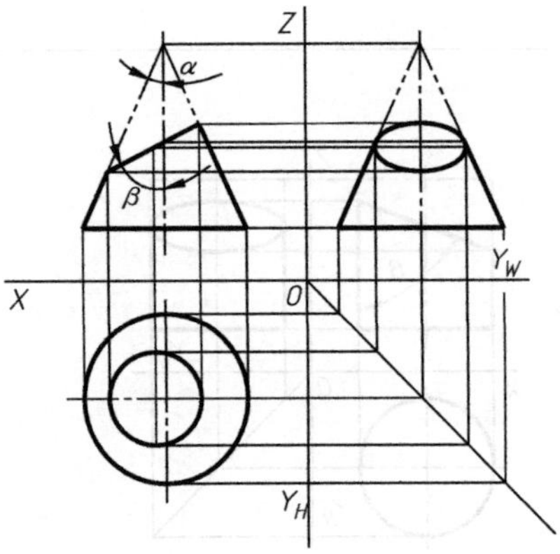 X O Z Y_W Y_H α β	截交线为椭圆

续表

类别	截平面位置	投影图	截交线性质
圆锥面	与轴线相交，且夹角等于锥顶角的一半，即 $\beta=\alpha$	Z, α, β, Y_W, X, O, Y_H	截交线为抛物线
	与轴线相交，且夹角小于锥顶角的一半，即 β 小于 α	Z, α, β, Y_W, X, O, Y_H	截交线为双曲线
圆球面	截平面平行投影面	Z, Y_W, X, O, Y_H	空间为圆； 在平行截平面的投影面上的投影为圆，其直径等于截交线圆的直径
	截平面垂直投影面	Z, Y_W, X, O, Y_H	空间为圆； 一面投影积聚，另两面投影为椭圆

（2）求曲面截交线的步骤

求截交线一般按照如下步骤进行：

① 空间分析。根据已知视图，判断基本形体的形状和截平面的相对位置，分析截交线的性质和特点。

② 投影分析。在空间分析的基础上，进行投影分析。主要分析截交线三面投影的性质和特点。

③ 求特殊位置点。特殊位置点，一般是指截交线上的极限位置的点。极限位置点决定了截交线的范围。

④ 求一般位置点。为了准确作图，求出特殊位置点后，还要求出截交线上的一般位置点。求一般位置点，可用前面学过的表面取点的方法求出。

⑤ 判断可见性，作出截交线。判断截交线三面投影是否可见。可见的部分通过所求各点画粗实线；不可见的部分通过所求各点画虚线。

⑥ 完整轮廓线。求出截交线后，还要检查各视图的轮廓线是否完整。补画出缺少的轮廓线，擦去多余的轮廓线，准确完成立体截切后的三面投影。

（3）求截交线的方法

① 利用积聚性法。截交线所在的截平面和曲面的投影均有积聚性时，可利用积聚性直接求出截交线上系列点的三面投影，从而求出截交线。

【例 5-5】 见图 5-6(a)，完成圆柱斜截后的三面投影。

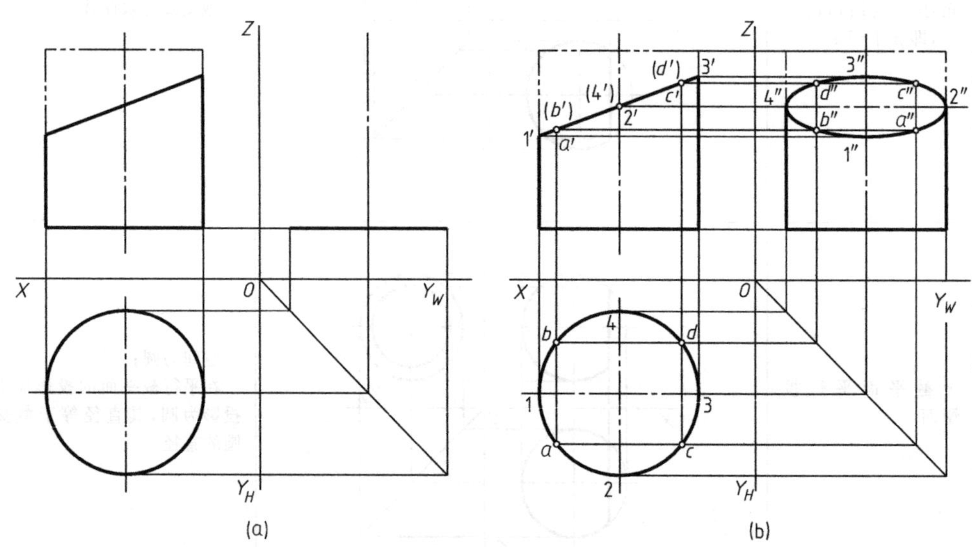

图 5-6 利用积聚性法求圆柱斜截后的三面投影

a. 空间分析。截平面与圆柱轴线倾斜，且截平面与 V 面垂直，是正垂面；截交线是椭圆，且绕柱面一周；截交线前后对称。

b. 投影分析。截交线正面投影随截平面积聚；水平投影积聚在圆上；需要求出截交线的侧面投影。

c. 求特殊位置点。截交线上共有四个特殊位置点，即截平面截圆柱轮廓线上的点。截左、右、前、后轮廓线上的点分别是Ⅰ、Ⅲ、Ⅱ、Ⅳ，四个点的三面投影如图 5-6(b) 所示。

d. 求一般位置点。利用积聚性法求一般位置点，在截交线的正面投影上，取两对重影点 a'、b'、c'、d'，圆柱面水平投影积聚，所以，四个一般位置点的水平投影 a、b、c、d 落在圆上。根据点的两面投影，求出四个点的侧面投影，如图 5-6(b) 所示。

e. 判断可见性并连线。截交线的侧面投影是可见的，光滑连接各点。截交线的侧面投影仍为可见的椭圆，如图 5-6(b) 所示。

f. 完整轮廓线。从正面投影图上可以看出，圆柱的前后轮廓线上至Ⅱ、Ⅳ两点，所以在圆柱截后的侧面投影图上，前后轮廓线应画至 2″、4″。左右轮廓线在侧面投影图上不呈现轮廓。至此，完成了圆柱截后的三面投影图，如图 5-6(b) 所示。

【例 5-6】 如图 5-7(a) 所示，完成圆筒开槽后的三面投影图。

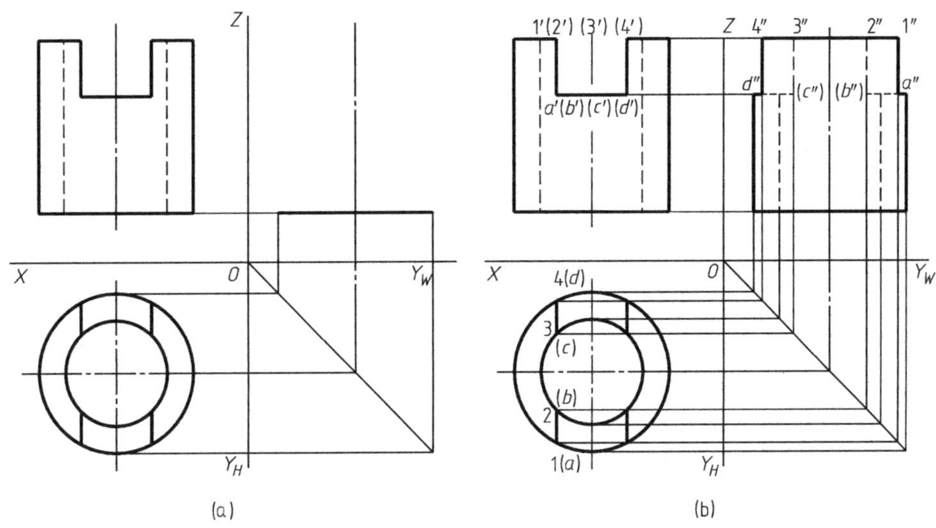

图 5-7　利用积聚性法求圆筒开槽后的三面投影

按照例 5-5 的方法和步骤作图。作图的关键是利用积聚性法，求出如图 5-7 (b) 所示八个点的侧面投影。

【例 5-7】 如图 5-8(a) 所示，完成圆筒去角后的三面投影图。

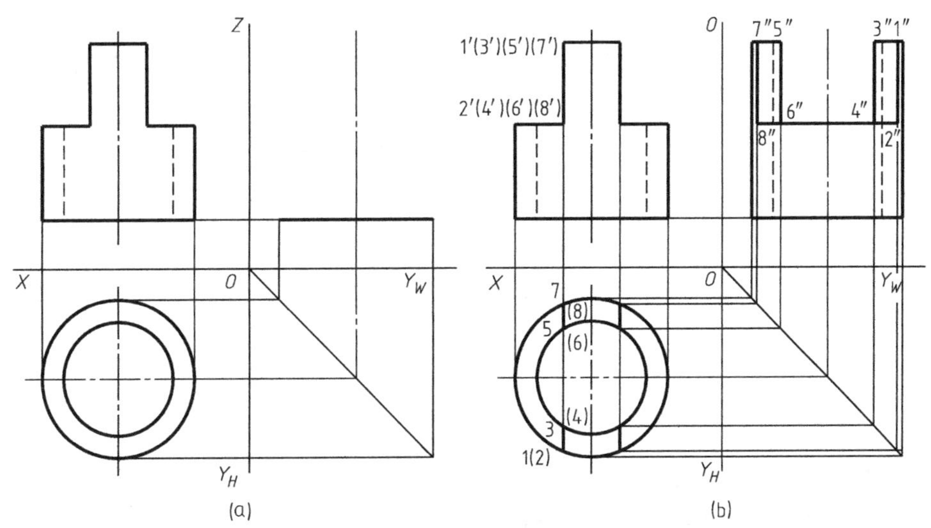

图 5-8　利用积聚性法求圆筒去角后的三面投影

按照例 5-5 的方法和步骤作图。作图的关键是利用积聚性法，求出如图 5-8 (b) 所示八个点的侧面投影。

② 纬圆法。在回转面上，可作与轴线垂直的纬圆。回转面上的截交线上的点的投影，必在包含该点的纬圆的同面投影上。通过此法可以求出截交线上系列点的三面投影，从而求出截交线。

【例 5-8】 见图 5-9(a)，完成圆锥截切后的三面投影。

a. 空间分析。截平面与圆锥轴线平行，且截平面与 W 面平行，是侧平面；圆锥面的截交线是双曲线，截交线前后对称。

b. 投影分析。截交线正面投影随截平面积聚；水平投影也随截平面积聚；需要求出反映截交线实形的侧面投影。

c. 求特殊位置点。截交线上共有三个特殊位置点，即截平面与底面圆及圆锥左轮廓线的交点。截交线在左轮廓线和底面圆上的点分别是Ⅰ、Ⅱ、Ⅲ，三个点的三面投影如图 5-9(b) 所示。

d. 求一般位置点。利用纬圆法求一般位置点。在截交线的正面投影上，取两对重影点 a'、b'、c'、d'，四个点在圆锥面上的与水平面平行的圆上，该圆在水平面上反映实形。所以，一般位置点的水平投影 a、b 和 c、d 分别落在两个实形的圆上。根据点的两面投影，求出每个点的侧面投影，如图 5-9(b) 所示。

e. 判断可见性并连线。截交线的侧面投影是可见的，依次光滑连接各点，截交线的侧面投影仍为可见的双曲线，如图 5-9(b) 所示。

f. 完整轮廓线。从正面投影图上可以看出，圆锥的前后轮廓线是完整的，所以在圆锥截后的侧面投影图上，前后轮廓线应完整画出。至此，完成了圆锥截后的三面投影，如图 5-9(b) 所示。

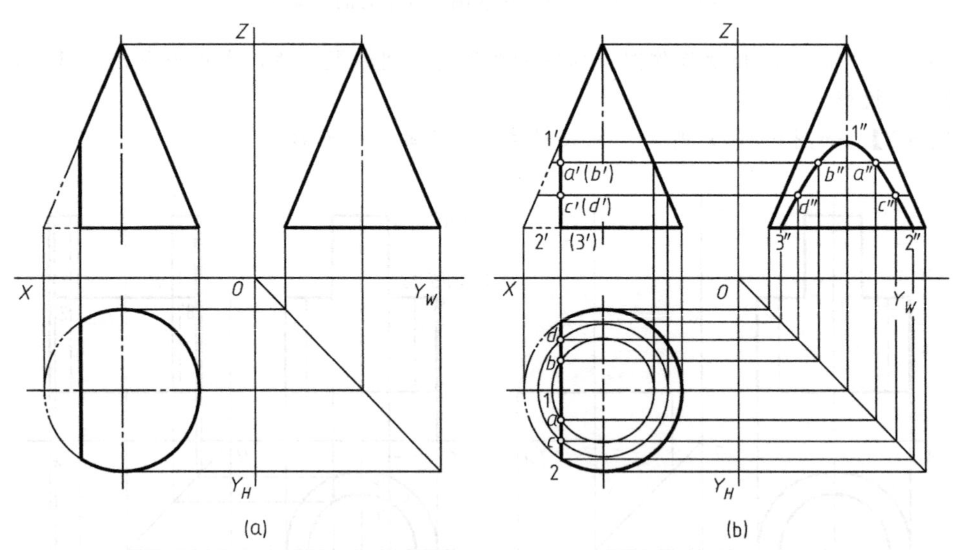

图 5-9 利用纬圆法求圆锥截交线的三面投影

【例 5-9】 见图 5-10(a)，完成曲面立体截切后的三面投影。

按照例 5-8 的方法和步骤作图。作图的关键是利用纬圆法求出圆锥截切和大圆柱斜截后的截交线上一般位置点的三面投影，如图 5-10(b) 所示。

【例 5-10】 见图 5-11(a)，完成圆球截切后的三面投影。

按照例 5-8 的方法和步骤作图。作图的关键是利用纬圆法求出反映实形的水平截平面上的圆弧的水平投影和侧平截平面上的圆弧的侧面投影，如图 5-11(b) 所示。

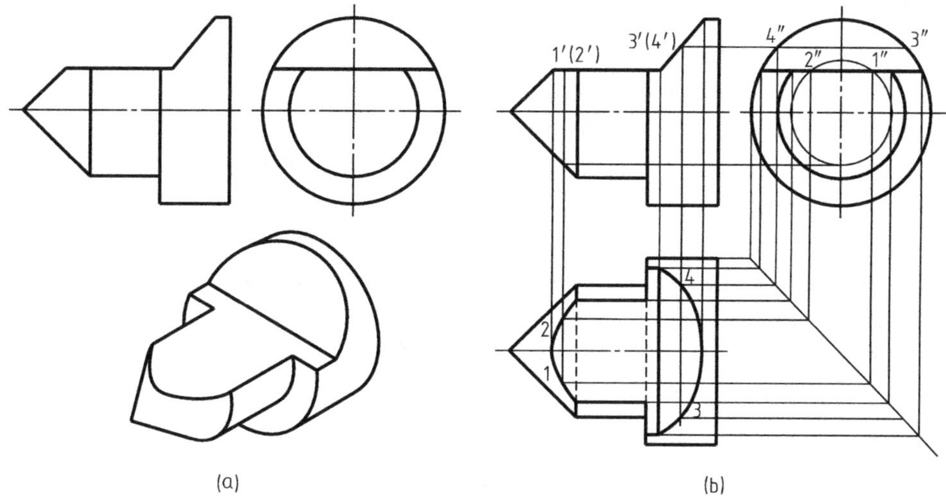

图 5-10 利用纬圆法求曲面立体截切后的三面投影

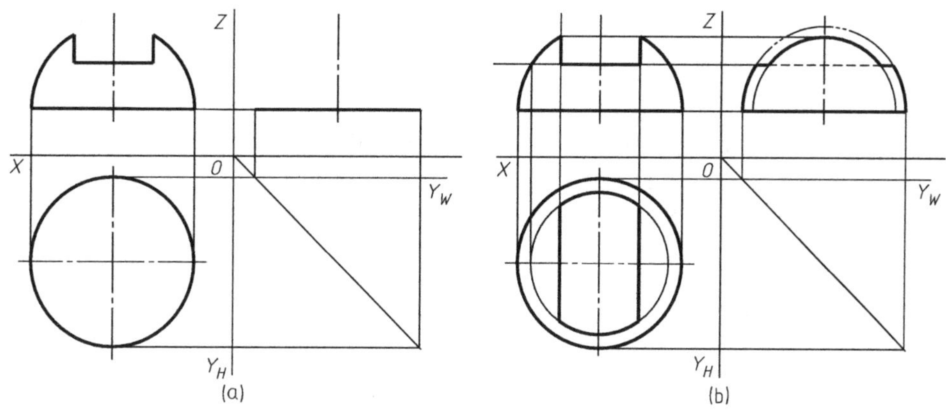

图 5-11 利用纬圆法求圆球截切后的三面投影

5.2 相贯线

5.2.1 相贯线的概念和性质

(1) 相贯线的概念

如图 5-12 所示，两立体相交，称为相贯。两立体相交表面产生的交线，称为相贯线。

图 5-12 两立体相贯

(2) 相贯线的性质

如图 5-12 所示，相贯线的主要性质：

① 表面性。相贯线位于两立体的表面上。

② 封闭性。相贯线一般是封闭的空间曲线，特殊情况下是平面曲线或直线。

③ 共有性。相贯线是两立体表面的共有线。求相贯线的作图实质是找出相贯的两立体表面的若干共有点的投影。

5.2.2 两平面体相贯画法示例

求两平面立体表面的交线，实质上就是求平面与平面立体表面的交线，因此，求两平面立体相贯线的方法和步骤等同于求平面立体截交线的方法和步骤。

【例 5-11】 如图 5-13 所示，求四棱柱与三棱锥相贯后的三面投影。

(1) 空间分析与投影分析

四棱柱与三棱锥相贯，实质上是两个水平面和两个侧平面与三棱锥相交。两个水平面与三棱锥的四条交线均为水平线，且与三棱锥的底边平行，水平投影反映实形。作图的关键是利用辅助平面求出这四条交线的端点。

(2) 作图步骤

① 画出正面投影，并画出除相贯线外的水平投影和侧面投影。

② 在正面投影上过四棱柱的两个水平面作辅助水平面 P_1 和 P_2 的迹线 P_{V1} 和 P_{V2}，P_{V1} 和 P_{V2} 与三棱锥的棱线相交于 a'、b'，根据点的投影规律，求出两个点的水平投影 a、b。过 a、b 作与三棱锥底边平行的两个三角形，这两个三角形实质上是两个辅助平面截三棱锥后的截平面的水平投影，相贯线上所有的端点都落在这两个三角形的边上。

③ 根据点的投影规律，求出相贯线上六个点的三面投影。

④ 判断可见性，画出相贯线，擦去多余的轮廓线，补全轮廓线，整理完成两相贯体的三面投影。

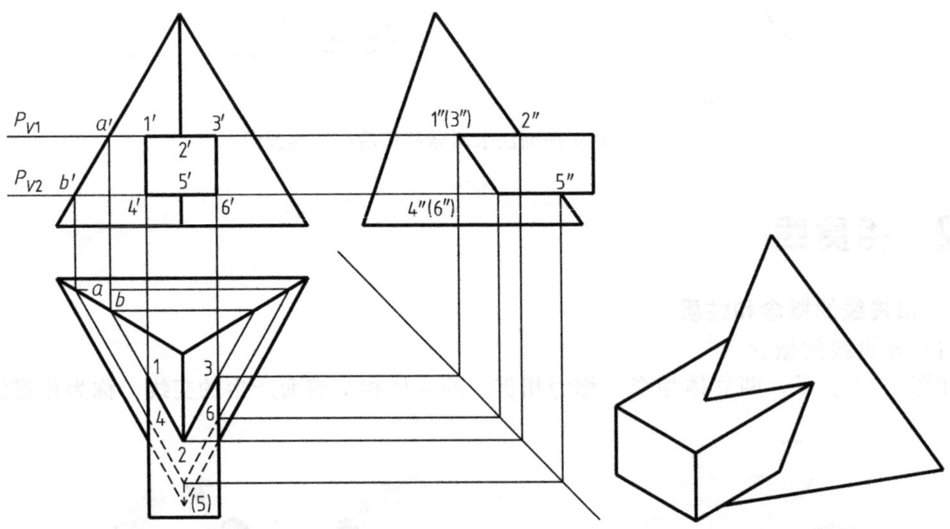

图 5-13　求四棱柱与三棱锥相贯后的三面投影

5.2.3 平面体与回转体相贯画法示例

求平面立体与曲面立体表面的交线，实质上就是求平面与曲面立体表面的交线，因此，求平面立体与曲面立体相贯线的方法和步骤等同于求曲面立体截交线的方法和步骤。

【例 5-12】 如图 5-14 所示，求平面立体与曲面立体相贯后的三面投影。

(1) 空间分析与投影分析

四棱柱的四个棱面分别与圆柱面相交，前后两棱面与圆柱轴线平行，其交线为两段直线；左右两棱面与圆柱轴线垂直，其交线为两段圆弧。

由于相贯线是两立体表面的共有线，所以相贯线的侧面投影积聚在一段圆弧上，水平投影积聚在矩形上。两相贯体内表面的空间情况和投影情况与外表面雷同。

(2) 作图步骤

① 长方体的前面与圆柱面相交为一段直线，该直线在侧面投影积聚为一点 $a''(b'')$，根据点的投影规律，求出该直线两个端点的水平投影 a'、b'，连接 a'、b'，即是该交线的正面投影。长方体两个侧面与圆柱面交线圆弧的正面投影，积聚为分别至 a'、b' 两点的两段直线。

② 可采用求外表面相贯线的方法和步骤求方孔和圆孔的相贯线。

③ 判断可见性，画出相贯线，擦去多余的轮廓线，补全轮廓线，整理完成两相贯体的三面投影。

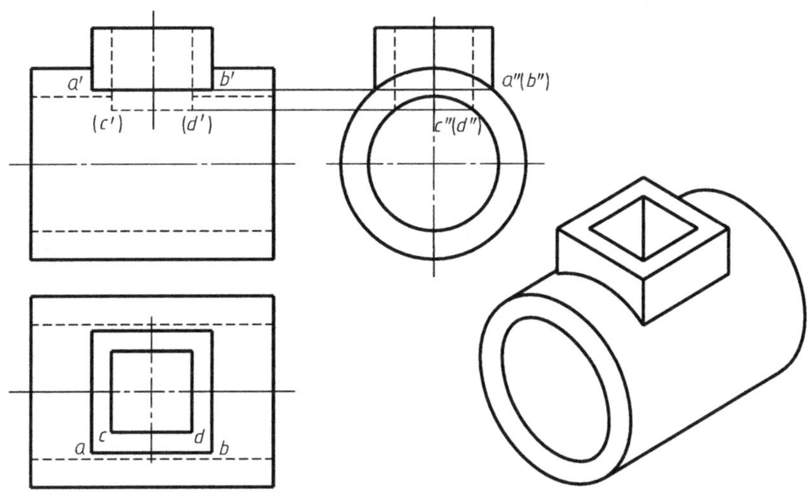

图 5-14　求平面立体与曲面立体相贯后的三面投影

【例 5-13】 如图 5-15 所示，求平面立体与曲面立体相贯线后的三面投影。

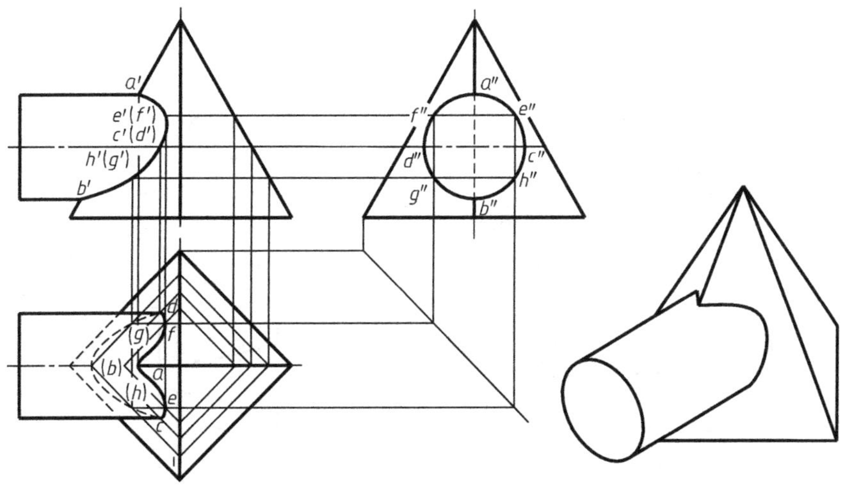

图 5-15　求平面立体与曲面立体相贯后的三面投影

（1）空间分析与投影分析

圆柱与四棱锥相贯，相贯线前后对称，绕圆柱表面一周，是封闭的空间曲线。相贯线的侧面投影落在圆柱侧面投影的圆上。需要求出相贯线的正面投影和水平投影。

作图的关键是：利用水平辅助平面，求相贯线上点的三面投影。用水平面截两个相贯体，截四棱锥是个四边形，其投影在水平面反映实形；截圆柱是个长方形，其投影在水平面反映实形，在水平投影面上作出这两个截平面的水平投影，其交点同时属于两个相贯体的表面，是两相贯体的共有点，即相贯线上的点。

（2）作图步骤

① 求出圆柱上、下轮廓线与四棱柱表面交点 A、B 的三面投影，利用水平辅助平面求出圆柱前、后轮廓线与四棱柱表面交点 C、D 的三面投影，这四个点是相贯线上的特殊位置点。

② 利用水平辅助平面，求出相贯线上四个一般位置点 E、F、G、H 的三面投影。

③ 判断可见性，画出相贯线，整理轮廓线，完成两相贯体的三面投影。

5.2.4 两回转体相贯画法示例

（1）常见回转体相贯线的性质

常见回转体相贯线的性质，见表 5-2～表 5-4。

表 5-2 常见回转曲面的相贯线

相对位置	圆柱与圆柱相交	圆柱与圆锥台相交
轴线正交	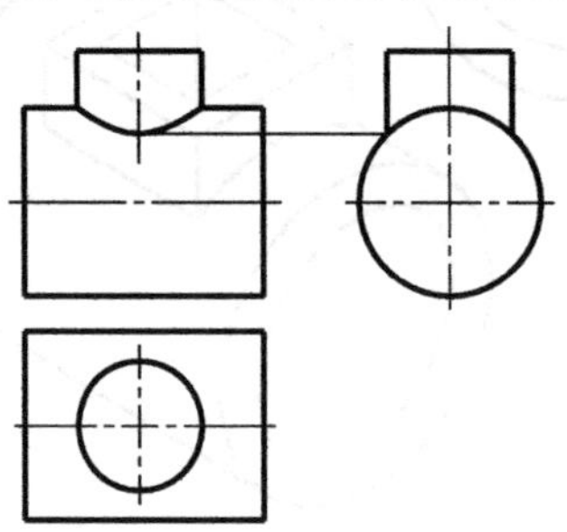	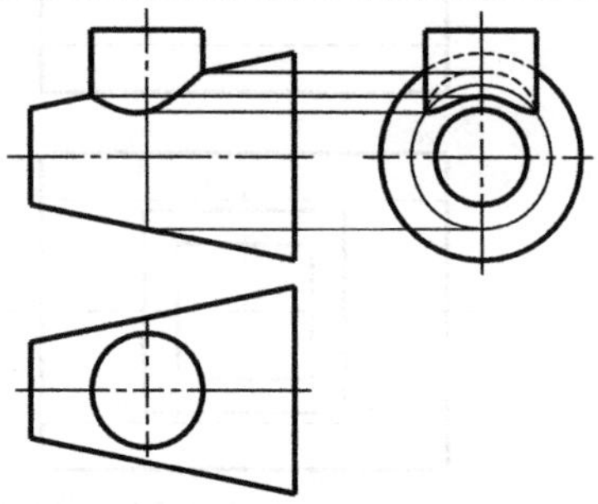
轴线斜交	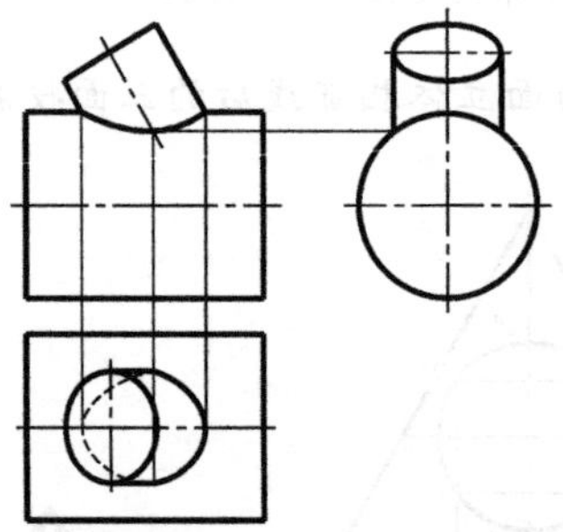	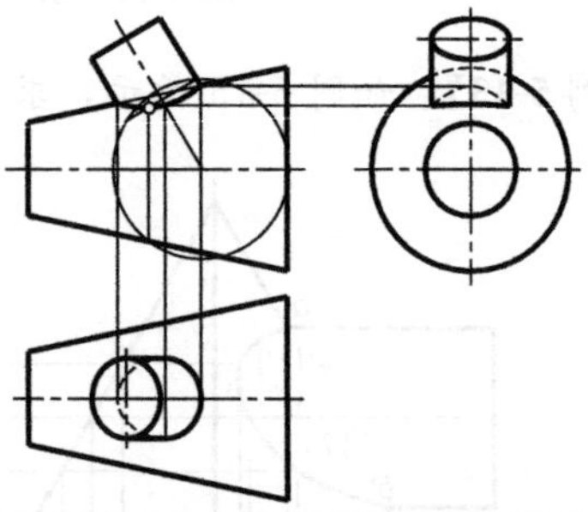
轴线相错	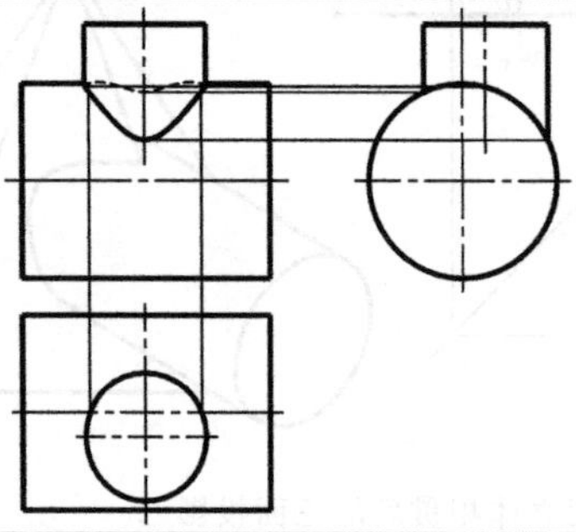	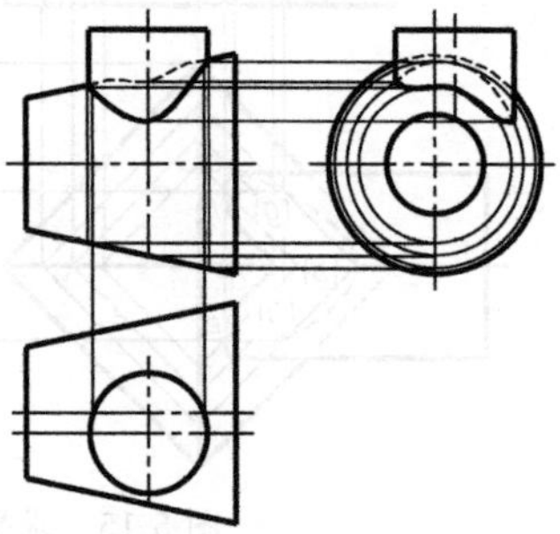

表 5-3　相贯线的变化情况

相对位置	圆柱与圆柱正交	圆柱与圆锥台正交
其中一个相贯体的尺寸变化，相贯线随之发生变化	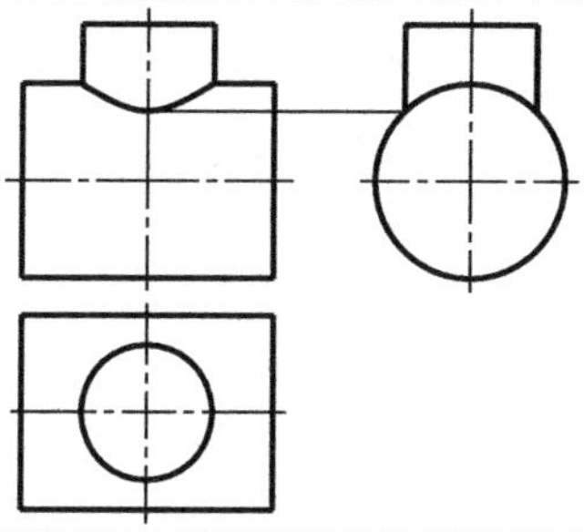	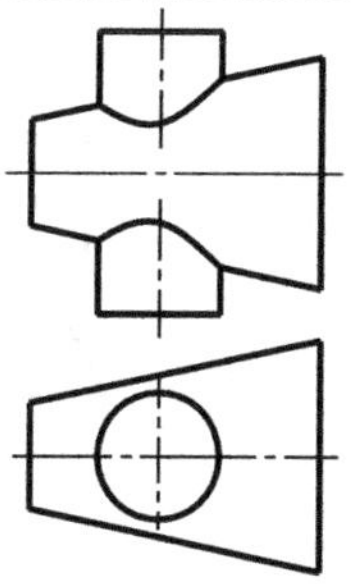
	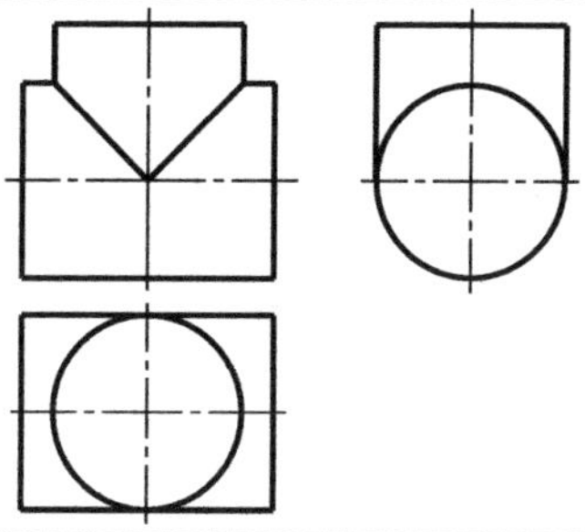	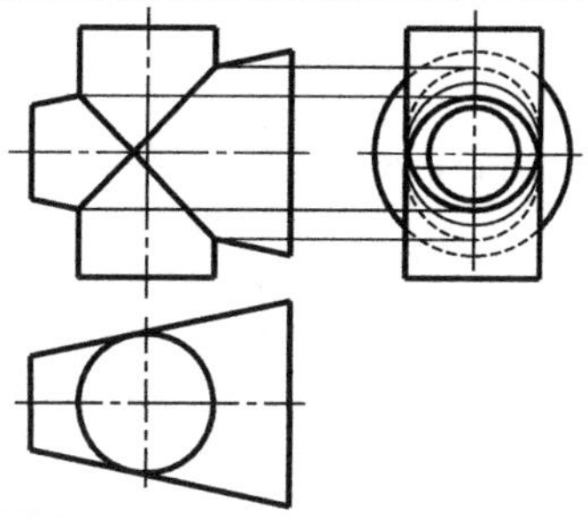
	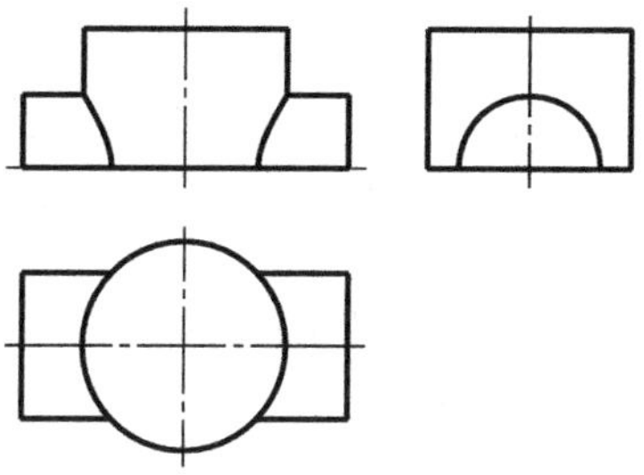	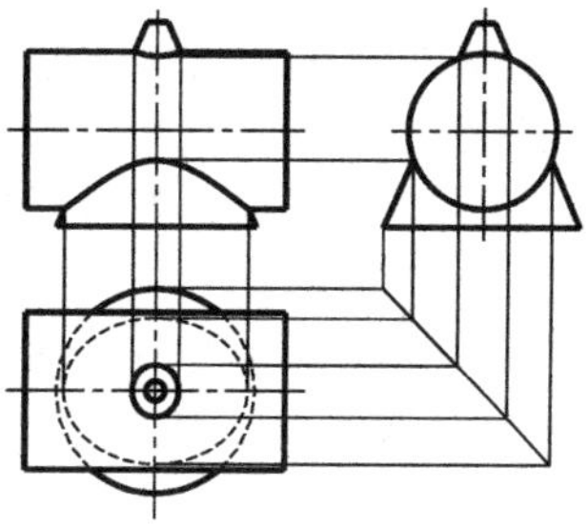

表 5-4　相贯线为特殊的平面曲线或直线

相贯条件	投影图	相贯线性质
①回转曲面轴线通过球心； ②圆柱和圆锥轴线重合	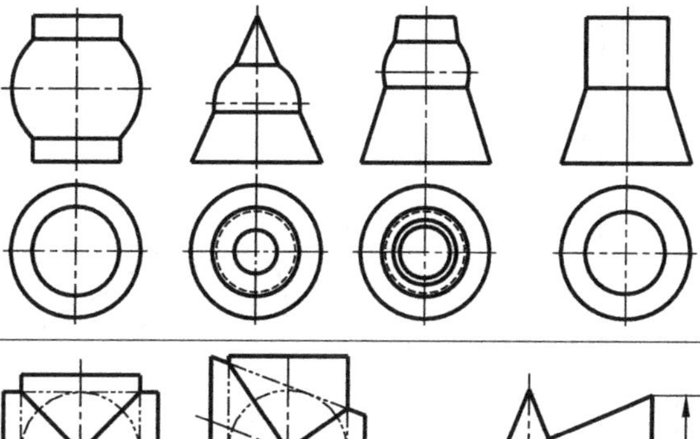	相贯线为垂直于曲面轴线的圆
过两回转面轴线交点能作一个两回转面的公切球面	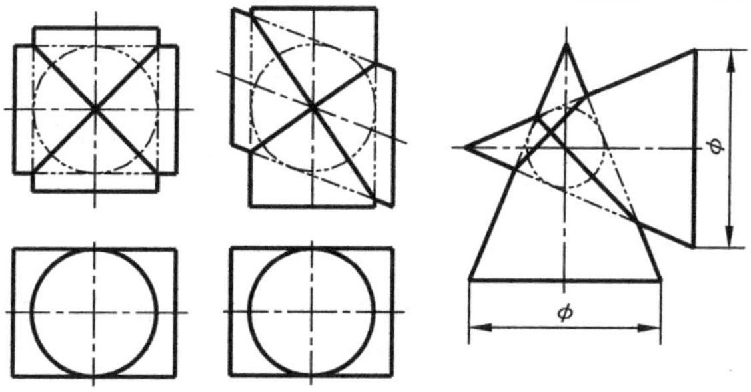 ϕ ϕ	相贯线为两个椭圆

续表

相贯条件	投影图	相贯线性质
过两回转面轴线交点能作一个两回转面的公切球面		相贯线为两个椭圆
①两圆柱面轴线平行； ②两圆锥面轴线交于锥顶		相贯线为两直线

(2) 求回转体相贯线的方法

求相贯线与求截交线的作图步骤相同，分六个步骤求解：空间分析；投影分析；求特殊位置点；求一般位置点；判断可见性，作出相贯线；完整轮廓线。下面着重介绍求相贯线的方法。

求相贯线的方法主要有：利用积聚性法、辅助平面法和辅助球面法。

① 利用积聚性法。两立体相交，且其投影均有积聚性时，可利用积聚性法直接求出相贯线。

【例 5-14】 如图 5-16 所示，求两圆柱的相贯线。

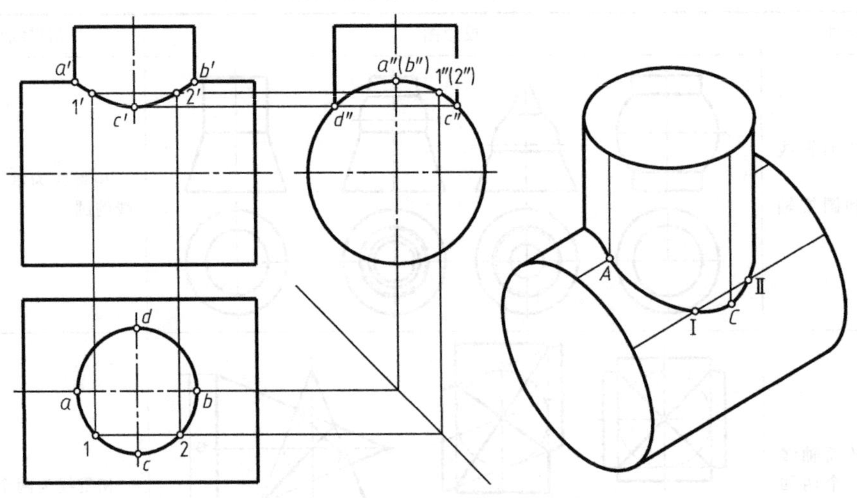

图 5-16 利用积聚性法求相贯线

a. 空间分析。两圆柱的轴线正交，两轴线构成的平面是两相贯体的前后对称面，且平行于 V 面。相贯线在两圆柱的表面上，且呈波浪形环绕小圆柱一周。

b. 投影分析。相贯线水平投影积聚在小圆柱面水平投影的圆上，相贯线的侧面投影积聚在大圆柱侧面投影的圆的一段圆弧上。因此，水平投影和侧面投影已知，仅需求正面投影。

c. 求特殊位置点。相贯线上共有四个特殊位置点：小圆柱左、右轮廓与大圆柱上轮廓的两个交点 A、B，小圆柱前、后轮廓线与大圆柱面的交点 C、D。A、B、C、D 三面投影可直接求出，如图 5-16 所示。

d. 求一般位置点。利用积聚性法求一般位置点。在相贯线的水平投影上，取两点 1、2，利用大圆柱面侧面投影的积聚性，求出 1″、2″，再根据点的两面投影，求出正面投影，如图 5-16 所示。

e. 判断可见性并连线。相贯线的正面投影是可见的，光滑连接各点，相贯线的正面投影为可见的曲线，如图 5-16 所示。

f. 完整轮廓线。小圆柱的左、右轮廓线与大圆柱上轮廓线相交，轮廓线正面投影，如图 5-16 所示。

图 5-17 中，表示了常见的圆柱和圆柱孔、圆柱孔和圆柱孔的相贯，这些相贯线的性质和求解方法与两圆柱外表面相贯是相同的。只是在画图时，不仅要画出这些相贯线，还要注意画出圆柱内表面轮廓线的投影。

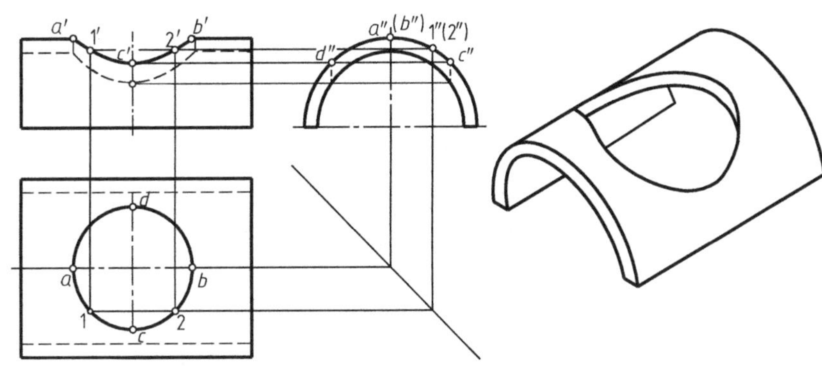

图 5-17　圆柱面、圆柱孔相贯

【例 5-15】 见图 5-18，完成两圆柱相贯后的投影。

a. 空间及投影分析。两圆柱轴线垂直，直立圆柱的水平投影为圆，具有积聚性，相贯线水平投影积聚在此圆上，相贯线的侧面投影积聚在水平圆柱侧面投影的圆的一段圆弧上，只

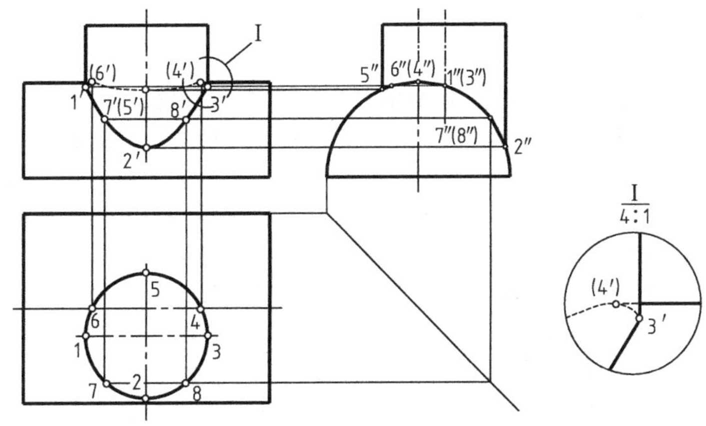

图 5-18　利用积聚性法求相贯线

需求出正面投影。

b. 求特殊位置点。点 1、3 位于直立圆柱的左、右轮廓线上。由侧面投影 1″、3″和水平投影 1、3 可求出正面投影 1′和 3′。点 2、5 位于直立圆柱前、后轮廓线上，由 2″、5″和 2、5 可求出 2′、5′。点 4、6 位于水平圆柱的上轮廓线上，由侧面、水平投影可求出正面投影 4′、6′，如图 5-18 所示。

c. 求一般位置点。一般点可利用圆柱面的积聚性直接求出，如在小圆柱面的水平投影上取 7、8 两点，按投影关系求出侧面投影 7″、8″，并由 7、8 和 7″、8″求出 7′、8′，类似地还可以求其他一般点的投影，如图 5-18 所示。

d. 判断可见性并连线。从水平投影知，点 1、7、2、8、3 位于两圆柱的前部表面，正面投影可见，因此，V 面投影上 1′7′2′8′3′画粗实线，1′、3′为可见性分界点，3′4′5′6′1′画虚线，如图 5-18 所示。

连接时要注意，相贯线的正面投影，在 1′、3′处与直立圆柱的左右轮廓线的投影相切，在 4′、6′处与水平圆柱上轮廓线的投影相切。

e. 判别可见性既要判别相贯线的可见性，又要判别相交立体的轮廓线的可见性。相贯线的可见性取决于相贯线上点的可见性，而相贯线上点的可见性又取决于其所属两立体表面的可见性。相贯线可见与不可见两部分的分界点一般位于曲面立体的轮廓线上，作图时，应首先求出。

f. 完整轮廓线。直立圆柱的左、右轮廓线的正面投影落在水平圆柱面 1′、3′上，直立圆柱轮廓线正面投影应画到 1′、3′两点，且可见。水平圆柱的上轮廓线与直立圆柱后圆柱面交于 4′、6′两点，水平圆柱的上轮廓线应画到 4′、6′两点，且在直立圆柱的左、右轮廓线之间的部分不可见。轮廓线的画法，如图 5-18 所示。

② 辅助平面法。两曲面立体表面相交，其相贯线不能用积聚性直接求出时，可用辅助平面法求解。辅助平面法求相贯线的基本原理是求三面共有的点。分别求出辅助平面与两曲面立体表面的交线，两交线的交点即是相贯线上的点，该点既在辅助平面上，又在两相交曲面立体表面上。选择辅助平面的原则：

a. 所选辅助平面与两曲面立体表面的辅助截交线的投影应是简单易画的直线或圆。常选用特殊位置平面作为辅助面。

b. 辅助平面应位于两曲面立体的共有区域内，否则得不到共有点。

【例 5-16】 求圆柱与圆锥的相贯线，如图 5-19 所示。

a. 空间及投影分析。圆柱和圆锥的轴线均为铅垂线，因此圆柱的水平投影（圆）有积聚性，相贯线的水平投影就积聚在此圆上，所以仅需求出相贯线的正面投影。为了较准确地画出相贯线，应首先求出特殊点，如最高点、最低点、最前点、最后点及含于轮廓线上的点等。

b. 求特殊点。最高点Ⅰ、最低点Ⅱ是唯一的，是用水平辅助平面截切圆柱、圆锥所得两水平纬线圆的切点，最高点Ⅰ为外切点，最低点Ⅱ为内切点。据此在水平投影面上，以 o 为圆心，分别以 $o1$、$o2$ 为半径作圆。由两圆直径即可确定最高辅助面 Q 的位置（Q_v）和最低水平辅助面 R 的位置（R_v），进而可得 1′、2′，见图 5-19。同理，可确定最前点Ⅴ、最后点Ⅵ、最左点Ⅲ、最右点Ⅳ的水平辅助面的位置。从而可得 5′、6′、3′、4′。

求最高点Ⅰ、最低点Ⅱ时是在水平投影面上作锥圆、柱圆的连心线 o_1o，与柱圆的交点分别为 1、2，然后以 o 为圆心，以 $o1$ 为半径作圆，由此圆直径确定最高水平辅助面 Q 的位置（Q_v），$1' \in Q_v$，从而求得 1′。同样，以 o 为圆心，以 $o2$ 为半径作圆，由此圆直径确定最低水平辅助面 R_v 的位置，$2' \in R_v$，从而求得 2′。同上，由最前点Ⅴ、最后点Ⅵ、最左点Ⅲ、最右点Ⅳ的水平投影 3、4、5、6 分别求出其正面投影 3′、4′、5′、6′。

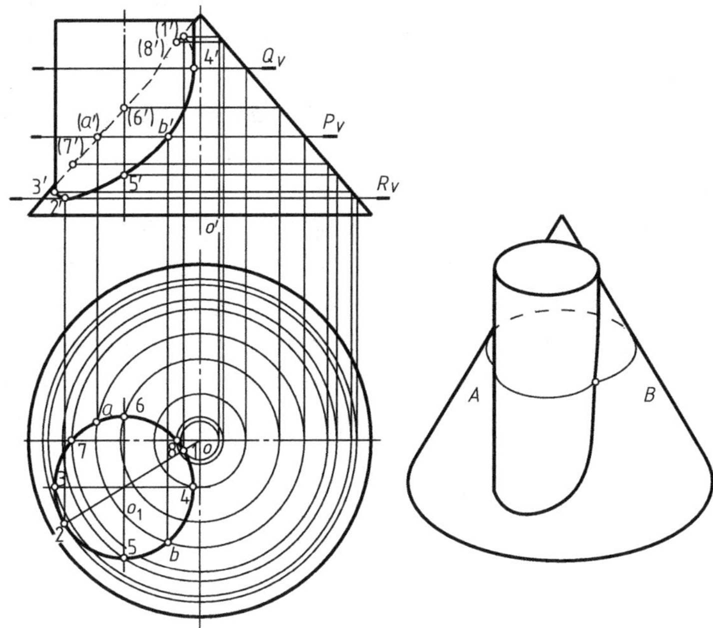

图 5-19　圆柱与圆锥的相贯线

c. 求一般点。A、B 是一般点，作水平辅助面 P 与圆柱、圆锥的辅助交线均为圆，水平投影反映圆的实形，两圆交于 a、b 两点，由 a、b 可求出 a'、b'。同上可求得足够数量的一般点。

d. 判别可见性，并连接各点。由 H 投影知，点 3、2、5、b、4 位于两回转体前部，正面投影可见，因此，曲线 $3'2'5'b'4'$ 可见，画粗实线，其余不可见，画虚线。

e. 完整轮廓线。因两立体相贯形成一个完整的相贯体，所以，圆柱的正面左、右轮廓线应画到 $3'$、$4'$处，圆锥的左侧轮廓线在 $7'$、$8'$处断开。

【例 5-17】 见图 5-20，求两圆柱斜交的相贯线。

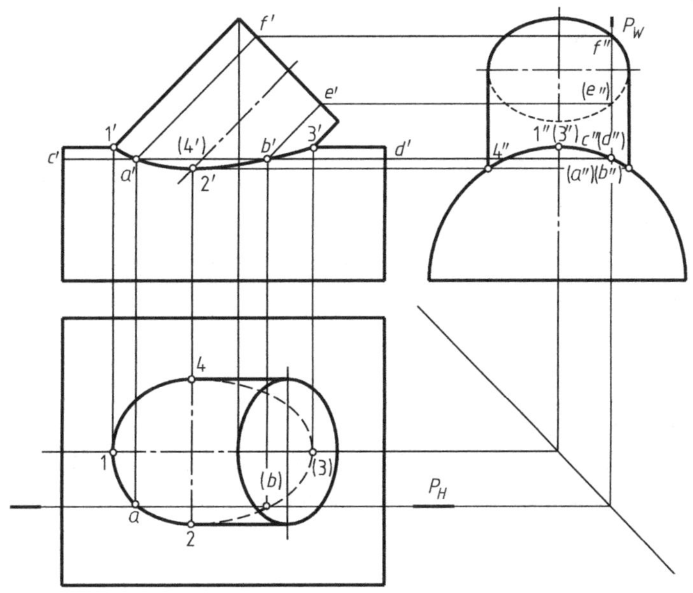

图 5-20　斜圆柱与水平圆柱的相贯线

a. 空间及投影分析。两圆柱轴线斜交，具有平行于正面的公共对称面，其相贯线为空间曲线，前后对称。相贯线侧面投影积聚在水平圆柱侧面投影的圆的一段圆弧上，需要求相贯线的正面和水平面投影。本例选正平面为辅助平面。

b. 求特殊点。最高点Ⅰ、Ⅲ（也是最左点、最右点）是斜圆柱左右轮廓线与水平圆柱上轮廓线的交点，故按投影关系可直接求出1′、3′，1、3，1″，3″。最低点Ⅱ、Ⅳ（也是最前点、最后点）由侧面投影2″、4″按投影关系求出2′、4′和2、4。

c. 求一般点。用正平面 P（P_H，P_W）作辅助面，与水平圆柱的辅助交线 CD 为侧垂线，其侧面投影 c''、d'' 与 a''、b'' 重合，由 c'' 和 d'' 可求出正面投影 c'、d'，水平投影 cd 与 P_H 重合。面 P 与斜圆柱的辅助交线为两条与该圆柱轴线平行的素线，其 W 投影积聚在 P_W 上，水平投影积聚在 P_H 上，P_W 与斜圆柱顶面的侧面投影（椭圆）交于 e''、f''，按投影关系，由 e''、f'' 求出 e'、f'，然后过 e'、f' 分别作斜椭圆柱轴线的平行线，该两平行线与 $c'd'$ 分别交于 a'、b'，由 a'、b' 求出 a、b。同上可求得足够数量的一般点；

d. 判别可见性，连接各点。点Ⅰ、A、Ⅱ、Ⅳ位于两圆柱的上半部，其水平面投影 $41a2$ 可见，画粗实线，2、4是可见性分界点，曲线 $2b34$ 不可见，画虚线。相贯线的正面投影前后重合，故曲线 $1'a'2'b'3'$ 可见，画粗实线。

e. 完整轮廓线。水平面投影中，斜圆柱的前后轮廓线画到2、4处。

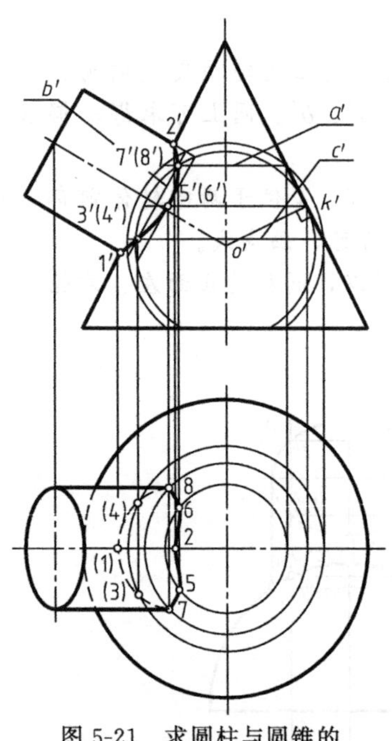

图5-21 求圆柱与圆锥的相贯线固定球心法

③ 辅助球面法。当两相贯回转体曲面相交（固定球心法）或过一回转曲面母线圆的中心所做的垂线与另一回转曲面的轴线相交（变心球面法），均可以交点为球心作公共的辅助球面，得到最简单的辅助交线，即平行投影面的圆，从而很方便地作出相贯线的公有点。这里仅介绍固定球心的辅助球面法。

【例5-18】 见图5-21，求圆柱与圆锥的相贯线。

分析及作图如前所述，不再详细分析。主要介绍如何利用辅助球面法求公有点。

以 o' 为球心，以适当的半径 R 作圆，即球面的正面投影；

作出球面与柱面、锥面的辅助交线（圆）的正面投影 a'、b'、c'；

得到公共点 a' 交 b' 为5′、6′，c' 交 b' 为3′、4′；

改变半径大小，以 $R=o'k'$ 作为最小球面辅助面，又得到两个公有点的正面投影7′、8′；

5、6点落在 A 圆的水平投影的圆上，同理得到其余各点的水平投影。

求出公共点后，判断可见性，连接各点，并完整轮廓线，如图5-21所示。

5.2.5 复合相贯画法示例

三个或三个以上的基本立体相交，称为复合相贯。求复合相贯线一般按照如下步骤作图：先分析复合相贯的基本形体；再分析两两相贯体相贯的情况；最后按照上述各节介绍的求相贯线的方法分别作图。

【例5-19】 如图5-22所示，完成复合相贯的正面投影。

a. 分析复合相贯的组成。该复合相贯由四个基本形体组成。

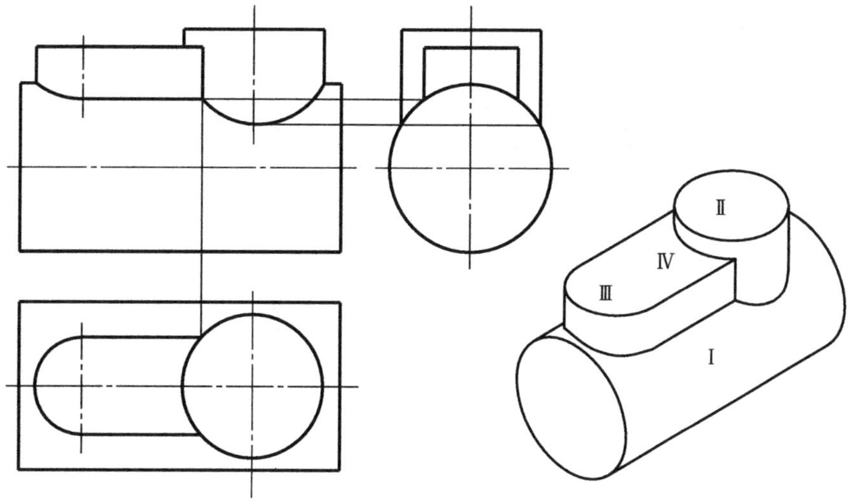

图 5-22　完成复合相贯的正面投影

b. 分析两两相贯体相贯的情况。圆柱Ⅱ与圆柱Ⅰ正交；半圆柱Ⅲ与圆柱Ⅰ正交；长方体Ⅳ与圆柱Ⅰ相贯；圆柱Ⅲ与长方体Ⅳ相切；长方体Ⅳ与圆柱Ⅱ相贯。

c. 依次求出圆柱Ⅱ与圆柱Ⅰ正交、半圆柱Ⅲ与圆柱Ⅰ正交、长方体Ⅳ与圆柱Ⅰ相贯、长方体Ⅳ与圆柱Ⅱ相贯的相贯线。

d. 整理并完成复合相贯的三面投影。

【例 5-20】 如图 5-23 所示，完成复合相贯的正面投影。

a. 分析复合相贯的组成。该复合相贯由三个基本形体组成。

b. 分析外表面相贯的情况。圆柱Ⅱ与圆柱Ⅰ正交，两圆柱直径相等，相贯线是平面椭圆，正面投影积聚为一段直线；长方体Ⅲ前面与圆柱Ⅰ相切，不呈现轮廓；长方体Ⅲ侧面与圆柱Ⅰ相交，交线为一段圆弧，正面投影积聚为一段直线。

c. 依次求出圆柱Ⅱ与圆柱Ⅰ正交、长方体Ⅲ与圆柱Ⅰ相贯的相贯线。

d. 求内表面相贯的分析方法、作图步骤与外表面的分析方法、作图步骤相同。

e. 整理并完成复合相贯的三面投影。

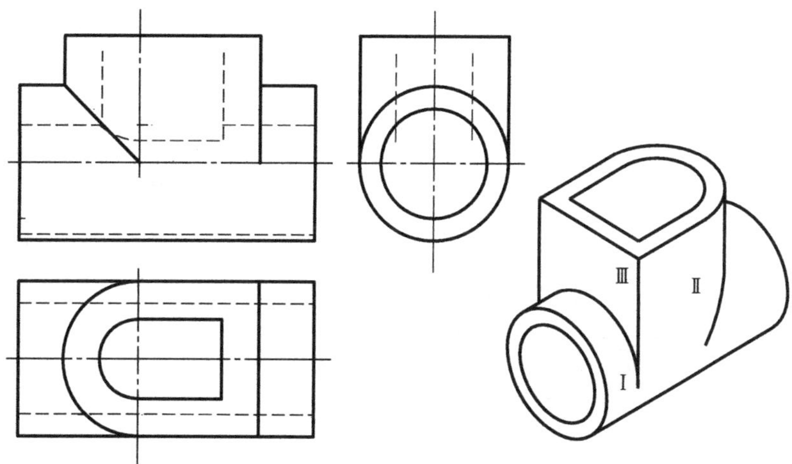

图 5-23　完成复合相贯的正面投影

5.3 交线的简化画法

不论是截交线还是相贯线的投影，按国家标准 GB/T 4458.1—2002 规定：在不致引起误解时，允许简化，例如用圆弧或直线代替非圆曲线。下面分别推荐和说明交线的各种类型简化画法的作图步骤和应用条件。

5.3.1 截交线的简化画法示例

(1) 截交线的四种简化类型见表 5-5

表 5-5 截交线的四种简化类型

种类	截交线性质	简化类型	简化方法
①	双曲线； 抛物线	线切型	顶点区简化为圆弧，两侧边简化为与圆弧相切的直线
②	椭圆	扁圆型	完整的椭圆简化为近似的四心扁圆
③	对称型的平面曲线	二弧相切型(分内切、外切)	顶点区和末端简化为圆弧，两侧中部简化为与二弧相切的二直线
④	顶点区的局部椭圆、双曲线和抛物线； 非顶点区的局部椭圆、双曲线和抛物线	单一型(单一圆弧型、单一直线型)	对于局部的顶点区椭圆、双曲线、抛物线，简化为一圆弧。对于椭圆、双曲线和抛物线的一段侧边，则简化为一段直线

(2) 各种类型的简化作图方法见表 5-6

表 5-6 各种类型简化作图方法

类型	简化方法	简化作图步骤
线切型	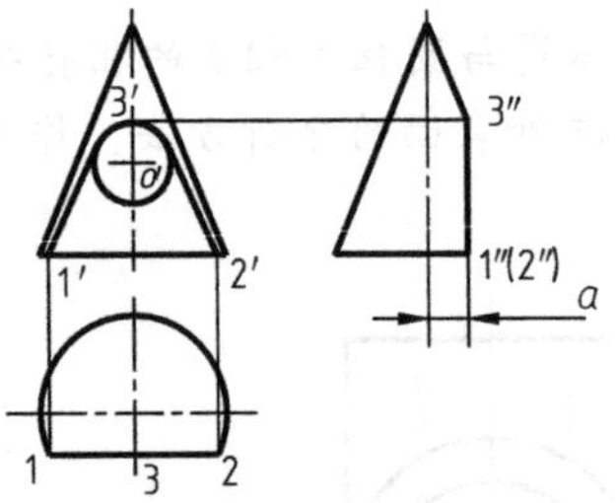 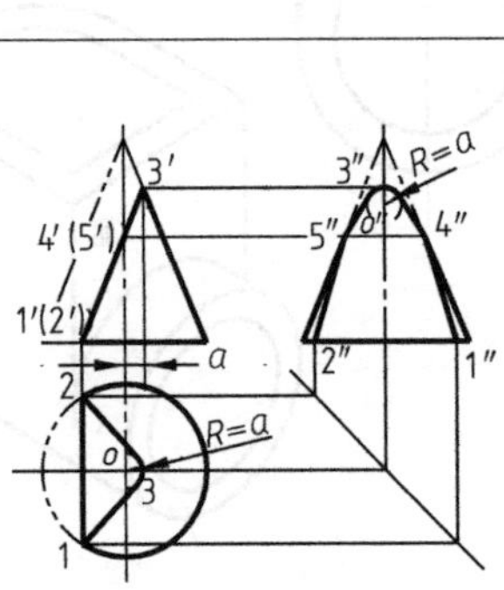	①作出特殊点的投影； ②自点 3′(或 3 与 3″)沿轴线截取 3′o′=a(或 3o=3″o″=a)，以 o′(或 o 与 o″)为圆心，a 为半径作一圆弧； ③自 1′、2′(或 1、2 与 1″、2″)作圆弧的切线； ④当截交线通过轮廓线时，则直线分为两段作出

续表

类型	简化方法	简化作图步骤
扁圆型	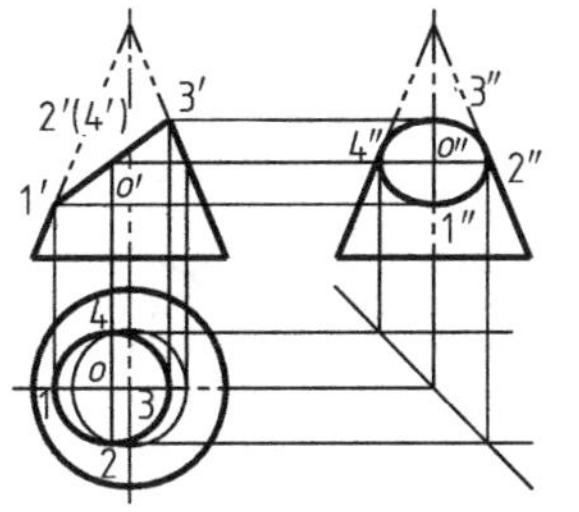	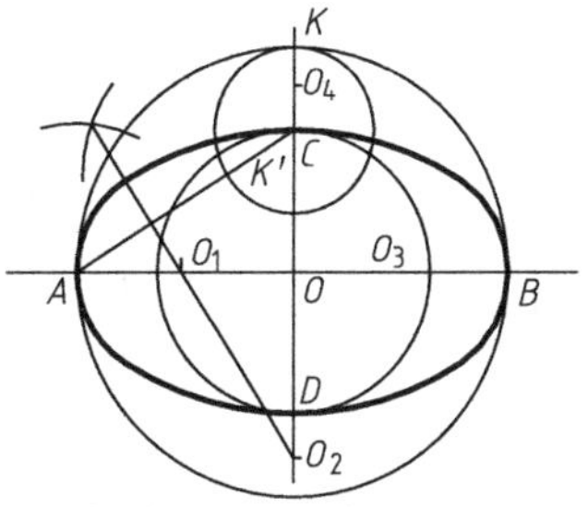已知椭圆的长、短轴 AB、CD，用四心扁圆的方法作椭圆，近似作图如下： ①在短轴 CD 线上取 $OK=OA$，得点 K； ②连接 A、C，在 AC 线上取 $CK'=CK$，得 K'； ③作 AK'的中垂线，交 OA 于 O_1，交 OD 于 O_2； ④作 O_3、O_4，分别与 O_1、O_2 对称于长、短轴线； ⑤以 O_1、O_2、O_3、O_4 为圆心，分别以 O_1A、O_2C、O_3B、O_4D 为半径作四段圆弧，即为近似椭圆——扁圆； ⑥三个例子的椭圆按照此法简化画出
	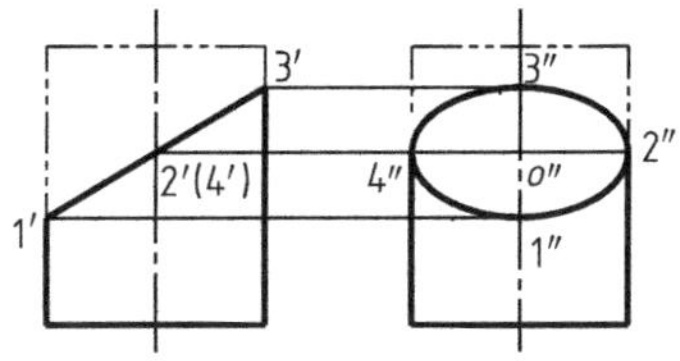	
	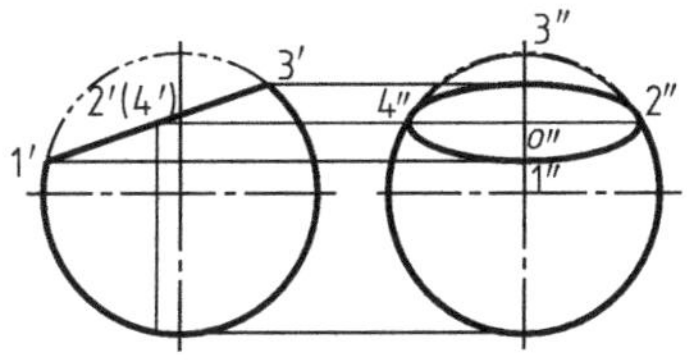	
二弧相切型	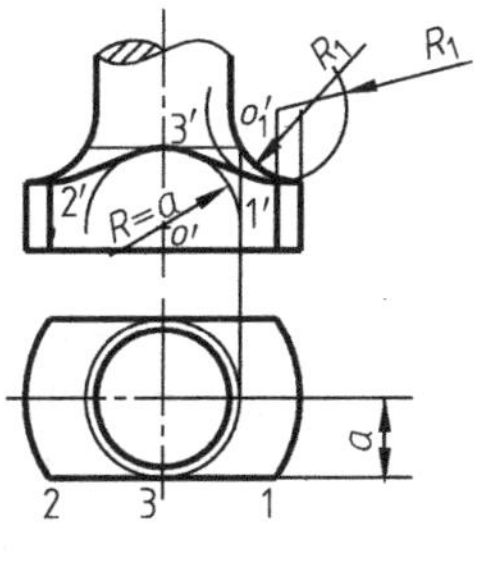	①作出特殊点的投影 1′、2′、3′； ②取 $3'o'=a$，以 o'为圆心，$o'3'$为半径作圆弧； ③在 1′的延长线上，取 $1'o'_1=R_1$（R_1 为环面半径），以 o'_1为圆心，以 R_1 为半径作圆弧； ④作出两圆弧的公切线
单一型	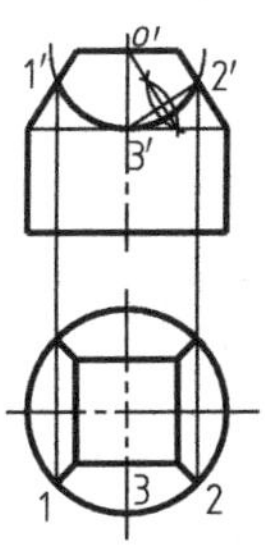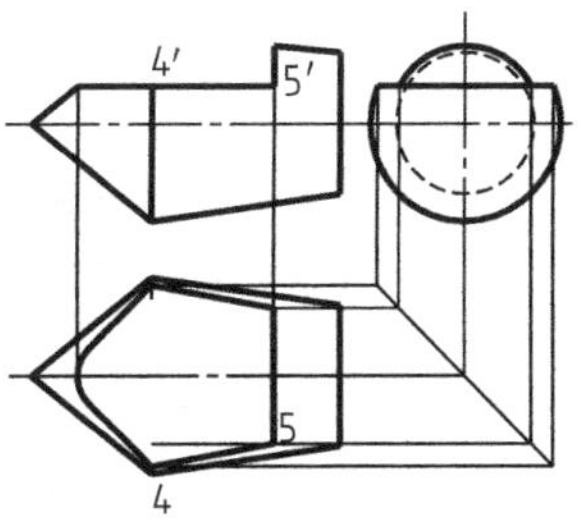	单一圆弧形： ①作出特殊点 1′、2′、3′； ②过 1′、2′、3′点作圆弧。 单一直线型： ①作出特殊位置点 4、5； ②连接 4、5 点为一直线段

5.3.2 相贯线的简化画法示例

（1）相贯线的三种简化类型见表 5-7

表 5-7 相贯线的三种简化类型

种类	简化类型	简化前	简化后	画化方法
1	线切型	1′ 4′ 5′ 3′ 2′	R=o′2′ 1′ o_1' 3′ 2′ o′	双曲线、抛物线简化为二直线与一圆弧相切
2	扁圆型	4 1 3 2	K o_4 4 K′ o_1 o_{3_1} 1 o 3 2 o_2	椭圆简化为近似的四圆心扁圆
3	三弧外凸型	4 1 3 2	R_2 c_1 4 R_1 o_3 1 o_1 3 o_2 c 2	对称的平面曲线简化为以同一直线上的 o_1、o_2、o_3 为圆心的三弧连接的外凸对称图形
	三弧内凹型	4 6 3 1 2 5	6 4 R_2 o_2 o_1 3 1 R_1 2 5	对称的平面曲线简化为以对称线的 o_1、o_2 为圆心的二弧及其连接弧组成的内凹对称图形
	三弧棱圆型	3 4 2 1	3 R_1 4 2 o_2 o_3 o_1 R_2 1	对称的平面曲线简化为以不在同一直线上的 o_1、o_2、o_3 为圆心的三弧组成的棱圆封闭形

（2）线切型简化画法图例见表 5-8

表 5-8　线切型简化画法图例

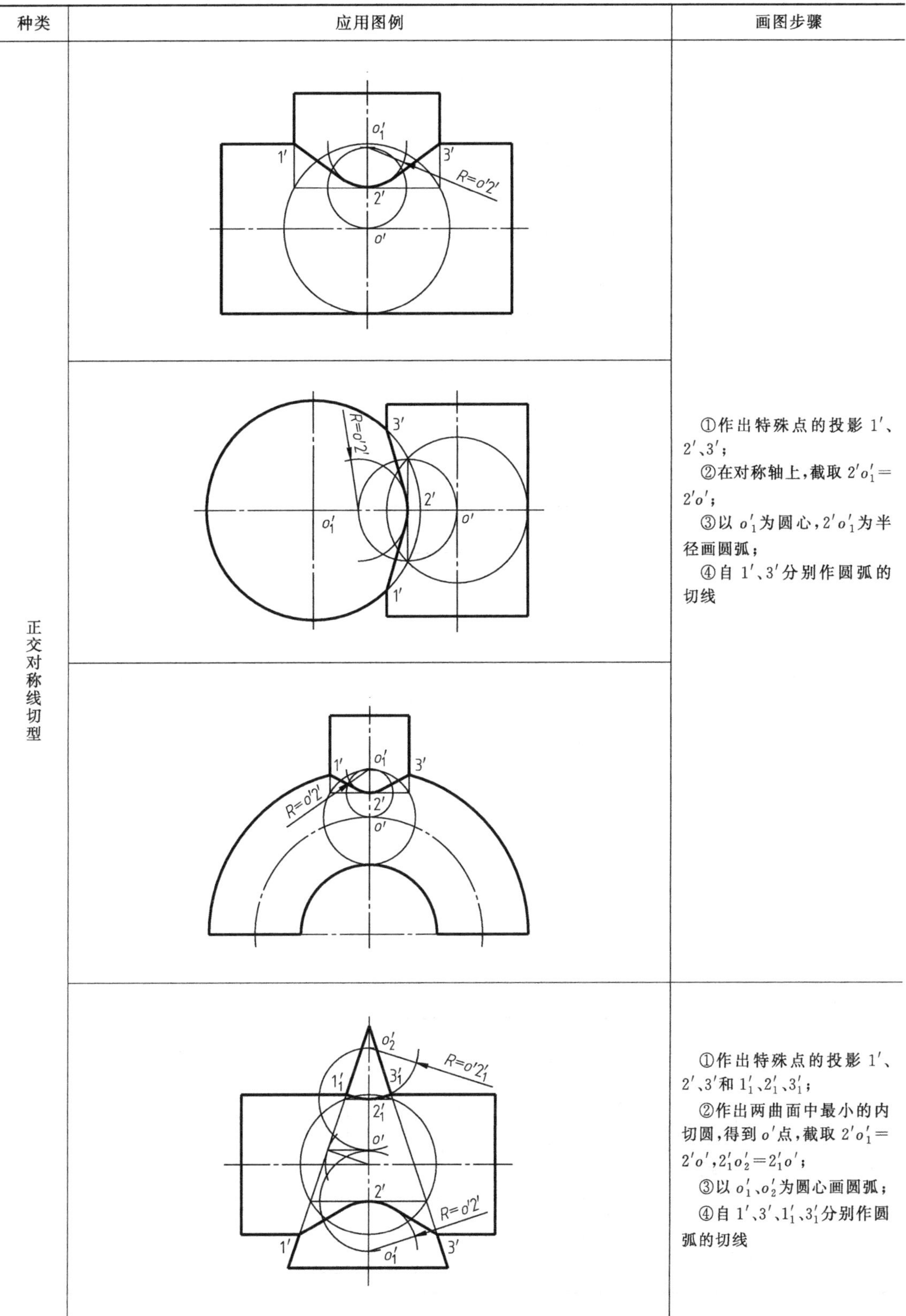

种类	应用图例	画图步骤
正交对称线切型	（图例一、二、三）	①作出特殊点的投影 1′、2′、3′； ②在对称轴上，截取 $2'o'_1=2'o'$； ③以 o'_1 为圆心，$2'o'_1$ 为半径画圆弧； ④自 1′、3′分别作圆弧的切线
	（图例四）	①作出特殊点的投影 1′、2′、3′和 $1'_1$、$2'_1$、$3'_1$； ②作出两曲面中最小的内切圆，得到 o' 点，截取 $2'o'_1=2'o'$，$2'_1o'_2=2'_1o'$； ③以 o'_1、o'_2 为圆心画圆弧； ④自 1′、3′、$1'_1$、$3'_1$ 分别作圆弧的切线

续表

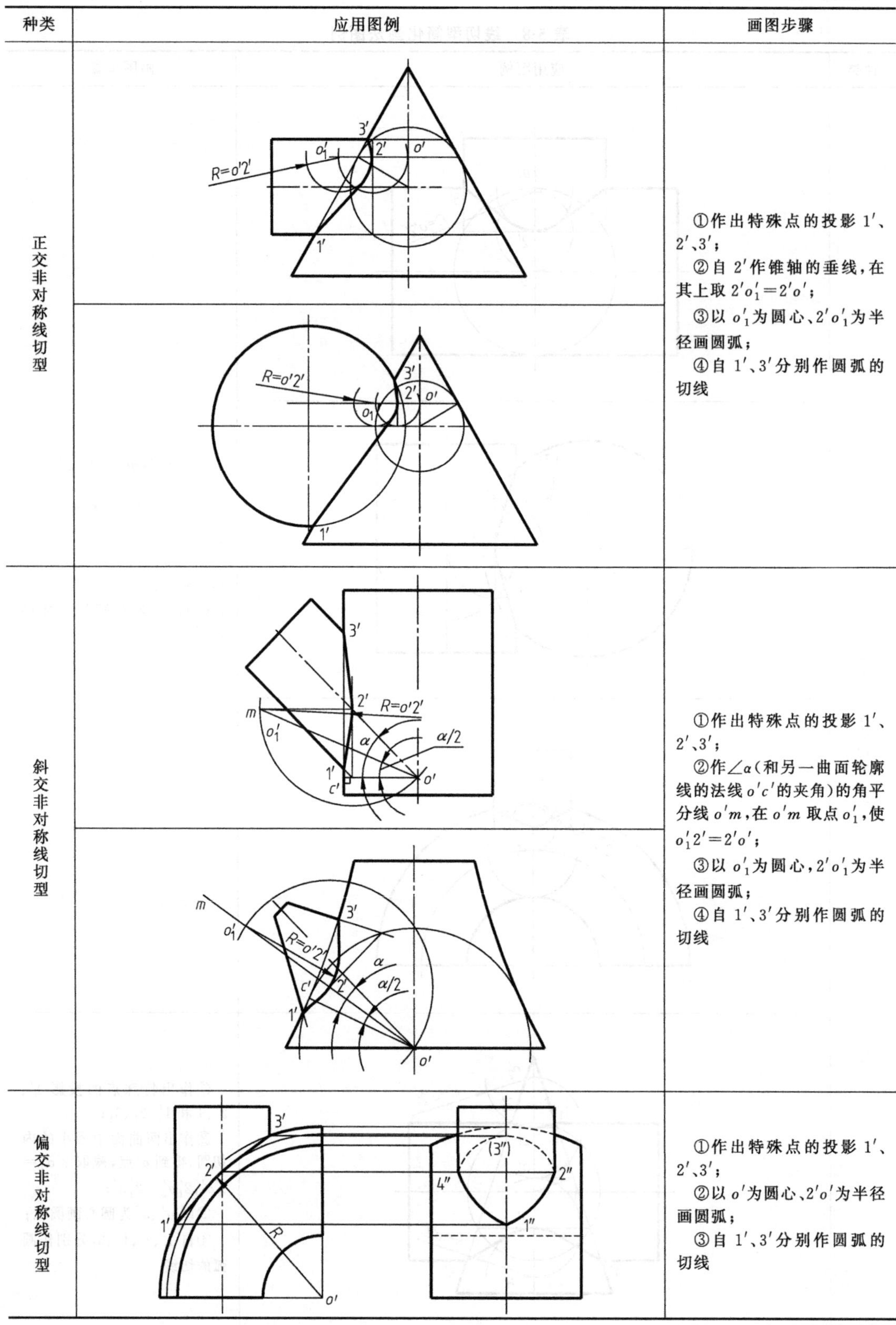

种类	应用图例	画图步骤
正交非对称线切型		①作出特殊点的投影 1′、2′、3′； ②自 2′作锥轴的垂线，在其上取 $2'o_1'=2'o'$； ③以 o_1'为圆心、$2'o_1'$为半径画圆弧； ④自 1′、3′分别作圆弧的切线
斜交非对称线切型		①作出特殊点的投影 1′、2′、3′； ②作∠α(和另一曲面轮廓线的法线 $o'c'$的夹角)的角平分线 $o'm$，在 $o'm$ 取点 o_1'，使 $o_1'2'=2'o'$； ③以 o_1'为圆心，$2'o_1'$为半径画圆弧； ④自 1′、3′分别作圆弧的切线
偏交非对称线切型		①作出特殊点的投影 1′、2′、3′； ②以 o'为圆心、$2'o'$为半径画圆弧； ③自 1′、3′分别作圆弧的切线

（3）扁圆型简化画法图例见表 5-9

表 5-9　扁圆型简化画法图例

种类	应用图例	画图步骤
扁圆型	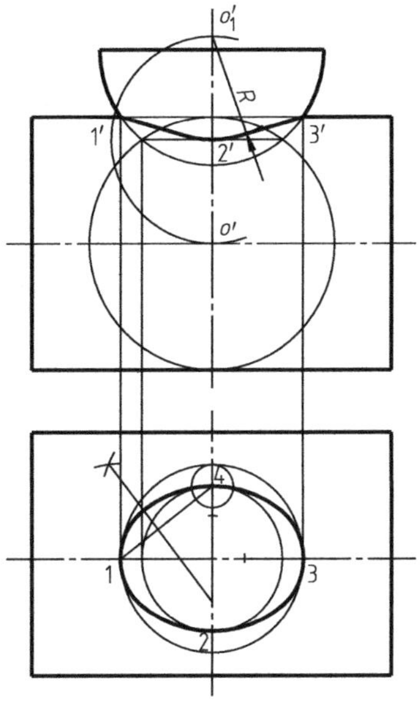 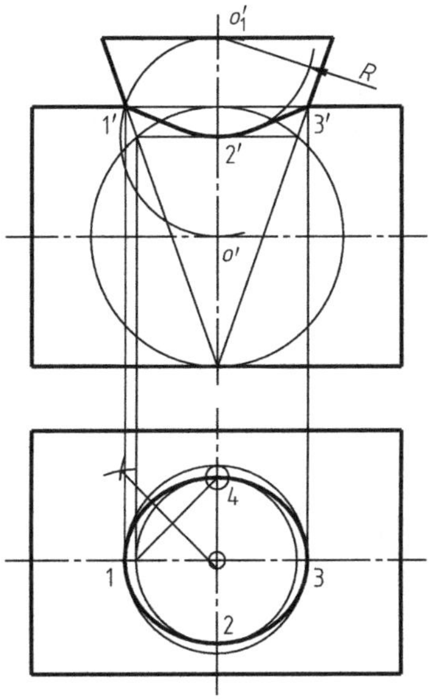 o_1' R 1′ 2′ 3′ o' 4 1 3 2 o_1' R 1′ 2′ 3′ o' 4 1 3 2	扁圆的画法见表 5-6

（4）三弧型简化画法图例见表 5-10

表 5-10 三弧型简化画法图例

种类	应用图例	画图步骤
三弧外凸型	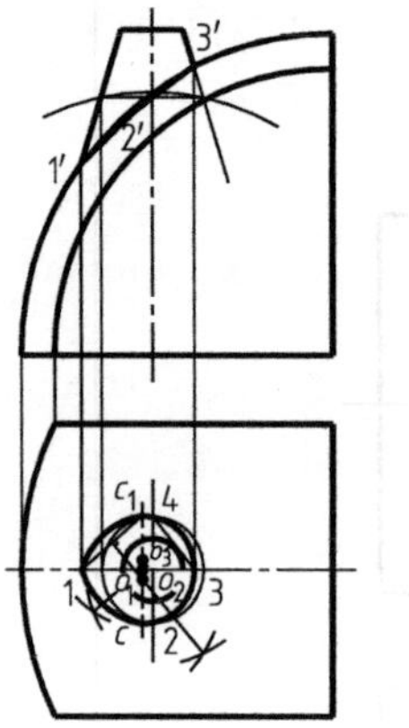	①作出特殊点的投影 1、2、3、4； ②作 34 的中垂线交对称轴于 o_1，以 o_1 为圆心、$o_1 3$ 为半径画圆弧 $c3c_1$； ③作 $1c_1$ 的中垂线与 cc_1 交于 o_2，取对称点 o_3，以 o_2、o_3 为圆心，o_2c_1 为半径画两对称圆弧； ④尖点 1 处可用小圆角过渡
三弧内凹型	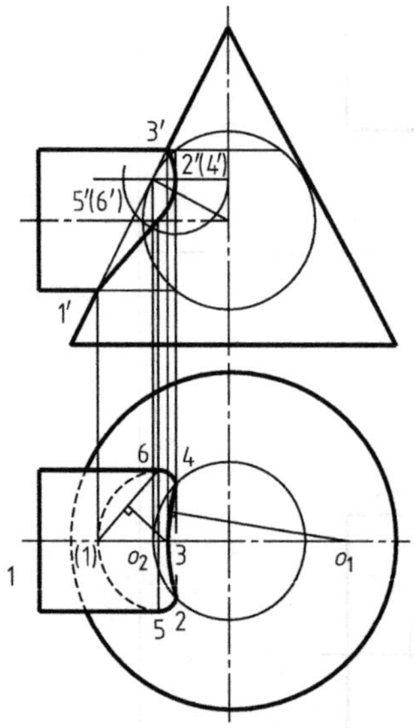	①作出特殊点的投影 1、2、3、4、5、6； ②作 34 的中垂线交对称轴于 o_1，以 o_1 为圆心、$o_1 3$ 为半径画圆弧 234； ③作 16 的中垂线交对称轴于 o_2，以 o_2 为圆心、$o_2 1$ 为半径画圆弧 516； ④在 25 和 46 之间分别用相同大小的小圆弧连接
三弧棱圆型	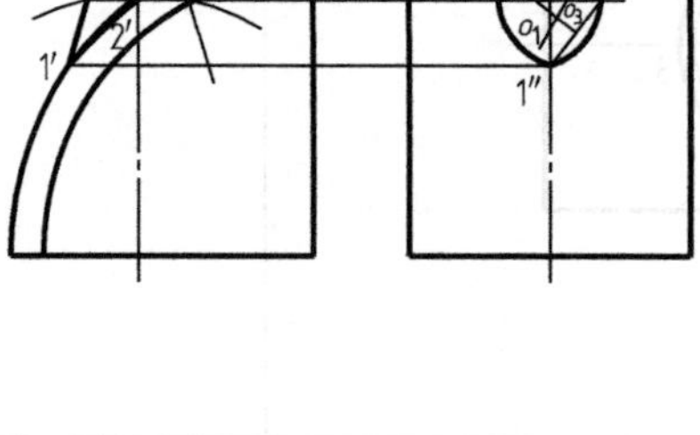	①作出特殊点的投影 1″、2″、3″、4″； ②作 2″3″的中垂线交对称线于 o_1，以 o_1 为圆心、$o_1 3''$为半径画圆弧 2″3″4″； ③作 1″2″的中垂线交自 c'（一曲面轴线与另一曲面轮廓线的交点）所引水平线于 o_2，取对称点 o_3，以 o_2、o_3 为圆心，$o_2 1''$为半径画两圆弧 1″2″、1″4″； ④三处尖角用小圆弧过渡

5.4 过渡线的画法

铸造、锻造零件的两表面相交处一般为圆角过渡，画图时交线不与两轮廓线接触，而画成过渡线，GB/T4458.1—2002《机械制图　图样画法　视图》规定过渡线用细实线绘制。

5.4.1 交线与过渡线画法比较

交线与过渡线画法比较见表 5-11。

表 5-11　交线与过渡线画法比较

	交线画法	过渡线画法
平面与平面立体	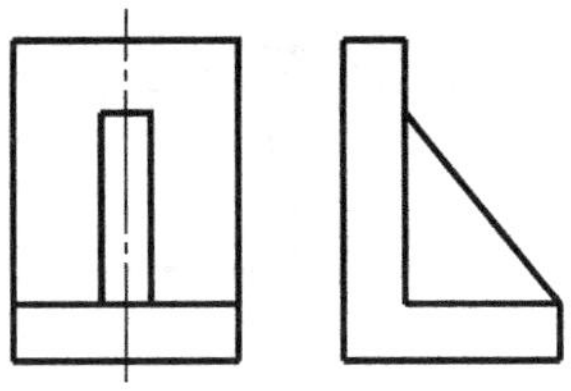	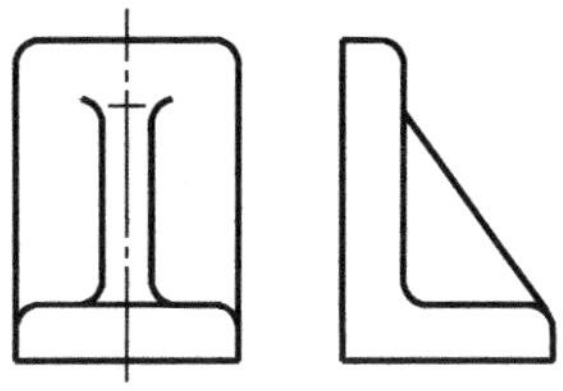
平面与曲面立体	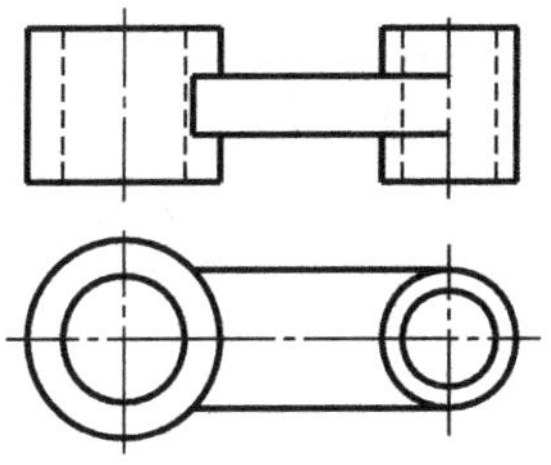	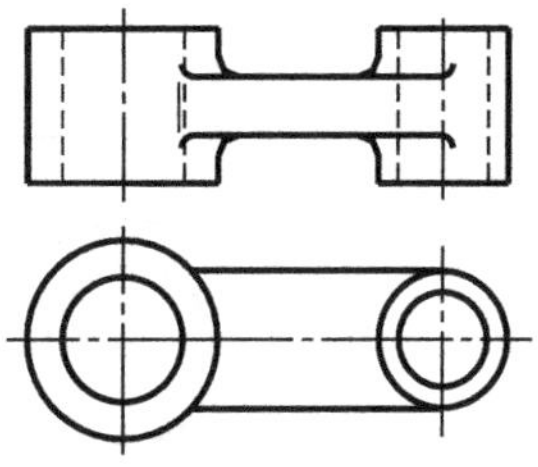
曲面与曲面立体	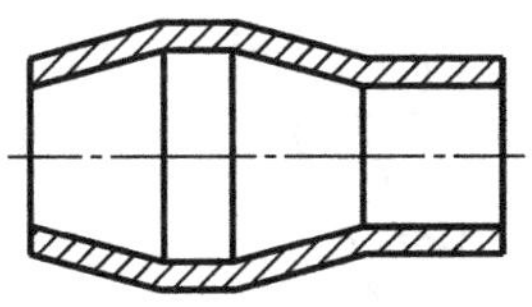	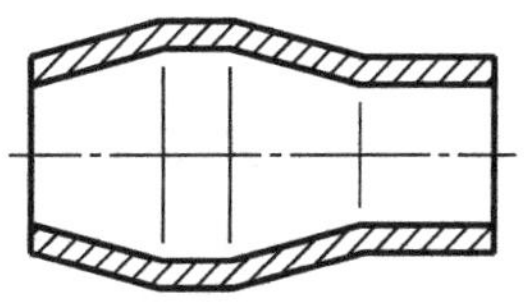
	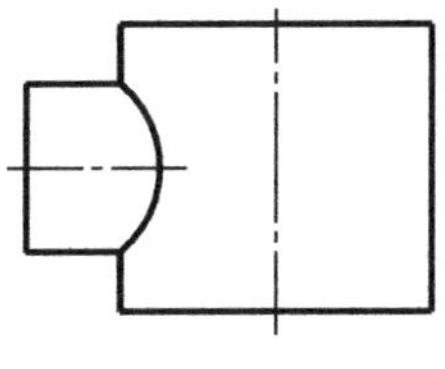	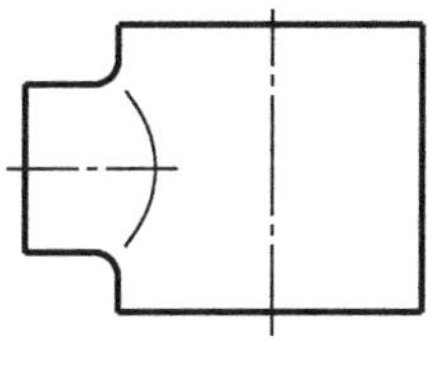

5.4.2 零件上过渡及过渡线画法示例

零件上过渡线的画法见图 5-24。

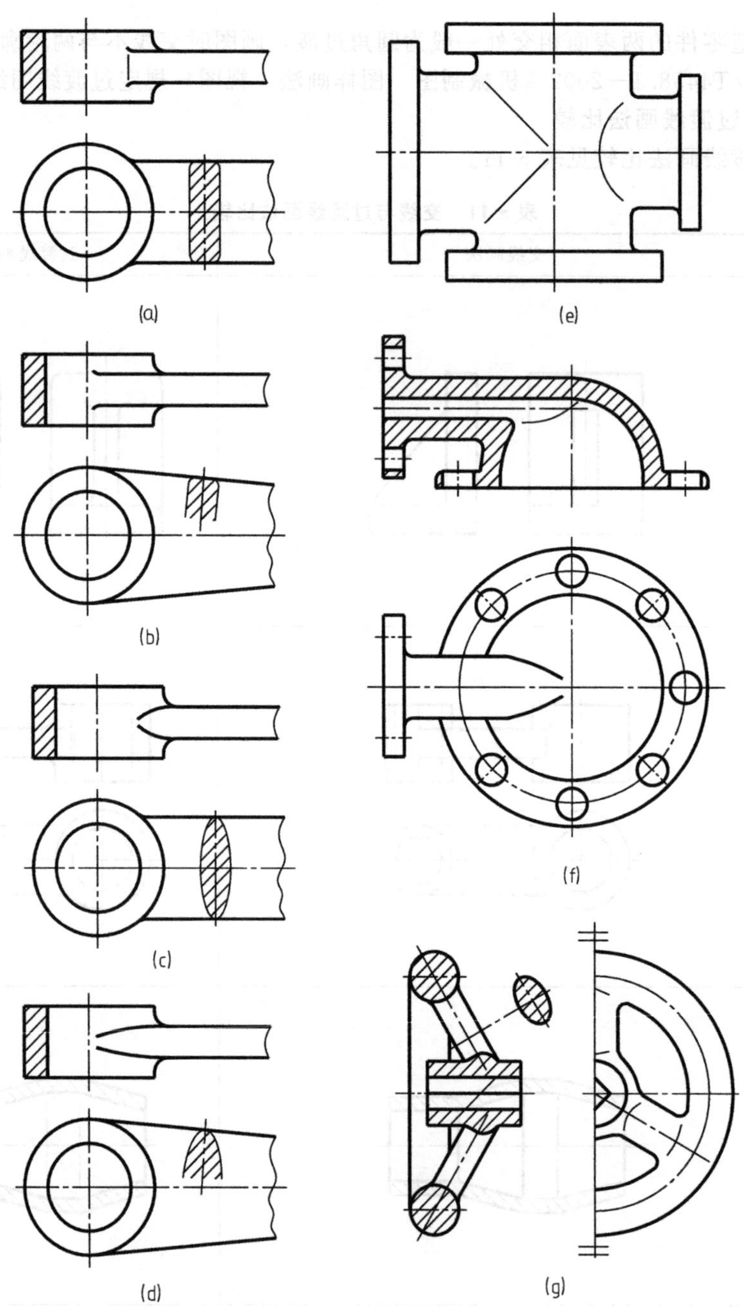

图 5-24 零件上过渡线的画法

第 6 章　读图基础

识读形体形状是识读工程图的基础。复杂的形体可以看作是由基本形体通过叠加或切割等方式形成的，这种复杂的形体一般称为组合体。组合体是零件的几何抽象。本章以基本立体为基础，详细介绍了组合体分析方法、视图识读方法，并列举了识读组合体视图的示例。

6.1　组合体分析

通过分析组合体的组合方式和组合体各形体之间的表面连接关系，进一步研究组合体的形体分析方法和线面分析方法。

6.1.1　组合体的组成方式

组合体按其组成方式，可分为叠加式、切割式和综合式三种。

（1）叠加式组合体

由两个或两个以上的基本形体叠加而成的组合体称为叠加式组合体，如图 6-1 所示的组合体，是由六棱柱、圆柱体、圆台叠加而成的，其三视图也由上述三个立体的同面视图组合而成的。

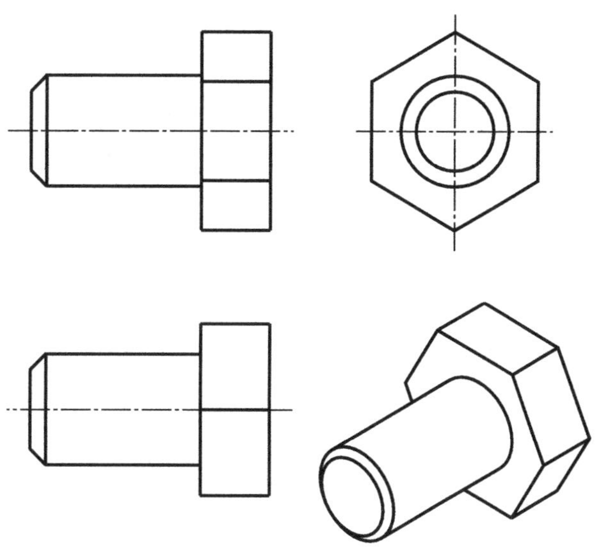

图 6-1　叠加式组合体

（2）切割式组合体

切割式组合体（简称切割体）可以看作是一个完整的基本立体，被切去若干个基本形体而得到的组合体。如图 6-2 所示切割体，它是由图 6-2(a) 中双点画线所示长方体，切去两个基本形体后得到的，其三视图如图 6-2(b) 所示。

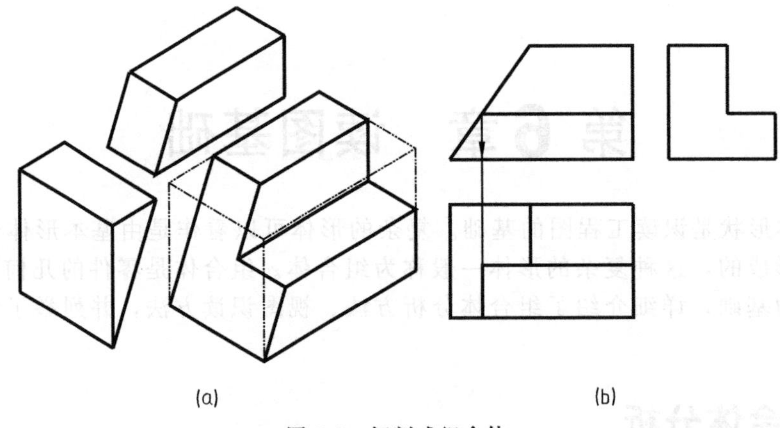

图 6-2 切割式组合体

(3) 综合式组合体

综合式组合体是指组合体的构成既有叠加、也有切割。图 6-3 所示组合体是由一个钻有两个通孔的长方体底板与一个开有半圆槽的长方体组合而成的综合式组合体。

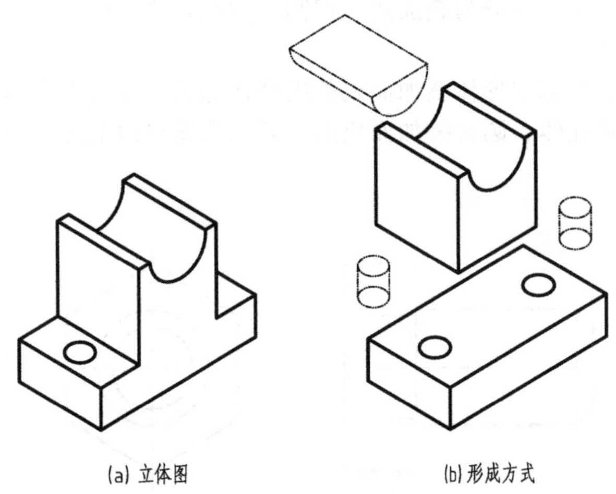

图 6-3 综合式组合体

6.1.2 组合体各形体之间的表面连接关系

形体经叠加、切割组合后，形体的邻接表面可能产生平齐、错开、相切和相交四种表面连接关系，如图 6-4 所示。

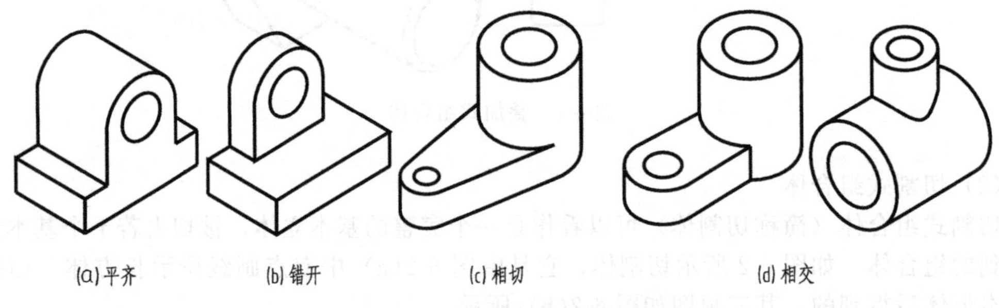

图 6-4 形体间表面连接关系

（1）平齐

组合体上，相邻两立体的表面共面，即为平齐。当两形体表面平齐时，在相应视图中，中间不应有线隔开，如图 6-5 所示。

（2）错开

组合体上，相邻两立体表面错位，既不共面，又不相交，即为错开。在相应视图中应有图线将它们的投影隔开，如图 6-6 所示。

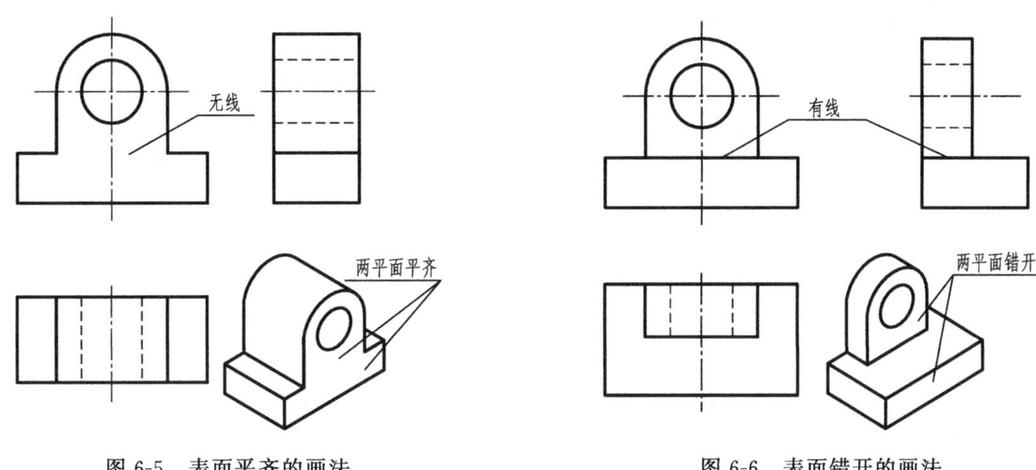

图 6-5　表面平齐的画法　　图 6-6　表面错开的画法

（3）相交

组合体上，两相邻立体的表面呈相交状，即有交线。相交包括两平面相交、两曲面相交、平面与曲面相交等。在相应视图中，应有图线将其隔开，如图 6-7～图 6-9 所示。

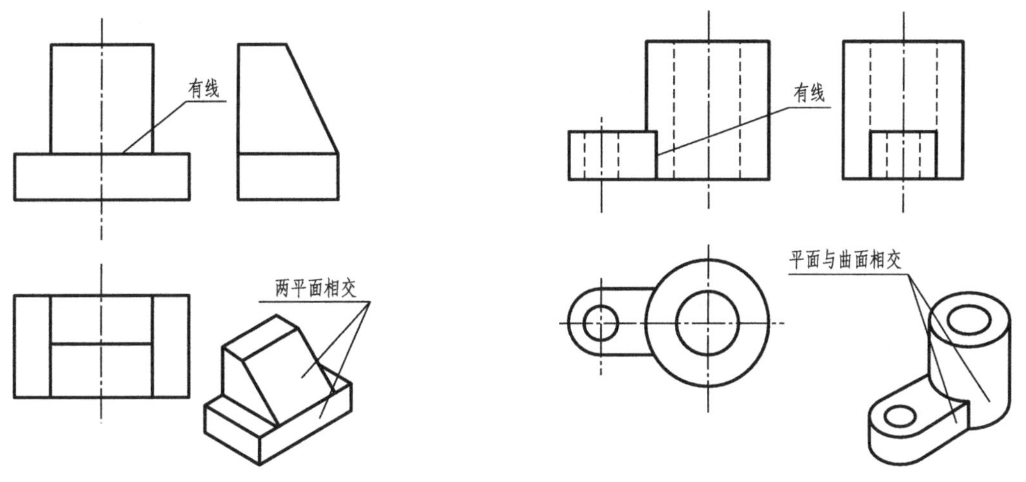

图 6-7　两平面相交的画法　　图 6-8　平面与曲面相交的画法

（4）相切

组合体上，相邻两立体的表面光滑连接，即相切。在相应视图中，两表面相切处的投影不画线，如图 6-10 所示。

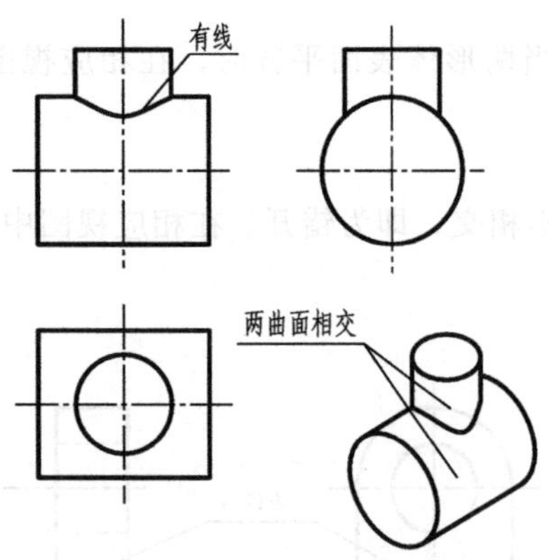

图 6-9 曲面与曲面相交的画法

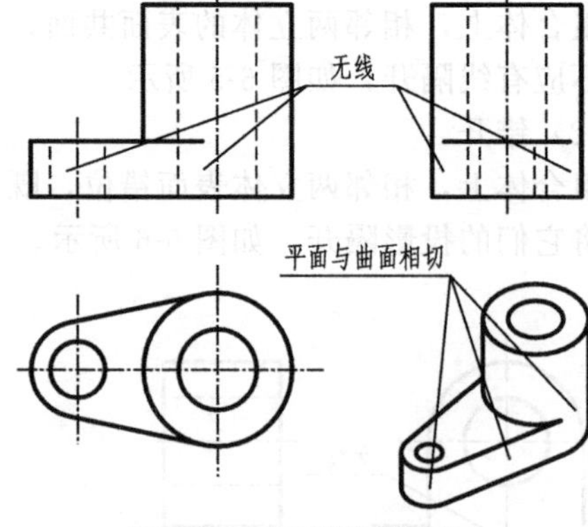

图 6-10 表面相切的画法

6.1.3 组合体的形体分析法

按照组合体的形状特征，将其分解为若干个基本立体或简单立体，并分析其构成方式、相对位置和表面连接关系的方法称为形体分析法。形体分析法是组合体分析的主要方法。

在画图和标注尺寸时，运用形体分析法，就可以将复杂的形体，简化为若干个基本体来完成。在看图时，运用形体分析法，就能从读懂简单体入手，看懂复杂的组合体。

6.1.4 组合体的线面分析法

线面分析法是在形体分析法的基础上，运用线面的空间性质和投影规律，分析形体表面的投影，进行画图、读图的方法。

由画法几何可知，形体的投影实际上是形体表面的投影，而表面的投影又是组成该表面所有棱线和轮廓线的投影。因而，在画出的视图中，除相切外，每一个封闭线框都表示形体某一个表面的投影，当这个表面与投影面平行时，该线框具有实形性，表面与投影面倾斜时，该线框具有类似性。视图中的每一条线，或表示具有积聚性面的投影，或表示相邻两个表面交线的投影，或表示回转面的转向线的投影，这些面、线的三个视图之间必定符合投影规律。

在画图和读图实践中，形体分析法是首先采用的方法。当遇到有些形状不规则或局部表面比较复杂的形体，特别是某些切割体时，运用线面分析法更有利于读懂视图。

6.2 组合体读图

读图是画图的逆过程。画图是把空间的组合体用正投影法表示在平面上，而读图则是根据已画出的视图，运用投影规律，想象出组合体的空间形状。画图是读图的基础，读图既能提高空间想象能力，又能提高投影的分析能力。

6.2.1 读图的要点

(1) 几个视图联系起来看

一个组合体常需要两个或两个以上的视图才能表达清楚，因而在读图时，要几个视图联系起来看，才能准确识别各形体的形状和形体间的相互位置，切忌读了一个视图就下结论。由图 6-11 可见，一个视图不能唯一确定组合体的形状。

(2) 抓住特征视图

特征视图，系指能反映组合体及其各形体形状特征的视图。如图 6-12 所示，主视图充分反映了组合体的形状特征，是特征视图。根据主视图，再结合左、俯视图，就容易想出其

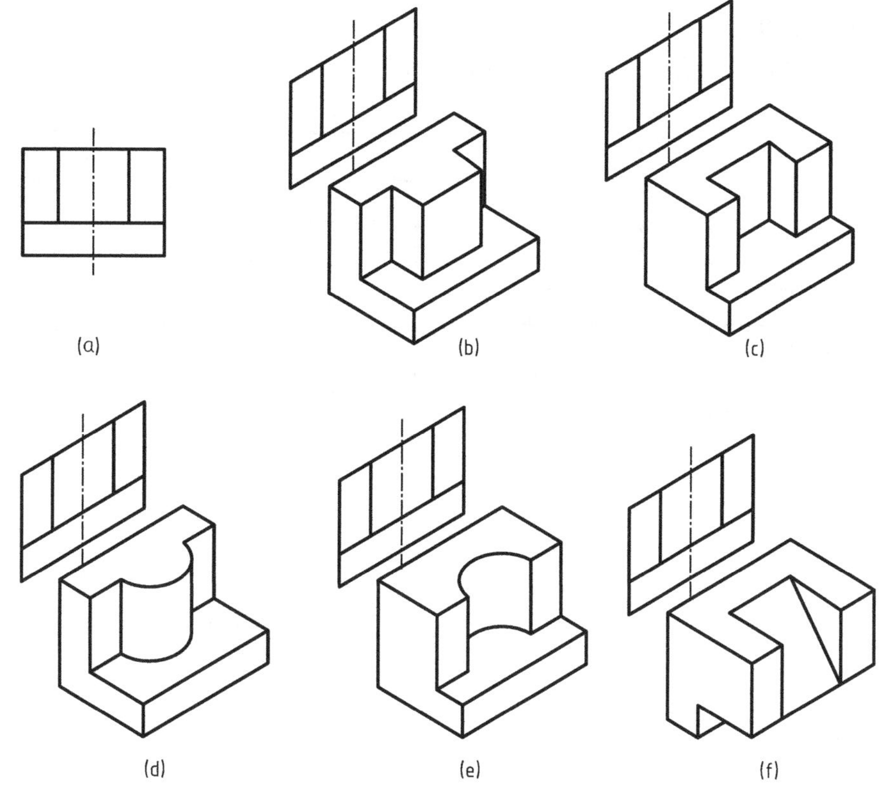

图 6-11　一个视图不能唯一确定组合体的形状

形状。如图 6-13 所示，主视图反映具有梯形槽的立板Ⅰ的形状特征，俯视图反映开方孔的底板Ⅱ的形状特征，左视图反映立板和底板之间相互关系特征。读图时，要善于抓住各视图在反映形状特征方面的情况，以便更快、更正确地把组合体的形状想出来。

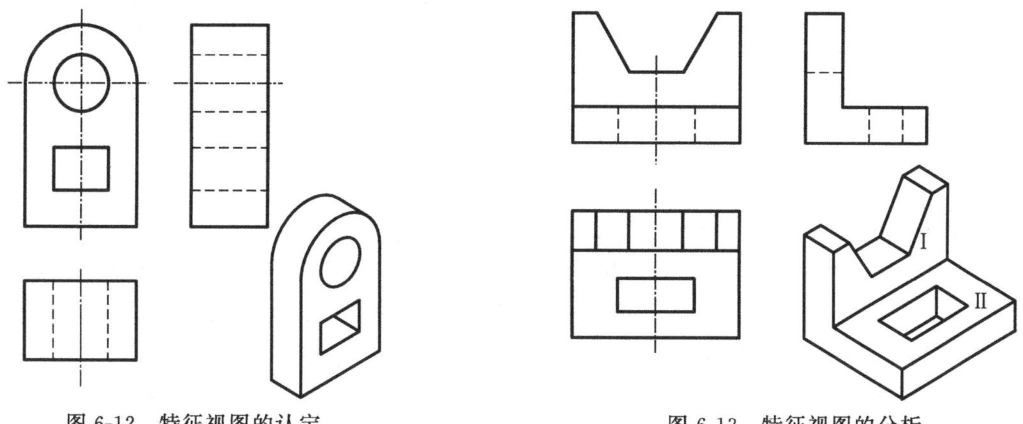

图 6-12　特征视图的认定

图 6-13　特征视图的分析

6.2.2　读图的方法

读图以形体分析法为主，线面分析法为辅。根据形体的视图，逐个识别出各个形体，进而确定形体的组合形式和各形体间邻接表面的相互关系。初步想象出组合体后，还应验证给定的每个视图与所想象的组合体的视图是否相符。当两者不一致时，必须按照给定的视图来修正想象的形体，直至各个视图都相符为止，此时想象的组合体即为所求。

(1) 形体分析法读图

形体分析法读图一般分三步进行，下面以图 6-14 为例，说明形体分析法的读图步骤。

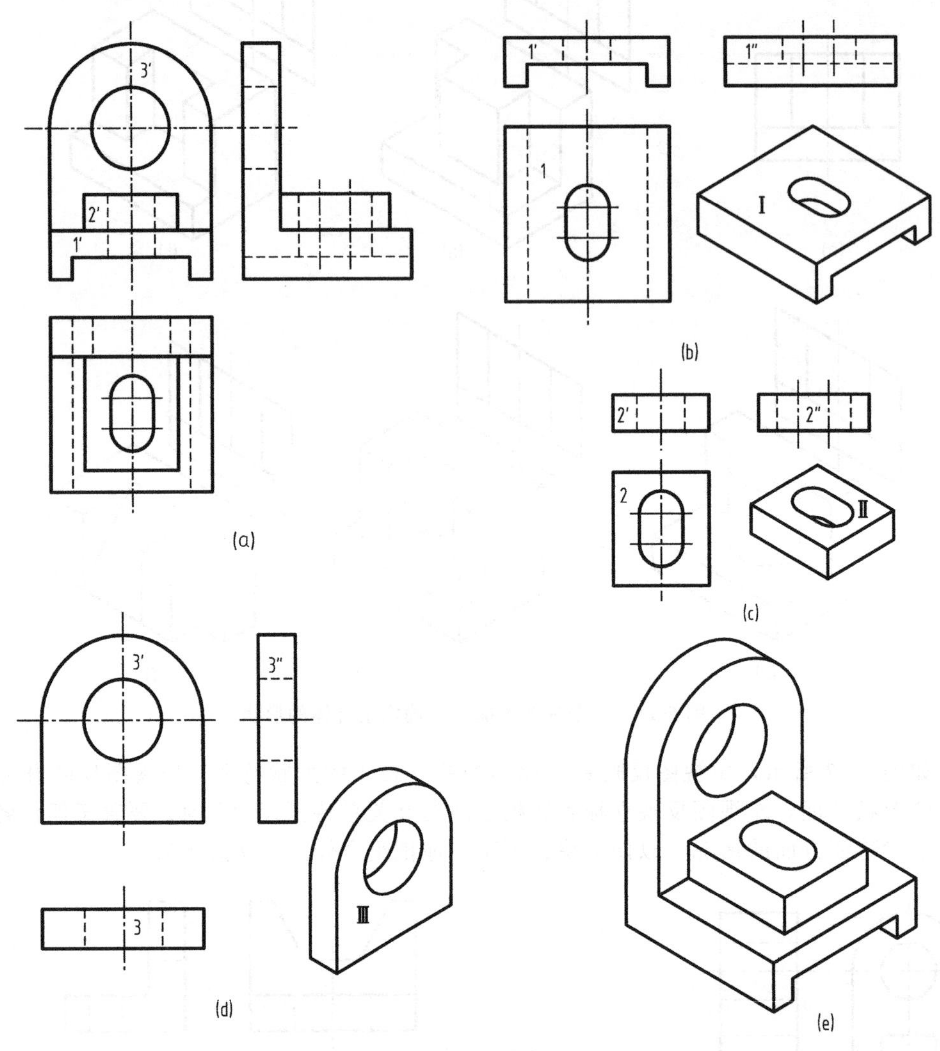

图 6-14 滑座

① 看视图，分线框。从主视图入手，借助圆规和尺子等，按照三视图投影规律，几个视图联系起来看，把组合体大致分成几部分。如图 6-14(a) 所示，该组合体可分成三部分。

② 对投影，定形体。根据每一部分的视图想象出形体的形状，并确定它们的相互位置，如图 6-14(b)、(c)、(d) 所示。

③ 定位置，想整体。确定各个形体及其相互位置后，整个组合体的形状也就清楚了，如图 6-14(e) 所示。最好把看图过程中想象出的组合体，逐个形体、逐个视图再对照检查一遍。

应当指出，组合体本来是一个整体，看图时假想将组合体分析成若干基本形体。因此，各形体的结合处如果是处在同一平面时并不存在图线，因为本来就是一体的。

(2) 线面分析法读图

在一般情况下，运用形体分析法可以看懂视图。当遇到有些形状不规则或局部结构比较复杂的形体，特别是某些切割体时，运用线面分析法更有利于看懂图形。下面以图 6-15 为例进行分析。

① 看视图，分线框。这一步大体与形体分析法相同。主视图有两个封闭实线框。对线框分析可知，物体在左右两边和中间各挖去一个四棱柱，前边斜切掉一块，后壁挖去半个圆柱体，底面居中挖去一个四棱柱，中部有一个小圆孔。组合体是长方体被切割后形成的，见图 6-16。

② 线面分析。从对图 6-15 三个视图相互联系分析可知，主视图中标明的图线 1′代表一个水平面的投影，图线 2′也代表一个水平面的投影；图线 3′和图线 4′各代表一个侧平面的投影，而侧平面又各由一对相互平行的正垂线、一条铅垂线和一条侧平线组成。其他图线，读者对照立体图可以自行分析。

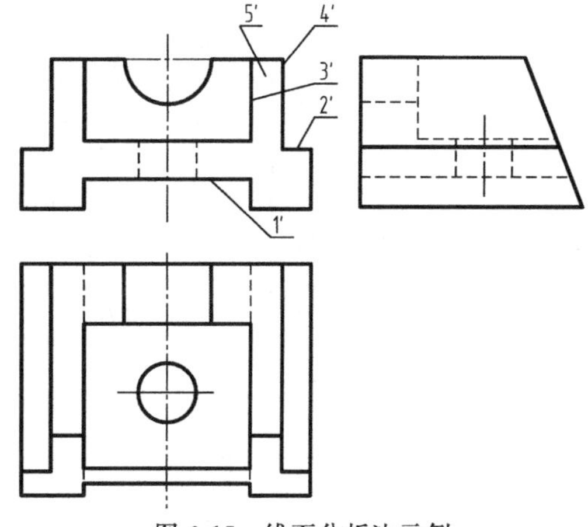

图 6-15　线面分析法示例

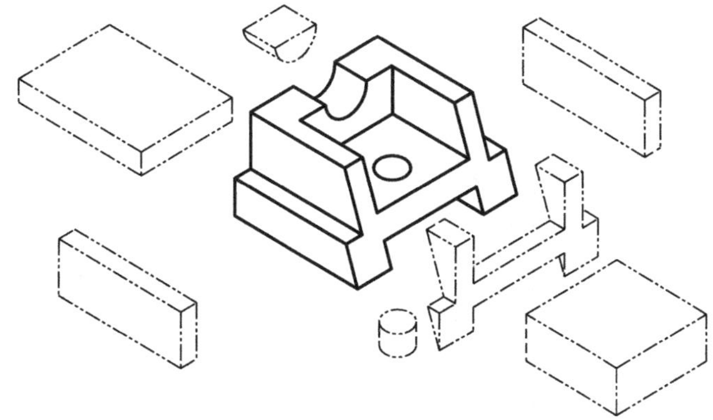
图 6-16　组合体的切割过程

主视图的实线框 5′，是一个十六边形。根据平面投影的类似性可知，它的其他投影也应是十六边形。它的俯视图中最前面的实线框为十六边形。由于左视图没有类似线框，因而在左视图中为积聚性投影。由此可以确定，这是一个侧垂面。

经过上面的线面分析，再结合形体分析，便可读懂组合体各部分的形状，并想象出总体形状，如图 6-16 所示。

(3) 综合运用形体分析法和线面分析法读图

在读复杂组合体视图时，以形体分析法为主，线面分析法为辅，穿插进行，综合运用。形体分析法和线面分析法读图一般分四步进行，下面以图 6-17 为例，说明形体分析法和线面分析法读图的综合读图步骤。

① 看视图，分线框。见图 6-17(a)，综合分析三个视图可知，该组合体主要由两个形体组成。俯视图两个线框明显，分别是线框 1 和线框 2。依据长对正、宽相等、高平齐，在主视图和左视图上分别对应找出这两个线框。

② 对投影，想形体。线框 1 对应的形体比较简单，见图 6-17(b)。

③ 线面分析攻难点。线框 2 对应的形体比较复杂，需要采用线面分析法来想象形体的形状。见图 6-17(c)，该形体的基本形体是长方体，首先截去两个长方体的角，再截去一个楔形块，然后开出一个半圆槽。

④ 综合形体想整体。形体Ⅰ的前端面与形体Ⅱ的前端面平齐，整体形状见图 6-17(d)。

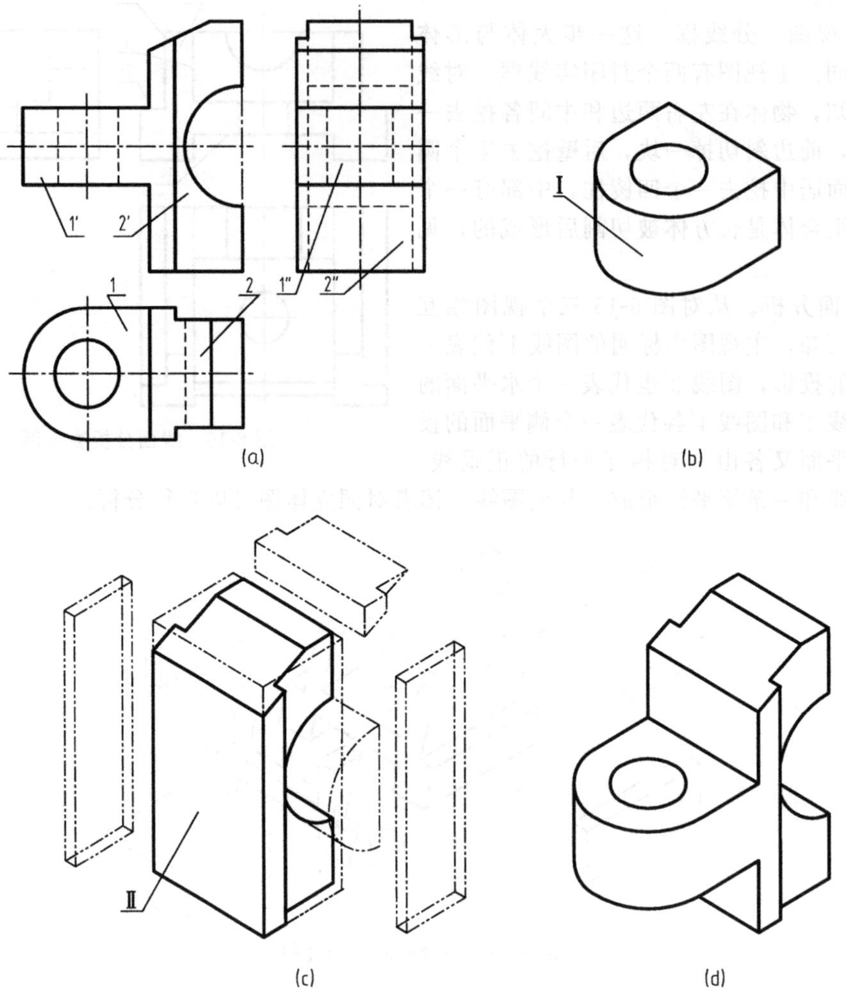

图 6-17 综合运用形体分析法和线面分析法读图示例

6.2.3 读图的训练

补视图和补视图中的缺线是训练读图能力和培养空间想象能力的重要方式，也是检验读图能力的重要手段。

(1) 补缺线

补缺线就是利用形体分析法和线面分析法，分析已知视图表达的各部分的形状，补全各视图中遗漏的图线。

补缺线的步骤是：首先要读懂视图，其次是依次补画各个形体的漏线，最后是根据组合体的整体形状检查、完整轮廓线。

如图 6-18 所示组合体，下部为一圆盘，左右开方槽、中间有通孔，补缺线时如图 6-18(b) 所示。上部为一圆筒，圆筒顶端左右各切去一角，中部前后方向有一孔，注意在左视图中画出相贯线，如图 6-18(c) 所示。补全所有遗漏图线之后，正确的三视图如图 6-18(d) 所示。

(2) 补视图

已知主视图和俯视图，补画左视图，如图 6-19 所示，作图步骤如下：

① 分线框，对投影。根据图 6-19(a) 所示主视图只有一个封闭的线框，可能是图示形

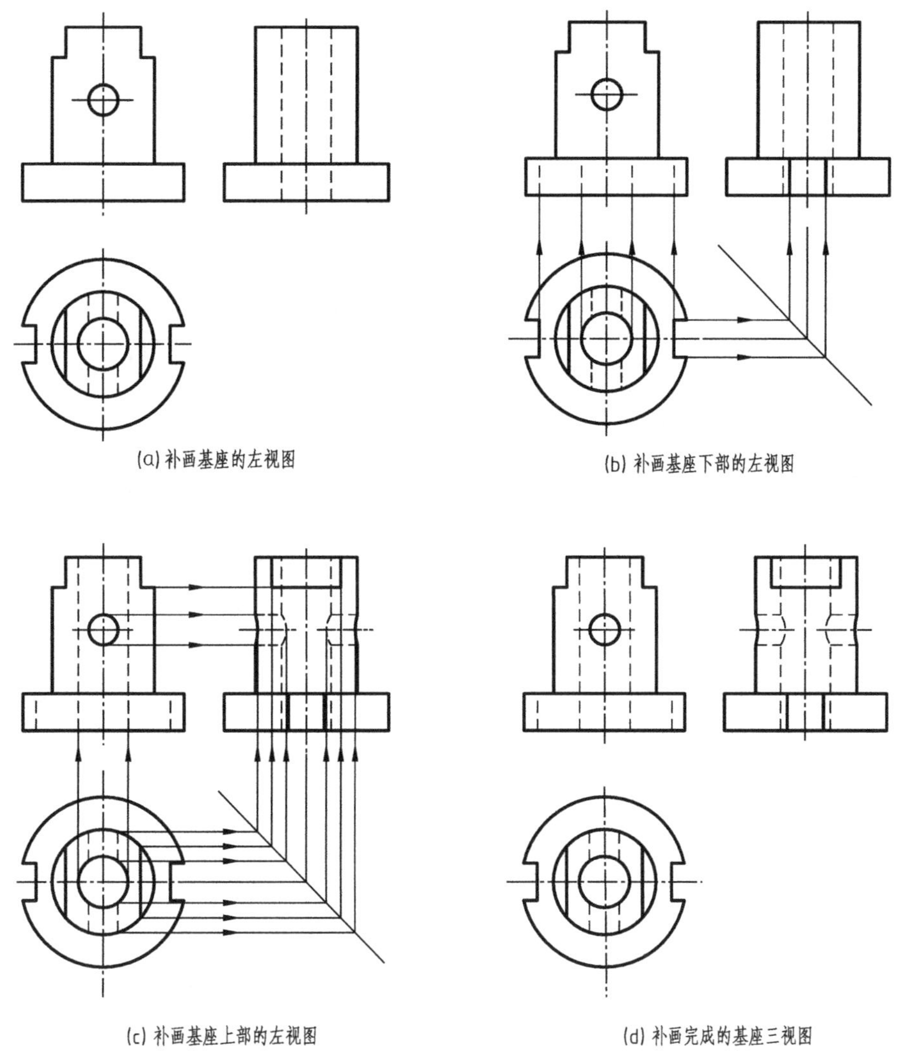

图 6-18　补缺线示例

状的十二棱柱，对照投影关系从左视图可知，该十二棱柱的前、后端面被两个侧垂面 P 各切去一块，如图 6-19(b) 所示。

② 对投影，想形体。由步骤①可清楚地想象出组合体的空间形状。但要准确画出组合体的俯视图就要运用线面分析法。该组合体有五个水平面、四个侧平面、两个侧垂面 P 和两个正垂面 B。侧垂面 P 是十二边形。由类似性可知其水平投影和正面投影也应是十二边形。根据 P 平面的正面投影和侧面投影可求出水平投影。四个不同高度的水平面 C、A、D、E 与正垂面 B、侧垂面 P 和侧平面的交线都是垂线，所以这些水平面的形状都是矩形，其边长由正面投影和侧面投影确定。

③ 画出俯视图。先画出水平面的水平投影，如图 6-19(c) 所示，再补全正垂面 B 和侧垂面 P 的投影，如图 6-19(d) 所示。

④ 用类似性检查 P 面投影。如图 6-19(e) 所示，P 面无积聚性的正面投影和水平投影都是十二边形，与想象的形体中的 P 面具有类似性。

⑤ 检查、描深。如图 6-19(f) 所示。

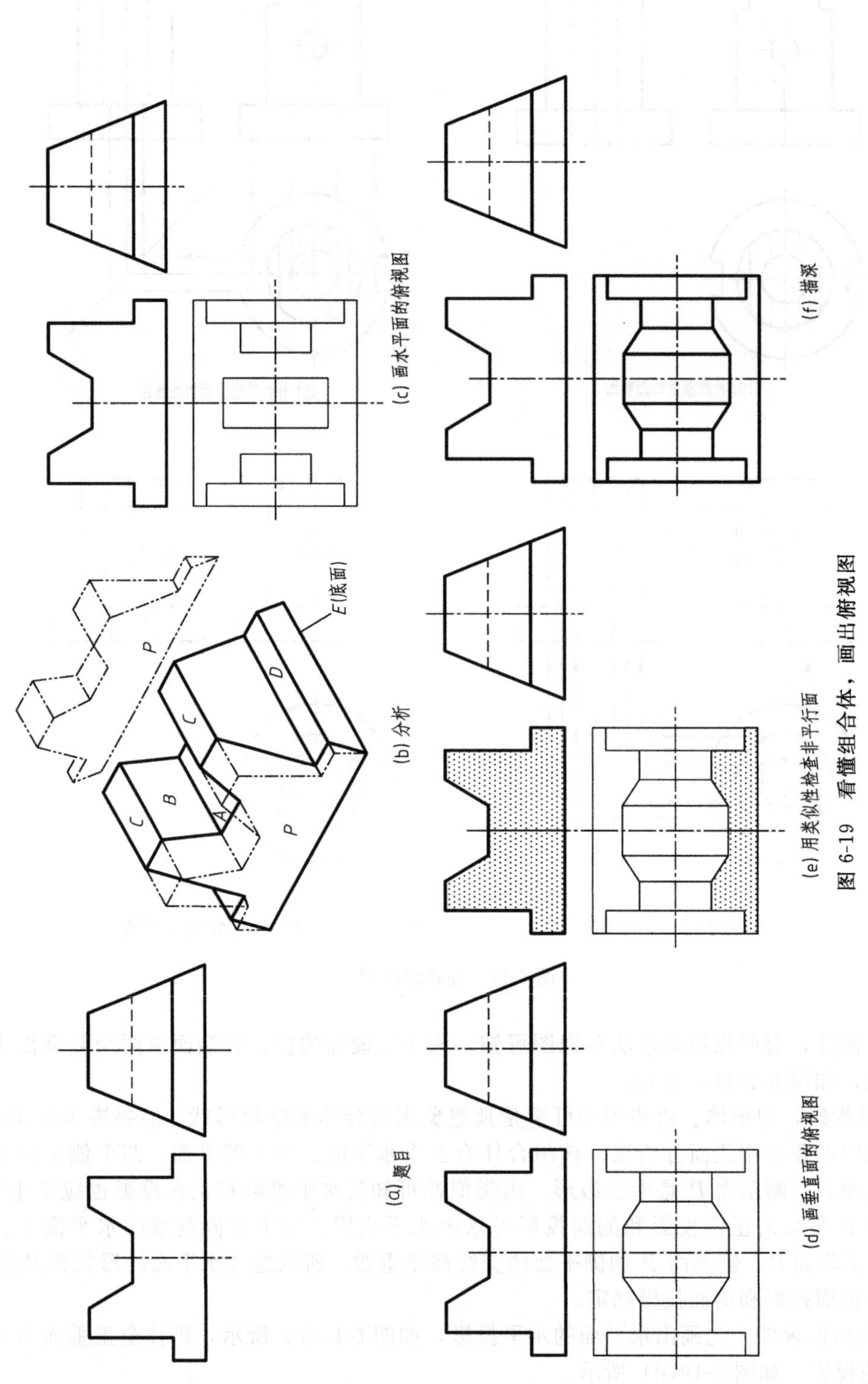

(a) 题目　(b) 分析　(c) 画水平面的俯视图

(d) 画垂直面的俯视图　(e) 用类似性检查非平行面　(f) 描深

图 6-19　看懂组合体，画出俯视图

6.3 读图示例

读图示例见表 6-1。

表 6-1　读图示例

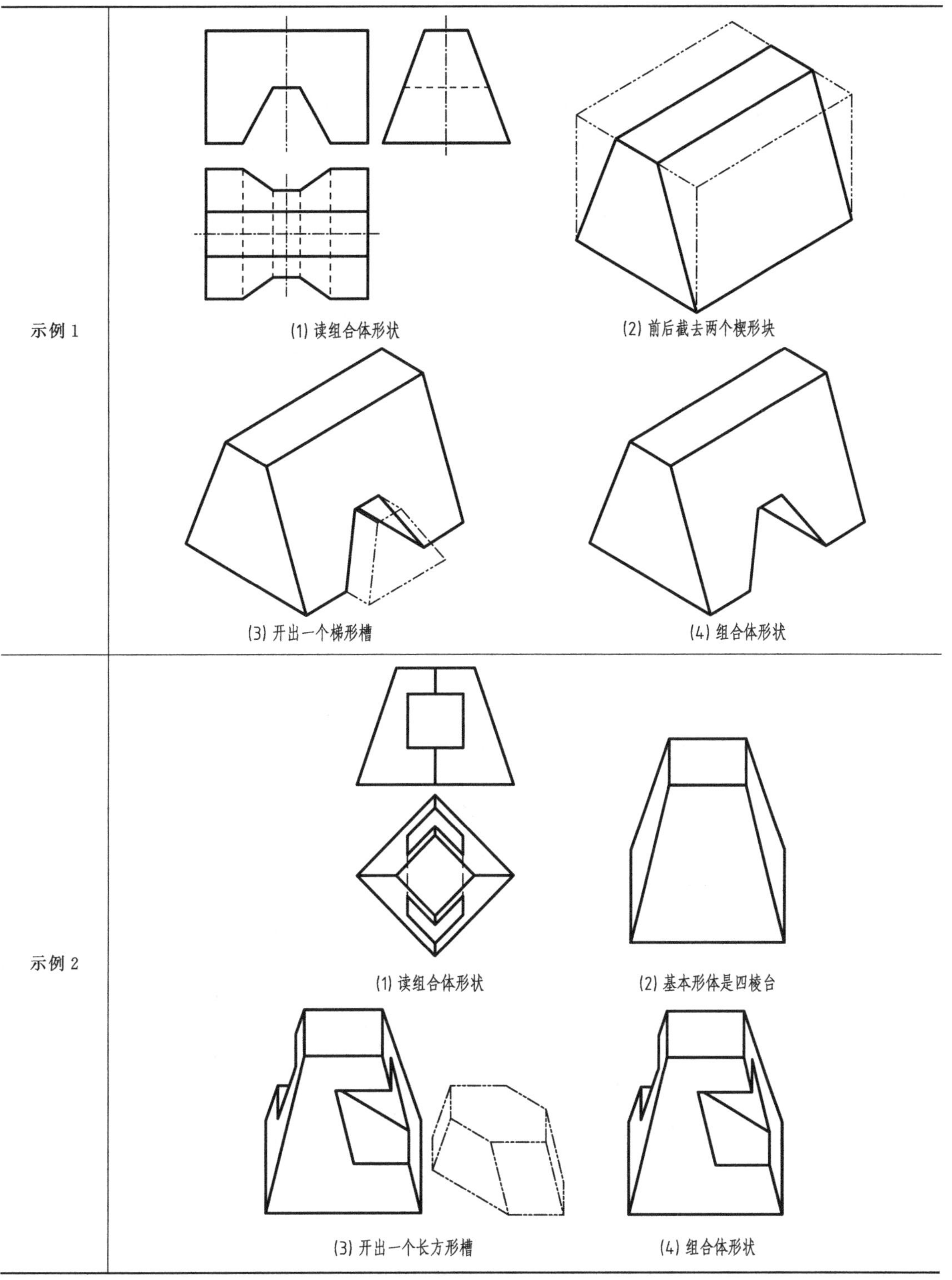

续表

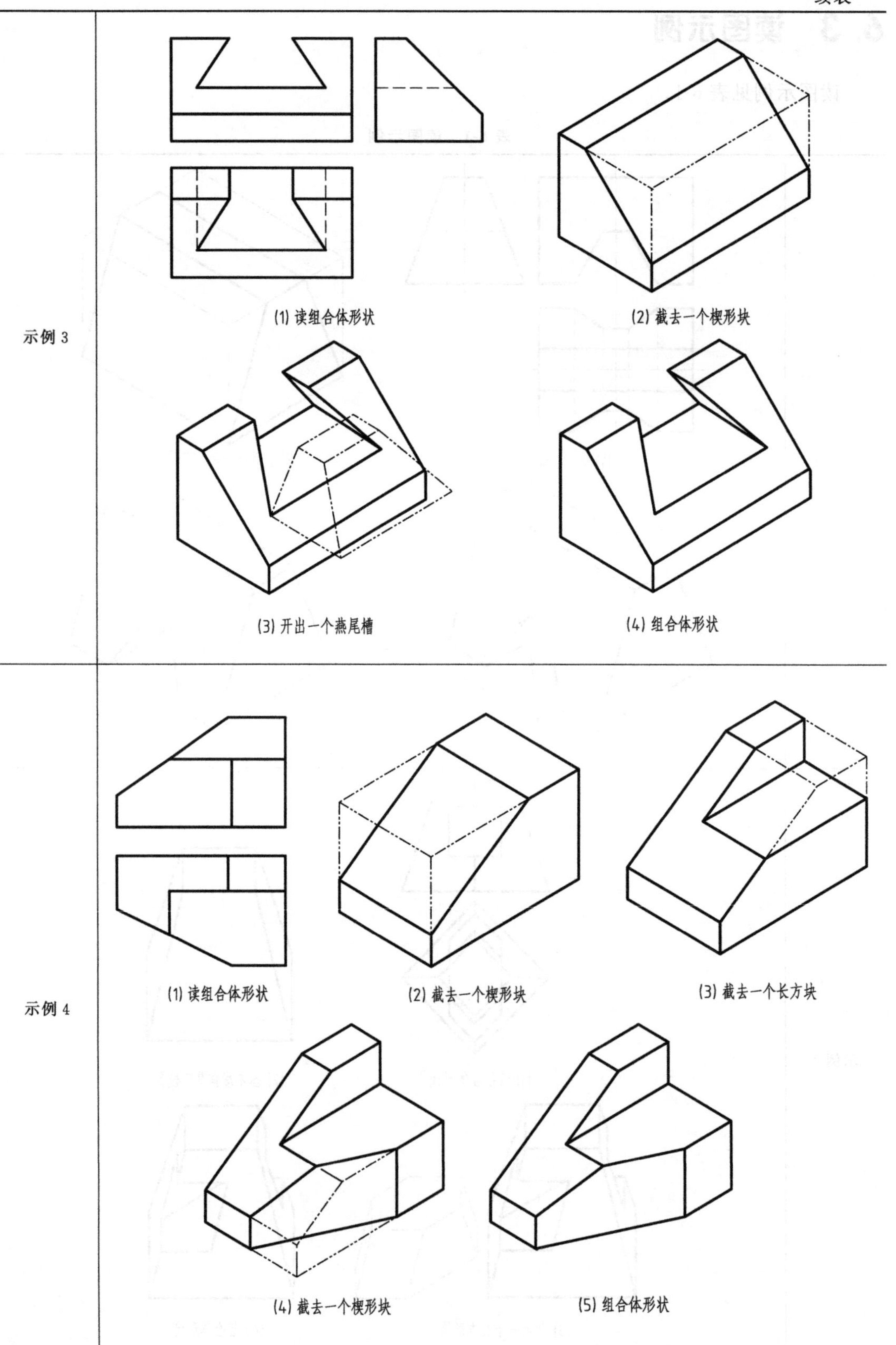
示例 3
(1) 读组合体形状
(2) 截去一个楔形块
(3) 开出一个燕尾槽
(4) 组合体形状
示例 4
(1) 读组合体形状
(2) 截去一个楔形块
(3) 截去一个长方块
(4) 截去一个楔形块
(5) 组合体形状

续表

示例 5

示例 6

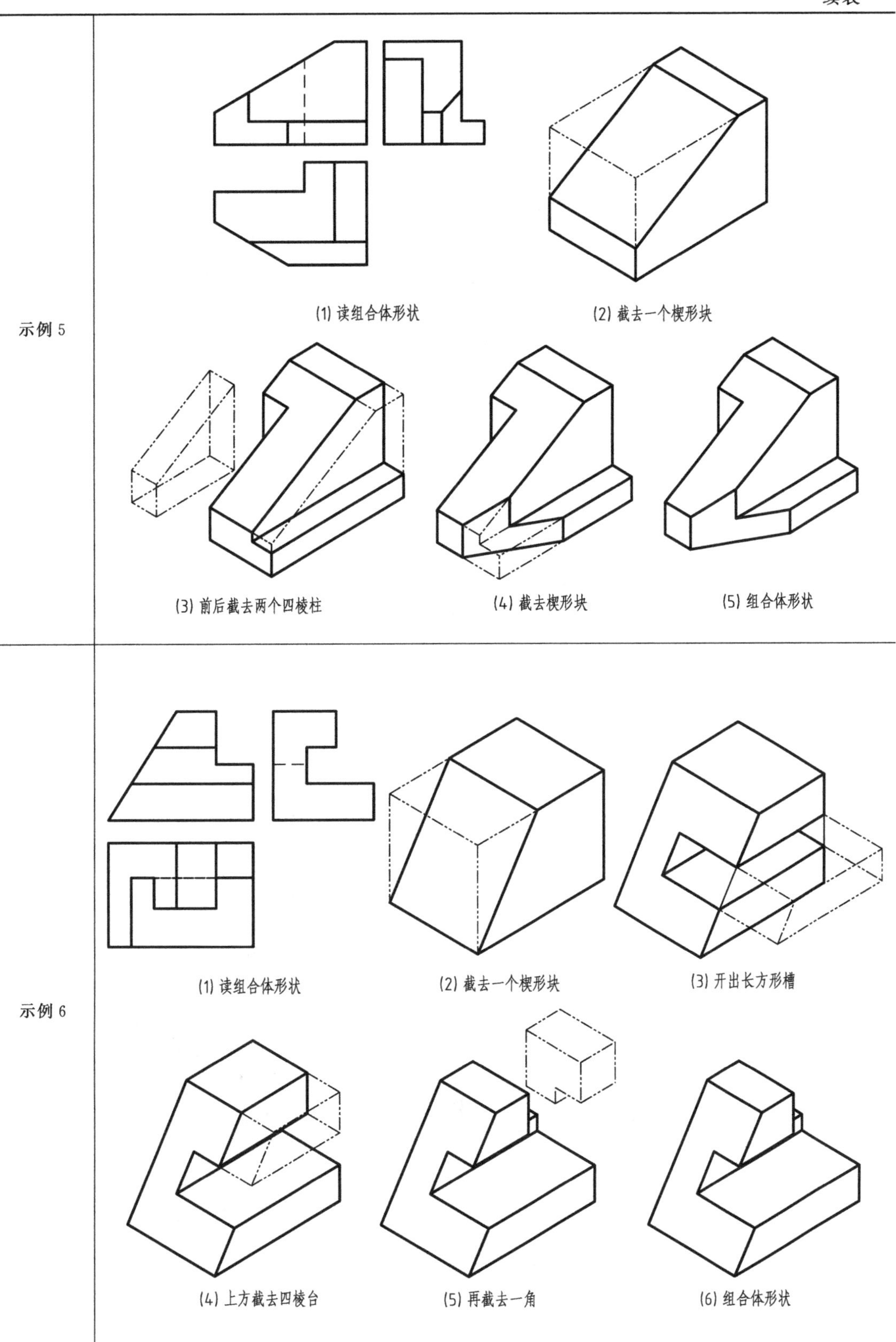
(1) 读组合体形状
(2) 截去一个楔形块
(3) 前后截去两个四棱柱
(4) 截去楔形块
(5) 组合体形状
(1) 读组合体形状
(2) 截去一个楔形块
(3) 开出长方形槽
(4) 上方截去四棱台
(5) 再截去一角
(6) 组合体形状

续表

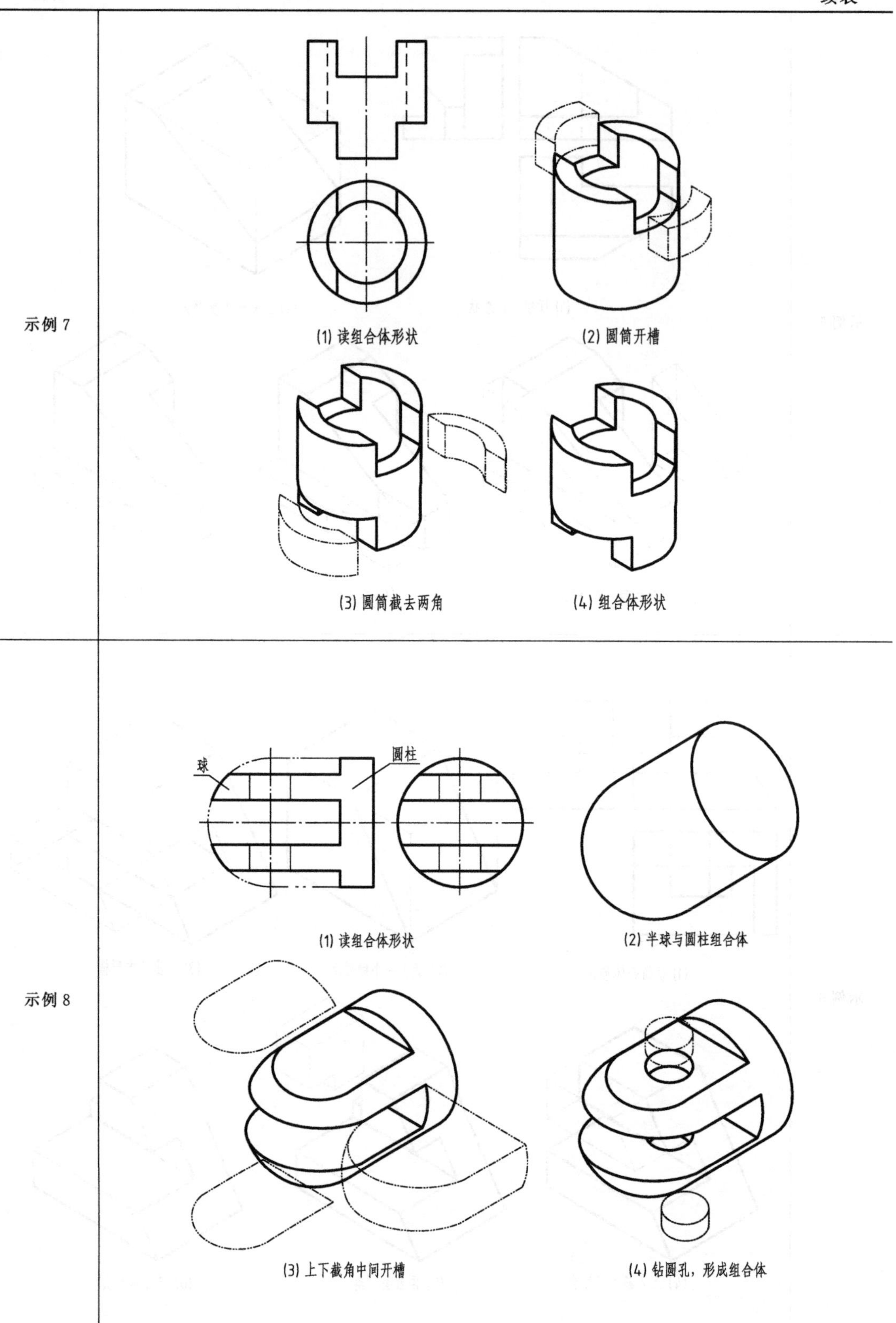
示例 7
(1) 读组合体形状
(2) 圆筒开槽
(3) 圆筒截去两角
(4) 组合体形状
示例 8
球
圆柱
(1) 读组合体形状
(2) 半球与圆柱组合体
(3) 上下截角中间开槽
(4) 钻圆孔，形成组合体

续表

示例 9	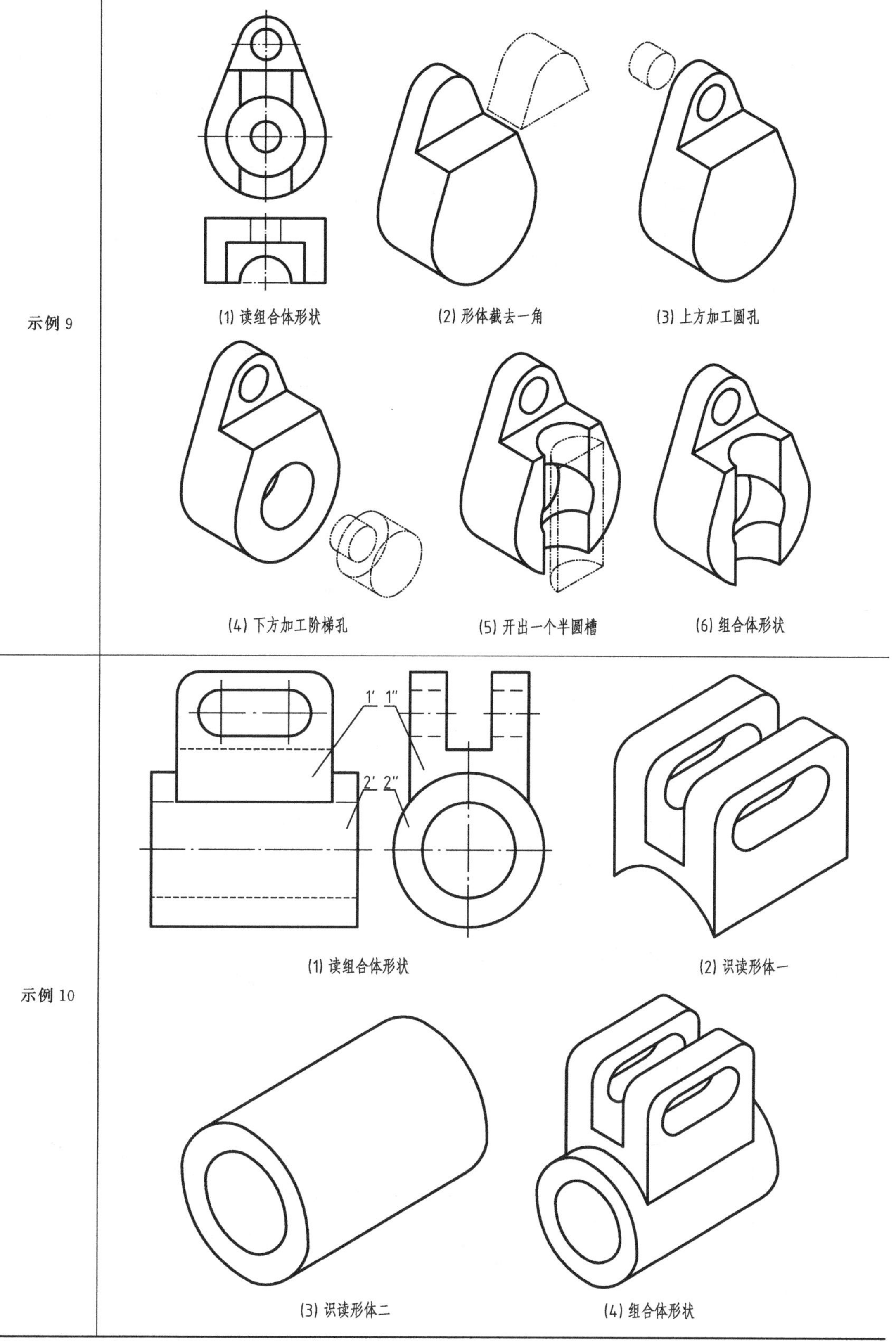(1) 读组合体形状　(2) 形体截去一角　(3) 上方加工圆孔 (4) 下方加工阶梯孔　(5) 开出一个半圆槽　(6) 组合体形状
示例 10	(1) 读组合体形状　(2) 识读形体一 (3) 识读形体二　(4) 组合体形状

续表

示例 11	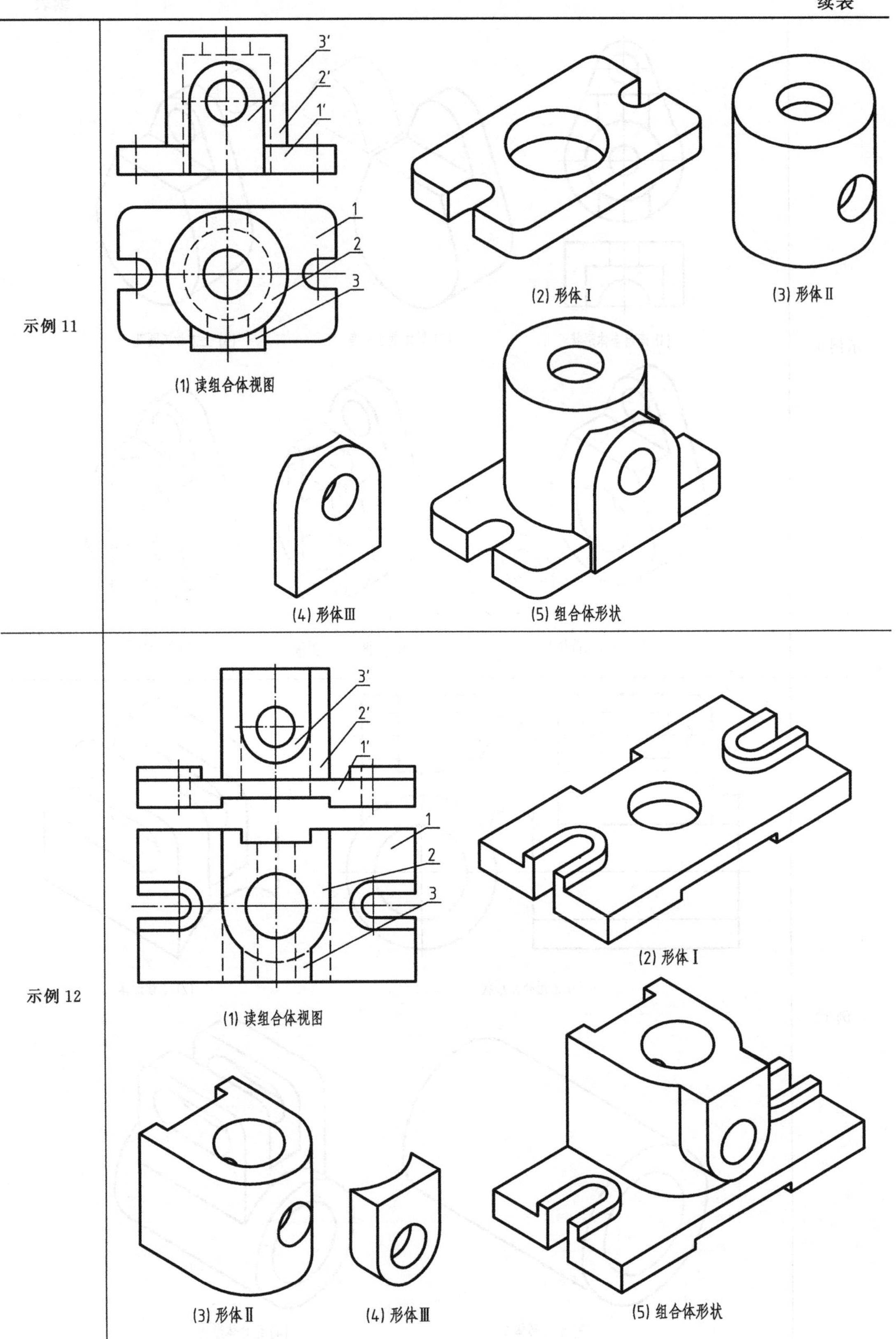
示例 12	

3′
2′
1′
1
2
3
(1) 读组合体视图
(2) 形体Ⅰ
(3) 形体Ⅱ
(4) 形体Ⅲ
(5) 组合体形状
3′
2′
1′
1
2
3
(1) 读组合体视图
(2) 形体Ⅰ
(3) 形体Ⅱ
(4) 形体Ⅲ
(5) 组合体形状

续表

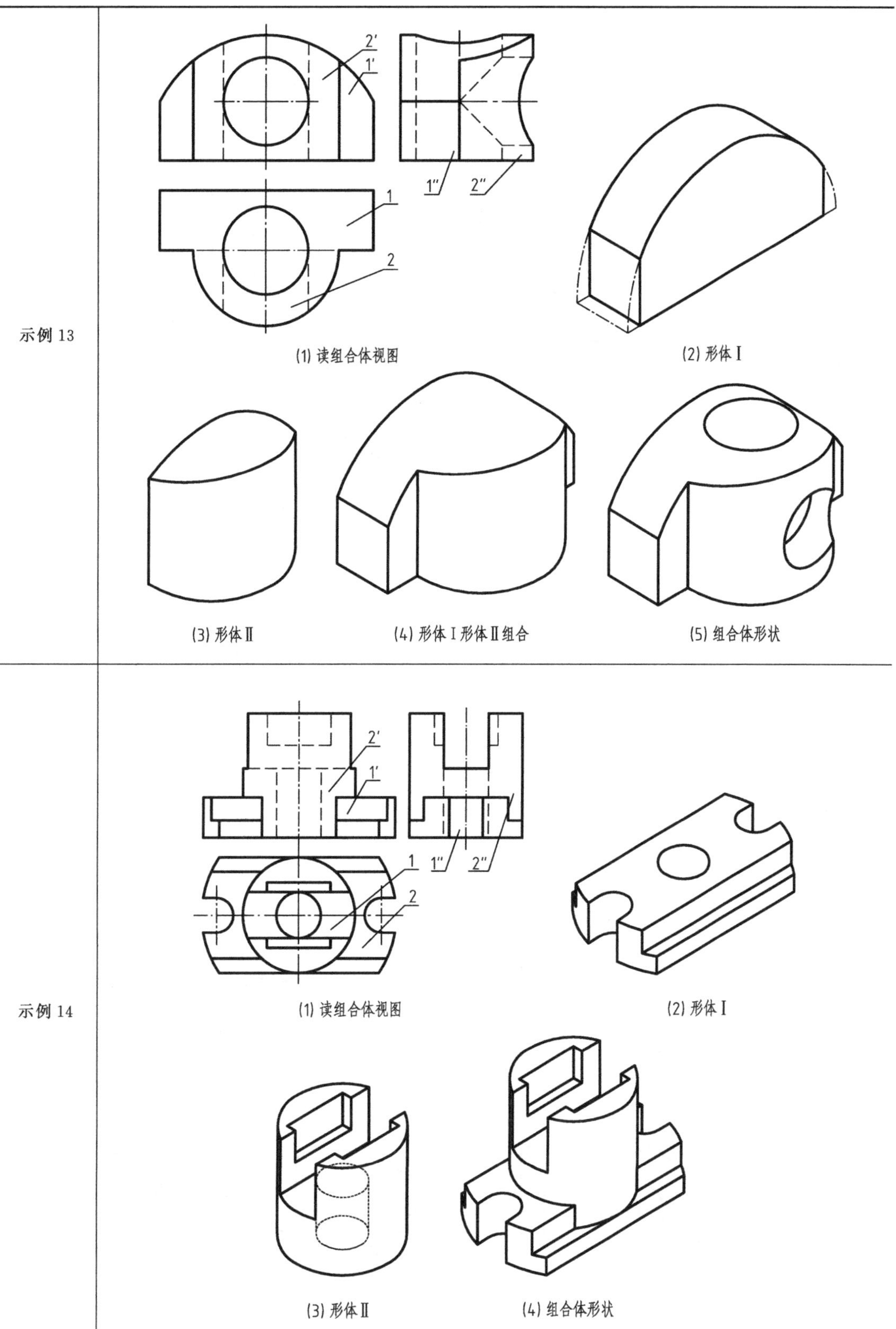
示例 13
2′
1′
1″
2″
1
2
(1) 读组合体视图
(2) 形体Ⅰ
(3) 形体Ⅱ
(4) 形体Ⅰ形体Ⅱ组合
(5) 组合体形状
示例 14
2′
1′
1″
2″
1
2
(1) 读组合体视图
(2) 形体Ⅰ
(3) 形体Ⅱ
(4) 组合体形状

续表

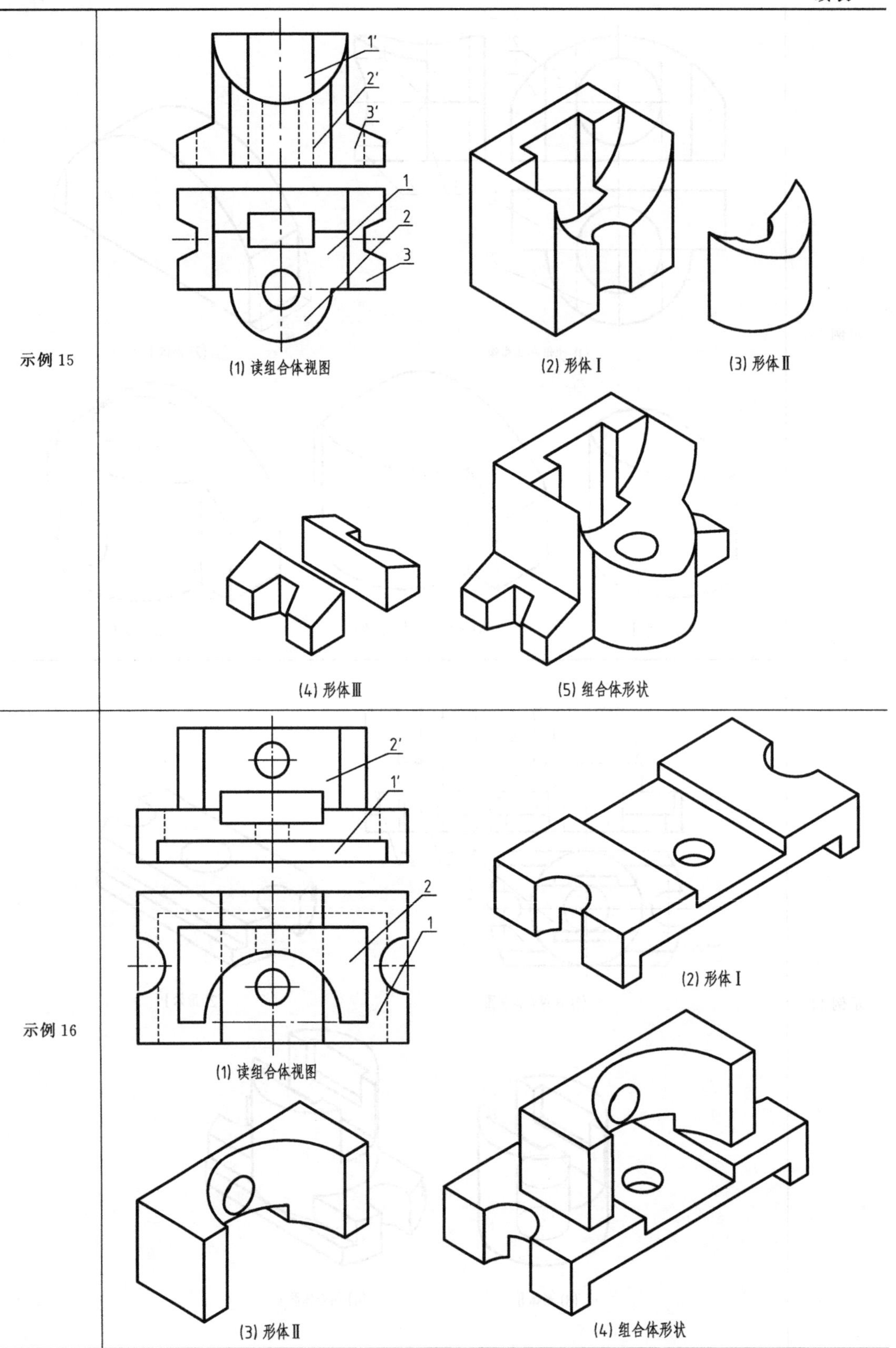
示例 15
1′
2′
3′
1
2
3
(1) 读组合体视图
(2) 形体Ⅰ
(3) 形体Ⅱ
(4) 形体Ⅲ
(5) 组合体形状
示例 16
2′
1′
2
1
(1) 读组合体视图
(2) 形体Ⅰ
(3) 形体Ⅱ
(4) 组合体形状

续表

示例 17	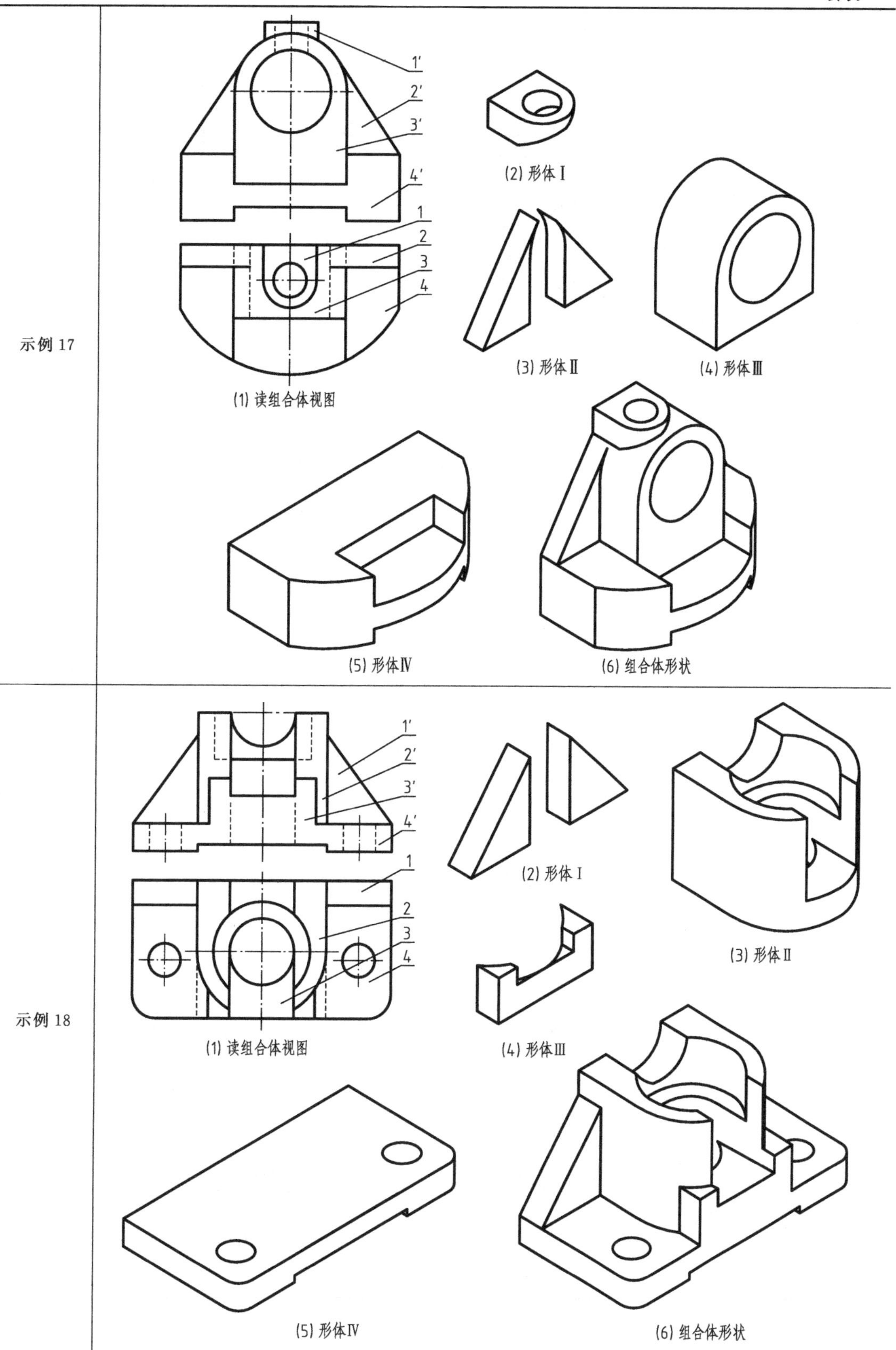(1) 读组合体视图　(2) 形体Ⅰ　(3) 形体Ⅱ　(4) 形体Ⅲ　(5) 形体Ⅳ　(6) 组合体形状
示例 18	(1) 读组合体视图　(2) 形体Ⅰ　(3) 形体Ⅱ　(4) 形体Ⅲ　(5) 形体Ⅳ　(6) 组合体形状

续表

示例 19	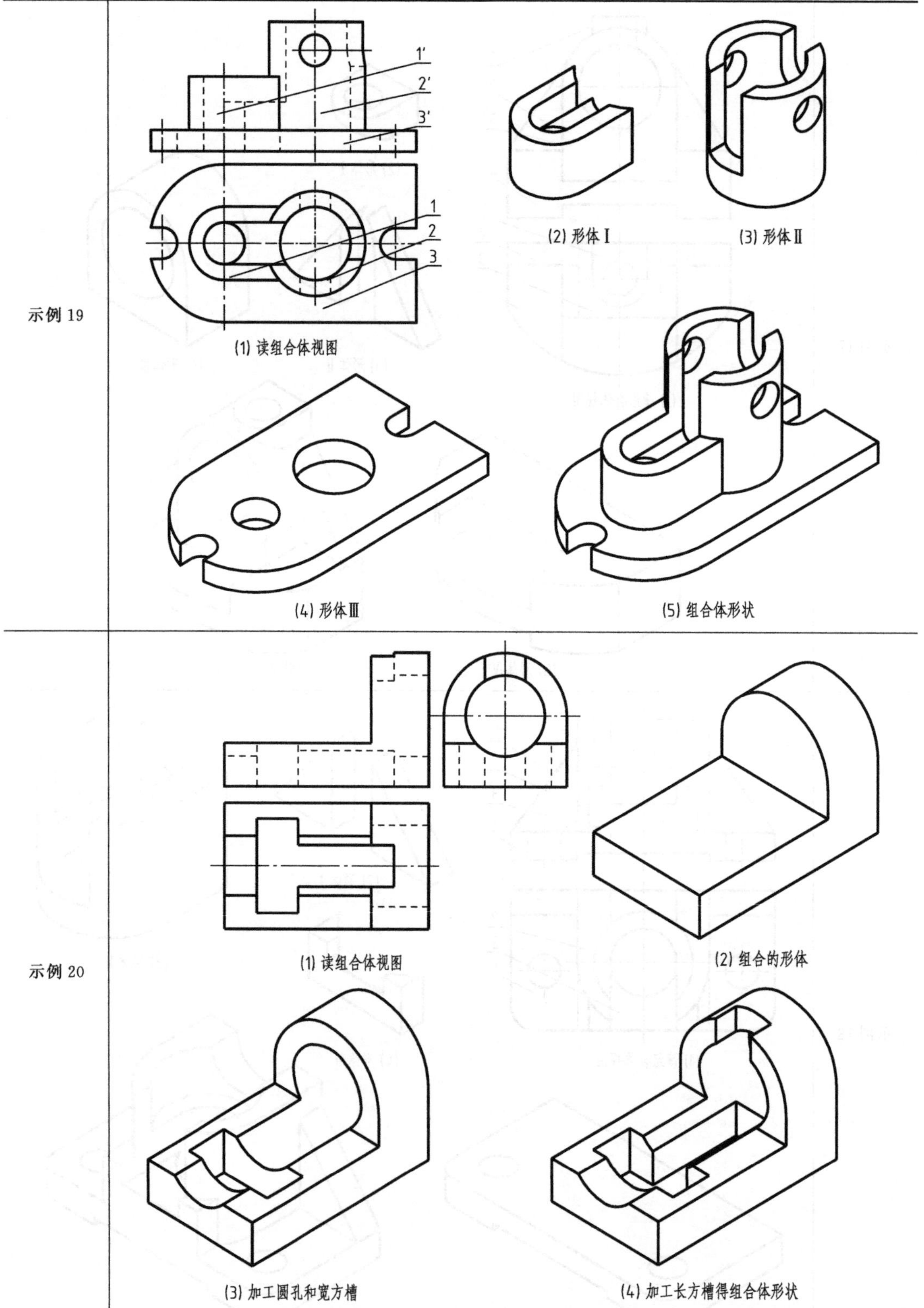(1) 读组合体视图 (2) 形体Ⅰ (3) 形体Ⅱ (4) 形体Ⅲ (5) 组合体形状
示例 20	(1) 读组合体视图 (2) 组合的形体 (3) 加工圆孔和宽方槽 (4) 加工长方槽得组合体形状

第 7 章　图样画法

GB/T 17451—1998《技术制图　图样画法》基本要求规定，在绘制图样时，应首先考虑看图方便，在完整、清晰地表示物体形状的前提下，力求制图简便。在选择视图时，视图数量尽可能少；尽量避免使用虚线表达物体的轮廓线及棱线；避免不必要的细节重复。

7.1 视图

GB/T 17451—1998《技术制图　图样画法　视图》规定了视图的基本表示法，视图通常有基本视图、向视图、局部视图和斜视图。GB/T 4458.1—2002《机械制图　图样画法　视图》对机械图样中视图的画法作了补充规定。

7.1.1 基本视图

基本视图是将物体向六个基本投影面投影所得到的视图，它们是主视图、左视图、右视图、俯视图、仰视图及后视图。图 7-1 是基本投影面连同它上面的视图展开的方式。

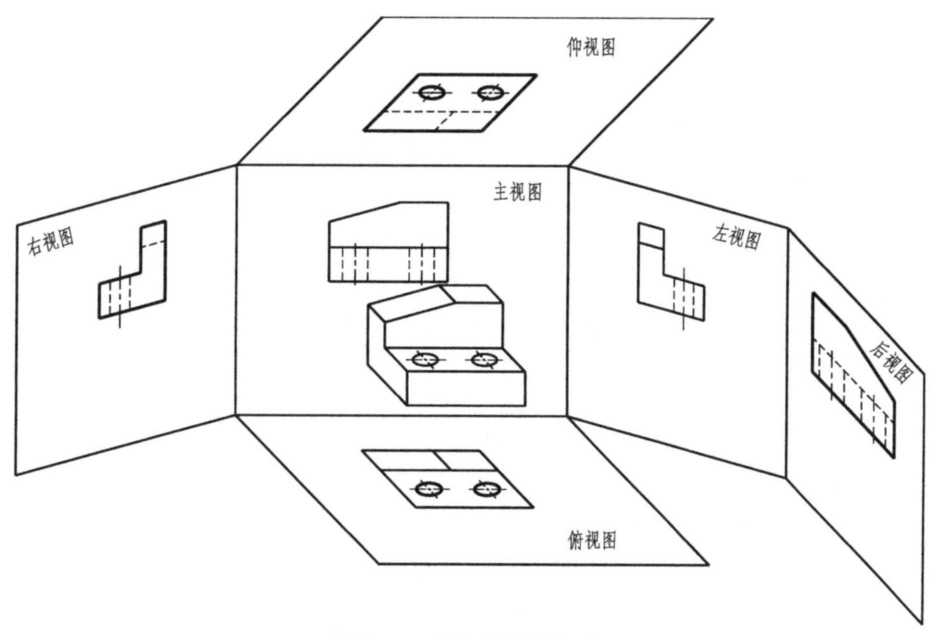

图 7-1　基本视图的展开

在同一张图样上，六个基本视图按图 7-2 所示位置关系配置视图，不标视图名称。

7.1.2 向视图

向视图是可以自由配置的视图。

绘制时应在向视图上方标注“×”，“×”为大写拉丁字母，在相应视图附近用箭头指明投射方向，并标注相同的字母。图 7-3 是将图 7-2 中的仰视图、右视图和后视图画成 A、B、C 三个向视图，并自由配置在图纸的适当位置。

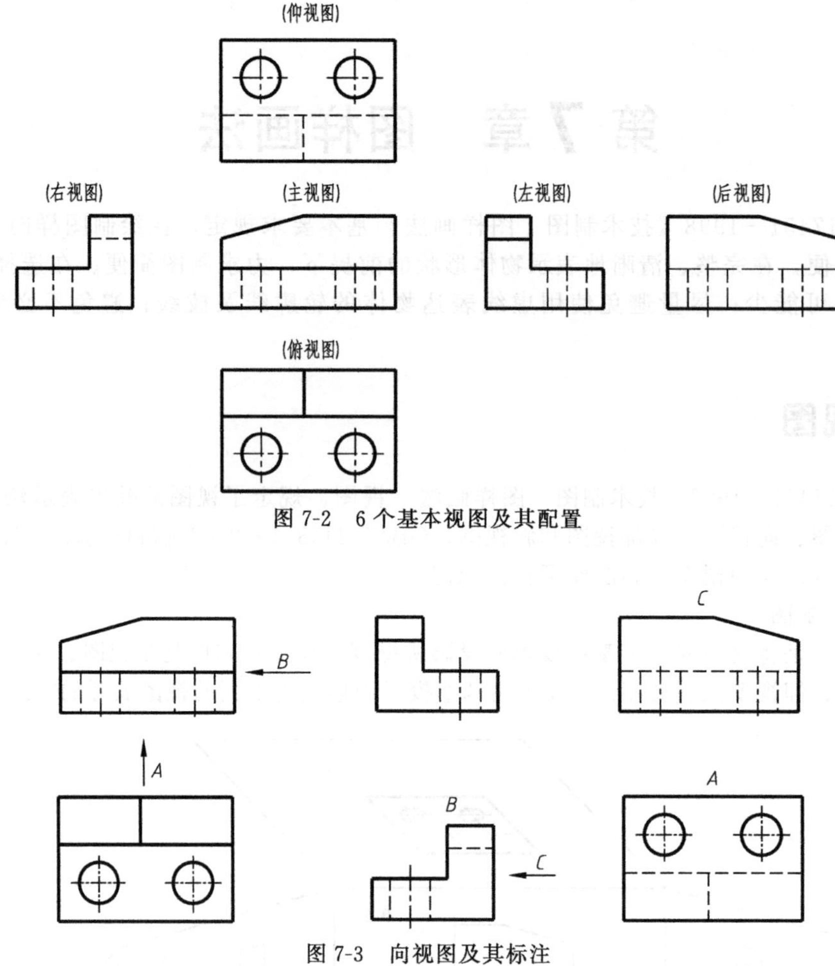

图 7-2　6 个基本视图及其配置

图 7-3　向视图及其标注

7.1.3　局部视图

局部视图是将物体的某一部分向基本投影面投影所得到的视图。

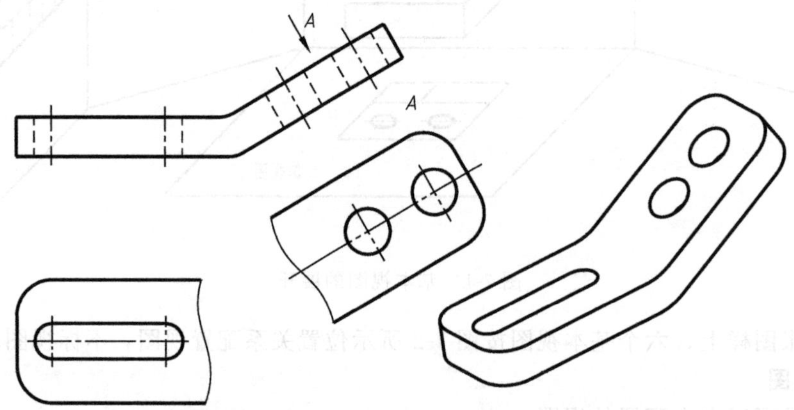

图 7-4　按投影关系配置的局部视图与按向视图配置的斜视图

局部视图的画法和标注符合如下规定：

① 局部视图可按基本视图的配置形式配置，如图 7-4 所示；也可按向视图的配置形式

配置，如图 7-5；

② 局部视图的断裂边界通常以波浪线表示，如图 7-5 所示的 B 视图；

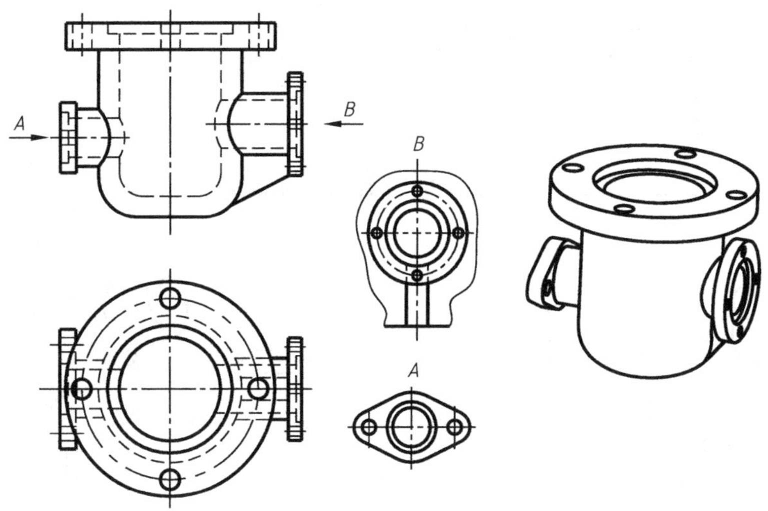

图 7-5　按向视图配置的局部视图

③ 当表示的局部结构外形轮廓线呈完整封闭图形时，波浪线可省略不画，如图 7-5 所示的 A 视图；

④ 为了节省绘图的时间和图幅，对称构件或零件的视图可只画一半或四分之一，并在对称中心线的两端画出两条与其垂直的平行细实线，如图 7-6 所示。

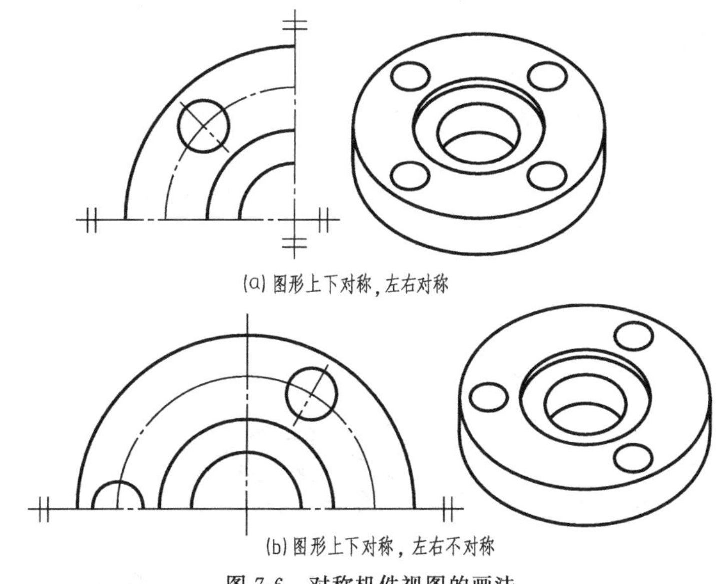

(a) 图形上下对称，左右对称

(b) 图形上下对称，左右不对称

图 7-6　对称机件视图的画法

⑤ 局部视图可采用第三角画法配置的形式，如图 7-7 所示。

7.1.4　斜视图

斜视图是物体向不平行于基本投影面的平面投影所得到的视图。斜视图反映倾斜部分的实形，而不需要表达的部分，可省略不画，用波浪线或双折线断开，如图 7-4 所示。

斜视图通常按向视图的配置形式配置并标注，如图 7-4、图 7-8(b) 所示；必要时，允

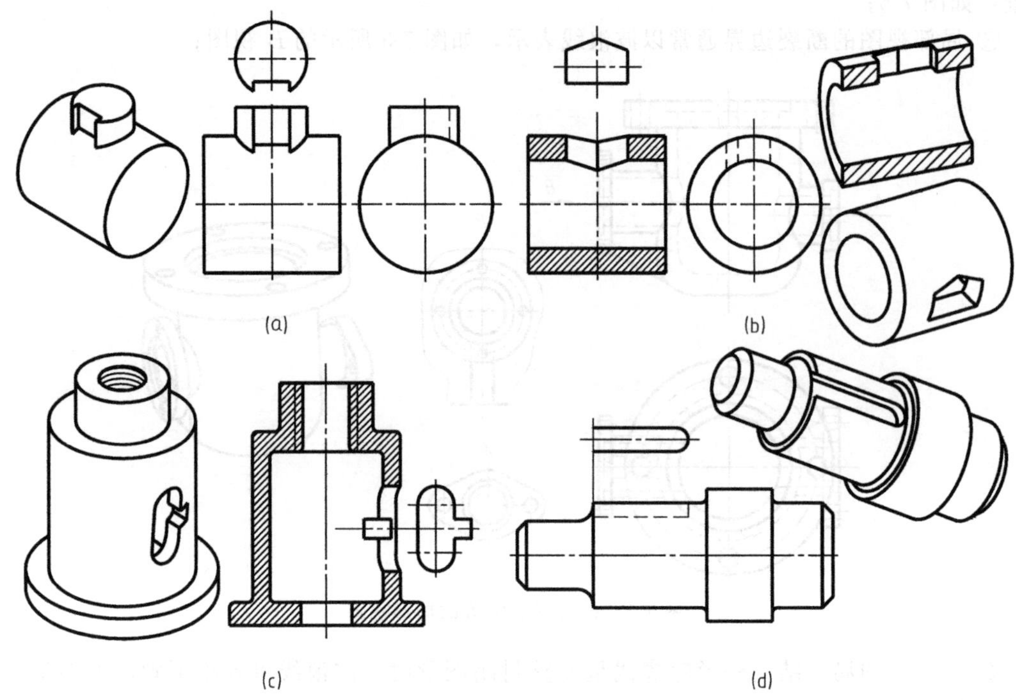

图 7-7 按第三角画法配置的局部视图

许将斜视图旋转配置。表示该视图名称的大写拉丁字母应靠近旋转符号的箭头端，旋转符号用带箭头的半圆表示，圆的半径等于标注字母的高度，箭头指向旋转方向，如图 7-8(c) 所示；也允许将旋转角度标注在字母之后，如图 7-8(d) 所示。

需要注意：斜视图旋转的角度可根据具体情况确定，为了避免出现图形倒置等而产生读图困难的现象，允许图形旋转的角度超过 90°，最终旋转至与基本视图相一致的位置。

当一个零件上有两个或两个以上的相同视图，可以只画一个视图，并用箭头、字母、数字表示其投射方向和位置，见图 7-9。

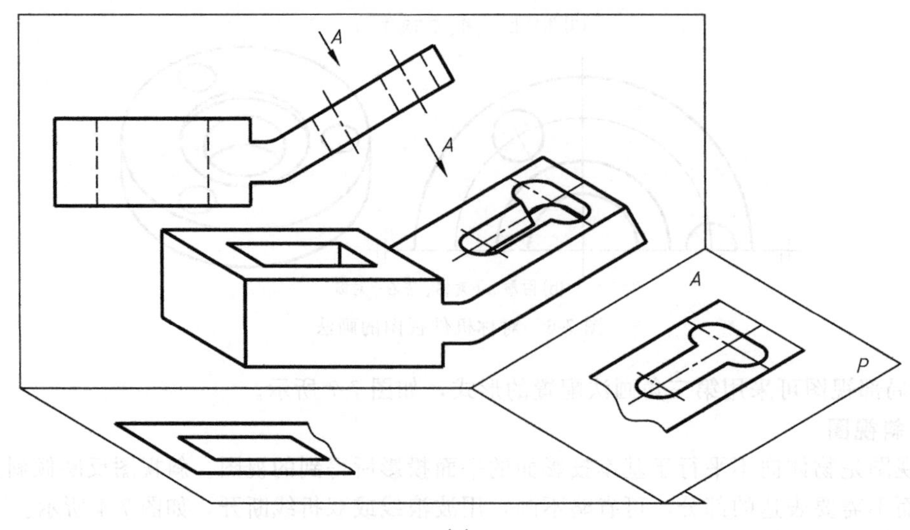

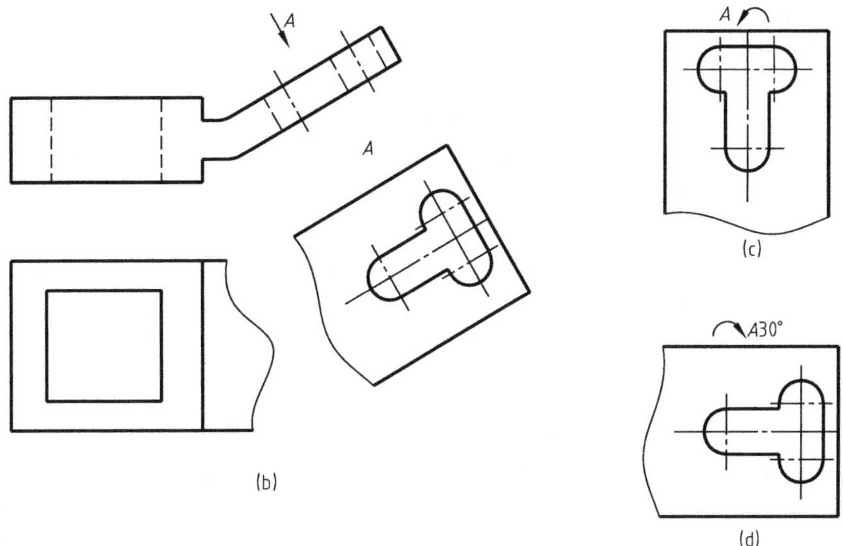

图 7-8　斜视图

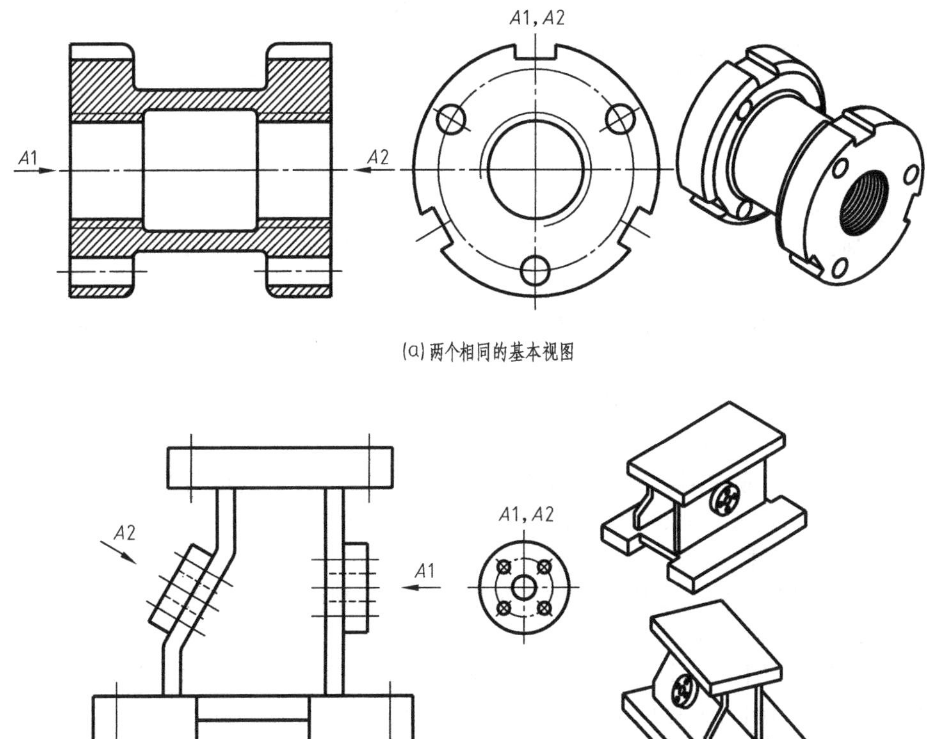

图 7-9　两个相同视图的表示法

7.2 剖视图

在 GB/T 17452—1998《技术制图　图样画法　剖视图和断面图》中规定了剖视图的基本表示法。在 GB/T 4458.6—2002《机械制图　图样画法　剖视图和断面图》中，又对剖视图的画法作了补充规定。

7.2.1 剖视图的基本概念和剖视图的画法

如图 7-10(b) 所示，假想用剖切平面剖开物体，将位于观察者和剖切平面之间的部分移去，而将剩余部分向投影面投影所得到的图形，称为剖视图。剖视图主要用来表达物体的内部结构。

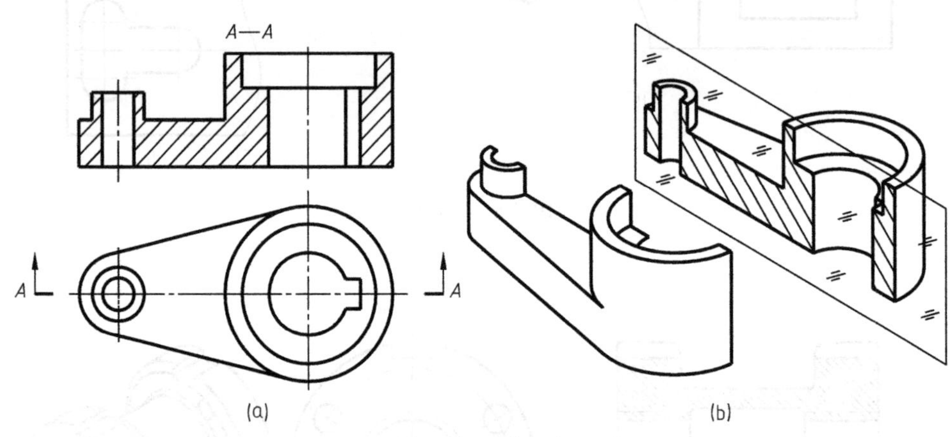

图 7-10　剖视图

(1) 剖视图的画法

① 确定剖切位置。一般常用平面作剖切面（也可用柱面）。画剖视图时，首先选择恰当的剖切位置。为了表达物体内部的真实形状，剖切平面一般通过物体内部结构的对称面或孔的轴线，并平行于相应的投影面，如图 7-10(b) 所示，剖切面为正平面，且通过物体的前后对称面。

② 画剖视图。剖切平面剖切到的物体断面轮廓和其后面的可见轮廓线，都用可见粗实线画出，如图 7-10(a) 所示。

③ 画剖面符号。应在剖切到的断面轮廓内画出剖面符号。剖面符号的画法，应遵守前述国家标准 GB/T 17453—1998 和 GB/T 4457.5—2006 的有关规定。

(2) 剖视图的标注

① 一般应在剖视图的上方用大写拉丁字母标注出剖视图的名称“×—×”。字母必须水平书写，如图 7-10(a) 所示。

② 在相应的视图上用剖切符号及剖切线表示剖切位置和投影方向，并在剖切符号旁边标注和剖视图名称相同的大写拉丁字母“×”，如图 7-10(a) 所示。

剖切符号是包含指示剖切面起、迄和转折位置及投射方向的符号。剖切位置用短画粗实线表示，投影方向用箭头表示。

指示剖切面起、迄和转折位置，尽可能不要与图形的轮廓线相交，投影方向画在剖切符号的两外端，并与剖切位置符号末端垂直，如图 7-11(a) 所示，剖切线是指剖切面位置的线，用细点画线绘制。剖切符号、剖切线和字母的组合标注，如图 7-11(a) 所示。剖切线可以省略不画，如图 7-11(b) 所示。

③ 剖切面可以位于物体实体之外，如图 7-12 所示。

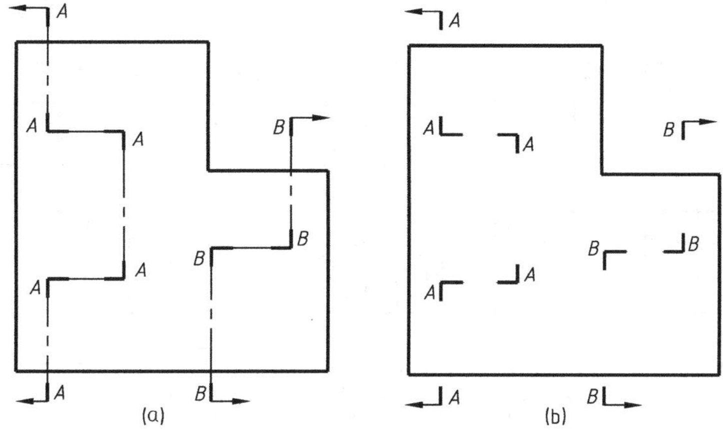

图 7-11　剖切符号、剖切线和字母的组合标注

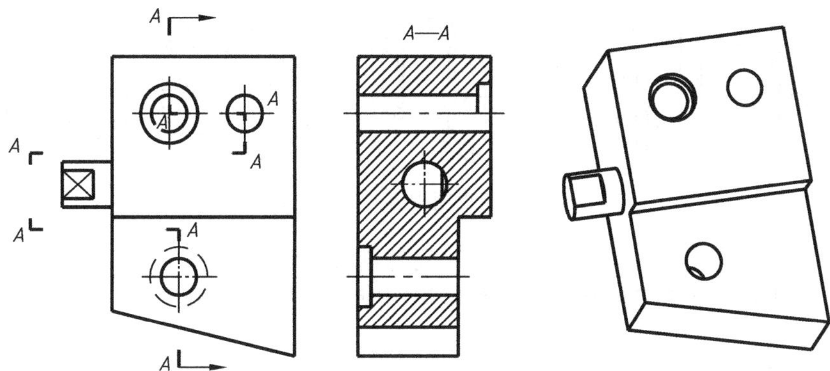

图 7-12　剖切面可以位于物体实体之外

④ 当剖视图按基本视图关系配置，且中间没有其他视图隔开时，可省略箭头，如图 7-13、图 7-14 所示的 B—B。

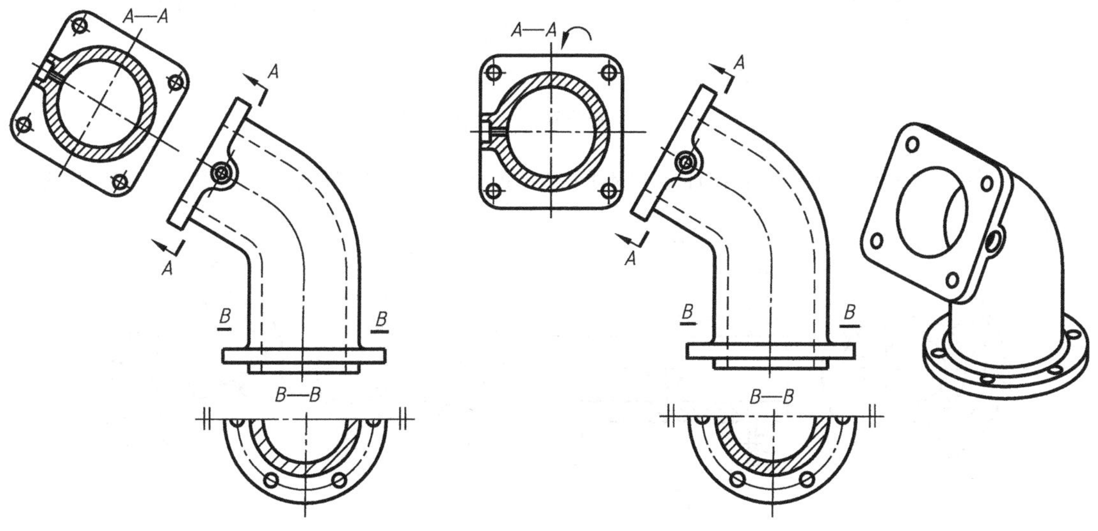

图 7-13　斜剖视图通常的配置与标注

图 7-14　斜剖视图旋转后的配置与标注

⑤ 当单一剖切平面通过物体的对称平面或基本对称平面，剖视图按基本视图关系配置时，且中间没有其他视图隔开时，可以不加标注，如图 7-15 中的所有的正确的剖视图。

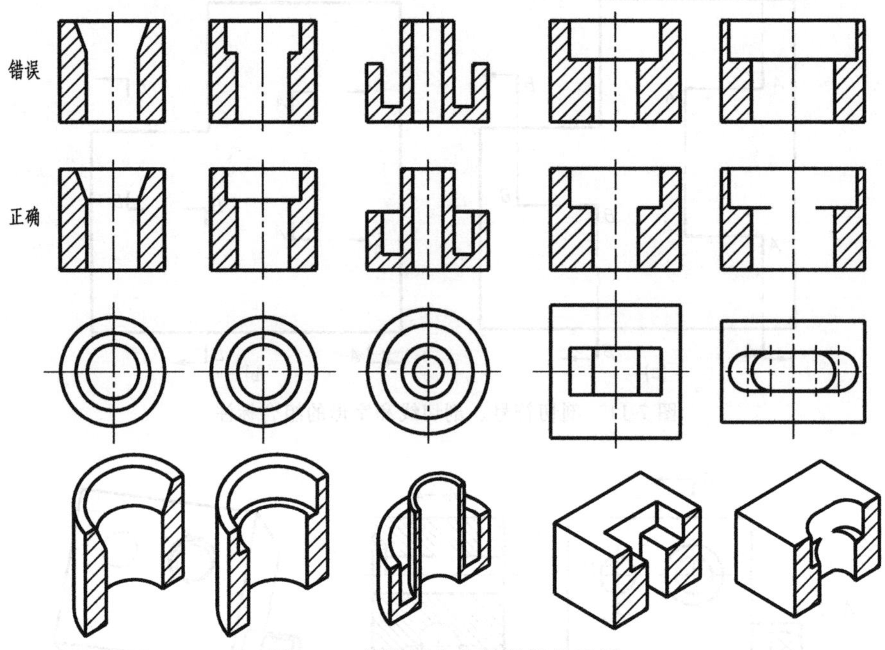

图 7-15 剖视图中容易漏线的示例

⑥ 当单一剖切平面的剖切位置明确时，局部剖视图不必标注。

⑦ 用几个平面分别剖开物体，得到相同视图时，按图 7-16 所示的方法标注。

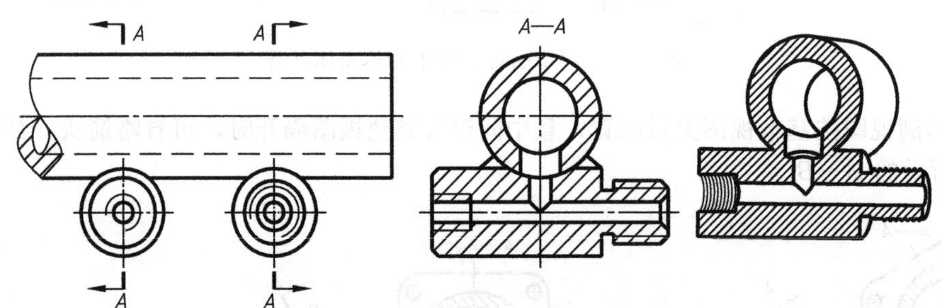

图 7-16 用几个平面分别剖开物体得到相同视图

⑧ 用一个公共剖切平面剖物体，按不同方向投影得到两个剖视图，按图 7-17 所示的方法标注。

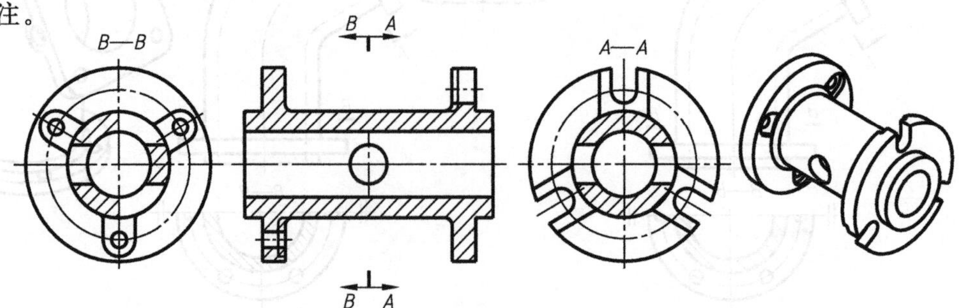

图 7-17 用一个公共剖切平面剖物体，按不同方向投影得到两个剖视图

（3）画剖视图应注意的问题

① 假想剖切。剖视图是假想把物体剖切后画出的投影，目的是清晰表达物体的内部结构，其他视图必须把物体完整地画出。如图 7-10(a) 中的俯视图。

② 虚线处理。为了使剖视图清晰，凡是其他视图上已经表达清楚的结构形状，其虚线省略不画。

③ 剖视图中不要漏线。剖切平面后的可见轮廓线应画出，如图 7-15 所示。

7.2.2 剖切面

（1）单一剖切面

① 可以是平行于某一基本投影面的平面，见图 7-10。

② 也可以是不平行于任何基本投影面的平面，如图 7-13 所示的斜剖切面。采用斜剖切面所画的剖视图称为斜剖视，其配置和标注方法通常如图 7-13 所示。必要时，允许将斜剖视图旋转配置，但必须在剖视图上方标注出旋转符号（同斜视图），见图 7-14。剖视图名称在旋转符号箭头的一侧。

③ 单一剖切面还可以采用柱面剖切物体，此时剖视图应按展开的形式绘制，见图 7-18。

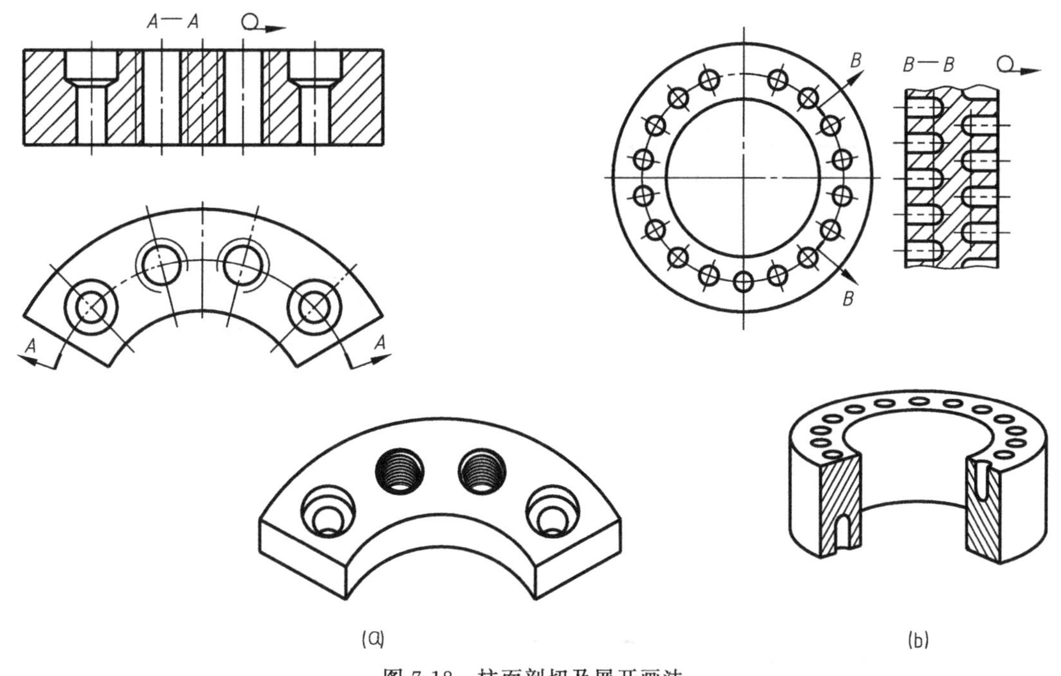

图 7-18　柱面剖切及展开画法

（2）几个平行的剖切面

用几个平行的剖切平面剖开物体的方法称为阶梯剖，见图 7-19。

采用这种方法画剖视图时，各剖切平面的转折处必须为直角，并且要表达的内容不相互遮挡，在图形内不应出现不完整的要素。仅当两个要素在图形上具有公共对称中心线或轴线时，可以各画一半，此时应以对称中心线或轴线为界，见图 7-20。

因为是假想的剖开物体，所以设想将几个平行的剖切平面移到同一位置后，再进行投影。因此，不应画出剖切平面转折处的交线，见图 7-19。

为了清晰起见，各剖切平面的转折处不能重合在图形的实线和虚线上，见图 7-21。

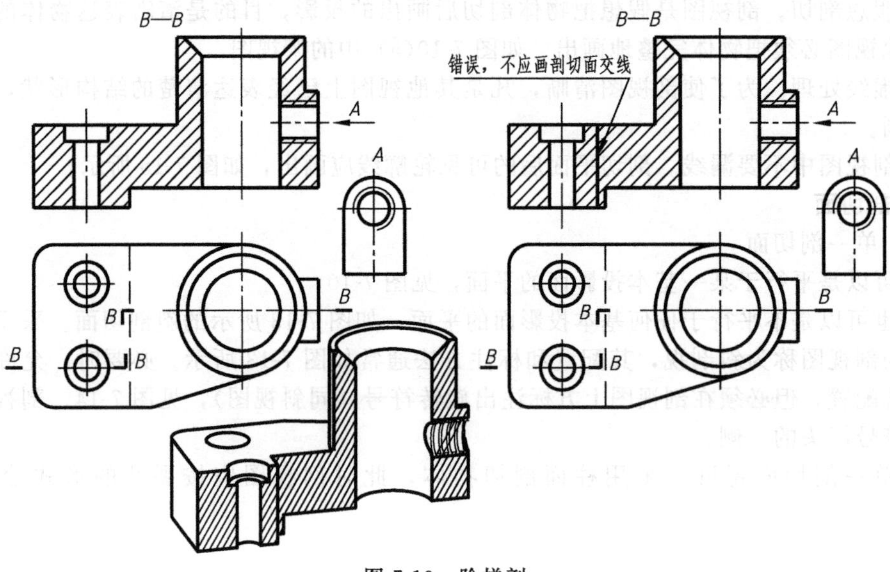

图 7-19 阶梯剖

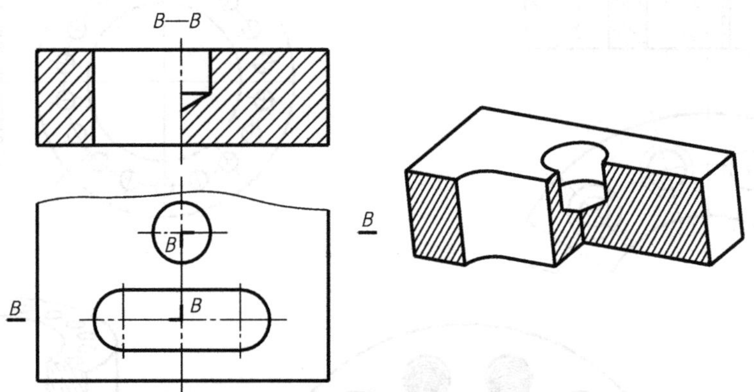

图 7-20 两要素具有公共对称中心线的阶梯剖

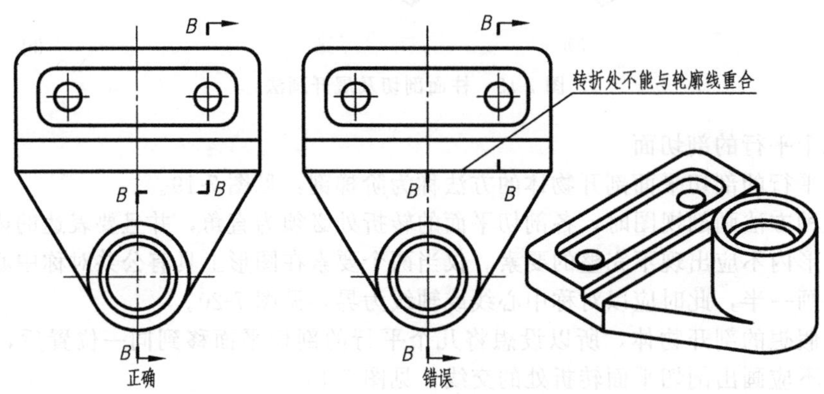

图 7-21 转折处不能重合在图形的实线和虚线上

(3) 几个相交的剖切面（交线垂直于某一投影面）

有三种情况：

① 两个相交的平面剖切物体，这种方法称为旋转剖。采用这种方法画剖视图时，先假想按剖切位置剖开物体，然后将剖开后所显示的结构及其有关的部分旋转到与选定的投影面平行，再进行投影，如图 7-22、图 7-23 所示。

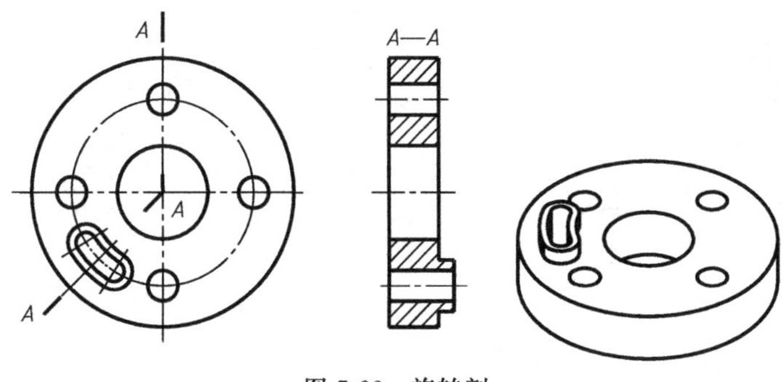

图 7-22　旋转剖

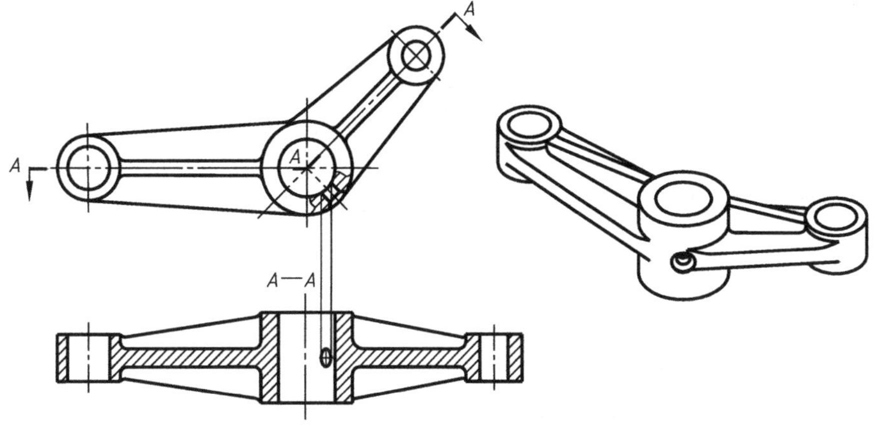

图 7-23　剖切平面后的结构按原来位置投影

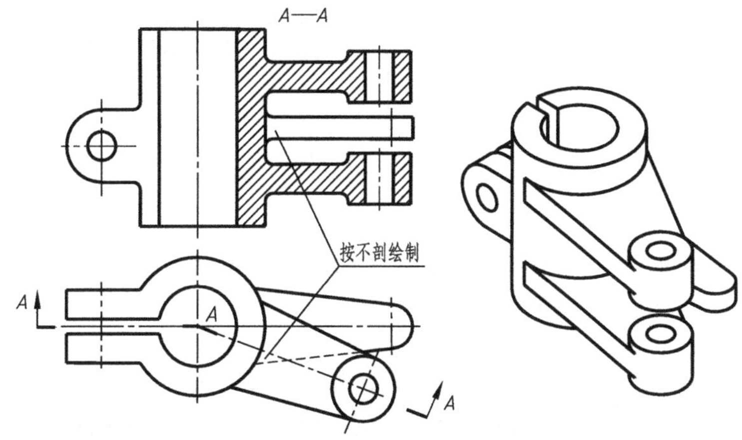

图 7-24　剖切后产生不完整要素按不剖绘制

在剖切平面后的结构仍按原来的位置投影，如图 7-23 中的油孔。当剖切后产生不完整要素时，应将此部分按不剖绘制，如图 7-24 中的中间臂。

② 连续几个相交的剖切平面剖切，此时剖视图应采用展开画法，并在剖视图上方标注“×—×展开”，如图 7-25 所示。

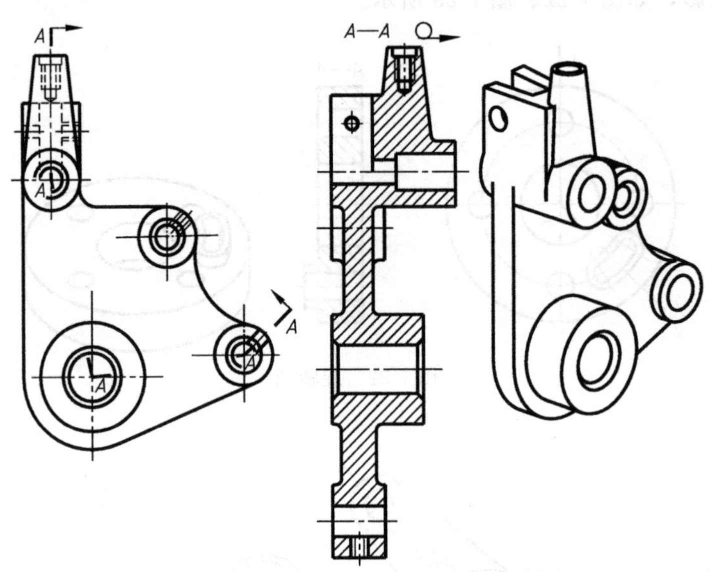

图 7-25 连续几个相交的剖切平面剖切

③ 相交的剖切平面与其他剖切面重合，这种方法称为复合剖，如图 7-26。

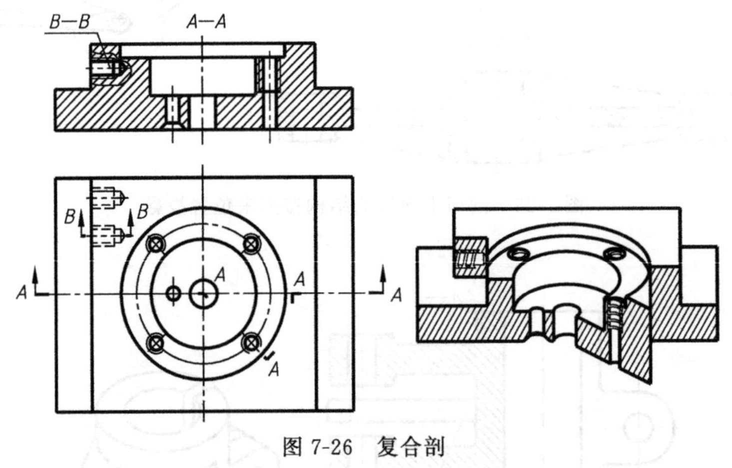

图 7-26 复合剖

7.2.3 全剖视图

用剖切平面完全地剖开物体所得到的视图称为全剖视图。图 7-10、图 7-14、图 7-16、图 7-19～图 7-25，均为全剖视图。

7.2.4 半剖视图

当物体具有对称平面，向垂直于对称平面的投影面投影得到的图形，可以对称中心线为界，一半画成剖视图，一半画成视图，称为半剖视图，如图 7-27 所示的 B—B。

物体形状接近对称，且不对称部分另有图形表达清楚，也可画成半剖视图，如图 7-28 所示。半剖视标注与单一剖的标注一样。对称物体在对称中心线处有图线，不能画半剖视图。

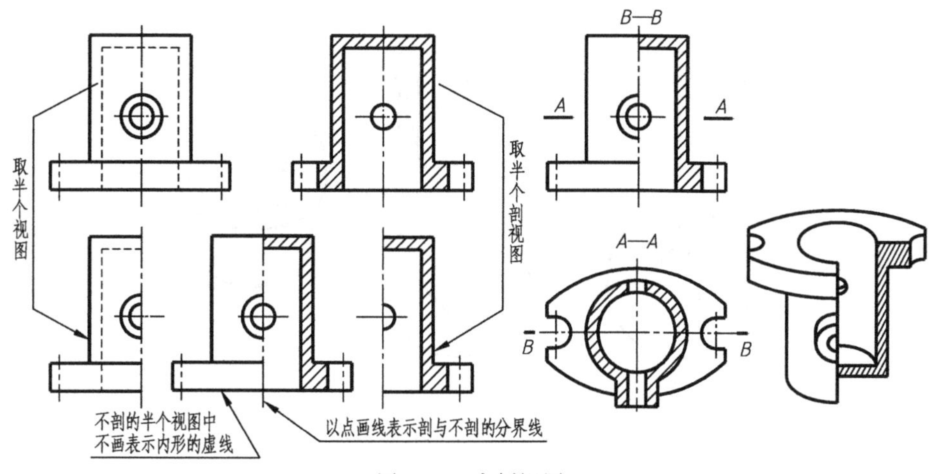

图 7-27 半剖视图

7.2.5 局部剖视图

用剖切平面将物体局部剖开所得到的视图称为局部剖视图，通常用波浪线或双折线表示剖切范围，如图 7-29 中的底板安装孔。

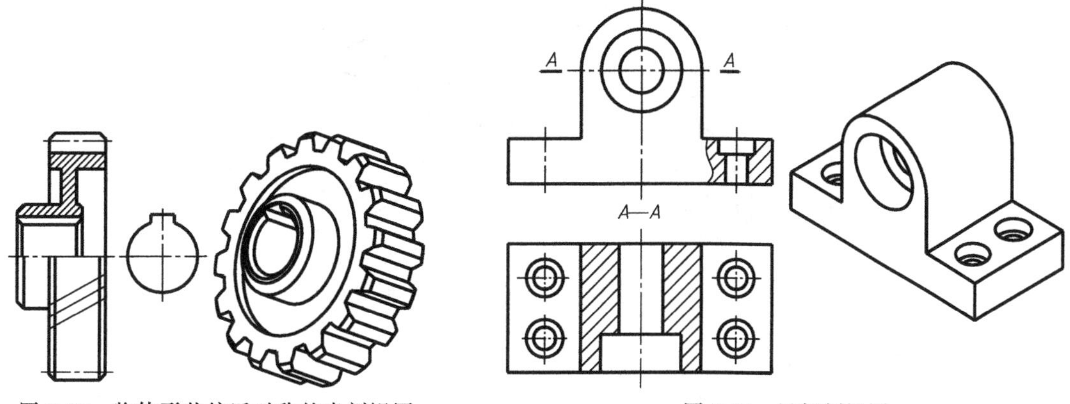

图 7-28 物体形状接近对称的半剖视图

图 7-29 局部剖视图

(1) 局部剖视图的应用

① 物体上只有局部的内部结构形状需要表达，而不必画成全剖视图，如图 7-30 所示。

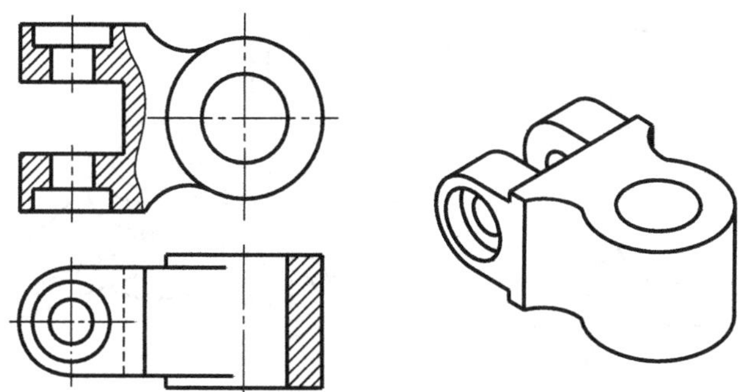

图 7-30 物体上只有局部的内部结构形状需要表达

② 物体具有对称面，但对称面处有轮廓线，如图 7-31 所示。

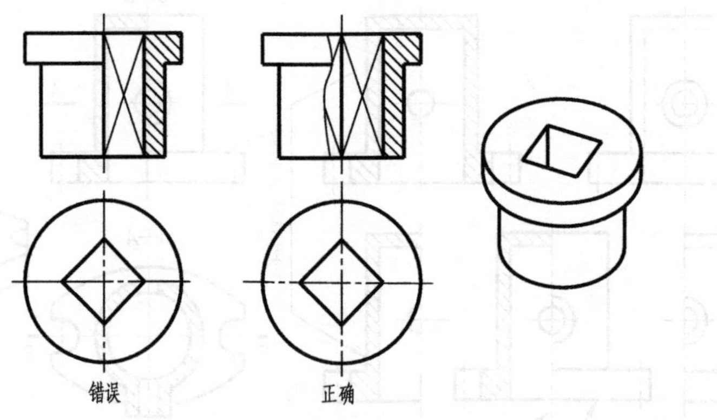

图 7-31 对称面处有轮廓线

③ 当不对称物体的内、外形状都需要表达，如图 7-32 所示。

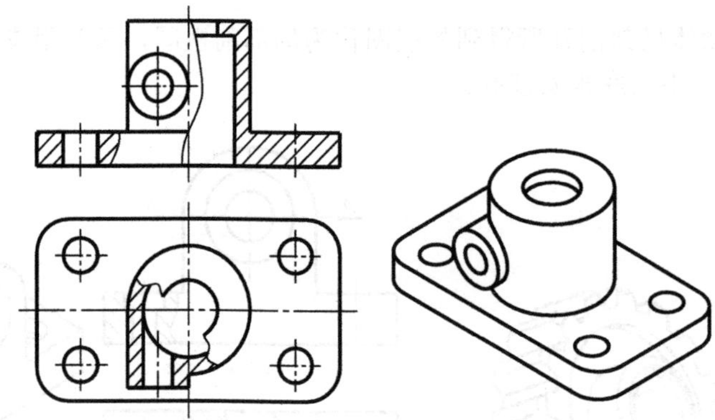

图 7-32 不对称物体的内、外形状都需要表达

（2）画局部剖视图应注意的问题

① 波浪线只能画在物体表面的实体部分，不得穿孔而过，也不能超出视图之外，如图 7-33 所示。

② 波浪线不应与其他图线重合或画在它们的延长线位置上，如图 7-33 所示。

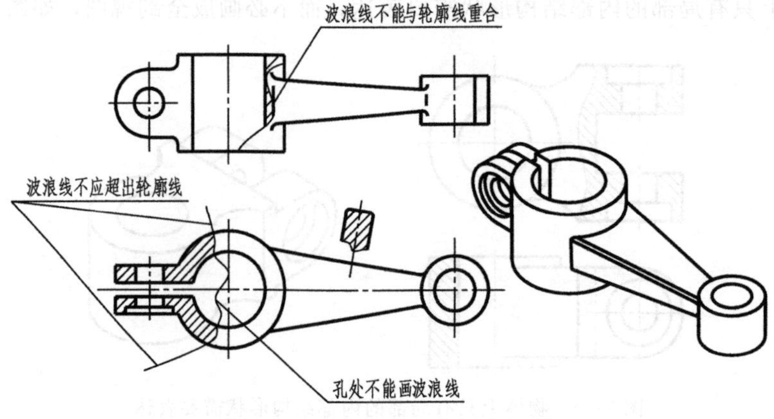

图 7-33 画波浪线应注意的问题

③ 被剖切结构为回转体时，允许将该结构的轴线作为局部剖视图与视图的分界线，如图 7-30 的俯视图。

④ 在一个视图中，采用局部剖视图的部位不宜过多，以免使图形显得过于破碎，影响看图。

⑤ 当用单一的剖切平面剖切，且剖切位置明显时，局部剖视图的标注可省略。当剖切平面的位置不明显或剖视图不在基本视图位置时，应标注剖切符号、投射方向和局部剖视图的名称，见图 7-34。

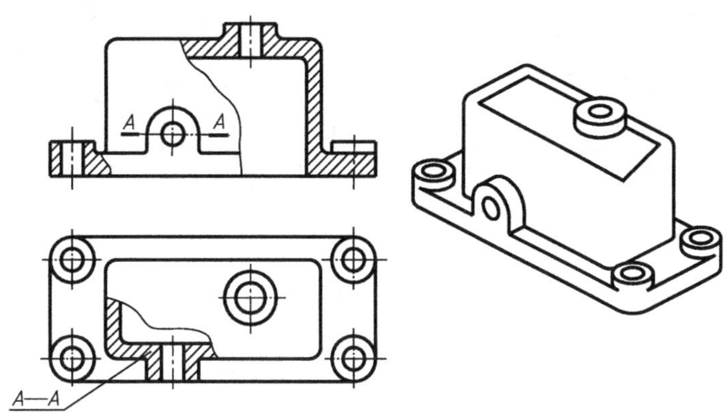

图 7-34　局部剖视图的标注

7.2.6　合成图形的剖视图

可将投影方向一致的几个对称图形各取一半或四分之一合并成一个图形。此时在相应的视图附近标出相应的剖视图名称，见图 7-35。

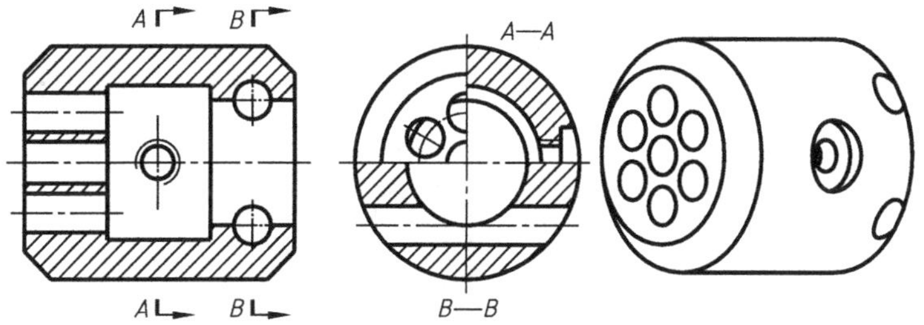

图 7-35　合成图形的剖视图

7.3　断面图

GB/T 17452—1998《技术制图　图样画法　剖视图和断面图》规定了断面图的基本表示法。在 GB/T 4458.6—2002《机械制图　图样画法　剖视图和断面图》中，又对断面图的画法作了补充规定。

假想用剖切平面将物体的某处切断，仅画出该剖切面与物体接触部分的图形，称为断面图，简称断面。断面图分移出断面图和重合断面图。

7.3.1　移出断面图

移出断面图的图形应画在视图之外，轮廓线用粗实线绘制。移出断面的画法如下：

① 移出断面图应配置在剖切符号或剖切线的延长线上，见图 7-36。

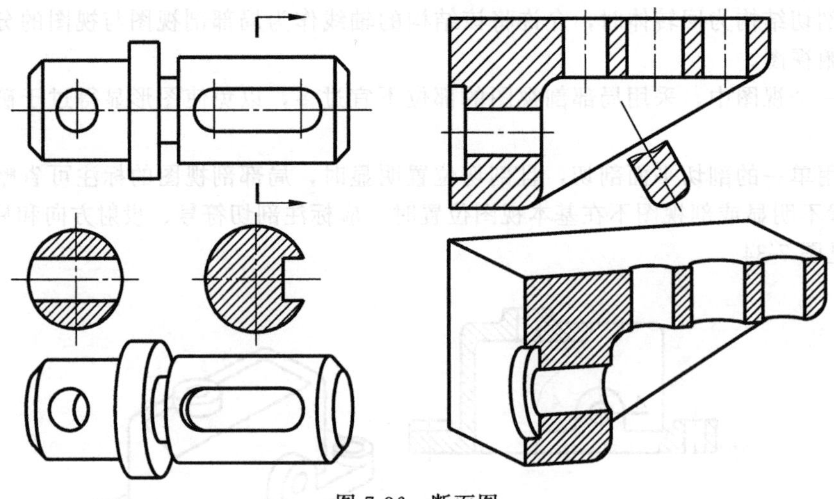

图 7-36　断面图

② 断面图形对称时，也可画在视图的中断处，见图 7-37。

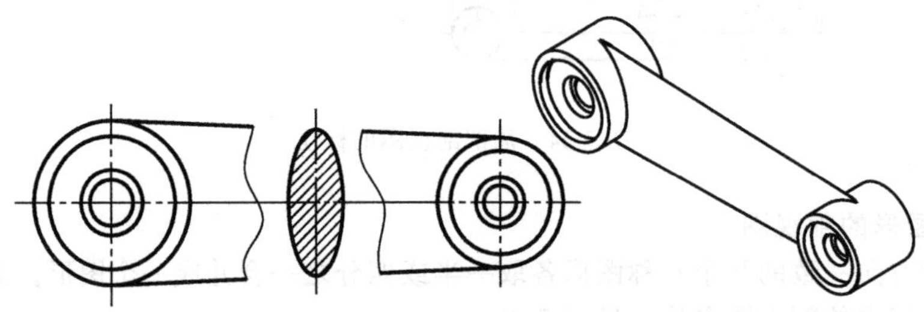

图 7-37　画在视图中断处的断面图

③ 必要时，移出断面可配置在其他适当位置。在不致引起误解时，允许将图形旋转配置，此时应在断面图上方注出旋转符号，标注的规定与旋转剖标注的规定相同，见图 7-38。

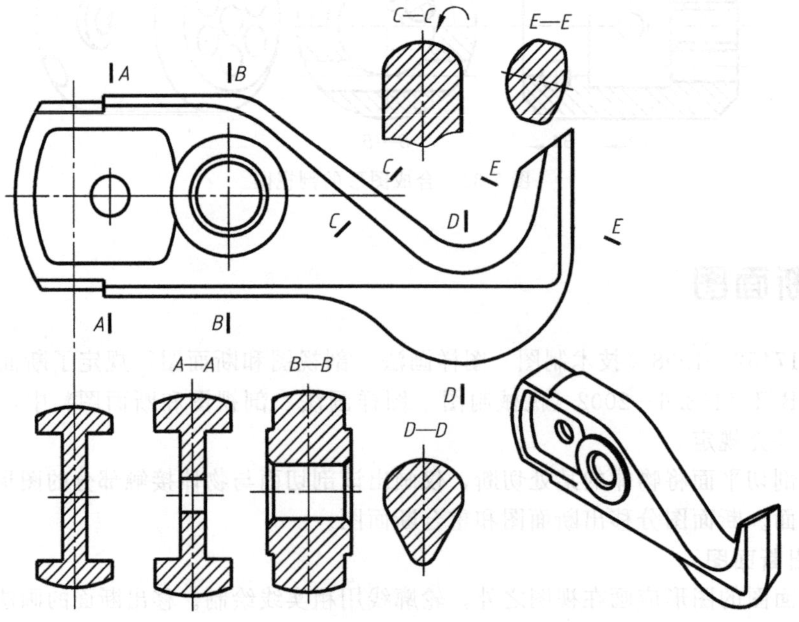

图 7-38　断面图配置在适当位置

④ 由两个或多个相交的剖切平面剖切物体而得到的移出断面，断面图绘制在一侧，图形的中间应断开，见图 7-39。

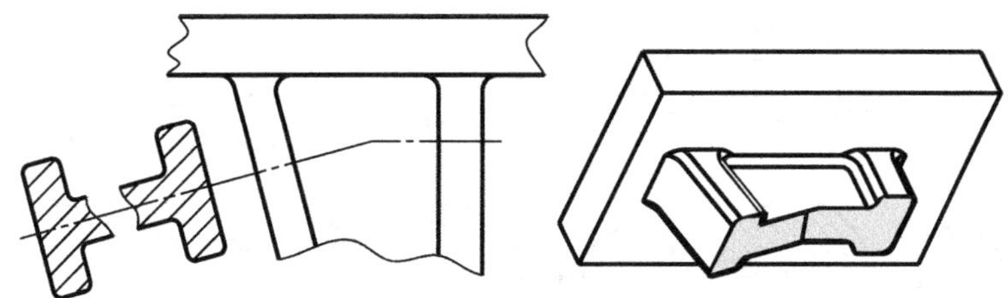

图 7-39　由两相交的剖切平面剖切物体得到的断面图

⑤ 当剖切平面通过回转面形成的孔或凹坑的轴线时，或通过非圆孔导致出现完全分离的断面图形时，这些结构应按剖视图绘制，见图 7-40。

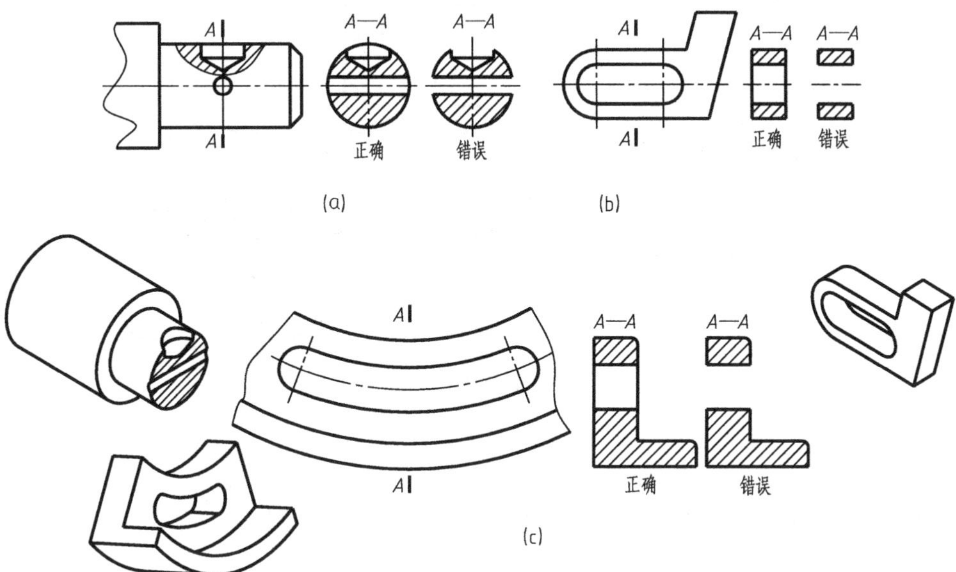

图 7-40　断面图上按剖视绘制的回转结构和导致完全分离的断面图

⑥ 为了便于读图，逐次剖切的多个断面图形，可按图 7-41～图 7-43 的形式配置。

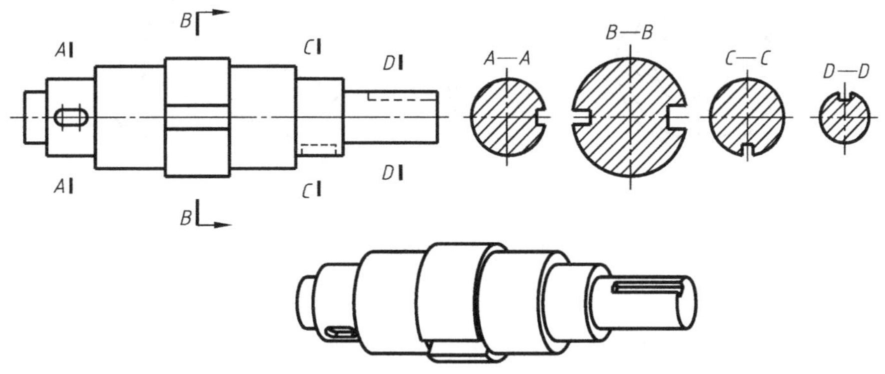

图 7-41　逐次剖切的多个断面图的配置（一）

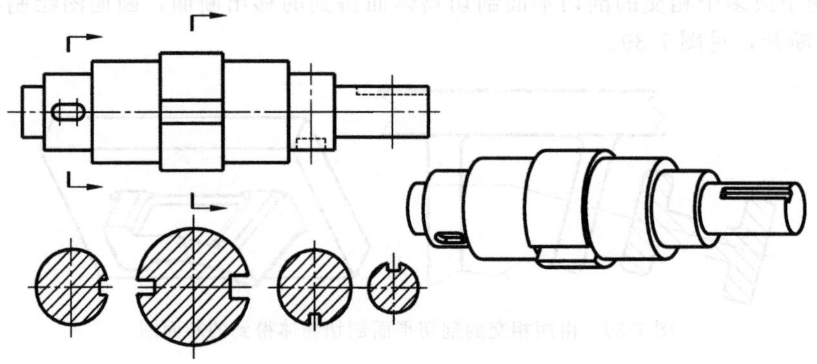

图 7-42 逐次剖切的多个断面图的配置（二）

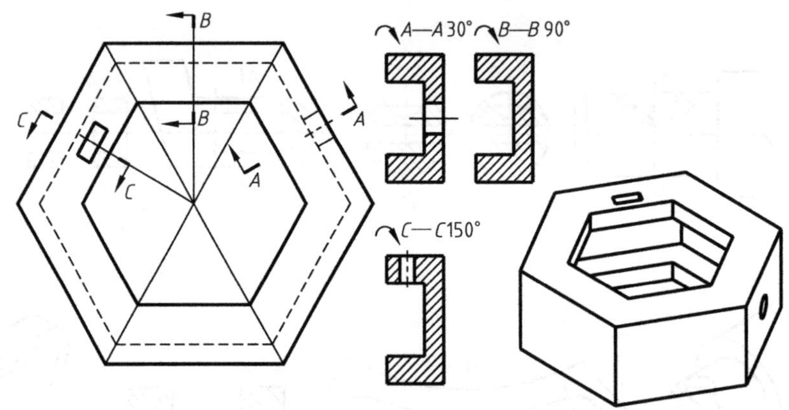

图 7-43 逐次剖切的多个断面图的配置（三）

7.3.2 重合断面图

重合断面的轮廓线用细实线绘制，断面图形画在视图之内，当视图的轮廓线与重合断面的图形重叠时，视图中的轮廓线仍应连续画出，不可间断，如图 7-44 所示。

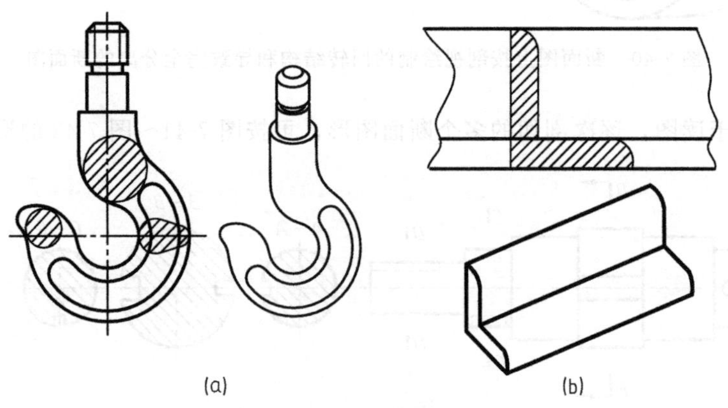

图 7-44 重合断面图

7.3.3 断面图的标注

① 一般应用大写拉丁字母标注移出断面图的名称“×—×”，在相应的视图上用剖切符号表示剖切位置和投影方向，并标注相同的字母，见图 7-38 的 A—A、D—D。

② 配置在剖切符号延长线上的不对称移出断面不必标注字母，如图 7-36 所示。

③ 不配置在剖切符号延长线上的对称移出断面，如图 7-38 所示的 $A—A$、$B—B$，以及按投影关系配置的移出断面，如图 7-41 的 $C—C$、$D—D$，一般不标注箭头。

④ 配置在剖切线延长线上的对称移出断面，不标注字母和箭头，如图 7-42 所示。

⑤ 不对称的重合断面可以省略标注，如图 7-44(b) 所示。

⑥ 对称的重合断面以及配置在视图中断处的对称移出断面，可不标注，如图 7-37、图 7-44(a) 所示。

7.4 规定画法、局部放大图、简化画法

GB/T 16675.1—2012《技术制图　简化表示法　第 1 部分：图样画法》规定了简化画法的基本规则和基本要求，并列举了规定画法和简化画法的图例。在 GB/T 4458.1—2002《机械制图　图样画法　视图》中，规定了局部放大图的画法，还对零件中的个别局部结构的简化画法作了修订。

7.4.1 剖视图和断面图的规定画法

① 对于机件的肋、轮辐及薄壁等，若按纵向剖切，这些结构都不画剖面符号，而用粗实线将它与其相邻的部分分开，如图 7-45 和图 7-46 所示。

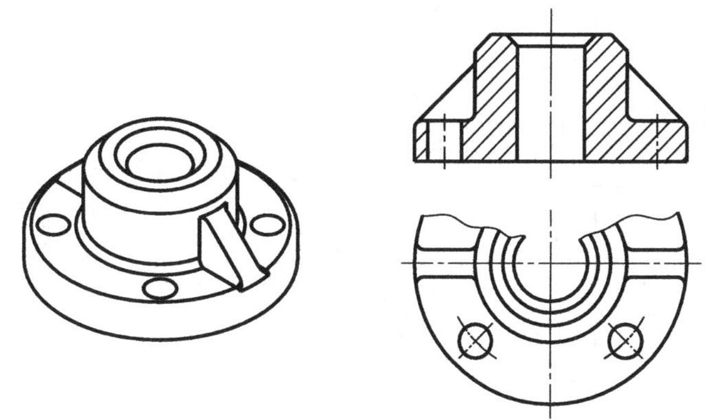

图 7-45　肋纵剖的画法

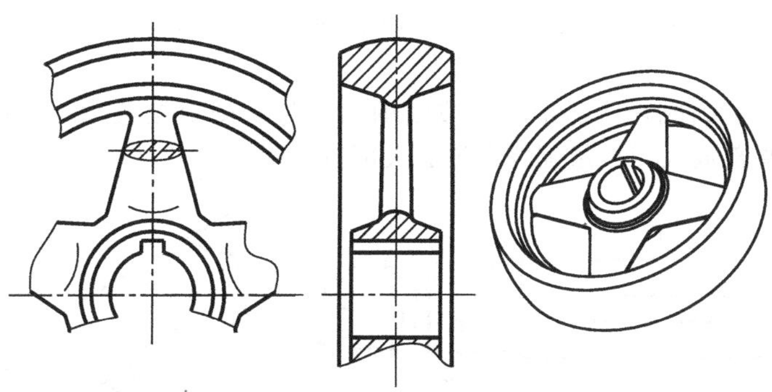

图 7-46　轮辐纵剖的画法

② 当肋板上有些小的内部结构需要表达，可画成局部剖，如图 7-47 所示。

③ 当零件回转体上均匀分布的肋、孔、轮辐等结构不处于剖切平面上时，可将这些结构旋转到剖切平面上画出，如图 7-45 所示的底板小孔和图 7-47 所示的肋的画法。

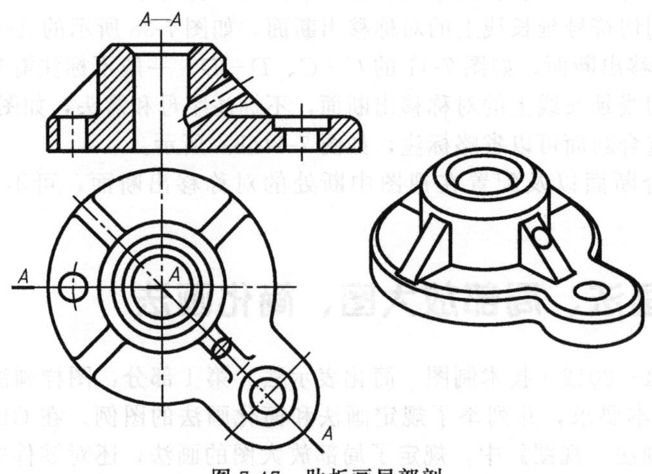

图 7-47 肋板画局部剖

④ 在剖视图的剖面区域内可再作一次局部剖视图，两者剖面线方向、间隔一致，但剖面线必须错开，并用引线注出局部剖视图的名称，如图 7-26 所示的 $B—B$。

⑤ 在不致引起误解的情况下，剖面符号可以省略，如图 7-48 所示。

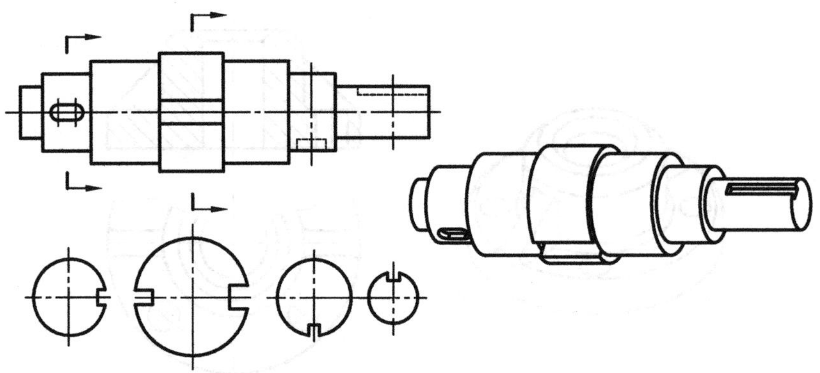

图 7-48 断面图省略剖面符号

7.4.2 局部放大图

将机件的部分结构用大于原图形所采用的比例画出的图形，称为局部放大图。画局部放大图时应注意：

① 局部放大图可画成视图、剖视图或断面图，与原图上被放大部分的表达方式无关，如图 7-49 所示，局部放大图尽量配置在被放大部位的附近。

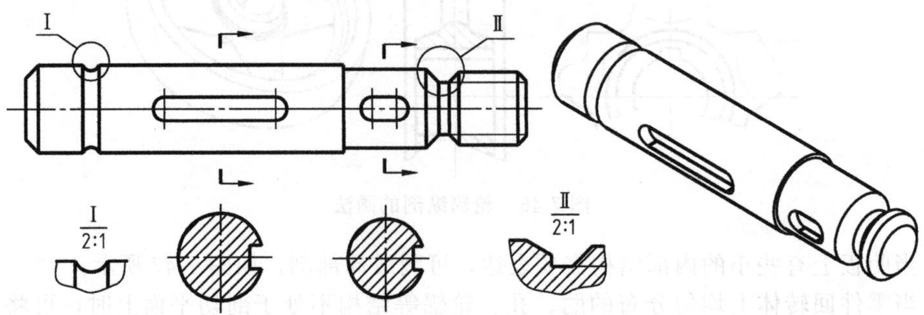

图 7-49 表达方式与原图上被放大部分的表达方式无关

② 绘制局部放大图时，除螺纹牙型、齿轮和链轮的齿形外，应将被放大部分用细实线圈出。在同一机件上有几处需要放大画出时，用罗马数字标明放大部位的顺序，并在相应的放大图的上方标出相应的罗马数字及采用比例，以便区别，如图 7-49 所示。若机件上只有一处需要放大时，只需在局部放大图的上方注明所采用比例，如图 7-50 所示。

③ 同一机件上不同部位的局部放大图，当其图形相同或对称时，只需画出其中的一个，并在几个被放大的部位标注同一罗马数字，如图 1-14 所示。

④ 必要时，可用几个视图表达同一个被放大部位的结构，如图 7-50 所示。

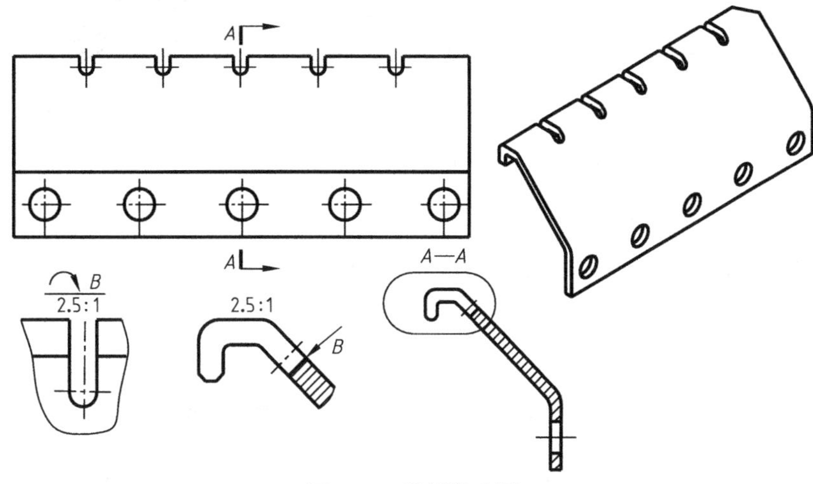

图 7-50　局部放大图

7.4.3　重复性结构的画法

简化原则是：在保证不致引起误解和不会产生理解的多意性的前提下，应力求制图简便；便于识图和绘制，注重简化的综合效果；在考虑便于手工制图和计算机绘图的同时，还要考虑缩微制图的要求。

基本要求是：应避免不必要的视图和剖视图；在不致引起误解时，应避免使用虚线表示不可见的结构；尽可能使用有关标准中规定的符号，表达设计要求；尽可能减少相同结构要素的重复绘制。

重复性结构等的画法就是根据以上原则和要求，进行简化的。

① 当机件具有若干相同结构（如齿、槽等）并按一定规律分布时，只画出几个完整的结构，其余用细实线连接，但必须注明该结构的总数，如图 7-51 所示。

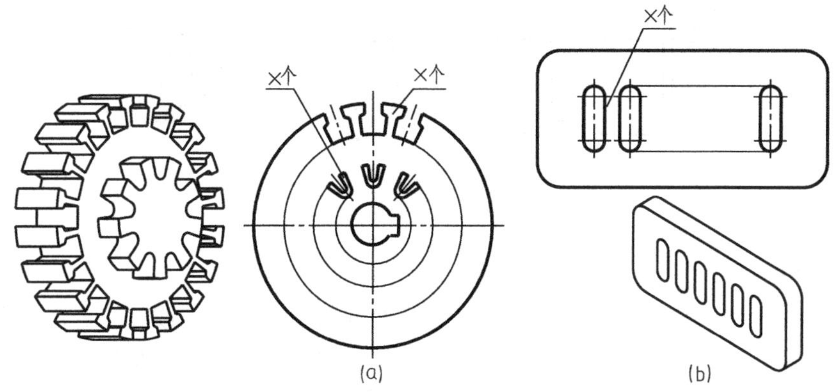

图 7-51　重复性齿和槽的简化画法

② 若干个直径相同并按规律分布的孔、管道等，可以只画出一个或几个，其余只表明它们的中心位置，如图 7-52 所示。

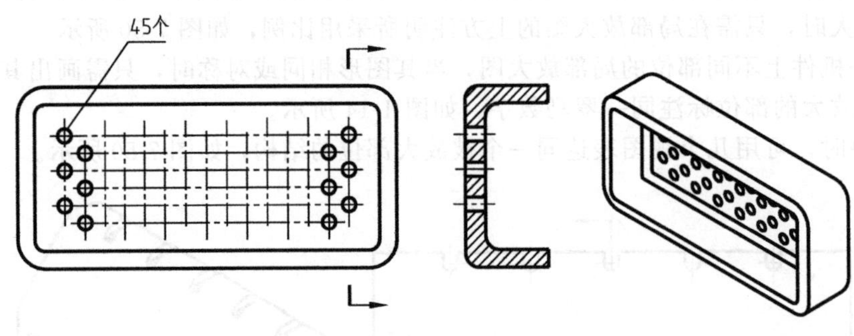

图 7-52　按规律分布的孔的简化画法

7.4.4　按圆周分布的孔的画法

圆柱形法兰盘和类似物体上均匀分布的孔，可按图 7-53 所示的方法绘制。

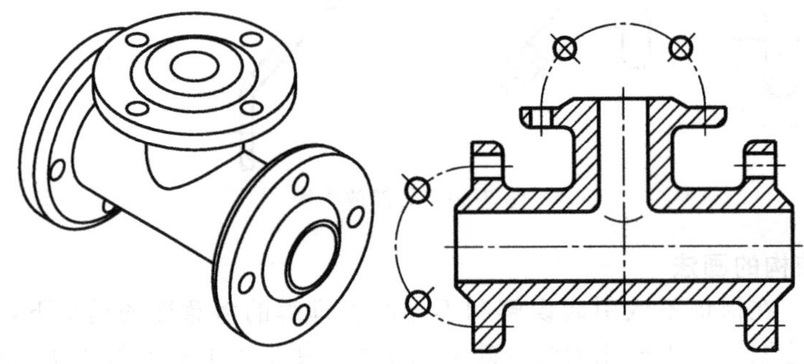

图 7-53　法兰盘上均布孔的简化画法

7.4.5　网状物及滚花表面的画法

GB/T4458.1—2002《机械制图　图样画法　视图》规定：沟槽、滚花等网状结构，用粗实线完全或部分地表示出来，如图 7-54 所示。

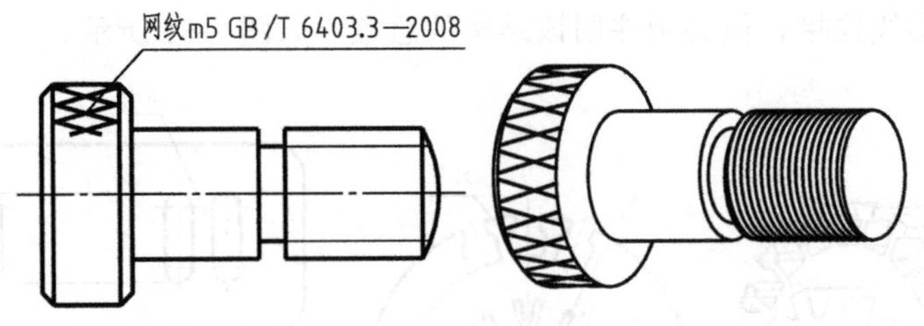

图 7-54　网纹的简化画法

7.4.6　断裂的画法

较长的机件（轴、杆、型材、连杆等）沿长度方向的形状一致或按一定规律变化时，可断开后缩短绘制，断裂处的边界线可采用波浪线，如图 7-55 所示，或用中断线、双折线绘制，如图 7-56 所示，但必须按原来的长度标注尺寸。

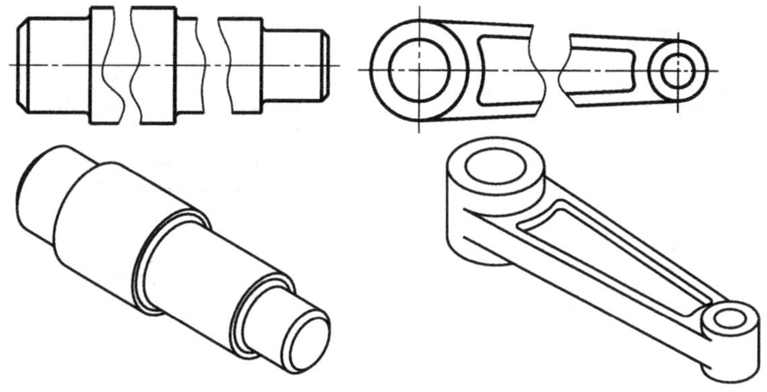
图 7-55　轴、连杆的折断画法

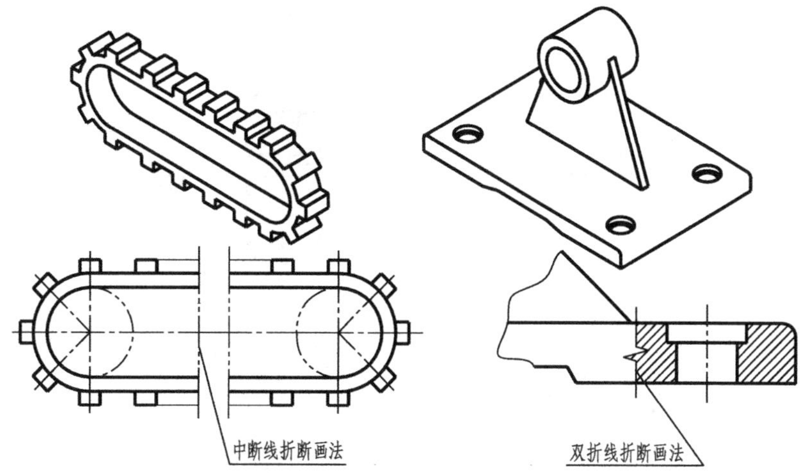

图 7-56　中断线、双折线的折断画法

7.4.7　一些细部结构的画法

① 机件上的小平面在图形中不能充分表达时，可用平面符号（相交的两条细实线）表示，如图 7-57 所示。

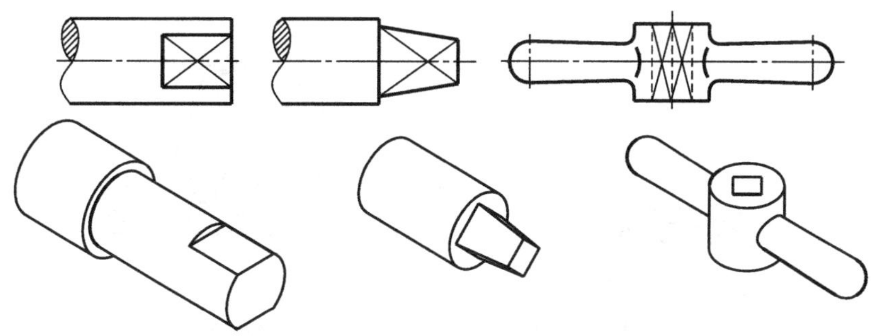
图 7-57　用平面符号表示平面

② 在不至于引起误解时，非圆曲线的过渡线及相贯线允许简化为圆弧或直线，如图 7-58 所示。

③ 在零件上个别的孔、槽等结构可用简化的局部视图表示其轮廓实形，如图 7-59 所示。

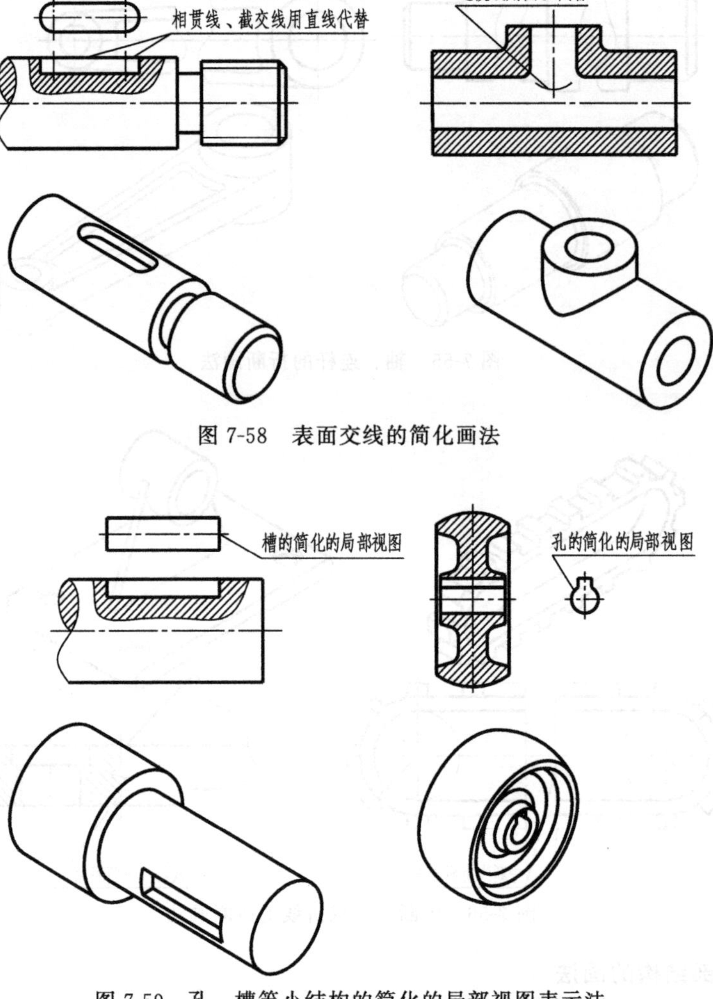

图 7-58　表面交线的简化画法

图 7-59　孔、槽等小结构的简化的局部视图表示法

④ 与投影面倾斜角度等于或小于 30°的圆或圆弧，其投影可用圆或圆弧代替，如图 7-60 所示。

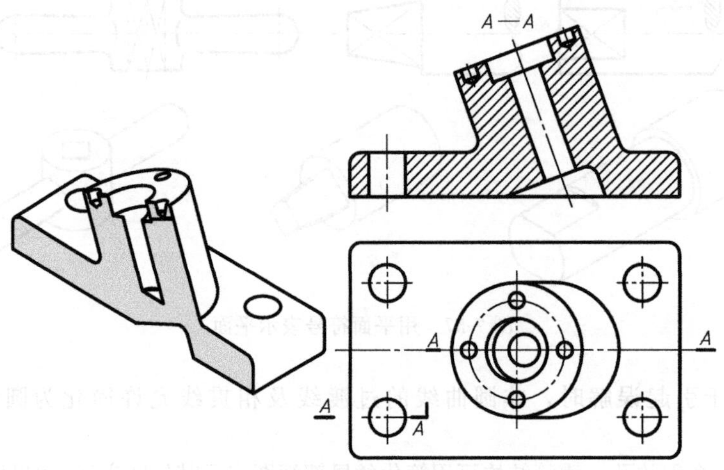

图 7-60　小倾斜角度的简化画法

⑤ 类似于图 7-61 所示机件上较小的结构，若已在一个图形中表示清楚，在其他视图上可以简化省略。

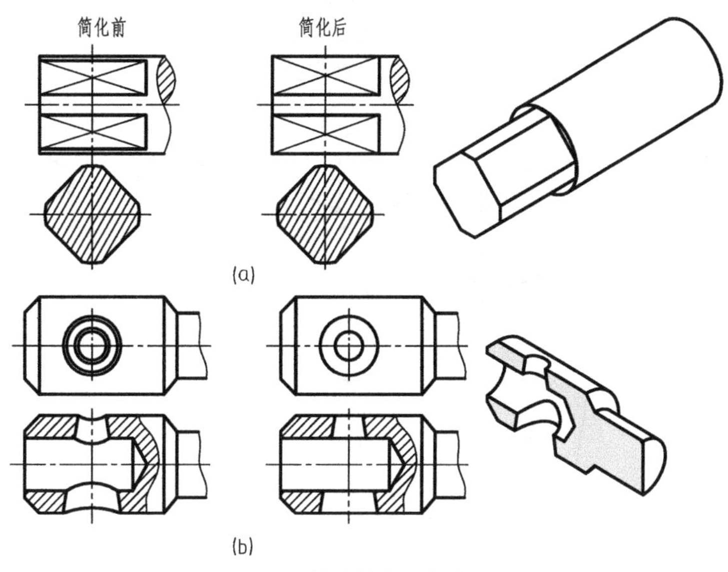

图 7-61　较小结构的简化画法

⑥ 在不致引起误解时，机件上小圆角、小倒圆或 45°小倒角，在图上允许省略不画，但必须注明其尺寸或在技术要求中加以说明，见图 7-62。

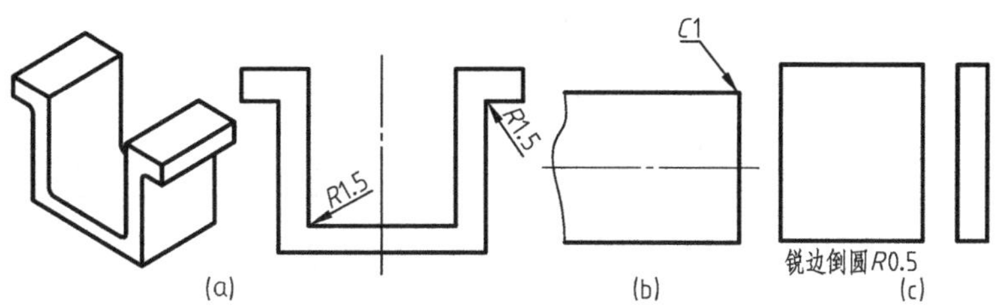

图 7-62　小圆角、小倒圆和 45°小倒角的简化画法

7.5 第三角投影画法简介

在 GB/T 14692—2008《技术制图　投影法》附录 A 中介绍了第三角投影画法。

第三角投影画法是将物体置于第三角之内，假设投影面是透明的，保持观察者、投影面、物体的位置关系，分别用正投影法在各投影面获得多面正投影图，如图 7-63 所示，各投影面展开，使六个基本投影面共面。展开后六个基本视图的配置位置，如图 7-64 所示。

如图 7-63 和图 7-64 所示，以主视图为准，其他视图的名称、配置关系、投影规律和方位关系如下：

主视图（前视图）——在 V 面上，由前向后投射获得物体前面的视图，即标识 A 的视图。

俯视图（顶视图）——在 H 面上，由上向下投射获得物体顶面的视图，位于主视图上方，即标识 B 的视图。

仰视图（底视图）——在与 H 面平行的投影面上，由下向上投射获得物体底面的视图，

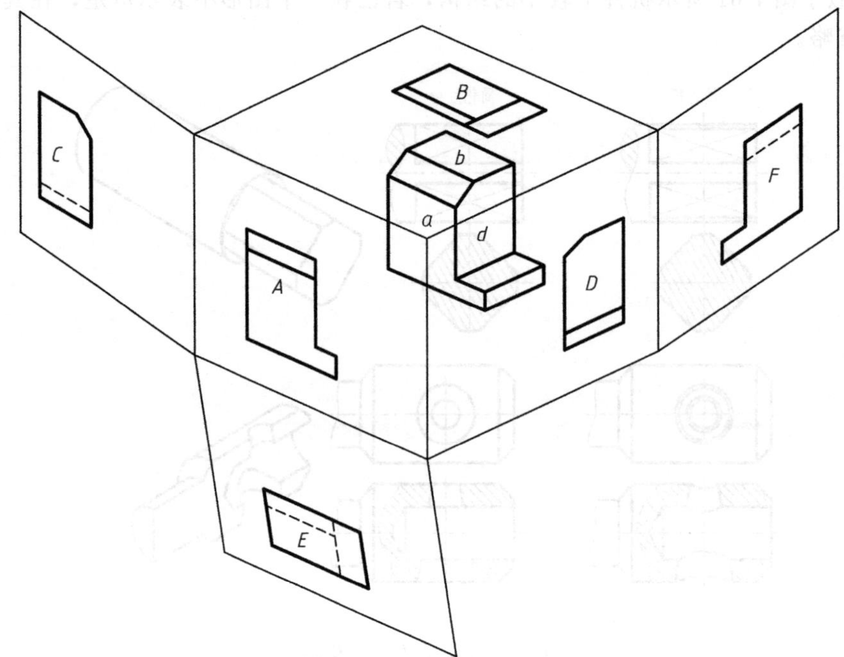

图 7-63　第三角画法的展开方法

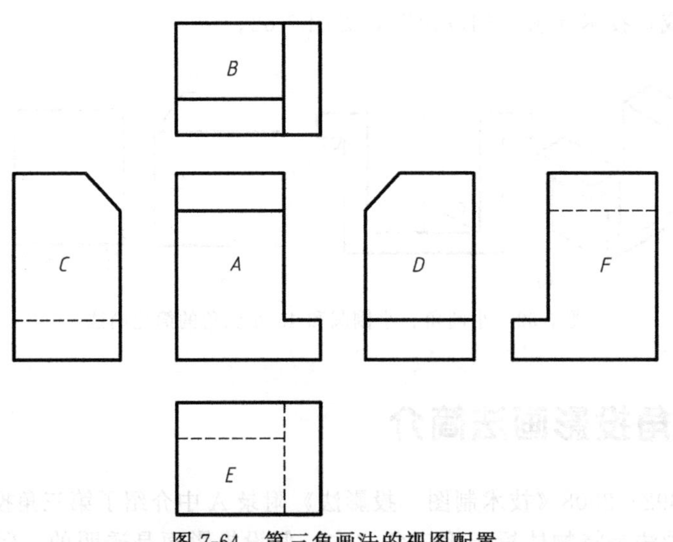

图 7-64　第三角画法的视图配置

位于主视图下方，即标识 E 的视图。

左视图——在与 W 面平行的投影面上，由左向右投射，获得物体左侧的视图，位于主视图的左方，即标识 C 的视图。

右视图——在 W 面上，由右向左投射，获得物体右侧的视图，位于主视图的右方，即标识 D 的视图。

后视图——在与 V 面对应平行的投影面上，由后向前投射获得物体后面的视图，随同右视图转到右视图的右方，即标识 F 的视图。

各视图之间仍然保持“长对正，高平齐，宽相等”的投影规律，即：前、顶、底三个视图长对正；左、前、右、后四个视图高平齐；左、底、右、顶四个视图宽相等。

展开后配置的各个基本视图一律不表明视图的名称，否则，按照向视图的标注方式进行标注。

为区别第一角和第三角画法，在 GB/T 14692—2008《技术制图　投影法》中，规定了第一角和第三角画法的投影识别符号，见图 1-8，投影识别符号的标注见第 1 章 1.2.7。

7.6 国外标准中图样画法的基本规定

按 ISO、美国、俄罗斯、日本的顺序，分别介绍此项标准的主要内容及特点。

7.6.1 ISO 图样画法

ISO 128-34：1999《技术制图　图样画法　机械工程制图用视图》和 ISO 128-44：2001《技术制图　图样画法　机械工程制图用剖视图和断面图》规定的图样画法见表 7-1。

表 7-1　ISO 标准中图样画法的主要特点

允许采用两种投影法	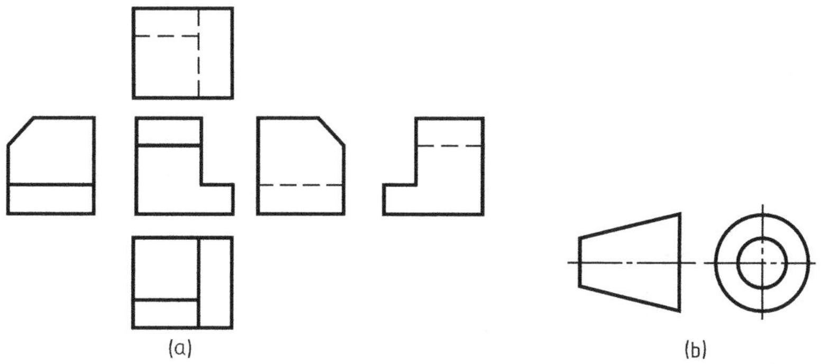 (a)　(b)	第一角投影法如图(a)，标志符号如图(b)
	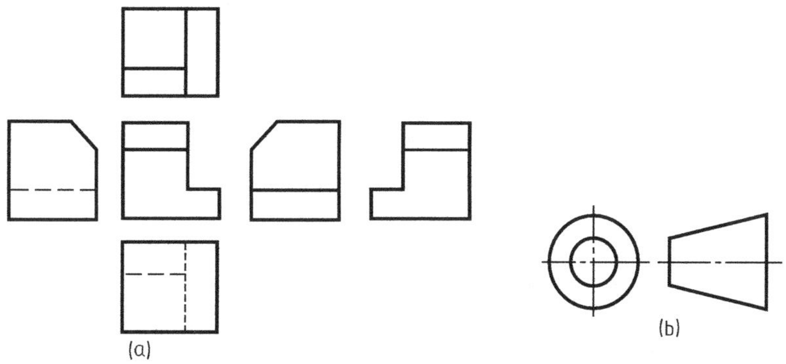 (a)　(b)	第三角投影法如图(a)，标志符号如图(b)
局部视图	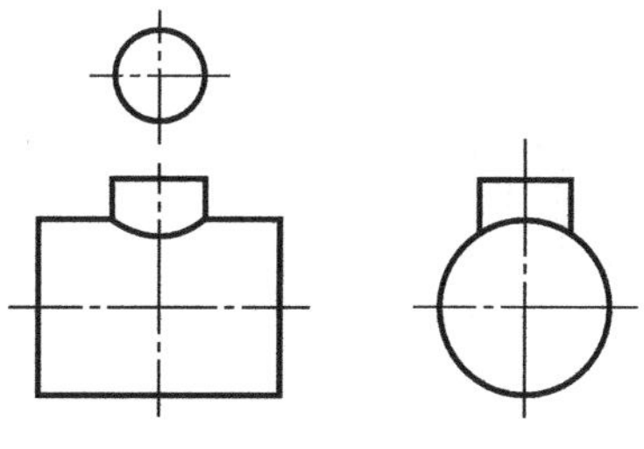	适用于对称结构，用第三角投影法画局部视图，需要将中心线与主要图形的中心线相连

续表

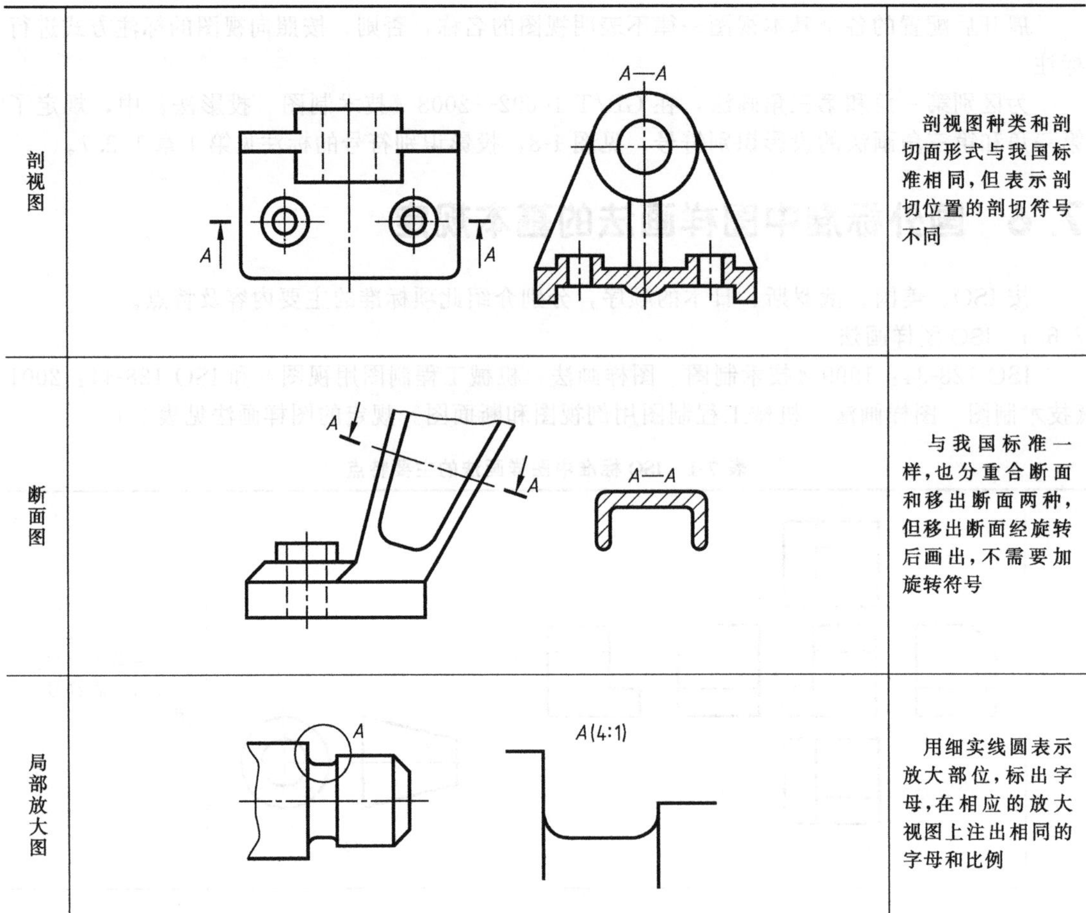

剖视图		剖视图种类和剖切面形式与我国标准相同，但表示剖切位置的剖切符号不同
断面图		与我国标准一样，也分重合断面和移出断面两种，但移出断面经旋转后画出，不需要加旋转符号
局部放大图		用细实线圆表示放大部位，标出字母，在相应的放大视图上注出相同的字母和比例

7.6.2　美国标准 ANSI Y14.3—2008《多面视图和剖视图》

美国标准 ANSI Y14.3—2008《多面视图和剖视图》见表 7-2。

表 7-2　美国标准中图样画法的主要特点

视图	六面视图，美国普遍采用第三角投影法，其六面视图的配置与 ISO 标准相同	
移出视图	A—A视图 A A	当机件的某一局部形状需要进一步表达时，可作移出视图，画法和标注方法与我国标准不同

续表

剖视图和断面图	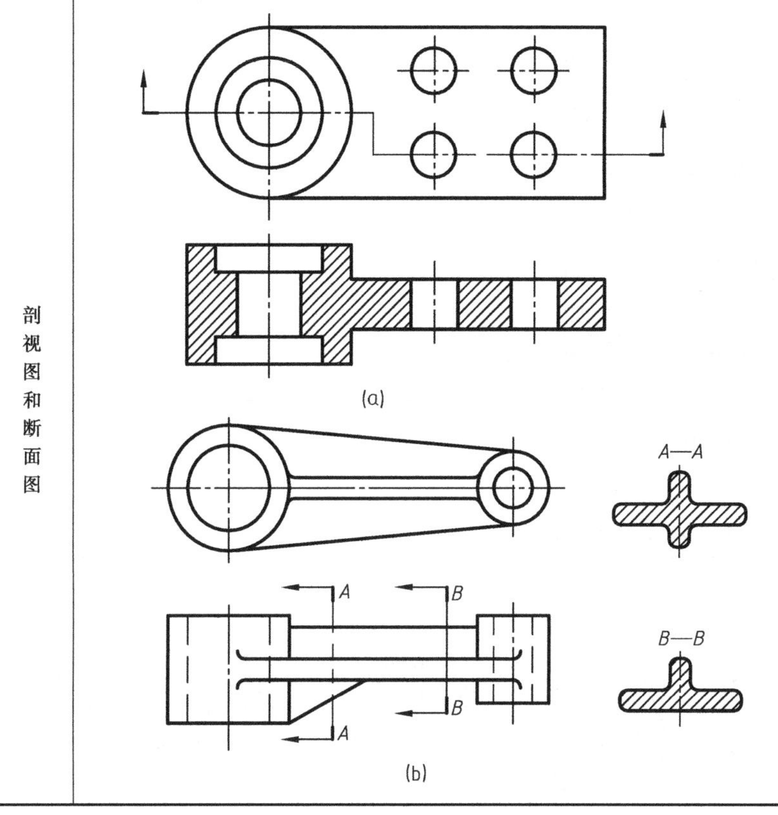	在美国标准中，剖视图和断面图均为 Section 这个词。剖视图和断面图与我国标准不一样

7.6.3 俄罗斯标准 ГОСТ 2.305—68，CT CЭB 362—76 和 CT CЭB 363—76《视图在图上的配置》

俄罗斯标准 ГОСТ 2.305—68，CT CЭB 362—76 和 CT CЭB 363—76《视图在图上的配置》见表 7-3。

表 7-3　俄罗斯标准中图样画法的主要特点

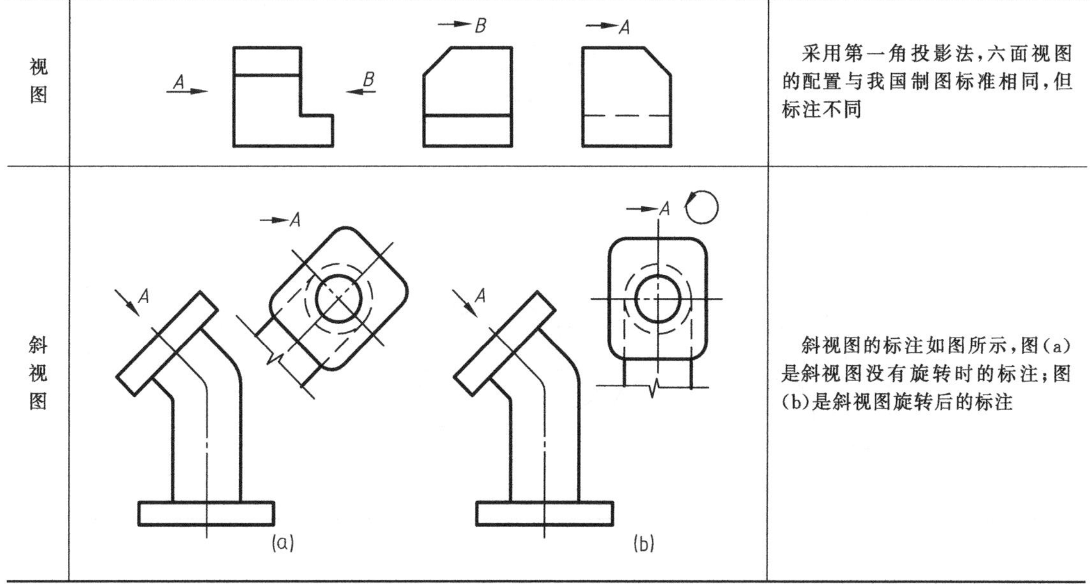

视图		采用第一角投影法，六面视图的配置与我国制图标准相同，但标注不同
斜视图		斜视图的标注如图所示，图(a)是斜视图没有旋转时的标注；图(b)是斜视图旋转后的标注

续表

剖视图	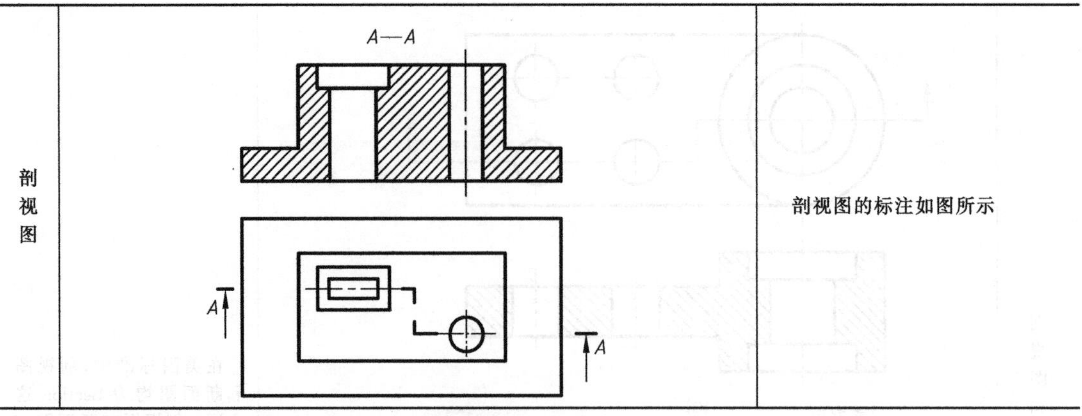	剖视图的标注如图所示

7.6.4 日本标准 JIS B0001—2000《表示法》

日本标准 JIS B0001—2000《表示法》见表 7-4。

表 7-4 日本标准中图样画法的主要特点

视图	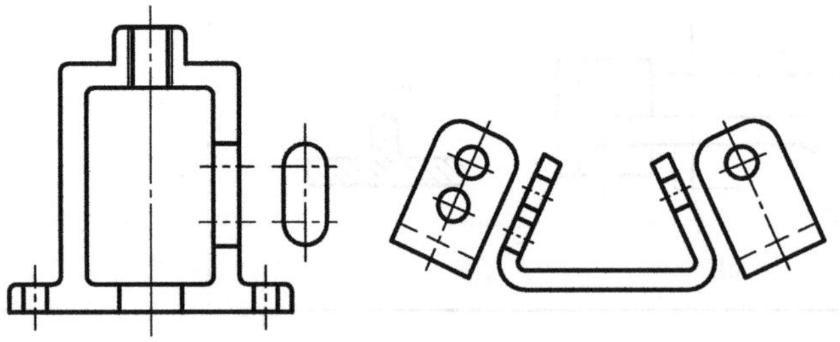	第一角投影法和第三角投影法都采用，主要采用第三角投影法。除六面视图外，还有局部视图和辅助视图
剖视图	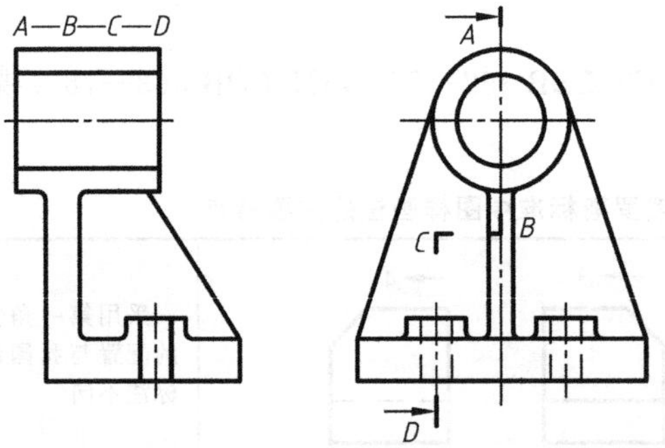	剖视图与我国标准不同点有：剖面线常省略不画；剖视标注不同
断面图	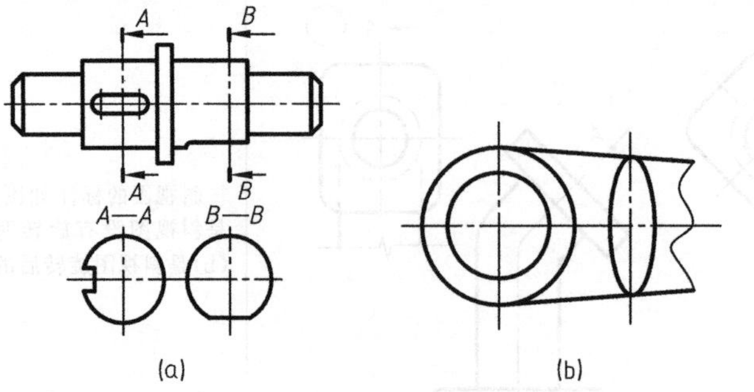	断面图分为移出断面和重合断面，断面线常省略不画

第 8 章　尺寸标注

GB/T 4458.4—2003《机械制图　尺寸注法》和 GB/T 16675.2—2012《技术制图　简化画法　第 2 部分：尺寸注法》规定了图样中的尺寸注法。

8.1　基本规则

① 机件的真实大小应以图样上所注的尺寸数值为依据，与图形的大小及绘图的准确度无关。

② 图样中（包括技术要求和其他说明）的尺寸，以毫米为单位，不标注单位符号（或名称），如果采用其他单位，则应注明相应的单位符号。

③ 图样中所标注的尺寸，为该图样所示机件的最后完工尺寸，否则应另加说明。

④ 机件的每一个尺寸，一般只标注一次，并应标注在反映该结构最清晰的图形上。

8.2　尺寸界线、尺寸线、尺寸数字

尺寸界线和尺寸线的画法以及尺寸数字的注写要求见表 8-1。

表 8-1　尺寸界线、尺寸线、尺寸数字

要素	图　例	说　明
尺寸界线	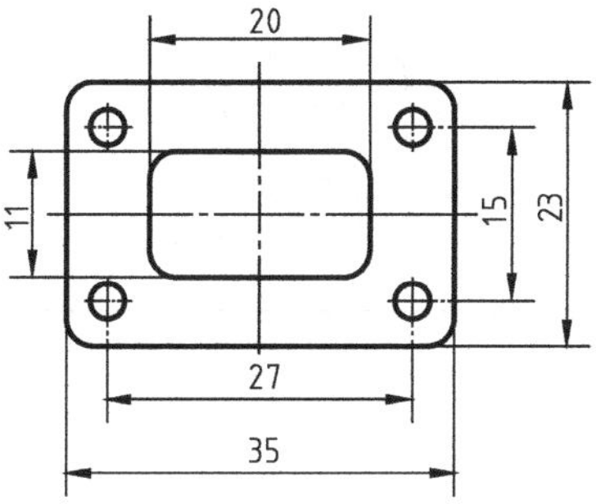 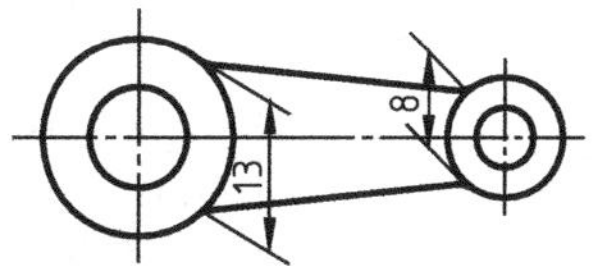 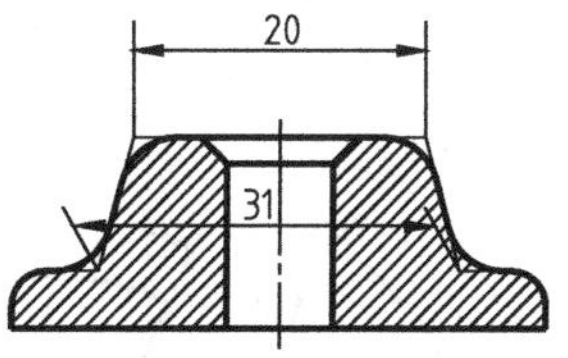	①尺寸界线用细实线绘制，尺寸界线应超出尺寸线 2～5mm。 ②尺寸界线由图形轮廓线、轴线或对称中心线处引出。也可利用轮廓线、轴线或对称中心线作尺寸界线，如图(a)所示。 ③尺寸界线一般应与尺寸线垂直，必要时，才允许倾斜，如图(b)所示。 ④在光滑过渡处标注尺寸时，应用细实线将轮廓线延长，从它们的交点处引出尺寸界线，如图(c)所示

续表

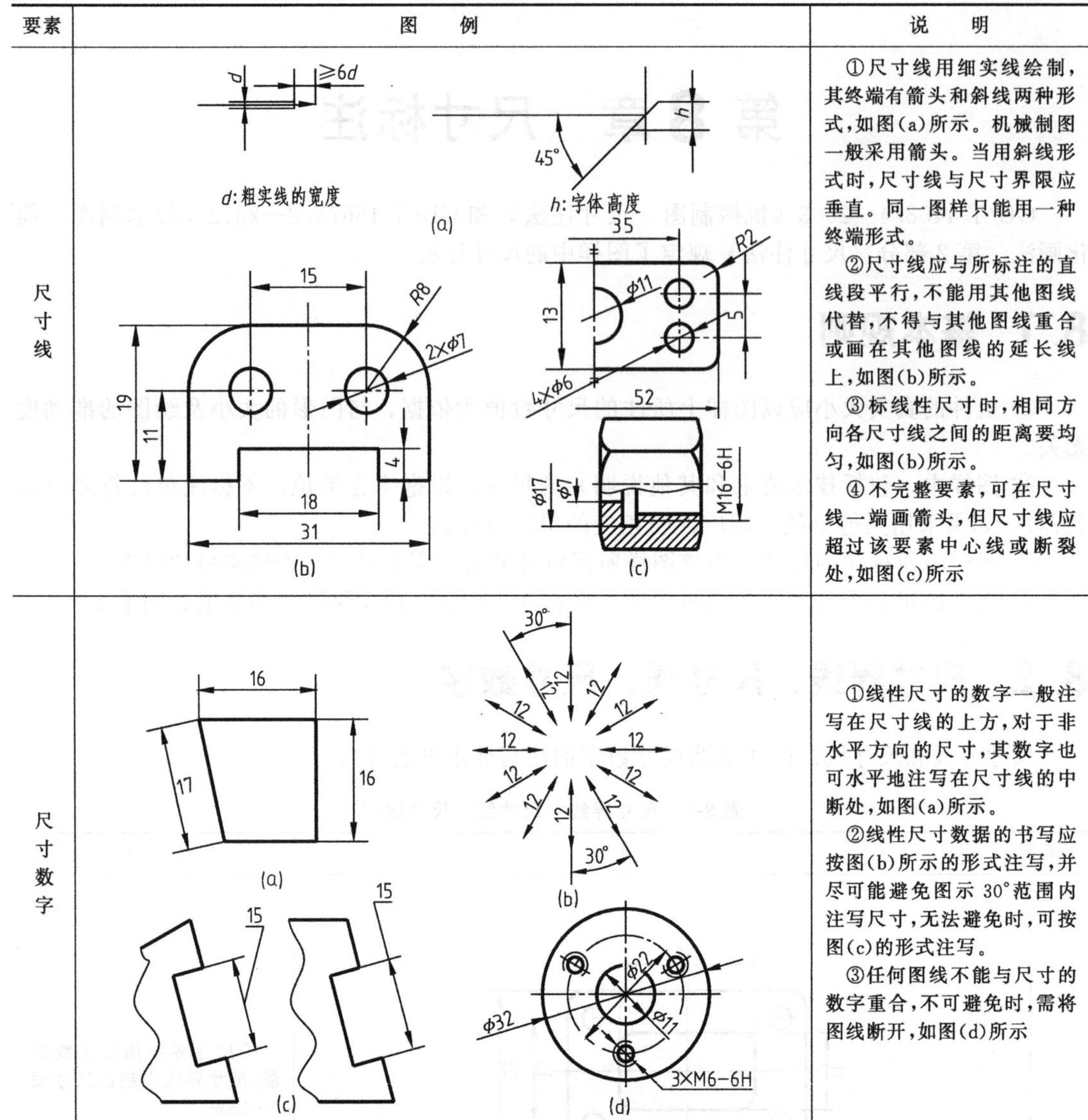

要素	图　例	说　明
尺寸线	d:粗实线的宽度　h:字体高度　(a)　(b)　(c)	①尺寸线用细实线绘制，其终端有箭头和斜线两种形式，如图(a)所示。机械制图一般采用箭头。当用斜线形式时，尺寸线与尺寸界限应垂直。同一图样只能用一种终端形式。 ②尺寸线应与所标注的直线段平行，不能用其他图线代替，不得与其他图线重合或画在其他图线的延长线上，如图(b)所示。 ③标线性尺寸时，相同方向各尺寸线之间的距离要均匀，如图(b)所示。 ④不完整要素，可在尺寸线一端画箭头，但尺寸线应超过该要素中心线或断裂处，如图(c)所示
尺寸数字	(a)　(b)　(c)　(d)	①线性尺寸的数字一般注写在尺寸线的上方，对于非水平方向的尺寸，其数字也可水平地注写在尺寸线的中断处，如图(a)所示。 ②线性尺寸数据的书写应按图(b)所示的形式注写，并尽可能避免图示30°范围内注写尺寸，无法避免时，可按图(c)的形式注写。 ③任何图线不能与尺寸的数字重合，不可避免时，需将图线断开，如图(d)所示

8.3 尺寸注法示例

各种尺寸的注法见表8-2。

表8-2　尺寸注法示例

标注内容	图　例	说　明
角度	90°　15°　30°　5°　63°　7°　20°　40°　90°　50°	①角度尺寸界线沿径向引出； ②角度尺寸线画成圆弧，圆心是该角顶点； ③角度尺寸数字一律水平书写

续表

标注内容	图　例	说　明
圆的直径		①直径尺寸应在尺寸数字前加注符号"ϕ"； ②尺寸线通过圆心，尺寸线终端画成箭头； ③整圆或大于半圆标注直径
大圆弧	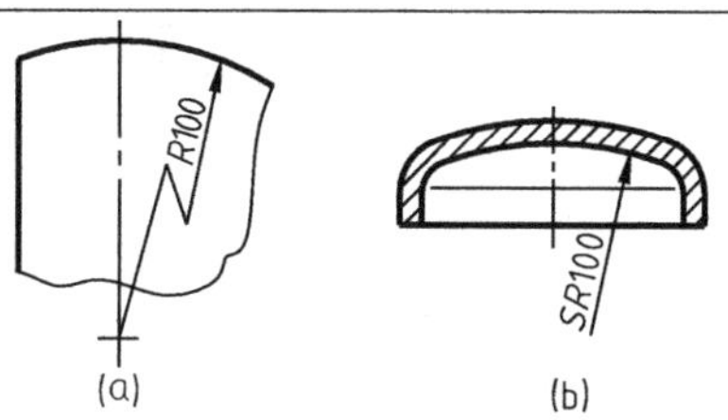 (a)　(b)	①当圆弧的半径过大，在图纸范围内无法标出圆心位置时，按图(a)的形式标注； ②若不需要标出圆心位置，按图(b)的形式标注
圆弧半径	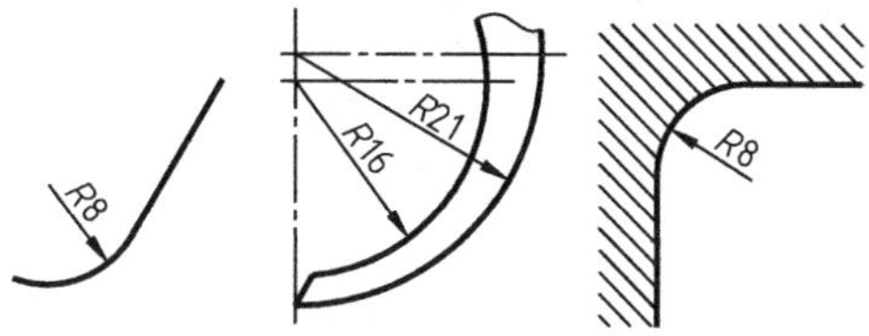	①半圆或小于半圆的圆弧标注半径尺寸； ②半径尺寸数字前加注符号"R"； ③半径尺寸必须标注在投影为圆弧的图形上，尺寸线应通过圆心
球面尺寸	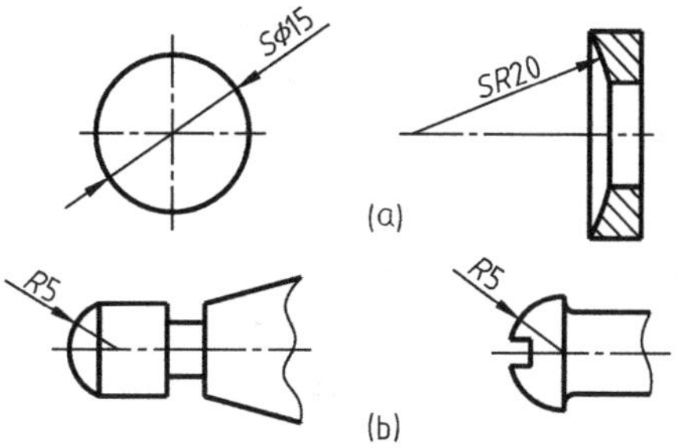 (a)　(b)	①在符号"ϕ"或"R"前再加注符号"S"，如图(a)； ②如螺钉、铆钉的头部等，不会误解时，可省略"S"，如图(b)所示
狭小部位	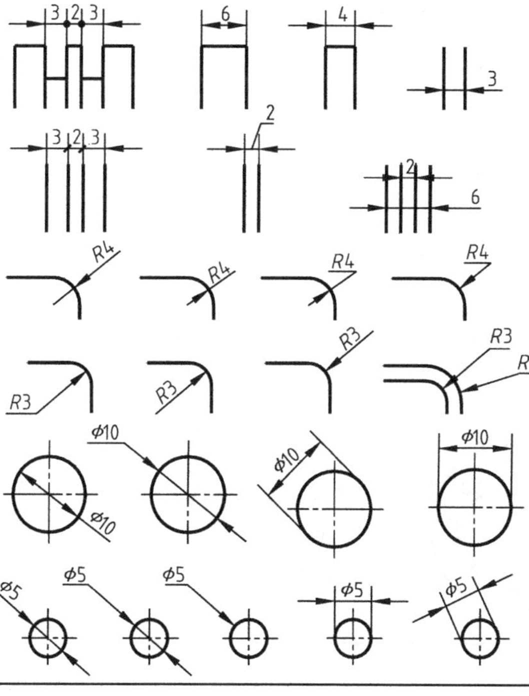	在没有足够位置画箭头或注写数字时，可按图示形式标注

续表

标注内容	图　　例	说　　明
弦长和弧长	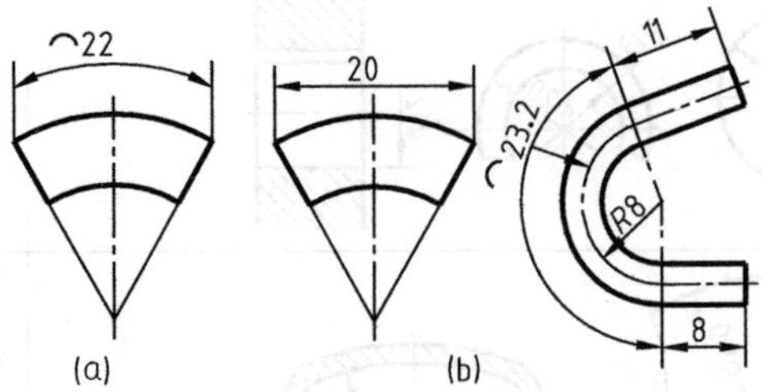 ⌒22　20　11　⌒23.2　R8　8　(a)　(b)	①标弧长时，应在尺寸数字左方加符号"⌒"，如图(a)所示； ②弦长及弧长的尺寸界线应平行该弦的垂直平分线，当弧较大时，可沿径向引出，如图(b)所示
斜度和锥度	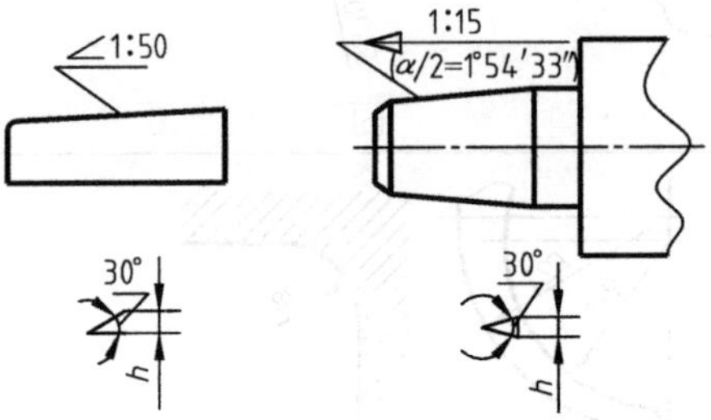 ∠1:50　1:15 (α/2=1°54′33″)　30°　h	①标注斜度和锥度时，其符号应与斜度和锥度的方向一致； ②符号的线宽为 $h/10$，h 为字体高度，画法如图所示； ③必要时，标注锥度的同时，在括号内写出其角度
正方形结构	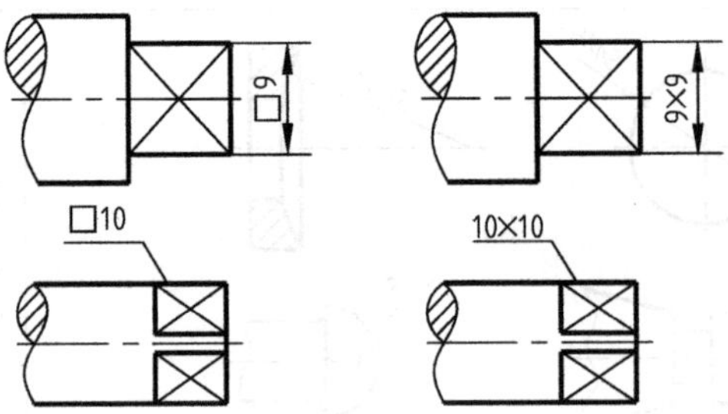 □9　9×9　□10　10×10	表示正方形时，可在正方形边长尺寸数字前加注符号"□"，或用"9×9"代替□9
板状零件	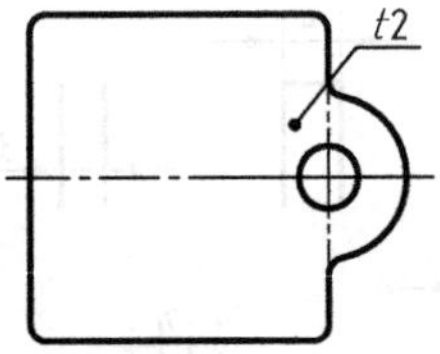 t2	标注板状零件厚度时，可在尺寸数字前加注符号"t"
成组要素	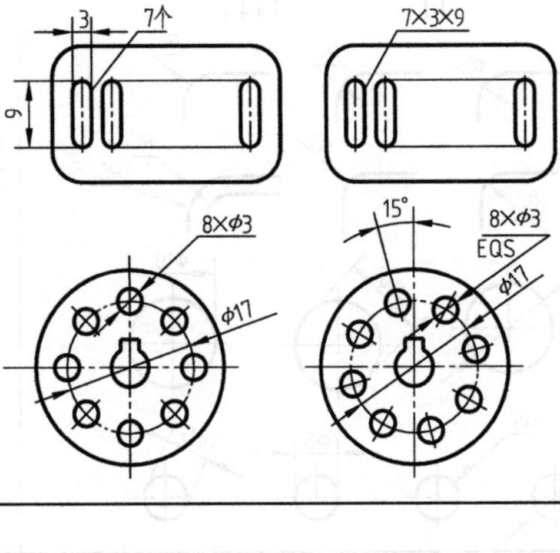 3　7个　9　7×3×9　8×ϕ3　ϕ17　15°　8×ϕ3 EQS　ϕ17	①在相同图形中，对于尺寸相同的孔、槽等成组要素，可仅在一个要素上注出其尺寸和数量； ②如果需要说明成组要素是均匀分布时，在尺寸数字下方水平线的下方，注写字母"EQS"，表示该结构均匀分布

续表

标注内容	图　例	说　明
结合件	Φ15 Φ21 4 22 3 R12 Φ7 Φ12 8 6 4 4 14	对于结合件，可用双点画线画出与之结合的零件，注出其整体尺寸
装配时加工的结构	80° 7 装配时作 M6−7H 装配时作	零件上在装配时进行加工的结构要素，其尺寸可用旁注法的形式注出
参考尺寸的注法	(6) (6) 8±0.01 6±0.01 6±0.01 8±0.01	标注参考尺寸时，应将参考尺寸加上圆括号
对称尺寸的注法	26 16 11 10 30 R8 R5 R4 R16 R2 R1 2 4 4 8 19 47	当图形具有对称中心线时，可仅标注其中一边的结构尺寸
曲线轮廓尺寸	6 7 8 9 10 11 11 3 3 3 3 3 3 5×20°=100° 8.8 11 7 6.5 6.1 6 10° R1 R6	标注曲线轮廓上各点的尺寸时，可用尺寸线或其延长线作为尺寸界线

续表

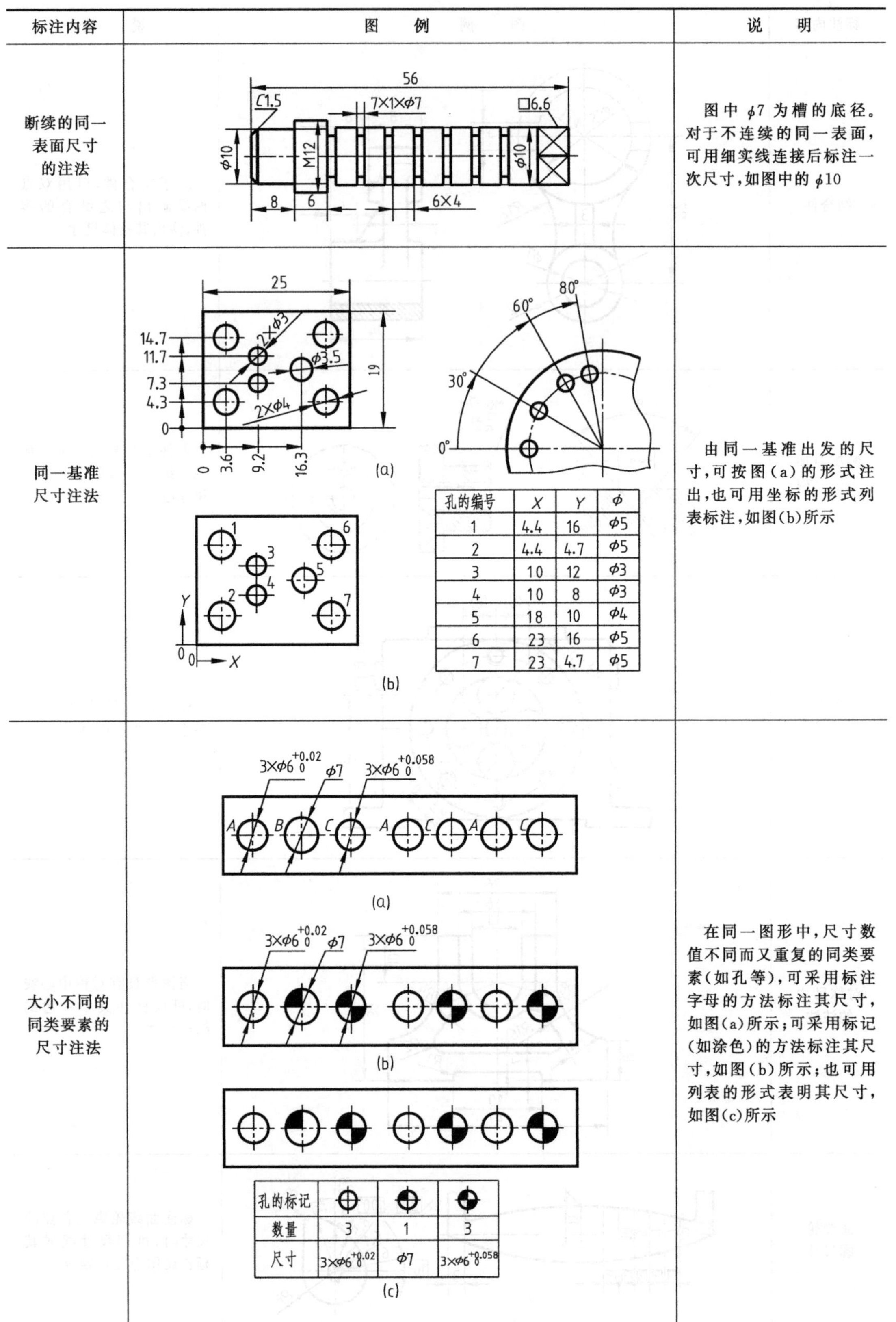

标注内容	图例	说明
断续的同一表面尺寸的注法		图中 $\phi7$ 为槽的底径。对于不连续的同一表面，可用细实线连接后标注一次尺寸，如图中的 $\phi10$
同一基准尺寸注法	(a) (b)	由同一基准出发的尺寸，可按图(a)的形式注出，也可用坐标的形式列表标注，如图(b)所示
大小不同的同类要素的尺寸注法	(a) (b) (c)	在同一图形中，尺寸数值不同而又重复的同类要素(如孔等)，可采用标注字母的方法标注其尺寸，如图(a)所示；可采用标记(如涂色)的方法标注其尺寸，如图(b)所示；也可用列表的形式表明其尺寸，如图(c)所示

孔的编号	X	Y	φ
1	4.4	16	φ5
2	4.4	4.7	φ5
3	10	12	φ3
4	10	8	φ3
5	18	10	φ4
6	23	16	φ5
7	23	4.7	φ5

孔的标记	⊕	⊕	⊕
数量	3	1	3
尺寸	$3\times\phi6^{+0.02}_{0}$	$\phi7$	$3\times\phi6^{+0.058}_{0}$

8.4 常见零件结构要素的尺寸注法

8.4.1 标注尺寸的符号及其比例画法

标注尺寸的符号及其比例画法见表 8-3。

表 8-3　标注尺寸的符号及其比例画法

符号	ϕ	R	$S\phi$	SR	t	EQS	C	□
含义	直径	半径	球面直径	球面半径	厚度	均布	45°倒角	正方形
符号	↧	⊔	∨	⌒	∠	◁	○→	
含义	深度	沉孔或锪平	埋头孔	弧长	斜度	锥度	展开	
比例画法	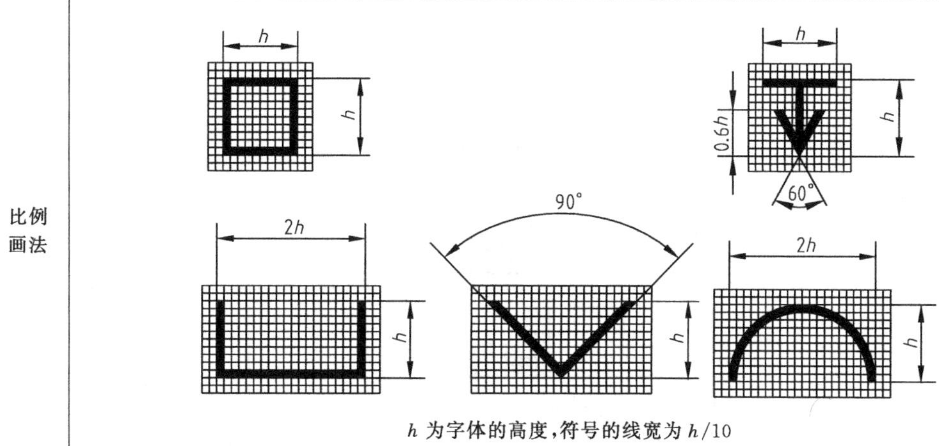 h 为字体的高度，符号的线宽为 $h/10$							

注：展开符号“○→”标在展开图上方的名称字母后面，如“$A—A$ ○→”。当弯曲成型前的坯料形状在成型后的视图画出，则该图上方不必标注展开符号，但图中的展开尺寸应按照“○→ 200”（200 为尺寸值）的形式注写。

8.4.2 常见零件结构要素的尺寸注法

常见零件结构要素的尺寸注法见表 8-4。

表 8-4　常见零件结构要素的尺寸注法

常见结构	图　例	说　明
45°倒角	C1　C1　C1	C 表示倒角角度为 45°，C 后面的数字表示倒角的高度
非 45°倒角	30°　2　30°　2	非 45°倒角按图例的形式标注
退刀槽及越程槽	2×φ6　2×φ6　2×1　2×1　2×1 (a)　(b)	按“槽宽×直径”形式标注，如图(a)；按“槽宽×槽深”形式标注，如图(b)所示

续表

常见结构	图例	说明
长圆形孔	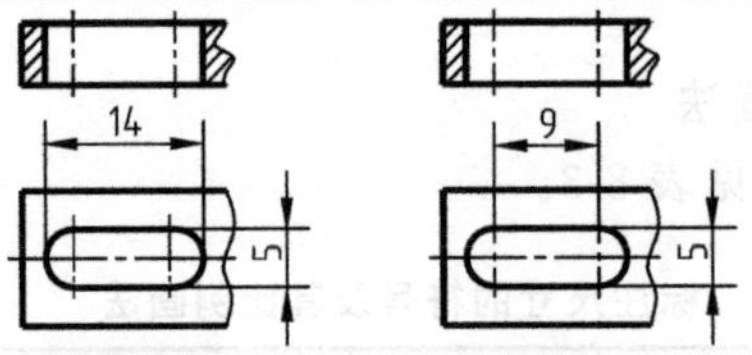 14 5 9 5	对长圆形孔，应注出宽度尺寸，以便选择刀具直径。根据设计要求和加工方法的不同，其长度尺寸有不同的注法
销孔	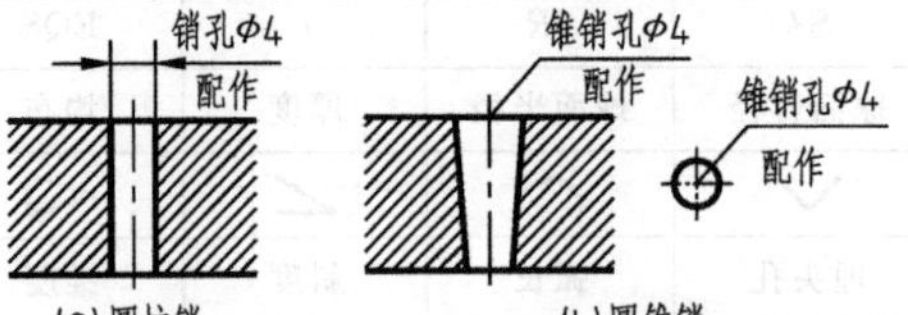 销孔Φ4 配作 锥销孔Φ4 配作 锥销孔Φ4 配作 (a)圆柱销 (b)圆锥销	圆柱销孔及圆锥销孔可按图示的形式标注
方槽及半圆槽	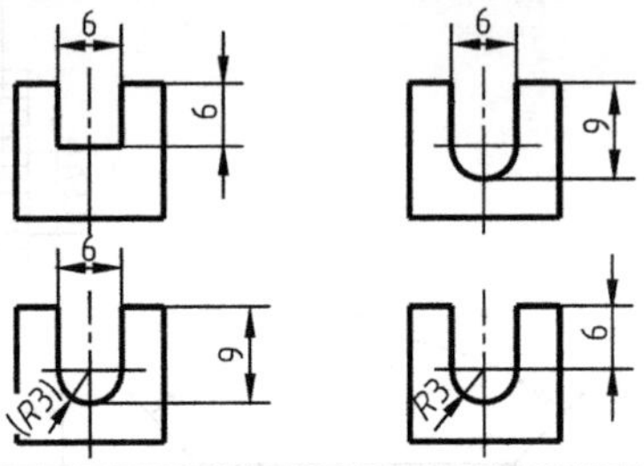 6 6 6 9 6 9 R3 R3 6	方槽及半圆槽可按图示的形式标注
凸耳	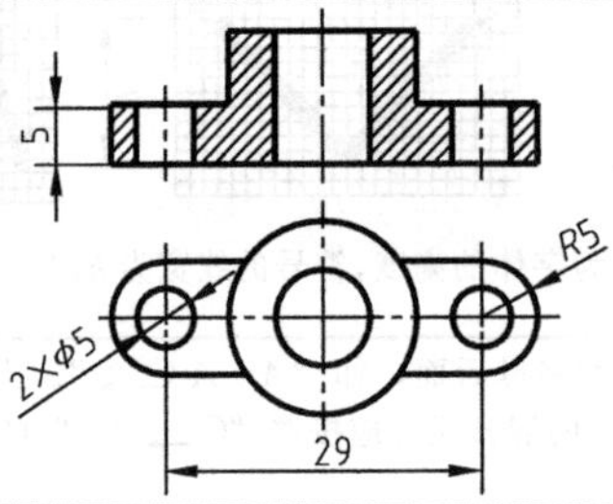 5 R5 2×Φ5 29	凸耳的轮廓尺寸一般与孔有关，常见的尺寸注法如图所示
圆角	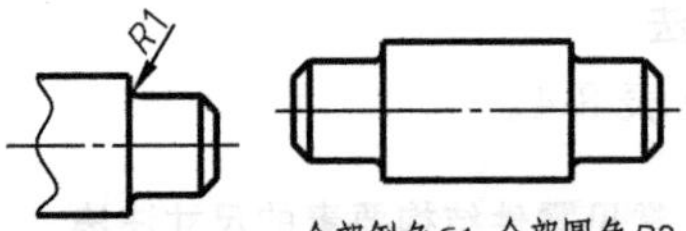 R1 全部倒角C1；全部圆角R2	加工圆角，应注出半径。如果所画零件的倒角或圆角尺寸全部相同时，可在图样的空白处予以总的说明

8.4.3 各种孔的尺寸注法

各种孔的尺寸注法见表8-5。

表8-5 各种孔的尺寸注法示例

类型	旁注法		普通注法
光孔	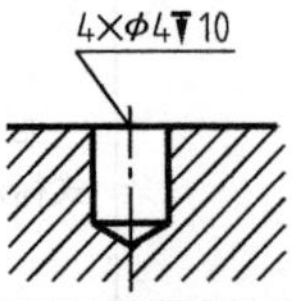 4×Φ4▼10	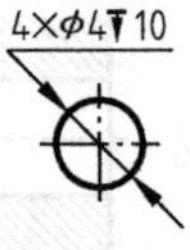 4×Φ4▼10	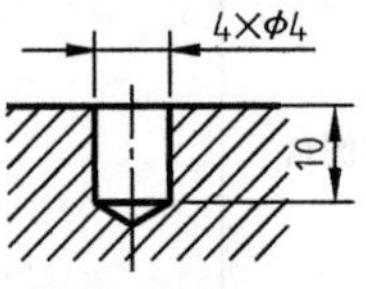 4×Φ4 10
	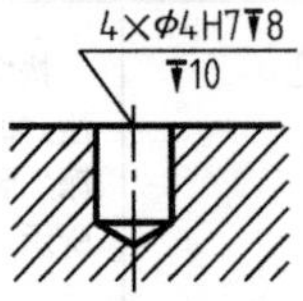 4×Φ4H7▼8 ▼10	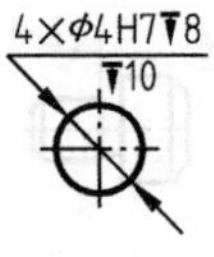 4×Φ4H7▼8 ▼10	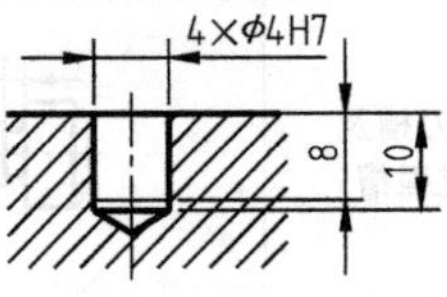 4×Φ4H7 8 10

续表

类型	旁注法		普通注法
螺孔	3×M6-7H	3×M6-7H	3×M6-7H
	3×M6-7H↧10	3×M6-7H↧10	3×M6-7H 10
	3×M6-7H↧10 孔↧12	3×M6-7H↧10 孔↧12	3×M6-7H 10 12
沉孔	6×φ5 ⌵φ7.5×90°	6×φ5 ⌵φ7.5×90°	90° φ7.5 6×φ5
	6×φ5 ⌴φ9↧4	6×φ5 ⌴φ9↧4	φ9 4 6×φ5
	6×φ5 ⌴φ9	6×φ5 ⌴φ9	φ9 6×φ5

8.5 零件尺寸合理标注示例

零件尺寸合理标注示例见表 8-6。

表 8-6 零件尺寸合理标注示例

要点	图例	说明
直接注出功能尺寸	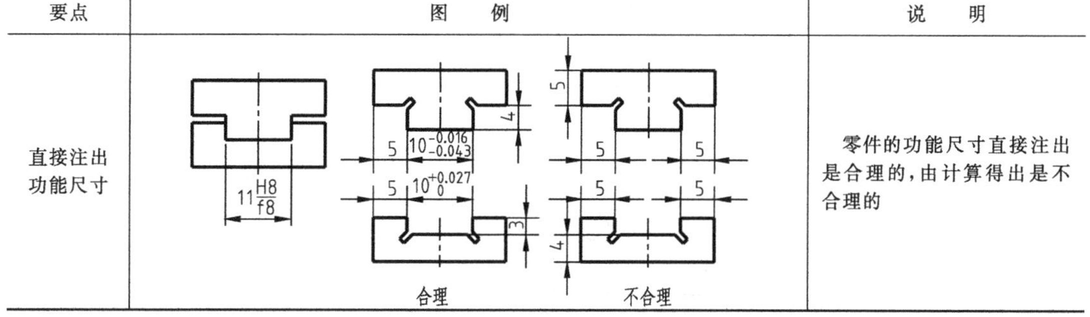	零件的功能尺寸直接注出是合理的，由计算得出是不合理的

续表

要点	图　例	说　明
合理选择尺寸基准	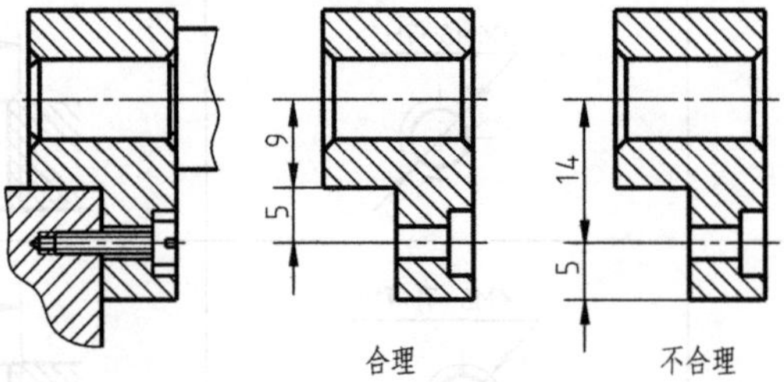 合理　不合理	相互关联的零件，在标注相关尺寸时，应以同一平面或直线（如结合面、对称平面、轴线等）作为尺寸基准
	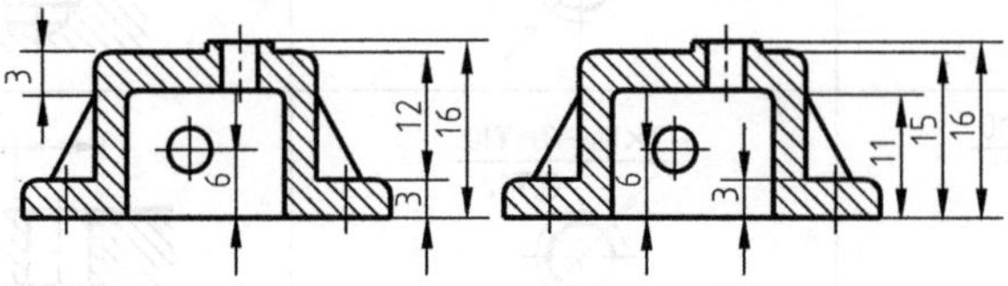 正确　错误	以加工面为基准。但在同一方向内，同一加工表面不能作为两个或两个以上非加工面的基准
	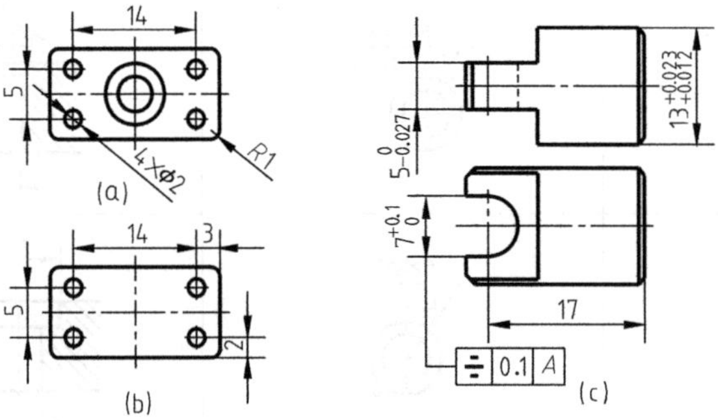 (a)　(b)　(c)	要求对称的要素，应以对称平面为基准，如图(a)所示。对称度要求很低，可以某个实际平面为基准，如图(b)所示。对称度要求较高时，应注出对称度公差，如图(c)所示
避免出现封闭的尺寸链	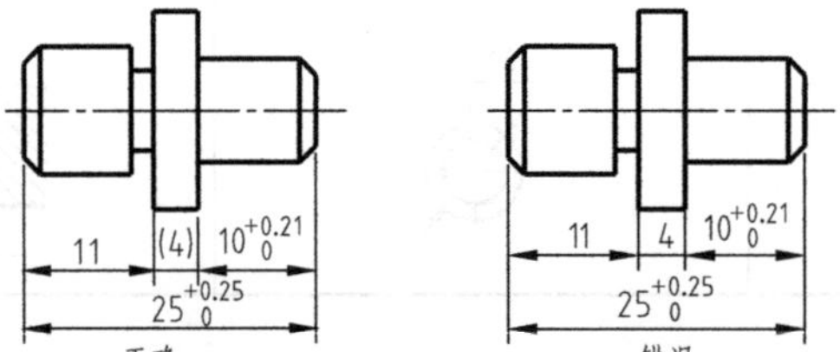 正确　错误	避免出现封闭的尺寸链。有参考价值的封闭环尺寸，可作为参考尺寸注出
标注尺寸要尽量适应加工方法和加工过程	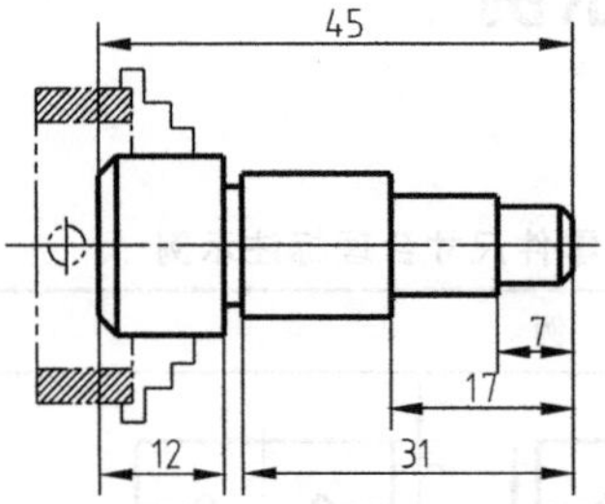	标注尺寸要尽量适应加工方法和加工过程，以便于加工测量
标注尺寸应符合使用的工具	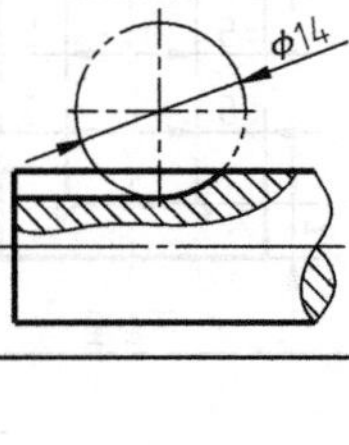	用圆盘铣刀铣制键槽，在主视图上应注出所用的铣刀直径，以便选定铣刀

续表

要点	图　例	说　明
尽可能不注不便于加工的尺寸	合理　不合理	如图所示孔深尺寸的合理标注，除了便于直接测量，也便于调整刀具的进给量
弯曲件尺寸的标注	合理　不合理	应直接注出其实际表面的尺寸，而不应注出中心线的尺寸，以便于设计模具及检验
尺寸布置力求清晰醒目	好　不好	尽量将尺寸布置在图形之外，如图中的 ϕ。对于个别尺寸，若布置在图内更清晰，应将尺寸布置在图形之内
		几个平行尺寸线，应使小尺寸在内，大尺寸在外。内形尺寸和外形尺寸尽可能分开标注。 如图所示，回转体的尺寸尽量布置在非圆视图上
		密集的平行尺寸可按图中的方式标注
	(a) 合理　(b) 不合理	同一个工序的尺寸应集中标注

8.6 装配图上尺寸的注法

装配图上尺寸的注法见表 8-7。

表 8-7 装配图上尺寸的注法

装配图图例

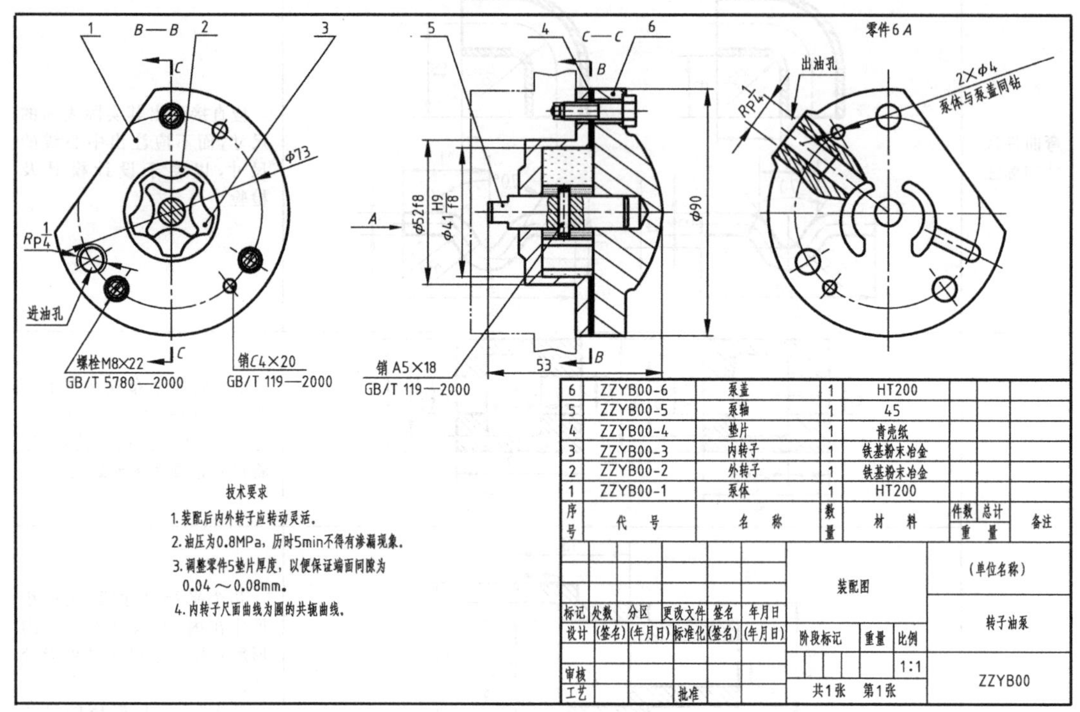

尺寸种类	说　明
规格尺寸	也叫性能尺寸，它反映了该部件或机器的规格和性能，这类尺寸在设计时首先确定，如图中转子油泵进油孔和出油孔的尺寸 $R_P1/4$
装配尺寸	表示机器或部件中零件之间装配关系的尺寸，它包括配合尺寸和重要的相对位置尺寸，用以保证部件或机器的工作精度和性能要求，如图中的 ϕ41H9/f8
外形尺寸	机器或部件的外形轮廓尺寸，即总长、总宽、总高等。机器或部件包装、运输以及厂房设计和安装机器时需要外形尺寸，如图中的 53、ϕ90 等
安装尺寸	将机器或部件安装到其他机器或基础上所需的尺寸。通常指安装孔的大小及安装孔的位置，如图中的 ϕ52f8、ϕ73 等。
其他重要尺寸	除以上四种尺寸以外，在装配图中有时还要标注出一些其他重要尺寸，如装配时的加工尺寸，设计时的计算尺寸，如图中的“2×ϕ4 泵体与泵盖同钻”

8.7 尺寸标注附录

8.7.1 零件倒圆与倒角的尺寸系列（GB/T 6403.4—2008）

以下内容摘自 GB/T 6403.4—2008《零件倒圆与倒角》。

（1）倒圆、倒角的尺寸系列值见表 8-8

表 8-8　倒圆、倒角的尺寸系列值　mm

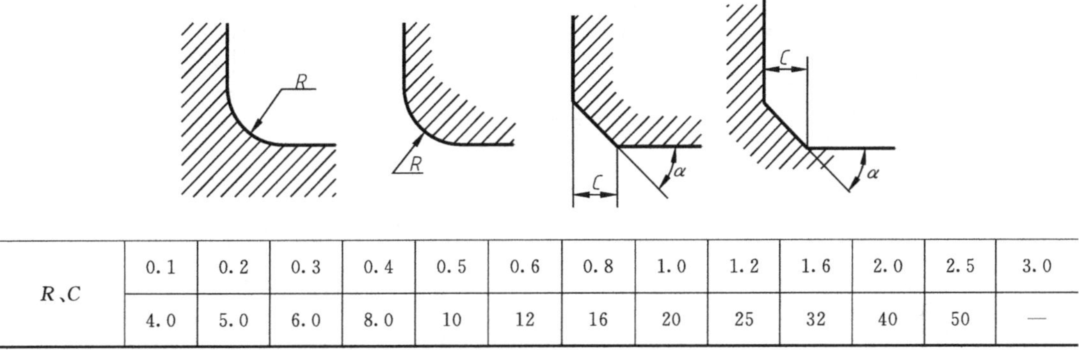

R、C												
0.1	0.2	0.3	0.4	0.5	0.6	0.8	1.0	1.2	1.6	2.0	2.5	3.0
4.0	5.0	6.0	8.0	10	12	16	20	25	32	40	50	—

（2）内角倒角，外角倒圆时 C 的最大值 C_{max} 与 R_1 的关系见表 8-9

表 8-9　内角倒角，外角倒圆时 C 的最大值 C_{max} 与 R_1 的关系　mm

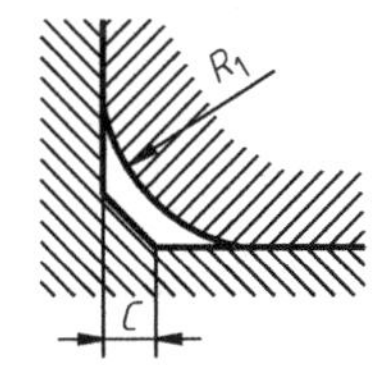

R_1	0.1	0.2	0.3	0.4	0.5	0.6	0.8	1.0	1.2	1.6	2.0
C_{max}	—	0.1	0.1	0.2	0.2	0.3	0.4	0.5	0.6	0.8	1.0
R_1	2.5	3.0	4.0	5.0	6.0	8.0	10	12	16	20	25
C_{max}	1.2	1.6	2.0	2.5	3.0	4.0	5.0	6.0	8.0	10	12

（3）与直径 ϕ 相应的倒角 C、倒圆 R 的推荐值见表 8-10

表 8-10　与直径 ϕ 相应的倒角 C、倒圆 R 的推荐值　mm

ϕ	<3	>3～6	>6～10	>10～18	>18～30	>30～50
C 或 R	0.2	0.4	0.6	0.8	1.0	1.6
ϕ	>50～80	>80～120	>120～180	>180～250	>250～320	>320～400
C 或 R	2.0	2.5	3.0	4.0	5.0	6.0
ϕ	>400～500	>500～630	>630～800	>800～1000	>1000～1250	>1250～1600
C 或 R	8.0	10	12	16	20	25

8.7.2　砂轮越程槽尺寸系列（GB/T 6403.5—2008）

以下内容摘自 GB/T 6403.5—2008《砂轮越程槽》。

（1）回转面及端面砂轮越程槽尺寸系列见表 8-11

表 8-11　回转面及端面砂轮越程槽尺寸系列　　mm

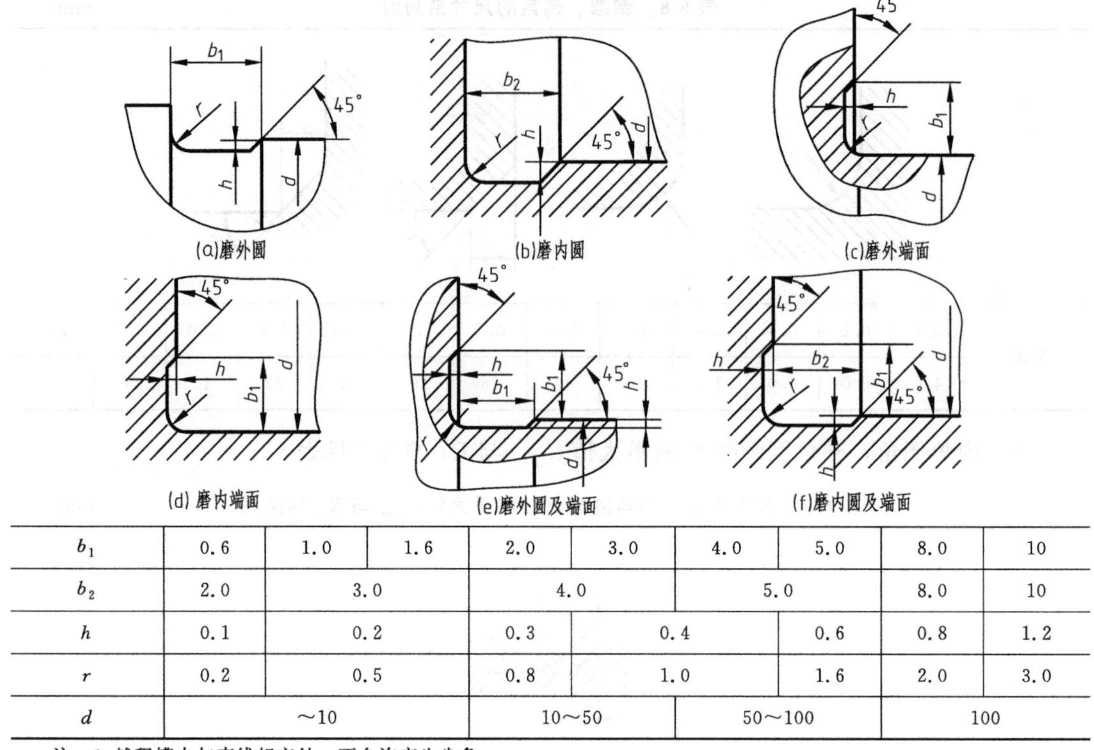

(a)磨外圆　(b)磨内圆　(c)磨外端面
(d) 磨内端面　(e)磨外圆及端面　(f)磨内圆及端面

b_1	0.6	1.0	1.6	2.0	3.0	4.0	5.0	8.0	10
b_2	2.0	3.0		4.0		5.0		8.0	10
h	0.1	0.2		0.3	0.4		0.6	0.8	1.2
r	0.2	0.5		0.8	1.0		1.6	2.0	3.0
d	～10			10～50		50～100		100	

注：1. 越程槽内与直线相交处，不允许产生尖角。
2. 越程槽深度 h 与圆弧半径 r，要满足 $r \leqslant 3h$。

（2）平砂轮越程槽尺寸系列见表 8-12

表 8-12　平砂轮越程槽尺寸系列　　mm

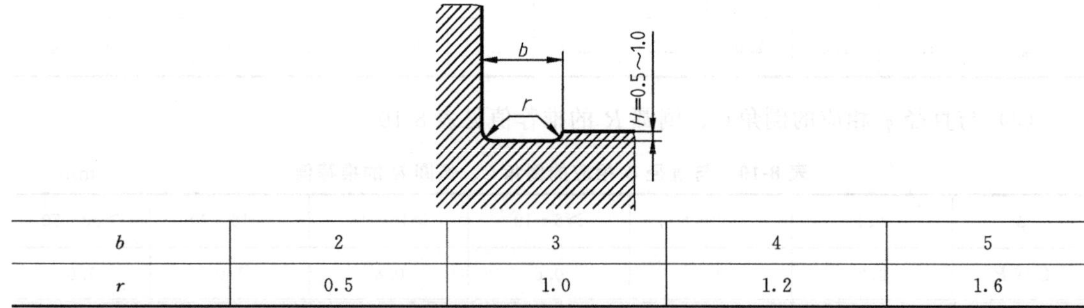

b	2	3	4	5
r	0.5	1.0	1.2	1.6

（3）燕尾导轨砂轮越程槽尺寸系列见表 8-13

表 8-13　燕尾导轨砂轮越程槽尺寸系列　　mm

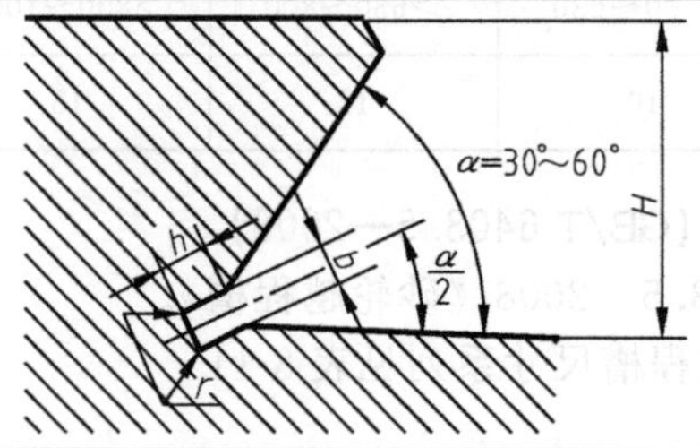

续表

H	≤5	6	8	10	12	16	20	25	32	40	50	63	80
b h	1	2		3			4			5			6
r	0.5	0.5		1.0			1.6			1.6			2.0

(4) 矩形砂轮越程槽尺寸系列见表 8-14

表 8-14　矩形砂轮越程槽尺寸系列　mm

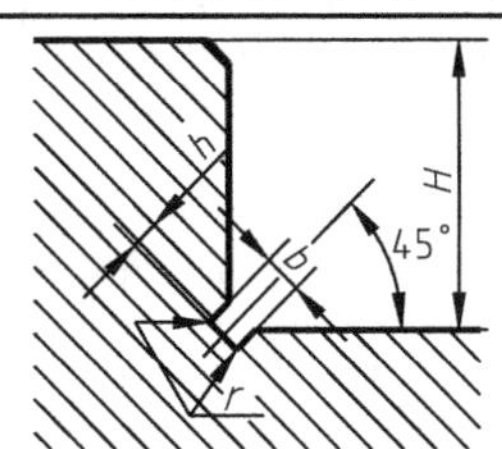

H	8	10	12	16	20	25	32	40	50	63	80	100
b	2				3				5		8	
h	1.6				2.0				3.0		5.0	
r	0.5				1.0				1.6		2.0	

8.7.3　机床 T 形台尺寸系列（GB/T 158—1996）

以下内容摘自 GB/T 158—1996《机床工作台　T 形槽和相应螺栓》。

(1) T 形槽和相应螺栓头部尺寸系列见表 8-15

表 8-15　T 形槽和相应螺栓头部尺寸系列　mm

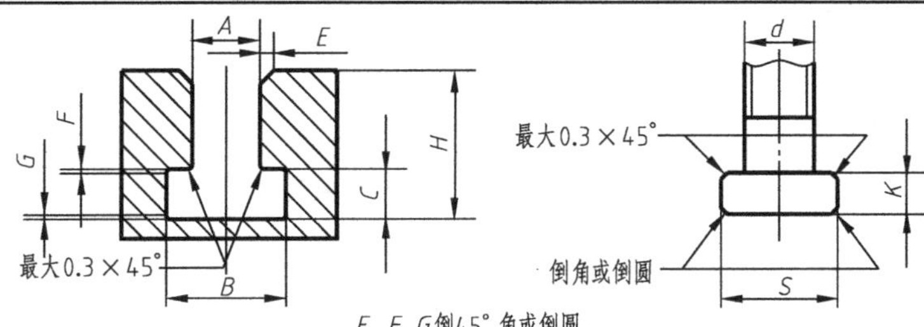

E、F、G倒45°角或倒圆

T 形槽										螺栓头部		
A	B		C		H		E	F	G	d	S	K
基本尺寸	最小尺寸	最大尺寸	最小尺寸	最大尺寸	最小尺寸	最大尺寸	最大尺寸	最大尺寸	最大尺寸	公称尺寸	最大尺寸	最大尺寸
5	10	11	3.5	4.5	8	10	1	0.6	1	M4	9	3
6	11	12.5	5	6	11	13				M5	10	4
8	14.5	16	7	8	15	18				M6	13	6
10	16	18	7	8	17	21				M8	15	6
12	19	21	8	9	20	25				M10	18	7
14	23	25	9	11	23	28	1.6		1.6	M12	22	8
18	30	32	12	14	30	36		1		M16	28	10
22	37	40	16	18	38	45			2.5	M20	34	14
28	46	50	20	22	48	56				M24	43	18
36	56	60	25	28	61	71	2.5			M30	53	23
42	68	72	32	35	74	85		1.6	4	M36	64	28
48	80	85	36	40	84	95		2	6	M42	75	32
54	90	95	40	44	94	106				M48	85	36

（2）T形槽间距见表 8-16

表 8-16 T形槽间距 mm

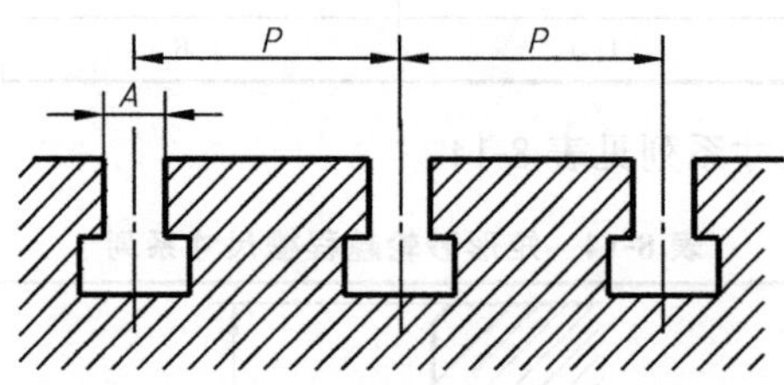

T形槽宽度 A	T形槽间距 P				T形槽宽度 A	T形槽间距 P			
5		20	25	32	22	(80)	100	125	160
6		25	32	40	28	100	125	160	200
8		32	40	50	36	125	160	200	250
10		40	50	63	42	160	200	250	320
12	(40)	50	63	80	48	200	250	320	400
14	(50)	63	80	100	54	250	320	400	500
18	(63)	80	100	125					

8.7.4 中心孔尺寸系列

以下内容摘自 GB/T 145—2001《中心孔》

（1）A型中心孔尺寸系列见表 8-17

表 8-17 A型中心孔尺寸系列 mm

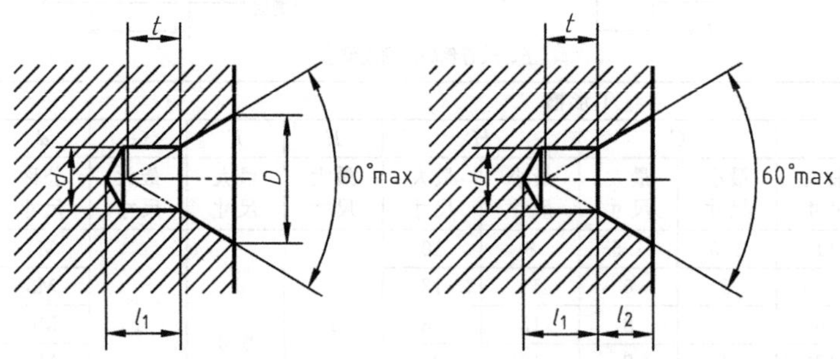

d	D	l_2	t 参考尺寸	d	D	l_2	t 参考尺寸
(0.50)	1.06	0.48	0.5	1.00	2.12	0.97	0.9
(0.63)	1.32	0.60	0.6	(1.25)	2.65	1.21	1.1
(0.80)	1.70	0.78	0.7	1.60	3.35	1.52	1.4

续表

d	D	l_2	t	d	D	l_2	t
			参考尺寸				参考尺寸
2.00	4.25	1.95	1.8	(5.00)	10.60	4.85	4.4
2.50	5.30	2.42	2.2	6.30	13.20	5.98	5.5
3.15	6.70	3.07	2.8	(8.00)	17.00	7.79	7.0
4.00	8.50	3.90	3.5	10.00	21.20	9.70	8.7

注：1. 尺寸 l_1 取决于中心钻的长度 l_1，即使中心钻重磨后再使用，此值也不应小于 t 值。

2. 表中同时列出了 D 和 l_2 尺寸，制造厂可任选其中一个尺寸。

3. 括号内的尺寸尽量不采用。

（2）B 型中心孔尺寸系列见表 8-18

表 8-18　B 型中心孔尺寸系列　mm

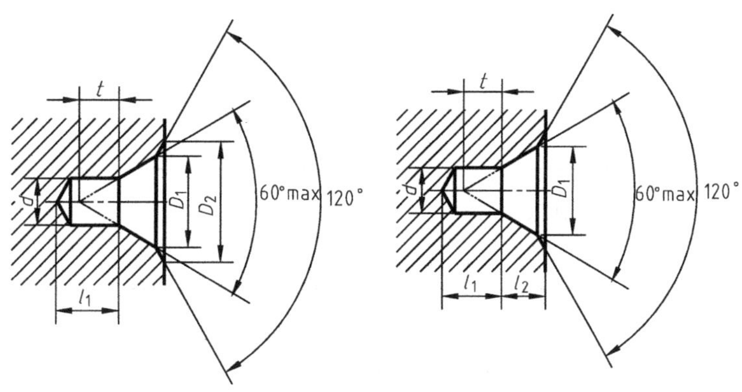

d	D_1	D_2	l_2	t	d	D_1	D_2	l_2	t
				参考尺寸					参考尺寸
1.00	2.12	3.15	1.27	0.9	4.00	8.50	12.50	5.05	3.5
(1.25)	2.65	4.00	1.60	1.1	(5.00)	10.60	16.00	6.41	4.4
1.60	3.35	5.00	1.99	1.4	6.30	13.20	18.00	7.36	5.5
2.00	4.25	6.30	2.54	1.8	(8.00)	17.00	22.40	9.36	7.0
2.50	5.30	8.00	3.20	2.2	10.00	21.20	28.00	11.66	8.7
3.15	6.70	10.00	4.03	2.8					

注：1. 尺寸 l_1 取决于中心钻的长度 l_1，即使中心钻重磨后再使用，此值也不应小于 t 值。

2. 表中同时列出了 D_2 和 l_2 尺寸，制造厂可任选其中一个尺寸。

3. 尺寸 d 和 D_1 与中心钻的尺寸一致。

4. 括号内的尺寸尽量不采用。

（3）C 型中心孔尺寸系列见表 8-19

表 8-19 C型中心孔尺寸系列 mm

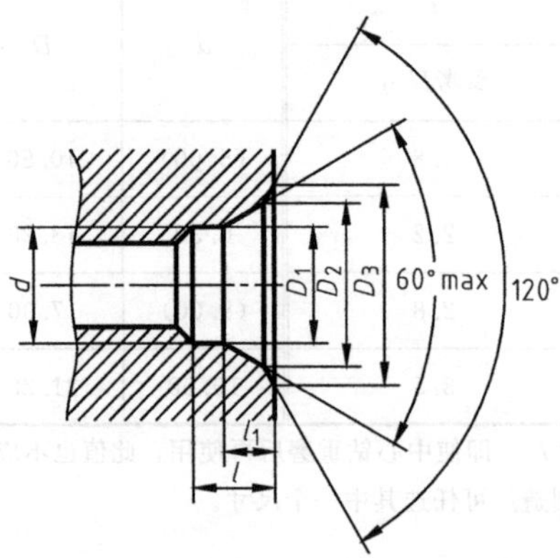

d	D_1	D_2	D_3	l	l_1	d	D_1	D_2	D_3	l	l_1
					参考尺寸						参考尺寸
M3	3.2	5.3	5.8	2.6	1.8	M10	10.5	14.9	16.3	7.5	3.8
M4	4.3	6.7	7.4	3.2	2.1	M12	13.0	18.1	19.8	9.5	4.4
M5	5.3	8.1	8.8	4.0	2.4	M16	17.0	23.0	25.3	12.0	5.2
M6	6.4	9.6	10.5	5.0	2.8	M20	21.0	28.4	31.3	15.0	6.4
M8	8.4	12.2	13.2	6.0	3.3	M24	26.0	34.2	38.0	18.0	8.0

(4) R 型中心孔尺寸系列见表 8-20

表 8-20 R 型中心孔尺寸系列 mm

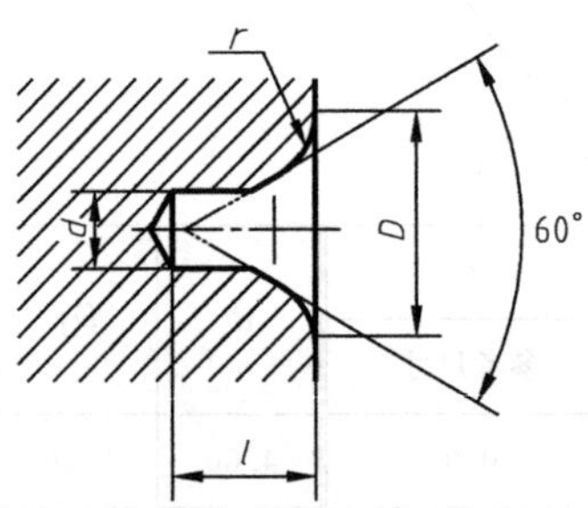

d	D	l_{min}	r		d	D	l_{min}	r	
			max	min				max	min
1.00	2.12	2.3	3.15	2.50	4.00	8.50	8.9	12.50	10.00
(1.25)	2.65	2.8	4.00	3.15	(5.00)	10.60	11.2	16.00	12.50
1.60	3.35	3.5	5.00	4.00	6.30	13.20	14.0	20.00	16.00
2.00	4.25	4.4	6.30	5.00	(8.00)	17.00	17.9	25.00	20.00
2.50	5.30	5.5	8.00	6.30	10.00	21.20	22.5	31.50	25.00
3.15	6.70	7.0	10.00	8.00					

注：括号内的尺寸尽量不采用。

8.8　国外标准中的尺寸注法

国外标准中的尺寸注法见表 8-21。

表 8-21　国外标准中的尺寸注法

	ISO 129—2004	美国 ANSI Y14.5—2005	俄罗斯 ГОСТ 2.307—1968	日本 JIS B0001—2000
线性尺寸	尺寸单位为 mm，当全图的单位均相同时，不需标注	尺寸单位一般为 in，有些图上用 mm。有时用两种尺寸单位，如 24(0.9)，括号外为 mm，括号内为 in	同 ISO 标准	同 ISO 标准
	标注尺寸数字有两种方法，但在同一张图上只可采用一种方法 方法1: 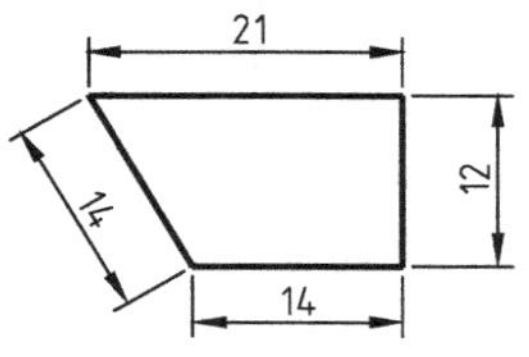 方法2: 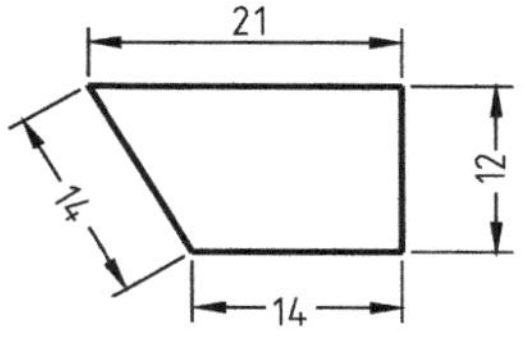	数字写在尺寸线的中断处；尺寸线与轮廓线之间留出一小段空隙；尺寸数字的方向与 ISO 相同 方法1: 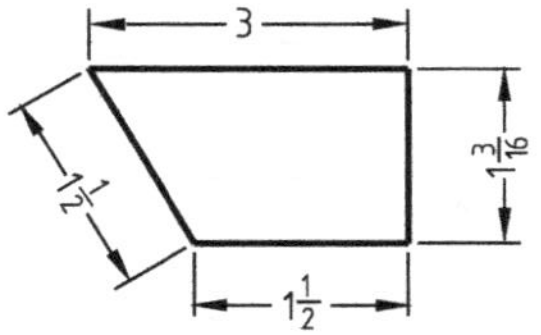 方法2: 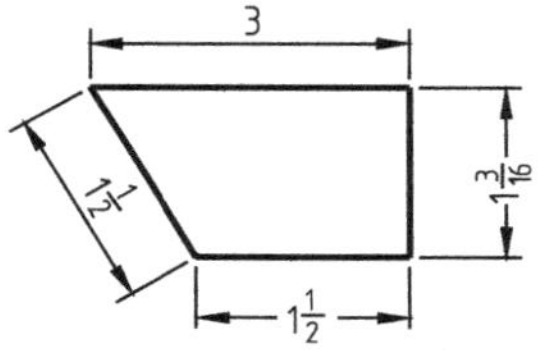	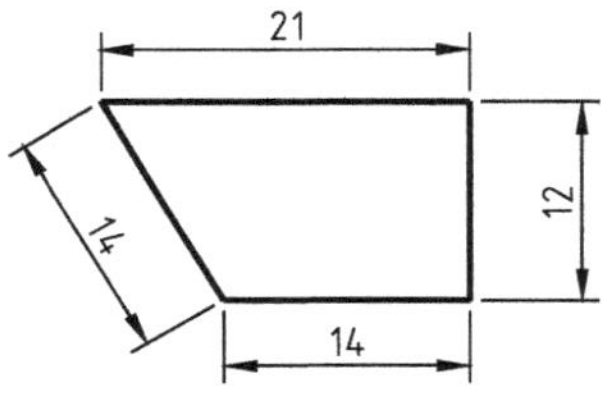	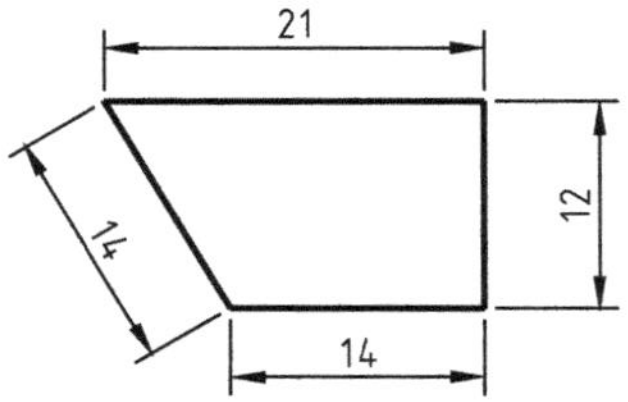 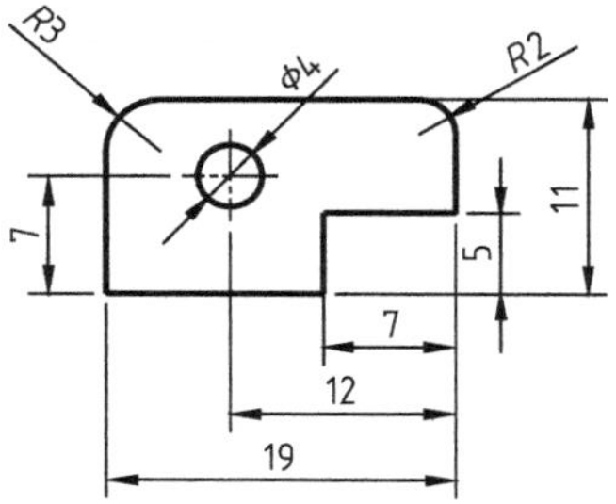

续表

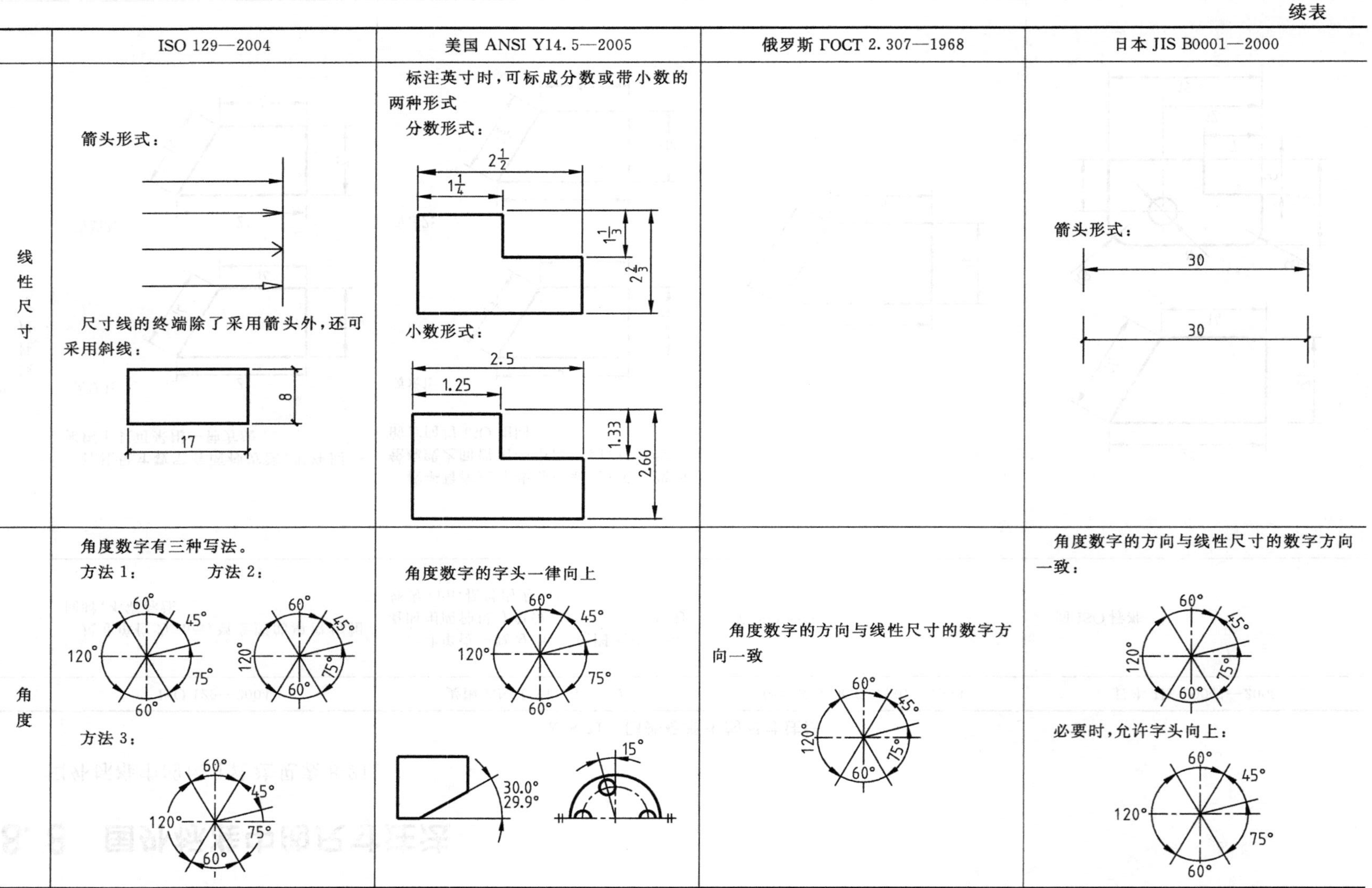

	ISO 129—2004	美国 ANSI Y14.5—2005	俄罗斯 ГОСТ 2.307—1968	日本 JIS B0001—2000
线性尺寸	箭头形式： 尺寸线的终端除了采用箭头外，还可采用斜线：	标注英寸时，可标成分数或带小数的两种形式 分数形式： 小数形式：		箭头形式：
角度	角度数字有三种写法。 方法 1：　方法 2： 方法 3：	角度数字的字头一律向上	角度数字的方向与线性尺寸的数字方向一致	角度数字的方向与线性尺寸的数字方向一致： 必要时，允许字头向上：

续表

	ISO 129—2004	美国 ANSI Y14.5—2005	俄罗斯 ГОСТ 2.307—1968	日本 JIS B0001—2000
倒角的尺寸	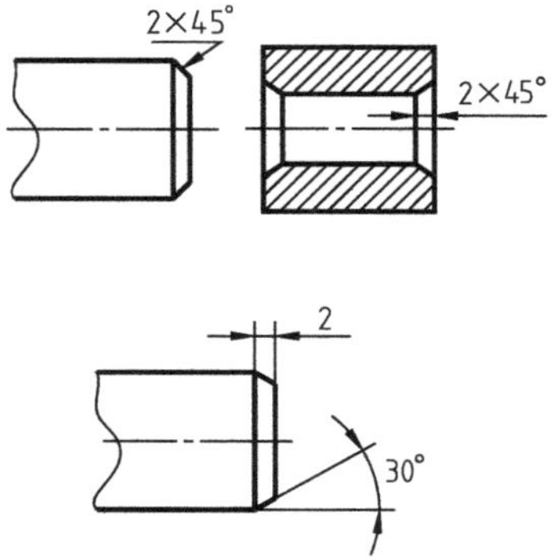 2×45° 2×45° 2 30°	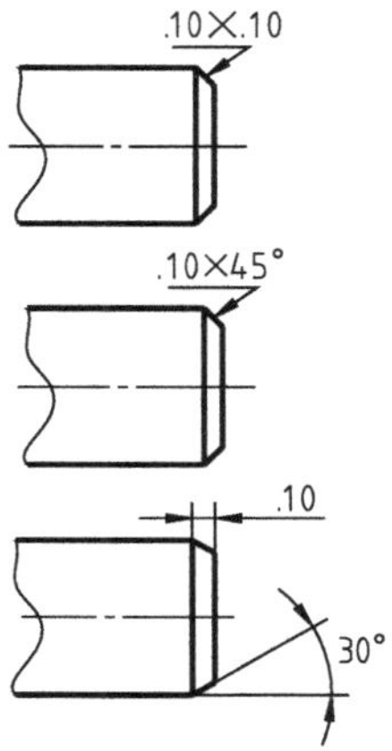 .10×.10 .10×45° .10 30°	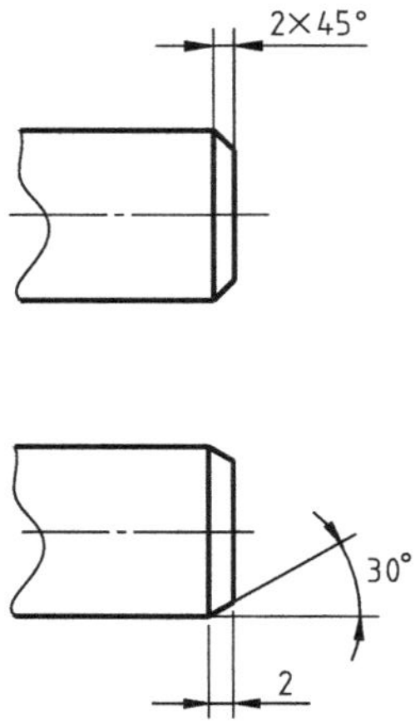 2×45° 30° 2	当倒角为 45°时，可用 C 代表 45°，简化注成如 $C1$、$C1.5$ 等 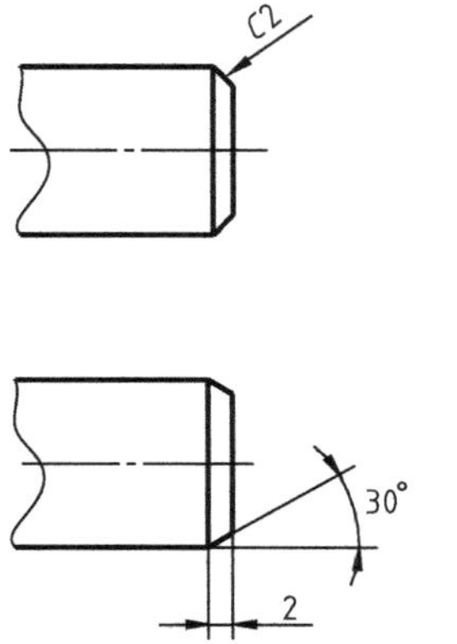 C2 30° 2
均匀分布的孔	表示直径的符号为“ϕ”，正方形的符号为“□”，图形明显时，可以省略不注 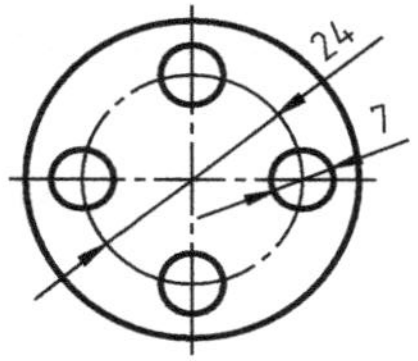 24 7	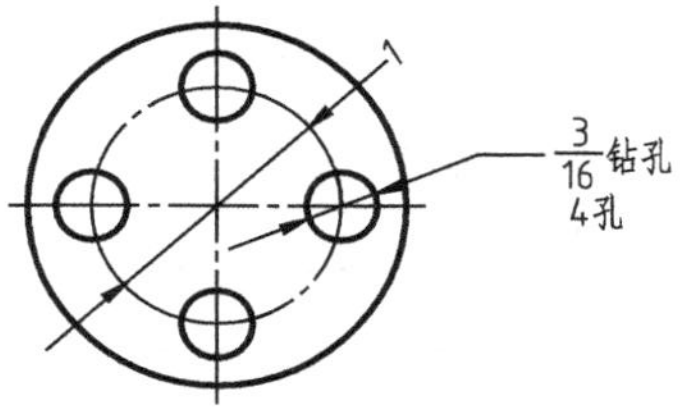 1 $\frac{3}{16}$钻孔 4孔	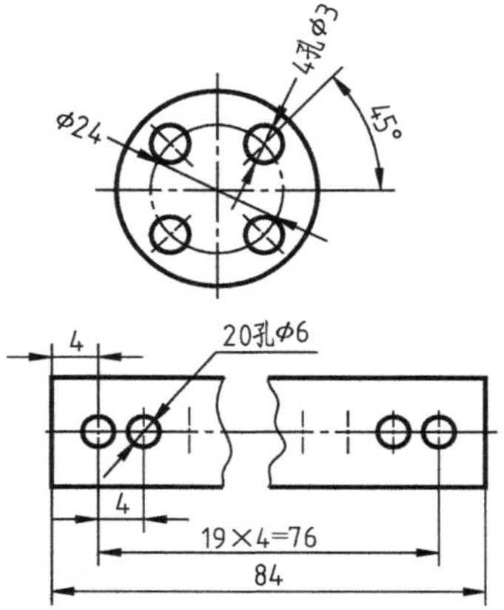 4孔ϕ3 ϕ24 45° 20孔ϕ6 4 4 19×4=76 84	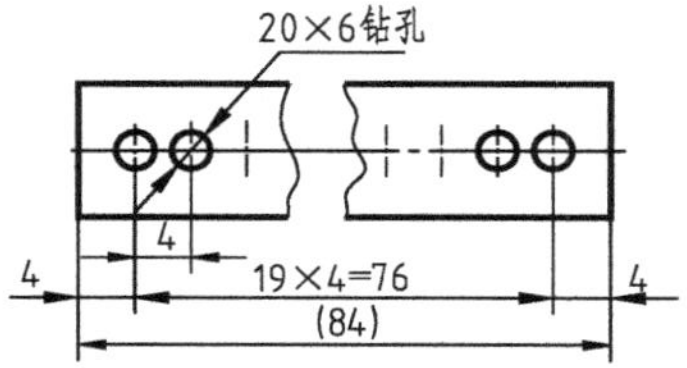 20×6钻孔 4 4 19×4=76 4 (84)

续表

	ISO 129—2004	美国 ANSI Y14.5—2005	俄罗斯 ГОСТ 2.307—1968	日本 JIS B0001—2000
半圆形顶端	当半径的尺寸由别的尺寸所确定,可以只标“R”,但不标数字 R 16H9 42	有两种形式。 方式一(标出“R”但不写数字): 3.40 R 1.5 方式二(注出参考尺寸): 3.4参考 0.75R 1.9 1.5参考	有两种形式。 方式一(标出长和宽): 16H9 42 方式二(注出长和直径): ϕ16 42	

第 9 章　表面结构表示法

GB/T 131—2006《产品几何技术规范（GPS）技术产品文件中表面结构的表示法》规定了标注表面结构的图形符号、表面结构参数的标注、纹理注法、加工余量注法、表面结构要求在图样和其他技术产品文件中的注法，还列举了表面结构要求标注代号新旧国标对照示例。

9.1　标注表面结构的图形符号

9.1.1　图形符号的比例和尺寸

标注表面结构的图形符号见图 9-1，图中“*a*”、“*b*”、“*c*”、“*d*”、“*e*”区域中的所有字母高度应等于 *h*。图形符号和附加标注的尺寸见表 9-1。

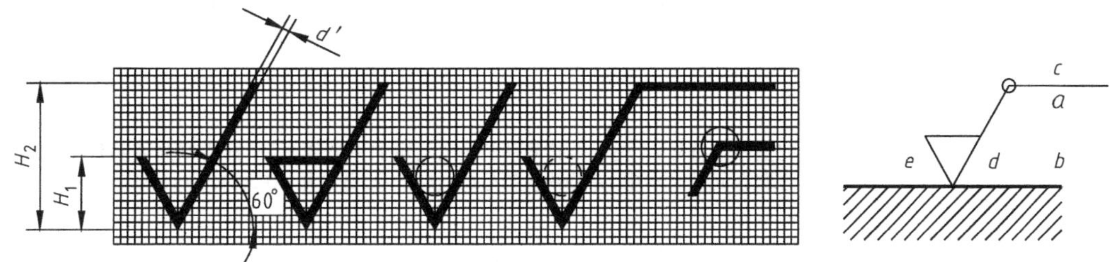

图 9-1　标注表面结构的图形符号

9.1.2　各位置的内容

位置 *a*：注写表面结构的单一要求。标注表面结构参数代号、极限值和传输带或取样长度。为了避免误解，在参数代号和极限值间插入空格。传输带（如例 1）或取样长度（如例 2）后应有一斜线“/”，之后是表面结构参数代号，最后是数值。对图形法应标注传输带，后面应有一斜线“/”，之后是评定长度值（如例 3），再后是一斜线“/”，最后是表面结构参数代号及其数值。

例 1：0.0025−0.8/*Rz* 6.3（传输带标注）；

例 2：−0.8/*Rz* 6.3（取样长度标注）；

例 3：0.008−0.5/16/*R* 10。

位置 *a* 和 *b*：注写两个或多个表面结构要求，位置 *a* 注写第一个表面结构要求，位置 *b* 注写第二个表面结构要求，如果注写更多的表面结构要求，图形符号在垂直方向扩大，以空出足够的空间。扩大图形符号时，*a* 和 *b* 的位置随之上移。

位置 *c*：注写加工方法、表面处理、涂层或其他加工工艺要求等。如车、磨、镀等加工表面。

位置 *d*：注写所要求的表面纹理和纹理方向。

位置 *e*：注写加工余量。

表 9-1 图形符号和附加标注的尺寸 mm

数字和字母高度 h	2.5	3.5	5	7	10	14	20
符号线宽 d' 字母线宽 d	0.25	0.35	0.5	0.7	1	1.4	2
高度 H_1	3.5	5	7	10	14	20	28
高度 H_2(最小值)	7.5	10.5	15	21	30	42	60

9.1.3 图形符号的种类及意义

图形符号分为基本图形符号、扩展图形符号和完整图形符号，这些符号的意义见表 9-2。

表 9-2 表面结构图形符号及意义

符 号	意义及说明
	基本图形符号：表示表面可用任何方法获得，仅适用于简化代号标注。当基本符号与补充的或辅助的说明一起使用，则不需要进一步说明表面是否应去除材料
	扩展图形符号：在基本符号加一短画，表示表面是用去除材料的方法获得，例：车、铣、钻、磨、剪切、抛光、腐蚀、电火花加工、气割等
	扩展图形符号：基本符号加一小圆，表示表面是用不去除材料的方法获得，如：锻、铸、冲压变形、热轧、冷轧、粉末冶金等，或是用于保持原供应状况的表面（包括保持上道工序的状况）
(a) (b) (c)	完整图形符号：上述三个符号的长边上均可加一横线，用于标注有关说明和参数。在报告和合同的文本中，完整图形符号(a)、(b)、(c)分别用 APA、MRR、NMR 表示
	当在图样某个视图上构成封闭轮廓的各表面有相同的表面结构要求时，应在上述三个符号的长边上加一小圆，标注在图样中工件的封闭轮廓线上。如果标注会引起歧义，各表面应分别标注。标注方法见图 9-2

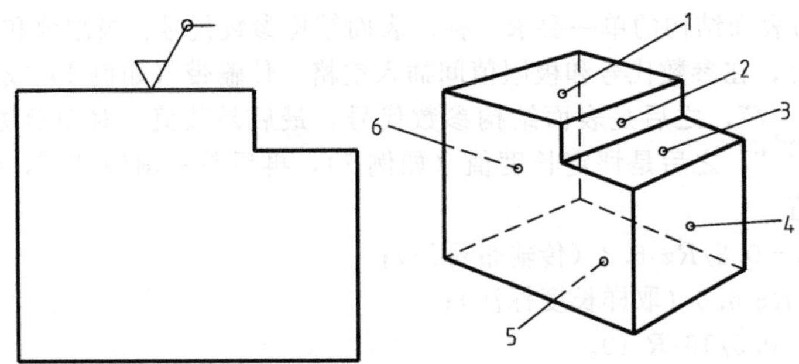

图 9-2 对周边各面有相同的表面结构要求的注法

9.2 表面结构参数的标注

9.2.1 国家标准定义的表面结构参数

国家标准定义的表面结构的轮廓参数（详见 GB/T 3505—2009）、图形参数（详见 GB/T 18618—2002）、基于线性支承率曲线参数（详见 GB/T 18778.1—2002、GB/T 18778.2—2003 和

GB/T 18618—2002)、基于概率支承率曲线参数（详见 GB/T 18778.3—2006）见表 9-3。

表 9-3　国家标准定义的表面结构参数

项目	高度参数									间距参数	混合参数	曲线和相关参数		
	峰谷值					平均值								
R 轮廓参数(粗糙度参数)	*Rp*	*Rv*	*Rz*	*Rc*	*Rt*	*Ra*	*Rq*	*Rsk*	*Rku*	*RSm*	*RΔq*	*Rmr*(*c*)	*Rδc*	*Rmr*
W 轮廓参数(波纹度参数)	*Wp*	*Wv*	*Wz*	*Wc*	*Wt*	*Wa*	*Wq*	*Wsk*	*Wku*	*WSm*	*WΔq*	*Wmr*(*c*)	*Wδc*	*Wmr*
P 轮廓参数(原始轮廓参数)	*Pp*	*Pv*	*Pz*	*Pc*	*Pt*	*Pa*	*Pq*	*Psk*	*Pku*	*PSm*	*PΔq*	*Pmr*(*c*)	*Pδc*	*Pmr*
粗糙度轮廓(粗糙度图形参数)						*R*		*Rx*			*AR*		—	
波纹度轮廓(波纹度图形参数)						*W*		*Wx*			*AW*		*Wte*	
基于线性支承率曲线的参数														
GB/T 18778.2 的粗糙度轮廓参数（滤波器根据 GB/T 18778.1 选择）						*Rk*		*Rpk*		*Rvk*	*Mr*1	*Mr*2		
GB/T 18778.2 的粗糙度轮廓参数（滤波器根据 GB/T 18618 选择）						*Rke*		*Rpke*		*Rvke*	*Mr*1*e*	*Mr*2*e*		
基于概率支承率曲线的参数														
基于 GB/T 18778.3 概率支承率曲线的 *R* 轮廓代号（滤波器根据 GB/T 18778.1 选择）										*Rpq*	*Rvq*	*Rmq*		
基于 GB/T 18778.3 概率支承率曲线的 *P* 轮廓代号 原始轮廓滤波 λs										*Ppq*	*Pvq*	*Pmq*		

9.2.2　表面结构代号的含义

表面结构代号的含义见表 9-4。

表 9-4　表面结构代号的含义

No	符号	含义/解释
1	*Rz* 0.4	表示不允许去除材料，单向上限值，默认传输带，*R* 轮廓，粗糙度的最大高度 0.4μm，评定长度为 5 个取样长度(默认)，“16％规则”(默认)
2	*Rz* max 0.2	表示去除材料，单向上限值，默认传输带，*R* 轮廓，粗糙度最大高度的最大值 0.2μm，评定长度为 5 个取样长度(默认)，“最大规则”
3	0.008-0.8/*Ra* 3.2	表示去除材料，单向上限值，传输带 0.008-0.8mm，*R* 轮廓，算术平均偏差 3.2μm，评定长度为 5 个取样长度(默认)，“16％规则”(默认)
4	-0.8/*Ra* 3 3.2	表示去除材料，单向上限值，传输带：根据 GB/T 6062，取样长度 0.8μm(λs 默认 0.0025mm)。*R* 轮廓，算术平均偏差 3.2μm，评定长度包含 3 个取样长度，“16％规则”(默认)
5	U *Ra* max 3.2 L *Ra* 0.8	表示不允许去除材料，双向极限值，两极限值均使用默认传输带，*R* 轮廓，上限值：算术平均偏差 3.2μm，评定长度为 5 个取样长度(默认)。“最大规则”，下限值：算术平均偏差 0.8μm，评定长度为 5 个取样长度(默认)，“16％规则”(默认)
6	0.8-25/*Wz* 3 10	表示去除材料，单向上限值，传输带 0.8-25mm，*W* 轮廓，波纹度最大高度 10μm，评定长度包含 3 个取样长度，“16％规则”(默认)
7	0.008-/*Pt* max 25	表示去除材料，单向上限值，传输带 λs＝0.008mm，无长波滤波器，*P* 轮廓，轮廓总高 25μm，评定长度等于工件长度(默认)，“最大规则”

续表

No	符号	含义/解释
8	√0.0025-0.1//Rx 0.2	表示任意加工方法，单向上限值，传输带 λs＝0.0025mm，A＝0.1mm，评定长度 3.2mm（默认），粗糙度图形参数，粗糙度图形最大深度 0.2μm，“16％规则”（默认）
9	不允许去除材料符号 /10/R 10	表示不允许去除材料，单向上限值，传输带 λs＝0.008mm（默认），A＝0.5mm（默认），评定长度 10mm，粗糙度图形参数，粗糙度图形平均深度 10μm，“16％规则”（默认）
10	去除材料符号 W 1	表示去除材料，单向上限值，传输带 A＝0.5mm（默认），B＝2.5mm（默认），评定长度 16mm（默认），波纹度图形参数，波纹度图形平均深度 1mm，“16％规则”（默认）
11	√-0.3/6/AR 0.09	表示任意加工方法，单向上限值，传输带 λs＝0.008mm（默认），A＝0.3mm（默认），评定长度 6mm，粗糙度图形参数，粗糙度图形平均间距 0.09mm，“16％规则”（默认）

注：这里给出的表面结构参数，传输带/取样长度和参数值以及所选择的符号仅作为示例。

9.2.3 图样标注与文中标注对照

图样中的标注 Ra 0.8 / Rz 1 3.2，在文本中的标注为 MRR *Ra* 0.8；*Rz*1 3.2。

图样中的标注 Ramax 0.8 / Rz 1max 3.2，在文本中的标注为 MRR *Ra*max 0.8；*Rz*1max 3.2。

图样中的标注 0.0025−0.8/Rz 3.2，在文本中的标注为 MRR 0.0025-0.8/ *Rz* 3.2。

图样中的标注 λc−12×λc/Wz 125，在文本中的标注为 MRR λc-12×λc/ *Wz* 125。

图样中的标注 U Rz 0.8 / L Ra 0.2，在文本中的标注为 MRR U *Rz* 0.8；L *Ra* 0.2。

9.3 纹理注法

纹理方向是指表面纹理的主要方向，通常由加工工艺决定。表面纹理及其方向用表 9-5 中规定的符号标注。图样中的标注方法如 铣 Ra 0.8 / Rz 13.2 ⊥。

表 9-5 表面纹理的标注

符号	说明	示意图
＝	纹理平行于视图所在的投影面	
⊥	纹理垂直于视图所在的投影面	

续表

符号	说明	示意图
×	纹理呈两斜向交叉且与视图所在的投影面相交	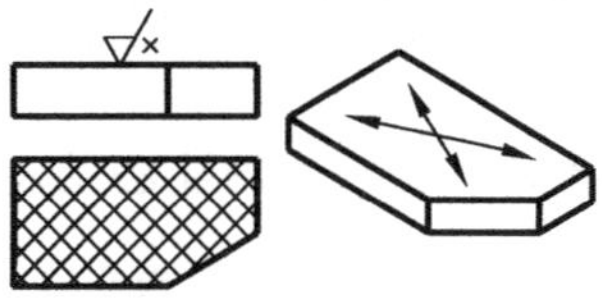
M	纹理呈多方向	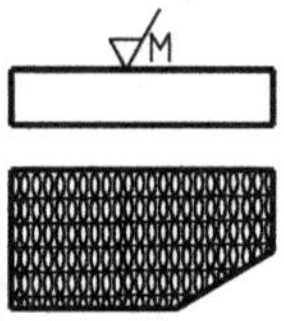
C	纹理呈近似同心圆且圆心与表面中心相关	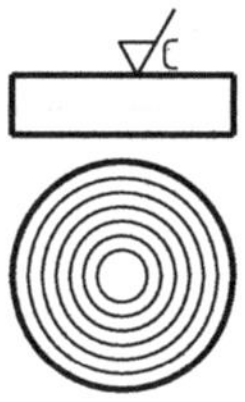
R	纹理呈近似放射状且与表面圆心相关	
P	纹理呈微粒、凸起，无方向	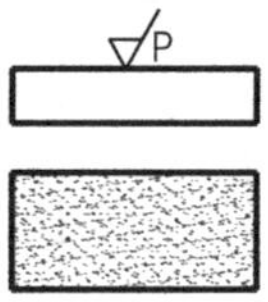

9.4 加工余量注法

在同一图样中，有多个加工工序的表面可标注加工余量，例如，在表示完工零件形状的铸锻件图样中给出加工余量，如图 9-3 所示。图 9-3 中给出加工余量的这种方式不适用于文本。

加工余量可以是加注在完整符号上的唯一要求。加工余量也可以同表面结构要求一起标

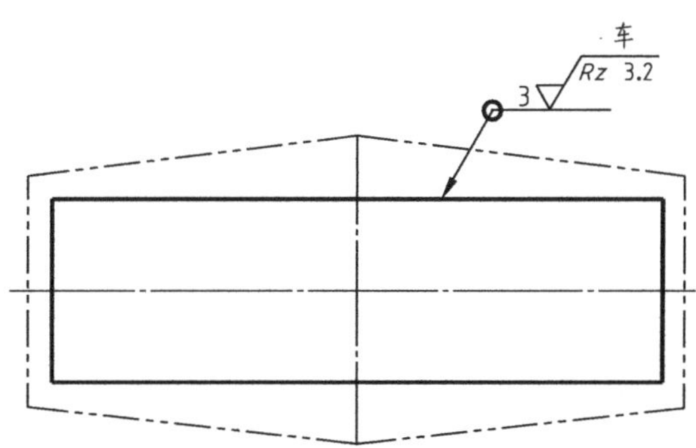

图 9-3　在表示完工零件的图样中给出加工余量的注法（所有表面均有 3mm 加工余量）

注，见图 9-3。

9.5 表面结构要求在图样上的注法

表面结构要求在图样上的注法见表 9-6。

表 9-6 表面结构要求的标注示例

序号	标注示例	示例说明
1	Ra 0.8 Rz 3.2 Rz 12.5 Rp 1.6	总的原则是根据 GB/T 4458.4 的规定，使表面结构的注写和读取方向与尺寸的注写和读取方向一致
2	Rz 12.5 Rz 6.3 Ra 1.6 Ra 1.6 Rz 12.5 Rz 6.3 铣 Rz 3.2 车 Rz 3.2 φ28	表面结构要求可标注在轮廓线上，其符号应从材料外指向并接触表面。必要时，表面结构符号也可用带箭头或黑点的指引线引出标注
3	φ120 H7 Rz 12.5 φ120 h6 Rz 6.3	在不致引起误解时，表面结构要求可以标注在给定的尺寸线上
4	Rz 1.6 0.1 Rz 6.3 φ10±0.1 φ0.2 A B	表面结构要求可标注在形位公差框格的上方

续表

序号	标注示例	示例说明
5	Ra 1.6　Rz 6.3　Rz 6.3　Rz 6.3　Ra 1.6	表面结构要求可以直接标注在延长线上，或用带箭头的指引线引出标注
6	Ra 3.2　Rz 1.6　Ra 6.3　Ra 3.2	圆柱和棱柱表面的表面结构要求只标注一次，如果每个棱柱表面有不同的表面结构要求，则应分别标注
7	Rz 6.3　Rz 1.6　Ra 3.2 (√)	如果在工件的多数(包括全部)表面有相同的表面结构要求，则其表面结构要求可统一注在图样的标题栏附近。此时(除全部表面有相同要求的情况外)，表面结构要求的符号后面应在圆括号内给出无任何其他标注的基本符号。不同的表面结构要求应直接标注在图形中
8	Rz 6.3　Rz 1.6　Ra 3.2 (Rz 1.6　Rz 6.3)	如果在工件的多数(包括全部)表面有相同的表面结构要求，则其表面结构要求可统一注在图样的标题栏附近。此时(除全部表面有相同要求的情况外)，表面结构要求的符号后面应在圆括号内给出不同的表面结构要求，不同的表面结构要求应直接标注在图形中
9	z　y　z = U Rz 1.6 =L Ra 0.8　y = Ra 3.2	可用带字母的完整符号，以等式的形式，在图形或标题栏附近，对有相同表面结构要求的表面进行简化标注
10	√ = Ra 3.2　= Ra 3.2　= Ra 3.2	可用基本图形符号和扩展图形符号，以等式的形式给出多个表面共同的表面结构要求

续表

序号	标注示例	示例说明
11	Fe/Ep·Cr25b Ra 0.8 Rz 1.6 φ50h7	由几种不同的工艺方法获得的同一表面，当需要注明每种工艺方法的表面结构要求时，可按改图的形式进行标注
12	铣 0.008-4/Ra 50 C 0.008-4/Ra 6.3	表面粗糙度： 双向极限值； 上限值 $Ra=50\mu m$； 下限值 $Ra=6.3\mu m$； 均为"16%规则"(默认)； 两个传输带均为 0.008-4mm； 默认的评定长度 5×4mm=20mm； 表面纹理呈近似同心圆且圆心与表面中心相关； 加工方法：铣。 注：因为不会引起争议，不必加 U 和 L
13	Ra 0.8 Rz 6.3 (√)	除一个表面以外，所有表面的粗糙度为： 单向上限值； $Rz=6.3\mu m$； "16%规则"(默认)； 默认传输带； 默认评定长度(5×λc)； 表面纹理没有要求； 去除材料的工艺。 不同要求的表面的表面粗糙度为： 单向上限值： $Ra=0.8\mu m$； "16%规则"(默认)； 默认传输带； 默认评定长度(5×λc)； 表面纹理没有要求； 去除材料的工艺
14	磨 Ra 1.6 ⊥ -2.5/Rzmax 6.3	表面粗糙度： 两个单向上限值： (1)$Ra=1.6\mu m$ a."16%规则"(默认)(GB/T 10610)； b.默认传输带(GB/T 10610 和 GB/T 6062)； c.默认评定长度(5×λc)(GB/T 10610)。 (2)Rz max=$6.3\mu m$ a.最大规则； b.传输带－2.5μm(GB/T 6062)； c.评定长度默认(5×2.5mm)。 表面纹理垂直于视图的投影面； 加工方法：磨削

续表

序号	标注示例	示例说明
15	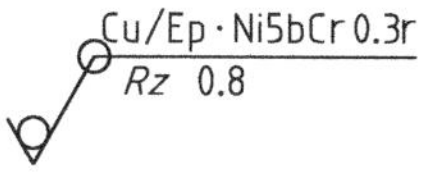 Cu/Ep·Ni5bCr 0.3r Rz 0.8	表面粗糙度： 单向上限值； $Rz=0.8\mu m$； “16％规则”(默认)(GB/T 10610)； 默认传输带(GB/T 10610 和 GB/T 6062)； 默认评定长度($5\times\lambda c$)(GB/T 10610)； 表面纹理没有要求； 表面处理：铜件，镀镍/铬； 表面要求对封闭轮廓的所有表面有效
16	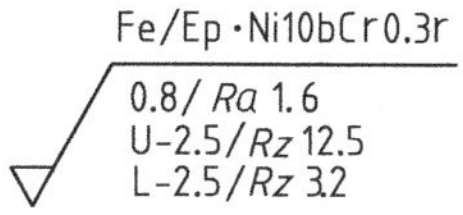 Fe/Ep·Ni10bCr 0.3r 0.8/ Ra 1.6 U-2.5/Rz 12.5 L-2.5/Rz 3.2	表面粗糙度： 单向上限值和一个双向极限值： (1)单向 $Ra=1.6\mu m$ a. “16％规则”(默认)(GB/T 10610)； b. 传输带－0.8mm(λs 根据 GB/T 6062 确定)； c. 评定长度 $5\times0.8=4mm$(GB/T 10610)。 (2)双向 Rz a. 上限值 $Rz=12.5\mu m$； b. 下限值 $Rz=3.2\mu m$； c. “16％规则”(默认)； d. 上下极限传输带均为－2.5mm(λs 根据 GB/T 6062 确定)； e. 上下极限评定长度均为 $5\times2.5=12.5mm$(即使不会引起争议，也可以标注 U 和 L 符号)。 表面处理：钢件、镀镍/铬
17	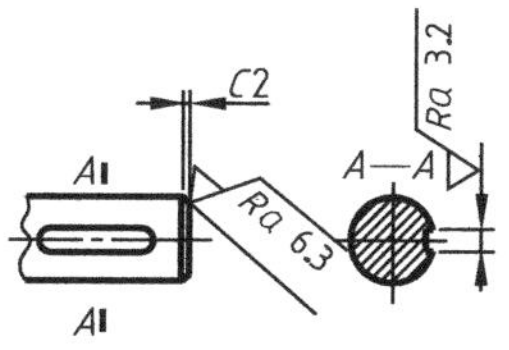 C2 A A—A Ra 3.2 Ra 6.3 A	表面结构和尺寸可以标注在同一尺寸线上： 键槽侧壁的表面粗糙度： 一个单向上限值； $Ra=6.3\mu m$； “16％规则”(默认)(GB/T 10610)； 默认评定长度($5\times\lambda c$)(GB/T 6062)； 默认传输带(GB/T 10610 和 GB/T 6062)； 表面纹理没有要求； 去除材料的工艺。 倒角的表面粗糙度： 一个单向上限值； $Ra=3.2\mu m$； “16％规则”(默认)(GB/T 10610)； 默认评定长度 $5\times\lambda c$(GB/T 6062)； 默认传输带(GB/T 10610 和 GB/T 6062)； 表面纹理没有要求； 去除材料的工艺
18	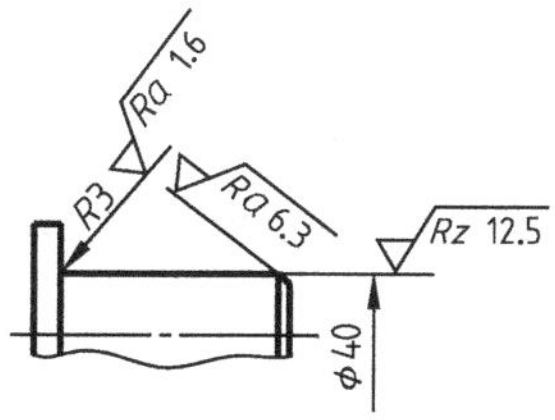 Ra 1.6 R3 Ra 6.3 Rz 12.5 φ40	表面结构和尺寸可以标注为： 一起标注在延长线上或分别标注在轮廓线和尺寸界线上。 示例中的三个表面粗糙度要求为： 单向上限值： 分别是：$Ra=1.6\mu m$，$Ra=6.3\mu m$，$Rz=12.5\mu m$； “16％规则”(默认)(GB/T 10610)； 默认评定长度($5\times\lambda c$)(GB/T 6062)； 默认传输带(GB/T 10610 和 GB/T 6062)； 表面纹理没有要求； 去除材料的工艺

续表

序号	标注示例	示例说明
19	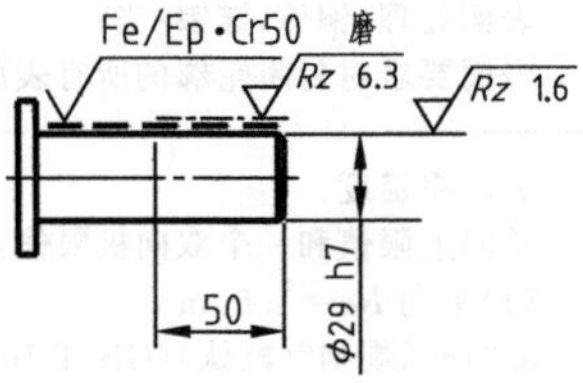 Fe/Ep·Cr50 磨 Rz 6.3 Rz 1.6 50 φ29 h7	表面结构、尺寸和表面处理的标注： 示例是三个连续的加工工序。 第一道工序： 单向上限值； $Rz=1.6\mu m$； “16%规则”(默认)(GB/T 10610)； 默认评定长度(5×λc)(GB/T 6062)； 默认传输带(GB/T 10610 和 GB/T 6062)； 表面纹理没有要求； 去除材料的工艺。 第二道工序： 镀铬，无其他表面结构要求。 第三道工序： 一个单向上限值，仅对长度为 50mm 的圆柱表面有效； $Rz=6.3m$； “16%规则”(默认)(GB/T 10610)； 默认评定长度(5×λc)(GB/T 6062)； 默认传输带(GB/T 10610 和 GB/T 6062)； 表面纹理没有要求； 磨削加工工艺

9.6 表面结构要求标注代号新旧国标对照

表 9-7 是第二版（1993）和第三版（2006）标注对照。

表 9-7 第三版（2006）和第二版（1993）标注代号对照

序号	GB/T 131 的版本		
	1993(第二版)[①]	2006(第三版)[②]	说明主要问题的示例
1	1.6　1.6	Ra 1.6	*Ra* 只采用“16%规则”
2	Ry 3.2　Ry 3.2	Rz 3.2	除了 *Ra*“16%规则”的参数
3	1.6 max	Ra max 1.6	“最大规则”
4	1.6　0.8	−0.8/Ra 1.6	*Ra* 加取样长度
5	—[③]	0.025−0.8/Ra 1.6	传输带
6	Ry6.3　0.8	−0.8/Rz 6.3	除 *Ra* 外其他参数及取样长度
7	1.6 Ry6.3	Ra 1.6 Rz 6.3	*Ra* 及其他参数

续表

序号	GB/T 131 的版本		
	1993(第二版)[①]	2006(第三版)[②]	说明主要问题的示例
8	Ry6.3	Rz 3 6.3	评定长度中的取样长度个数，如果不是 5
9	—[③]	L Ra 1.6	下限值
10	3.2 1.6	U Ra 3.2 L Ra 1.6	上、下限值

①在 GB/T 3505—1983 和 GB/T 10610—1989 中定义的默认值和规则仅用于参数 Ra、Ry 和 Rz（十点高度）。此外，GB/T 131—1993 中存在着参数代号书写不一致问题，标准正文要求参数代号第二个字母标注为下标，但在所有的图标中，第二个字母都是小写，而当时所有的其他表面结构标准都是用下标。

②新的 Rz 为原 Ry 的定义，原 Ry 的符号不再使用。

③表示没有该项。

9.7 零件表面的粗糙度参数值

9.7.1 各种加工方法能达到的粗糙度参数值

(1) 各种加工方法能达到的 Ra 值见表 9-8

表 9-8　各种加工方法能达到的 Ra 值

加工方法		表面粗糙度 Ra/μm													
		0.012	0.025	0.05	0.10	0.20	0.40	0.80	1.60	3.20	6.30	12.5	25	50	100
砂模铸造															
壳型铸造															
金属模铸造															
离心铸造															
精密铸造															
蜡模铸造															
压力铸造															
热轧															
模锻															
冷轧															
挤压															
冷拉															
挫															
铲刮															
刨削	粗														
	半精														
	精														
插削															

续表

加工方法		表面粗糙度 $Ra/\mu m$													
		0.012	0.025	0.05	0.10	0.20	0.40	0.80	1.60	3.20	6.30	12.5	25	50	100
钻孔															
扩孔	粗														
	精														
金刚镗孔															
镗孔	粗														
	半精														
	精														
铰孔	粗														
	半精														
	精														
端面铣	粗														
	半精														
	精														
车外圆	粗														
	半精														
	精														
金刚车															
车端面	粗														
	半精														
	精														
磨外圆	粗														
	半精														
	精														
磨平面	粗														
	半精														
	精														
珩磨	平面														
	圆柱														
研磨	粗														
	半精														
	精														
抛光	一般														
	精														
滚压抛光															
超精加工															
化学蚀割															

续表

加工方法		表面粗糙度 $Ra/\mu m$													
		0.012	0.025	0.05	0.10	0.20	0.40	0.80	1.60	3.20	6.30	12.5	25	50	100
电火花加工															
切割	气割														
	锯														
	车														
	铣														
	磨														
锯加工															
成形加工															
拉削	半精														
	精														
滚铣	粗														
	半精														
	精														
螺纹加工	丝锥板牙														
	梳铣														
	滚														
	车														
	搓丝														
	滚压														
	磨														
	研磨														
齿轮及花键加工	刨														
	滚														
	插														
	磨														
	剃														
电光束加工															
激光加工															
电化学加工															

（2）各种加工方法能达到的 Rz 值见表 9-9

表 9-9　各种加工方法能达到的 Rz 值

加 工 方 法	表面粗糙度 $Rz/\mu m$								
	0.16	0.4	1.0	2.5	6	16	40	100	250
火焰切割									
砂模铸造									

续表

加工方法	表面粗糙度 $Rz/\mu m$								
	0.16	0.4	1.0	2.5	6	16	40	100	250
壳型铸造						—	—	—	—
压铸					—	—	—		
锻造				—	—	—	—		
爆破成形					—	—	—	—	—
成形加工				—	—	—	—	—	—
钻孔					—	—			
铣削				—	—	—	—		
铰孔				—	—	—			
车削			—	—	—	—	—	—	—
磨削			—	—	—	—			
珩磨	—	—	—	—					
研磨	—	—	—	—					
抛光	—	—							

9.7.2 *Ra* 的应用范围

Ra 的应用范围见表 9-10。

表 9-10 *Ra* 的应用范围

$Ra/\mu m$	适用的零件表面
12.5	粗加工非配合表面。如轴端面、倒角、钻孔、链槽非工作面、垫圈接触面、不重要的安装支撑面、螺钉和铆钉孔表面
6.3	半精加工面。用于不重要的零件的非配合表面，如支柱、轴、支架、外壳、衬套、盖等的端面；螺钉、螺栓、螺母的自由面；不要求定心和配合特性的表面，如螺栓孔、螺钉通孔、铆钉通孔等；飞轮、带轮、离合器、联轴器、凸轮、偏心轮的侧面；平键及键槽上下面，花键非定心表面，齿顶圆表面；所有轴和孔的退刀槽；不重要的连接配合表面；犁铧、犁侧板、深井铲等零件的摩擦工作面；插秧抓面等
3.2	半精加工表面。外壳、箱体、盖、套筒、支架等和其他零件连接而不形成配合的表面；不重要的紧固螺纹表面。非传动用梯形螺纹、锯齿形螺纹表面；燕尾槽表面；键和键槽的工作面；需滚花的预加工表面；低速滑动轴承和轴的摩擦面；张紧链轮、导向滚轮与轴的配合表面；滑块及导向面（速度 20～50m/min）；收割机械切割器的摩擦器动力片的摩擦面，脱粒机隔板工作表面等
1.6	要求有定心及配合特性的固定支撑、衬套、轴承和定位销的压入孔表面；不要求定心及配合特性的活动支撑面，活动关节及花键结合面；8 级齿轮的齿面；传动螺纹工作面；低速传动的轴颈；楔形键及键槽上下面；轴承盖凸肩（对中心用）、V 带轮槽表面，电镀前金属表面等
0.8	要求保证定心及配合特性的表面，锥销和圆柱销表面；与 P0 和 P6 级滚动轴承相配合的孔和轴颈表面；中速转动的轴颈，过盈配合的孔 IT8，花键轴定心表面，滑动导轨面；不要求保证定心及配合特性的活动支撑面；高精度的活动球状接头表面、支撑垫圈、榨油机螺旋榨辊表面等
0.2	要求长期保持配合特性的孔 IT6、IT5，6 级精度齿轮齿面，蜗杆齿面（6～7 级），与 P5 级滚动轴承配合的孔和轴颈表面；要求保证定心及配合特性的表面；滑动轴承轴瓦工作表面；分度盘表面；工作时受交变应力的重要零件表面；受力螺栓的圆柱表面，曲轴和凸轮轴工作表面、发动机气门圆锥面，与橡胶油封相配的轴表面等

续表

Ra/μm	适用的零件表面
0.1	工作时受较大变应力的重要零件表面，保证疲劳强度、防腐蚀性及在活动接头工作中耐久的一些表面；精密机床主轴箱与套筒配合的孔；活塞销的表面；液压传动用孔的表面，气缸内表面，保证精确定心的锥体表面；仪器中承受摩擦的表面，如导轨、槽面等
0.05	滚动轴承套圈滚道、滚动体表面，摩擦离合器的摩擦表面，工作量规的测量表面，精密刻度盘表面，精密机床主轴套筒外圆表面等
0.025	特别精密的滚动轴承套筒滚道、滚动体表面；量仪中较高精度间隙配合零件的工作表面；柴油机高压泵中柱塞副的配合表面；保证高度气密的结合表面
0.012	仪器的测量面；量仪中高精度间隙配合零件的工作表面；尺寸超过 100mm 量块的工作表面等

9.8　国外标准中零件的表面结构表示法

表 9-11 所示为 ISO、美国、俄罗斯、日本规定的表面粗糙度的注法。

表 9-11　表面粗糙度的注法

项目	ISO 1302—1992	美国 ANSI Y14.36—1978	俄罗斯 ГОСТ 2.309—73	日本 JIS B0031—82
标注形式和内容	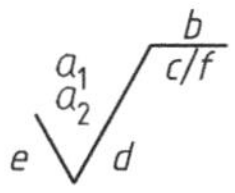 其中： a_1、a_2：粗糙度参数的最大与最小允许值； b：加工方法、镀涂等； c：取样长度； d：加工纹理方向符号； e：加工余量； f：其他参数值	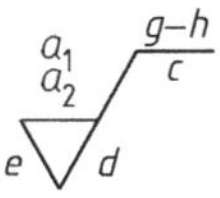 其中： a_1、a_2：粗糙度参数的最大与最小允许值； c：取样长度； d：加工纹理方向符号； e：加工余量； g：波高； h：波宽	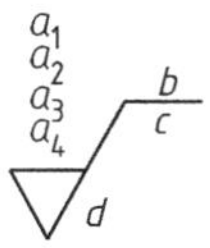 其中： a_1、a_2：轮廓高度参数； a_3：轮廓间距参数； a_4：相对支撑长度； b：加工方法，表面处理或镀层； c：取样长度； d：加工纹理方向符号	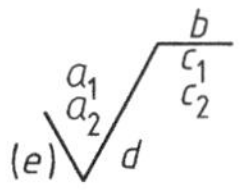 其中： a_1、a_2：粗糙度参数； b：加工方法； c：取样长度； d：加工纹理方向符号； e：加工余量
粗糙度参数	Ra：轮廓算数平均偏差； Rz：轮廓微观不平度十点高度； Ry：轮廓最大高度	Ra	Ra、Rz	Ra、Rz、R_{max}（相当于 Ry），注法如下： 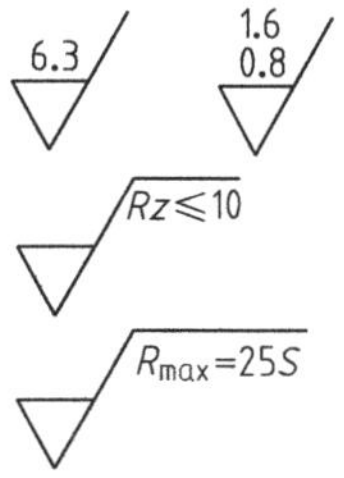 6.3　1.6 0.8 $Rz \leqslant 10$ $R_{max}=25S$
纹理方向符号	=，⊥，×，M，C，R，P 等，标注如下： 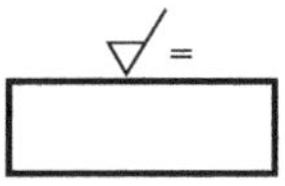	‖，⊥，×，M，C，R	同 ISO 相似	同 ISO 相似

续表

项目	ISO 1302—1992	美国 ANSI Y14.36—1978	俄罗斯 ГОСТ 2.309—73	日本 JIS B0031—82
标注示例	数字和字母的书写必须符合尺寸标注的规则，即从图样的下方或右方阅读 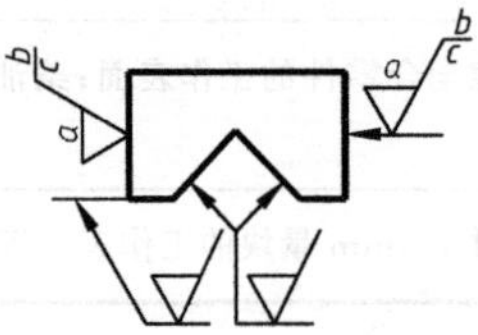	下面所列的两种注法，ISO上均有，各国可根据不同情况选用 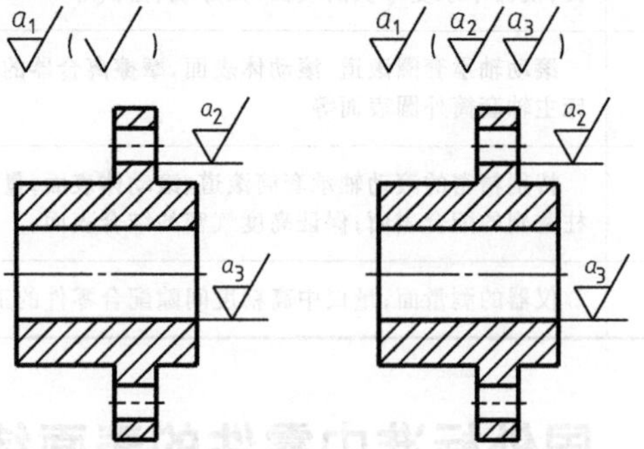		

第 10 章　公差与配合

极限与配合国家标准目前共有 5 个：GB/T 1800.1—2009《产品几何技术规范（GPS）　极限与配合　第 1 部分：公差、偏差和配合的基础》；GB/T 1800.2—2009《产品几何技术规范（GPS）　极限与配合　第 2 部分：标准公差等级和孔、轴的极限偏差表》；GB/T 1801—2009《产品几何技术规范（GPS）　极限与配合　公差带和配合的选择》；GB/T 1803—2003《极限与配合　尺寸至 18mm 孔、轴公差带》；GB/T 1804—2000《一般公差　未注公差的线性和角度尺寸的公差》。

GB/T 4458.5—2003《机械制图　尺寸公差与配合注法》规定了机械图样中尺寸公差与配合的标注方法。

10.1 极限与配合术语

① 尺寸。用特定单位表示线性尺寸的数值。

② 公称尺寸。设计给定的尺寸。通过公称尺寸和上、下偏差可算出极限尺寸。

③ 实际尺寸。通过测量实际得到的尺寸。

④ 极限尺寸。允许零件实际尺寸变化的两个极限值。两个极限值中，大的一个称最大极限尺寸；小的一个称最小极限尺寸。

⑤ 尺寸偏差。最大极限尺寸减其公称尺寸所得的代数差称上偏差；最小极限尺寸减其公称尺寸所得的代数偏差称下偏差。上、下偏差统称为极限偏差，偏差可以为正数、负数或零。

⑥ 尺寸公差（简称公差）。最大极限尺寸减最小极限尺寸之差，或上偏差减下偏差之差。它是允许尺寸的变动量，尺寸公差永远为正值。

⑦ 零线。在极限与配合图解中，表示公称尺寸的一条线，以其为基准确定偏差和公差。

⑧ 公差带。在公差带图中，由代表上、下偏差的两条直线所限定的一个区域，公差带如图 10-1 所示。

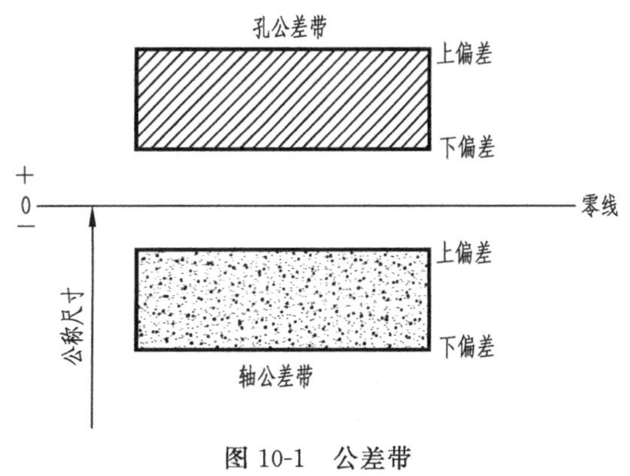

图 10-1　公差带

⑨ 标准公差。国家标准表列的、用以确定公差带大小的任一公差。

⑩ 标准公差等级。确定尺寸精确程度的等级。国家标准中规定，对于一定的公称尺寸，其标准公差共有 20 个公差等级，即：IT01、IT0、IT1、IT2、…、IT18。其中 IT 表示标准公差，阿拉伯数字表示公差等级，从 IT01、IT0、IT1、IT2、…、IT18 等级依次降低。

⑪ 基本偏差。在极限与配合制中，确定公差带相对零线位置的那个极限偏差，一般为靠近零线的那个偏差，如图 10-2 所示。国家标准中规定基本偏差代号用拉丁字母表示，大写字母表示孔，小写字母表示

轴，对孔和轴的每一公称尺寸段规定了 28 个基本偏差。其中 H 代表基准孔，h 代表基准轴。

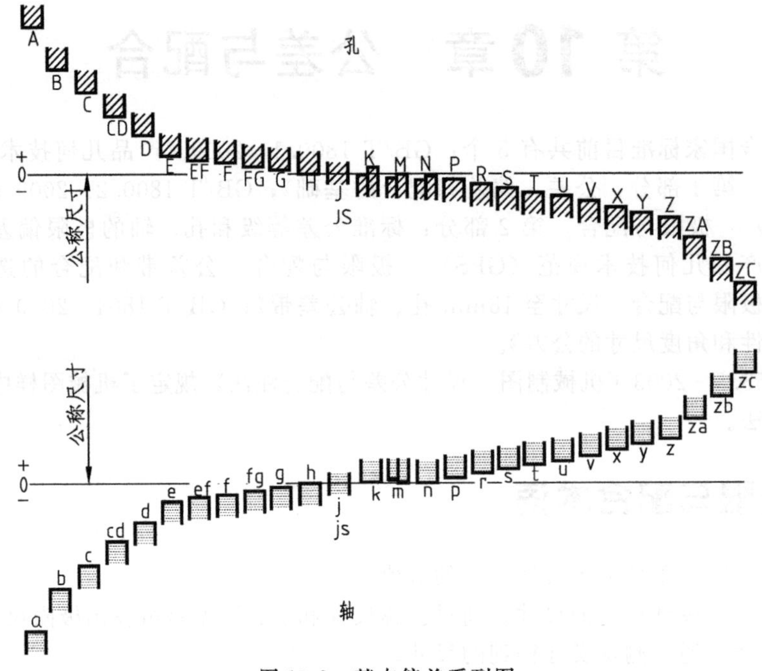

图 10-2　基本偏差系列图

⑫ 配合。公称尺寸相同的、相互结合的孔和轴公差带之间的关系称为配合。

⑬ 间隙配合。是具有间隙（包括最小间隙等于零）的配合。孔的公差带在轴的公差带之上，如图 10-3(a) 所示。

⑭ 过盈配合。是具有过盈（包括最小过盈等于零）的配合。孔的公差带在轴的公差带之下，如图 10-3(b) 所示。

⑮ 过渡配合。是一种可能具有间隙或过盈的配合。孔的公差带与轴的公差带部分相叠，如图 10-3(c) 所示。

⑯ 配合制。国家标准对孔和轴公差带之间的相互关系规定了两种制度，即基孔制与基轴制。

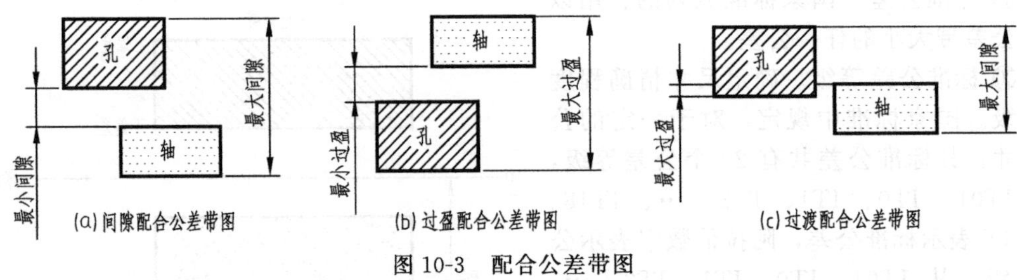

图 10-3　配合公差带图

⑰ 基孔制。基本偏差为一定的孔的公差带，与不同基本偏差轴的公差带形成各种配合的一种制度。基孔制的孔为基准孔，基本偏差代号为 H。

⑱ 基轴制。基本偏差为一定的轴的公差带，与不同基本偏差孔的公差带形成各种配合的一种制度。基轴制的轴为基准轴，基本偏差代号为 h。

10.2 标准公差的选用

公差的选用不仅关系到产品的质量，而且关系到产品的制造和生产成本。选用公差的原则是：在保证质量的前提下，尽可能便于制造和降低成本，以取得最佳的技术经济效果。

各标准公差等级的应用见表 10-1。各种加工方法能够达到的标准公差等级见表 10-2。

表 10-1　标准公差等级的应用

应　　用	IT 等级																			
	01	0	1	2	3	4	5	6	7	8	9	10	11	12	13	14	15	16	17	18
量块	■	■	■																	
量规			■	■	■	■	■	■	■											
配合尺寸							■	■	■	■	■	■	■	■	■					
特别精密零件的配合				■	■	■	■													
非配合尺寸(大制造公差)														■	■	■	■	■	■	■
原材料公差										■	■	■	■	■	■	■				

表 10-2　各种加工方法能够达到的标准公差等级

加工方法	IT 等级																			
	01	0	1	2	3	4	5	6	7	8	9	10	11	12	13	14	15	16	17	18
研磨	■	■	■	■	■	■	■													
珩						■	■	■	■											
内、外圆磨							■	■	■	■										
平面磨							■	■	■	■										
金刚车、金刚石镗							■	■	■											
拉削							■	■	■	■										
铰孔								■	■	■	■	■								
车、镗									■	■	■	■	■							
铣										■	■	■	■							
刨、插												■	■							
钻孔												■	■	■	■					
滚压、挤压												■	■							
冲压												■	■	■	■	■				
压铸													■	■	■	■				
粉末冶金成型								■	■	■										
粉末冶金烧结									■	■	■	■								
砂型铸造、气割																		■		
锻造																	■			

10.3 配合的选用

配合有三种类型：间隙配合、过渡配合和过盈配合。表 10-3 列出了基孔制优先和常用配合，表 10-4 列出了基轴制优先和常用配合，表 10-5 是一些典型配合的特性。

表 10-3 基孔制优先和常用配合

基准孔	轴																				
	a	b	c	d	e	f	g	h	js	k	m	n	p	r	s	t	u	v	x	y	z
	间隙配合								过渡配合				过盈配合								
H6						$\frac{H6}{f5}$	$\frac{H6}{g5}$	$\frac{H6}{h5}$	$\frac{H6}{js5}$	$\frac{H6}{k5}$	$\frac{H6}{m5}$	$\frac{H6}{n5}$	$\frac{H6}{p5}$	$\frac{H6}{r5}$	$\frac{H6}{s5}$	$\frac{H6}{t5}$					
H7						$\frac{H7}{f6}$	▼ $\frac{H7}{g6}$	▼ $\frac{H7}{h6}$	$\frac{H7}{js6}$	▼ $\frac{H7}{k6}$	$\frac{H7}{m6}$	▼ $\frac{H7}{n6}$	▼ $\frac{H7}{p6}$	$\frac{H7}{r6}$	▼ $\frac{H7}{s6}$	$\frac{H7}{t6}$	▼ $\frac{H7}{u6}$	$\frac{H7}{v6}$	$\frac{H7}{x6}$	$\frac{H7}{y6}$	$\frac{H7}{z6}$
H8					$\frac{H8}{e7}$	▼ $\frac{H8}{f7}$	$\frac{H8}{g7}$	▼ $\frac{H8}{h7}$	$\frac{H8}{js7}$	$\frac{H8}{k7}$	$\frac{H8}{m7}$	$\frac{H8}{n7}$	$\frac{H8}{p7}$	$\frac{H8}{r7}$	$\frac{H8}{s7}$	$\frac{H8}{t7}$	$\frac{H8}{u7}$				
				$\frac{H8}{d8}$	$\frac{H8}{e8}$	$\frac{H8}{f8}$		$\frac{H8}{h8}$													
H9			$\frac{H9}{c9}$	▼ $\frac{H9}{d9}$	$\frac{H9}{e9}$	$\frac{H9}{f9}$		▼ $\frac{H9}{h9}$													
H10			$\frac{H10}{c10}$	$\frac{H10}{d10}$				$\frac{H10}{h10}$													
H11	$\frac{H11}{a11}$	$\frac{H11}{b11}$	▼ $\frac{H11}{c11}$	$\frac{H11}{d11}$				▼ $\frac{H11}{h11}$													
H12		$\frac{H12}{b12}$						$\frac{H12}{h12}$													

注：1. $\frac{H6}{n5}$、$\frac{H7}{p6}$在公称尺寸小于或等于 3mm 和$\frac{H8}{r7}$在公称尺寸小于或等于 100mm 时，为过渡配合。

2. 带▼的配合为优先配合。

表 10-4 基轴制优先和常用配合

基准轴	孔																				
	A	B	C	D	E	F	G	H	JS	K	M	N	P	R	S	T	U	V	X	Y	Z
	间隙配合								过渡配合				过盈配合								
h5						$\frac{F6}{h5}$		$\frac{G6}{h5}$	$\frac{H6}{h5}$	$\frac{JS6}{h5}$	$\frac{K6}{h5}$	$\frac{M6}{h5}$	$\frac{N6}{h5}$	$\frac{P6}{h5}$	$\frac{R6}{h5}$	$\frac{S6}{h5}$	$\frac{T6}{h5}$				
h6						$\frac{F7}{h6}$	▼ $\frac{G7}{h6}$	▼ $\frac{H7}{h6}$	$\frac{JS7}{h6}$	▼ $\frac{K7}{h6}$	$\frac{M7}{h6}$	▼ $\frac{N7}{h6}$	▼ $\frac{P7}{h6}$	$\frac{R7}{h6}$	▼ $\frac{S7}{h6}$	$\frac{T7}{h6}$	▼ $\frac{U7}{h6}$				
h7					$\frac{E8}{h7}$	▼ $\frac{F8}{h7}$		▼ $\frac{H8}{h7}$	$\frac{JS8}{h7}$		$\frac{K8}{h7}$	$\frac{M8}{h7}$	$\frac{N8}{h7}$								
h8				$\frac{D8}{h8}$	$\frac{E8}{h8}$	$\frac{F8}{h8}$		$\frac{H8}{h8}$													
h9				▼ $\frac{D9}{h9}$	$\frac{E9}{h9}$	$\frac{F9}{h9}$		▼ $\frac{H9}{h9}$													
h10				$\frac{D10}{h10}$				$\frac{H10}{h10}$													
h11	$\frac{A11}{h11}$	$\frac{B11}{h11}$	▼ $\frac{C11}{h11}$	$\frac{D11}{h11}$				▼ $\frac{H11}{h11}$													
h12		$\frac{B12}{h12}$						$\frac{H12}{h12}$													

注：带▼的配合为优先配合。

表 10-5　典型配合的特性

装配方法	配合实例	配合特性及其使用条件
温差法	H7/z7、H7/u6、U7/h6、H8/u8、U8/h8	可传递巨大扭矩，可承受较大冲击，配合处不用其他连接件和紧固件
温差法或压入法	H7/s6、R7/h6、S7/h6、H8/s7、H7/r6	传递扭矩和承受冲击能力较温差法小，用在传递扭矩场合，要用连接件或紧固件
压入法	H7/n6、N7/h6、H8/n7、N8/h7	可承受扭矩和冲击，但需加连接件。同轴度及配合紧密度较好，用在不经常拆卸处
手锤打入	M7/h6、H7/m6、M8/h7、H8/m7	用于必须绝对紧密，不经常拆卸处，有很好的同轴度
手锤轻轻打入	H6/k5、K6/h5、H7/k6、K7/h6、H8/k7、K8/h7	承受扭矩和冲击时，应加紧固件。同轴度很好，用于经常拆卸的部位
木锤装卸	H7/js6、J7/h6、H8/js7、J8/h7	用于频繁拆卸，同轴度要求不高的部位
加油后用手旋进	H7/h6、H8/h7	间隙小，有一定同轴度，可经常拆卸，通过紧固件可传递扭矩
	H9/h9、H10/h10	同轴度不高，承受载荷不大但平稳，易拆卸，通过键可传递扭矩
	H11/h11	精度低，同轴度不高
手旋进	H7/g6、G7/h6	有相对运动的配合，间隙较小，运动精度较高，速度不高，可以保证同轴度和密封性
手推滑进	H7/f6、F8/h7、H8/f7	中等间隙，有相对运动，转速不高
	H8/f8、F8/h8	间隙较大，保证润滑较好，可用于高速旋转的轴承，允许在工作中发热，同轴度不高
	H11/d11、D11/h11、H12/b12、B12/h12	间隙较大，配合较粗糙
手轻推进	H8/e7、E8/h7	间隙较大的精确配合，负荷不大，可高速转动，可用于长轴的中等转速
	H11/c11、C11/h11	间隙较大，配合较粗糙
	H8/d8、D9/h9	间隙大，精度不高，发生轴孔偏斜

10.4 公差在图样中的注法

10.4.1 尺寸公差在零件图中的注法

在零件图中标注尺寸公差有三种形式：标注公差带代号；标注极限偏差值；同时标注公差代号和极限偏差值。这三种标注形式可根据具体需要选用。

① 标注公差带代号，如图 10-4 所示。公差带代号由基本偏差代号和标准公差等级代号

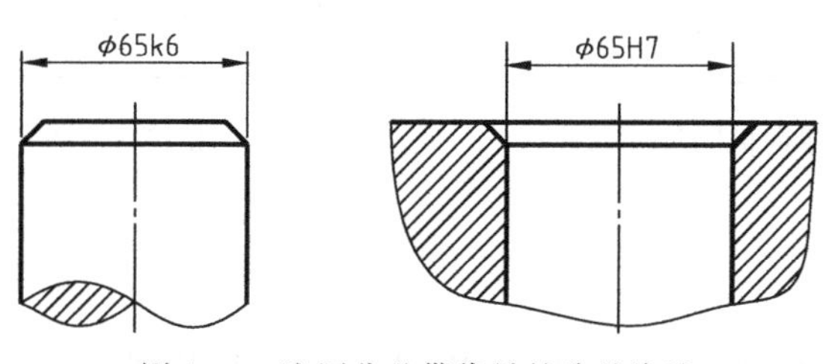

图 10-4　注写公差带代号的公差注法

组成，注在公称尺寸的右边，代号字体与尺寸数字字体的高度相同。这种注法一般用于大批量生产，用专用量具检验零件的尺寸。

② 标注极限偏差值。上偏差注在公称尺寸的右上方，下偏差与公称尺寸注在同一底线上，上、下偏差的数字的字号应比公称尺寸的数字的字号小一号，小数点必须对齐，小数点后的位数也必须相同。当某一偏差为零时，用数字“0”标出，并与上偏差或下偏差的小数点前的个位数对齐，如图 10-5(a) 所示。这种注法用于小量或单件生产。

当上、下偏差相同时，偏差值只需注一次，并在偏差值与公称尺寸之间注出“±”符号，偏差数值的字体高度与尺寸数字的字体高度相同，如图 10-5(b) 所示。

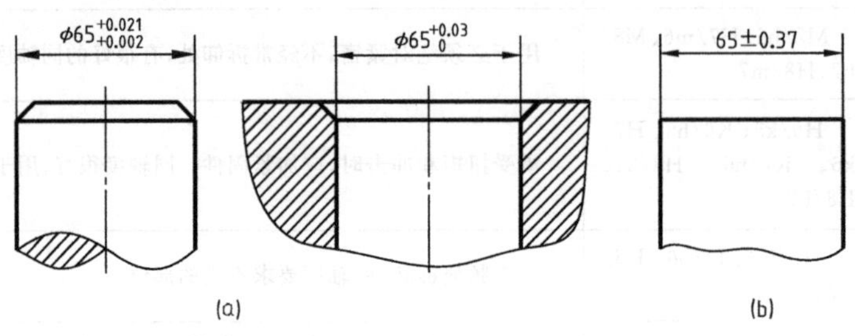

图 10-5 注写极限偏差的公差注法

③ 公差带代号和极限偏差值一起标注，如图 10-6 所示。偏差数值注在尺寸公差带代号之后，并加圆括号。这种做法在设计中因便于审图，所以使用较多。

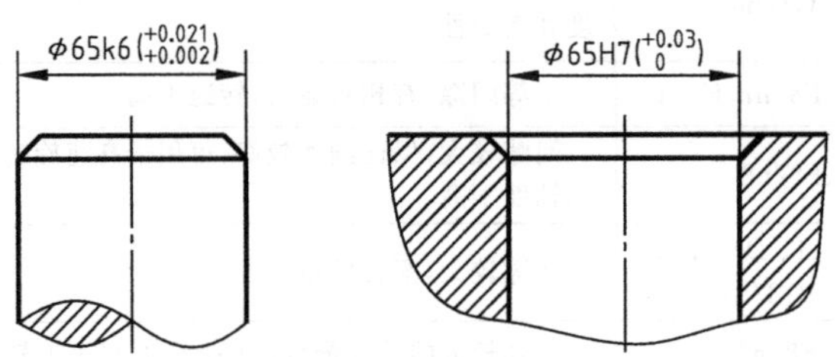

图 10-6 同时注出公差带代号和极限偏差的公差注法

10.4.2 线性尺寸公差的附加符号注法

① 当尺寸仅需要限制单方向的极限时，应在该极限尺寸的右边加注符号“max”或“min”，如图 10-7 所示。

② 同一公称尺寸的表面，若有不同的公差时，应用细实线分开，并按规定的形式分别标注其公差，如图 10-8 所示。

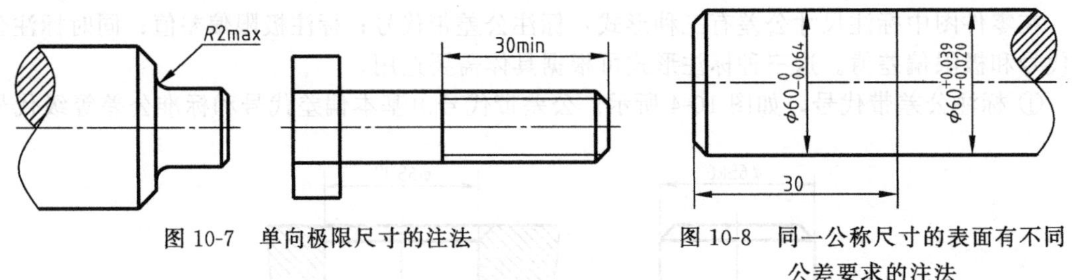

图 10-7 单向极限尺寸的注法

图 10-8 同一公称尺寸的表面有不同公差要求的注法

10.4.3 角度公差的标注

如图 10-9 所示，基本规则与线性尺寸公差的标注方法相同。

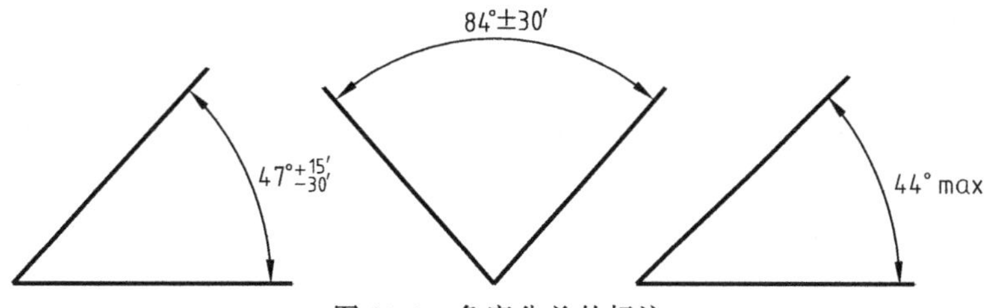

图 10-9　角度公差的标注

10.4.4　一般公差的标注

图样中未注公差的线性尺寸和角度尺寸的公差，在 GB/T 1804—2000《一般公差　未注公差的线性和角度尺寸的公差》中选取，表 10-6 给出了线性尺寸的极限偏差数值；表 10-7 给出了倒圆半径和倒角高度尺寸的极限偏差数值；表 10-8 给出了角度尺寸的极限偏差数值。

表 10-6　线性尺寸的极限偏差数值　　mm

公差等级	公称尺寸分段							
	0.5～3	>3～6	>6～30	>30～120	>120～400	>400～1000	>1000～2000	>2000～4000
精密 f	±0.05	±0.05	±0.1	±0.15	±0.2	±0.3	±0.5	—
中等 m	±0.1	±0.1	±0.2	±0.3	±0.5	±0.8	±1.2	±2
粗糙 c	±0.2	±0.3	±0.5	±0.8	±1.2	±2	±3	±4
最粗 v	—	±0.5	±1	±1.5	±2.5	±4	±6	±8

表 10-7　倒圆半径和倒角高度尺寸的极限偏差数值　　mm

公差等级	公称尺寸分段			
	0.5～3	>3～6	>6～30	>30
精密 f 中等 m	±0.2	±0.5	±1	±2
粗糙 c 最粗 v	±0.4	±1	±2	±4

注：倒圆半径和倒角高度的含义参见 GB/T 6403.4

表 10-8　角度尺寸的极限偏差数值

公差等级	公称尺寸分段				
	～10	>10～50	>50～120	>120～400	>400
精密 f 中等 m	±1°	±30′	±20′	±10′	±5′
粗糙 c	±1°30′	±1°	±30′	±15′	±10′
最粗 v	±3°	±2°	±1°	±30′	±20′

一般公差的精度分精密 f、中等 m、粗糙 c、最粗 v 共四个公差等级，按公称尺寸的大小给出了各公差等级的极限偏差的数值。当采用标准规定的一般公差，应在标题栏附近或技术要求、技术文件中注出标准号及公差等级代号，例如选取中等等级时，标注为：GB/T 1804—m。

10.5　配合在图样中的注法

在装配图中标注两个零件的配合关系有两种形式：标注配合代号；标注孔和轴的极限偏差值。

① 标注配合代号，如图 10-10 所示。在装配图中标注线性尺寸的配合代号时，可在尺寸线的上方用分数的形式标出，分子为孔的公差带代号，分母为轴的公差带代号；也可将公称尺寸和配合代号标注在尺寸线的中断处；或将配合代号写成分子与分母用斜线隔开的形式注在尺寸线的上方。

② 当某零件（非标准件）与外购件（非标准件）配合时，应标注该零件与外购件的配合代号，按图 10-10 的形式标注。

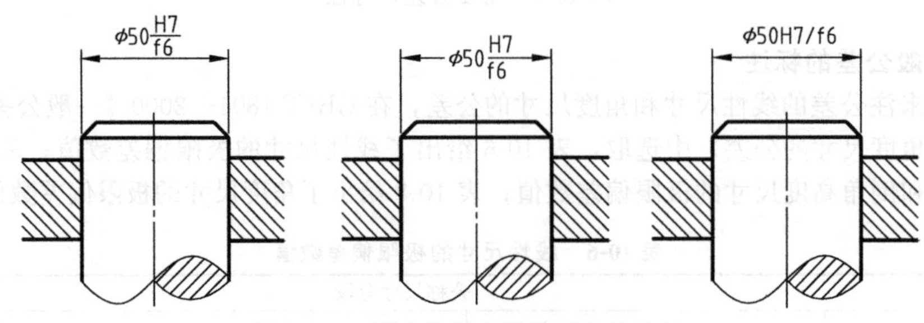

图 10-10　配合代号在装配图中的注法

③ 当标注与标准件配合的零件（轴或孔）的配合要求时，可以仅标注该零件的公差带代号，如图 10-11 所示。

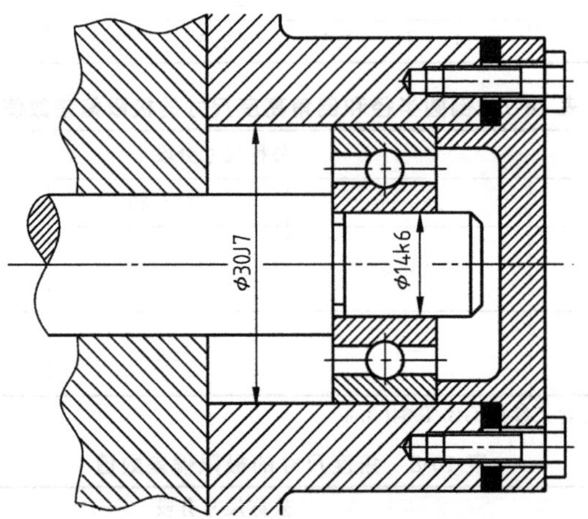

图 10-11　与标准件有配合要求时的注法

④ 标注孔和轴的极限偏差值，如图 10-12 所示。在装配图中标注相配合零件的极限偏差时，一般将孔的公称尺寸和极限偏差注写在尺寸线的上方，轴的公称尺寸和极限偏差注在尺寸的下方，也允许公称尺寸只注写一次的标注。

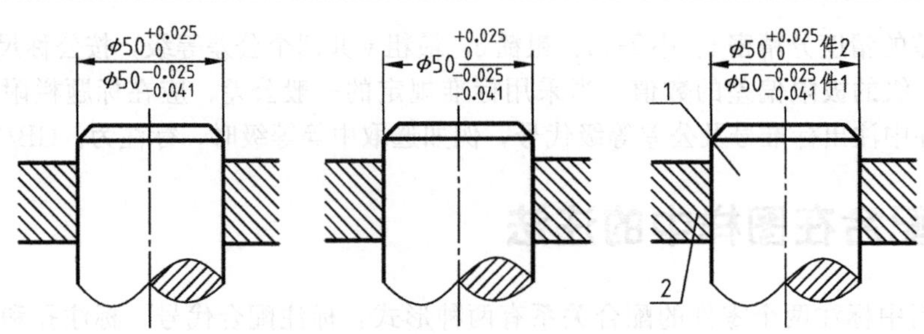

图 10-12　极限偏差在装配图中的注法

10.6 附录标准公差等级和孔、轴极限偏差表

附录表摘自 GB/T 1800.2—2009《产品几何技术规范（GPS）　极限与配合　第 2 部分：标准公差等级和孔、轴的极限偏差表》。

10.6.1 标准公差数值

标准公差数值见表 10-9。

表 10-9　标准公差数值

基本尺寸/mm		标准公差等级																	
		IT1	IT2	IT3	IT4	IT5	IT6	IT7	IT8	IT9	IT10	IT11	IT12	IT13	IT14	IT15	IT16	IT17	IT18
大于	至	μm											mm						
—	3	0.8	1.2	2	3	4	6	10	14	25	40	60	0.1	0.14	0.25	0.4	0.6	1	1.4
3	6	1	1.5	2.5	4	5	8	12	18	30	48	75	0.12	0.18	0.3	0.48	0.75	1.2	1.8
6	10	1	1.5	2.5	4	6	9	15	22	36	58	90	0.15	0.22	0.36	0.58	0.9	1.5	2.2
10	18	1.2	2	3	5	8	11	18	27	43	70	110	0.18	0.27	0.43	0.7	1.1	1.8	2.7
18	30	1.5	2.5	4	6	9	13	21	33	52	84	130	0.21	0.33	0.52	0.84	1.3	2.1	3.3
30	50	1.5	2.5	4	7	11	16	25	39	62	100	160	0.25	0.39	0.62	1	1.6	2.5	3.9
50	80	2	3	5	8	13	19	30	46	74	120	190	0.3	0.46	0.74	1.2	1.9	3	4.6
80	120	2.5	4	6	10	15	22	35	54	87	140	220	0.35	0.54	0.87	1.4	2.2	3.5	5.4
120	180	3.5	5	8	12	18	25	40	63	100	160	250	0.4	0.63	1	1.6	2.5	4	6.3
180	250	4.5	7	10	14	20	29	46	72	115	185	290	0.46	0.72	1.15	1.85	2.9	4.6	7.2
250	315	6	8	12	16	23	32	52	81	130	210	320	0.52	0.81	1.3	2.1	3.2	5.2	8.1
315	400	7	9	13	18	25	36	57	89	140	230	360	0.57	0.89	1.4	2.3	3.6	5.7	8.9
400	500	8	10	15	20	27	40	63	97	155	250	400	0.63	0.97	1.55	2.5	4	6.3	9.7
500	630	9	11	16	22	32	44	70	110	175	280	440	0.7	1.1	1.75	2.8	4.4	7	11
630	800	10	13	18	25	36	50	80	125	200	320	500	0.8	1.25	2	3.2	5	8	12.5
800	1000	11	15	21	28	40	56	90	140	230	360	560	0.9	1.4	2.3	3.6	5.6	9	14
1000	1250	13	18	24	33	47	66	105	165	260	420	660	1.05	1.65	2.6	4.2	6.6	10.5	16.5
1250	1600	15	21	29	39	55	78	125	195	310	500	780	1.25	1.95	3.1	5	7.8	12.5	19.5
1600	2000	18	25	35	46	65	92	150	230	370	600	920	1.5	2.3	3.7	6	9.2	15	23
2000	2500	22	30	41	55	78	110	175	280	440	700	1100	1.75	2.8	4.4	7	11	17.5	28
2500	3150	26	36	50	68	96	135	210	330	540	860	1350	2.1	3.3	5.4	8.6	13.5	21	33

注：1. 基本尺寸大于 500mm 的 IT1 至 IT5 的标准公差数值为试行的。

2. 基本尺寸小于或等于 1mm 时，无 IT14 至 IT18。

10.6.2 轴的极限偏差表

轴的极限偏差见表10-10。

表10-10 轴的极限偏差 μm

基本尺寸/mm		公差带														
		a					b					c				
大于	至	9	10	11	12	13	9	10	11	12	13	8	9	10	11	12
—	3	−270	−270	−270	−270	−270	−140	−140	−140	−140	−140	−60	−60	−60	−60	−60
		−295	−310	−330	−370	−410	−165	−180	−200	−240	−280	−74	−85	−100	−120	−160
3	6	−270	−270	−270	−270	−270	−140	−140	−140	−140	−140	−70	−70	−70	−70	−70
		−300	−318	−345	−390	−450	−170	−188	−215	−260	−320	−88	−100	−118	−145	−190
6	10	−280	−280	−280	−280	−280	−150	−150	−150	−150	−150	−80	−80	−80	−80	−80
		−316	−338	−370	−430	−500	−186	−208	−240	−300	−370	−102	−116	−138	−170	−220
10	14	−290	−290	−290	−290	−290	−150	−150	−150	−150	−150	−95	−95	−95	−95	−95
14	18	−333	−360	−400	−470	−560	−193	−220	−260	−330	−420	−122	−138	−165	−205	−275
18	24	−300	−300	−300	−300	−300	−160	−160	−160	−160	−160	−110	−110	−110	−110	−110
24	30	−352	−384	−430	−510	−630	−212	−244	−290	−370	−490	−143	−162	−194	−240	−320
30	40	−310	−310	−310	−310	−310	−170	−170	−170	−170	−170	−120	−120	−120	−120	−120
		−372	−410	−470	−560	−700	−232	−270	−330	−420	−560	−159	−182	−220	−280	−370
40	50	−320	−320	−320	−320	−320	−180	−180	−180	−180	−180	−130	−130	−130	−130	−130
		−382	−420	−480	−570	−710	−242	−280	−340	−430	−570	−169	−192	−230	−290	−380
50	65	−340	−340	−340	−340	−340	−190	−190	−190	−190	−190	−140	−140	−140	−140	−140
		−414	−460	−530	−640	−800	−264	−310	−380	−490	−650	−186	−214	−260	−330	−440
65	80	−360	−360	−360	−360	−360	−200	−200	−200	−200	−200	−150	−150	−150	−150	−150
		−434	−480	−550	−660	−820	−274	−320	−390	−500	−660	−196	−224	−270	−340	−450
80	100	−380	−380	−380	−380	−380	−220	−220	−220	−220	−220	−170	−170	−170	−170	−170
		−467	−520	−600	−730	−920	−307	−360	−440	−570	−760	−224	−257	−310	−390	−520
100	120	−410	−410	−410	−410	−410	−240	−240	−240	−240	−240	−180	−180	−180	−180	−180
		−497	−550	−630	−760	−950	−327	−380	−460	−590	−780	−234	−267	−320	−400	−530
120	140	−460	−460	−460	−460	−460	−260	−260	−260	−260	−260	−200	−200	−200	−200	−200
		−560	−620	−710	−860	−1090	−360	−420	−510	−660	−890	−263	−300	−360	−450	−600
140	160	−520	−520	−520	−520	−520	−280	−280	−280	−280	−280	−210	−210	−210	−210	−210
		−620	−680	−770	−920	−1150	−380	−440	−530	−680	−910	−273	−310	−370	−460	−610
160	180	−580	−580	−580	−580	−580	−310	−310	−310	−310	−310	−230	−230	−230	−230	−230
		−680	−740	−830	−980	−1210	−410	−470	−560	−710	−940	−293	−330	−390	−480	−630
180	200	−660	−660	−660	−660	−660	−340	−340	−340	−340	−340	−240	−240	−240	−240	−240
		−775	−845	−950	−1120	−1380	−455	−525	−630	−800	−1060	−312	−355	−425	−530	−700
200	225	−740	−740	−740	−740	−740	−380	−380	−380	−380	−380	−260	−260	−260	−260	−260
		−855	−925	−1030	−1200	−1460	−495	−565	−670	−840	−1100	−332	−375	−445	−550	−720
225	250	−820	−820	−820	−820	−820	−420	−420	−420	−420	−420	−280	−280	−280	−280	−280
		−935	−1005	−1110	−1280	−1540	−535	−605	−710	−880	−1140	−352	−395	−465	−570	−740
250	280	−920	−920	−920	−920	−920	−480	−480	−480	−480	−480	−300	−300	−300	−300	−300
		−1050	−1130	−1240	−1440	−1730	−610	−690	−800	−1000	−1290	−381	−430	−510	−620	−820
280	315	−1050	−1050	−1050	−1050	−1050	−540	−540	−540	−540	−540	−330	−330	−330	−330	−330
		−1180	−1260	−1370	−1570	−1860	−670	−750	−860	−1060	−1350	−411	−460	−540	−650	−850
315	355	−1200	−1200	−1200	−1200	−1200	−600	−600	−600	−600	−600	−360	−360	−360	−360	−360
		−1340	−1430	−1560	−1770	−2090	−740	−830	−960	−1170	−1490	−449	−500	−590	−720	−930
355	400	−1350	−1350	−1350	−1350	−1350	−680	−680	−680	−680	−680	−400	−400	−400	−400	−400
		−1490	−1580	−1710	−1920	−2240	−820	−910	−1040	−1250	−1570	−489	−540	−630	−760	−970
400	450	−1500	−1500	−1500	−1500	−1500	−760	−760	−760	−760	−760	−440	−440	−440	−440	−440
		−1655	−1750	−1900	−2130	−2470	−915	−1010	−1160	−1390	−1730	−537	−595	−690	−840	−1070
450	500	−1650	−1650	−1650	−1650	−1650	−840	−840	−840	−840	−840	−480	−480	−480	−480	−480
		−1805	−1900	−2050	−2280	−2620	−995	−1090	−1240	−1470	−1810	−577	−635	−730	−880	−1110

续表

基本尺寸/mm		公差带													
		c	d					e					f		
大于	至	13	7	8	9	10	11	6	7	8	9	10	5	6	7
—	3	−60 −200	−20 −30	−20 −34	−20 −45	−20 −60	−20 −80	−14 −20	−14 −24	−14 −28	−14 −39	−14 −54	−6 −10	−6 −12	−6 −16
3	6	−70 −250	−30 −42	−30 −48	−30 −60	−30 −78	−30 −105	−20 −28	−20 −32	−20 −38	−20 −50	−20 −68	−10 −15	−10 −18	−10 −22
6	10	−80 −300	−40 −55	−40 −62	−40 −76	−40 −98	−40 −130	−25 −34	−25 −40	−25 −47	−25 −61	−25 −83	−13 −19	−13 −22	−13 −28
10	14	−95 −365	−50 −68	−50 −77	−50 −93	−50 −120	−50 −160	−32 −43	−32 −50	−32 −59	−32 −75	−32 −102	−16 −24	−16 −27	−16 −34
14	18														
18	24	−110 −440	−65 −86	−65 −98	−65 −117	−65 −149	−65 −195	−40 −53	−40 −61	−40 −73	−40 −92	−40 −124	−20 −29	−20 −33	−20 −41
24	30														
30	40	−120 −510	−80 −105	−80 −119	−80 −142	−80 −180	−80 −240	−50 −66	−50 −75	−50 −89	−50 −112	−50 −150	−25 −36	−25 −41	−25 −50
40	50	−130 −520													
50	65	−140 −600	−100 −130	−100 −146	−100 −174	−100 −220	−100 −290	−60 −79	−60 −90	−60 −106	−60 −134	−60 −180	−30 −43	−30 −49	−30 −60
65	80	−150 −610													
80	100	−170 −710	−120 −155	−120 −174	−120 −207	−120 −260	−120 −340	−72 −94	−72 −107	−72 −126	−72 −159	−72 −212	−36 −51	−36 −58	−36 −71
100	120	−180 −720													
120	140	−200 −830	−145 −185	−145 −208	−145 −245	−145 −305	−145 −395	−85 −110	−85 −125	−85 −148	−85 −185	−85 −245	−43 −61	−43 −68	−43 −83
140	160	−210 −840													
160	180	−230 −860													
180	200	−240 −960	−170 −216	−170 −242	−170 −285	−170 −355	−170 −460	−100 −129	−100 −146	−100 −172	−100 −215	−100 −285	−50 −70	−50 −79	−50 −96
200	225	−260 −980													
225	250	−280 −1000													
250	280	−300 −1110	−190 −242	−190 −271	−190 −320	−190 −400	−190 −510	−110 −142	−110 −162	−110 −191	−110 −240	−110 −320	−56 −79	−56 −88	−56 −108
280	315	−330 −1140													
315	355	−360 −1250	−210 −267	−210 −299	−210 −350	−210 −440	−210 −570	−125 −161	−125 −182	−125 −214	−125 −265	−125 −355	−62 −87	−62 −98	−62 −119
355	400	−400 −1290													
400	450	−440 −1410	−230 −293	−230 −327	−230 −385	−230 −480	−230 −630	−135 −175	−135 −198	−135 −232	−135 −290	−135 −385	−68 −95	−68 −108	−68 −131
450	500	−480 −1450													

续表

基本尺寸/mm		公差带												
		f		g					h					
大于	至	8	9	4	5	6	7	8	1	2	3	4	5	6
—	3	−6 −20	−6 −31	−2 −5	−2 −6	−2 −8	−2 −12	−2 −16	0 −0.8	0 −1.2	0 −2	0 −3	0 −4	0 −6
3	6	−10 −28	−10 −40	−4 −8	−4 −9	−4 −12	−4 −16	−4 −22	0 −1	0 −1.5	0 −2.5	0 −3	0 −5	0 −8
6	10	−13 −35	−13 −49	−5 −9	−5 −11	−5 −14	−5 −20	−5 −27	0 −1	0 −1.5	0 −2.5	0 −4	0 −6	0 −9
10	14	−16 −43	−16 −59	−6 −11	−6 −14	−6 −17	−6 −24	−6 −33	0 −1.2	0 −2	0 −3	0 −5	0 −8	0 −11
14	18													
18	24	−20 −53	−20 −72	−7 −13	−7 −16	−7 −20	−7 −28	−7 −40	0 −1.5	0 −2.5	0 −4	0 −6	0 −9	0 −13
24	30													
30	40	−25 −64	−25 −87	−9 −16	−9 −20	−9 −25	−9 −34	−9 −48	0 −1.5	0 −2.5	0 −4	0 −7	0 −11	0 −16
40	50													
50	65	−30 −76	−30 −104	−10 −18	−10 −23	−10 −29	−10 −40	−10 −50	0 −2	0 −3	0 −5	0 −8	0 −13	0 −19
65	80													
80	100	−36 −90	−36 −123	−12 −22	−12 −27	−12 −34	−12 −47	−12 −66	0 −2.5	0 −4	0 −6	0 −10	0 −15	0 −22
100	120													
120	140	−43 −106	−43 −143	−14 −26	−14 −32	−14 −39	−14 −54	−14 −77	0 −3.5	0 −5	0 −8	0 −12	0 −18	0 −25
140	160													
160	180													
180	200	−50 −122	−50 −165	−15 −29	−15 −35	−15 −44	−15 −61	−15 −87	0 −4.5	0 −7	0 −10	0 −14	0 −20	0 −29
200	225													
225	250													
250	280	−56 −137	−56 −186	−17 −33	−17 −40	−17 −49	−17 −69	−17 −98	0 −6	0 −8	0 −12	0 −16	0 −23	0 −32
280	315													
315	355	−62 −151	−62 −202	−18 −36	−18 −43	−18 −54	−18 −75	−18 −107	0 −7	0 −9	0 −13	0 −18	0 −25	0 −36
355	400													
400	450	−68 −165	−68 −223	−20 −40	−20 −47	−20 −60	−20 −83	−20 −117	0 −8	0 −10	0 −15	0 −20	0 −27	0 −40
450	500													

续表

基本尺寸/mm		公差带												
		h							j			js		
大于	至	7	8	9	10	11	12	13	5	6	7	1	2	3
—	3	0 −10	0 −14	0 −25	0 −40	0 −60	0 −100	0 −140	—	+4 −2	+6 −4	±0.4	±0.6	±1
3	6	0 −12	0 −18	0 −30	0 −48	0 −75	0 −120	0 −180	+3 −2	+6 −2	+8 −4	±0.5	±0.75	±1.25
6	10	0 −15	0 −22	0 −36	0 −58	0 −90	0 −150	0 −220	+4 −2	+7 −2	+10 −5	±0.5	±0.75	±1.25
10	14	0	0	0	0	0	0	0	+5	+8	+12	±0.6	±1	±1.5
14	18	−18	−27	−43	−70	−110	−180	−270	−3	−3	−6			
18	24	0	0	0	0	0	0	0	+5	+9	+13	±0.75	±1.25	±2
24	30	−21	−33	−52	−84	−130	−210	−330	−4	−4	−8			
30	40	0	0	0	0	0	0	0	+6	+11	+15	±0.75	±1.25	±2
40	50	−25	−39	−62	−100	−160	−250	−390	−5	−5	−10			
50	65	0	0	0	0	0	0	0	+6	+12	+18	±1	±1.5	±2.5
65	80	−30	−46	−74	−120	−190	−300	−460	−7	−7	−12			
80	100	0	0	0	0	0	0	0	+6	+13	+20	±1.25	±2	±3
100	120	−35	−54	−87	−140	−220	−350	−540	−9	−9	−15			
120	140													
140	160	0 −40	0 −63	0 −100	0 −160	0 −250	0 −400	0 −630	+7 −11	+14 −11	+22 −18	±1.75	±2.5	±4
160	180													
180	200													
200	225	0 −46	0 −72	0 −115	0 −185	0 −290	0 −460	0 −720	+7 −13	+16 −13	+25 −21	±2.25	±3.5	±5
225	250													
250	280	0 −52	0 −81	0 −130	0 −210	0 −320	0 −520	0 −810	+7 −16	—	—	±3	±4	±6
280	315													
315	355	0 −57	0 −89	0 −140	0 −230	0 −360	0 −570	0 −890	+7 −18	—	+29 −28	±3.5	±4.5	±6.5
355	400													
400	450	0 −63	0 −97	0 −155	0 −250	0 −400	0 −630	0 −970	+7 −20	—	+31 −32	±4	±5	±7.5
450	500													

续表

基本尺寸/mm		公差带											
		js										k	
大于	至	4	5	6	7	8	9	10	11	12	13	4	5
—	3	±1.5	±2	±3	±5	±7	±12	±20	±30	±50	±70	+3 0	+4 0
3	6	±2	±2.5	±4	±6	±9	±15	±24	±37	±60	±90	+5 +1	+6 +1
6	10	±2	±3	±4.5	±7	±11	±18	±29	±45	±75	±110	+5 +1	+7 +1
10	14	±2.5	±4	±5.5	±9	±13	±21	±35	±55	±90	±135	+6 +1	+9 +1
14	18												
18	24	±3	±4.5	±6.5	±10	±16	±26	±42	±65	±105	±165	+8 +2	+11 +2
24	30												
30	40	±3.5	±5.5	±8	±12	±19	±31	±50	±80	±125	±195	+9 +2	+13 +2
40	50												
50	65	±4	±6.5	±9.5	±15	±23	±37	±60	±95	±150	±230	+10 +2	+15 +2
65	80												
80	100	±5	±7.5	±11	±17	±27	±43	±70	±110	±175	±270	+13 +3	+18 +3
100	120												
120	140	±6	±9	±12.5	±20	±31	±50	±80	±125	±200	±315	+15 +3	+21 +3
140	160												
160	180												
180	200	±7	±10	±14.5	±23	±36	±57	±92	±145	±230	±360	+18 +4	+24 +4
200	225												
225	250												
250	280	±8	±11.5	±16	±26	±40	±65	±105	±160	±260	±405	+20 +4	+27 +4
280	315												
315	355	±9	±12.5	±18	±28	±44	±70	±115	±180	±285	±445	+22 +4	+29 +4
355	400												
400	450	±10	±13.5	±20	±31	±48	±77	±125	±200	±315	±485	+25 +5	+32 +5
450	500												

续表

基本尺寸/mm		公差带												
		k			m					n				
大于	至	6	7	8	4	5	6	7	8	4	5	6	7	8
—	3	+6 0	+10 0	+14 0	+5 +2	+6 +2	+8 +2	+12 +2	+16 +2	+7 +4	+8 +4	+10 +4	+14 +4	+18 +4
3	6	+9 +1	+13 +1	+18 0	+8 +4	+9 +4	+12 +4	+16 +4	+22 +4	+12 +8	+13 +8	+16 +8	+20 +8	+26 +8
6	10	+10 +1	+16 +1	+22 0	+10 +6	+12 +6	+15 +6	+21 +6	+28 +6	+14 +10	+16 +10	+19 +10	+25 +10	+32 +10
10	14	+12 +1	+19 +1	+27 0	+12 +7	+15 +7	+18 +7	+25 +7	+34 +7	+17 +12	+20 +12	+23 +12	+30 +12	+39 +12
14	18													
18	24	+15 +2	+23 +2	+33 0	+14 +8	+17 +8	+21 +8	+29 +8	+41 +8	+21 +15	+24 +15	+28 +15	+36 +15	+48 +15
24	30													
30	40	+18 +2	+27 +2	+39 0	+16 +9	+20 +9	+25 +9	+34 +9	+48 +9	+24 +17	+28 +17	+33 +17	+42 +17	+56 +17
40	50													
50	65	+21 +2	+32 +2	+46 0	+19 +11	+24 +11	+30 +11	+41 +11	+57 +11	+28 +20	+33 +20	+39 +20	+50 +20	+66 +20
65	80													
80	100	+25 +3	+38 +3	+54 0	+23 +13	+28 +13	+35 +13	+48 +13	+67 +13	+33 +23	+38 +23	+45 +23	+58 +23	+77 +23
100	120													
120	140	+28 +3	+43 +3	+63 0	+27 +15	+33 +15	+40 +15	+55 +15	+78 +15	+39 +27	+45 +27	+52 +27	+67 +27	+90 +27
140	160													
160	180													
180	200	+33 +4	+50 +4	+72 0	+31 +17	+37 +17	+46 +17	+63 +17	+89 +17	+45 +31	+51 +31	+60 +31	+77 +31	+103 +31
200	225													
225	250													
250	280	+36 +4	+56 +4	+81 0	+36 +20	+43 +20	+52 +20	+72 +20	+101 +20	+50 +34	+57 +34	+66 +34	+86 +34	+115 +34
280	315													
315	355	+40 +4	+61 +4	+89 0	+39 +21	+46 +21	+57 +21	+78 +21	+110 +21	+55 +37	+62 +37	+73 +37	+94 +37	+126 +37
355	400													
400	450	+45 +5	+68 +5	+97 0	+43 +23	+50 +23	+63 +23	+86 +23	+120 +23	+60 +40	+67 +40	+80 +40	+103 +40	+137 +40
450	500													

续表

基本尺寸/mm		公差带												
		p					r					s		
大于	至	4	5	6	7	8	4	5	6	7	8	4	5	6
—	3	+9 +6	+10 +6	+12 +6	+16 +6	+20 +6	+13 +10	+14 +10	+16 +10	+20 +10	+24 +10	+17 +14	+18 +14	+20 +14
3	6	+16 +12	+17 +12	+20 +12	+24 +12	+30 +12	+19 +15	+20 +15	+23 +15	+27 +15	+33 +15	+23 +19	+24 +19	+27 +19
6	10	+19 +15	+21 +15	+24 +15	+30 +15	+37 +15	+23 +19	+25 +19	+28 +19	+34 +19	+41 +19	+27 +23	+29 +23	+32 +23
10	14	+23	+26	+29	+36	+45	+28	+31	+34	+41	+50	+33	+36	+39
14	18	+18	+18	+18	+18	+18	+23	+23	+23	+23	+23	+28	+28	+28
18	24	+28	+31	+35	+43	+55	+34	+37	+41	+49	+61	+41	+44	+48
24	30	+22	+22	+22	+22	+22	+28	+28	+28	+28	+28	+35	+35	+35
30	40	+33	+37	+42	+51	+65	+41	+45	+50	+59	+73	+50	+54	+59
40	50	+26	+26	+26	+26	+26	+34	+34	+34	+34	+34	+43	+43	+43
50	65	+40 +32	+45 +32	+51 +32	+62 +32	+78 +32	+49 +41	+54 +41	+60 +41	+71 +41	+87 +41	+61 +53	+66 +53	+72 +53
65	80						+51 +43	+56 +43	+62 +43	+73 +43	+89 +43	+67 +59	+72 +59	+78 +59
80	100	+47 +37	+52 +37	+59 +37	+72 +37	+91 +37	+61 +51	+66 +51	+73 +51	+86 +51	+105 +51	+81 +51	+86 +51	+93 +51
100	120						+64 +54	+69 +54	+76 +54	+89 +54	+108 +54	+89 +79	+94 +79	+101 +79
120	140	+55 +43	+61 +43	+68 +43	+83 +43	+100 +43	+75 +63	+81 +63	+88 +63	+103 +63	+126 +63	+104 +92	+110 +92	+117 +92
140	160						+77 +65	+83 +65	+90 +65	+105 +65	+128 +65	+112 +100	+118 +100	+125 +100
160	180						+80 +68	+86 +68	+93 +68	+108 +68	+131 +68	+120 +108	+126 +108	+133 +108
180	200	+64 +50	+70 +50	+79 +50	+96 +50	+122 +50	+91 +77	+97 +77	+106 +77	+123 +77	+149 +77	+136 +122	+142 +122	+151 +122
200	225						+94 +80	+100 +80	+109 +80	+126 +80	+152 +80	+144 +130	+150 +130	+159 +130
225	250						+98 +84	+104 +84	+113 +84	+130 +84	+156 +84	+154 +140	+160 +140	+169 +140
250	280	+72 +56	+79 +56	+88 +56	+108 +56	+137 +56	+110 +94	+117 +94	+126 +94	+146 +94	+175 +94	+174 +158	+181 +158	+190 +158
280	315						+114 +98	+121 +98	+130 +98	+150 +98	+179 +98	+186 +170	+193 +170	+202 +170
315	355	+80 +62	+87 +62	+98 +62	+119 +62	+151 +62	+126 +108	+133 +108	+144 +108	+165 +108	+197 +108	+208 +190	+215 +190	+226 +190
355	400						+132 +114	+139 +114	+150 +114	+171 +114	+203 +114	+226 +208	+233 +208	+244 +208
400	450	+88 +68	+95 +68	+108 +68	+131 +68	+165 +68	+146 +126	+153 +126	+166 +126	+189 +126	+223 +126	+252 +232	+259 +232	+272 +232
450	500						+152 +132	+159 +132	+172 +132	+195 +132	+229 +132	+272 +252	+279 +252	+292 +252

续表

基本尺寸/mm		公差带												
		s		t				u				v		
大于	至	7	8	5	6	7	8	5	6	7	8	5	6	7
—	3	+24 +14	+28 +14	—	—	—	—	+22 +18	+24 +18	+28 +18	+32 +18	—	—	—
3	6	+31 +19	+37 +19	—	—	—	—	+28 +23	+31 +23	+35 +23	+41 +23	—	—	—
6	10	+38 +23	+45 +23	—	—	—	—	+34 +28	+37 +28	+43 +28	+50 +28	—	—	—
10	14	+46 +28	+55 +28	—	—	—	—	+41 +33	+44 +33	+51 +33	+60 +33	—	—	—
14	18			—	—	—	—					+47 +39	+50 +39	+57 +39
18	24	+56 +35	+68 +35	—	—	—	—	+50 +41	+54 +41	+62 +41	+74 +41	+56 +47	+60 +47	+68 +47
24	30			+50 +41	+54 +41	+62 +41	+74 +41	+57 +48	+61 +48	+69 +48	+81 +48	+64 +55	+68 +55	+76 +55
30	40	+68 +43	+82 +43	+59 +48	+64 +48	+73 +48	+87 +48	+71 +60	+76 +60	+85 +60	+99 +60	+79 +68	+84 +68	+93 +68
40	50			+65 +54	+70 +54	+79 +54	+93 +54	+81 +70	+86 +70	+95 +70	+109 +70	+92 +81	+97 +81	+106 +81
50	65	+83 +53	+90 +53	+79 +66	+85 +66	+96 +66	+112 +66	+100 +87	+106 +87	+117 +87	+133 +87	+115 +102	+121 +102	+132 +102
65	80	+89 +59	+105 +59	+88 +75	+94 +75	+105 +75	+121 +75	+115 +102	+121 +102	+132 +102	+148 +102	+133 +120	+139 +120	+150 +120
80	100	+106 +71	+125 +71	+106 +91	+113 +91	+126 +91	+145 +91	+139 +124	+146 +124	+159 +124	+178 +124	+161 +146	+168 +146	+181 +146
100	120	+114 +79	+133 +79	+119 +104	+126 +104	+139 +104	+158 +104	+159 +144	+166 +144	+179 +144	+198 +144	+187 +172	+194 +172	+207 +172
120	140	+132 +92	+155 +92	+140 +122	+147 +122	+162 +122	+185 +122	+188 +170	+195 +170	+210 +170	+233 +170	+220 +202	+227 +202	+242 +202
140	160	+140 +100	+163 +100	+152 +134	+159 +134	+174 +134	+197 +134	+208 +190	+215 +190	+230 +190	+253 +190	+246 +228	+253 +228	+268 +228
160	180	+148 +108	+171 +108	+164 +146	+171 +146	+186 +146	+209 +146	+228 +210	+235 +210	+250 +210	+273 +210	+270 +252	+277 +252	+292 +252
180	200	+168 +122	+194 +122	+186 +166	+195 +166	+212 +166	+238 +166	+256 +236	+265 +236	+282 +236	+308 +236	+304 +284	+313 +284	+330 +284
200	225	+176 +130	+202 +130	+200 +180	+209 +180	+226 +180	+252 +180	+278 +258	+287 +258	+304 +258	+330 +258	+330 +310	+339 +310	+356 +310
225	250	+186 +140	+212 +140	+216 +196	+225 +196	+242 +196	+288 +196	+304 +284	+313 +284	+330 +284	+356 +284	+360 +340	+369 +340	+386 +340
250	280	+210 +158	+239 +158	+241 +218	+250 +218	+270 +218	+299 +218	+338 +315	+347 +315	+367 +315	+396 +315	+408 +385	+417 +385	+437 +385
280	315	+222 +170	+251 +170	+263 +240	+272 +240	+292 +240	+321 +240	+373 +350	+382 +350	+402 +350	+431 +350	+448 +425	+457 +425	+477 +425
315	355	+247 +190	+279 +190	+293 +268	+304 +268	+325 +268	+357 +268	+415 +390	+426 +390	+447 +390	+479 +390	+500 +475	+511 +475	+532 +475
355	400	+265 +208	+297 +208	+319 +294	+330 +294	+351 +294	+383 +294	+460 +435	+471 +435	+495 +435	+524 +435	+555 +530	+566 +530	+587 +530
400	450	+295 +232	+329 +232	+357 +330	+370 +330	+393 +330	+427 +330	+517 +490	+530 +490	+553 +490	+587 +490	+622 +595	+635 +595	+658 +595
450	500	+315 +252	+349 +252	+387 +360	+400 +360	+423 +360	+457 +360	+567 +540	+580 +540	+603 +540	+637 +540	+687 +660	+700 +660	+723 +660

续表

基本尺寸/mm		公差带												
		v	x				y				z			
大于	至	8	5	6	7	8	5	6	7	8	5	6	7	8
—	3	—	+24 +20	+26 +20	+30 +20	+34 +20	—	—	—	—	+30 +26	+32 +26	+36 +26	+40 +26
3	6	—	+33 +28	+36 +28	+40 +28	+46 +28	—	—	—	—	+40 +35	+43 +35	+47 +35	+53 +35
6	10	—	+40 +34	+43 +34	+49 +34	+56 +34	—	—	—	—	+48 +42	+51 +42	+57 +42	+64 +42
10	14	—	+48 +40	+51 +40	+58 +40	+67 +40	—	—	—	—	+58 +50	+61 +50	+68 +50	+77 +50
14	18	+66 +39	+53 +45	+56 +45	+63 +45	+72 +45	—	—	—	—	+68 +60	+71 +60	+78 +60	+87 +60
18	24	+80 +47	+63 +54	+67 +54	+75 +54	+87 +54	+72 +63	+76 +63	+84 +63	+96 +63	+82 +73	+86 +73	+94 +73	+106 +73
24	30	+88 +55	+73 +64	+77 +64	+85 +64	+97 +64	+84 +75	+88 +75	+96 +75	+108 +75	+97 +88	+101 +88	+109 +88	+121 +88
30	40	+107 +68	+91 +80	+96 +80	+105 +80	+119 +80	+105 +94	+110 +94	+119 +94	+133 +94	+123 +112	+128 +112	+137 +112	+151 +112
40	50	+120 +81	+108 +97	+113 +97	+122 +97	+136 +97	+125 +114	+130 +114	+139 +114	+153 +114	+147 +136	+152 +136	+161 +136	+175 +136
50	65	+148 +102	+135 +122	+141 +122	+152 +122	+168 +122	+157 +144	+163 +144	+174 +144	+190 +144	+185 +172	+191 +172	+202 +172	+218 +172
65	80	+166 +120	+159 +146	+165 +146	+176 +146	+192 +146	+187 +174	+193 +174	+204 +174	+220 +174	+223 +210	+229 +210	+240 +210	+256 +210
80	100	+200 +146	+193 +178	+200 +178	+213 +178	+232 +178	+229 +214	+236 +214	+249 +214	+268 +214	+273 +258	+280 +258	+293 +258	+312 +258
100	120	+226 +172	+225 +210	+232 +210	+245 +210	+264 +210	+269 +254	+276 +254	+289 +254	+308 +254	+325 +310	+332 +310	+345 +310	+364 +310
120	140	+265 +202	+266 +248	+273 +248	+288 +248	+311 +248	+318 +300	+325 +300	+340 +300	+368 +300	+383 +365	+390 +365	+405 +365	+428 +365
140	160	+291 +228	+298 +280	+305 +280	+320 +280	+343 +280	+358 +340	+365 +340	+380 +340	+403 +340	+433 +415	+440 +415	+455 +415	+478 +415
160	180	+315 +252	+328 +310	+335 +310	+350 +310	+373 +310	+398 +380	+405 +380	+420 +380	+443 +380	+483 +465	+490 +465	+505 +465	+528 +465
180	200	+356 +284	+370 +350	+379 +350	+396 +350	+422 +350	+445 +425	+454 +425	+471 +425	+497 +425	+540 +520	+549 +520	+566 +520	+592 +520
200	225	+382 +310	+405 +385	+414 +385	+431 +385	+457 +385	+490 +470	+499 +470	+516 +470	+542 +470	+595 +575	+604 +575	+621 +575	+647 +575
225	250	+412 +340	+445 +425	+454 +425	+471 +425	+497 +425	+540 +520	+549 +520	+566 +520	+592 +520	+660 +640	+669 +640	+686 +640	+712 +640
250	280	+466 +385	+498 +475	+507 +475	+527 +475	+556 +475	+603 +580	+612 +580	+632 +580	+661 +580	+733 +710	+742 +710	+762 +710	+791 +710
280	315	+506 +425	+548 +525	+557 +525	+577 +525	+606 +525	+673 +650	+682 +650	+702 +650	+731 +650	+813 +790	+822 +790	+842 +790	+871 +790
315	355	+564 +475	+615 +590	+626 +590	+647 +590	+679 +590	+755 +730	+766 +730	+787 +730	+819 +730	+925 +900	+936 +900	+957 +900	+989 +900
355	400	+619 +530	+685 +660	+696 +660	+717 +660	+749 +660	+845 +820	+856 +820	+877 +820	+909 +820	+1025 +1000	+1036 +1000	+1057 +1000	+1089 +1000
400	450	+692 +595	+767 +740	+780 +740	+803 +740	+837 +740	+947 +920	+960 +920	+983 +920	+1017 +920	+1127 +1100	+1140 +1100	+1163 +1100	+1197 +1100
450	500	+757 +660	+847 +820	+860 +820	+883 +820	+917 +820	+1027 +1000	+1040 +1000	+1063 +1000	+1097 +1000	+1277 +1250	+1290 +1250	+1313 +1250	+1347 +1250

注：基本尺寸小于1mm时，各级的a和b均不采用。

10.6.3　孔的极限偏差表

孔的极限偏差见表 10-11。

表 10-11　孔的极限偏差　μm

基本尺寸/mm		公差带												
		A				B				C				
大于	至	9	10	11	12	9	10	11	12	8	9	10	11	12
—	3	+295	+310	+330	+370	+165	+180	+200	+240	+74	+85	+100	+120	+160
		+270	+270	+270	+270	+140	+140	+140	+140	+60	+60	+60	+60	+60
3	6	+300	+318	+345	+390	+170	+188	+215	+260	+88	+100	+118	+145	+190
		+270	+270	+270	+270	+140	+140	+140	+140	+70	+70	+70	+70	+70
6	10	+316	+338	+370	+430	+186	+208	+240	+300	+102	+116	+138	+170	+230
		+280	+280	+280	+280	+150	+150	+150	+150	+80	+80	+80	+80	+80
10	14	+333	+360	+400	+470	+193	+220	+260	+330	+122	+138	+165	+205	+275
14	18	+290	+290	+290	+290	+150	+150	+150	+150	+95	+95	+95	+95	+95
18	24	+352	+384	+430	+510	+212	+244	+290	+370	+143	+162	+194	+240	+320
24	30	+300	+300	+300	+300	+160	+160	+160	+160	+110	+110	+110	+110	+110
30	40	+372	+410	+470	+560	+232	+270	+330	+420	+159	+182	+220	+280	+370
		+310	+310	+310	+310	+170	+170	+170	+170	+120	+120	+120	+120	+120
40	50	+382	+420	+480	+570	+242	+280	+340	+430	+169	+192	+230	+290	+380
		+320	+320	+320	+320	+180	+180	+180	+180	+130	+130	+130	+130	+130
50	65	+414	+460	+530	+640	+264	+310	+380	+490	+186	+214	+260	+330	+440
		+340	+340	+340	+340	+190	+190	+190	+190	+140	+140	+140	+140	+140
65	80	+434	+480	+550	+660	+274	+320	+390	+500	+196	+224	+270	+340	+450
		+360	+360	+360	+360	+200	+200	+200	+200	+150	+150	+150	+150	+150
80	100	+467	+520	+600	+730	+307	+360	+440	+570	+224	+257	+310	+390	+520
		+380	+380	+380	+380	+220	+220	+220	+220	+170	+170	+170	+170	+170
100	120	+497	+550	+630	+760	+327	+380	+460	+590	+234	+267	+320	+400	+530
		+410	+410	+410	+410	+240	+240	+240	+240	+180	+180	+180	+180	+180
120	140	+560	+620	+710	+860	+360	+420	+510	+660	+263	+300	+360	+450	+600
		+460	+460	+460	+460	+260	+260	+260	+260	+200	+200	+200	+200	+200
140	160	+620	+680	+770	+920	+380	+440	+530	+680	+273	+310	+370	+460	+610
		+520	+520	+520	+520	+280	+280	+280	+280	+210	+210	+210	+210	+210
160	180	+680	+740	+830	+980	+410	+470	+560	+710	+293	+330	+390	+480	+630
		+580	+580	+580	+580	+310	+310	+310	+310	+230	+230	+230	+230	+230
180	200	+775	+845	+950	+1120	+455	+525	+630	+800	+312	+355	+425	+530	+700
		+660	+660	+660	+660	+340	+340	+340	+340	+240	+240	+240	+240	+240
200	225	+855	+925	+1030	+1200	+495	+565	+670	+840	+332	+375	+445	+550	+720
		+740	+740	+740	+740	+380	+380	+380	+380	+260	+260	+260	+260	+260
225	250	+935	+1005	+1110	+1280	+535	+605	+710	+880	+352	+395	+465	+570	+740
		+820	+820	+820	+820	+420	+420	+420	+420	+280	+280	+280	+280	+280
250	280	+1050	+1130	+1240	+1440	+610	+690	+800	+1000	+381	+430	+510	+620	+820
		+920	+920	+920	+920	+480	+480	+480	+480	+300	+300	+300	+300	+300
280	315	+1180	+1260	+1370	+1570	+670	+750	+860	+1060	+411	+460	+540	+650	+850
		+1050	+1050	+1050	+1050	+540	+540	+540	+540	+330	+330	+330	+330	+330
315	355	+1340	+1430	+1560	+1770	+740	+830	+960	+1170	+449	+500	+590	+720	+930
		+1200	+1200	+1200	+1200	+600	+600	+600	+600	+360	+360	+360	+360	+360
355	400	+1490	+1580	+1710	+1920	+820	+910	+1040	+1250	+489	+540	+630	+760	+970
		+1350	+1350	+1350	+1350	+680	+680	+680	+680	+400	+400	+400	+400	+400
400	450	+1655	+1750	+1900	+2130	+915	+1010	+1160	+1390	+537	+595	+690	+840	+1070
		+1500	+1500	+1500	+1500	+760	+760	+760	+760	+440	+440	+440	+440	+440
450	500	+1805	+1900	+2050	+2280	+995	+1090	+1240	+1470	+577	+635	+730	+880	+1110
		+1650	+1650	+1650	+1650	+480	+480	+480	+480	+480	+480	+480	+480	+480

续表

基本尺寸/mm		公差带												
		D					E				F			
大于	至	7	8	9	10	11	7	8	9	10	6	7	8	9
—	3	+30 +20	+34 +20	+45 +20	+60 +20	+80 +20	+24 +14	+28 +14	+39 +14	+54 +14	+12 +6	+16 +6	+20 +6	+31 +6
3	6	+42 +30	+48 +30	+60 +30	+78 +30	+105 +30	+32 +20	+38 +20	+50 +20	+68 +20	+18 +10	+22 +10	+28 +10	+40 +10
6	10	+55 +40	+62 +40	+76 +40	+98 +40	+130 +40	+40 +25	+47 +25	+61 +25	+83 +25	+22 +13	+28 +13	+35 +13	+49 +13
10	14	+68 +50	+77 +50	+93 +50	+120 +50	+160 +50	+50 +32	+59 +32	+75 +32	+102 +32	+27 +16	+34 +16	+43 +16	+59 +16
14	18													
18	24	+86 +65	+98 +65	+117 +65	+149 +65	+195 +65	+61 +40	+73 +40	+92 +40	+124 +40	+33 +20	+41 +20	+53 +20	+72 +20
24	30													
30	40	+105 +80	+119 +80	+142 +80	+180 +80	+240 +80	+75 +50	+89 +50	+112 +50	+150 +50	+41 +25	+50 +25	+64 +25	+87 +25
40	50													
50	65	+130 +100	+146 +100	+174 +100	+220 +100	+290 +100	+90 +60	+106 +60	+134 +60	+180 +60	+49 +30	+60 +30	+76 +30	+104 +30
65	80													
80	100	+155 +120	+174 +120	+207 +120	+260 +120	+340 +120	+107 +72	+126 +72	+159 +72	+212 +72	+58 +36	+71 +36	+90 +36	+123 +36
100	120													
120	140	+185 +145	+208 +145	+245 +145	+305 +145	+395 +145	+125 +85	+148 +85	+185 +85	+245 +85	+68 +43	+83 +43	+106 +43	+143 +43
140	160													
160	180													
180	200	+216 +170	+242 +170	+285 +170	+355 +170	+460 +170	+146 +100	+172 +100	+215 +100	+285 +100	+79 +50	+96 +50	+122 +50	+165 +50
200	225													
225	250													
250	280	+242 +190	+271 +190	+320 +190	+400 +190	+510 +190	+162 +110	+191 +110	+240 +110	+320 +110	+88 +56	+108 +56	+137 +56	+186 +56
280	315													
315	355	+267 +210	+299 +210	+350 +210	+440 +210	+570 +210	+182 +125	+214 +125	+265 +125	+355 +125	+98 +62	+119 +62	+151 +62	+202 +62
355	400													
400	450	+293 +230	+327 +230	+385 +230	+480 +230	+630 +230	+198 +135	+232 +135	+290 +135	+385 +135	+108 +68	+131 +68	+165 +68	+223 +68
450	500													

续表

基本尺寸/mm		公差带												
		G				H								
大于	至	5	6	7	8	1	2	3	4	5	6	7	8	9
—	3	+6 +2	+8 +2	+12 +2	+16 +2	+0.8 0	+1.2 0	+2 0	+3 0	+4 0	+6 0	+10 0	+14 0	+25 0
3	6	+9 +4	+12 +4	+16 +4	+22 +4	+1 0	+1.5 0	+2.5 0	+4 0	+5 0	+8 0	+12 0	+18 0	+30 0
6	10	+11 +5	+14 +5	+20 +5	+27 +5	+1 0	+1.5 0	+2.5 0	+4 0	+6 0	+9 0	+15 0	+22 0	+36 0
10	14	+14 +6	+17 +6	+24 +6	+33 +6	+1.2 0	+2 0	+3 0	+5 0	+8 0	+11 0	+18 0	+27 0	+43 0
14	18													
18	24	+16 +7	+20 +7	+28 +7	+40 +7	+1.5 0	+2.5 0	+4 0	+6 0	+9 0	+13 0	+21 0	+33 0	+52 0
24	30													
30	40	+20 +9	+25 +9	+34 +9	+48 +9	+1.5 0	+2.5 0	+4 0	+7 0	+11 0	+16 0	+25 0	+39 0	+62 0
40	50													
50	65	+23 +10	+29 +10	+40 +10	+56 +10	+2 0	+3 0	+5 0	+8 0	+13 0	+19 0	+30 0	+46 0	+74 0
65	80													
80	100	+27 +12	+34 +12	+47 +12	+66 +12	+2.5 0	+4 0	+6 0	+10 0	+15 0	+22 0	+35 0	+54 0	+87 0
100	120													
120	140	+32 +14	+39 +14	+54 +14	+77 +14	+3.5 0	+5 0	+8 0	+12 0	+18 0	+25 0	+40 0	+63 0	+100 0
140	160													
160	180													
180	200	+35 +15	+44 +15	+61 +15	+87 +15	+4.5 0	+7 0	+10 0	+14 0	+20 0	+29 0	+46 0	+72 0	+115 0
200	225													
225	250													
250	280	+40 +17	+49 +17	+69 +17	+98 +17	+6 0	+8 0	+12 0	+16 0	+23 0	+32 0	+52 0	+81 0	+130 0
280	315													
315	355	+43 +18	+54 +18	+75 +18	+107 +18	+7 0	+9 0	+13 0	+18 0	+25 0	+36 0	+57 0	+89 0	+140 0
355	400													
400	450	+47 +20	+60 +20	+83 +20	+117 +20	+8 0	+10 0	+15 0	+20 0	+27 0	+40 0	+63 0	+97 0	+155 0
450	500													

续表

基本尺寸/mm		公差带												
		H				J			JS					
大于	至	10	11	12	13	6	7	8	1	2	3	4	5	6
—	3	+40 0	+60 0	+100 0	+140 0	+2 −4	+4 −6	+6 −8	±0.4	±0.6	±1	±1.5	±2	±3
3	6	+48 0	+75 0	+120 0	+180 0	+5 −3	—	+10 −8	±0.5	±0.75	±1.25	±2	±2.5	±4
6	10	+58 0	+90 0	+150 0	+220 0	+5 −4	+8 −7	+12 −10	±0.5	±0.75	±1.25	±2	±3	±4.5
10	14	+70 0	+110 0	+180 0	+270 0	+6 −5	+10 −8	+15 −12	±0.6	±1	±1.5	±2.5	±4	±5.5
14	18													
18	24	+84 0	+130 0	+210 0	+330 0	+8 −5	+12 −9	+20 −13	±0.75	±1.25	±2	±3	±4.5	±6.5
24	30													
30	40	+100 0	+160 0	+250 0	+390 0	+10 −6	+14 −11	+24 −15	±0.75	±1.25	±2	±3.5	±5.5	±8
40	50													
50	65	+120 0	+190 0	+300 0	+460 0	+13 −6	+18 −12	+28 −18	±1	±1.5	±2.5	±4	±6.5	±9.5
65	80													
80	100	+140 0	+220 0	+350 0	+540 0	+16 −6	+22 −13	+34 −20	±1.25	±2	±3	±5	±7.5	±11
100	120													
120	140	+160 0	+250 0	+400 0	+630 0	+18 −7	+26 −14	+41 −22	±1.75	±2.5	±4	±6	±9	±12.5
140	160													
160	180													
180	200	+185 0	+290 0	+460 0	+720 0	+22 −7	+30 −16	+47 −25	±2.25	±3.5	±5	±7	±10	±14.5
200	225													
225	250													
250	280	+210 0	+320 0	+520 0	+810 0	+25 −7	+36 −16	+55 −26	±3	±4	±6	±8	±11.5	±16
280	315													
315	355	+230 0	+360 0	+570 0	+890 0	+29 −7	+39 −18	+60 −29	±3.5	±4.5	±6.5	±9	±12.5	±18
355	400													
400	450	+250 0	+400 0	+630 0	+970 0	+33 −7	+43 −20	+66 −31	±4	±5	±7.5	±10	±13.5	±20
450	500													

续表

基本尺寸/mm		公差带												
		JS							K					M
大于	至	7	8	9	10	11	12	13	4	5	6	7	8	4
—	3	±5	±7	±12	±20	±30	±50	±70	0 −3	0 −4	0 −6	0 −10	0 −14	−2 −5
3	6	±6	±9	±15	±24	±37	±60	±90	+0.5 −3.5	0 −5	+2 −6	+3 −9	+5 −13	−2.5 −6.5
6	10	±7	±11	±18	±29	±45	±75	±110	+0.5 −3.5	+1 −5	+2 −7	+5 −10	+6 −16	−4.5 −8.5
10	14	±9	±13	±21	±35	±55	±90	±135	+1 −4	+2 −6	+2 −9	+6 −12	+8 −19	−5 −10
14	18													
18	24	±10	±16	±26	±42	±65	±105	±165	0 −6	+1 −8	+2 −11	+6 −15	+10 −23	−6 −12
24	30													
30	40	±12	±19	±31	±50	±80	±125	±195	+1 −6	+2 −9	+3 −13	+7 −18	+12 −27	−6 −13
40	50													
50	65	±15	±23	±37	±60	±95	±150	±230	+1 −7	+3 −10	+4 −15	+9 −21	+14 −32	−8 −16
65	80													
80	100	±17	±27	±43	±70	±110	±175	±270	+1 −9	+2 −13	+4 −18	+10 −25	+16 −38	−9 −19
100	120													
120	140	±20	±31	±50	±80	±125	±200	±315	+1 −11	+3 −15	+4 −21	+12 −28	+20 −43	−11 −23
140	160													
160	180													
180	200	±23	±36	±57	±92	±145	±230	±360	0 −14	+2 −18	+5 −24	+13 −33	+22 −50	−13 −27
200	225													
225	250													
250	280	±26	±40	±65	±105	±160	±260	±405	0 −16	+3 −20	+5 −27	+16 −36	+25 −56	−16 −32
280	315													
315	355	±28	±44	±70	±115	±180	±285	±445	+1 −17	+3 −22	+7 −29	+17 −40	+28 −61	−16 −34
355	400													
400	450	±31	±48	±77	±125	±200	±315	±485	0 −20	+2 −25	+8 −32	+18 −45	+29 −68	−18 −38
450	500													

续表

基本尺寸/mm		公差带												
		M				N					P			
大于	至	5	6	7	8	5	6	7	8	9	5	6	7	8
—	3	−2 −6	−2 −8	−2 −12	−2 −16	−4 −8	−4 −10	−4 −14	−4 −18	−4 −29	−6 −10	−6 −12	−6 −16	−6 −20
3	6	−3 −8	−1 −9	0 −12	+2 −16	−7 −12	−5 −13	−4 −16	−2 −20	0 −30	−11 −16	−9 −17	−8 −20	−12 −30
6	10	−4 −10	−3 −12	0 −15	+1 −21	−8 −14	−7 −16	−4 −19	−3 −25	0 −36	−13 −19	−12 −21	−9 −24	−15 −37
10	14	−4 −12	−4 −15	0 −18	+2 −25	−9 −17	−9 −20	−5 −23	−3 −30	0 −43	−15 −23	−15 −26	−11 −29	−18 −45
14	18													
18	24	−5 −14	−4 −17	0 −21	+4 −29	−12 −21	−11 −24	−7 −28	−3 −36	0 −52	−19 −28	−18 −31	−14 −35	−22 −55
24	30													
30	40	−5 −16	−4 −20	0 −25	+5 −34	−13 −24	−12 −28	−8 −33	−3 −42	0 −62	−22 −33	−21 −37	−17 −42	−26 −65
40	50													
50	65	−6 −19	−5 −24	0 −30	+5 −41	−15 −28	−14 −33	−9 −39	−4 −50	0 −74	−27 −40	−26 −45	−21 −51	−32 −78
65	80													
80	100	−8 −23	−6 −28	0 −35	+6 −48	−18 −33	−16 −38	−10 −45	−4 −58	0 −87	−32 −47	−30 −52	−24 −59	−37 −91
100	120													
120	140	−9 −27	−8 −33	0 −40	+8 −55	−21 −39	−20 −45	−12 −52	−4 −67	0 −100	−37 −55	−36 −61	−28 −68	−43 −106
140	160													
160	180													
180	200	−11 −31	−8 −37	0 −46	+9 −63	−25 −45	−22 −51	−14 −60	−5 −77	0 −115	−44 −64	−41 −70	−33 −79	−50 −122
200	225													
225	250													
250	280	−13 −36	−9 −41	0 −52	+9 −72	−27 −50	−25 −57	−14 −66	−5 −86	0 −130	−49 −72	−47 −79	−36 −88	−56 −137
280	315													
315	355	−14 −39	−10 −46	0 −57	+11 −78	−30 −55	−26 −62	−16 −73	−5 −94	0 −140	−55 −80	−51 −87	−41 −98	−62 −151
355	400													
400	450	−16 −43	−10 −50	0 −63	+11 −86	−33 −60	−27 −67	−17 −80	−6 −103	0 −155	−61 −88	−55 −95	−45 −108	−68 −165
450	500													

续表

基本尺寸/mm		公差带												
		P	R				S				T			U
大于	至	9	5	6	7	8	5	6	7	8	6	7	8	6
—	3	-6 -31	-10 -14	-10 -16	-10 -20	-10 -24	-14 -18	-14 -20	-14 -24	-14 -28	—	—	—	-18 -24
3	6	-12 -42	-14 -19	-12 -20	-11 -23	-15 -33	-18 -23	-16 -24	-15 -27	-19 -37	—	—	—	-20 -28
6	10	-15 -51	-17 -23	-16 -25	-13 -28	-19 -41	-21 -27	-20 -29	-17 -32	-23 -45	—	—	—	-25 -34
10	14	-18 -61	-20 -28	-20 -31	-16 -34	-23 -50	-25 -33	-25 -36	-21 -39	-28 -55	—	—	—	-30 -41
14	18													
18	24	-22 -74	-25 -34	-24 -37	-20 -41	-28 -61	-32 -41	-31 -44	-27 -48	-35 -68	—	—	—	-37 -50
24	30										-37 -50	-33 -54	-41 -74	-44 -57
30	40	-26 -88	-30 -41	-29 -45	-25 -50	-34 -73	-39 -50	-38 -54	-34 -59	-43 -82	-43 -59	-39 -64	-48 -87	-55 -71
40	50										-49 -65	-45 -70	-54 -93	-65 -81
50	65	-32 -106	-36 -49	-35 -54	-30 -60	-41 -87	-48 -61	-47 -66	-42 -72	-53 -99	-60 -79	-55 -85	-66 -112	-81 -100
65	80		-38 -51	-37 -56	-32 -62	-43 -89	-54 -67	-53 -72	-48 -78	-59 -105	-69 -88	-64 -94	-75 -121	-96 -115
80	100	-37 -124	-46 -61	-44 -66	-38 -73	-51 -105	-66 -81	-64 -86	-58 -93	-71 -125	-84 -106	-78 -113	-91 -145	-117 -139
100	120		-49 -64	-47 -69	-41 -76	-54 -108	-74 -89	-72 -94	-66 -101	-79 -133	-97 -119	-91 -126	-104 -158	-137 -159
120	140	-43 -143	-57 -75	-56 -81	-48 -88	-63 -126	-86 -104	-85 -110	-77 -117	-92 -155	-115 -140	-107 -147	-122 -185	-163 -188
140	160		-59 -77	-58 -83	-50 -90	-65 -128	-94 -112	-93 -118	-85 -125	-100 -163	-127 -152	-119 -159	-134 -197	-183 -208
160	180		-62 -80	-61 -86	-53 -93	-68 -131	-102 -120	-101 -126	-93 -133	-108 -171	-139 -164	-131 -171	-146 -209	-203 -228
180	200	-50 -165	-71 -91	-68 -97	-60 -106	-77 -149	-116 -136	-113 -142	-105 -151	-122 -194	-157 -186	-149 -195	-166 -238	-227 -256
200	225		-74 -94	-71 -100	-63 -109	-80 -152	-124 -144	-121 -150	-113 -159	-130 -202	-171 -200	-163 -209	-180 -252	-249 -278
225	250		-78 -98	-75 -104	-67 -113	-84 -156	-134 -154	-131 -160	-123 -169	-140 -212	-187 -216	-179 -225	-196 -268	-275 -304
250	280	-56 -186	-87 -110	-85 -117	-74 -126	-94 -175	-151 -174	-149 -181	-138 -190	-158 -239	-209 -241	-198 -250	-218 -299	-306 -338
280	315		-91 -114	-89 -121	-78 -130	-98 -179	-163 -186	-161 -193	-150 -202	-170 -251	-231 -263	-220 -272	-240 -321	-341 -373
315	355	-62 -202	-101 -126	-97 -133	-87 -144	-108 -197	-183 -208	-179 -215	-169 -226	-190 -279	-257 -293	-247 -304	-268 -357	-379 -415
355	400		-107 -132	-103 -139	-93 -150	-114 -203	-201 -226	-197 -233	-187 -244	-208 -297	-283 -319	-273 -330	-294 -383	-424 -460
400	450	-68 -223	-119 -146	-113 -153	-103 -166	-126 -223	-225 -252	-219 -259	-209 -272	-232 -329	-317 -357	-307 -370	-330 -427	-477 -517
450	500		-125 -152	-119 -159	-109 -172	-132 -229	-245 -272	-239 -279	-229 -292	-252 -349	-347 -387	-337 -400	-360 -457	-527 -567

续表

基本尺寸/mm		公差带													
		U		V			X			Y			Z		
大于	至	7	8	6	7	8	6	7	8	6	7	8	6	7	8
—	3	−18 −28	−18 −32	—	—	—	−20 −26	−20 −30	−20 −34	—	—	—	−26 −32	−26 −36	−26 −40
3	6	−19 −31	−23 −41	—	—	—	−25 −33	−24 −36	−28 −46	—	—	—	−32 40	−31 −43	−35 −53
6	10	−22 −37	−28 −50	—	—	—	−31 −40	−28 −43	−34 −56	—	—	—	−39 −48	−36 −51	−42 −64
10	14	−26 −44	−33 −60	—	—	—	−37 −48	−33 −51	−40 −67	—	—	—	−47 −58	−43 −61	−50 −77
14	18			−36 −47	−32 −50	−39 −66	−42 −53	−38 −56	−45 −72	—	—	—	−57 −68	−53 −71	−60 −87
18	24	−33 −54	−41 −74	−43 −56	−39 −60	−47 −80	−50 −63	−46 −67	−54 −87	−59 −72	−55 −76	−63 −96	−69 −82	−65 −86	−73 −106
24	30	−40 −61	−48 −81	−51 −64	−47 −68	−55 −88	−60 −73	−56 −77	−64 −97	−71 −84	−67 −88	−75 −108	−84 −97	−80 −101	−88 −121
30	40	−51 −76	−60 −99	−63 −79	−59 −84	−68 −107	−75 −91	−71 −96	−80 −119	−85 −105	−85 −110	−94 −133	−107 −123	−103 −128	−112 −151
40	50	−61 −86	−70 −109	−76 −92	−72 −97	−81 −120	−92 −108	−88 −113	−97 −136	−109 −125	−105 −130	−114 −153	−131 −147	−127 −152	−136 −175
50	65	−76 −106	−87 −133	−96 −115	−91 −121	−102 −148	−116 −135	−111 −141	−122 −168	−138 −157	−133 −163	−144 −190	−166 −185	−161 −191	−172 −218
65	80	−91 −121	−102 −148	−114 −133	−109 −139	−120 −166	−140 −159	−135 −165	−146 −192	−168 −187	−163 −193	−174 −220	−204 −223	−199 −229	−210 −256
80	100	−111 −146	−124 −178	−139 −161	−133 −168	−146 −200	−171 −193	−165 −200	−178 −232	−207 −229	−201 −236	−214 −268	−251 −273	−245 −280	−258 −312
100	120	−131 −166	−144 −198	−165 −187	−159 −194	−172 −226	−203 −225	−197 −232	−210 −264	−247 −269	−241 −276	−254 −308	−303 −325	−297 −332	−310 −364
120	140	−155 −195	−170 −233	−195 −220	−187 −227	−202 −265	−241 −266	−233 −273	−248 −311	−293 −318	−285 −325	−300 −363	−358 −383	−350 −390	−365 −428
140	160	−175 −215	−190 −253	−221 −246	−213 −253	−228 −291	−273 −298	−265 −305	−280 −343	−333 −358	−325 −365	−340 −403	−408 −433	−400 −440	−415 −478
160	180	−195 −235	−210 −273	−245 −270	−237 −277	−252 −315	−303 −328	−295 −335	−310 −373	−373 −398	−365 −405	−380 −443	−458 −483	−450 −490	−465 −528
180	200	−219 −265	−236 −308	−275 −304	−267 −313	−284 −356	−341 −370	−333 −379	−350 −422	−416 −445	−408 −454	−425 −497	−511 −540	−503 −549	−520 −592
200	225	−241 −287	−258 −330	−301 −330	−293 −339	−310 −382	−376 −405	−368 −414	−385 −457	−461 −490	−453 −499	−470 −542	−566 −595	−558 −604	−575 −647
225	250	−267 −313	−284 −356	−331 −360	−323 −369	−340 −412	−416 −445	−408 −454	−425 −497	−511 −540	−503 −549	−520 −592	−631 −660	−623 −669	−640 −712
250	280	−295 −347	−315 −396	−376 −408	−365 −417	−385 −466	−466 −498	−455 −507	−475 −556	−571 −603	−560 −612	−580 −661	−701 −733	−690 −742	−710 −791
280	315	−330 −382	−350 −431	−416 −448	−405 −457	−425 −506	−516 −548	−505 −557	−525 −606	−641 −673	−630 −682	−650 −731	−781 −813	−770 −822	−790 −871
315	355	−369 −426	−390 −479	−464 −500	−454 −511	−475 −564	−579 −615	−560 −626	−590 −679	−719 −755	−709 −766	−730 −819	−889 −925	−879 −936	−900 −989
355	400	−414 −471	−435 −524	−519 −555	−509 −566	−530 −619	−649 −685	−639 −696	−660 −749	−809 −845	−799 −856	−820 −909	−989 −1025	−979 −1036	−1000 −1089
400	450	−467 −530	−490 −587	−582 −622	−572 −635	−595 −692	−727 −767	−717 −780	−740 −837	−907 −947	−897 −969	−920 −1017	−1087 −1127	−1077 −1140	−1100 −1197
450	500	−517 −580	−540 −637	−647 −687	−637 −700	−660 −757	−807 −847	−797 −860	−820 −917	−987 −1027	−977 −1040	−1000 −1097	−1237 −1277	−1227 −1290	−1250 −1347

注：1. 基本尺寸小于 1mm 时，各级的 A 和 B 均不采用。

2. 当基本尺寸大于 250 至 315mm 时，M6 的 ES 等于−9（不等于−11）。

3. 基本尺寸小于 1mm 时，大于 IT8 的 N 不采用。

第 11 章　几何公差

本章内容摘自 GB/T 1182—2008《产品几何技术规范（GPS）　几何公差　形状、方向、位置和跳动公差的标注》和 GB/T 1184—1996《形状和位置公差　未注公差值》。

11.1　基本术语和概念

11.1.1　基本术语

（1）要素

要素是指构成零件几何特征的点、线、面，主要包括以下六种要素。

① 理想要素。具有几何意义的要素。

② 实际要素。零件上实际存在的要素。

③ 被测要素。给出了形状和位置公差的要素。

④ 基准要素。用来确定被测要素的方向和（或）位置的要素。

⑤ 单一要素。仅对其本身给出形状公差要求的要素。

⑥ 关联要素。对其他要素有功能关系的要素。

（2）几何公差

几何公差包括形状公差、方向公差、位置公差和跳动公差

① 形状公差。指单一实际要素的形状所允许的变动全量。

② 方向公差。关联实际要素对基准在方向上允许的变动全量。

③ 位置公差。关联实际要素的位置对基准所允许的变动全量。

④ 跳动公差。关联实际要素绕基准轴线回转一周或连续回转时所允许的最大跳动量。

（3）基准、理论尺寸

① 基准。理想基准要素，它是确定要素间几何关系的依据，分别称为基准点、基准线、基准面。基准要素分为单一基准要素和组合基准要素。

② 理论尺寸。被测要素的理想形状、方向、位置的尺寸。该尺寸不附带公差。

（4）公差要求

① 包容要求。使实际要素处处位于理想形状的包容面之内的公差要求。

② 最大实体要求。控制被测要素的实际轮廓处于其最大实体实效边界之内的公差要求。

③ 最小实体要求。控制被测要素的实际轮廓处于其最小实体实效边界之内的公差要求。

④ 可逆要求。在不影响零件功能的前提下，当要素的轴线或中心平面的几何误差值小于给出的形位公差值时，允许增大相应的尺寸公差，即允许以形位公差反过来补偿给出的尺寸公差。可逆要求通常与最大实体要求或最小实体要求一起应用。

11.1.2　基本概念

① 应按照功能要求给定几何公差，同时考虑制造和检测上的要求，但不一定要指明应采用的特定的加工、测量或检验方法。

② 对要素规定的几何公差确定了公差带，该要素应限定在公差带之内。

③ 根据公差的几何特征及其标注方式，公差带的主要形状包括：一个圆内的区域、两个同心圆之间的区域、两个等距线或两平行直线之间的区域、一个圆柱面内的区域、两同轴圆柱面之间的区域、两等距面或两平行平面之间的区域、一个圆球面内的区域。

④ 除非有进一步限制要求，如标有附加性说明，被测要素在公差带内可以具有任何形状、方向或位置。

⑤ 除非另有规定，公差适用于整个被测要素。

⑥ 相对于基准给定的几何公差并不限定基准要素本身的几何误差。基准要素的几何公差可另行规定。

11.2 几何公差分类和符号

几何公差的分类、符号见表 11-1，附加符号见表 11-2。

表 11-1　几何公差的分类和符号

公差类型	几何特征	符号	基准	公差类型	几何特征	符号	基准
形状公差	直线度	—	无	位置公差	位置度	⌖	有或无
	平面度	⏥	无		同心度（用于中心点）	◎	有
	圆度	○	无				
	圆柱度	⌭	无		对称度	⌯	有
	线轮廓度	⌒	无		线轮廓度	⌒	有
	面轮廓度	⌓	无		面轮廓度	⌓	有
方向公差	平行度	//	有		同轴度（用于轴线）	◎	有
	垂直度	⊥	有				
	倾斜度	∠	有	跳动公差	圆跳动	↗	有
	线轮廓度	⌒	有		全跳动	⌰	有
	面轮廓度	⌓	有				

表 11-2　附加符号

说明	符　号	说明	符　号	说明	符　号
被测要素		最小实体要求	Ⓛ	大径	MD
基准要素	A　A	自由状态条件（非刚性零件）	Ⓕ	小径	LD
基准目标	φ2 A1			中径、节径	PD
理论正确尺寸	50	全周（轮廓）		线素	LE
延伸公差带	Ⓟ	包容要求	Ⓔ	不凸起	NC
最大实体要求	Ⓜ	公共公差带	CZ	任意横截面	ACS

注 1. GB/T 1182—1996 中规定的基准符号为 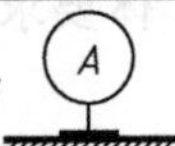  。

2. 如需标注可逆要求，可采用符号Ⓡ，见 GB/T 16671。

11.3 几何公差的标注

11.3.1 公差框格

① 框格的画法如图 11-1 所示，框格及符号推荐尺寸见表 11-3。框格推荐宽度是：第一格等于框格的高度。第二格应与标注内容的长度相适应。第三格及以后各格需与有关字母的宽度相适应。框格的垂直线与标注内容之间的距离应至少为线条宽度的 2 倍，且不少于 0.7mm。

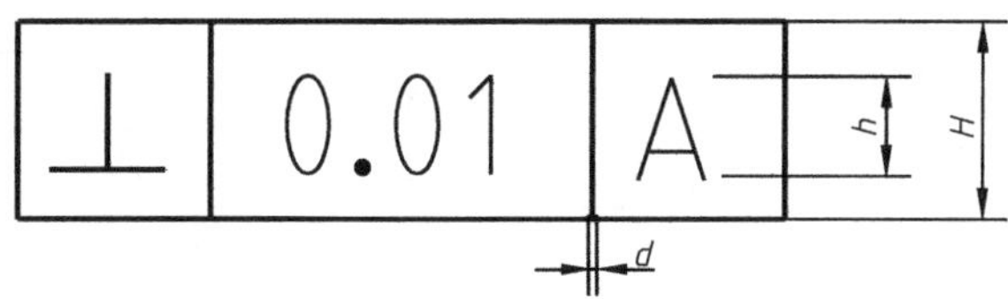

图 11-1　框格的画法

表 11-3　符号推荐尺寸

特征	推荐尺寸						
框格高度(H)	5	7	10	14	20	28	40
字体高度(h)	2.5	3.5	5	7	10	14	20
直径(D)	10	14	20	28	40	56	80
线条宽度(d)	0.25	0.35	0.5	0.7	1	1.4	2

注：直径（D）是指基准目标符号中圆的直径，见表 11-2。

② 用公差框格标注几何公差时，公差要求注写在划分成两格或多格的矩形框格内。各格自左向右标注的内容为：几何特征符号；公差值，以线性尺寸单位表示的量值，公差带为圆形或圆柱形公差值前加 ϕ、圆球形加 $S\phi$；基准，用一个字母表示单个基准或用几个字母表示基准体系或公共基准。如图 11-2 所示。

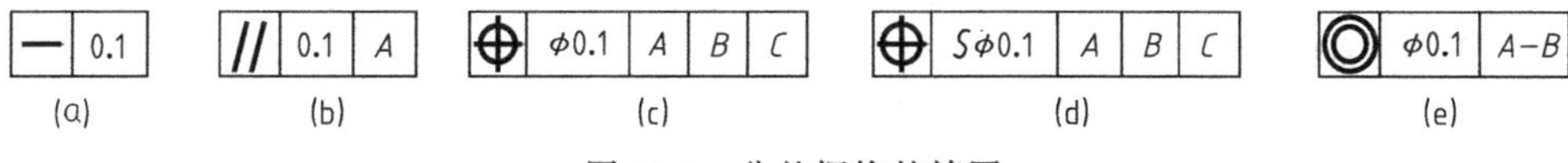

图 11-2　公差框格的填写

③ 当某项公差应用于几个相同的要素时，应在公差框格的上方被测要素尺寸之前注明要素的个数，并在两者之间加上符号“×”，见图 11-3。

④ 如果需要限制被测要素在公差带内的形状，应在公差框格的下方注明，见图 11-4。

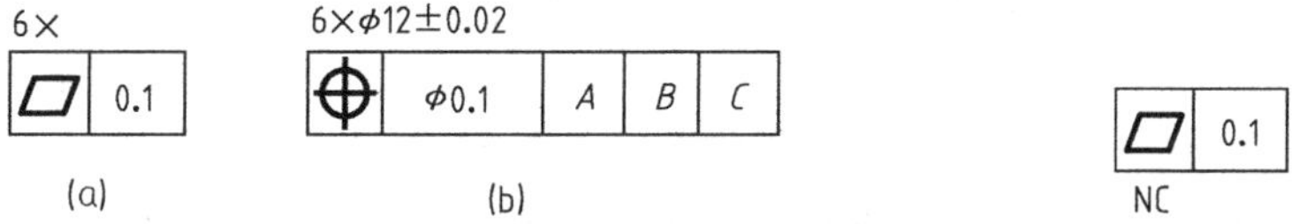

图 11-3　注写几个相同要素公差

图 11-4　注写限制被测要素在公差带内的形状

⑤ 如果需要就某个要素给出几种几何特征公差，可将一个公差框格放在另一个的下面，见图 11-5。

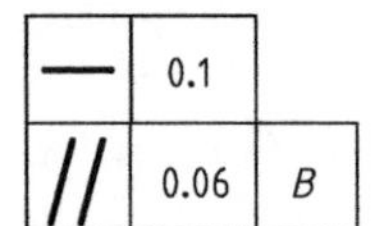

图 11-5　一个要素注写多个几何公差带

11.3.2　被测要素的标注

① 指引线引自框格的任意一侧，终端带一个箭头，见图 11-6。

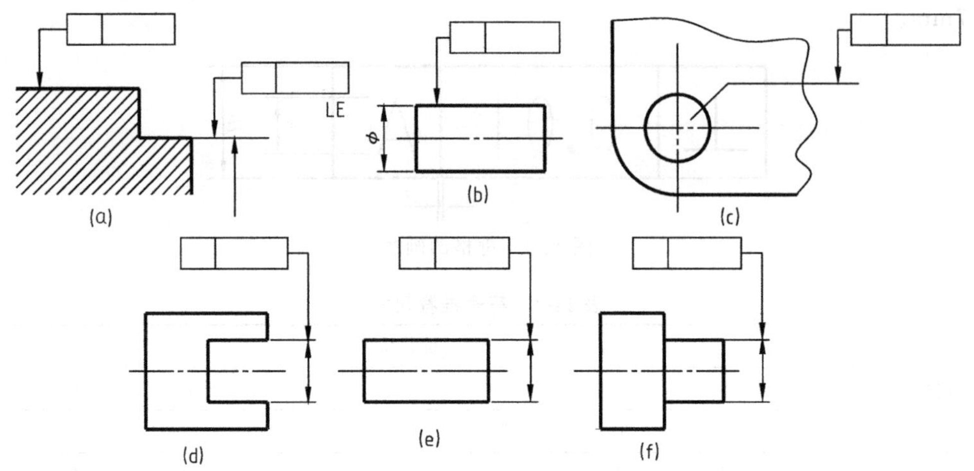

图 11-6　被测要素的标注

② 当公差涉及轮廓线或轮廓面时，箭头指向该要素的轮廓线或其延长线，应与尺寸线明显错开，见图 11-6(a) 和 (b)；箭头也可指向引出线的水平线，引出线引自被测面，见图 11-6(c)。

③ 当公差涉及要素的中心线、中心面、中心点时，箭头应位于相应尺寸线的延长线上，见图 11-6(d)、(e)、(f)。

④ 被测要素是线而不是面时，应在公差框格附近注明（注写 LE)，见图 11-6(a)。

11.3.3　基准要素的标注

① 与被测要素相关的基准用一个大写字母表示。字母标注在基准框格内，与一个涂黑的或空白的三角形相连以表示基准，见图 11-7(a)、(b)；表示基准的字母还应标注在公差的框格内。涂黑的和空白的基准三角形意义相同。

② 当基准要素是轮廓线或轮廓面时，基准三角形放置在要素的轮廓线或其延长线上，与尺寸线明显错开，见图 11-7(c)；基准三角形也可放置在该轮廓面引出线的水平线上，见图 11-7(d)。

③ 当基准是尺寸要素确定的轴线、中心平面或中心点时，基准三角形应放置在该尺寸线的延长线上，见图 11-7(e)、(f)、(g)。如果没有足够的位置标注基准要素尺寸的两个尺寸箭头，则其中一个箭头可以用基准三角形代替，见图 11-7(f)、(g)。

④ 如果只以要素的某一局部作基准，则应用粗点画线示出该部分并加注尺寸，见图 11-7(h)。

⑤ 以单个要素作基准时，用一个大写字母表示，见图 11-7(i)。以两个要素建立公共基准时，用中间加连字符的两个大写字母表示，见图 11-7(j)。以两个或三个基准建立基准体系时，即采用多基准时，表示基准的大写字母按基准的优先顺序自左向右填写在各框格内，见图 11-7(k)。

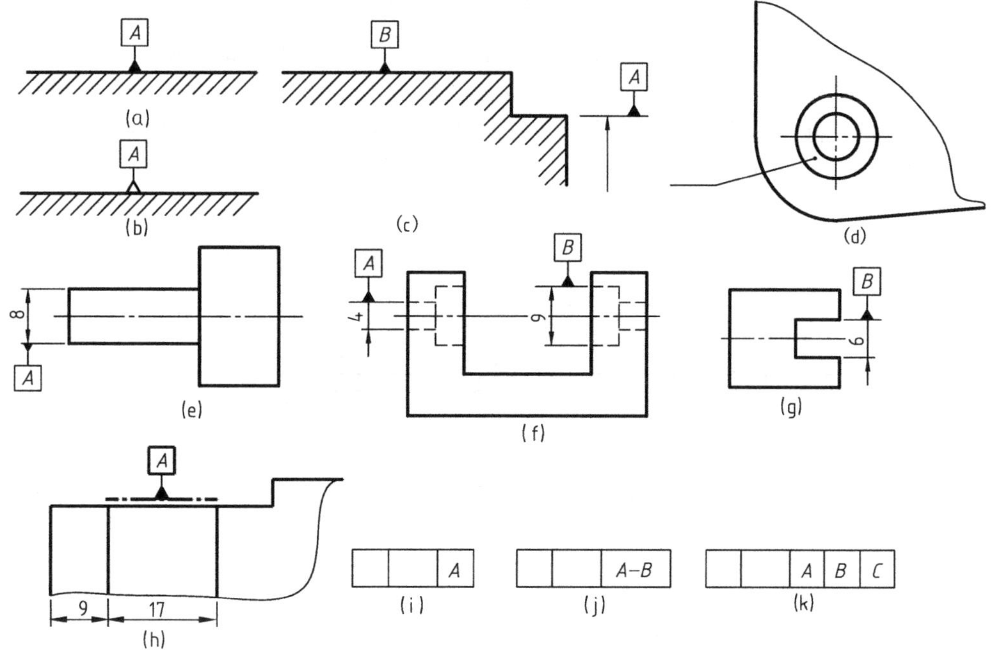

图 11-7　基准要素的标注

11.3.4　公差带的标注

① 公差带的宽度方向为被测要素的法线方向，见图 11-8。另外说明时除外，见图 11-9。圆度公差带的宽度应在垂直于公称轴线的平面内确定。

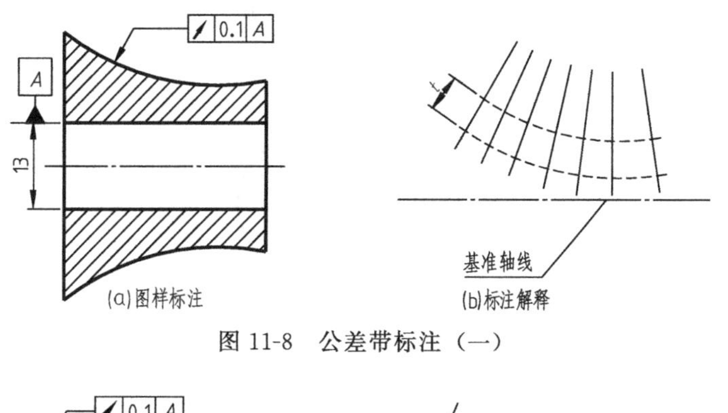

图 11-8　公差带标注（一）

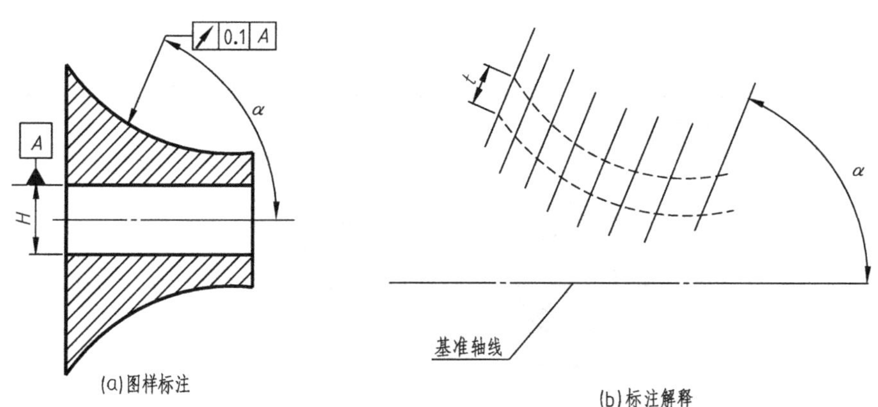

图 11-9　公差带标注（二）

② 当中心点、中心线、中心面在一个方向上给定公差时，除非另有说明，位置公差公差带的宽度方向为理论正确尺寸（TED）图框的方向，并按指引线箭头所指互成0°或90°，见图11-10；除非另有说明，方向公差公差带的宽度方向为指引箭头方向，与基准成0°或90°，见图11-11；除非另有规定，当在同一基准体系中规定两个方向的公差时，它们的公差带是互相垂直的，见图11-11。

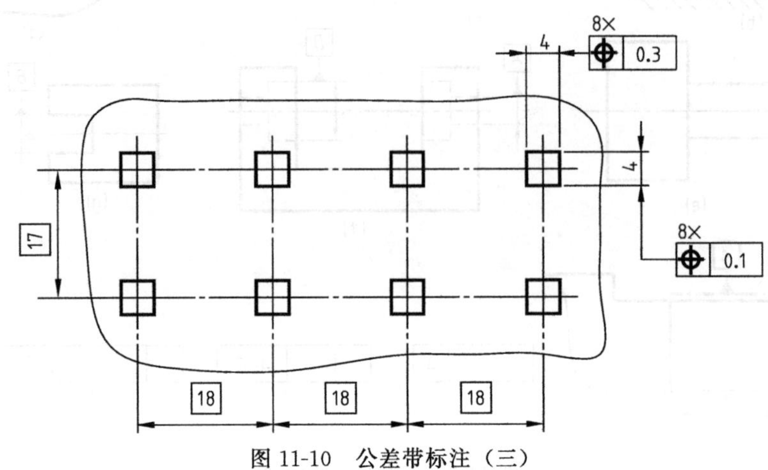

图11-10 公差带标注（三）

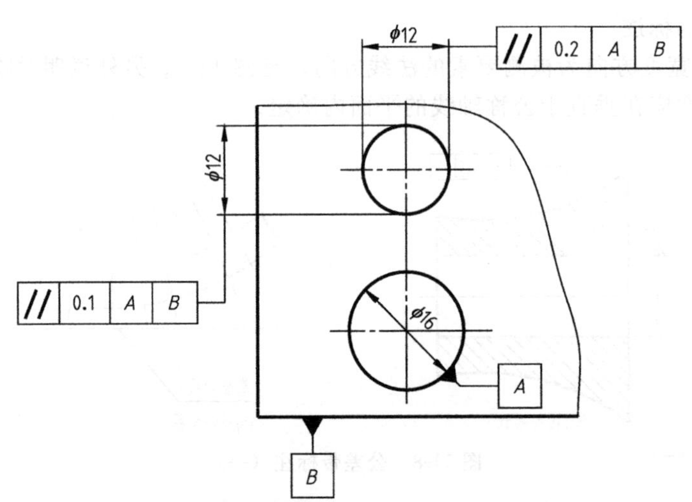

图11-11 公差带标注（四）

③ 若公差值前面标注符号“ϕ”，公差带为圆柱形或圆形，见图11-12；若公差值前面标注符号“$S\phi$”，公差带为圆球形。

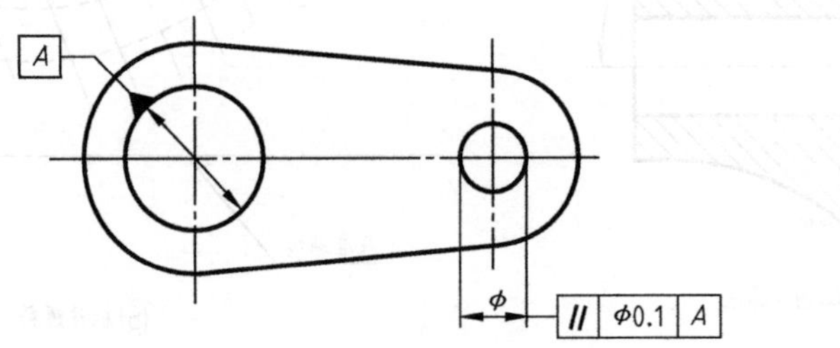

图11-12 公差带标注（五）

④ 一个公差框格可以用于具有相同几何特征和公差值的若干个分离要素，见图 11-13。

⑤ 若干个分离要素给出单一公差带时，可按图 11-14 在公差框格内公差值的后面加注公共公差带的符号 CZ。

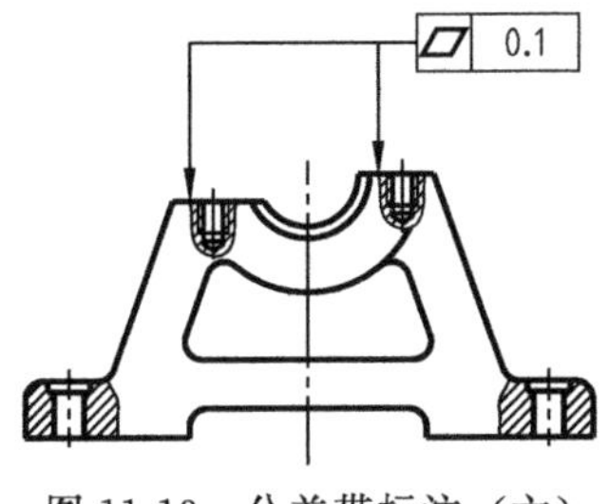

图 11-13　公差带标注（六）

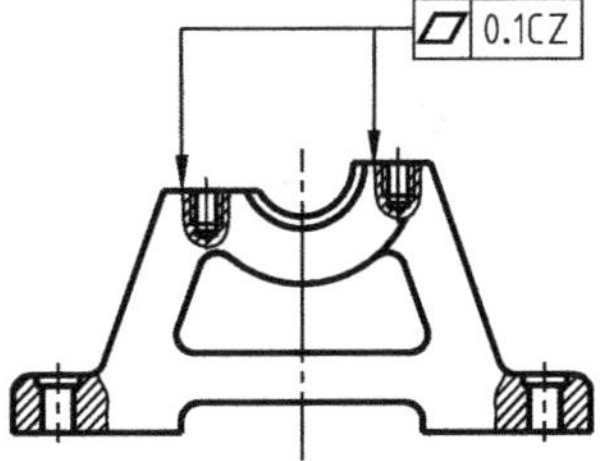

图 11-14　公差带标注（七）

11.3.5　附加标记的标注

① 如果轮廓度特征适用于横截面的整周轮廓或由该轮廓所示的整周表面时，应采用“全周”符号表示，见图 11-15 和图 11-16。“全周”符号并不包括整个工件的所有表面，只包括由轮廓和公差标注所表示的各个表面，见图 11-15 和图 11-16。

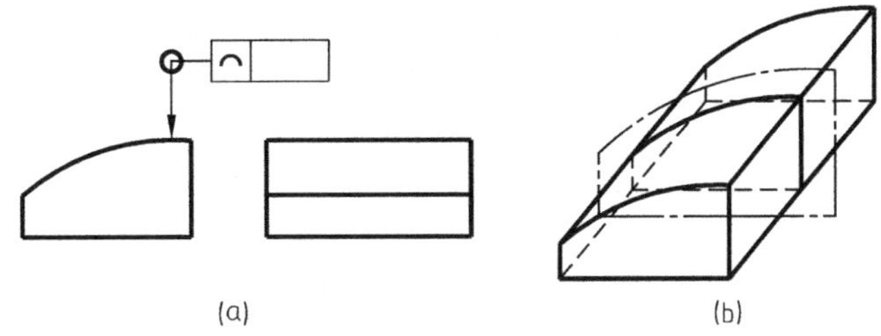

图 11-15　“全周”符号标注（一）

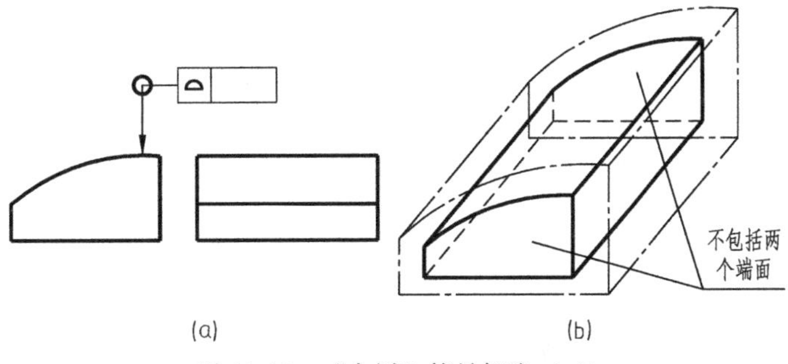

图 11-16　“全周”符号标注（二）

② 以螺纹轴线为被测要素或基准要素时，默认为螺纹中径圆柱的轴线，否则应另有说明，例如用“MD”表示大径，用“LD”表示小径，见图 11-17。以齿轮、花键轴线为被测要素或基准要素时，需要说明所指的要素，如用“PD”表示节径，用“MD”表示大径，用“LD”表示小径。

11.3.6　理论正确尺寸的标注

当给出一个或一组要素的位置、方向或轮廓度公差时，分别用来确定其理论正确位置、方向或轮廓的尺寸称为理论正确尺寸（TED）。

TED 也用于确定基准体系中各基准之间的方向、位置关系。

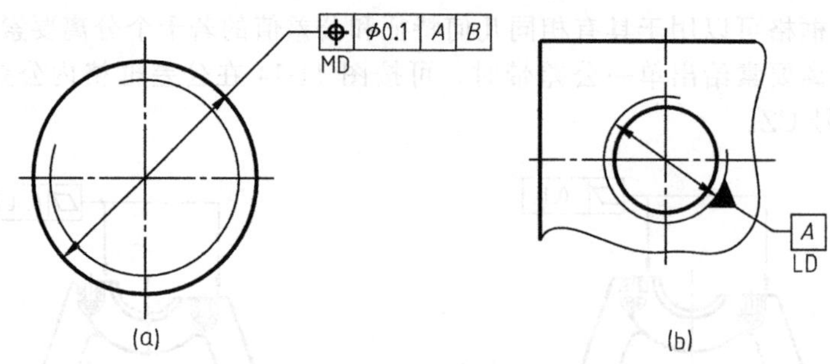

图 11-17 螺纹要素标注

TED 没有公差，并标注在一个方框中，见图 11-18。

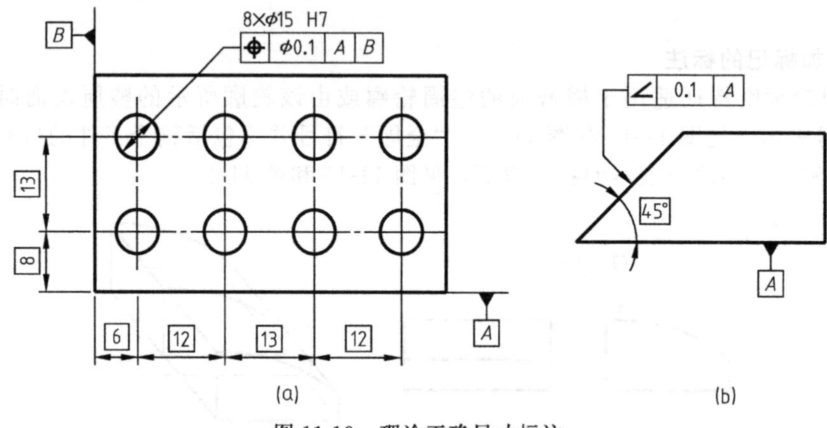

图 11-18 理论正确尺寸标注

11.3.7 限定性规定的标注

① 需要对整个被测要素上任意限定范围标注同样几何特征的公差时，可在公差值的后面加注限定范围的线性尺寸值，并在两者间用斜线隔开，见图 11-19(a)。如果标注的是两项或两项以上同样几何特征的公差，可直接在整个要素公差框格的下方放置一个公差框格，见图 11-19(b)。

② 如果给出的公差仅适用于要素的某一指定局部，应采用粗点画线示出该局部的范围，并加注尺寸，见图 11-19(c) 和 (d)。

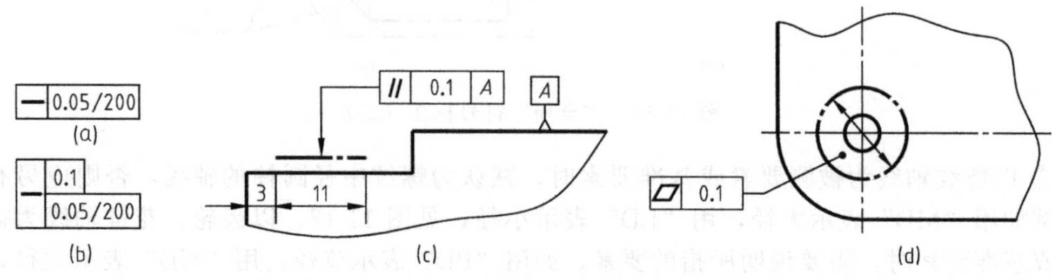

图 11-19 限定性规定的标注

11.3.8 延伸公差带用附加符号的标注

延伸公差带用规范的附加符号Ⓟ表示，见图 11-20。

11.3.9 最大实体要求的标注

最大实体要求用规范的附加符号Ⓜ表示。该附加符号可根据需要单独或者同时标注在相应的公差值或基准字母的后面，见图 11-21。

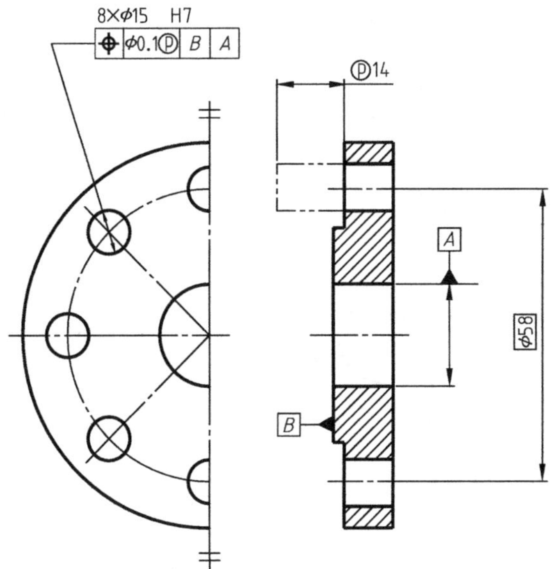

图 11-20　延伸公差带用附加符号的标注

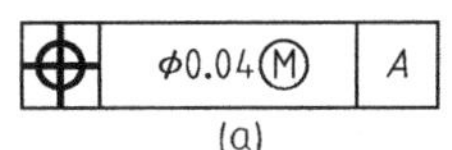

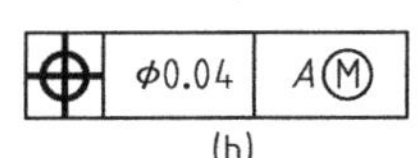

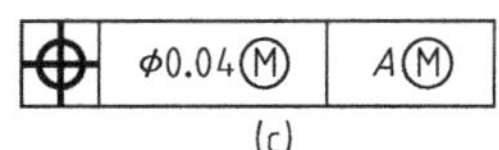

图 11-21　最大实体要求的标注

11.3.10　最小实体要求的标注

最小实体要求用规范的附加符号Ⓛ表示。该附加符号可根据需要单独或者同时标注在相应的公差值或基准字母的后面，见图 11-22。

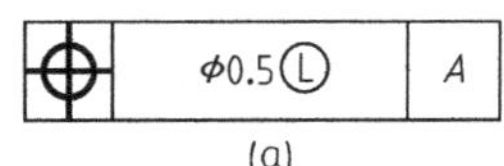

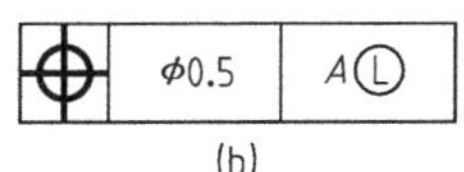

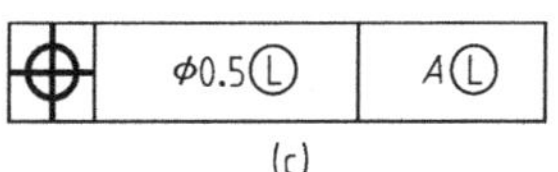

图 11-22　最小实体要求的标注

11.3.11　自由状态下要求的标注

非刚性零件自由状态下的公差要求应该用在相应公差值的后面加注规范的附加符号Ⓕ的方法表示，见图 11-23。

各附加符号Ⓟ、Ⓜ、Ⓛ、Ⓕ、CZ 可用于同一个公差框格中，见图 11-24。

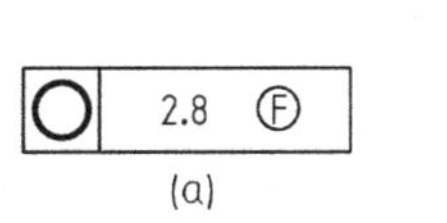

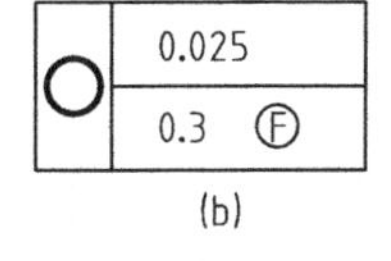

图 11-23　自由状态下要求的标注

图 11-24　多个附加符号的标注

11.4　几何公差带的定义和标注示例

几何公差带的定义和标注示例见表 11-4～表 11-8。

表 11-4 形状公差带的定义和标注示例

特征项目	功能	公差带的含义	示例
直线度	用于限制给定平面内或空间直线的形状误差	在给定平面内，公差带是距离为公差值 t 的两平行直线之间的区域 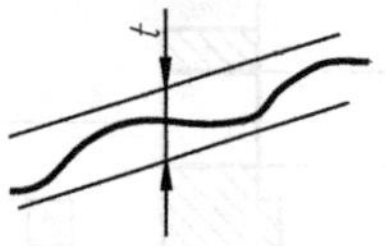	被测表面的素线必须位于平行于图样所示投影面上且距离为公差值 0.1mm 的两平行直线内 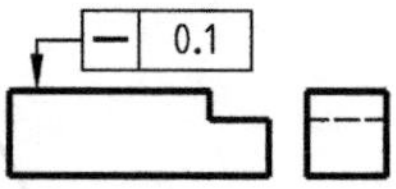
		在给定方向上，公差带是距离为公差值 t 的两平行平面之间的区域 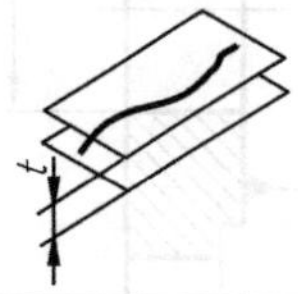	被测棱线必须位于箭头所示方向且距离为公差值 0.02mm 的两平行平面内 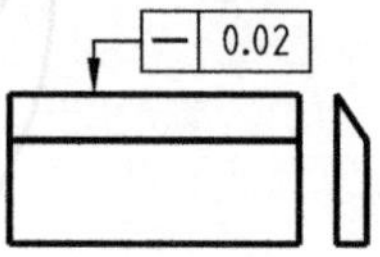
		在任意方向上，公差带是直径为公差值 t 的圆柱面内的区域 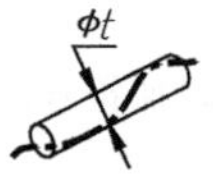	被测圆柱面的轴线必须位于直径为 ϕ0.08 的圆柱面内 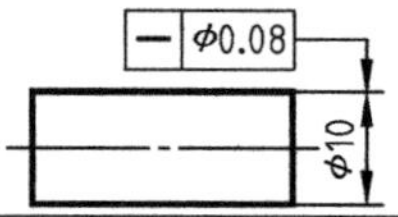
平面度	用于限制被测实际平面的形状误差	公差带是距离为公差值 t 的两平行平面之间的区域 	被测表面必须位于距离为公差值 0.08mm 的两平行平面内 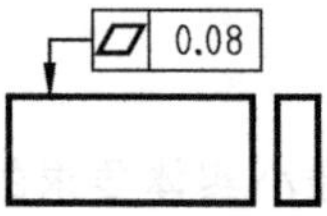
圆度	用于限制回转表面（比如圆柱面、圆锥面、球面等）的径向截面轮廓的形状误差	公差带是在同一正截面上，半径差为公差值 t 的两同心圆之间的区域 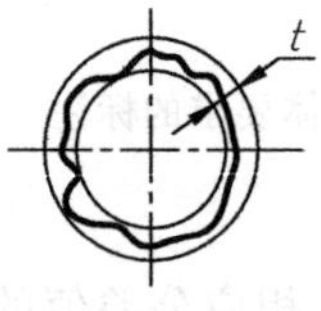	被测圆柱面任一正截面上的圆周必须位于半径差为公差值 0.03mm 的两同心圆之间 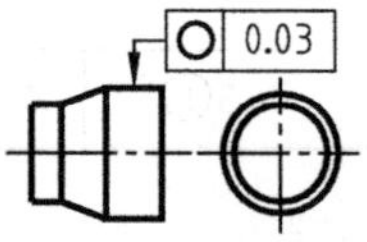
			被测圆锥面任一正截面上的圆周必须位于半径差为公差值 0.1mm 的两同心圆之间 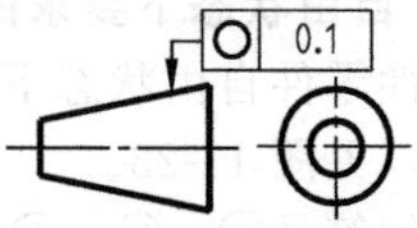
圆柱度	用于限制被测实际圆柱面的形状误差	公差带是半径差为公差值 t 的两同轴线圆柱面之间的区域 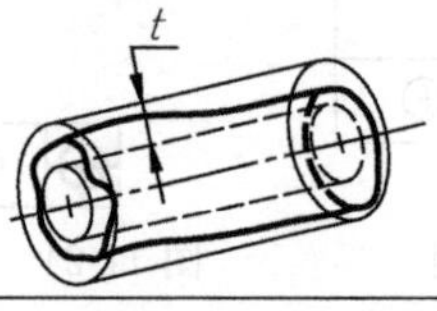	被测圆柱面必须位于半径差为公差值 0.1mm 的两同轴线圆柱面之间 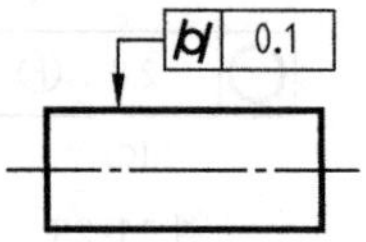
说明	形状公差带的特点： ①由于形状公差带不涉及基准，因此公差带的方位是浮动的。也就是说，形状公差带只有形状和大小的要求，而没有方位的要求。 ②直线度、平面度和圆度是单项项目，而圆柱度是综合项目，既可以衡量圆柱素线的直线度，又可以衡量轴截面的圆度，因此，当一个圆柱标注了圆柱度之后，一般情况下就不再标注圆度和直线度，如果需要标注，则后两者的数值一定要小于前者，否则没有实际意义		

表 11-5 轮廓度公差带的定义和标注示例

特征项目	功能	公差带的含义	示例
线轮廓度	用于限制平面曲线(或曲面的界面轮廓)的形状误差	公差带是包络一系列直径为公差值 t 的圆的两包络线之间的区域。这些圆的圆心位于具有理论正确几何形状的曲线上 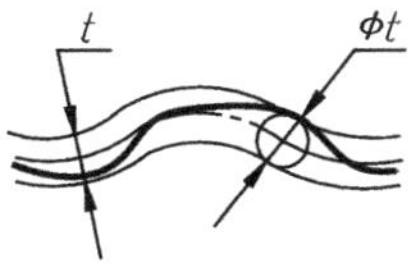 	在平行于图样所示投影面的任一截面上,被测轮廓线必须位于包络一系列直径为公差值 0.04mm 的圆且圆心位于具有理论正确几何形状的曲线上的两包络线之间。 a. 无基准要求的线轮廓度公差。 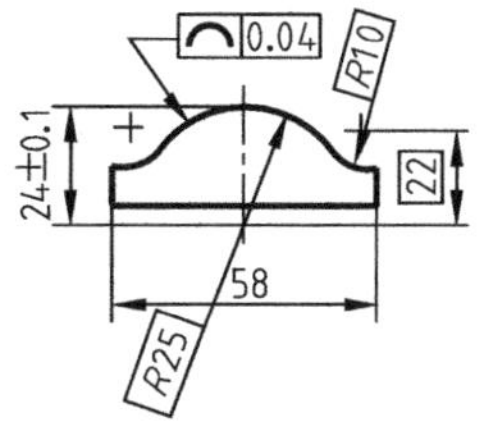 b. 有基准要求的线轮廓度公差。 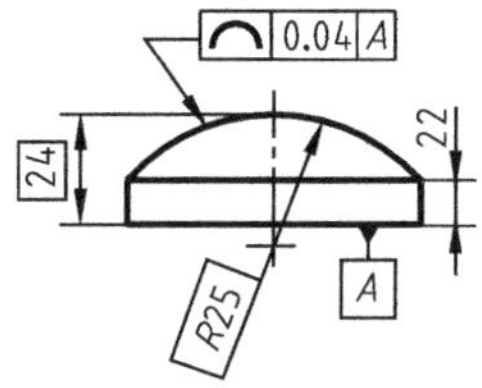
面轮廓度	用于限制一般曲面的形状误差	公差带是包络一系列直径为公差值 t 的球的两包络面之间的区域。这些球的球心位于具有理论正确几何形状的曲面上 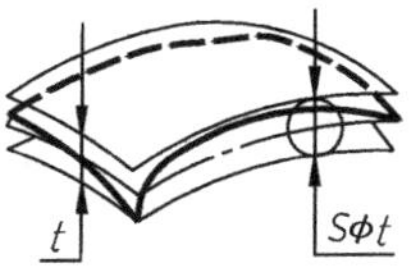 	被测轮廓面必须位于包络一系列球的两包络面之间,这些球的直径为公差值 0.02mm 且球心位于具有理论正确几何形状的曲面上 a. 无基准要求的面轮廓度公差。 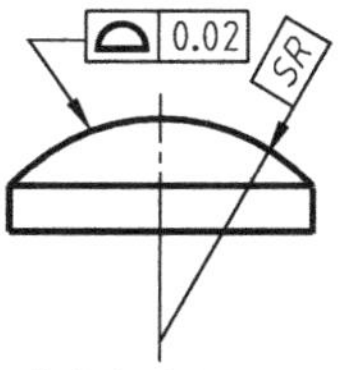 b. 有基准要求的面轮廓度公差。 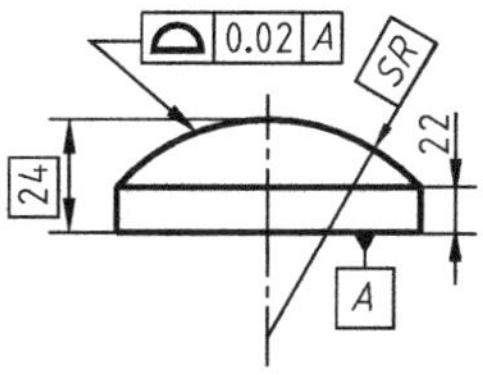
说明	轮廓度公差带的特点: 轮廓度公差带分为无基准要求的(没有基准约束的)和有基准要求的(受基准约束的)两种。前者的方位可以浮动,后者的方位是固定的。		

表 11-6 定向公差带的定义和标注示例

特征项目	功能	方位	公差带的含义	示例
平行度公差	用于限制被测要素对基准要素相平行的误差	面对面	公差带是距离为公差值 t 且平行于基准平面的两平行平面之间的区域 基准平面	被测表面必须位于距离为公差值 0.01mm 且平行于基准平面 D 的两平行平面之间 // 0.01 D D
		线对面	公差带是距离为公差值 t 且平行于基准平面的两平行平面之间的区域 基准平面	被测轴线必须位于距离为公差值 0.01mm 且平行于基准平面 B 的两平行平面之间 // 0.01 C C
		面对线	公差带是距离为公差值 t 且平行于基准直线的两平行平面之间的区域 基准平面	被测表面必须位于距离为公差值 0.1mm 且平行于基准轴线 C 的两平行平面之间 // 0.01 C C
		线对线(任意方向上)	公差带是直径为公差值 t 且平行于基准直线的圆柱面内的区域 ϕt 基准直线	被测轴线必须位于直径为公差值 ϕ0.03 且平行于基准轴线 A 的圆柱面内 ϕD_1 // ϕ0.03 A ϕD_2
垂直度公差	用于限制被测要素对基准要素相垂直的误差	面对面	公差带是距离为公差值 t 且垂直于基准平面的两平行平面之间的区域 t 基准平面	被测表面必须位于距离为公差值 0.08mm 且垂直于基准平面 A 的两平行平面之间 ⊥ 0.08 A A

续表

<table>
<tr><th>特征项目</th><th>功能</th><th>方位</th><th>公差带的含义</th><th>示例</th></tr>
<tr><td rowspan="3">垂直度公差</td><td rowspan="3">用于限制被测要素对基准要素相垂直的误差</td><td>面对线</td><td>公差带是距离为公差值 t 且垂直于基准直线的两平行平面之间的区域 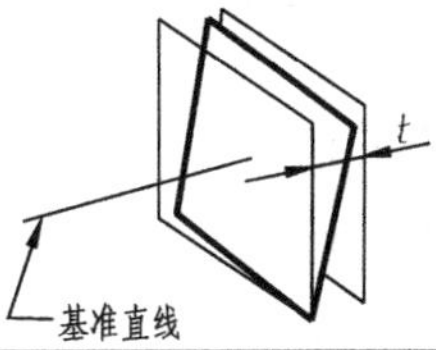
t
基准直线</td><td>被测表面必须位于距离为公差值 0.08mm 且垂直于基准轴线 A 的两平行平面之间 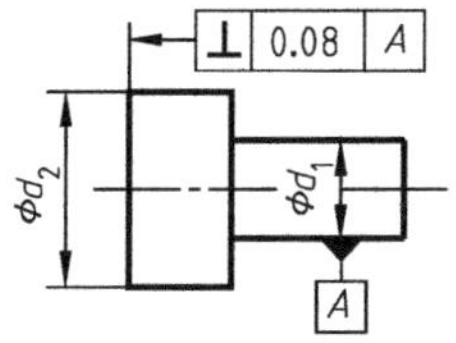
⊥ 0.08 A
ϕd_2 ϕd_1
A</td></tr>
<tr><td>线对线</td><td>公差带是距离为公差值 t 且垂直于基准直线的两平行平面之间的区域 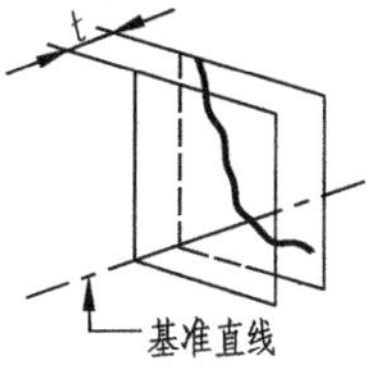
t
基准直线</td><td>被测轴线必须位于距离为公差值 0.06mm 且垂直于基准轴线 A 的两平行平面之间的区域 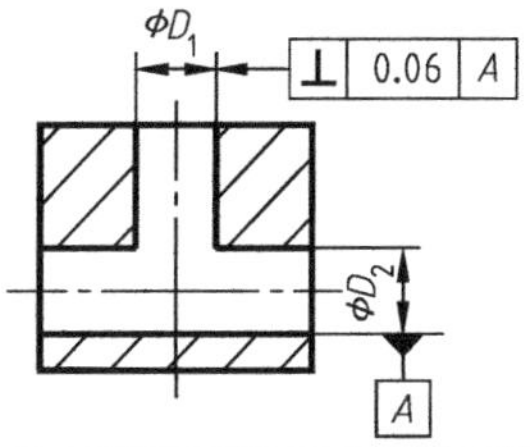
ϕD_1
⊥ 0.06 A
ϕD_2
A</td></tr>
<tr><td>线对面（任意方向上）</td><td>公差带是距离为公差值 t 且垂直于基准平面的圆柱面内的区域 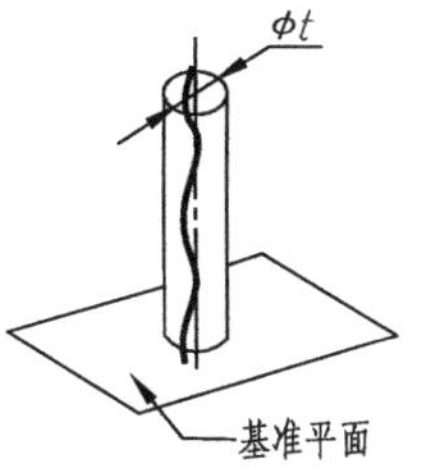
ϕt
基准平面</td><td>被测轴线必须位于直径为公差值 ϕ0.01 且垂直于基准平面 A 的圆柱面内 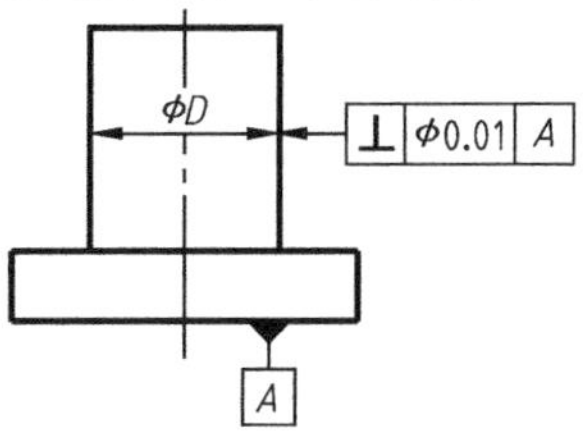
ϕD
⊥ ϕ0.01 A
A</td></tr>
<tr><td rowspan="2">倾斜度公差</td><td rowspan="2">用于限制被测要素对基准要素有夹角 α（$0° < \alpha < 90°$）的误差</td><td>面对面</td><td>公差带是距离为公差值 t 且与基准平面成一给定角度的两平行平面之间的区域 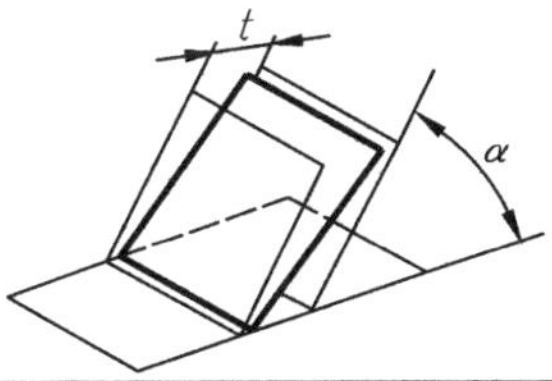
t
α</td><td>被测表面必须位于距离为公差值 0.08mm 且与基准平面 A 成理论正确角度 40°的两平行平面之间 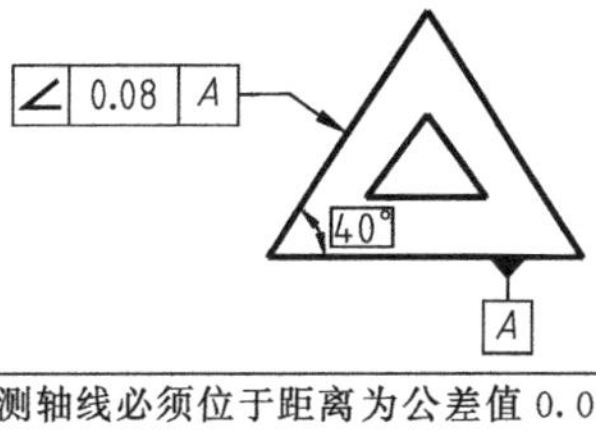
∠ 0.08 A
40°
A</td></tr>
<tr><td>线对线</td><td>公差带是距离为公差值 t 且与基准直线成一给定角度的两平行平面之间的区域 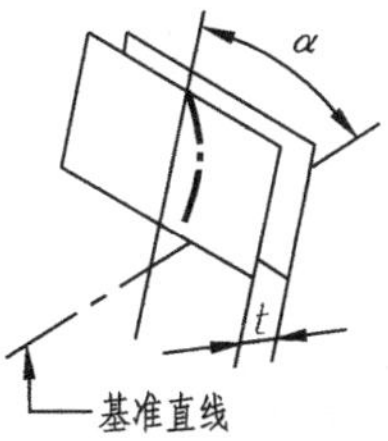
α
t
基准直线</td><td>被测轴线必须位于距离为公差值 0.08mm 且与公共基准轴线 $A-B$ 成理论正确角度 60°的两平行平面之间 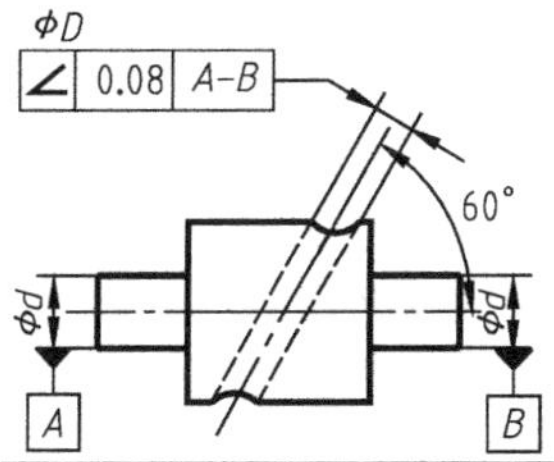
ϕD
∠ 0.08 A-B
60°
ϕd ϕd
A B</td></tr>
<tr><td>说明</td><td colspan="4">定向公差带的特点：
①定向公差带有形状和大小的要求，还有特定方向的要求。
②定向公差带能自然地把同一被测要素的形状误差控制在定向公差带范围内。因此，对某一被测要素给出定向公差后仅在对其形状精度有进一步要求时，才另行给出形状公差，而形状公差值必须小于定向公差值。</td></tr>
</table>

表 11-7 定位公差带的定义和标注示例

特征项目	功能	项目	公差带的含义	示例
同轴度公差	用于限制被测要素的轴线对基准要素的轴线的同轴位置误差	点	公差带是直径为公差值 t 且与基准圆心同心的圆内的区域 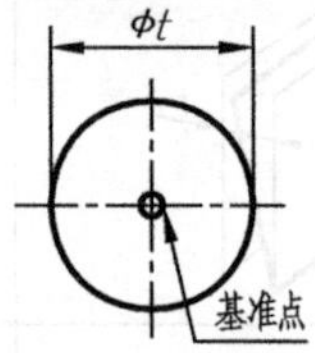 φt 基准点	外圆的圆心必须位于直径为公差值 $\phi0.01$ 且与基准圆心同心的圆内 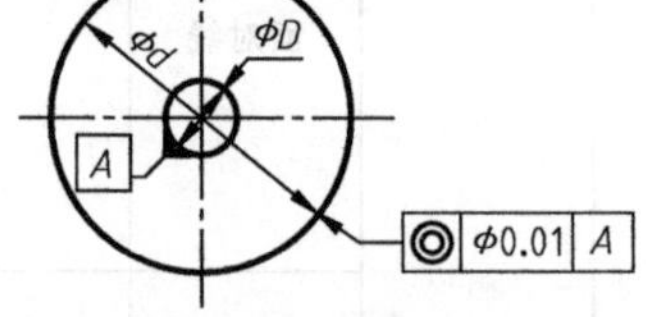 φd φD A ◎ φ0.01 A
		线	直径为公差值 t 的圆柱面内的区域，该圆柱面的轴线与基准轴线同轴线 φt 基准直线 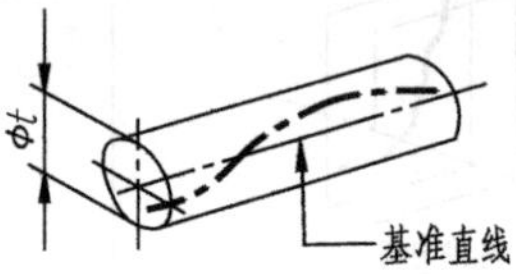	ϕd_1 圆柱面轴线必须位于直径为公差值 $\phi0.04$ 且与基准轴线 A 同轴线的圆柱面内 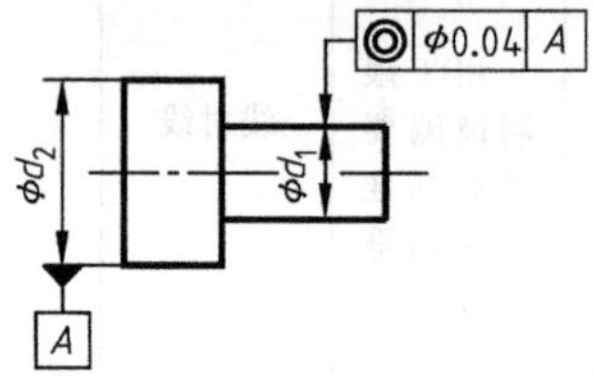 ◎ φ0.04 A φd₂ φd₁ A
对称度公差	用于限制被测要素中心线（或中心平面）对基准要素中心线（或中心平面）的共线性（或共面性）的误差	面对面	公差带是距离为公差值 t 且相对于基准中心平面对称配置的两平行平面之间的区域 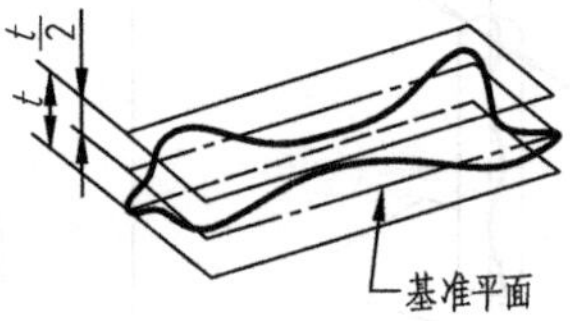 t/2 t 基准平面	被测中心平面必须位于距离为公差值 0.08mm 且相对于公共基准中心平面 $A-B$ 对称配置的两平行平面之间 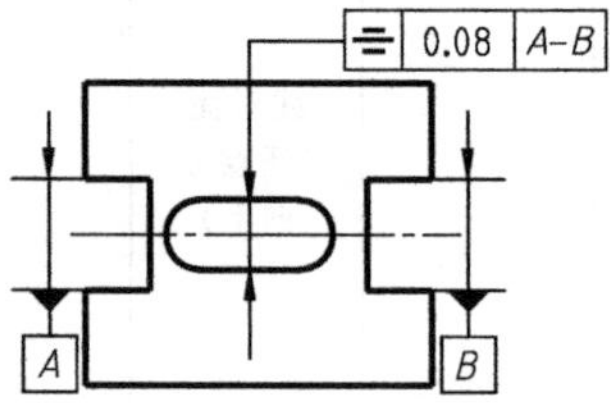 ≡ 0.08 A-B A B
		面对线	公差带是距离为公差值 t 且相对于基准轴线对称配置的两平行平面之间的区域 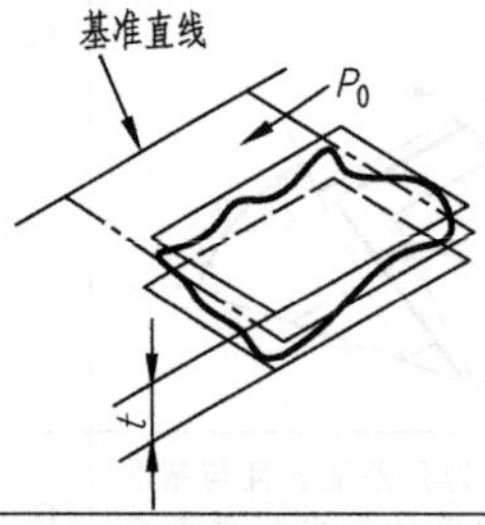 基准直线 P_0 t	宽度为 b 的键槽的中心平面必须位于距离为 0.05mm，且相对于基准轴线 B（通过基准轴线 B 的理想平面 P_o）对称配置的两平行平面之间 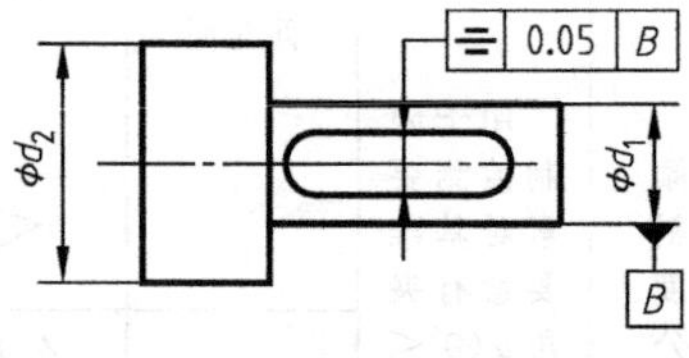 ≡ 0.05 B φd₂ φd₁ B
位置度公差	用于限制被测点、线、面的实际位置对其理想位置的变动	点	公差带是直径为公差值 t 且以点的理想位置为中心点的圆或球内的区域。该中心点的位置由基准和理论正确尺寸确定 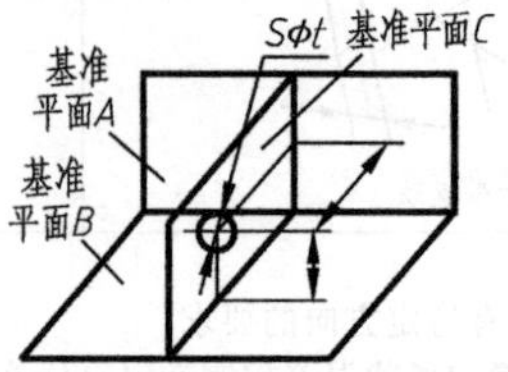 Sφt 基准平面C 基准平面A 基准平面B	被测球的球心必须位于直径为公差值 0.3mm 的球内。这 $S\phi0.3$ 球的球心位于由基准平面 A、B、C 和理论正确尺寸 30、25 确定的理想位置上 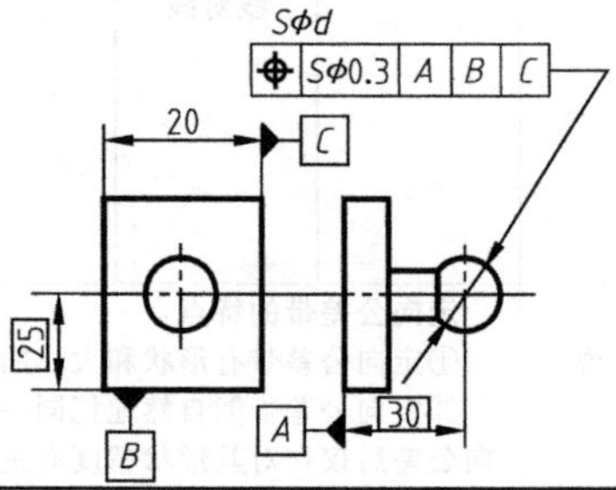 Sφd ⌖ Sφ0.3 A B C 20 C 25 30 A B

续表

特征项目	功能	项目	公差带的含义	示例
位置度公差	用于限制被测点、线、面的实际位置对其理想位置的变动	线	公差带是直径为公差值 t 且以线的理想位置为轴线的圆柱面内的区域。公差带轴线(中心)的位置由基准和理论正确尺寸确定 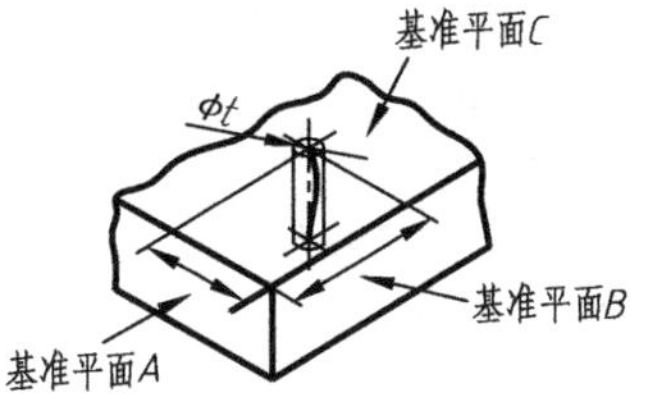 基准平面C ϕt 基准平面B 基准平面A	ϕD 被测孔的轴线必须位于直径为公差值 $\phi0.08$，由三基面体系 C、A、B 和相对于基准平面 A、B 的理论正确尺寸 100、68 所确定的理想位置为轴线的圆柱面内 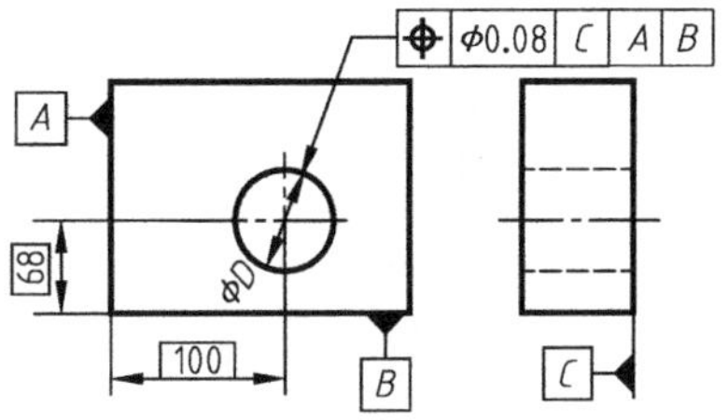 ⌖ φ0.08 C A B A 68 φD 100 B C
		面	公差带是距离为公差值 t 且以面的理想位置为中心对称配置的两平行平面之间的区域。公差带中心的位置由基准和理论正确尺寸确定 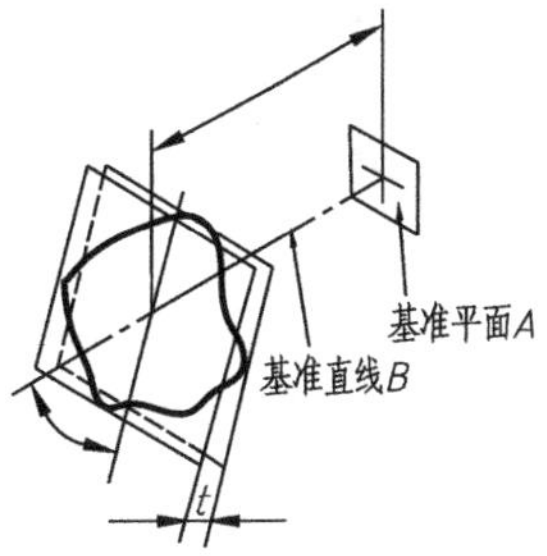 基准平面A 基准直线B t	被测表面必须位于距离为公差值 0.05mm，由基准轴线 B、基准平面 A 和相对于它们的理论正确尺寸 105°、15 确定的理想位置为中心对称配置的两平行平面之间 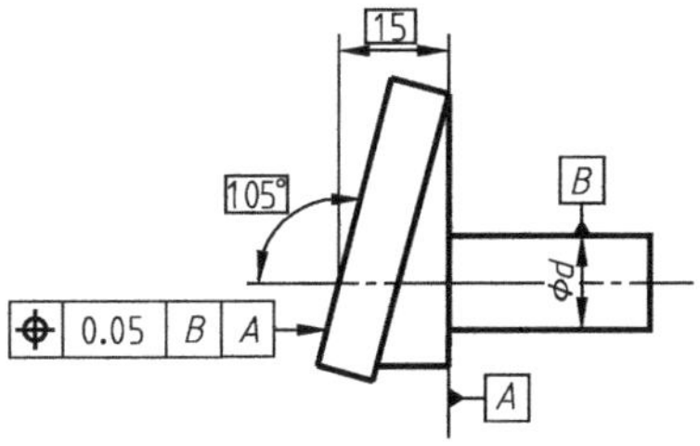 15 105° B φd ⌖ 0.05 B A A
说明	定位公差带的特点： ①定位公差带不仅有形状和大小的要求，而且相对于基准的定位尺寸为理论正确尺寸，因此还有特定方位的要求； ②定位公差带能自然地把同一被测要素的形状误差和定向误差控制在定位公差带范围内； ③对某一被测要素给出定位公差后，仅在对其定位精度或(和)形状精度有进一步要求时，才另行给出定向公差或(和)形状公差，而定向公差值必须小于定位公差值，形状公差值必须小于定向公差值			

表 11-8 跳动公差带的定义和标注示例

特征项目	含义	项目	公差带的含义	示例
圆跳动公差	是指被测实际要素绕基准轴线作无轴向移动回转一周时，由固定的指示表在给定方向上测得的最大和最小读数之差。圆跳动是以上测量所允许的最大跳动量	径向圆跳动	公差带是在垂直于基准轴线的任意测量平面内，半径差为公差值 t 且圆心在基准轴线上的两同心圆之间的区域 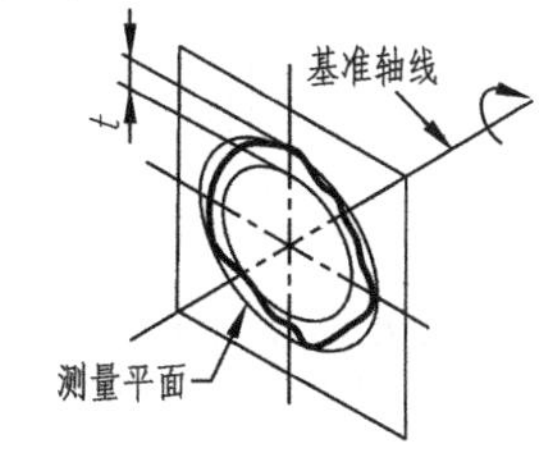 t 基准轴线 测量平面	当被测圆柱面绕基准轴线 A 旋转一转时，在任意测量平面内的径向圆跳动均不得大于 0.1mm 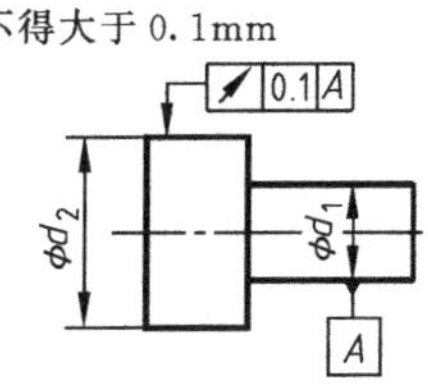 ↗ 0.1 A ϕd_2 ϕd_1 A

续表

特征项目	含义	项目	公差带的含义	示例
圆跳动公差	是指被测实际要素绕基准轴线作无轴向移动回转一周时，由固定的指示表在给定方向上测得的最大和最小读数之差。圆跳动是以上测量所允许的最大跳动量	端面圆跳动	公差带是在与基准轴线同轴线的任一半径位置的测量圆柱面上宽度为公差值 t 的两个圆之间的区域 基准轴线 t 测量圆柱面	被测圆端面绕基准轴线 D 旋转一转时，在任一测量圆柱面上的轴向跳动均不得大于 0.1mm 0.1 D ϕd_2 ϕd_1 D
		斜向圆跳动	公差带是在与基准轴线同轴线的任一测量圆锥面上宽度为公差值 t 的一段圆锥面区域。除另有规定，测量方向应垂直于被测表面 t 测量圆锥面 基准轴线	被测圆锥面绕基准轴线 C 旋转一转时，在任一测量圆锥面上的跳动均不得大于 0.1mm 0.1 C ϕd_1 C
全跳动公差	是指被测实际要素绕基准轴线作无轴向移动连续多轴旋转，同时指示表作平行或垂直于基准轴线的直线移动时，在整个表面上所允许的最大跳动量	径向全跳动	公差带是半径差为公差值 t 且与基准轴线同轴线的两圆柱面之间的区域 基准轴线 t	被测圆柱面绕公共基准轴线 $A-B$ 连续旋转，指示表与工件在平行于该公共基准轴线的方向作轴向相对直线运动时，被测圆柱面上各点的示值中最大值与最小值的差值不得大于 0.1mm 0.1 A−B ϕd ϕd A B
		端面全跳动	公差带是距离为公差值 t 且与基准轴线垂直的两平行平面之间的区域 基准轴线 t	被测圆端面绕基准轴线 D 连续旋转，指示表与工件在垂直于该基准轴线的方向作径向相对直线运动时，被测圆端面上各点的示值中最大值与最小值的差值不得大于 0.1mm 0.1 D ϕd_2 ϕd_1 D
说明	跳动公差带的特点： ①跳动公差带有形状和大小的要求，还有方位的要求，即公差带相对于基准轴线有确定的方位； ②跳动公差带能综合控制同一被测要素的方位和形状误差； ③采用跳动公差时，若综合控制被测要素不能满足功能要求，则可进一步给出相应的形状公差(其数值应小于跳动公差值)。			

11.5 附录几何公差值

11.5.1 未注公差值及其图样表示法

（1）未注公差值

① 直线度和平面度。直线度和平面度的未注公差值见表 11-9。在表中选择公差时，对于直线度应按其相应线的长度选择，对于平面度应按其表面的较长一侧或圆表面的直径选择。H、K、L 为未注公差的三个等级。

表 11-9 直线度和平面度的未注公差值 mm

公差等级	基本长度范围					
	≤10	>10～30	>30～100	>100～300	>300～1000	>1000～3000
H	0.02	0.05	0.1	0.2	0.3	0.4
K	0.05	0.1	0.2	0.4	0.6	0.8
L	0.1	0.2	0.4	0.8	1.2	1.6

② 圆度。圆度的未注公差值等于标准的直径公差值，但不能大于表 11-12 中的径向跳动值。因为圆度误差会直接反映到径向圆跳动值中去，而径向圆跳动值则是形状和位置误差的综合反应。

③ 圆柱度。圆柱度误差由圆度、轴线直线度、素线直线度和素线平行度等误差组成。其中每一项误差均由它们的注出公差和未注出公差控制。

如因功能要求，圆柱度需要小于圆度、轴线直线度、素线直线度和素线平行度的综合反映值，应在图样中用框格注出。

圆柱形零件遵守包容要求时，则圆柱度误差受其最大实体边界的控制。

④ 平行度。平行度未注公差值等于给出的尺寸公差值，或是在直线度和平面度未注公差值中的相应公差值取较大者。应取两要素中的较长者作为基准，若两要素的长度相等则可选任一要素为基准。

⑤ 垂直度。表 11-10 给出了垂直度的未注公差值，取形成直角的两边中较长的一边作为基准，较短的一边作为被测要素；若两边的长度相等则可取其中任意一边作为基准。

表 11-10 垂直度未注公差值 mm

公差等级	基本长度范围			
	≤100	>100～300	>300～1000	>1000～3000
H	0.2	0.3	0.4	0.5
K	0.4	0.6	0.8	1
L	0.6	1	1.5	2

⑥ 对称度。表 11-11 给出了对称度的未注公差值。应取两要素中较长者作为基准，较短者作为被测要素。

表 11-11 对称度未注公差值 mm

<table>
<tr><th rowspan="2">公差等级</th><th colspan="4">基本长度范围</th></tr>
<tr><th>≤100</th><th>>100～300</th><th>>300～1000</th><th>>1000～3000</th></tr>
<tr><td>H</td><td colspan="4">0.5</td></tr>
<tr><td>K</td><td colspan="2">0.6</td><td>0.8</td><td>1</td></tr>
<tr><td>L</td><td>0.6</td><td>1</td><td>1.5</td><td>2</td></tr>
</table>

⑦ 同轴度。同轴度误差会直接反映到径向圆跳动误差值中。但径向圆跳动误差值除包括同轴度误差外，还包括圆度误差。因此，在极限情况下，同轴度的误差可取表 11-12 中径向圆跳动值。

⑧ 圆跳动。表 11-12 给出了圆跳动的未注公差值。圆跳动包括径向、断面和斜向跳动。对于圆跳动的未注公差值，应以设计或工艺给出的支撑面作为基准，否则应取两要素中较长的一个作为基准。

表 11-12 圆跳动的未注公差值 mm

公差等级	圆跳动公差值	公差等级	圆跳动公差值	公差等级	圆跳动公差值
H	0.1	K	0.2	L	0.5

(2) 未注公差的图样表示法

若采用标准规定的未注公差值，应在标题栏附近或在技术要求、技术文件中注出标准号及公差等级代号：

GB/T 1184—H；GB/T 1184—K；GB/T 1184—L。

11.5.2 附录几何公差注出公差值数系表

几何公差注出公差值数系见表 11-13～表 11-17。

表 11-13 直线度、平面度公差值数系

主参数 L/mm	公差等级											
	1	2	3	4	5	6	7	8	9	10	11	12
	公差值/μm											
≤10	0.2	0.4	0.8	1.2	2	3	5	8	12	20	30	60
>10～16	0.25	0.5	1	1.5	2.5	4	6	10	15	25	40	80
>16～25	0.3	0.6	1.2	2	3	5	8	12	20	30	50	100
>25～40	0.4	0.8	1.5	2.5	4	6	10	15	25	40	60	120
>40～63	0.5	1	2	3	5	8	12	20	30	50	80	150
>63～100	0.6	1.2	2.5	4	6	10	15	25	40	60	100	200
>100～160	0.8	1.5	3	5	8	12	20	30	50	80	120	250
>160～250	1	2	4	6	10	15	25	40	60	100	150	300
>250～400	1.2	2.5	5	8	12	20	30	50	80	120	200	400
>400～630	1.5	3	6	10	15	25	40	60	100	150	250	500
>630～1000	2	4	8	12	20	30	50	80	120	200	300	600
>1000～1600	2.5	5	10	15	25	40	60	100	150	250	400	800
>1600～2500	3	6	12	20	30	50	80	120	200	300	500	1000
>2500～4000	4	8	15	25	40	60	100	150	250	400	600	1200
>4000～6300	5	10	20	30	50	80	120	200	300	500	800	1500
>6300～10000	6	12	25	40	60	100	150	250	400	600	1000	2000

表 11-14 圆度、圆柱度公差值数系

主参数 $d(D)$/mm	公差等级												
	0	1	2	3	4	5	6	7	8	9	10	11	12
	公差值/μm												
≤3	0.1	0.2	0.3	0.5	0.8	1.2	2	3	4	6	10	14	25
>3～6	0.1	0.2	0.4	0.6	1	1.5	2.5	4	5	8	12	18	30
>6～10	0.12	0.25	0.4	0.6	1	1.5	2.5	4	6	9	15	22	36
>10～18	0.15	0.25	0.5	0.8	1.2	2	3	5	8	11	18	27	43
>18～30	0.2	0.3	0.6	1	1.5	2.5	4	6	9	13	21	33	52
>30～50	0.25	0.4	0.6	1	1.5	2.5	4	7	11	16	25	39	62
>50～80	0.3	0.5	0.8	1.2	2	3	5	8	13	19	30	46	74
>80～120	0.4	0.6	1	1.5	2.5	4	6	10	15	22	35	54	87
>120～180	0.6	1	1.2	2	3.5	5	8	12	18	25	40	63	100
>180～250	0.8	1.2	2	3	4.5	7	10	14	20	29	46	72	115
>250～315	1.0	1.6	2.5	4	6	8	12	16	23	32	52	81	130
>315～400	1.2	2	3	5	7	9	13	18	25	36	57	89	140
>400～500	1.5	2.5	4	6	8	10	15	20	27	40	63	97	155

表 11-15　平行度、垂直度、倾斜度公差值数系

主参数 L,$d(D)$/mm	公差等级											
	1	2	3	4	5	6	7	8	9	10	11	12
	公差值/μm											
≤10	0.4	0.8	1.5	3	5	8	12	20	30	50	80	120
>10～16	0.5	1	2	4	6	10	15	25	40	60	100	150
>16～25	0.6	1.2	2.5	5	8	12	20	30	50	80	120	200
>25～40	0.8	1.5	3	6	10	15	25	40	60	100	150	250
>40～63	1	2	4	8	12	20	30	50	80	120	200	300
>63～100	1.2	2.5	5	10	15	25	40	60	100	150	250	400
>100～160	1.5	3	6	12	20	30	50	80	120	200	300	500
>160～250	2	4	8	15	25	40	60	100	150	250	400	600
>250～400	2.5	5	10	20	30	50	80	120	200	300	500	800
>400～630	3	6	12	25	40	60	100	150	250	400	600	1000
>630～1000	4	8	15	30	50	80	120	200	300	500	800	1200
>1000～1600	5	10	20	40	60	100	150	250	400	600	1000	1500
>1600～2500	6	12	25	50	80	120	200	300	500	800	1200	2000
>2500～4000	8	15	30	60	100	150	250	400	600	1000	1500	2500
>4000～6300	10	20	40	80	120	200	300	500	800	1200	2000	3000
>6300～10000	12	25	50	100	150	250	400	600	1000	1500	2500	4000

表 11-16　同轴度、对称度、圆跳动、全跳动公差值数系

主参数 $d(D)$,B,L/mm	公差等级											
	1	2	3	4	5	6	7	8	9	10	11	12
	公差值/μm											
≤1	0.4	0.6	1.0	1.5	2.5	4	6	10	15	25	40	60
>1～3	0.4	0.6	1.0	1.5	2.5	4	6	10	20	40	60	120
>3～6	0.5	0.8	1.2	2	3	5	8	12	25	50	80	150
>6～10	0.6	1	1.5	2.5	4	6	10	15	30	60	100	200
>10～18	0.8	1.2	2	3	5	8	12	20	40	80	120	250
>18～30	1	1.5	2.5	4	6	10	15	25	50	100	150	300
>30～50	1.2	2	3	5	8	12	20	30	60	120	200	400
>50～120	1.5	2.5	4	6	10	15	25	40	80	150	250	500
>120～250	2	3	5	8	12	20	30	50	100	200	300	600
>250～500	2.5	4	6	10	15	25	40	60	120	250	400	800
>500～800	3	5	8	12	20	30	50	80	150	300	500	1000
>800～1250	4	6	10	15	25	40	60	100	200	400	600	1200
>1250～2000	5	8	12	20	30	50	80	120	250	500	800	1500
>2000～3150	6	10	15	25	40	60	100	150	300	600	1000	2000
>3150～5000	8	12	20	30	50	80	120	200	400	800	1200	2500
>5000～8000	10	15	25	40	60	100	150	250	500	1000	1500	3000
>8000～10000	12	20	30	50	80	120	200	300	600	1200	2000	4000

表 11-17　位置度公差值数系　　μm

1	1.2	1.5	2	2.5	3	4	5	6	8
1×10^n	1.2×10^n	1.5×10^n	2×10^n	2.5×10^n	3×10^n	4×10^n	5×10^n	6×10^n	8×10^n

注：n 为正整数。

第 12 章 总图、外形图、布置图、装配图、零件图

JB/T 5054.2—2000《产品图样及设计文件 图样的基本要求》规定了机械工业产品图样的基本要求，本章部分内容参考了该标准。

12.1 总图

表达产品轮廓或成套设备各组成部分安装位置的图样称为总图。总图主要用来表达产品的轮廓和各组成部分的位置关系，不需要深入地表达产品各组成部分的连接和装配关系。

12.1.1 总图的内容及其要求

（1）一组视图

用图样画法和装配图画法等规定的表达方法表达：产品的轮廓；产品各组成的轮廓及其相对位置；成套设备组成部分的安装位置；机构运动部件的极限位置；操作机构的手柄、旋钮、指示装置等。

（2）几类尺寸

产品或成套设备的基本特性类别、主要参数及规格型号尺寸；产品的外形尺寸；产品的安装尺寸（无安装图时）；成套设备安装位置的尺寸。

（3）技术要求

技术要求的内容应符合有关标准要求，简明扼要，通俗易懂，一般包括对产品设备总成部件的规格性能、技术指标、加工质量的要求，以及对设计、工艺、生产、试验、检验、操作、使用、维修等方面的特殊要求。技术要求中引用各类标准、规范、专业技术条件以及试验方法与验收规则等文件时，应注明引用文件的编号和名称。在不致引起辨认困难时，允许只标注编号。技术要求中列举明细栏设备总成部件时，允许只写序号或图样代号。

（4）序号和明细栏

按照相关标准要求编注设备总成部件序号，填写明细栏。

（5）标题栏

按照相关标准要求填写标题栏。

12.1.2 总图画法实例

【例 12-1】 5m 测高仪总图。

以图 12-1 所示 5m 测高仪总图为例分析总图的画法。

（1）用一个视图表达了测高仪

该表达方案清晰表达了产品的轮廓、五大组成部分的安装位置以及升降杆升降、三脚架展开撤收、电源连接等位置，还表达了电源的操作说明。

（2）尺寸标注

标注了撤收展开的长宽尺寸为 200mm～800mm，工作高度的极限尺寸为 1000mm～1400mm。

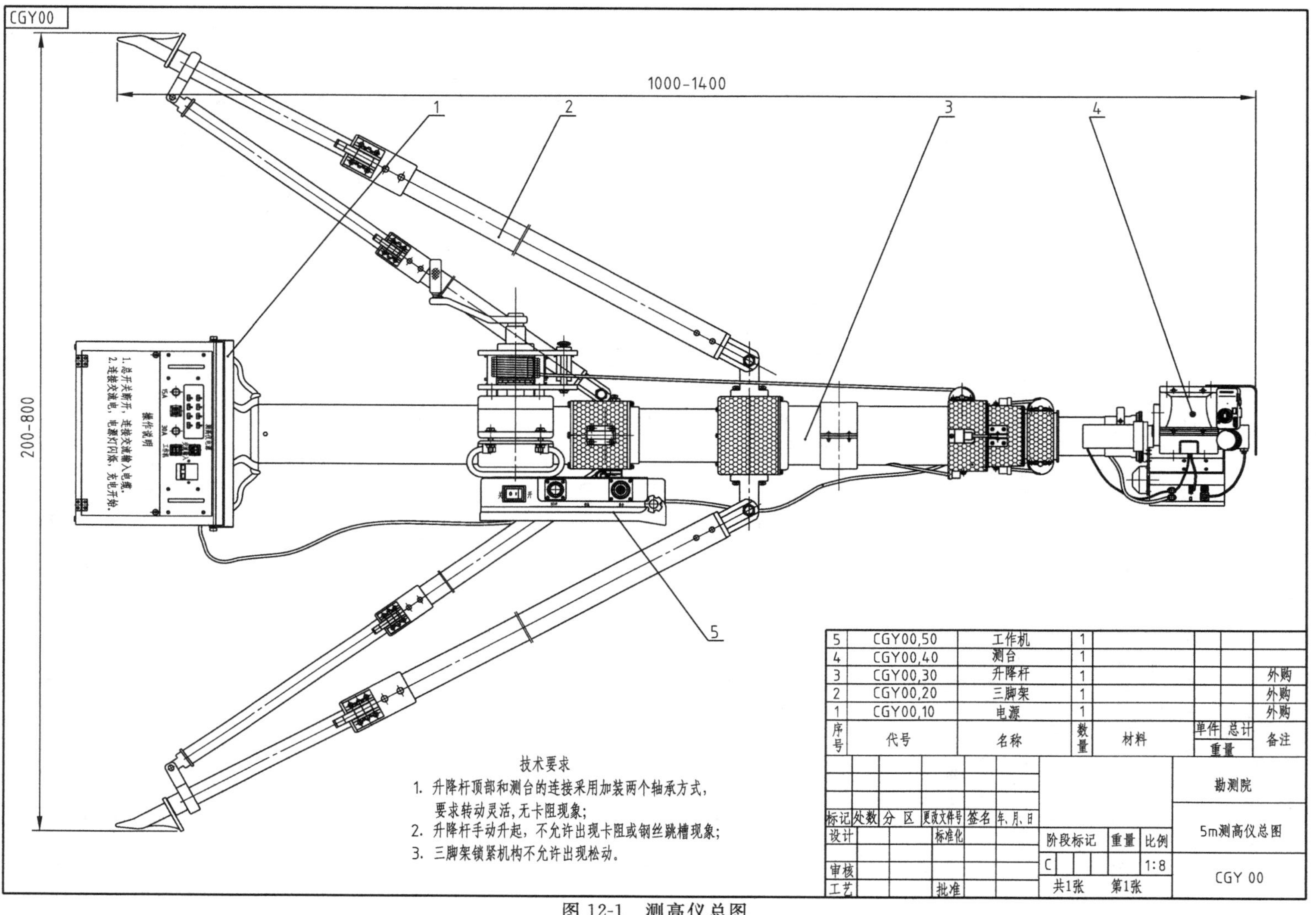
CGY00
1000-1400
200-800
1
2
3
4
5
操作说明
1.总开关断开，连接交流输入电缆。
2.连接交流电，电源灯闪烁，充电开始。
15A
30A
5 CGY00,50 工作机 1
4 CGY00,40 测台 1
3 CGY00,30 升降杆 1 外购
2 CGY00,20 三脚架 1 外购
1 CGY00,10 电源 1 外购
序号 代号 名称 数量 材料 单件 总计 重量 备注
标记 处数 分区 更改文件号 签名 年、月、日
设计 标准化 阶段标记 重量 比例
C 1:8
审核
工艺 批准 共1张 第1张
勘测院
5m测高仪总图
CGY 00
技术要求
1. 升降杆顶部和测台的连接采用加装两个轴承方式，要求转动灵活，无卡阻现象；
2. 升降杆手动升起，不允许出现卡阻或钢丝跳槽现象；
3. 三脚架锁紧机构不允许出现松动。

图 12-1　测高仪总图

(3) 技术要求

对升降杆顶部和测台的连接方式和转动、升降杆手动升起、三脚架锁紧机构等重要部位提出了明确的技术要求。在电源仪表盘上，不仅注明了电源的操作要求，而且标明了输出电流分别为15A和30A。

(4) 明细栏填写

测高仪是由5个总成部件组成，包括测台、工作机2个自制件和电源、三脚架、升降杆3个外购件，其核心部件是自行研发的。因图样是方案设计图样，外购件未注明规格型号。如果是指导量产的工作图样，应注明外购件的规格型号，有时还要求注明生产厂家，以固化产品的技术形式。

(5) 标题栏填写

名称为5m测高仪。总图是该套图样的第一张图样，因此图样编号为CGY00。总图是方案设计阶段图样，因此在图样阶段标记处填写C。比例为1∶8。

总之，在绘制总图时，应按照总图的绘制要求，将表达的全部内容表达清楚，尤其是重要部位或重要内容不得遗漏。

12.1.3 总图识读实例

【例12-2】 工程车总图。

不同类型产品总图的具体内容不尽相同，读图也有相应的侧重点。但识读总图有其通用的方法和步骤，如同读装配图，从标题栏和明细栏读起，再读表达方案、尺寸和技术要求。下面以图12-2工程车总图为例，介绍识读总图的方法和步骤。该工程车主要用于推、挖、钻、破碎以及高空作业等工程抢修。

(1) 识读标题栏

图样名称为工程车。在图样类别中已注明总图，而不是装配图和外形图，所以在识读时，应按照总图的表达内容去识读，比如有些装配关系在总图中是不需要表达的，那么在总图中想要读懂这些内容是徒劳的。图样编号为GC00，说明该总图是本套图样的首张图样。图样阶段标记为C，是工程设计阶段的图样，属于设计图样，是不能用于指导生产加工的，只有工作图样才能指导生产加工。比例为1∶20，生产出来的工程车大小是视图大小的20倍。

(2) 识读明细栏

工程车包括11个自制系统总成和4个外购总成。外购总成的图样是单独编号的，与自制系统总成以示区别，这也是一种图样编号的方法。

(3) 识读视图

表达方案包括4个视图和1组简图。4个视图表达了工程车轮廓形状、基本工作原理，15个系统总成基本结构形状及其相对位置关系。1组简图配以数据表达了起升高度与工作幅度之间的关系，这组数据是一组重要的工作状态数据，用于指导工程车的操作使用。

(4) 识读尺寸

收拢后长、宽、高的尺寸分别是11000mm、2569mm、3500mm。展开后最大高度为12000mm。另外，在简图中以坐标的形式，注明了工作斗位于各角度的工作幅度和起升高度。该车的接近角21°、离去角18°，说明该车的通过性一般。

(5) 识读技术要求

工程车是特种车辆，技术要求的内容应符合特种车辆设计的相关规定。该车技术要求包括三个部分：技术性能指标、配置要求和起重性能参数。

技术性能指标包括最大举升高度、最大起重力矩、最大钻坑深度、卷盘极限规格尺寸、整车性能要求、整车通用技术条件要求、乘员数量、最高车速等。这些要求既是设计生产的依据，也是出厂验收的依据。

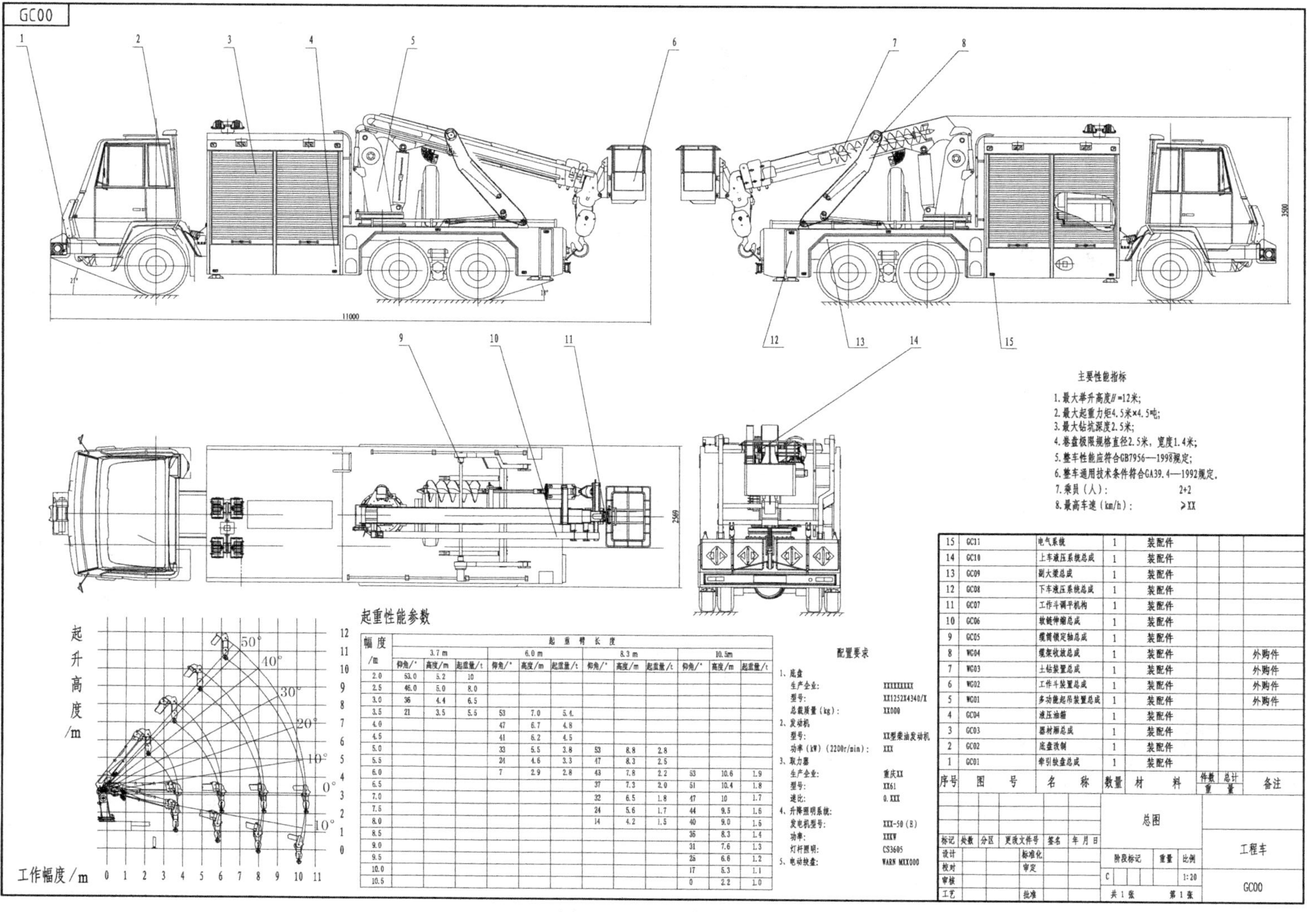

图 12-2　工程车总图

配置要求包括底盘的生产企业、型号和总载质量，发动机的型号和功率，取力器生产企业、型号和速比，升降照明系统发动机型号、功率和灯杆照明型号，电动绞盘的型号。

起重性能参数。以表格的形式注明了起重性能参数，包括不同幅度和起重臂长度对应的仰角、高度和起重重量。这组数据极其重要，在该车操作过程中不能超限使用。

12.2 外形图

12.2.1 外形图的内容及其要求

外形图主要表达产品的外形轮廓和成套设备各设备的外形轮廓。外形图与总图相比较，两者的共同点是都要表达产品的外形轮廓，不同点是外形图还要表达产品的主要组成部分的轮廓，总图则还要表达产品各大组成部分的轮廓。外形图的具体内容及其要求如下。

（1）一组视图

用图样画法和装配图画法等规定的表达方法表达：产品的轮廓；主要设备总成部件的轮廓；成套设备各设备安装位置；机构运动部件的极限位置；操作机构的手柄、旋钮、指示装置等。

（2）几类尺寸

产品或成套设备规格型号尺寸，产品的外形尺寸，成套设备正确安装位置的尺寸。

（3）技术要求

技术要求的内容应符合有关标准要求，简明扼要，通俗易懂，一般包括下列内容：对产品设备总成部件的性能和质量的要求，如噪声、抗震性、自动、制动及安全等；试验条件和方法；对校准、调整及密封的要求；其他说明。

技术要求中引用各类标准、规范、专业技术条件以及试验方法与验收规则等文件时，应注明引用文件的编号和名称。在不致引起辨认困难时，允许只标注编号。技术要求中列举明细栏设备、总成和部件时，允许只写序号或图样代号。

（4）序号和明细栏

按照相关标准要求编注设备总成部件序号，填写明细栏。

（5）标题栏

按照相关标准要求填写标题栏。

12.2.2 外形图画法实例

【例 12-3】 篷车外形图。

以图 12-3 所示篷车外形图为例分析外形图的画法。

（1）视图

用 2 个视图表达了篷车展开后工作状态的轮廓、7 大总成相对位置，这个表达方案符合外形图要求。

（2）尺寸标注

展开后总体尺寸长、宽、高分别是 5000mm、4400mm、2000mm。必须标注的性能尺寸包括接近角 30°、离去角 32°、离地间隙 265mm、轮距 2000mm。需要说明的重要尺寸包括两支撑距离 1800mm、轮轴到牵引环之间距离 2600mm。

（3）技术要求

篷车是龙骨结构，而且内部线缆多，工艺质量十分重要，因此提出了有针对性的技术要求：一是台面及各侧外蒙皮平面度误差不大于 1mm，台面及各侧面对角线差不大于 2mm；二是各门缝均匀，不得有明显差异；三是线路和管路排列整齐，紧固到位，线路插接件和各连接处不得有裸露接头；四是整车外形尺寸误差小于 0.5%。

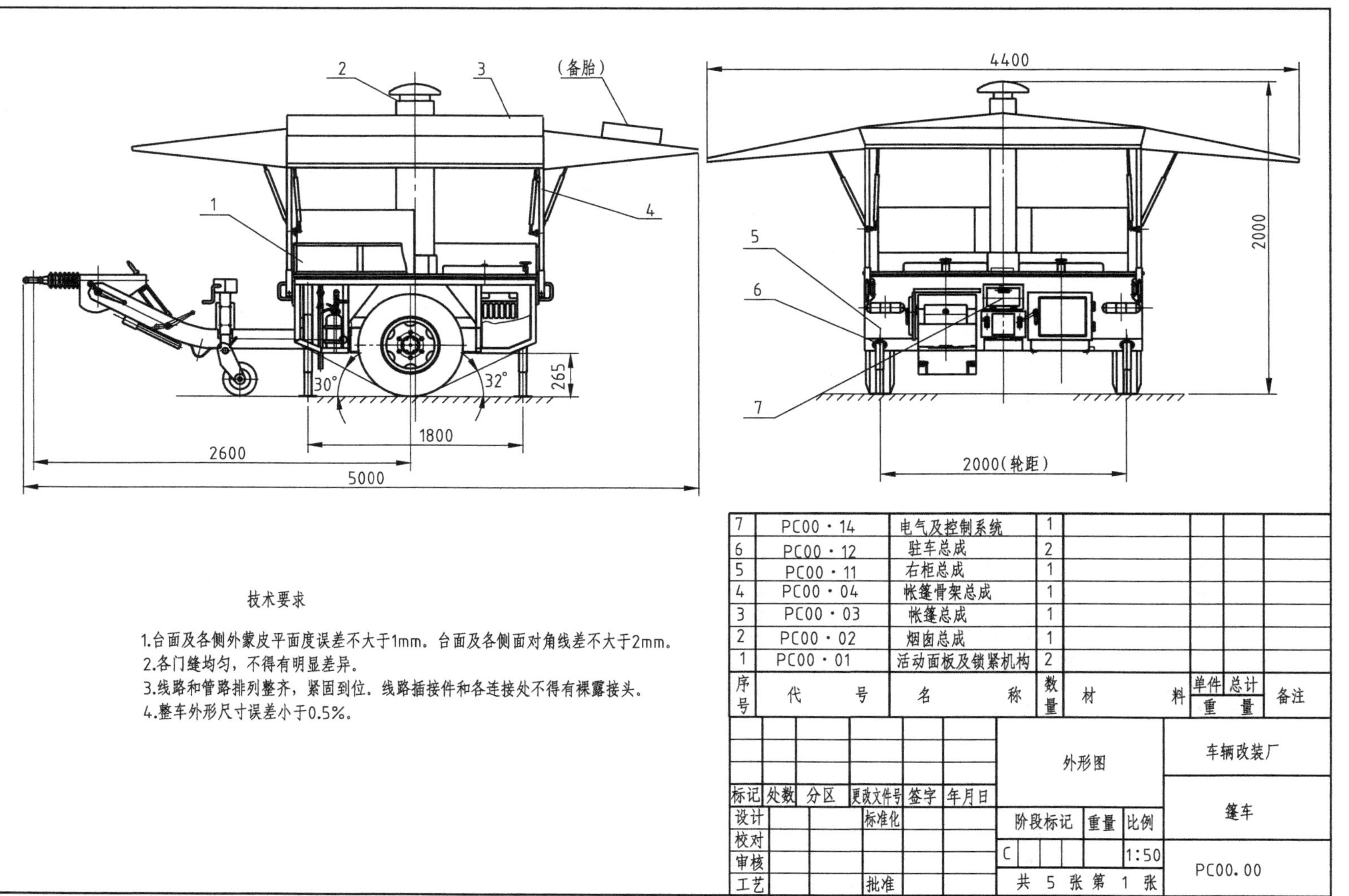
2
3
(备胎)
1
4
30°
32°
265
1800
2600
5000
4400
2000
5
6
7
2000(轮距)
技术要求
1.台面及各侧外蒙皮平面度误差不大于1mm。台面及各侧面对角线差不大于2mm。
2.各门缝均匀，不得有明显差异。
3.线路和管路排列整齐，紧固到位。线路插接件和各连接处不得有裸露接头。
4.整车外形尺寸误差小于0.5%。
7 PC00·14 电气及控制系统 1
6 PC00·12 驻车总成 2
5 PC00·11 右柜总成 1
4 PC00·04 帐篷骨架总成 1
3 PC00·03 帐篷总成 1
2 PC00·02 烟囱总成 1
1 PC00·01 活动面板及锁紧机构 2
序号 代号 名称 数量 材料 单件重量 总计重量 备注
外形图
车辆改装厂
篷车
标记 处数 分区 更改文件号 签字 年月日
设计 标准化
校对
审核
工艺 批准
阶段标记 重量 比例
C 1:50
共 5 张 第 1 张
PC00.00

图 12-3　篷车外形图

(4) 明细栏填写

篷车由 7 个自行研制的总成系统组成。总成系统的图样编号可不连续。

(5) 标题栏填写

名称为篷车。是该套图样的首张图样，图样编号为 PC00.00。方案设计阶段图样，因此在图样阶段标记处填写 C。比例为 1∶50。

总之，在绘制外形图时，应按照外形图的绘制要求，将需要表达的内容全部表达清楚，尤其是重要部位或重要内容不得遗漏。

12.2.3 外形图识读实例

在识读外形图时，应预先查阅产品的技术材料，了解产品的专业知识和特点。在充分了解产品的基础上识读外形图，能够更加深刻地理解外形图。应该顺次识读外形图的各个内容。读标题栏主要了解产品的名称、设计单位、图样编号、图样类型、图样阶段、重量、比例、签署情况和修改标记等内容；读明细栏主要了解产品的组成及其类型、规格型号、数量、参数、工艺、标准化程度、生产企业等；读视图了解产品和主要组成部分外形；读尺寸主要了解总体尺寸、性能尺寸、安装尺寸、极限尺寸和重要相对位置尺寸等；读技术要求主要了解产品在设计、工艺、生产、试验、检验、操作、使用、维修等方面的特殊要求。

【例 12-4】 卸油系统外形图。

下面以图 12-4 所示卸油系统外形图为例介绍外形图的识读方法。

(1) 识读标题栏

名称为卸油系统。图样编号为 HU05.00，应该是该系统的首张图样。在图样阶段标记处填写了 A，是设计定型或确量生产阶段的图样。比例为 1∶5。系统的总重量是 124.9kg。

(2) 识读明细栏

在明细栏中编制了泵与液压马达、卸油泵管架、液压缸、护罩和支架 5 大部件，其中两大核心部件泵与液压马达、卸油泵管架是外购件，并注明了生产企业。在明细栏中还编制了接头、油管、钢管、密封管箍、弯头等 26 种管件，并注明了管件的标准化情况、技术形式和外购件的生产企业。该明细栏显然是技术形式固化后编制的，参数齐全，内容完整，要求明确，可以指导生产加工。

(3) 识读视图

用 3 个视图清晰表达了卸油系统的外形、5 大总成的外形及相对位置、管件的连接形式、管件的规格型号。由于这组图形重点表达了卸油系统的管路连接，因此对卸油系统的管路安装、使用和维护具有指导意义。

(4) 识读尺寸

拆去输油软管 5，卸油系统总体尺寸长、宽、高分别是 670mm、533mm、809mm，输油软管的长度为 32000mm。卸油管架的安装尺寸 ϕ500、ϕ455、ϕ405、12×ϕ14。需要注明的重要尺寸分别是泵轴线与法兰端面之间距离 249mm、卸油管架与泵输出口轴线之间距离 158mm、泵轴线与操作手柄中心位置之间距离 265mm、泵轴线与液压管路中心线之间距离 321mm、泵轴线与输油管路中心线之间距离 474mm、泵轴线与护罩顶面之间距离 254mm、泵与液压马达中轴线之间距离 350mm、护罩端面与卸油管架之间距离 140mm、卸油管架两个端盘的厚度 15mm。

(5) 识读技术要求

卸油系统是泵、液压马达、液压管路及输油管路系统，针对液压系统和输油系统的工程专业特点，提出了确当的技术要求：一是焊接按照 GB12467.2—1998 焊接质量要求执行，明确了管路的焊接质量；二是液压油管要经过工作压力的 1.5 倍压力试验，然后才能投入使用，明确了试验压力；三是液压油管和输油管要用 ϕ150 护管保护，在用前将管剪成间隔均

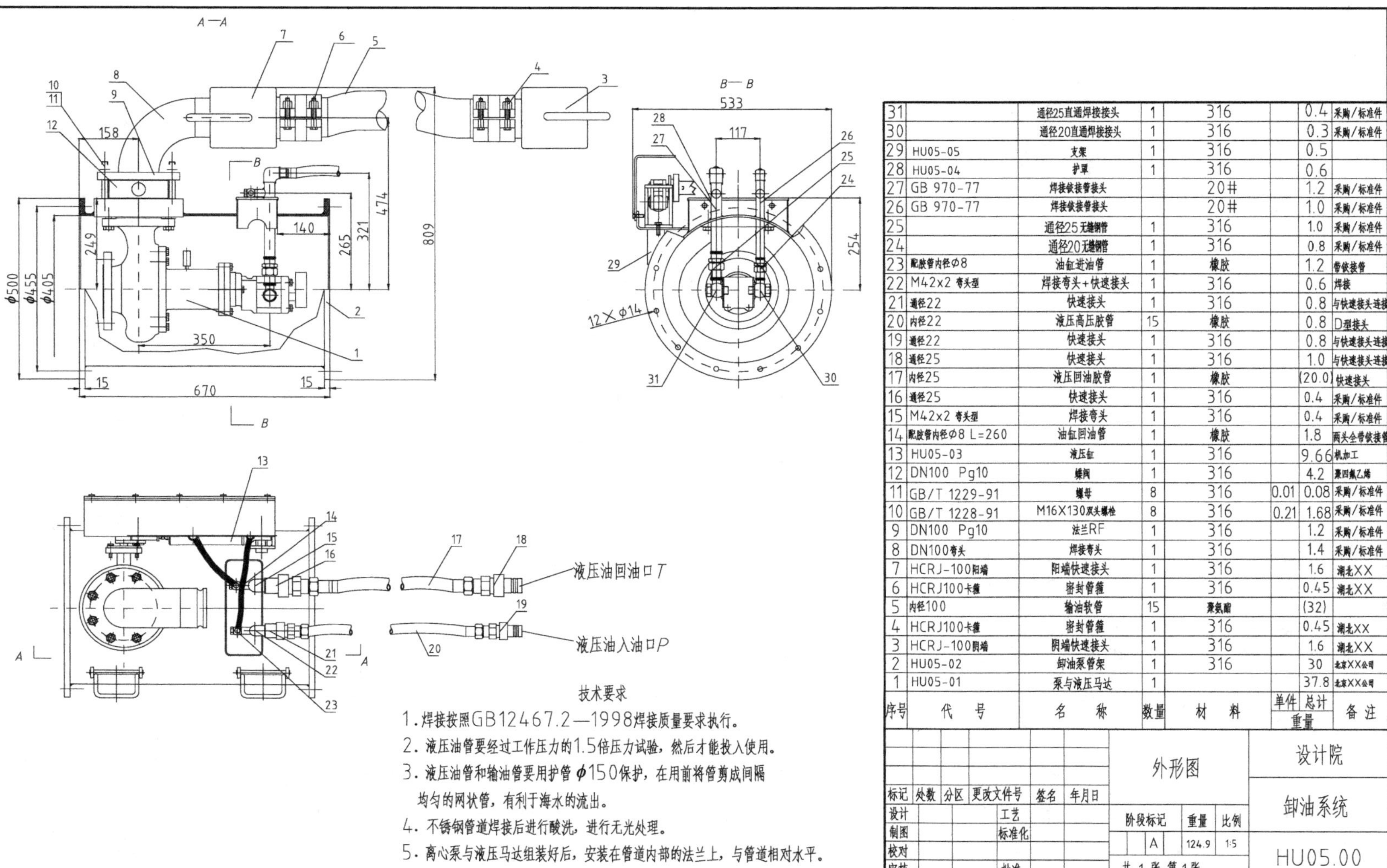

序号	代号	名称	数量	材料	单件重量	总计重量	备注
31		通径25直通焊接接头	1	316		0.4	采购/标准件
30		通径20直通焊接接头	1	316		0.3	采购/标准件
29	HU05-05	支架	1	316		0.5	
28	HU05-04	护罩	1	316		0.6	
27	GB 970-77	焊接铰接管接头		20#		1.2	采购/标准件
26	GB 970-77	焊接铰接管接头		20#		1.0	采购/标准件
25		通径25无缝钢管	1	316		1.0	采购/标准件
24		通径20无缝钢管	1	316		0.8	采购/标准件
23	配胶管内径φ8	油缸进油管	1	橡胶		1.2	带铰接管
22	M42x2 弯头型	焊接弯头+快速接头	1	316		0.6	焊接
21	通径22	快速接头	1	316		0.8	与快速接头连接
20	内径22	液压高压胶管	15	橡胶		0.8	D型接头
19	通径22	快速接头	1	316		0.8	与快速接头连接
18	通径25	快速接头	1	316		1.0	与快速接头连接
17	内径25	液压回油胶管	1	橡胶		(20.0)	快速接头
16	通径25	快速接头	1	316		0.4	采购/标准件
15	M42x2 弯头型	焊接弯头	1	316		0.4	采购/标准件
14	配胶管内径φ8 L=260	油缸回油管	1	橡胶		1.8	两头全带铰接管
13	HU05-03	液压缸	1	316		9.66	机加工
12	DN100 Pg10	蝶阀	1	316		4.2	聚四氟乙烯
11	GB/T 1229-91	螺母	8	316	0.01	0.08	采购/标准件
10	GB/T 1228-91	M16X130双头螺栓	8	316	0.21	1.68	采购/标准件
9	DN100 Pg10	法兰RF	1	316		1.2	采购/标准件
8	DN100弯头	焊接弯头	1	316		1.4	采购/标准件
7	HCRJ-100阳端	阳端快速接头	1	316		1.6	湖北XX
6	HCRJ100卡箍	密封管箍	1	316		0.45	湖北XX
5	内径100	输油软管	15	聚氨酯		(32)	
4	HCRJ100卡箍	密封管箍	1	316		0.45	湖北XX
3	HCRJ-100阴端	阴端快速接头	1	316		1.6	湖北XX
2	HU05-02	卸油泵管架	1	316		30	北京XX公司
1	HU05-01	泵与液压马达	1			37.8	北京XX公司

图 12-4　卸油系统外形图

匀的网状管，有利于海水的流出，明确了两种管路的保护措施；四是不锈钢管道焊接后进行酸洗，进行无光处理，明确了不锈钢焊接前的表面处理，已确保焊接质量；五是离心泵与液压马达组装好后，安装在管道内部的法兰上，与管道相对水平，明确了安装的技术要求。通过识读技术要求，可以了解各工程领域的设计、工艺、生产、试验、检验、操作、使用、保养、维修等专业技术特点及要求。

12.3 布置图

12.3.1 布置图的内容及其要求

采用简化外形，按位置布局，表达产品各设备总成部件在产品内部的相对位置以及相互关系等内容，用以说明产品的组成及其布置等情况的一种投影简图。布置图主要用于表达由具有不同功能、相对独立操作运行的设备总成的产品或成套设备，如表达配电柜、计算机、救护车等箱（厢或舱）体内各设备总成部件的布置情况。

（1）一组视图

用图样画法和装配图画法等规定的表达方法表达：产品的轮廓；产品各组成的轮廓、相对位置及捆绑系固情况；成套设备组成部分的轮廓、安装位置及安装情况；运动部件的极限位置等。

（2）几类尺寸

产品或成套设备的规格型号尺寸；产品的外形尺寸；产品各组成的相对位置尺寸；成套设备安装位置的尺寸。

（3）技术要求

技术要求的内容应符合有关标准要求，简明扼要，通俗易懂。布置图的技术要求主要包括对产品设备总成零部件相对位置和系固质量等方面的特殊要求，有时也对产品的设计、工艺、生产、试验、检验、操作、使用、保养、维修等方面的特殊要求加以说明。技术要求中引用各类标准、规范、专业技术条件以及试验方法与验收规则等文件时，应注明引用文件的编号和名称。在不致引起辨认困难时，允许只标注编号。技术要求中列举明细栏设备总成部件时，允许只写序号或图样代号。

（4）序号和明细栏

按照相关标准要求编注设备总成零部件序号，填写明细栏。

（5）标题栏

按照相关标准要求填写标题栏。

12.3.2 布置图画法实例

【例 12-5】 泵箱布置图。

以图 12-5 所示泵箱布置图为例分析布置图的画法。

（1）视图

用 4 个视图表达了泵箱箱体轮廓、箱体的空间布局、10 个组成部分的布置形式。从视图中可以看出，这是一个常见的左右对称布置形式。

（2）尺寸标注

泵箱箱体长、宽、高分别是 5000mm、2100mm、1085mm。标注了各个分区的长度尺寸和高度尺寸，因为是对称布置，可不标注宽度尺寸。因为 A 型架是牵引架，其尺寸比较重要，因此标注了 A 型架的相对高度尺寸 1750mm、角度尺寸 60°。

（3）技术要求

在布置图中，设备总成零部件的布置位置以及完整性、可靠性十分重要，因此在技术要

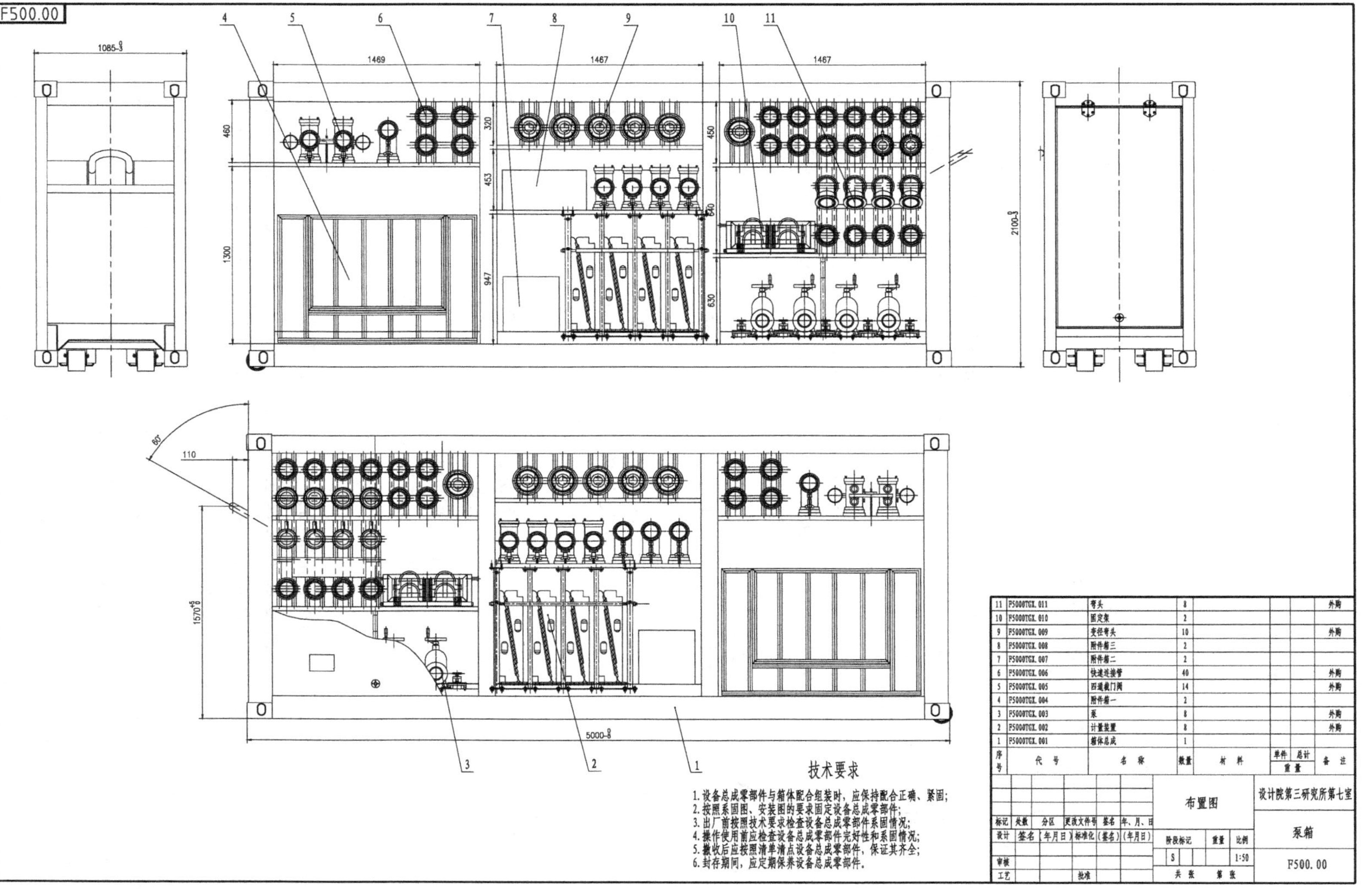
F500.00
技术要求
1.设备总成零部件与箱体配合组装时，应保持配合正确、紧固;
2.按照系固图、安装图的要求固定设备总成零部件;
3.出厂前按照技术要求检查设备总成零部件系固情况;
4.操作使用前应检查设备总成零部件完好性和系固情况;
5.撤收后应按照清单清点设备总成零部件，保证其齐全;
6.封存期间，应定期保养设备总成零部件.
11 F5000TGX.011 弯头 8 外购
10 F5000TGX.010 固定架 2
9 F5000TGX.009 变径弯头 10 外购
8 F5000TGX.008 附件箱三 2
7 F5000TGX.007 附件箱二 2
6 F5000TGX.006 快速连接管 40 外购
5 F5000TGX.005 四通截门阀 14 外购
4 F5000TGX.004 附件箱一 2
3 F5000TGX.003 泵 8 外购
2 F5000TGX.002 计量装置 8 外购
1 F5000TGX.001 箱体总成 1
序号 代号 名称 数量 材料 单件 总计 重量 备注
标记 处数 分区 更改文件号 签名 年、月、日
设计 签名 (年月日) 标准化 (签名) (年月日)
审核
工艺 批准
布置图
阶段标记 重量 比例
S 1:50
共 张 第 张
设计院第三研究所第七室
泵箱
F500.00

图 12-5　泵箱布置图

求中提出了相应的要求：设备总成零部件与箱体配合组装时，应保持配合正确、紧固；按照系固图、安装图的要求固定设备总成零部件；出厂前按照技术要求检查设备总成零部件系固情况；操作使用前应检查设备总成零部件完好性和系固情况；撤收后应按照清单清点设备总成零部件，保证齐全完好；封存期间，应定期保养设备总成零部件。

(4) 明细栏填写

泵箱由 11 部分组成，其中的泵、计量装置、管件外购，箱体、3 个附件箱、固定架自行研制。

(5) 标题栏填写

名称为泵箱。布置图样，图样编号为 F500.00。技术鉴定、技术审查或试制生产阶段图样，因此在图样阶段标记处填写 S。比例为 1∶50。

12.3.3 布置图识读实例

在识读布置图时，应预先查阅产品或成套设备的技术材料，了解产品的组成、功能和工作原理。在充分了解产品的基础上识读布置图，能够更加深刻地理解布置图。应该顺次识读布置图的各个内容。读标题栏主要了解产品的名称、设计单位、图样编号、图样类型、图样阶段、重量、比例、签署情况和修改标记等内容；读明细栏主要了解产品的组成及其类型、规格型号、数量、参数、工艺、标准化程度、生产企业等；读视图了解产品和主要组成形状，以及各组成的相对位置、安装系固等情况；读尺寸主要了解总体尺寸、性能尺寸、布局尺寸、相对位置尺寸、极限尺寸和其他重要尺寸等；读技术要求主要了解产品在设计、工艺、生产、试验、检验、操作、使用、保养、维修等方面的要求。

【例 12-6】 救生舱布置图。

下面以图 12-6 所示救生舱布置图为例介绍布置图的识读方法。

(1) 识读标题栏

产品名称为救生舱，该布置图共 2 张，本图样是其中的第 1 张，图样编号为 JSC00.01。在图样阶段标记处填写了 C，是工程设计阶段的图样。比例为 1∶10。系统的总重量是 124.9kg。

(2) 识读明细栏

在明细栏中编制了舱内电气、气路系统、轴流风机、急救床、限位装置、吊塔、设备架、风机罩等 8 种设备装置，夹带、工具袋、快速夹带、压盖板、角件、名牌等零部件，螺钉、垫圈、抽芯铆钉等标准件。通过阅读明细栏，可以了解到舱内布设了电气系统、气路系统、通风系统，还重点布设了急救设备及其附件。可拆卸连接用螺钉连接，不可拆卸连接用抽芯铆钉连接。

(3) 识读视图

用 1 个视图表达了舱内的布置情况。布置图展开画法是布置图的一种典型画法，先将箱（厢或舱）体展开，然后在安装位置画出设备总成零部件及其安装系固形式。面对前进方向来识读该视图。前舱壁安装了 4 个快速夹带和 2 个电源插座。后舱壁安装了舱门、配电盘、灭火器、折叠椅、扶手等。左舱壁安装了 2 扇大门，在大门上又分别安装了 1 扇小门，还在其中的 1 个大门上安装了观察窗和通风口。右舱壁与左舱壁基本对称布置，不同的是增加了一个传呼器。顶板主要安装了通风系统，另外还安装了紫外线消毒灯和日光灯。底壁安装了 4 套急救设备，包括急救床、监护仪、呼吸机、吊塔、设备架等。

急救舱布置图展开画法清晰表达了舱内的布置情况，以及设备总成零部件的安装系固情况。在绘制箱（厢或舱）布置图时，尤其内部设备总成零部件较多、布置比较复杂时，应当首先考虑采用布置图的展开画法。

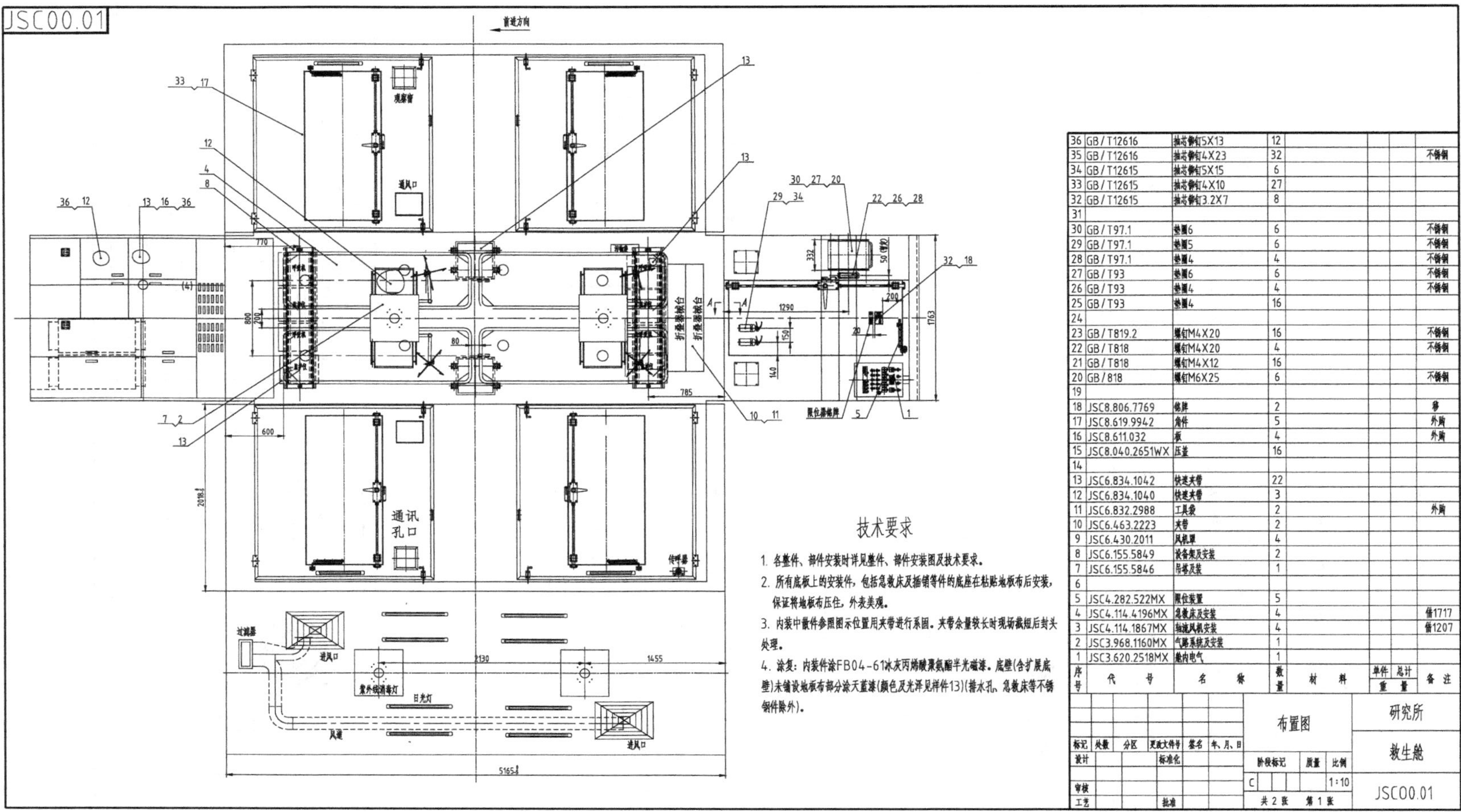

序号	代号	名称	数量	材料	单件重量	总计重量	备注
36	GB/T12616	抽芯铆钉5X13	12				
35	GB/T12616	抽芯铆钉4X23	32				不锈钢
34	GB/T12615	抽芯铆钉5X15	6				
33	GB/T12615	抽芯铆钉4X10	27				
32	GB/T12615	抽芯铆钉3.2X7	8				
31							
30	GB/T97.1	垫圈6	6				不锈钢
29	GB/T97.1	垫圈5	6				不锈钢
28	GB/T97.1	垫圈4	4				不锈钢
27	GB/T93	垫圈6	6				不锈钢
26	GB/T93	垫圈4	4				不锈钢
25	GB/T93	垫圈4	16				
24							
23	GB/T819.2	螺钉M4X20	16				不锈钢
22	GB/T818	螺钉M4X20	4				不锈钢
21	GB/T818	螺钉M4X12	16				
20	GB/818	螺钉M6X25	6				不锈钢
19							
18	JSC8.806.7769	铭牌	2				移
17	JSC8.619.9942	角件	5				外购
16	JSC8.611.032	板	4				外购
15	JSC8.040.2651WX	压盖	16				
14							
13	JSC6.834.1042	快速夹带	22				
12	JSC6.834.1040	快速夹带	3				
11	JSC6.832.2988	工具袋	2				外购
10	JSC6.463.2223	夹带	2				
9	JSC6.430.2011	风机罩	4				
8	JSC6.155.5849	设备架及安装	2				
7	JSC6.155.5846	吊挂及装	1				
6							
5	JSC4.282.522MX	限位装置	5				
4	JSC4.114.4196MX	急救床及安装	4				借1717
3	JSC4.114.1867MX	轴流风机安装	4				借1207
2	JSC3.968.1160MX	气路系统及安装	1				
1	JSC3.620.2518MX	舱内电气	1				

图 12-6　救生舱布置图

(4) 识读尺寸

图中标注了舱体的总体尺寸、设备总成零部件的安装系固尺寸以及其他重要尺寸。因为该布置图共 2 张，有些尺寸标注在第 2 张图上。

(5) 识读技术要求

通过识读技术要求，可以了解舱内布置以及设备总成零部件安装系固等重要要求。急救舱布置图技术要求包括：一是各整件部件安装时详见整件部件安装图及技术要求，这说明整件和部件还另有安装图；二是所有底板上的安装件，包括急救床及插销等件的底座在粘贴地板布后安装，保证将地板布压住，外表美观；三是内装中散件参照图示位置用夹带进行系固，夹带余量较长时现场截短后封头处理；四是内装件涂 FB04-61 冰灰丙烯酸聚氨酯半光磁漆，底壁（含扩展底壁）未铺设地板布部分涂天蓝漆（排水孔、急救床等不锈钢件除外）。通过识读技术要求，从中可以学习了解舱内布置的专业知识。

12.4 装配图

表示产品及其组成部分的连接装配关系的图样称为装配图。它是进行设计、装配、检验、安装、调试和维修时所必需的重要技术文件。

12.4.1 装配图的内容

装配图如图 12-7 所示，装配图主要包括五个方面的内容，见表 12-1。

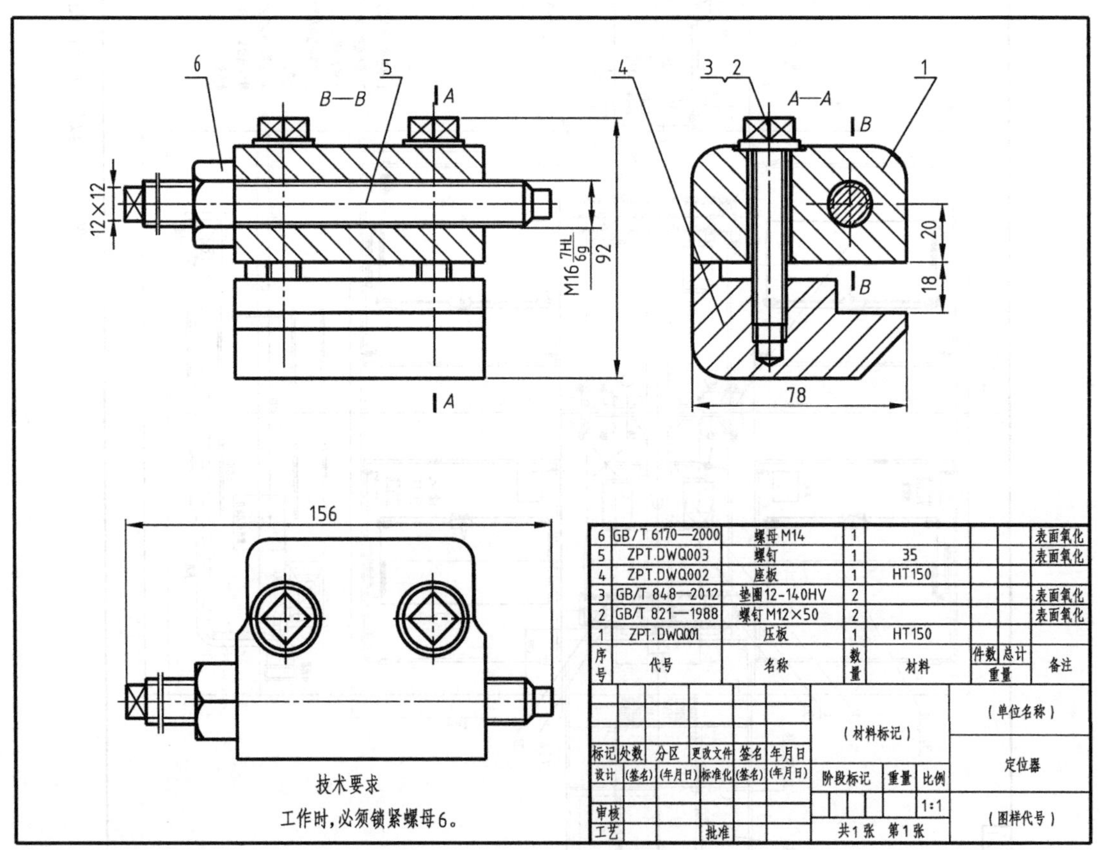

图 12-7　定位器装配图

表 12-1　装配图的内容

内容	注释	要求	遵循的标准
图形	可采用图样画法中的各种表达方法和装配图的特定画法、简化画法、规定画法等方法表达	正确、完整、清晰地表达工作原理、装配关系及零件的主要结构形状	GB/T 4458.1—2002《机械制图　图样画法　视图》,GB/T 4458.6—2002《机械制图 图样画法 剖视图和断面图》,GB/T 16675.1—2012《技术制图　简化画法　第1部分:图样画法》,GB/T 17451—1998《技术制图 图样画法 视图》,GB/T 17452—1998《技术制图　图样画法　剖视图和断面图》等
尺寸	与机器和部件有关的性能、规格、装配、安装、外形等尺寸	完整、正确、清晰和合理	GB/T 4458.4—2003《机械制图　尺寸注法》,GB/T 16675.2—2012《技术制图　简化画法　第2部分:尺寸注法》,GB/T 4458.5—2003《机械制图　尺寸公差与配合注法》等
技术要求	装配要求、检验要求、使用要求等	按照国家标准的规定正确标注和书写	GB/T 4458.5—2003《机械制图　尺寸公差与配合注法》,GB/T 1182—2008《产品几何技术规范(GPS)　几何公差　形状、方向、位置和跳动公差标注》等
序号及明细栏	编注序号。 明细栏包括零件序号、名称、件数、材料、备注等内容	正确编注序号、填写明细栏	GB/T 4458.2—2003《机械制图　装配图中零部件序号及其编排方法》,GB/T 10609.2—2009《技术制图　明细栏》等
标题栏	填写零件名称、材料、比例、编号、制图和审核者的姓名、日期等内容	遵守国家标准的有关规定,正确地填写	GB/T 10609.1—2008《技术制图　标题栏》,GB/T 14690—1993《技术制图　比例》,GB/T 14691—1993《技术制图　字体》等

12.4.2　装配图中的特定画法示例

(1) 接触面和配合面的画法

如图 12-8，在装配图中，相邻两个零件的接触表面，或基本尺寸相同且相互配合的工作面，只画一条轮廓线，否则应画两条线表示各自的轮廓。

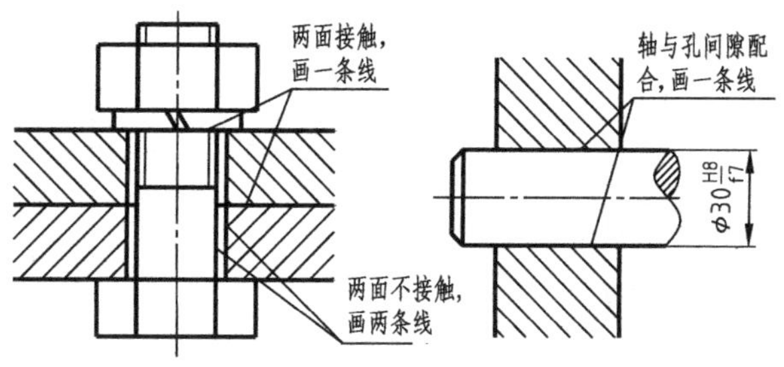

图 12-8　接触面和配合面的画法

(2) 实心零件和标准件的画法

如图 12-8 所示，在装配图中，对于一些标准件（如螺钉、螺栓、螺母、垫圈、键、销等）和一些实心零件（如轴、拉杆、钩、球等），若剖切平面通过它们的轴线或对称平面时，则在剖视图中按不剖绘制。若这些零件上有孔、凹槽等结构需要表达时，则可采用局部剖来表达内部的局部小结构。

(3) 可见性问题

在装配图中，由于零件之间相互装配，必然会有一些零件的轮廓被另一些零件遮挡，被遮挡的轮廓一般不需要画出。

(4) 拆卸画法

如图 12-9 所示，阀门装配图中俯视图就是拆去手轮后画出的。当某一个或几个零件在装配图的某一视图中遮住了大部分装配关系或其他零件时，可假想拆去一个或几个零件，只

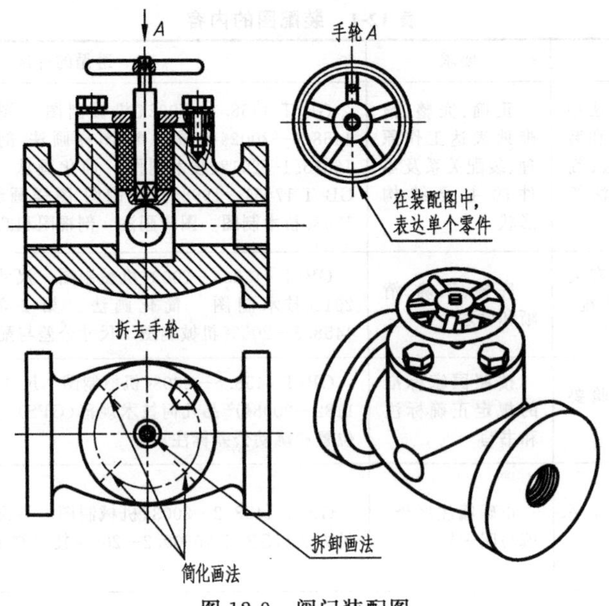

图 12-9　阀门装配图

画出所表达部分的视图，这种画法称为拆卸画法。

（5）沿结合面剖切画法

如图 12-10 所示，R 型油泵的左视图就是沿垫片 4 和泵体 5 的结合面剖切后画出的。为了表达内部结构，可采用沿结合面剖切画法。

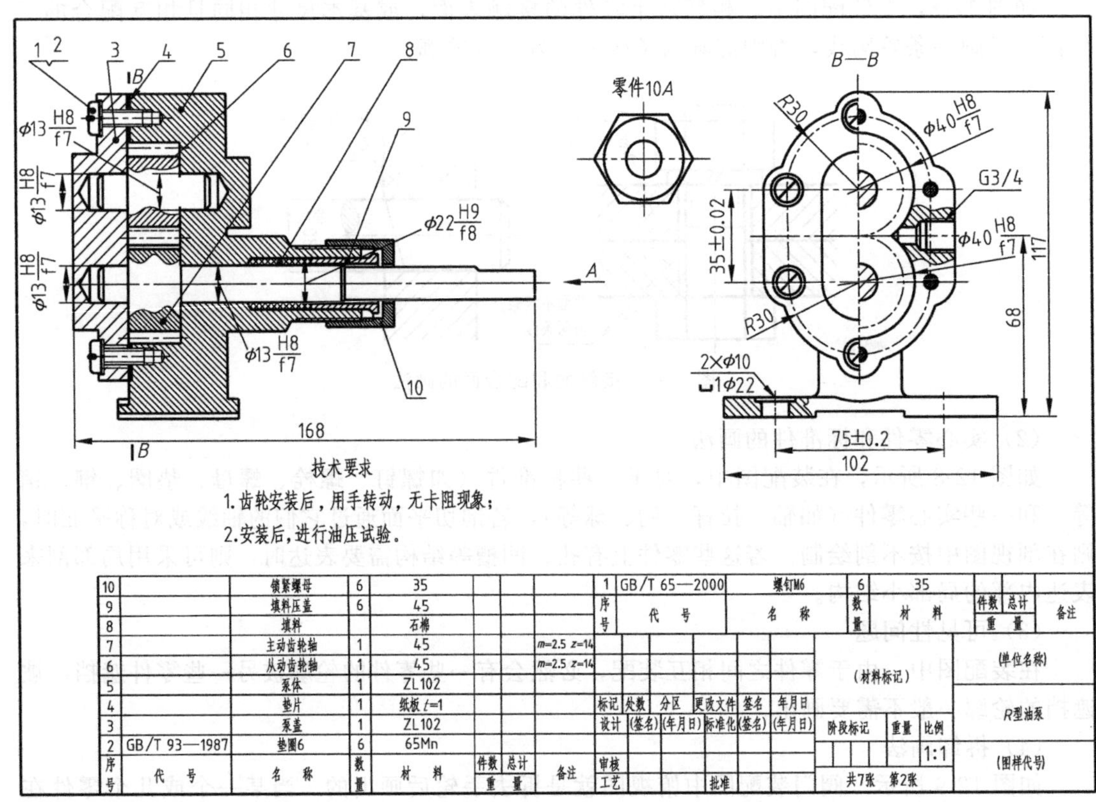

序号	代号	名称	数量	材料	件数重量	总计重量	备注
10		锁紧螺母	6	35			
9		填料压盖	6	45			
8		填料		石棉			
7		主动齿轮轴	1	45			m=2.5 z=14
6		从动齿轮轴	1	45			m=2.5 z=14
5		泵体	1	ZL102			
4		垫片	1	纸板 t=1			
3		泵盖	1	ZL102			
2	GB/T 93—1987	垫圈6	6	65Mn			
1	GB/T 65—2000	螺钉M6	6	35			

图 12-10　R 型油泵装配图

（6）单独表达某个零件

如图 12-9 所示，在阀门装配图中，单独画出了手轮 A 向视图。再如图 12-10 所示，在油泵装配图中，单独画出了零件 10 填料压盖的 A 向视图。在装配图中，当某个零件的主要结构形状未表达清楚而又对理解装配关系有影响时，可另外单独画出该零件的某一视图。

（7）夸大画法

在画装配图时，有时会遇到薄片零件、细丝弹簧、微小间隙等，而对这些零件或间隙，无法按其实际尺寸画出，或者虽能如实画出，但不能明显地表达其结构（如锥度很小的圆锥销及锥形孔，均可采用夸大画法），即可把垫片厚度、簧丝直径及锥度都适当夸大画出。如图 12-10 所示，油泵装配图中的零件 4 垫片就是夸大画出的。再如图 12-11 中，垫片和小间隙的夸大画法。

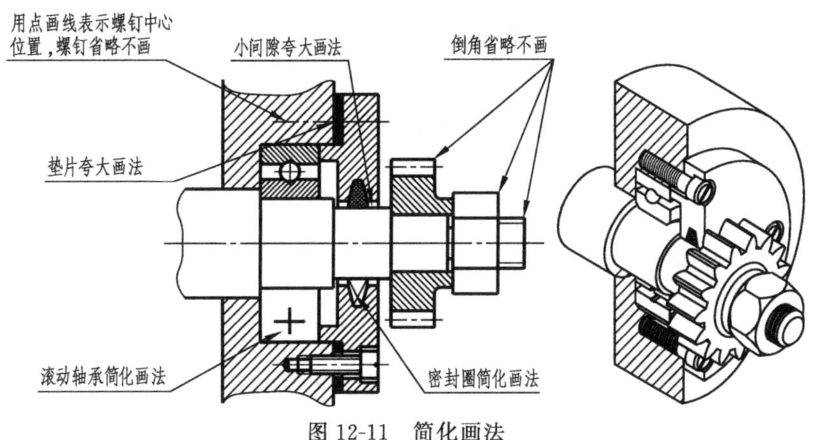

图 12-11　简化画法

12.4.3　装配图简化画法示例

① 在装配图中，零件的工艺结构，如圆角、倒角、退刀槽等允许不画。如图 12-11 所示，装配图中的轴、齿轮的倒角可全部简化不画。

② 在装配图中，螺母和螺栓的头部允许采用简化画法，如图 12-11 中螺母的简化画法。

③ 在装配图中，当遇到螺纹连接件等相同的零件组时，在不影响理解的前提下，允许只画出一处，其余组件可只用点画线表示其中心位置。如图 12-9 所示，在阀门俯视图中，4 个螺钉只画了 1 个，其余 3 个用点画线表示其中心位置。再如图 12-11 所示，只画了一处螺钉连接，另一处只是用点画线表示螺钉的位置，重复的螺钉连接，简化不画。

④ 在剖视图中，表示滚动轴承时，允许画出对称图形的一半，另一半画出其轮廓，并用粗实线在轮廓线内画一十字线，如图 12-11 所示。

12.4.4　装配图中的规定画法示例

（1）剖面线的画法

GB/T 4457.5—2005《机械制图　剖面符号》规定，在装配图中，相邻两零件的剖面线要画成不同的方向或不等的间隔。在同一装配图的各个视图中，同一零件的剖面线的方向与间隔必须一致，如图 12-12 所示。

（2）假想画法

GB/T 4458.1—2002《机械制图　图样画法　视图》规定，为了表示与本部件有装配关系但又不属于本部件的其他相邻零、部件时，可采用假想画法，将其用双点画线画出。如图 12-13，与该部件底座相邻的基座就是用双点画线画出的。

GB/T 4458.1—2002 还规定，为了表示运动零件的运动范围或极限位置时，可以在一

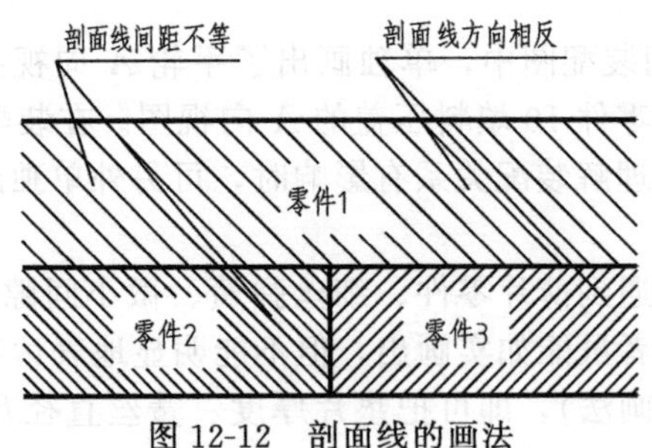

图 12-12 剖面线的画法

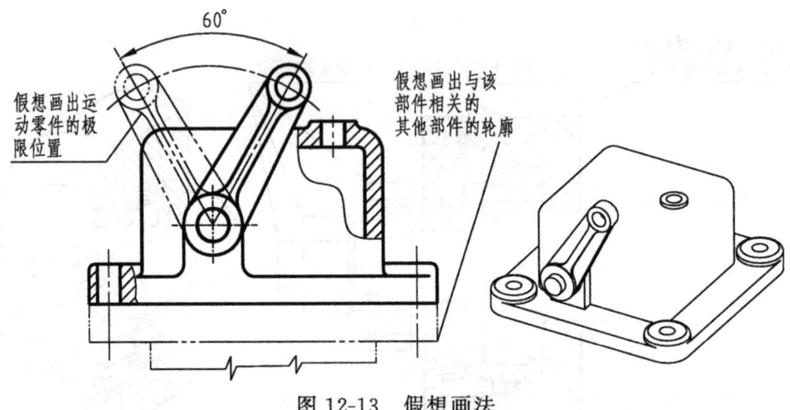

图 12-13 假想画法

个极限位置上画出该零件，再在另一个极限位置上用双点画线画出其轮廓。见图 12-13，该部件手柄的另一个极限位置就是用双点画线画出的。

(3) 密集管子的画法

在锅炉、化工设备等装配图中，可用点画线表示密集的管子，见图 12-14。

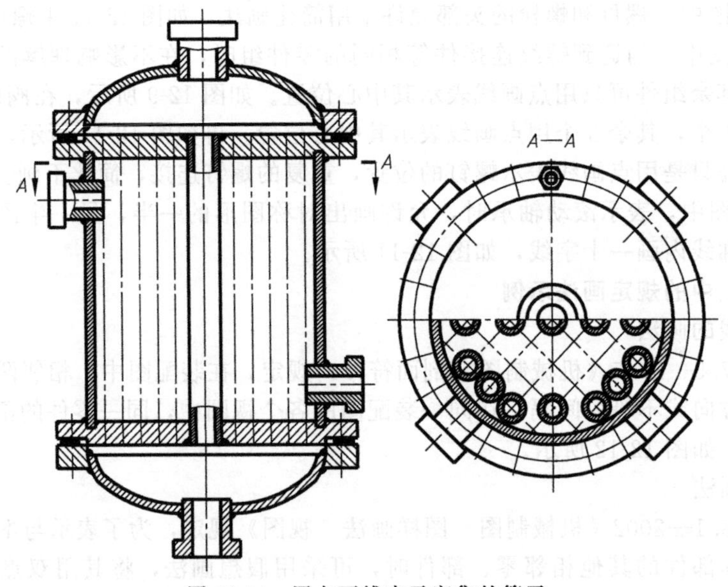

图 12-14 用点画线表示密集的管子

12.4.5　常见装配结构及其画法示例

常见装配结构及其画法示例见表 12-2。

表 12-2　常见装配结构及其画法示例

类别		图　例	画　法
接触面及配合面	平面接触	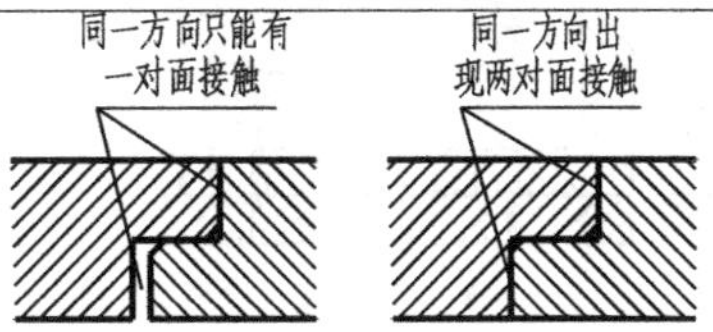 同一方向只能有一对面接触；同一方向出现两对面接触；(a) 正确　(b) 不正确	两零件以平面接触时，在同一方向上只能有一个接触面，以保证接触良好
	柱面接触	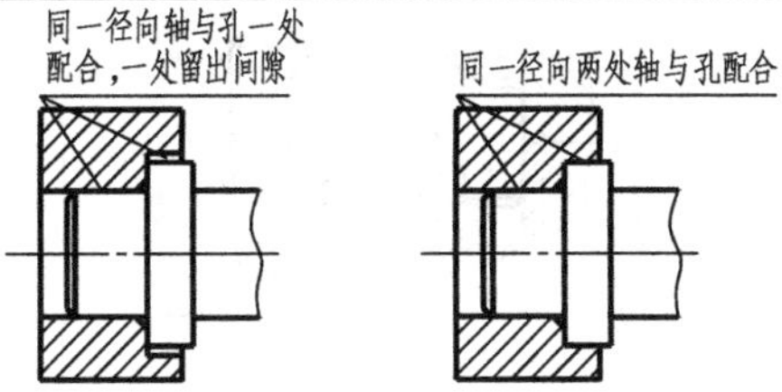 同一径向轴与孔一处配合，一处留出间隙；同一径向两处轴与孔配合；(a) 正确　(b) 不正确	两零件以圆柱面接触时，同一径向只能有一个配合面，以保证接触良好
	锥面配合	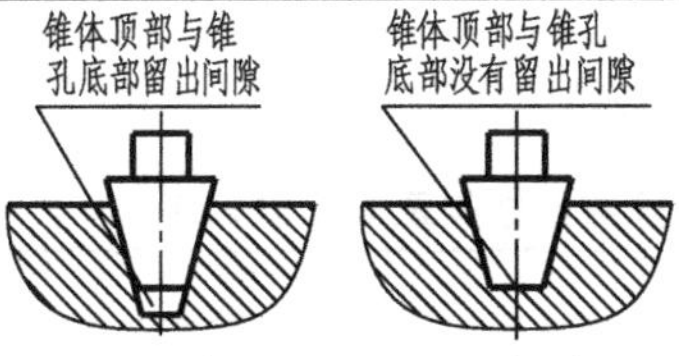 锥体顶部与锥孔底部留出间隙；锥体顶部与锥孔底部没有留出间隙；(a) 正确　(b) 不正确	锥面配合，两配合件的端面必须留有间隙
	轴端接触面	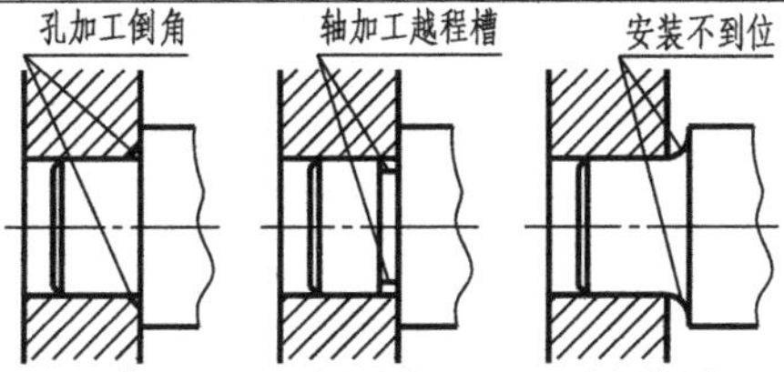 孔加工倒角；轴加工越程槽；安装不到位；(a) 正确　(b) 正确　(c) 不正确	轴端接触面转折处应加工倒角、倒圆或退刀槽，并保证接触良好
	较长的接触面	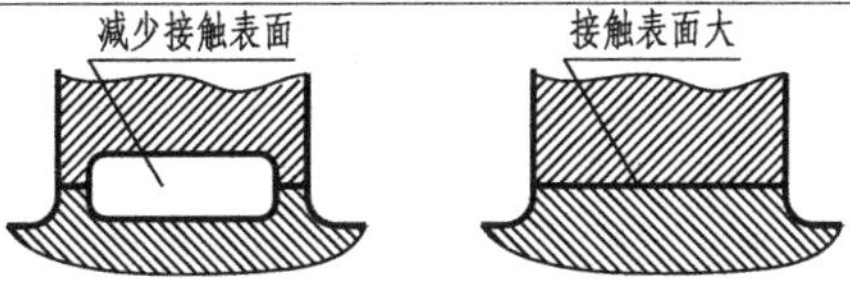 减少接触表面；接触表面大；(a) 正确　(b) 不正确	较长的接触平面或圆柱面，应加工凹槽，以减少加工面，并保证接触良好
螺纹连接	被连接件的通孔	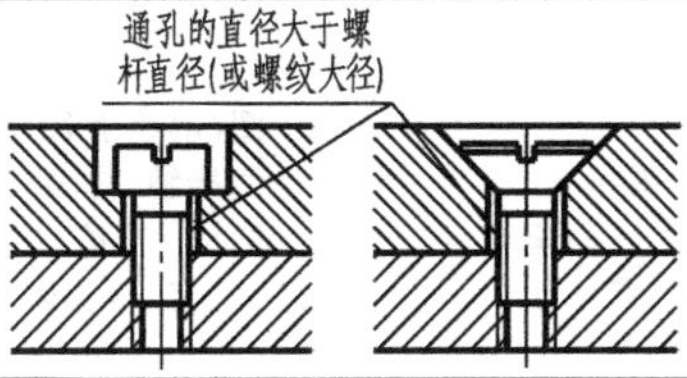 通孔的直径大于螺杆直径(或螺纹大径)	被连接件通孔的尺寸应比螺纹大径或螺杆直径稍大，以便装配
	沉孔与凸台	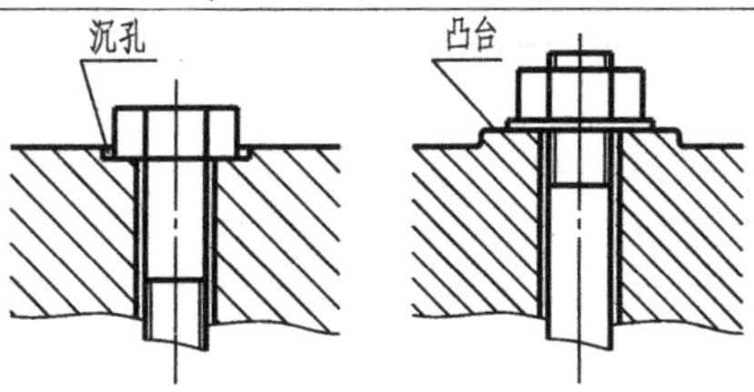 沉孔；凸台；(a) 沉孔　(b) 凸台	为了保证连接件和被连接件间的良好接触，在被连接件上作出沉孔、凸台等结构，这样既合理地减少了加工面积，又改善了接触情况

续表

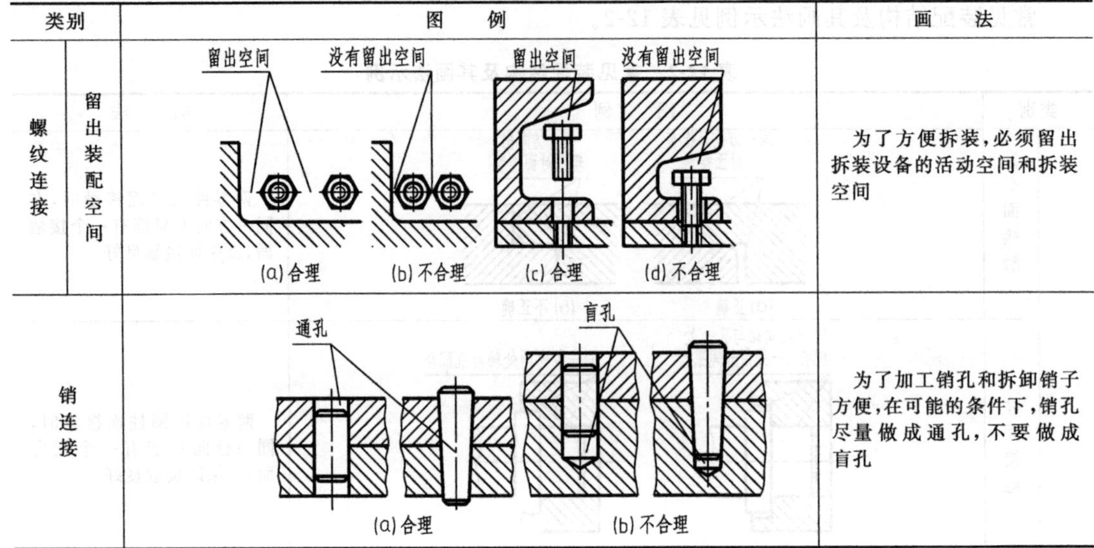

类别		图例	画法
螺纹连接	留出装配空间	留出空间 没有留出空间 留出空间 没有留出空间 (a) 合理 (b) 不合理 (c) 合理 (d) 不合理	为了方便拆装，必须留出拆装设备的活动空间和拆装空间
销连接		通孔 盲孔 (a) 合理 (b) 不合理	为了加工销孔和拆卸销子方便，在可能的条件下，销孔尽量做成通孔，不要做成盲孔

12.4.6 密封结构及其画法示例

(1) 静密封结构及其画法示例见表 12-3

表 12-3 静密封结构及其画法示例

类别	图例	画法
垫片密封	(a) (b) (c)	密封垫片两端面应分别与被密封件端面接触，被密封的两零件端面一般画为不接触，见图(a)和图(b)。 密封件为软材料时，应充满凹槽，即四周均无缝隙，见图(c)
填料密封		填料应充满密封槽，壳体与法兰盘在轴向应有间隙
管道连接密封	(a) (b) 接头体 螺母 压套 管子 (c) (d)	螺纹连接处的密封材料(麻、胶)等不画出，见图(a)。 图(b)橡胶圈密封、图(c)球头密封，与连接件是线接触，应画成相切。 图(d)为扩口锥面密封。螺母与压套端面接触，压套、接头体与管子间是锥面接触
自紧式密封	B形环 卡箍 C形环 (a) (b)	密封件是 B 形环和 C 形环，其外圆柱面与被密封件接触

(2) 接触式动密封结构及其画法示例见表 12-4

表 12-4　接触式动密封结构及其画法示例

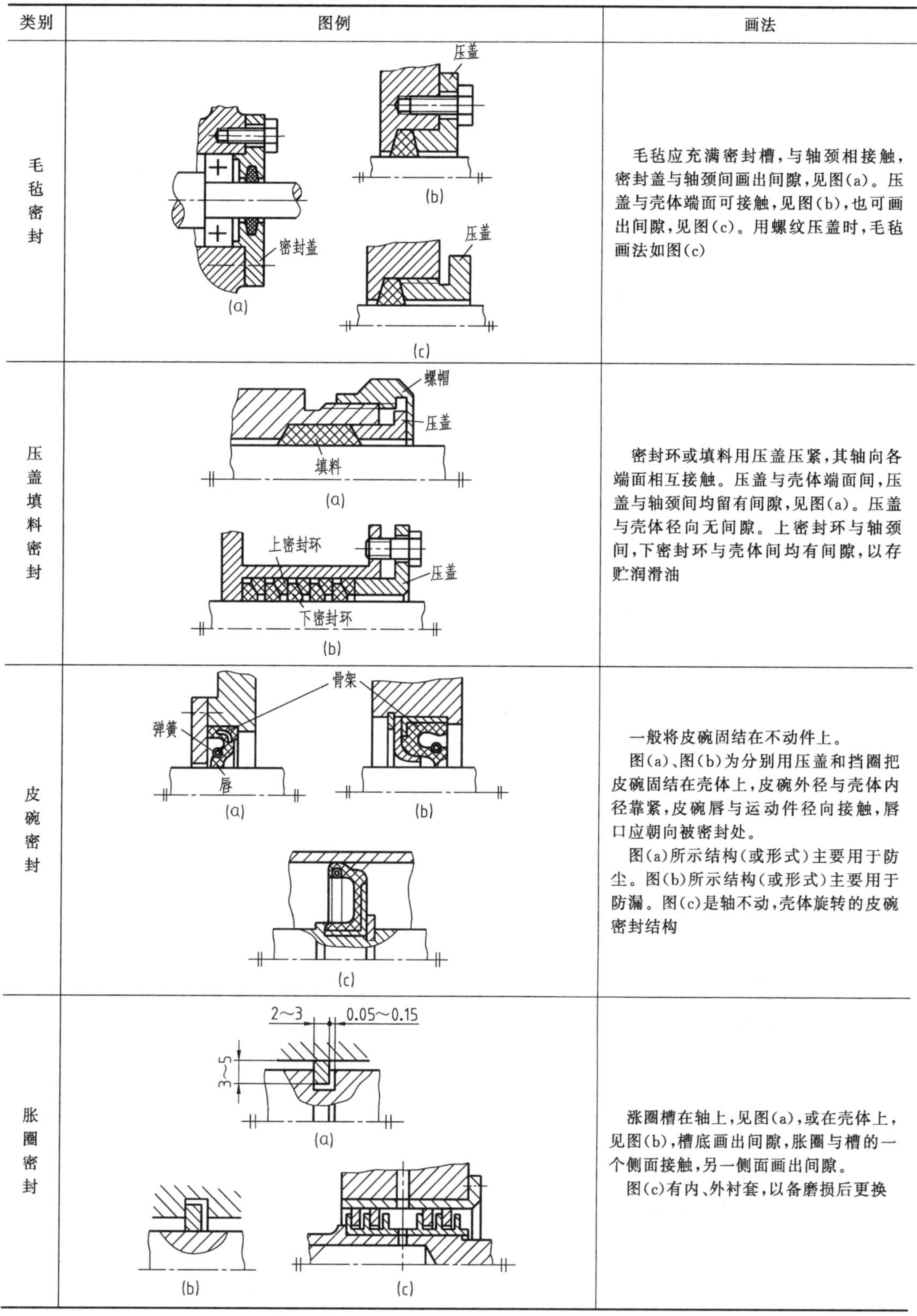

类别	图例	画法
毛毡密封	(a) (b) (c)	毛毡应充满密封槽，与轴颈相接触，密封盖与轴颈间画出间隙，见图(a)。压盖与壳体端面可接触，见图(b)，也可画出间隙，见图(c)。用螺纹压盖时，毛毡画法如图(c)
压盖填料密封	(a) (b)	密封环或填料用压盖压紧，其轴向各端面相互接触。压盖与壳体端面间，压盖与轴颈间均留有间隙，见图(a)。压盖与壳体径向无间隙。上密封环与轴颈间，下密封环与壳体间均有间隙，以存贮润滑油
皮碗密封	(a) (b) (c)	一般将皮碗固结在不动件上。 图(a)、图(b)为分别用压盖和挡圈把皮碗固结在壳体上，皮碗外径与壳体内径靠紧，皮碗唇与运动件径向接触，唇口应朝向被密封处。 图(a)所示结构(或形式)主要用于防尘。图(b)所示结构(或形式)主要用于防漏。图(c)是轴不动，壳体旋转的皮碗密封结构
胀圈密封	(a) (b) (c)	涨圈槽在轴上，见图(a)，或在壳体上，见图(b)，槽底画出间隙，胀圈与槽的一个侧面接触，另一侧面画出间隙。 图(c)有内、外衬套，以备磨损后更换

（3）非接触式动密封结构及其画法示例见表 12-5

表 12-5 非接触式动密封结构及其画法示例

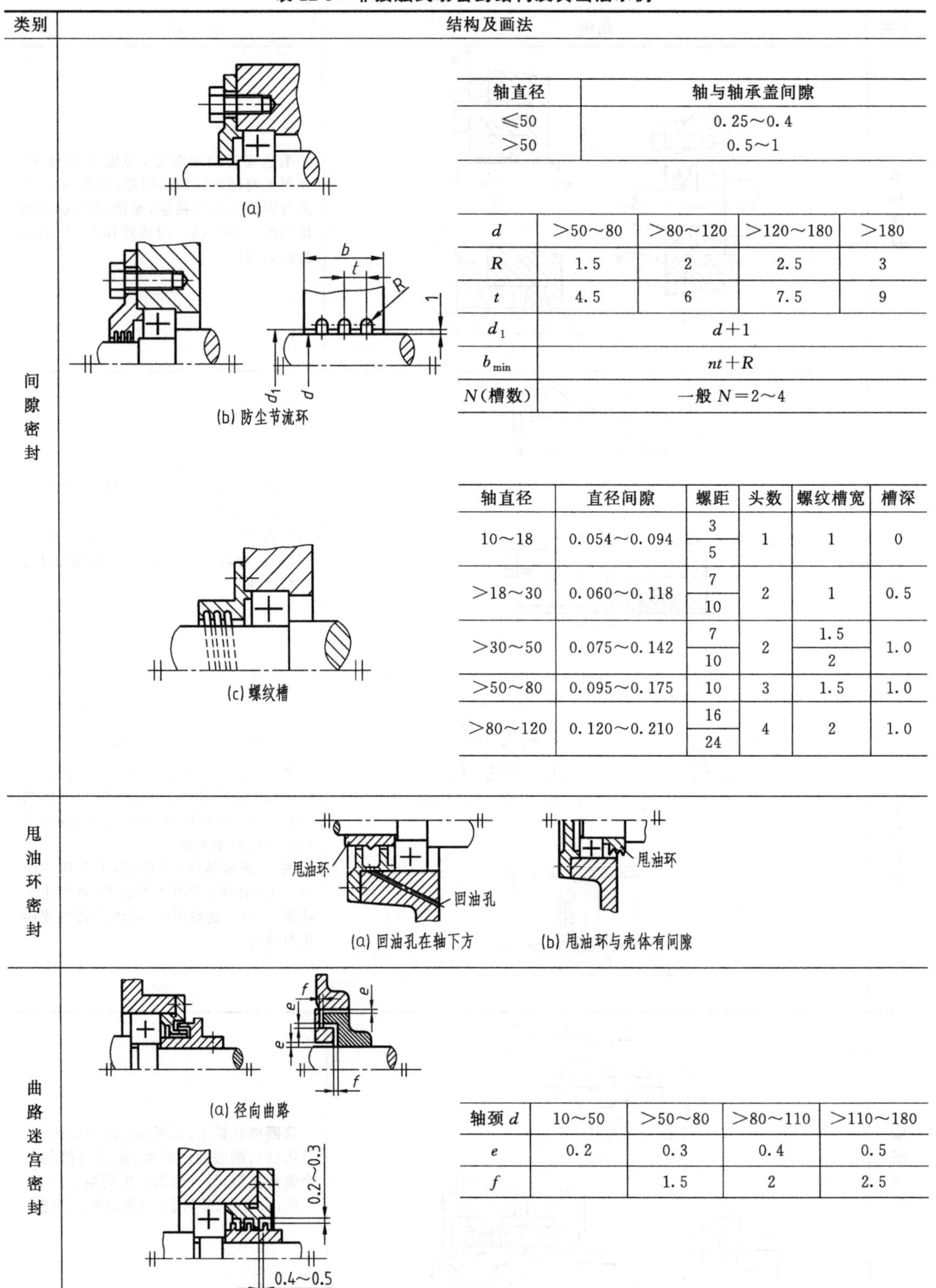

轴直径	轴与轴承盖间隙
≤50	0.25～0.4
>50	0.5～1

d	>50～80	>80～120	>120～180	>180
R	1.5	2	2.5	3
t	4.5	6	7.5	9
d_1	$d+1$			
b_{min}	$nt+R$			
N(槽数)	一般 $N=2$～4			

轴直径	直径间隙	螺距	头数	螺纹槽宽	槽深
10～18	0.054～0.094	3	1	1	0
		5			
>18～30	0.060～0.118	7	2	1	0.5
		10			
>30～50	0.075～0.142	7	2	1.5	1.0
		10		2	
>50～80	0.095～0.175	10	3	1.5	1.0
>80～120	0.120～0.210	16	4	2	1.0
		24			

轴颈 d	10～50	>50～80	>80～110	>110～180
e	0.2	0.3	0.4	0.5
f		1.5	2	2.5

12.4.7　润滑结构及其画法示例

常见润滑结构及画法示例见表 12-6。

表 12-6　润滑结构及画法示例

类别	图例	画法
飞溅及油浴润滑	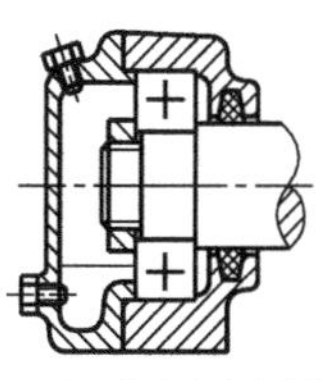 (a) 滚动轴承油浴润滑 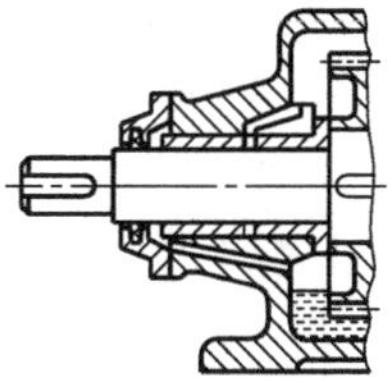　(b) 齿轮油浴润滑	滚动轴承油浴润滑的油面一般不超过下方钢球的中心线，见图(a)，齿轮油浴润滑时，齿轮浸油深度一般不小于 10mm，不大于 1～2 个齿高，需画出油路见图(b)
滴油润滑	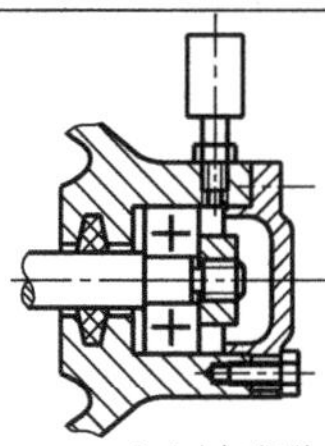 (a) 油杯润滑 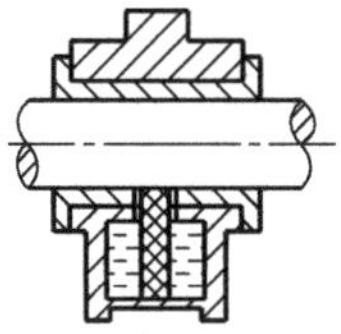　(b) 油垫润滑	油杯为标准件，一般在装配图上只画外形，见图(a)。 油垫紧靠在油池底面和转动轴表面
带油润滑	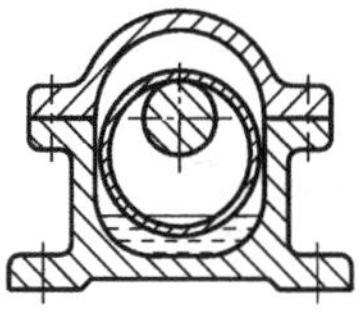 (a) 油杯润滑 　(b) 油链润滑	油杯和油链的下方应浸在油中
脂润滑	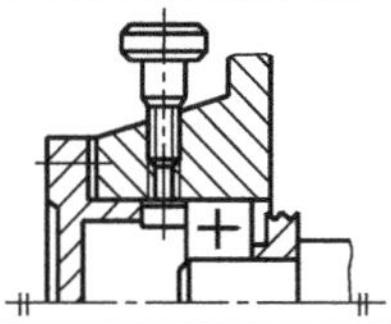	在壳体径向，或在压盖轴线上留有注油孔，装入黄油杯，油杯只画外形

12.4.8　螺纹连接的防松结构及其画法示例

螺纹连接的防松结构及其画法示例见表 12-7。

表 12-7　螺纹连接的防松结构及其画法示例

类别		图例
摩擦防松结构	螺母防松结构	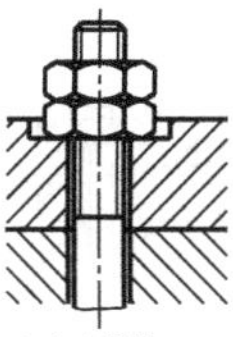 (a) 双螺母 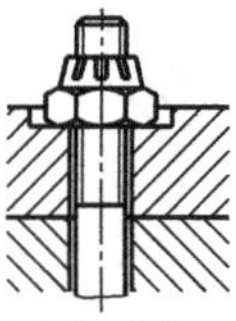　(b) 开口螺母 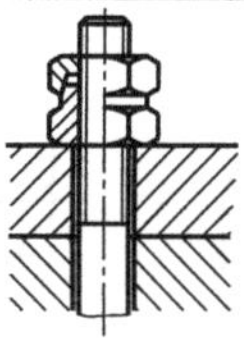　(c) 锥面螺母 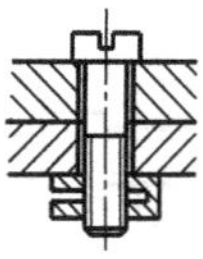　(d) 开槽螺母
	垫圈防松结构	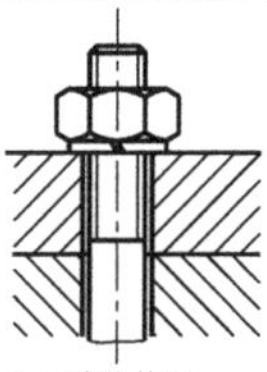 (a) 弹簧垫圈 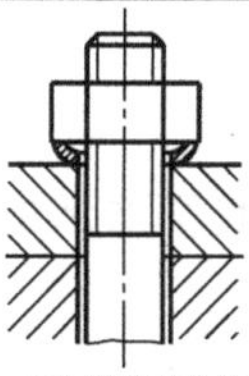　(b) 鞍形弹性垫圈

续表

类别		图例
机械防松结构	止动垫圈防松结构	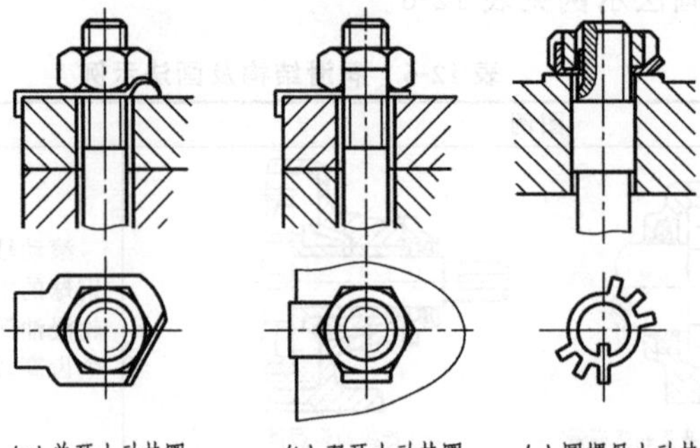 (a) 单耳止动垫圈　(b) 双耳止动垫圈　(c) 圆螺母止动垫圈
	开口销防松结构	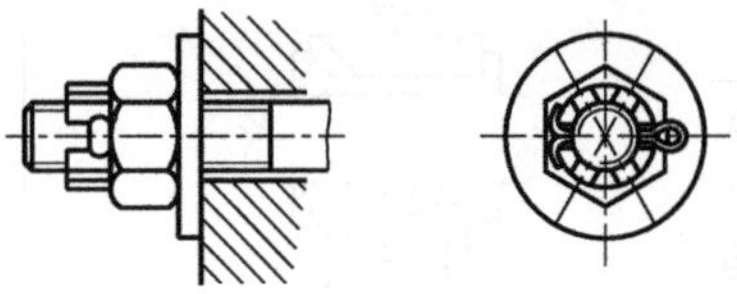
	钢丝防松结构	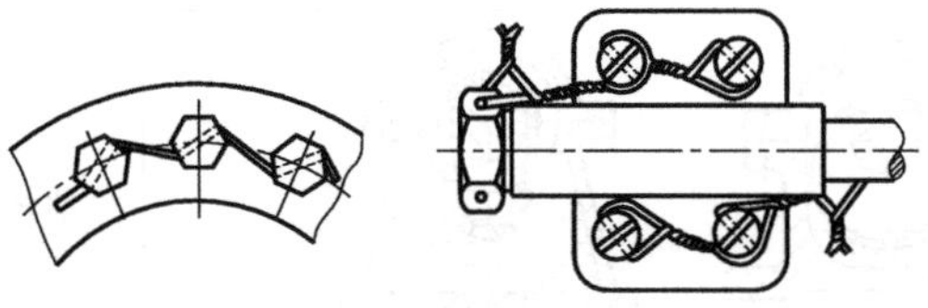 (a)　(b)
	紧定螺钉防松结构	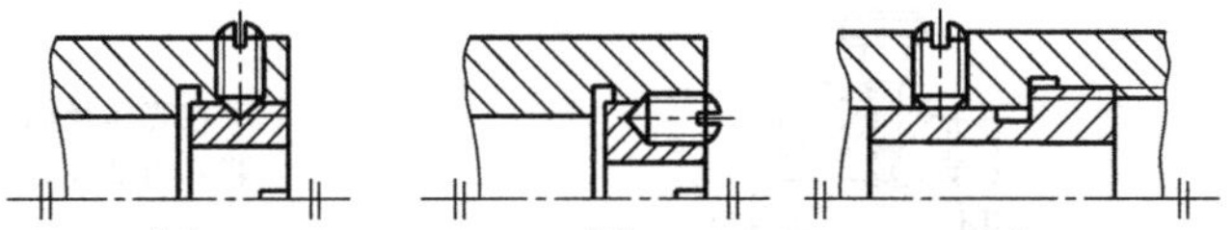 (a)　(b)　(c)

12.4.9　锁紧结构及其画法示例

图 12-15 所示为顶紧式锁紧机构，轴与壳体是间隙配合。拧紧螺钉后，通过垫将轴锁紧(图示为锁紧状态)，此时壳体与螺钉间需要有间隙 a。图 12-16 所示为夹紧式锁紧机构，轴与壳体配合，锁紧时需要画出间隙 b。

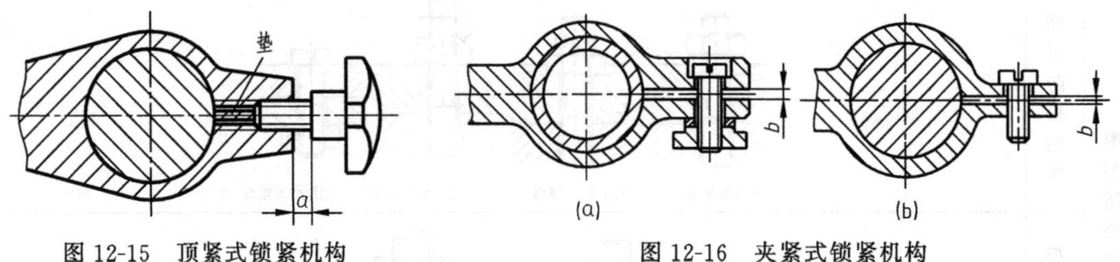

图 12-15　顶紧式锁紧机构　　图 12-16　夹紧式锁紧机构

12.4.10　定位和限位结构及其画法示例

(1) 刚性定位结构

图 12-17 所示为刚性定位结构。图中定位件与定位槽两侧面之间应为间隙配合。

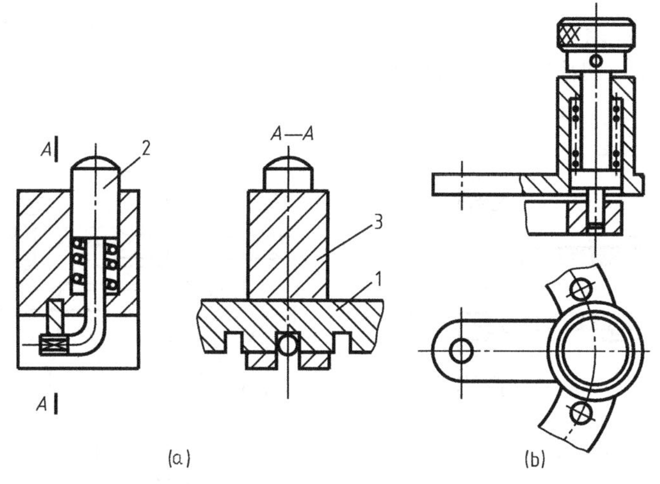

图 12-17　刚性定位结构
1—运动件；2—定位件；3—不动件

(2) 弹性定位结构

图 12-18 所示为弹性定位结构。图示为定位状态，定位件的凸起应与不动件的凹坑接触。图 (a) 中钢球球心应高出不动件表面。

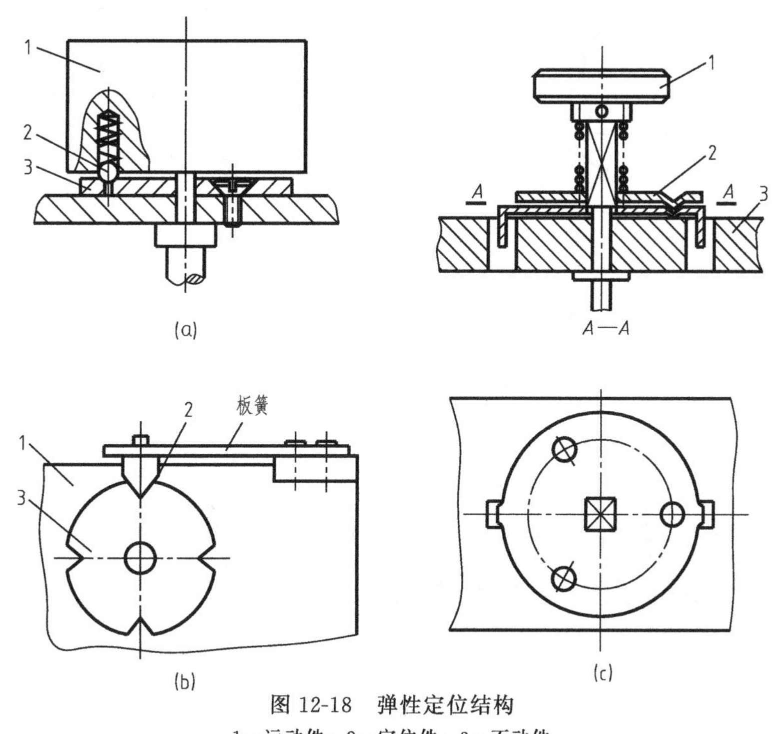

图 12-18　弹性定位结构
1—运动件；2—定位件；3—不动件

(3) 垫圈的限动结构

图 12-19 所示为垫圈限动结构。拨环 1 用销固结在轴上，止动环 3 用螺钉固定在壳体上。限动垫圈 2 与轴是间隙配合，拨环、止动环以及限动垫圈端面也是间隙配合。限动齿示意画出。

(4) 限位槽结构

图 12-20 所示为目镜视度调节机构。由目镜座上的凸缘 2 和转螺 3 上的凹槽限制转螺轴的移动范围。凸缘 2 与凹槽间应画出间隙。尺寸 L 应小于尺寸 M。

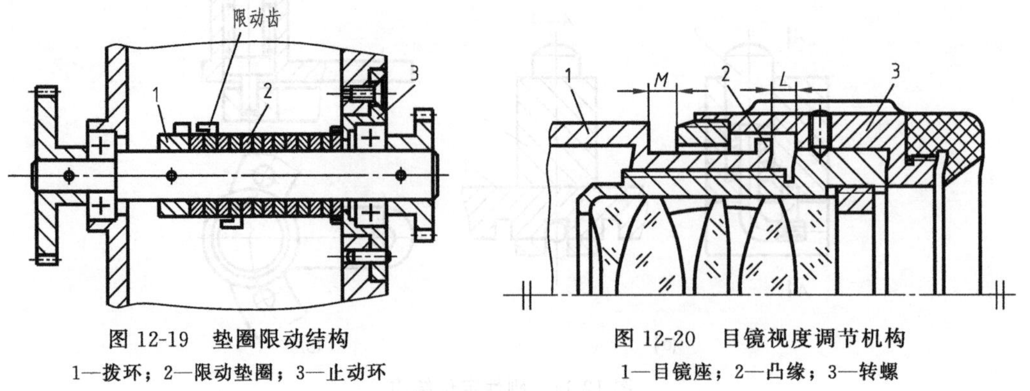

图 12-19 垫圈限动结构

1—拨环；2—限动垫圈；3—止动环

图 12-20 目镜视度调节机构

1—目镜座；2—凸缘；3—转螺

12.4.11 轴上零件的连接和固定结构及其画法示例

轴上零件的连接和固定结构及其画法示例见表 12-8。

表 12-8 轴上零件的连接和固定结构及其画法示例

类别	图例	画法
紧定螺钉	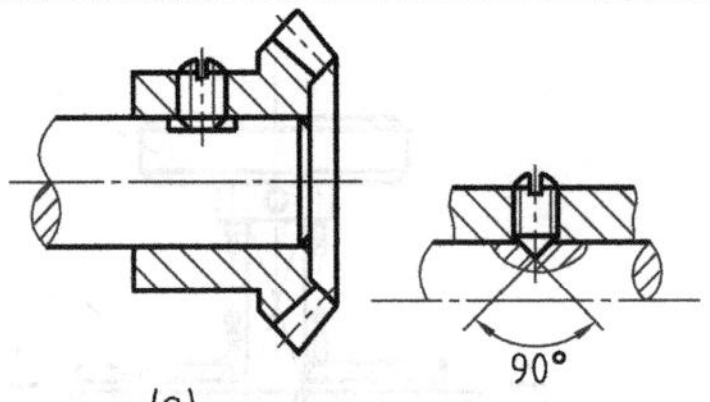 90° (a) (b)	螺钉直径一般取(0.15～0.25)d。 见图(a),用平端紧定螺钉时,轴上应加工出平台; 见图(b),用锥端紧定螺钉时,轴上应制有承钉孔
销	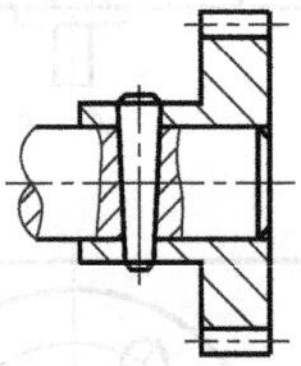	销直径一般取$\left(\frac{1}{4}\sim\frac{1}{6}\right)d$
键和螺母	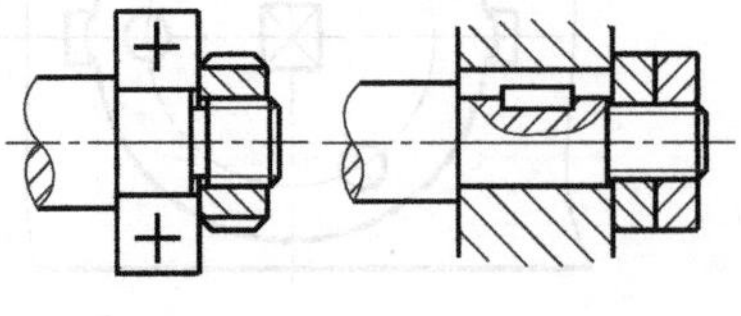 (a) (b)	键和轴上键槽一般取局部剖视图。键和槽之间三面接触。键顶面和孔的键槽间应画出间隙。 轴和孔是间隙配合,螺纹大径应小于轴的直径。 被连接件与螺母端面应靠紧,螺母端面与轴间应有间隙。
挡圈	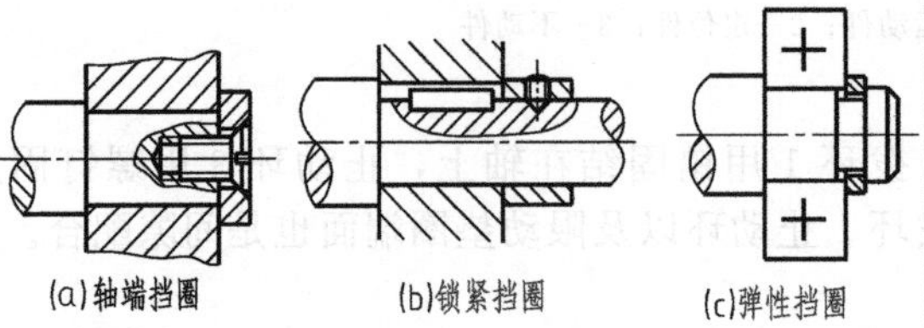 (a)轴端挡圈 (b)锁紧挡圈 (c)弹性挡圈	轴向端面必须靠紧

续表

类别	图例	画法
开口销	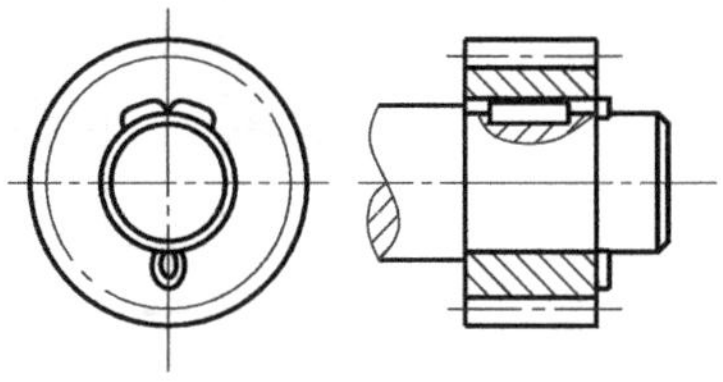	一般将开口销示意画出
锥形轴头	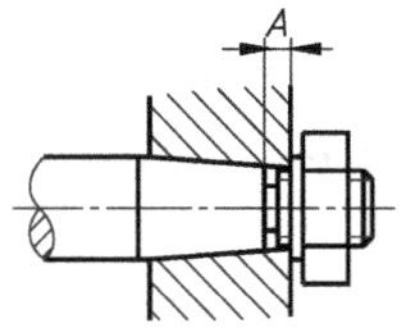 A	必须留有间隙 A
非圆形截面	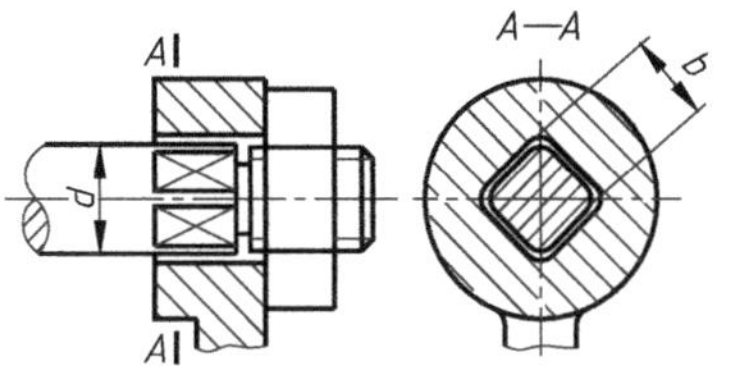 A 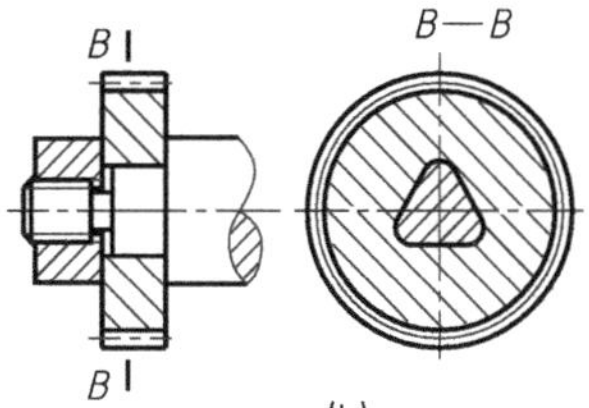　A—A　b　d　A (a) B　B—B　B (b)	图(a)所示轴 1 和件 2 是用方孔连接。为便于拆卸,方孔与轴间留有间隙,一般取 $b \approx 0.75d$。断面 A—A 可不画出。 图(b)所示连接孔是三角形,必须画出断面 B—B
弹性环	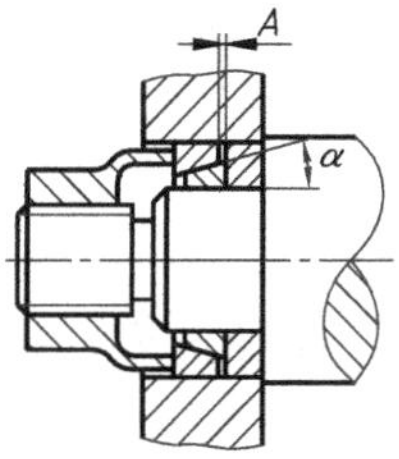 A　α	弹性环是以锥面配合的钢环,通常取 $\alpha = 12.5° \sim 17°$ 为保证锥面靠紧,必须留有间隙 A

12.4.12　装配图中零、部件序号及其编排方法

为了便于图样的阅读、管理以及进行生产和维修的准备工作，在装配图中需对每个不同类型的零件或组件进行编号，这种编号称为零、部件的序号。GB/T 4458.2—2003《机械制图　装配图中零、部件序号及其编排方法》规定了零、部件序号的编排方法，同时还要绘编相应的明细栏。零件、部件序号的编写方法如下：

① 相同的零件、部件用一个序号，一般只标注一次。

② 指引线用细实线绘制，指引线应自所指的可见轮廓内引出，并在末端画一个圆点，如图 12-21。若所指部分是很薄的零件或是涂黑的剖面，轮廓内部不宜画圆点时，可在指引线的末端画出箭头，并指向该部分的轮廓，如图 12-22 所示。

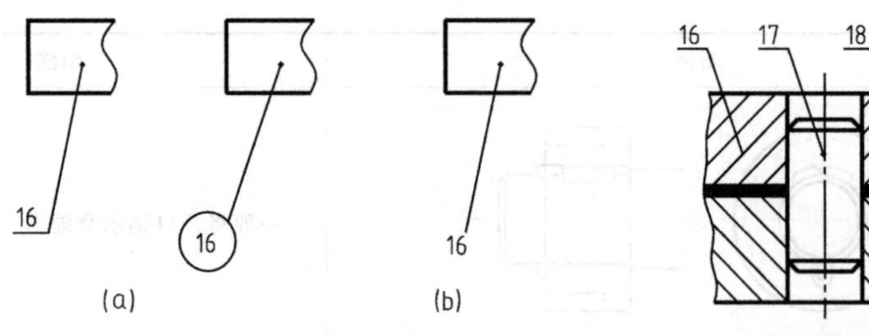

图 12-21 序号的基本形式　　图 12-22 指引线末端的形式

③ 序号写在用细实线绘制的横线上方，或用细实线绘制的圆内，见图 12-21(a)；序号也可直接写在指引线的附近，见图 12-21(b)。序号的字高比图中尺寸数字的高度大一或两号。同一装配图中，编号形式应一致。

④ 各指引线不允许相交。当通过剖面线的区域时，指引线不得与剖面线平行，见图 12-22。指引线可画成折线，但只可折一次，见图 12-23。

⑤ 一组紧固件或装配关系清楚的零件组，可以采用公共指引线，其编注形式，见图 12-24。

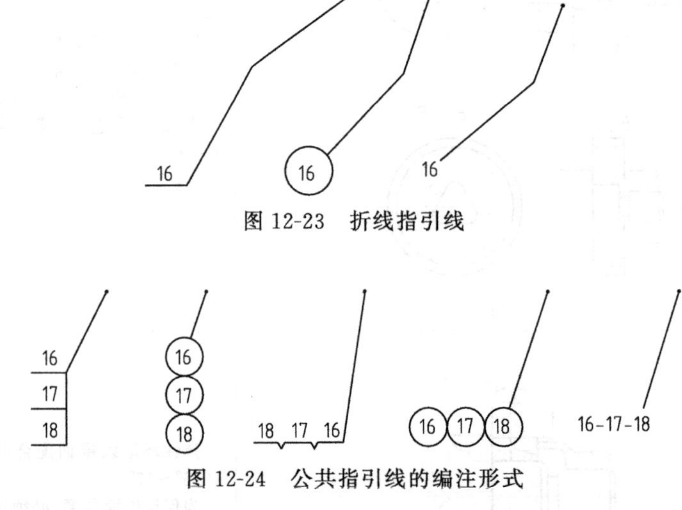

图 12-23 折线指引线

图 12-24 公共指引线的编注形式

⑥ 编写序号时，按顺时针方向或逆时针方向，直线排列，顺次编写，如图 12-7 和图 12-10 所示。

⑦ 也可按装配图明细栏（表）中的序号排列，采用此种方法时，应尽量在每个水平或垂直方向顺次排列。

12.4.13 装配图识读实例

(1) 读装配图的目的

① 了解机器或部件的性能、功用和工作原理。

② 了解各零件间的装配关系及各零件的拆装顺序。

③ 了解各零件的主要结构形状和作用。

④ 了解其他系统，如润滑系统，防漏系统等的原理和构造。

(2) 读装配图的方法与步骤

【例 12-7】 虎钳装配图。

下面以图 12-25 所示虎钳为例，说明读装配图的方法和步骤。

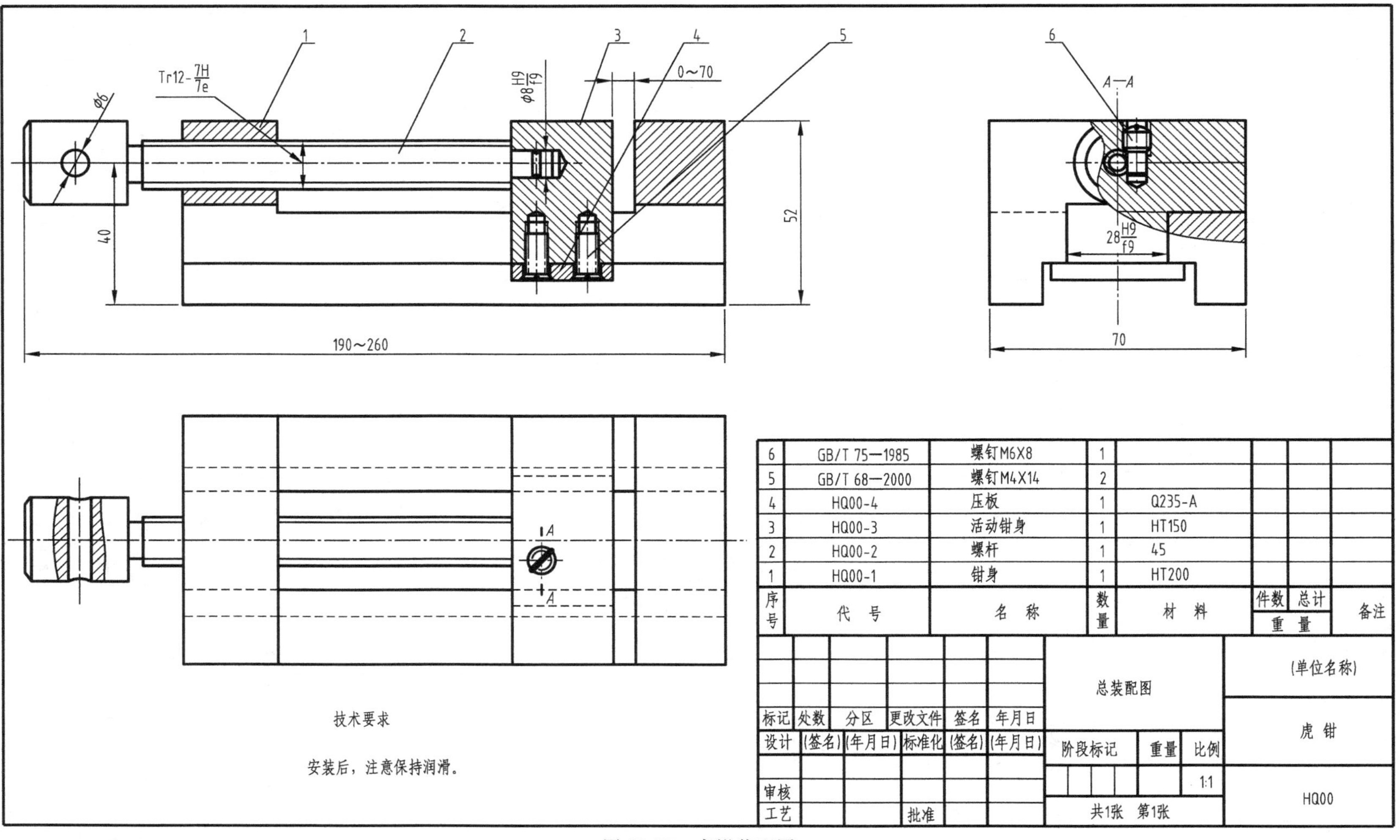
1
2
3
4
5
6
Tr12-7H/7e
φ6
φ8 H9/f9
0~70
A—A
52
40
190~260
28 H9/f9
70
A
A
技术要求
安装后，注意保持润滑。
6　GB/T 75—1985　螺钉M6X8　1
5　GB/T 68—2000　螺钉M4X14　2
4　HQ00-4　压板　1　Q235-A
3　HQ00-3　活动钳身　1　HT150
2　HQ00-2　螺杆　1　45
1　HQ00-1　钳身　1　HT200
序号　代号　名称　数量　材料　件数　总计　重量　备注
标记　处数　分区　更改文件　签名　年月日
设计　(签名)　(年月日)　标准化　(签名)　(年月日)
审核
工艺　批准
总装配图
阶段标记　重量　比例
1:1
共1张　第1张
(单位名称)
虎钳
HQ00

图 12-25　虎钳装配图

① 概括了解。看装配图不仅需要具备投影和表达方法的知识，而且还必须具备一定的专业知识。因此，在读装配图时，首先要通过阅读有关说明书、装配图中的技术要求、标题栏、明细栏等，了解部件或机器的名称和功用；了解每种零件的名称、材料、数量及其在装配图上的位置。

虎钳是一种常见的用来夹持工件的工具，该部件由 6 种共 7 个零件组装而成。

② 分析视图。阅读装配图时，应全面分析表达方案：表达方案中采用了哪些视图；采用了哪些表达方法，为什么采用它们，并找出各视图间的投影关系；明确各个视图表达的重点以及零件之间的装配关系和连接方式。

主视图是表达机器或部件装配关系和工作原理较多的一个视图，在分析视图时，应以主视图为主，对照其他视图进行。

分析虎钳装配图可知，该装配图由主视图、俯视图和左视图三个基本视图组成，主视图采用了全剖视，左视图作了局部剖。通过投影关系的分析和剖面线方向的判别，可看清主要零件的结构形状。主视图主要表达螺杆 2 和钳身 1、螺杆 2 和活动钳身 3 的装配关系，钳身 1 和活动钳身 3 之间的连接关系。左视图主要表达用螺钉 6 在活动钳身 3 中卡住螺杆 2 的可活动的连接关系。俯视图主要表达组成虎钳各零件之间的前后和左右的相对位置关系。

③ 分析尺寸。分析装配图中每个尺寸的作用：哪些是规格（性能）尺寸；哪些是装配尺寸，对于配合尺寸，要读懂是哪两个零件之间的配合，还要读懂两配合件的配合性质及精度要求等；哪些是安装尺寸；哪些是外形尺寸等。

如虎钳装配图中，0～70 是规格尺寸，说明该虎钳可夹持厚度不超过 70mm 的工件。Tr12—7H/7e 是配合尺寸，说明螺杆 2 上的外螺纹与钳身 1 上的螺纹孔的配合要求，这两个零件的配合属于基孔制间隙配合；ϕ8H9/f9 也是一个配合尺寸，说明螺杆 2 的尾部轴段与钳身 1 上的活动钳身 3 上的孔的配合是基孔制间隙配合。28H9/f9 说明活动钳身 3 上的滑道与钳身 1 上的滑孔的配合属于基孔制间隙配合。190～260、70、52 是虎钳的外形尺寸，为包装、运输、安装提供了参考数据。40 是一个重要的相对位置尺寸，说明螺杆 2 与底面的相对位置是 40mm。

④ 深入分析工作原理。在视图、尺寸及技术要求等分析的基础上，从主视图着手，按照装配干线（或运动干线），逐步搞清楚每个零件的主要作用和部件的工作原理。

虎钳的工作原理从主、左视图的投影关系可知：通过压板 4 和两个螺钉 5 将活动钳身固定在钳身 1 的滑孔内，活动钳身 3 可以在滑孔内滑动。通过螺钉 6 将螺杆 2 连接在活动钳身 3 上，螺杆 2 可相对活动钳身 3 转动。通过旋转螺杆 2，相对钳身 1 旋入与旋出，从而带动活动钳身 3 张合，以固定工件。

⑤ 深入分析零件。分析哪些是标准件、哪些是常用件、哪些是一般零件；读懂每个零件的结构形状、作用及其相互之间的装配关系。

从主视图入手，结合其他两个视图，通过对虎钳部件的深入分析，可以读出：活动钳身 3 是一个主要零件，基本形体是一个长方体，其下方有一个方形凸起滑道，与钳身 1 上的滑孔配合，并在其上滑行。其上有两个内螺纹，用以约束活动钳身，还有一个圆孔，用以连接螺杆 2。其余的零件也可以用同样的方法一一分析。

⑥ 分析装拆顺序。最后，还要进一步搞清楚其装拆方法和顺序。在拆卸时要注意，对不可拆的和过盈配合的零件应尽量不拆，以免影响机器或部件的性能和精度。

虎钳的组装顺序为：首先用螺钉 5 把活动钳身 3 和压板 4 连接在一起，并定位在钳身 1 上；然后螺杆 2 旋入钳身 1，并将其尾部轴段插入活动钳身 3，通过螺钉 6 连接在一起，至此组装完毕。虎钳的拆卸顺序与组装顺序正好相反。

(3) 装配图识读实例

【例 12-8】 气缸装配图。

识读图 12-26 所示的气缸装配图。

① 概括了解。通过阅读标题栏，可以了解到该部件是一个气缸，因为画图的比例 1∶1，所以气缸的实际大小和图形的大小一样。通过阅读明细栏，可以了解到该部件是由 13 种共 15 个零件组装而成。

② 分析视图。该装配图采用了两个基本视图：主视图用全剖视图表示主要的装配干线和内部结构，左视图表达了部件的外部形状，它主要表达了前盖 3 的外部形状和前盖 3 与气缸筒 5 连接螺栓 12 的位置。另外 C 局部视图和 D 局部视图分别表达前盖 3 和后盖 11 的底座安装口的形状。B 斜视图表达了前盖 3 气孔及其周围的局部结构形状。

③ 分析尺寸。气缸装配图中，气缸筒缸径 ϕ50H8 是规格尺寸，缸径的尺寸决定了气缸的推动力。ϕ20H8/f8 是活塞杆 1 与前盖 3 的配合尺寸，说明这两个零件的配合属于基孔制间隙配合。ϕ50H8/h8 也是一个配合尺寸，说明前盖 3 与气缸筒 5 的配合是基孔（或轴）制间隙配合。ϕ50H8/f8 表达了活塞 8 与气缸筒 5 的配合属于基孔制间隙配合。ϕ14H7/js6 表示活塞杆 1 与活塞 8 的配合是基孔制过渡配合。160、80、43＋64/2 是气缸的外形尺寸，为包装、运输、安装提供了参考数据。43 是一个重要的相对位置尺寸，说明活塞杆 1 与底面的相对位置是 43mm。M12—7H 是活塞杆 1 与外部零件连接的内螺纹尺寸。两处标注的 R_C1/4 是部件用于与外部管道连接的螺纹密封的圆锥内螺纹尺寸。ϕ64 是用于前盖 3 与气缸筒 5 连接的四个螺栓的装配定位尺寸。

④ 深入分析工作原理。通过视图和尺寸分析，从主视图着手，按照装配干线，可以清楚地读懂气缸的工作原理。当压缩空气由后盖 11 上的 R_C1/4 孔进入，推动活塞 8 和活塞杆 1 向左移动（活塞杆的左端连接工作机构），即为工作行程，这时，气缸左腔中的空气从前盖 3 上的 R_C1/4 孔排出，工作完成后，气动系统中的换向元件使压缩空气从前盖 3 的 R_C1/4 孔中进入，活塞和活塞杆便向右移动到图示位置，即为回程，这时，气缸右腔的空气通过后盖中的 R_C1/4 排出，然后系统中的换气元件又使活塞和活塞杆实现工作行程，如此往复循环。

⑤ 深入分析零件。在部件中，共有 4 个标准件，分别是：垫圈 9、螺母 10、螺栓 12 和垫圈 13。其余为一般零件。

从主视图入手，结合其他视图，通过对气缸的深入分析，可以读出：前盖 3 是一个主要零件，主体呈拱门形，左端有圆柱凸起，右端也有圆柱凸起，且与气缸筒配合装配。底部前后两侧有用于安装的带安装口的两个底板结构。其上主要有三个内部功能机构：中间有活塞杆孔，尺寸及公差带代号为 ϕ20H8，在该孔的后端有一个同轴大孔，用于放防漏气垫圈；有一个与水平面倾斜的，且用于与外部管道连接的螺纹密封的圆锥内螺纹，其尺寸为 R_C1/4；有四个均布的用于螺栓连接的沉孔。其余的零件也可以用同样的方法一一分析。

⑥ 拆装顺序。气缸的组装顺序为：首先，根据技术要求，仔细检查垫圈 7，确保垫圈 7 完好；把密封圈 7 套装在活塞 8 的密封圈槽内；把垫片 6 安放在活塞 8 的垫片槽内；将活塞杆 1 插入活塞 8 的中孔后，套上垫片 9，拧紧螺母 10。其次，把密封圈 2 塞装入前盖 3 的密封圈槽内；垫好前后垫片 4，用垫片 13 和螺栓 12 将前盖 3 和后盖 11 紧固到气缸筒上，至此组装完毕。最后，根据技术要求，进行密封可靠性试验。气缸的拆卸顺序与组装顺序正好相反。

【例 12-9】 右后支撑总成装配图。

识读图 12-27 所示的右后支撑总成装配图。

① 阅读资料，了解右后支撑。可展开工作的厢车的前端借用左右两轮支撑，后端采用两个总成支撑。驻车时，左右支撑落下，伸缩到与基面伏贴，起到稳固支撑厢车的作用。该总成是右后支撑。

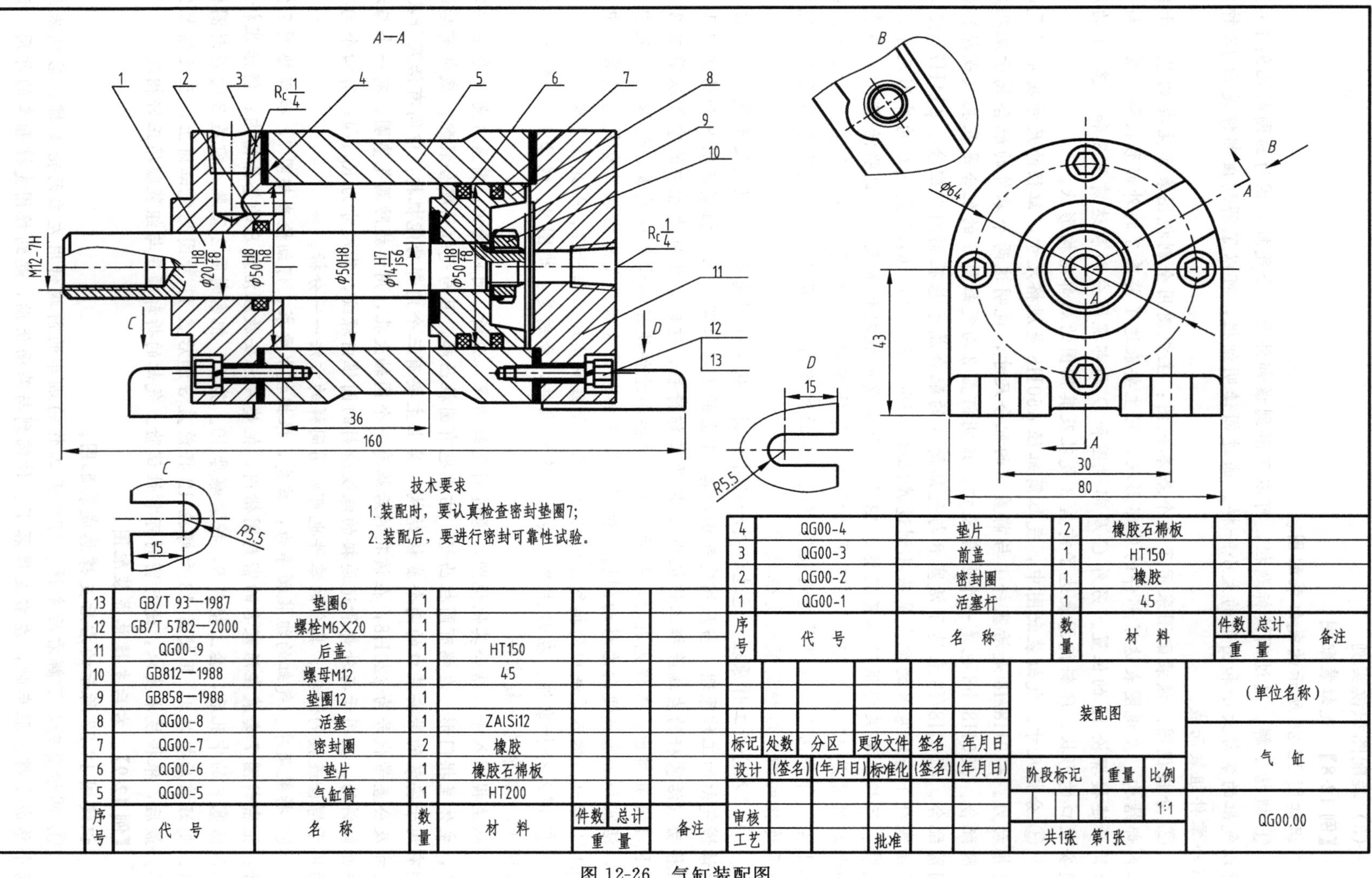

序号	代号	名称	数量	材料	件数 重量	总计	备注
13	GB/T 93—1987	垫圈6	1				
12	GB/T 5782—2000	螺栓M6×20	1				
11	QG00-9	后盖	1	HT150			
10	GB812—1988	螺母M12	1	45			
9	GB858—1988	垫圈12	1				
8	QG00-8	活塞	1	ZAlSi12			
7	QG00-7	密封圈	2	橡胶			
6	QG00-6	垫片	1	橡胶石棉板			
5	QG00-5	气缸筒	1	HT200			

序号	代号	名称	数量	材料	件数 重量	总计	备注
4	QG00-4	垫片	2	橡胶石棉板			
3	QG00-3	前盖	1	HT150			
2	QG00-2	密封圈	1	橡胶			
1	QG00-1	活塞杆	1	45			

标记	处数	分区	更改文件	签名	年月日	装配图			(单位名称)
设计	(签名)	(年月日)	标准化	(签名)	(年月日)	阶段标记	重量	比例	气缸
审核								1:1	QG00.00
工艺			批准			共1张 第1张			

图 12-26 气缸装配图

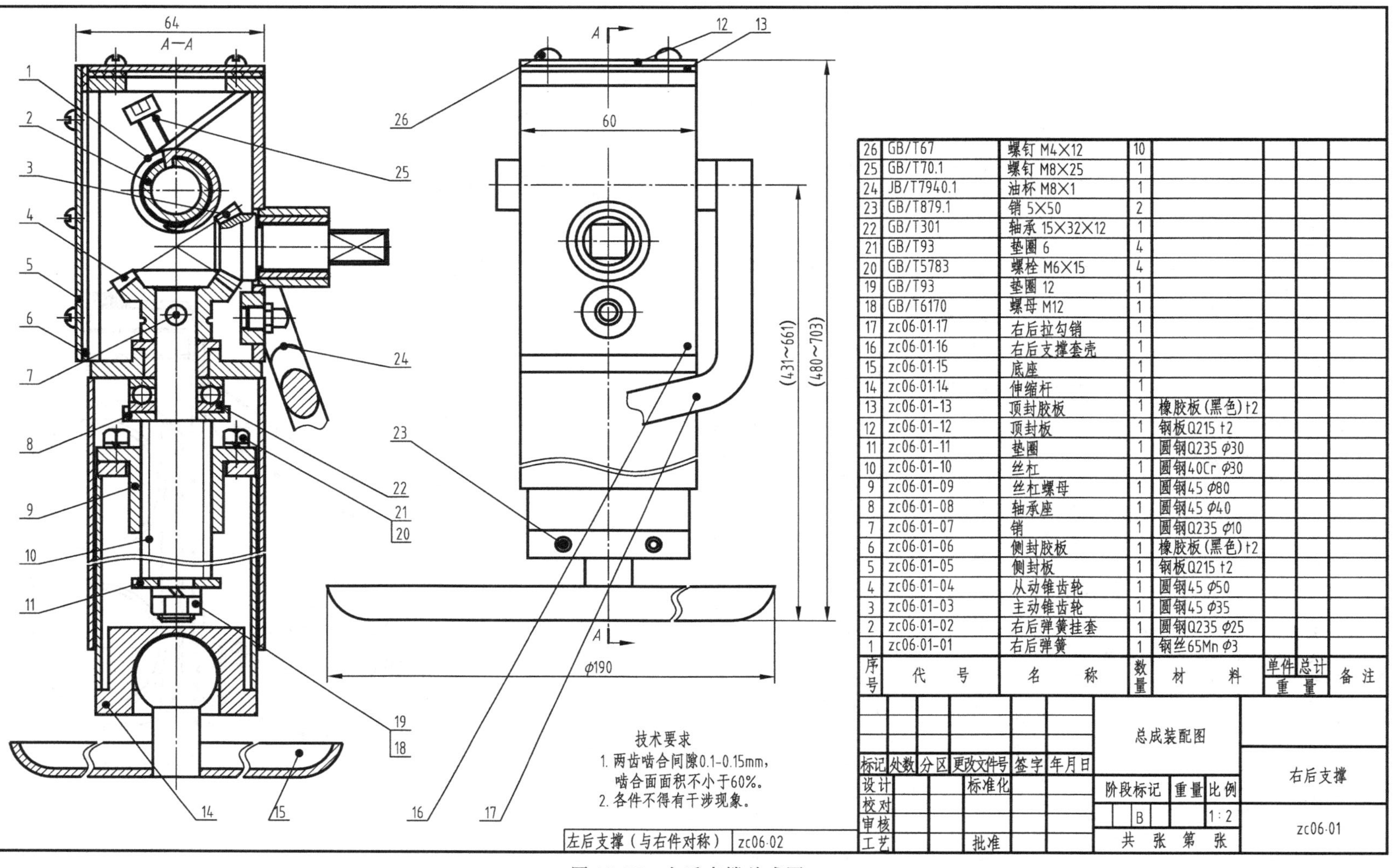

序号	代号	名称	数量	材料	单件重量	总计重量	备注
26	GB/T67	螺钉 M4×12	10				
25	GB/T70.1	螺钉 M8×25	1				
24	JB/T7940.1	油杯 M8×1	1				
23	GB/T879.1	销 5×50	2				
22	GB/T301	轴承 15×32×12	1				
21	GB/T93	垫圈 6	4				
20	GB/T5783	螺栓 M6×15	4				
19	GB/T93	垫圈 12	1				
18	GB/T6170	螺母 M12	1				
17	zc06·01·17	右后拉勾销	1				
16	zc06·01·16	右后支撑套壳	1				
15	zc06·01·15	底座	1				
14	zc06·01·14	伸缩杆	1				
13	zc06-01-13	顶封胶板	1	橡胶板(黑色)t2			
12	zc06-01-12	顶封板	1	钢板Q215 t2			
11	zc06-01-11	垫圈	1	圆钢Q235 φ30			
10	zc06-01-10	丝杠	1	圆钢40Cr φ30			
9	zc06-01-09	丝杠螺母	1	圆钢45 φ80			
8	zc06-01-08	轴承座	1	圆钢45 φ40			
7	zc06-01-07	销	1	圆钢Q235 φ10			
6	zc06-01-06	侧封胶板	1	橡胶板(黑色)t2			
5	zc06-01-05	侧封板	1	钢板Q215 t2			
4	zc06-01-04	从动锥齿轮	1	圆钢45 φ50			
3	zc06-01-03	主动锥齿轮	1	圆钢45 φ35			
2	zc06-01-02	右后弹簧挂套	1	圆钢Q235 φ25			
1	zc06-01-01	右后弹簧	1	钢丝65Mn φ3			

图 12-27　右后支撑总成图

② 阅读总成装配图的标题栏和明细栏。

阅读总成装配图的标题栏。总成的名称是右后支撑，通过该名称也可初步判断该总成位于厢车的右后端，起支撑作用；比例 1∶2，其大小是图样大小的两倍；编号 zc06・01，总成隶属于厢车，属于一级部件；图样阶段标记是 B，用于指导批量生产。

阅读总成装配图的明细栏。右后支撑是由 26 种不同的零部件组成的，其中包括 13 种专用零件、4 种专用部件、9 种标准件，单装零部件共计 42 个。零部件材料多选用钢材。

③ 分析总成图样的表达方案。见图 12-27，该总成是由两个视图表达的，主视图采用了全剖视，剖切位置见左视图。

④ 分析总成尺寸。长、宽尺寸为 $\phi190$，最大高度尺寸 703mm，最小高度尺寸 480mm。该总成的重要尺寸是右后拉勾销轴线与底座底面的相对距离 431～661mm。

⑤ 深入分析工作原理。主视图基本表达了总成的装配关系和工作原理，驻车展开时，克服右后弹簧 2 的弹力，放下右后支撑；通过摇柄，旋转主动锥齿轮 3，驱动从动锥齿轮 4 旋转；丝杆 10 与从动锥齿轮 4 刚性连接，一起旋转，通过丝杠 10 和丝杠螺母 9 的螺纹副传动，推动伸缩杆 14 带动底座 15 伸出；底座 15 与基面伏贴后，支撑并稳固厢车。撤收时，反向旋转摇柄，伸缩杆 14 收缩，在弹簧 1 弹力作用下，总成回位。

⑥ 分析总成装拆顺序。该总成的拆卸顺序是：侧封板 5→侧封胶板 6→顶封板 12→顶封胶板 13→右后弹簧挂套 2→右后弹簧 1→销 7→主动锥齿轮 3→从动锥齿轮 4→轴承 22→轴承座 8→伸缩杆 14→垫圈 11→丝杠螺母 9→丝杠 10。安装顺序相反。

⑦ 总结归纳。该总成是由齿轮机构和螺纹机构组成的，是一个典型的机械式总成。总成采用传统的弹力回位。总成不可拆卸连接全部采用焊接，可拆卸连接采用螺纹连接。零件多采用车削加工，零件的部分结构加工精度较高。

【例 12-10】 调平总成装配图。

识读图 12-29 所示的调平总成装配图。

① 阅读技术资料，了解调平总成。见图 12-28，调平总成位于吊臂的前端，其调平油缸和平衡挂架与吊臂前端支架连接，平衡挂架的另一端与工作斗的连接架连接。在吊臂起升或降落时，通过控制调平油缸的伸缩，使工作斗始终处于水平状态。

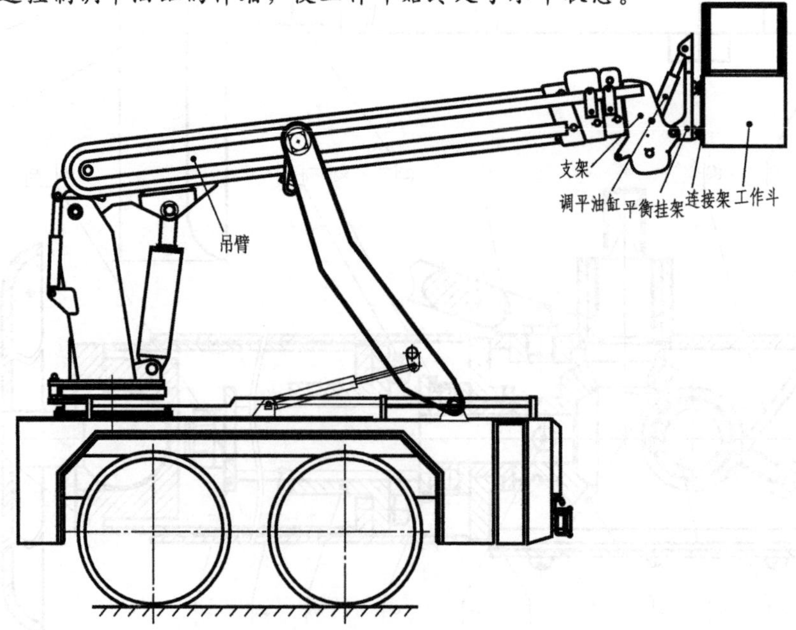

图 12-28 工作斗调平机构安装位置

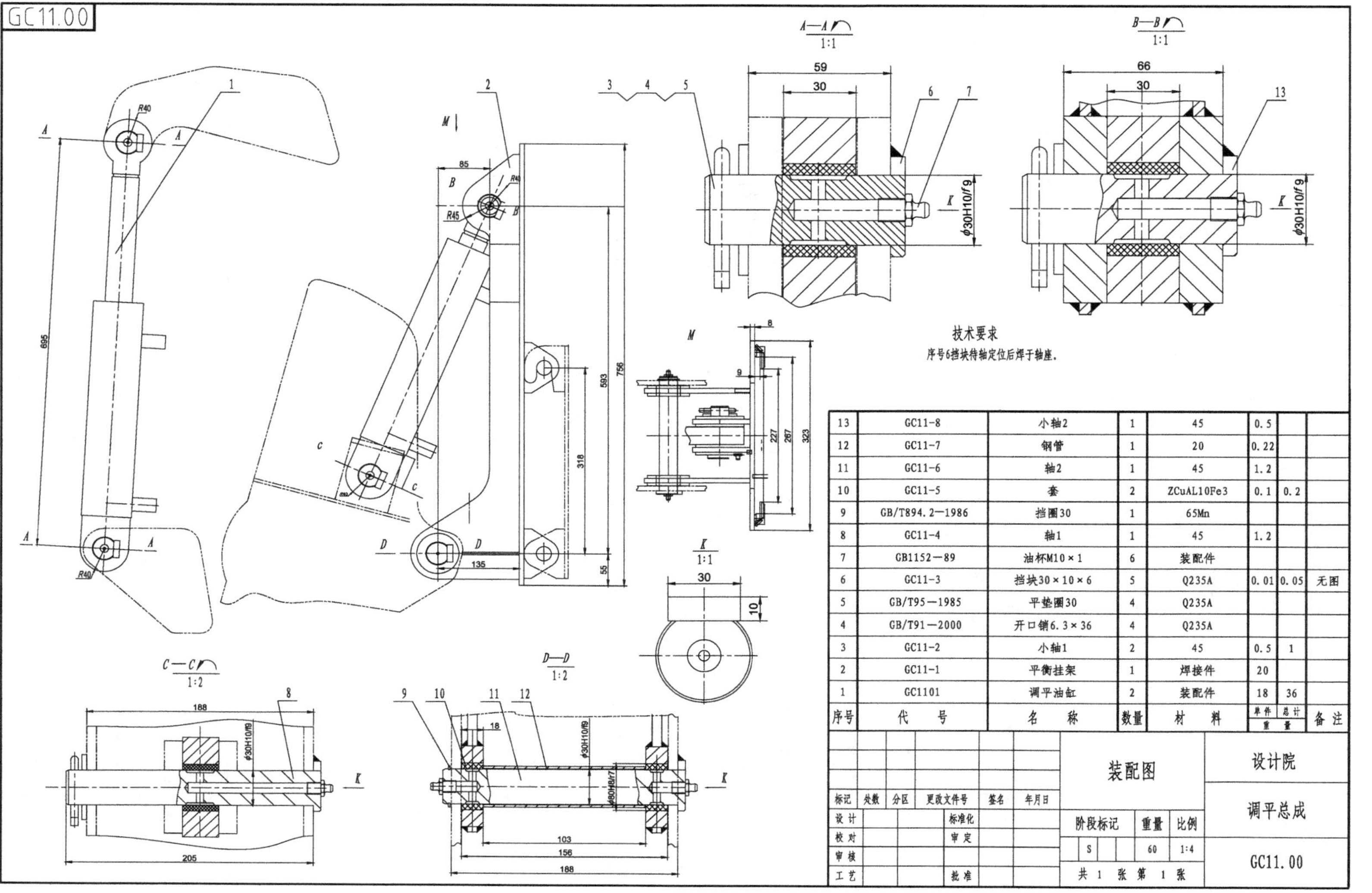

序号	代号	名称	数量	材料	单件重量	总计重量	备注
13	GC11-8	小轴2	1	45	0.5		
12	GC11-7	钢管	1	20	0.22		
11	GC11-6	轴2	1	45	1.2		
10	GC11-5	套	2	ZCuAL10Fe3	0.1	0.2	
9	GB/T894.2—1986	挡圈30	1	65Mn			
8	GC11-4	轴1	1	45	1.2		
7	GB1152—89	油杯M10×1	6	装配件			
6	GC11-3	挡块30×10×6	5	Q235A	0.01	0.05	无图
5	GB/T95—1985	平垫圈30	4	Q235A			
4	GB/T91—2000	开口销6.3×36	4	Q235A			
3	GC11-2	小轴1	2	45	0.5	1	
2	GC11-1	平衡挂架	1	焊接件	20		
1	GC1101	调平油缸	2	装配件	18	36	

图 12-29　工作斗调平机构装配图

② 阅读总成装配图的标题栏和明细栏。调平总成起调平作用，图样比例 1∶4，其大小是图样大小的 4 倍；编号 GC11.00，属于编号为 11 的一级部件；图样阶段标记是 S，属于试制生产阶段的工作图样。调平总成是由 13 种不同的零部件组成的，其中包括 9 种专用零部件、4 种标准件，单装零部件共计 31 个。专用零件材料多选用钢材。

③ 分析总成装配图的表达方案。见图 12-29，总成装配图包括 8 个视图，除主视图外，1 个视图单独表达调平油缸，5 个放大视图，1 个向视图。总成装配图不仅表达了总成零部件的主要结构形状，还重点表达了零部件之间以及总成与其他总成之间的装配关系。总成零部件之间的连接主要采用轴套连接。

④ 分析总成尺寸。总高度为 756mm，最大宽度 323mm。油缸的最大伸缩长度为 695mm。连接轴的直径为 $\phi30$。

⑤ 深入分析工作原理。在吊臂升降过程中，通过控制调平油缸的伸缩，调整平衡挂架的角度，使工作斗处于水平状态。

⑥ 总结归纳。总成通过液压系统调整工作装置姿态，是一个传统的液压控制式总成。总成主要采用轴套连接。总成不可拆卸连接全部采用焊接，可拆卸连接采用开口销连接。轴和轴套全部采用基孔制间隙配合，配合代号为 $\phi30H10/f9$。

12.5 零件图

任何机器或部件都是由零件装配而成的。表达零件结构大小和技术要求的图样称为零件图。它是制造检验零件的主要依据，是设计和生产过程中的主要技术资料。本节主要介绍零件的表达，包括零件图的内容、常见零件结构及其画法、典型零件的表达等内容，零件图的其他内容在相应章节中专题介绍。

12.5.1 零件图的内容

零件图如图 12-30 所示，零件图主要包括四个方面的内容，见表 12-9。

表 12-9　零件图的内容

内容	注释	要求	遵循的制图标准
图形	可采用视图、剖视、断面、规定画法、简化画法、局部放大及常见零件结构画法等方法表达	正确、完整、清晰地表达出零件各部分的内外结构形状	GB/T 4458.1—2002《机械制图　图样画法　视图》，GB/T 4458.6—2002《机械制图　图样画法　剖视图和断面图》，GB/T 16675.1—2012《技术制图　简化画法　第 1 部分：图样画法》，GB/T 17451—1998《技术制图　图样画法　视图》，GB/T 17452—1998《技术制图　图样画法　剖视图和断面图》等
尺寸	确定零件结构形状的定形尺寸、定位尺寸及总体尺寸等	完整、正确、清晰和合理。合理就是要既满足设计要求，又满足工艺要求	GB/T 4458.4—2003《机械制图　尺寸注法》，GB/T 16675.2—2012《技术制图　简化画法　第 2 部分：尺寸注法》等
技术要求	表面粗糙度、尺寸公差、几何公差、热处理、表面处理及零件制造、检验、试验的要求等	按照国家标准的要求，正确地标注和书写	GB/T 131—2006《产品几何技术规范(GPS)　技术产品文件中表面结构的表示法》，GB/T 4458.5—2003《机械制图　尺寸公差与配合注法》，GB/T 1182—2008《产品几何技术规范(GPS)　几何公差　形状、方向、位置和跳动公差标注》等
标题栏	填写零件名称、材料、比例、编号、制图和审核者的姓名、日期等内容	按照国家标准的规定正确填写	GB/T 10609.1—2008《技术制图　标题栏》，GB/T 14690—1993《技术制图 比例》，GB/T 14691—1993《技术制图　字体》等

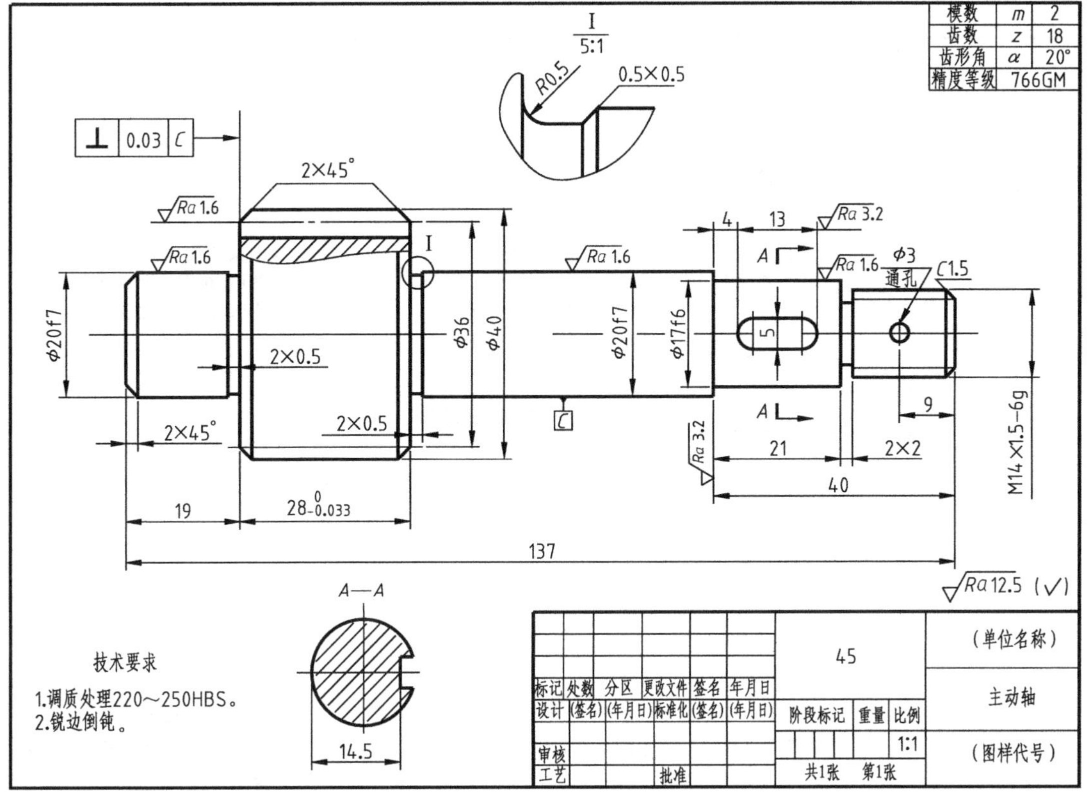

图 12-30　主动轴零件图

12.5.2　常见零件结构画法示例

（1）凹槽、凹坑和凸台合理结构及画法见表 12-10

表 12-10　凹槽、凹坑和凸台的合理结构及画法示例

合理	不合理	说明
		为减小金属积聚及便于造型，将双面凸台改为单面凸台，并加肋板，增强刚性
		为了保证加工表面质量，节省材料，降低制造费用，应尽可能减少内加工表面

续表

合理	不合理	说明
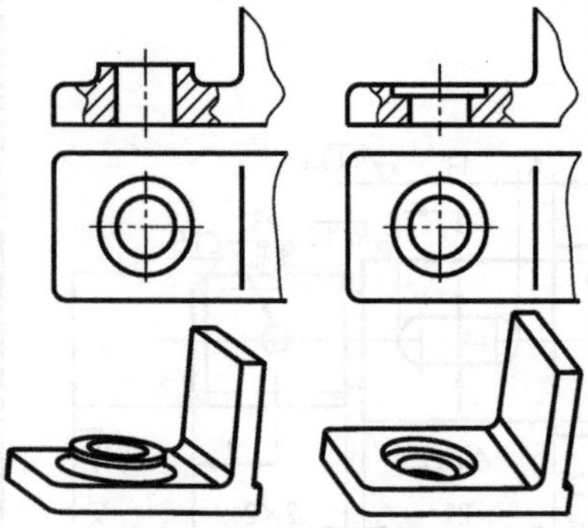	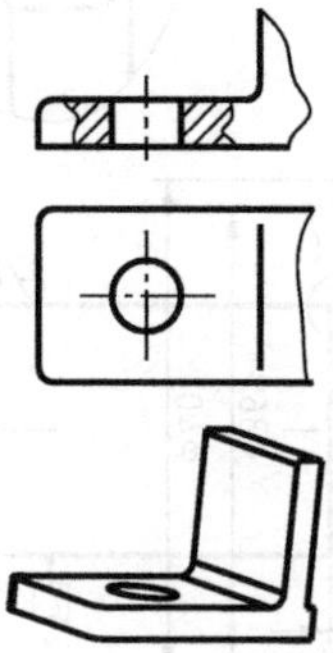	为了保证加工表面质量，降低制造费用，在零件上设计出凸台、沉孔或凹坑，尽可能减少加工面
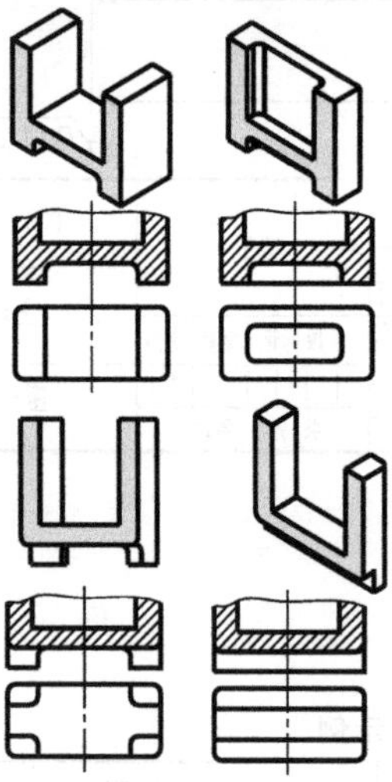	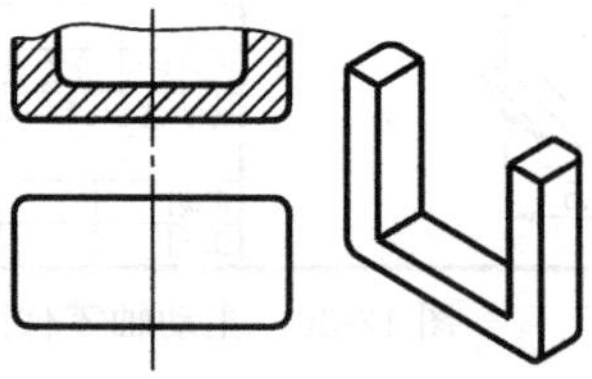	壳体较大接触面，应设计成凹槽或凸台，以减少加工面，且能保证接触良好

(2) 机械加工的合理工艺结构及画法见表 12-11

表 12-11 机械加工的合理工艺结构及画法示例

类别	合理	不合理	说明
倒角和倒圆	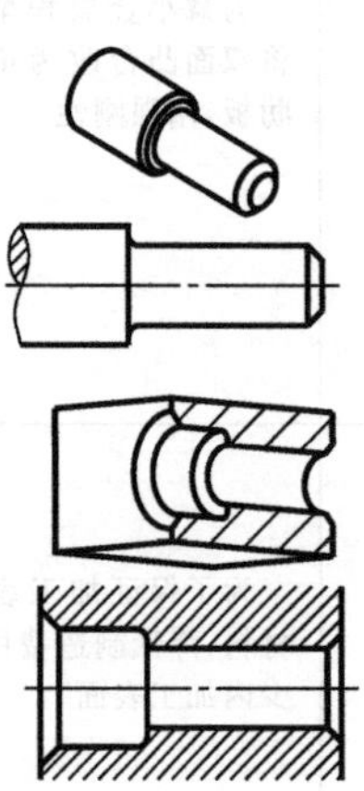	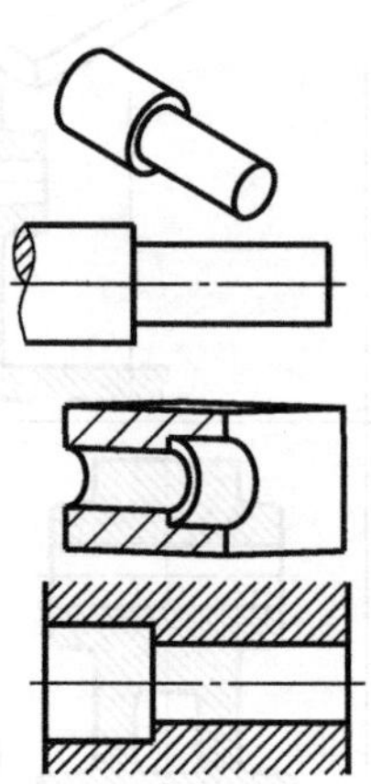	在轴端或孔端处，一般加工出倒角，既保护圆柱表面，又便于装配。 在轴肩或孔底处，常加工成倒圆，以减少应力集中

续表

类别	合理	不合理	说明
退刀槽	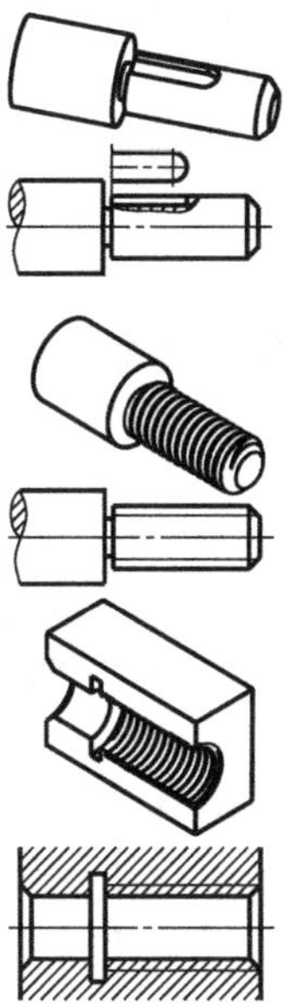	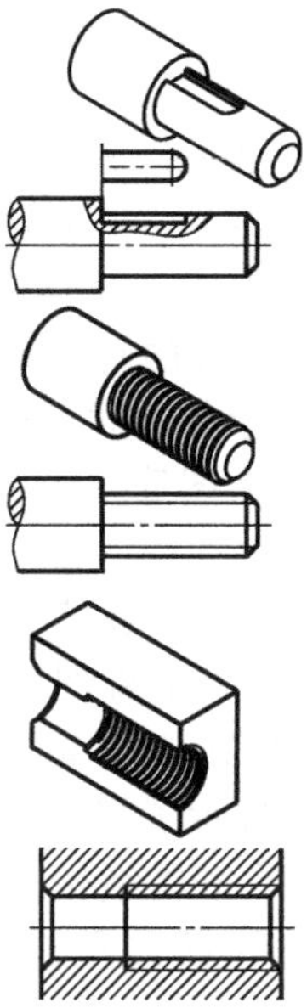	在加工螺纹或受力不大的轴径时，为了便于进刀、退刀或测量，加工出退刀槽
越程槽	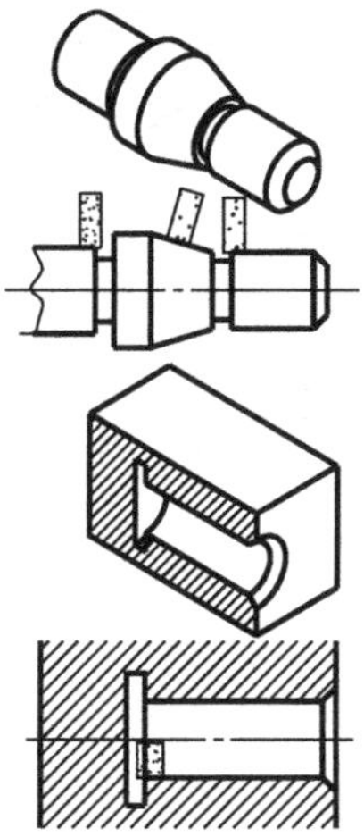	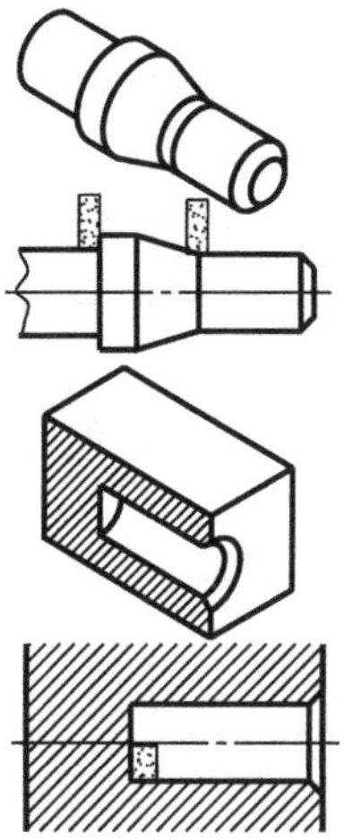	磨削不同直径的回转面，需要留出砂轮越程槽，既便于进、退刀，又保证了加工面的质量
钻孔	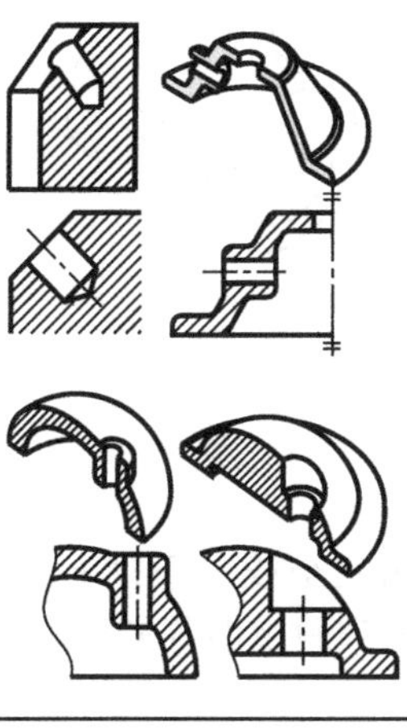	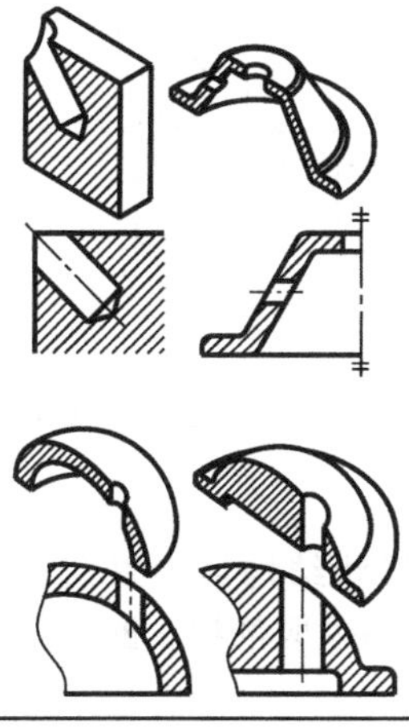	应使钻孔垂直于零件表面，以保证钻孔精度，避免钻头定位不准和折断。 曲面上加工圆孔时，一般在孔端做出凸台或凹坑

12.5.3 典型零件的表达示例

零件有多种分类的方法，根据零件的结构和尺寸的标准化程度不同，可以把零件分为标准件、常用件和一般零件三种类型。根据零件的结构特征不同，还可以把零件大致分为轴套类、轮盘类、叉架类、箱体类四种类型。

要完整、正确、清晰、简明地表达一个零件，一般仅有一个视图是不够的，还要适当选择一定数量的其他视图。相同类型的零件，其表达方案有共同之处。

(1) 轴套类零件

如图 12-30 主动轴的零件图，该零件的基本结构为同轴回转体，通常只用一个基本视图加上所需要的尺寸，就能表达其主要形状。对于轴上的键槽、销孔、螺纹退刀槽、砂轮越程槽等局部结构，可采用断面和局部放大图等方法来表达。

(2) 轮盘类零件

该零件的基本体征是扁平的盘形，一般情况下，其结构比轴类零件复杂，只用一个主视图不能完整地表达，因此，需要增加一个其他的基本视图。图 12-31 所示的泵盖的主视图显示了零件的主要结构，层次分明，左视图表达了主要结构的外部形状及六个沉孔的相对位置。轮盘类零件，一般需要两个视图来表达。

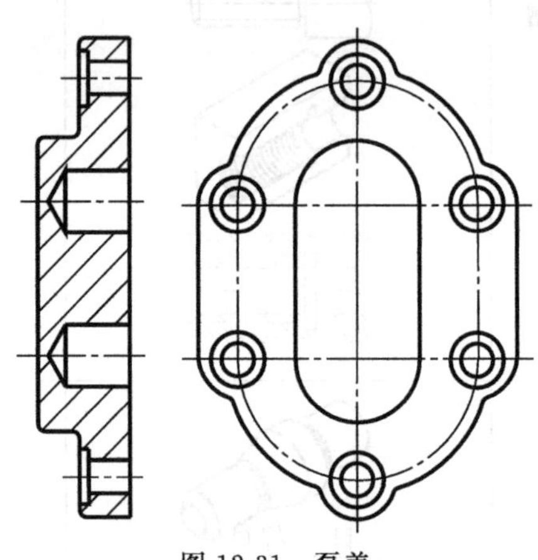

图 12-31 泵盖

(3) 叉架类零件

这类零件的形状比较复杂，通常先用铸造或焊接的方法制成毛坯，然后再进行切削加工。叉架类零件常常需要两个或两个以上的基本视图，并且还经常需要用局部视图、局部剖视和重合断面等表达方式，辅以表达。

如图 12-32 所示，图样中采用两个局部剖的基本视图、一个重合断面图和一个局部视图来表达拨叉零件。

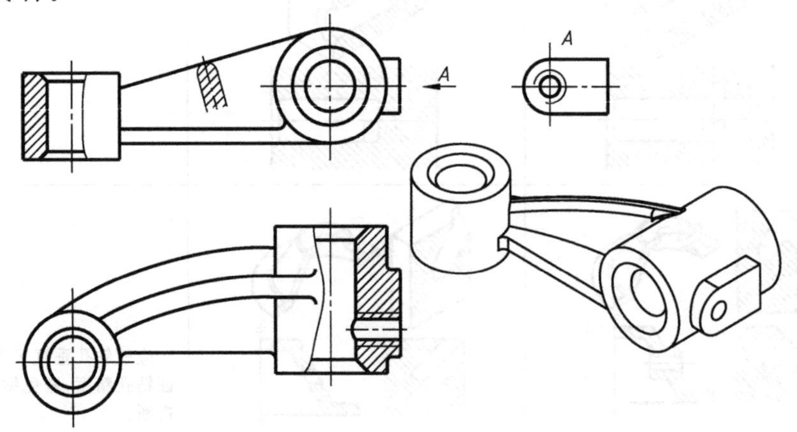

图 12-32 拨叉

(4) 箱体类零件

如图 12-33，箱体类零件的形状结构最为复杂，一般采用三个或三个以上的基本视图。而且还应根据零件的结构特点适当采取剖视、断面、局部视图和斜视图等多种表达方式，以清楚地表达零件的内外形状。

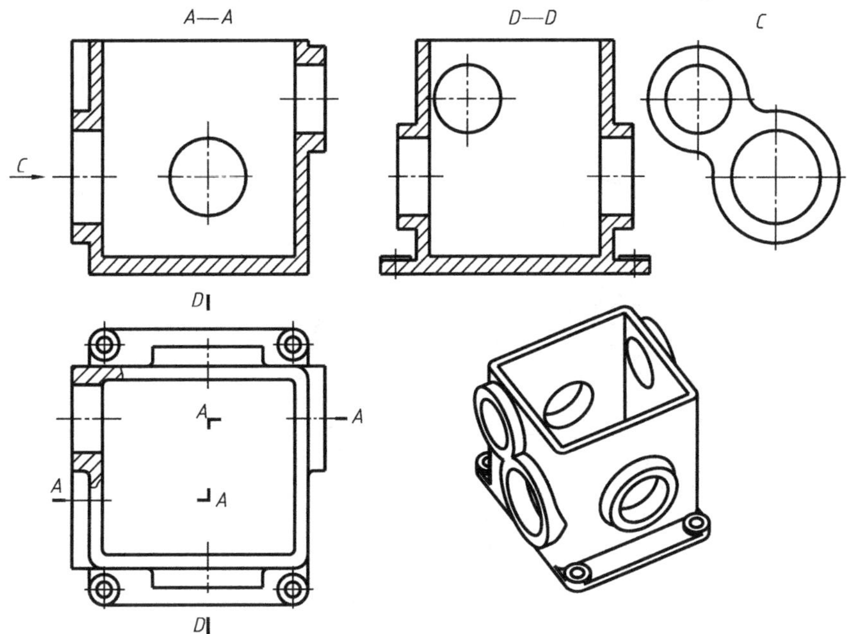

图 12-33　箱体

该箱体采用了三个基本视图，并在基本视图上作了阶梯全剖视、单一全剖视图和局部剖视图，以表达零件的内部和外部结构，另外用一个局部视图来表达左侧凸缘结构的外部形状。

12.5.4　零件图识读实例

在识读零件图时，应预先查阅产品的技术材料，了解产品的专业知识和特点，了解零件隶属部件的工作原理、基本性能、装配关系、技术要求等，以此为基础识读零件图，会对零件图理解地更加深刻；然后逐步识读零件图下列内容。

读标题栏主要了解零件的名称、设计单位、图样编号、图样阶段、重量、比例、签署情况和修改标记等内容；

读视图了解零件的功能结构和工艺结构；

读尺寸主要了解总体尺寸、定形尺寸、定位尺寸以及定位尺寸的设计基准和工艺基准；

读技术要求主要了解零件表面结构、尺寸公差、几何公差、热处理、表面处理及零件制造、检验、试验的要求等。

【例 12-11】　轴承盖零件图。

下面以图 12-34 所示轴承盖零件图为例介绍端盖类零件图的识读方法。

① 看标题栏，概括了解零件。从标题栏中可知该零件的名称是轴承盖。图形采用的是原比 1∶1，即图形与零件同样大小。图样阶段标记为 A，是设计定型或确量生产阶段的工作图样。材料是铸铁 HT200，是一个铸造件。

② 分析表达方案，想象出零件的形状。该零件用了主视图和左视图两个基本视图来表达。半剖视的主视图表达了零件的主要结构形状，因为剖切位置前后对称，且两视图按投影关系配置，所以主视图省略标注。半剖视的左视图辅助表达零件外部形状，半剖视表达了轴承盖底板根部的两个方孔，因为左视图剖切位置左右不对称，所以必须标注。

该零件可分为两大部分，即底板和主体两大结构，两大结构的基本形体均为圆柱体。底板上有四个沉孔，装配零件用的；底板的右端面有圆柱形凹坑。主体结构内部有一个阶梯孔，左端前后开槽；接近底板处，上下开有方孔。

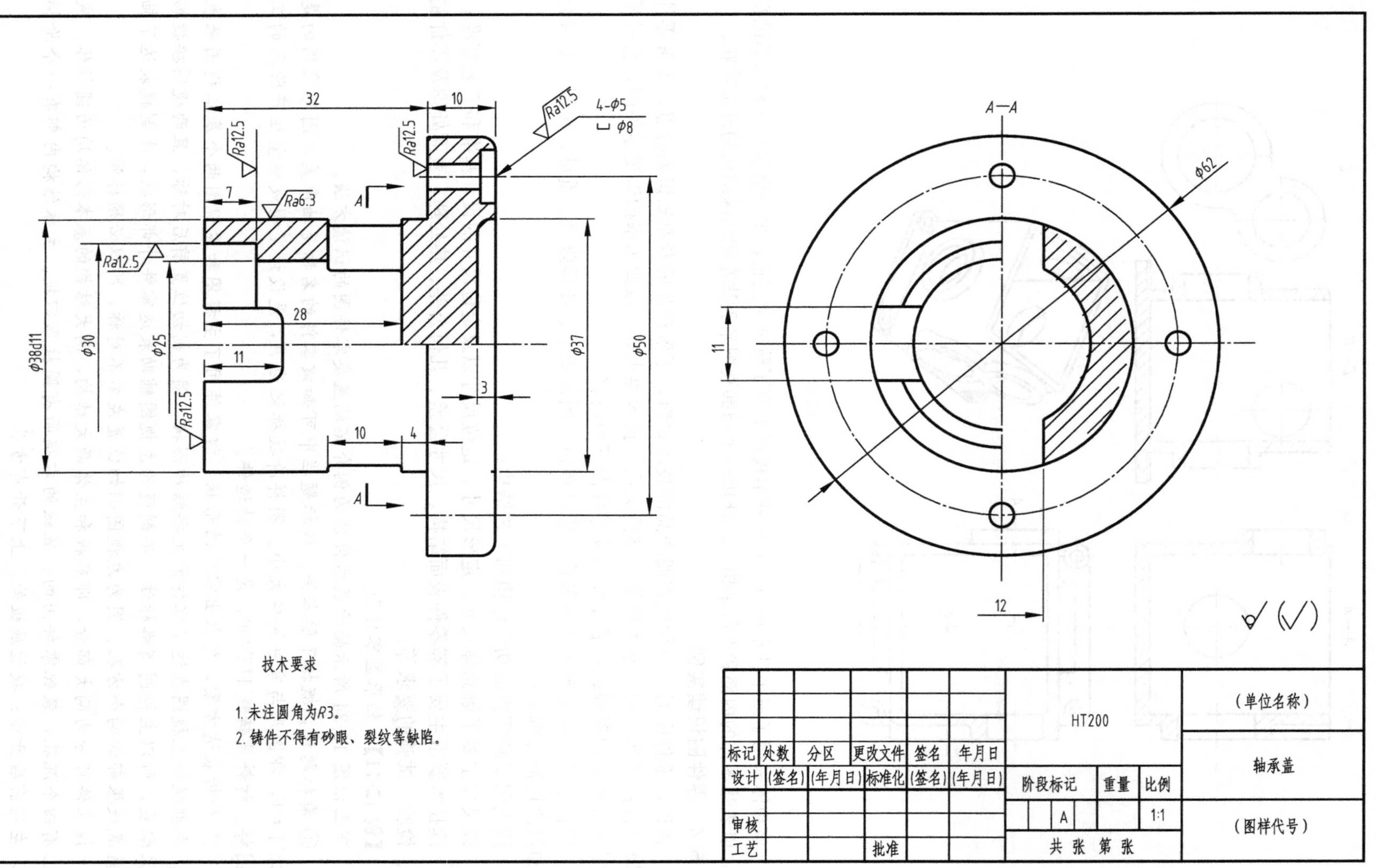

图 12-34　轴承盖零件图

③ 分析尺寸，了解零件的结构尺寸和测量基准。轴承盖以左端面为长度方向的主要基准，以轴线为直径方向的尺寸基准。总长为42mm，最大直径为$\phi62$。主要尺寸有主体外径尺寸$\phi38d11$、底板沉孔的定位尺寸$\phi50$等，其他定形和定位尺寸读者可自行分析。

④ 分析技术要求，从技术层面了解零件。主体直径为$\phi38d11$，基本偏差代号是d，公差等级为IT11级，其表面粗糙度为$Ra6.3$，为零件上要求最高的表面。主体阶梯孔台面、底板左端面、主体左端面的表面粗糙度要求为$Ra12.5$；底板沉孔的表面粗糙度要求是$Ra25$。其他未注明表面粗糙度的表面均为用不除料的方法获得。在文字叙述的技术要求中说明了未标注的圆角半径是$R3$，要求铸件不得有砂眼、裂纹等缺陷。

【例12-12】 支座零件图。

下面以图12-35所示支座零件图为例介绍叉架类零件图的识读方法。

① 看标题栏，概括了解零件。从标题栏中可知该零件叫支座，是叉架类零件。采用的是原值比例1∶1，零件与图形一样大小。图样阶段标记为A，是设计定型或确量生产阶段的工作图样。材料是铸铁HT200，是一个铸造件。

② 分析表达方案，想象出零件的形状。该零件用了三个视图，即主视图、俯视图、左视图表达。主视图、左视图采用了局部剖，因为剖切位置明显，所以没有标注。

叉架类零件一般由固定结构、工作结构、连接结构等三部分组成。支座零件明显是由这三个部分组成的。固定结构的基本形体是长方体，在长方体上端面加工一个长方形槽，并加工一个安装孔。工作结构的基本形体是圆柱体，体内加工两端直径小、中间直径大的同轴阶梯孔，柱体两端分别加工四个螺纹孔。连接固定结构和工作结构的是凹形架。

③ 分析尺寸，了解零件的结构尺寸和测量基准。该零件长度方向的主要基准是圆柱体的轴线，高度方向的主要基准是固定机构的工作面（即上端面），宽度方向的主要基准是前后对称面。该零件的总长是42.5（27＋5＋21/2）mm，总宽是31mm，总高是37.5（27＋21/2）mm。主要尺寸有工作结构的定位尺寸27、5，工作结构的小圆孔尺寸$\phi9H7$，螺孔尺寸4×M3—7H（4表示同一个端面上，有四个同样的螺纹孔），螺孔的定位尺寸$\phi15$，固定结构上固定孔的定形尺寸14、8，定位尺寸6。

④ 分析技术要求，从技术层面了解零件。零件的所有加工表面上都给出了表面粗糙度的要求，其中机械加工面要求最高的是$Ra6.3$，最低的是$Ra25$，零件上没有标注的其他表面不需要加工，保持原来的铸造面不变。文字要求有三项：铸件不得有砂眼、裂纹等缺陷；铸造后应去除毛刺；未注圆角为$R2$。

【例12-13】 箱体零件图。

下面以图12-36所示箱体零件图为例介绍箱体类零件图的识读方法。

① 看标题栏，概括了解零件。从标题栏中可知该零件叫箱体，属于箱体类零件。图样阶段标记为B，是生产定形或批量生产阶段的工作图样。采用的是原值比例1∶1，零件与图形一样大小。材料是铸铁HT200，是一个铸造件。

② 分析表达方案，想象出零件的形状。该零件用了三个基本视图，即主视图、俯视图、左视图表达，一个局部视图。主视图采用了全剖视，主要表达机件的内部结构，剖切位置见俯视图A—A。俯视图采用局部剖，剖切位置见主视图B—B。左视图主要用来表达机件的外部结构。

箱体类零件一般是机器或部件的母体，其他大部分零件，有的装配在这个零件上，有的放置在这个零件中，机械加工面比较多，所以比较复杂。这个零件是一个一般复杂程度的箱体类零件。分析表达方案可知，该零件有两个主要部分，一个是柱体部分，一个是方体部分。柱体部分由中空的大小两个柱体组成，中孔是三个直径不等的圆柱孔，大柱体的下端加工了四个沉孔，小圆柱体上端面加工了四个螺纹孔。方体部分的基本形体是长方体，中孔是

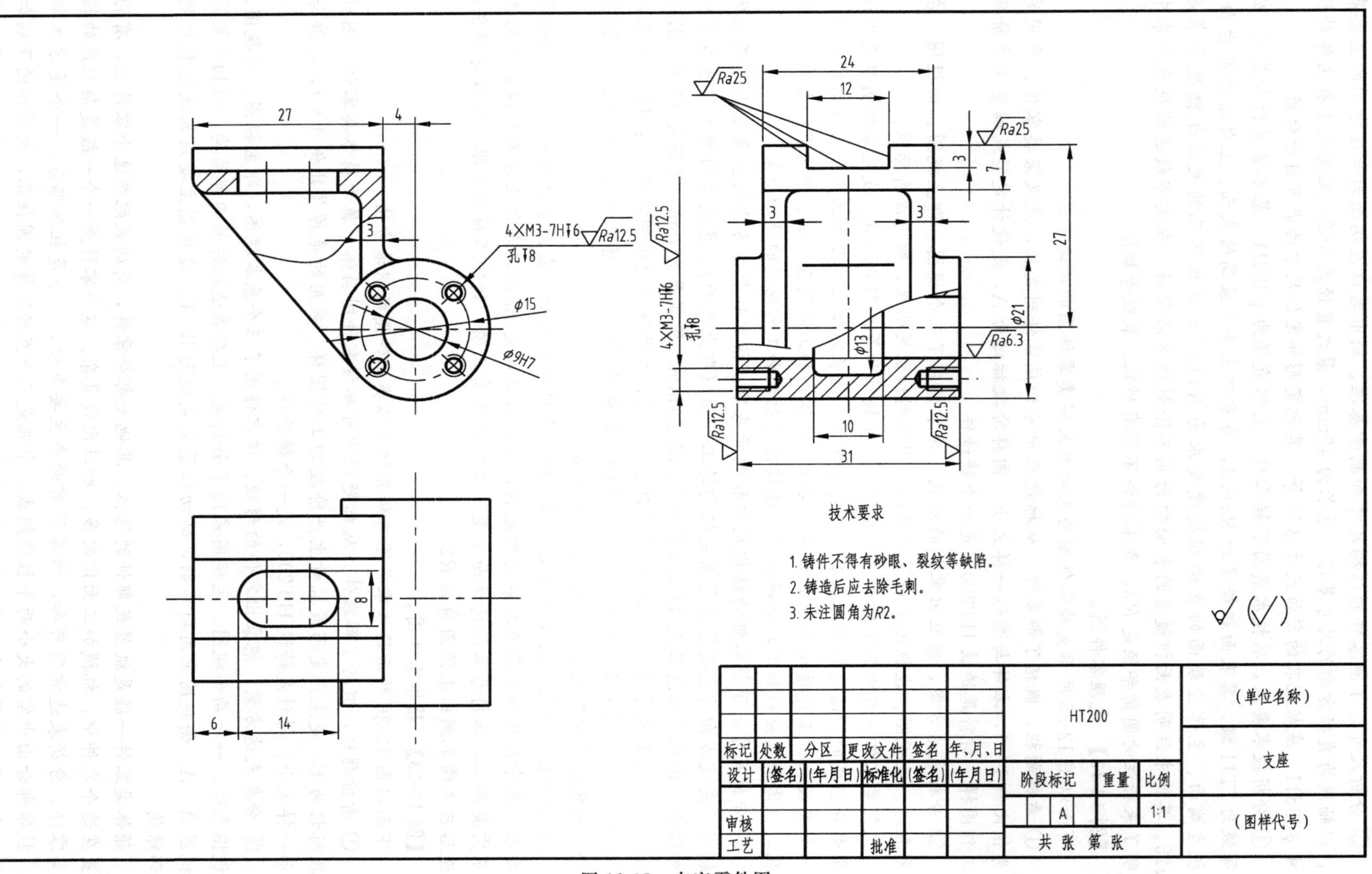
4×M3-7H↧6
孔↧8
φ15
φ9H7
φ21
φ13
Ra25
Ra6.3
Ra12.5
技术要求
1. 铸件不得有砂眼、裂纹等缺陷。
2. 铸造后应去除毛刺。
3. 未注圆角为R2。
HT200
(单位名称)
支座
(图样代号)
标记 处数 分区 更改文件 签名 年、月、日
设计 (签名) (年月日) 标准化 (签名) (年月日)
阶段标记 重量 比例
A 1:1
审核
工艺 批准
共 张 第 张

图 12-35 支座零件图

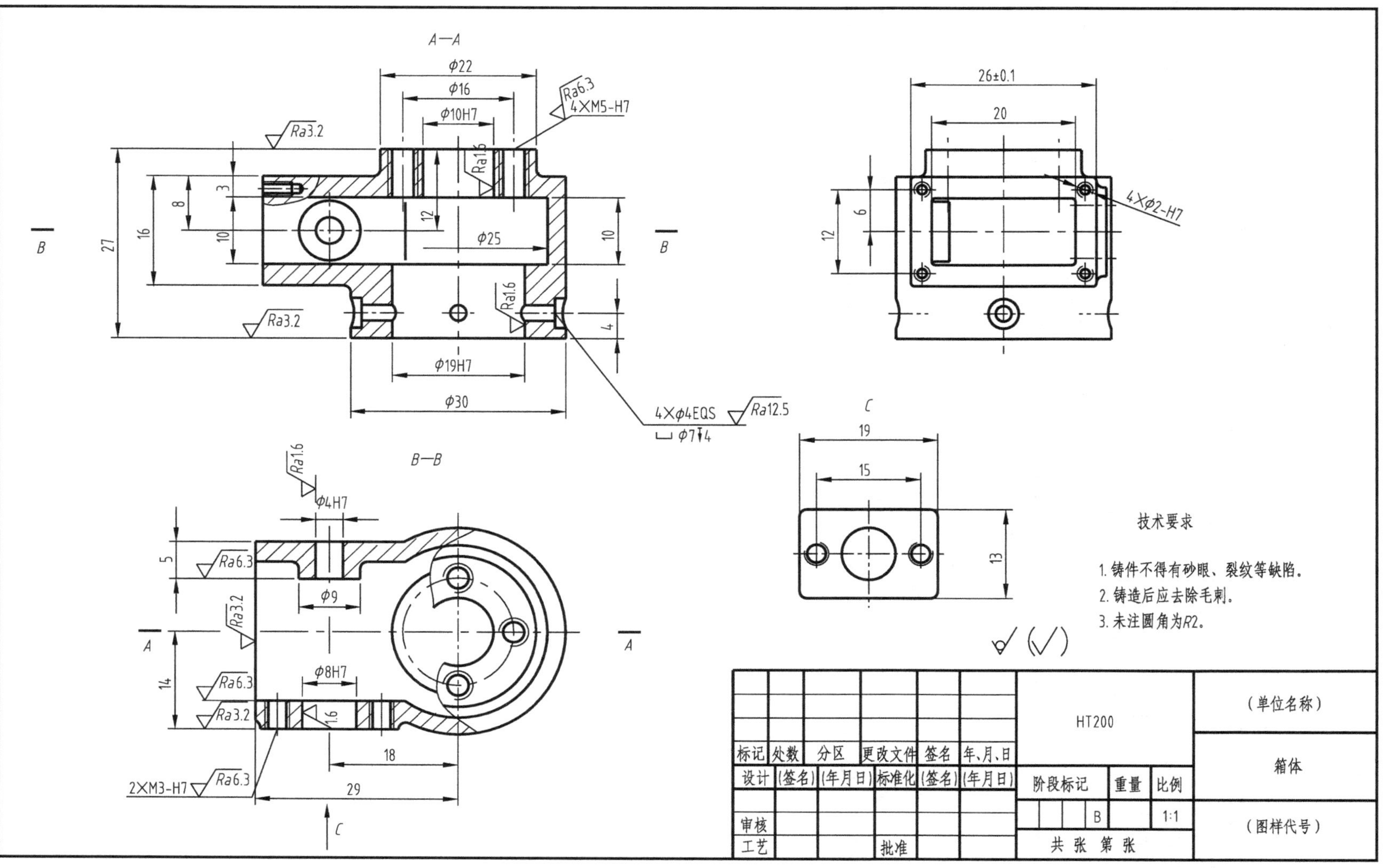
A—A
φ22
φ16
φ10H7
Ra6.3
4×M5-H7
Ra3.2
Ra1.6
φ25
φ19H7
φ30
4×φ4EQS
⌴φ7↧4
Ra12.5
26±0.1
20
4×φ2-H7
B—B
φ4H7
φ9
φ8H7
Ra6.3
Ra3.2
2×M3-H7
C
19
15
13
技术要求
1. 铸件不得有砂眼、裂纹等缺陷。
2. 铸造后应去除毛刺。
3. 未注圆角为R2。
标记 处数 分区 更改文件 签名 年、月、日
设计 (签名) (年月日) 标准化 (签名) (年月日)
审核
工艺
批准
HT200
阶段标记
重量
比例
B
1:1
共 张 第 张
(单位名称)
箱体
(图样代号)
图 12-36　箱体零件图

长方孔，方体左端面加工四个螺纹孔，方体后壁内侧有一个圆柱凸缘，凸缘上加工同轴圆孔，方体前壁外侧有一个方形凸缘，凸缘左右两侧加工螺纹孔。方体的方孔与柱体的柱孔相通。

③ 分析尺寸，了解零件的结构尺寸和测量基准。该零件长度方向的主要基准是柱体的轴线，宽度方向的主要基准也是柱体的轴线，高度方向的主要基准是柱体的底面。该零件的总长是 44 (29+30/2)mm，总宽是 30mm，总高是 27mm。柱体结构的主要尺寸有上柱孔定形尺寸 ϕ10H7，下柱孔 ϕ19H7 等；方体结构的主要尺寸有方体宽度尺寸 26±0.1，后壁圆孔直径 ϕ4H7，前壁圆孔直径 ϕ8H7 等。

④ 分析技术要求，从技术层面了解零件。多处尺寸有公差带代号及上下偏差要求，分析同前所述。零件的所有加工表面上都给出了表面粗糙度的要求，其中机械加工面要求最高的是 Ra1.6，最低的是 Ra6.3，零件上没有标注的其他表面不需要加工，保持原来的铸造面不变。文字要求有三项：铸件不得有砂眼、裂纹等缺陷；铸造后应去除毛刺；未注圆角为 R2。

从对上述三类零件的分析中可以看出，要读懂零件图，必须充分利用前面所学的知识，结合自己的工作经验及所掌握的机械加工方面和有关专业方面的知识，根据零件的结构特点，从主视图着手并结合其他图形，在概括了解的基础上，再做深入细致的表达方案分析、结构分析、尺寸分析、技术要求分析等，逐步弄清各结构部分的形状和大小，力求对零件图做出全面、深入、正确的了解。

第 13 章 安装图、包装图、捆绑加固图

13.1 安装图

如图 13-1 所示，用产品设备整件及其组成部分的轮廓图形，表示其在使用位置进行安装的图样。

13.1.1 安装图内容及要求

（1）一组视图

用图样画法、装配图画法和简化画法等规定的表达方法表达：产品设备整件及其组成部分的轮廓图形；连接部位的连接形式及其连接件和连接材料；连接件的极限位置；安装基础；必要时可附接线图。

（2）几类尺寸

产品设备整件的外形尺寸；产品设备整件的安装尺寸；成套设备正确的安装位置尺寸；必要的安装基础尺寸；其他重要尺寸。

（3）技术要求

技术要求的内容应符合有关标准要求，简明扼要，通俗易懂，一般包括：产品设备整件的性能规格、技术指标要求；安装工艺、技术等方面的要求；安装件的要求；吊运件的特殊吊运要求；附接线图的接线符号说明；其他需要说明的要求。

（4）序号和明细栏

与安装有关的产品设备整机零部件列入明细栏，或列入明细表，按照相关标准要求编制明细栏（或明细表）。

（5）标题栏

按照相关标准要求填写标题栏。

13.1.2 安装图画法实例

【例 13-1】 消声器安装图。

以图 13-1 消声器安装图为例介绍安装图的画法。

（1）视图画法

采用主视图、局部剖的俯视图、全剖视的左视图等 3 个视图来表达消声器的外部形状、装配结构和安装结构。主视图主要表达产品外部形状和安装结构，俯视图主要用来表达消声器的内部结构与排气软管的装配结构，左视图主要用来表达消声器的装配结构和安装结构。这组视图的选择比较简单合理，清晰表达了消声器的 4 个安装组件。

（2）一组尺寸

标注消声器的长、宽、高外形尺寸 1022mm、528.5mm、340mm。长度、宽度方向的安装尺寸分别是 240mm、160mm；长度方向的安装基准是消声器的后端面，定位尺寸是 190mm，宽度方向的安装定位基准是消声器的前后对称面。另外还标注了排气软管的装配定位尺寸 105mm、384mm、185mm。

（3）标注技术要求

根据消音器安装工艺、技术、操作等方面要求标注技术要求：一是消声器安装在车架的

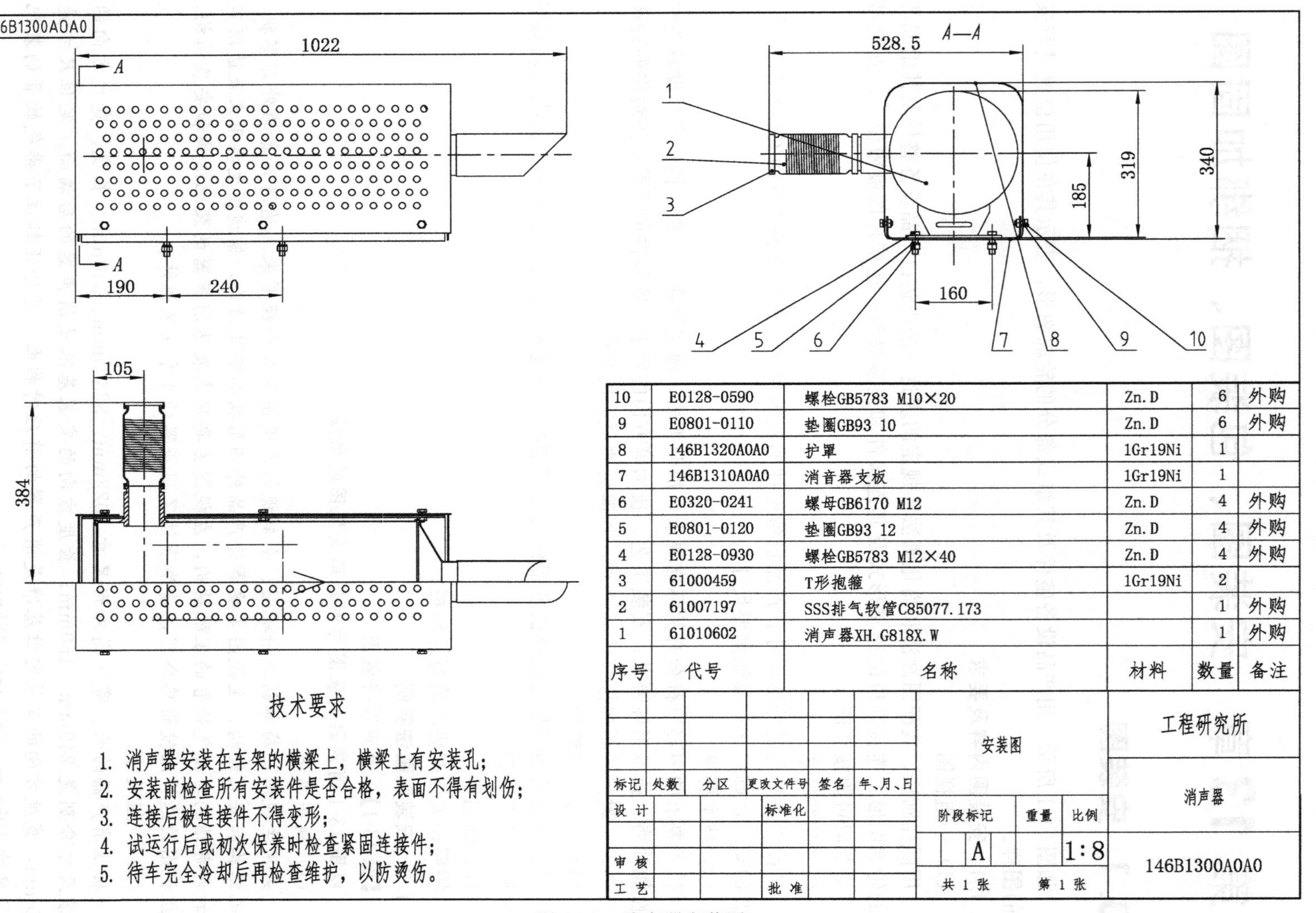

序号	代号	名称	材料	数量	备注
10	E0128-0590	螺栓GB5783 M10×20	Zn.D	6	外购
9	E0801-0110	垫圈GB93 10	Zn.D	6	外购
8	146B1320A0A0	护罩	1Gr19Ni	1	
7	146B1310A0A0	消音器支板	1Gr19Ni	1	
6	E0320-0241	螺母GB6170 M12	Zn.D	4	外购
5	E0801-0120	垫圈GB93 12	Zn.D	4	外购
4	E0128-0930	螺栓GB5783 M12×40	Zn.D	4	外购
3	61000459	T形抱箍	1Gr19Ni	2	
2	61007197	SSS排气软管C85077.173		1	外购
1	61010602	消声器XH.G818X.W		1	外购

图 13-1 消声器安装图

横梁上，横梁上有安装孔；二是安装前检查所有安装件是否合格，表面不得有划伤；三是连接后被连接件不得变形；四是试运行后或初次保养时检查紧固连接件；五是待车完全冷却后再检查维护，以防烫伤。

(4) 编制明细栏

明细栏中应编制消声器及安装件的明细。安装件包括专用件消声器支板以及标准件螺栓、螺母和垫圈。备注中的 Zn. D 为镀锌、钝化处理，防腐防锈。

(5) 编制标题栏

名称消声器；图样类型安装图；比例 1∶8；因为是确量生产图样，所以在图样阶段标记处填写了 A。

13.1.3 安装图识读实例

【例 13-2】 导轨安装图。

以图 13-2 导轨安装图为例介绍安装图的识读方法。

(1) 识读明细栏

明细栏中编制了导轨及安装件的明细。导轨包括横梁、纵梁、连接耳板、锁紧装置等专用件和螺栓、垫圈等标准件。专用件的材料为 Q235。垫块可归类为导轨安装件，共有 4 块。

(2) 识读标题栏

名称为导轨；图样类型为安装图；比例 1∶2；图样阶段标记 A 表示确量生产图样。

(3) 识读视图

采用 1 个主视图和 3 个局部放大剖视图共 4 个视图来表达导轨的外部形状、装配结构和安装结构，泵站的安装和定位结构。通过主视图和 $A—A$、$B—B$、$C—C$ 局部放大剖视图，可以读出导轨的结构形状、安装结构和装配结构。

导轨的结构。导轨由 2 根纵梁、2 根横梁、4 块连接耳板、2 个锁紧装置等专用件组成。纵梁和横梁采用 I 形焊缝焊接，共有 4 处。纵梁与连接耳板和锁紧装置、锁紧装置与连接耳板采用角焊缝焊接，每个焊缝都是 4 处，因此导轨是焊接而成的，是不可拆卸连接。

导轨的安装。导轨安装在厢体的底板上。为了安装牢靠，在底板蒙皮下的龙骨上焊接了垫块，垫块上加工了螺纹，4 组螺纹紧固件分别通过导轨 4 个连接耳板的安装孔与 4 块垫块连接，将导轨固定在厢体底板上。

泵站的装配。在导轨的两侧分别焊接了锁紧装置，每个锁紧装置又采用 2 组螺纹紧固件与底板下的垫块连接固定，在锁紧装置的中间加工了螺纹孔。泵站在导轨上落位后，用螺纹紧固件将泵站固定在锁紧装置上。

(4) 识读尺寸

导轨的长、宽、高外形尺寸分别为 425mm、375mm、18mm。导轨的安装位置距离后壁 20mm、距离左壁 70mm。4 个连接耳板的定位尺寸分别是 460mm、40mm、266mm，定形尺寸是 $4\times\phi11$。锁紧定位尺寸是 434mm、101mm。垫块的定位尺寸是 30mm。另外还标注了横梁的宽度 30mm，纵梁的断面的宽度、高度分别为 40mm、18mm。

(5) 识读技术要求

根据导轨安装工艺、技术、操作等方面要求标注技术要求：一是各垫块配作螺纹孔，并焊接于厢体底板的龙骨上；二是用螺栓将各纵梁紧固在加强板上；三是左右纵梁对称，导轨整体镀锌钝化。另外还标注了焊接要求，分别采用 I 形和角形焊缝焊接，并指示了焊接位置。

【例 13-3】 驾驶室安装图。

图 13-3 是某型车辆的驾驶室安装图。通过阅读驾驶室安装图，可以了解如下信息：

① 图样的基本信息，如名称、比例、图样设计阶段、签署情况等。

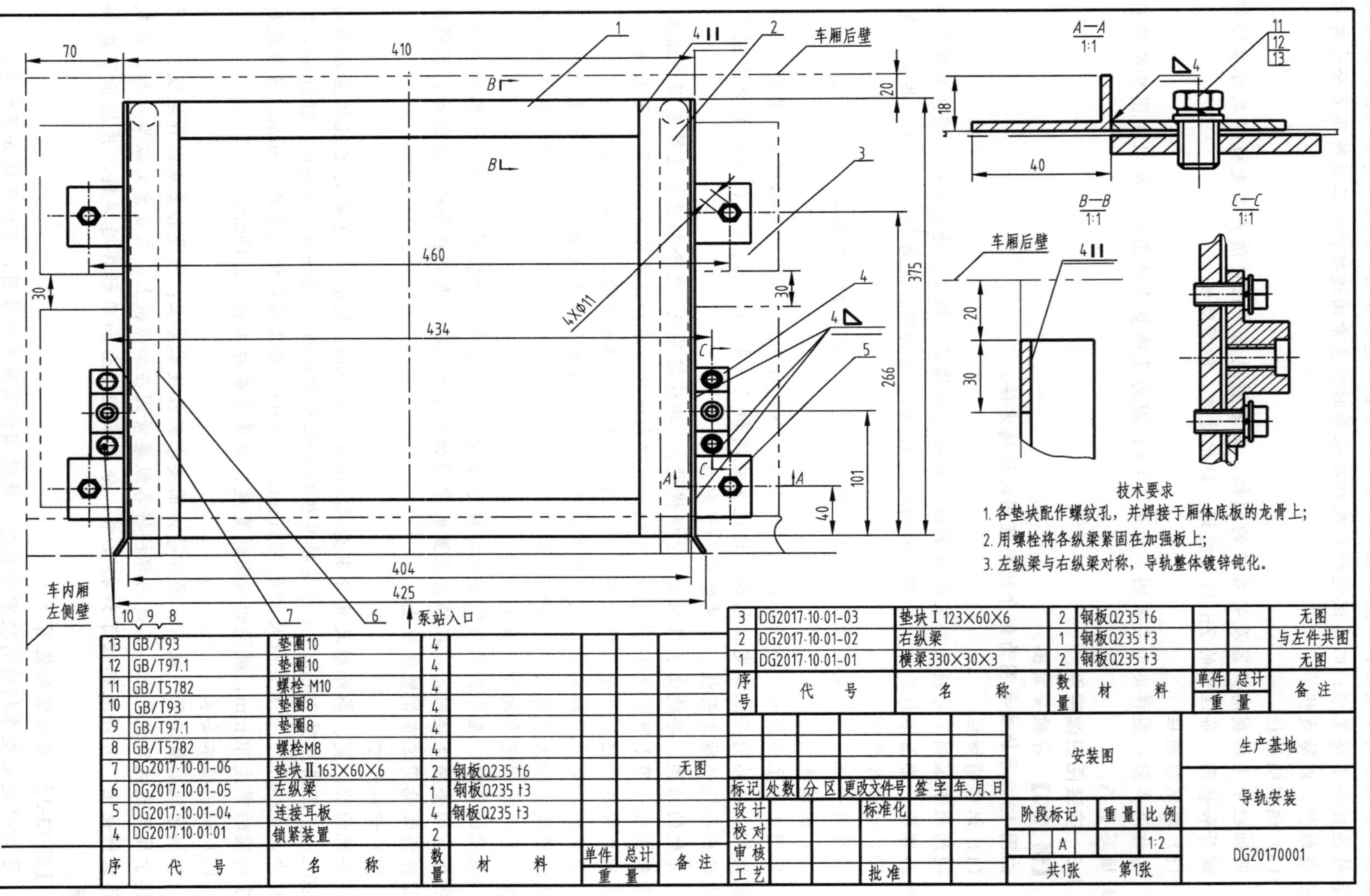
车厢后壁
车内厢左侧壁
泵站入口
A—A 1:1
B—B 1:1
C—C 1:1
4×Φ11
技术要求
1. 各垫块配作螺纹孔，并焊接于厢体底板的龙骨上；
2. 用螺栓将各纵梁紧固在加强板上；
3. 左纵梁与右纵梁对称，导轨整体镀锌钝化。
3 DG2017·10-01-03 垫块Ⅰ123×60×6 2 钢板Q235 t6 无图
2 DG2017·10-01-02 右纵梁 1 钢板Q235 t3 与左件共图
1 DG2017·10-01-01 横梁330×30×3 2 钢板Q235 t3 无图
13 GB/T93 垫圈10 4
12 GB/T97.1 垫圈10 4
11 GB/T5782 螺栓M10 4
10 GB/T93 垫圈8 4
9 GB/T97.1 垫圈8 4
8 GB/T5782 螺栓M8 4
7 DG2017·10-01-06 垫块Ⅱ163×60×6 2 钢板Q235 t6 无图
6 DG2017·10-01-05 左纵梁 1 钢板Q235 t3
5 DG2017·10-01-04 连接耳板 4 钢板Q235 t3
4 DG2017·10-01·01 锁紧装置 2
序号 代号 名称 数量 材料 单件重量 总计重量 备注
标记 处数 分区 更改文件号 签字 年、月、日
设计 标准化 阶段标记 重量 比例
校对 A 1:2
审核
工艺 批准 共1张 第1张
安装图
生产基地
导轨安装
DG20170001
图 13-2 导轨安装图

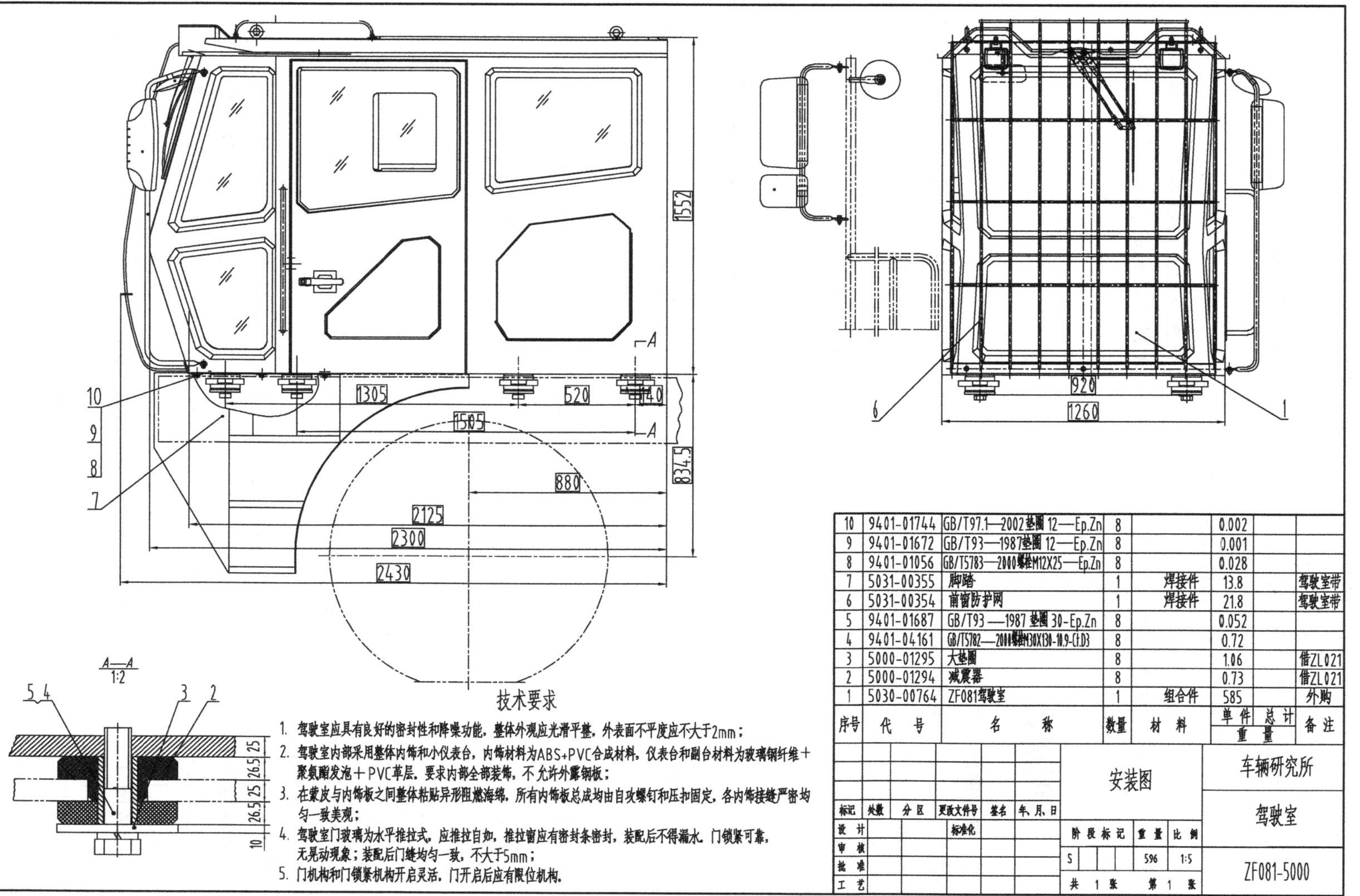

序号	代号	名称	数量	材料	单件重量	总计重量	备注
10	9401-01744	GB/T97.1—2002垫圈 12—Ep.Zn	8		0.002		
9	9401-01672	GB/T93—1987垫圈 12—Ep.Zn	8		0.001		
8	9401-01056	GB/T5783—2000螺栓M12X25—Ep.Zn	8		0.028		
7	5031-00355	脚踏	1	焊接件	13.8		驾驶室带
6	5031-00354	前窗防护网	1	焊接件	21.8		驾驶室带
5	9401-01687	GB/T93—1987 垫圈 30-Ep.Zn	8		0.052		
4	9401-04161	GB/T5782—2000螺栓M30X130-10.9-Ct.D3	8		0.72		
3	5000-01295	大垫圈	8		1.06		借ZL021
2	5000-01294	减震器	8		0.73		借ZL021
1	5030-00764	ZF081驾驶室	1	组合件	585		外购

图 13-3 驾驶室安装图

② 安装零部件明细，如零部件属性（专用件、标准件、外购件、外协件、借用件等）、数量、规格型号、材料、重量、标准代号、生产企业等。

③ 驾驶室的结构形状、安装结构、安装形式、安装材料和配件等。

④ 驾驶室的外形尺寸、安装定形尺寸、安装定位尺寸以及其他重要尺寸。

⑤ 驾驶室安装的工艺、技术、操作等方面的要求。

至于为什么要采用橡胶减震器的减震形式、为什么要采用8组螺纹连接件连接、是怎样设计确定的定位尺寸、为什么提出5条技术要求等，需要查阅相关的技术资料、国家标准、行业标准等，才能深刻理解相关内容。所以说深层次识读图样，也是学习、了解、掌握相关工程专业领域知识、理论、技术的过程。

13.2 包装图

13.2.1 包装图样内容及要求

包装图是指表达运输包装件包装各组成部分结构、尺寸及与被包装产品相互关系的必要的数据及技术要求的图样。包装图的内容包括视图、尺寸、技术要求、明细栏（包装零件图不需要编制明细栏）和标题栏等，用于指导产品运输包装件的设计及制造。GB/T 13385—2004《包装图样要求》规定了运输包装件包装图样绘制的基本要求。

（1）基本要求

① 包装图样应做到正确、完整、统一、清晰。

② 包装图样上的图形文字、符号、术语、代号及计量单位等，均应符合有关标准的规定。

③ 包装图样上的视图与技术要求，应能清楚地表明产品包装、包装容器或包装零部件的结构、尺寸、各部位相互关系以及制造和检验所必需的技术依据。在满足上述要求的情况下，视图的数量应尽量减少。

④ 包装图样应尽量绘制在同一张图纸上，如果必须分布在数张图纸上时，则主要视图、技术要求和明细栏应置于产品包装总装图上。

⑤ 包装图样上填写的产品包装名称或包装容器的名称，应尽量简短和确切，并符合有关标准的规定。

⑥ 包装图样上一般不列入有限定包装工艺要求的说明。特殊情况下，为保证包装质量，允许标注采用一定加工方法的工艺说明。

⑦ 包装图样也可按项目任务书或合同的规定绘制。

⑧ 包装图样应优先选用CAD工程制图，并应符合GB/T 18229的有关规定。

（2）详细要求

① 包装图样的图纸幅面尺寸和图样格式应符合GB/T 14689的有关规定。

② 包装图样的标题栏和明细表应符合GB/T 10609.1和GB/T 10609.3的有关规定。标题栏内应写明被包装产品的名称及型号。明细表中一般应包括包装材料及包装辅助材料的代号、名称、规格、材质及数量等。

③ 包装图样绘制比例应符合GB/T 14690的有关规定。特殊情况下，其视图可不按比例绘制和不标注比例尺。

④ 包装图样的尺寸注法应符合GB/T 16675.2的有关规定。无图样的尺寸可在图样的明细表中加以注明。

⑤ 包装图样绘制的字体应符合GB/T 14691的有关规定。

⑥ 包装图样的图线应符合GB/T 17450的有关规定。

⑦ 技术要求的内容一般包括：

a. 包装材料、包装辅助材料和包装容器的质量要求；

b. 包装方法和必要的加工工艺要求；

c. 包装件储运方式的特殊要求；

d. 包装试验及检验的要求；

e. 在视图中难以表达的尺寸及形状等要求；

f. 其他有关说明。

13.2.2 包装图画法

(1) 剖面符号

包装图样的剖视、剖面图和剖面区域的表示应符合 GB/T 17452 和 GB/T 17453 的有关规定。此外，包装图样专用的剖面符号应符合表 13-1 的规定。

表 13-1　包装图样专用的剖面符号

名称		剖面符号	名称	剖面符号
木材	名称		金属	
	纵剖		塑料橡胶	
胶合板(不分层数)			钢筋混凝土	
覆面刨花板				
纤维板			瓦楞纸板及钙塑瓦楞纸板(不分层数)	

(2) 剖面画法

① 同一包装容器零部件图中的剖视图和剖面图的剖面符号，其方向和间距等应一致。在包装容器图中，相互邻接的包装容器零部件的剖面符号相同时，应采用方向和间距疏密不一的方法以示区别。

② 当包装容器及其零部件被剖部分的图形面积较大时，可以只沿轮廓的周边画出剖面符号。对于狭小面积的剖面，允许采用涂黑的办法代替画剖面符号。如果某些包装材料，如玻璃等不宜涂黑时，可不画剖面符号。当两邻接剖面均涂黑时，两剖面之间应留有不小于 0.7mm 的空隙。

③ 为了表示包装材料的类别，在不剖切情况下，可以用表 13-2 的形式表示，在外形图中画出部分或全部，作为包装材料标志，见图 13-9。

表 13-2　不剖切的包装材料的表示法

名称	图例	名称	图例
玻璃等透明材料		泡沫衬垫等	
竹编胶合板			

(3) 其他细节画法

① 在包装容器及其零部件结构的工艺条件明确时，可对这些结构省略不画，或在技术要求中注明。

② 在包装容器及其零部件基本视图中有直径很小的圆时，可用垂直相交的两短细实线或圆点表示其位置，再注出直径大小或连接件代号、名称及规格。

③ 螺栓、螺钉等连接件在包装容器基本视图上可用点画线表示其中心位置，再在引出线上方注明规格、名称及代号，也可按表 13-3 的规定绘制，见图 13-4 和图 13-5。

表 13-3　连接的表示方法

连接方式	图例	连接方式	图例
圆钢钉连接		铆钉连接	
沉头木螺钉连接		板的连接	
螺栓连接			

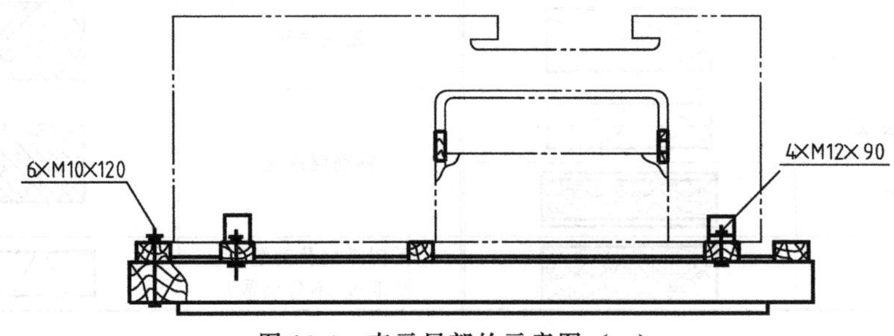

图 13-4　表示局部的示意图（一）

图 13-5　表示局部的示意图（二）

④ 在同一视图上，相同结构排列的图形，可只画一部分，其他部分按 GB/T 17451 的有关简化画法的规定进行绘制。

13.2.3　产品包装图画法实例

产品包装图包括：包装外形图、包装总装图、包装容器图、包装零部件图。

(1) 包装外形图

【例 13-4】 机箱包装外形图。

图 13-6 是机箱包装外形图画法实例。包装外形图应包括：收发货标志、储运标志、产品型号及制造厂家名称、包装日期。出口产品应中英文对应。

(2) 包装总装图

【例 13-5】 机器包装箱总装图。

图 13-7 是机器包装箱总装图。包装总装图应包括：被包装产品在包装容器中的位置和主要安装尺寸；包装容器的总体结构、装配要求、包装材料（如缓冲材料、衬垫材料以及外加固件、密封件等）的外形结构、位置及代号或说明；产品包装技术要求和明细栏。

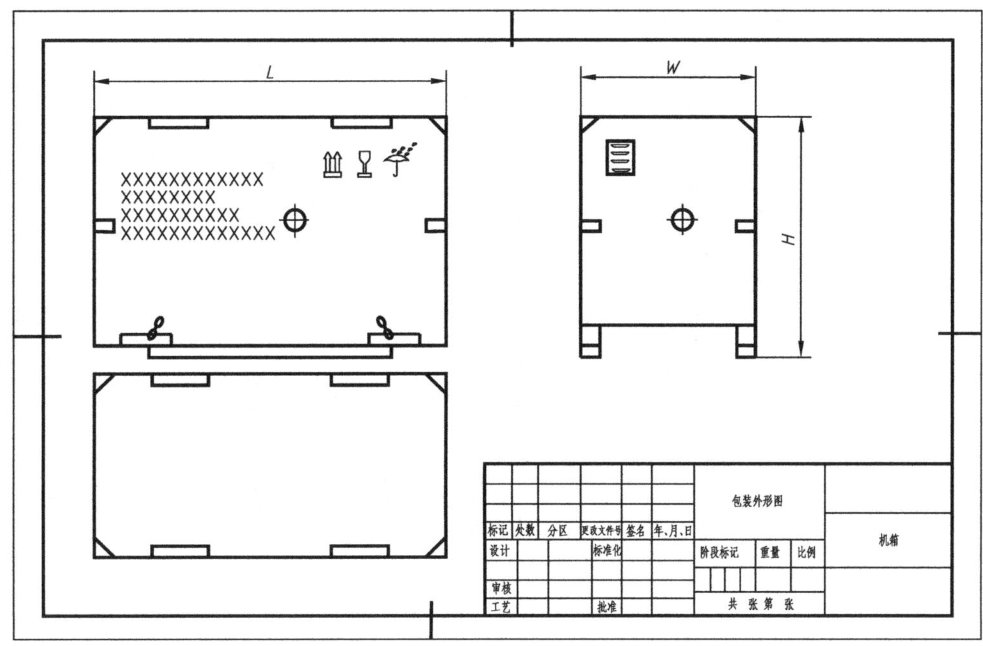

图 13-6　包装外形图

(3) 包装容器图

包装容器图应包括：包装容器的尺寸、材质、数量及技术要求。绘制包装容器图应符合下列要求：

① 绘制包装容器（包括托盘、底盘）图时，应给出其装配图或外形图，必要时附加局部剖视图和局部视图。当产品进行包装时才组装的包装容器，可不绘制装配图，但应绘出外形图，并在技术要求中给出封箱、封口等有关说明。

② 绘制纸箱包装容器图时，其制图要求应符合 GB/T 12986 的规定。

③ 绘制金属材料包装容器或零部件图时，应符合有关标准的规定。

④ 绘制瓶、袋等包装容器图时，应符合有关标准的规定。

⑤ 对于工艺结构比较复杂的包装容器，应绘制装配图。装配图上要标注包装容器的零部件序号，并在明细栏内按序号填写零部件名称、材质、规格、数量。

⑥ 绘制包装容器图时，一般应在图样上标出容器的内外部尺寸，并在技术要求中注明允许的被包装产品的极限质量。

(4) 包装零部件图

【例 13-6】 包装箱底座装配图。

图 13-8 是包装箱底座装配图。包装零部件图应包括：包装用零部件的尺寸、材质、数量及技术要求等。绘制包装零部件图应符合下列要求：

① 应单独画出包装容器的零部件图。如果产品包装图和包装容器图能完整表达零部件的结构或尺寸时，可不画出包装容器的零部件图。

② 包装容器的零部件图一般根据装配时所需的位置、形状和尺寸画出。零部件在装配过程中加工的尺寸，应标注在包装容器装配图上，如必须在零部件图上标注时，应在有关位置或尺寸上注明或在技术要求中说明。

③ 包装容器的零部件有正反面要求时，应在视图上标注或在技术要求中说明。

④ 制作包装用的外购件允许不绘制图样。需改制的外购件或制成品，一般应绘制图样。视图中除改制部位应标明结构形状、尺寸及必要的说明外，其余部分均可简化。

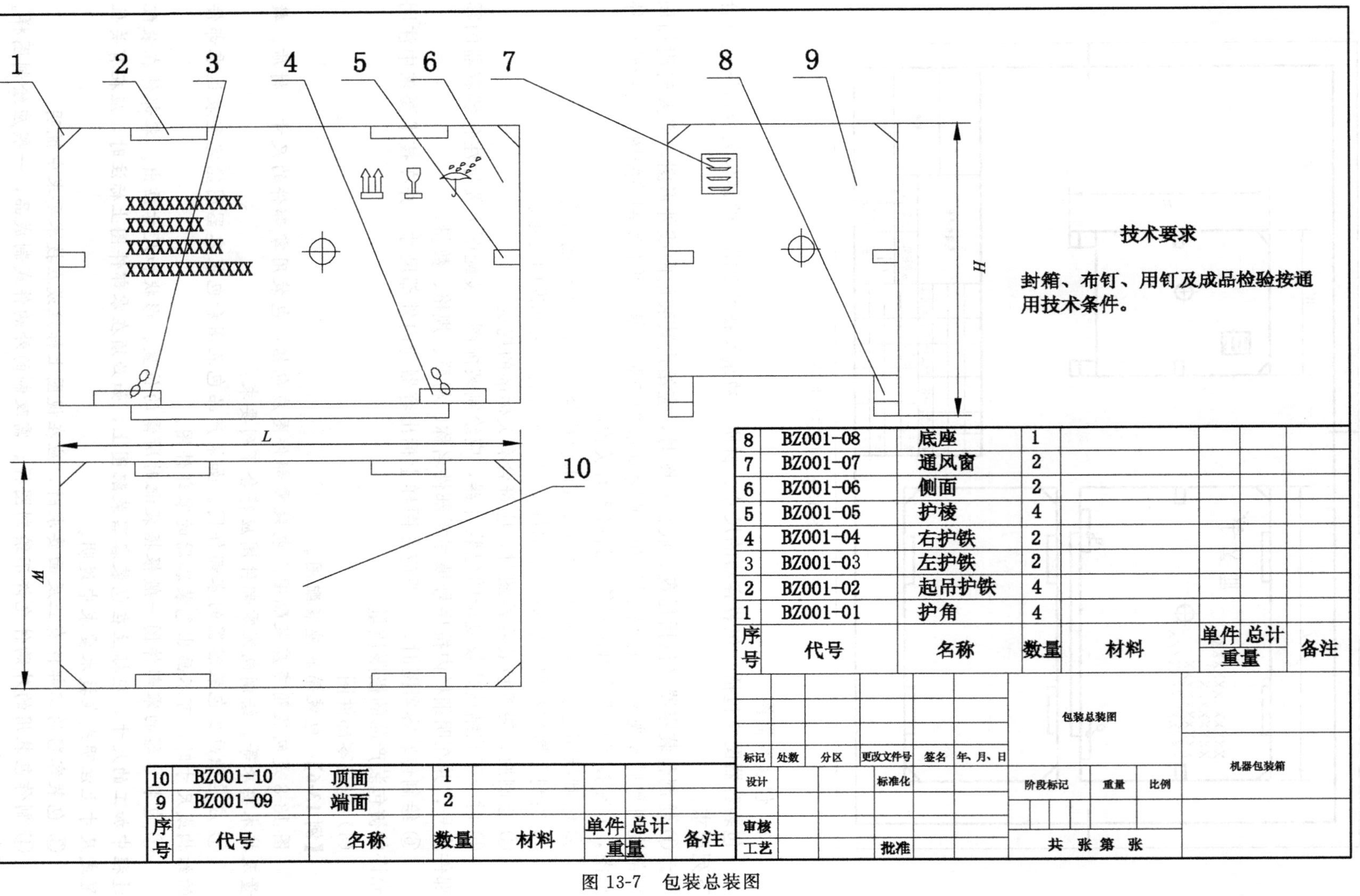
1
2
3
4
5
6
7
8
9
10
XXXXXXXXXXXX
XXXXXXXX
XXXXXXXXXX
XXXXXXXXXXXXX
L
W
H
技术要求
封箱、布钉、用钉及成品检验按通用技术条件。
8 BZ001-08 底座 1
7 BZ001-07 通风窗 2
6 BZ001-06 侧面 2
5 BZ001-05 护棱 4
4 BZ001-04 右护铁 2
3 BZ001-03 左护铁 2
2 BZ001-02 起吊护铁 4
1 BZ001-01 护角 4
序号 代号 名称 数量 材料 单件 总计 重量 备注
10 BZ001-10 顶面 1
9 BZ001-09 端面 2
序号 代号 名称 数量 材料 单件 总计 重量 备注
包装总装图
标记 处数 分区 更改文件号 签名 年、月、日
设计 标准化
阶段标记 重量 比例
机器包装箱
审核
工艺 批准
共 张 第 张

图 13-7 包装总装图

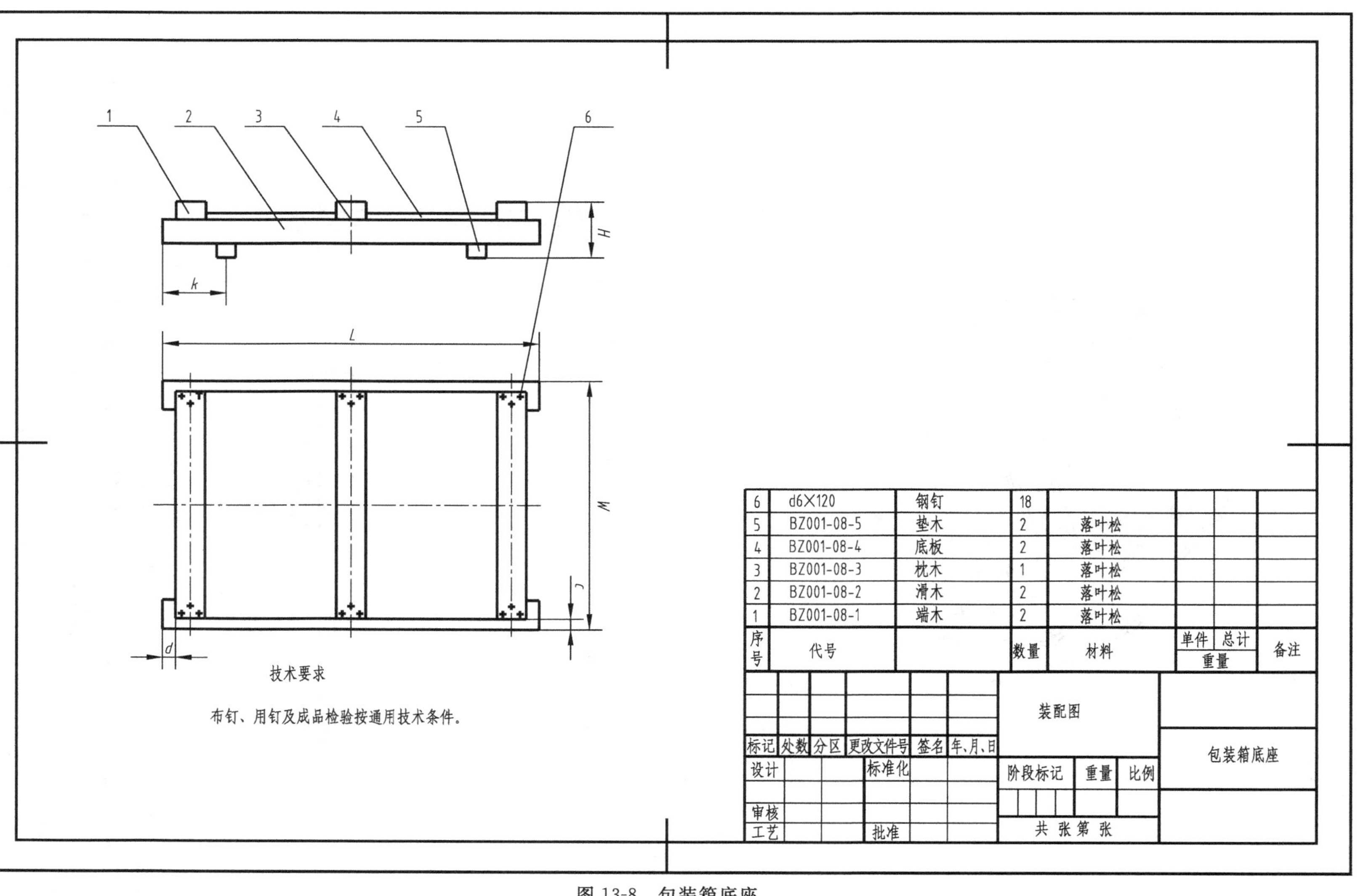
1
2
3
4
5
6
H
k
L
W
c
d
技术要求
布钉、用钉及成品检验按通用技术条件。
6 d6×120 钢钉 18
5 BZ001-08-5 垫木 2 落叶松
4 BZ001-08-4 底板 2 落叶松
3 BZ001-08-3 枕木 1 落叶松
2 BZ001-08-2 滑木 2 落叶松
1 BZ001-08-1 端木 2 落叶松
序号 代号 数量 材料 单件 总计 重量 备注
标记 处数 分区 更改文件号 签名 年、月、日
设计 标准化
审核
工艺 批准
装配图
阶段标记 重量 比例
共 张 第 张
包装箱底座

图 13-8　包装箱底座

13.2.4　产品包装示意画法实例

① 为清楚表达出产品包装的结构及装配要求，在绘制产品包装图时，可附加必要的局部剖视图或局部视图，见图 13-9。

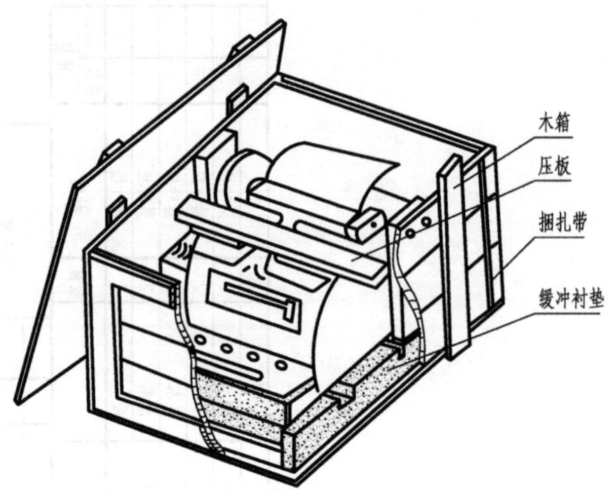

图 13-9　表示产品包装结构的示意画法

② 在包装容器图中，被包装产品可用双点画线或细实线表示出主要轮廓特征，在图中不标序号，见图 13-10 和图 13-11。被包装产品在包装容器内的固定、衬垫、防护等，可用示意图表示，并可附加文字说明。但对在产品的固定、衬垫、防护等明确的情况下，可不在图上画出。内部需要特殊加固的产品包装，应在其图上加注技术要求或用局部视图表示。

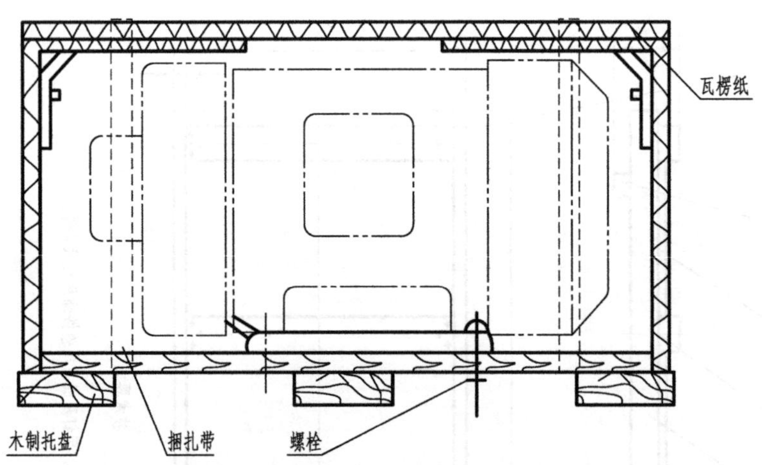

图 13-10　用示意画法表示产品包装容器内结构的画法（一）

③ 如果系列被包装产品采用的包装容器结构相同而尺寸不同，则允许在产品包装图上采用表格图，注明其被包装产品的图号名称及数量等。

④ 如果被包装产品与随机附件同箱包装，或多件产品同箱包装，则在产品包装图上可用双点画线或细实线表示各件位置，画出引出线，并在引出线上方注明名称、数量或图样代号，见图 13-12。

⑤ 在工艺条件明确或有包装容器零部件图的情况下，产品包装图允许用简化示意图，但应标注必要的外形、安装和连接尺寸等，见图 13-13。

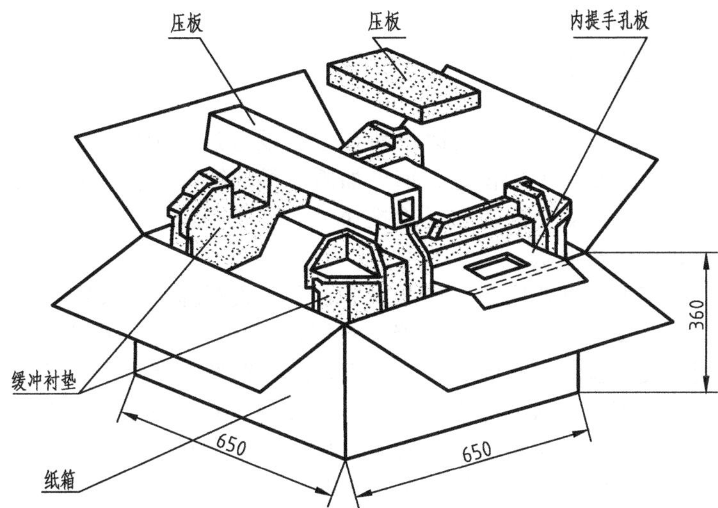

图 13-11　用示意画法表示产品包装容器内结构的画法（二）

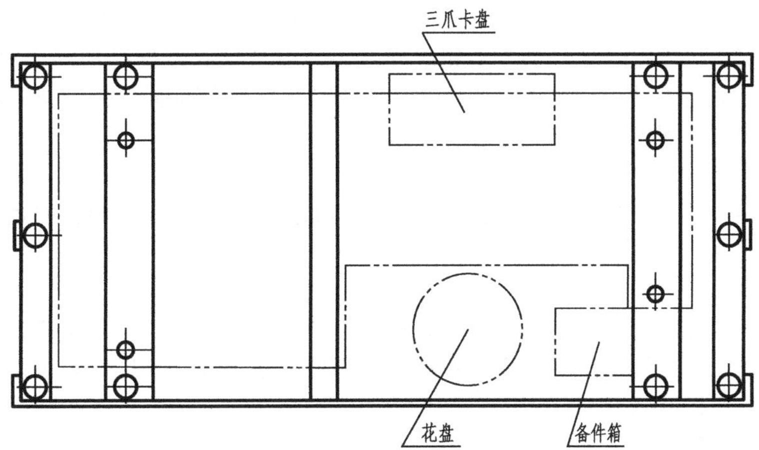

图 13-12　同时表示主机与附件位置的示意画法

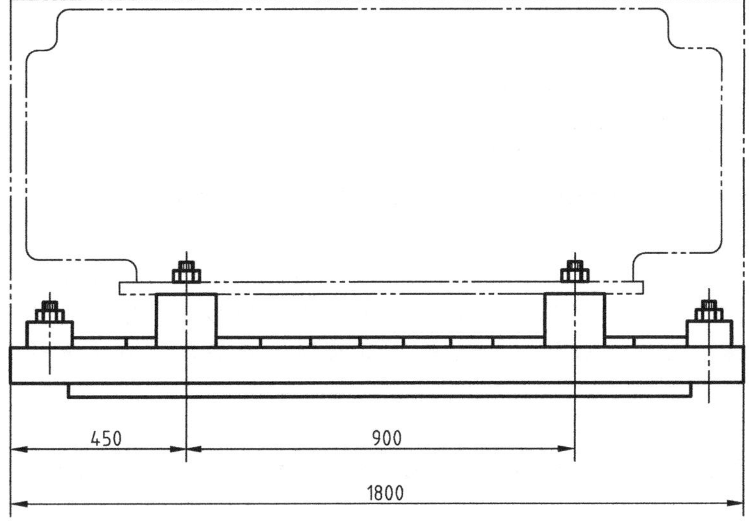

图 13-13　采用简化示意产品在包装容器中位置的示意画法

13.3 捆绑加固图

如图 13-14 所示，捆绑加固图是表达产品在运输投送过程中装载、捆绑和加固的图样。主要表达产品在运输投送平台上的位置、捆绑加固器材的结构形状、捆绑固定的限位方式和牵拉形状；若需配重，还要表达配重在运输投送平台上的位置、捆绑加固器材的结构形状、捆绑固定的限位方式和牵拉形状。

牵拉形状包括八字形、倒八字形、交叉捆绑、下压式捆绑、反又字下压式捆绑等。

捆绑加固器材包括支柱、垫木、三角挡、轮挡、凹木、挡木、掩木、方木、支撑方木、隔木、木楔、绞棍、镀锌铁线、盘条、钢带、钢丝绳、钢丝绳夹头、紧线器、紧固器、限位器、固定捆绑铁索、捆绑固定器、绳索、绳网、橡胶垫、草支垫、稻草垫、钉子、U 型钉、扒局钉、专用卡具、型钢等。捆绑器材一般为通用件或标准件，所以不需要绘制零部件图，但必须标注规格型号，若需要，还应注明生产企业。

13.3.1 捆绑加固图内容及要求

(1) 一组视图

用图样画法、装配图画法和简化画法中介绍的表达方法表达：产品、配重的外形轮廓和拴结点位置形状；运输投送平台的外形轮廓和拴结点位置形状；捆绑加固器材的结构形状，若捆绑加固器材为通用件或标准件，可用简化画法绘制；捆绑加固的限位方式；捆绑加固的牵拉形状；有捆绑加固方向要求的还应图示方向。

(2) 几类尺寸

产品的外形尺寸；捆绑加固的限位尺寸；捆绑加固的牵拉尺寸；必要的运输投送平台尺寸；其他重要尺寸。

(3) 技术要求

技术要求的内容应符合有关标准要求，简明扼要，通俗易懂，一般包括：产品的规格型号及捆绑加固要求；捆绑加固器材要求；捆绑加固的程序、技术、操作等方面要求；吊装牵引要求；其他需要说明的要求。

(4) 序号和明细栏

与捆绑加固有关的产品、配重、运输投送平台、捆绑加固器材列入明细栏，或列入明细表，并按照相关标准要求编制明细栏。

(5) 标题栏

按照相关标准要求填写标题栏。

13.3.2 捆绑加固图画法实例

【例 13-7】 监运方舱捆绑加固图。

以图 13-14 监运方舱捆绑加固图为例介绍捆绑加固图的画法。

(1) 一组视图

采用 1 个简化画法视图表达了监运方舱的外部形状、重心点、拴结位置，表达了货运平台的外部形状、拴结位置，表达了捆绑牵拉的形状、限位方式，符合捆绑加固图表达的要求。货运平台和方舱都是通用的标准产品，可省略表达宽度的视图和尺寸。

(2) 几类尺寸

监运方舱的外形尺寸是 6 米标准方舱的尺寸；捆绑加固尺寸 1500mm 和捆绑加固参考尺寸 9200mm。

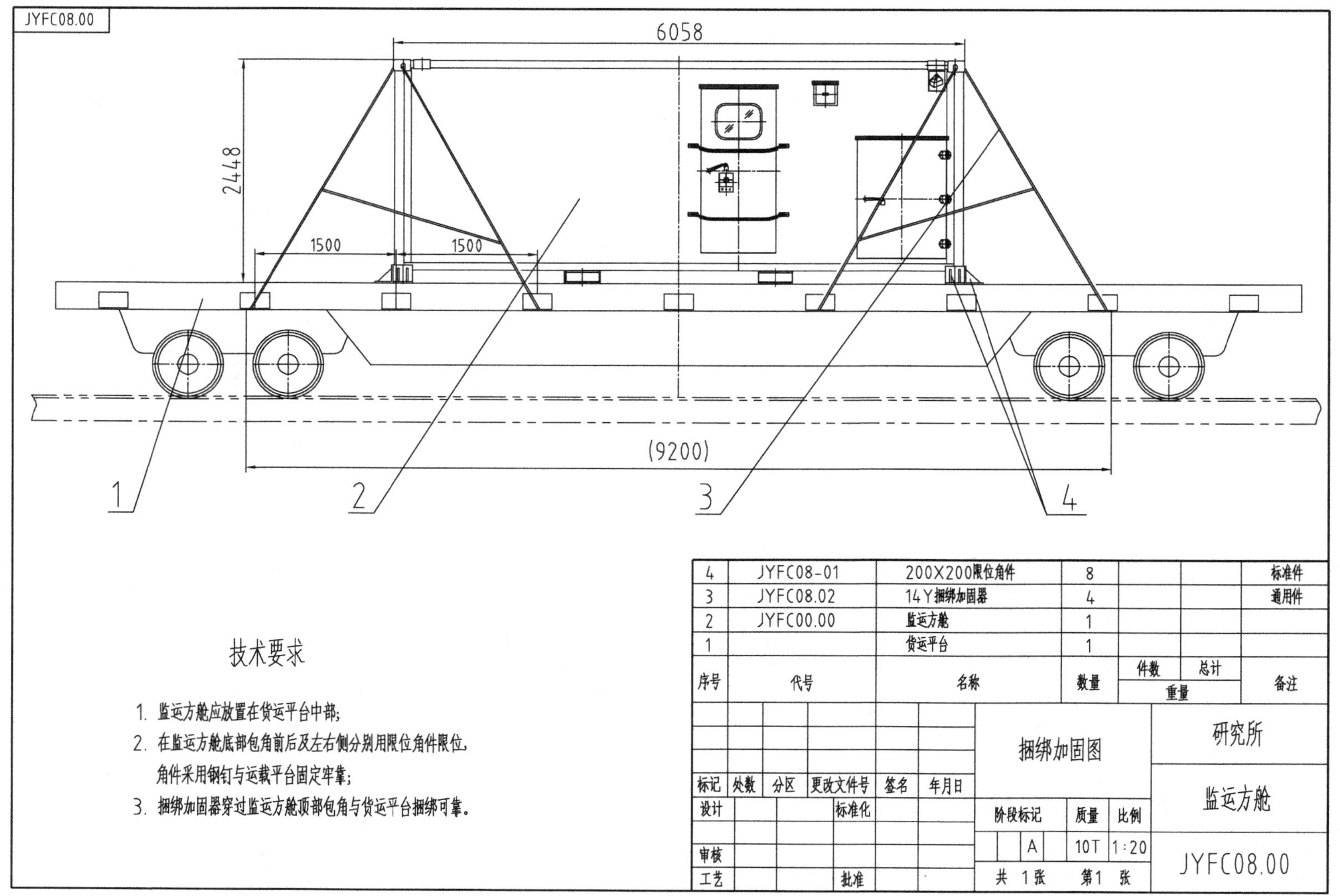

图 13-14　监运方舱捆绑加固图

(3) 技术要求

技术要求包括：一是监运方舱放置位置，放置在货运平台中部；二是监运方舱限位方式，在方舱底部包角前后及左右侧分别用限位角件限位，角件采用钢钉与运载平台固定牢靠；三是捆绑要求，捆绑加固器穿过监运方舱顶部包角与货运平台捆绑可靠。

(4) 序号和明细栏

除货运平台和监控方舱外，还有限位角件和捆绑加固器两种捆绑加固器材。200×200限位角件是标准件、14Y 捆绑加固器是通用件，所以不需要绘制零部件图。

(5) 标题栏

名称监运方舱；图样编号 JYFC08.00；图样类型捆绑加固图；某研究所研制；比例 1∶20；确量生产阶段，在图样阶段标记第三格填 A。

13.3.3 捆绑加固图识读实例

【例 13-8】 救护车捆绑加固图。

以图 13-15 救护车捆绑加固图为例介绍捆绑加固图的读图方法。

(1) 识读标题栏

名称是救护车。图样类型属于捆绑加固图。图样编号是 JHC022.00。某车辆厂研制。比例为 1∶15。在图样阶段标记第四格填 B，属于生产定型或批量生产阶段的图样。

(2) 识读明细栏

除平板车和救护车外，还有 4 个 100mm 轮挡和 8 根 12Y 型捆绑加固器，这说明每个车轮放置 1 个轮挡，车辆两侧各用 4 根捆绑加固器捆绑加固。100mm 轮挡是通用件、12Y 捆绑加固器是通用组件，所以不需要绘制零部件图。

(3) 识读视图

采用主视图、俯视图、左视图 3 个视图表达了救护车的外部结构形状、拴结位置，表达了平板车的外部形状、拴结位置，表达了捆绑牵拉的形状和拴结位置，表达轮挡的限位方式和安放位置。救护车安放在平板车上有方向要求，因此图示了空间坐标和车首方向。这组视图满足了捆绑加固图表达的要求。

(4) 识读尺寸

救护车的长、宽、高外形尺寸分别是 5391mm、2414mm、2677mm；平板车的长、宽、高外形尺寸分别是 6160mm、2807mm、200mm；捆绑加固的参考尺寸分别是 5603mm、2800mm、3983mm。

(5) 识读技术要求

技术要求包括：一是对拴结位置和捆绑加固器材提出要求，救护车拴结位置是底盘系留环及底盘大梁，平板车拴结位置是车上的固定机构，捆绑加固器材是通用器材；二是对捆绑加固器的角度提出要求，与水平面夹角约为 45°；三是对捆绑加固器布置提出要求，成轴对称状斜拉，使其受力合理并能承受平板车紧急刹车产生的惯性冲力；四是对救护车吊运牵引提出要求，可以自驶或拖曳方式上下平板车；五是对捆绑加固器位置提出要求，应避开底盘上安装的易损设备和电缆束。

总之，识读捆绑加固图应了解的信息主要包括：产品的名称、规格型号、拴结点位置；货运平台名称、规格型号、拴结点位置；选用捆绑加固器材的规格型号、捆绑牵拉形状、限位方式；产品吊运牵引方法、安放位置；在吊运牵引和捆绑加固产品时的技术要求和注意事项。

专用的捆绑加固器材，需要绘制零部件图样。捆绑加固器材的零部件图样，与其他零部件图一样，按照零件图和装配图的画法要求绘制，并以隶属捆绑加固图编制图样代号。

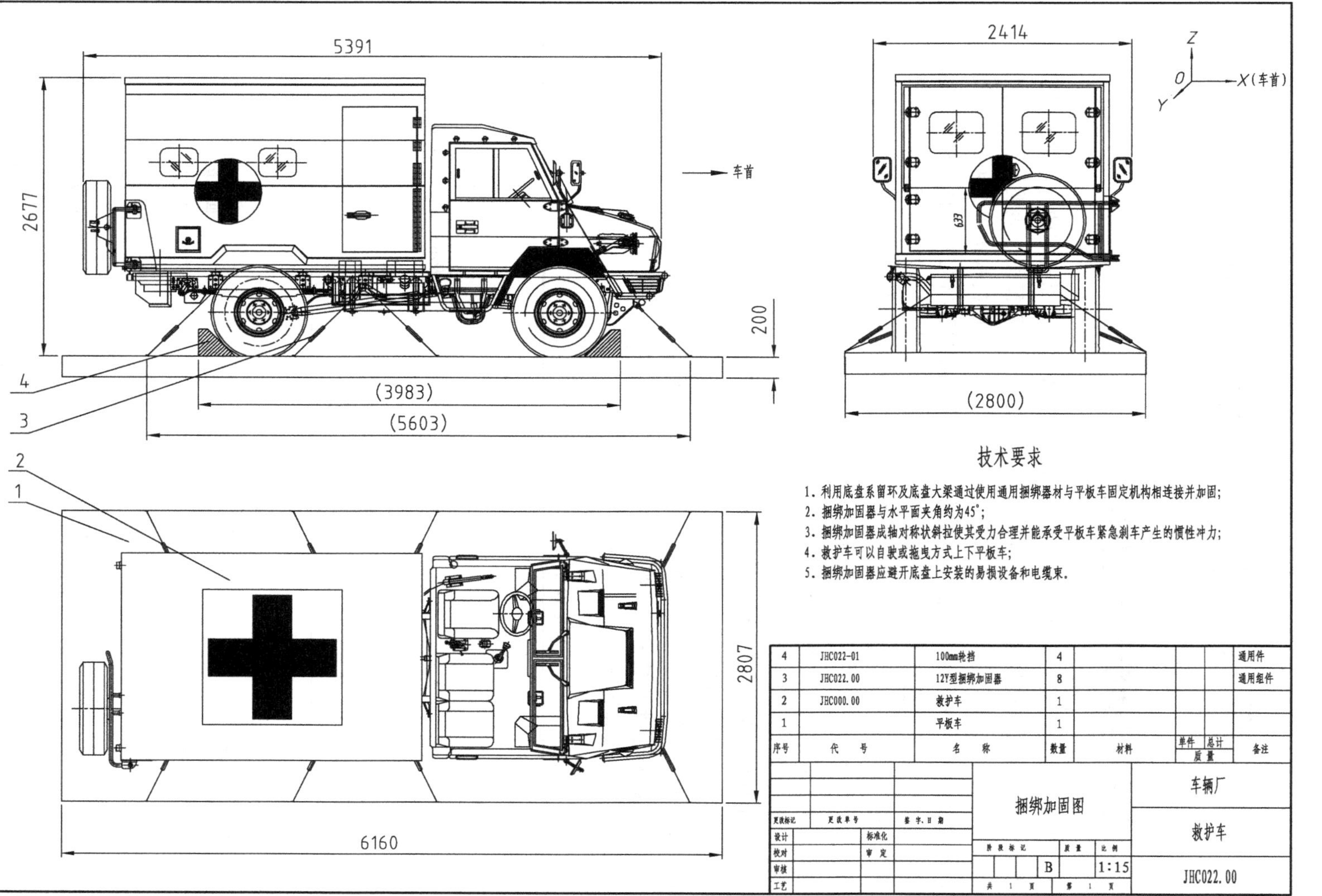

图 13-15　救护车捆绑加固图

第 14 章 机构运动简图

14.1 机构运动简图用图形符号

将与运动无关的机器的复杂外形和具体结构加以简化，并以规定的符（代）号和简单线条表明整机或部件所属机构运动情况的非投影图称为机构运动简图。表明机械或机构的动力传递方式、过程及其组成的非投影图称为传动简图。简图中的机构构件必须按照实际尺寸或一定比例绘制，不严格按比例绘制的简图称为示意图。GB/T 4460—2013《机械制图 机构运动简图用图形符号》规定了用于机构运动简图的图形符号。构成机械运动简图用图形符号的图线应符合 GB/T 4457.4 和 GB/T 17450 的规定，图形符号中的表示轴、杆符号的图线应用两倍粗实线（$2d$，d 为粗实线线宽）表示。

机器中各运动单元称为构件。构件可以是单一的零件，也可以是多个零件组成的刚性结构。零件是制造单元，构件是运动单元。

将实现预期的机械运动的各构件（包括不运动的机架）的基本组合称机构。组成机构的各构件之间有确定的相对运动。

运动副是指两构件直接接触又能产生一定形式的相对运动的联结。

14.1.1 机构构件运动的简图图形符号

机构构件运动简图图形符号见表 14-1。

表 14-1 机构构件运动简图图形符号

名称	基本符号	附注
运动轨迹		直线运动 回转运动
运动指向		表示点沿轨迹运动的指向
中间位置的瞬时停顿		直线运动 回转运动
中间位置的停留		
极限位置的停留		
局部反向运动		直线运动 回转运动
停止		
单向运动	可用符号：	直线运动 回转运动
具有瞬时停顿的单向运动		直线运动 回转运动
具有停留的单向运动		直线运动 回转运动

续表

名称	基本符号	附注
具有局部反向的单向运动		直线运动 回转运动
具有局部反向及停留的单向运动		直线运动 回转运动
往复运动		直线运动 回转运动
在一个极限位置停留的往复运动		直线运动 回转运动
在两个极限位置停留的往复运动		直线运动 回转运动
在中间位置停留的往复运动		直线运动 回转运动
运动终止		直线运动 回转运动

14.1.2　运动副的简图图形符号

运动副的简图图形符号见表 14-2。

表 14-2　运动副的简图图形符号

名称			基本符号	可用符号
具有一个自由度的运动副	回转副	平面机构		
		空间机构		
	棱柱副（移动副）			
	螺旋副			
两个自由度	圆柱副			
	球销副			
三个自由度	球面副			
	平面副			
四个	球与圆柱副			
五个	球与平面副			

14.1.3　构件及其组成部分连接的简图图形符号

构件及其组成部分连接的简图图形符号见表14-3。机架通常不运动，常在符号下面用45°细实线表示。构件组成部分的永久连接以涂黑表示不可拆，可调连接则需另加表征符号。轴、杆与组成部分的固定连接要加表征符号元素“×”，但用单线表示的符号也可以不加此符号。

表14-3　构件及其组成部分连接的简图图形符号

名称	基本符号	可用符号	附注
机架			
轴、连杆			
构件组成部分的永久连接			
组成部分与轴（杆）的固定连接			
构件组成部分的可调连接			

14.1.4　多杆构件及其组成部分的简图图形符号

多杆构件及其组成部分的简图图形符号见表14-4。

表14-4　多杆构件及其组成部分的简图图形符号

名称		基本符号	可用符号
低副机构		注：细实线所画为相邻构件	
单副元素构件	构件是回转副的一部分 a. 平面机构 b. 空间机构		
	构件是回转副的一部分 a. 平面机构 b. 空间机构		
	构件是棱柱副的一部分		
	构件是圆柱副的一部分		

续表

名称			基本符号	可用符号
单副元素构件	构件是球面副的一部分			
双副元素构件	连接两个回转副的构件	连杆 a. 平面机构 b. 空间机构	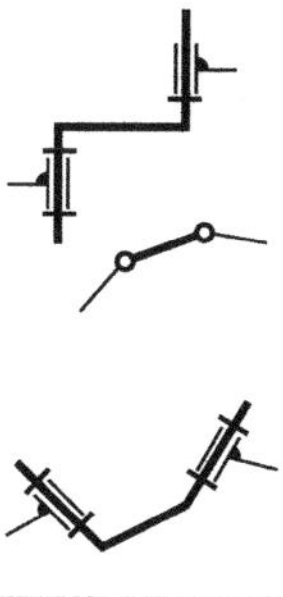	
		曲柄 a. 平面机构 b. 空间机构	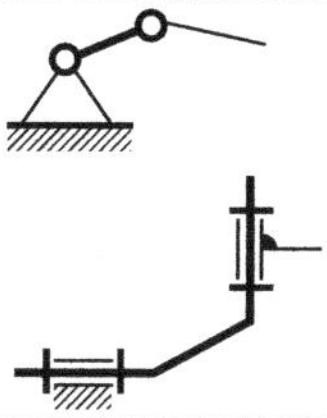	
		偏心轮	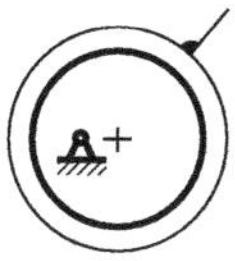	
	连接两个棱柱副的构件	通用情况		
		滑块	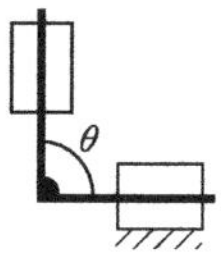	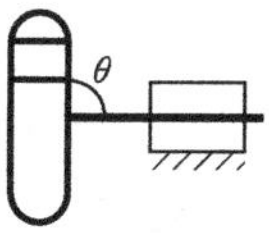
	连接回转副与棱柱副的构件	通用情况	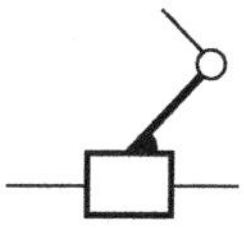	
		导杆	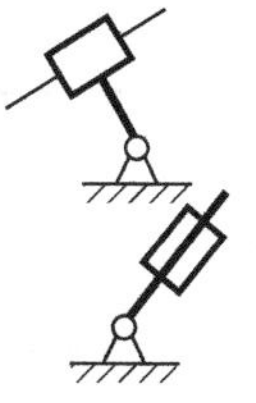	
		滑块	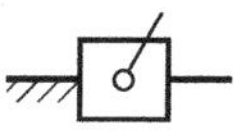	

续表

名称	基本符号	可用符号	附注
三副元素构件			
多副元素构件			符号与双副、三副元素构件类似

14.1.5 多杆构件图形示例

多杆构件图形示例见图 14-1。

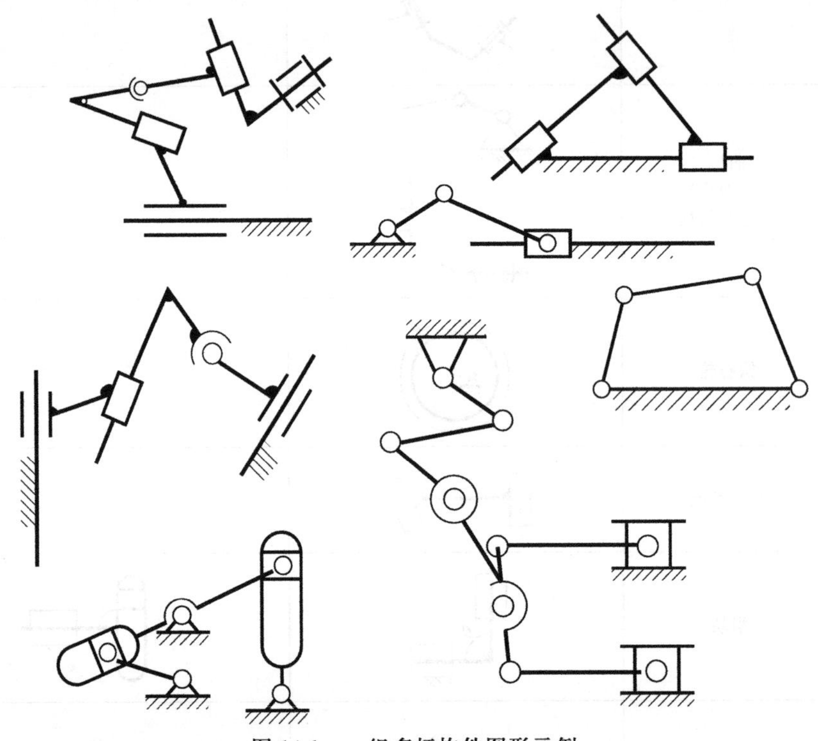

图 14-1 一组多杆构件图形示例

14.1.6 摩擦机构与齿轮机构的简图图形符号

① 若用单线绘制轮子，允许在两轮接触处留出空隙，见图 14-2(a)。

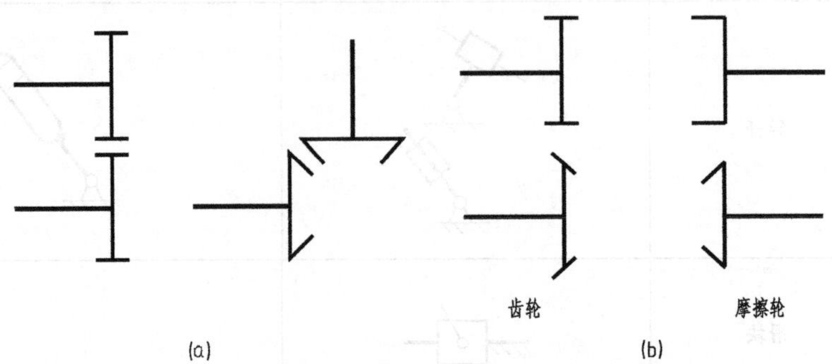

图 14-2 摩擦机构与齿轮机构简图符号

② 绘制摩擦机构时，轮子和轴固定连接符号，只需画在一个轮子上。

③ 齿轮和摩擦轮符号的区别是：表示齿圈或摩擦表面的直线相对于表示轮辐平面的直线位置不同，摩擦轮画在单边，齿轮画在两边，见图 14-2(b)。

各种摩擦机构与齿轮机构的简图图形符号，见表 14-5。

表 14-5　摩擦机构与齿轮机构的简图符号

名称			基本符号	可用符号
摩擦轮	圆柱轮			
	圆锥轮			
	曲线轮			
	冕状轮			
	挠性轮			
摩擦传动	圆柱轮			
	圆锥轮			
	双曲面轮			
	可调圆锥齿轮	通用情况		

续表

名　称			基本符号	可用符号
摩擦传动	可调圆锥齿轮	带中间体	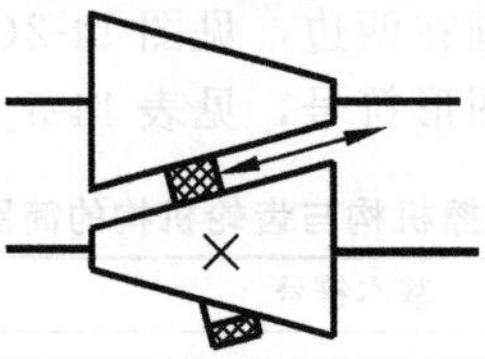	
		带可调圆环	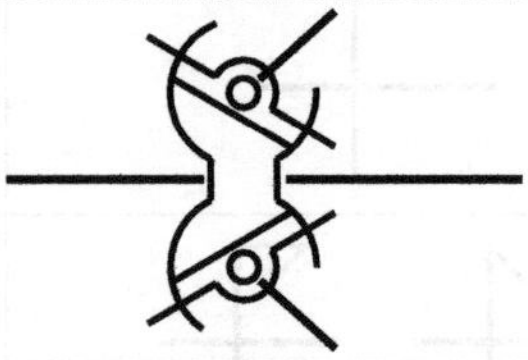	
		带可调球面轮	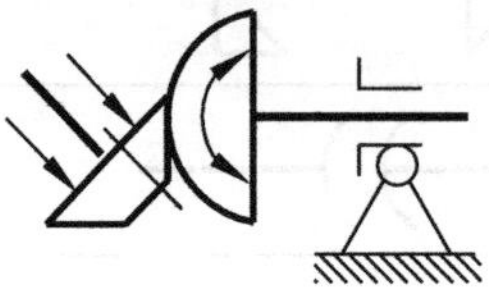	
	可调冕状轮		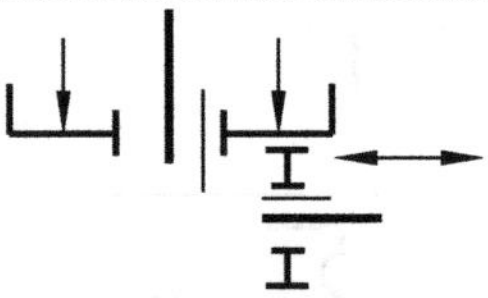	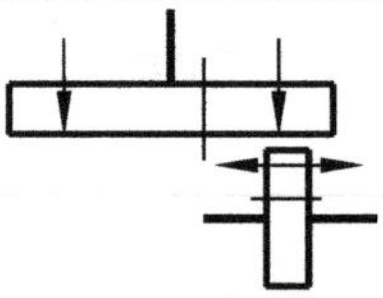
不指明齿线的齿轮	圆柱齿轮		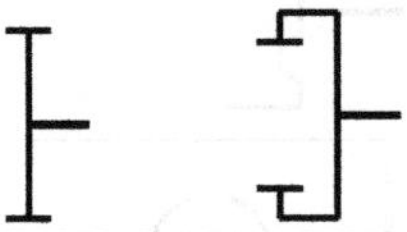	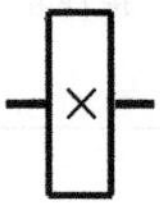
	圆锥齿轮		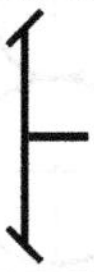	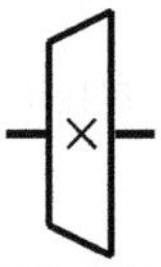
	挠性齿轮		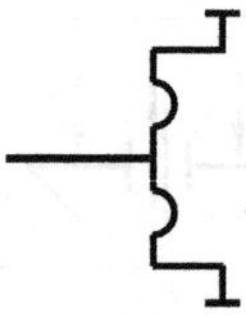	
齿线符号	圆柱齿轮	直齿	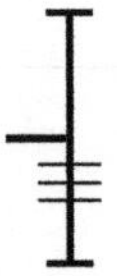	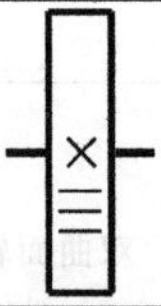
		斜齿		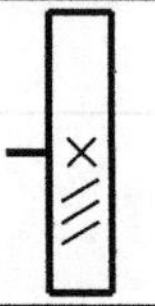
		人字齿		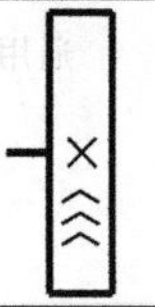

续表

名　称			基本符号	可用符号
齿线符号	圆锥齿轮	直齿		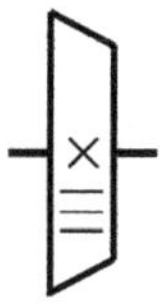
		斜齿		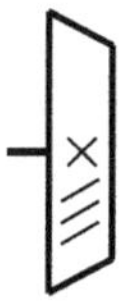
		弧齿		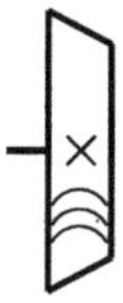
不指明齿线的齿轮传动	圆柱齿轮		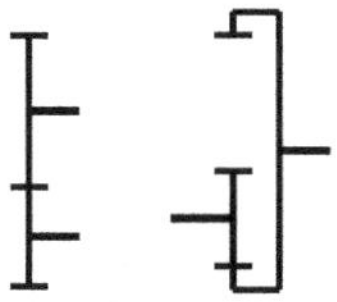	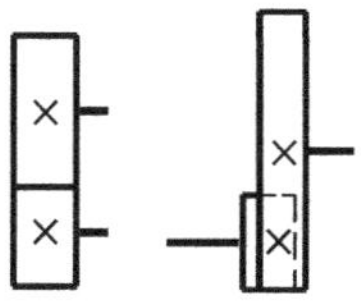
	非圆柱齿轮		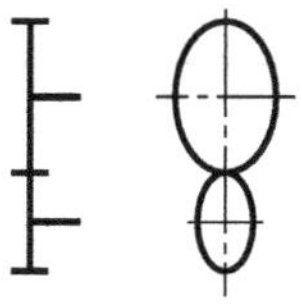	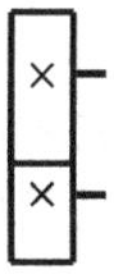
	圆锥齿轮		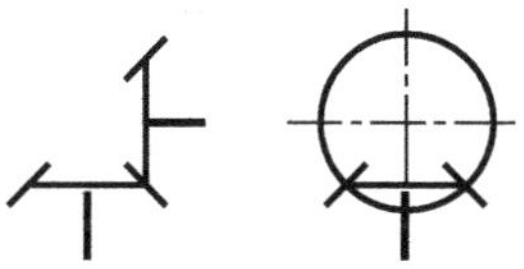	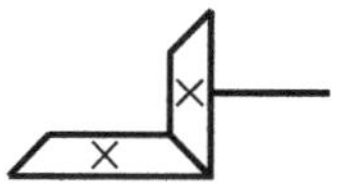
	准双曲面齿轮		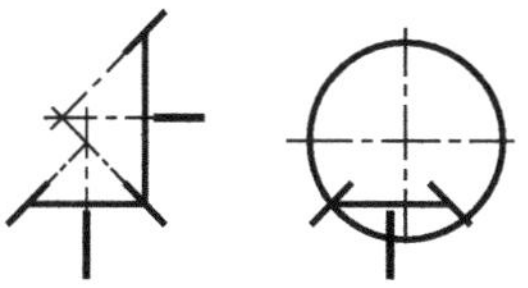	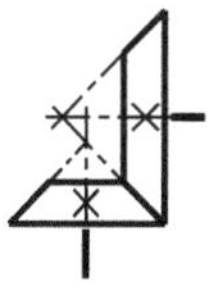
	蜗轮与圆柱蜗杆		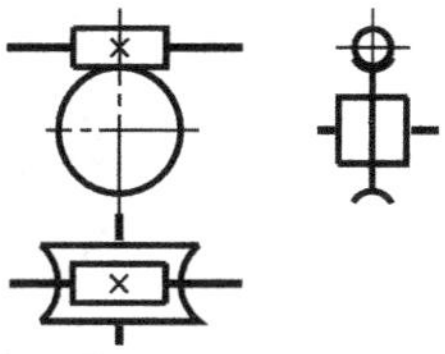	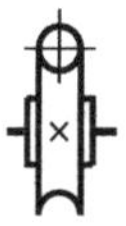
	蜗轮与球面蜗杆		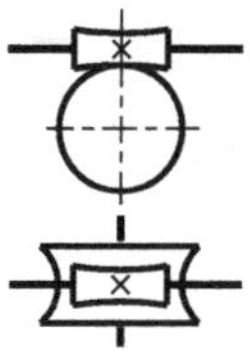	

续表

名称		基本符号	可用符号
不指明齿线的齿轮传动	螺旋齿轮		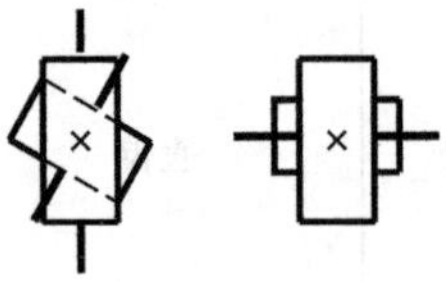
齿条传动	一般表示	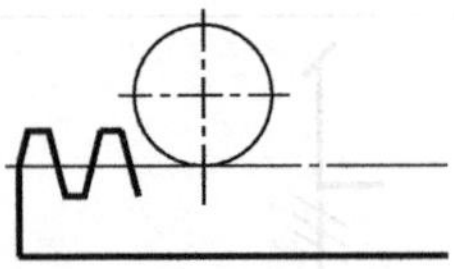	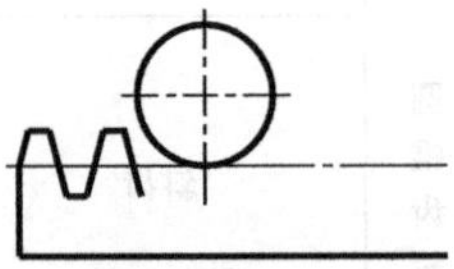
	蜗线齿条与蜗杆		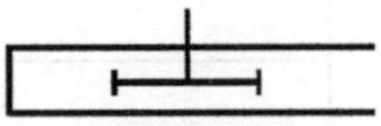
	齿条与蜗杆		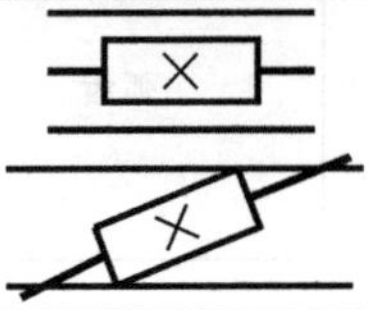
扇形齿轮传动		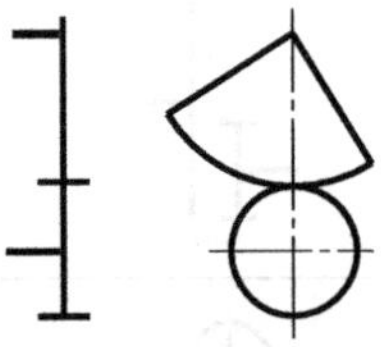	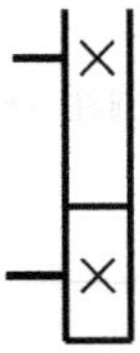

14.1.7 凸轮机构的简图图形符号

凸轮机构的简图图形符号见表14-6。

表14-6 凸轮机构的简图图形符号

名称		基本符号	可用符号	附注
盘形凸轮		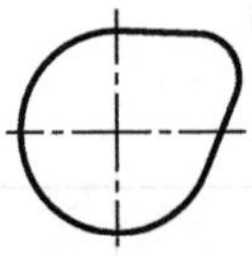	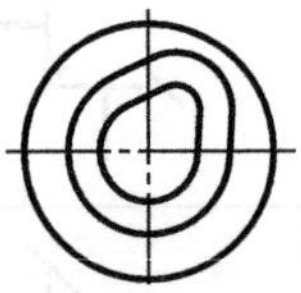	沟槽盘形凸轮
移动凸轮		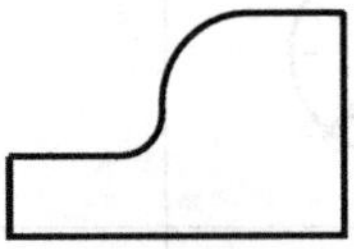		
与杆固接的凸轮		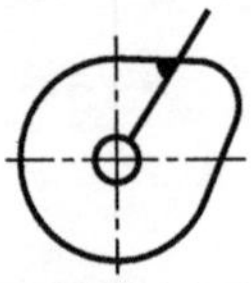	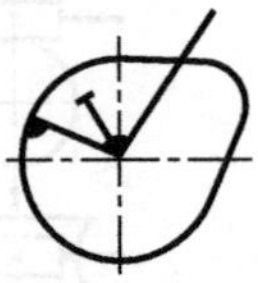	可调连接
空间凸轮	圆柱凸轮	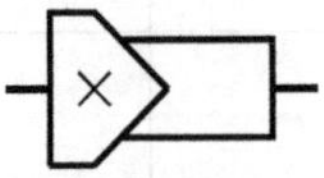	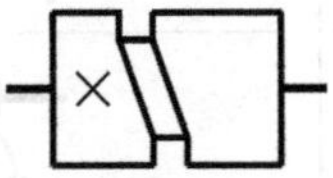	
	圆锥凸轮			

续表

名　　称		基本符号	可用符号	附　　注
空间凸轮	双曲面凸轮	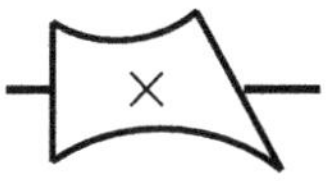	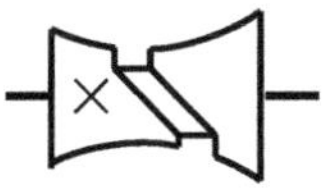	
凸轮从动杆	尖顶从动杆	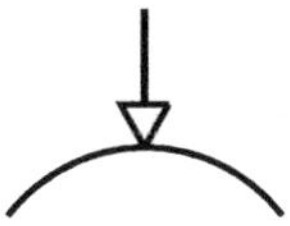		
	曲面从动杆	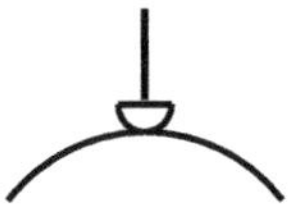		
	滚子从动杆	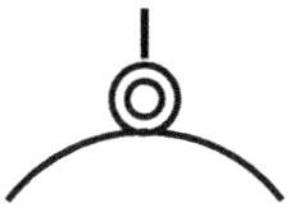		
	平底从动杆	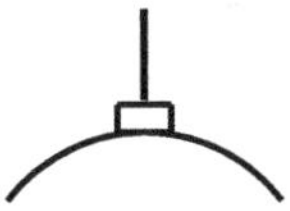		

14.1.8　槽轮机构和棘轮机构的简图图形符号

槽轮机构和棘轮机构的简图图形符号见表 14-7。

表 14-7　槽轮机构和棘轮机构的简图图形符号

名　　称		基本符号	可用符号
槽轮机构	一般符号	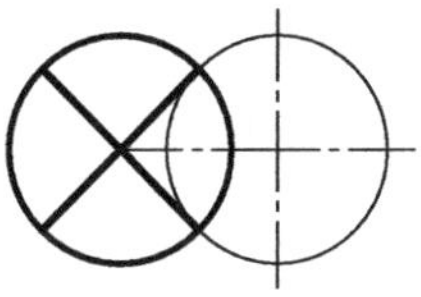	
	外啮合	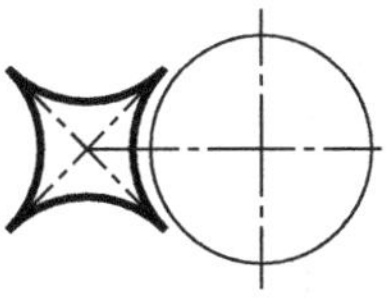	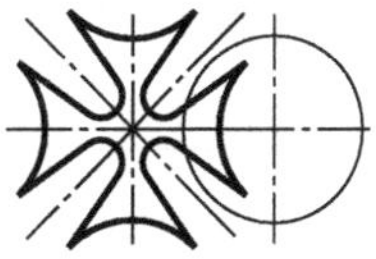
	内啮合	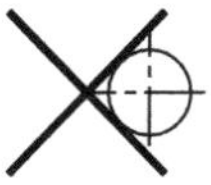	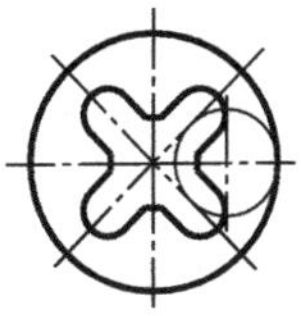
棘轮机构	外啮合		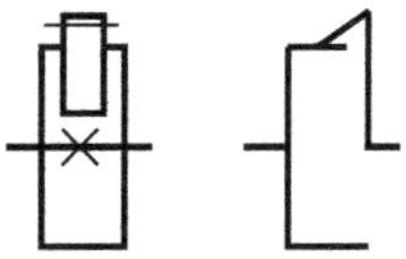

续表

名称		基本符号	可用符号
棘轮机构	内啮合		
	棘齿条啮合		

14.1.9 联轴器、离合器及制动器的简图图形符号

联轴器、离合器及制动器的简图图形符号见表 14-8。

表 14-8 联轴器、离合器及制动器的简图图形符号

名称		基本符号	可用符号
联轴器	一般符号		
	固定联轴器		
	可移式联轴器		
	弹性联轴器		
可控啮合式离合器	一般符号		
	单向式		
	双向式		

续表

名　称			基本符号	可用符号
可控摩擦离合器	单向式			
	双向式			
可控离合器	液压离合器一般符号			
	电磁离合器			
自动离合器	一般符号			
	离心摩擦离合器			
	超越离合器			
	安全离合器	带有易损元件		
		没有易损元件		
制动器	一般符号（不规定制动器外观）			

注：对于可控离合器、自动离合器及制动器，当需要表明操纵方式时，可用下列符号：M—机动的，H—液动的，P—气动的，E—电动的。下图为具有气动开关启动的单向摩擦离合器：

14.1.10　其他机构及其组件简图图形符号

其他机构及其组件简图图形符号见表 14-9。

表 14-9 其他机构及其组件简图图形符号

名称		基本符号	可用符号
带传动	一般符号	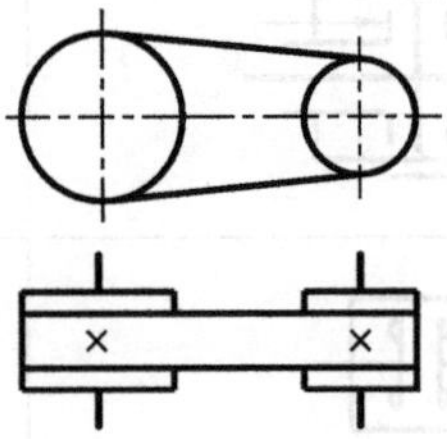	三角带： 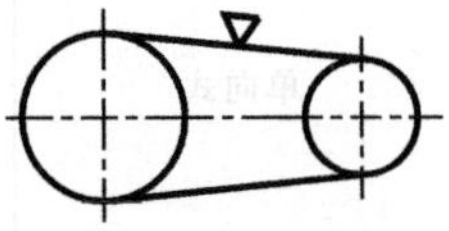 圆皮带： 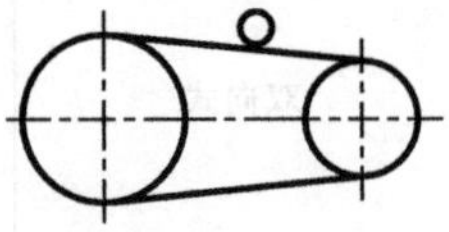 同步齿形带： 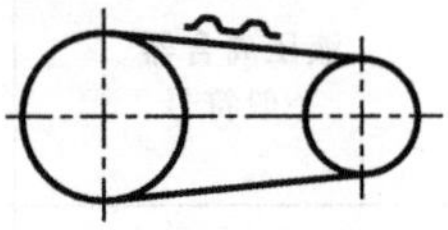 平皮带： 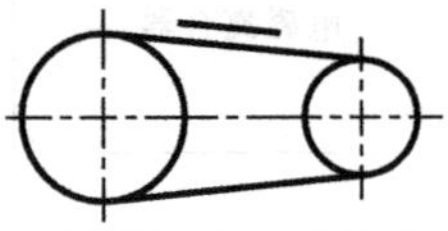
轴上的宝塔轮		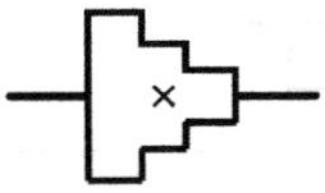	
链传动	一般符号	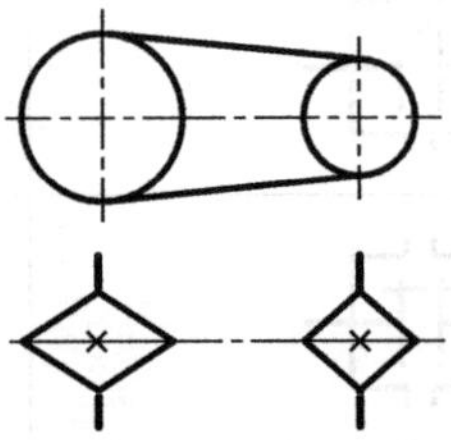	环形链： 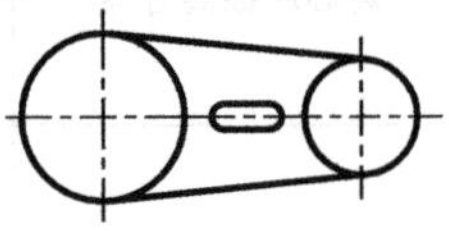 滚子链： 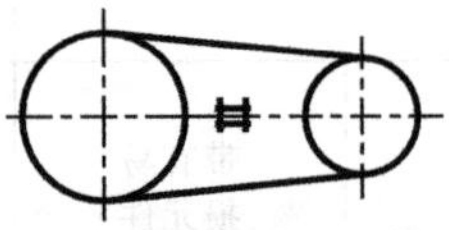 无声链： 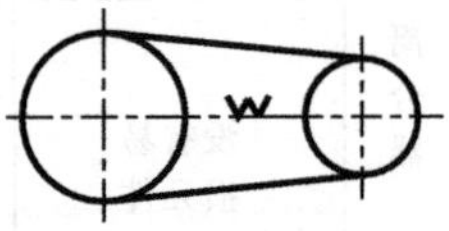
螺杆传动	整体螺母	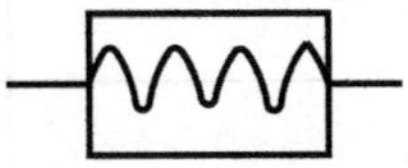	
	开合螺母	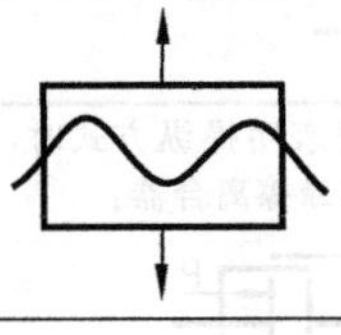	
	滚珠螺母		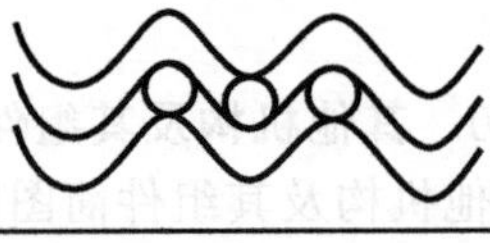

续表

名　称		基本符号	可用符号
挠性轴		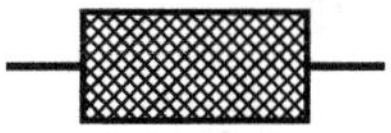	
轴上飞轮		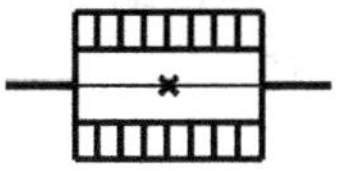	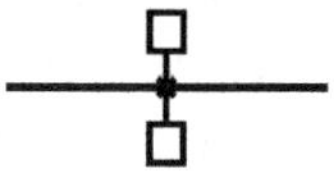
分度头			注：n 为分度数
同心轴承	普通轴承	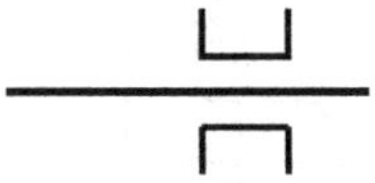	
	滚动轴承	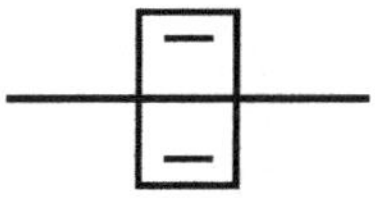	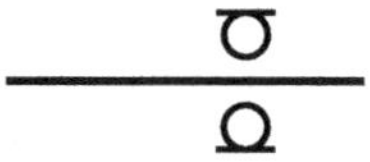
推力轴承	单向推力普通轴承		
	双向推力普通轴承	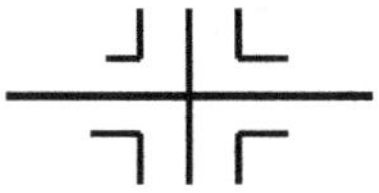	
	推力滚动轴承	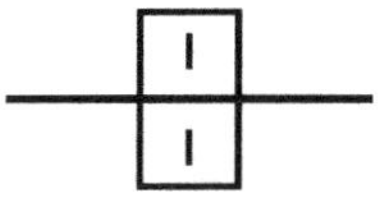	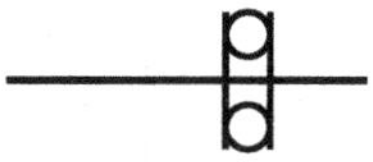
向心推力轴承	单向向心推力普通轴承	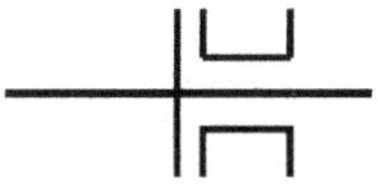	
	双向向心推力普通轴承	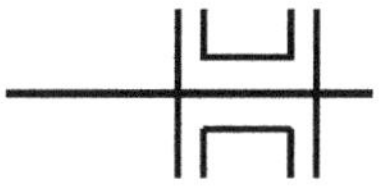	
	向心推力滚动轴承	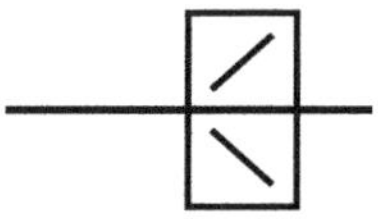	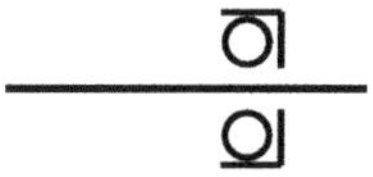
原动机	通用符号（不指明类型）	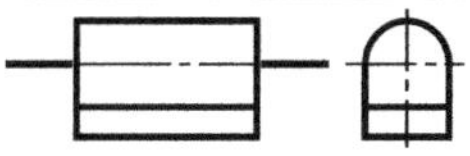	
	电动机一般符号	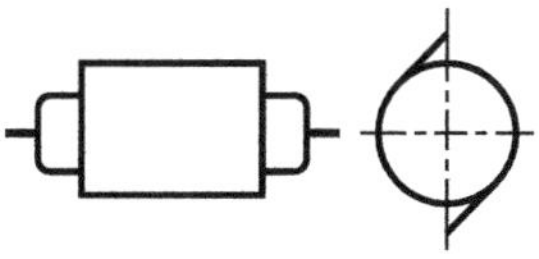	
	装在支架上的电动机	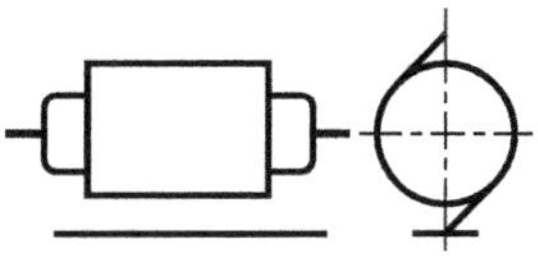	

14.2 机构运动简图画法示例

图 14-3 为精密蜗轮滚齿机机构运动简图。其传动部分由变速、进给、滚削三部分组成。在传动系统中，齿轮 A 与齿轮 B 在空间直接啮合，由于简图为平面图，所以分开画出，以求清晰，但应用括号表明其啮合关系。

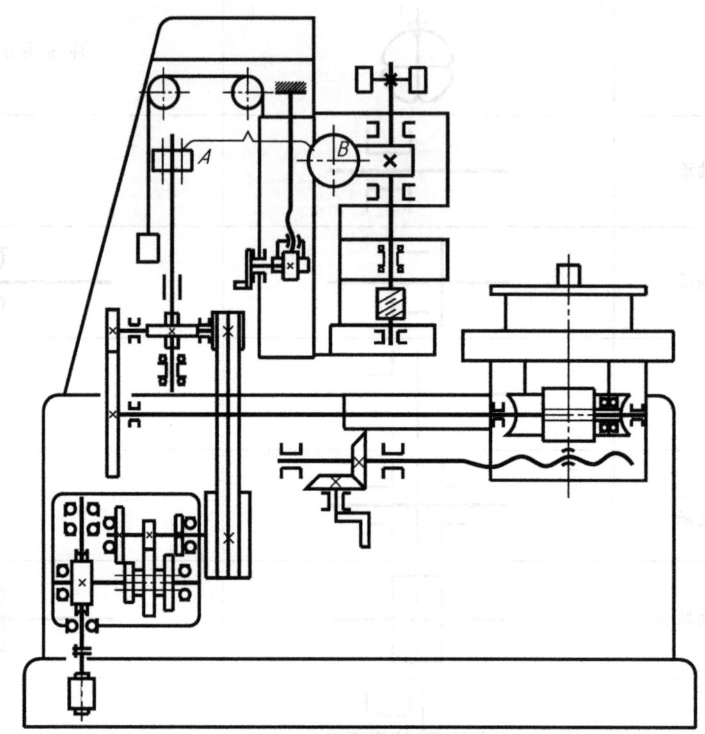

图 14-3 精密蜗轮滚齿机机构运动简图

第 15 章　电气工程图

电气工程图阐述电的工作原理，描述电气产品的构成和功能，用来指导各种电气设备、电气电路的安装接线、运行、维护和管理。它是沟通电气设计人员、安装人员、操作人员的工程语言，是进行技术交流不可缺少的重要手段。

15.1 电气符号

电气符号包括图形符号、文字符号、项目代号和回路标号等，它们相互关联、互为补充，以图形和文字的形式从不同角度为电气工程图提供了各种信息。只有弄清楚电气符号的含义、构成及使用方法，才能正确地看图。

15.1.1 图形符号

(1) 图形符号的概念

图形符号通常由符号要素、一般符号和限定符号组成。

① 符号要素。指一种具有确定意义的简单图形，通常表示电器元件的轮廓或外壳。符号要素必须同其他图形符号组合，以构成表示一个设备或概念的完整符号。如图 15-1(f) 所示的接触器的动合主触头的符号，就由图 15-1(b) 所示的接触器的触头功能符号和图 15-1(a) 所示的动合触头（常开）符号组合而成。符号要素不能单独使用，而通过不同形式组合后，能构成多种不同的图形符号。

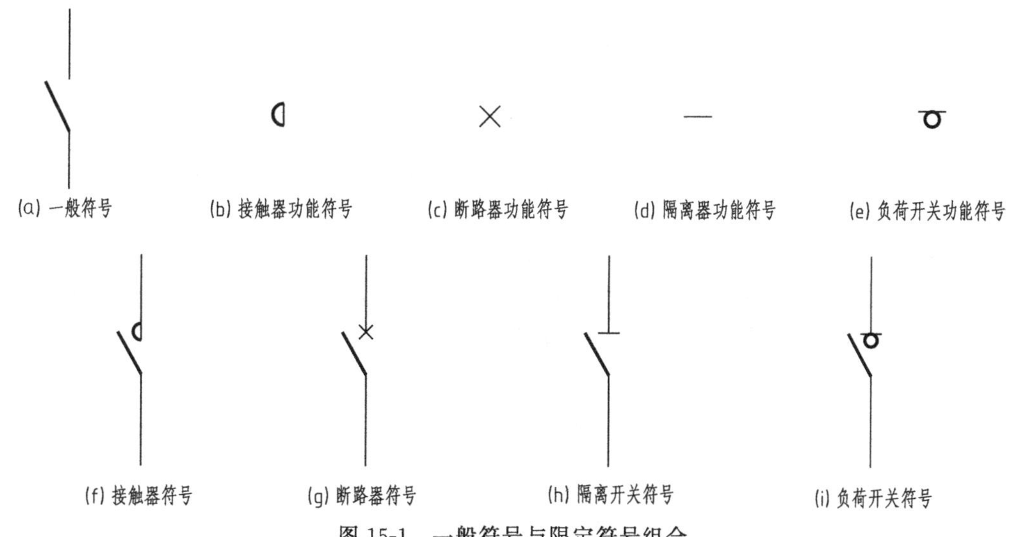

图 15-1　一般符号与限定符号组合

② 一般符号。用以表示一类产品或此类产品特征的一种简单符号。一般符号可直接应用，也可加上限定符号使用。如“○”为电动机的一般符号，“-□-”为接触器或继电器线圈的一般符号。

③ 限定符号。指用来提供附加信息的一种加在其他图形符号上的符号。限定符号一般

不能单独使用。但一般符号有时也可用作限定符号，如电容器的一般符号加到扬声器符号上，即构成电容式扬声器的符号。

限定符号的应用使图形符号更具多样性。例如，在电阻器一般符号的基础上，分别加上不同的限定符号，则可得到可变电阻器、滑线变阻器、压敏（U）电阻器、热敏（θ）电阻器、光敏电阻器、碳堆电阻器等。

（2）图形符号的构成

实际用于电气图中的图形符号，通常由一般符号、限定符号、符号要素等组成，图形符号的构成方式有多种，最基本和最常用的有以下几种。

① 一般符号＋限定符号，例如图 15-1。图 15-1(a) 表示开关的一般符号，分别与接触器功能符号图 15-1(b)、断路器功能符号图 15-1(c)、隔离器功能符号图 15-1(d)、负荷开关功能符号图 15-1(e) 等限定符号组成接触器符号图 15-1(f)、断路器符号图 15-1(g)、隔离开关符号图 15-1(h)、负荷开关符号图 15-1(i)。

② 符号要素＋一般符号，如图 15-2。屏蔽同轴电缆图形符号图 15-2(a) 由表示屏蔽的符号要素图 15-2(b) 与同轴电缆的一般符号图 15-2(c) 组成。

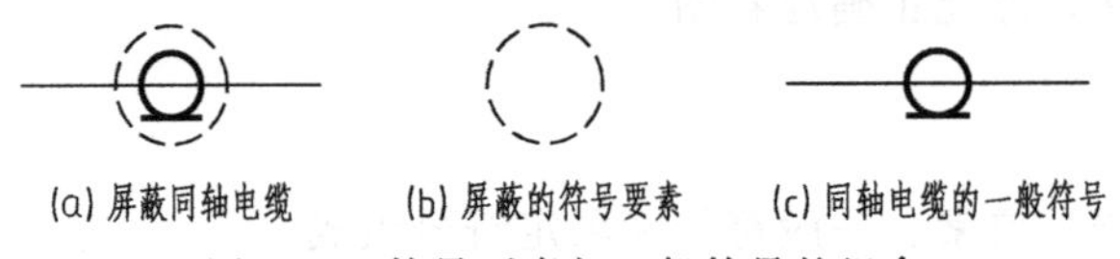

图 15-2　符号要素与一般符号的组合

③ 符号要素＋一般符号＋限定符号。图 15-3(a) 是表示自动增益控制放大器的图形符号，由表示功能单元的符号要素图 15-3(b)、表示放大器的一般符号图 15-3(c)、表示自动控制的限定符号图 15-3(d) 以及作为限定符号的文字符号 dB 构成。

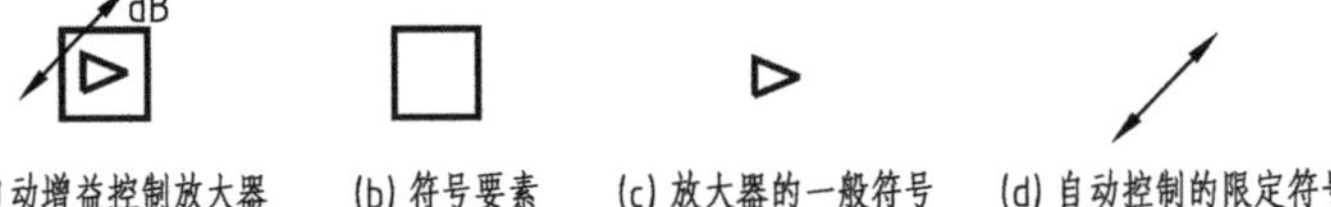

图 15-3　符号要素、一般符号与限定符号的组合

以上是图形符号的基本构成方式，在这些构成方式基础上加上其他符号可构成电气图常用图形符号。

电气图形符号还有一种方框符号，用以表示设备、元件间的组合及功能。它既不给出设备或元件的细节，也不反映它们之间的任何关系，是一种简单的图形符号，通常只用于系统图形或框图。方框符号的外形轮廓一般应为正方形，如图 15-4 所示。

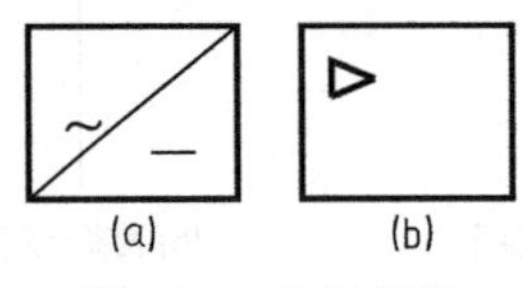

图 15-4　方框符号

（3）图形符号的使用

① 图形符号表示的状态。图形符号是按未得电、无外力作用的“自然状态”画成的。例如，开关未合闸；继电器、接触器的线圈未得电，其被驱动的动合触头处于断开位置，而动断触头处于闭合位置；断路器和隔离开关处于断开位置；带零位的手动开关处于零位位置，不带零位的手动开关处于图中规定的位置。

② 尽可能采用优选图形符号。某些设备或电器元件有几个图形符号，在选用时应尽可能采用优选图形，尽量采用最简单的形式，在同类图中应使用同一种形式。有国家标准的应按标准符号画。

③ 突出主次。为了突出主次和区别不同用途，对相同的图形符号，其符号尺寸大小、线条粗细依国家标准可放大与缩小。例如，电力变压器与电压互感器、发电机与励磁机、主电路与副电路、母线与一般导线等的表示。但在同一张图样中，同一符号的尺寸应保持一致，各符号间及符号本身比例应保持不变。

④ 符号方位。标准中示出的符号方位，在不改变符号含义的前提下，可根据图面布置的需要旋转或成镜像位置，但文字和指示方向不得倒置。

有方位规定的图形符号为数很少，但其中在电气图中占重要位置的各类开关、触头，当符号呈水平形式布置时，应下开上闭；当符号呈垂直布置时，应左开右闭，即可逆时针旋转90°，如图 15-5 所示。

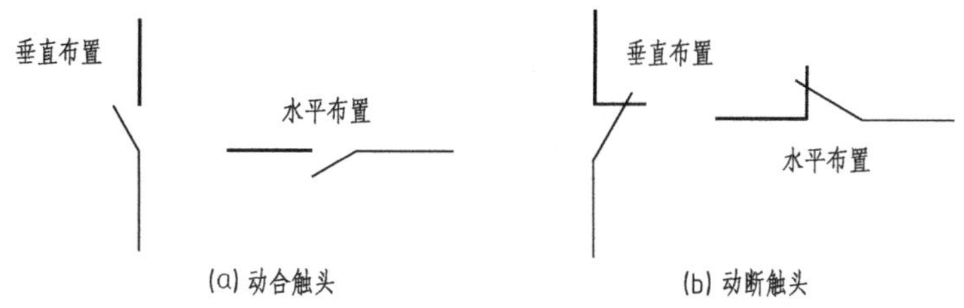

图 15-5　开关、触头符号的方位

⑤ 图形符号的引线。图形符号所带的连接线不是图形符号的组成部分，在大多数情况下，引线可取不同的方向。如图 15-6 所示的变压器、扬声器、倍频器和整流器中的引线改变方向，都是允许的。

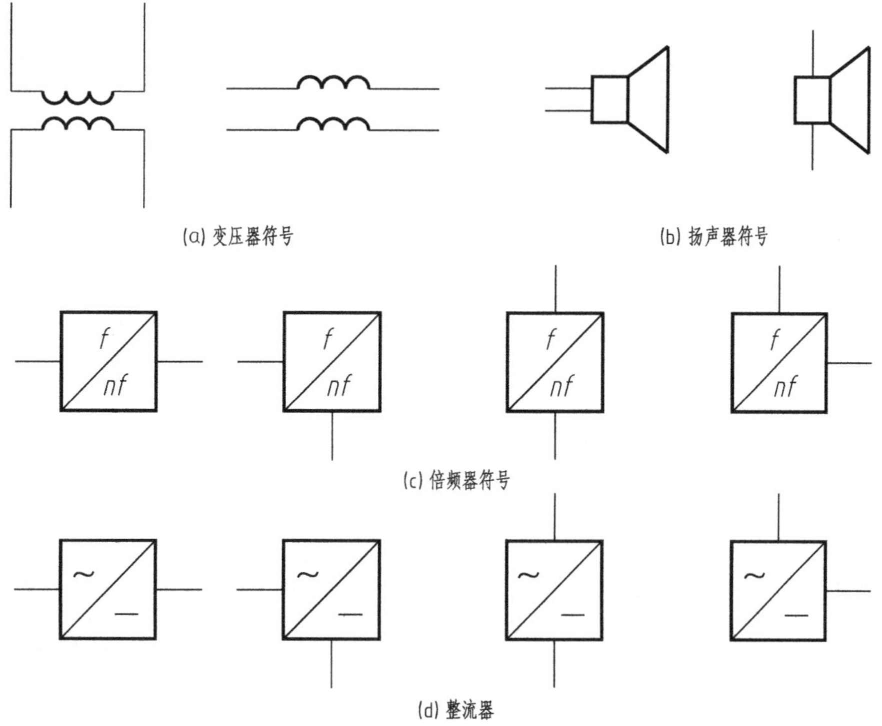

图 15-6　符号引线方向改变示例

⑥ 大多数符号都可以加上补充说明标记。

⑦ 有些具体电器元件的符号由设计者根据国家标准的符号要素、一般符号和限定符号组合而成。

⑧ 国家标准未规定的图形符号，可根据实际需要，按突出特征、结构简单、便于识别的原则进行设计，但需要报国家标准局备案。当采用其他来源的符号或代号时，必须在图样和文件上说明其含义。

(4) 电气简图用图形符号一览表

表 15-1 电气简图用图形符号大部分摘自于 GB/T 4728 新版标准，为了方便使用，也编入了极少量工程中惯用旧符号，“名称及说明”栏的部分内容，是作者自拟的，非取自标准。

表 15-1 电气简图用图形符号

图形符号	名称及说明	图形符号	名称及说明
(一)符号要素			
形式1 形式2 形式3	物件，例如：设备；器件；功能单元；元件，功能。 符号轮廓内应填入或加上适当的符号或代号，以表示物件的类别，如步进电动机一般符号： M 设计需要时，可采用其他形状的轮廓，如 电铃		边界线。 用于表示物理上、机械上或功能上相互关联的对象组的边界
形式1 形式2	外壳、球或箱罩。 如设计需要，可以采用其他形状的轮廓。 如果罩具有特殊的防护功能，可加注以引起注意。 若肯定不会引起混乱，外壳可省略。如果外壳与其他物件有连接，则必须绘制外壳。如： PNP半导体管 集电极接管壳的NPN半导体管 必要时，外壳可断开画出		屏蔽；护罩。 例如为了减弱电场或电磁场的穿透程度，屏蔽符号可以画成任何方便的形状。 屏蔽导体 绕组间有屏蔽的双绕组单向变压器
		*	防止无意识直接接触的通用符号。 星号应由具备无意识直接接触防护的设备或器件的符号代替
(二)限定符号			
⎓	直流。 电压可标注在符号右边，系统类型可标注在左边。如：2/M⎓220/110V 表示电压 220/110V 两线带中间线的直流系统	～ ～50Hz ～100kHz～600kHz	交流。 频率值或频率范围可标注在符号的右边，如：交流 50Hz；交流，频率范围 100kHz～600kHz

续表

图形符号	名称及说明
（二）限定符号	
3/N-400/230V 50Hz	电压值可标注在符号右边。 相数和中性线存在时可标注在符号左边，如： 交流，三相带中性线400V，相线和中性线间的电压为230V，50Hz。
3/N-50Hz/TN-S	标志系统，则要在符号上加上相应标志。 示例为交流，三相，50Hz，具有一个直接接地点且中性线与保护导体全部分开的系统
	不同频率范围的交流，当需要用给定的画法区分不同的频率范围时，可用如下符号：
～	相对低频（工频或亚音频）
≈	中频（音频）
≋	相对高频（超音频、载频或射频）
	具有交流分量的整流电流（当需要与整流并滤波的电流相区别时使用）
+	正极性
−	负极性
N	中性（中性线）
M	中间线
	可调节性，一般符号
	非线性可调
	可变性，内在的，一般符号
	可变性，内在的，非线性
	预调。 允许调节的条件可标注在符号旁。
I=0	示例：仅在电流等于零时才允许预调

图形符号	名称及说明
	步进动作。 可加注数字以表示步进数
5	表示可步进调节 5 步
	连续可变性
	示例：连续可变性预调
	自动控制。 被控制量可标注在符号旁
G	示例：自动增益控制放大器
	按箭头方向的单向力，单向直线运动
	双向力，双向直线运动。 示例：滑臂 3 向端子 2 移动时频率增加 减少 频率 增加 3 1 2
	按箭头方向的单向环形运动，单向旋转，单向扭转
	双向环形运动，双向旋转，双向扭转
	两个方向均受到限制的双向环形运动、双向旋转、双向扭转
	振动（摆动）
	单向传送、单向流动，例如能量、信号、信息
	同时双向传送。 同时发送和接收
	非同时双向传送。 交替发送和接收

续表

图形符号	名称及说明	图形符号	名称及说明
(二)限定符号			
	发送。 与其他符号组合使用时，如箭头所表达的意思是明确的，小圆点可以省略		驻极体材料
			半导体材料
	接收。 与其他符号组合使用时，如果箭头所表示的意思是明确的，小圆点可以省略		绝缘材料
			热效应
	能量从母线输出		电磁效应
	能量向母线输入		磁致伸缩效应
	能量双向流动	×	磁场效应或磁场相关性
>	特征量值大于整定值时的动作		延时(延迟)
<	特征量值小于整定值时的动作		半导体效应
≷	特征量值大于高整定值或小于低整定值时动作	//	具有电隔离的耦合效应
=0	特征量值等于零时动作		非电离的电磁辐射，例如无线电波或可见光。 如已表明源和靶，则箭头从源指向靶： 源 ⇉ 靶 如果有靶而未明确指出源，则箭头指向右下： 如果未明确标出靶，则箭头指向右上：
≈0	特征量值近似等于零时动作		
	材料，未规定类型		
	固体材料		
	液体材料		非电离的相干辐射(例如相干光)
	气体材料		

续表

图形符号	名称及说明	图形符号	名称及说明
(二)限定符号			
	电离辐射。 如需标明电离辐射的具体类型,可加注下列符号或字母: α　α粒子 β　β粒子 γ　γ射线 δ　氘核 ρ　质子 η　中子 π　π介子 κ　κ介子 μ　μ介子 X　X射线		正阶跃函数
			负阶跃函数
			锯齿波
			纸带打印
	非电离的双向电磁辐射,例如由雷达或带有镜面反射器的光控继电器产生的辐射		纸带打孔或使用打孔纸带
			在纸带上同时打印和打孔
	非电离的双向相干辐射		纸页打印
	正脉冲		键盘
	负脉冲		
	交流脉冲		传真
(三)常用的其他符号			
形式1	连接,例如: 机械的、气动的,液压的、光学的、功能的。 示例:表示力或运动方向的机械连接。 具有旋转方向指示的机械连接。		连接着的机械联轴器。 示例: 旋轴用的单向联轴器自由滑轮
形式2	当使用形式 1 符号太受限制时,使用此符号		制动器。 示例: 带制动器并被制动的电动机。 带制动器未被制动的电动机
	处于阻塞状态的阻塞器件向左边移动被阻塞		齿轮啮合
	离合器。 机械联轴器	形式1 形式2	延时动作。 当运动方向是从圆弧指向圆心时动作被延时
	脱开的机械联轴器		

续表

图形符号	名称及说明	图形符号	名称及说明
(三)常用的其他符号			
	自动复位。 三角指向复位方向		杠杆操作
	自锁。 非自动复位,能保持给定位置的器件		用可拆卸的手柄操作
	脱开自锁		钥匙操作
	进入自锁		曲柄操作
	两器件间的机构连锁		滚子操作
	脱扣的闭锁器件		凸轮操作
	解扣的闭锁器件		示例:仿形凸轮。
	阻塞器件		仿形样板,仿形凸轮(展开图)。
	手动控制操作件,一般符号		用仿形凸轮和滚子操作
	带有防止无意操作的手动控制操作件		贮存机械能操作
	拉拔操作		单向作用的气动或液压操作
	旋转操作		双向作用的气动或液压控制操作
	按动操作		借助电磁效应操作
	接近效应操作		电磁器件操作,如过电流保护
	接触操作		热器件操作,如过电流保护
	紧急操作。"蘑菇头"式的		电动机操作
	手轮操作		电钟操作
	脚踏式操作		

续表

图形符号	名称及说明	图形符号	名称及说明
(三)常用的其他符号			
	半导体操作		故障(指明假定故障的位置)
	液位控制		闪路;击穿
	计数器控制		永久磁铁
	流体控制		动(如滑动)触点
%H_2O	示例:气流控制		测试点指示符。 示例:
	相对湿度控制		
	接地,一般符号		变换器,一般符号,例如: 能量转换器; 信号转换器; 测量用传感器。 如果变换方向不明确,可以在符号的轮廓线上用箭头表明。表示输入输出的波形等符号或代号可写进一般符号的每半部分内,以表示变换的性质。如: 整流器/逆变器 变频器,频率由 f_1 变到 f_2 f_1 f_2
	抗干扰接地;无噪声接地		
	保护接地		
	接机壳;接底板。 如意思已经明确,则图中的影线可省略,此时表示机壳或底板的线条应加粗,如:		
	等电位		转(变)换
	理想电流源		模拟。 仅在需要将模拟信号与其他形式的信号和连接相区别时才使用
	理想电压源		
	理想回转器	#	数字。 仅在需要将数字信号与其他形式的信号和连接相区别时才使用

续表

图形符号	名称及说明	图形符号	名称及说明
(四)导线和连接器件			
	连线,连接,连线组。如:导线、电缆、电线、传输通路等。		电缆中的导线,示出三根
形式1 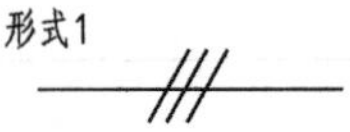 形式2 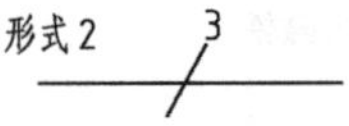 3	如用单线表示一组导线时,导线的数可标以相应数量的短斜线或一个短斜线后加导线的数字。 连线符号的长度取决于简图的布局。 示例:三根导线。		示例:五根导线,其中箭头所指的两根在同一电缆内
=110V 2×120mm²Al 3N～50Hz 400/230V 3×120mm²+1×50mm²Al	可标注附加信息,如:电流种类、配电系统、频率、电压、导线数、每根导线的截面积、导线材料的化学符号等。 导线数后面标其截面积,并用"×"号隔开,若截面积不同时,应用"+"号分别将其隔开,电气信息量标在导线上方,导线结构量标在导线下方。 示例:直流电路,110V,两根 $120mm^2$ 的铝导线。 示例:三相电路,400/230V,50Hz,三根 $120mm^2$ 的导线,一根 $50mm^2$ 的中性线,均为铝导线		同轴对。 若同轴结构不再保持,则切线只画在同轴的一侧。 示例:同轴对连到端子上
			屏蔽同轴对
			导线或电缆的终端未连接
			导线或电缆的终端未连接,有专门的绝缘
			连接;连接点
	柔性连接		端子
			端子板。 可加端子标志
	屏蔽导体。 如果几根导线包含在同一屏蔽内,这些导体符号与其他导体符号混杂,可按如下画法,并用箭头指出同一屏蔽的导体。 示例:	形式1 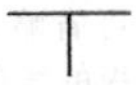 形式2 	T型连接 在形式1符号中增加连接符号
		形式1 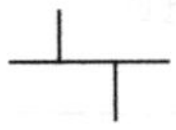 形式2 	导线的双重连接 仅在设计认为必要时使用
	绞合导线,示出两根		接地或接零线有接地板(图中圆点)的接地零线
	避雷线		

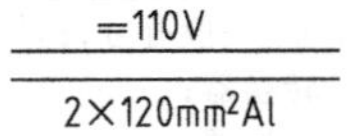

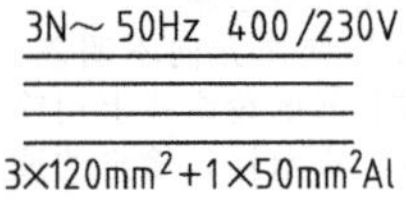

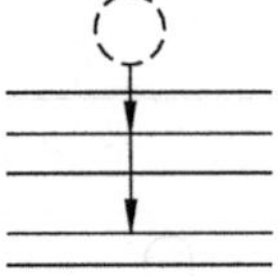

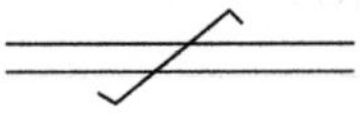

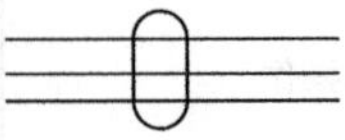

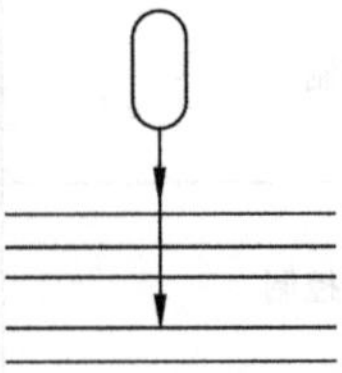

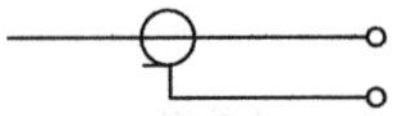

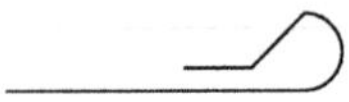

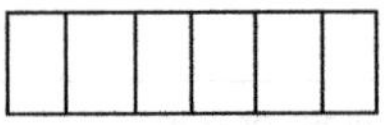

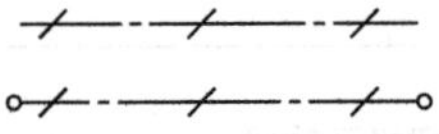

续表

图形符号	名称及说明	图形符号	名称及说明
(四)导线和连接器件			
	支路。 一组相同并重复并联的电路的公共连接应以支路总数取代"n",该数字置于连接符号旁。 示例:10 个并联且等值的电路		插头和插座
			插头和插座,多线。 多线表示法表示七个阴接触件和七个阳接触件的符号
	导体的换位;相序变更;极性反向。		单线表示法
			连接器,组件的固定部分
			连接器,组件的可移动部分
	示例:相序变更		配套连接器。 本符号表示插头端固定,插座端可动
			电话型插塞和塞孔,示出两个极
	中性点		触头断开的电话型插塞和塞孔,示出三个极
	示例:三相同步发电机的单线表示法。 绕组每相两端引出,示出外部中性点的三相同步发电机		电话型断开的塞孔;电话型隔开的塞孔
			同轴的插头和插座
	三相同步发电机的多线表示法		对接连接器
		形式1 形式2	接通的连接片
	不切断导线的导线抽头。 短线应与未切断导线的符号平行		断开的连接片
	需要专门工具的连接		插座和插头式连接器,如 U 型连接,阳—阳。
	阴接触件(连接器的)插座		阳—阴
	阳接触件(连接器的)插头		有插座的阳—阳

续表

图形符号	名称及说明	图形符号	名称及说明
（四）导线和连接器件			
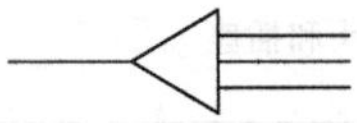	电缆密封终端，表示带有一根三芯电缆	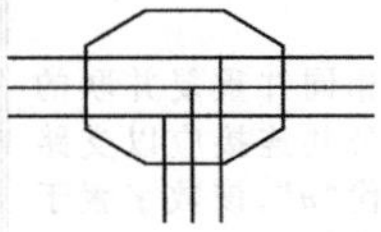	电缆接线盒，表示带 T 型连接的三根导线。 多线表示
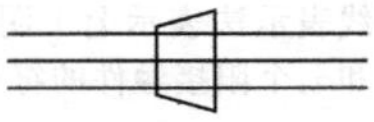	电缆密封终端，表示带三根单芯电缆	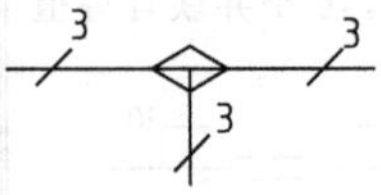 3 3 3	单线表示
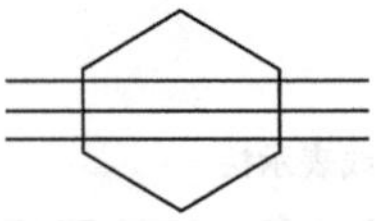	直通接线盒，表示带有三根导线。 多线表示	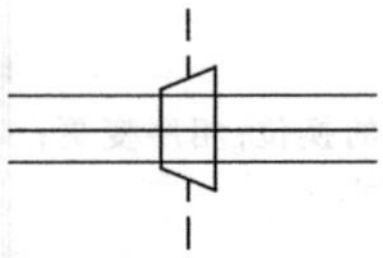	电缆气闭套管，表示带三根电缆
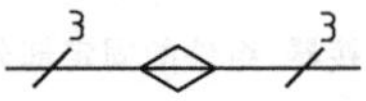 3 3	单线表示		
（五）基本无源元件			
1. 电阻器			
	电阻器，一般符号	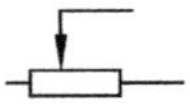	带滑动触点的电位器
	可调电阻器	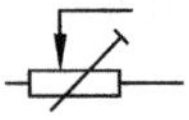	带滑动触点和预调的电位器
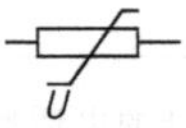 U	压敏电阻器；变阻器	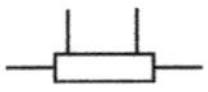	带固定抽头的电阻器，示出两个抽头
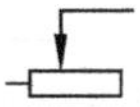	带滑动触点的电阻器	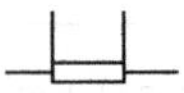	分路器。 带分流和分压端子的电阻器
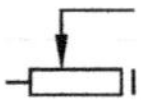	带滑动触点和断开位置的电阻器		碳堆电阻器
		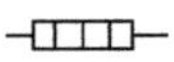	电热元件
2. 电容器			
	电容器，一般符号	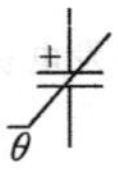 ± θ	热敏极性电容器
	穿心电容器；旁路电容器	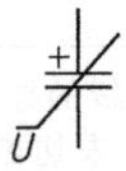 + U	压敏极性电容器
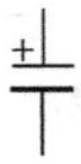 +	极性电容器，例如电解电容	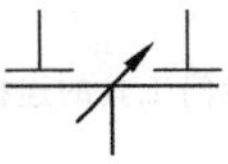	差动可调电容器
	可调电容器		定片分离可调电容器
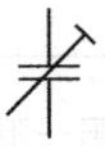	预调电容器		

续表

图形符号	名称及说明	图形符号	名称及说明
（五）基本无源元件			
3. 电感器			
	电感器：线圈；绕组；扼流圈 示例：带磁芯的电感器		步进移动触点可变电感器
			可变电感器
	磁芯有间隙的电感器		带磁芯的同轴扼流圈
	带磁芯连续可变电感器		
	固定带抽头的电感器，示出两个抽头		穿在导线上的铁氧体磁珠
4. 铁氧体磁芯和磁存储器矩阵			
	铁氧体磁芯		有五个绕组的铁氧体磁芯。 可附加关于电流方向、电流对应的幅度及由剩磁状态所决定的逻辑状态方面的信息
或	磁通/电流方向指示符号。 本符号表示一水平线垂直穿过磁芯，代表一个磁芯绕组，同时它还给出电流与磁通的方向关系	n	一个有 n 匝绕组的铁氧体磁芯
	单绕组铁氧体磁芯。 斜线可视为反映电流与磁通方向关系的反射器，如下： 磁通 电流 或 磁通 电流 为绘图方便，即使磁路上没有绕组，也往往把表示导体的线条绘成穿过磁芯符号。 除位置布局表示外，在所有情况下，一直线穿过磁芯符号表示一绕组时，必须画出斜线。 示例： ① ② ①穿过铁芯符号的导体； ②磁芯上的绕组	y x	具有 x 行，y 列绕组和一个读出绕组的铁氧体磁芯矩阵。 示出的铁氧体磁芯符号与水平面成 45°
			由位于两正交薄膜布线层间的薄膜磁存储器构成的矩阵
			具有两个电极的压电晶体
			具有三个电极的压电晶体

续表

图形符号	名称及说明	图形符号	名称及说明
(五)基本无源元件			
4. 铁氧体磁芯和磁存储器矩阵			
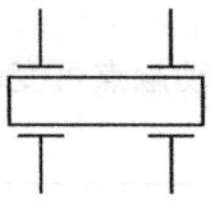	具有两对电极的压电晶体	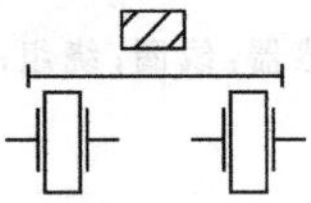	压电传感的固体材料延迟线
	具有电极和连线的驻极体,较长的线表示正极	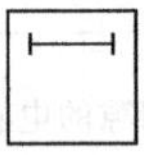	延迟线;延迟元件,一般符号
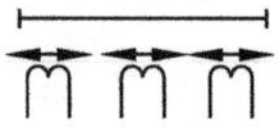	带绕组的磁致伸缩延迟线,本符号以集中表示法示出三个绕组	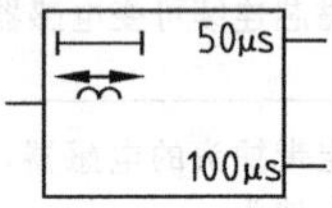 50μs 100μs	磁致伸缩延迟线。本符号示出两个输出端,输出信号分别延迟了 50μs 和 100μs
	以分开表示法示出一种输入、两输出		同轴延迟线
50μs	具有 50μs 延迟的中间输出	Hg	压电传感或水银延迟线
100μs	具有 100μs 延迟的最终输出		仿真延迟线
	同轴延迟线		
(六)半导体管器件			
	半导体区,具有一处接触。垂直线表示半导体区,水平线表示欧姆接触		整流结
形式1 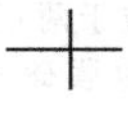 形式2 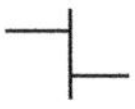 形式3	具有多处欧姆接触的半导体区。示出两处欧姆接触的例子	 	影响半导体层的结,影响 N 层的 P 区 影响半导体层的结,影响 P 层的 N 区
			导电型沟道,P 型衬底上的 N 型沟道。示出耗尽型 IGFET
	耗尽型器件导电沟道		导电型沟道,N 型衬底上的 P 型沟道。示出增强型 IGFET
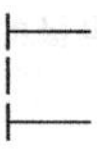	增强型器件导电沟道		绝缘栅

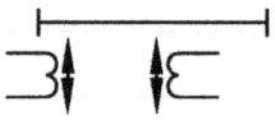

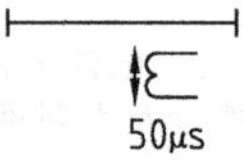

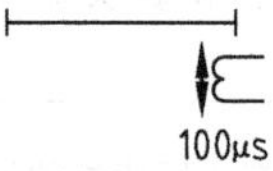

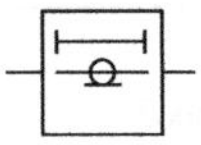

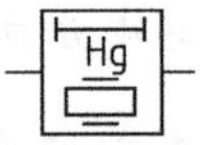

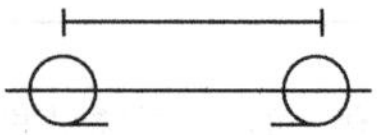

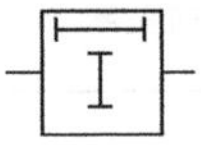

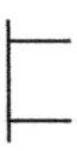

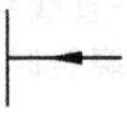

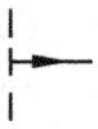

续表

（六）半导体管器件

图形符号	名称及说明
	不同导电型区上的发射极。带箭头的斜线表示发射极 N 区上的 P 型发射极
	不同导电型区上的发射极，N 区上的 n 个 P 型发射极
	P 区上的 N 型发射极
	P 区上的 n 个 N 型发射极
	不同导电型区上的集电极，斜线表示集电极
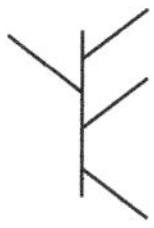	不同导电型区上的 n 个集电极
	不同导电型区之间的转变，P 转 N 或 N 转 P，短斜线表示沿垂直线从 P 到 N 或 N 到 P 的转变，欧姆接触不应画在端斜线上
	隔开不同导电型区的本征区（1 区）所给出的 PIN 或 NIP 结构 本征区位于相连斜线之间，对于 1 区的任何欧姆接触应在段斜线之间，不应画在段斜线上
	相同导电型区之间的本征区，所给出的 PIP 或 NIN 结构
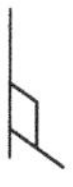	集电极与不同导电型区之间的本征区，示出 PIN 或 NIP 结构
	集电极与相同导电型区之间的本征区，示出 PIP 或 NIN 结构

图形符号	名称及说明
	肖特基效应
	隧道效应
	单向击穿效应；齐纳效应
	双向击穿效应
	反向效应（单隧道效应）
	半导体二极管，一般符号
	发光二极管（LED），一般符号
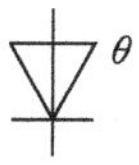 θ	热敏二极管
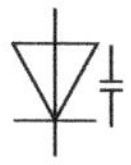	变容二极管
	隧道二极管；江崎二极管
	单向击穿二极管；齐纳二极管；电压调整二极管
	双向击穿二极管
	反向二极管（单隧道二极管）
	双向二极管
	反向阻断二极闸流晶体管
	逆导二极闸流晶体管

续表

图形符号	名称及说明	图形符号	名称及说明
(六)半导体管器件			
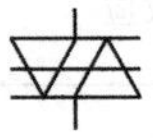	双向二极闸流晶体管;双向二极晶闸管		PNP晶体管
	无指定形式的三极晶体闸流管	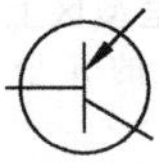	集电极接管壳的NPN晶体管
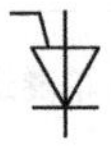	反向阻断三极闸流晶体管,N栅(阳极侧受控)	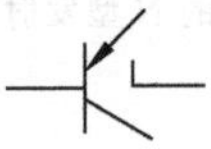	NPN雪崩晶体管
	反向阻断三极闸流晶体管,P栅(阴极侧受控)	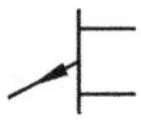	具有P型双基极的单结晶体管
	可关断三极闸流晶体管,未指定栅极	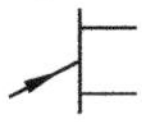	具有N型双基极的单结晶体管
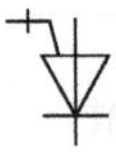	可关断三极闸流晶体管,N栅(阳极侧受控)		具有横向偏压基极的NPN晶体管
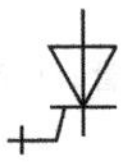	可关断三极闸流晶体管,P栅(阴极侧受控)	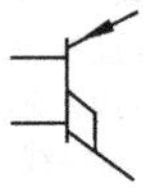	与本征区有接触的PNIP晶体管
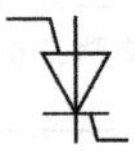	反向阻断四极闸流晶体管	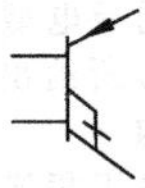	与本征区有接触的PNIN晶体管
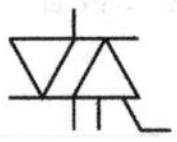	双向三极闸流晶体管	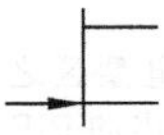	N型沟道结型场效应晶体管 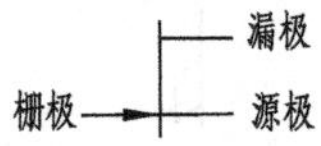 漏极 栅极 源极
	逆导三极闸流晶体管,未指定栅极		
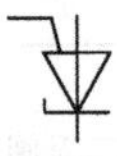	逆导三极闸流晶体管,N栅(阳极侧受控)	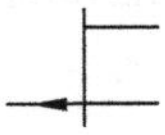	P型沟道结型场效应晶体管
	逆导三极闸流晶体管,P栅(阴极侧受控)	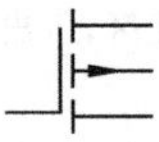	绝缘栅场效应晶体管(IGFET),增强型,单栅,P型沟道,衬底无引出线

续表

图形符号	名称及说明	图形符号	名称及说明
(六)半导体管器件			
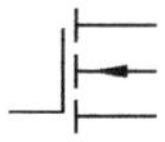	绝缘栅场效应晶体管(IGFET),增强型,单栅,N型沟道,衬底无引出线		光敏电阻(LDR);光敏电阻器。 具有对称导电性的光电导器件
	绝缘栅场效应晶体管(IGFET),增强型,单栅,P型沟道,衬底有引出线		光电二极管。具有非对称导电性的光电器件
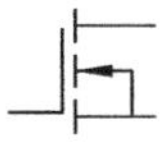	绝缘栅场效应晶体管(IGFET),增强型,单栅,N型沟道,衬底与源极内部连接		光电池
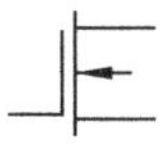	绝缘栅场效应晶体管(IGFET),耗尽型,单栅,N型沟道,衬底无引出线		光电晶体管。示出PNP型
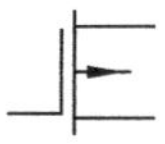	绝缘栅场效应晶体管(IGFET),耗尽型,单栅,P型沟道,衬底无引出线	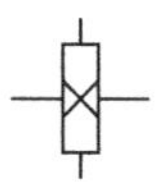	具有四根引出线的霍尔发生器
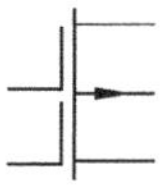	绝缘栅场效应晶体管(IGFET),耗尽型,双栅,P型沟道,衬底有引出线	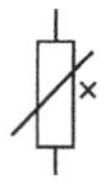	磁(电)阻器。示出线性型
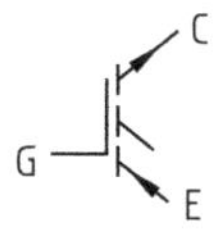 C G E	绝缘栅双极晶体管(IGBT)增强型,P型沟道。 字母E、G、C分别表示发射极、栅极和集电极的端子名,若不引起混淆,可省略字母	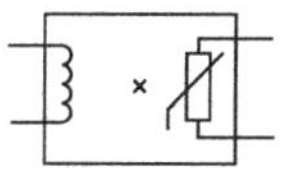	磁耦合器件;磁隔离器
	绝缘栅双极晶体管(IGBT),增强型,N型沟道	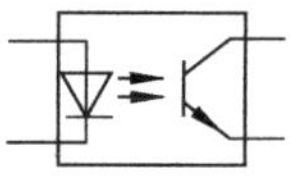	光电耦合器;光隔离器。示出发光二极管和光电晶体管
	绝缘栅双极晶体管(IGBT),耗尽型,P型沟道	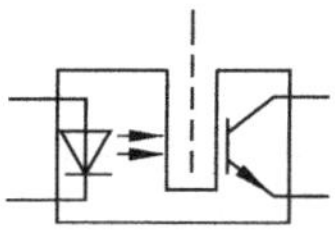	具有光阻挡槽的光耦合器。本符号示出带有机械阻挡的发光二极管和光电晶体管
	绝缘栅双极晶体管(IGBT),耗尽型,N型沟道		

续表

图形符号	名称及说明	图形符号	名称及说明
(七)电能的发生与转换			
1. 绕组及其连接的限定符号			
|	一个绕组。	△	三角形连接的三相绕组。本符号用加注数字表示相数,可用于表示多边形连接的多相绕组
|||	①独立绕组的个数应用短线的数目或在符号上加数字表示出来。示例:三个独立绕组		开口三角形连接的三相绕组
|6	六个独立绕组。②符号| 也可用于表示各种外部连接的绕组。	Y	星形连接的三相绕组。本符号用加注数字表示相数,可用于表示星形连接的多相绕组
|||3 ~	示例:互不连接的三相绕组		
|^m m~	m 个互不连接的 m 相绕组		中性点引出的星形连接的三相绕组
	两相四端绕组		曲折形或互联星形的三相绕组
	两相绕组		双三角形连接的六相绕组
V	V形(60°)连接的三相绕组		多边形连接的六相绕组
	中性点引出的四相绕组		星形连接的六相绕组
T	T形连接的三相绕组		中性点引出的叉形连接的六相绕组
2. 电机			
	区分绕组的不同功能。换向绕组或补偿绕组;	M	步进电动机一般符号
	串激绕组;		
	并励绕组或他励绕组		
	电刷(集电环或换向器上的)。仅在必要时标注出电刷	G	手摇发电机(磁石电话)
*	电机的一般符号:符号内的星号用下述字母之一代替:C—旋转变流机;G—发电机;GS—同步发电机;M—电动机;MG—能作为发电或电动机使用的电机;MS—同步电动机	M	直流串励电动机
		M	直流并励电动机

续表

图形符号	名称及说明	图形符号	名称及说明
（七）电能的发生与转换			
2. 电机			
G	短分路复励直流发电机，示出接线端子和电刷	GS	中性点引出的星形连接的三相同步发电机
M G	具有公共永久磁场的直流/直流旋转变流机	GS	每相绕组两端都引出的三相同步发电机
M G	具有公共磁场绕组的直流/直流旋转变流机	3～ C	三相并励同步旋转变流机
M 1～	单相串励电动机	M 3～	三相鼠笼式感应电动机
M 1～	单相推斥电动机	M 1～	单相鼠笼式有分相绕组引出端的感应电动机
M 3～	三相串励电动机	M 3～	三相绕线式转子感应电动机
GS 3～	三相永磁同步发电机	M	有自动起动器的三相星形连接的感应电动机
MS 1～	单相同步电动机	M 3～	限于一个方向运动的三相直线感应电动机

续表

图形符号	名称及说明	图形符号	名称及说明
(七)电能的发生与转换			
3.变压器和电抗器			
形式1	双绕组变压器	形式1 形式2	电流互感器;脉冲变压器
形式2	瞬时电压的极性可以在形式2中表示	形式1 形式2	绕组间有屏蔽的双绕组单相变压器
形式3	示例:示出瞬时电压极性的双绕组变压器。流入绕组标记端的瞬时电流产生辅助磁通		
形式1 形式2	三绕组变压器; Y Y Δ 带开口三角形绕组的三绕组变压器	形式1 形式2	在一个绕组上有中心点抽头的变压器
形式1 形式2	自耦变压器	形式1 形式2	耦合可变的变压器
	扼流圈;电抗器		

续表

图形符号	名称及说明	图形符号	名称及说明
(七)电能的发生与转换			
3. 变压器和电抗器			
形式1 形式2	星形—三角形连接的三相变压器	形式1 形式2	具有有载分接开关的三相变压器。 星形—三角形连接
形式1 4 形式2	具有 4 个抽头的星形—星形连接的三相变压器。 每个初级绕组除其端头外还示出 4 个可用的连接点	形式1 形式2	三相变压器。 星形—曲折形中性点引出的连接
形式1 3 形式2	单相变压器组成的三相变压器。 星形—三角形连接	形式1 形式2	三相变压器。 星形—星形—三角形连接

续表

图形符号	名称及说明	图形符号	名称及说明
(七)电能的发生与转换			
3. 变压器和电抗器			
形式1 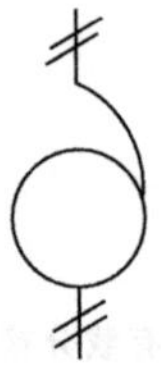 形式2 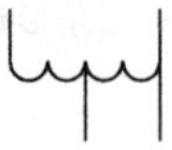	单相自耦变压器	形式1 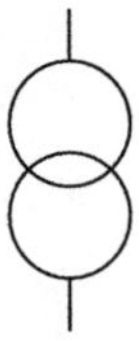 形式2 	电压互感器
形式1 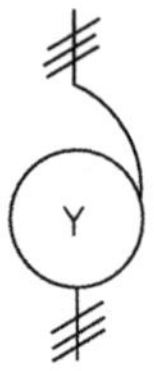 Y 形式2 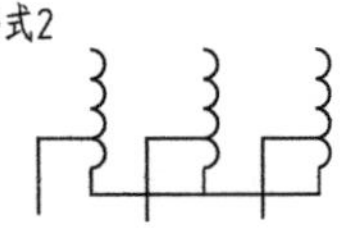	三相自耦变压器； 星形连接	形式1 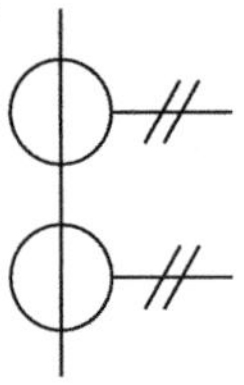 形式2 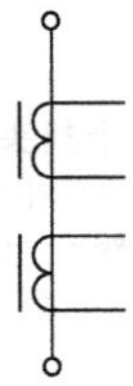	具有两个铁心。每个铁心有一个次级绕组的电流互感器。 在初级电路每端示出端子符号表明只是一个器件。如果使用了端子代号，则端子符号可以省略，形式 2 中铁心符号可以略去
形式1 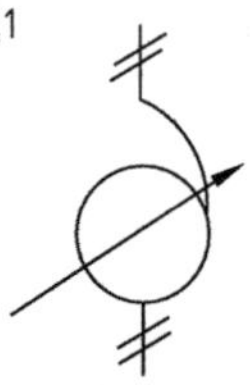 形式2 	可调压的单相自耦变压器	形式1 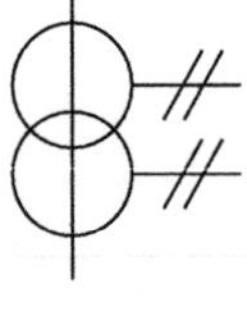 形式2 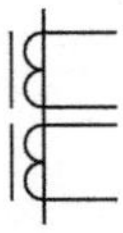	在一个铁心上具有两个次级绕组的电流互感器 形式 2 的铁心符号必须画出
形式1 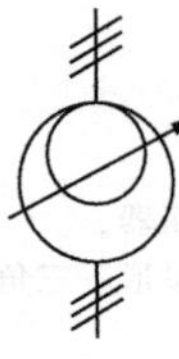 形式2 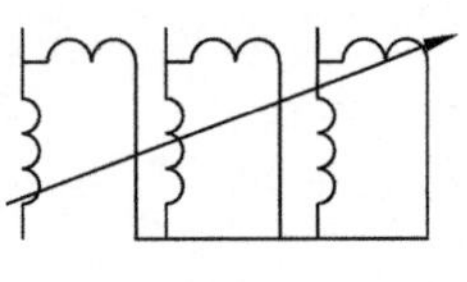	三相感应调压器	形式1 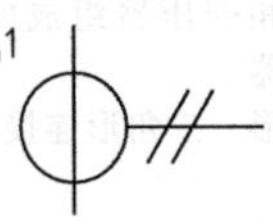 形式2 	一个次级绕组带一个抽头的电流互感器。 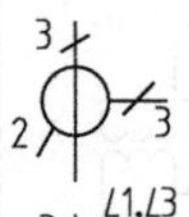 3 2 3 L1,L3 两个电流互感器（$L1$，$L3$ 相各一个）二次引线共 3 根 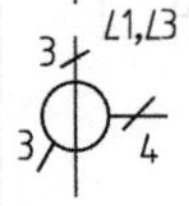 3 3 4 三个电流互感器，二次引线共 4 根

续表

图形符号	名称及说明	图形符号	名称及说明
(七)电能的发生与转换			
3. 变压器和电抗器			
形式1 N=5	初级绕组为 5 匝导体贯穿的电流互感器。	形式1 9	在同一个铁心具有两个次级绕组和九条穿线一次导体的脉冲变压器或电流互感器
形式2 N=5	这种形式的电流互感器不带内装式初级绕组		
形式1 3 / 形式2	具有三条穿线一次导体的脉冲变压器或电流互感器	形式2 9	
4. 电能变换器			
	变换的一般符号		桥式全波整流器
	直流—直流变换器		逆变器
	整流器		整流器/逆变器
5. 原电池、蓄电池和电池组			
	原电池；蓄电池；原电池或蓄电池组。 长线代表阳极，短线代表阴极		

续表

图形符号	名称及说明	图形符号	名称及说明
(七)电能的发生与转换			
5. 原电池、蓄电池和电池组			
G	电能发生器的一般符号。 旋转的电能发生器用符号圆形Ⓖ		用非电离辐射热源的热离子二极管发生器
	热源，一般符号		用放射性同位素热源的热离子二极管发生器
	放射性同位素热源		光电发生器
	燃烧热源		闭环控制器。 星号应由一种表示转换状态的字母或图形所替换或者省略。 对表示一个开环控制器时，应使用仅带一个输入的符号。 示例：
	用燃烧热源的热电发生器		
	用非电离辐射热源的热电发生器		
	用放射性同位素热源的热电发生器		
(八)开关、控制和保护装置			
1. 限定符号			
	接触器功能		位置开关功能。 ①当不需要表示接触的操作方法时，这个限定符号可用在简单的触点符号上，以表示位置开关。 ②当在两个方向都用机械操作触点时，这个符号应加在触点符号的两边
×	断路器功能		
—	隔离开关功能		
	负荷开关功能		
■	由内装的测量继电器或脱扣器起动的自动释放功能		

续表

图形符号	名称及说明	图形符号	名称及说明
（八）开关、控制和保护装置			
1. 限定符号			
◁	自动返回功能。例如弹性返回。 这个符号可用来指示自动返回		开关的正向操作。 ①此符号应该用于指明一个机动装置的正向操作方向，在所示的方向上是安全的或符合要求的。它表明操作确保所有的触点都在启动装置的相应位置。 ②如果触点表示连接，这个符号将适用于所有连接触点，除非另有说明
○	无自动返回（保持原位）功能。 这个符号可用来指示无自动返回功能。本规定实施时，它的使用应适当标注		
2. 触点			
形式1 形式2	动合（常开）触点。 本符号也可用作开关的一般符号		双动断触点
			当操作器件被吸合时，暂时闭合的过渡动合触点
			当操作器件被释放时，暂时闭合的过渡动合触点
	动断（常闭）触点		当操作器件被吸合或释放时，暂时闭合的过渡动合触点
	先断后合的转换触点		（多触点组中）比其他触点提前吸合的动合触点
	中间断开的双向转换触点		（多触点组中）比其他触点滞后吸合的动合触点
形式1 形式2	先合后断的转换触点		（多触点组中）比其他触点滞后释放的动断触点
			（多触点组中）比其他触点提前释放的动断触点
	双动合触点		当操作器件被吸合时延时闭合的动合触点

续表

图形符号	名称及说明	图形符号	名称及说明
(八)开关、控制和保护装置			
2. 触点			
	当操作器件被释放时延时断开的动合触点		示例:由一个不延时的动合触点,一个吸合时延时闭合的动合触点和一个释放时延时闭合的动断触点组成的触点组
	当操作器件被吸合时延时断开的动断触点		有自动返回的动合触点
			无自动返回的动合触点
	当操作器件被释放时延时闭合的动断触点		有自动返回的动断触点
	当操作器件被吸合时延时闭合,释放时延时断开的动合触点		一边有自动返回(见左边),另一边无自动返回的中间断开的双向触点
3. 开关、开关装置和起动器			
	手动操作开关,一般符号。 3 3 一个手动三极开关 3 3 3 三个手动单极开关		具有正向操作的动断触点且有保持功能的紧急停车开关(操作"蘑菇头")
			位置开关,动合触点
			位置开关,动断触点
	具有动合触点且自动复位的按钮开关		位置开关,对两个独立电路作双向机械操作
	具有动合触点且自动复位的拉拔开关		动断触点能正向断开操作的位置开关
	具有动合触点但无自动复位的旋转开关	θ	热敏开关,动合触点。 注:θ 可用动作温度代替
			液位控制开关动合触点
	具有正向操作的动合触点的按钮开关(例如:报警开关)	θ	热敏开关,动断触点
			液位控制开关动断触点

续表

图形符号	名称及说明	图形符号	名称及说明
（八）开关、控制和保护装置			
3. 开关、开关装置和起动器			
	热敏断路器（例如双金属片）的动断触点。 注意区别此触点和右图所示的热继电器触点 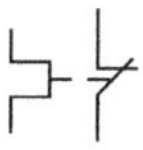	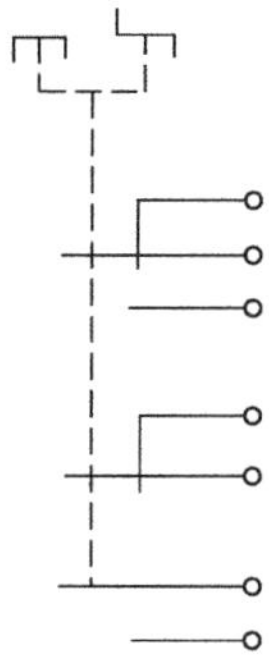	按钮操作开关。 同一组触点可用两种不同方法操作，或是旋转（无自动复位），或是推动（带自动复位），用端子示出
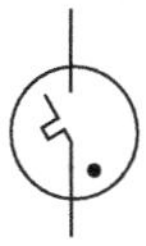	具有热元件的气体放电管荧光灯起动器	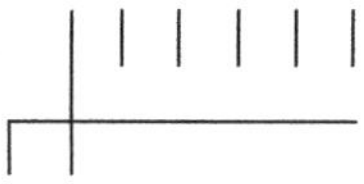	
	杠杆操作开关，三位置。 上边位置定位而下边位置自动复位到中间位置，用端子示出		多位置开关（示出六个位置）
			多位置开关。 使用少数位置（示出四个位置）
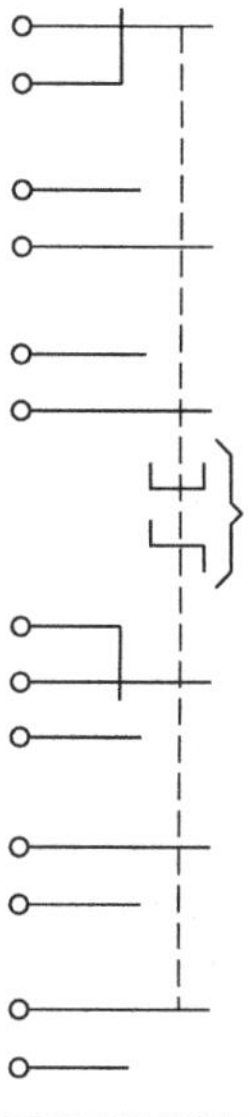		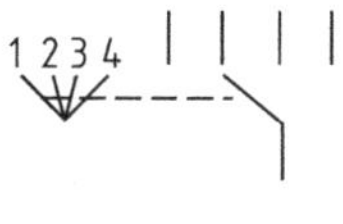 1 2 3 4	位置图示例： 有时原图与位置图同时列出便于表示每一个开关位置的作用。也可用于表示操作器件运动的极限，如下图的例子所示：  1 2 3 4 操作器件（例如手轮），仅仅能从位置 1 到位置 4 之间来回转动。 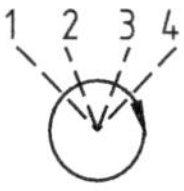 1 2 3 4 操作器件仅能按顺时针方向转动。 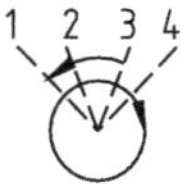 1 2 3 4 操作器件按顺时针方向转动时不受限制，但按逆时针方向旋转时只能从位置 3 到位置 1
	按钮操作开关，一组触点由推动按钮（自动复位）操作，另一组触点由旋转按钮（无自动复位）操作，用端子示出。括号表示只有一个操作器	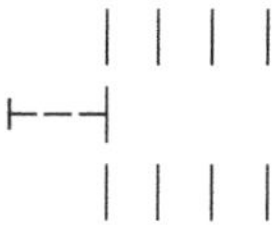	有四个独立电路的四位手动开关

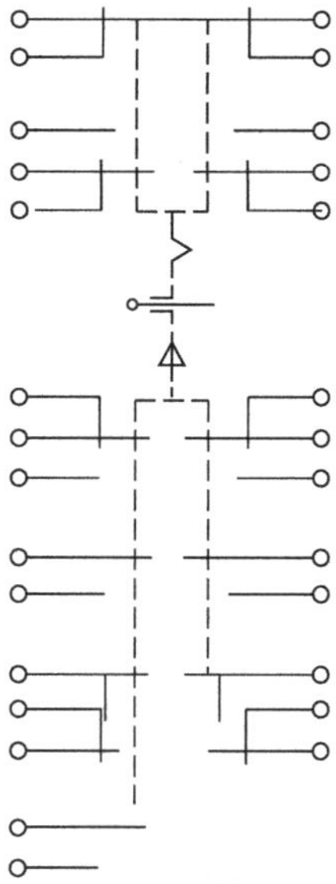

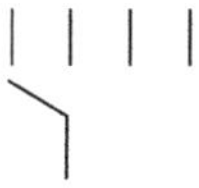

续表

图形符号	名称及说明	图形符号	名称及说明
(八)开关、控制和保护装置			
3. 开关、开关装置和起动器			
	位置 2 不接通的单极四位开关	A B D 18 E F C 连接表	例：具有 A 到 F 六个端子的 18 位旋转薄片式开关，其结构如下图所示（开关位于位置 1）。所示字符并非符号组成部分
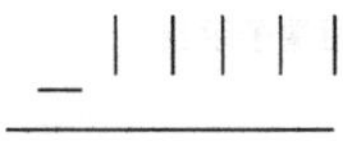	刷片从一个位置转入下一个位置时有瞬间跨接的单极六位开关		
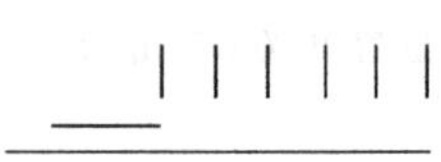	在每一个位置上，刷片跨接三个相邻端子的单极多位开关		
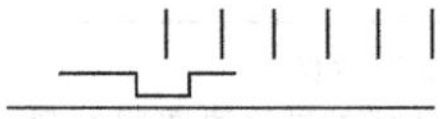	在每一个位置上刷片跨接三个不相邻的端子，但跳过中间一个端子的单极多位开关		
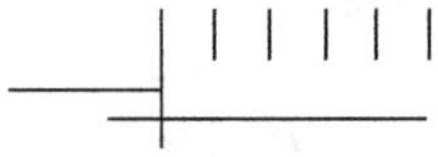	可积累并联的单极多位开关	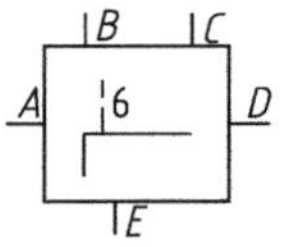 B C A 6 D E 连接表	具有五个端子的六位鼓形旋转开关，其结构如下图所示： 符号（＋、－、○）表示在任何位置（停止位置或过渡位置）互相连接的端子，即有相同符号，例如“＋”的端子是相互连接的。 当需要增加符号时，可用打字机上的字符，例如 X、＝等。 所示字符并非符号组成部分。 旋转开关中能与 A、B、C 三个端子连接的金属片用符号“＋”表示，与 C、D、E 三个端子连接的用符号“－”表示，与 D、E 两个端子连接的用符号“○”表示
2 3 4 5 6	六极多位开关中的一个极。 当刷片从位置 2 转入 3 时，此极较其他极提前接通，当刷片从位置 5 转入 6 时，此极较其他极滞后断开。当刷片向相反的方向移动时，提前接通变成滞后断开，而滞后断开则变成提前接通		
	复合式开关的一般符号		

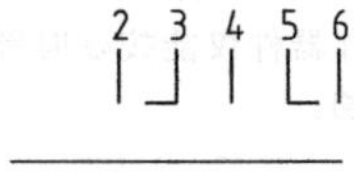

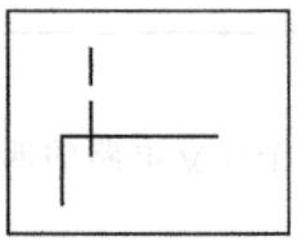

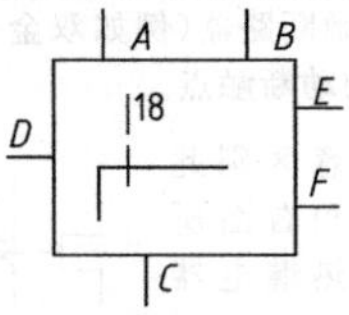

连接表（18 位旋转薄片式开关）

位置	端子的互相连接 A B C D E F
1	
2	
3	
4	
5	
6	
7	
8	
9	
10	
11	
12	
13	
14	
15	
16	
17	
18	

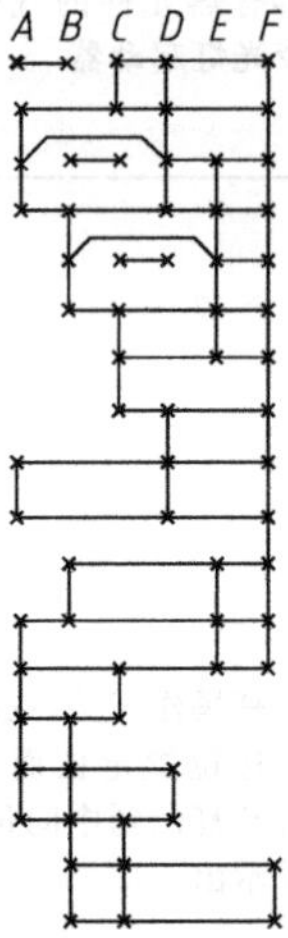

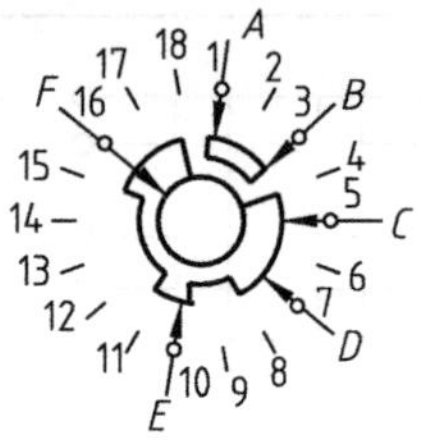

连接表（六位鼓形旋转开关）

位置	端子的互相连接				
	A	B	C	D	E
1	＋		＋	○	○
2	＋ ＋	＋ ＋	＋ ＋	○ ○	○ ○
3	＋	＋ ＋		○	○
4	＋	＋ ＋	＋ ＋－	－	
5	＋	＋	－ －	－ －	－ －
6			－	－	－

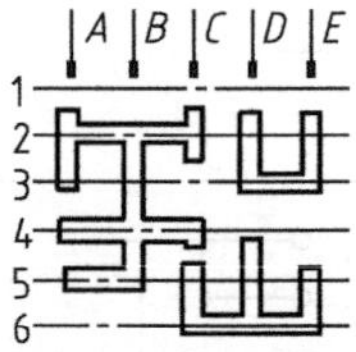

续表

图形符号	名称及说明	图形符号	名称及说明
(八)开关、控制和保护装置			
3. 开关、开关装置和起动器			
	接触器;接触器的主动合触点(在非动作位置触点断开)		自由脱扣机构。 可用虚线连接系统的各个部分,将用如下方式定位: 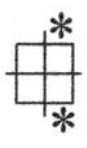 从断开或闭合的操作机构到相关的主要触点和辅助触点。 操作机构有一个主要的断开功能,两种可供选择的位置用"＊"表示,示于上图。
	具有由内装的测量继电器或脱扣器发的自动释放功能的接触器		示例: 三极机械式开关装置,手动式电动操作,具有自由脱扣机构和 热式过负荷脱扣器; 过电流脱扣器; 带闭锁的手动脱扣器; 遥控脱扣器的线圈; 一个动合和一个动断辅助触点。
	接触器;接触器的主动断触点(在非动作位置触点闭合)		
	断路器		具有弹簧储能电动操作的三极机械式开关装置,且有 三个过负荷脱扣器; 三个过电流脱扣器; 手动脱扣器; 遥控脱扣线圈; 三个动合主触点; 一个动合和一个动断辅助触点; 一个限位开关用于电动机的气动和停止操作
	隔离开关		
	具有中间断开位置的双向隔离开关		三个动断主触点具有正向断开操作而辅助动合触点无正向操作的开关
	负荷开关(负荷隔离开关)		电动机起动器,一般符号。特殊类型的起动器可以在一般符号内加上限定符号
	具有由内装的测量继电器或脱扣器出发的自动释放功能的负荷开关		步进起动器,起动步数可以示出
	手工操作带有闭锁器件的隔离开关		调节—起动器

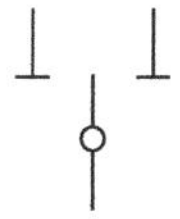

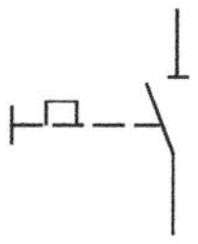

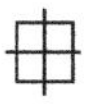

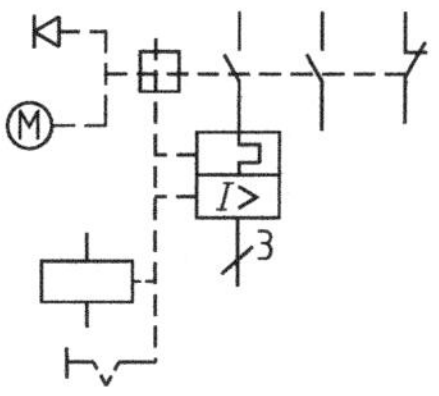

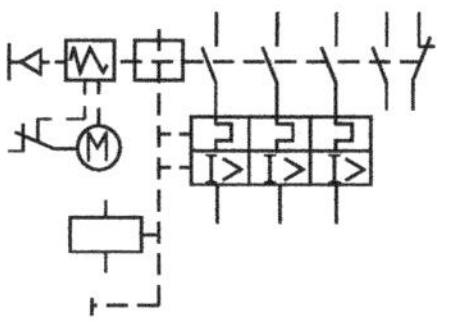

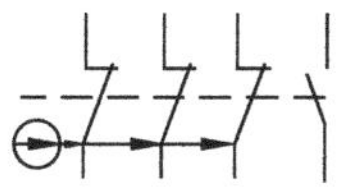

续表

图形符号	名称及说明	图形符号	名称及说明
(八)开关、控制和保护装置			
3. 开关、开关装置和起动器			
	可逆式电动机直接在线接触器式起动器		自耦变压器式起动器
	星—三角起动器	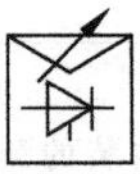	带可控硅整流器的调节—起动器
4. 有或无继电器			
形式1 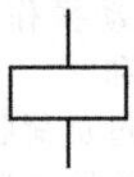 形式2 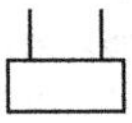	操作器件一般符号； 继电器线圈一般符号。 具有几个绕组的操作器件，可以由包含在内的适当数量的斜线来表示。	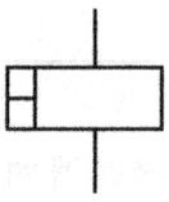	快速继电器（快吸和快放）的线圈
			对交流不敏感的继电器的线圈
形式1 形式2	示例：具有两个独立绕组的操作器件的组合表示法		交流继电器的线圈
			机械谐振继电器的线圈
形式1 形式2	具有两个独立绕组的操作器件的分立表示法		机械保持继电器的线圈
			极化继电器的线圈。 极性圆点（•）用以表示通过极化继电器绕组的电流方向和按如下方式连接的动触点的运动之间的关系。 当标有极点的绕组端子相对于另一绕组端子是正极时，动触点朝着标有圆点的位置运动。
	缓慢释放继电器的线圈		
	缓慢吸合继电器的线圈		示例： 在绕组中只有一个方向的电流起作用，并能自动复位的极化继电器
	缓吸缓放继电器的线圈		在绕组中任一方向的电流均可起作用的具有中间位置并能自动复位的极化继电器

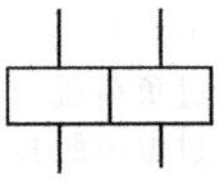

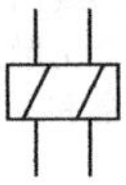

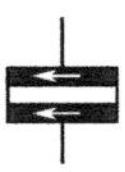

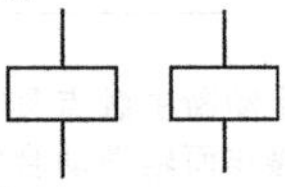

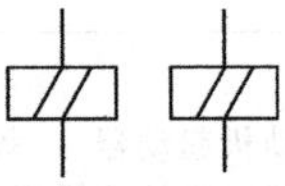

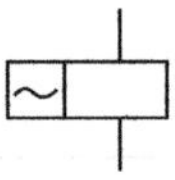

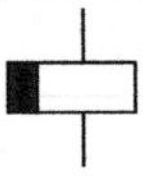

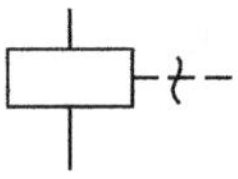

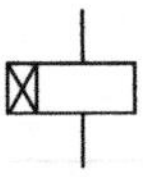

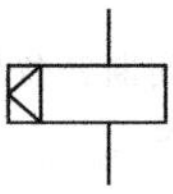

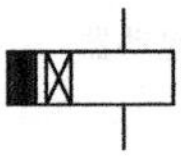

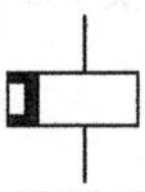

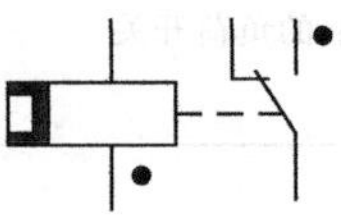

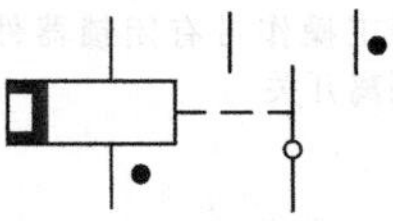

续表

图形符号	名称及说明	图形符号	名称及说明
(八)开关、控制和保护装置			
4. 有或无继电器			
	具有两个稳定位置的极化继电器		热继电器的驱动器件
形式1 形式2	剩磁继电器的线圈		电子继电器的驱动器件
5. 测量继电器和有关器件			
*	测量继电器；与测量继电器有关的器件。 ①星号 * 必须由表示这个器件参数的一个或多个字母或限定符号按下述顺序代替： 特性量和其变化方式； 能量流动方向； 整定范围； 重整定比(复位比)； 延时作用； 延时值。 ②特性量的文字符号应该和已有标准相一致。 ③类似的测量元件数量的数字可包括在此符号内。 ④此符号可作为整个器件的功能符号或仅表示器件的驱动元件	P_α	相角为 α 时的功率
U	对机壳故障电压		反延时特性
U_{rsd}	剩余电压	u=0	零电压继电器
I←	反向电流	I←	逆电流继电器
I_d	差动电流	P<	负功率继电器
I_d/I	差动电流百分比	I>	延时过流继电器
I	对地故障电流	2(I>) 5…10A	具有两个测量元件、整定范围从 5A 到 10A 的过流继电器
I_N	中性线电流	Q> 1 Mvar 5…10s	无功过功率继电器： 能量流向母线； 工作数值 1Mvar； 延时调节范围从 5s 到 10s
$I_{N\text{-}N}$	两个多相系统中性线之间的电流	U< 50…80V 130%	欠压继电器。 整定范围从 50V 到 80V，重整定比 130%

续表

图形符号	名称及说明	图形符号	名称及说明
（八）开关、控制和保护装置			
5. 测量继电器和有关器件			
I >5 <3	有最大和最小整定值的电流继电器。 示出限值 3A 和 5A	n≈0 I>	堵转电流检测继电器
Z<	欠阻抗继电器	I> 5x	具有一路在电流大于 5 倍整定值动作，另一路为反延时特性的两路输出的过流继电
N<	匝间短路检测继电器		气体保护器件
	断线检测继电器		自动重闭合器件； 自动重合闸继电器
m<3	在三相系统中的断相故障检测继电器		
6. 传感器			
	接近传感器		接触敏感开关动合触点
	接近传感器器件方框符号。 操作方法可以表示出来		接近开关动合触点
	示例： 固体材料接近时操作的电容性的接近检测器		磁铁接近动作的接近开关，动合触点
	接触传感器	Fe	铁接近时动作的接近开关，动断触点

续表

图形符号	名称及说明	图形符号	名称及说明
（八）开关、控制和保护装置			
7. 保护器件			
	熔断器一般符号		熔断器式开关
			熔断器式隔离开关
	熔断器烧断后仍可使用，一端用粗线表示的熔断器		熔断器式负荷开关
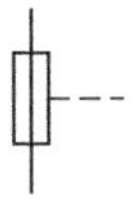	带机械连杆的熔断器（撞击式熔断器）		火花间隙
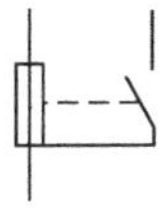	具有报警触点的三端熔断器		双火花间隙
			避雷针
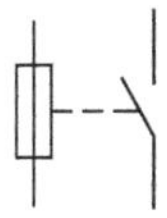	具有独立报警电路的熔断器		保护用充气放电管
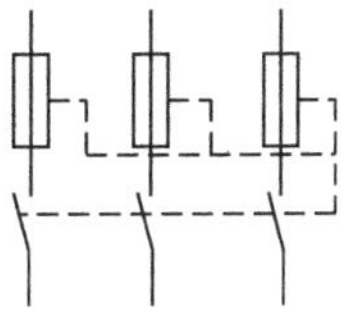	任何一个撞击式熔断器熔断而自动释放的三极开关	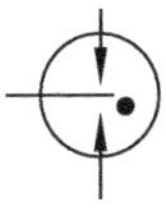	保护用对称充气放电
8. 其他符号			
	静态开关一般符号。 ①小圆点表示节点，不应加到本符号中。 ②可加入适当的限定符号以表示静态开关的功能	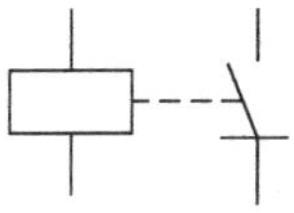	静态继电器一般符号，示出了半导体动合触点。 可加入用以表示驱动元件型号的限定符号
	静态（半导体）接触器	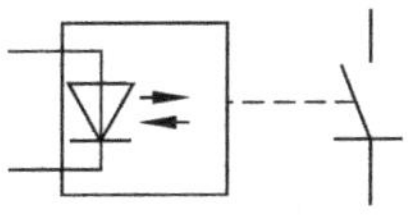	示例： 具有用作驱动元件的光敏二极管的静态继电器，并示出半导体动合触点
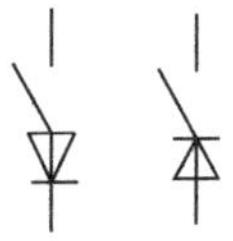	静态开关，只能通过单向电流		

续表

图形符号	名称及说明	图形符号	名称及说明
(八)开关、控制和保护装置			
8. 其他符号			
	示例： 具有两个半导体触点的二极热式过负荷继电器，其中一个是半导体动合触点，另一个是半导体动断触点；驱动器需要独立的辅助电源	X//Y *	电气上独立的耦合器件。 ①星号“ * ”可由耦合介质的符号代替或省略。 ②X 和 Y 可由有关数量的适当指示代替或省略。 ③双平行斜线可由交叉线代替
	示例： 具有半导体动合触点的半导体操作器件	//	示例： 电气上独立的光耦合器件
(九)测量仪表、灯和信号器件			
*	指示仪表。 说明：星号应被测量单位的文字符号、化学分子式、图形符号等代替	φ	相位计
*	记录仪表。 说明：星号应被测量单位的文字符号、化学分子式、图形符号等代替	Hz	频率表
*	积算仪表，如电能表。 从积算仪表传输重复读数的遥测仪表也可使用本符号。 本符号可以和记录仪表组合来表示组合仪表。 符号顶部的矩形数表示复费率表所测的不同和量的数		同步指示器
		λ	波长表
			示波器
V	电压表	V U_d	差动式电压表
A $I\sin\varphi$	无功电流表		检流计
W P_{max}	积算仪表激励的最大需量指示器	NaCl	盐度计
var	无功功率表	θ	温度计；高温计
$\cos\varphi$	功率因数表	n	转速表

续表

图形符号	名称及说明	图形符号	名称及说明
(九)测量仪表、灯和信号器件			
W	记录式功率表	Wh I>	超量电度表
W var	组合式记录功率表和无功功率表	Wh	带发送器电度表
	录波器	Wh	从动电度表(转发器)
h	小时计;计时器	Wh	从动电度表(转发器),带有打印装置
Ah	安培小时计	Wh P_{max}	带最大需量指示器的电度表
Wh	电度表(瓦时计)	Wh P_{max}	带最大需量记录器的电度表
Wh	电度表,仅测量单向传输能量	varh	无功电度表
Wh	电度表,计算从母线流出的能量		计数功能限定符号
Wh	电度表,计算流向母线的能量		脉冲计(电动计数装置)
Wh	电度表,计算双向流动能量(输出或输入)	n	手动预设到 n 脉冲计(如 $n=0$ 则重设)
Wh	复费率电度表,示出二费率	n 0	电动复零脉冲计

续表

图形符号	名称及说明	图形符号	名称及说明
（九）测量仪表、灯和信号器件			
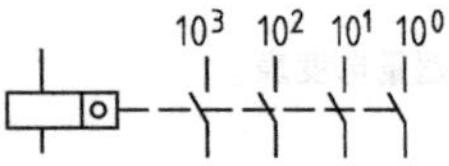 10^3 10^2 10^1 10^0	带有多触点的脉冲计。 计数器每记录1次、10次、100次、1000次，相应触点闭合一次	 *	同步器件，一般符号。 对于特定的同步器件其星号必须用适当的字母代替。 根据同步器件功能使用下列字母： 第一位字母：功能 C　控制式； T　转矩式； R　旋转变压器（解算器）。 第二位字母：功能 D　差动； R　接收机； T　变压器； X　发送机； B　旋转定子绕组。 在这些符号内，内圆表示转子，外圆表示定子或在一定情况下表示一个旋转的外绕组
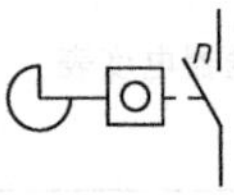 n	凸轮驱动的每 *n* 次触点闭合一次的计数器件		
形式1 − + 形式2	热电偶，示出极性符号 带直接指示极性的热电偶，负极用粗线表示	TX	力矩发送机
 简化形式 	带有非绝缘加热元件的热电偶		陀螺仪
简化形式	带有绝缘加热元件的热电偶		灯，一般符号；信号灯，一般符号。 如果要求指示颜色，则在靠近符号处标示出下列代码： RD　红； YE　黄； GN　绿； BU　蓝； WH　白。 如果要求指示灯类型，则在靠近符号处标出下列代码： Ne　氖； Xe　氙； Na　钠气； Hg　汞； I　碘； IN　白炽； EL　电发光； ARC　弧光； FL　荧光； IR　红外线； UV　紫外线
	信号变换器，一般符号	如需指示灯具种类，则在靠近符号处标注出字母： W 壁灯；C 吸顶灯；R 筒灯；EN 密闭灯；EX 防爆灯；G 圆球灯；P 吊灯；J 花灯；ST 备用灯；SA 安全灯；LL 局部照明灯。	
	钟，一般符号		
	母钟		
	带有触点的钟		

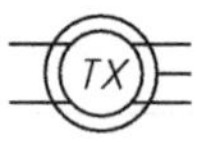

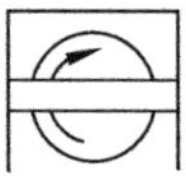

续表

图形符号	名称及说明	图形符号	名称及说明
(九)测量仪表、灯和信号器件			
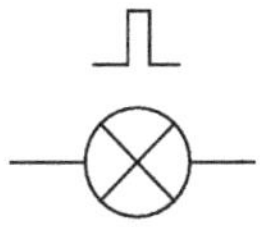	闪光型信号灯		单击电铃
	机电型指示器信号元件		报警器
	带有一个断开位置和两个工作位置的机电型位置指示器		蜂鸣器
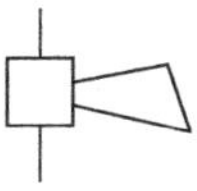	电喇叭		电动汽笛
	电铃	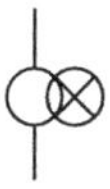	由内置变压器供电的指示灯

规划(设计)的	运行的		规划(设计)的	运行的	
(十)建筑安装平面布置图					
1. 发电站和变电所					
		发电站			水力发电站
	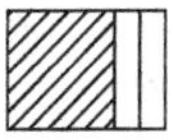	热电站			火力发电站,如:煤;褐煤;油;气
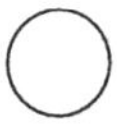		变电所,配电所。 另一种常用表现形式为: 一般型 移动型 杆上型			核能发电站
					地热发电站

续表

图形符号		名称及说明	图形符号		名称及说明
规划(设计)的	运行的		规划(设计)的	运行的	
(十)建筑安装平面布置图					
1. 发电站和变电所					
		太阳能发电站			等离子体发电站 MHD(磁流体发电)
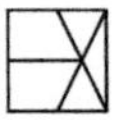	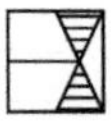	风力发电站	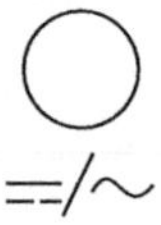 =/~	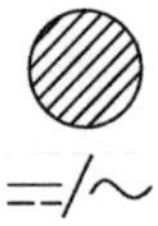 =/~	变流所示出由直流变交流
2. 网络					
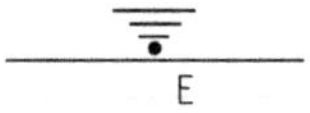 E		地下线路。 E及圆点为接地极,如不强调可省略			具有充气或注油截止阀的线路
		水下(海底)线缆			具有旁路的充气或注油堵头的线路
		架空线路	~		电信线路上交流供电
 E		接地线			电信线路上直流供电
		管道线路。 附加信息可标注在管道线路的上方,如管孔的数量	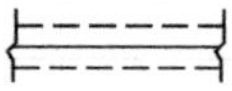		电缆沟线路,此符号用缆沟轮廓和连线组合而成
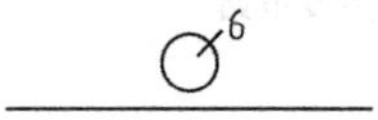 6		示例: 6孔管道的线路	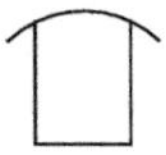		地上防风雨罩,一般符号。 罩内的装置可用限定符号或代号表示
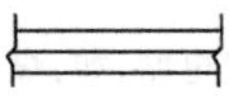		电缆桥架线路(此符号用桥架轮廓和连线组合而成)	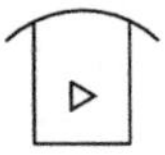		示例:放大点在防风雨罩内
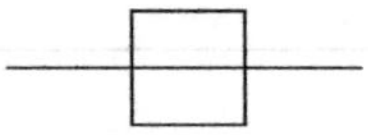		过孔线路	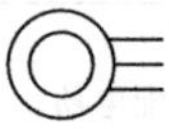		交接点。 输入和输出可根据需要画出
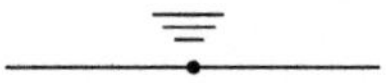		具有埋入地下连接点的线路	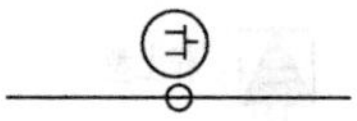		线路集中器; 自动线路集中器。 示出信号从左至右传输。左边较多线路集中为右边较少线路。 示例:电线杆上的线路集中器
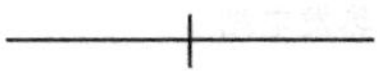		具有充气或注油渡头的线路			

续表

图形符号	名称及说明	图形符号	名称及说明
(十)建筑安装平面布置图			
2. 网络			
	防电缆蠕动装置。 该符号应标在入口"蠕动"侧。 示例： 示出防蠕动装置的入孔，该符号表示向左边的蠕动被制止	Mg	保护阳极。 阳极材料的类型可用其化学字母来加注。 示例：镁保护阳极
3. 音响和电视的分配系统			
	有本地天线引入的前端，示出一个馈线支路。 馈线支路可从圆的任何适宜的点上画出		方向耦合器
	无本地天线引入的前端，示出一个输入和一个输出通路		用户分支器，示出一路分支。 ①圆内的线可用代号代替； ②若不产生混乱，代表用户馈线支路的线可省略
	桥式放大器，示出具有三个支路或激励输出。 ①圆点表示较高电平的输出； ②支路或激励输出可从符号斜边任何方便角度引出		系统出线端
			环路系统出线端；串联出线端
			均衡器
	主干桥式放大器，示出三个馈线支路		可变均衡器
	(支路或激励馈线)末端放大器，示出一个激励馈线输出		衰减器(平面图符号)也可用符号—[A]—
	具有反馈通道的放大器		线路电源器件(示出交流型)
	两路分配器		供电阻塞，在配电馈线中表示
	三路分配器。 符号示出具有一路较高电平输出。 同符号桥式放大器的规定		线路电源接入点

续表

图形符号	名称及说明	图形符号	名称及说明
(十)建筑安装平面布置图			
4. 建筑物电能分配系统			
	中性线		断路器箱;漏电保护箱
	保护线		组合开关箱
	保护线和中性线共用线		用户端。 供电输入设备,示出带配线
	示例:具有中性线和保护线的三相配线		配电中心,示出五路馈线
	向上配线。 若箭头指向图纸的上方,向上配线		电源插座,一般符号
	向下配线。 若箭头指向图纸的下方,向下配线	形式1 3 形式2	电源多个插座,示出三个。 若箭头指向图纸的下方,向下配线
	垂直通过配线		带保护接点(电源)插座。左图表示单相,右图表示三相
	盒(箱)一般符号		带护板的(电源)插座
	连接盒;接线盒		带单极开关的(电源)插座
	控制屏;控制台		按需在五角星处用下述文字标注插座。 IP:单相;IEX:单相防爆;3P:三相。 3EX:三相防爆;IC:单相暗敷;IEN:单相密封。 3C:三相暗敷;3EN:三相密封
	动力箱。 画于墙外明装,墙内暗装		
	照明箱。 画于墙外明装,墙内暗装		
	多种电源配电箱。 画于墙外明装,墙内暗装		按需在五角星处用下述文字标注开关:C暗装;EX防爆;EN密封

续表

图形符号	名称及说明
（十）建筑安装平面布置图	
4.建筑物电能分配系统	
	带连锁开关的（电源）插座
	具有隔离变压器的插座。示例：电动剃刀用插座
	电信插座，一般符号。 根据有关的 IEC 或 ISO 标准，可用以下的文字或符号区别不同插座： TP：电话； FX：传真； M：传声器； ：扬声器； FM：调频； TV：电视； TX：电传
	开关，一般符号
	带指示灯的开关
	单极限时开关
	双极开关
	多路单极开关（如用于不同照度）
	两路单极开关
	中间开关，等效电路图
	壁灯
	球形灯
	吸顶灯（天棚灯）
	深照型灯
	广照型灯
	调光器
	单极拉线开关
	按钮
	带有指示灯的按钮
	防止无意操作的按钮（例如借助打碎玻璃罩）
t	限时设备；定时器
	定时开关
	钥匙开关；看守系统装置
	照明引出线位置，示出配线
	在墙上的照明引出线，示出来自左边的配线
	灯，一般符号

续表

图形符号	名称及说明	图形符号	名称及说明
(十)建筑安装平面布置图			
4. 建筑物电能分配系统			
	荧光灯,一般符号; 发光体,一般符号。 可在灯正上方标注:EX 防爆,EN 密闭。 示例: 三管荧光灯;五管荧光灯		电锁
			对讲电话机,如入户电话
5			直通段,一般符号
	防水防尘灯		组合的直通段(示出由两节装配的段)
	安全灯		末端盖
	隔爆灯		安全隔离变压器
	花灯	M	电动阀
	灯座		弯头
	投光灯,一般符号		T 形(三路连接)
	聚光灯		十字形(四路连接)
	泛光灯		不相连接的两个系统的交叉,如在不同平面中的两个系统
	气体放电灯的辅助设备		彼此独立的两个系统的交叉
	在专用电路上的事故照明灯		在长度上可调整的直通段
	自带电源的事故照明灯		内部固定的直通段
	热水器,示出引线		外壳膨胀单元。 此单元可适应外壳或支架的机械运动
∞	风扇,示出引线		导线膨胀单元。 此单元可适应外壳或支架和导线的机械运动和膨胀
	时钟;时间记录器		

续表

图形符号	名称及说明	图形符号	名称及说明
(十)建筑安装平面布置图			
4. 建筑物电能分配系统			
	带外套和导线的扩展单元。 此单元供外套或支架和导线的机械运动和膨胀	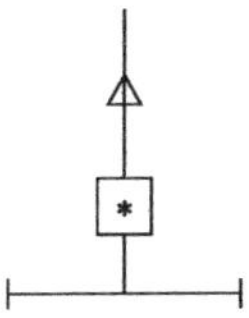	带有设备盒(箱)的中心馈线单元,示出从顶端供电。 星号应以所用设备符号代替或省略
	柔性单元		
	衰减单元	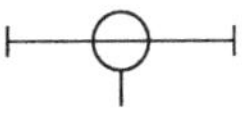	带有固定分支的直通段,示出分支向下
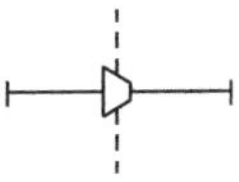	有内部气压密封层的直通段	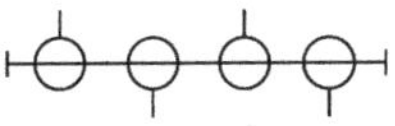	带有几路分支的直通段,示出四路分支器,上下各两路
	相位转换单元	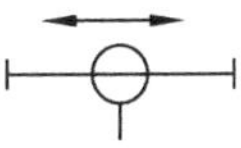	带有连续移动分支的直通段
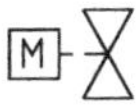	电磁阀	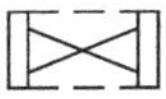	综合布线配线架。用于概略图
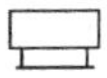	风机盘管		集线器
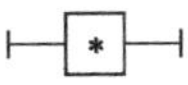	设备盒(箱)。 星号应以所用设备符号代替或省略		总配线架
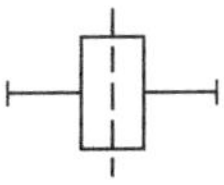	具有内部防火层的直通段	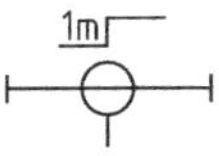	具有可调整步长的分支的直通段,示出 1m 步长
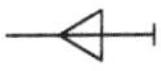	末端馈线单元,示出从左边供电		具有可移动触点分支的直通段
	中心馈线单元,示出从顶端供电	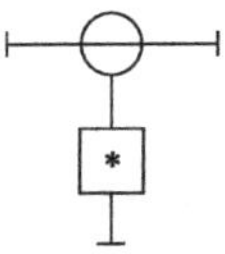	带有设备箱的固定式分支的直通段。 星号应以所用设备符号代替或省略
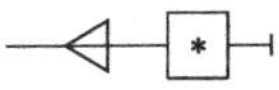	带有设备盒(箱)的末端馈线单元,示出从左边供电。 星号应以所用设备符号代替或省略	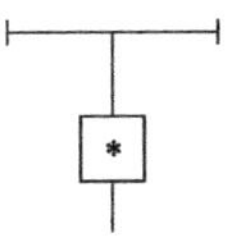	带有设备箱的可调整分支的直通段。 星号应以所用设备符号代替或省略

续表

图形符号	名称及说明	图形符号	名称及说明
(十)建筑安装平面布置图			
4.建筑物电能分配系统			
	固定分支带有保护触点的插座的直通段	 简化形 	分线箱的一般符号。 示例：分线箱(简化形加标注)
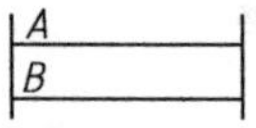 A B 简化形式 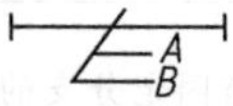 A B	由两个配线系统(A,B)组成的直通段	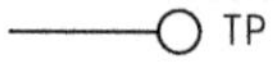 TP	电话出线座
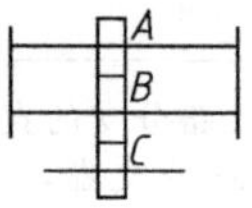 A B C 简化形式 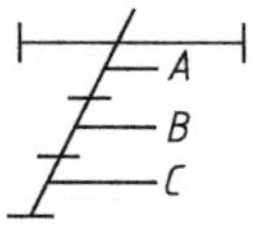 A B C	由三个独立分区组成的直通段，示出一个布线系统 A 区、一个布线系统 B 区和一个现场安装的电缆 C 区	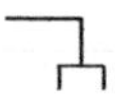	电信插座的一般符号。 可用下列的文字或符号区别不同插座： TP 电话；FX 传真；M 传声器；□扬声器；FM 调频；TV 电视；TX 电传
 DDF	数字配线架	形式1:  nTO 形式2: 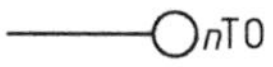 nTO	信息插座。 n 为信息孔数量。 TO 单孔信息插座； 2TO 2 孔信息插座； 4TO 4 孔信息插座； 6TO 6 孔信息插座； nTO n 孔信息插座。
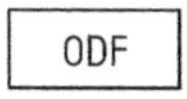 ODF	光纤配线架	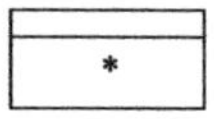 *	火灾报警控制器。 需区分火灾报警装置“＊”用下述字母代替： C 集中型火灾报警控制器；G 通用火灾报警控制器；Z 区域火灾报警控制器；S 可燃气体报警控制器
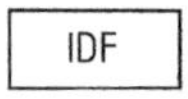 IDF	中间配线架	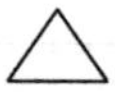	电缆交接间
 FD	楼层配线架		架空交接箱
 简化形式 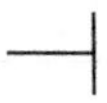	分线盒的一般符号。 可加注：$\frac{N-B}{C}\left\|\frac{d}{D}\right.$ 式中：N 编号；B 容量；C 线序；d 现有用户数；D 设计用户数	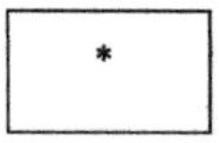 *	火灾控制、指示装备。 需区分火灾控制、指示设备“＊”用下述字母代替： RS 防火卷帘门控制器；RD 防火门磁释放器。 I/O 输入输出模块：O 输出模块；I 输入模块；P 电源模块；T 电信模块；M 模块箱；SB 安全栅；SI 短路隔离器；MT 对讲电话机；FPA 火警广播系统；FD 楼层显示盘；D 火灾显示盘；CRT 火灾计算机图形显示系统
	室外分线盒		
	室内分线盒		
	壁龛分线盒		

续表

图形符号	名称及说明	图形符号	名称及说明
(十)建筑安装平面布置图			
4. 建筑物电能分配系统			
CT	缆式线型定温探测器	P	压力开关
	感温探测器		带监视信号的检修阀
N	感温探测器（非地址码型）		报警阀
	感烟探测器	70℃	防火阀（70℃动作的常开阀）
N	感烟探测器（非地址码型）	280℃	排烟阀（280℃动作的常开阀）
EX	感烟探测器(防爆型)	280℃	防烟防火阀(280℃动作的常开阀)
	落地交接箱		增压送风口
	壁龛交接箱	SE	排烟口
	感光火灾探测器		火灾报警电话机(对讲电话机)
	气体火灾探测器(点式)		火灾电话插孔(对讲电话插孔)
	复合式感烟感温火灾探测器		带手动报警按钮的火灾电话插孔
	手动火灾报警按钮		火警电铃
	消火栓起泵按钮		警报发生器
	水流指示器		火灾光警报器

15.1.2 文字符号

文字符号是表示电气设备、装置、电器元件的名称、状态和特征的字符代码。

(1) 文字符号的用途

① 为项目代号提供电气设备、装置和电器元件种类字符代码和功能代码。

② 作为限定符号与一般图形符号组合使用，以派生新的图形符号。

③ 在技术文件或电气设备中表示电气设备及电路的功能、状态和特征。

(2) 文字符号的构成

文字符号分为基本文字符号和辅助文字符号两大类。文字符号可以用单一的字母代码或数字代码的来表达，也可以用字母与数字组合的方式来表达。

① 基本文字符号。基本文字符号主要表示电气设备、装置和电器元件的种类名称，分为单字母符号和双字母符号。

单字母符号用拉丁字母将各种电气设备、装置、电器元件划分为 23 个大类，每大类用一个大写字母表示。如"R"表示电阻器类，"S"表示开关选择器类。对于标准中未列入大类分类的各种电器元件或设备，可以用字母"E"来表示。

双字母符号由一个表示大类的单字母符号与另一个字母组成，组合形式以单字母符号在前、另一字母在后的次序标出。例如，"G"表示电源类，"GB"表示蓄电池，"B"为电池的英文名称 Battery 的首位字母。

标准给出的双字母符号不够使用，可以自行增补。自行增补的双字母代号，可以按照专业需要编制成相应的标准，在较大范围内使用；也可以用设计说明书的形式在小范围内约定俗成，只应用于某个单位、部门或某项设计中。

② 辅助文字符号。电气设备、装置和电器元件的种类名称用基本文字符号表示，而它们的功能、状态和特征用辅助文字符号表示。通常用表示功能、状态和特征的英文单词的前一位或前两位字母构成，也可采用缩略语或约定俗成的习惯用法来构成，一般不能超过三位字母。例如，表示"启动"，采用"START"的前两位字母"ST"作为辅助文字符号；而表示"停止 (STOP)"的辅助文字符号必须再加一个字母，为"STP"。

辅助文字符号也可放在表示种类的单字母符号后边组合成双字母符号，此时辅助文字符号一般采用表示功能、状态和特征的英文单词的第一个字母。如"GS"表示同步发电机，"YB"表示制动电磁铁等。

某些辅助文字符号本身具有独立、确切的意义，也可以单独使用。例如，"N"表示交流电源的中性线，"DC"表示直流电，"AC"表示交流电，"AUT"表示自动，"ON"表示开启，"OFF"表示关闭等。

③ 数字代码。数字代码的使用方法主要有两种。

a. 数字代码单独使用。数字代码单独使用时，表示各种电器元件、装置的种类或功能，需按序编号，还要在技术说明中对代码意义加以说明。比如，电气设备中有继电器、电阻器、电容器等，可用数字来代表电器元件的种类，如"1"代表继电器，"2"代表电阻器，"3"代表电容器。再比如，开关有"开"和"关"两种功能，可以用"1"表示"开"，用"2"表示"关"。电路图中电气图形符号的连线处经常有数字，这些数字称为线号。线号是区别电路接线的重要标志。

b. 数字代码与字母符号组合使用。将数字代码与字母符号组合起来使用，可说明同一类电气设备、电器元件的不同编号。数字代码可放在电气设备、装置或电器元件的前面或后面，若放在前面应与文字符号大小相同，放在后面应作为下标。例如，3 个相同的继电器可以表示为"1KA，2KA，3KA"或"KA_1，KA_2，KA_3"。

（3）文字符号的使用

① 一般情况下，编制电气图及编制电气技术文件时，应优先选用基本文字符号、辅助文字符号以及它们的组合。而在基本文字符号中，应优先选用单字母符号。只有当单字母符号不能满足要求时方可采用双字母符号。基本文字符号不能超过两位字母，辅助文字符号不能超过三位符号。

② 辅助文字符号可单独使用，也可将首个字母放在表示项目种类的单字母符号后而组成双字母符号。

③ 当基本文字符号和辅助文字符号不够用时，可按有关电气名词术语国家标准或专业标准中规定的英文术语缩写进行补充。

④ 字母“I”、“O”易与数字“1”、“0”混淆，因此不允许用这两个字母作为文字符号。

⑤ 文字符号不适于电气产品型号编制与命名。

⑥ 文字符号一般标注在电气设备、装置和电器元件的图形符号上或其近旁。

15.1.3　项目代号

在电气图上，通常用一个图形符号表示的基本件、部件、组件、功能单元、设备、系统等，称为项目。项目有大有小，可能相差很多，大至电力系统、成套配电装置、发电机、变压器等，小至电阻器、端子、连接片等，都可以称项目。

项目代号是用以识别图、表图、表格中和设备上的项目种类，并提供项目的层次关系、种类、实际位置等信息的一种特定的代码，是电气技术领域中极为重要的代号。由于项目代号是以一个系统、成套装置或设备的依次分解为基础来编定的，建立了图形符号与实物间一一对应的关系，因此可以用来识别、查找各种图形符号所表示的电气元件、装置和设备以及它们的隶属关系、安装位置。

（1）项目代号的组成

项目代号由高层代号、位置代号、种类代号、端子代号根据不同场合的需要组合而成，它们分别用不同的前缀符号来识别。前缀符号后面跟字符代码，字符代码可由字母、数字或字母加数字构成，其意义没有统一的规定（种类代号的字符代码除外），通常可以在设计文件中找到说明。大写字母和小写字母具有相同的意义（端子标记例外），但优先采用大写字母。一个完整的项目代号包括 4 个代号段，其名称及前缀符号见表 15-2。

表 15-2　项目代号段及前缀符号

分段	名称	前缀符号	分段	名称	前缀符号
第一段	高层代号	=	第三段	种类代号	—
第二段	位置代号	+	第四段	端子代号	:

① 高层代号。系统或设备中任何较高层次（对给予代号的项目而言）的项目代号，称为高层代号，如电力系统、电力变压器、电动机、启动器等。

由于各类子系统或成套配电装置、设备的划分方法不同，某些部分对其所属下一级项目就是高层。例如，电力系统相对于其所属的变电所来说，其代号是高层代号，但该变电所相对于其中的某一开关（如高压断路器）的项目代号而言，该变电所代号则是高层代号。因此，高层代号具有项目总代号的含义，但其命名是相对的。

② 位置代号。项目在组件、设备、系统或者建筑物中实际位置的代号，称为位置代号。

位置代号通常由自行规定的拉丁字母及数字组成，在使用位置代号时，应画出表示该项目位置的示意图。

③ 种类代号。种类代号是用于识别所指项目属于什么种类的一种代号，是项目代号中的核心部分。种类代号通常有三种不同的表达形式。

a. 字母＋数字。这种表达形式较为常见，如“$-K_5$”表示第 5 号继电器。种类代号中字母采用文字符号中的基本文字符号，一般是单字母，不能超过双字母。

b. 给每个项目规定一个统一的数字序号。这种表达形式不分项目的类别，所有项目按顺序统一编号，例如可以按电路中的信息流向编号。这种方法简单，但不易识别项目的种类，因此必须将数字序号与其代表的项目种类列成表，置于图中或图后，以利识读。其具体形式为：位置代号前缀符号＋数字序号。如示例“－3”代表 3 号项目，在技术说明中必须说明“3”代表的种类。

c. 按不同种类的项目分组编号。数码代号的意义可自行确定，例如“－1”表示电动机，“－2”表示继电器等。当某个单元中使用的项目大类较多时，数字“0”也可以表示一个大类。数字代码后紧接数字序号。当某个单元内同类项目数量超过 9 个时，数字序号可以为两位数，但是全图的注法应该一致，以免误解。例如电动机为－11、－12、－13…；继电器为－21、－22、－23、…。

在种类代号段中，除项目种类字母外，还可附加功能字母代码，以进一步说明该项目的特征或作用。功能字母代码没有明确规定，由使用者自定，并在图中说明其含义。功能字母代码只能以后缀形式出现。其具体形式为：前缀符号＋种类的字母代码＋同一项目种类的字母代码＋同一项目种类的序号＋项目的功能字母代码。

④ 端子代号。指项目（如成套柜、屏）内、外电路进行电气连接的接线端子的代号。电气图中端子代号的字母必须大写。

电气接线端子与特定导线（包括绝缘导线）相连接时，规定有专门的标记方法。例如，三相交流电器的接线端子若与相位有关系时，字母代号必须是 U、V、W，并且与交流三相导线 L_1、L_2、L_3 一一对应。电气接线端子的标记见表 15-3，特定导线的标记见表 15-4。

表 15-3　电气接线端子的标记

电气接线端子的名称	标记符号	电气接线端子的名称	标记符号
交流系统:1 相	U	接地	E
交流系统:2 相	V	无噪声接地	TE
交流系统:3 相	W	机壳或机架	MM
交流系统:中性线	N	等电位	CC
保护接地	PE		

表 15-4　特定导线的标记

导线名称	标记符号	导线名称	标记符号
交流系统:1 相	L_1	保护接线	PE
交流系统:2 相	L_2	不接地的保护导线	PU
交流系统:3 相	L_3	保护接地线和中性线共用一线	PEN
交流系统:中性线	N	接地线	E
直流系统的电源:正	L_+	无噪声接地线	TE
直流系统的电源:负	L_-	机壳或机架	MM
直流系统的电源:中间线	M	等电位	CC

(2) 项目代号的应用

一个项目代号可以由一个代号段组成，也可以由几个代号段组成。通常，种类代号可以单独表示一个项目，而其余大多应与种类代号组合起来，才能较完整地表示一个项目。

为了能够很方便地根据电气图对电路进行安装、检修、分析与查找故障，在电气图上要标注项目代号。但根据使用场合及详略要求的不同，在一张图上的某一项目不一定都有 4 个代号段。比如，不需要知道设备的实际安装位置时，可以省掉位置代号；当图中所有高层项目相同时，可以省掉高层代号而只需另外加以说明即可。

在集中表示法和半集中表示法的图中，项目代号只在图形符号旁标注一次，并用机械连接线连接起来。在分开表示法的图中，项目代号应在项目每部分旁都标注出来。

在不致引起误解的前提下，代号段的前缀符号也可省略。

(3) 项目代号一览表

电气工程上常见的项目按用途或任务分类及其参照代码见表 15-5。

表 15-5　项目按用途或任务分类及其参照代码

代码	物体的用途或任务	描述物体或功能件的用途或任务的术语举例	工程电气产品举例	
			电气产品名称	含子项代码
A	不能鉴别主要用途或任务的两种或两种以上项目		电能计量柜	AM
			高压开关柜	AH
			交流配电柜(屏)	AA
			直流配电柜(屏)	AD
			动力配电柜	AP
			应急动力配电箱	APE
			照明配电箱	AL
			应急照明配电箱	ALE
			电源自动切换箱(柜)	AT
			并联电容器屏(箱)	ACC
			控制器/箱/台/屏	AC
			信号箱	AS
			接线端子箱	AXT
			保护屏	AR
			励磁屏(柜)	AE
			电度表箱	AW
			插座箱	AX
			操作箱	AC
			插接箱	ACB
			火灾报警控制箱	AFC
			数字式保护装置	ADP
			建筑设备监控主机	ABC
B	把某一输入变量(物理性质、条件或事件)转换为供进一步处理的信号	探测 测量(值的采集) 监控 感知 加重(值的采集)	感温探测器	BFH
			感烟探测器	BFS
			感光(火灾)探测器	BFF
			气体火灾探测器	BFG
			气体继电器	BG
			测量元件	
			测量继电器	BR
			测量分路器	BS
			测量变压器	BMT
			话筒	BM
			光电池	BPC
			位置开关	BQ
			接近开关	BQ
			接近传感器	BQ
			热过载继电器	BTH

续表

代码	物体的用途或任务	描述物体或功能件的用途或任务的术语举例	工程电气产品举例	
			电气产品名称	含子项代码
B	把某一输入变量(物理性质、条件或事件)转换为供进一步处理的信号	探测 测量(值的采集) 监控 感知 加重(值的采集)	视频摄像机	BC
			保护继电器	BP
			传感器	BT
			测速发电机	BR
			温度传感器	BTT
			湿度测量传感器	BH
			液位测量传感器	BL
			位置传感器	BQ
			速度传感器	BV
			时间测量传感器	BTI
C	存储材料、能量或信息	记录 存储	电容器	
			蓄电器	CB
			存储器	
			录像机	CR
			磁带机	
D	为将来标准化备用			
E	提供辐射或热能	冷却 加热 发光 辐射	照明灯	EL
			空气调节器	EV
			电加热器	EE
			辐射器	
F	直接防止(自动)能量流、信号流、人身或设备发生危险的或意外的情况,包括用于防护的系统和设备	吸引 防护 防止 保护 保安 隔离	熔断器	FU
			微型断路器	FC
			安全栅	
			跌落式熔断器	FF
			快速熔断器	FTF
			电涌保护器	FV
			避雷器	
			避雷针	
			热过载释放器	
G	产生用作信息载体或参考源的信号,生产一种新能量、材料或产品	装配 破碎 拆卸 生成 分馏 材料移动 磨碎 混合 生产 粉碎	旋转发电机	
			异步发电机	GA
			同步发电机	GS
			直流发电机	GD
			永磁发电机	GM
			水轮发电机	GH
			汽轮发电机	GT
			风力发电机	GW
			柴油发电机	GD
			不间断电源	GU
			旋转/固定变频器	GF
			太阳能电池	
			干/蓄电池组	GB
			风扇	
			通风机	
H	为将来标准化备用			
I	不用			
J	为将来标准化备用			

续表

代码	物体的用途或任务	描述物体或功能件的用途或任务的术语举例	工程电气产品举例	
			电气产品名称	含子项代码
K	处理(接收、加工和提供)信号或信息(用于防护的物体除外,见 F 类)	闭合(控制电路) 连续控制 延迟 断开(控制电路) 搁置 切换(控制电路) 同步	接触器式继电器	KA
			控制继电器	KC
			时间继电器	KT
			信号继电器	KS
			极化继电器	KP
			簧片继电器	KR
			频率继电器	KF
			热继电器	KH
			接地继电器	KE
			有或无继电器	KL
			滤波器	
			微处理器	
			自动并联装置	
			可编程控制器	
			同步装置	
			晶体管	
			电子管	
			接触器	KM
L	为将来标准化备用			
M	提供驱动用机械能(旋转或线性机械运动)	激励 驱动	电动机	
			同步电动机	MS
			直流电动机	MD
			多速电动机	MM
			异步电动机	MA
			直线电动机	ML
			合闸线圈	MC
			跳闸线圈	MT
N	为将来标准化备用			
O	不用			
P	提供信息	告(报)警 通信 显示 指示 通知 测量(量的显示) 呈现 打印 警告	音响信号装置	
			电铃	
			时钟,操作时间表	PT
			(脉冲)计数器	PC
			记录仪器	PS
			显示器	
			机电指示器	
			蜂鸣器	
			扬声器	
			红色指示灯	PR
			绿色指示灯	PG
			黄色指示灯	PY
			蓝色指示灯	PB
			白色指示灯	PW
			电流表	PA
			电压表	PV
			功率表	PW
			电度表	PJ
			有功电度表	PJR
			功率因数表	PPF

续表

代码	物体的用途或任务	描述物体或功能件的用途或任务的术语举例	工程电气产品举例	
			电气产品名称	含子项代码
Q	受控切换或改变能量流、信号流或材料流(对于控制电路中的信号,请参见K类和S类)	断开(能量、信号和材料流) 闭合(能量、信号和材料流) 切换(能量、信号和材料流) 连接	断路器	QF
			转换开关	QC
			刀开关	QK
			电动机保护开关	QM
			隔离开关	QS
			熔断器开关	QFS
			接触器	QM
			电动机起动器	QST
			晶闸管	
			开关(电力)	
			星三角起动器	QSD
			自耦减压起动器	QTS
			真空断路器	QV
			负荷开关	QL
			接地开关	QE
			切换开关	QCS
R	限定或稳定能量、信息或材料的运动或流动	阻断 阻尼 限制 限定 稳定	电阻器	
			气动电阻器	RS
			制动电阻器	RB
			频敏电阻器	RF
			附加电阻器	RA
			电位器	RP
			二极管	RD
			电感器	RL
			限定器	
			热敏电阻器	RTV
			压敏电阻器	RV
			电磁锁	
S	把手动操作转变为进一步处理的信号	影响 手动控制 选择	控制/选择开关	SA
			终点开关	SE
			脚踏开关	SF
			限位开关	SL
			微动开关	SS
			按钮开关	SB
			差值开关	
			键盘	
			鼠标器	
			位置传感器	SQ
			转速传感器	SR
			设定点调节器	
			闪光信号灯	EH

续表

代码	物体的用途或任务	描述物体或功能件的用途或任务的术语举例	工程电气产品举例	
			电气产品名称	含子项代码
T	保持能量性质不变的能量变换；已建立的信号保持信息内容不变的变换；材料形态或形状的变换	放大 调制 变换 铸造 压缩 转变 切割 材料变形 膨胀 锻造 磨削 碾压 尺寸放大 尺寸缩小 璇削	AC/DC 变换器	
			放大器	
			天线	
			测量变换器	
			测量发射机	
			调制器	
			解调器	
			变频器	TF
			控制电路电源用变压器	TC
			信号变压器	TM
			自耦变压器	TA
			整流变压器	TR
			电炉变压器	TF
			磁稳压器	TS
			电压互感器	TV
			电流互感器	TA
			电力变压器	TM
			整流器	
			整流器站	
			信号变换器	
			信号传变器	
			电话机	
			变换器	
U	保持物体在一定的位置	支承 承载 保持 支持	绝缘子	
			解调器	UD
			变频器	UF
			整流器	
			电缆桥架	
V	材料或产品的处理(包括预处理和后处理)	涂覆　恢复 清洗　再精饰 脱水　密封 除锈　分离 干燥　分选 过滤　搅拌 包装　热处理 表面处理 预处理	滤波器	VF
W	从一地到另一地导引或输送能量、信号、材料或产品	传导 分配 导引 导向 安置 输送	导线	W
			电缆	W
			插接式母线	WIB
			母线	WB
			信息总线	
			光纤	WQ
			穿墙套管	
			电力干线	WPM
			照明干线	WLM
			电力分支线	WP
			照明分支线	WL

续表

代码	物体的用途或任务	描述物体或功能件的用途或任务的术语举例	工程电气产品举例	
			电气产品名称	含子项代码
W	从一地到另一地导引或输送能量、信号、材料或产品	传导 分配 导引 导向 安置 输送	应急电力干线	WPE
			应急照明干线	WLE
			合闸小母线	WCL
			控制小母线	WC
			信号小母线	WS
			闪光小母线	WF
			事故音响小母线	WFS
			预告音响小母线	WPS
			电压小母线	WV
			封闭母线槽	WB
X	连接物	连接 啮合 黏合	连接器	XB
			插头	XP
			插座	XS
			端子	
			端子板	XT
			连接插头和插座	
Y	为将来标准化备用			
Z	为将来标准化备用			

注："W"栏内，合闸小母线、控制小母线、信号小母线、闪光小母线、事故音响小母线、预告音响小母线、电压小母线仅在电力行业的变配电二次回路才用。

15.1.4 回路标号

电路图中用来表示各回路种类、特征的文字和数字标号统称回路标号。回路标号也称回路线号。其目的是为了便于接线和查线。回路标号的一般原则是：

① 回路标号按照"等电位"原则进行标注，即电路中连接在一点上的所有导线具有同一电位而标注相同的回路标号。

② 由电气设备的线圈、绕组、电阻、电容、各类开关、触头等电器元件分隔开的线段，应视为不同的线段，标注不同的回路标号。

③ 在一般情况下，回路标号由三位或三位以下的数字组成。以个位代表相别，如三相交流电路的相别分别用 1、2、3 表示；以个位奇偶数区别回路的极性，如直流回路的正极侧用奇数表示，负极侧用偶数表示。以标号中的十位数字的顺序区分电路中的不同线段。以标号中的百位数字来区分不同供电电源的电路，如直流电路中 A 电源的正、负极电路标号用"101"和"102"表示，B 电源的正、负极电路标号用"201"和"202"表示。若电路中共用同一个电源，则可以省略百位数。当要表明电路中的相别或某些主要特征时，可在数字标号的前面或后面增注文字符号，文字符号用大写字母，并与数字标号并列。

在机床电气控制电路图中，回路标号实际上是导线的线号。

15.1.5 信号名助记符

为促进信号名统一，下表给出了按字母顺序排列的、编写信号名的一些通用术语的助记符。它可以组合起来用以表示复合名词或短语。只要不引起混淆，表中助记符可赋予其他含义，也可赋予其他助记符某种含义。但一套文件中应以同一含义赋予特定的助记符，同一助记符也只能用于一种特定的含义。信号名助记符见表 15-6。

表 15-6　信号名助记符

助记符	含义	助记符	含义	助记符	含义
ACC	接受;累加器	COMP	比较	ERS	擦除
ACK	肯定;确认	CORR	已修正;校正	ETY	空;无效的
ACT	激活;使有效	CP	进位传送	EVT	事件
ADD	加法器	CPU	中央处理单元	EXOR	异域
ADR	加法器	CRC	循环冗余	EXT	外部
ALI	告警禁止	CRY	进位	FF	触发器
ALC	算术逻辑单元	CS	片选	FIFO	先进先出
AR	地址寄存器	CRT	计数器	FLD	场
ASYNC	异步	CTS	清除发送	FLG	标记;特征位
ATTN	注意	CURR	电流	FLT	错误;故障
BCD	二十进制编码	CYC	循环	FNC	功能
BCTR	位计数器	D	数码	G	门
BG	借位产生	DCD	译码	GEN	产生
BI	借位输入	DEC	十进制	GND	地线
BIN	二进制	DECR	减;减量	HALF	停
BIT	位;环节	DEST	目的	HEX	十六进制
BLK	块;封锁	DET	检测	HLD	保持
BLNK	空白	DEV	设备;器件	HORZ	水平
BP	借位传送	DIFF	差	I/O	输入/输出
BUF	缓冲级;缓冲	DIS	禁止	ID	标识
BUS	总线	DISK	盘	IN	入;输入
BUSY	忙;占线	DLY	延迟;迟延	INCR	增加
BYT	字节	DMA	直接存储器存储	INH	禁止
CDSEL	代码选择	DRAM	动态随机存储器	INIT	初始化
CE	片使能	DRV	驱动器	INT	中断;内部
CG	进位产生	DSR	数据装备准备好	INTFC	接口
CHK	校验	DSRDY	数据准备好	INTRPT	中断
CI	进位输入	DTR	数据终端准备好	IRQ	中断请求
CK	时钟	DWN	下	KYBD	键盘
CLA	超前进位	EN	使能	LCH	门;锁存
CLK	时钟	ENCD	编码	LD	负载
CLR	清除	END	结束;终止	LFT	左
CMD	命令	EOF	文件结束	LOC	位置
CNT	计数	EOL	行结束	LRC	纵向冗余检测
CNTL	控制	EOT	带技术	LSB	最低有效位
CO	进位输出	EOT	发送结束	LSBYT	最低有效字节
COL	列	ERR	出错	LT	光

续表

助记符	含义	助记符	含义	助记符	含义
MAX	最大	RAM	随机存储器	SPLY	供给;电源
MEM	存储器	RCIRC	再循环	SQR	服务请求
MIN	最小	RCVR	接收器	START	启动;起始
MOT	电动机	RD	读	STAT	状态
MRD	存储器读	RDY	准备好	STDBY	等待;备用的
MSB	最高有效位	REF	参考;基准	STK	堆栈
MSBYT	最高有效字节	REG	寄存器	STOP	停
MSK	屏蔽;掩码	REJ	拒绝	STOR	存储
MSTR	主	REQ	请求	STRB	选通
MTR	电动机	RES	复位	SW	开关
MUX	多路复用;多路复用器	RFD	准备好等待数据	SYNC	同步
NACK	否定确认	RFSH	刷新	SYS	系统
NEG	负的;否定的	RNG	范围;档次	TERM	终止;终端
NO	不;非;无	ROM	只读存储器	TG	反复开关
OCT	八进制	ROW	行	TRIG	触发;触发器
OFF	关断	RQTS	请求发送	TST	测试
ON	接通	RET	再启动	UP	上
OUT	出;输出	RT	右	UTIL	实用
OVFL	溢出	RTL	返回本地	VERT	垂直
PAR	奇偶位	RTN	返回	VID	视频
PC	程序计数器	RTZ	返回零	VIRT	虚拟
PCI	程序控制中断	RUN	运行	VLD	有效
PE	奇偶出错	SEL	选择	WR	写
POS	正的;位置	SET	设置;位置	WRD	字
PRCS	过程;处理器	SEV	偶数和	XCVR	发送接收器
PRGM	程序	SFT	平移	XMIT	传输;发送
PROC	过程;处理器	SLV	从动	XMT	传输;发送
PU	上拉	SODD	奇数和	XMTR	发送机(发送器)
PWR	电源	SPD	速度	XOR	Y 异域

15.2 电气工程图基础

15.2.1 电气工程图概念

俗称的“电气图”，按国际国内最新标准称为“电气技术文件”或“电气信息结构文件”，它是包括设计、制造、施工、安装、维护、使用、管理及物资流通等在内的整个电气工程技术界业内外、同异地间信息交流的语言。而电气技术文件编制的各种“规程、规范、标准、原则”是这种信息交流的“语法”。“图形符号”及“文字符号”则是这种信息交流的“词汇”。

这里所指的“文件”是媒体上荷载的有用信息，“信息”的表达形式可以是图形、文字、表格或者其组合。“信息的荷载媒体”则可以是图纸、磁储存体（磁盘）、光储存体（光盘）、化学储存体（胶卷）。以图纸为主要荷载体的“工程电气图—电气技术文件”，便是电气工程技术界彼此信息交流的最主要手段。

15.2.2　电气技术文件种类

电气技术文件按信息类型、表达形式、媒体类型和文件种类进行分类，详见表 15-7。

表 15-7　电气技术文件的种类

种类			说明
性能文件	功能性简图	概略图	表示系统、分系统、成套装置、设备、软件等的概貌。并示出各主要功能件之间和（或）各主要部件之间的主要关系。原称为系统图，通常采用单线表示。其中：框图为主要采用方框符号的概略图，俗称为方框图。概略图可作为教学、训练、操作和维修的基础文件；也可作为进一步设计工作的依据，例如编制更详细的简图，如功能图和电路图
		功能图	功能图应表示系统、分系统、成套装置、设备、软件等功能特性的细节，但不考虑功能是如何实现的。 功能图可以用于系统或分系统的设计，或者用以说明工作原理，例如，用作教学或训练；也可以用来描述任何一种系统或分系统等，并且经常用于反馈控制系统、继电器逻辑系统、二进制逻辑系统等。等效电路图是为描述和分析系统详细物理特性而专门绘制的一种特殊的功能图。它常常比描述系统总特性或描述实际实现所需内容更为详细
		电路图	电路图应表示系统、分系统、成套装置、设备等实际电路的细节，但不必考虑其组成项目的实体尺寸、形状或位置。它应为以下用途提供必要的信息：了解电路所起的作用，可能还需要如表图、表格、程序文件、其他简图等补充资料；编制接线文件，可能还需要结构设计资料；测试和寻找故障，可能还需要诸如手册、接线文件等补充文件；安装和维修 发电厂或工厂控制系统的电路图对主电路的表示应便于研究主控系统的功能。对主电路或其一部分一般采用单线表示法。也可以采用多线表示法，如表示互感器的连接
		端子功能图	表示功能单元的各端子接口连接和内部功能的一种简图，可以用简化的（假如合适的话）电路图、功能图、功能表图、顺序表图或文字来表示其内部的功能
		程序图	程序图（或表、或清单）详细表示程序单元、模块及其互连关系的简图、简表、清单，其布局应能清晰地识别其相互关系
	性能表图	功能表图	用步或（和）转换描述控制系统的功能、特性和状态的表图
		顺序表图	表示系统各个单元工作次序或状态的图（表），各个单元的工作或状态按一个方向排列，并在图上成直角绘出过程步骤或时间，如描述手动控制开关功能的表图
		时序表	按比例绘制出时间轴的顺序表图

续表

种类		说明
位置文件	总平面图	表示建筑工程建筑网络、道路工程、相对于测定点的位置、地表资料、进入方式和工区总布局的平面图
	安装图	安装图(平面图)表示各项目安装位置的图(含接地平面图)
	安装简图	表示各项目之间的安装图
	装配图	通常按比例表示一组装配部件的空间位置和形状的图
	布置图	经简化或补充以给出某种特定目的所需信息的装配图,有时以表示水平断面或剖面的平、剖面图表示
	电缆路由图	在平面、总平面图基础上,示出电缆沟、槽、导管、线槽、固定体等或(和)实际电缆或电缆束位置
接线文件	接线图	接线图(表)表示或列出一个装置或设备的连接关系的简图或简表
	单元接线图	单元接线图(表)表示或列出一个结构单元内连接关系的接线图或接线表
	互联接线图	互联接线图(表)表示或列出不同结构单元之间的接线图或接线表
	端子接线图	端子接线图(表)表示或列出一个结构单元的端子和该端子上的外部连接的接线图或接线表,必要时应包括内部连线
	电缆图	电缆图(表或清单)提供有关电缆,如导线的识别标记、两端位置及其特性、路径和功能等信息的简图、简表、清单
项目表	明细表	表示构成一个组件(或分组件)的项目(零件、元件、软件、设备等)和参考文件的表格。IEC 62027:2000《零件表的编制》附录A对尚在使用的通用文件名称,例如设备表、项目表、组件明细表、材料清单、设备明细表、安装明细表、订货明细表、成套设备明细表、软件组装明细表、产品明细表、供货范围、目录、结构明细表、组件明细表、分组件明细表等建议使用“零件表”这一标准的文件种类名称,而以物体名称或成套设备名称作为文件标题
	备用元件表	表示用于防护和维修的项目(零件、元件、软件、散装材料等)的表格
说明文件	安装说明文件	给出有关一个系统、装置、设备或文件的安装条件以及供货、交付、卸货、安装和测试说明或信息的文件
	试运转说明文件	给出有关一个系统、装置、设备或文件试运行和启动时的初始调节、模拟方式、推荐的设定值,以及为了实现开发和正常发挥功能所需采取的措施的说明或信息的文件
	使用说明文件	给出有关一个系统、装置、设备或文件的使用说明或信息的文件
	维修说明文件	给出有关一个系统、装置、设备或文件的维修程序的说明或信息的文件,例如维修手册或保养手册
	可靠性或可维修性文件说明文件	给出有关一个系统、装置、设备或文件的可靠性和可维修性方面的信息和文件
其他文件		可能需要的其他文件,例如手册、指南、样本、图纸和文件清单

15.2.3　电气工程图特点

电气工程图与机械图、建筑图以及其他专业的技术图相比，具有一些明显不同的特点。

① 简图是电气工程图的主要形式。简图是用图形符号、带注释的围框或简化的外形表示系统或设备中各组成部分之间相互关系的一种图。绝大多数电气图都采用简图形式。除了必须标明实物形状、位置、安装尺寸的图外，大量的电气工程图都是简图，即仅表示电路中各设备、装置、电器元件等功能及连接关系的图。值得一提的是，简图并不是指内容简单，而是指形式的简化，是相对于严格按几何尺寸、绝对位置而绘制的机械图而言的。简图的特点是：各组成部分或电气元件用电气图形符号表示，而不具体表示其外形及结构等特征；在相应的图形符号旁标注文字符号、数字编号；按功能和电流流向表示各装置、设备及电气元件的相互位置和连接顺序；没有投影关系，不标注尺寸。

② 元件和连接线是电气工程图的主要表达内容。

③ 图形符号、文字符号是组成电气工程图的主要要素。

④ 电气工程图中的电器元件均按自然状态绘制，所谓“自然状态”是指电气元件和设备的可动部分表示为非激励（未通电、未受外力作用）或不工作的状态或位置。比如，接触器线圈未得电时，其触头处于尚未动作的位置，断路器、负荷开关等处在断开位置。

⑤ 电气工程图往往与主体工程及其他配套工程的图有密切关联。

15.3　常见电气工程图画法

15.3.1　概略图

概略图应按功能布局法绘制，见图 15-7。当位置信息对理解功能很重要时，可以采用位置布局法，见图 15-8。

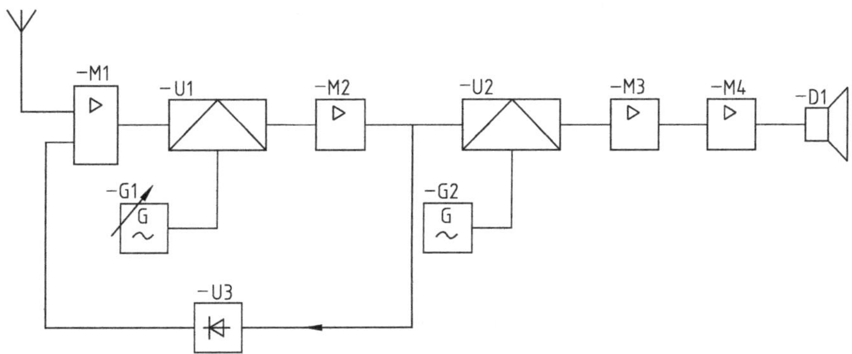

图 15-7　无线电接收机的概略图

概略图可以在功能或结构的不同层次上绘制，较高的层次描述总系统，而较低的层次描述系统中的分系统。

表示项目的图形符号的布置应使信息、控制、能源和材料的流程清楚，可以辨认，可以区别。某一层次的概略图应包含检索描述较低层次文件的标记，每一个图形符号，包括方框符号，必要时应标注项目代号。

15.3.2　功能图

如图 15-9～图 15-11 所示，功能图的内容至少应包括必要的功能图形符号及其信号、主要控制通路连接线，还可以包括其他信息，如波形、公式和算法，但一般不包括实体信息（如位置、实体项目和端子代号）和组装信息。

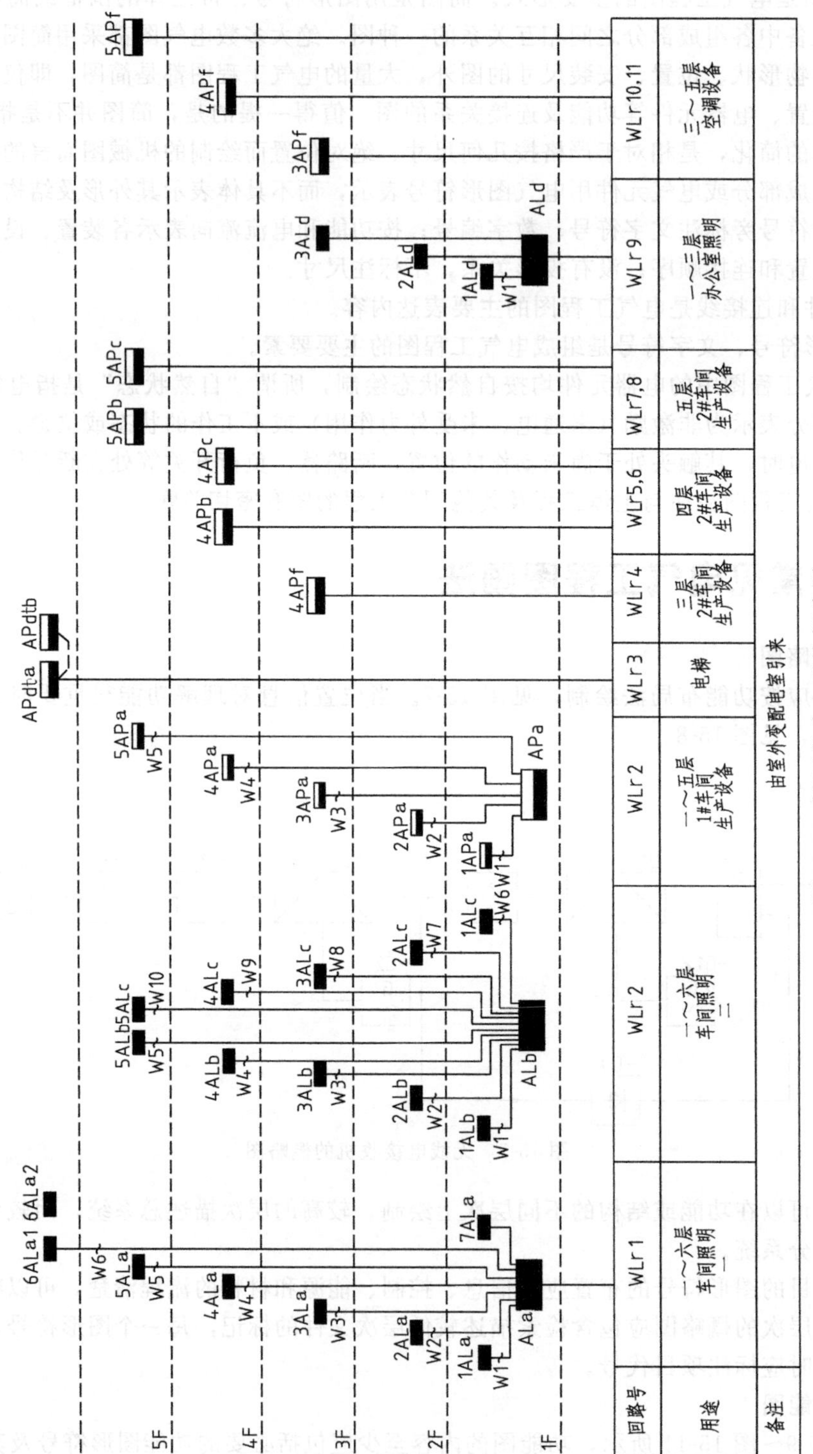

图 15-8 某厂房动力系统概略图

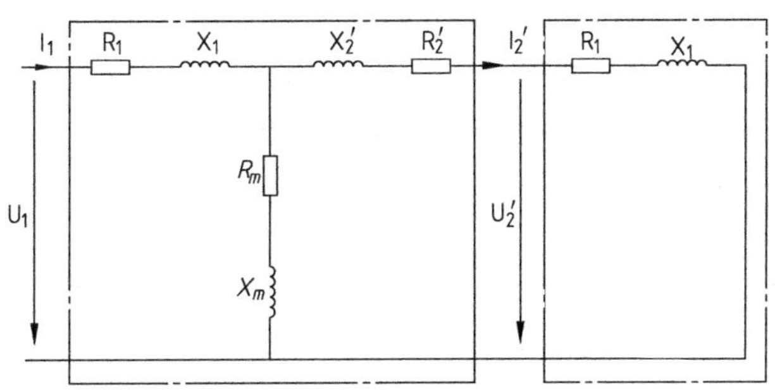

图 15-9　变压器及其负载的功能图示例

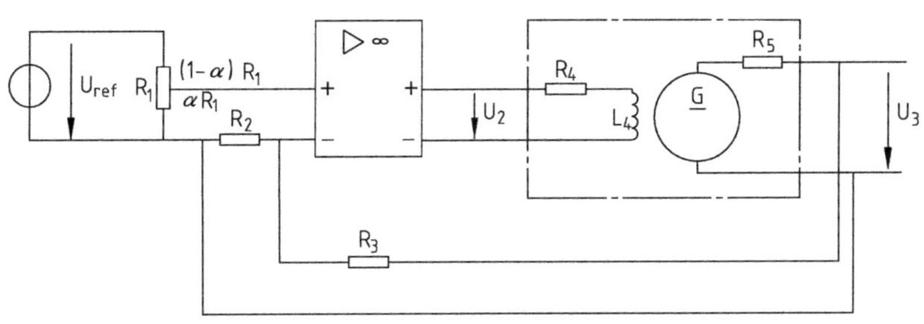

图 15-10　恒值发电机的功能图示例

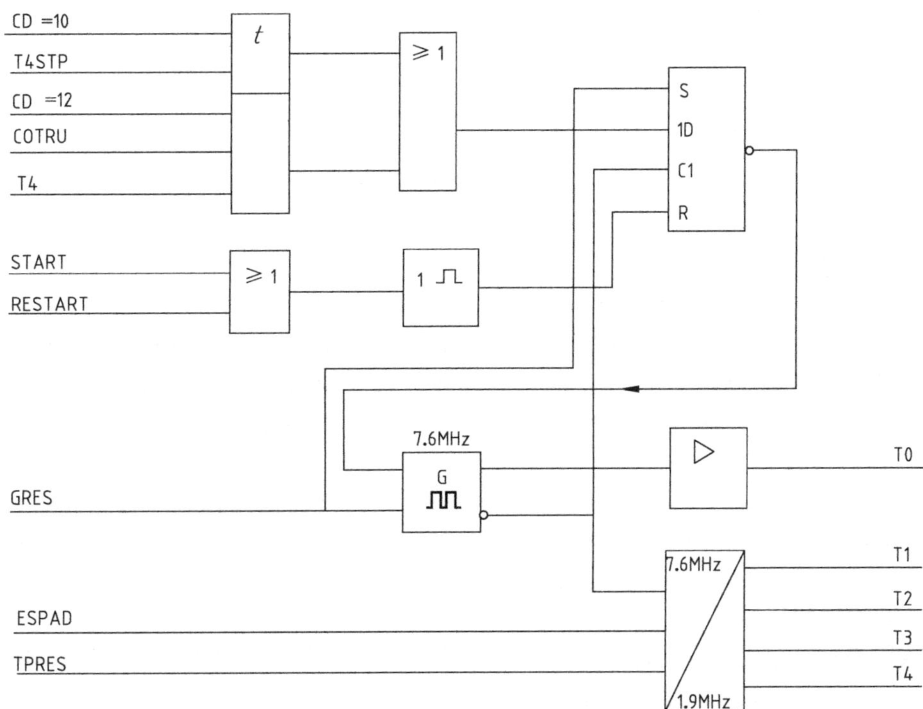

图 15-11　定时脉冲发生器的逻辑功能图示例

15.3.3 电路图

如图 15-12 所示，电路图的内容包括：表示电路中元件或功能件的图形符号；元件或功能件之间的连接线；项目代号；端子代号；用于逻辑信号的电平约定；电路寻迹必须的信息，如信号代号、位置检索标记；了解功能件必需的补充信息。

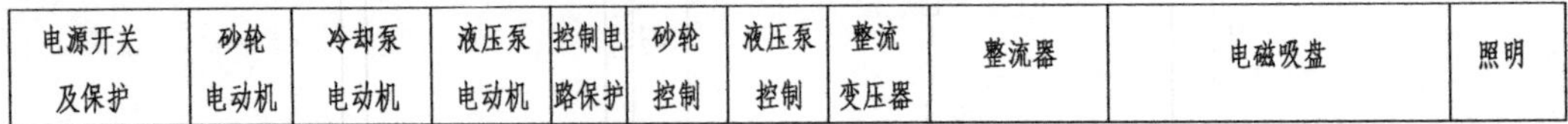

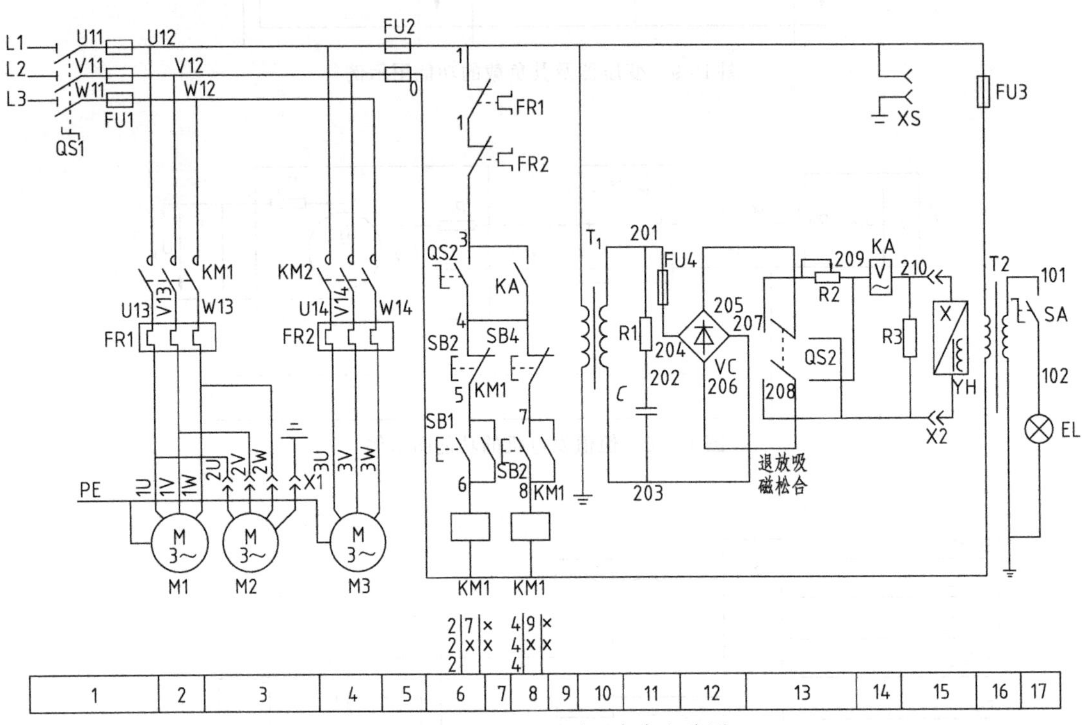

图 15-12 M7130 型平面磨床电路图

15.3.4 布线图

如图 15-13 所示，布线图是指专门用来标记电气设备的安装位置、外形、线路走向等的指示图。它按照产品电气设备安装的实际方位绘制，部件与部件之间的连线按实际关系绘出，并将线束中同路的导线尽量画在一起。这样，产品布线图就比较明确反映了汽车实际的线路情况，查线时导线中间的分支、节点很容易找到，为安装和检测产品电路提供方便。

布线图的绘制原则：布线图中的元器件、部件、组件和设备等项目，应尽量采用其简化的外形（如圆形、方形、矩形）来表示，为便于识读，必要时也允许用图形符号来表示；接线端子应用端子代号表示；导线用连续线或中断线表示。

15.3.5 接线图和接线表

接线图表示一个装置、设备或单元内的连接关系的简图，如图 15-14 和图 15-15。接线表是列出一个装置、设备或单元的连接关系的简表，表 15-8 是与图 15-14 和图 15-15 相对应的接线表。

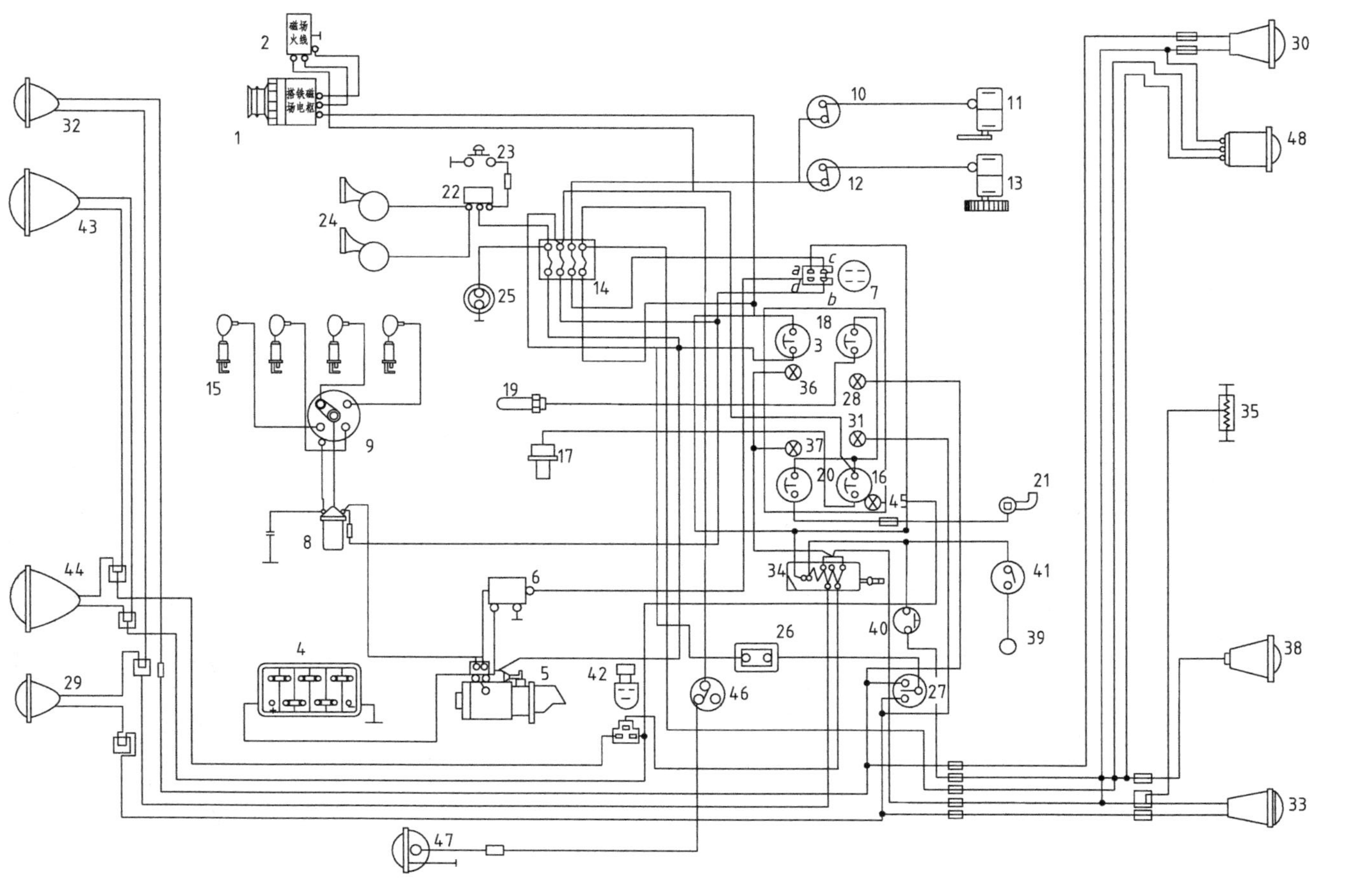

图 15-13 汽车电器布线图

1—发电机；2—电压调节器；3—电流表；4—蓄电池；5—起动机；6—启动继电器；7—点火开关；8—点火线圈；9—分电器；10—刮水器开关；11—刮水电动机；12—暖风开关；13—电动机；14—熔断丝盒；15—火花塞；16—机油压力表；17—油压传感器；18—水温表；19—水温传感器；20—燃油表；21—燃油传感器；22—喇叭继电器；23—喇叭按钮；24—电喇叭；25—工作灯插座；26—闪光器；27—转向灯开关；28，31—转向指示灯；29，32—前小灯；30，33—室灯；34—车灯开关；35—牌照灯；36，37—仪表灯；38—制动灯；39—阅读灯；40—制动开关；41—阅读灯开关；42—变光器；43，44—前照灯；45—远光灯；46—防空/雾灯开关；47—防空/雾灯；48—挂车导线插座

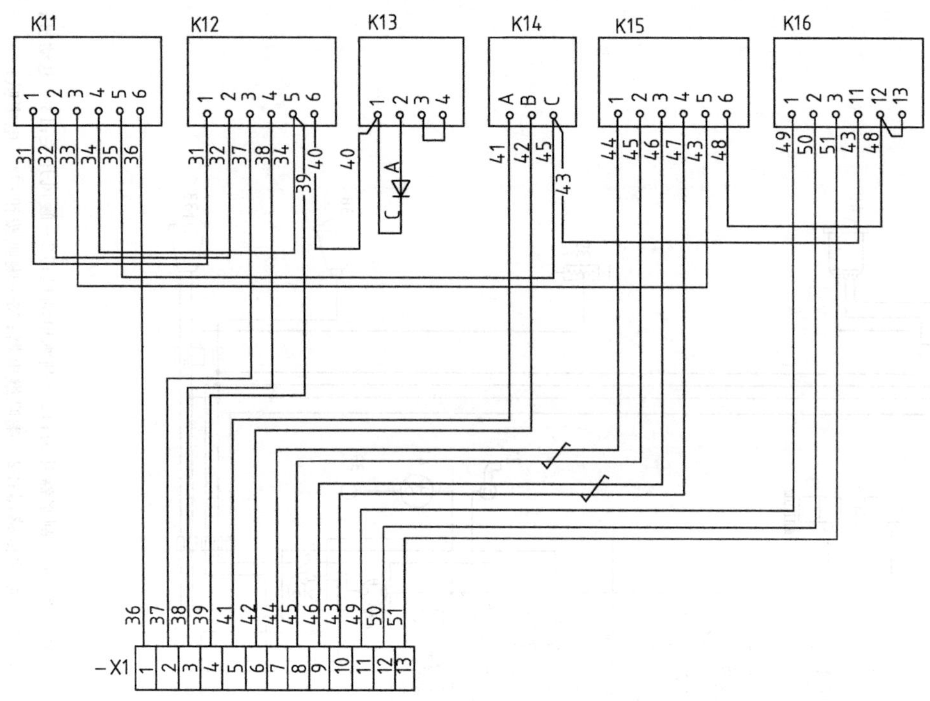

图 15-14 采用连续线的单元接线图示例

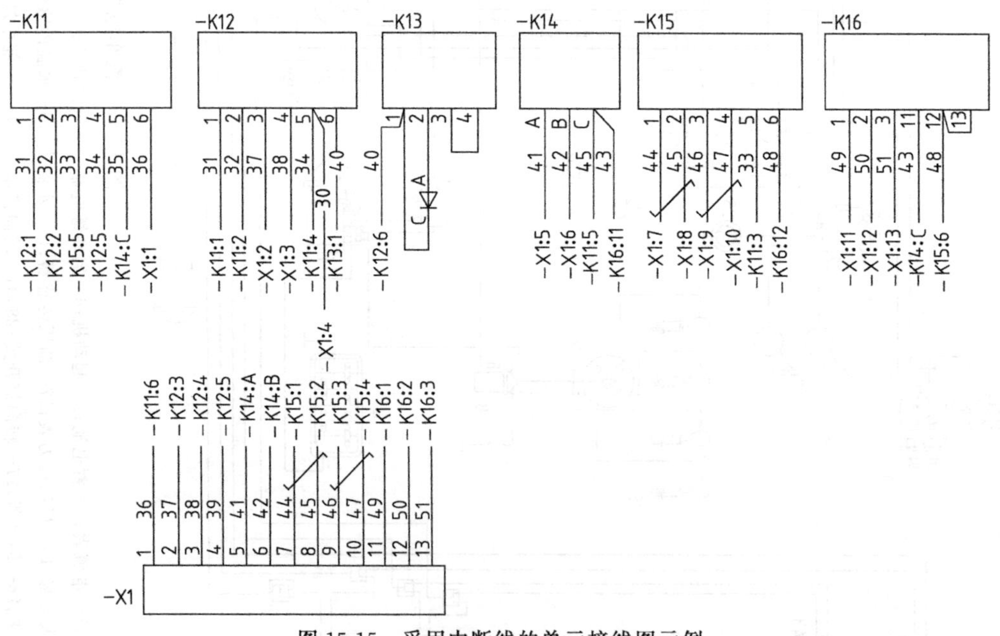

图 15-15 采用中断线的单元接线图示例

表 15-8 以连接为主的单元接线表

连接线			连接点					
型号	线号	备注	项目代号	端子代号	备注	项目代号	端子代号	备注
	31		−K11	:1		−K12	:1	
	32		−K11	:2		−K12	:2	

续表

连接线			连接点					
型号	线号	备注	项目代号	端子代号	备注	项目代号	端子代号	备注
	33		－K11	:3		－K15	:5	
	34		－K11	:4		－K14	:5	39
	35		－K11	:5		－K14	:C	43
	36		－K11	:6		－X1	:1	
	37		－K12	:3		－X1	:2	
	38		－K12	:4		－X1	:3	
	39		－K12	:5	34	－X1	:4	
	40		－K12	:6		－K13	:1	－V1
			－K13	:1	40	－V1	:C	
			－K13	:2		－V1	:A	
	短接线		－K13	:3		－K13	:4	
	41		－K14	:A		－X1	:5	
	42		－K14	:B		－X1	:6	
	43		－K14	:C		－K16	:11	
	44	绞合 1	－K15	:1		－X1	:7	
	45	绞合 1	－K15	:2		－X1	:8	
	46	绞合 2	－K15	:3		－X1	:9	
	47	绞合 2	－K15	:4		－X1	:10	
	48		－K15	:6		－K16	:12	接短线
	短接线		－K16	:12	48	－K16	:13	
	49		－K16	:1		－X1	:11	
	50		－K16	:2		－X1	:12	
	51		－K16	:3		－X1	:13	

15.3.6 电缆图和电缆表

电缆图和电缆表应提供设备或装置的结构单元之间铺设电缆所需全部信息，必要时应包含电缆路径的信息。电缆组可用单线表示法表示，并加注电缆的项目代号，见图 15-16～图 15-18，电缆表见表 15-9。

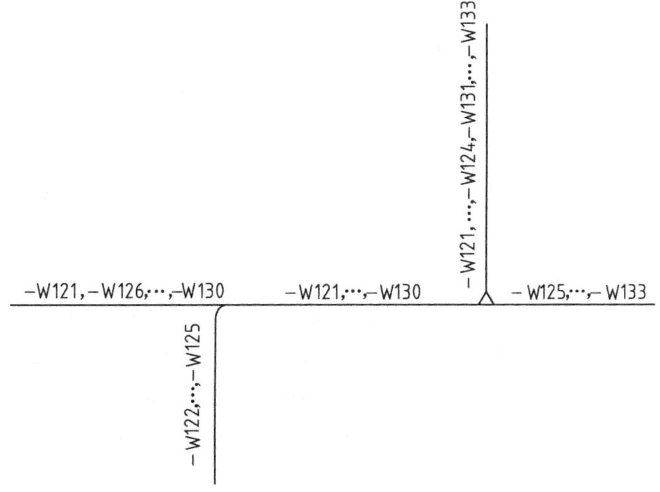

图 15-16　用单线表示的电缆组互联的电缆图

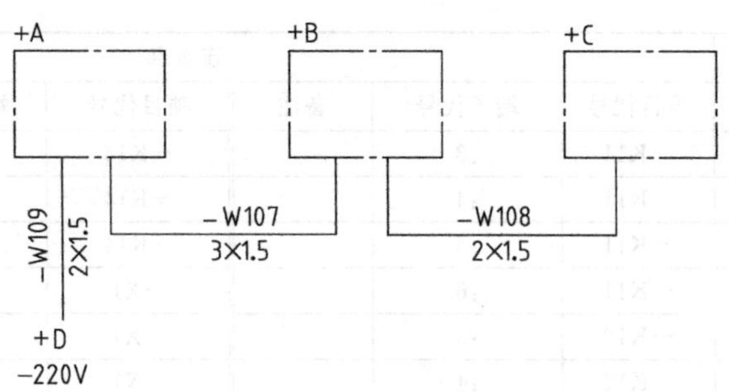

图 15-17 单元互联电缆图

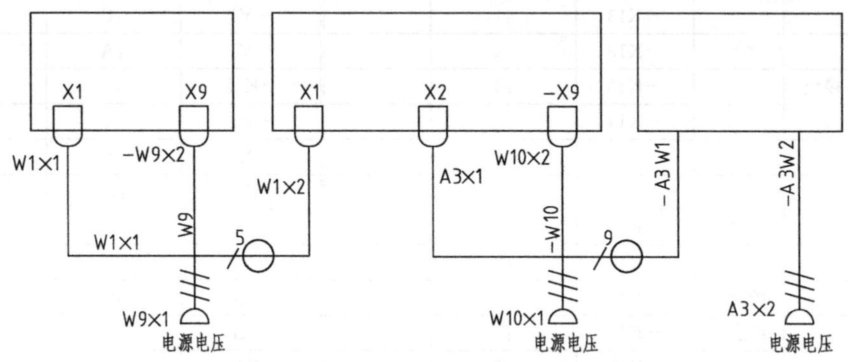

图 15-18 单元间以配连接器控制电缆互联电缆图

表 15-9 图 15-17 中电缆的电缆表

电缆号	电缆型号	端点		备注
—W107	HO5VV-U3×1.5	+A	+B	辅助电源电压 AC 220V
—W108	HO5VV-U2×1.5	+B	+C	
—W109	HO5VV-U2×1.5	+A	+C	

15.3.7 线束图

如图 15-19 所示为线束图的特点。线束图主要表明电线束与各用电器的连接部位、接线端子的标记、线头、插接器（连接器）的形状及位置等。这种图一般不去详细描绘线束内部的电线走向，只将露在外面的线头与插接器作详细编号或用字母标记，它是一种突出装配记号的电路表现形式，非常便于安装、配线、检测与维修。如果再将此图各线端都用序号、颜色准确无误地标出来，并与电路原理图和布线图结合起来使用，则会起到更大的作用，且能够收到更好的效果。

线束图主要是以线束的形式出现，图面的线条较少，各件之间连接的表达就成为其主要内容。产品线束一般由多个线束组成，有主线束、分线束。在绘制线束图时，应表现出每个线束上有几个分支，每个分支上有多少根线，导线的颜色及条纹是什么。当产品上电器数量多而复杂时，为连线正确，各个连接点都应标注接线端子的代号，以便于连接。线束的长度包括线束的总长度、每个分支的长度、两个线端间隔的长度。由于线束有多条，线束与线束、分支与线束、分支与电器之间一般是通过插接器进行连接的，应表示出每个插接器上有几条导线，每条导线位于插接器接线孔的说明位置，插接器的形状是什么样的，相邻的几个插接器是否容易混淆。

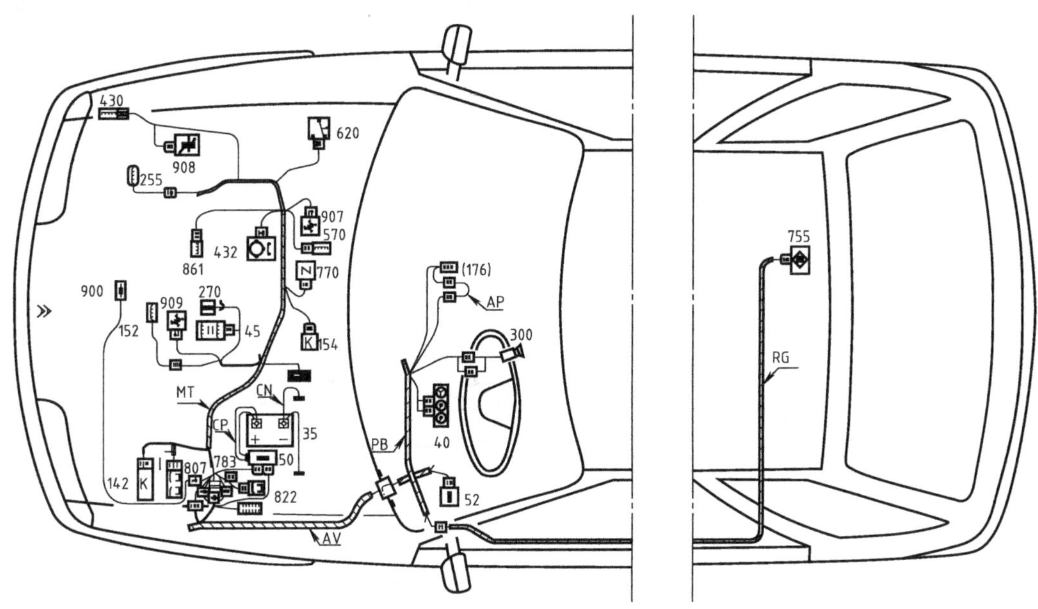

图 15-19　TU5JPK 发动机线束图

35—蓄电池；40—仪表板；45—点火线圈；50—电源盒；52—内接熔断丝盒；142—发动机电控单元；152—曲轴位置传感器；154—车速传感器；176—防盗密码控制盒（选装）；255—空调压缩机离合器；270—点火线圈上的电容器；300—点火开关；430—碳罐控制阀；432—怠速控制阀；570—喷油器；620—惯性开关；755—燃油泵；770—节气门位置传感器；783—故障自诊断插座；807—主继电器；900—氧传感器；907—进气温度传感器；908—进气压力传感器；909—水温传感器

15.4　机械设备电气控制图识读方法

由表 15-7 可以看出，在性能文件、位置文件、接线文件、项目表、说明文件和其他文件等各电气技术文件中，性能文件至关重要。而性能文件中的电路图表达了系统、分系统、成套装置、设备等实际电路的功能和细节，为了解电路所起的作用、编制接线文件、测试和寻找故障、安装和维修提供了必要的信息。鉴于机电设备电气控制图在机械工程领域应用广泛，本节以电路图识读要领和方法为基础，介绍电气控制电路图和接线图的读图方法和步骤。

15.4.1　机械设备电气控制电路图

（1）机械设备的组成

在生产和生活中，广泛地使用着各种各样的机械设备，如轧钢机、自动生产线、动车组列车、机器人及洗衣机等。驱动这些机械运转使其工作，必须有原动机。把原动机带动生产机械运转叫拖动，而把由电动机带动机械运转的拖动方式叫电力拖动。大多数机械设备采用电力拖动。这是因为：电能的传输和分配方便；电动机的种类和规格多，具有各种各样的特性，能较好地满足机械的不同要求；对电动机的控制较方便，容易实现自动控制和远距离控制。

由电动机、控制装置、传动装置、机械以及电源组成的整体叫电力拖动系统或机械系统，如图 15-20 所示。图 15-21 为普通机床加工示意图。

电动机是电力拖动的原动机，它是将电能转换成机械能的部件，通过对电动机的控制，得到所需要的转矩、转向及转速。电动机有交流电动机和直流电动机之分，且具有很多的类型，可以满足不同运动机械的需求。

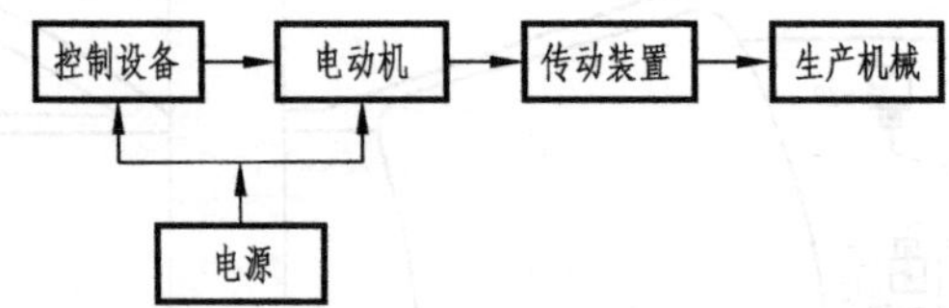

图 15-20 机械设备电气控制系统示意图

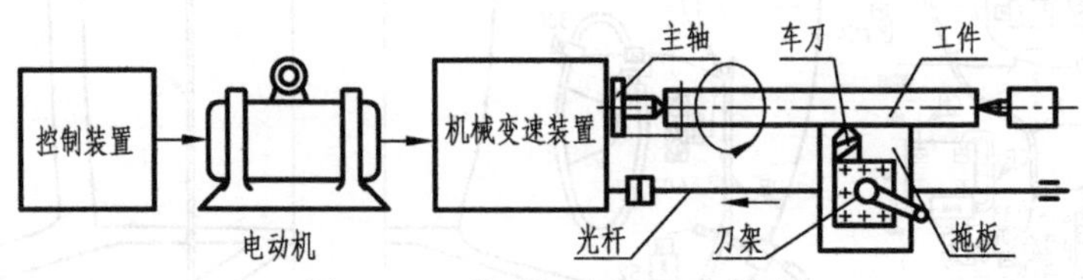

图 15-21 普通机床加工示意图

控制装置是控制电动机运转的装置，由各种控制电器，如开关、按钮、熔断器、接触器和继电器等，依照一定的加工工艺或运动的要求和规律连接而成，用以控制电动机的启动、停止、正反转、制动和调速等。其他操作方式，按控制装置可分为手动和自动控制两种类型。传动装置是电动机与生产机械之间的能量传动机械。

(2) 电气控制装置的组成

电气控制装置的组成，总不外乎是隔电设备、短路保护设备和操作设备等，它们串接在一起形成一个完整的电动机供电电路。

隔电开关是整个电动机供电电路最靠近电源的一个部分，它主要是刀开关、转换开关等手动电器。隔电开关的用途是在检修设备时将电源断开，以保障检修人员的安全。因此，它一般不用来接通或分断载流电路，其操作顺序也同高压电路中的隔离开关一样，即先于其他开关电器接通，后于它们断开。

短路保护设备是紧接在隔电设备之后的一个部分，它主要是熔断器和能够切断短路电流的低压断路器。短路保护设备的任务在于切断电动机供电电路中出现的短路故障电流，借此保护电路中的其他电气设备，使之不被过大的短路电流损坏。

操作设备是用电器供电电路中紧靠用电器的那部分，它主要是接触器、电磁启动器或其他启动电器，其中还包括过载保护电器，如热继电器等。操作设备有手动的，也有电磁操作或电动机操作的，视对操作控制的要求而定。操作设备的任务主要是接通和分断供电电路，不但接通和分断已发生短路的故障电路，同时还兼有一定程度的过载保护能力。

用电器的供电电路并不千篇一律地包含所有上述各个部分，而是根据实际需要和电气元件的性能，有时甚至是根据具体的物质条件来选配和组合的。为了保证电力拖动控制系统良好、可靠地工作，必须根据控制电路的技术要求正确选择和使用低压控制电器。若选择或使用不当，将导致各种故障，严重时甚至损坏电气设备。为此，要求掌握低压控制电器的选择原则和使用方法。

控制装置的种类较多，但大体上可分为手动和自动两大类。手动控制装置是由工作人员操作的，例如刀开关、组合开关、按钮开关等。自动控制装置则是按照指令信号或某个物理量（时间、转速、温度等）的变化而自动动作的，如各种继电器、接触器、行程开关等。

(3) 电气控制电路图

由各种电气控制元件和电路构成，对电动机或生产机械的供电和运行方式进行控制的装置，称为电动机或生产机械的电气控制装置。以电动机或生产机械的电气控制装置为主要描述对象，表示其工作原理、电气接线、安装方法等的图样，称为电气控制图。电气控制图主要包括电气控制电路图、电气安装接线图和电气设备安装图等。下面主要介绍机械设备电气控制电路图绘制规则及特点。

电气控制电路图是将电气控制装置各种电气元件用图形符号表示并按其工作顺序排列、详细表示控制装置、电路的基本构成和连接关系的图。图 15-22 是控制三相异步电动机正反转运行的控制电路图，一些电气元件的不同组成部分，按照电路连接顺序分开布置。

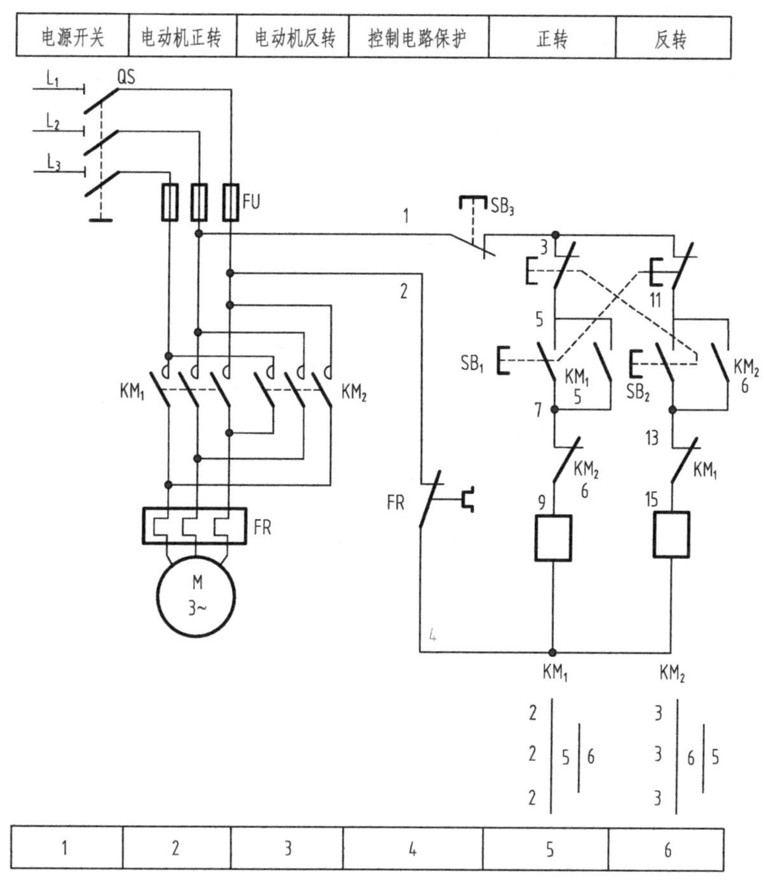

图 15-22　电动机正反转控制电路图

QS—刀开关；KM_1—正转用接触器；KM_2—反转用接触器；FU—主电路熔断器；FR—热继电器；M—三相异步电动机；SB_1—正转按钮；SB_2—反转按钮；SB_3—停止按钮

绘制电气控制电路图，遵循简明、清晰、易懂的原则。电气控制电路图一般分为主电路和辅助电路两个部分。主电路是电气控制电路中强电流通过的部分，是由电动机以及与它相连接的电气元件（如组合开关、接触器的主触点、热继电器的热元件和熔断器等）所组成的电路图。辅助电路包括控制电路、照明电路、信号电路及保护电路。辅助电路中通过的电流较小，控制电路由按钮、接触器、继电器的吸引线圈和辅助触头以及热继电器的触头等组成。这种电路能够清楚地表明电路的功能。对于分析电路的工作原理十分方便。

在实际的电气控制电路图中，主电路一般比较简单，电气元件数量较少。辅助电路比主电路要复杂，电气元件也较多。有的辅助电路是很复杂的，由多个单元电路组成，每个单元电路中又有若干个小支路，每个小支路中有一个或几个电气元件。这样复杂的控制电路分析起来是比较困难的，要求有坚实的理论基础和丰富的实践经验。

在电气控制电路图中，主电路图与辅助电路图是相辅相成的，其控制功能实际上是由辅助电路控制主电路。对于不太复杂的电气控制电路，主电路和辅助电路可以绘制在同一幅图上。电气控制电路图的绘制规则和特点如下。

① 在电气控制电路图中，主电路和辅助电路应分开绘制。电气控制电路图可水平或垂直布置。无论主电路还是辅助电路，均应按功能布置，各电气元件一般应按生产设备动作的先后顺序从上到下或从左到右依次排列。看图时，要掌握控制电路编排上的特点，也要一列列或一行行地进行分析。

② 电气控制电路图涉及大量的电气元件（如接触器、继电器开关、熔断器等），为了表达控制系统的设计意图，便于分析系统工作原理、安装、调试和检修控制系统，在绘制电气控制电路图时，所有电气元件均不画出其实际外形，而采用统一的图形符号和文字符号来表示。

③ 在电路图中，同一电气元件的不同部分（如线圈、触头）分散在图中，如接触器主触头画在主电路，接触器线圈和辅助触头画在控制电路中，为了表示是同一电气元件，要在电器的不同部分使用同一文字符号来标明，对于几个同类电气元件，在表示名称的文字符号后的下标加上一个数字序号，以示区别，如 K_1、K_2 等。

④ 在机床电气控制电路的不同工作阶段，各个控制电器的工作状态是不同的，各控制电器的众多触头有时断开，有时闭合，而在电气控制电路图中只能表示一种情况。为了不造成混乱，特作如下规定：所有电气的可动部分均以自然状态画出。

⑤ 在原理图上可将图分成若干图区，以便阅读查找。在电路图的下方（或右方）沿横坐标（或纵坐标）方向划分图区，并用数字 1，2，3，…（或字母 A，B，C，…）标明，同时在图的上方（或左方）沿横（或纵）坐标方向划分图区，分别用文字标明该图区电路的功能和作用，使读者能清楚地知道某个电气元件或某部分电路的功能，以便于理解整个电路的工作原理，如图 15-22 所示。

在控制电路图上，一般还在每一并联支路旁注明该部分的控制作用。掌握了这些特点，分析控制电路的作用就会比较容易。

⑥ 电路图中，有直接电联系的交叉导线连接点要用黑圆点或小圆圈表示。

⑦ 在完整的电路图中，还应包括标明主要电气元件的型号、文字符号、有关技术参数和用途。例如电动机应标明用途、型号、额定功率、额定电压、额定电流和额定转速等。所有电气元件的型号、文字符号、用途、数量、安装技术数据，均应填写在元件明细表内。

⑧ 根据电路图的简易或复杂程度，既可完整地画在一起，也可按功能分块绘制，但整个电路的连接端应统一用字母、数字加以标志，方便查找和分析其相互关系。

⑨ 电气控制电路标号，如图 15-23 和图 15-24 所示，无论采用哪种标号方式，电路图与接线图上相应的线号应一致。

15.4.2 识读电路图的基本方法

（1）电路图的识读要领

① 结合电子技术基础理论识读。无论是汽车电子装置，还是电视机、录音机、半导体收音机和各种电子控制线路的设计，都离不开电子技术基础理论。因此，要搞清电子线路的电气原理，必须具备电子技术基础知识，如交流电经整流后变成直流电，其原理就是利用晶体二极管具有单向导电特性来设计的，又如汽车交流发电机，通常用 6 只、8 只或 11 只整流二极管组成三相桥式整流电路，分别进行导通、截止的切换，以实现将发出的二相交流电变换成直流电的目的。

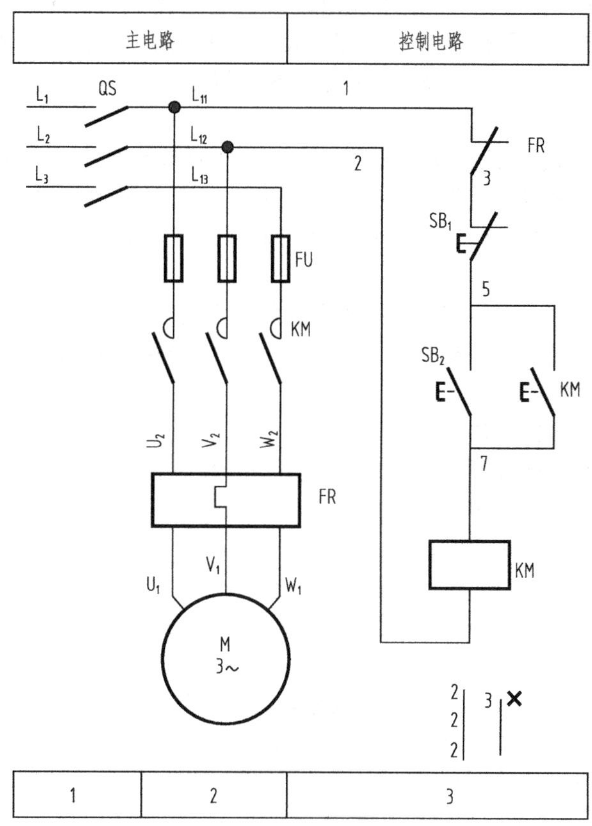

图 15-23 电动机中电气控制电路图中的线号标记（一）

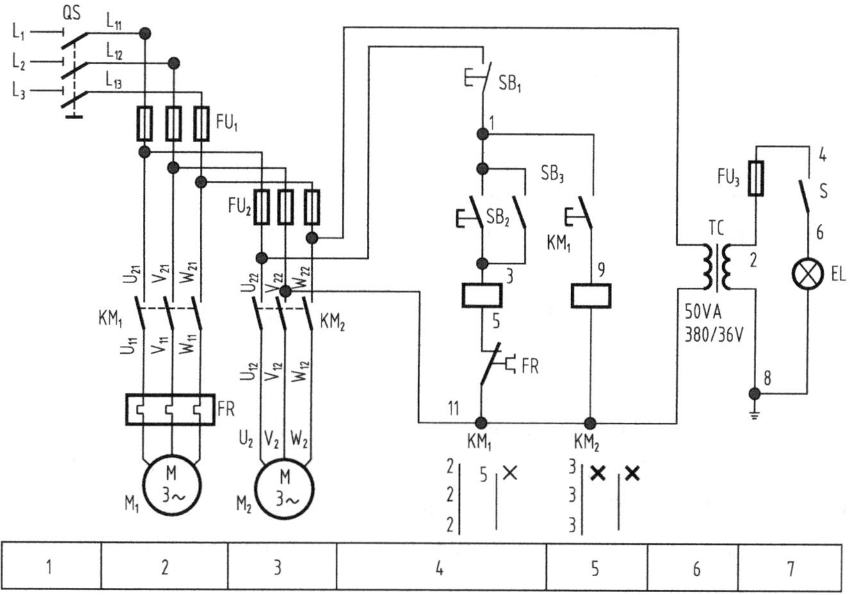

图 15-24 电动机中电气控制电路图中的线号标记（二）

② 结合电子元器件的结构和工作原理识读。在电子线路中有各种电子元器件，如在直流电源线路中常用的各种半导体器件、电阻、电容、传感器件等。因此，在识读电路图时，应该了解这些元器件的性能、工作原理以及在整个线路中的地位和作用，否则无法读懂电路图。

③ 结合典型线路识读。所谓典型线路，就是常见的基本线路。对于一张复杂的电路图，细分起来不外乎是六个典型线路组成的。在读图时，熟悉各种典型电路图，不仅能够帮助我们分清主次环节、抓住主要矛盾，还能够帮助我们尽快地理解整机的工作原理，尤其对于识读复杂的电路图帮助更大。

④ 结合电路图的绘制特点识读。在电路图的设计中，通常是以功能原理程序进行的，因此完成同一功能的元器件往往聚集在一起，而交流信号在不同功能的放大电路中又往往用电容器耦合等，掌握了这些特点，会给识读电子电路图带来许多方便。

(2) 电路原理图的识读方法

识读原则。识读电路原理图时，首先要弄清信号传输流程，找出信号通道。其次，抓住以晶体管元件或集成块为主的单元功能电路。在识读时，可按照“分离头尾、找出电源、割整为块、各个突破”的原则来读图。

“分离头尾”是指分离出输入、输出电路，如收录机放音通道的头是录放磁头，一般画在电路原理图的左侧中间或下方；它的尾部是放大器及扬声器电路，一般位于图的右侧。信号传输方向多为从左至右。

“找出电源”是指寻找出交/直流变换电路，如电子产品的整流电路或稳压电路，它一般画在图纸的右侧下方。从电源电路输出端沿电源供给线路查看，便可搞清楚产品（整机）有几条电源电压供给线路，供给哪些单元电路。

“割整为块”是指将产品（整机）电路解体分块，如收录机的放音通道可以分解成输入、前置、功率放大等各单元电路。

“各个突破”是指对解体的单元电路进行仔细分析，搞清楚直流、交流信号传输过程及电路中各元器件的作用。

(3) 单元电路图的识读方法

识读单元电路图时，首先要将电路归类，掌握电路的结构特点。例如，分析汽车电子闪光器电路时，应当分清其振荡级是间歇式振荡器、多谐式振荡器，还是其他类型的振荡器；其输出级是单管输出电路、互补型对称式 DTL 电路，还是分流型调整式 OTL 电路。如果是较典型的简单电路、可以根据原理图直接判断归类；如果是复杂的电路，则应化繁为简，删减附属部件或电路，保留主体部分，简化成原理电路的形式。对于那些电路结构比较特殊或者一时难以判断的电路，则应细致、耐心地把电路简化为等效电路。对模拟电路来说，应当分析电路的等效直流电路和等效交流电路；对于脉冲电路，则要分析电路的等效暂态（过渡过程）电路。

在单元电路中，晶体管和集成电路是关键性元器件，而对于电阻、电感、电容、二极管等元器件，则要根据具体情况具体分析。可以根据工作频率、电路中的位置、元器件参数，来判断它们到底是关键性元器件，还是辅助性元器件。在简化电路时，关键性元器件不能省略，而非主体的部件应当尽量省略，以显示出电路的基本骨架。同时，要清楚电感、电容在电路中的地位和作用，注意它们是关键性元件还是辅助性元件。例如，分析交流等效电路时，用于退耦、旁路的电容便可省略，而谐振电路的电感、电容则不能省略。再如，高、中、低频率下工作的电容和电感，其阻抗值差别极大，因而在不同工作频率下的处理方法可能也有所不同。

(4) 系统电路图的识读方法

系统电路是相对于整机电路而言的，它由几个单元电路组成。系统电路图的识读步骤及方法如下：

① 确定系统范围。拿到一幅电路图后，先要统观全局，将整个电路浏览一遍。然后，把电路分解为几个部分，一般是按系统电路分成几块，每一块完成不同的系统功能。

从单元电路出发划分框图结构时，应当尽量详细一些。在分析过程中也可根据需要再合并。一般情况下，各方块以一个或两个晶体三极管（晶体管）为中心，加上周围的一些元件，有时没有晶体管而只有电阻、电感、电容、二极管等元件，也可以根据实际情况来划分方块。

各个相邻、相关的方块之间，要用带箭头的连线连接起来，箭头方向表示信号的流动方向。已明确的单元电路需标上电路名称，信号流动方向和信号波形也要标好。对于暂时不能确定的单元电路，先打个问号，在此框图基础上再作进一步分析。另外，在勾画带箭头的连线时，连接各级之间的反馈电路也要画好。因为不论是正反馈还是负反馈，它们对电路性能都有重要影响。

画好框图后，要注意各方块之间的连接点，这些点是有关方块的结合点、联络点，往往也是关键点。同时还要熟悉各方块的输入、输出信号的变换过程。

② 确定电路结构。首先要明确框图内各单元电路或系统电路的类型。完成某种信号变换功能的单元电路可能有多种电路形式，要将分解出来的单元电路与典型的单元电路进行对照，以确定电路类型。其次，在将单元电路归类时，要遵照先易后难的原则，结构熟悉的电路先对号，复杂的电路后对号。此外，各方块交界处的元件要分清归属，暂时不能确认归属的元件应划入疑难单元电路的范围，待分析完毕后再确定。

将各单元电路归类后，应明确各单元电路输入端、输出端的信号频率、幅度、波形的特点及变换规律，还要熟悉主要元器件的功能、作用以及技术参数。

③ 解决疑难电路。在看图时，经常会碰到一些不容易看懂的电路，难以确定电路框图的界限、电路结构、电路关键点、电路功能及信号变换等。对于这些疑难电路，可以采用多种方法互相配合来解决。

碰到疑难电路时，首先假设它的功能。试探性地分析其功能是否符合电性能的逻辑关系。如果不能自圆其说，则说明设想是错误的。其次，要细心观察疑难电路与周围电路的关系，充分利用外围电路的功能和信号变换过程，采取外围包抄、由外向里、由已知向未知的识读办法。另外，也可从内部寻找突破口，通过已知环节打开突破口。因为疑难电路中也会有比较熟悉的电路和网络，利用其中的已知环节作为内部入门，这样内外结合就比较容易攻克难点。

(5) 整机电路图的识读方法

识读整机电路图和识读系统电路图一样，仍可以采用借助于外部已知元件和电路与寻找内部已知环节相结合的办法。

① 直观入手，选好入口。例如在汽车收放机的整机电路图中，接收天线、扬声器、电源插头等元器件较容易识别，它们的位置也容易确定。因此，可以把这几个最直观、最明显的元器件作为识读电路图的起点，顺着信号通路便很容易找到它们的邻近电路。

② 寻找已知元器件和已知环节，以确定界限。在整机电路图中，某些元器件或网络较典型，很容易识别，它们是电路图的已知环节，可作为识图的突破口。采用外围包抄与内部突破相结合的识读方法，便可确定各部分电路的界限。

在整机电路图中，许多地方用中、英文直接标出电路的功能，这为识读电路图提供了极大的方便。

③ 多方协作，攻克难点。在识读电路图时，常常碰到部分电路难以识读，这些疑难电

路可能是集成电路外围的分立元件单元电路，也可能是引脚外接的局部网络。但是只要熟悉整个信号流程，便能通过简化电路、外围包抄、寻找电路内部已知环节等方法来克服此难点。

15.4.3 电气控制电路图查线读图法

电气控制电路的主电路和控制电路为其主要部分。主电路一般为执行元件及其附加元件所在电路。控制电路为控制元件和信号元件所组成的电路，主要用来控制主电路工作。看电路图的一般方法是先看主电路，再看辅助电路，并用辅助电路的各支路去研究主电路的控制程序。阅读和分析电气控制电路图的方法有多种，下面主要介绍查线读图法。

(1) 看主电路的方法和步骤

① 看清主电路中用电设备。用电设备系指消耗电能的用电器具或电气设备，如电动机、电弧炉等。看图首先要看清楚有几个用电器，弄清它们的类别、用途、接线方式及一些不同要求等。图 15-24 中的用电器就是两台电动机 M_1、M_2。以此为例，应了解下列内容：

类别。有交流电动机、直流电动机、感应电动机、同步电动机等。一般生产机械之中所用的电动机以交流笼型感应电动机为主。

用途。有的电动机是带动油泵和水泵的，有的是带动塔轮再传到机械上，如传动脱谷机、碾米机、铡草机等。

接线。有的电动机是星形接线或双星形接线，有的电动机是三角形接线，有的电动机是星—三角形接线，即星形启动、三角形运行。

运行要求。有的电动机要求始终一个速度，有的电动机则要求具有两种速度（低速和高速），还有的电动机是多速运转的。也有的电动机有几种顺向转速和一种反向转速，顺向做功，反向走空车等。

图 15-24 中有两台电动机 M_1 和 M_2。M_1 油泵电动机，通过它带动高压油泵，再经液压传动使主轴做功；M_2 是工作台快速电动机。两台电动机接线方法均为星形。

② 要弄清楚用电设备是用什么电气元件控制的。控制电气设备的方法很多，有的直接用开关控制，有的用各种启动器控制，有的用接触器或继电器控制。图 15-24 中的电动机是用接触器控制的。当接触器 KM_1 得电吸合时，M_1 启动；当 KM_2 得电吸合时，M_2 启动。

③ 了解主电路中所用的控制电器及保护电器。前者是指除常规接触器以外的其他电气元件，如电源开关（转换开关及断路器）、万能转换开关等。后者是指短路保护器件及过载保护器件，如断路器中电磁脱扣器及热过载脱扣器、熔断器、热继电器和过电流继电器等。

在图 15-24 中，两条主电路中接有电源开关 QS、热继电器 FR 和熔断器 FU_1，分别对电动机 M_1 起过载保护和短路保护作用。FU_2 对电动机 M_2 和控制电路起短路保护作用。

④ 看电源。要弄清电源电压等级，是 380V 还是 220V，是从母线汇流排供电还是配电屏供电，还是从发电机组接出来的。

一般生产机械所用的电源均是三相、380V、50Hz 的交流电源，对需采用直流电源的设备，往往采用直流发电机供电或整流装置供电。随着电子技术的发展，特别是大功率整流管及晶闸管的出现，一般通过整流装置来获得直流电。

在图 15-24 中，电动机 M_1、M_2 的电源均为三相 380V。主电路的构成情况是：三相电源 L_1、L_2、L_3→电源开关 QS→熔断器 FU_1→接触器 KM_1→热断电器 FR→鼠笼式感应电动机 M_1。另一条支路，熔断器 FU_2 接在熔断器 FU_1 端头 U_{21}、V_{21}、W_{21} 上→接触器 KM_2→鼠笼式感应电动机 M_2。

一般来说，对主电路作如上内容的分析以后，即可分析辅助电路。

(2) 看辅助电路的方法和步骤

由于存在着各种不同类型的机械生产设备，它们对电力拖动也提出了各不相同的要求，表现在电路图上也就有种种不同的辅助电路。因此要说明如何分析辅助电路，就只能介绍方法和步骤。辅助电路包含控制电路、信号电路和照明电路。

在分析控制电路时，要根据主电路中各电动机和执行电器的控制要求，逐一找出控制电路中的控制环节。用基本控制电路的知识，将控制电路“化整为零”，按功能不同划分成若干个局部控制电路来进行分析。如果控制电路较复杂，则可先排除照明、显示等与控制关系不密切的电路，以便集中精力分析控制电路。分析控制电路的最基本的方法是“查线看图”法。

① 看电源。首先，看清电源的种类，是交流的还是直流的；其次，要看清辅助电路的电源是从什么地方接来的，其电压等级是多少。辅助电路的电源一般从主电路的两条相线上接来，其电压为单相 380V。有的从主电路的一条相线和零线上接来，电压为单相 220V。此外，也可以从专用隔离电源变压器接来，电压有 127V、110V、36V、6.3V 等。变压器的一端应接地，各二次线圈的一端也应接在一起并接地。辅助电路为直流时，直流电源可从整流器、发电机组或放大器上接来，其电压一般为 24V、12V、6V、4.5V、3V 等。辅助电路中的一切电器元件的线圈额定电压必须与辅助电路电源电压一致。否则，电压低时电路元件不动作；电压高时，则会把电器元件线圈烧坏。在图 15-24 中，辅助电路的电源从主电路的两条相线上接来，电压为单相 380V。

② 了解控制电路中所采用的各种继电器、接触器的用途。如果电路中采用了一些特殊结构的继电器，则应了解它们的动作原理。只有这样，才能了解它们在电路中如何动作以及具有何种用途。

③ 根据控制电路来研究主电路的动作情况。分析了上面这些内容再结合主电路中的要求，就可以分析控制电路的动作过程。控制电路总是按动作顺序画在两条水平线或两条垂直线之间的。因此，也就可从左到右或从上到下来进行分析。复杂的辅助电路在电路中构成一条大支路，在这条大支路中又分成几条独立的小支路，每条小支路控制一个用电器或两个动作。当某条小支路形成闭合回路有电流流过时，支路中的电气元件（接触器或继电器）便动作，把用电设备接入或切断电源。在控制电路中，一般是靠按钮或转换开关把电路接通的。对控制电路的分析，必须随时结合主电路的动作要求来进行。只有全面了解主电路对控制电路的要求以后，才能真正掌握控制电路的动作以理。不可孤立地看待各部分的动作原理，而应注意各个动作之间是否有相互制约的关系，如电动机正、反转之间应设有连锁等。在图 15-24 中，控制电路间两条支路，即接触器 KM_1 和 KM_2 支路，其动作过程如下：

合上电源开关 QS，主电路和辅助电路均有电压，辅助电路由线段 U_{22}、V_{22}、W_{22} 引出。

当按下启动按钮 SB_2 时，即形成一条支路，电流经线段 U22→停止按钮 SB_1→启动按钮 SB_2→接触器 KM_1 线圈→热继电器 FR→线段 V_{22} 形成回路，使接触器 KM_1 得电吸合。KM_1 得电吸合，其在主电路中的主触头闭合，使电动机 M_1 得电运转。同理。按下启动按钮 SB_3，电动机 M_2 开始运转。

在启动按钮 SB_2 两端并接了一个接触器 KM_1 的辅助动合触头 KM_1（1-3）。其作用是，在松开启动按钮 SB_2 时，SB_2 触头断开，由于此时 KM_1 已启动，其辅助动合触头 KM_1（1-3）已闭合，电流经辅助触头 KM_1（1-3）流过，电路不会因启动按钮 SB_2 的松开而失电，辅助触头 KM_1（1-3）起了自保持作用。对于接触器 KM_2，由于工作的要求，不需自保持，当 SB_3 松开，电动机 M_2 即停转。

停车只要按下停止按钮 SB_1。SB_1 串联在 KM_1 和 KM_2 电路中。按下停止按钮 SB_1 时，电路开路，接触器 KM_1 失电释放，使主电路中的接触器主触头 KM_1 断开，使电动机失电。当再启动时，必须重新按下启动按钮 SB_2、SB_3。

综上所述，电动机的启动由接触器或继电器控制，而接触器或继电器的吸合或释放则由开关或按钮控制。这种开关或按钮→接触器或继电器→电动机的控制形式，就是机械自动化的基本形式。

④ 研究电气元件之间的相互关系。电路中的一切电气元件都不是孤立存在的，而是相互联系、相互制约的。这种互相控制的关系有时表现在一条支路中，有时表现在几条支路中。图 15-24 的电路比较简单，没有相互控制的电气元件。

⑤ 研究其他电气设备和电气元件，如 4 整流设备、照明灯等。对于这些电气设备和电器元件，只要知道它们的线路走向以及电路的来龙去脉就行了，在图 15-24 中，EL 是局部照明灯，TC 是 380/36V 照明变压器，提供 36V 安全电压，照明灯开关 S 闭合时，照明灯 EL 就亮。

(3) 查线读图法的要点

综上所述，电路图的查线读图法的要点如下：

① 分析主电路。从主电路入手，根据每台电动机和执行电器的控制要求去分析各电动机和执行电器的控制内容，包括电动机启动、转向控制、调速和制动等基本控制电路。

② 分析控制电路。根据主电路中各电动机和执行电器的控制要求，逐一找出控制电路中的控制环节，将控制电路“化整为零”，按功能不同划分成若干个局部控制电路进行分析。如果控制电路较复杂，则可先排除照明、显示等与控制关系不密切的电路，以便集中精力分析。

③ 分析信号、显示电路与照明电路。控制电路中执行元件的工作状态显示、电源显示、参数测定、故障报警和照明电路等部分，多是由控制电路中的元件来控制的，因此，还要回过头来对这部分电路进行分析。

④ 分析连锁与保护环节。生产机械对安全性、可靠性有很高的要求，实现这些要求，除了合理地选择拖动、控制方案以外，在控制电路中还设置了一系列电气保护和必要的电气联锁。在电气控制电路图的分析过程中，电气联锁与电气保护环节是一个重要内容，不能遗漏。

⑤ 分析特殊控制环节。在某些控制电路中，还设置了一些与主电路、控制电路关系不密切，相对独立的特殊环节，如产品计数装置、自动检测系统、晶闸管触发电路和自动调温装置等。这些部分往往自成一个小系统，其看图分析的方法可参照上述分析过程，并灵活运用所学过的电子技术、变流技术、自控系统、检测与转换等知识逐一分析。

⑥ 总体检查。经过“化整为零”，逐步分析每一局部电路的工作原理以及各部分之间的控制关系后，还必须用“集零为整”的方法，检查整个控制电路，看是否有遗漏，特别要从整体角度去进一步检查和理解各控制环节之间的联系，以达到清楚地理解电路图中每一个电气元件的作用、工作过程及主要参数。

15.4.4 电气控制安装接线图识读方法

安装接线图属于接线图。学会看电路图是学会看电气控制安装接线图的基础，学会看安装接线图是进行实际接线的基础；反过来，通过对具体电路接线，又会提高看安装接线图和看电路图的能力。看安装接线图，首先应读懂电气控制电路图，然后再结合电气控制电路回看安装接线图，这是看懂安装接线图最好的方法。看安装接线图的一般规律是：

① 分析清楚电气控制电路图中主电路和辅助电路所含有的电气元件，弄清楚每个电气元件的动作原理。要特别弄清楚辅助电路中电气元件之间的关系，弄清楚辅助电路中有哪些电气元件与主路有关系。

② 弄清楚电气控制电路图和安装接线图中电气元件的对应关系。在电气控制电路图中，表示电气元件的图形符号与安装接线图中的图形符号都是按照国家标准规定的图形符号绘制

的，但是电气控制电路图是根据电路工作原理绘制的，而安装接线图是按电路实际接线绘制的，因而同一个元器件在两种图中的绘制方法可能有些区别。例如，接触器、继电器、热继电器和时间继电器等在电气控制电路图中是将它们的线圈和触头画在不同位置（不同支路中），在安装接线图中是将同一个继电器的线圈和触头画在一起。

③ 弄清楚安装接线图中接线导线的根数和所用导线的具体规格。通过对安装接线图进行细致观察，可以确定所需导线的准确根数和所用导线的具体规格。在很多安装接线图中并不标明导线的具体型号、规格，而是将电路中所有元器件和导线型号列入元件明细表中。如果安装接线图中没有标明导线的型号、规格，在明细表中也没有注明导线的型号、规格，则需要接线人员做出选择。

④ 在安装接线图中，主电路的看图与电气控制电路图的主电路的看图方法恰恰相反。看电气控制电路图的主电路时，是从下到上，即先看用电器，再看是什么电气元件来控制用电器的；而看电气安装接线图的主电路时，是从引入的电源线开始，顺次往下看，直到电动机，主要看用电设备是通过哪些电气元件而获得电源的。

⑤ 看辅助电路要按每条小支路去看，每条小支路要从电源顺线去查，经过哪些电气元件后又回到另一相电源。按动作顺序了解各条小支路的作用，主要目的是明白辅助电路是怎样控制电动机的。

⑥ 根据安装接线圈中的线号，研究主电路的线路走向和连接方法。图 15-25 为按图 15-24 电路图绘制的 B690 型液压牛头刨床电气安装接线图。以图 15-25 为例，说明安装接线图的看图方法和步骤如下。

首先，根据线号了解主电路的线路走向和连接方法。电源与电动机 M 之间连接线要经过配电盘端子→刀开关 QS→接触器 KM 的主触头（三副主触头）→配电盘端子→电动机接线盒的接线柱。

在图 15-25 中，三相电源经接线端子排 X_2 的 L_1、L_2、L_3 三条线与电源开关 QS 的 3 个接线端子相连，其另一出线端子 L_{11}、L_{12}、L_{13} 与熔断器 FU_1 的 3 个进线端钮相接，FU_1 的另 3 个出线端子 U_{21}、V_{21}、W_{21} 与接触器 KM_1 的 3 个进线端子相连，KM_1 的出线端子 U_{11}、V_{11}、W_{11} 和热继电器 FR 的发热元件端子连接，发热元件的 3 个出线端子 U_1、V_1、W_1，通过端子排 U_1、V_1、W_1 经 ϕ20 穿线管和电动机 M_1 连接，使电动机 M_1 获得三相电源线。

在图 15-25 中，熔断器 FU_1 的出线端子 U_{21}、V_{21}、W_{21} 除与 KM_1 连接外，还与熔断器 FU_2 的 3 个接线端子连接。FU_2 的出线端子 U_{22}、V_{22}、W_{22} 与接触器 KM_2 进线端子连接，KM_2 的出线端子 U_{12}、V_{12}、W_{12} 经端子排 X_1 的 U_2、V_2、W_2 号端子经 ϕ12 穿线管（金属软包管）与电动机 M_2 连接，使电动机 M_2 获得三相电源。

其次，根据线号了解控制电路是怎样接成闭合回路而工作的。从图 15-24 电路图可知，控制电路有两条支路：即接触器 KM_1 线圈支路和接触器 KM_2 线圈支路。这两条支路的电源线是从熔断器 FU_2 的出线端子 U_{22}，通过端子排 X_1 的 U_{22} 端子接到停止按钮 SB_1 触头，用线段 1 和启动按钮 SB_2 及 SB_3 的触头连接，用线段 3 经端子排 X_1 的 3 号端子排接到接触器 KM_1 的线圈和辅助动合触头上，用 1 号线段接到接触器 KM_1 线圈的另一个触头上，用 5 号将 KM_1 线圈另一端与热继电器 FR 动断触头连接。用 7 号线段将 FR 触头的另一端、KM_2 线圈与熔断器 FU_2 的出线端子 V_{22} 连接，这样，接成了一个闭合回路，使 KM_1 启动，用线段 3、1 经端子排 X_1 的 3、1 号端子，使 KM_1 的辅助触头与启动按钮 SB_2 触头并联。

接触器 KM_2 线圈支路的电源线也是从熔断器 FU_2 的 U_{22} 的端子接出的，通过停止按钮 SB_1 的 1 号线段而接到 SB_3，然后经端子排 X_1 的 9 号端子经线段 9 与 KM_2 的线圈连接，KM_2 线圈另一端点经线段 7 和 FU_2 的 V_{22} 号端子相连。这样，又接成了一条闭合回路，当

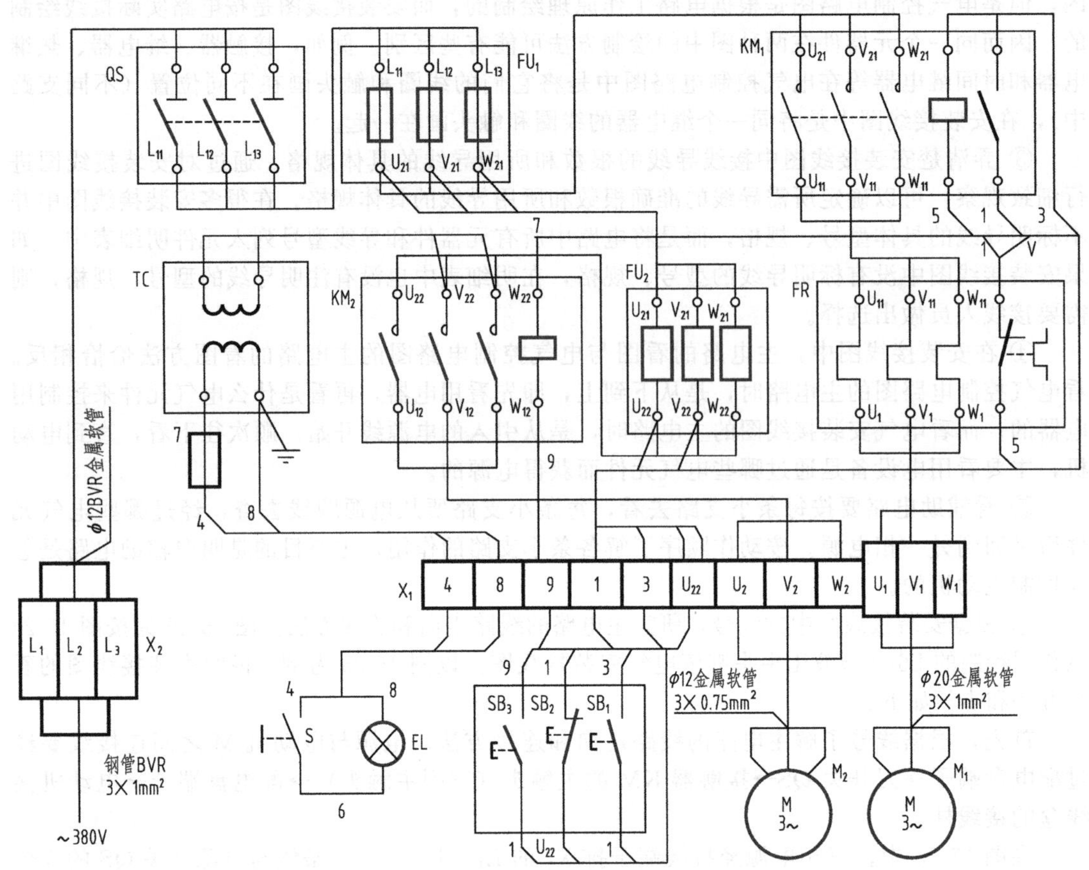

图 15-25　B690 型液压牛头刨床电气安装接线图

按下启动按钮 SB_3 时，接触器 KM_2 得电吸合，其主触头闭合，使电动机 M_2 得电，带动工作台快速移动，因其没有与接触器辅助触头并联，当松开按钮 SB_3 时，电路即断电，电动机 M_2 被切离电源。

照明变压器 TC 的电源由 FU_2 的 U_{22}、V_{22} 端子接到 TC 的一次侧，TC 的二次侧经线段 4、8，通过端子排 X_1 的 4、8 号端子接至开关 S 和照明灯 EL 上。

实现机械的启动、调速、反转和制动是电力拖动的主要环节，一切电气装置都是为这种电力拖动服务的。图 15-24 正是利用按钮→接触器→电动机的控制形式来实现电力拖动的。因此按钮、接触器和电动机是该图的主要部分，把这三种电气元件相互控制的关系弄清楚，此图就看懂了。其他保护装置，如热继电器 FR，熔断器 FU_1、FU_2 都是为电动机的安全运转服务的。根据线号分析辅助电路的线路走向时，先从辅助电路电源引入端开始，再依次研究每条支路的线路走向。在实际电路接线过程中，主电路和辅助电路是分先后顺序接线的。这样做的原因，是为了避免主电路、控制电路线路混杂。另外，主电路和控制电路所用导线号规格也不相同。

15.5 典型产品电路图识读

15.5.1 电子密码锁电路图

(1) 功能简介

如图 15-26 所示，这是一款具有报警功能的电子密码锁，它在正确输入开锁密码时，报警电路不工作，且能将锁打开。若输入密码错误，则无法开锁，同时报警电路动作，发出报警声。

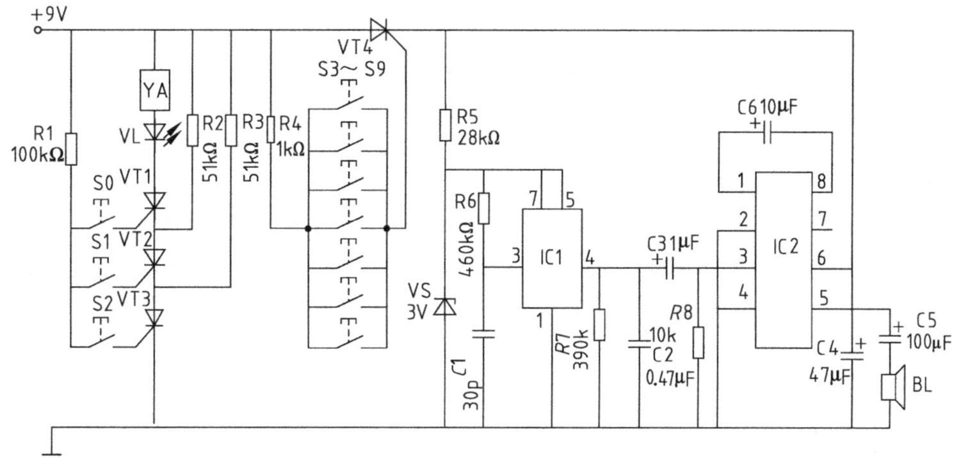

图 15-26　电子密码锁电路图

（2）电路组成

如图 15-26 所示，该电子密码锁电路由密码控制电路和报警电路组成。

密码控制电路：由密码按钮 S0～S2、晶闸管 VT1～VT3、电阻器 R1～R3、发光二极管 VL 和电磁铁 YA 组成。

报警电路：由错误按钮 S3～S9、晶闸管 V4、电阻器 R4～R8、语音集成电路 IC1、音频功率放大集成电路 IC2、稳压二极管 VS、电容器 C1～C5 和扬声器 BL 组成。

（3）电路图识读

开锁时，依次按动密码按钮 S2、S1、S0，使 VT3、VT2、VT1 依次触发导通，电磁铁 YA 通电吸合，将锁打开，同时 VL 点亮。

若按动 S0、S1、S2 的先后顺序不正确，则电磁铁 YA 不吸合，电子密码锁无法打开。

按钮 S3～S9 作为错码（伪装按钮）与 S0～S2 混合排列在一起，若不知密码的人错按了 S3～S9 中某按钮，则 VT4 受触发而导通，使 IC1 和 IC2 通电工作，IC1 的 4 脚输出“抓贼呀”的语音报警信号，该信号经 IC2 功率放大后推动 BL 发声。

断开电子密码锁的电源后，再次接通电源，则电路复位，VT1～VT4 又恢复为截止状态，报警声消失。

15.5.2　电冰箱多功能保护器电路图

（1）功能简介

如图 15-27 所示，电冰箱多功能保护器具有延时通电和过压、欠压保护功能，它在停电

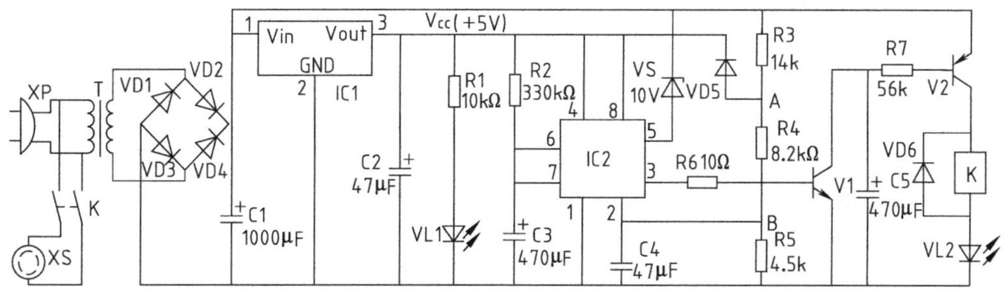

图 15-27　电冰箱多功能保护器电路图

后又来电时，延时5s左右再接通电冰箱的电源，可防止压缩机起动时负载过重而损坏；当市电低于185V或高于240V时，该保护器能自动切断电冰箱的工作电源，避免了电冰箱在非正常的电压范围内工作而损坏。

（2）电路组成

该电冰箱多功能保护器电路由电源电路、延时控制电路、电压检测电路和控制执行电路组成，如图15-27所示。

电源电路：由电源变压器T、整流二极管VD1～VD4、滤波电容器C1、C2、三端稳压集成电路IC1、电阻器R1和电源指示发光二极管VL1组成。

延时控制电路：由时基集成电路IC2、电阻器R2和电容器C3、C4组成。

电压检测电路：由电阻R3～R5、稳压二极管VS、二极管VD5和电容器C4组成。

控制执行电路：由晶体管V1、V2、电阻R6、R7、电容器C5、二极管VD6、继电器K和工作指示发光二极管VL2组成。

（3）电路图识读

在市电正常时，交流220V电压经T降压（降为交流10V电压），VD1～VD4整流、C1滤波后，产生12V左右的直流电压。该电压分为四路：一路直接加至V2的发射极，作为控制执行电路的工作电源；一路经稳压二极管VS稳压后加至IC2的5脚，作为过电压检测加压；一路经R3～R5串联分压后，为IC2的2脚提供欠电压检测电压；另一路经IC1稳压、C2滤波后，为IC2提供+5V（V_{cc}）工作电源。

在直接通电瞬间，由于C3、C4两端电压不能突变，IC2的2脚和6脚均为低电平，3脚输出高电平，V1、V2饱和导通，K吸合，其常闭触头断开，电冰箱处于断电状态。与此同时，+5V电压经R2对C3充电，使IC2的6脚、7脚电压不断上升，当两脚电压上升至$2V_{cc}/3$以上时，IC2内电路反转，3脚由高电平变为低电平，V1截止，经VD1～VD4整流后的直流电压V2的发射结（b、e极）和R7对C5充电，当C5充电至一定值时，V2截止，K释放，其常闭触头将电冰箱的工作电源接通。

当市电高于240V时，T二次绕组上的交流电压将由10V升至10.8V以上，经VD1～VD4整流、C1滤波后的直流电压也由12V升至13.5V以上，使VS导通，IC2的5脚电压升高，但2脚电压在VD5的钳位作用下并未升高，IC2内部的触发器反转，3脚输出高电平，使V1和V2导通，K吸合，电冰箱的工作电源被K的常闭触头切断。当市电恢复正常后，K延时释放，电冰箱又通电工作。

当市电低于185V时，T二次绕组上的交流电压将由10V降至8.3V以下，经VD1～VD4整流、C1滤波后的直流电压也由12V降至10.5V以下，VS和VD5截止，IC2的2脚电压低于$V_{cc}/3$，3脚输出高电平，使V1和V2导通，K吸合，电冰箱的工作电源被切断。当市电恢复正常后，保护器在对电冰箱延时供电。

在IC1输出+5V电压后，VL1即点亮。VL2在K吸合时点亮，在K释放时熄灭。

15.5.3 汽车防盗报警器电路图

（1）功能简介

如图15-28所示，这是一例汽车防盗报警器，制作简单，成本低廉、性能可靠、使用方便，适用于各种汽油发动机汽车的防盗报警。

（2）电路组成

该汽车防盗报警器电路由触发控制电路和声音报警电路组成。

触发控制电路：由汽车点火开关S1、防盗功能控制开关S2、电阻器R3～R5、电容器C2、C3、稳压二极管VS、二极管VD1、VD2和晶体管V3、V4组成。

声音报警电路：由电阻器R1、R2、电容器C1、晶闸管VT、晶体管V1、V2、音效集成电路 IC 和扬声器 BL 组成。

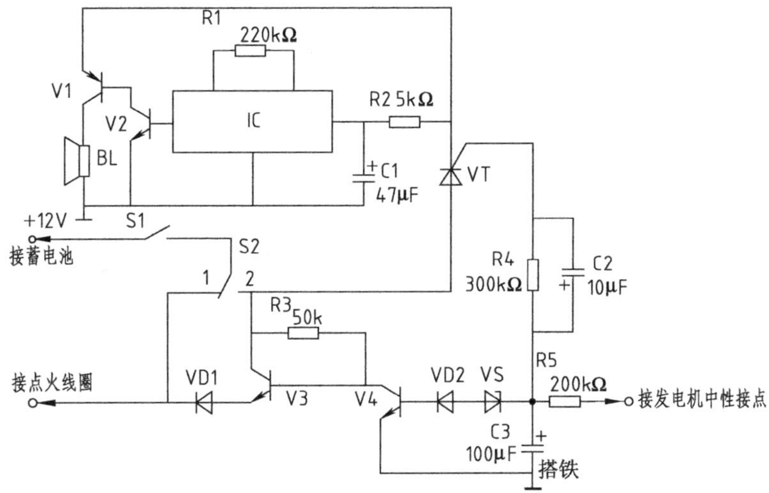

图 15-28　汽车防盗报警器电路图

（3）电路图识读

当汽车停泊好后，驾驶员将开关 S2 置于“2”的防盗位置，报警器即进入了防盗警戒状态。若有盗车贼闯入驾驶室企图发动汽车，则汽车蓄电池的＋12V 电压经 S1、S2 和 R3 使 V3 导通，V3 发射极的输出电压经 VD1 加至点火线圈，使发动机起动。发动机起动后，发电机工作，其中性接点输出 6～8V 的直流电压，该电压经 R5 限流、C3 滤波后，通过 VS 和 VD2 加至 V4 的基极，使 V4 导通，迫使 V3 截止，点火电路断电，发动机熄灭。再次起动发动机，将重复上述过程，盗车贼最终无法将汽车开动。

在汽车发动机起动的同时，C3 正端的电压还经 R4 加至 VT 的门极，使 VT 受触发而导通，报警电路通电工作，IC 输出的音效电信号经 V1、V2 放大后，驱动 BL 发出响亮的报警声。将 S2 拨到“1”的位置，即可解除防盗报警。

该防盗报警器应安装在隐蔽处（例如驾驶员的座位底下），扬声器装上助声腔后再安装在汽车底盘上。装有倒车报警器的，也可直接使用倒车报警器的扬声器。

15.5.4　汽车电子燃油表电路图

（1）功能简介

在汽车电子电路中，由集成电路构成的电路较多，除电源系统、点火系统外，很多辅助电子装置电路均由集成电路构成。例如电子燃油表电路，如图 15-29 所示，该电路采用发光二极管显示燃油量的刻度，并且具有缺油语音告警功能。

（2）电路组成

汽车电子燃油表电路主要由供电和油位监测两部分电路组成。油位监测包括油位测量电路、油位显示电路和缺油告警电路。

供电电路：电子燃油表电路的供电取自于车上的 12V 蓄电池，经二极管 VD1 隔离、电容 C1 滤波、C2 旁路后，加至三端稳压集成电路 IC1（7806）的输入引脚 1，经其稳压成为稳定的 6V 电压后，从 IC1 的 3 脚输出，然后分成多路加到有关的电路上：一路加到扬声器 B 的上端，同时还加到发光二极管 VD4～VD10 的正极端。另一路经 VD2、C4 进一步滤波后，提供给浮筒式可变电阻式燃油表传感器，作分压电路的电压。还有一路经 R1 降压、VD3 稳压为 3V 电压后，直接加至语音集成电路 IC2（HL-169A）的 V_{DD} 供电端；并经 R3 加至 IC2 时钟振荡 OSC 端；同时经 R2 分别加至 IC2 的 TG（触发）端和 VT1 的集电极上。

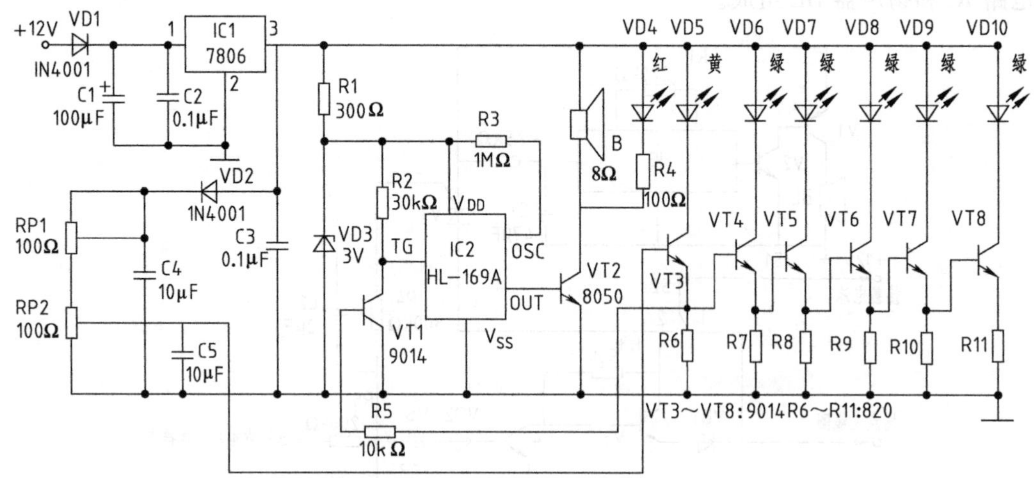

图 15-29 汽车电子燃油表电路图

油位监测电路：油位监测，是直接用车辆油箱内的浮筒式可变电阻传感器 RP2 来完成。由于各车型采用的可变电阻器的电阻值有所差别，故电路中加设了微调电阻器 RP1 作为辅助调整，以保障在油箱油满时 6 只发光二极管 VD5～VD10 全亮，缺油时 6 只发光二极管全部熄火。油量一半时，VD8～VD10 三只发光二极管熄灭，而 VD5～VD7 三只发光二极管全亮。

（3）电路图分析

当油箱装满汽油时，RP2 活动触头在浮子的作用下滑向最上端，经 RP1 与 RP2 分压后得到的电压最大，这一电压直接加至 VT3 的基极，使其充分导通，VD5 点亮；VT4 基极为高电平导通，VD6 点亮；VT5 基极为高电平导通，VD7 点亮；VT6 基极为高电平导通，VD8 点亮；VT7 基极为高电平导通，VD9 点亮；VT8 基极为高电平导通，VD10 点亮，由此，使 VD5～VD10 发光二极管全部点亮。

随着油箱油位的逐渐下降，RP2 的活动触头逐渐滑向下端，从而使 RP1 与 RP2 分压后的电压逐渐下降，VT3 基极上的电压也逐渐下降，导通程度逐渐变弱，VT8、VT7、VT6、VT5、VT4 因其基极电压不足而先后截止，相应的 VD10、VD9、VD8、VD7、VD6 依次熄灭。

当油位降至最低时，RP2 活动触头滑向最下端，VT3 获得的基极电压降至近似接地的电位，VT3 截止，最后一个油位指示灯 VD5 也熄火。

语音及指示报警，VT3 截止后，导致 VT1 的基极电压消失而截止，经 R1 限流、VD3 稳压后的 3V 电压，经 R2 加至 IC2 的 TG 端，从而使语言集成电路 IC2 获得高电平触发信号，IC2 内部电路工作，从其 OUT 端反复输出内储的“请加汽油”电信号。该信号经 VT2 功率放大后推动扬声器 B 发出语音告警声，同时也驱动红色发光二极管 VD4 闪亮，以提醒驾驶员应及时加油。

另外，如油箱内有油，则 VT3 发射极有电压输出，这一电压经 R5 加至 VT1 基极，使 VT1 导通时，就相当于将语音集成电路 IC2 的触发端 TG 等效接地，从而使 IC2 无触发电压输入而停止工作。一旦 VT1 截止，IC2 就有语音报警信号输出并发出语音报警。

15.5.5 微机控制的点火系统电路图

微机（CPU）一般集成在发动机 ECU（电子控制器）中，与发动机电控系统结合在一起。所以有的汽车将这两部分电路画在一起，但也有的将微机点火控制系统电路单独画出。无论是哪一种电路图，识读电路图的基本方法是相同的，只是前者需先在电路图上找出属于微机点火控制系统的电路元件而已，必要时可将其单独画出。

(1) 系统组成

发动机工作时，点火提前角的大小对发动机的动力性、经济性和排放性能都有十分重要的影响。最佳点火提前角与发动机的转速、负荷、压缩比等许多因素有关，其中转速和负荷为主要影响因素。

微机控制的点火系统，不受机械装置的限制，在发动机任何工况下均可提供最佳点火提前角和初级电路导通时间，因此可以改善发动机的动力性、经济性，减小排气污染。它还可以在发动机产生爆震时自动减小点火提前角，实现点火的闭环控制。如果传感器不安装在分电器内，还可以取消分电器且成为无分电器的点火系统。微机控制的点火系统还具有故障自诊断的功能，给使用和检修带来极大的方便。

微机控制的点火系统一般由传感器、微机控制器（CPU）、点火控制器、点火线圈、分电器、火花塞等组成，如图 15-30 所示。

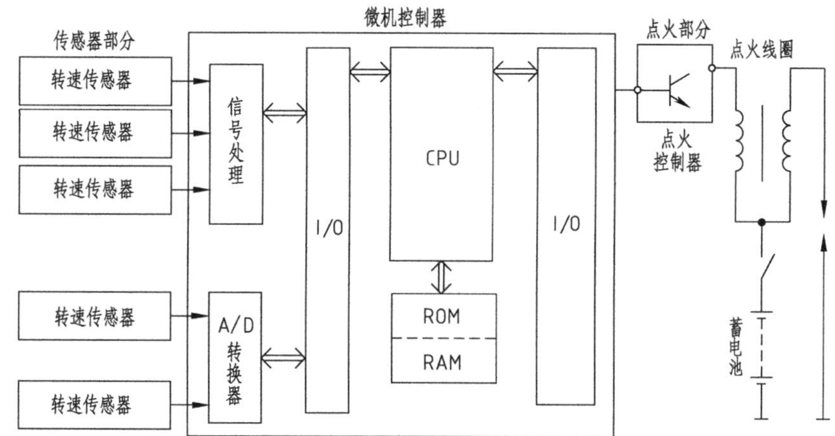

图 15-30　微机控制的点火系统的组成框图

(2) 系统的主要功能

微机控制点火系统可用于不同车型的点火系统，虽然各个组成部分的结构以及各元件的安装位置有很大差异，但所完成的功能基本相同或大同小异。

例如奥迪 200 型轿车发动机，五缸、涡轮增压型，微机控制的点火系统电路如图 15-31 所示，该电路所要实现的主要功能如下：

① 在发动机工作时，随发动机工况的变化自动调节点火时刻，通过安装在点火线圈上的功率三极管，控制点火线圈和点火系统的工作。点火时刻的调节范围为点火正时前 6°～54°，适应于各种运行工况。

② 随发动机转速变化，自动调节点火初级电路的导通时间，以改善发动机的高速性能。

③ 当发动机产生爆震时，可自动推迟点火时刻。

④ 发动机怠速运行时，可自动调节怠速，使发动机怠速时稳定运行。

⑤ 超速燃油阻断控制，在发动机减速运行、转速超过一定数值时，自动切断喷油器的电路，停止提供燃油。

⑥ 具有安全、保险功能，保护发动机和电控系统不被意外情况损坏。

⑦ 在发动机全负荷时，控制全负荷加浓阀的工作，使混合气加浓。

⑧ 时刻监控相关系统的工作，以进行故障自诊断，并将产生的故障以代码的形式储存到存储器中去。

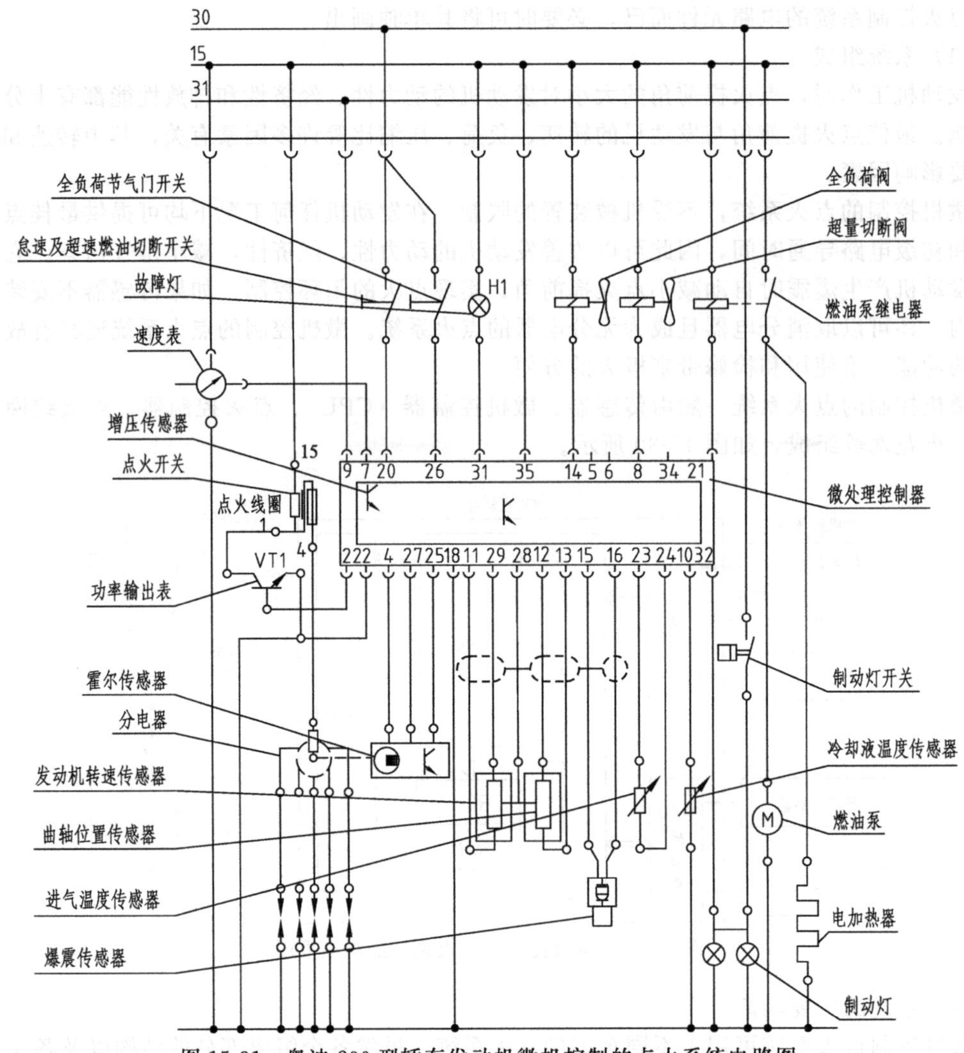

图 15-31 奥迪 200 型轿车发动机微机控制的点火系统电路图

(3) 识图方法

① 要搞清各元器件的属性。在识读这样的电路图时，要结合微机点火控制系统的组成简图，找出哪些属于信号输入部分元件（也就是哪些属于传感器），哪些属于被控部分的元件（也就是执行器），哪些属于控制单元或封装在控制单元内。一般来说，各种传感器的信号是提供给微机控制器的，肯定属于信号输入部分元件，通过开关提供给微处理器的也属于信号输入部分的元件；对于各种继电器的线圈，凡是由微机控制器控制其内电流通、断的，都属于执行部分的元件。这也是识读其他微机控制电子电路的一般规律。

另外，还要确定哪些元件与微机点火控制系统无关，这样在分析微机点火系统时可暂时将其排除在外。

② 要知道各元器件的连接关系。在搞清各元器件属于哪一部分电路之后，还应看清楚各元器件的连接关系，是直接与微机组件连接，还是通过其他元件或电路与微机组件相连，是否还受到除微机以外其他电路的控制，这对下一步分析原理很有帮助。

③ 要懂得各元器件的作用原理。搞清各元件的作用及基本原理，对进一步理解整个电路的工作过程、分析信号流程很有好处。

④ 具体识读电路图。在图 15-31 电路中，最上端的 30 号线（图上标有 30）是直接来自

蓄电池正极的供电线（俗称火线），不受点火开关的控制。

在图 15-31 电路的上端，第二根线为 15 号线（图上标有 15），也为来自蓄电池正极的供电线，但该电压受点火开关的控制，当点火开关接通时，该线上才有电压。

在图 15-31 电路的上端，第三根线为 31 号线（图上标有 31），为搭铁线（接地），与蓄电池负极相通。

在微机控制的点火系统中，发动机工作时的点火提前角总是具有最佳值，然而发动机的最佳点火提前角曲线与它的爆震曲线（爆震时的点火提前角）极其接近，所以在发动机工作时可能产生爆震。当发动机发生爆震时，产生一种特殊频率的振动，使发动机功率下降、油耗增加，加速机件的磨损，对发动机极其有害。

爆震传感器由压电晶体制成，可以检测爆震时产生的振动频率，并将其转变为电信号，从微机控制器 15、16 脚进入微机内，作为控制系统在爆震时修正点火提前角的依据。

温度传感器。温度传感器包括进气温度传感器和冷却液温度传感器。进气温度传感器安装在节气门后方的进气道处；冷却液温度传感器安装在发动机的冷却水套上。

温度传感器均由热敏电阻制成，用以将温度信号转变为电压信号。进气温度传感器的信号是从控制器的 23、24 脚进入微机内的；冷却液温度传感器的信号，从控制器的 10 脚进入微机内，作为控制系统根据进气温度和冷却液温度修正点火时刻的依据。

发动机转速传感器。发动机转速传感器是由永久磁铁和传感线圈组成的磁电式传感器，安装在飞轮的侧面，与飞轮上的 135 个齿相对应。发动机曲轴每转一周产生 135 个脉冲信号，其波形如图 15-32 所示。

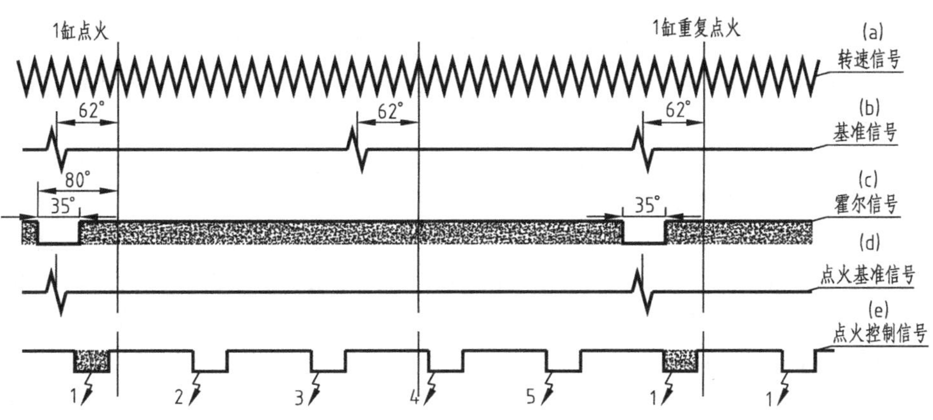

图 15-32　发动机转速基准及点火信号波形示意图

发动机转速传感器产生的电信号从微机控制器的 11、29 脚进入，作为计算发动机转速和点火提前角的主要依据。

曲轴位置传感器。曲轴位置传感器是检测发动机的曲轴转角、活塞运行位置的重要传感器。它包括点火基准传感器和霍尔传感器。

点火基准传感器。该传感器的结构外形与转速传感器相同，也安装在飞轮的侧面，与安装在飞轮上的一个圆柱销相对应。曲轴每转一周产生一个脉冲信号，在安装分电器时保证脉冲信号出现在一缸压缩行程上止点前 62°，作为点火控制的基准，如图 15-32(b) 所示。

霍尔传感器。点火基准传感器在发动机一个工作循环，即曲轴转 2 周时产生 2 个脉冲信号，为了只保留一缸压缩行程上止点前 62°信号，又设置了霍尔传感器。

霍尔传感器由触发器、永久磁铁和带有缺口的转子等组成，并安装在分电器内，转子上只有一个缺口，发动机凸轮轴每转一周产生一个脉冲信号。缺口转子与分电器轴之间的相对位置，保证了霍尔传感器的信号出现在一缸上止点前80°，信号的宽度为35°，如图15-32(c) 所示。

霍尔传感器的信号与点火基准传感器的信号一起从微机控制器的12、13脚进入，去掉了一个点火周期中点火基准传感器产生的第2个脉冲信导，得到如图15-32(d) 所示的点火基准信号。

增压传感器。增压传感器是用压电元件制成的，直接安装在控制单元组件中，用胶管与发动机进气道相连，可将发动机进气压力值转变为电压信号，在组件内直接提供给微机，也作为控制系统计算点火时刻的主要依据。

怠速及超速燃油节气门开关。怠速节气门开关安装在节气门总成的底部，将发动机怠速节气门关闭的电压信号输入到控制器的20脚内。控制器中的微机根据怠速节气门开关接通（节气门关闭）和发动机转速的信号，完成下列控制功能：一是怠速节气门开关接通、发动机转速低于775r/min时，控制单元接通怠速稳定装置，由怠速稳定装置进行点火控制。当发动机转速超过775r/min时，控制单元断开怠速稳定装置，由电控系统调节发动机怠速。二是怠速节气门开关接通、发动机减速时，当发动机转速超过1600r/min，微机控制器的8脚由高电平变为低电平，从而使该脚外接的超速燃油阻断阀（也称超量切断阀）接通，发动机转速降低；当发动机转速下降到1200r/min，微机控制器切断燃油阻断阀。三是怠速节气门开关接通，微机控制器根据发动机转速、冷却液温度信号，控制稳定怠速电磁阀的电流，以稳定发动机怠速。

全负荷节气门开关。全负荷节气门开关安装在节气门总成的顶部，当发动机全负荷时，节气门全开的信号输入微机控制器的26脚，作为控制系统在发动机全负荷运行时控制全负荷加浓阀的依据。

需要说明的是，有些车型是将怠速12气门开关和全负荷节气门开关制成一体，并将其称为节气门开关。它与节气门轴联动，同时输出怠速和全负荷信号。检修时应注意加以区分，以防出错。

点火开关。当接通点火开关启动挡时，15号线上的电压经微机控制器35脚向微机提供供电电压，同时也向控制单元提供点火开关接通以及启动发动机的信号。

制动灯开关。在装有自动变速器的汽车上，检查液力变矩器和发动机运行状况时，为了避免变矩器和变速箱中产生过高的扭矩，通过踩制动的方法让制动灯开关接通，一方面点亮制动灯泡21，另一方面经微机控制器32脚给微机提供一个信号，用以限制发动机的转速。当发动机的转速超过3000r/min，增压值高于1.2×10^5Pa的时间超过2s时，微机控制器21脚内低电平变为高电平，燃油泵继电器线圈的通路断开，切断电动燃油泵19的供电通路，从而使燃油泵停止工作，实现断油。

点火信号传感器。点火信号传感器为霍尔式，安装在分电器内。点火信号传感器与微机控制器的4、27、25脚相连，其中的一根为霍尔传感器供电端，由微机控制器输出加到传感器上，另两根为传感器信号输出线，信号加至微机控制器内。

功率输出级。功率输出级由大功率开关管VT1组成，受控于微机控制器22脚的输出信号。当22脚输出为高电平时，VT1导通，使点火线圈初级绕组的电流形成通路；当22脚输出为低电平时，点火线圈初级绕组电流通路断开，点火线圈次级绕组产生高压电，经分电器的配电器，由火花塞产生火花放电，点燃混合气。

奥迪200型轿车发动机的点火控制器分为两个部分，前级功率放大部分与微机控制单元制成一体；后级功率放大部分也可称为能量输出级，安装在点火线圈上，这样有利于散热，因此，其点火线圈也可称为具有能量输出级的点火线圈。

怠速稳定控制阀。怠速稳定控制阀安装在节气门旁通空气道上。当节气门关闭、发动机怠速运行时，微机控制单元根据节气门开关的信号，发动机的转速和冷却液温度信号，调节怠速稳定控制阀的电流强度，即可调节节气门旁通空气道的开度，从而调节怠速运行的空气量，稳定发动机的怠速。

故障警告灯。连接在微机控制器 31 脚与 15 号线间的灯泡 H1 为故障警告灯。正常工作时，31 脚输出为高电平，对故障警告灯 H1 无影响。当微机控制器检测到控制系统中的传感器等发生故障时，控制单元就从其 31 脚输出低电平，使 H1 故障警告灯点亮，同时也将故障的代码存入存储器中。

速度表。速度表的控制信号取自微机控制器 7 脚，它是利用点火系统提供的点火脉冲来进行速度显示的。

当利用自诊断系统进行故障诊断时，故障警告灯还用来与速度表共同显示故障代码。

超速燃油阻断阀。超速燃油阻断阀安装在节气门前方空气流量计（传感器）的旁通空气道上。当发动机减速时，切断流至喷油器的燃油，由此可以减少燃油的消耗，同时也减少了排气污染。

15.5.6　M7130 型平面磨床电路图

（1）电路组成

M7130 平面磨床的电路图如图 15-12 所示。它分为主电路、控制电路、电磁吸盘电路及照明电路四部分。

（2）电路图分析

① 主电路分析。主电路共有 3 台电动机。M1 为砂轮电动机，由接触器 KM1 控制，用热继电器 FR1 进行过载保护；M2 为冷却泵电动机，由于床身和冷却液箱是分装的，所以冷却泵电动机通过接插器 X1 与砂轮电动机 M1 的电源线相连，并在主电路实现顺序控制；M3 为液压泵电动机，由接触器 KM2 控制，热继电器 FR2 进行过载保护。3 台电动机的短路保护均由熔断器 FU1 实现。

② 控制电路分析。控制电路采用交流 380V 电压供电，由熔断器 FU2 作短路保护，转换开关 QS2 与欠电流继电器 KA 的常开触头并联，只有 QS2 或 KA 的常开触头闭合，3 台电动机才有条件起动，KA 的线圈串联在电磁吸盘 YH 工作回路中，只有当电磁吸盘得电工作时，KA 线圈才获电吸合，KA 常开触头闭合。此时按下起动按钮 SB1（或 SB3）使接触器 KM1（或 KM2）线圈获电吸合，砂轮电动机 M1 或液压泵电动机 M3 才能运转。这样实现了工件只有在被电磁吸盘 YH 吸住的情况下，砂轮和工作台才能进行磨削加工，保证了安全。砂轮电动机 M1 和液压泵电动机 M3 均采用了接触器自锁正转控制线路。它们的起动按钮分别是 SB1、SB3，停止按钮分别是 SB2、SB4。

③ 电磁吸盘电路分析。电磁吸盘的结构与工作原理。电磁吸盘是用来固定加工工件的一种夹具，它的外壳由钢制箱体和盖板组成；在它的中部凸起的芯体上绕有线圈，盖板则用非磁性材料隔离成若干钢条；在线圈中通入直流电流，芯体和隔离的钢条将被磁化，当工件被放在电磁吸盘上时，也将被磁化而产生与磁盘相异的磁极而被牢牢吸住。

电磁吸盘与机械夹具比较，具有不损坏工件，夹紧迅速，能同时吸持若干小工件，以及加工中工件发热可自由伸缩，加工精度高等优点。不足之处是夹紧力不如机械夹紧，调节不便，需用直流电源供电，不能吸持非磁性材料等。

电磁吸盘控制电路。电磁吸盘回路包括整流电路、控制电路和保护电路三部分。整流电路由整流变压器 T1 和桥式整流器 VC 组成，输出 110V 直流电压。QS2 是电磁吸盘的转换开关（又叫退磁开关），有“吸合”、“放松”和“退磁”三个位置，当 QS2 扳到“吸合”位置时，触头 205～208 和 206～209 闭合，VC 整流后的直流电压输入电磁吸盘 YH，工件被牢牢吸住。同时欠电流继电器 KA 线圈获电吸合，KA 常开触头闭合，接通砂轮电动机 M1 和液压泵电动机 M3 的控制电路；磨削加工完毕，先将 QS2 扳到“放松”位置，YH 的直流电源被切断，由于工件仍具有剩磁而不能被取下，因此必须退磁。再将 QS2 扳到“退磁”位置，触头 205～207 和 206～208 闭合，此时反向电流器 T1 和桥式整流器 VC 组合，输出 110V 直流电压；通过退磁电阻 R2 对电磁吸盘 YH 退磁。退磁结束后，将 QS2 扳到“放松”位置，即可将工件取下。如果工件对退磁要求严格或不易退磁时，可将附件交流退磁器的插头插入插座 XS，使工件在交变磁场的作用下退磁。若将工件夹在工作台上，而不需要电磁吸盘时，应将 YH 的 X2 插头拔下，同时将 QS2 扳到“退磁”位置，QS2 的常开触头 3～4 闭合，接通电动机的控制电路。电磁吸盘保护环节。电磁吸盘具有欠电流保护、过电压保护及短路保护等。

为了防止电磁吸盘电压不足或加工过程中出现断电，造成工件脱出而发生事故，在它脱离电源的一瞬间，它的两端会产生较大的自感电动势，使线圈和其他电器由于过电压而损坏，故用放电电阻 R3 来吸收线圈释放的磁场能量。电容器 C 与电阻 R1 的串联是为了防止电磁吸盘回路交流侧的过电压。熔断器 FU4 为电磁吸盘提供短路保护。

④ 照明电路分析。照明变压器 T2 为照明灯 EL 提供了 36V 的安全电压。熔断器 FU3 作短路保护。

15.5.7 TQ60/80 型塔式起重机电气控制电路图

TQ60/80 型塔式起重机是普通回转塔式起重机，适用于 18 层以下混凝土结构高层建筑施工。起重机最大起重幅度为 30m，最大起重量为 8t，最大起升高度为 50m，设备总容量为 48kW。TQ60/80 型塔式起重机电气控制电路如图 15-33 所示。

（1）读图思路

起重机上有 5 台绕线转子式感应电动机 M_1～M_5，其中 M_1 为提升电动机，M_2、M_3 为行车电动机，M_4 为回转电动机，M_5 为变幅电动机。鼠笼式感应电动机 M 接在电动机 M_1 电路中，为提升电动机 M_1 制动用的电力液压推杆制动器上的电动机。

① 电动机 M_1 采用转子绕组串电阻来启动和调速，接触器 KM_{11}、KM_{12} 控制 M_1 的正反转，KM_{13}、KM_{14}、KM_{15} 与 KM_{10} 为分级短接启动电阻 R 的接触器。凸轮控制器 QC、自耦变压器 TA、接触器 KM_0 和电动机 M 组成电动机 M_1 的制动电路。

根据电动机 M_1 主电路控制电器主触头文字符号 KM_{10}～KM_{15} 和 KM_0，在图区 25～31 中可找到 M_1 的控制电路。由图可见，电动机 M_1 的工作状态的转换由主令控制器 QM_1、接触器 KM_{10}～KM_{15} 来实现。

电动机 M_1 通过接触器 KM_1 的动合触头［4］、KM_{11} 的动合触头［5］或 KM_{12} 的动合触头［6］得电，并使制动电动机 M 得电，制动器松闸，在电动机 M_1 失电停转后，M 也失电，制动器立即刹死。在重物下降阶段的下降 1 时，接触器 KM_{12} 得电吸合，使接触器 KM_0 也得电吸合。电动机 M 通过 KM_0 的动合触头［7］安在自耦变压器 TA 的原边绕组上，而 TA 的副边绕组通过凸轮控制器 QC 接在电动机 M_1 的转子电路上，TA 起升压变压器作用。这时，电动机 M_1 的转子电路，通过 QC 及 TA 给电动机 M 供电。在不同转速的情况下，转子电路启动电阻上的电压不同，自耦变压器上的电压也不同，电动机 M 上的电压也不同，使电动机 M 的转速也不同。M 的转速高，制动器就刹得松些；M 的转速低，制动器就刹得紧些，可根据起重量用 QC 来选择（交换 TA 的变压比）M 上的电压。这种制动方式只有在重物下降时才使用。

② 行车电动机 M_2、M_3 采用转子绕组串接频敏电阻 RF_2、RF_3 来启动和调速，接触器 KM_{21}、KM_{22} 控制 M_2、M_3 正反转，接触器 KM_{23}、KM_{33} 短接频敏电阻 RF_2、RF_3。根据 M_2、M_3 主电路控制电器主触头文字符号 KM_{21}～KM_{23}、KM_{33}，在图区 16～18 中可找到 M_2、M_3 的控制电路。由图可见，电动机 M_2、M_3 的工作状态由主令控制器 QM_2 通过接触器 KM_{21}～KM_{23}、KM_{33} 来实现转换。行程开关 SQ_{21}、SQ_{22} 作行走限位控制。

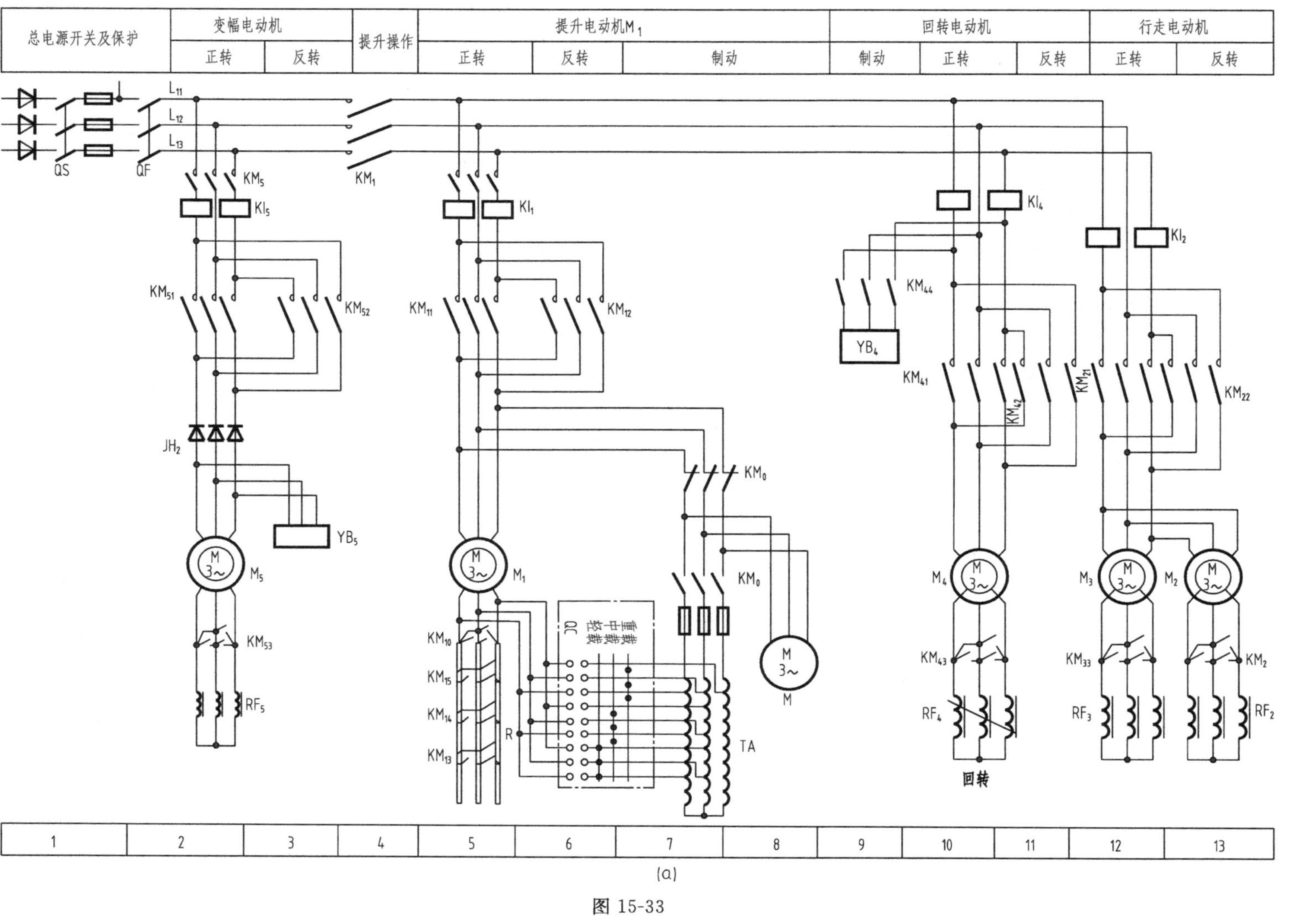
总电源开关及保护
变幅电动机
正转
反转
提升操作
提升电动机M₁
正转
反转
制动
回转电动机
制动
正转
反转
行走电动机
正转
反转
QS
QF
KM₁
KM₅
KI₅
KM₅₁
KM₅₂
JH₂
YB₅
M₅
KM₅₃
RF₅
KI₁
KM₁₁
KM₁₂
M₁
KM₁₀
KM₁₅
KM₁₄
KM₁₃
R
QC
控
中
重
载
载
载
KM₀
TA
M
KM₄₄
KM₄₁
YB₄
KI₄
KM₄₂
KM₂₁
M₄
KM₄₃
RF₄
回转
KI₂
KM₂₂
M₃
M₂
KM₃₃
KM₂
RF₃
RF₂
1
2
3
4
5
6
7
8
9
10
11
12
13
(a)

图 15-33

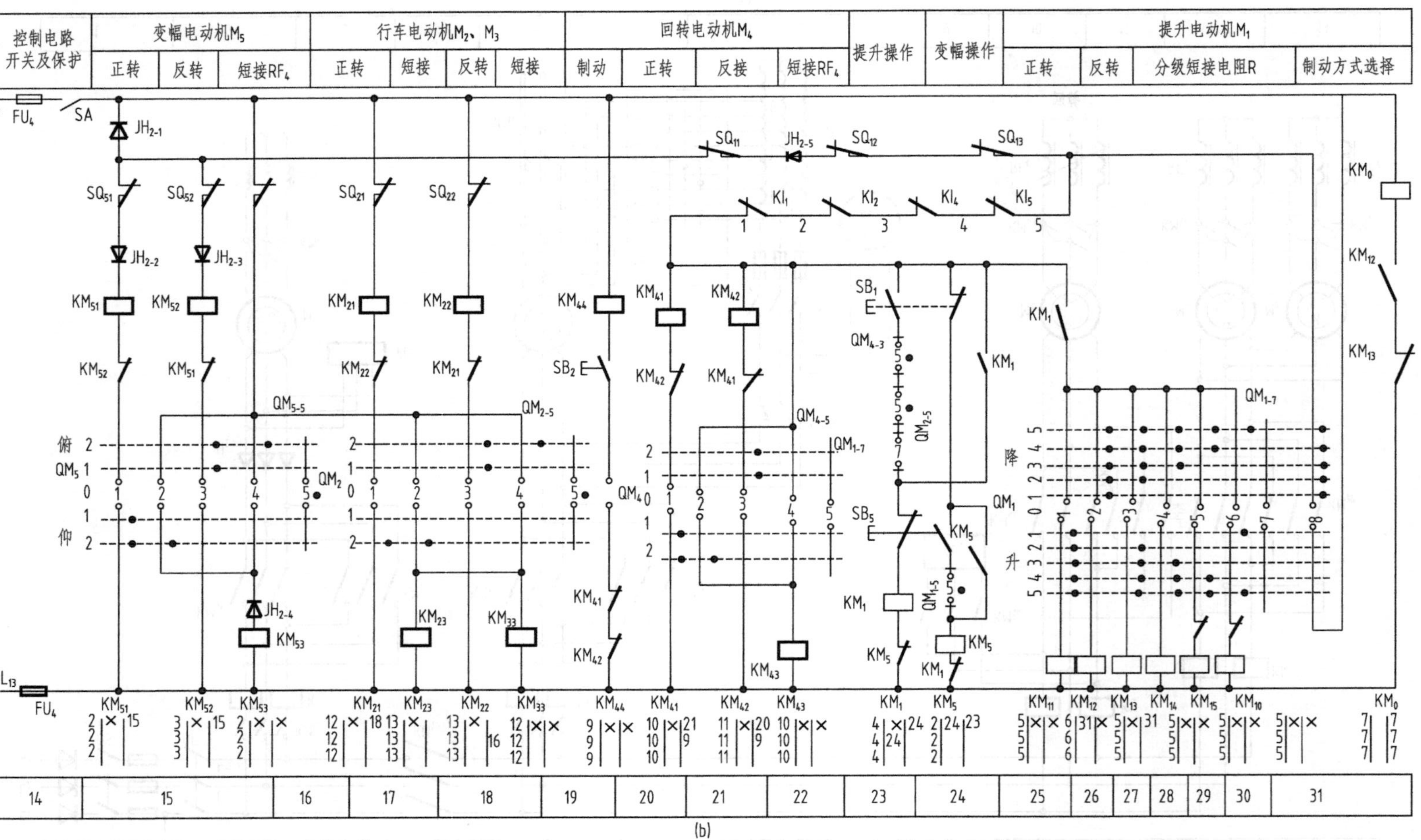

(b)

图 15-33 TQ60/80 型塔式起重机电气控制电路

③ 回转电动机 M_4 采用转子绕组串接频敏变阻器 RF_4 来启动和调速，接触器 KM_{41}、KM_{42} 控制 M_4 的正反转，接触器 KM_{43} 短接频敏变阻器 RF_4，接触器 KM_{44} 控制电动机 M_1 的制动抱闸 YB_4。根据 M_4 主电路控制电器主触头文字符号 KM_{41}～KM_{44}，在图区 19～22 中可找到 M_4 的控制电路。由图可见，电动机 M_4 的工作状态由主令控制器 QM_4 通过接触器 KM_{41}～KM_{44} 来实现转换。

④ 变幅电动机 M_5 采用转子绕组串接频敏变阻器 RF_5 来启动和调速，接触器 KM_{51}、KM_{52} 控制 M_5 正反转，接触器 KM_{53} 短接频敏变阻器 RF_5。YB_5 为 M_5 的电动抱闸，M_5 停转后立即抱闸。根据 M_5 主电路控制电器主触头文字符号 KM_{51}～KM_{55}，在图区 14、15 中可找到 M_5 的控制电路。由图可见，电动机 M_5 由主令控制器 QM_5 通过接触器 KM_{51}～KM_{53} 来实现转换。行程开关 SQ_{51}、SQ_{52} 作变幅的限位控制。

⑤ 在图区 2、4 中有接触器 KM_1、KM_5 的主触头，通过 KM_5 主触头给电动机 M_5 供电，通过 KM_1 主触头给 M_1～M_4 供电。在图区 23、24 中可找到 KM_1、KM_5 的线图电路，如图 15-34 所示。

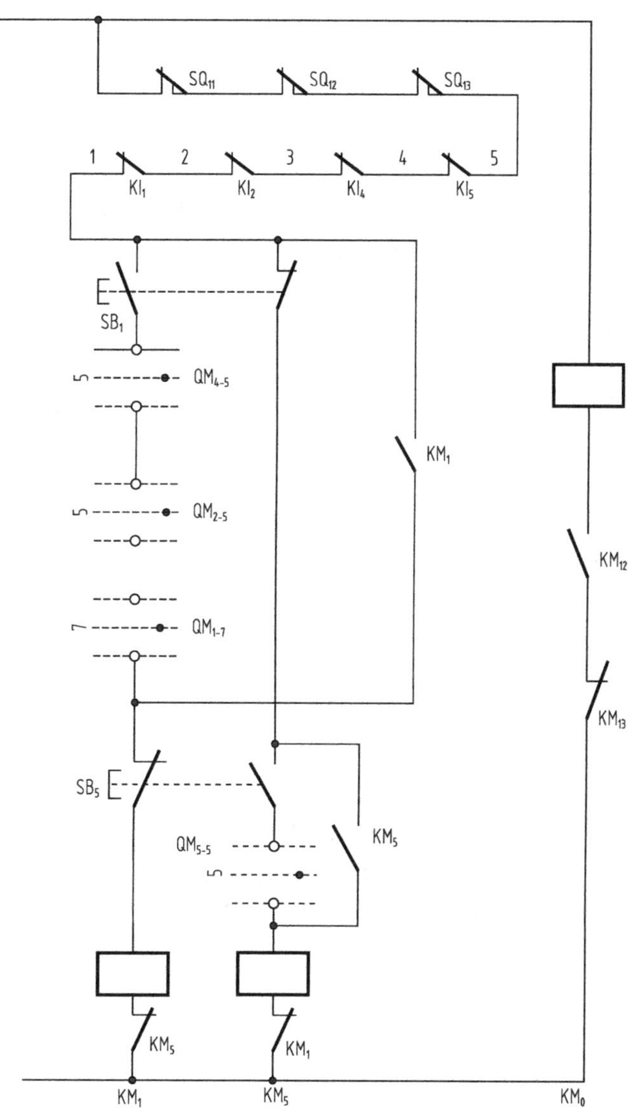

图 15-34　TQ60/80 型塔式起重机 KM_1、KM_5 线图电路

SQ_{11} 为超高限位行程开关，SQ_{12} 为脱槽保护开关，SQ_{13} 为超重保护开关，当出现超高、脱槽、超重时，SQ_{11}～SQ_{13} 的动断触头断开，接触器 KM_1 或 KM_5 不能得电，吊塔也不能进行回转或提升操作。

KI_1(1-2)、KI_2(2-3)、KI_4(3-4)、KI_5(4-5) 为过流继电器 KI_1、KI_2、KI_4、KI_5 动断触头，当任一电动机过载时，接触器 KM_1、KM_5 不能得电，塔吊也不能做回转或提升操作。

KM_1、KM_5 采用按钮、接触器双重连锁。当主令控制器 QM_1、QM_2、QM_4 都置于"0"位时，按动按钮 SB_1［23］，使 KM_1［23］得电吸合并自锁，而 KM_5［24］不能得电；当 QM_5 置于"0"位时，按动按钮 SB_5［23、24］，才能使 KM_5 得电吸合并自锁，而 KM_1 不能得电，保证不会出现误操作。

⑥ 由图区 26、27 可见，只有在下降 1 时，KM_{13}［27］不得电，而 KM_{12}［26］得电，才能使 KM_0［31］得电吸合。

⑦ QM_2、QM_4、QM_5 为 5 位 5 层开关，不论电动机正转还是反转，在"1"位时为串接频敏变阻器启动状态，在"2"位时为短接频敏变阻器，电动机处于正常运转状态；在"0"时为停止状态。

SA［14］为控制电路事故急停开关，当出现事故时，扳动此开关，使控制电路失电，进而使整个电路失电。

(2) 读电路图

合上总电源开关 QS［1］和断路器 QF［1］，为 M_1～M_5 得电做准备。再合上事故急停开关 SA［14］，接通控制电路电源。将主令控制器 QM_1、QM_2、QM_4、QM_5 置于零位，为接触器 KM_1［23］或 KM_5［24］得电做准备。

① 若需要提升操作，按下启动按钮 SB_1［23］，则接触器 KM_1［23］得电吸合并自锁（L_{12}→FU_4→SA→SQ_{11}→SQ_{12}→SQ_{13}→KI_5→KI_4→KI_2→KI_1→SB_1（动合触头）→$QM_{4\text{-}5}$→$QM_{2\text{-}5}$→$QM_{1\text{-}7}$→SB_5（动断触头）→KM_1 线圈→KM_5 辅助动断触头→FU_4→$L_1$3)，KM_1 主触头［4］闭合，总电源通过 KM_1 主触头［4］给电动机 M_1～M_4 供电，则可以通过 QM_1、QM_2、QM_4 来控制电动机 M_1、M_2、M_3 以及 M_4 的工作状态。此时，由于 KM_1 的动断触头［24］断开，使接触器 KM_5 不能得电，实现联锁，使变幅电动机 M_5 不能工作。

若使回转电动机 M_4 工作，不论电动机是正转还是反转，将 QM_4 由"0"位置于"1"、"2"位，则 KM_{41} 或 KM_{42} 得电吸合，电动机 M_4 正转或反转，同时 KM_{41}、KM_{42} 的辅助动断触头［19］断开，确保 KM_{44}［19］不能得电，使 YB_4［9］不能得电，确保制动器松闸。若使 M_4 停转，则应将 QM_4 由"1"、"2"位置于"0"位，使 KM_{41}、KM_{42}［21、22］失电释放，其辅助动断触头［19］复位闭合，为 KM_{44}［19］得电准备，按下点动按钮 SB_2［19］，则 KM_{44}［19］得电吸合，其主触头［9］闭合，YB_1［9］得电，制动器紧闸，使 M_4 迅速停转。

② 若需要进行变幅操作，首先应将 QM_5 置于"0"位。然后按下启动按钮 SB_5［23、24］，则接触器 KM_5［24］得电吸合并自锁，其主触头［2］闭合，总电源通过 KM_5 的主触头［2］给变幅电动机 M_5 供电，则可以通过 QM_5 来控制 M_5 的工作状态，此时，KM_1 不能得电，实现联锁，使电动机 M_1～M_4 不能工作。YB_5［3］为 M5 的电磁制动器，M_5 得电时松闸，M_5 失电时抱闸。

第 16 章　液压、气动系统图

16.1　液压、气动图形符号

GB/T 786.1—2009《流体传动系统及元件图形符号和回路图　第 1 部分：用于常规用途和数据处理的图形符号》规定了液压气动元件的符号及画法。当两个或者多个元件集成一个元件时，它们的符号由点画线包围标出；图形中点线（短画虚线）用来表示邻近的基本要素或元件，在图形符号中不用；本部分的图形符号按模数尺寸 $M=2.5\text{mm}$，线宽 0.25mm 来绘制；本部分等同翻译 ISO 1219-1：2006。

16.1.1　流体传动系统元件图形符号液压应用实例

流体传动系统元件图形符号液压应用实例见表 16-1。

表 16-1　液压应用实例

图形	描述	图形	描述
(1)阀			
a. 控制机构			
	带有分离把手和定位销的控制机构	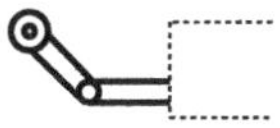	用作单方向行程操纵的滚轮杠杆
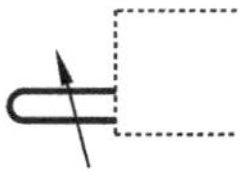	具有可调行程限制装置的顶杆	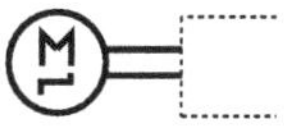	使用步进电动机的控制机构
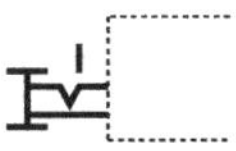	带有定位装置的推或拉控制机构		单作用电磁铁，动作指向阀芯
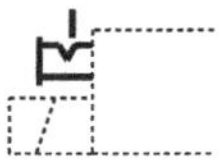	手动锁定控制机构		单作用电磁铁，动作背离阀芯
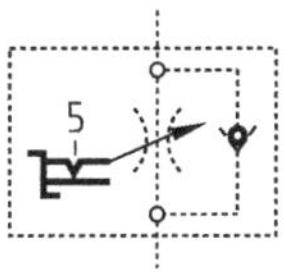	具有 5 个锁定位置的调节控制机构	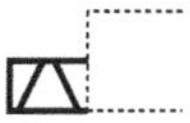	双作用电气控制机构，动作指向或背离阀芯
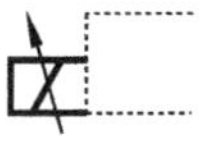	单作用电磁铁，动作指向阀芯，连续控制	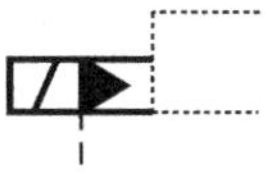	电气操纵的带有外部供油的液压先导控制机构
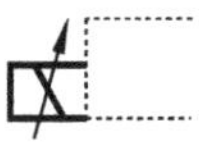	单作用电磁铁，动作背离阀芯，连续控制	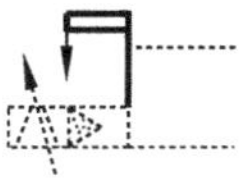	机械反馈

续表

图形	描述	图形	描述
(1)阀			
a. 控制机构			
	双作用电气控制机构，动作指向或背离阀芯，连续控制	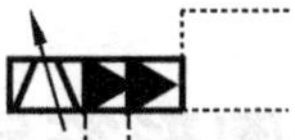	具有外部先导供油，双比例电磁铁，双向操纵，集成在同一组件，连续工作的双先导装置的液压控制机构
	电气操纵的气动先导控制机构		
b. 方向控制阀			
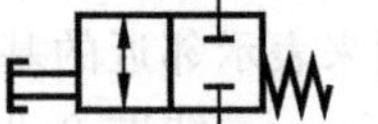	二位二通方向控制阀，两通，两位，推压控制机构，弹簧复位，常闭	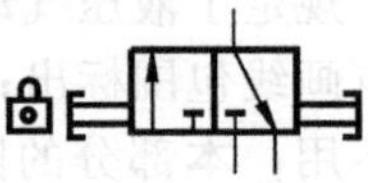	二位三通锁定阀
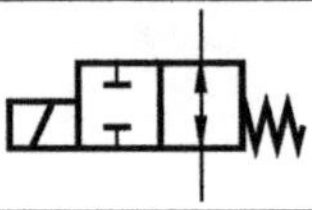	二位二通方向控制阀，两通，两位，电磁铁操纵，弹簧复位，常开	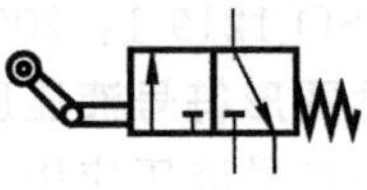	二位三通方向控制阀，滚轮杠杆控制，弹簧复位
	二位四通方向控制阀，电磁铁操纵，弹簧复位	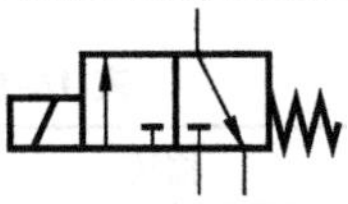	二位三通方向控制阀，电磁铁操纵，弹簧复位，常闭
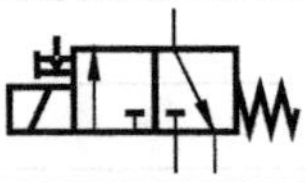	二位三通方向控制阀，单电磁铁操纵，弹簧复位，定位销式手动定位	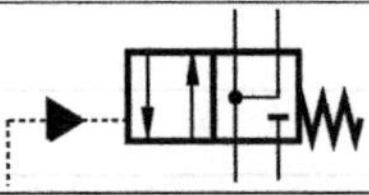	二位四通方向控制阀，液压控制，弹簧复位
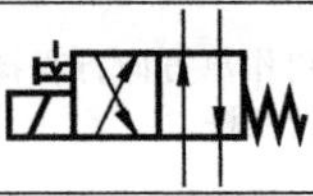	二位四通方向控制阀，单电磁铁操纵，弹簧复位，定位销式手动定位	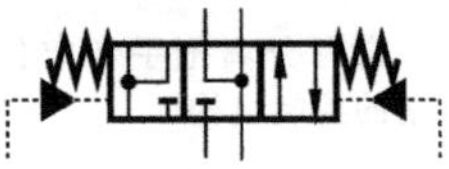	三位四通方向控制阀，液压控制，弹簧对中
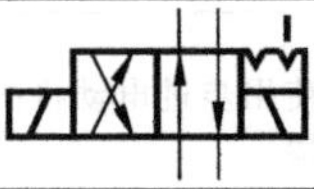	二位四通方向控制阀，双电磁铁操纵，定位销式(脉冲阀)	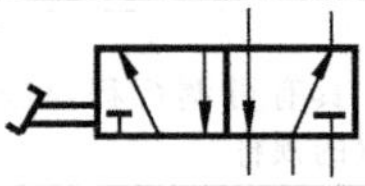	二位五通方向控制阀，踏板控制
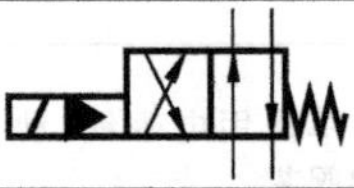	二位四通方向控制阀，电磁铁操纵液压先导控制，弹簧复位	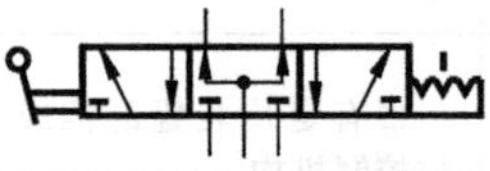	三位五通方向控制阀，定位销式各位置杠杆控制
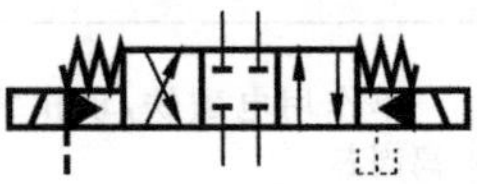	三位四通方向控制阀，电磁铁操纵先导级和液压操作主阀，主阀及先导级弹簧对中，外部先导供油和先导回油	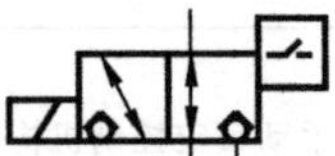	二位三通液压电磁换向座阀，带行程开关
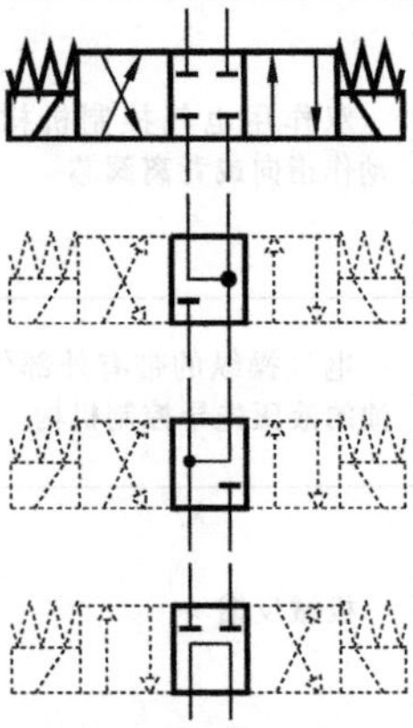	三位四通方向控制阀，弹簧对中，双电磁铁直接操纵。 不同中位机能的类别	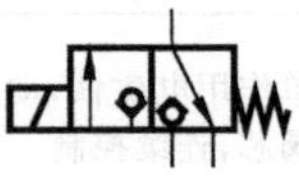	二位三通液压电磁换向座阀

续表

图形	描述	图形	描述
(1)阀			
c.压力控制阀			
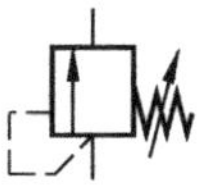	溢流阀,直动式,开启压力由弹簧调节	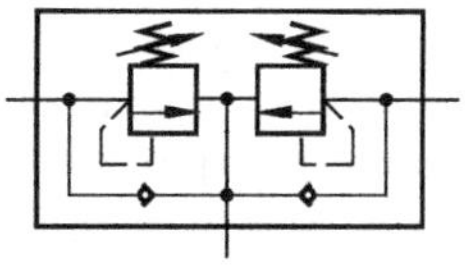	防气蚀溢流阀,用来保护两条供给管道
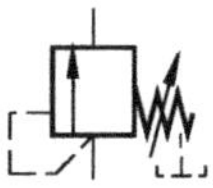	顺序阀,手动调节设定值	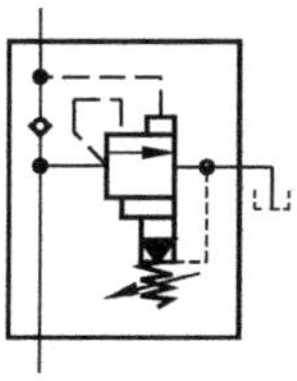	蓄能器充液阀,带有固定开关压差
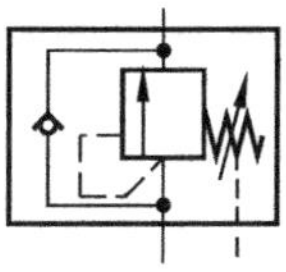	顺序阀,带有旁通阀		
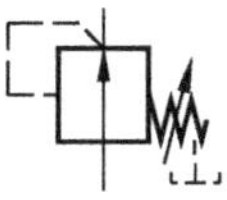	二通减压阀,直动式,外泄型	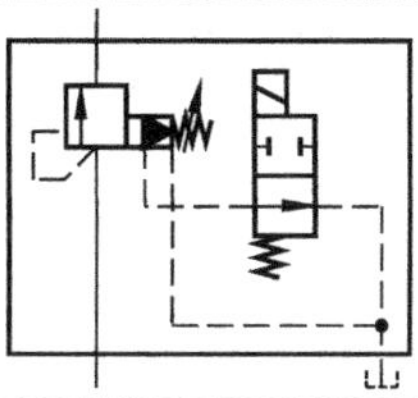	电磁溢流阀,先导式,电气操纵预设定压力
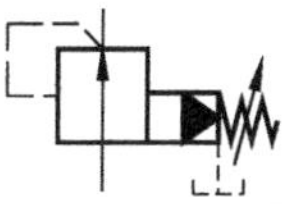	二通减压阀,先导式,外泄型	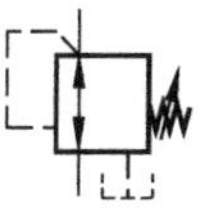	三通减压阀(液压)
d.流量控制阀			
	可调节流量控制阀	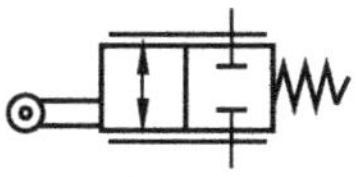	流量控制阀,滚轮杠杆操纵,弹簧复位
	可调节流量控制阀,单向自由流动	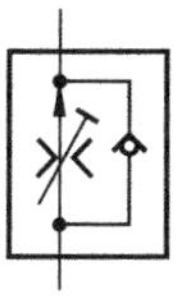	二通流量控制阀,可调节,带旁通阀,固定位置,单向流动,基本与黏度和压力差无关
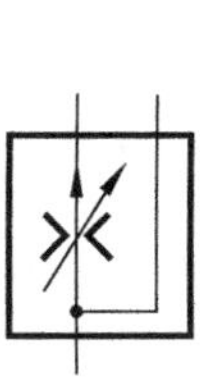	三通流量控制阀,可调节,将输入流量分成固定流量和剩余流量	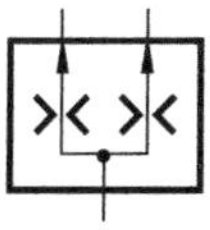	分流器,将输入流量分成两路输出
		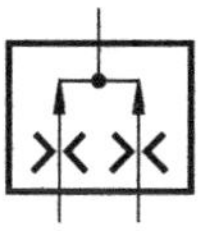	集流阀,保持两路输入流量相互恒定
e.单向阀和梭阀			
	单向阀,只能在一个方向自由流动	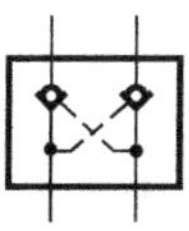	双单向阀,先导式
	单向阀,带有复位弹簧,只能在一个方向自由流动,常闭		

续表

图形	描述	图形	描述
(1)阀			
e. 单向阀和梭阀			
	先导式液控单向阀，带有复位弹簧，先导压力允许在两个方向自由流动	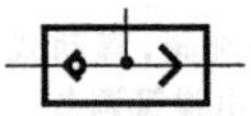	梭阀（“或”逻辑），压力高的入口自动与出口接通
f. 比例方向控制阀			
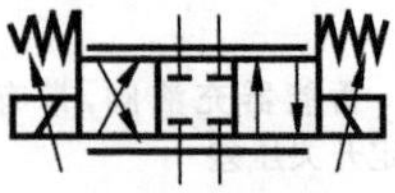	直动式比例方向控制阀		比例方向控制阀
	先导比例方向控制阀，带主级和先导级的闭环位置控制，集成电子器件	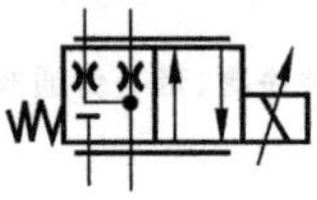	
	先导式伺服阀，带主级和先导级的闭环位置控制，集成电子器件，外部先导供油和回油	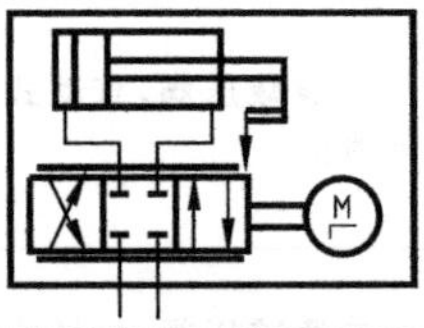	电液线性执行器，带由步进电动机驱动的伺服阀和油缸位置机械反馈
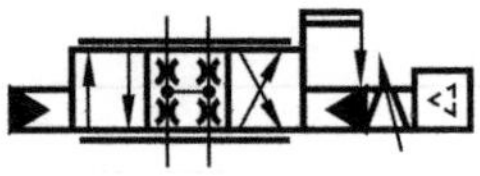	先导式伺服阀，先导级带双线圈电气控制机构，双向连续控制，阀芯位置机械反馈到先导装置，集成电子器件	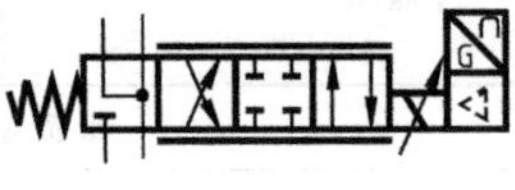	伺服阀，内置电反馈和集成电子器件，带预设动力故障位置
g. 比例压力控制阀			
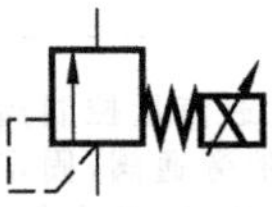	比例溢流阀，直通式，通过电磁铁控制弹簧工作长度来控制液压电磁换向座阀		比例溢流阀，先导控制，带电磁铁位置反馈
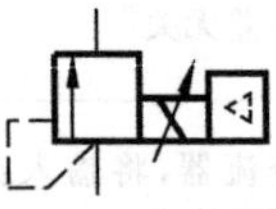	比例溢流阀，直控式，电磁力直接作用在阀芯上，集成电子器件	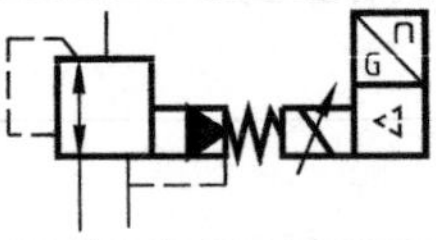	三通比例减压阀，带电磁铁闭环位置控制和集成式电子放大器
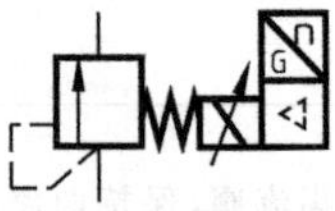	比例溢流阀，直控式，带电磁铁位置闭环控制，集成电子器件	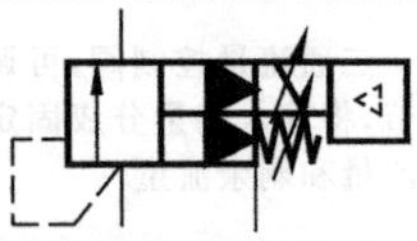	比例溢流阀，先导式，带电子放大器和附加先导级，以实现手动压力调节和最高压力溢流功能
h. 比例流量控制阀			
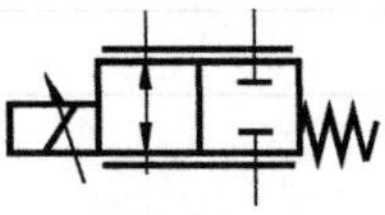	比例流量控制阀，直控式	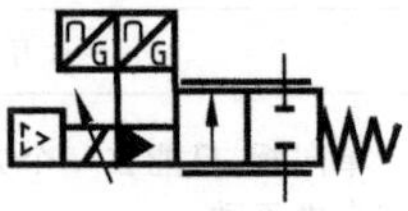	比例流量控制阀，先导式，带主级和先导级的位置控制和电子放大器
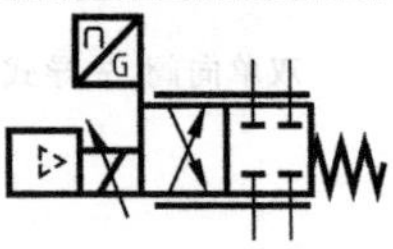	比例流量控制阀，直控式，带电磁铁闭环位置控制和集成式电子放大器		流量控制阀，用双线圈比例电磁铁控制，节流孔可变，特性不受黏度变化影响

续表

图形	描述	图形	描述
(1)阀			
i. 二通盖板式插装阀			
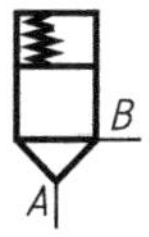	压力控制和方向控制插装阀插件，座阀结构，面积 1∶1	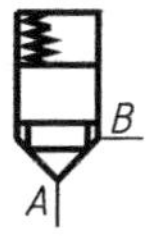	方向控制插装阀插件，座阀结构，面积比例>0.7
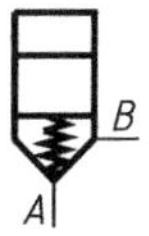	压力控制和方向控制插装阀插件，座阀结构，常开，面积 1∶1	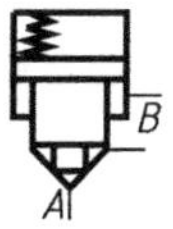	主动控制的方向控制插装阀插件，座阀结构，由先导压力打开
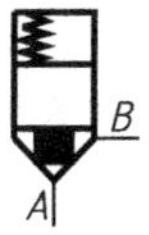	方向控制插装阀插件，带节流端的座阀结构，面积比例≤0.7	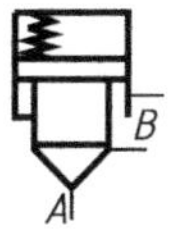	主动控制插件，*B* 端无面积差
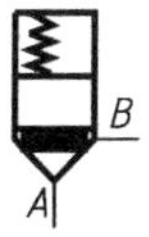	方向控制插装阀插件，带节流端的座阀结构，面积比例>0.7		方向控制阀插件，单向流动，座阀结构，内部先导供油，带可替换的节流孔(节流器)
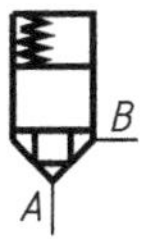	方向控制插装阀插件，座阀结构，面积比例≤0.7	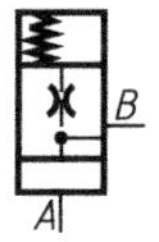	带溢流和限制保护功能的阀芯插件，滑阀结构，常闭
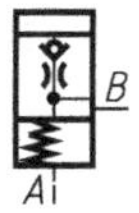	减压插装阀插件，滑阀结构，常闭，带集成的单向阀	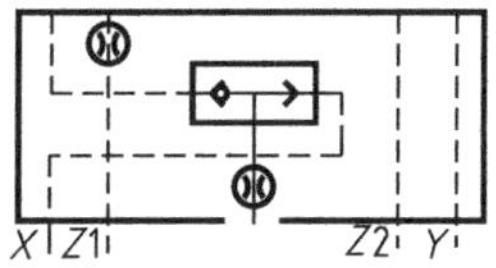	可安装附加元件，带梭阀的控制盖
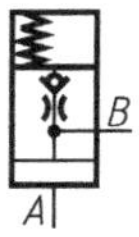	减压插装阀插件，滑阀结构，常开，带集成的单向阀	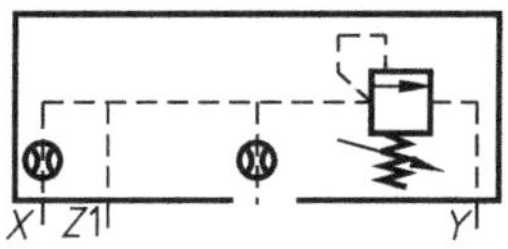	带溢流功能的控制盖
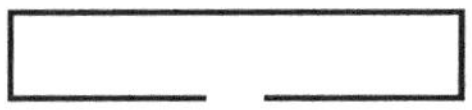	无端口控制盖	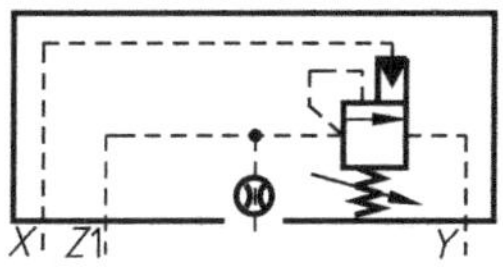	带溢流功能和液压卸载的控制盖
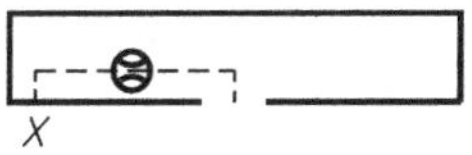	带先导端口的控制盖	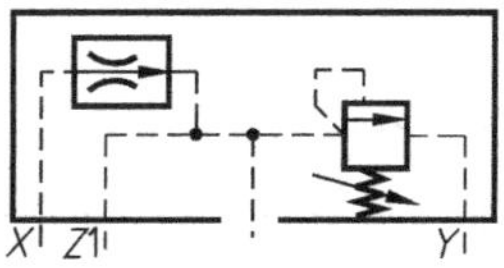	带溢流功能的控制盖，用流量控制阀来限制先导级流量
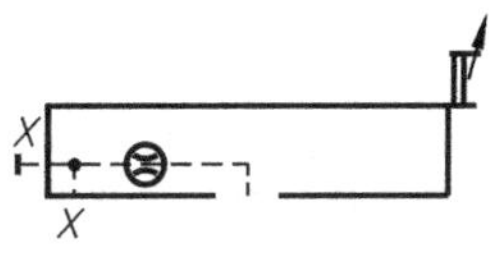	带先导端口的控制盖，带可调行程限位器和遥控端口	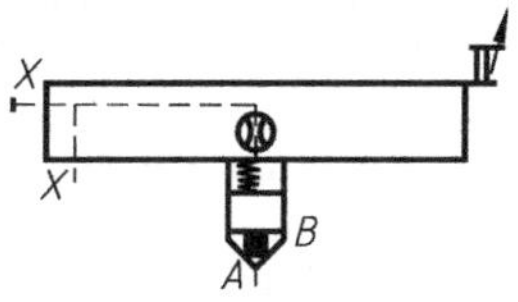	带行程限制器的二通插装阀

续表

图形	描述	图形	描述
(1)阀			
i. 二通盖板式插装阀			
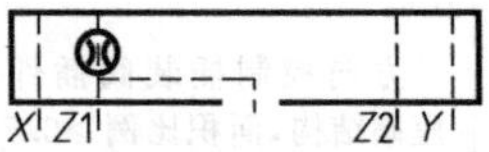	可安装附加元件的控制盖	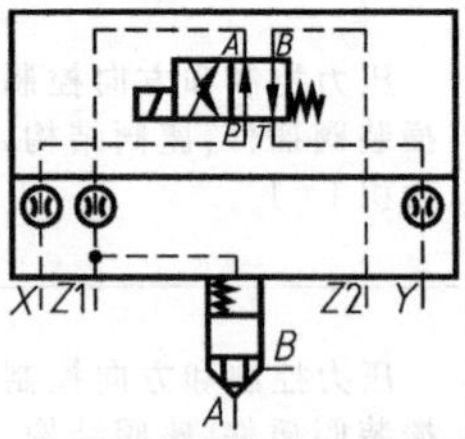	带方向控制阀的二通插装阀
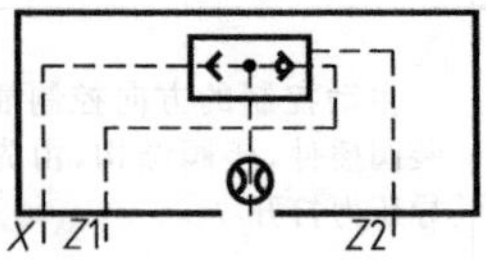	带液压控制梭阀的控制盖		
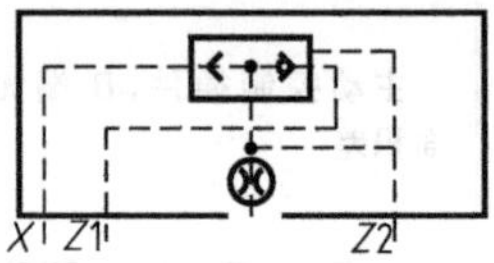	带梭阀的控制盖	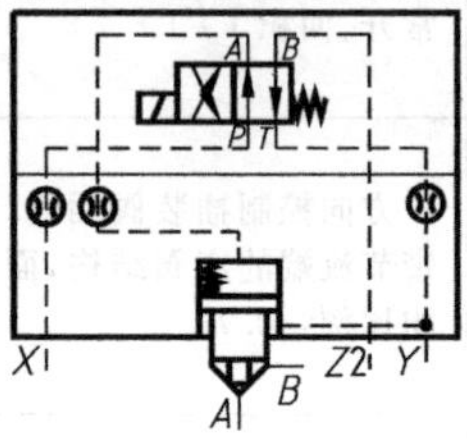	主动控制，带方向控制阀的二通插装阀
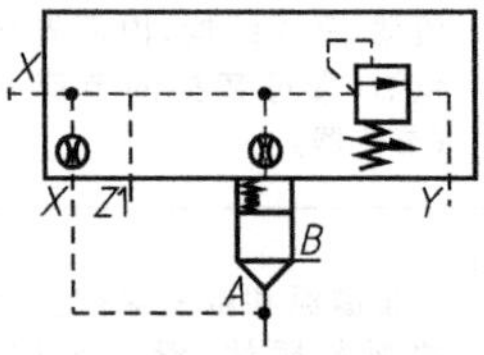	带溢流功能的二通插装阀	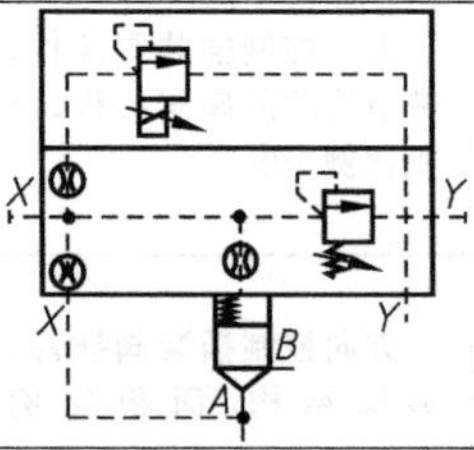	带比例压力调节和手动最高压力溢流功能的二通插装阀
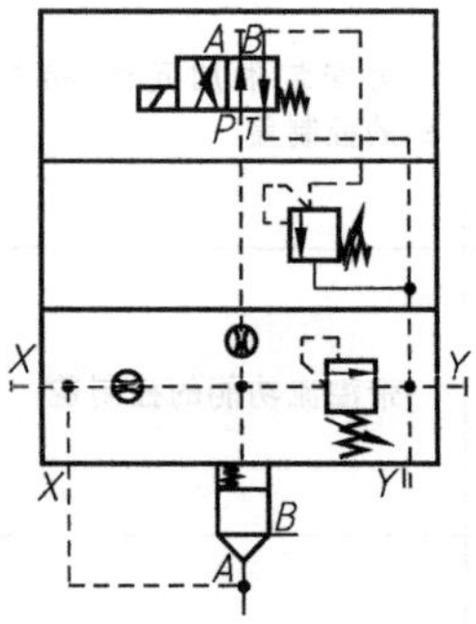	带溢流功能和可选第二级压力的二通插装阀	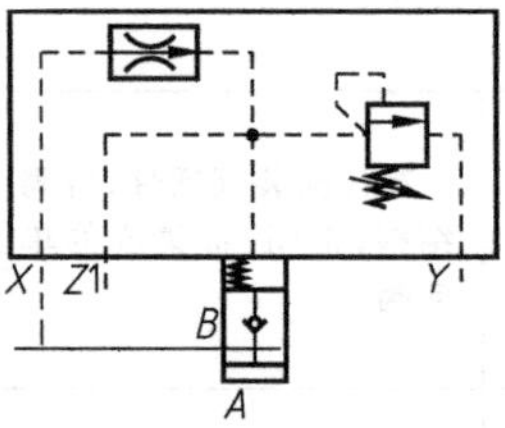	高压控制、带先导流量控制阀的减压功能的二通插装阀
		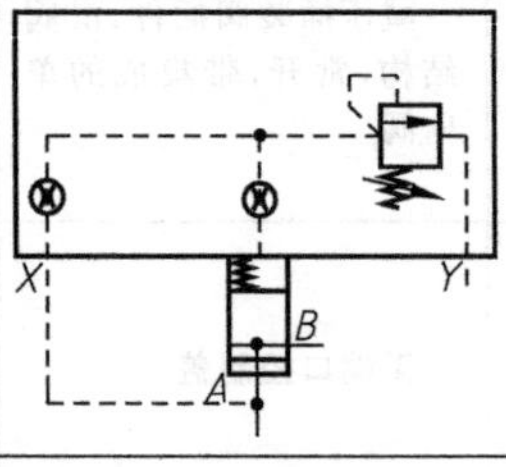	低压控制、减压功能的二通插装阀
(2)泵和马达			
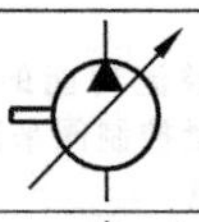	变量泵	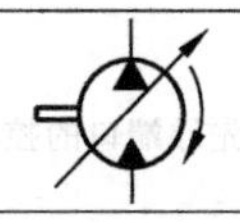	单向旋转的定量泵或马达
	双向流动，带外泄油路单向旋转的变量泵	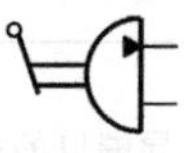	操纵杆控制，限制转盘角度的泵
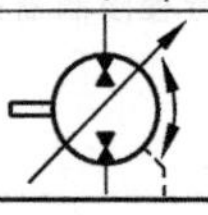	双向变量泵或马达单元，双向流动，带外泄油路，双向旋转	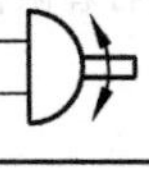	限制摆动角度，双向流动的摆动执行器或旋转驱动

续表

图形	描述	图形	描述
(2)泵和马达			
	单作用的半摆动执行器或旋转驱动	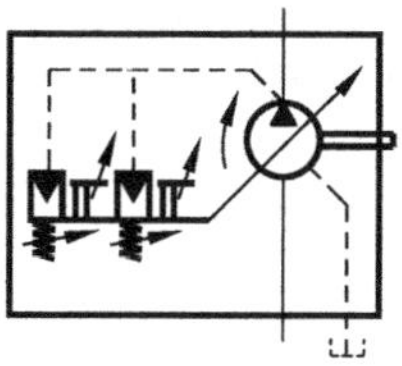	带两级压力或流量控制的变量泵，内部先导操控
	变量泵，先导控制，带压力补偿，单向旋转，带外泄油路		带两级压力控制元件的变量泵，电气转换
	带复合压力或流量控制(负载敏感型)变量泵，单向驱动，带外泄油路		静液传动(简化表达)驱动单元，由一个能反转、带单输入旋转方向的变量泵和一个带双输出旋转方向的定量马达组成
	机械或液压伺服控制的变量泵		表现出控制和调节元件的变量泵，箭头表示调节能力可扩展，控制机构和元件可以在箭头任意一边连接。 ＊＊＊没有指定复杂控制器
	电液伺服控制的变量液压泵		连续增压器，将气体压力 p_1 转换为较高的液体压力 p_2
	恒功率控制的变量泵		
(3)缸			
	单作用单杆缸，靠弹簧力返回行程，弹簧腔带连接油口	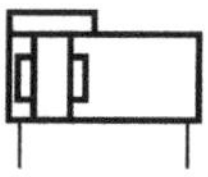	双作用带状无杆缸，活塞两端带终点位置缓冲
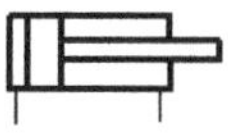	双作用单杆缸	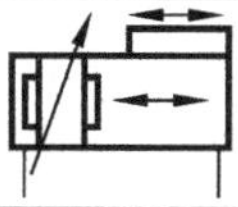	双作用缆绳式无杆缸，活塞两端带可调节终点位置缓冲
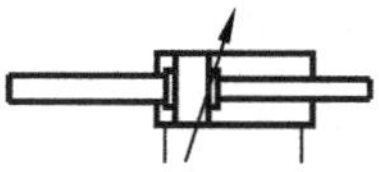	双作用双杆缸，活塞杆直径不同，双侧缓冲，右侧带调节	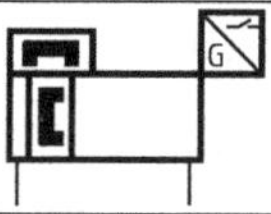	双作用磁性无杆缸，仅右边终端位置切换
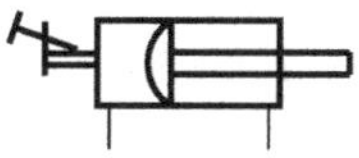	带行程限制器的双作用膜片缸	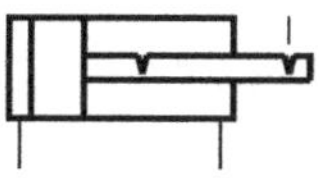	行程两点定位的双作用缸

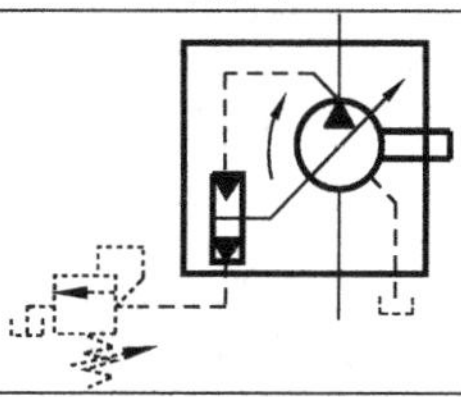

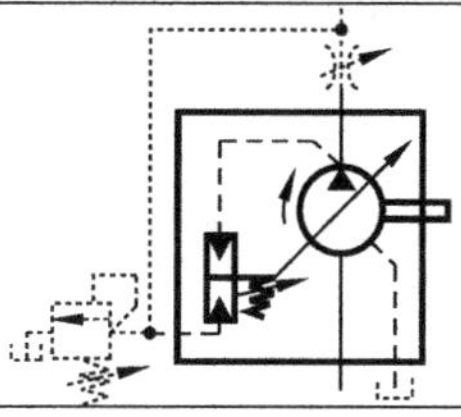

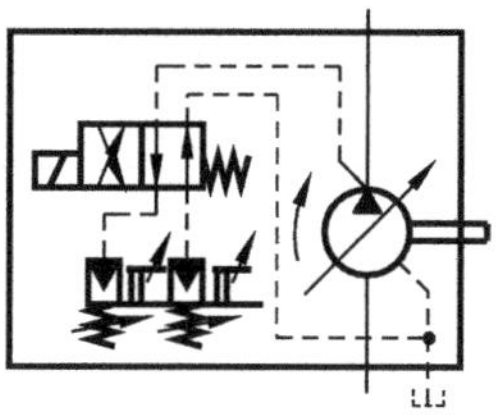

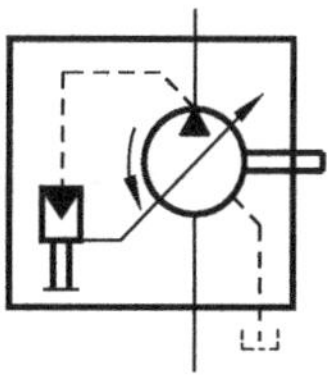

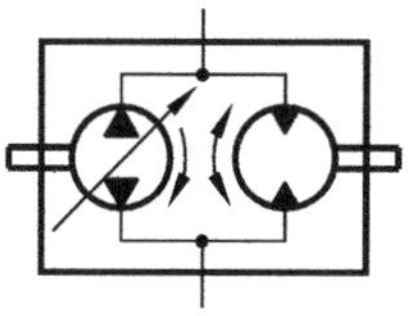

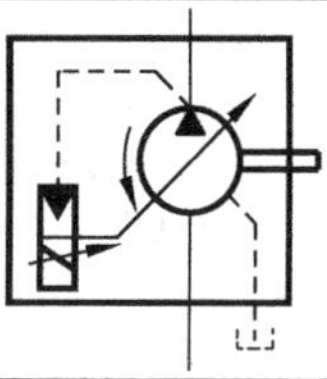

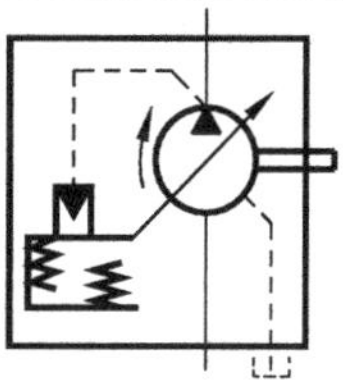

续表

图形	描述	图形	描述
(3)缸			
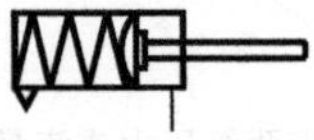	活塞杆终端带缓冲的单作用膜片缸，排气口不连接	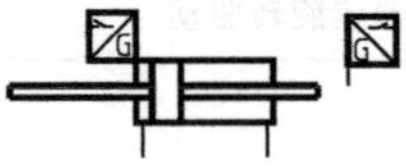	双杆双作用缸，左终点带内部限位开关，内部机械控制，右终点有外部限位开关，由活塞杆触发
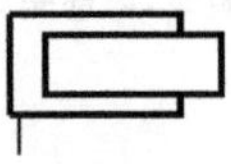	单作用缸，柱塞缸		
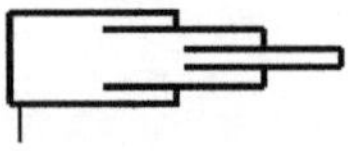	单作用伸缩缸	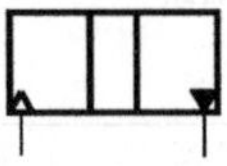	单作用压力介质转换器，将气体压力转换为等值的液体压力，反之亦然
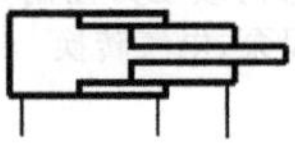	双作用伸缩缸	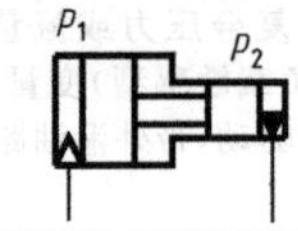 p_1 p_2	单作用增压器，将气体压力 p_1 转换为更高的液体压力 p_2
(4)附件			
a.连接和管接头			
	软管总成		带两个单向阀的快换接头，断开状态
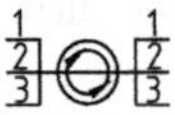 1 2 3　1 2 3	三通旋转接头		不带单向阀的快换接头，连接状态
	不带单向阀的快换接头，断开状态		带一个单向阀的快插管接头，连接状态
	带单向阀的快换接头，断开状态		带两个单向阀的快插管接头，连接状态
b.电气装置			
	可调节的机械电子压力继电器	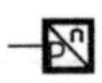	模拟信号输出压力传感器
	输出开关信号、可电子调节的压力转换器		
c.测量仪和指示器			
	光学指示器	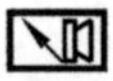	声音指示器
	数字式指示器		压力测量单元
	压差计		流量计
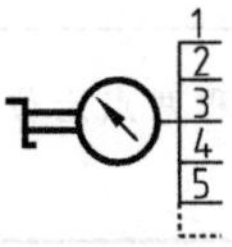 1 2 3 4 5	带选择功能的压力表	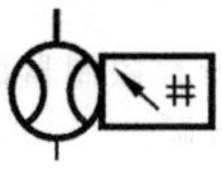	数字式流量计

续表

图形	描述	图形	描述
(4)附件			
c.测量仪和指示器			
	温度计		转速仪
	可调电气常闭触点温度计(接点温度计)		转矩仪
	液位指示器(液位计)		开关式定时器
	四常闭触点液位开关	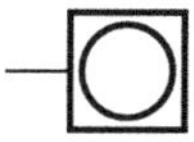	计数器
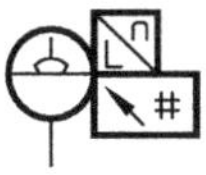	模拟量输出数字式电气液位监控器	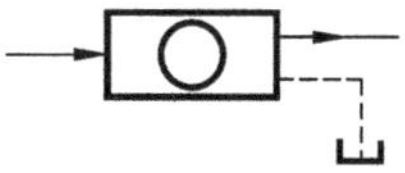	直通式颗粒计数器
	流量指示器		
d.过滤器与分离器			
	过滤器		带附属磁性滤芯的过滤器
	油箱通气过滤器	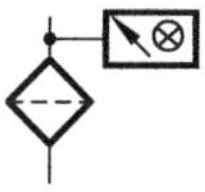	带光学阻塞指示器的过滤器
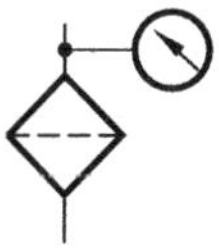	带压力表的过滤器	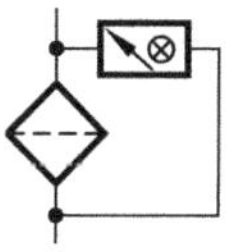	带光学压差指示器的过滤器
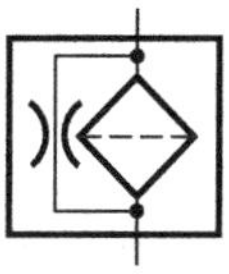	带旁路节流的过滤器	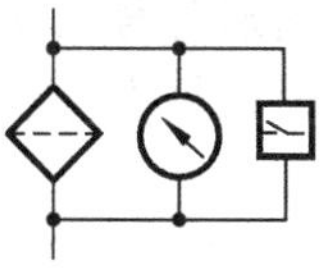	带压差指示器与电气触点的过滤器
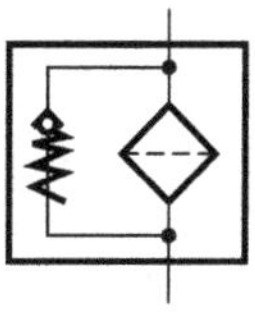	带旁路单向阀的过滤器		离心式分离器

续表

图形	描述	图形	描述
(4)附件			
d. 过滤器与分离器			
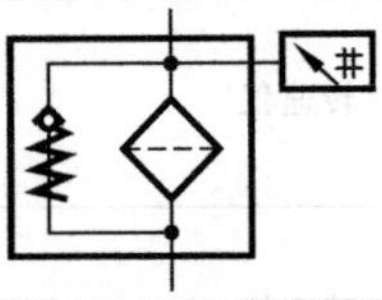	带旁路单向阀和数字显示器的过滤器	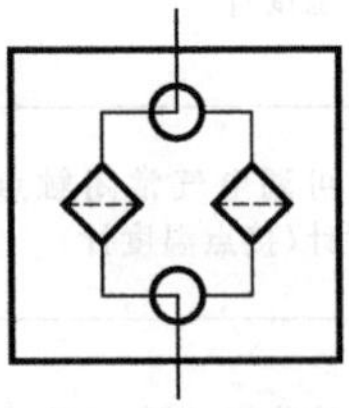	带手动切换功能的双过滤器
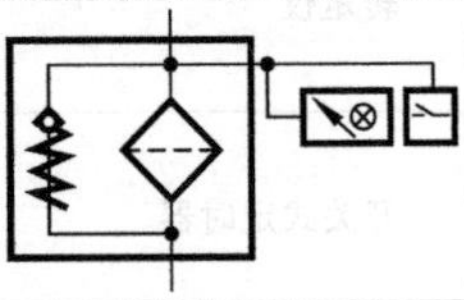	带旁路单向阀、光学阻塞指示器与电气触点的过滤器		
e. 热交换器			
	不带冷却液流通指示的冷却器	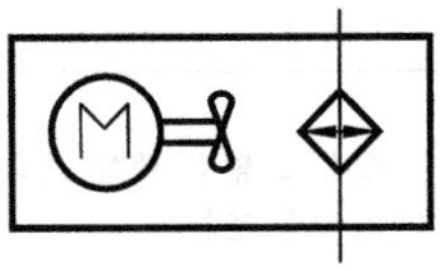	电动风扇冷却的冷却器
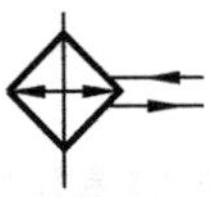	液体冷却的冷却器		
	加热器		温度调节器
f. 蓄能器(压力容器、气瓶)			
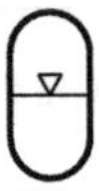	隔膜式充气蓄能器		气瓶
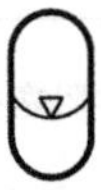	囊式充气蓄能器(囊式蓄能器)	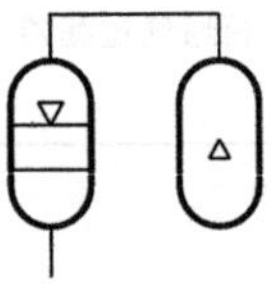	带下游气瓶的活塞式蓄能器
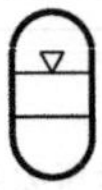	活塞式充气蓄能器(活塞式蓄能器)		
g. 润滑点			
	润滑点		

16.1.2 流体传动系统元件图形符号气动应用实例

气动图形符号画法及其描述见表16-2。

表 16-2 气动应用实例

图形	描述	图形	描述
(1)阀			
a. 控制机构			
	带有分离把手和定位销的控制机构	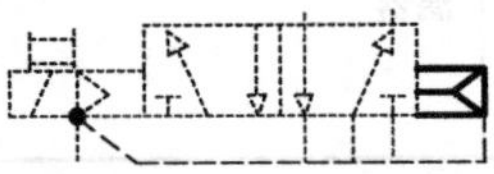	气压复位，从先导口提供内部压力

续表

图形	描述	图形	描述
(1)阀			
a. 控制机构			
	具有可调行程限制装置的柱塞		气压复位，外部压力源
	带有定位装置的推或拉控制机构		单作用电磁铁，动作指向阀芯
	手动锁定控制机构		单作用电磁铁，动作背离阀芯
5	具有 5 个锁定位置的调节控制机构		双作用电气控制机构，动作指向或背离阀芯
	用作单方向行程操纵的滚轮手柄		单作用电磁铁，动作指向阀芯，连续控制
			单作用电磁铁，动作背离阀芯，连续控制
M	使用步进电动机的控制机构		双作用电气控制机构，动作指向或背离阀芯，连续控制
	气压复位，从阀进气口提供内部压力		电气操纵的气动先导控制机构
b. 方向控制阀			
	二位二通方向控制阀，两通，两位，推压控制机构，弹簧复位，常闭		二位三通方向控制阀，滚轮杠杆控制，弹簧复位
	二位二通方向控制阀，两通，两位，电磁铁操纵，弹簧复位，常开		二位三通方向控制阀，电磁铁操纵，弹簧复位，常闭
	二位四通方向控制阀，电磁铁操纵，弹簧复位		二位三通方向控制阀，单电磁铁操纵，弹簧复位，定位销式手动定位
	气动软启动阀，电磁铁操纵内部先导控制		带气动输出信号的脉冲计数器
	延时控制气动阀，其入口接入一个系统，使得气体低速流入直至达到预设压力才使阀口全开		二位三通方向控制阀，差动先导控制

续表

图形	描述	图形	描述
(1)阀			
b.方向控制阀			
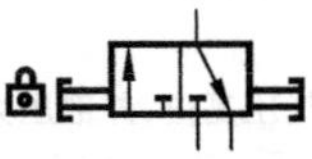	二位三通锁定阀		二位四通方向控制阀，单作用电磁铁操纵，弹簧复位，定位销式手动定位
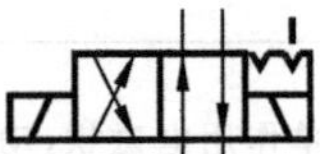	二位四通方向控制阀，双作用电磁铁操纵，定位销式(脉冲阀)	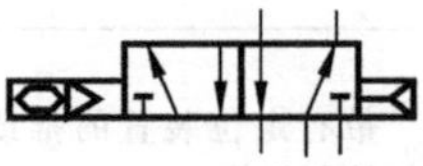	二位五通气动方向控制阀，先导式压电控制，气压复位
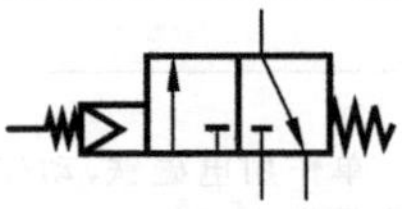	二位三通方向控制阀，气动先导式控制和扭力杆，弹簧复位	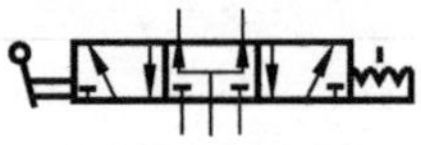	三位五通方向控制阀，手动拉杆控制，位置锁定
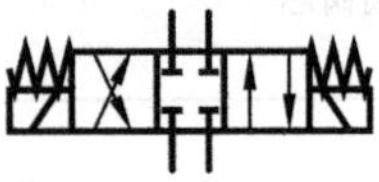 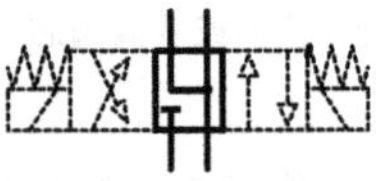 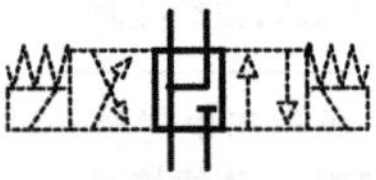 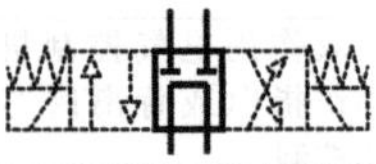	三位四通方向控制阀，弹簧对中，双作用电磁铁直接操控，不同中位机能的类别	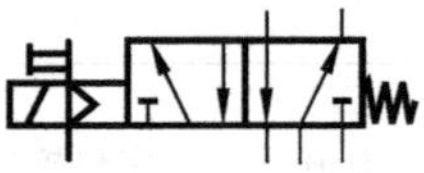	二位五通气动方向控制阀，单作用电磁铁，外部先导供气，手动操纵，弹簧复位
		  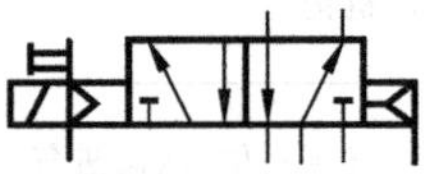	二位五通气动方向控制阀，电磁铁先导控制，外部先导供气，气压复位，手动辅助控制。 气压复位供压具有如下可能： 从阀进气口提供内部压力； 从先导口提供内部压力； 外部压力源
	二位五通方向控制阀，踏板控制		
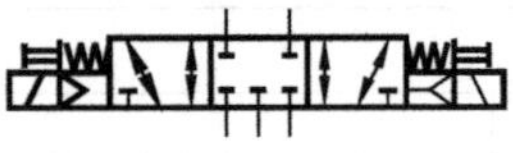 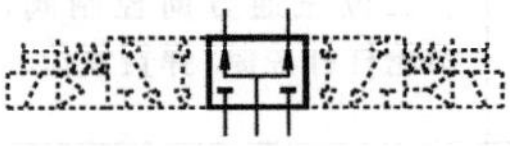 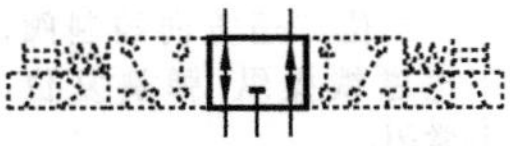	不同中位流路的三位五通气动方向控制阀，两侧电磁铁与内部先导控制和手动操纵控制。弹簧复位至中位	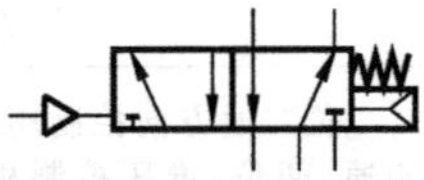	带单向阀的流量控制阀
		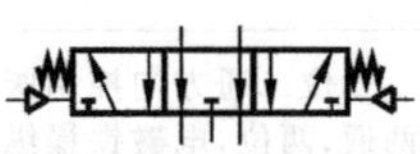	三位五通直动式气动方向控制阀，弹簧对中，中位时两出口都排气
c.压力控制阀			
	弹簧调节开启压力的直动式溢流阀	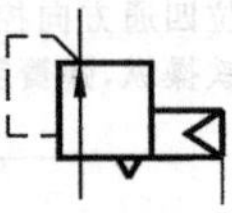	调压阀，远程先导可调，溢流，只能向前流动
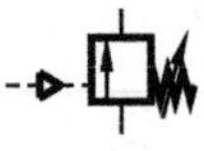	外部控制的顺序阀	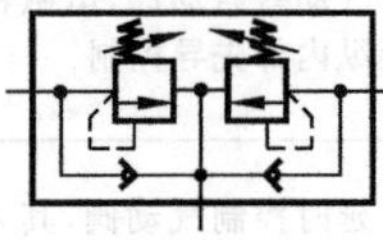	用来保护两条供给管道的防气蚀溢流阀
	内部流向可逆调压阀	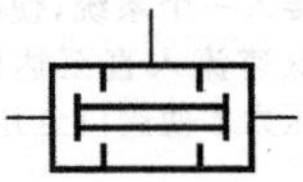	双向阀(“与”逻辑)，仅当两进气口有压力时才会有信号输出，较弱的信号从出口输出

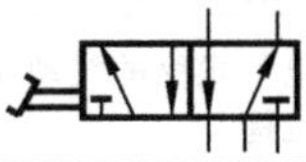

续表

图形	描述	图形	描述
(1)阀			
d. 流量控制阀			
	流量控制阀，流量可调	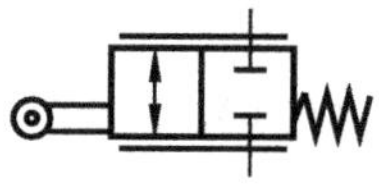	滚轮柱塞操纵的弹簧复位式流量控制阀
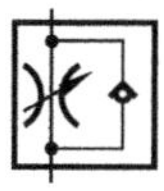	带单向阀的流量控制阀		
e. 单向阀和梭阀			
	单向阀，只能在一个方向自由流动	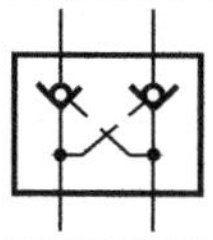	双单向阀，先导式
	带有复位弹簧的单向阀，只能在一个方向流动，常闭	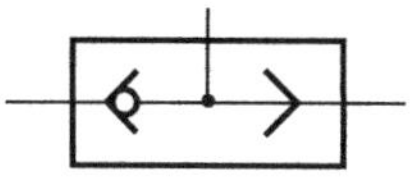	高的入口自动与出口接通
	带有复位弹簧的先导式单向阀，先导压力允许在两个方向自由流动	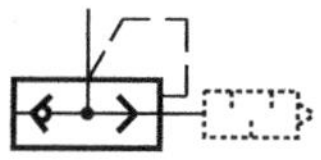	快速排气阀
f. 比例压力控制阀			
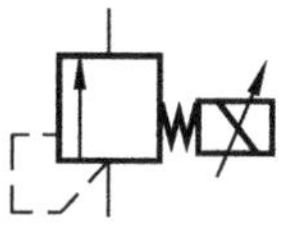	直控式比例溢流阀，通过电磁铁控制弹簧工作长度来控制液压电磁换向座阀	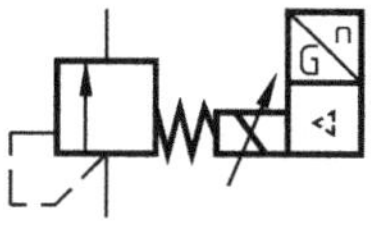	直控式比例溢流阀，带电磁铁位置闭环控制，集成电子器件
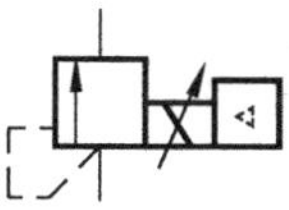	直控式比例溢流阀，电磁力直接作用在阀芯上，集成电子器件		
g. 比例方向控制阀			
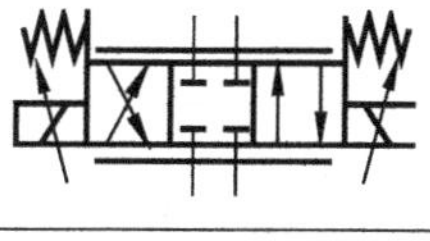	直动式比例方向控制阀		
h. 比例流量控制阀			
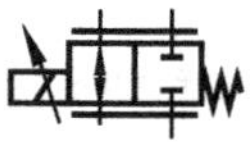	直控式比例流量控制阀	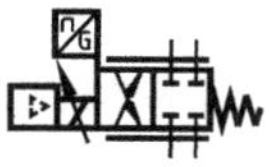	带电磁铁位置闭环控制和电子器件的直控式比例流量控制阀
(2)空气压缩机和马达			
	摆动汽缸或摆动马达，限制摆动角度，双向摆动		变方向定流量双向摆动马达
	单作用的半摆动汽缸或摆动马达	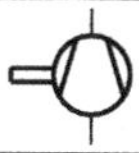	真空泵

续表

图形	描述	图形	描述
(2)空气压缩机和马达			
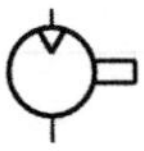	马达		连续增压器，将气体压力 p_1 转换为较高的液体压力 p_2
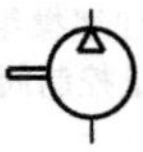	空气压缩机		
(3)缸			
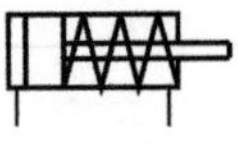	单作用单杆缸，靠弹簧力返回行程，弹簧腔室有连接口	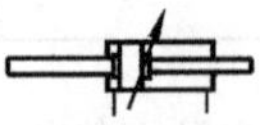	双作用双杆缸，活塞缸直径不同，双侧缓冲，右侧带调节
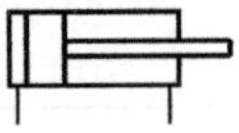	双作用单杆缸	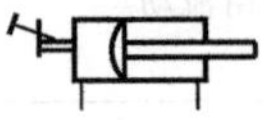	带行程限制器的双作用膜片缸
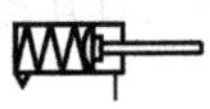	活塞杆终端带缓冲的膜片缸，不能连接的通气孔	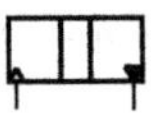	单作用压力介质转换器，将气体压力转换为等值的液体压力，反之亦然
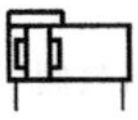	双作用带状无杆缸，活塞两端带终点位置缓冲	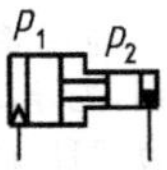	单作用增压器，将气体压力 p_1 转换为更高的液体压力 p_2
	双作用缆索式无杆缸，活塞两端带可调节终点位置缓冲	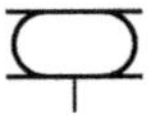	波纹管缸
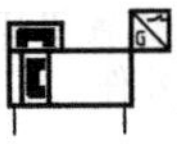	双作用磁性无杆缸，仅右手终端位置切换		软管缸
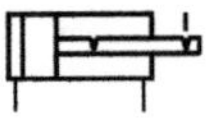	行程两端定位的双作用缸	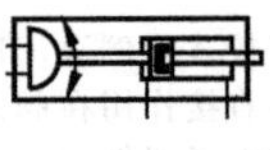	半回转线性驱动，永磁活塞双作用缸
	双杆双作用缸，左终点内部限位开关，内部机械控制，右终点有外部限位开关，活塞杆触发	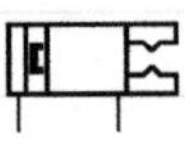	永磁活塞双作用夹具
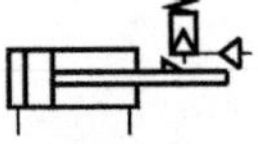	双作用缸，加压锁定与解锁活塞杆机构	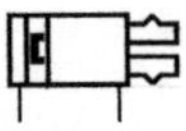	永磁活塞双作用夹具
	永磁活塞单作用夹具		永磁活塞单作用夹具
(4)附件			
a. 连接和管接头			
	软管总成		带双单向阀的快换接头，断开状态

续表

图形	描述	图形	描述
(4)附件			
a. 连接和管接头			
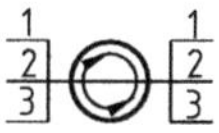	三通旋转接头		不带单向阀的快换接头,连接状态
	不带单向阀的快换接头,断开状态		带单向阀的快换接头,连接状态
	带单向阀的快换接头,断开状态		带双单向阀的快换接头,连接状态
b. 电气装置			
	可调节的机械电子压力继电器	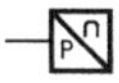	模拟信号输出压力传感器
	输出开关信号,可电子调节的压力转换器	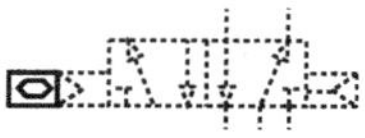	压电控制机构
c. 测量仪和指示器			
	光学指示器		压差计
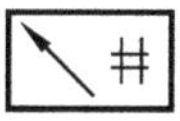	数字指示器	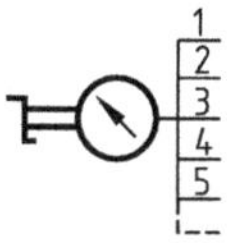	带选择功能的压力表
	声音指示器	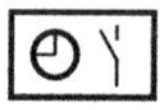	开关式定时器
	压力测量仪表(压力表)	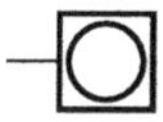	计数器
d. 过滤器和分离器			
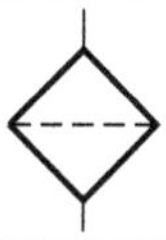	过滤器	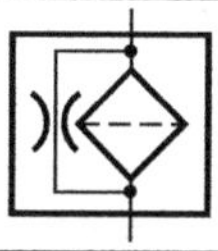	旁路节流的过滤器
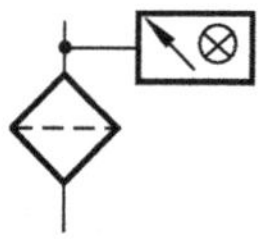	带光学阻塞指示器的过滤器	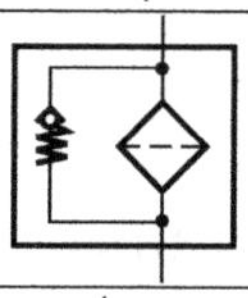	带旁路单向阀的过滤器
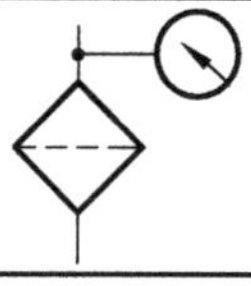	带压力表的过滤器	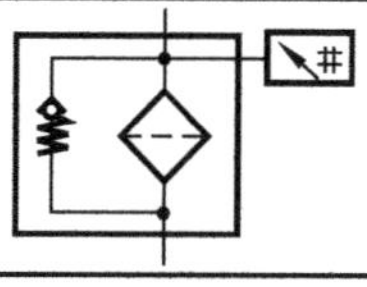	带旁路单向阀和数字显示器的过滤器

续表

图形	描述	图形	描述
(4)附件			
d. 过滤器和分离器			
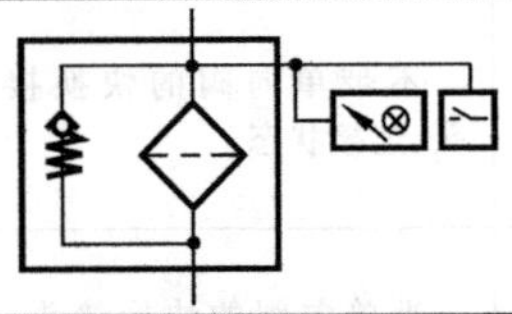	带旁路单向阀、光学阻塞指示器与电气触点的过滤器		真空分离器
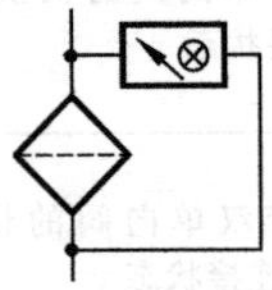	带光学压差指示器的过滤器		静电分离器
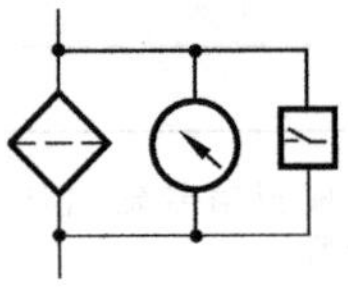	带压差指示器与电气触点的过滤器	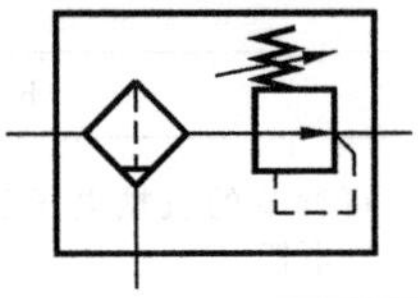	不带压力表的手动排水过滤器，手动调节，无溢流
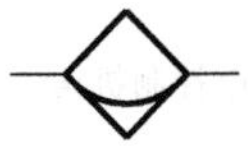	离心式分离器	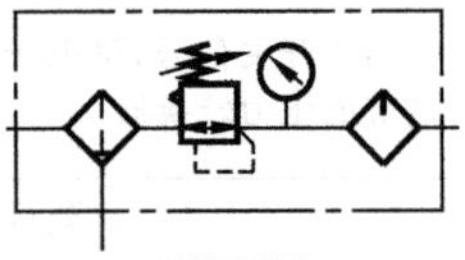 	气源处理装置，包括手动排水过滤器、手动调节式溢流调压阀、压力表和油雾器 上图为详细示意图，下图为简化图
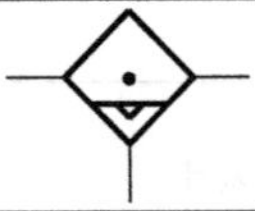	自动排水聚结式过滤器		
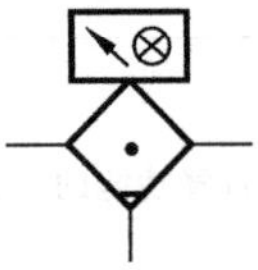	带手动排水和阻塞指示器的聚结式过滤器	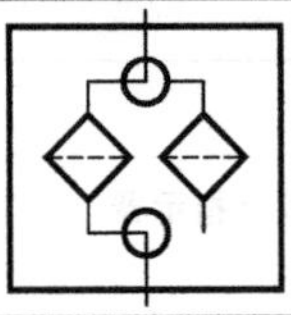	带手动切换功能的双过滤器
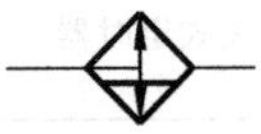	双向分离器	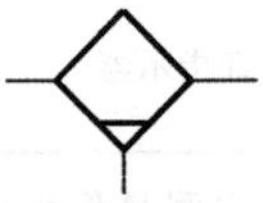	手动排水流体分离器
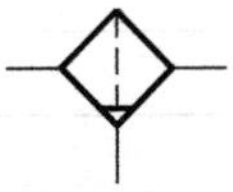	带手动排水分离器的过滤器	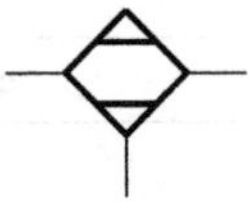	空气干燥器
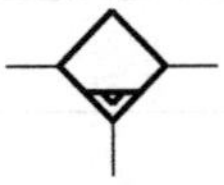	自动排水流体分离器	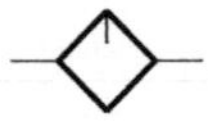	油雾器
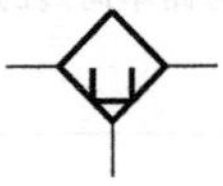	吸附式过滤器	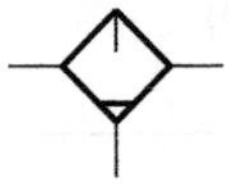	手动排水式油雾器
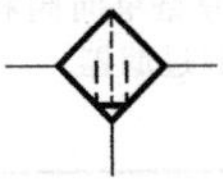	油雾分离器	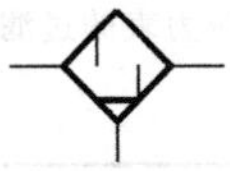	手动排水式重新分离器

续表

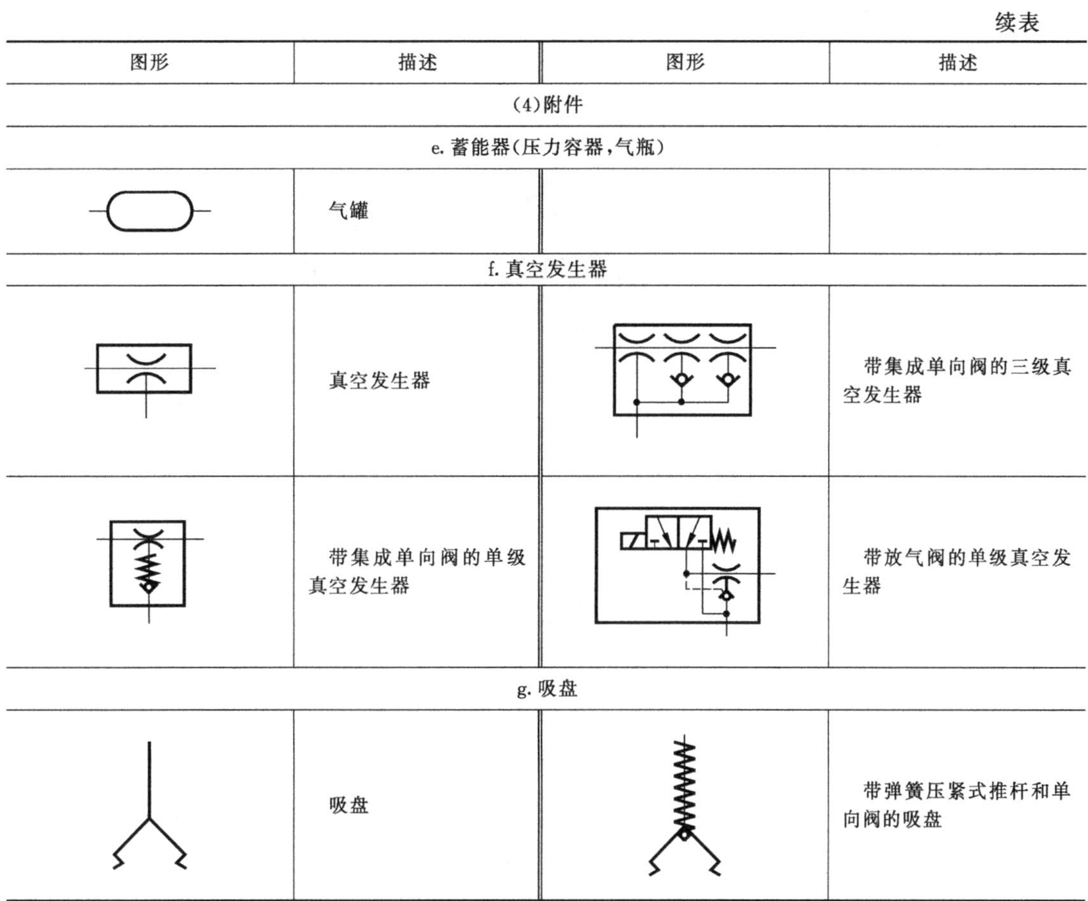

图形	描述	图形	描述
(4)附件			
e. 蓄能器(压力容器,气瓶)			
	气罐		
f. 真空发生器			
	真空发生器		带集成单向阀的三级真空发生器
	带集成单向阀的单级真空发生器		带放气阀的单级真空发生器
g. 吸盘			
	吸盘		带弹簧压紧式推杆和单向阀的吸盘

16.2 液压系统图

16.2.1 液压基本回路图例

所谓基本回路，就是由有关的液压元件组成，用来完成特定功能的典型油路。任何机械设备的液压传动系统，都是由一些液压基本回路组成的。绘制和识读液压系统图，首先应了解液压基本回路。液压回路主要包括：压力控制回路、速度控制回路、方向控制回路、多缸（马达）工作控制回路、其他回路等。

(1) 压力控制回路

压力控制回路是利用压力控制阀来控制系统中油液的压力，以满足执行元件对力或转矩的要求。这类回路包括调压、减压、增压、卸荷、保压和平衡等多种回路。

① 调压回路。调压回路的功用是：使液压系统整体或某一部分的压力保持恒定或不超过某个数值。基本回路如图 16-1 所示。

② 减压回路。减压回路的功用是：使系统中的某一部分油路具有较低的稳定压力。基本回路如图 16-2 所示。

③ 增压回路。增压回路的功用是：增压回路用以提高系统中局部油路中的压力。它能使局部压力远远高于油源的压力。采用增压回路比选用高压大流量泵要经济得多。基本回路如图 16-3 所示。

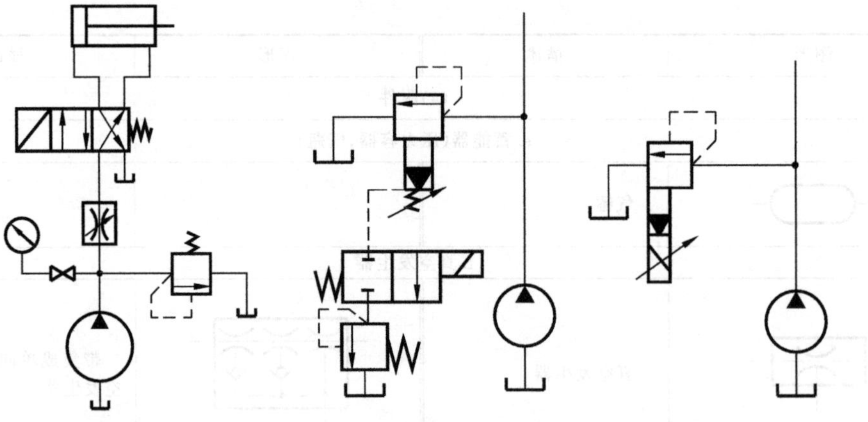

(a) 单级调压回路　　(b) 多级调压回路　　(c) 无级调压回路

图 16-1　调压回路

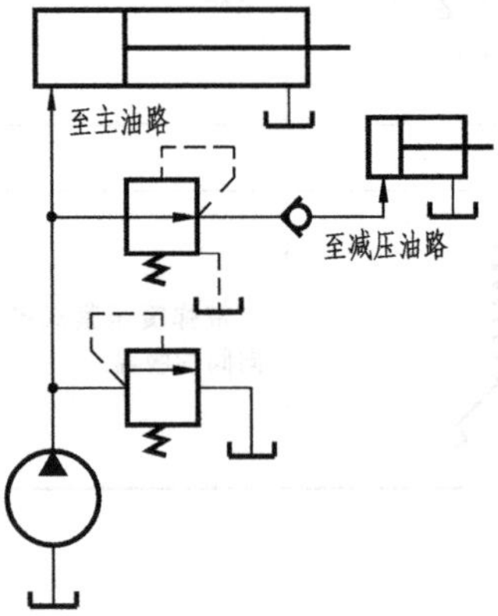

至主油路
至减压油路

图 16-2　减压回路

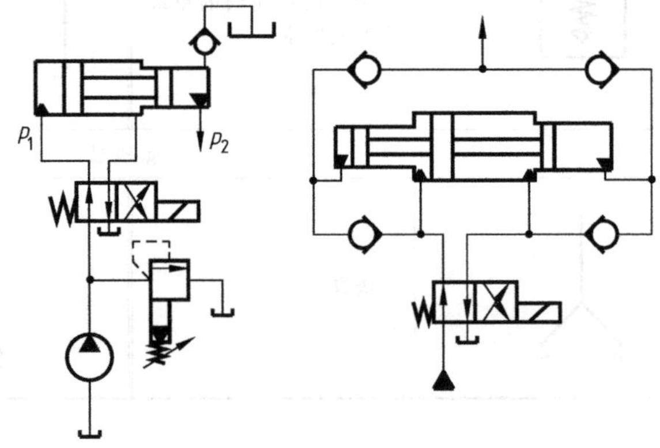

p_1
p_2

(a) 单作用的增压回路　　(b) 双作用的增压回路

图 16-3　增压回路

④ 卸荷回路。卸荷回路的功用是：在液压泵的驱动电动机不频繁起闭，且使液压泵在接近零压的情况下运转，以减少功率损失和系统发热，延长泵和电动机的使用寿命。基本回路如图 16-4 所示。

⑤ 保压回路。执行元件在工作循环的某一阶段内，若需要保持规定的压力，就应采用

2YA
1YA

(a)　　(b)　　(c)

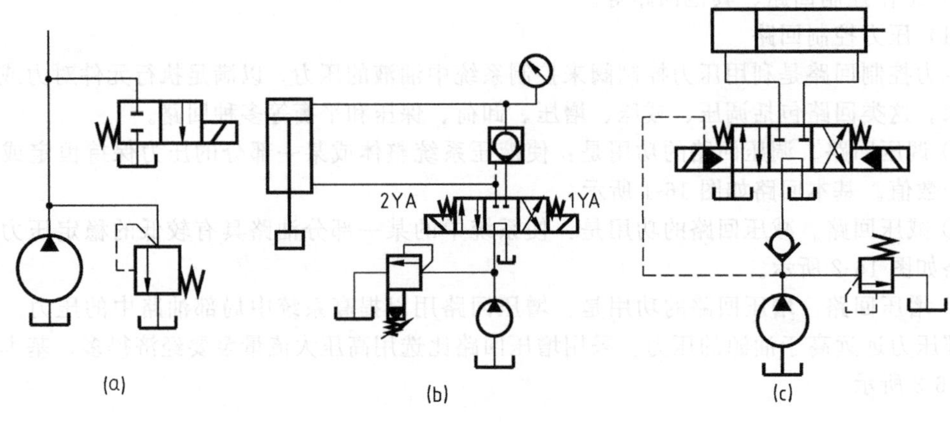

图 16-4　卸荷回路

保压回路。基本回路见图 16-5 和图 16-6。

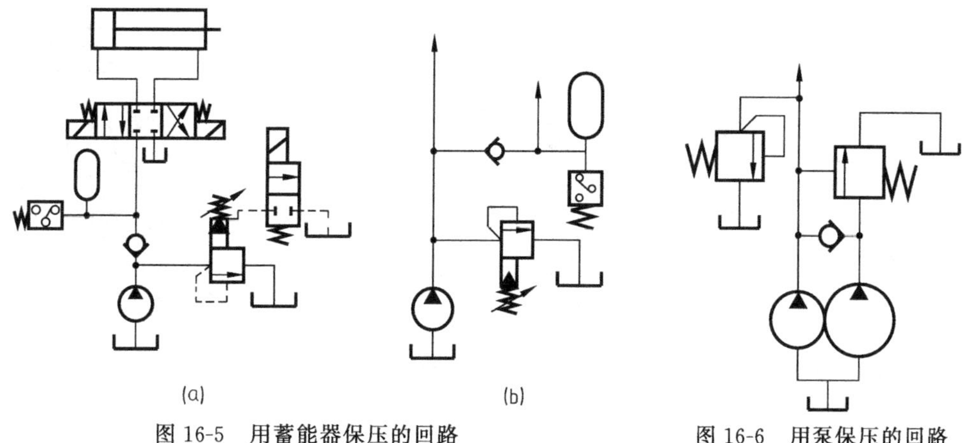

图 16-5　用蓄能器保压的回路

图 16-6　用泵保压的回路

⑥ 平衡回路。为了防止立式液压缸及其工作部件因自重而自行下落，或在下行运动中由于自重而造成失控、失速的不稳定运动，可设置平衡回路。基本回路见图 16-7。

(2) 速度控制回路

速度控制回路包括：调速回路、快速运动回路和速度换接回路。

① 调速回路。节流调速的三个典型回路：进油节流阀调速回路见图 16-8，回油节流阀调速回路见图 16-9，旁路节流阀调速回路见图 16-10。

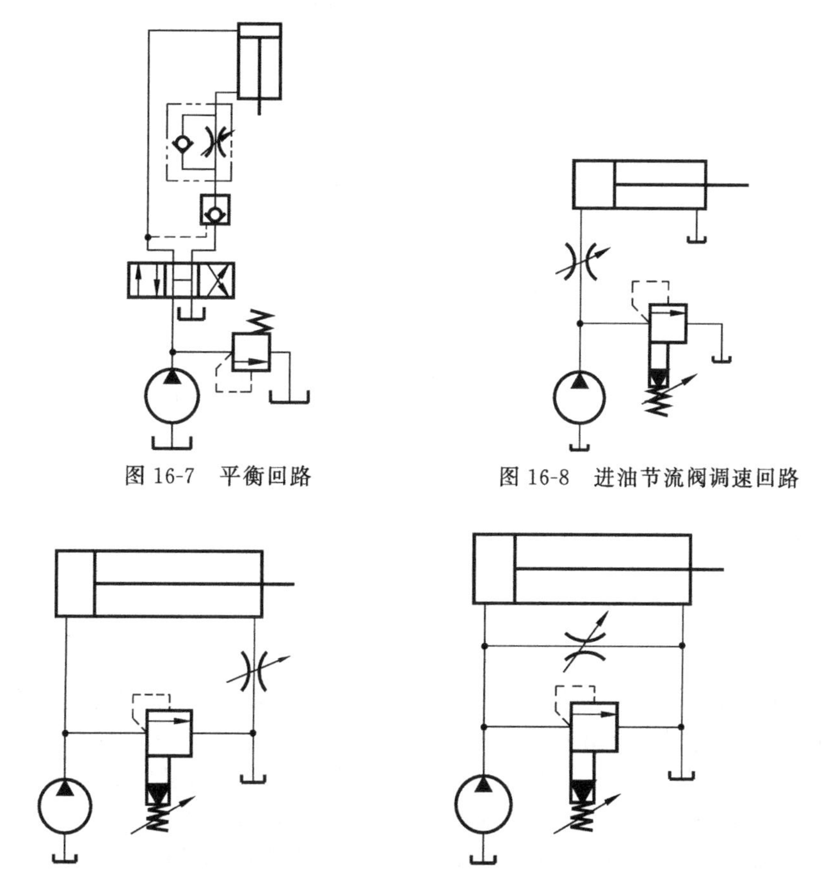

图 16-7　平衡回路

图 16-8　进油节流阀调速回路

图 16-9　回油节流阀调速回路

图 16-10　旁路节流阀调速回路

容积分级调速的两个典型回路见图 16-11 和图 16-12。

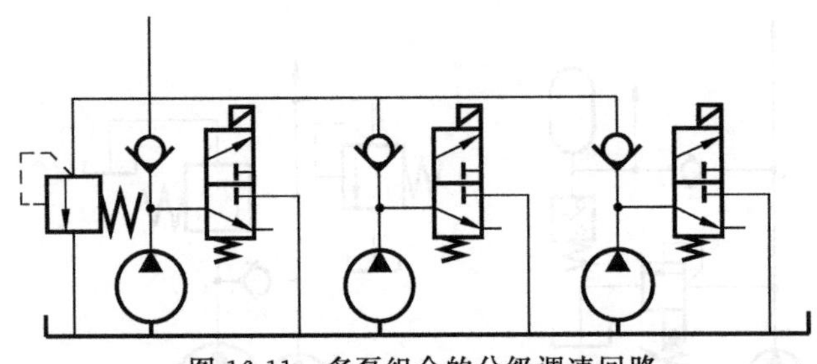

图 16-11　多泵组合的分级调速回路

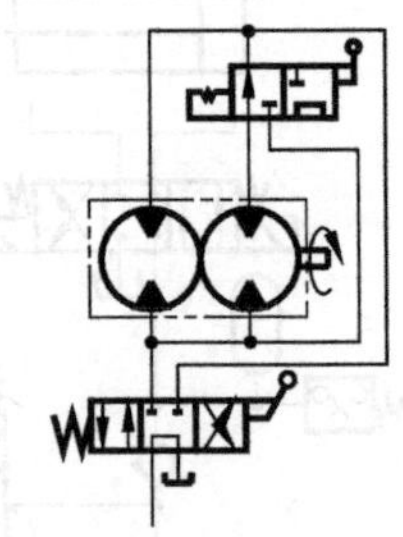

图 16-12　多马达组合的分级调速回路

容积式无级调速的三个典型回路见图 16-13～图 16-15。

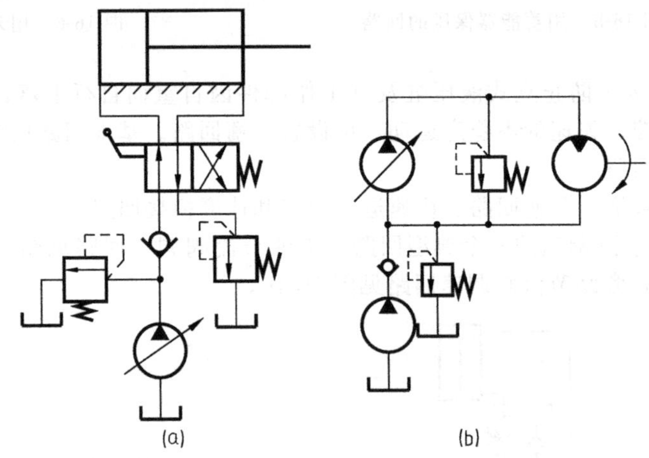

图 16-13　变量泵-缸（定量马达）回路

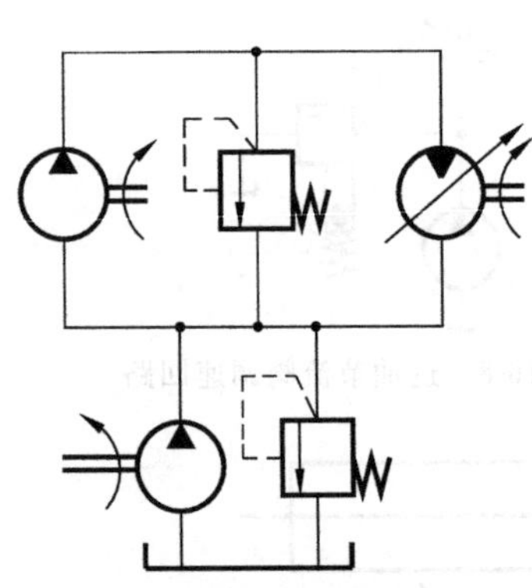

图 16-14　定量泵-变量马达回路

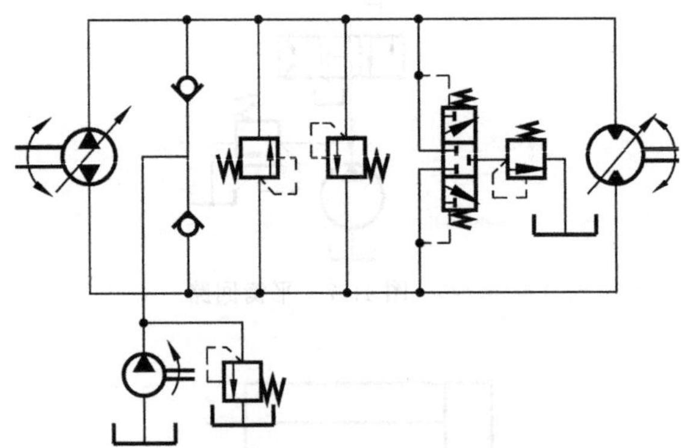

图 16-15　变量泵-变量马达回路

容积节流调速回路。容积节流调速回路的工作原理是：用压力补偿变量泵供油，用流量控制阀调定进入缸或由缸流出的流量来调节活塞运动速度，并使变量泵的输出油量自动与缸所需流量相适应。有两种典型回路：限压式变量泵与调速阀组成的容积节流调速回路见图 16-16；差压式变量泵与节流阀组成的容积节流调速回路见图 16-17。

② 快速运动回路。快速运动回路的功用是：加快执行元件的空载运行速度，以提高系统的工作效率和充分利用功率，三种典型回路见图 16-18～图 16-20。

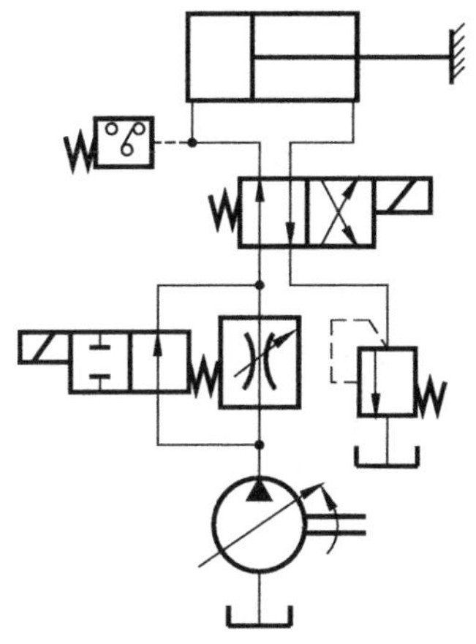

图 16-16　限压式变量泵与调速阀组成的容积节流调速回路

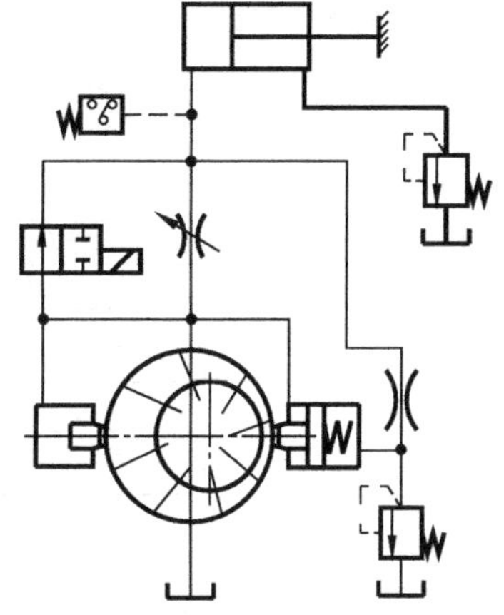

图 16-17　差压式变量泵与节流阀组成的容积节流调速回路

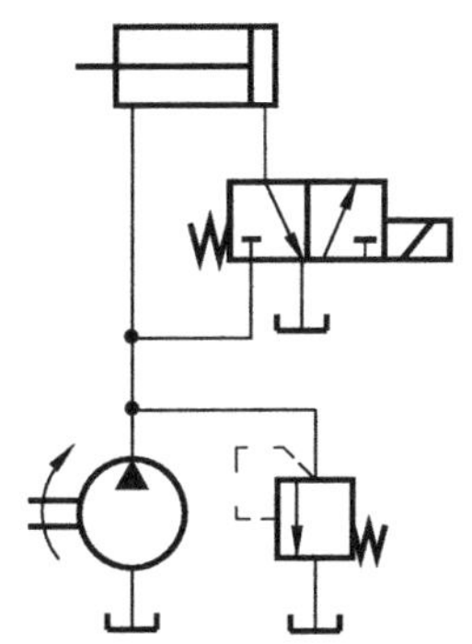

图 16-18　液压缸差动连接快速运动回路

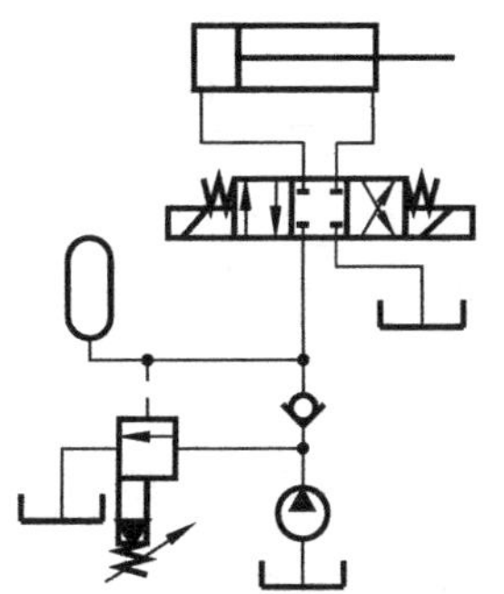

图 16-19　采用蓄能器的快速运动回路

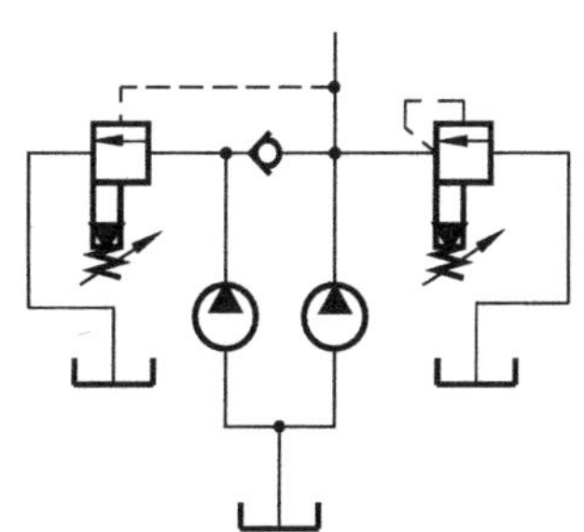

图 16-20　双泵供油快速运动回路

③ 速度换接回路。速度换接回路的功用是：使执行元件在一个动作循环中，从一种运动速度变换到另一种运动速度。典型回路见图 16-21 和图 16-22。

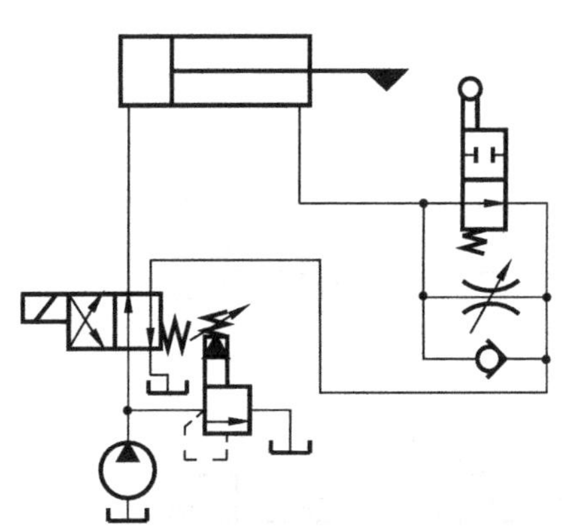

图 16-21　用行程阀的快慢速换接回路

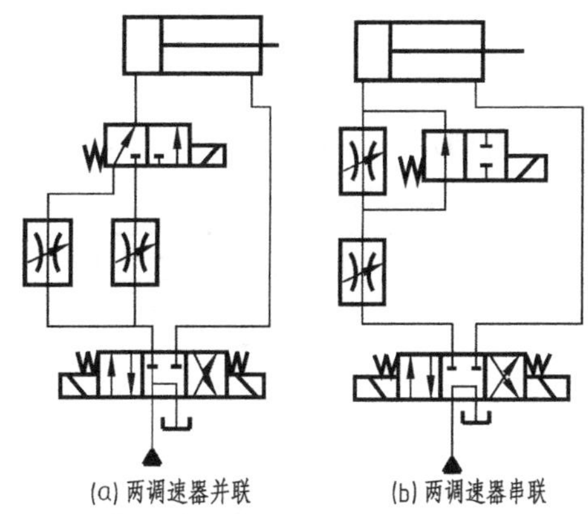

图 16-22　用两种调速阀的速度换接回路

(3) 方向控制回路

① 简单换向回路。简单换向回路只需在泵与执行元件之间采用标准的普通换向阀即可。

② 复杂换向回路。有两种典型的回路，时间控制制动式换向回路见图 16-23，行程控制

制动式换向回路见图 16-24。

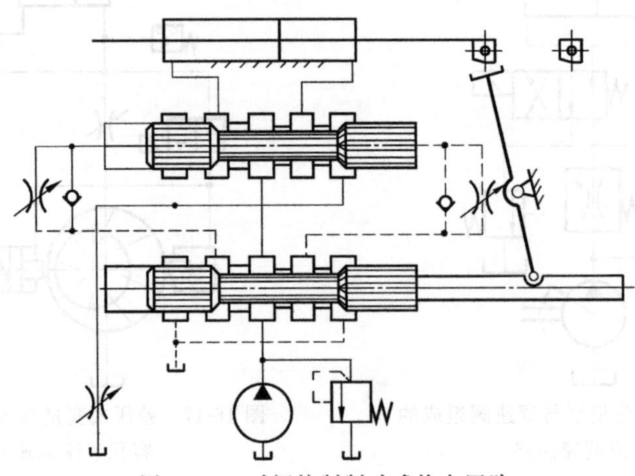

图 16-23 时间控制制动式换向回路

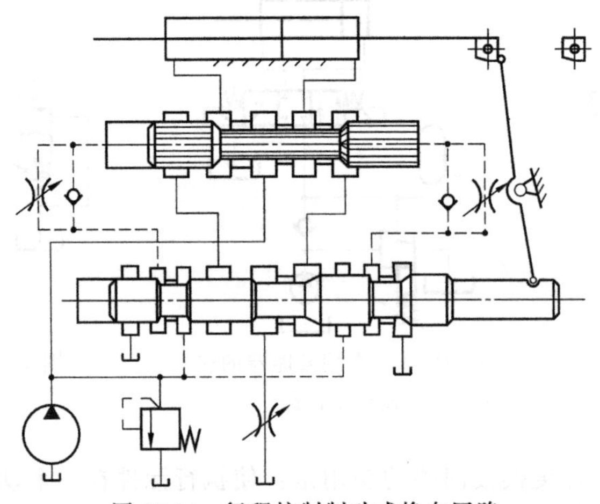

图 16-24 行程控制制动式换向回路

(4) 多缸(马达)工作控制回路

① 顺序动作回路。包括行程控制顺序动作回路见图 16-25，压力控制顺序动作回路见图 16-26，时间控制顺序动作回路见图 16-27。

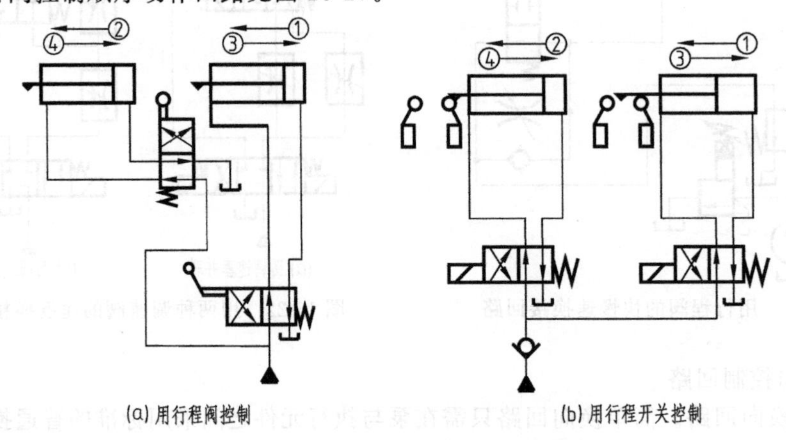

图 16-25 行程控制顺序动作回路

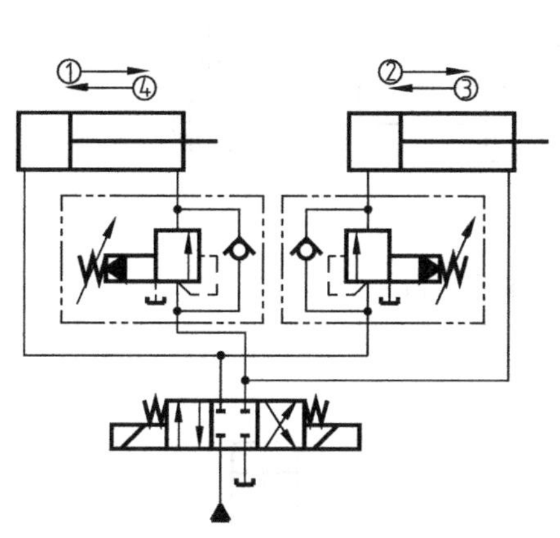

图 16-26　压力控制顺序动作回路

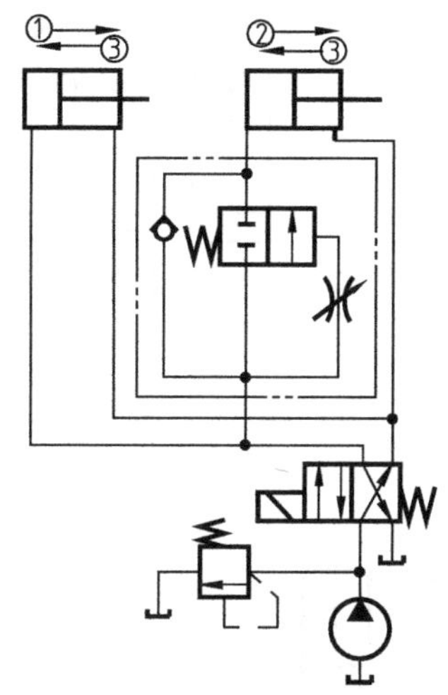

图 16-27　时间控制顺序动作回路

② 同步回路。容积式同步回路见图 16-28～图 16-32，节流式同步回路见图 16-33～图 16-35。

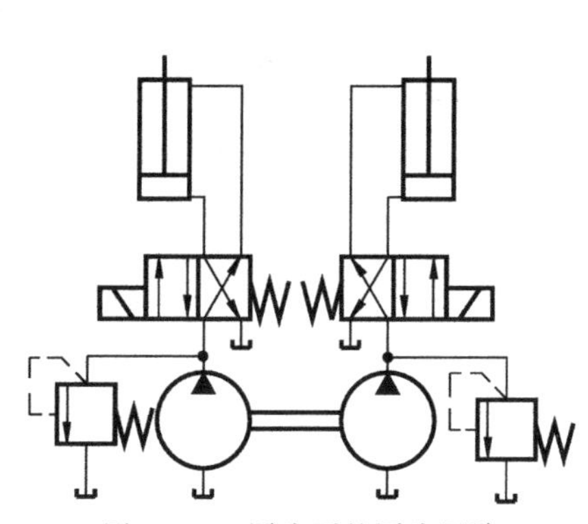

图 16-28　同步泵的同步回路

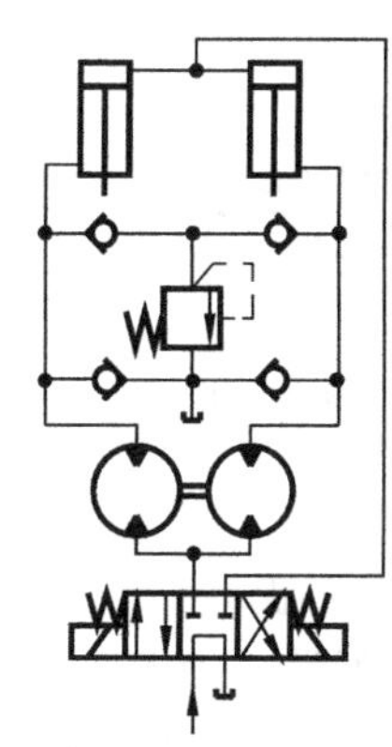

图 16-29　同步马达的同步回路

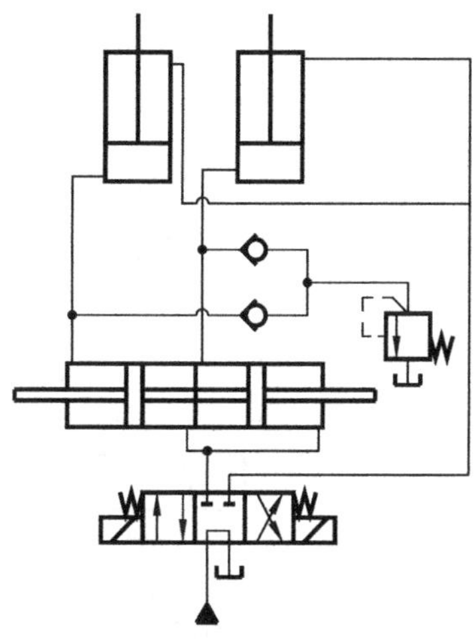

图 16-30　同步缸的同步回路

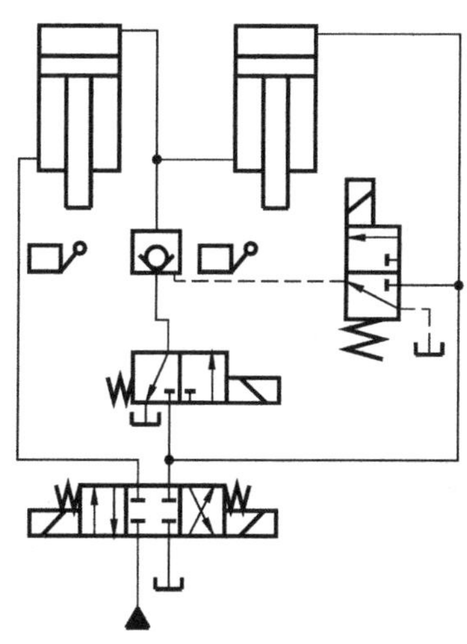

图 16-31　带补偿装置的串联缸同步回路

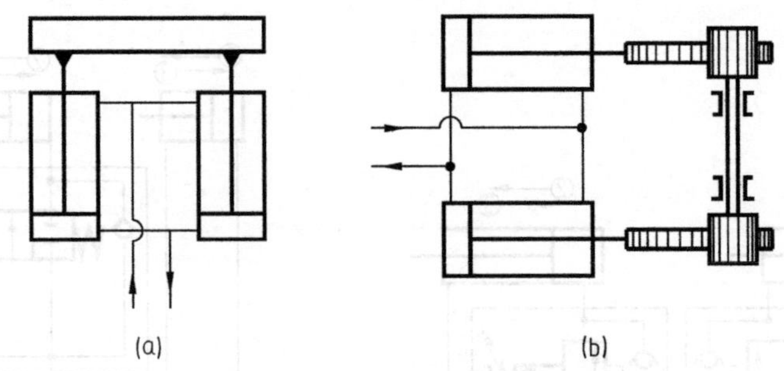

图 16-32 机械连接同步回路

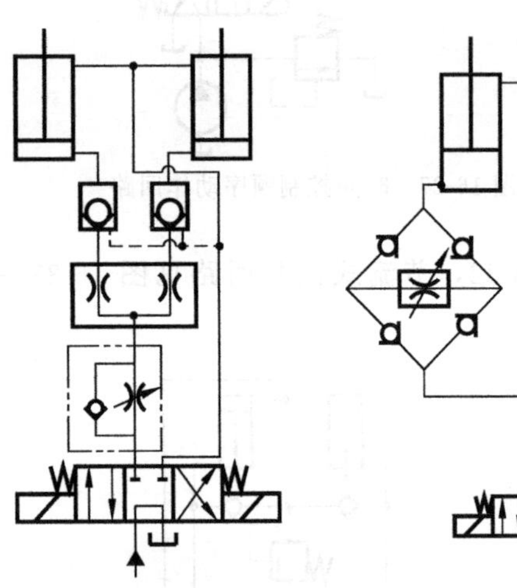

图 16-33 用分流集流阀的同步回路

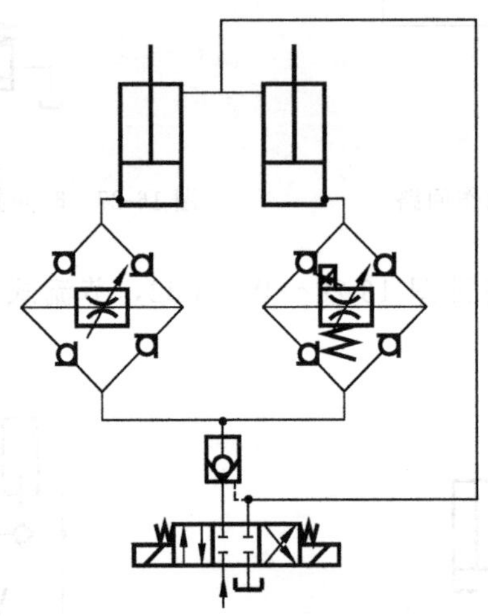

图 16-34 用电液比例调速阀的同步回路

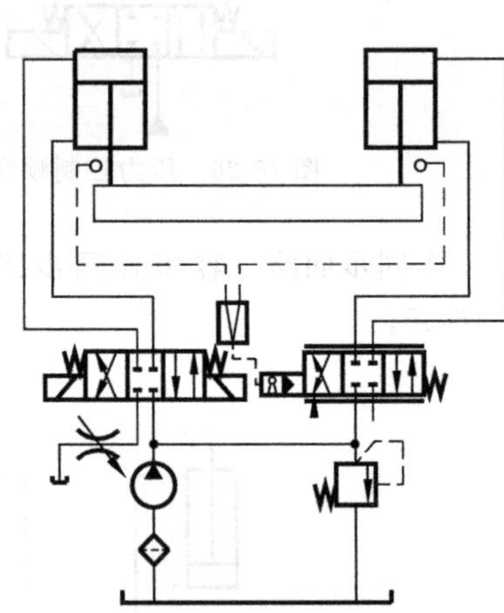

图 16-35 用电液伺服阀的同步回路

(5) 其他回路

① 锁紧回路，见图 16-36。

② 浮动回路，见图 16-37 和图 16-38。

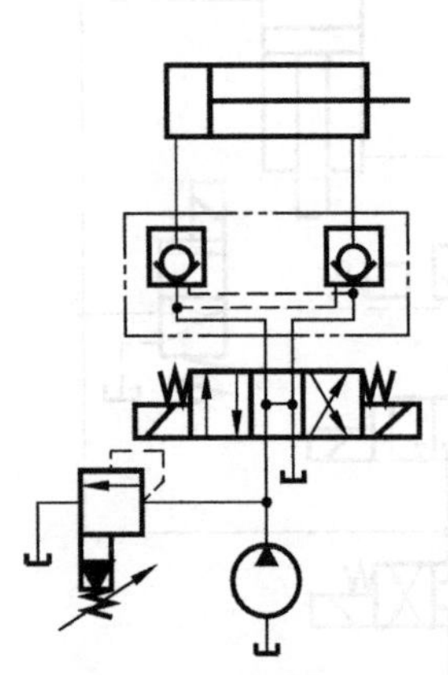

图 16-36 锁紧回路

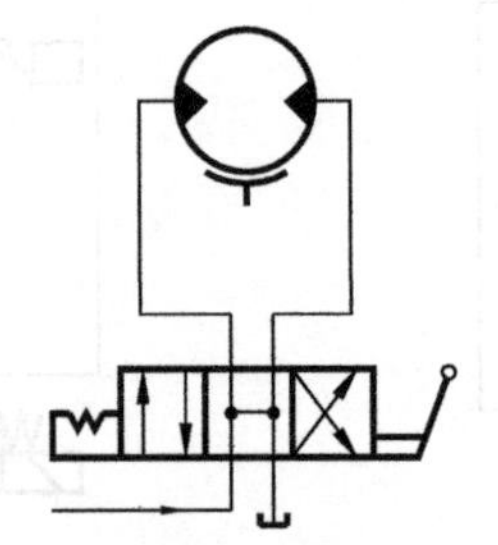

图 16-37 用 H 型三位四通阀的浮动回路

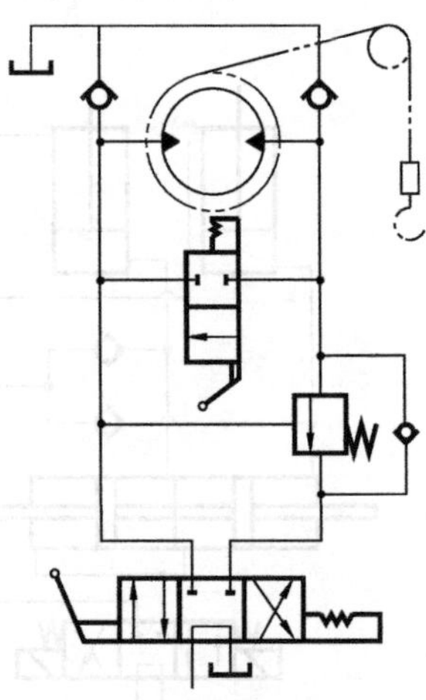

图 16-38 用三位四通阀的浮动回路

16.2.2　液压系统图画法

绘制液压系统原理图是整个设计工作中最主要的步骤，它对系统的性能以及设计方案的经济性、合理性具有决定性的影响。其一般方法是，根据动作和性能的要求先分别选择和拟定基本回路，然后将各个回路组合成一个完整的系统。

选择液压回路是根据系统的设计要求和工况图从众多的成熟方案中评比挑选出来的。选择时，既要考虑调速、调压、换向、顺序动作、动作互锁等要求，也要考虑节省能源、减少发热、减少冲击、保证动作精度等问题。

液压系统是按照本章介绍的标准图形符号绘制，把挑选出来的各种液压回路综合在一起，进行归并整理，增添必要的元件或辅助油路，使之成为完整的系统。系统图仅仅表示各个液压元件及它们之间的连接与控制方式，并不代表它们的实际尺寸大小和空间位置。

16.2.3　液压系统图识读实例

（1）识读液压系统图的技巧

正确、迅速地分析和阅读液压系统图，对于液压设备的设计、分析、研究、使用、维修、调整和故障排除等都具有重要的指导作用。

① 必须掌握液压元件的结构、工作原理、特点和各种基本回路的应用；了解液压系统的控制方式、职能符号及其相关标准。

② 结合液压设备及其液压原理图，多读多练，逐渐掌握各种典型液压系统的特点，对于今后阅读新的液压系统，可起到以点带面、触类旁通和熟能生巧的作用。

③ 阅读液压系统图的具体方法有传动链法、电磁铁工作循环表法和等效油路图法等。

（2）识读液压系统图的步骤

① 全面了解设备的功能、工作循环和对液压系统提出的各种要求，有助于我们进行有针对性的阅读。

② 仔细研究液压系统中所有液压元件及它们之间的联系，弄清各个液压元件的类型、原理、性能和功用。要特别注意用半结构图表示的专用元件的工作原理；要读懂各种控制装置及变量机构。

③ 仔细分析并写出各执行元件的动作循环和相应的油液所经过的路线。为便于阅读，最好先将液压系统中的各条油路分别进行编码，然后按执行元件划分读图单元，每个读图单元先看动作循环，再看控制回路、主油路。要特别注意系统从一种工作状态转换到另一种工作状态时，是由哪些元件发出的信号，又是使哪些控制元件动作并实现的。

（3）液压系统图的分析

在读懂液压系统原理图的基础上，还必须进一步对该系统进行分析，这样才能评价液压系统的优缺点，使设计的液压系统性能不断完善。液压系统图的分析可考虑以下几个方面：

① 液压基本回路的确定是否符合主机的动作要求；

② 各主油路之间、主油路与控制油路之间有无矛盾和干涉现象；

③ 液压元件的代用、变换和合并是否合理、可行；

④ 液压系统的特点、性能的改进方向。

（4）识读实例

【例 16-1】 北起 QY8 型汽车起重机液压系统图识读。

如图 16-39 所示，以北起 QY8 型汽车起重机液压系统图为例，介绍液压系统图的识读方法。

图 16-39 表达了液压系统的机构组成与工作原理。QY8 型汽车起重机的起重作业由升降机构、变幅机构、伸缩机构、回转机构、支腿部分等组成，全部为液压驱动，液压泵驱动力由汽车发动机提供。从液压泵排出的高压油，经操纵阀分配，流向液压马达或液压缸，进

行各种动作。

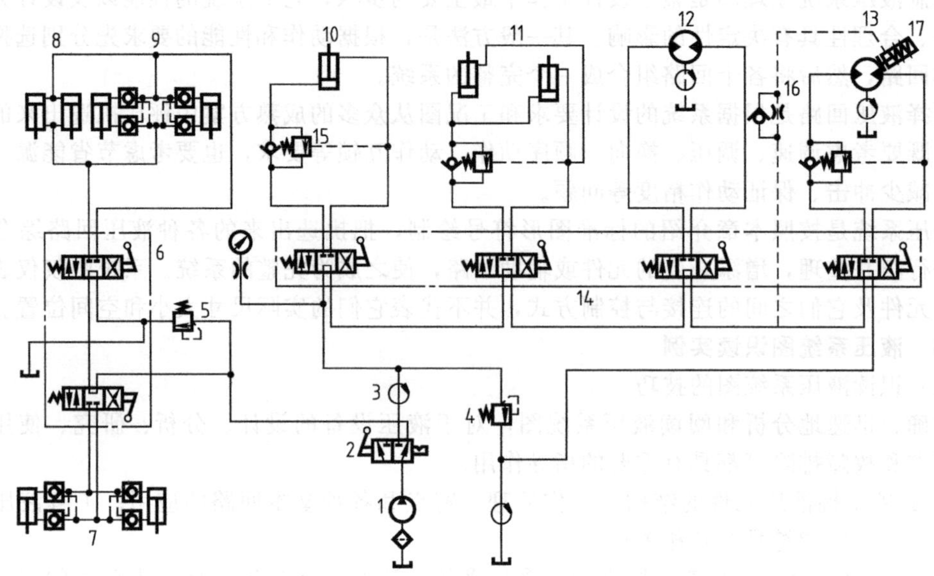

图 16-39 QY8 型汽车起重机液压系统原理图

1—柱塞泵；2—切换阀；3—中心回转接头；4—上车溢流阀；5—下车溢流阀；6—支腿操纵阀；7—前支腿；8—稳定器；9—后支腿；10—吊臂伸缩液压缸；11—吊臂变幅液压缸；12—上车回转马达；13—起升马达；14—上车操纵阀；15—平衡阀；16—单向节流阀；17—制动器液压缸

QY8 型汽车起重机液压系统包括下车回路和上车回路，高压柱塞泵 1 输出的压力油经两位两通手动换向阀 2 切换后分别为上、下车回路供油。下车回路由两个三位四通手动换向阀分别驱动前、后支腿液压缸和支腿稳定器液压缸。上车回路由四个三位四通手动换向阀分别驱动吊臂伸缩液压缸、吊臂变幅液压缸、上车回转马达和起升马达。当所有换向阀都处于中位时，液压泵通过换向阀的 M 型中位机能卸荷。

① 稳定支腿回路。稳定器液压缸的作用是在下放后支腿前，先将原来被车重压缩的后桥板簧锁住，使支腿升起时车轮不再与地面接触。该装置使起重作业时支腿升起的高度较小，使整车的重心较低，稳定性好。支腿回路的操作要求是：起重作业前先放后支腿，后放前支腿；作业结束后先收前支腿，再收后支腿。

② 吊臂伸缩回路。吊臂伸缩液压缸的下腔连接了平衡阀 15，其作用是为了防止伸缩液压缸及其工作部件在悬空停止期间因自重而自行下滑，或在下行运动中由于自重而造成失控超速的不稳定运动。该平衡阀由单向阀和外控式顺序阀并联构成。液压缸上行时，液压油由单向阀通过；液压缸下行时，必须靠上腔进油压力打开顺序阀，而使进油路保持足够压力的前提是液压缸必须缓慢、稳定地下落。吊臂变幅液压缸和起升马达的油路也有相同的平衡阀设计。

③ 变幅回路。变幅回路是由一个三位四通手动换向阀控制两个活塞式液压缸，用以改变起重机吊臂的俯仰角度。

④ 上车回转回路。上车回转回路控制一个液压马达的双向转动，液压马达通过齿轮—外齿圈机构驱动起重机上车转台回转。因其转速低，惯性力小，制动换向时对油路的压力冲击小，所以未设置双向缓冲装置。

⑤ 升降回路。升降回路是控制一个大转矩液压马达，用以带动绞车完成重物的提升和下落。单向节流阀 16 的作用是，避免升至半空的重物再次起升之前，由于重物使马达反转而产生滑降现象。制动器液压缸 17 与回油接通，靠弹簧力使起重机制动，只有当起升换向

阀工作，马达转动的情况下，制动器液压缸才将制动瓦块松开。

稳定支腿回路、吊臂伸缩回路、变幅回路、上车回转回路以及升降回路的工作油路分别是：

① 稳定支腿回路。

后支腿下放进油路：油箱→滤油器→高压柱塞泵→分路阀右位→前支腿换向阀中位→后支腿换向阀右位→稳定器油缸，锁住板簧→液压锁→后支腿油缸上腔。

后支腿下放回油路：后支腿油缸上腔→液压锁→后支腿换向阀右位→油箱，后支腿下放。

前支腿下放进油路：油箱→滤油器→高压柱塞泵→分路阀右位→前支腿换向阀左位→液压锁→前支腿油缸上腔。

前支腿下放回油路：前支腿油缸下腔→液压锁→前支腿换向阀左位→后支腿换向阀中位→油箱，前支腿下放。

后支腿收回进油路：油箱→滤油器→高压柱塞泵→分路阀右位→前支腿换向阀中位→后支腿换向阀左位→稳定器油缸，放开板簧→液压锁→后支腿油缸下腔。

后支腿收回回油路：后支腿油缸上腔→液压锁→后支腿换向阀左位→油箱，后支腿收回。

前支腿收回进油路：油箱→滤油器→高压柱塞泵→分路阀右位→前支腿换向阀右位→液压锁→前支腿油缸下腔。

前支腿收回回油路：前支腿油缸上腔→液压锁→前支腿换向阀右位→后支腿换向阀中位→油箱。前支腿收回。

② 吊臂伸缩回路。

臂梁伸出进油路：油箱→滤油器→高压柱塞泵→分路阀左位→中心回转接头→伸缩换向阀左位→单向阀→吊臂伸缩油缸大腔。

臂梁伸出回油路：伸缩油缸小腔→伸缩换向阀左位→变幅换向阀中位→回转换向阀中位→起升换向阀中位→中心回转接头→油箱。

臂梁收回进油路：油箱→滤油器→高压柱塞泵→分路阀左位→中心回转接头→伸缩换向阀右位→伸缩油缸小腔。

臂梁收回回油路：伸缩油缸大腔→伸缩平衡法→伸缩换向阀右位→变幅换向阀中位→回转换向阀中位→起升换向阀中位→中心回转接头→油箱。

③ 变幅回路。

增幅进油路：油箱→滤油器→高压柱塞泵→分路阀左位→中心回转接头→伸缩换向阀中位→变幅换向阀左位→单向阀→变幅油缸大腔。

增幅回油路：变幅油缸小腔→变幅换向阀左位→回转换向阀中位→起升换向阀中位→中心回转接头→油箱。

减幅进油路：油箱→滤油器→高压柱塞泵→分路阀左位→中心回转接头→伸缩换向阀中位→变幅换向阀右位→变幅油缸小腔。

减幅回油路：变幅油缸大腔→变幅平衡阀→变幅换向阀右位→回转换向阀中位→起升换向阀中位→中心回转接头→油箱。

④ 上车回转回路。

上车右转进油路：油箱→滤油器→高压柱塞泵→分路阀左位→中心回转接头→伸缩换向阀中位→变幅换向阀中位→回转换向阀左位→回转马达左腔。

上车右转回油路：回转马达右腔→回转换向阀左位→起升换向阀中位→中心回转接头→油箱。

上车左转进油路：油箱→滤油器→高压柱塞泵→分路阀左位→中心回转接头→伸缩换向阀中位→变幅换向阀中位→回转换向阀右位→回转马达右腔。

上车左转回油路：回转马达左腔→回转换向阀右位→起升换向阀中位→中心回转接头→油箱。

⑤ 升降回路。

起升重物进油路：油箱→滤油器→高压柱塞泵→分路阀左位→中心回转接头→伸缩换向阀中位→变幅换向阀中位→回转换向阀中位→起升换向阀左位（同时→单向节流阀→松开起升制动缸）→单向阀→起升马达左腔。

起升重物回油路：起升马达右腔→起升换向阀左位→中心回转接头→油箱。

下落重物进油路：油箱→滤油器→高压柱塞泵→分路阀左位→中心回转接头→伸缩换向阀中位→变幅换向阀中位→回转换向阀中位→起升换向阀右位（同时→单向节流阀→松开起升制动缸）→起升马达右腔。

下落重物回油路：起升马达左腔→起升平衡阀→起升换向阀右位→中心回转接头→油箱。

【例 16-2】 北起 QY8 与浦沅 QY16 两个汽车起重机液压系统的不同特点。

见图 16-40，以识读液压系统图为基础，试比较北起 QY8 与浦沅 QY16 两个汽车起重机液压系统的不同特点。

浦沅 QY16 汽车起重机的起重作业由起升机构、变幅机构、伸缩机构、回转机构、支腿部分等组成，全部为液压驱动，其驱动力由汽车的发动机提供。发动机通过取力器驱动双联齿轮泵，从液压泵排出的高压油，经操纵阀分配，流向液压马达和液压缸，进行各种动作。

如图 16-40 所示，与 QY8 型汽车起重机液压系统相比，浦沅 QY16 型汽车起重机液压系统具有如下特点：

① 对于支腿收放回路，当下车收放控制阀处于下位时，可用水平缸和竖直缸控制阀分别控制水平缸和竖直缸伸出；当下车收放控制阀处于上位时，可用水平缸和竖直缸控制阀分别控制水平缸和竖直缸收回。

② 因上车惯性力大，制动换向时对油路的压力冲击也大，所以需在回转油路中设置双向缓冲装置。

③ 离合器操纵阀可控制卷筒与卷扬马达动力的结合与分离。

④ 自由落钩电磁球阀通电时，可使马达制动缸松开制动，实现空钩的快速自由落钩。同时，自由落钩制动踏板可使自由落钩速度降下来。

⑤ 两个调整为 21MPa 的先导式溢流阀的作用是保证安全压力，它们的卸荷由二位四通电磁换向阀实现。

⑥ 系统还设置了冷却、精滤装置。

【例 16-3】 分析徐工 QY16C 汽车起重机液压系统的特点。

见图 16-41，以识读液压系统图为基础，分析徐工 QY16C 汽车起重机液压系统的特点。

徐工 QY16C 汽车起重机的起重作业由起升机构、变幅机构、伸缩机构、回转机构、支腿部分等组成，全部为液压驱动。汽车发动机经取力器驱动一个三联齿轮泵，得到高压油。从液压泵排出的高压油，经操纵阀分配，流向液压马达或液压缸，进行各种动作。

其液压系统工作原理与前两种车型相比，具有如下特点：

① 上车因惯性力大，制动换向时对油路的压力冲击也大，所以需要在系统中设置制动踏板，控制马达制动缸制动。

② 采用减压阀为储能器提供降低的、稳定的压力。

③ 卷扬马达为伺服变量马达。当负载较小时，卷扬马达进口压力较低，二位三通液动

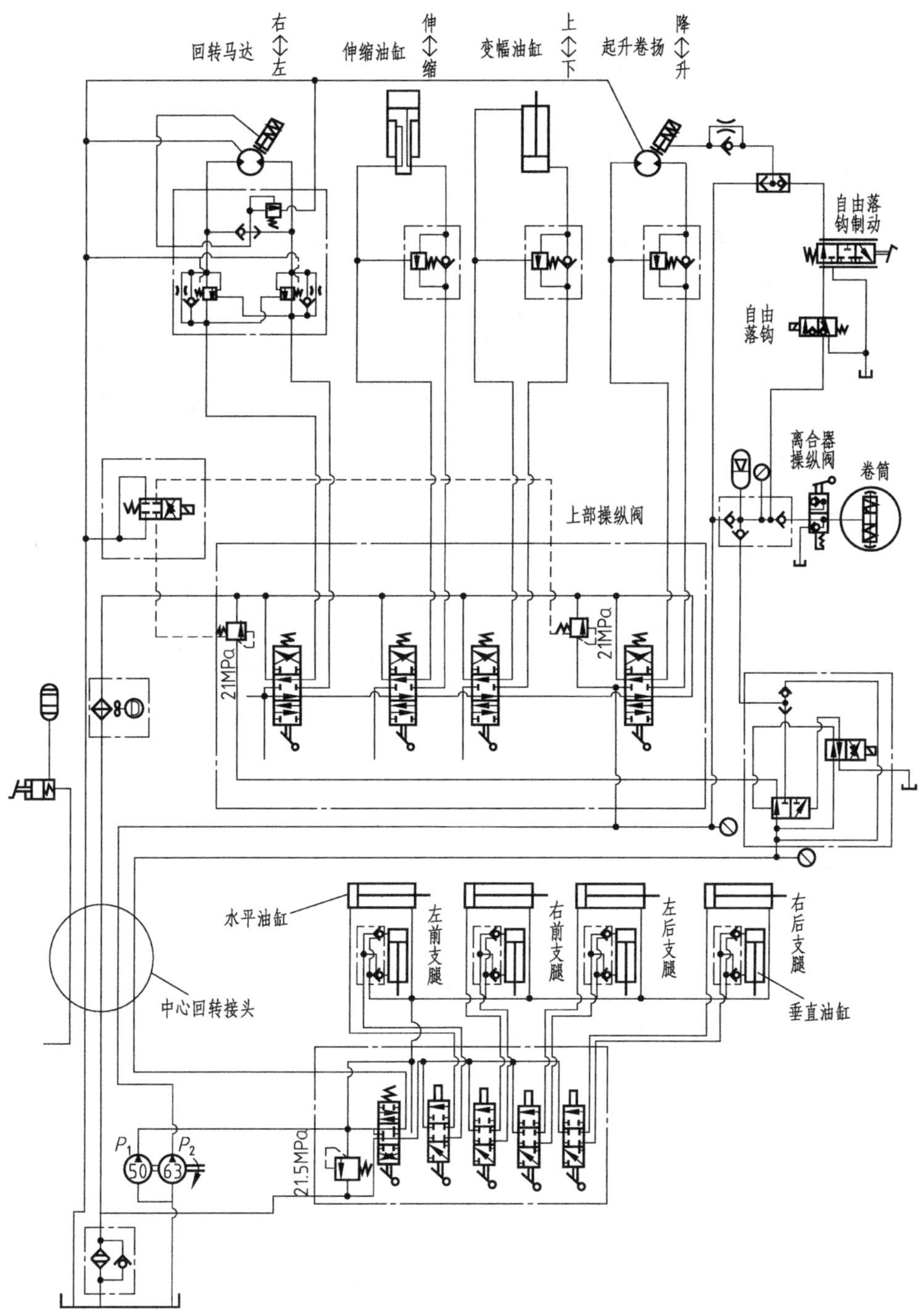

图16-40 浦沅QY16型汽车起重机液压系统图

换向阀处于右位，变量缸使卷扬马达排量处于较小位置，卷扬马达处于高速小扭矩工作点；当负载较大时，卷扬马达进口的压力较高，二位三通液动换向阀处于左位，变量缸使卷扬马达排量处于加大位置，卷扬马达处于低速大扭矩工作点。

④ 制动油路采用踏板位置控制制动力的原理。当踏下踏板时，伺服阀下移，压力油与活塞缸差动连接，活塞缸下移，推动制动泵输出一定的压力油，使制动液压缸制动，同时，活塞缸使伺服阀阀套移动，将伺服阀关闭。

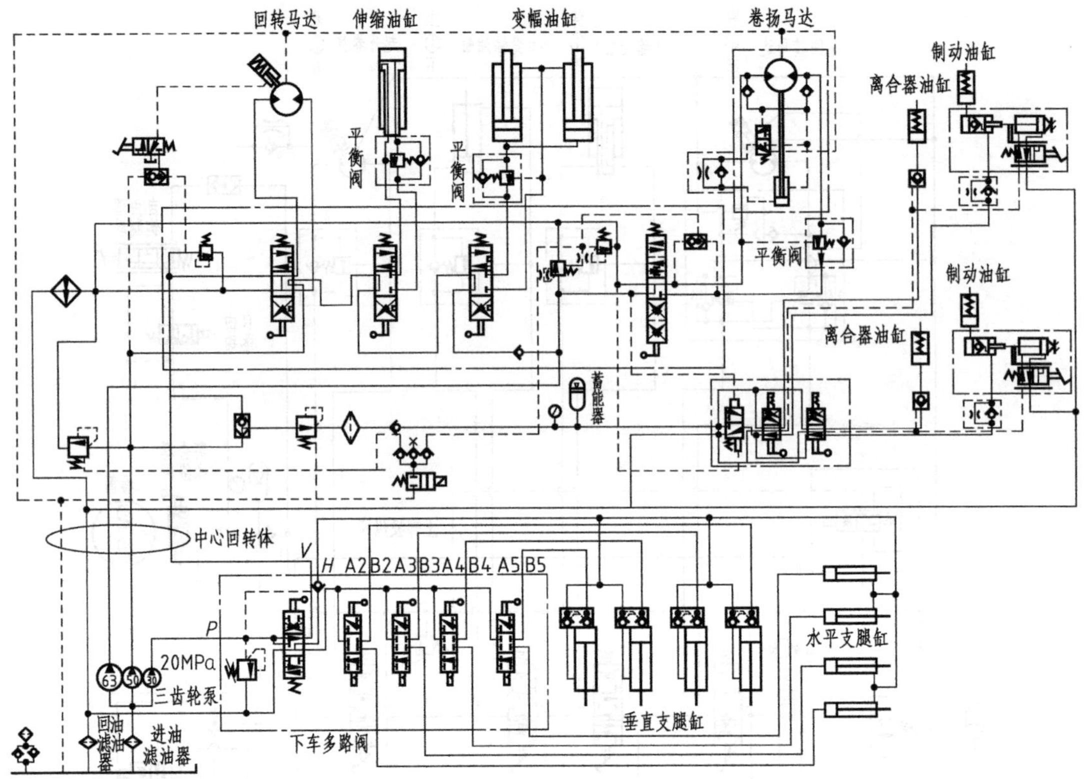

图 16-41 徐工 QY16C 汽车起重机液压系统图

16.3 气动系统图

16.3.1 气动系统图画法

气动系统是按照本章介绍的标准图形符号绘制，与液压系统图一样，把挑选出来的各种气动回路综合在一起，进行归并整理，增添必要的元件或辅助油路，使之成为完整的系统。

16.3.2 气动系统图识读实例

(1) 气动系统图识读基础

在阅读气动系统图时，其读图技巧一般可归纳为：

① 看懂图中各气动元件的图形符号，了解它的名称及一般用途。

② 分析图中的基本回路及功用。

首先，必须指出的是，由于一个空压机能向多个气动回路供气，因此，通常在设计气动回路时，压缩机是另行考虑的，在回路图中也往往被省略，但在设计时必须考虑原空压机的容量，以免在增设回路后引起使用压力下降。

其次，气动回路一般不设排气管道，即不像液压那样一定要将使用过的油液排回油箱。

最后，气动回路中气动元件的安装位置对其功能影响很大，对空气过滤器、减压阀、油雾器的安装位置更需特别注意。

③ 了解系统的工作程序及程序转换的发信元件。

④ 按工作程序图逐个分析其程序动作。这里特别要注意主控阀芯的切换是否存在障碍。若设备说明书中附有逻辑框图，则用它作为指引来分析气动回路原理图将更加方便。

⑤ 一般规定将工作循环中的最后程序终了时的状态作为气动回路的初始位置（或静止

位置），因此，回路原理图中控制阀及行程阀的供气及进出口的连接位置，应按回路初始位置状态连接。这里必须指出的是回路处于初始位置时，回路中的每个元件并不一定都处于静止位置（原位）。

⑥ 一般所介绍的回路原理图，仅是整个气动控制系统中的核心部分，一个完整的气动系统还应有气源装置、气源调节装置（气动三联件）及其他气动辅助元件等。

（2）识读实例

【例 16-4】 识读气液动力滑台气压传动系统图。

见图 16-42，以气液动力滑台气压传动系统图为例介绍气动系统图的识读方法。

气液动力滑台采用气—液阻尼缸作为执行元件。由于它的上面可安装单轴头、动力箱或工件，因而在机床上常用作实现进给运动的部件。图 16-42 为气液动力滑台的回路原理图，读图步骤如下：

图中阀 1、2、3 和阀 4、5、6 实际上分别被组合在一起，成为两个组合阀。完成下面两种工作循环。

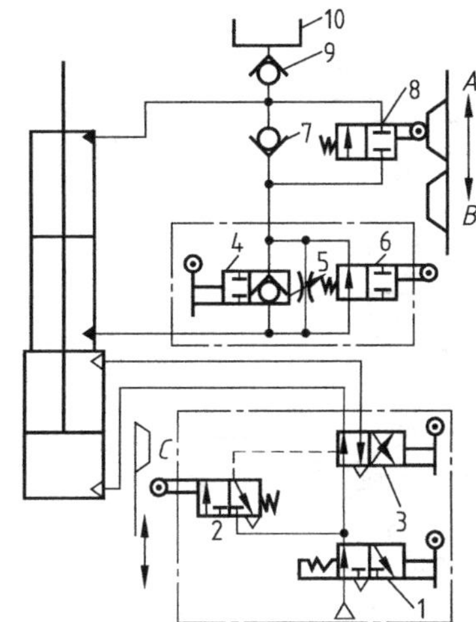

图 16-42　气液动力滑台气压传动系统图

1,3,4—手动阀；2,6,8—行程阀；5—节流阀；7,9—单向阀；10—补油箱

（1）快进、慢进、快退、停止

当图中阀 4 处于图示状态时，就可实现上述循环的进给程序，其动作原理为：

当手动阀 3 切换至右位时，实际上就是给予进刀信号，在气压作用下，气缸中活塞开始向下运动，液压缸中活塞下腔的油液经行程阀 6 的左位和单向阀 7 进入液压缸活塞的上腔，实现了快进；当快进到活塞杆上的挡铁 B 切换行程阀 6（使它处于右位）后，油液只能经节流阀 5 进入活塞上腔，调节节流阀的开度，即可调节气液阻尼缸运动速度，所以，这时才开始慢进，工作进给；当慢进到挡铁 C 使行程阀 2 切换至左位时，输出气信号使阀 3 切换至左位，这时气缸活塞开始向上运动。液压缸活塞上腔的油液经阀 8 的左位和手动阀 4 的单向阀进入液压缸的下腔，实现了快退；当快退到挡铁 A 切换阀 8 至图示位置而使油液通道被切断时，活塞就停止运动。所以改变挡铁 A 的位置，就能改变“停”的位置。

（2）快进、慢进、慢退、快退、停止

把手动阀 4 关闭（处于左位）时，就可实现上述的双向进给程序，其动作原理为：

其动作循环中的快进、慢进的动作原理与上述相同。当慢进至挡铁 C 切换行程阀 2 至左位时，输出气信号使阀 3 切换至左位，气缸活塞开始向上运动，这时液压缸活塞上腔的油液经行程阀 8 的左位和节流阀 5 进入液压缸活塞下腔，即实现了慢退（反向进给）；当慢退到挡铁 B 离开阀 6 的顶杆而使其复位（处于左位）后，液压缸活塞上腔的油液就经阀 8 的左位、再经阀 6 的左位而进入液压缸活塞下腔，开始快退；快退到挡铁 A 切换阀 8 至图示位置时，油液通路被切断，活塞就停止运动。

图中补油箱 10 和单向阀 9 仅仅是为了补偿系统中漏油而设置的，因而一般可用油杯来代替。

【例 16-5】 见图 16-44，识读气动机械手气压传动系统图。

见图 16-44，以气动机械手气压传动系统图为例，介绍气动系统图的识读方法。

图 16-43 是用于某专用设备上的气动机械手的结构示意图，它由 4 个气缸组成，可在三个坐标内工作。图中 A 为夹紧缸，其活塞退回时夹紧工件，活塞杆伸出时松开工件。B 为长臂伸缩缸，可实现伸出和缩回动作。C 为立柱升降缸。D 为立柱回转缸，若要求该气缸有两个活塞，分别转该带齿条的活塞杆两头，齿条的往复运动带动立柱上的齿轮旋转，从而实现立柱的回转。

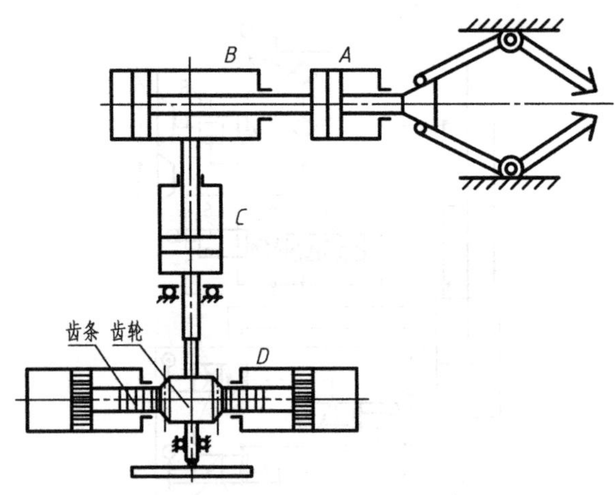

图 16-43 气动机械手结构示意图

图 16-44 是气动机械手的回路原理图，若要求该机械手的动作顺序为：立柱下降 C_0→伸臂 B_1→夹紧工件 A_0→缩臂 B_0→立柱顺时针转 D_1→立柱上升 C_1→放开工件 A_1→立柱逆时针转 D_0，则该传动系统的工作顺序分析如下：

① 按下气动阀 q，主控阀 C 将处于 C_0 位，活塞杆退回，即得到 C_0；

② 当 C 缸活塞杆上的挡铁碰到 c_0，则控制气将使主控阀 B 处于 B_1 位，使 B 缸活塞杆伸出，即得到 B_1；

③ 当 B 缸活塞杆上的挡铁碰到 b_1，则控制气将使主控阀 A 处于 A_0 位，A 缸活塞杆退回，即得到 A_0；

④ 当 A 缸活塞杆上的挡铁碰到 a_0，则控制气将使主控阀 B 处于 B_0 位，B 缸活塞杆退回，即得到 B_0；

⑤ 当 B 缸活塞杆上的挡铁碰到 b_0，则控制气将使主控阀 D 处于 D_1 位，D 缸活塞杆往右，即得到 D_1；

⑥ 当 D 缸活塞杆上的挡铁碰到 d_1，则控制气将使主控阀 C 处于 C_1 位，使 C 缸活塞杆伸出，得到 C_1；

⑦ 当 C 缸活塞杆上的挡铁碰到 c_1，则控制气将使主控阀 A 处于 A_1 位，使 A 缸活塞杆伸出，得到 A_1；

⑧ 当 A 缸活塞杆上的挡铁碰到 a_1，则控制气将使主控阀 D 处于 D_0 位，使 D 缸活塞杆往左，得到 D_0；

⑨ 当 D 缸活塞杆上的挡铁碰到 d_0，则控制气经启动阀 q 又使主控阀 C 处于 C_0 位，于是新的一轮工作循环又重新开始。

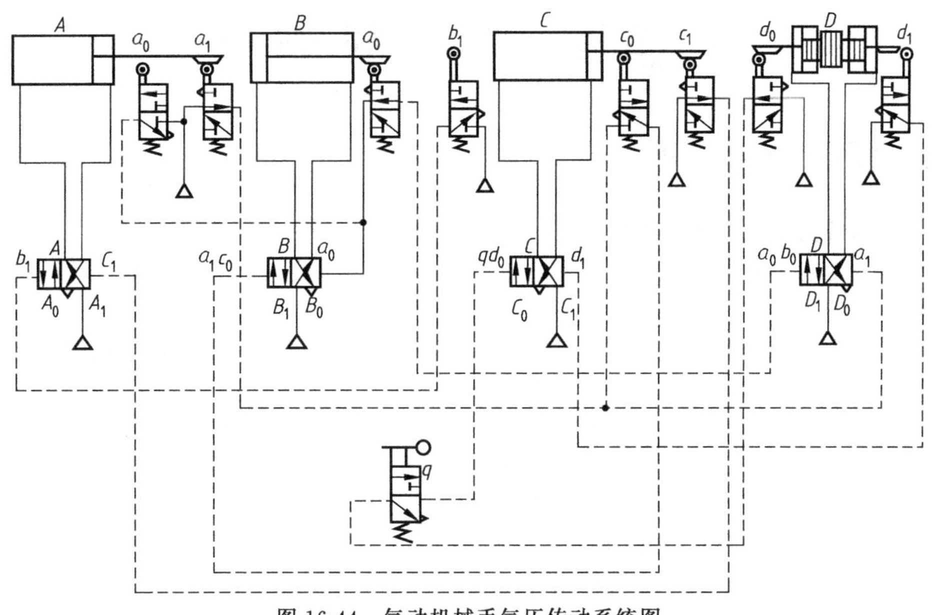

图 16-44　气动机械手气压传动系统图

第 17 章　管路系统简图、管道布置图、管道轴测图

17.1　管路系统简图

17.1.1　绘制管路系统图的基本原则

管路系统中常用的图形符号是按形象化、简化、清晰和便于手工、计算机绘图及缩微复制等要求制订的。

管路系统中常用的图形符号是按管路为水平时绘制的，也适用于任何位置的管路，但图形符号内的字符、指针等仍按管路为水平时表示。

管路系统中常用的图形符号一般用线宽 $d=0.5\sim2$mm 的图线绘制，对管件、阀门及控制元件等图形符号允许用细线（线宽约为 $d/2$）绘制，同一图样上图形符号的各类线型宽度应分别保持一致，两平行线间的最小距离应为 0.7mm。

位于图形符号内或与符号组合在一起使用的字母、数字和所有其他字符，应按直体书写，它们的线宽应与符号本身的线宽相同。

功能相关的图形符号应成组设计，可由一基本符号与附加符号或符号要素组成。成组符号的特征是：形状相似或含义相似或所表示的对象相似或用法相似等。

未作规定的管路系统中的图形符号可根据本标准的原则组合或派生。

管路系统中常用的图形符号一般在单线管路中使用。必要时，也可用于双线管路。

在应用时，图形符号的大小可适当地按比例放大或缩小。

17.1.2　管路的图形符号

（1）管路及其连接形式

管路的符号和管路的一般连接形式，见表 17-1。

（2）管路中介质的类别代号

管路中常用介质的类别代号应采用表 17-1 中的规定，管路中其他介质的类别代号用相应的英文名称的第一位大写字母表示，如与表 17-1 中规定的类别代号重复时，则用前两位大写字母表示。也可采用该介质化合物分子式符号（如硫酸为 H_2SO_4）或国际通用代号（如聚氯乙烯为 PVC）表示其类别。必要时，可在类别代号的右下角注上阿拉伯数字，以区别该类介质的不同状态和性质。

（3）管路的标注

对无缝钢管或有色金属管管路，应采用“外径×壁厚”标注，如“108×4”，其中，双引号（“　”）允许省略，见表 17-1。

对水、煤气输送钢管、铸铁管、塑料管等其他管路应采用公称通径“DN”标注，见表 17-1。

（4）标高的形式

标高符号采用表 17-1 中的两种形式。一般情况下，当注写位置不够时，才采用表中的第二种标高符号。

表 17-1 管路的图形符号（GB/T 6567.2—2008）

名称		符号
管路	可见管路 不可见管路 假想管路	
	表示介质的状态、类别和性质	
	挠性管、软管	
	保护管	
	保温管	
	夹套管	
	蒸汽伴热管	
	电伴热管	
	交叉管	d $5d_{min}$
	相交管	d $3d$～$5d$
	弯折管	
	介质流向	
	管路坡度	0.002 3° 1:500

名称			符号
管路一般连接形式	螺纹连接		
	法兰连接		
	承插连接		
	焊接连接		d $3d$～$5d$
管路中常用介质的类别符号	空气		A
	蒸汽		S
	油		O
	水		W
管路的标注	管径	对无缝钢管或有色金属管路，应采用“外径×壁厚”标注。如图中的 $\phi 108\times 4$，ϕ 允许省略	Wϕ108×4 Sϕ32×3 ADN40
		对水、煤气输送钢管、铸铁管、塑料管等其他管路应采用公称通径“DN”标注	WDN25
	标高符号	一般采用的形式	h 45° h 约为3.5～5mm
		也可采用的形式	

标高的单位一律为 m。

管路一般注管中心的标高。必要时，也可注管底的标高。

标高一般注至小数点以后二位。

零点标高注成±0.00，正标高前可不加正号（+），但负标高前必须加注负号（−），见图 17-1。

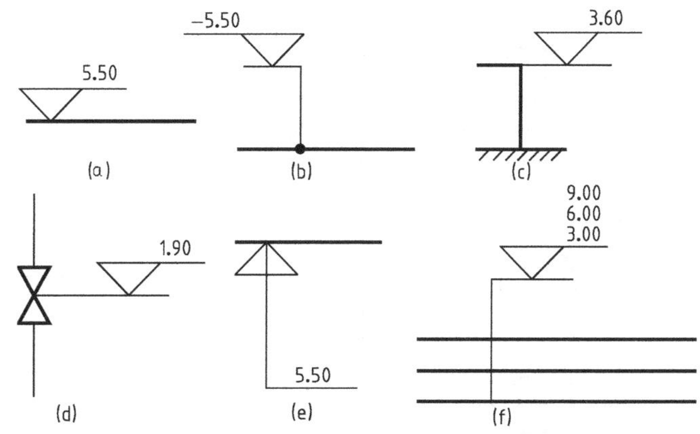

图 17-1 标高的标注形式

标高一般应标注在管路的起始点、末端、转弯及交点处，如图 17-1(a)、(b)、(c)、(d)、(e)。

如需同时表示几个不同的标高时，可按图 17-1(f) 的方式标注。

17.1.3 管件的图形符号

管件包括：管接头、管帽、伸缩器、管架等。管件的图形符号见表 17-2。

表 17-2 管件的图形符号 (GB/T 6567.3—2008)

名称			符号
管接头	弯头(管)		
	三通		
	四通		
	活接头		
	外接头		
	内外螺纹接头		
	同心异径管接头		
	偏心异径管接头	同底	
		同顶	
	双承插管接头		
	快换接头		
管帽及其他	螺纹管帽		
	堵头		
	法兰盘		
	盲板		
	管间盲板		
伸缩器	波形伸缩器		
	套筒伸缩器		
	矩形伸缩器		
	弧形伸缩器		
	球形铰接器		

名称			符号
管架	固定管架	一般形式	
		支(托)架	
		吊架	
	活动管架	一般形式	
		支(托)架	
		吊架	
		弹性支(托)架	
		弹性吊架	
	导向管架	一般形式	
		支(托)架	
		吊架	
		弹性支(托)架	
		弹性吊架	

17.1.4 阀门和控制元件的图形符号

阀门和控制元件的图形符号见表 17-3。

表 17-3 阀门和控制元件的图形符号（GB/T 6567.4—2008）

名称			符号	名称		符号
常用阀门	截止阀			阀门与管路一般连接形式	螺纹连接	
	闸阀				法兰连接	
	节流阀				焊接连接	
	球阀			控制元件	手动、脚动元件	
	蝶阀				自动元件	
	隔膜阀				带弹簧薄膜元件	
	旋塞阀				不带弹簧薄膜元件	
	止回阀		流向由空白三角形至非空白三角形		活塞元件	
	安全阀	弹簧式			电磁元件	Σ
		重锤式			电动元件	M
	减压阀		小三角形一端为高压阀		弹簧元件	
	疏水阀				浮球元件	
	角阀				重锤元件	
	三通阀				遥控	至……
	四通阀					

续表

名　　称		符　　号	名　　称		符　　号
组合方式	人工控制阀		传感元件	水准传感元件	
	电动阀	M	指示表和记录仪	指示表(计)	
传感元件	温度传感元件			记录仪	
	压力传感元件		组合示例	温度指示表(计)	
	流量传感元件			湿度记录仪	
	湿度传感元件				

17.1.5　管路系统简图

图 17-2 为应用管路常用符号的管路系统简图示例。

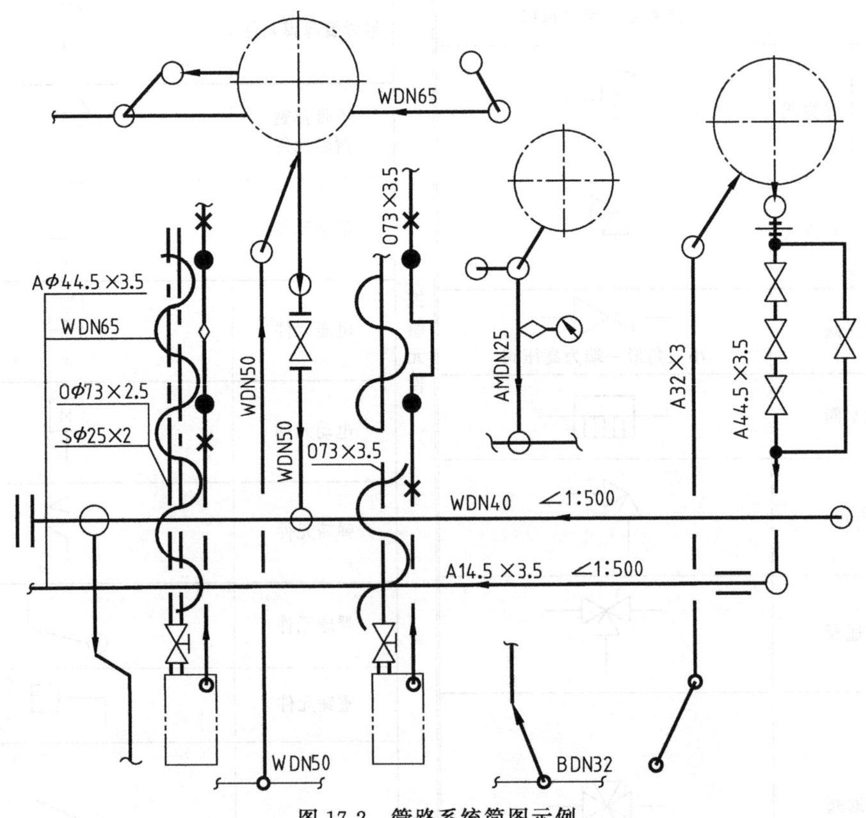

图 17-2　管路系统简图示例

W—水；B—碱液；A—压缩空气；O—油；AM—氨；S—蒸汽

17.2 管道布置图

管道布置图又称配管图，主要表达管道及其附件在车间或装置内外的空间位置、尺寸和规格，以及与有关机器、设备的连接关系。配管图是管道安装施工的重要技术文件。

17.2.1 管道规定画法

① 管道表示法。在管道布置中，公称通径（DN）大于和等于 400mm（或 16in）的管道，用双线表示，小于和等于 350mm（或 14in）的管道用单线表示。如果在管道布置图中，大管道的口径不多时，则公称通径（DN）大于或等于 250mm（或 10in）的管道用双线表示，小于或等于 200mm（8in）的管道，用单线表示，见图 17-3。

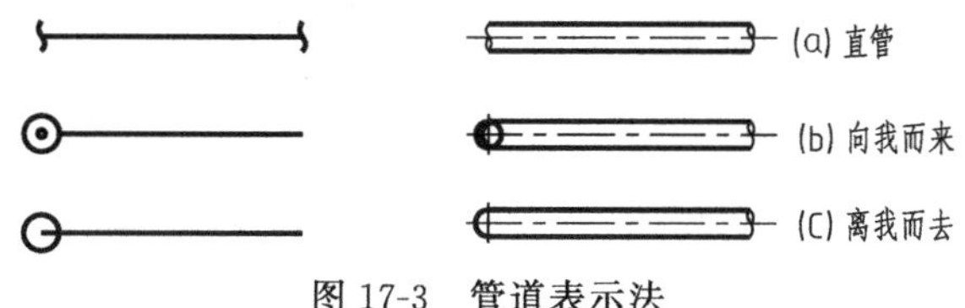

图 17-3　管道表示法

② 管道折弯表示法。管道各种折弯表示法见图 17-4。

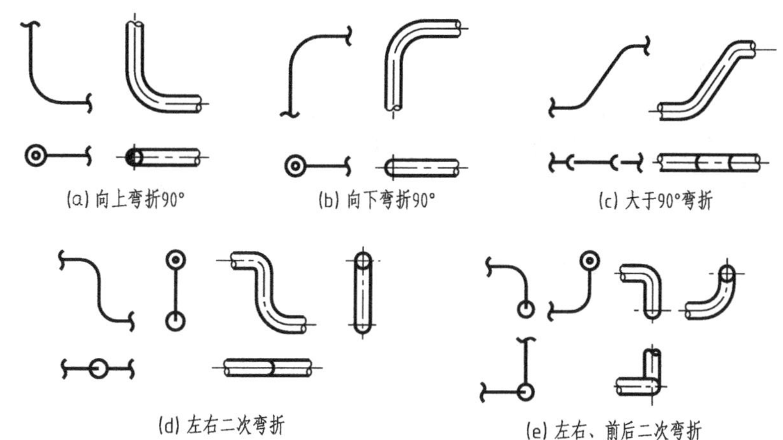

图 17-4　管道折弯表示法

③ 管道交叉表示法。当管道交叉时，一般表示法如图 17-5(a) 所示。若需要表示两个

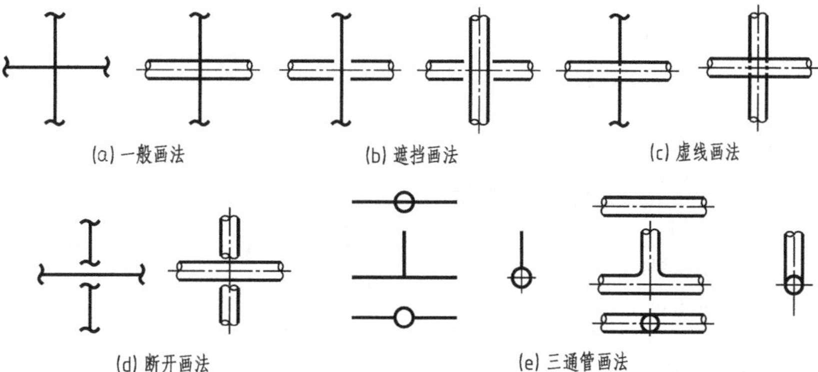

图 17-5　管道交叉表示法

管道相对位置时，将下面（后面）被遮盖部分的投影断开，如图 17-5(b) 所示。或将下面(后面) 被遮盖部分的投影用虚线表示，如图 17-5(c) 所示。也可将上面的管道投影断裂表示，如图 17-5(d) 所示。三通或管道分叉表示法，如图 17-5(e) 所示。

④ 管道重叠表示法。当管道的投影重叠时，将可见管道的投影断裂表示，不可见管道的投影则画至重影处并稍留间隙，如图 17-6(a) 所示。当多管道的投影重合时，最上一条画双断裂符号，如图 17-6(b) 所示，也可在管道投影断裂处，注上 a、a 和 b、b 等小写字母加以区别，如图 17-6(d) 所示。当管道转折后投影重合时，则后面的管道画至重影处，并稍留间隙，如图 17-6(c) 所示。

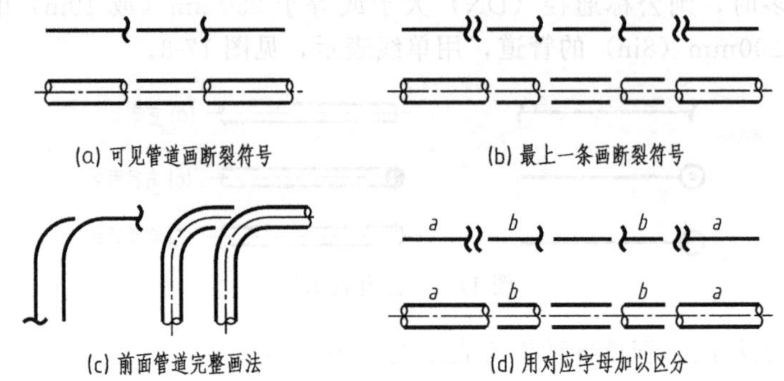

图 17-6　管道重叠表示法

⑤ 管道和管道连接表示法见表 17-1。

⑥ 管件、阀门和控制元件表示法见表 17-2 和表 17-3。

⑦ 管架编号。管架表示法见表 17-2。管架编号由五部分内容组成，如图 17-7 所示。管架类别和管架生根部位结构，用大写英文字母表示，见表 17-4 和表 17-5。

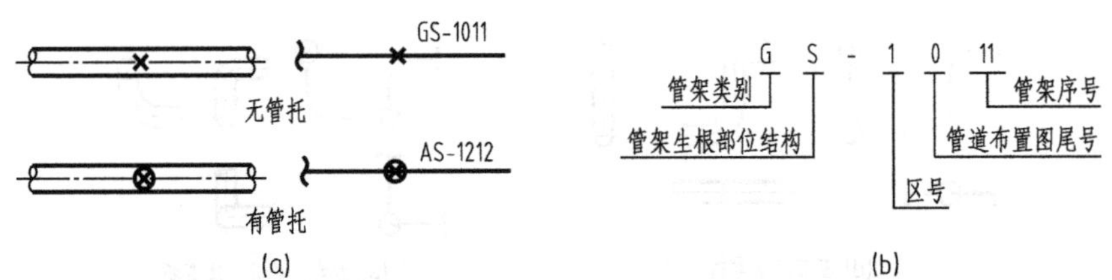

图 17-7　管架编号方法

表 17-4　管架类别（摘自 HG/T 20519—2009）

代号	类别	代号	类别	代号	类别
A	固定管架	H	吊架	E	特殊架
G	导向架	S	弹性吊架	T	轴向限位架
R	滑动架	P	弹性支架	—	—

表 17-5　管架生根部位结构（摘自 HG/T 20519—2009）

代号	类别	代号	类别	代号	类别
C	混凝土结构	S	钢结构	W	墙
F	地面基础	V	设备	—	—

17.2.2　管道布置图内容

图 17-8 为某贮罐间管道布置图。从图中可以看出，管道布置图包括以下内容。

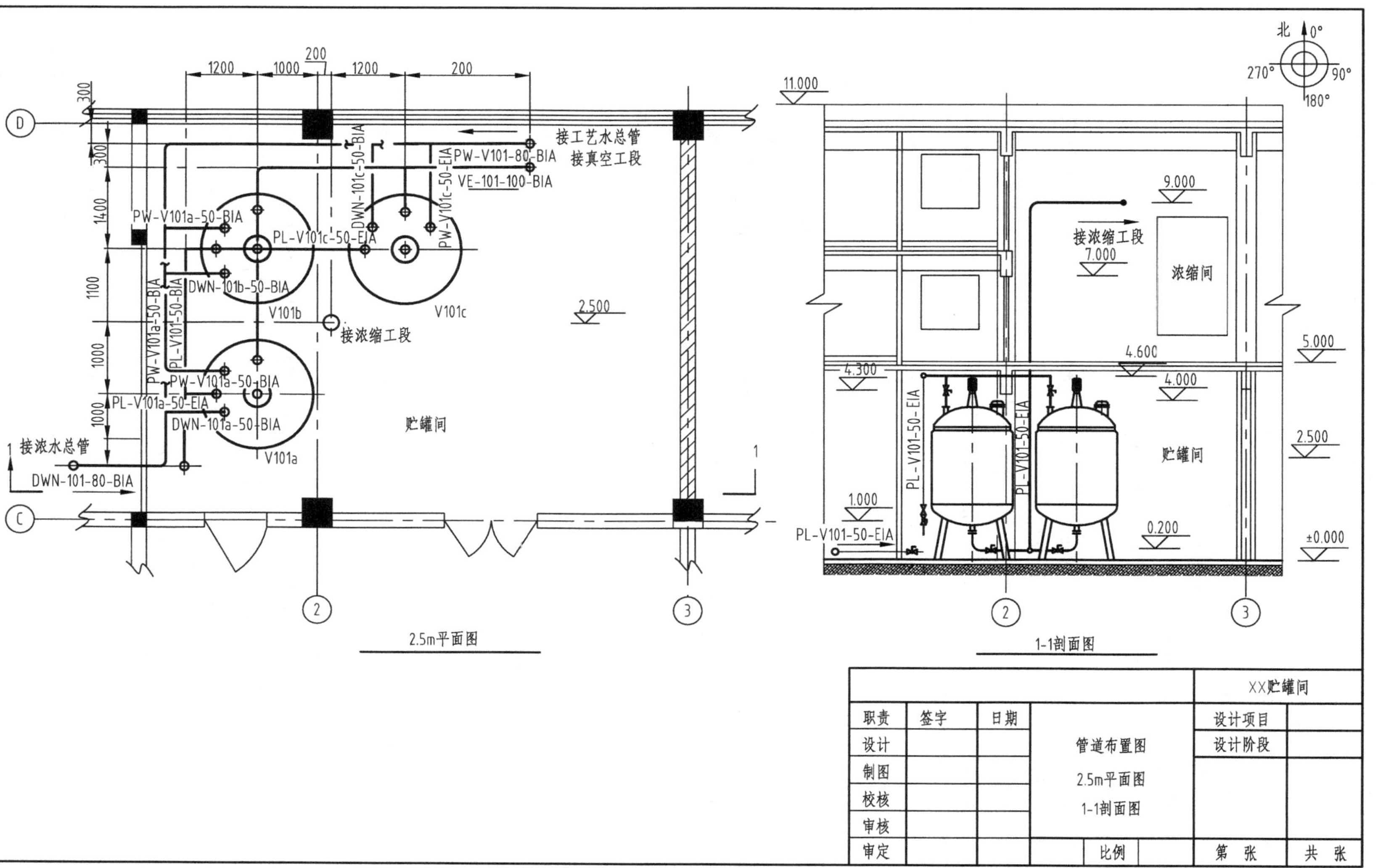

图 17-8　某贮罐间管道布置图

① 视图。以平面图为主，表达整个车间或产品的简单轮廓以及管道、管件、阀门、仪表控制点等布置安装情况。图 17-8 只画出了部分的布置安装情况。

② 尺寸。注出管道、管件、阀门、控制点的平面位置和标高尺寸，对建筑物轴线编号，对设备位号、管段序号、控制点代号等进行标注。

③ 方位标。表示管道安置的方位基准。

④ 标题栏。按照相关标准编制标题栏。

17.2.3 管道布置图画法实例

管道布置图的画法和标注实例见图 17-8 和图 17-9。

(1) 一般要求

① 图幅。管道布置图的图幅应尽量采用 A0。比较简单的也可采用 A1 或 A2。同区的图应采用同一种图幅。图幅不宜加长或加宽。

② 比例。一般采用的比例为 1∶30，也可采用 1∶25，当仅有大管道大尺寸设备的工艺装置时，可采用 1∶50。同区的或各分层的平面图，应采用同一比例。剖视图的绘制比例应与管道平面布置图一致。

③ 图线宽度。单线管道用粗线线宽 0.9～1.2mm；双线管道用中粗线线宽 0.5～0.7mm；法兰、阀门及其他图线用细线线宽 0.15～0.3mm。

④ 字体。图名、图标中的图号、视图符号用 7 号字，工程名称、文字说明及轴线号、表格中的文字用 5 号字，数字及字母、表格中的文字（格子小于 6mm 时）用 3.5 号字。

⑤ 视图的配置。对于多层建筑、构筑物的管道平面布置图，需要按楼层或标高分别绘出各层的平面图。各层的平面图可以绘制在一张图纸上，也可分画在几张图纸上。若各层平面的绘图范围较大而图幅有限时，也可将各层平面上的管道布置情况分区绘制。如在同一张图纸上绘制几层平面图时，应从最低层起，在图纸上由下至上或由左至右依次排列，并在各平面图的下方注明“EL100.000 平面”或“EL×××.×××平面”。管道布置图应按设备布置图或按分区索引图所划分的区域绘制。

(2) 设备画法

在管道平面布置图中，应以设备布置图所确定的位置按比例用细实线画出所有设备的简略外形和基础、平台、梯子，还应表示出吊车梁、吊杆、吊钩和起重机操作室。

应按比例画出卧式设备的支撑底座，标注固定支座的位置。支座下如为混凝土基础时，应按比例画出基础的大小，不需标注尺寸。

对于立式容器还应表示出裙座人孔的位置及标记符号。

对于工业炉，凡是与炉子和其平台有关的柱子及炉子外壳和总管联箱的外形、风道、烟道等均应表示出。

(3) 建（构）筑物画法

根据设备布置图按比例画出柱、梁、楼板、门、窗、楼梯、操作台、安装孔、管沟、篦子板、散水坡、管廊架、围堰、通道、栏杆、梯子和安全护圈等建（构）筑物。

按比例用细点画线表示就地仪表盘、电气盘的外轮廓及电气、仪表电缆槽或架和电缆沟，不必标注尺寸，避免与管道相碰。

对于生活间及辅助间应标出其组成和名称。

(4) 管道布置图标注

① 尺寸单位。标高、坐标以 m 为单位，小数点后取三位数。其余的尺寸一律以 mm 为单位，只注数字，不注单位。管子公称直径一律用 mm 表示。基准地平面的设计标高表示为：EL100.000。低于基准地平面者可表示为：9×.×××。

② 尺寸数字。尺寸数字一般写在尺寸线的上方中间，并且平行于尺寸线。不按比例画

图的尺寸应在尺寸数字下面画一道横线。

③ 管道标注。介质代号、管道编号、公称直径、管道等级、隔热形式。

④ 建（构）筑物标注。标注建筑物、构筑物的轴线号和轴线间的尺寸。标注地面、楼面、平台面、吊车、梁顶面的标高。

⑤ 设备标注。按设备布置图标注所有设备的定位尺寸或坐标、基础面标高。标注设备管口符号、管口方位（或角度）、标高等。

⑥ 管道标注。标注出所有管道的定位尺寸及标高，物料的流动方向和管号。定位尺寸以 mm 为单位，而标高以 m 为单位。所有管道都需要标注出公称直径、物料代号及管道编号。异径管应标出前后端管子的公称通径，如 DN80/50 或 80×50。有坡度的管道应标注坡度和坡向。

⑦ 管件标注。一般不标注定位尺寸。对某些有特殊要求的管件，应标注出某些要求与说明。

⑧ 阀门标注。一般不注定位尺寸，只要在立面剖视图上注出安装标高。当管道中阀门类型较多时，应在阀门符号旁注明其编号及公称尺寸。

⑨ 仪表控制点标注。标注用指引线从仪表控制点的安装位置引出。也可在水平线上写出规定符号。

⑩ 管道支架标注。水平向管道的支架标注定位尺寸。垂直向管道的支架标注支架顶面或支承面的标高。在管道布置图中每个管架应标注一个独立的管架编号。管架编号由两部分组成：管架类别及代号。

（5）管道布置图画图步骤

① 确定表达方案。绘制管道布置图应以管道及仪表流程图和设备布置为依据。管道布置图一般只绘制平面布置图。当平面布置图中局部表达不清时，可绘制剖视图或轴测图，剖视图或轴测图可画在管道平面布置图边界线以外的空白处，或画在单独的图纸上。

对于多层建筑物、构筑物的管道平面布置图，应按层次绘制。如果在同一张图纸上绘制几层平面图时，应从最底层起，在图纸上由下至上或由左至右依次排列，并在各平面图下方注明“EL×××.×××平面”。

② 确定比例、选择图幅、合理布局。表达方案确定后，再确定恰当的比例和选择合适的图幅，便可以进行视图布局。

③ 绘制视图。画图步骤如下：

画厂房平面图。为突出管道的布置情况，厂房平面图用细实线绘制。建筑物或构筑物应按照比例，依据设备布置图画出柱、梁、楼板、门、窗、操作台、楼梯。

设备平面布置。用细实线按照比例以设备布置图所确定的位置，画出设备的简单外形（应画出中心线和管口方位）和基础、平台、楼梯等的平面布置图。

按流程顺序和管道布置原则及管道线型的规定，画出管道平面布置图。

按比例画出管道上的阀门、管件、管道附件等。

用直径为 10mm 的细实线圆表示管道上的检测元件（压力、温度、取样等），圆圈内按管道及仪表流程图中的符号和编号填写。

④ 图样标注。按照管道布置图的标注要求进行图样标注。

建筑物标注。标注建筑物、构筑物的定位轴线号和轴线间的尺寸。并标注地面、楼板、平台面、梁顶的标高。

设备标注。在管道布置图上，设备中心线的上方标注与流程图一致的设备号，在下方标注设备支承点的标高。标注设备支承点的标高用“POSEL×××.×××”。标注设备主轴中心线的标高用“ϕEL×××.×××”。

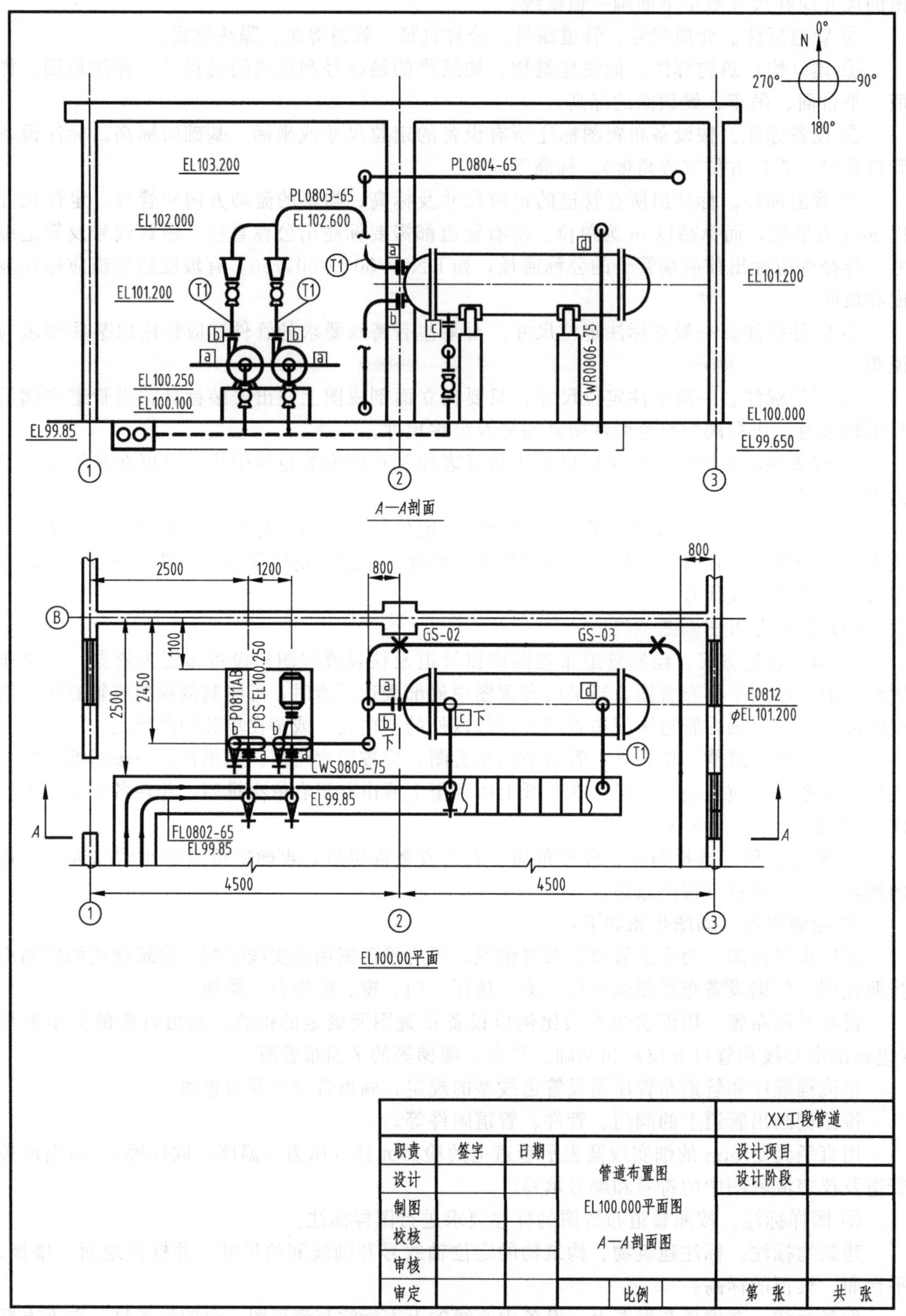

图 17-9 某工段管道布置图

管道标注。用单线表示管道在上方（双线表示管道在中心线上方）标注与流程图一致的管道代号，在下方标注管道标高。当标高以管道中心线为基准时，只需标注“EL×××.×××”。当以管底为基准时，加注管底代号，如“BOPEL×××.×××”。

(6) 管道布置图的实体投影画法

管道布置图也可把管道的实体投影，按照图样画法、简化画法、装配图画法、管道图画法、轴测图画法等规定画法绘制。这种管道布置图类似于装配图，但主要用于表达产品的管道总成，其画法应符合管道画法的相关规定，能够指导管道的装配、检验、使用和维修等。图样内容包括图形、尺寸、技术要求、明细栏和标题栏。图形应清楚表达管道所有零部件的主要结构形状和装配关系；尺寸包括管道装配、连接、操作位置等必要尺寸。技术要求包括管道在装配、检验、使用和维修等全寿命周期中的特殊要求；明细栏应填写该管道总成的所有零部件明细，包括管件、阀门、仪表、管架、连接件等，标准件应注明标准编号，通用件应注明公称尺寸，外购件最好注明生产企业；标题栏应按照相关规定填写。管道布置图实例见图 17-10 和图 17-11。该图样多用于表达机器、设备中的管道布置。

图 17-10 所示是某供油系统，包括主管道总成、控制器管道总成、油箱道路总成、真空道路总成、增速箱冷却管道总成等。图 17-10 采用了主视图、俯视图、左视图三个视图表达了供油系统五大总成的布置情况，是管道布置总图。

各管道总成的详细布置情况，如管道、管件、阀门、仪表、管架及其布置、装配、连接等情况，需要另行绘制各总成的管道布置图。图 17-11 所示是主管道布置图，采用 3 个基本视图、2 个放大视图和 1 个轴测图表达了主管道总成的详细布置情况，可指导主管道总成的生产、检验、使用和维修。

17.2.4 管道布置图识读实例

阅读管道布置图的目的，是了解管道、管件、阀门、仪表控制点等在车间或产品中的具体布置情况，主要解决如何把管道和设备连接起来的问题。由于管道布置设计在工艺管道及仪表流程图和设备布置图的基础上进行的，因此在读图前，应该尽量找出相关的工艺管道及仪表流程图、设备布置图及分区索引图等图样，了解生产工艺过程和设备配置情况，进而搞清楚管道的布置情况。

阅读管道布置图时，应以平面图为主，配合剖视图，逐一搞清楚管道的空间走向。再看有无管段图及设计模型，有无管件图、管架图或蒸汽伴热图等辅助图样，这些图可以帮助阅读管道布置图。

以图 17-9 某工段管道布置图为例，介绍管道布置图的识读方法。

(1) 概括了解

图 17-9 为某工段管道布置图，图中表达了物料经离心泵到冷却器的一段管道布置情况，图中绘制了 2 个图形，一个是 EL100.00 平面图，一个是 A—A 剖面图。

(2) 了解厂房构造尺寸及设备布置情况

图中厂房横向定位轴线①、②、③，其间距为 4.5m，纵向轴线 B，离心泵基础标高 EL100.250m，冷却器中心线标高 EL101.200m。

(3) 分析管道走向

找到起点设备和重点设备，以设备管口为主，按照管道编号，逐条明确走向，遇到管道转弯和分支情况，对照平面图和剖面图将其投影关系搞清楚。

图中离心泵有进出两部分管道，一条是原料从地沟中出来，分别进入两台离心泵，另一条从泵出口出来后汇集在一起，从冷凝器左端下部进入管程。冷凝器有四部分管道，左端下部是原料入口，左端上部是原料出口，向上位置最高，在冷凝器上方转弯后离去。冷凝器底部是来自地沟的冷却上水管道，右上方是循环水出口，出来后进入地沟。

(4) 详细查明管道标号和安装尺寸

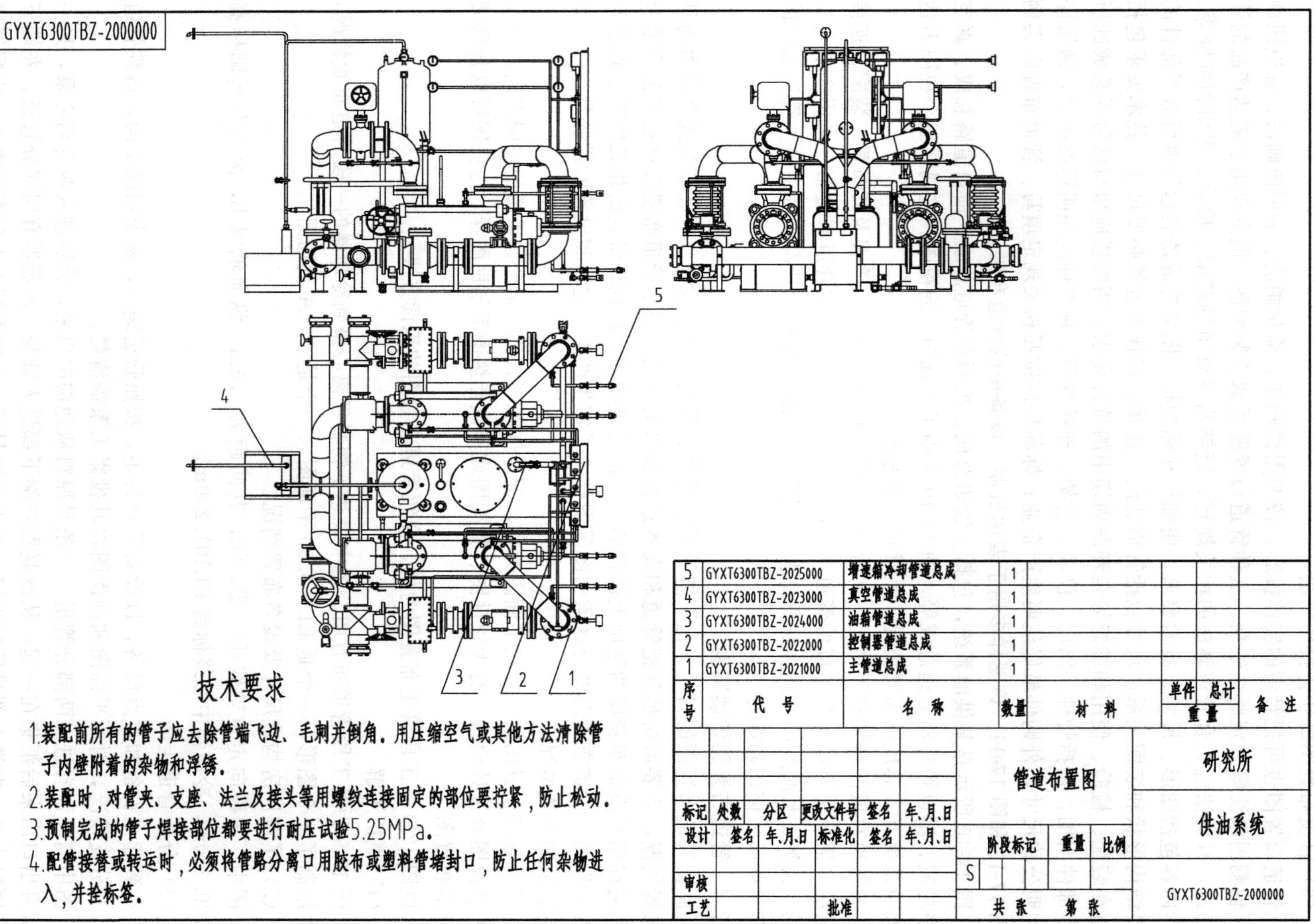

图 17-10 供油系统管道布置图

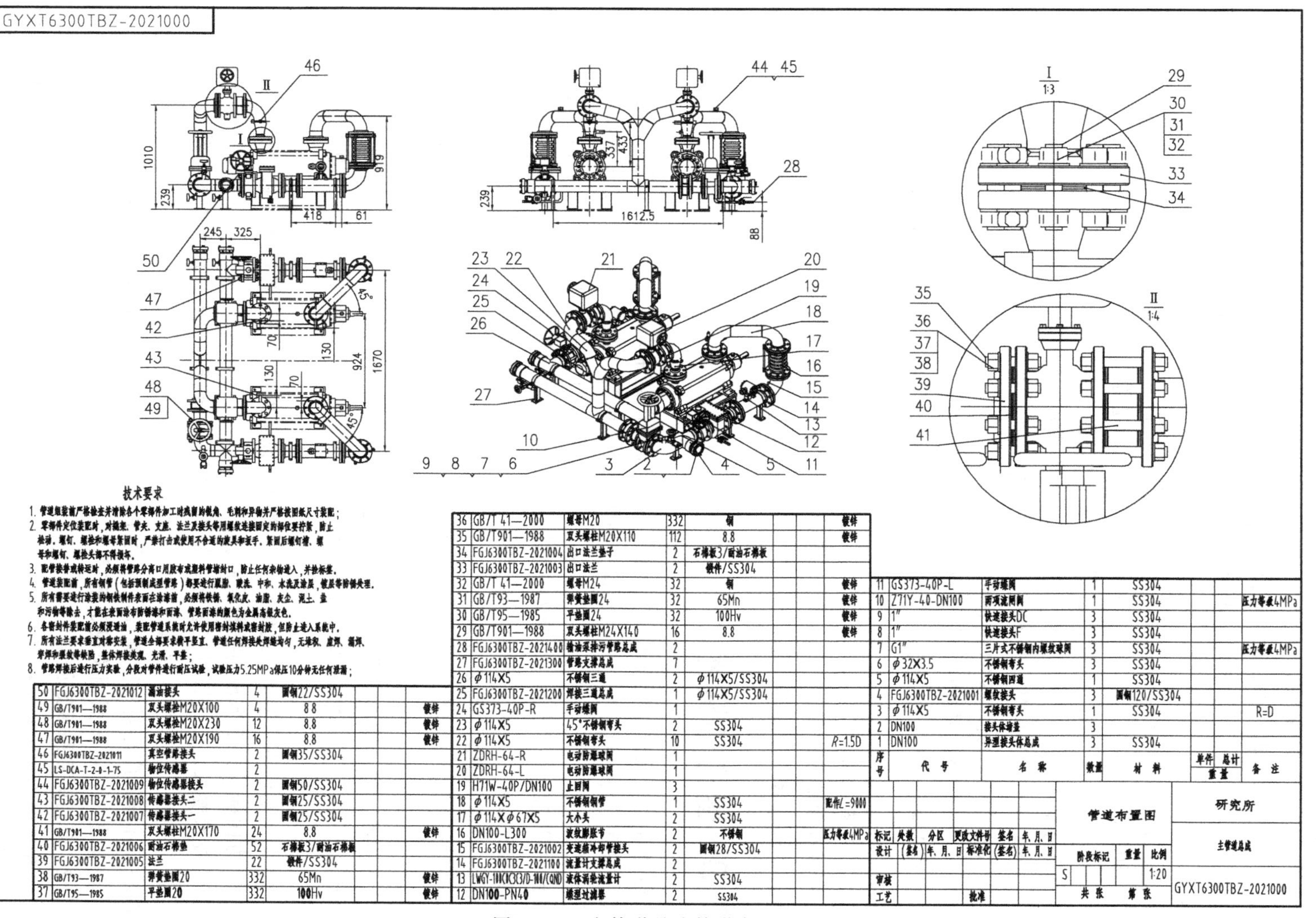

图 17-11　主管道总成管道布置图

离心泵标号为 PL0803-65 的管道，由两泵出口向上，泵 P0811A 出口管道向上向右与泵 P0811B 管道汇合后，向上向右拐，再下至地面，再向后向上，最后进入冷凝器左端入口。

冷凝器左端出口编号为 PL0804-65 的管道，由冷凝器左端上部出来后，向上在标高为 EL103.200 处向后拐，再向右至冷凝器右上方，最后向前离去。

编号为 CWS0805-75 的循环上水管道从地沟出来，沿地面向后，再向上进入冷凝器底部的入口。

编号为 CWS0806-75 的循环回水管道，从冷凝器上部出来向前，再向下进入地沟。编号为 PL0802-65 的原料管道，从地沟出来后，进入离心泵入口。

(5) 了解管道上阀门、管件、管架的安装情况

两离心泵入出口，分别安装了四个阀门，在泵出口阀门后的管道上，还有同心异径管接头。在冷凝器上水入口处，装有一个阀门。在冷凝器物料出口编号为 PL0804-65 的管道两端，有编号为 GS-02、GS-03 的通用型托架。

(6) 了解仪表、采样口、分析点的安装情况

在离心泵出口处，装有流量指示仪表。在冷凝器物料出口及循环回水出口处，分别装有温度指示仪。

(7) 检查总结

将所有管道分析完后，结合管口表、综合材料表，明确各管道、管件、阀门仪表的连接方式，并检查有无错漏等问题。

17.3 管道轴测图

管道轴测图又称为管段图、空视图。管道轴测图是用来表达一个设备至另一设备、或某区间一段管道的空间走向，以及管道上所附管件、阀门、仪表控制点等安装布置情况的立体图样。管道轴测图能全面、清晰地反映管道布置的设计和施工细节，便于识读，还可以发现在设计中可能出现的差误，避免发生在图样上不易发现的管道碰撞等情况，有利于管道的预制和加快安装施工进度。利用计算机绘图，绘制区域较大的管段图，还可以代替模型设计。

17.3.1 管道轴测图内容及要求

图 17-17 为某工段泵出入口管道的轴测图。从图中可以看出，管道轴测图一般包括以下内容。

① 图形。按正等轴测投影绘制的管道及其所附管件、阀门等符号的图形，其画法应符合 GB/T 6567.5《管路系统的图形符号　管路、管件和阀门等图形符号的轴测图画法》相关规定。

② 尺寸及标注。包括管道编号、管道所接设备的位号及其管口序号和安装尺寸等。

③ 方向标。按正等轴测投影绘制。

④ 技术要求。包括管道在装配、检验、使用和维修等全寿命周期中的特殊要求。

⑤ 材料表。应填写该管道总成的所有零部件明细，包括管件、阀门、仪表、管架、连接件等，标准件应注明标准编号，通用件应注明公称尺寸，外购件最好注明生产企业。

⑥ 标题栏。应按照相关规定填写。

17.3.2 管路轴测图规定画法

管路轴测图规定画法摘自 GB/T 6567.5—2003。管路轴测图一般要求管路用粗线绘制，管件、阀门及控制元件等图形符号允许用细线绘制；管路标注中所用的字母和数字应符合 GB/T 14691 的规定。

(1) 管路或管段画法

当管路或管段平行于直角坐标轴时，其轴测图用平行于对应的轴测轴的直线绘制。当管路或管段不平行于直角坐标轴时，在轴测图上应同时画出其在相应坐标平面上的投影及投射平面。

当管路或管段所在平面平行于直角坐标平面的垂直面时，应同时画出其在水平面上的投影及投射平面，见图 17-12(a)；当管路或管段所在平面平行于直角坐标平面的水平面时，应同时画出其在垂直面上投影及投射平面，见图 17-12(b)；当管路或管段不平行任何直角坐标平面时，应按图 17-12(c) 绘制。

管路或管段的投射平面一般用直角三角形表示，见图 17-12(a)～(c)，也允许用长方形或长方体表示，见图 17-12(d)～(f)。当用直角三角形表示投射平面时，应在投射平面内画出与其相关投影垂直且间距相等的平行线。水平投射平面内的平行线应平行于 X 轴或 Y 轴，其他投射平面内的平行线应平行于 Z 轴。管路或管段的投影、投射平面及投射平面内的平行线均用细实线绘制。

必要时，曲率半径大的弯管可按图 17-12(g)、(h) 绘制，弯管所在平面内应用细实线画出间距相等的平行线。

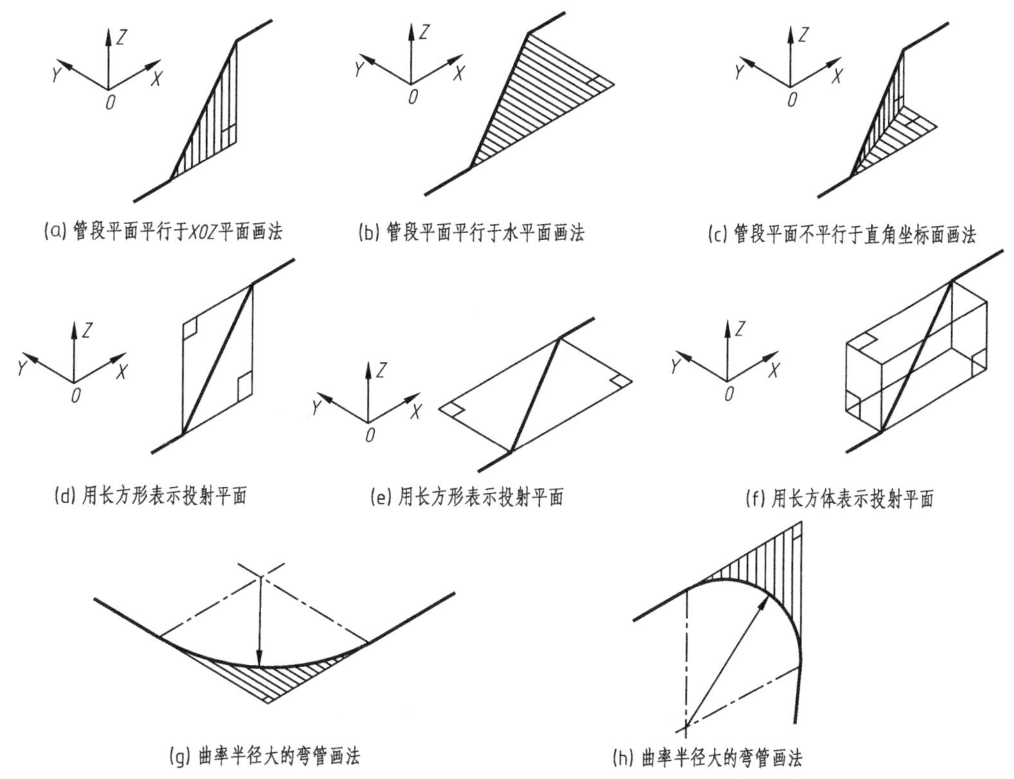

图 17-12　管路或管段轴测图画法

管路系统轴测图画法见图 17-13。

(2) 法兰连接图形符号画法

垂直管路或管段的法兰连接图形符号按与水平线方向成 30°角绘制，见图 17-14(a)。在同一张图样上法兰连接图形符号的方向应一致。

水平管路或管段的法兰连接图形符号按垂直方向绘制，见图 17-14(b)。

(3) 阀门图形符号画法

阀门图形符号的画法一般按图 17-15(a) 和图 17-15(b) 绘制。必要时，应画出阀门上

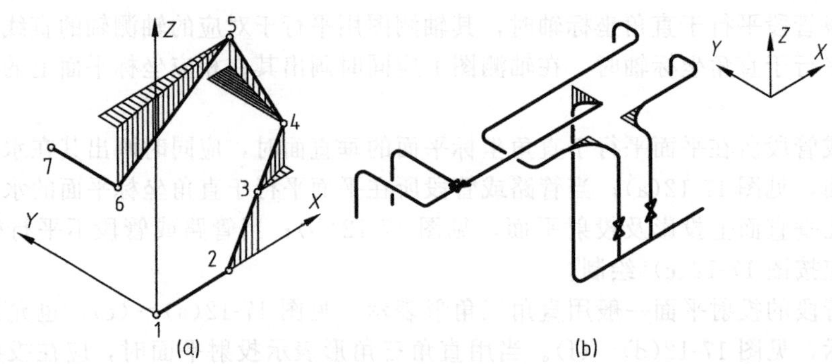

图 17-13　管路系统轴测图

的控制元件图形符号的类型（人工、活塞等）和位置。当控制元件符号的位置与任一直角坐标轴平行时，可不标注，见图 17-15(c)～(e)，否则应标注其与直角坐标平面的相对位置，见图 17-15(f)。

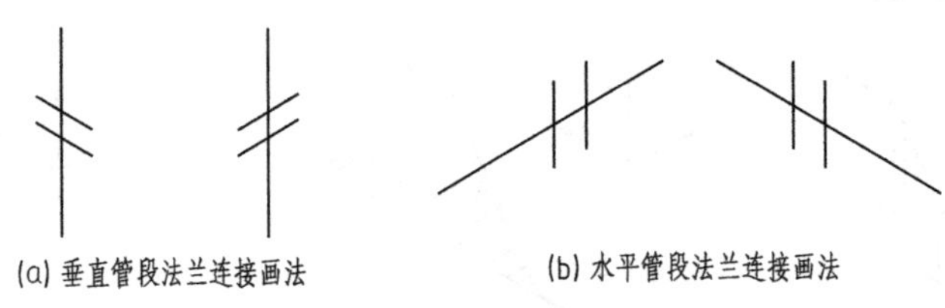

图 17-14　法兰连接图形符号轴测图画法

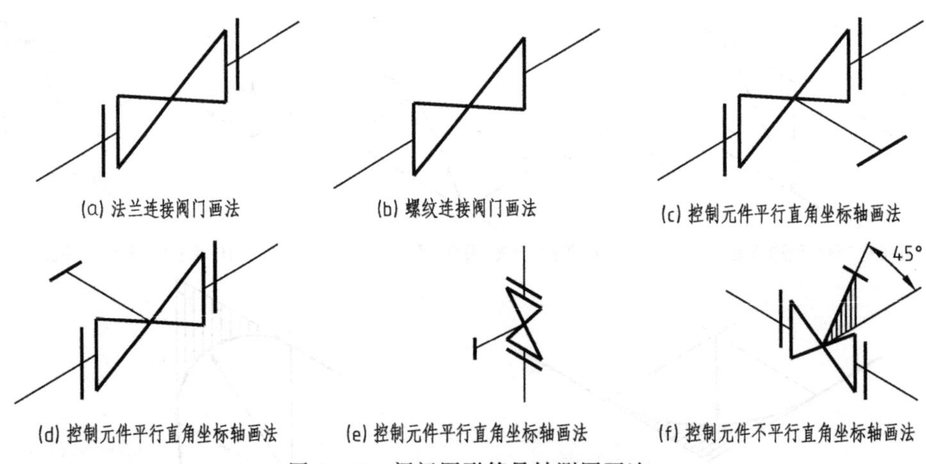

图 17-15　阀门图形符号轴测图画法

17.3.3　管道轴测图画法实例

管道轴测图画法见图 17-16，管道轴测图图样实例见图 17-17。

(1) 图样画法

① 管道轴测图反映的是个别局部管道，原则上一个管段号画一张管道轴测图。对于复杂的管段，或长而多次改变方向的管段，可利用法兰或焊接点作为自然点断开，分别绘制几张管道轴测图，但需用一个图号注明页数。对比较简单，物料、材质均相同的几个管段，也可画在一张图样上，并分别注出管段号。

② 绘制管段图可以不按比例，根据具体情况而定，但位置要合理整齐，图面要均匀美观，即各种阀门、管件的大小及在管道中的位置、相对比例要协调。

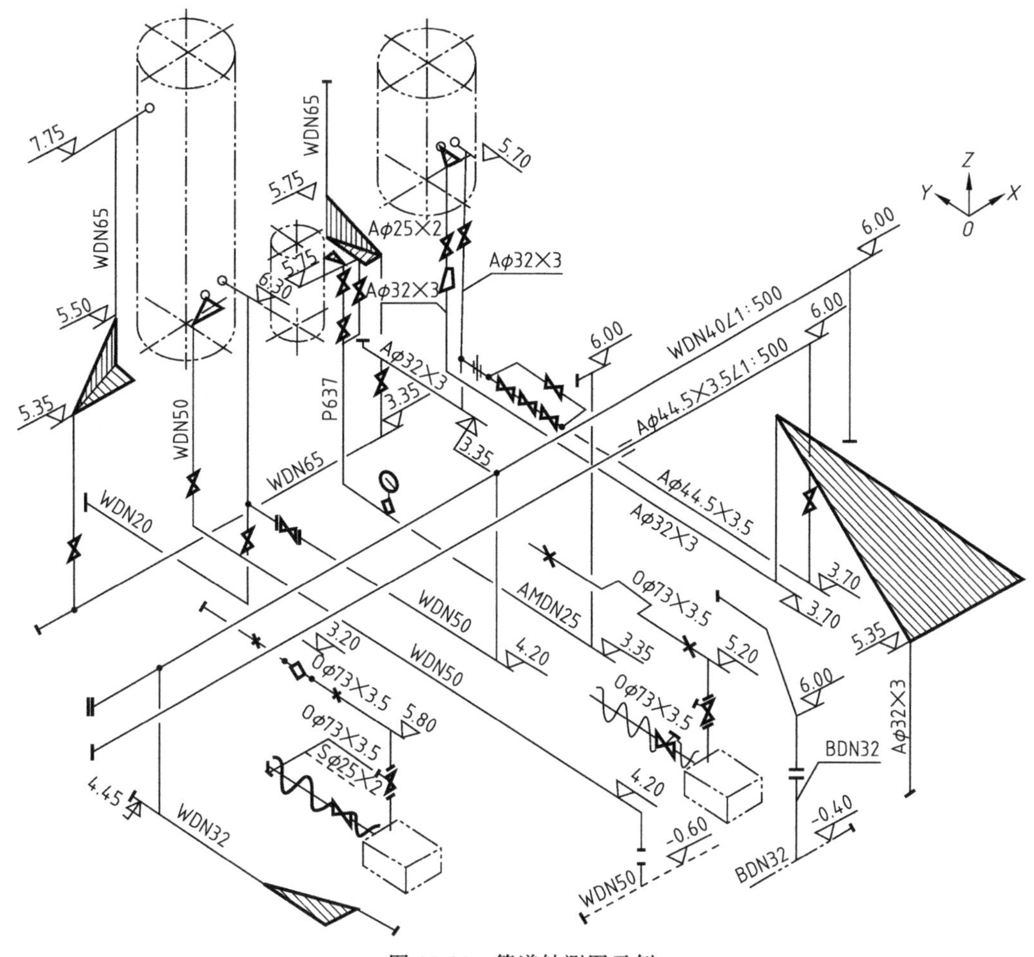

图 17-16　管道轴测图示例

W—水；B—碱液；A—压缩空气；O—油；AM—氨；S—蒸汽

③ 与管道相接的设备可用细双点画线绘制，弯头可以不画成圆弧。

④ 管道与管件、阀门连接时，注意保持线向的一致。

⑤ 为便于安装维修和操作管理，并保证劳动场所整齐美观，一般工艺管道布置大都力求平直，使管道走向同三个轴测方向一致，但有时为了避让，或由于工艺、施工的特殊要求，必须将管道倾斜布置，此时称为偏置管（也称斜管）。

⑥ 必要时，画出阀门上控制元件图示符号，传动结构、型式适合于各种类型的阀门。

（2）管道轴测图尺寸标注

① 注出管子、管件、阀门等为满足加工预制及安装所需的全部尺寸。如阀门长度、垫片厚度等细节尺寸，以免影响安装的准确性。

② 每级管道至少有一个表示流向的箭头，尽可能在流向箭头附近注出管道编号。

③ 标高的尺寸单位为 m，其余的尺寸均以 mm 为单位。

④ 尺寸界线从管件中心线或法兰面引出，尺寸线与管道平行。

⑤ 所有垂直管道不注高度尺寸，而以水平管道的标高“EL×××.×××”表示即可。

⑥ 对于不能准确计算，或有待施工时实测修正的尺寸，加注符号“～”作为参考尺寸。对于现场焊接时确定的尺寸，只需注明“F. W”。

⑦ 注出管道所连接的设备位号及管口序号。

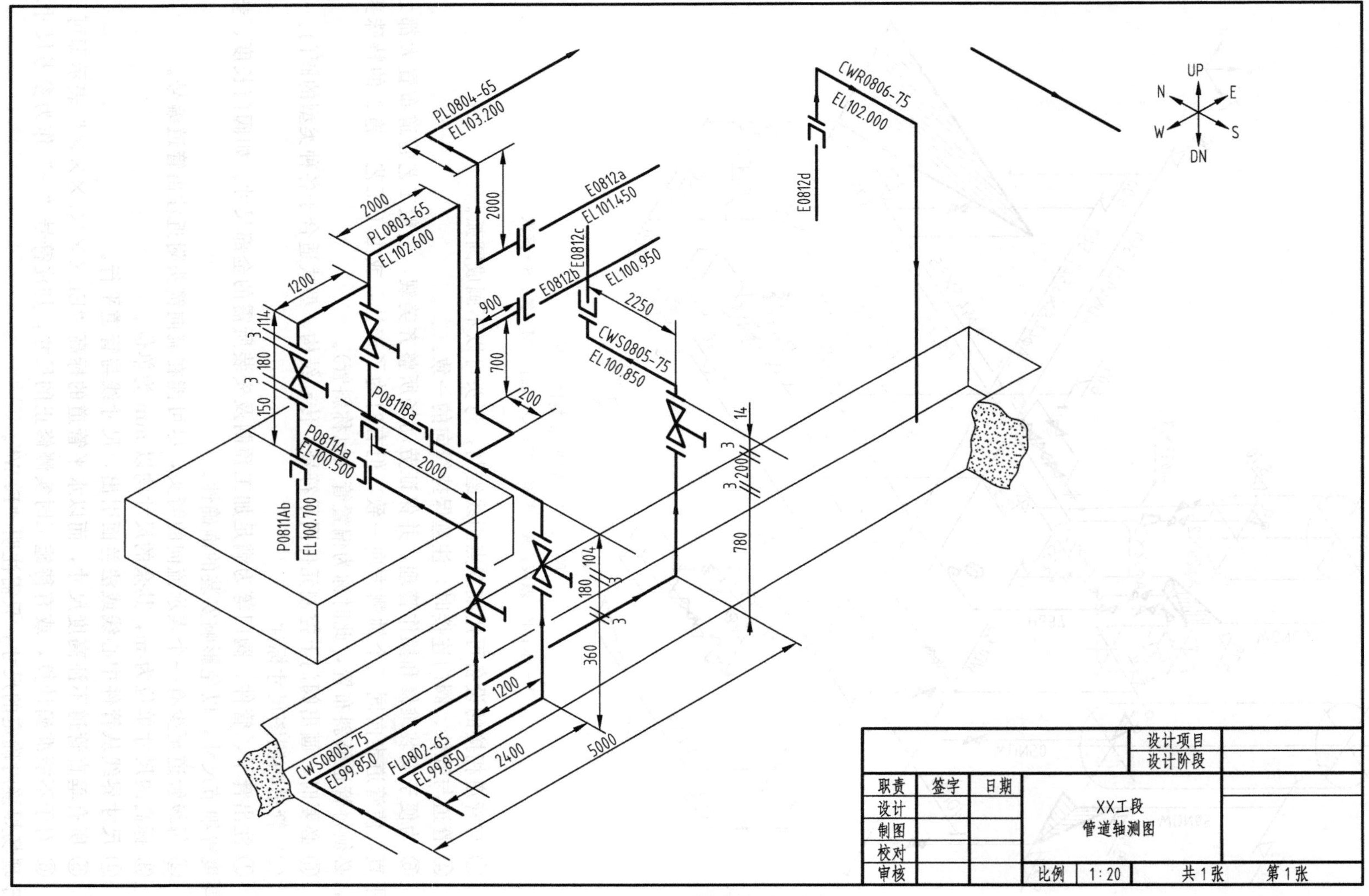

图 17-17 某工段管道轴测图实例

⑧ 列出材料表说明管段所需的材料、尺寸、规格、数量等。

管道轴测图也可按照实际管道系统的轴测投影进行绘制。图 17-18 是某供油系统的管道轴测图，该管道系统是由主管路、控制管路、真空管路等总成组成。管道系统的轴测图再配以零部件明细表，可以清楚表达管路构成和装配结构，因此，管道系统的轴测图既可表达管道设计，又可指导装配和维修。

按照实际管道系统的正等轴测投影绘制的管道轴测图一般用于表达机器、设备的管道系统。

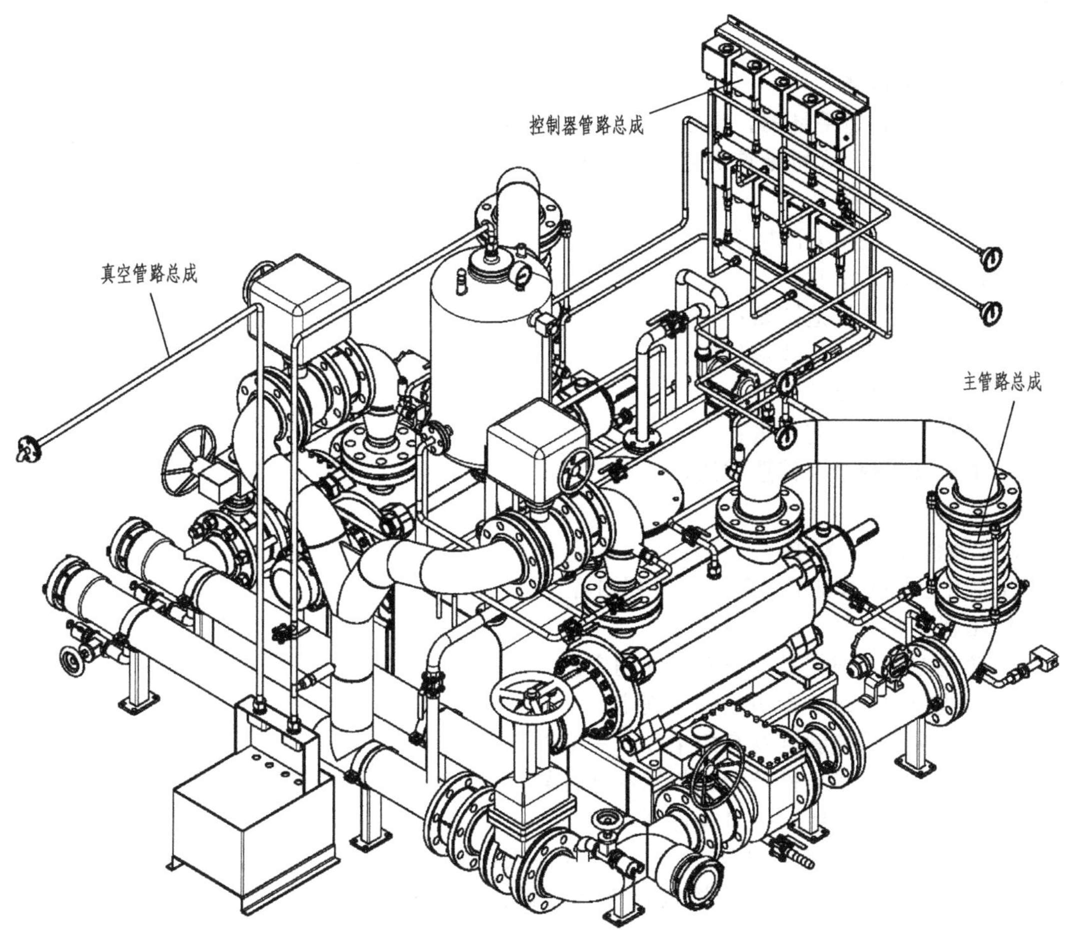

图 17-18　某供油系统管道轴测图

第 18 章 铸件图、锻件图

18.1 铸件图

18.1.1 铸件图概述

铸件图又称铸造毛坯图，是技术检验、铸件清理和成品检验的依据，也是设计和制造铸造工艺装备的依据。大批量首次生产的铸件或重要的铸件，应绘制出铸件图。

(1) 铸件图内容

铸件图一般包括以下内容：

① 铸造毛坯的形状；

② 铸造斜度及铸造圆角；

③ 分型面及浇冒口残根位置；

④ 工艺基准及尺寸公差；

⑤ 加工余量及工艺余量；

⑥ 工程材料牌号及铸造方法；

⑦ 技术要求。

(2) 铸件图技术要求

铸件图上的技术要求一般包括下列内容。

① 工程材料牌号，抄自零件图。

② 铸造方法，根据具体条件合理确定。

③ 铸造精度等级，参照零件图确定。

④ 未注明的铸造斜度及圆角半径，一般抄自零件图。

⑤ 铸件综合技术条件及检验规则的文件号，抄自零件图或按有关文件自行确定。

⑥ 铸件的检验等级，抄自零件图。

⑦ 铸件的交货状态，内容包括：a. 铸件表面状态应符合标准。b. 允许浇口残根的大小，一般为 2～5mm。对于熔模铸件及压铸件常取较小值，对于砂型铸件及硬模铸件常取较大值，特别是大型零件。c. 对于镁铸件，特别要注意是否要进行防锈及浸润处理。

⑧ 铸件是否进行气压或液压试验，抄自零件图。

⑨ 热处理硬度，抄自零件图，或按机械加工要求确定。

18.1.2 铸件合理结构

铸件图只有合理地表达铸件的结构，才能正确指导铸件的生产和检验。

(1) 铸造工艺对铸件结构的基本要求

铸造工艺对铸件结构的基本要求见表 18-1。

表 18-1　铸造工艺对铸件结构的基本要求

序号	注意事项		图例：改进前	图例：改进后	说明
1	便于铸造	外形力求简单			弧面制模、制芯困难，应改为平面
					尽量减少凸凹结构
		减少分型面			分型面力求简单，尽量设计在同一平面内
2	便于造型	分型面应是平面			铸件外形应分型方便，如三通管在不影响使用的前提下，各管口截面最好在一个平面上
		尽量减少分型面的数量			
					分型面应尽量减少，改进后，三箱造型变为两箱造型

续表

序号	注意事项		图例 改进前	图例 改进后	说明
2	便于造型	应有结构斜度	 上 下	 上 下	在起模方向留有结构斜度，包括内腔中的结构
			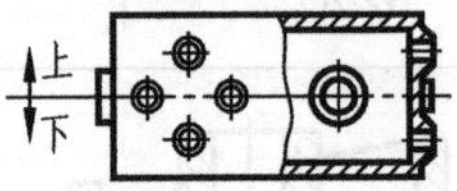 上 下	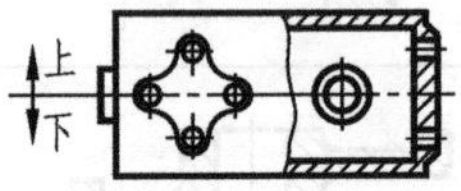 上 下	铸件外壁的局部凸台应连成一片
			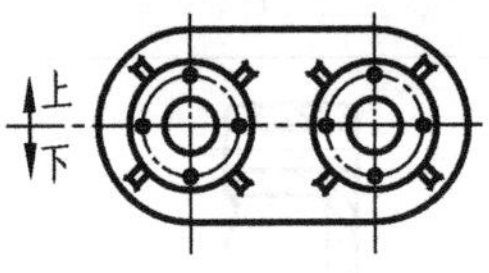 上 下	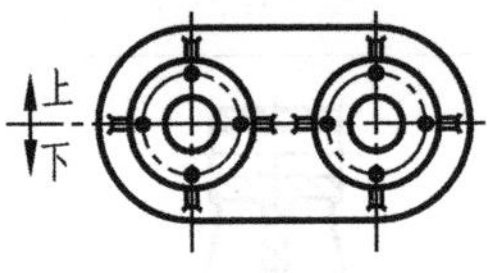 上 下	加强肋应合理布置
		减少活块的数量	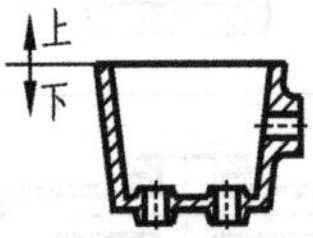 上 下	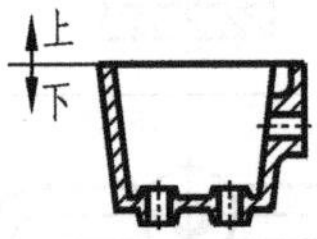 上 下	去掉凸台后减少活块造模，较适于机器造型
			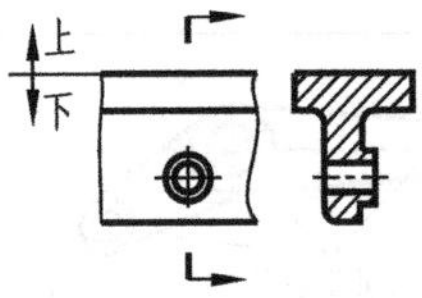 上 下	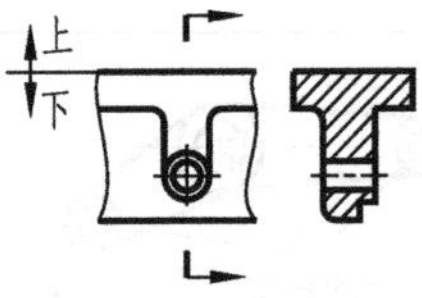 上 下	为避免采用活块，可将凸台加长，引伸至分型面。如果加工方便，也可不设凸台，采用锪平结构
				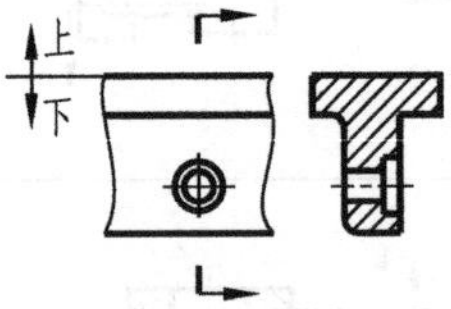 上 下	为避免采用活块，可将凸台加长，引伸至分型面，加工方便，也可不设凸台，采用锪平结构
		便于活块取出	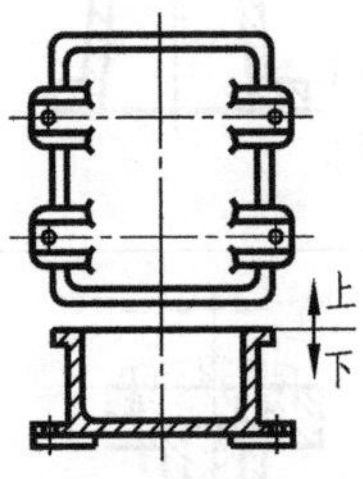 上 下	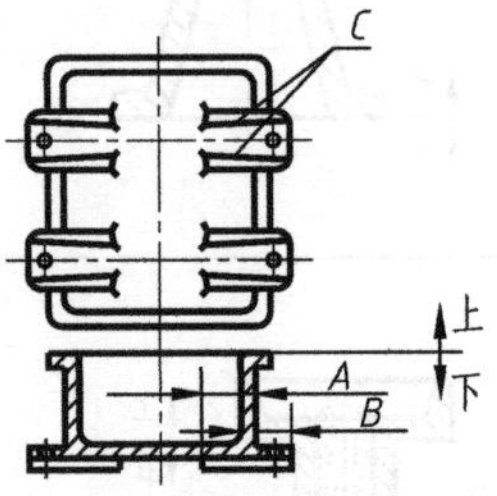 C A B 上 下	$A>B$，将C面做成斜面，活块容易取出
		增加砂型强度	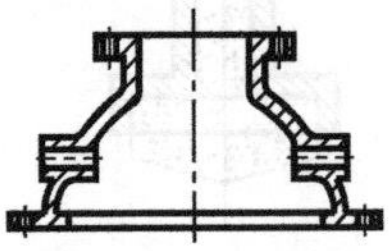	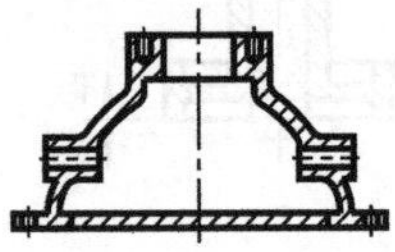	将小头法兰改成内法兰，去掉凸台，为保证其强度，法兰厚度应稍增大

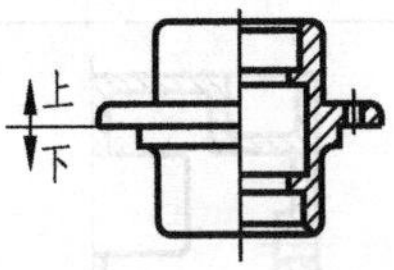

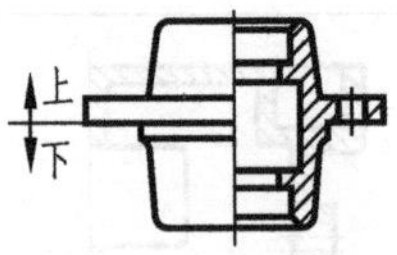

续表

<table>
<tr><th rowspan="2">序号</th><th rowspan="2" colspan="2">注意事项</th><th colspan="2">图　例</th><th rowspan="2">说明</th></tr>
<tr><th>改进前</th><th>改进后</th></tr>
<tr><td rowspan="7">2</td><td rowspan="7">便于造型</td><td rowspan="3">增加砂型强度</td><td> 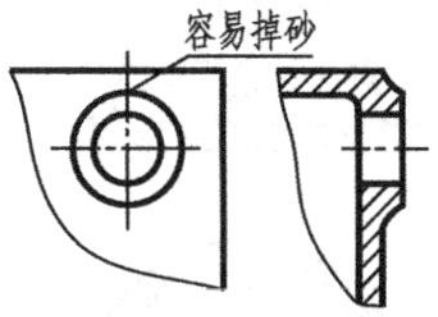容易掉砂</td><td> 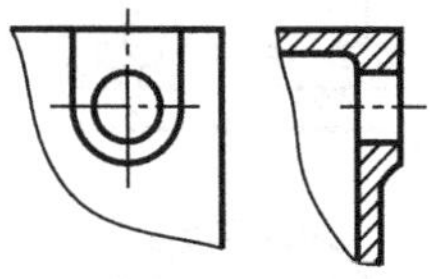</td><td>离平面很近或相切的圆凸台砂型不牢</td></tr>
<tr><td> 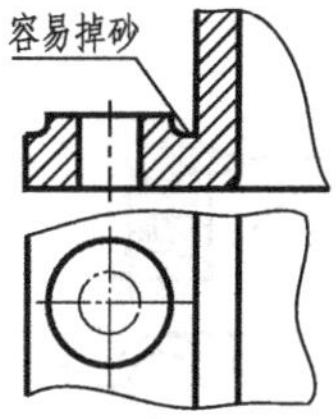容易掉砂</td><td> 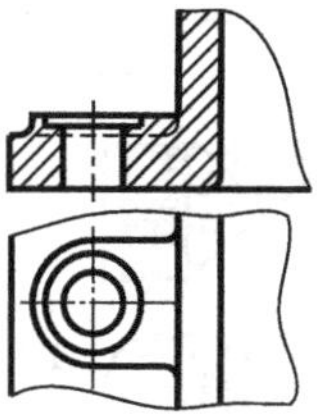</td><td>圆凸台侧壁的沟缝处容易掉砂，可改为机械加工平面</td></tr>
<tr><td> 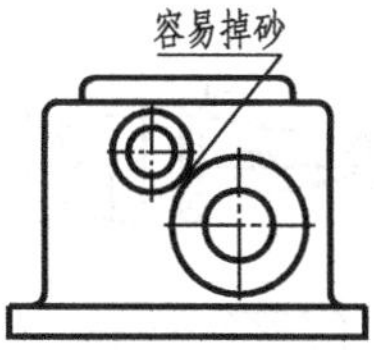容易掉砂</td><td> 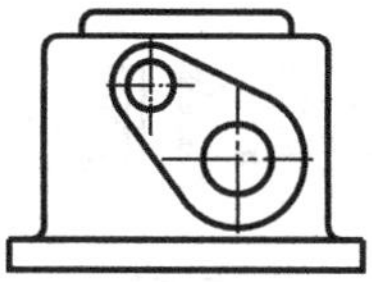</td><td>距离很近的凸台，可将其连接起来</td></tr>
<tr><td rowspan="2">便于取模</td><td> 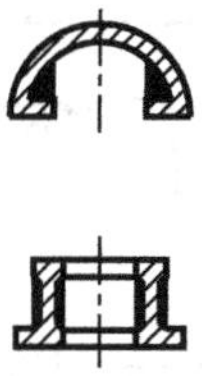</td><td> 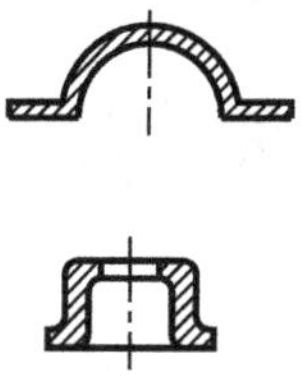</td><td>用垂直分型面的平行线来检验，阴影部分不能取模</td></tr>
<tr><td> 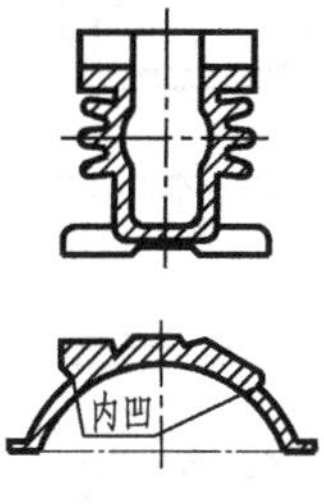内凹</td><td> 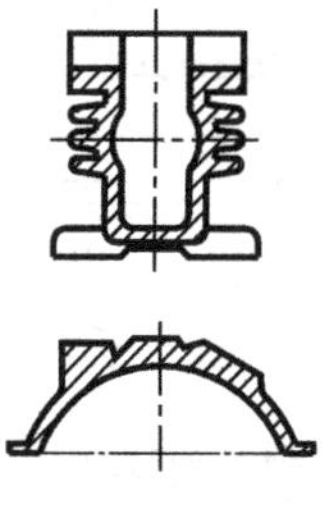</td><td>避免在造模、取模时产生困难的死角和内凹</td></tr>
<tr><td rowspan="2">采用组合铸件</td><td> 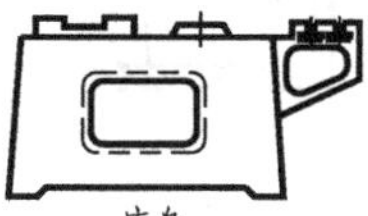床身</td><td> 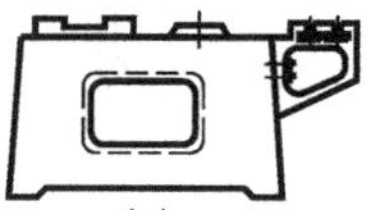床身</td><td rowspan="2">对于大型复杂件，在不影响其精度、强度及刚度要求的情况下，为使铸件的结构简单，可考虑分成几个铸件组成。如床身由整体改为分铸、螺栓连接；轮毂型铸钢件的法兰改成焊接组合</td></tr>
<tr><td></td><td> 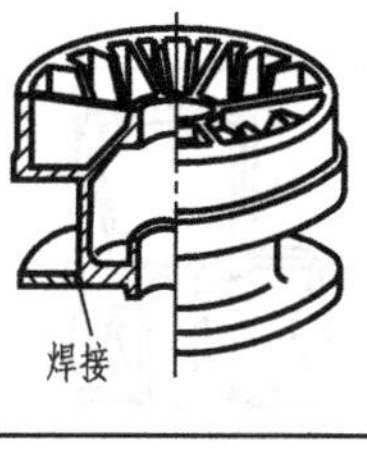焊接</td></tr>
</table>

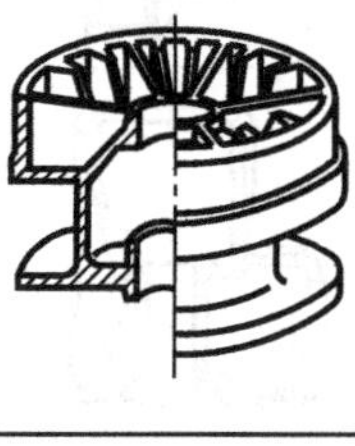

续表

<table>
<tr><th rowspan="2">序号</th><th rowspan="2" colspan="2">注意事项</th><th colspan="2">图　例</th><th rowspan="2">说明</th></tr>
<tr><th>改进前</th><th>改进后</th></tr>
<tr><td rowspan="12">3</td><td rowspan="12">便于制芯</td><td rowspan="10">简化内腔，少用型芯</td><td> </td><td> 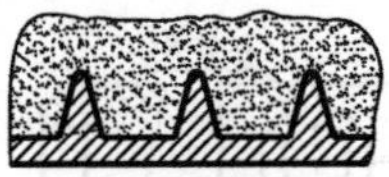</td><td rowspan="2">铸件内腔形状应尽量简单，减少型芯，并简化芯盒结构</td></tr>
<tr><td> </td><td> 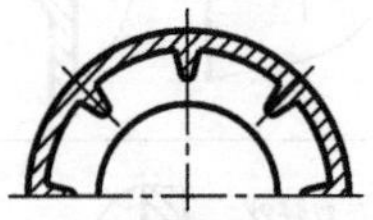</td></tr>
<tr><td> 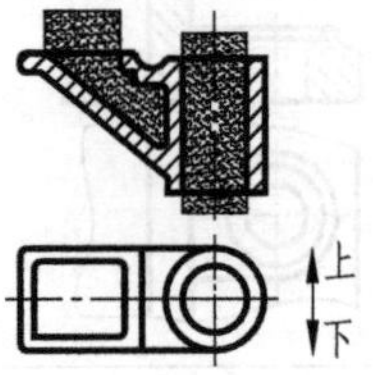上
下</td><td> 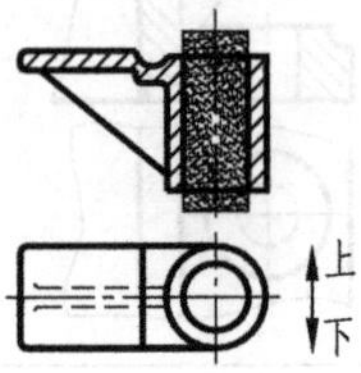上
下</td><td rowspan="2">将箱型结构改为肋骨形结构，可省去型芯，但强度和刚度比箱型结构差</td></tr>
<tr><td> 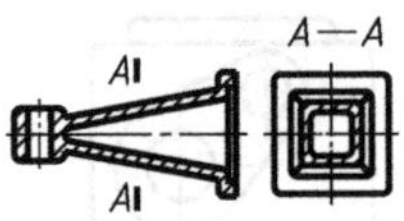A—A
A
A</td><td> 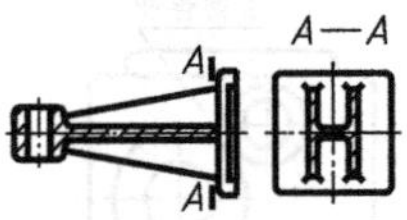A—A
A
A</td></tr>
<tr><td> 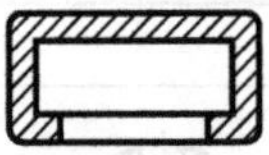</td><td> </td><td rowspan="2">尽可能将内腔做成开式的，可不需型芯</td></tr>
<tr><td> 需要型芯</td><td> 不需要型芯</td></tr>
<tr><td> 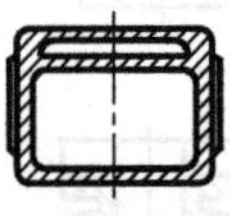</td><td> 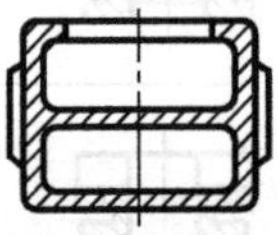</td><td rowspan="2">在结构允许的条件下，采用对称结构，可减少制造木模和型芯的工作量</td></tr>
<tr><td> 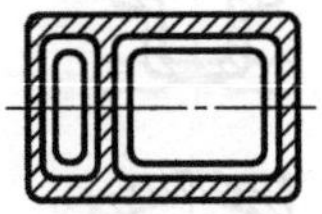</td><td> </td></tr>
<tr><td> 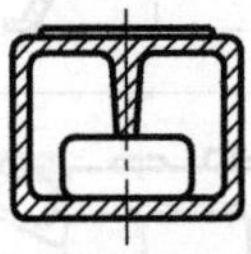</td><td> 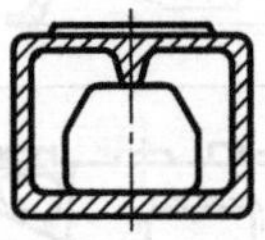</td><td>内腔的狭长肋需要狭窄勾缝的型芯不易刷上涂料，应尽可能避免</td></tr>
<tr><td></td><td> 工艺窗口</td><td>设置固定型芯的专用工艺窗口</td></tr>
<tr><td>便于固定型芯</td><td></td><td></td><td>铸件改为组合结构后，型芯结构简单，固定稳固，易保证铸件的壁厚</td></tr>
</table>

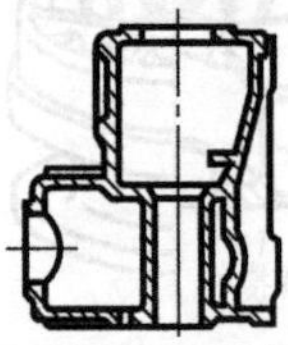

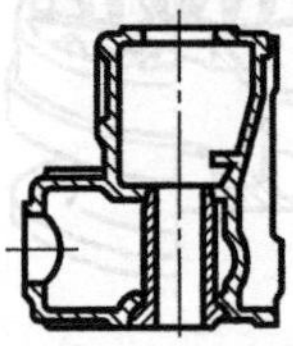

续表

序号	注意事项		图例 改进前	图例 改进后	说明
4	便于合箱	下芯和排气方便	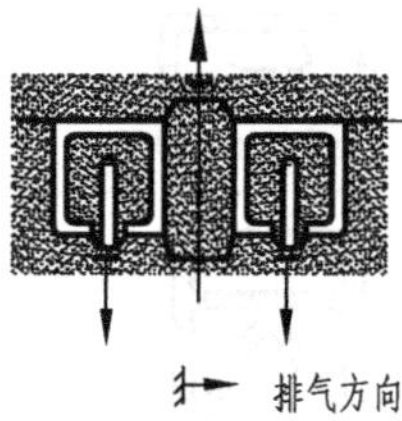 上 下 排气方向	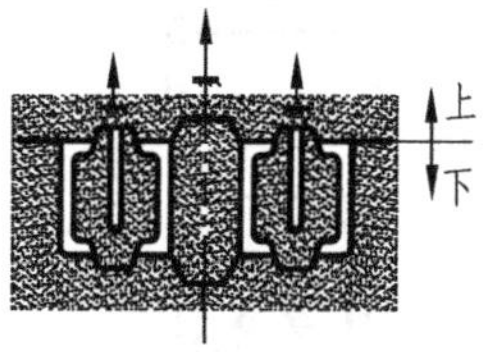 上 下	有利于型芯的固定和排气
			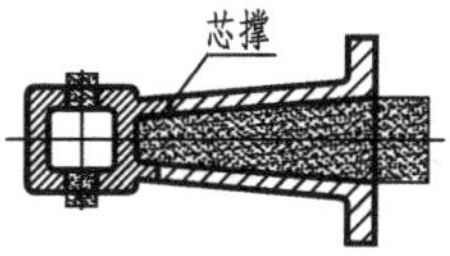 芯撑	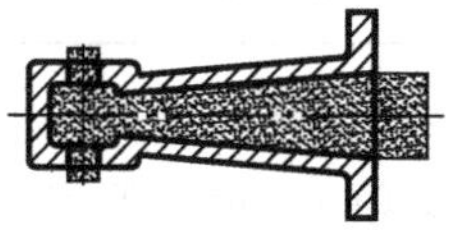 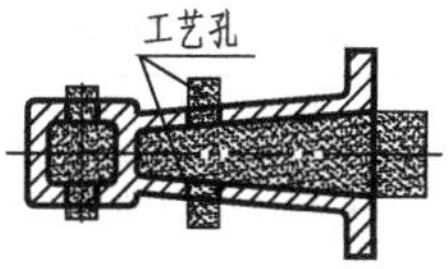 工艺孔	尽量避免采用悬臂芯，可连通中间部分，若不允许改变结构，可设工艺孔，加强型芯的固定和排气
			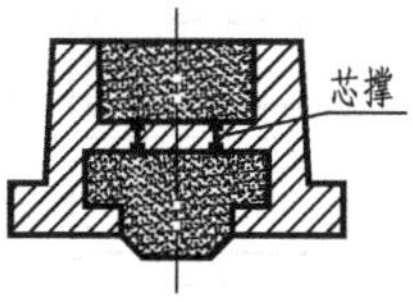 芯撑	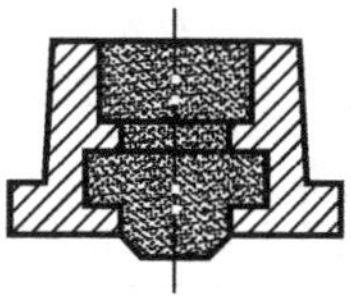	改进后，减少型芯，不用芯撑
			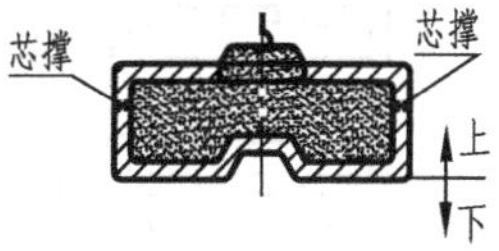 芯撑 芯撑 上 下	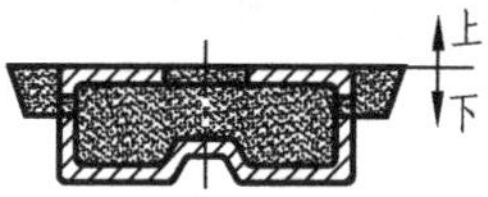 上 下	改进后，避免采用吊芯，不用芯撑
			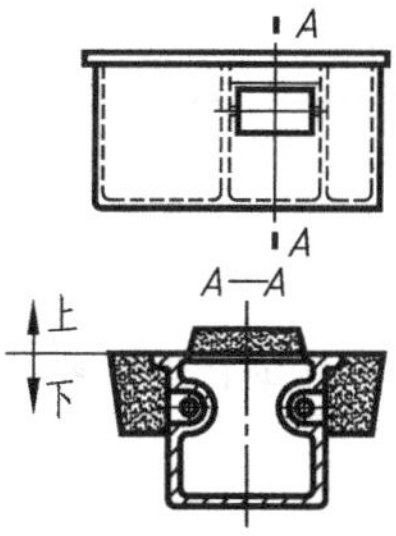 A A A—A 上 下	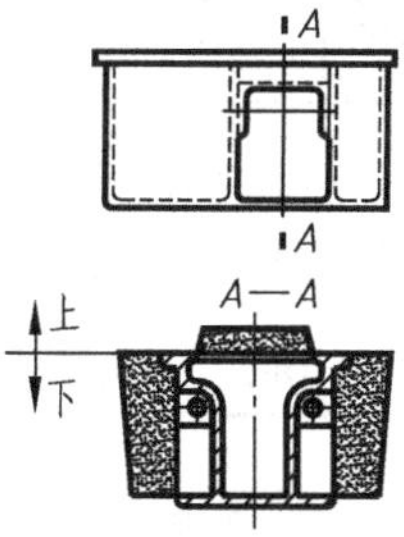 A A A—A 上 下	改进前，下芯不便，需先放入中间芯，放芯撑固定，再从侧面放入两边型芯，芯头处需要干砂填实。改进后，两边型芯可先放入，不妨碍中间芯的安放
		减小砂箱体积	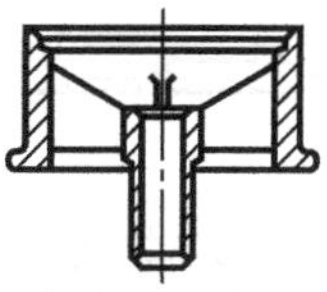	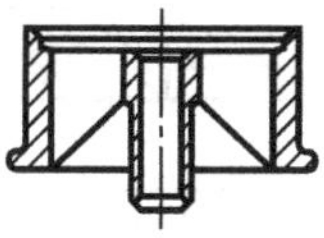	缩小铸件的轮廓尺寸，可减小砂箱体积，降低造型费用
			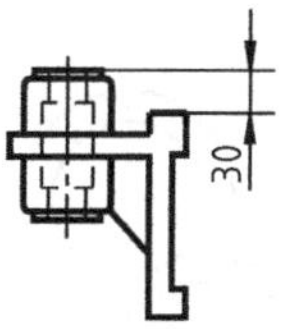 30	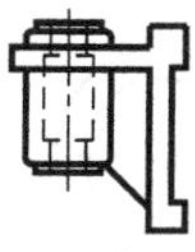	缩小铸件的轮廓尺寸，可减小砂箱体积，降低造型费用

续表

序号	注意事项		图例		说明
			改进前	改进后	
5	便于清砂	留有足够清理空间			狭长内腔不便制芯和清铲,尽可能避免
					在保证刚性的前提下。可加大清铲窗孔,以便清砂及破除芯骨

(2) 铸件两肋之间连接形式的合理性

铸件两肋之间连接形式的合理性见表18-2。

表 18-2　铸件两肋之间连接形式的合理性

序号	简图	说明	序号	简图	说明
1	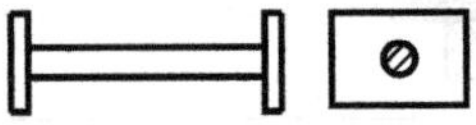	抗弯和抗扭曲性差	7	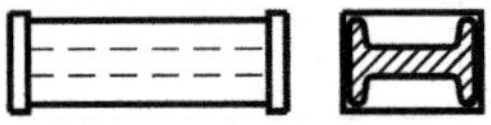	抗弯性较高
2	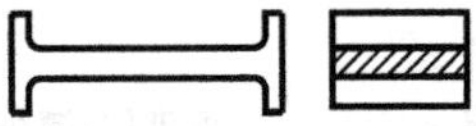	仅在一个方向上有抗弯能力	8	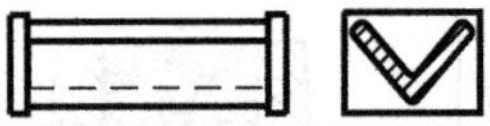	较序号2抗弯和抗扭曲性稍高
3		较序号2抗弯和抗扭曲性稍高	9	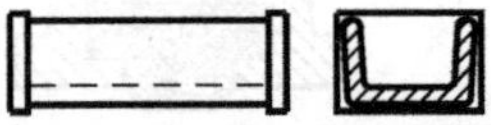	较序号2抗弯和抗扭曲性稍高
4	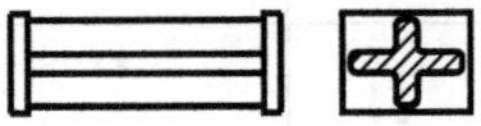	在两个方向上有抗弯能力	10	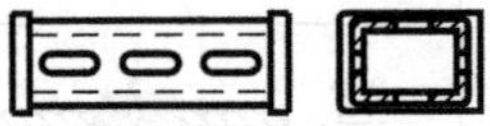	双向均有大的抗弯性和抗扭曲性。但需要用型芯
5	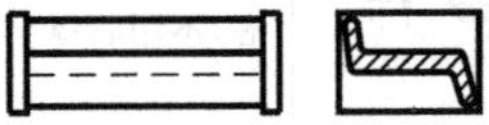	较序号2抗弯性稍高	11		
6		有一定的抗扭曲能力			

(3) 避免铸件缺陷对铸件结构的合理要求

避免铸件缺陷对铸件结构的合理要求见表18-3。

表 18-3　避免铸件缺陷对铸件结构的合理要求

铸件缺陷形式	注意事项	图例		改进措施
		改进前	改进后	
1. 缩孔与疏松	壁厚不均	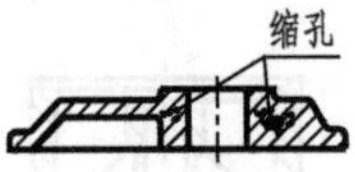 缩孔	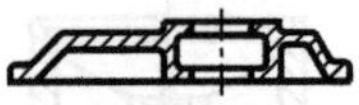	壁厚力求均匀,减少厚大端面,以利于金属同时凝固
		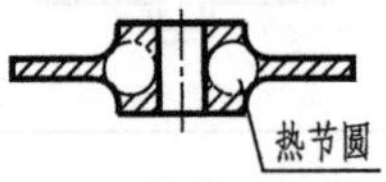 热节圆		
		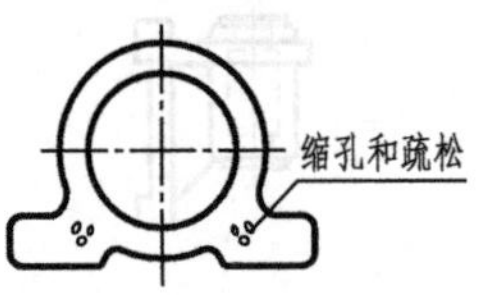 缩孔和疏松	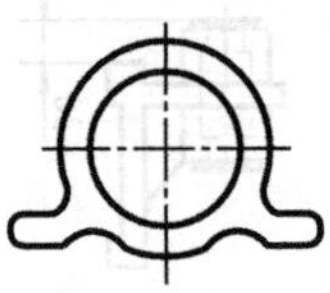	铸件壁厚应尽量均匀,以防止厚壁截面处金属积聚导致缩孔、疏松、组织不密致等缺陷

续表

铸件缺陷形式	注意事项	图例		改进措施
		改进前	改进后	
1.缩孔与疏松	壁厚不均	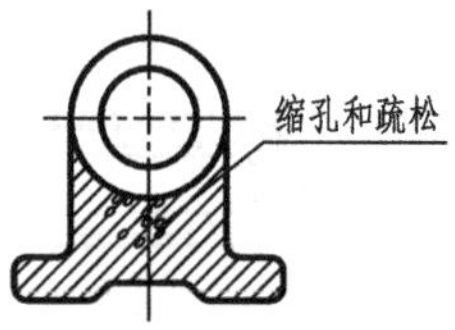 缩孔和疏松	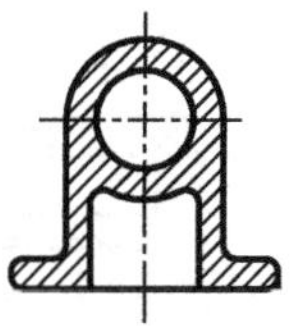	铸件壁厚应尽量均匀，以防止厚壁截面处金属积聚导致缩孔、疏松、组织不密致等缺陷
				局部厚壁处减薄
				采用加强肋代替整体厚壁铸件
		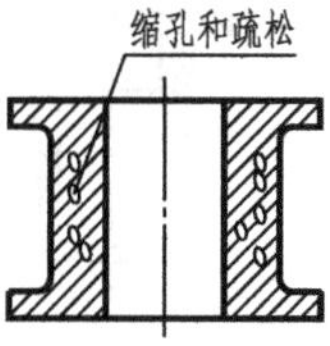 缩孔和疏松		
		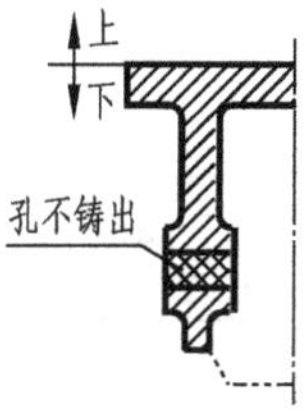 上 下 孔不铸出	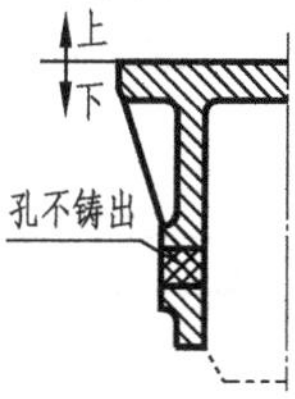 上 下 孔不铸出	为减少金属的积聚，将双面凸台改为单面凸台
				改进前，深凹的锐角处易产生气缩孔
	肋或壁交叉		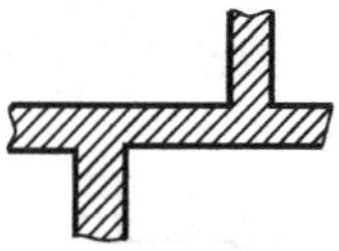	尽量不采用十字交叉结构，以减少金属积聚
				交叉肋的交点应置环形结构

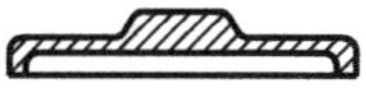

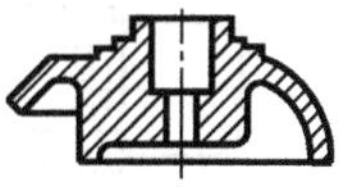

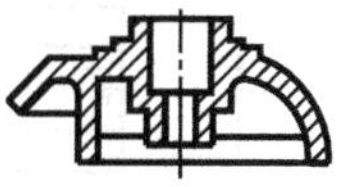

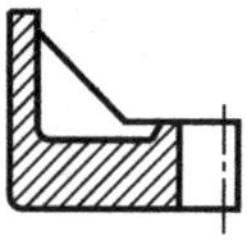

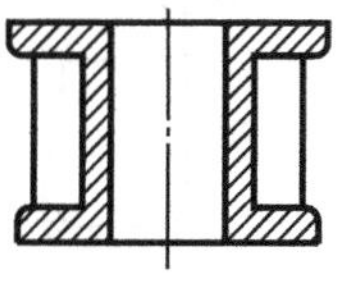

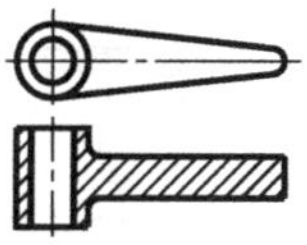

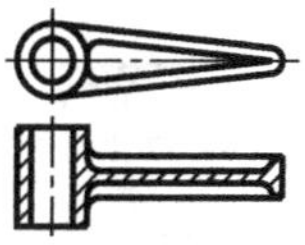

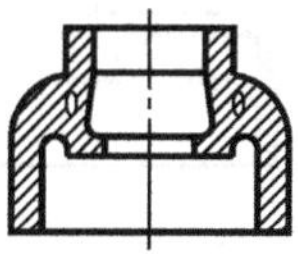

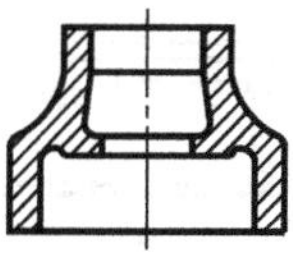

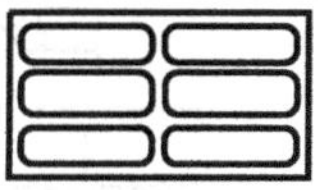

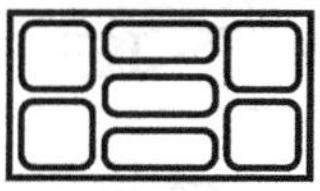

续表

铸件缺陷形式	注意事项	图例		改进措施
		改进前	改进后	
1. 缩孔与疏松	补缩不良	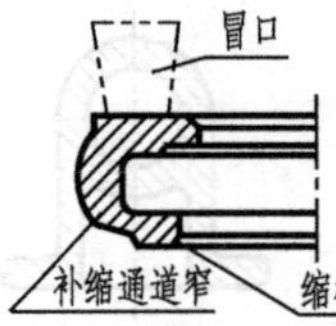 冒口 补缩通道窄 缩松	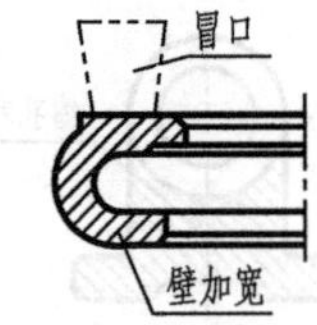 冒口 壁加宽	易产生缩松处难以安放冒口，故加厚与该处连通的壁厚，加宽补缩通道
		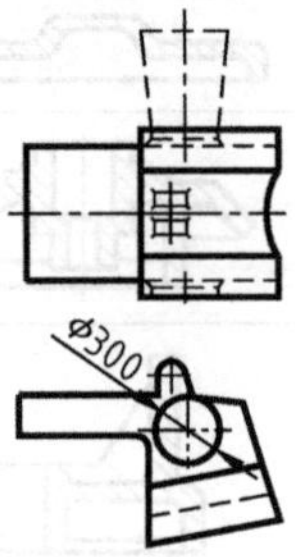 φ300	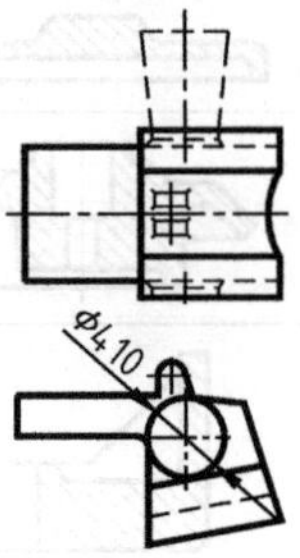 φ410	钢夹子冒口放在凸台上，原设计凸台不够大，补缩不良。后将凸台直径放大到410mm，才消除了缩孔
				考虑到顺序凝固，以利于逐层补缩，缸体壁设计成上厚下薄
		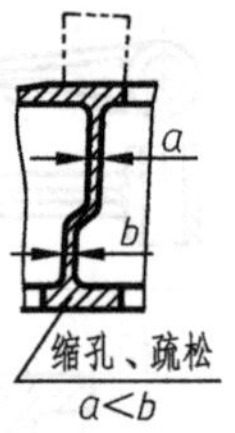 a b 缩孔、疏松 a<b	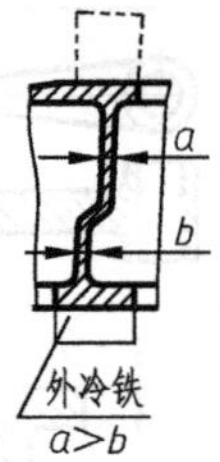 a b 外冷铁 a>b	对于两端壁较厚的铸钢件端面，为创造顺序凝固条件，应使a大于或等于b，并在底部设置外冷铁，形成上下温度梯度，有利于顺序补缩
2. 气孔与夹渣	水平面过大	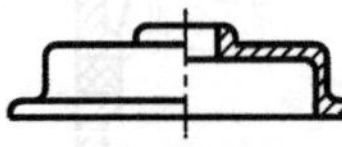	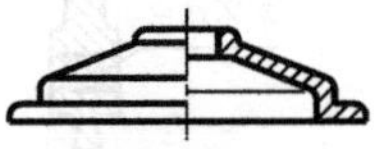	尽量减少较大的水平面，尽量采用斜面，便于金属中夹杂物和气体上浮排除，并减小内应力。 铸孔的轴线应与起模方向一致
		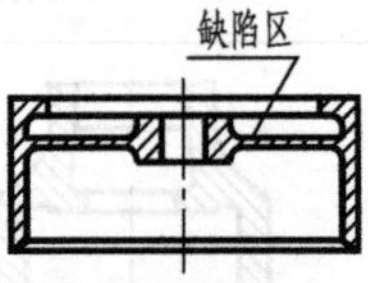 缺陷区		
		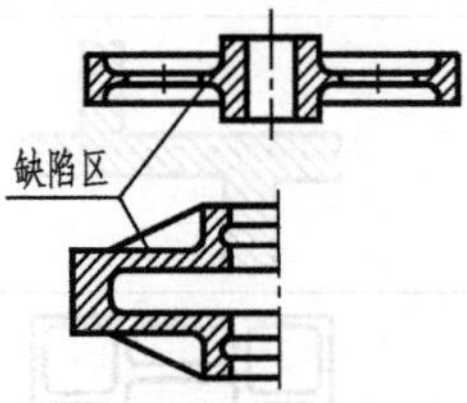 缺陷区	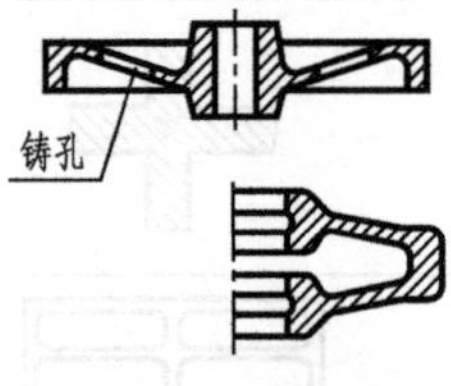 铸孔	尽量减少较大的水平面，尽可能采用斜平面，便于金属中夹杂物和气体上浮排出并减少内应力。 铸孔的轴线应与起模方向一致
			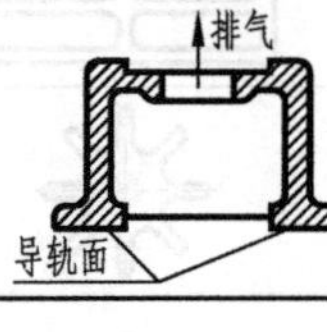 排气 导轨面	避免薄壁和大面积封闭，使气体能充分排出，浇铸时，重要面应在下部，以便金属补给

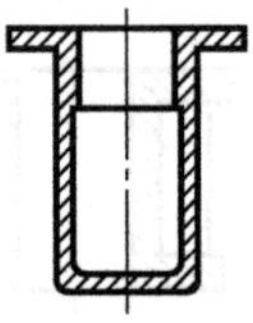

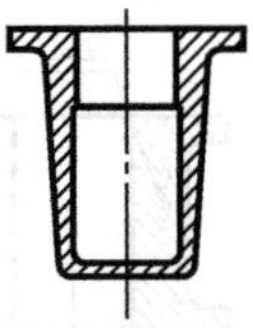

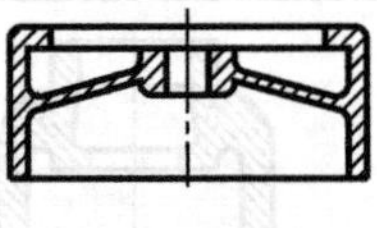

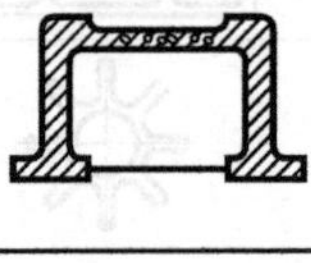

续表

铸件缺陷形式	注意事项	图例		改进措施
		改进前	改进后	
3.烧结粘砂	避免小凹槽	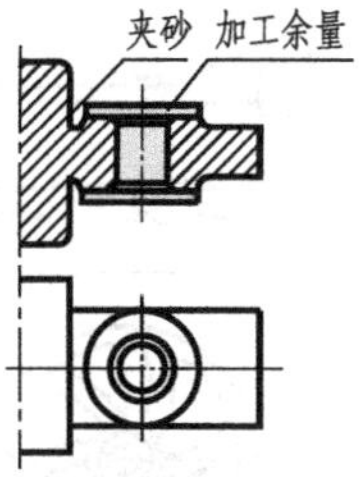 夹砂 加工余量	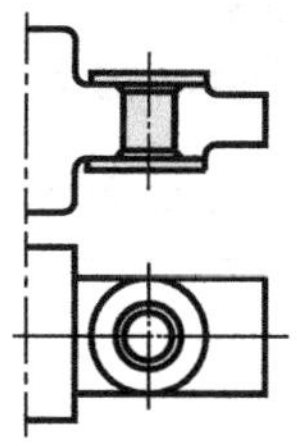	改进前，小凹槽容易掉砂，造成铸件夹砂
		 夹砂		
	避免尖角	 过热点烧结粘砂		避免尖角的泥芯或砂型
	避免狭小内腔	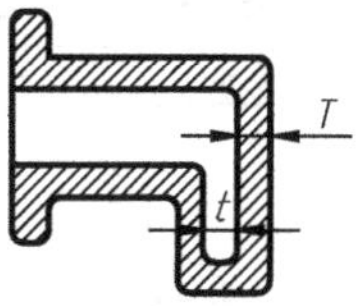 T t $t\leqslant 2T$	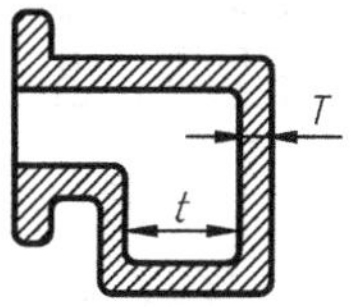 T t $t\geqslant 2T$	避免狭小的内腔
4.裂纹	内壁过厚	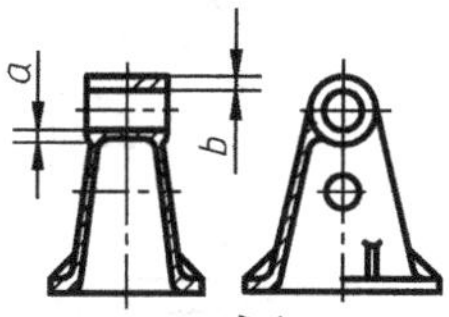 a b $a\geqslant b$	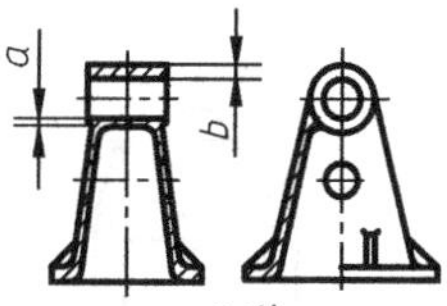 a b $a<b$	铸件内壁的厚度应略小于铸件外壁的厚度，使整个铸件均匀冷却
		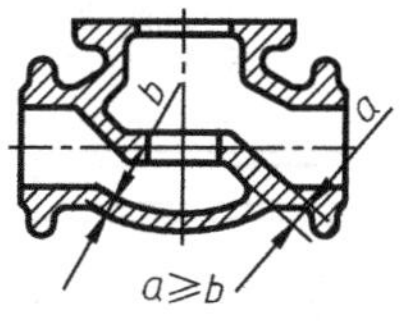 b a $a\geqslant b$	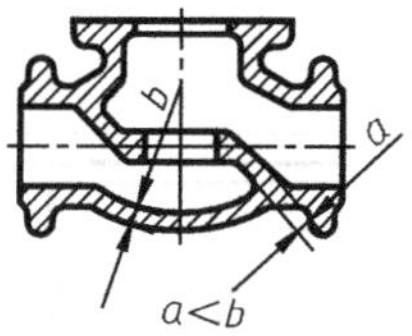 b a $a<b$	
		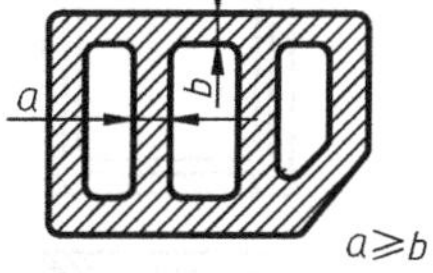 a b $a\geqslant b$	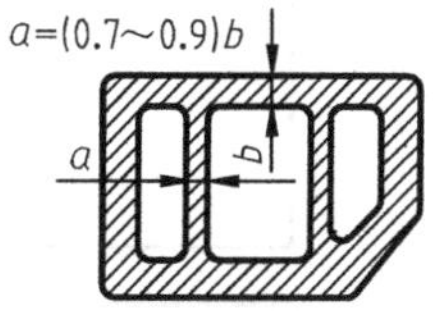 $a=(0.7\sim0.9)b$ a b	

续表

铸件缺陷形式	注意事项	图例 改进前	图例 改进后	改进措施
4. 裂纹	截面突变	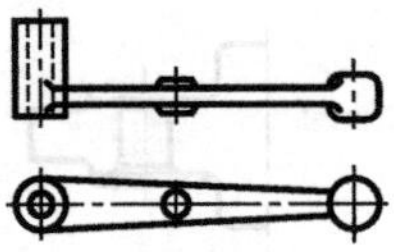	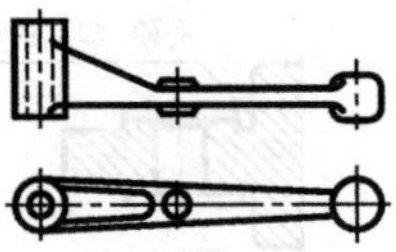	突变截面应有缓和过渡结构
	收缩受阻		 	铸件应避免阻碍收缩的结构，较大的飞轮、带轮、齿轮的轮辐可做成弯曲的辐条或孔的辐板
				大型轮类铸件，可在轮毂处作出缝隙（$a\approx 30$mm），以防止裂纹
		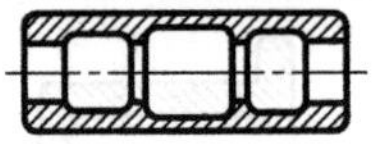	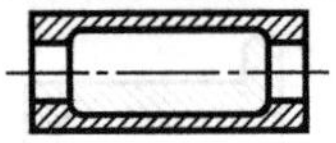	没有肋的框型内腔冷却时均能自由收缩
	过渡圆角太小	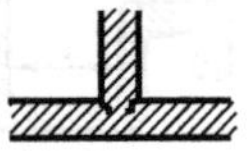	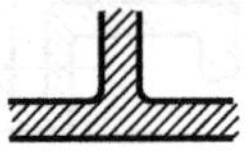	避免锐角连接，采用圆弧过渡
		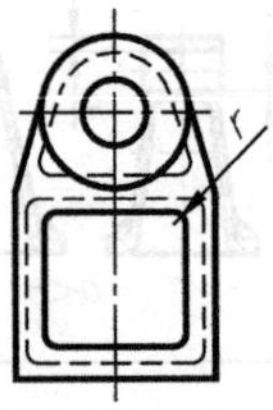	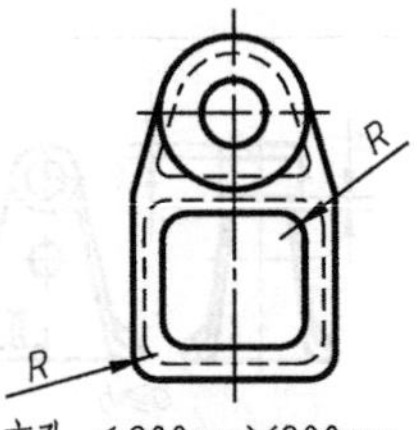 方孔：<200mm×200mm，R=10～15mm。 >200mm×200mm，R=10～20mm	铸件方形窗孔四角处的圆角半径不应太小
5. 变形	截面形状不合理			为防止细长件和大的平板件在收缩时挠曲变形，应正确选择零件的截面形状（如对称截面）和合理设置加强肋
		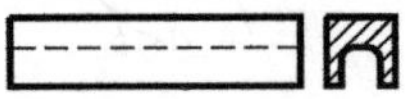	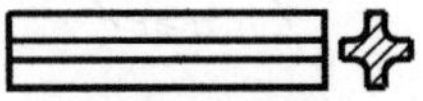	
		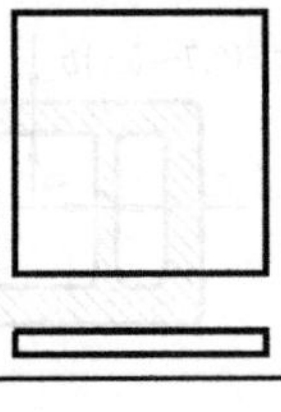		

续表

铸件缺陷形式	注意事项	图例		改进措施
		改进前	改进后	
5. 变形	截面形状不合理	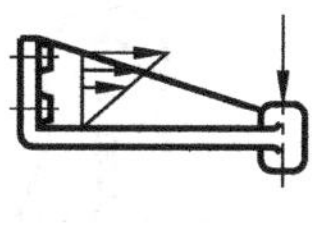	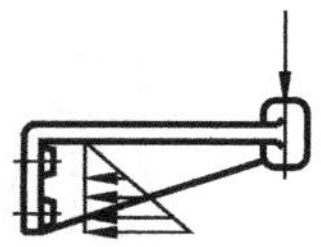	铸件抗压强度大于抗弯强度和抗拉强度，设计中应合理利用
	缺少加强肋	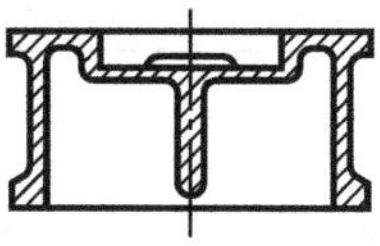	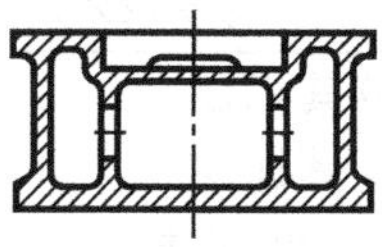	不用增加壁厚而用合理增加加强肋的方法来提高零件刚性
				大而薄的壁冷却时易扭曲，应适当加肋
	缺少凸台	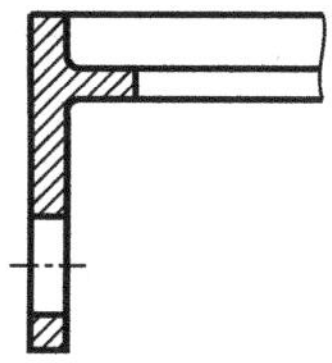	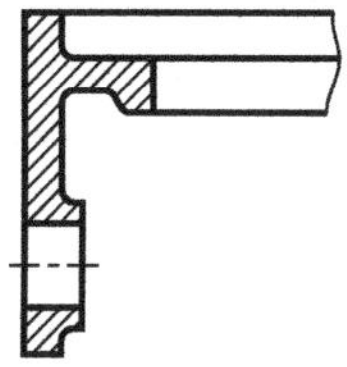	空洞周围增加凸边可加大刚性
6. 渗漏	错用撑钉	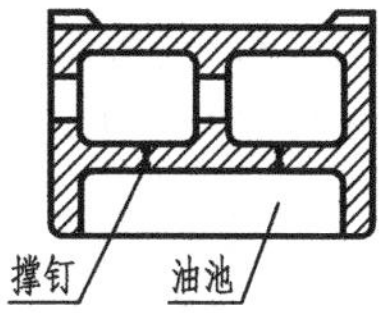 撑钉　油池	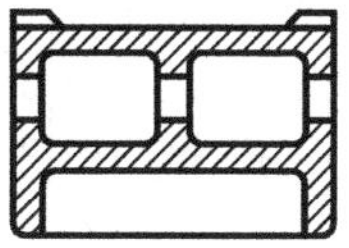	液体容器部分避免用撑钉，以防渗油。右图的泥芯可在两端固定，不用撑钉
7. 损伤	凸出部分薄弱	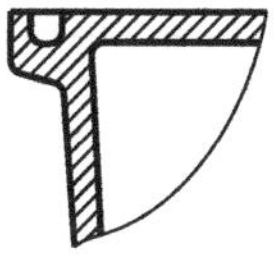	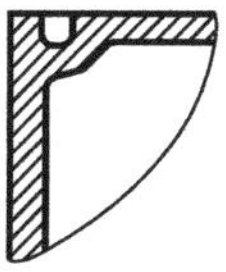	避免大铸件有薄的易损坏的凸出部分
8. 错箱	铸件在两砂箱	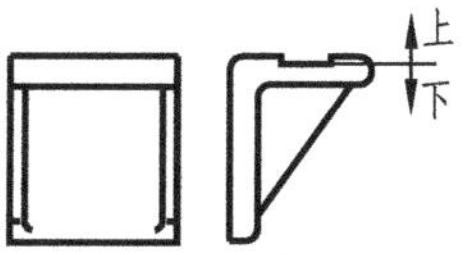 上 下	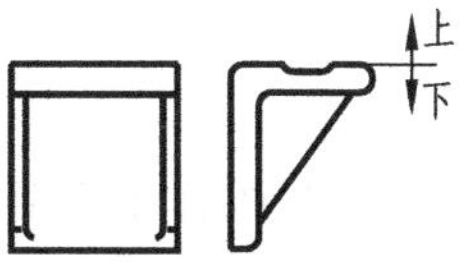 上 下	尽量使铸件在一个砂箱中形成，以避免因错箱而造成尺寸误差和影响外形美观
		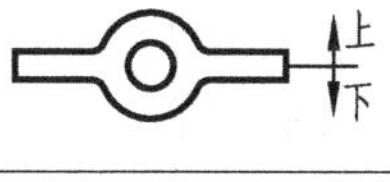 上 下	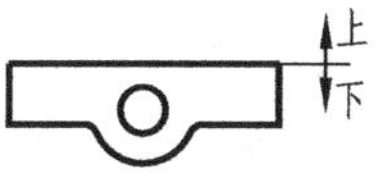 上 下	
9. 形状与尺寸不合格	内腔过小	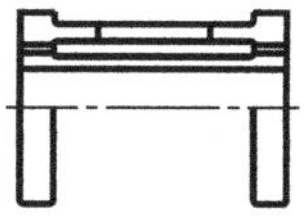	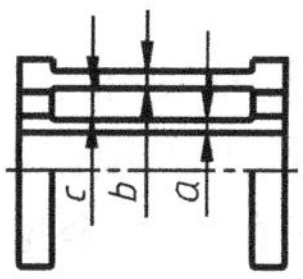 c b a	铸件两壁之间的型芯厚度一般应不小于两边壁厚的总和（$c>a+b$），以免两壁熔接在一起
	凸台过小	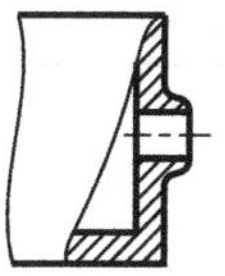	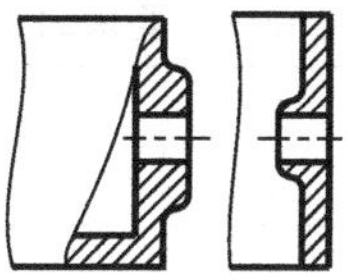	大件中部凸台位置尺寸不宜保证，铸造偏差较大，应考虑将凸台尺寸加大，或移至箱内部

续表

铸件缺陷形式	注意事项	图例		改进措施
		改进前	改进后	
9. 形状与尺寸不合格	凸台过小			凸台应大于支座底面，以保证装配位置和外观整齐

18.1.3 铸件设计参数及其标注

(1) 铸件尺寸公差及其标注

根据 GB/T 6414—1999 的规定，铸件尺寸公差代号为 CT，公差等级分为 16 级，见表 18-4。

表 18-4 铸件尺寸公差（GB/T 6414—1999） mm

毛坯铸件基本尺寸/mm		铸件尺寸公差等级 CT①															
大于	至	1	2	3	4	5	6	7	8	9	10	11	12	13②	14②	15②	16②③
—	10	0.09	0.13	0.18	0.26	0.36	0.52	0.74	1	1.5	2	2.8	4.2	—	—	—	—
10	16	0.1	0.14	0.2	0.28	0.38	0.54	0.78	1.1	1.6	2.2	3.0	4.4	—	—	—	—
16	25	0.11	0.15	0.22	0.30	0.42	0.58	0.82	1.2	1.7	2.4	3.2	4.6	6	8	10	12
25	40	0.12	0.17	0.24	0.32	0.46	0.64	0.9	1.3	1.8	2.6	3.6	5	7	9	11	14
40	63	0.13	0.18	0.26	0.36	0.50	0.70	1	1.4	2	2.8	4	5.6	8	10	12	16
63	100	0.14	0.20	0.28	0.40	0.56	0.78	1.1	1.6	2.2	3.2	4.4	6	9	11	14	18
100	160	0.15	0.22	0.30	0.44	0.62	0.88	1.2	1.8	2.5	3.6	5	7	10	12	16	20
160	250	—	0.24	0.34	0.50	0.72	1	1.4	2	2.8	4	5.6	8	11	14	18	22
250	400	—	—	0.40	0.56	0.78	1.1	1.6	2.2	3.2	4.4	6.2	9	12	16	20	25
400	630	—	—	—	0.64	0.9	1.2	1.8	2.6	3.6	5	7	10	14	18	22	28
630	1000	—	—	—	0.72	1	1.4	2	2.8	4	6	8	11	16	20	25	32
1000	1600	—	—	—	0.80	1.1	1.6	2.2	3.2	4.6	7	9	13	18	23	29	37
1600	2500	—	—	—	—	—	—	2.6	3.8	5.4	8	10	15	21	26	33	42
2500	4000	—	—	—	—	—	—	—	4.4	6.2	9	12	17	24	30	38	49
4000	6300	—	—	—	—	—	—	—	—	7	10	14	20	28	35	44	56
6300	10000	—	—	—	—	—	—	—	—	—	11	16	23	32	40	50	64

①在等级 CT1～CT15 中对壁厚采用粗一级公差。

②对于不超过 16mm 的尺寸，不采用 CT13～CT16 的一般公差，对于这些尺寸应标注个别公差。

③等级 CT16 仅适用于一般公差规定为 CT15 的壁厚。

对于一般公差的尺寸，在图样上采用公差代号统一标注，标注形式为："一般公差 GB/T 6414-CT12"。对于不适合一般公差的尺寸，应规定个别公差，在图样上需要在基本尺寸之后标注个别公差，如："95±3"、"200^{+5}_{-3}"。错型值应处在表 18-4 所规定的公差范围内。当需要进一步限制错型时，应在图样上标注最大错型值，如："一般公差 GB/T 6414-CT12-最大错型 1.5"

(2) 铸件机械加工余量及其标注

机械加工余量是为后续加工预留的金属余量，用 RMA 表示。圆柱形或双侧机械加工的铸件，RMA 应加倍。要求的加工余量等级见表 18-5。

表 18-5 要求的加工余量等级（GB/T 6414—1999） mm

最大尺寸①		要求的机械加工余量等级									
大于	至	A②	B②	C	D	E	F	G	H	J	K
—	40	0.1	0.1	0.2	0.3	0.4	0.5	0.5	0.7	1	1.4

续表

最大尺寸①		要求的机械加工余量等级									
大于	至	A②	B②	C	D	E	F	G	H	J	K
40	63	0.1	0.2	0.3	0.3	0.4	0.5	0.7	1	1.4	2
63	100	0.2	0.3	0.4	0.5	0.7	1	1.4	2	2.8	4
100	160	0.3	0.4	0.5	0.8	1.1	1.5	2.2	3	4	6
160	250	0.3	0.5	0.7	1	1.4	2	2.8	4	5.5	8
250	400	0.4	0.7	0.9	1.3	1.4	2.5	3.5	5	7	10
400	630	0.5	0.8	1.1	1.5	2.2	3	4	6	9	12
630	1000	0.6	0.9	1.2	1.8	2.5	3.5	5	7	10	14
1000	1600	0.7	1	1.4	2	2.8	4	5.5	8	11	16
1600	2500	0.8	1.1	1.6	2.2	3.2	4.5	6	9	14	18
2500	4000	0.9	1.3	1.8	2.5	3.5	5	7	10	14	20
4000	6300	1	1.4	2	2.8	4	5.5	8	11	16	22
6300	10000	1.1	1.5	2.2	3	4.5	6	9	12	17	24

①最终机械加工后铸件的最大轮廓尺寸。

②等级 A 和 B 仅用于特殊场合，例如，在采购方与铸造厂已就夹持面和基准面或基准目标商定模样装备、铸造工艺和机械加工工艺的成批生产情况下。

应在图样上标出需机械加工的表面和要求的机械加工余量值，并在括号内标出要求的机械加工余量等级。要求的机械加工余量按下列方式标注在图样上：

用公差和要求的机械加工余量代号统一标注。例加：对于轮廓最大尺寸在 400～630mm 范围内的铸件，要求的机械加工余量等级为 H，要求的机械加工余量值为 6mm（同时铸件的一般公差为 GB/T 6414—CT12）为“GB/T 6414—CT12—RMA（H）”，也允许在图样上直接标注经计算得出的尺寸值。

需要个别要求的机械加工余量，则应标注在图样的特定表面上，见图 18-1。

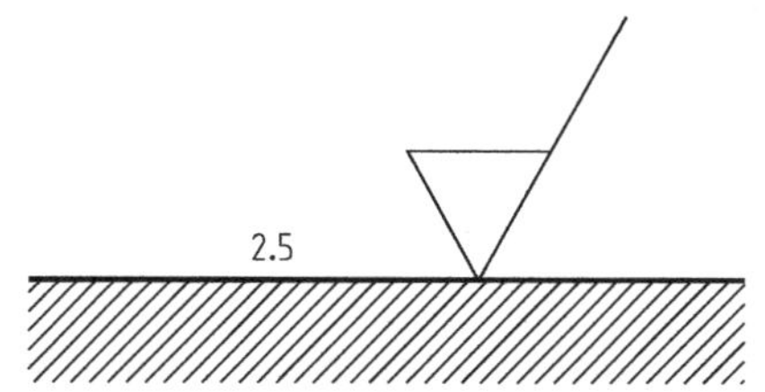

图 18-1　要求的机械加工余量在特定表面上的标注

（3）铸件的表面结构要求及其标注

铸件表面粗糙度的选取列入表 18-6 中。例如镁、锌合金压力铸造表面粗糙度可达 Ra0.8～Ra25.0，而铸钢件砂型铸造的表面粗糙度只能达到 Ra50～RZ1600。铸件图样中表面粗糙度的标注形式与零件工作图一致。

表 18-6　表面粗糙度样块分类及参数值

铸型类型		砂型类									金属型类					
合金种类		钢			铁		铜	铝	镁	锌	钢		铝		镁	锌
粗糙度参数公称值/μm \ 铸造方法		砂型铸造	壳型铸造	熔模铸造	砂型铸造	壳型铸造	砂型铸造	砂型铸造	砂型铸造	砂型铸造	金属型铸造	压力铸造	金属型铸造	压力铸造	压力铸造	压力铸造
Ra	0.2														×	×
	0.4													×	×	×

续表

铸型类型		砂型类									金属型类					
合金种类		钢			铁		铜	铝	镁	锌	钢		铅		镁	锌
粗糙度参数公称值/μm ＼ 铸造方法		砂型铸造	壳型铸造	熔模铸造	砂型铸造	壳型铸造	砂型铸造	砂型铸造	砂型铸造	砂型铸造	金属型铸造	压力铸造	金属型铸造	压力铸造	压力铸造	压力铸造
Ra	0.8			×									×	×	※※	※※
	1.6		×	×		×						×	×	※※	※※	※※
	3.2		×	※※	×	×	×	×	×	×	×	×	※※	※※	※※	※※
	6.3		※※	※※	×	※※	×	×	×	×	×	※※	※※	※※	※※	※※
	12.5	×	※※	※※	※※	※※	※※	※※	※※	※※	※※	※※	※※	※※	※※	※※
	25	×	※※		※※	※※	※※	※※	※※	※※	※※	※※	※※	※※	※※	※※
	50	※※	※※		※※		※※	※※	※※	※※	※※	※※	※※			
	100	※※			※※		※※	※※	※※	※※	※※					
Rz	800	※※			※※		※※	※※	※※	※※						
	1600	※※														

(4) 起模斜度及其标注

行业标准 JB/T 5105—1991《铸造模样起模斜度》规定了砂型铸造所用的起模斜度，如图 18-2 所示，有增加铸件壁厚、增减铸件壁厚和减少铸件壁厚三种形式。起模斜度大小根据模样的起模高度、模样种类、形状以及铸件种类确定。斜度参数见图 18-2，参数数据参见表 18-7～表 18-10。

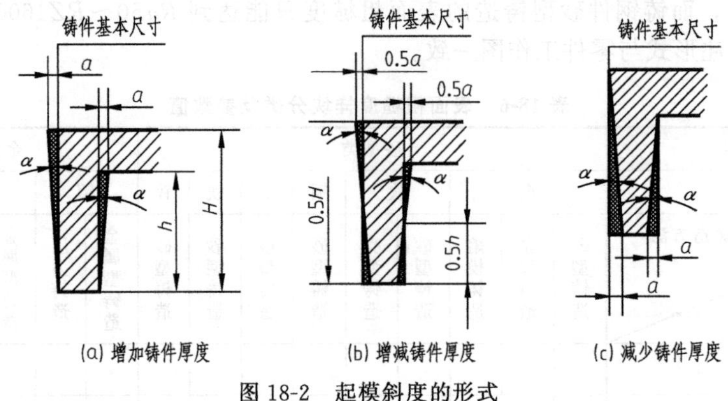

图 18-2　起模斜度的形式

表 18-7　黏土砂造型时样模外表面的起模斜度

测量面高度/mm	起模斜度≤①				测量面高度/mm	起模斜度≤①			
	金属模样、塑料模样		木模样			金属模样、塑料模样		木模样	
	α	a/mm	α	a/mm		α	a/mm	α	a/mm
≤10	2°20′	0.4	2°55′	0.6	>400～630	0°20′	3.8	0°20′	3.8
>10～40	1°10′	0.8	1°25′	1.0	>630～1000	0°15′	4.4	0°20′	5.8
>40～100	0°30′	1.0	0°40′	1.2	>1000～1600	—	—	0°20′	8.0
>100～160	0°25′	1.2	0°30′	1.4	>1600～2500	—	—	0°15′	11.0
>160～250	0°20′	1.6	0°25′	1.8	>2500	—	—	0°15′	—
>250～400	0°20′	2.4	0°25′	3.0					

①起模困难模样，起模斜度不得超过表中数值的一倍。

表 18-8　黏土砂造型时样模凹处内表面的起模斜度

测量高度/mm	起模斜度≤①				测量高度/mm	起模斜度≤①			
	金属模样、塑料模样		木模样			金属模样、塑料模样		木模样	
	α	a/mm	α	a/mm		α	a/mm	α	a/mm
≤10	4°35′	0.8	5°45′	1.0	>250～400	0°40′	4.6	0°45′	5.2
>10～40	2°20′	1.6	2°50′	2.0	>400～630	0°35′	6.4	0°40′	7.4
>40～100	1°05′	2.0	1°45′	2.2	>630～1000	0°30′	8.8	0°35′	10.2
>100～160	0°45′	2.2	0°55′	2.6	>1000	—	—	0°35′	—
>160～250	0°40′	3.0	0°45′	3.4					

①起模困难模样，起模斜度不得超过表中数值的一倍。

表 18-9　自硬砂造型时样模外表面的起模斜度

测量面高度/mm	起模斜度≤①				测量面高度/mm	起模斜度≤①			
	金属模样、塑料模样		木模样			金属模样、塑料模样		木模样	
	α	a/mm	α	a/mm		α	a/mm	α	a/mm
≤10	3°00′	0.6	4°00′	0.8	>400～630	0°25′	4.6	0°30′	5.6
>10～40	1°50′	1.4	2°05′	1.6	>630～1000	0°20′	5.8	0°25′	7.4
>40～100	0°50′	1.6	0°55′	1.6	>1000～1600	—	—	0°25′	11.6
>100～160	0°35′	1.6	0°40′	2.0	>1600～2500	—	—	0°25′	18.2
>160～250	0°30′	2.2	0°35′	2.6	>2500	—	—	0°25′	—
>250～400	0°30′	3.6	0°35′	4.2					

①起模困难模样，起模斜度不得超过表中数值的一倍。模样凹处内表面的起模斜度值允许按表 18-9 值增加 50%。

起模斜度不包括在 GB/T 6414—1999 规定的尺寸公差范围之内。采用自硬砂造型时，凹处内表面的起模斜度值，允许按表 18-9 增加 50%。对于起模困难的模样，允许用较大的起模斜度，但不应超过表 18-7～表 18-9 所列数值的一倍。铸件结构本身在起模方向有足够的斜度时，不另增加起模斜度。

图样中，起模斜度可在技术要求中注明，也可标注在视图上，或在技术文件中说明。

表 18-10　铸孔的起模斜度

铸孔直径/mm ＼ 起模斜度 α/(°)	铸孔高度/mm							
	≤20	>20～40	>40～60	>60～90	>90～120	>120～150	>150～200	>200～250
≤30	10	8	—	—	—	—	—	—
>30～50	10	8	—	—	—	—	—	—
>50～70	8	8	7	—	—	—	—	—
>70～100	7	7	6	6	—	—	—	—

续表

铸孔直径/mm \ 起模斜度 α/(°)	铸孔高度/mm							
	≤20	>20~40	>40~60	>60~90	>90~120	>120~150	>150~200	>200~250
>100~130	6	6	5	5	5	—	—	—
>130~160	6	6	5	4.5	4.5	4		—
>160~200	5	5	4.5	4.5	4	4	3.5	—
>200~250	5	5	4	4	4	3.5	3.5	3.5
>250~350	5	4	4	4	3.5	3.5	3.5	3
>350	4	4	3.5	3.5	3.5	3	3	3

注：本表适用于机器造型，手工造型可适当减少。

(5) 最小铸出孔和槽

对铸铁、铸钢、高锰钢及有色金属不同铸件，其最小铸出孔和槽有不同的要求。铸铁件的最小铸出孔见表 18-11。普通碳素钢和低合金钢铸件的最小铸出孔（槽）尺寸见表 18-12。

表 18-11 铸铁件的最小铸出孔 mm

铸件厚度		≤50	>50~100	>100~200	>200
应铸出的最小孔径	灰铸铁	30	35	40	另定
	球墨铸铁	35	40	45	

表 18-12 普通碳素钢和低合金钢铸件的最小铸出孔（槽）尺寸 mm

孔深 H	孔壁厚度 δ							
	≤25	26~50	51~75	76~100	101~150	151~200	201~300	>300
	最小铸孔直径 d							
≤100	60	60	70	80	100	120	140	160
101~200	60	70	80	90	120	140	160	190
201~400	80	90	100	110	140	170	190	230
401~600	100	110	120	140	170	200	230	270
601~1000	120	130	150	170	200	230	270	300
>1000	140	160	170	200	230	260	300	330

注：1. 不穿透的圆孔直径大于表中数值 20%。
2. 矩形或方形的穿透孔大于表中数值 20%，不穿透孔大于表中数值 40%。

(6) 工艺肋的尺寸

为了防止铸件热裂纹或变形，常设置工艺肋与收缩肋，参见表 18-13 和表 18-14，拉肋设计见表 18-15。

表 18-13 收缩肋的形式和尺寸

简图	t	l	d	h
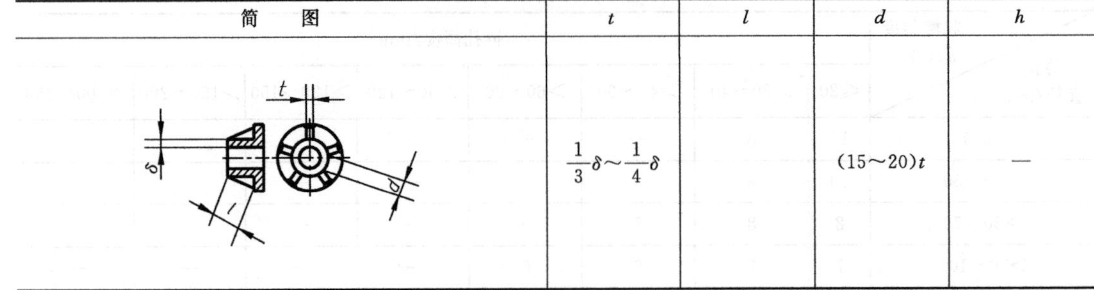	$\frac{1}{3}\delta \sim \frac{1}{4}\delta$		$(15\sim20)t$	—

续表

简　图	t	l	d	h
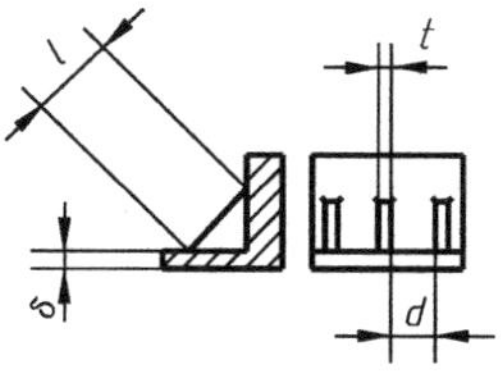				
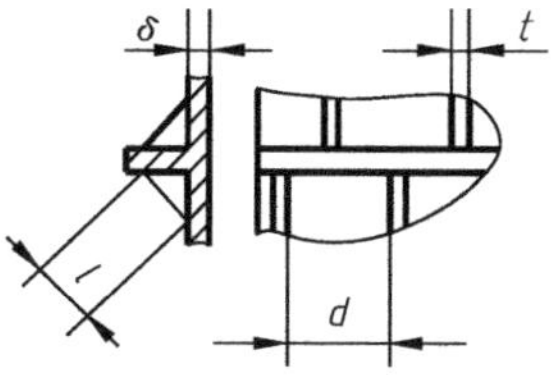				
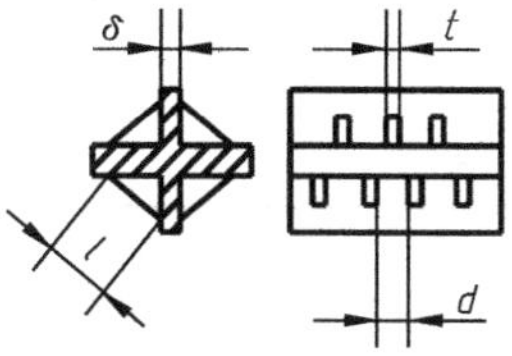			$(15\sim20)t$	—
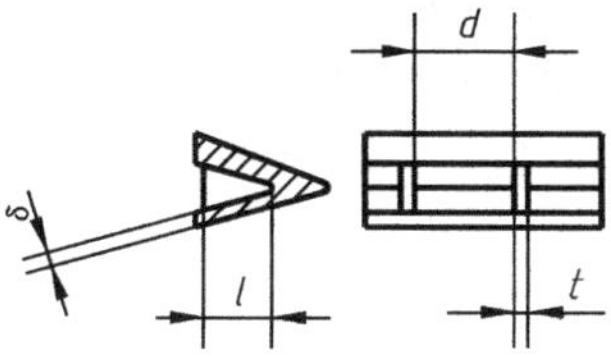	$\frac{1}{3}\delta\sim\frac{1}{4}\delta$	$(5\sim7)t$		
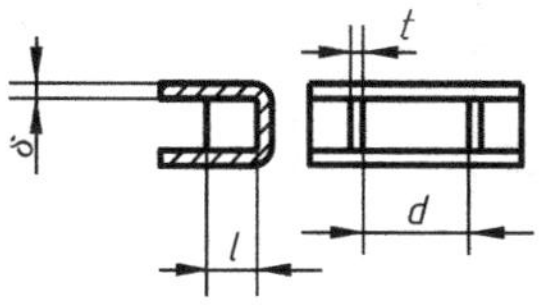				
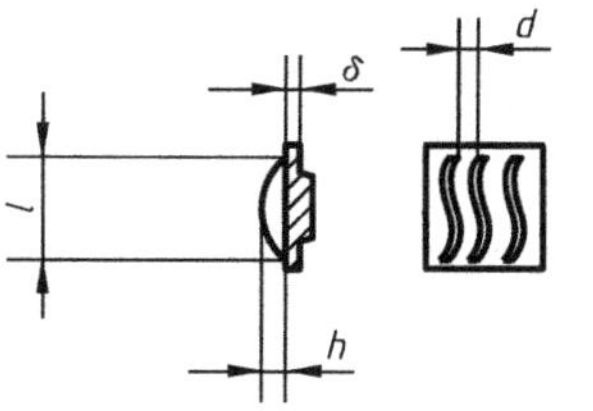		$(2\sim3)t$	$(10\sim15)t$	
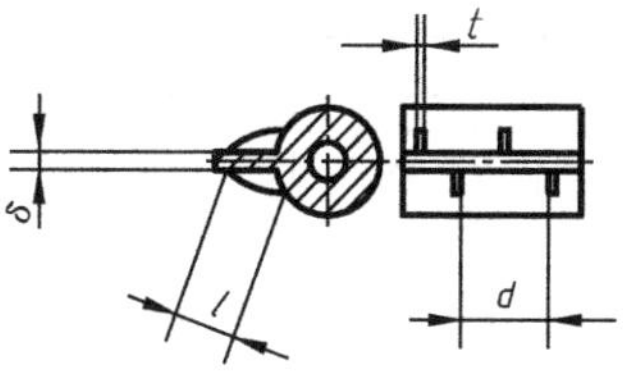		$(10\sim14)t$	$(15\sim20)t$	$(5\sim7)t$

续表

简　　图	t	l	d	h
	$\frac{1}{3}\delta\sim\frac{1}{4}\delta$	$(2\sim3)t$	$(15\sim20)t$	$(5\sim7)t$
		$(8\sim12)t$		—

注：1. δ 为交接壁最小壁厚。

2. 收缩肋厚度：以最厚 15mm、最薄 4mm 为原则。

表 18-14　铸钢件壁连接处常用的收缩肋　　mm

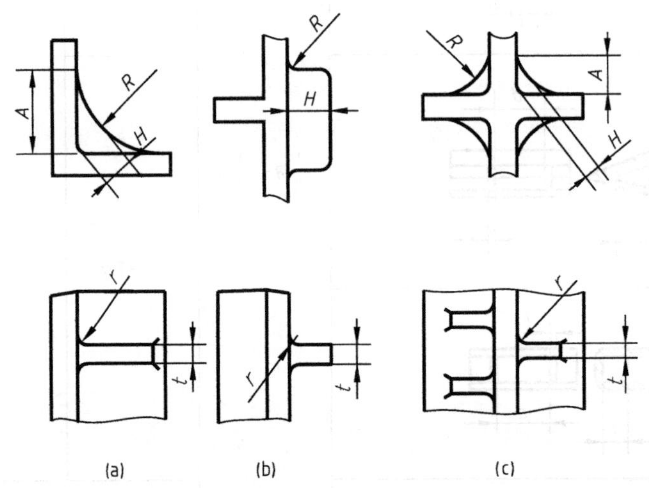

(a)　(b)　(c)

主壁厚度	肋的平均厚度 t	肋的高度 H	肋间距离	R	A	r
6～10	<3.8	20	40	30	45	2
>10～15	5	30	60	50	65	3
>15～25	6～7	35	80	70	75	4
>25～40	8～10	45	140	90	100	5
>40～60	12～14	55	160	120	125	5
>60～100	16～18	65	180	160	140	6
>100～200	20～24	75～80	200	160	170	8
>200～300	25～30	85～100	200	160	210	10

表 18-15　铸钢件拉肋类型和尺寸　　mm

<table>
<tr><td rowspan="6">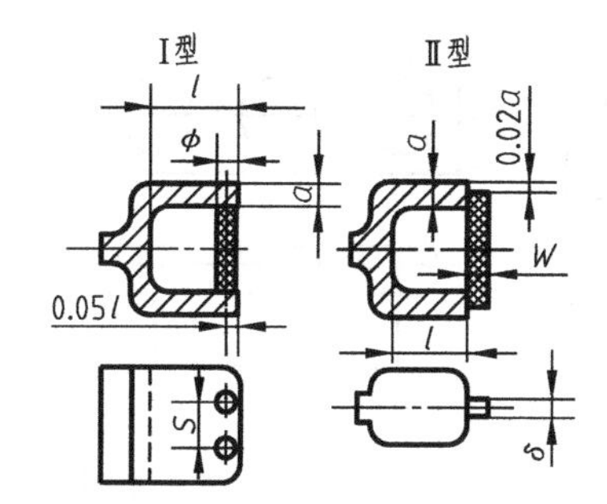
</td><td rowspan="6">小型铸钢件</td><td rowspan="2">壁厚
a</td><td colspan="2">Ⅰ型</td><td colspan="2">Ⅱ型</td></tr>
<tr><td>φ</td><td>S</td><td>δ</td><td>W</td></tr>
<tr><td>10～15</td><td>5～7</td><td>20～30</td><td>4～6</td><td>(3～4)δ</td></tr>
<tr><td>15～20</td><td>7～10</td><td>30～40</td><td>4～6</td><td>(3～4)δ</td></tr>
<tr><td>20～25</td><td>10～13</td><td>40～50</td><td>6～8</td><td>(3～4)δ</td></tr>
<tr><td>25～30</td><td>13～15</td><td>50～60</td><td>6～8</td><td>(3～4)δ</td></tr>
<tr><td rowspan="5">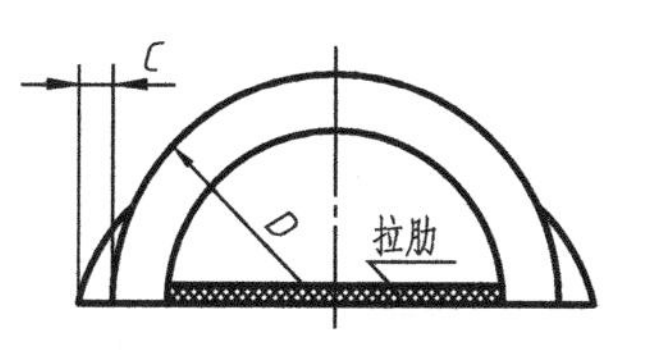
</td><td rowspan="5">中大型铸钢件</td><td colspan="5">拉肋的厚度为设拉肋处铸件厚度的 40%～60%，宽度为拉肋厚度的 1.5～2 倍</td></tr>
<tr><td colspan="3">半环形外径 D</td><td colspan="2">补正量 C</td></tr>
<tr><td colspan="3"><2000</td><td colspan="2">10～15</td></tr>
<tr><td colspan="3">2000～3200</td><td colspan="2">15～18</td></tr>
<tr><td colspan="3">>3200</td><td colspan="2">18～22</td></tr>
</table>

(7) 工艺尺寸补正量

铸件法兰、齿轮、凸台处的工艺补正量参见表 18-16～表 18-19。

表 18-16　铸件法兰与齿轮类零件的工艺补正量　　mm

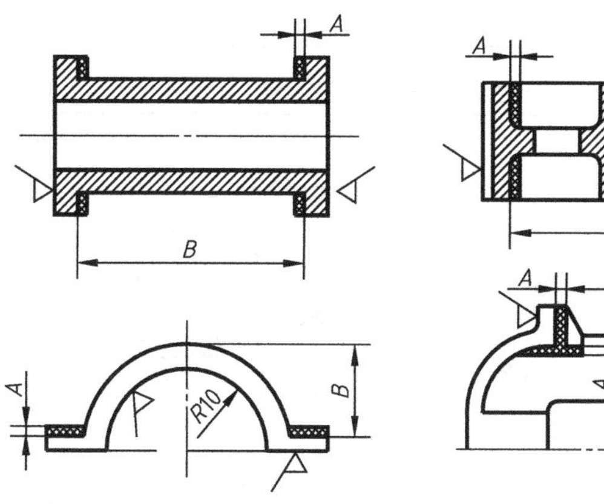

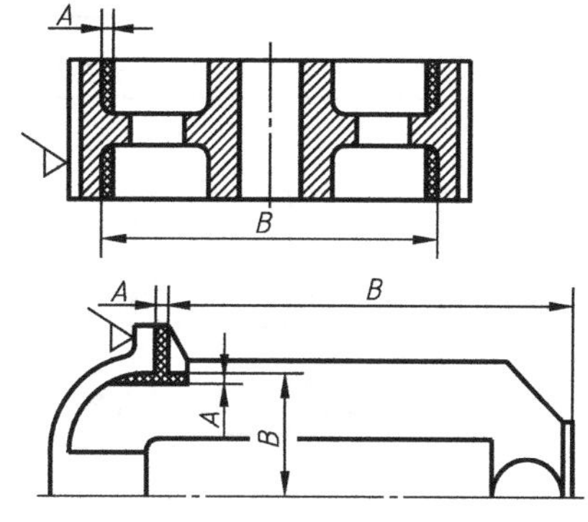

被补面间距或被补面至基准面距离 B	工艺补正量 A	被补面间距或被补面至基准面距离 B	工艺补正量 A
≤500	2～4	>3000～5000	9～11
>500～1000	3～5	>5000～7000	11～12
>1000～1500	4～6	>7000～9000	13
>1500～2000	5～7	>9000～11000	15
>2000～2500	6～8	>11000	17
>2500～3000	7～9		

注：齿轮类铸件的 A 值取上限。

表 18-17 铸钢凸台的工艺补正量 mm

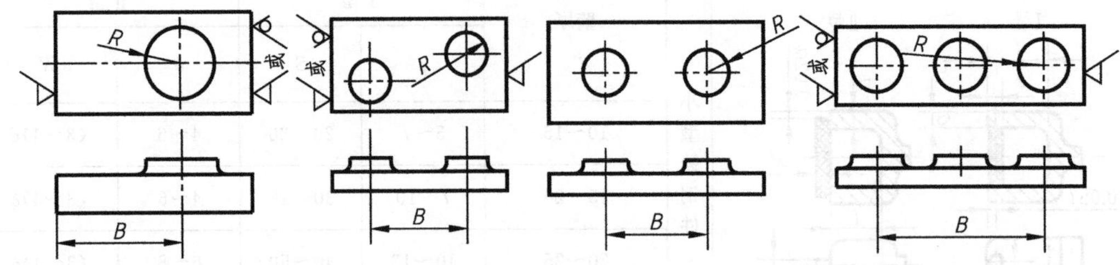

间距 B	半径 R	半径增大量 A	间距 B	半径 R	半径增大量 A
≤500	≤25	3.5	>1500～2000	>50～100	8.0～10
	>25～50	3.5～5.0	>2000～2500	≤25	7.5
	>50～100	5.0～7.0		>25～50	7.5～9.0
>500～1000	≤25	4.5		>50～100	9.0～11
	>25～50	4.5～6.0	>2500～3000	≤25	8.5
	>50～100	6.0～8.0		>25～50	8.5～10
>1000～1500	≤25	5.5		>50～100	10～12
	>25～50	5.5～7.0	>3000～5000	≤25	10.5
	>50～100	7.0～9.0		>25～50	10.5～12
>1500～2000	≤25	6.5		>50～100	12～14
	>25～50	6.5～8.0			

表 18-18 法兰铸件的工艺补正量 mm

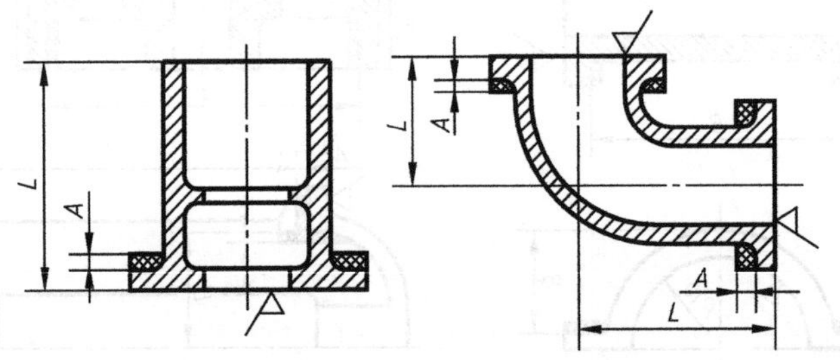

法兰间的距离 L	工艺补正量 A		法兰间的距离 L	工艺补正量 A	
	铸铁件	铸钢件		铸铁件	铸钢件
≤100	1	2	>1600～2500	4	8
>100～160	1.5	3	>2500～4000	5	10
>160～250	2	4	>4000～6500	6	12
>250～400	2.5	5	>6500～8000	6	12
>400～650	2.5	5	>8000～10000	8	16
>650～1000	3	6	>10000～12000	9	18
>1000～1600	3.5	7			

表 18-19　铸铁齿轮的工艺补正量　mm

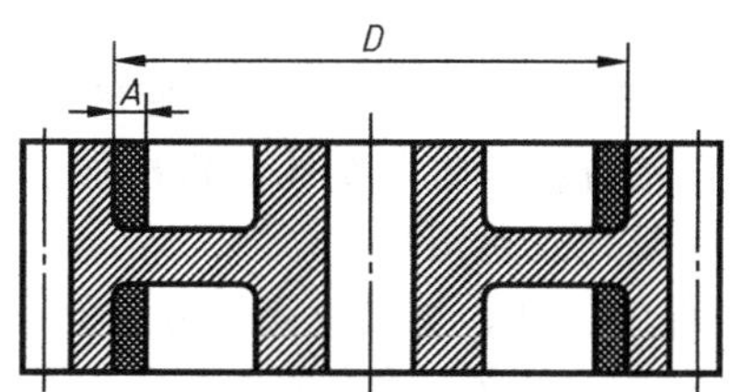

轮缘内径 D	工艺补正量 A	轮缘内径 D	工艺补正量 A
≤500	1	>1000～1400	2.5
>500～800	1.5	>1400～1800	3
>800～1000	2	>1800～2400	4

18.1.4　铸件图画法实例

铸件图是根据零件图的形状和尺寸，加上机械加工余量、工艺余量、拔模斜度和圆角半径等绘制而成。由于铸件图的形状、尺寸和铸造生产的工艺技术（如分型面、浇注位置等）有关，因而铸件图一般总是根据综合反映铸造工艺技术（主要包括：铸件浇注位置、铸型分型面、型芯数量与位置、加工余量、工艺余量、铸造斜度等）的铸造工艺图绘制，见图 18-3。铸件图是表明铸件的形状和主要尺寸，并标有机械加工余量、铸件的技术条件和检验方法的铸造毛坯图。因此，在识读铸件图时，不仅可以了解铸件的形状和主要尺寸，还可以了解铸件的工艺要求、技术条件和检验方法等。

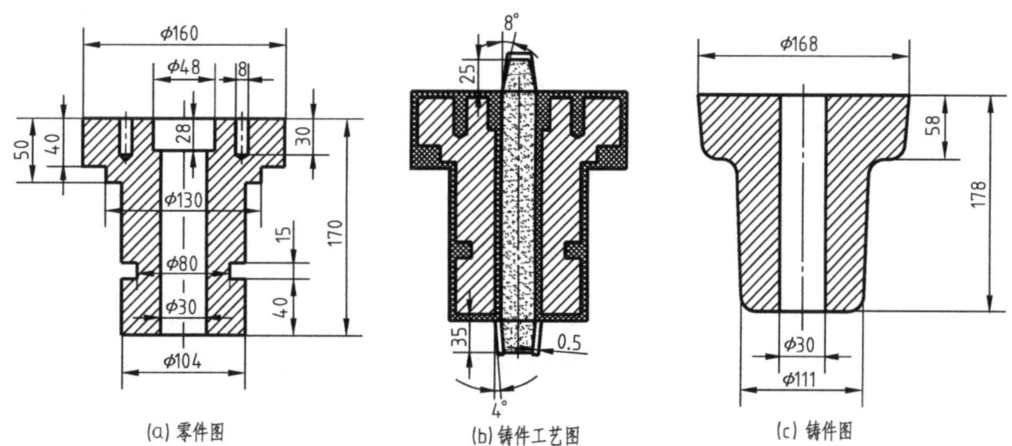

图 18-3　衬套铸件的零件图、铸造工艺图和铸件图

(1) 铸件图画图步骤

① 了解铸件的用途。铸造零件，如箱体、机体、机架等一般可起支承、容纳、定位和密封等作用。

② 确定铸件表达方案。铸造类零件，不论是箱体、机体或是机架，一般都较复杂，常常用三个以上的视图表达。对内部结构采用剖视图表示，对局部的内、外部结构形状

可采用局部视图、局部剖视和断面图来表示。对铸造零件由于它们是铸件毛坯，再加上投影关系复杂，常常会出现截交线和相贯线，画图时经常会遇到过渡线，所以要认真分析铸件。

③ 完整地表达工艺结构、加工余量和工艺余量。在充分了解铸件的铸造斜度、铸造壁厚、铸造圆角等工艺要求，并详细分析铸件各结构的机械加工余量和工艺余量前提下，应通过视图和技术要求将这些内容完整地表达清楚。

④ 准确表达铸件尺寸。铸件的长度、宽度及高度方向的主要基准一般采用孔的中心线、轴线、对称平面和较大的加工平面。定位尺寸方面，各孔中心线（轴线）间的间距一定要直接标注出来。

⑤ 提出技术要求。在充分理解铸件的工程材料牌号、铸造方法、铸造精度等级、铸件综合技术条件、检验规则的文件号、铸件的检验等级、铸件的交货状态、铸件是否进行气压或液压试验以及铸件热处理硬度等前提下，在图样中提出有关的技术要求。

（2）绘制铸件图的注意事项

熟悉零件图并审查零件图是否有错误，尺寸是否齐全，并了解零件的作用和生产批量；了解零件在铸造方面的技术要求，如在强度、金相组织方面的要求，铸件的哪些表面不允许有气孔、砂眼或渣孔等；结合零件的使用要求、现有的生产条件及经济成本等方面，来考虑所选材料的合理性，还要注意从以下两个方面进行审查、分析：

① 审查零件结构是否符合铸造工艺的要求。因为某些零件的设计者往往只顾及零件的功用，而忽视了铸造工艺要求。如发现结构设计有不合理之处，应与有关方面研究，在保证使用要求的前提下予以改进，并在铸件图中合理表达铸件结构。

② 在既定的零件结构条件下，考虑铸造过程中可能出现的主要缺陷，在铸造工艺设计采取措施予以防止，在铸件图中要完整表达这些工艺措施。

（3）铸件图画法实例

【例 18-1】 转向机壳体铸件图。

如图 18-4 和图 18-5 所示，依据铸件图的画图步骤和画图注意事项，绘制转向机壳体铸件图。

① 首先了解铸件的用途。该铸件是转向机壳体，是一个内外形状都比较复杂的箱体类零件，主要用于容纳、支承及定位转向机的零部件。

② 确定铸件表达方案。为了完整地表达壳体的铸造毛坯，在表达方案中采用了八个视图：全剖视的主视图；全剖视的左视图；M 向和 K 向两个向视图；B—B、C—C、D—D 和 E—E 四个局部剖。分析视图可知，该壳体安装孔较多，内外突起和凸台结构复杂，截交线和过渡线较多。

③ 表达工艺结构、加工余量和工艺余量。铸件基本壁厚为 6mm，未注铸造圆角半径为 3mm，铸造斜度为 1°；分型面见主视图中的标识；图形中填充有交叉线剖面符号的区域是铸件的加工余量和工艺余量。

④ 标注铸件尺寸。该铸件长度方向的主要基准与分型面重合，宽度方向的主要基准位于铸件前后中部的平面，高度方向的主要基准是 ϕ43 孔的轴线。各孔间轴线距离是重要尺寸，铸件图中直接标注了这些尺寸，如直接标注了 ϕ43 和 ϕ42 两交叉孔之间的距离 75mm。

⑤ 提出技术要求。该铸件的缺陷修理、清理、涂漆、表面质量、内部质量、铸造精度等级、铸件综合技术条件、铸件的检验等级等执行国家标准。

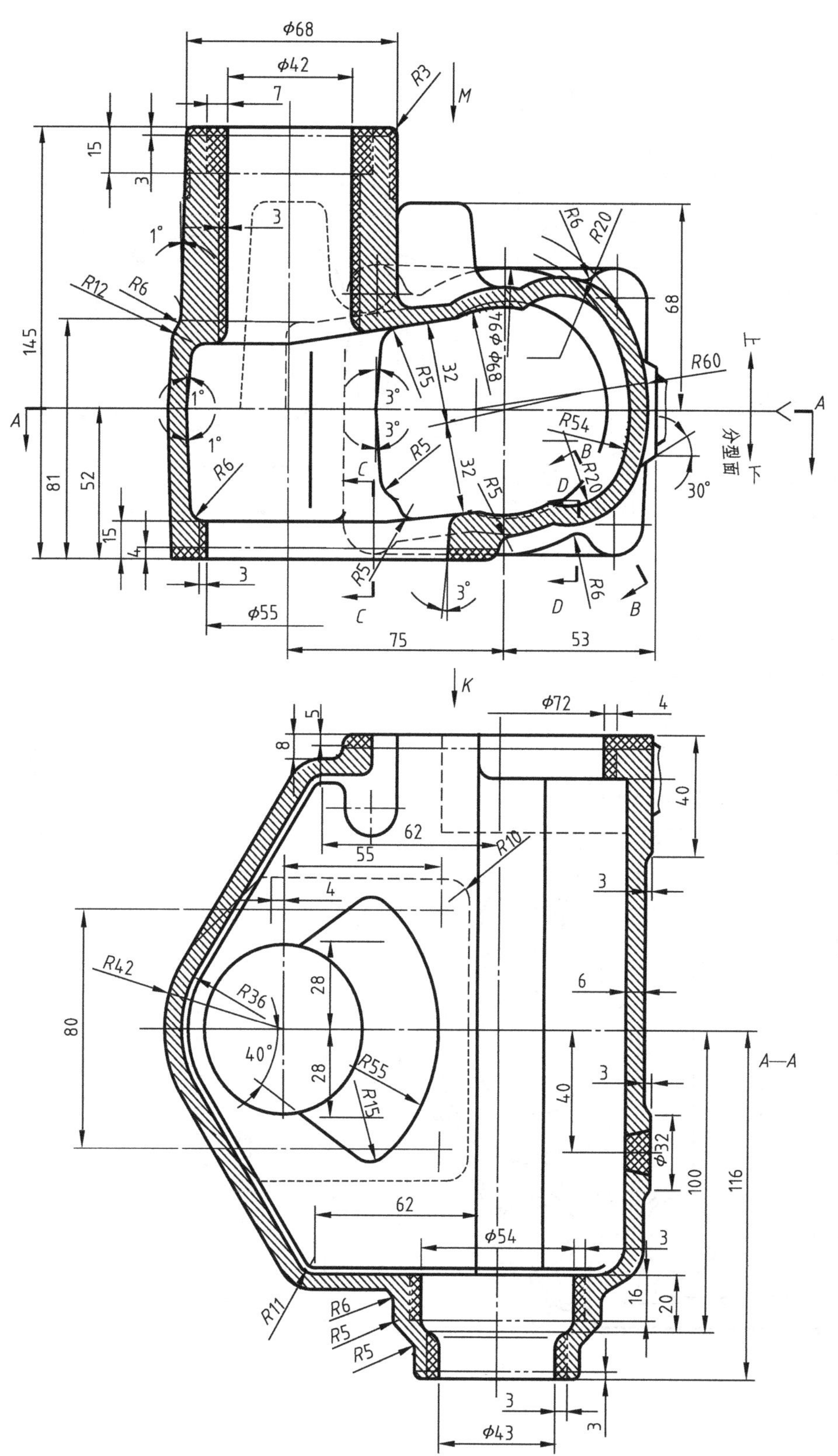

图 18-4　转向机壳体铸件图(第 1 张　共 2 张)

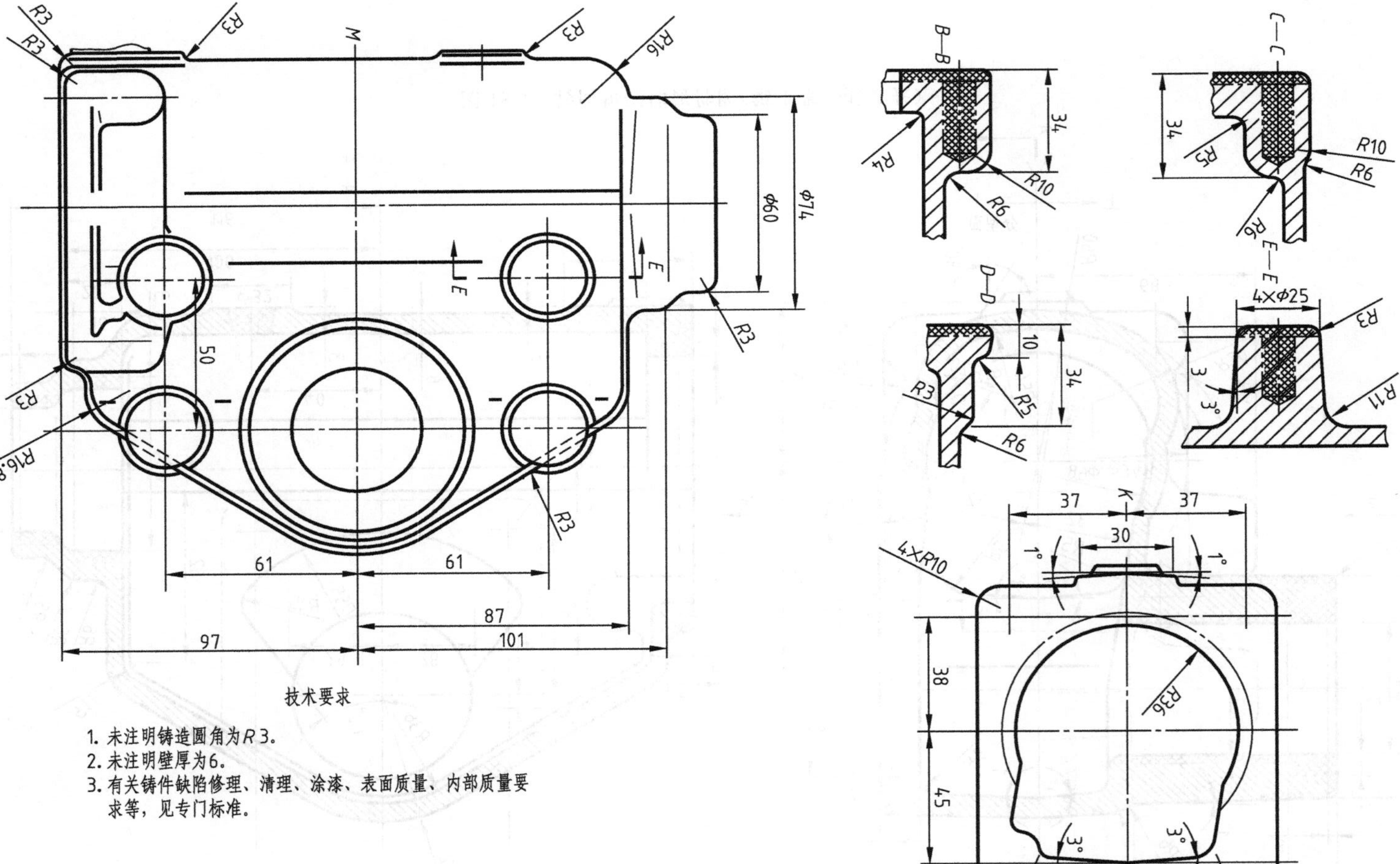

技术要求

1. 未注明铸造圆角为$R3$。
2. 未注明壁厚为6。
3. 有关铸件缺陷修理、清理、涂漆、表面质量、内部质量要求等，见专门标准。

图 18-5 转向机壳体铸件图(第 2 张 共 2 张)

18.2 锻件图

18.2.1 锻件图概述

将金属坯料加热到适当温度，然后利用锻锤或压力机进行锤击、加压，使之产生塑性变形，从而获得所需的尺寸和形状，这个过程叫锻造。锻造的方法分许多种，一般可分为自由锻造、模型锻造（模锻）、特种锻造三类。

机械制造中，常用锻压的生产方法制造毛坯或零件。锻造时，由于金属产生变形和再结晶，晶粒细化，且锻压使金属纤维组织沿零件外形均匀连续分布，从而增强了零件的承载能力。锻造还能使坯料内的疏松、气孔、裂纹等缺陷得到压合，进一步提高金属的机械性能。因而凡承受载荷的零件，如一些重要的并且尺寸较大的轴、齿轮等，多采用锻件。

但是，锻件的形状不能太复杂，锻造的成本比铸件高，一般钢锻件比钢铸件成本高50%～100%。

锻件图是表达锻造毛坯的图样，是锻造加工的依据。锻件图是以零件图为基础，并充分考虑方便加工的简洁结构、机械加工余量和锻造公差等因素而绘制的。由于锻件的精度和表面质量较差，一般需进一步切削加工，故零件的加工表面应留有加工余量。

18.2.2 锻件合理结构

（1）自由锻件的合理结构

自由锻件的合理结构见表 18-20。

表 18-20　自由锻件的合理结构

序号	注意事项	图例	
		不合理	合理
1	避免锥形和楔形	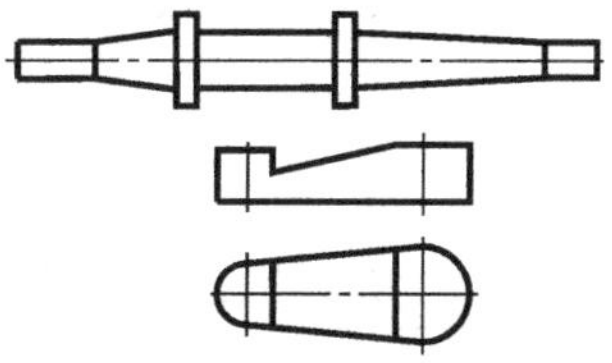	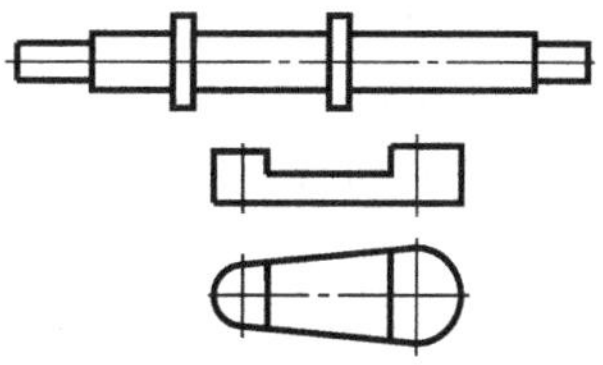
2	圆柱形表面与其他曲面交接时，应力求简化	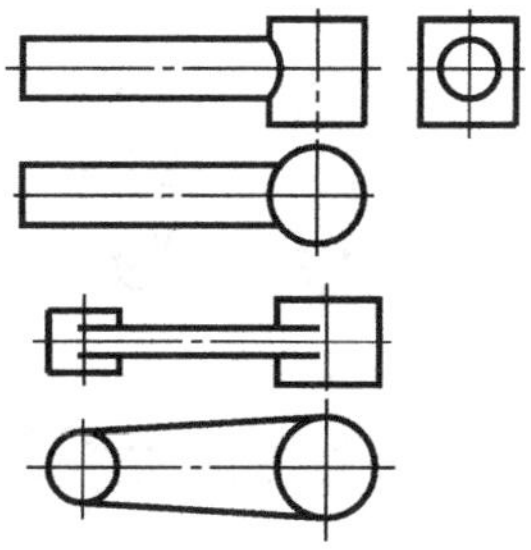	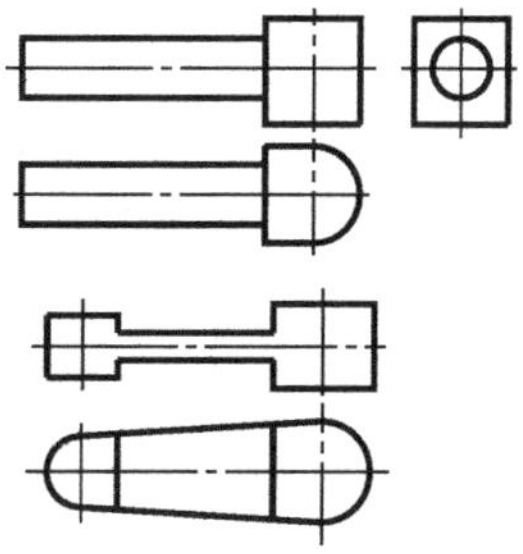
3	避免加肋、工字形截面等复杂形状	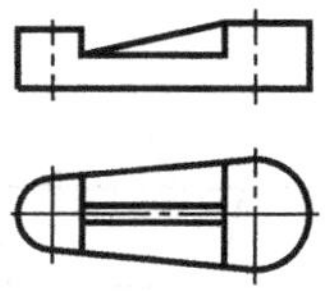	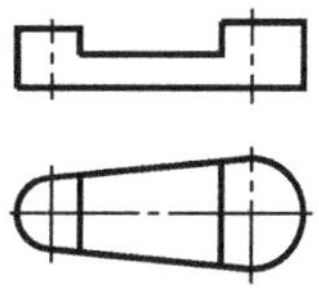

续表

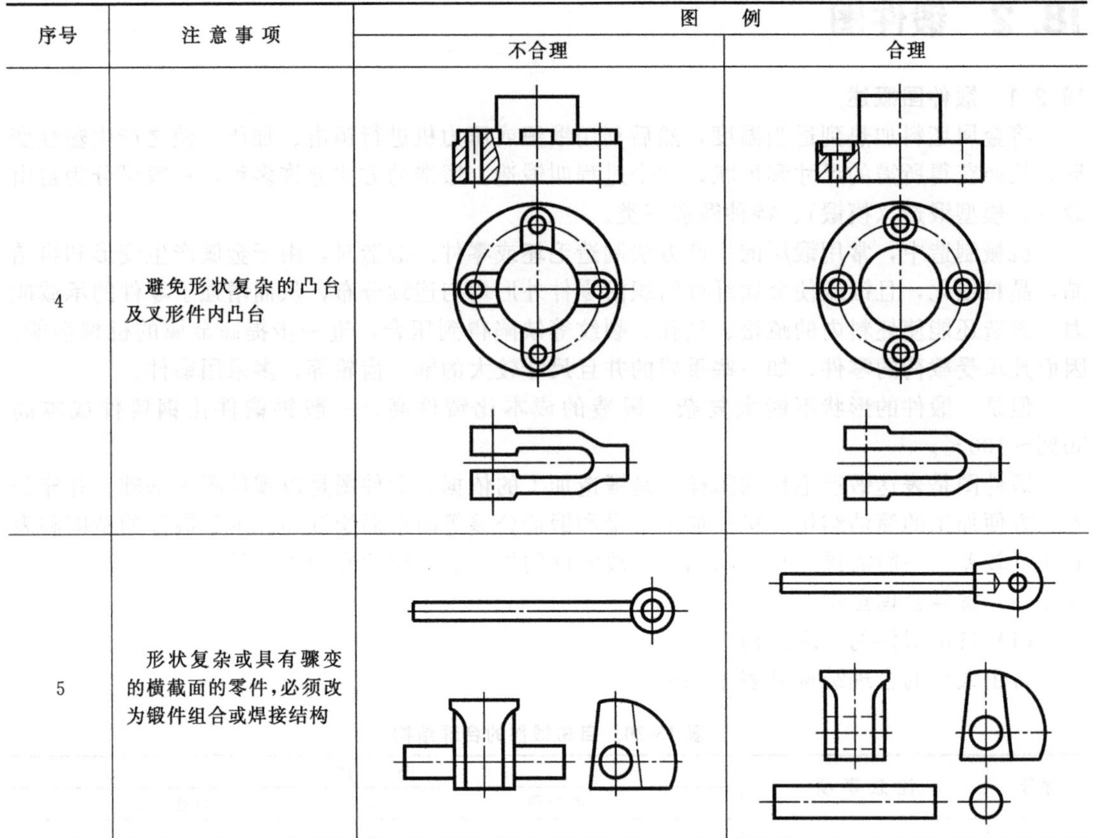

序号	注意事项	图例	
		不合理	合理
4	避免形状复杂的凸台及叉形件内凸台		
5	形状复杂或具有骤变的横截面的零件，必须改为锻件组合或焊接结构		

(2) 模锻件的合理结构

模锻件的合理结构见表 18-21。

表 18-21 模锻件的合理结构

序号	注意事项		图例	
			不合理	合理
1	合理设计分模面	金属容易充满模腔		
		简化模具制造		
		容易检查错模		

续表

序号	注意事项		图例	
			不合理	合理
1	合理设计分模面	平衡模锻错移力	落差	
		能干净切除飞边		
		锻件流线合乎要求	A　A	A　A
2	便于脱模	锻件截面适于脱模。 注:图中涂黑处需加工去掉		
3	适当的圆角半径	圆角过小,模具易发生裂纹,寿命降低。 圆角过大,机械加工余量过大,增加加工成本	$R=0.5D$　91°　D　R K　R　$R<K$ R　b　$R<0.25b$	K　R　$R>2K$ R　b　$R>b$
4	简化模具设计与制造	形状对称的零件可设计为同一种零件		

续表

序号	注意事项		图例	
			不合理	合理
4	简化模具设计与制造	零件尽量设计成对称结构		
		薄而高的肋不能直接锻出		
5	减少模锻劳动量	大直径薄凸缘模锻困难		

18.2.3 锻件工艺结构及其表示法

(1) 简化结构

见图 18-6，零件上的某些台阶、小孔、凹槽或窄的法兰盘可不画出。

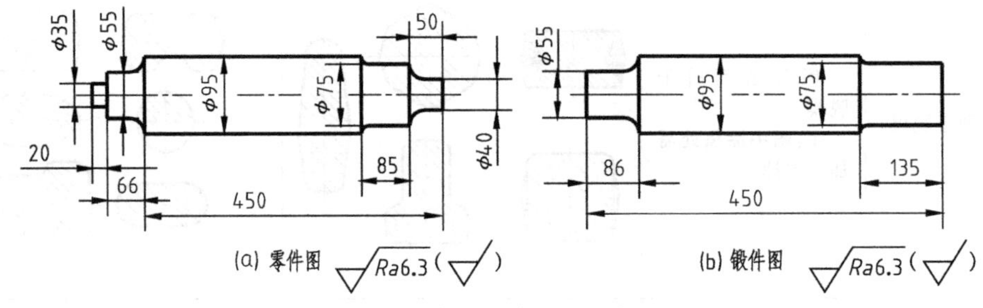

图 18-6 轴的零件图和锻件图

(2) 加工余量

见图 18-7，锻件的外形轮廓用粗实线绘制，为了使锻造者了解零件的主要外形和尺寸，在锻件图上用双点画线画出零件的主要轮廓，并在锻件的尺寸下面用括号注上零件的相应尺寸，零件与锻件的尺寸差即为加工余量。

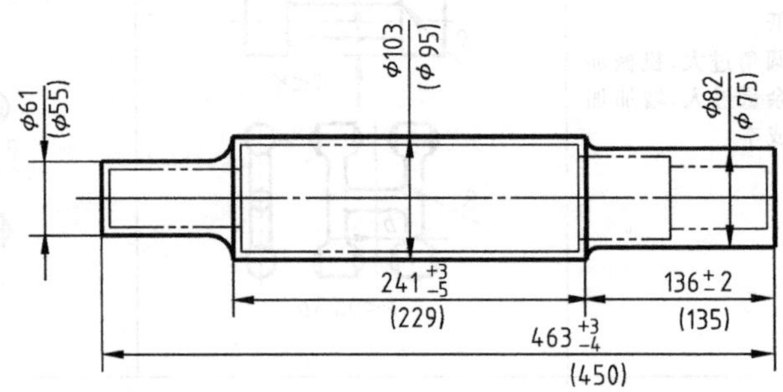

图 18-7 加工余量

(3) 内、外拔模角

如图 18-8 所示，锻件在冷却时，趋向离开模壁的部分为外拔模角，用 α 表示；反之为内拔模角，用 β 表示；内孔拔模角一般用 γ 表示。

(4) 内、外圆角

如图 18-9 所示，锻件上的凸角圆角为外圆角，半径用 r 表示；锻件上的凹角圆角为内圆角，半径用 R 表示。

(5) 错差、残留飞边

见图 18-10，错差是模具上、下模的对应点间所容许的不对准的范围。残留飞边是在铸件四周存在的横向残留。

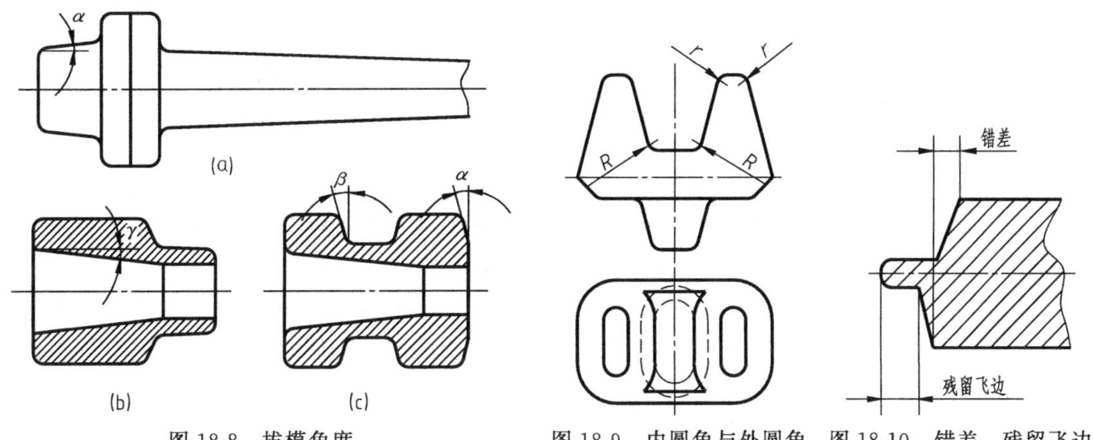

图 18-8　拔模角度　　图 18-9　内圆角与外圆角　图 18-10　错差、残留飞边

18.2.4　锻造件尺寸标注

锻造件的尺寸标注，除符合有关规定外，还应能与零件相应尺寸比较。为了便于了解零件的大致形状和锻件各部分余量分布情况，在锻件图的具有代表性的投影面上，用假想线画出零件的轮廓，并采用与机械加工相同的基准，使检验、划线方便。

① 见图 18-11(a)，水平尺寸一般从交点标注，而不是从分模面上标注。见图 18-11(b)，当侧表面不加工，而高度方向有加工余量 A 时，若所注水平方向基本尺寸不变时，将引起侧面位置改变 ΔL。一般 A 小于 3mm 时是允许的。见图 18-11(c)，若需保持侧表面位置不变，标注时，应将水平方向基本尺寸减去 ΔL。

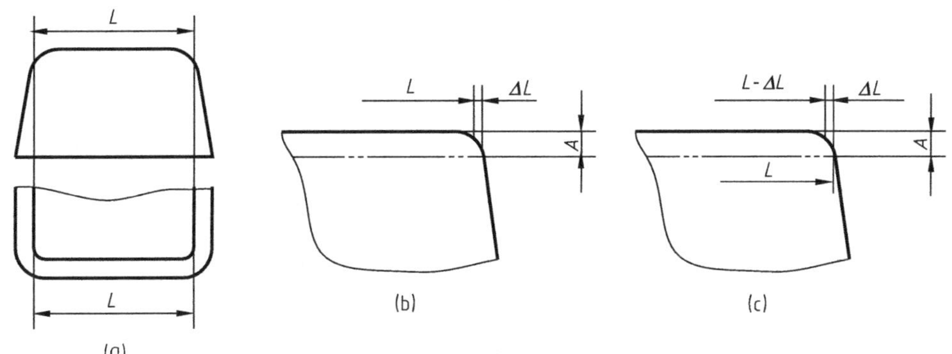

图 18-11　水平尺寸的标注

② 尺寸标注基准，应与机械加工时的基准一致，避免链式标注。

③ 见图 18-12，倾斜走向的肋，应注出定位尺寸，避免注为角度。

④ 图 18-13(a) 不合理，图 18-13(b) 合理，外形尺寸不应从变动大的工艺半径圆心注出。

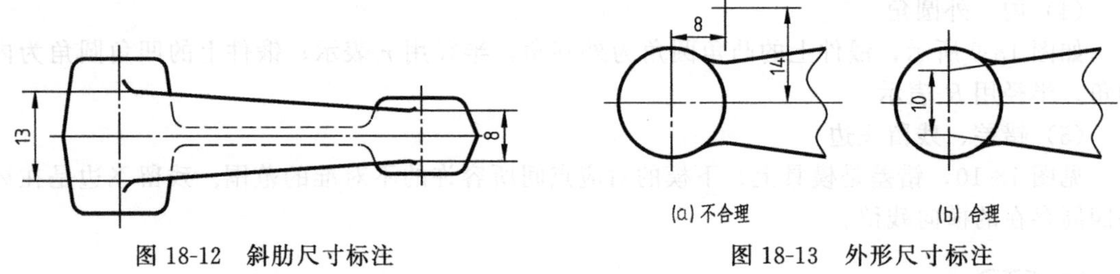

图 18-12 斜肋尺寸标注

图 18-13 外形尺寸标注

⑤ 以下尺寸不注出：建立分模线的尺寸；余量和余块的大小；零件的尺寸公差。

18.2.5 锻件图画法实例

（1）画锻件图注意事项

画零件图的方法同样适合于画锻件图，但对于锻件图的表达，还要重点注意以下内容：

① 锻件的结构特点和工艺要求，如加工余量、拔模角、圆角半径、孔腔形状、校核壁厚等。

② 锻件的尺寸要求，如尺寸的主要基准、重要的相对位置尺寸等。

③ 锻件的其他技术要求，如锻件的热处理及硬度、表面质量要求、清理氧化皮方法、锻件外形的极限偏差、允许的残留飞边宽度、锻件允许的弯曲和翘曲量、允许的壁厚差、内在质量要求、锻件重量。

④ 锻件检验等级及验收的技术条件。

（2）锻件图画法实例

【例 18-2】 转向垂臂锻件图。

见图 18-14 转向垂臂锻件图。

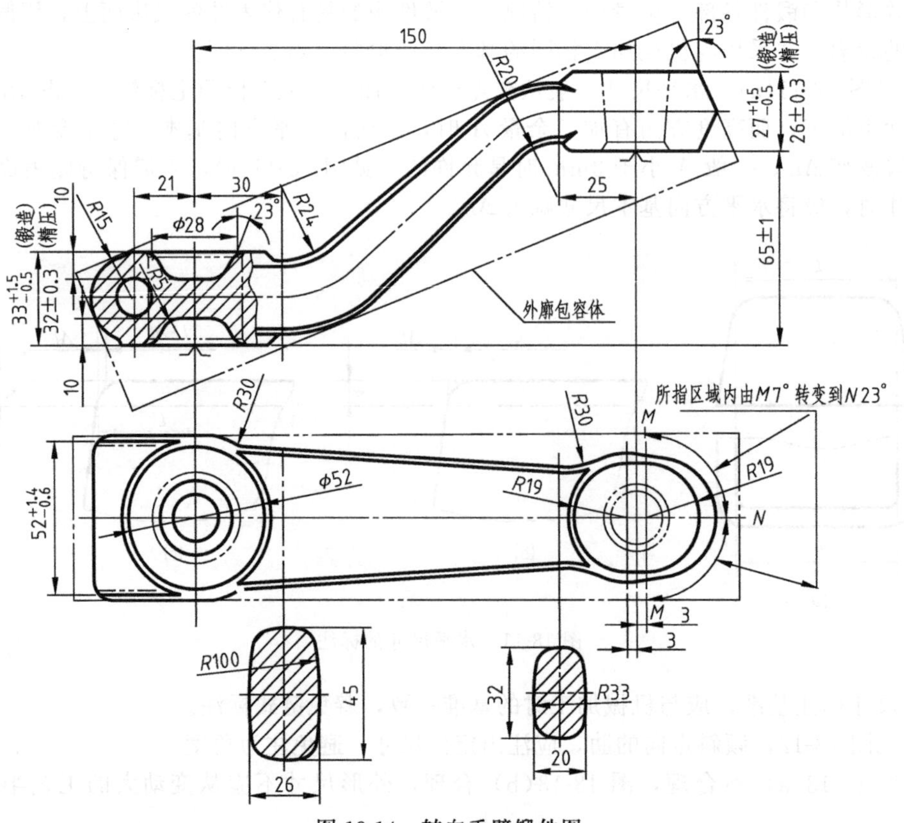

图 18-14 转向垂臂锻件图

① 转向垂臂是一个拨叉类零件，主要由主动结构、从动结构以及连接臂三大部分组成。

② 加放余量为 0.5mm，基本拔模角为 23°，基本圆角半径 $R5$ 和 $R30$。

③ 长度 $280^{+1.9}_{-0.9}$mm，宽度 $52^{+1.4}_{-0.6}$mm，厚度 $33^{+1.5}_{-0.5}$mm，落差 65±1mm，错差 1mm。150mm 是重要的相对位置尺寸。

④ 该件锻造后再精压，是个精压件。

⑤ 图中用双点画线及文字注明了转向垂臂外廓包容体。

⑥ 对照主视图和俯视图，右端外周锥结构从 M 到 N 区间的角度由 7°过渡到 23°，再从 N 到 M 区间的角度由 23 °过渡到 7°，这两区间的角度是逐渐过渡的。

【例 18-3】 常啮合齿轮锻件图。

见图 18-15 常啮合齿轮锻件图。

① 常啮合齿轮是一个盘盖类零件，主要结构是扁平的回转结构。

② 外径、内径和高度余量为 2.0mm，基本拔模角为 7°和 10°，圆角半径分别是 $R3$、$R4$、$R8$ 、$R10$ 和 $R15$。

③ 外径 $\phi175.8^{+2.1}_{-1.1}$，孔径 $\phi33.5^{+1.7}_{-0.8}$，齿轮宽度 $26.5^{+1.7}_{-0.5}$mm。

④ 图中用双点画线及文字注明了常啮合齿轮外廓包容体。

⑤ 图中用文字注明了打印及查看标记的位置。

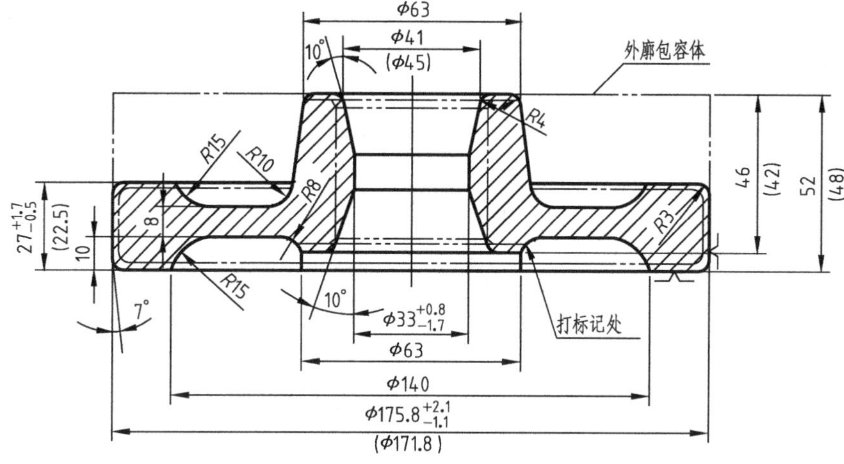

图 18-15　常啮合齿轮锻件图

第 19 章　钣金工作图

19.1 钣金的展开图

19.1.1 概述

在造船、化工、冶金等工业部门中，经常遇到各种形状的金属板制件，如某些容器、防尘罩、通风防尘管道等。制造钣金制件时，一般都是先根据制件的设计图样画出展开图，然后经过放样划线、下料、弯、卷、焊接等工序，最后制成成品。

展开放样是金属材料加工制造产品的第一道工艺，正确绘制和阅读展开图不仅是保证产品制造质量的关键，同时也对降低材料消耗、提高劳动生产率起着不可忽视的作用。

展开图实际上就是根据钣金制件工作图中的视图、尺寸及工艺要求，用作图法或计算法确定出零件各表面的真实形状和大小，然后将它们依次摊平并按一定的比例画在一个平面上的图形，如图 19-1 所示。因此，绘制展开图，其方法的实质就是求直线或曲线的实长和求平面或曲面的实形。

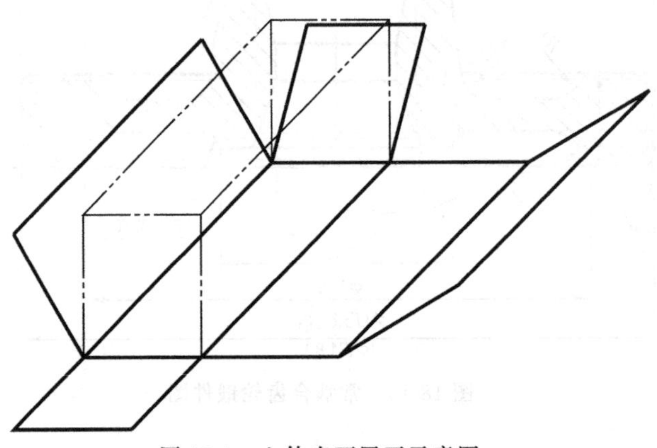

图 19-1　立体表面展开示意图

图 19-2(a) 是饲料粉碎机上的集粉筒，是用薄铁板制作的。制造时，根据它的工作图，图 19-2(b) 的视图，先分成若干组成部分（基本形体），并按图上的尺寸，将各个组成部分分别画出实样图；再根据各实样图取 1∶1 的比例在铁板上画出它们的展开图；最后，再经下料、弯卷成形、焊接等工序，将各个组成部分按零件工作图拼接制成成品。

以集粉筒上的喇叭管部分为例，图 19-2(c) 为其实样图，图 19-2(d) 为其展开示意图，图 19-2(e) 为其展开图。从图 19-2(e) 可以看出，喇叭管的展开图为一扇形，扇形两侧边长度就是喇叭管母线（即视图中喇叭管的两侧外轮廓线）的实长，扇形的外边、内边两段圆弧长度就是喇叭管大小两端口圆周的实长，它们可以通过计算或图解的方法求出。

如图 19-2(e) 那样，取 1∶1 的比例，直接在板材上画出的展开图，它本身也就是放样图；如取其他缩小的比例时，则需先画出展开图，再在板材上进行放样。

在实际生产中，根据制件表面性质的不同，分为可展与不可展两种。对于平面立体，因其表面都是平面，因此属于可展的；但对于曲面立体，由于组成立体的曲面性质不同，其表面分为可展与不可展曲面两种。

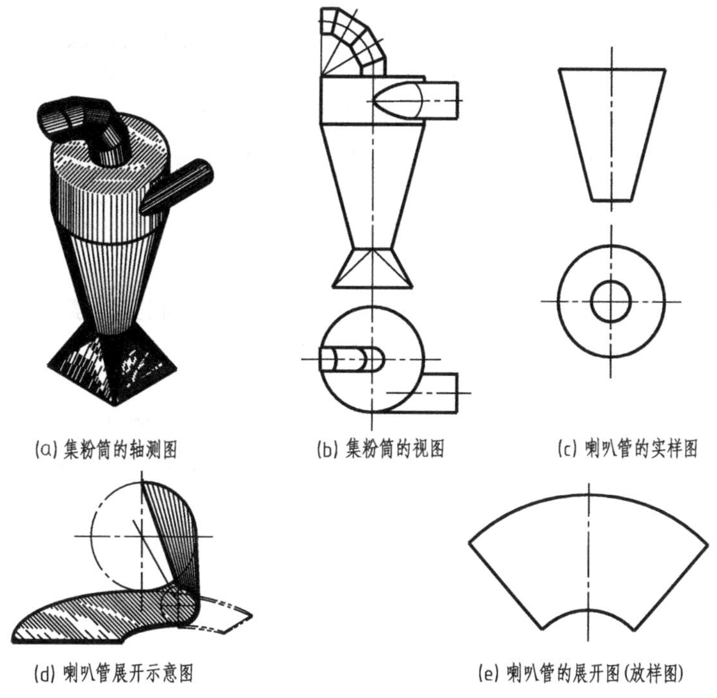

图 19-2　钣金制件展开图示例

19.1.2　平面立体的表面展开

由于平面立体的表面都是平面，因此将组成立体表面的各个平面分别求出其实形，然后依次排列在一个平面上，即得到平面立体的表面展开图。

图 19-3(a) 是棱锥形管接头的立体图，图 19-3(b) 是它的投影图，图 19-3(c) 是依据投影图画出的展开图。

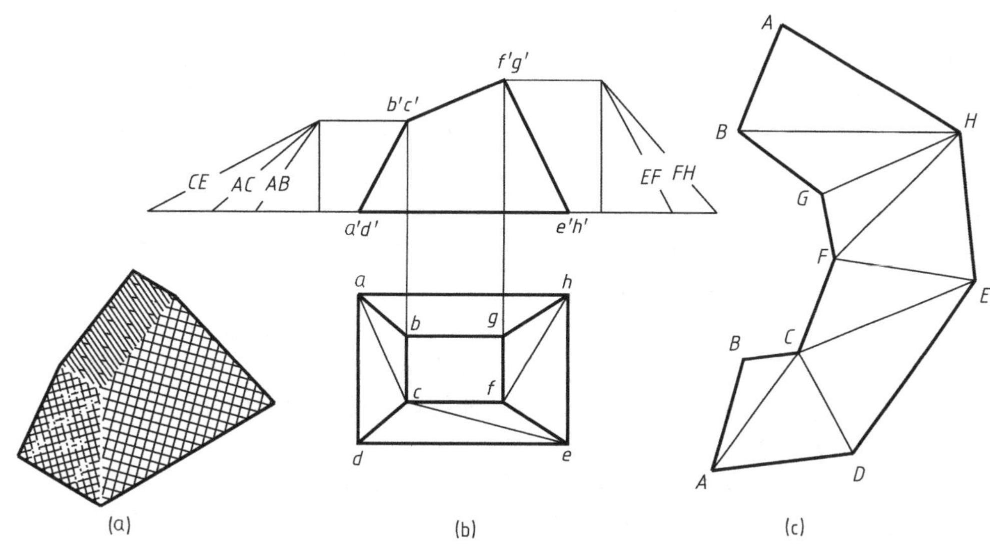

图 19-3　棱锥形管接头的展开

从投影图分析得知，该管接头为一斜截四棱锥，前后对称，由四个侧棱面围成。前后两侧面是形状大小相同的四边形，左右两侧面分别为大小不等的等腰梯形。组成四个侧面的各边中，只有四条侧棱线在投影图中未反映实长，因此必须先求出实长。然而，从平面几何学可知：要求作已知四条边实长，并有确定形状的四边形，还必须借助该四边形中一条确定长度的对角线。所以，关键还需求出各侧面的对角线实长。具体作图步骤如下：

① 为便于画出四个侧面的形状，将各四边形侧面用对角线划分为两个三角形；

② 用直角三角形法求出侧棱 $AB(CD)$、$EF(GH)$ 的实长和对角线 AC、$CE(BH=CE$，图中并未连接)、FH 的实长；

③ 依次画出四个侧面的实形，便得到它的展开图。

19.1.3 可展曲面的展开

当直纹曲面（由直母线形成的曲面）相邻两素线为平行或相交两素线时，则该曲面为可展曲面，即可以真实地摊平在一个平面上，如圆柱面和圆锥面。

（1）圆管的展开

圆管是工厂里常见的一种管道。从图 19-4 可知，一段圆管的展开图为一矩形，展开图的长度等于圆管正截面的周长 πD，D 为圆管直径，展开图的高度等于管高 H。

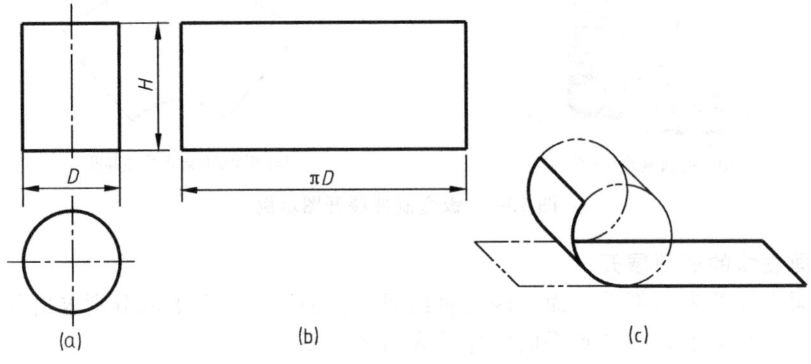

图 19-4 圆管及其展开

（2）斜口圆管的展开

图 19-5 表示斜口圆管的展开图。圆管制件可以看成是具有无穷多棱线的棱柱。因此，圆管制件的展开方法和棱柱相似，即在圆管表面上取若干素线，找出它们的投影并求出实长。在图示情况下，由于圆管素线是铅垂线，因此，它们在主视图中反映实长，展开图中各垂直线段的长度，则为圆管相应素线的实长。为了便于作图，常取展开图的水平线段的长度等于 πD，D 为圆管直径。这样此线段便与俯视图中的圆相对应，然后进行相同的等分来作图。作图步骤如下：

① 将圆周分成若干等份，在正面投影图上绘出与之对应的各素线，各素线与圆管斜口的交点 A、B、C、D、E、F、G 如图所示；

② 绘制一长度为 πD 的直线，将其分成与圆周相等的份数，如图所示；

③ 分别量取 $0A=0'a'$、$1B=1'b'$、$2C=2'c'$，得到展开图上 A、B、C…各点；

④ 依次光滑连接 A、B、C…各点并整理，即得斜口圆柱管的展开图。

（3）变形管接头的展开

图 19-6 所示为变形管接头，其上端管口为圆形，下端管口为正方形，用来连接方管过渡到圆管，它必须由圆形的一端，逐渐过渡为方形的一端。故它的展开图可以按照由四个三角形平面和四个部分椭圆锥面所组成的几何体来进行展开，见图 19-6(b)。所得到的展开图

如图 19-6(d) 所示，图中的细实线则为平面和锥面的分界线。图 19-6(c) 示出它的视图，对照起来看，就更清楚了。

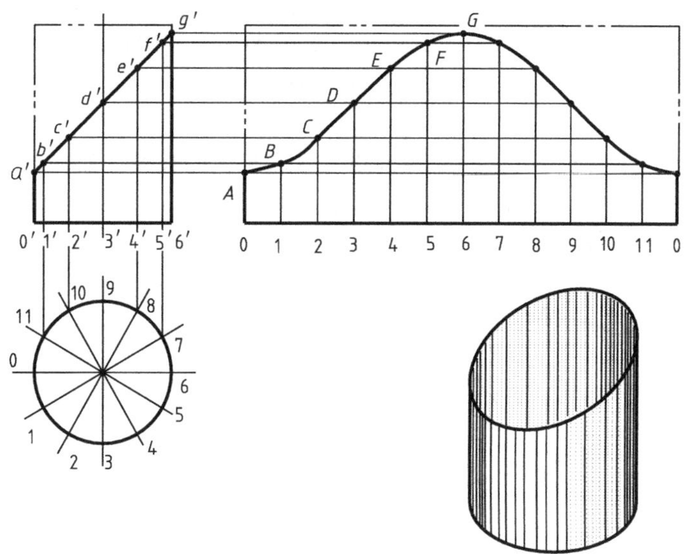

图 19-5　斜口圆管的展开

生产这种管接头时，就是按照这样的展开图来进行放样、画线、下料，然后再按照图中的细实线进行弯、卷等工艺，最后进行焊接制成成品。

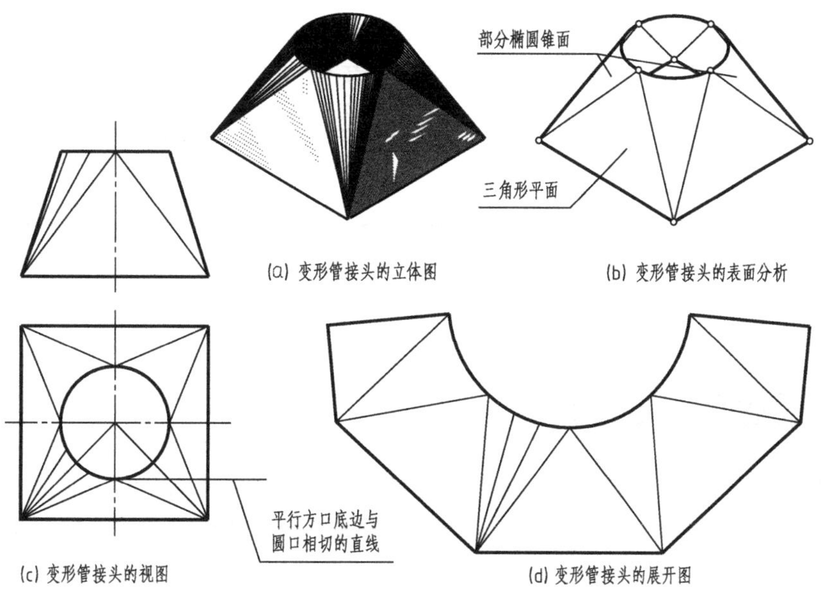

图 19-6　变形管接头的视图及展开图

19.1.4　不可展曲面的近似展开

曲纹面和相邻两素线为异面直线的曲面均为不可展曲面，如球面、螺旋面等，其展开只能采用近似的方法。近似展开的实质就是把不可展曲面分成若干个较小的部分，然后将每一部分曲面近似地看成可展曲面或平面加以展开。下面以圆球面的展开为例进行说明。

如圆球的近似展开，是将球面沿子午面分为 m 等份，如图 19-7 所示的 12 等份（瓣），每一瓣用外切圆柱面代替，作出 1/12 球面的近似展开图，并以此为模板，即可作出其余各等份的展开图。

如图 19-7 所示，采用柱面法将圆球面近似展开的作图方法及步骤如下：

① 将球面沿子午面 12 等分，并将其中的一等份的 1/2 用圆柱面（如 NAB）代替；

② 作直线 $NS=\pi D/2$，将其 12 等分，并在图中标出各等分点，N、1、2、3、4、5、6、S；

③ 过分点作垂线垂直于 NS，并在各垂线上量取相应的长度，如在过点 6 的垂线上，量取 $B6=b6$、$6A=6a$；在过点 3 的垂线上，量取 $D3=d3$、$3C=3c$；得点 D、B、C、A 等；

④ 顺次光滑地连接各点，即得 1/12 球面的近似展开图。

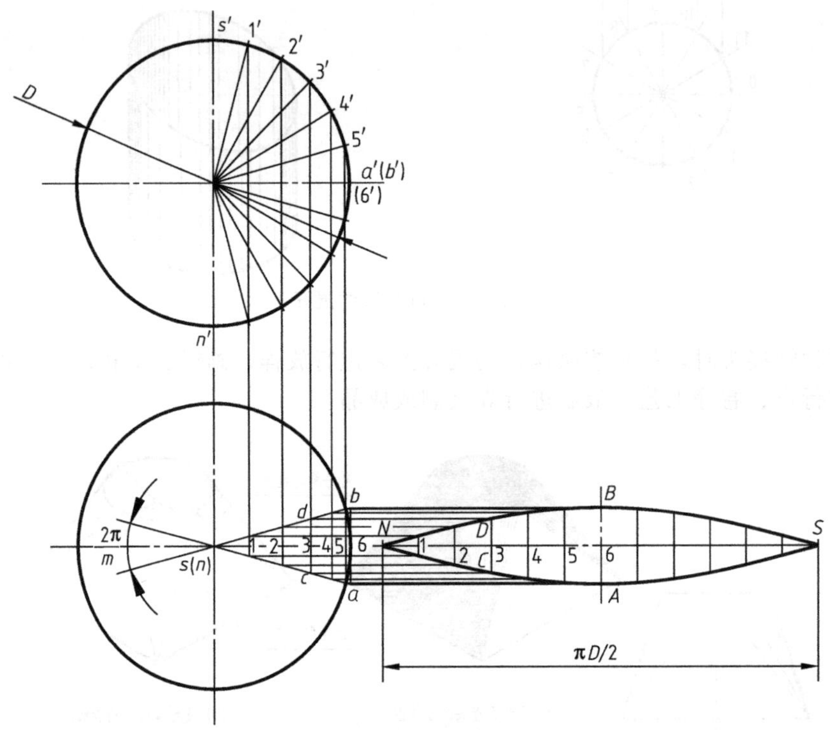

图 19-7 球体表面的近似展开图

19.2 钣金的工艺结构

钣金制件具有特殊的工艺结构，这些工艺结构是设计和制造钣金制件的基本要求。钣金工作图与其他工作图的最大区别在于其工艺结构的特殊性，所以要读懂钣金工作图，需要深入了解钣金的工艺结构。

19.2.1 弯曲件的圆角

见图 19-8，弯曲件的圆角半径不宜过大，由于工件弯曲时，除了塑性变形外，必然同时伴随有弹性变形，产生回弹，圆角半径过大，因为回弹难以保证精度。弯曲件的圆角半径不宜过小，否则外层纤维就会被拉裂破坏。对于低碳钢，最小弯曲圆角约为 1.0 倍板厚；黄铜和铝的最小弯曲圆角约为 0.6 倍板厚；对于中碳钢，最小弯曲圆角约为 1.5 倍板厚。

如果由于特殊需要内侧半径小于允许的最小弯曲半径时，应预先在板的一面开槽，如

图 19-8(b) 所示，或折弯后再进行铣槽达到所要求的最小弯曲半径。

19.2.2　弯曲件的对称结构

如图 19-9 所示，对于一些对称性工件，圆角半径应成对相等，以保持工件的平衡。工件进行弯曲时，坯料往往向一侧产生移动，因而使工件的尺寸达不到要求，这种现象叫做偏移。在弯曲过程中，坯料沿凹模表面滑动时，会受到摩擦阻力。不对称的坯料，压弯时较宽的一边阻力大于较小的一边，坯料弯曲时就向较宽的一边移动。为了保证压弯时坯料受力均匀，可将不对称形状的工件组合成对称形状，弯曲后再截开，见图 19-10。

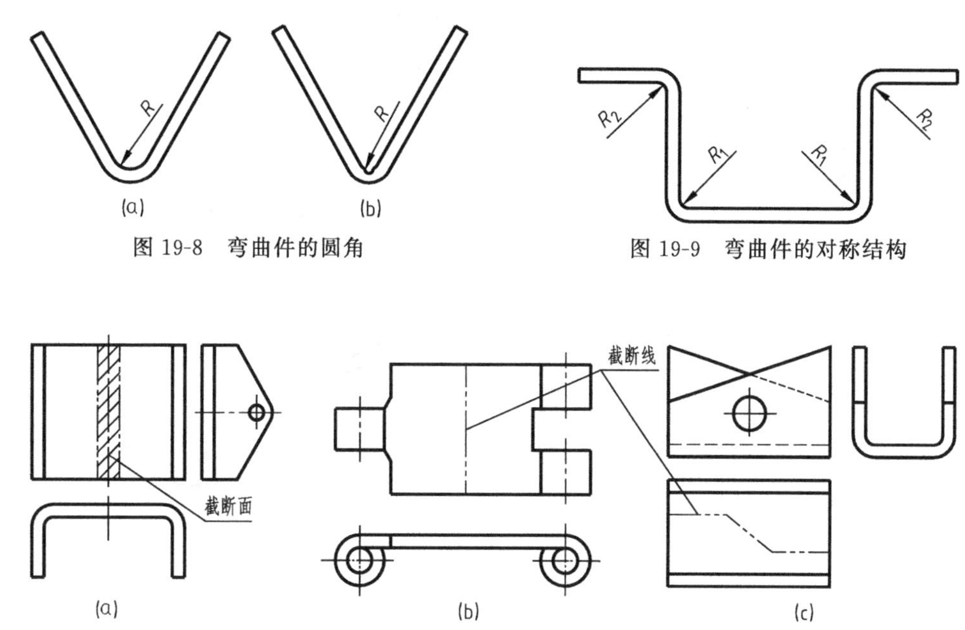

图 19-8　弯曲件的圆角

图 19-9　弯曲件的对称结构

图 19-10　工件组合成对称形状后弯曲截开

19.2.3　弯曲件的孔

折弯有孔的毛坯时，如果孔位于弯曲线的附近，则在弯曲时孔的形状将要发生变形，为了避免上述情况，必须使这些孔分布在变形区域之外，见图 19-11，取从孔边线至弯曲半径 R 中心的距离为 l：当 $t<2\text{mm}$ 时，$l \geqslant t$；当 $t \geqslant 2\text{mm}$ 时，$l \geqslant 2t$。

如不能满足上述条件时，或甚至 l 值为负，建议采用冲月牙槽，如图 19-12(a) 所示，以防止孔在弯曲时变形。也有在弯曲变形区冲工艺孔来转移变形范围，以保证孔形的正确，如图 19-12(b) 所示。

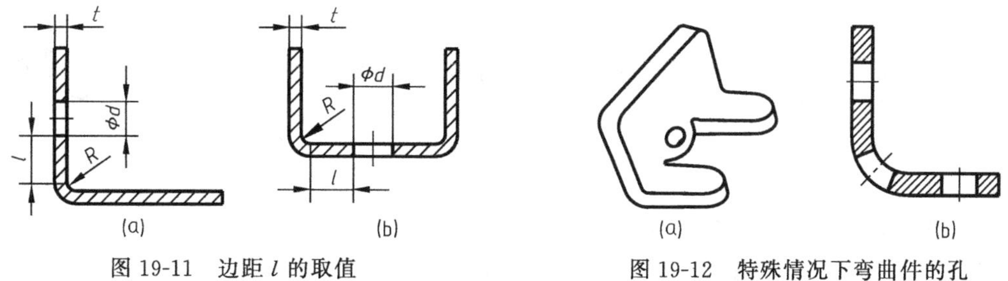

图 19-11　边距 l 的取值

图 19-12　特殊情况下弯曲件的孔

如果孔径要求不严，工件上的孔可在弯曲前冲出。如果孔径要求严格，必须在弯曲后冲孔。

19.2.4 弯曲件弯边

当弯曲成90°时，为了保证弯边有足够的变形稳度，必须使弯边的直线高度不小于$2t$。弯曲高度低，弯曲时所产生的内侧压缩力和外侧拉伸力不能被材料吸收，就会产生图19-13(a)的情况。由于达不到充分的塑性变形，因此所得弯角大于要求的角度。

若弯边直线高度小于$2t$，必须压槽，或放长弯曲后加工铣掉，如图19-13(b)。

如图19-13(c)所示为不正确的支臂结构，侧面弯边的斜线达到了变形区域，在弯边直线高度小于$2t$的部位上进行弯曲，使其达到要求的角度是不可能的。此时工件的形状必须改变，加高弯边尺寸使其大于$2t$，如图19-13(d)所示。

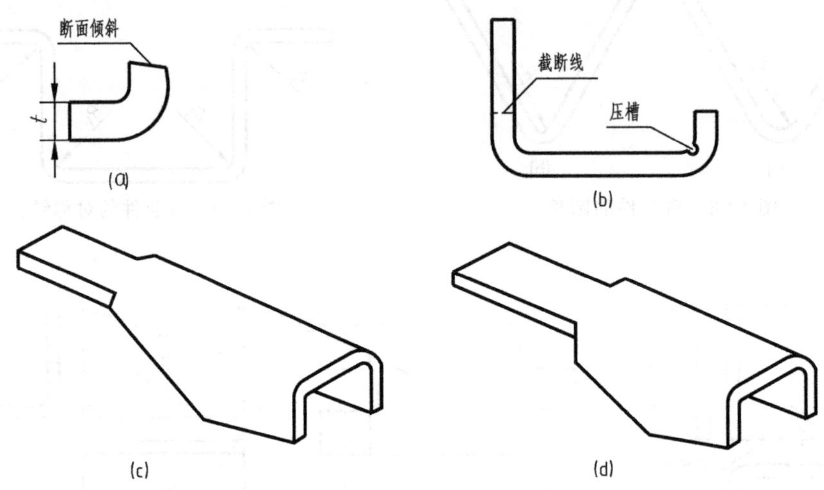

图19-13　弯曲件弯边

19.2.5 弯曲件的工艺孔、槽或缺口

有很多弯曲件，为了防止在弯边的交接处产生应力集中而出现裂纹，因而在交接位置上加工艺孔、槽或缺口，见图19-14。

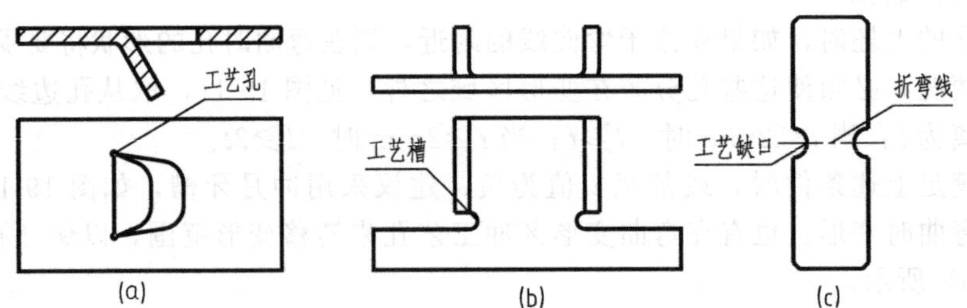

图19-14　工艺孔、槽或缺口

为了保证毛坯在弯模内准确地固定，以防止在弯曲过程中的偏移，最好在工件上预先加工工艺孔。特别对一些需要多次弯曲成型的工件，如图19-15所示，必须添工艺孔定位，否则第一次和第二次弯曲无法找到基准，弯曲的工件必然偏斜而不能达到设计要求。

19.2.6 弯曲件带夹爪和切口翘脚

见图19-14(a)，有时在制造多种夹爪或切口翘脚时，在模具内弯曲与切口合并进行，为了使工件易于从凹模内推出，所弯曲的夹爪，建议做成带斜度的。

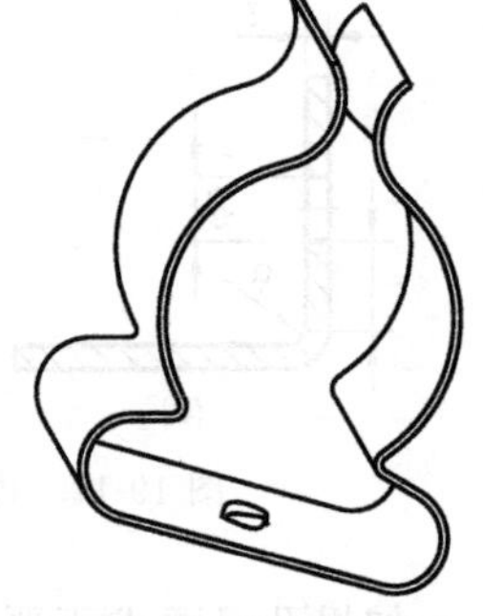

图19-15　定位工艺孔

19.3 钣金制件图画法实例

19.3.1 钣金制件图的特点

由于钣金制件结构的特殊性，因此，在制件的表达上与一般机械图样有所不同，看图时应加以区分。

① 一般情况下，钣金制件的工作图在视图之外，往往还附有局部的或整个的下料展开图。

② 有时，钣金制件的视图和展开图画在一起，其中，展开图用双点画线表示，见图 19-16(a) 和图 19-16(b)。

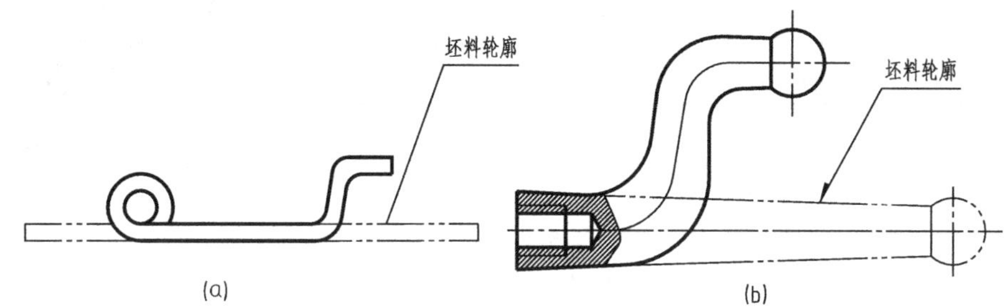

图 19-16　视图和展开图画在一起

③ 在展开图中，零件的弯、折、凹陷或凸出处，均须用细实线表示弯折的界限，如图 19-17 所示。

④ 钣金制件上的通孔，习惯上不作剖视，也不用虚线表示，如图 19-17 所示。

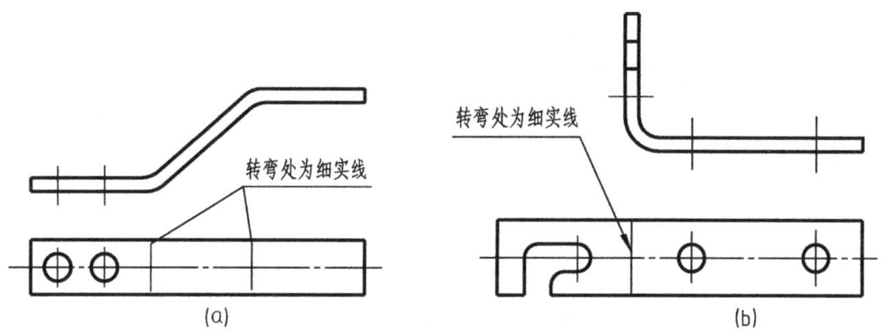

图 19-17　展开图中弯、折处及孔的表示法

19.3.2 RTL8139 网卡固定架画法实例

见图 19-18，该零件是通过先落料，后冲孔，再折弯成型的方法制造的典型的钣金制件。材料是 Q235 冷轧钢板，厚度为 1.0mm。

根据钣金制件的表达习惯，RTL8139 网卡固定架上的通孔不作剖视，也不用虚线表示，如图 19-18 所示。

RTL8139 网卡固定架主要结构包括：端壁、侧壁、通信孔、安装孔、底板孔。

RTL8139 网卡固定架主要工艺结构包括：侧壁的两侧加工有止裂槽、端壁的弯角半径 $R2$、侧壁和端壁的折弯高度。

根据产品的形状和用途，主要保证两对结构的相对位置精度：一是两螺纹孔之间的距离 40±0.05；二是中间方孔和底板孔之间的距离 5±0.01。

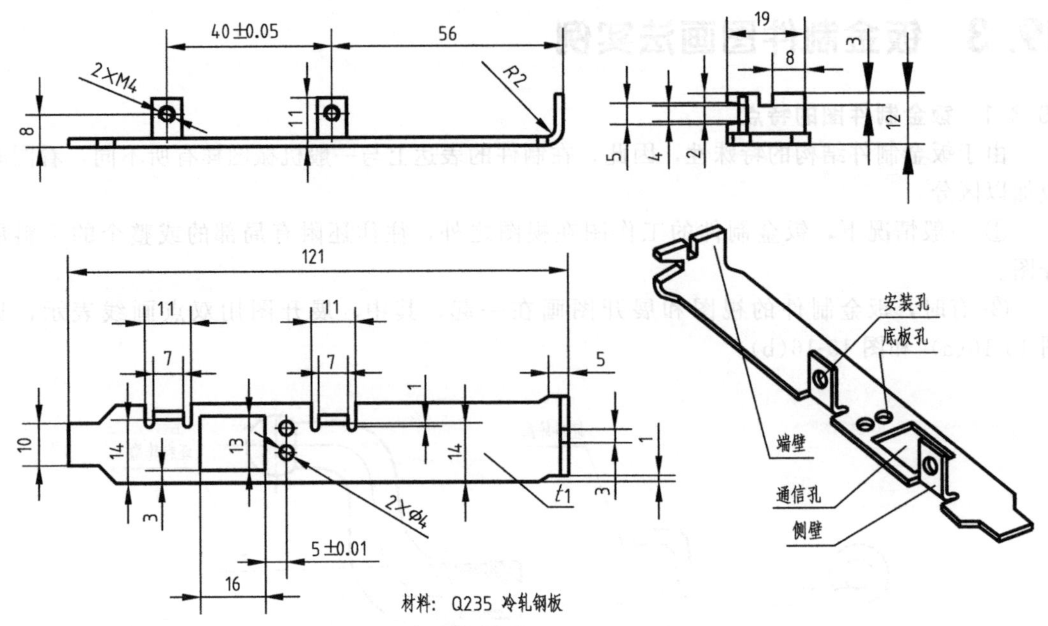

图 19-18　RTL8139 网卡固定架

19.3.3　控制器上盖画法实例

见图 19-19，该零件的材料是 Q235 冷轧钢板，厚度 1.0mm。

该零件体积较大，形状规则，但结构较多。其结构主要包括：安装孔、观察窗、装配槽、让位缺口、管路过孔、支撑壁等。其工艺结构主要包括：止裂槽、折弯圆角等。通过分析图样，可以初步了解该零件加工过程：

① 加工基础形体。基础形体是盒形，可拉延成形。

② 加工安装孔。用冲模冲切板材，加工安装孔。

③ 加工观察窗。该部位要安装较厚的有机玻璃，所以需要凹进去一定尺寸。可采用拉延后再冲切的方法加工。

④ 加工管路过孔。采用拉延后再冲切的方法加工。

⑤ 加工让位缺口。采用冲切的方法加工。

⑥ 加工装配槽。采用拉延后再冲切的方法加工。

⑦ 加工支撑壁。先冲切支撑壁上的圆孔，然后再冲压翻边。

⑧ 加工基础形体上的圆孔。一次冲切四个圆孔，这样加工出来的四个孔的位置精度较高。

19.3.4　驾驶室右上护板画法实例

图 19-20 是某工程车驾驶室的右上护板，是典型的钣金件工作图。该钣金件工作图采用了主视图和俯视图 2 个基本视图、4 个局部放大视图、1 个局部视图表达了驾驶室的右上防护板的结构形状。

右上防护板有多处折弯，折弯角分别为 90°、135°，该件不能对接，要求整料加工成型。未注折弯边内圆角均为 $R1.5$，Q235A 钢板型材的厚度 $t1.5$。低碳钢一般要求折弯内圆角半径约为 $R=t$，该件材料 Q235A 碳素结构钢为低碳钢，所以该件弯边内圆角弯曲半径尺寸设计要求合理。

另外，该件表面质量要求不高，成型后不需要另行加工来提高零件的表面质量。

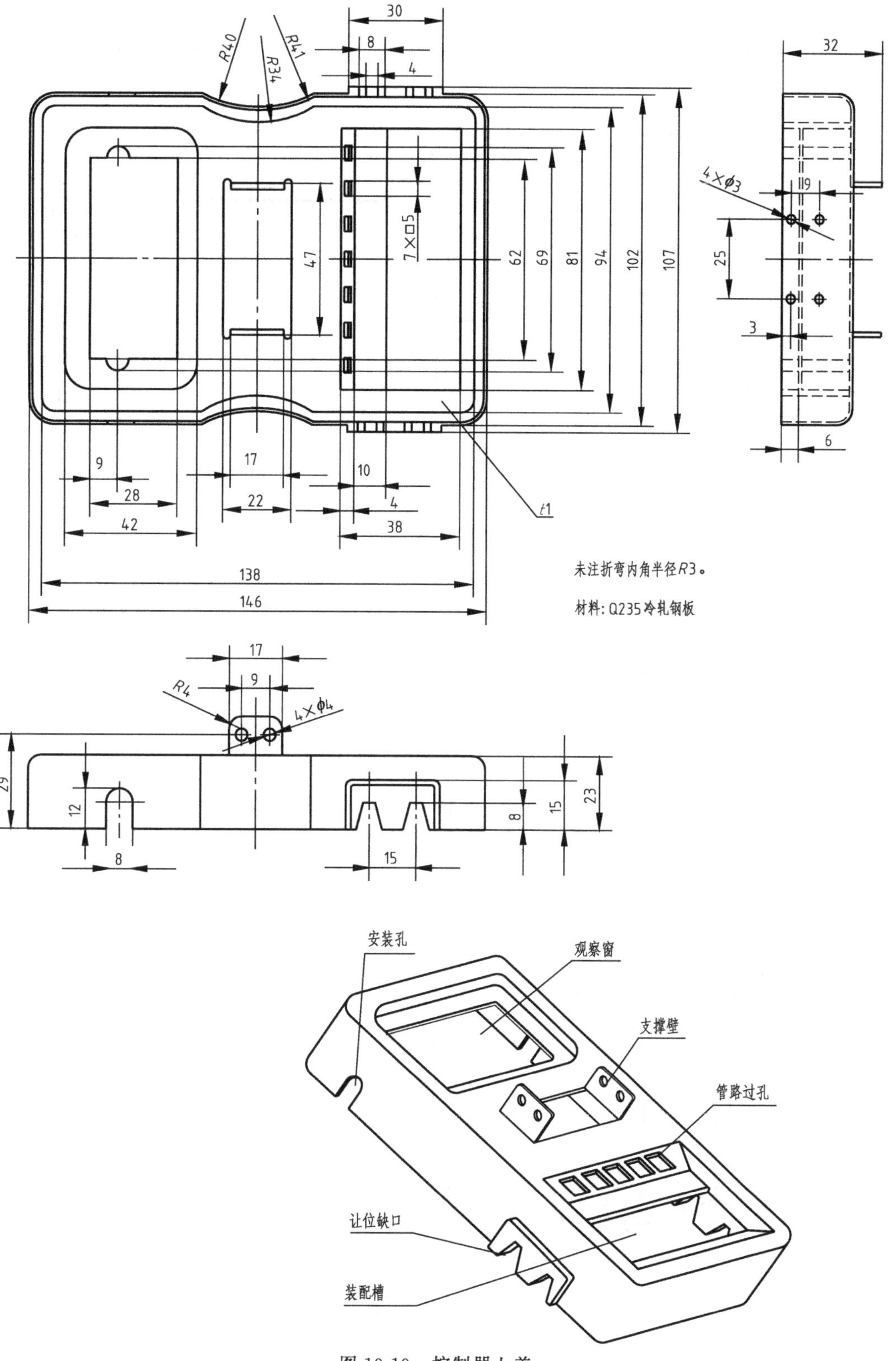

图 19-19　控制器上盖

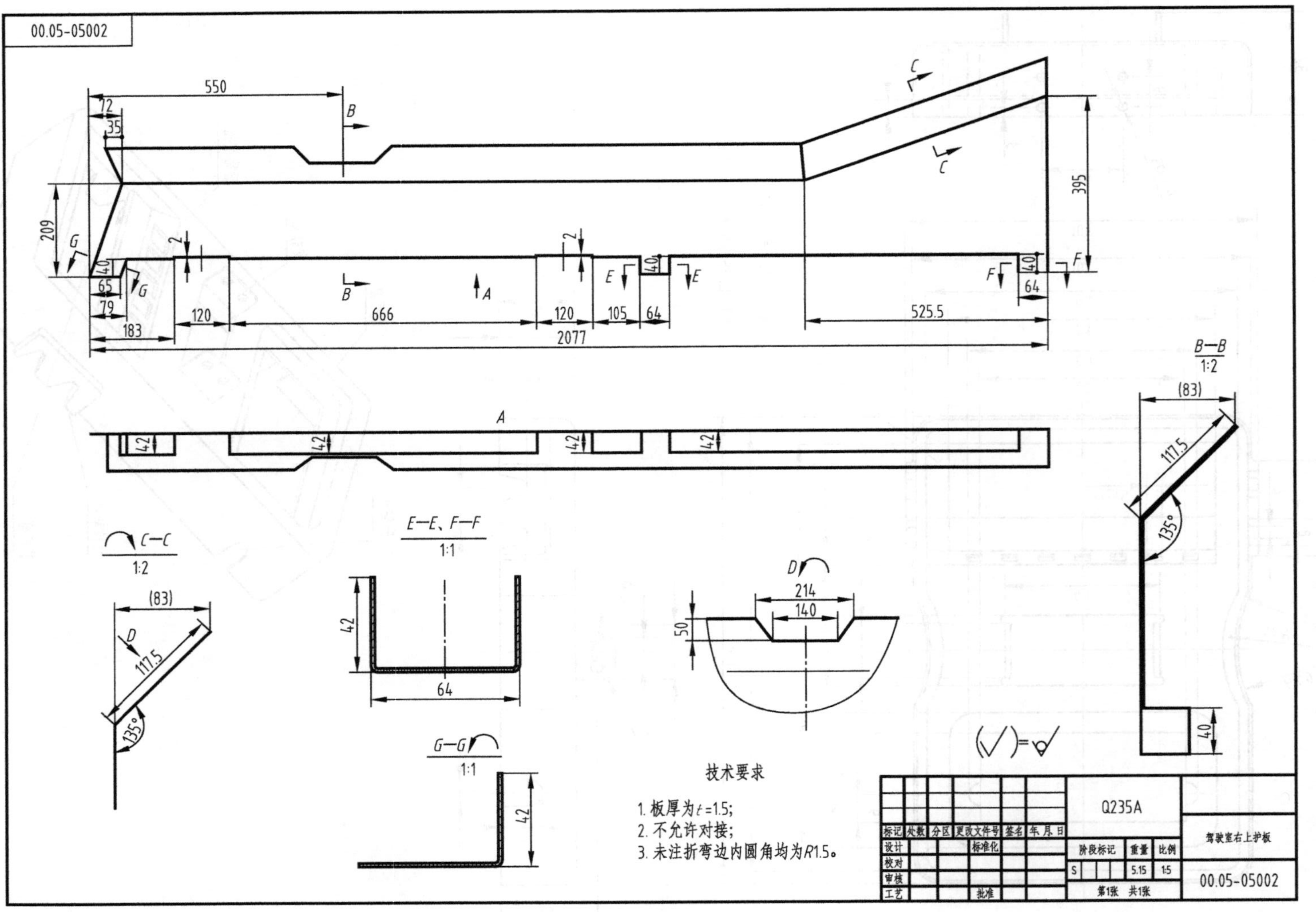

图 19-20 驾驶室右上护板

第 20 章　焊接图

GB/T 324—2008《焊缝符号表示法》和 GB/T 12212—2012《技术制图　焊缝符号的尺寸、比例及简化画法》规定了焊缝符号的尺寸、比例、表示方法以及焊缝在图样上画法的一般要求。

20.1 焊缝的图示表示法

① 绘制焊缝时，可用视图、剖视图、断面图表示，也可用轴测图示意地表示，见图 20-1(a)。

② 焊缝用一系列细实线短划表示，这些细实线可示意画法，见图 20-1(b)。

③ 也允许用加粗实线表示焊缝，该加粗实线的宽度是可见轮廓线宽度的 2～3 倍，见图 20-1(c)。在同一图样上，必须统一采用上述两种表示法中的一种。

④ 在表示焊缝的端面视图中，用粗实线画出焊缝的轮廓。必要时，可用细实线画出焊接前焊缝坡口的形状，见图 20-1(d)。

⑤ 用图示法表示焊缝，也应加注相应的标注，或者另有说明，见图 20-1(e)。

⑥ 在剖视图或断面图上，焊缝的金属熔焊区通常应涂黑表示，见图 20-1(f)。

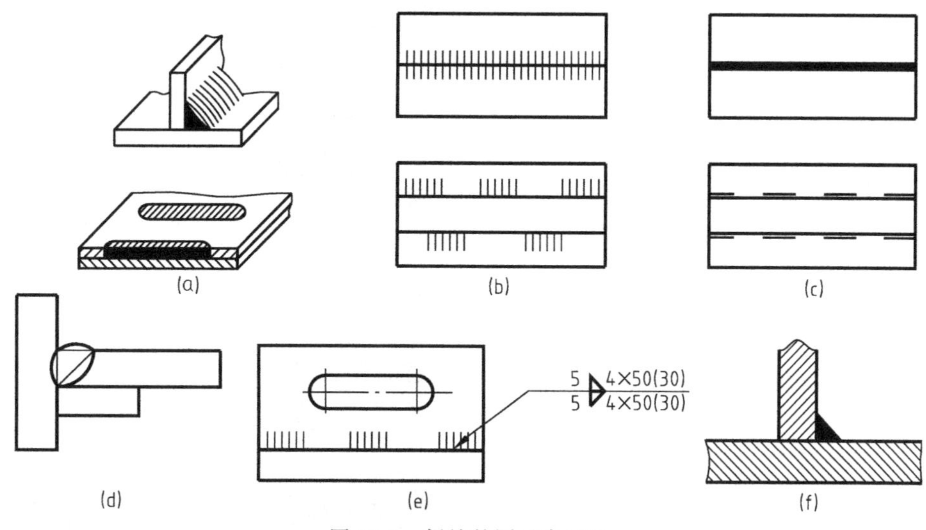

图 20-1　焊缝的图示表示法

为了使图样清晰并且减轻绘图工作量，一般不按图示法画出焊缝，而是采用一些符号进行标注，以表明它的特征。

20.2 焊缝符号

焊缝符号共有三组：基本符号，见表 20-1，是用来表明焊缝横截面的基本形式或特征；

补充符号，见表 20-2，是补充说明有关焊缝或接头的某些特征的符号；基本符号的组合，见表 20-3，标注双面焊焊缝或接头的符号。这些符号在图上均用$\frac{2}{3}d$（d 为可见轮廓线的宽度）的线宽绘制。

表 20-1　焊缝基本符号

序　号	名　　称	示　意　图	符　号
1	卷边焊缝(卷边完全熔化)		
2	I 形焊缝		
3	V 形焊缝		
4	单边 V 形焊缝		
5	带钝边 V 形焊缝		
6	带钝边单边 V 形焊缝		
7	带钝边 U 形焊缝		
8	带钝边 J 形焊缝		
9	封底焊缝		
10	角焊缝		
11	塞焊缝或槽焊缝		
12	点焊缝	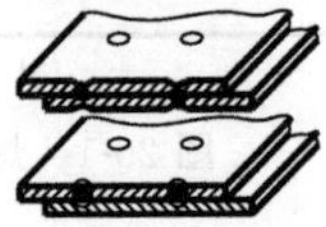	
13	缝焊缝		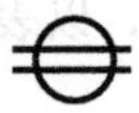
14	陡边 V 形焊缝		

续表

序　号	名　　称	示　意　图	符　号
15	陡边单 V 形焊缝		
16	端焊缝		
17	堆焊缝		
18	平面连接(钎焊)	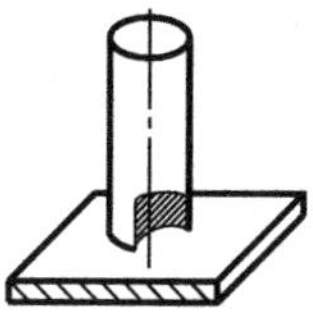 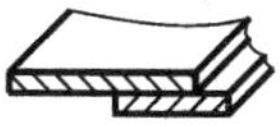	=
19	斜面连接(钎焊)		//
20	折叠连接(钎焊)	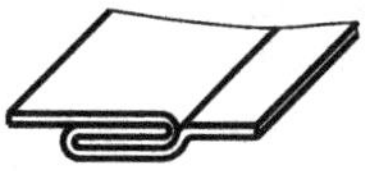	

表 20-2　焊缝补充符号

序　号	名　　称	符　　号	说　　明
1	平面		焊缝表面通常经过加工后平整
2	凹面		焊缝表面凹陷
3	凸面		焊缝表面凸起
4	圆滑过渡		焊趾处过渡圆滑
5	永久衬垫	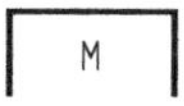 M	衬垫永久保留
6	临时衬垫	 MR	衬垫在焊接完成后拆除
7	三面焊缝		三面带有焊缝
8	周围焊缝		沿着工件周边施焊的焊缝 标注位置为基准线与箭头线的交点处
9	现场焊缝		在现场焊接的焊缝
10	尾部		可以表示所需的信息

表 20-3 焊缝基本符号的组合

说明	符号	说明	符号	说明	符号
双面I形焊缝		表示V形焊缝在箭头侧；带钝边U形焊缝在非箭头侧		表示相同角焊缝数量 $N=4$，在箭头侧	4条
双面V形焊缝（X焊缝）					
双面单V形焊缝（K焊缝）		表示双面I形焊缝，凸面		表示角焊缝凹面在箭头侧，焊缝尺寸为5mm，焊缝长度为210mm。工件三面带有焊缝	5 210
带钝边的双面V形焊缝					
带钝边的双面单V形焊缝		表示现场施焊，塞焊缝或槽焊缝在箭头侧，箭头线也可由基准线左端引出，允许弯折一次		表示I形焊缝在非箭头侧，焊缝有效厚度为5mm，焊缝长度为210mm	5 210
双面U形焊缝					
带钝边的双面单J形焊缝		表示周围施焊，由埋弧焊形成的V形焊缝，平整在箭头侧，由手工电弧焊形成的封底平整焊缝，在非箭头侧	111/12	表示对称交错断续角焊缝焊角尺寸5mm，相邻焊缝间距30mm，焊缝段数35mm，每段焊缝长度50mm	5 35×50 (30) 5 35×50 (30)
对称角焊缝					

20.3 焊缝符号在图样上的位置

完整的焊缝表示方法除了上述的基本符号、辅助符号、补充符号以外，还包括指引线、一些尺寸符号及数据。

指引线是带箭头的细实线。两条基准线，一条为细实线，另一条为细虚线，见图 20-2。

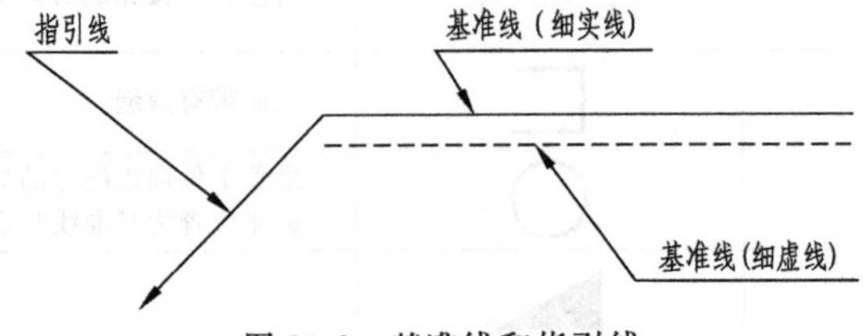

图 20-2 基准线和指引线

20.3.1 基准线的画法

基准线的虚线可以画在基准线实线的上侧或下侧。基准线一般与图样中标题栏的长边平行，也可与标题栏的长边垂直。

20.3.2　指引线的画法

指引线相对于焊缝的位置一般没有特殊要求，可以画在焊缝的正面或背面，上方或下方，见图 20-3(a)。但在标注单边 V 形焊缝、带钝边单边 V 形焊缝、J 形焊缝时，箭头应指向工件上焊缝带坡口的一侧，见图 20-3(b)，必要时，指引线可弯折一次，见图 20-4。

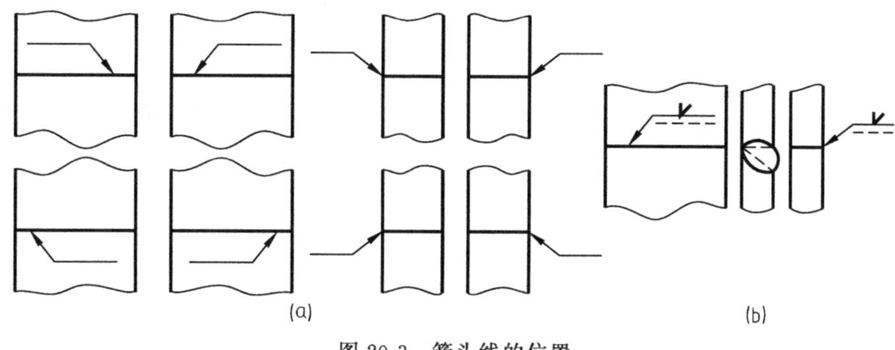

图 20-3　箭头线的位置

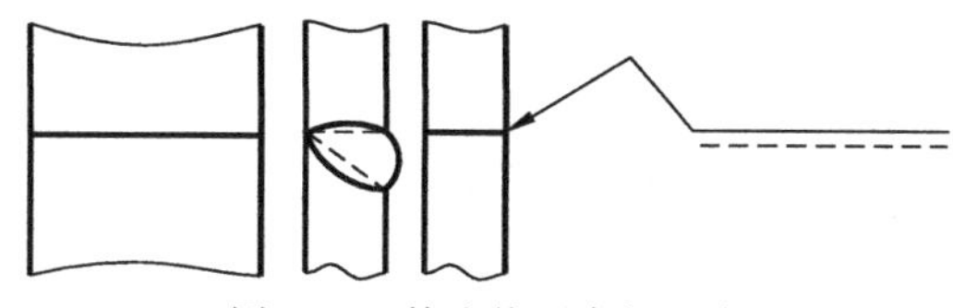

图 20-4　箭头线可弯折一次

20.3.3　箭头线与焊缝接头的相对位置

见图 20-5、图 20-6，箭头线与焊缝接头相对位置关系有两个术语：接头的箭头侧和接头的非箭头侧。

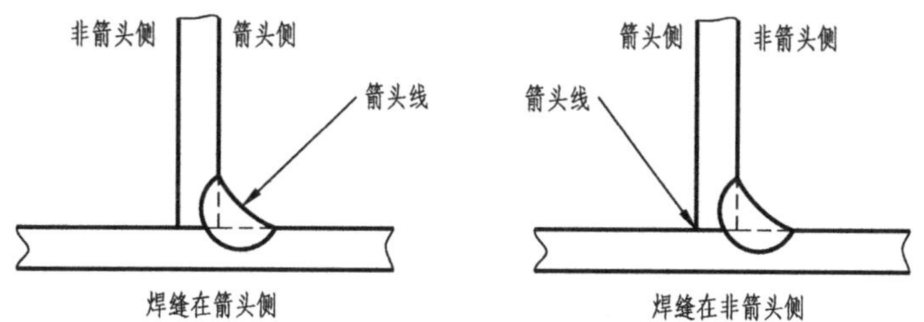

图 20-5　带单角焊缝的 T 型接头

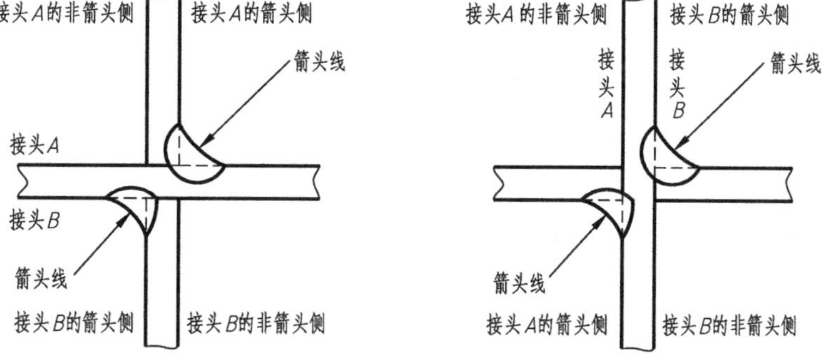

图 20-6　带双角焊缝的十字接头

20.3.4 基本符号相对于基准线的标注位置

见图 20-7，在标注基本符号时，它相对于基准线的位置严格规定如下：

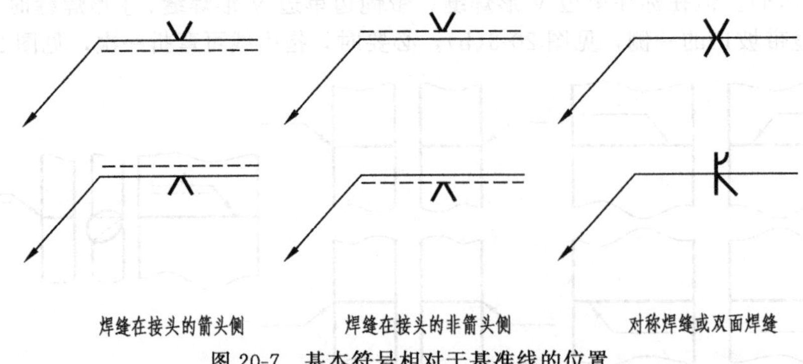

图 20-7 基本符号相对于基准线的位置

① 如果焊缝在接头的箭头侧，须将基本符号标在基准线的实线侧；

② 如果焊缝在接头的非箭头侧，须将基本符号标在基准线的虚线侧；

③ 标注对称焊缝及双面焊缝时，可免去基准线中的虚线。

20.4 焊缝尺寸符号及其标注

20.4.1 焊缝尺寸符号

焊缝尺寸符号是表明焊缝截面、长度、数量以及坡口等有关尺寸的符号，需要时，连同焊缝符号一并标注在指引线的一侧。焊缝尺寸符号见表 20-4。

表 20-4 焊缝尺寸符号

符号	名称	示意图	符号	名称	示意图
δ	工件厚度	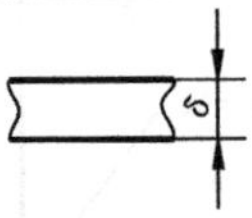	e	焊缝间距	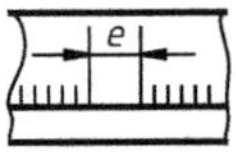
α	坡口角度	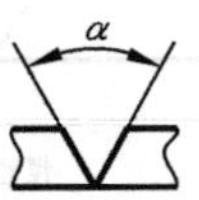	K	焊角尺寸	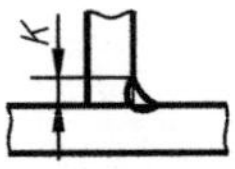
b	根部间隙	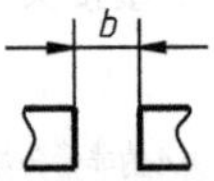	d	熔核直径	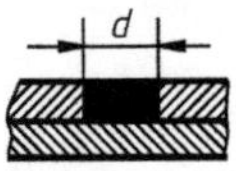
p	钝边	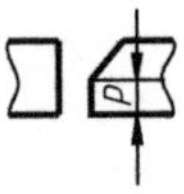	S	焊缝有效厚度	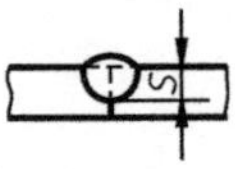
c	焊缝宽度	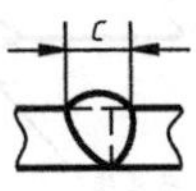	N	相同焊缝数量符号	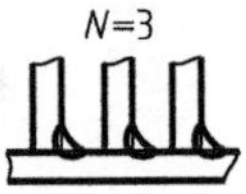 N=3
R	根部半径		H	坡口深度	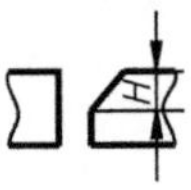

续表

符号	名　称	示意图	符号	名　称	示意图
l	焊缝长度		h	余高	
n	焊缝段数		β	坡口面角度	

20.4.2　焊缝尺寸符号的标注

见图 20-8，焊缝尺寸的标注方法规定如下：

① 焊缝横截面上的尺寸标在基本符号的左侧。

② 焊缝长度方向尺寸标在基本符号的右侧。

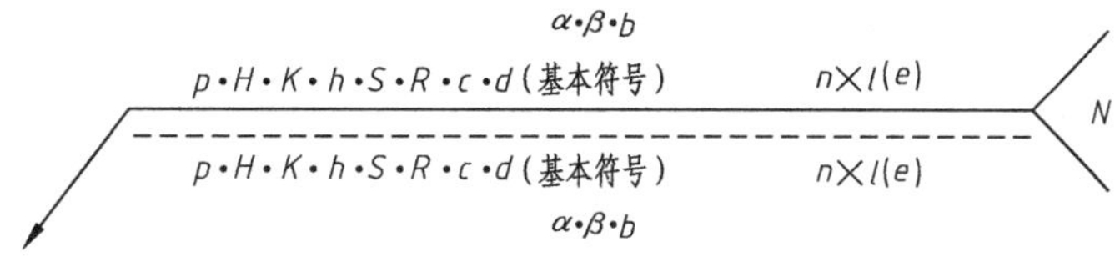

图 20-8　焊缝尺寸的标注原则

③ 坡口角度、坡口面角度、根部间隙等尺寸标在基本符号的上侧或下侧。

④ 相同焊缝数量符号标在尾部。

⑤ 必要时也可将焊接方法代号标注在尾部符号内。

⑥ 当需要标注的尺寸数据较多又不易分辨时，可在数据前面增加相应的尺寸符号。当箭头线方向变化时，上述原则不变。

20.5　焊缝的简化标注

在不会引起误解的情况下，可以简化焊缝的标注：

① 在同一图样中，所有焊缝的焊接方法完全相同时，焊接方法的代号可以省略不注，但必须在技术要求项内或其他技术文件中注明“全部焊缝均采用……焊”等字样；当大部分焊接方法相同，可在技术要求项内或其他技术文件中注明“除图中注明的焊接方法外，其余焊缝采用……焊”字样。

② 同一图样中的全部焊缝相同而且已在图上明确表明其位置时，其标注方法可按前条的原则处理。

③ 标注交错对称焊缝的尺寸时，允许在基准线上只标注一次，可不重复标注。见图 20-9，35×50、(30) 没有在基准线下侧重复标注。

④ 对于断续焊缝、对称断续焊缝及交错断续焊缝的段数无严格要求时，允许省略焊缝段数的标注，见图 20-10，即省略了焊缝段数“35”。

⑤ 对于若干条坡口尺寸相同的同一形式焊缝，可采用图 20-11 的方法集中标注；若这些焊缝在接头中的位置都相同时，也可采用在尾部符号内注出焊缝数量的方法以简化标注，但其他形式的焊缝，仍需分别标注，见图 20-12。

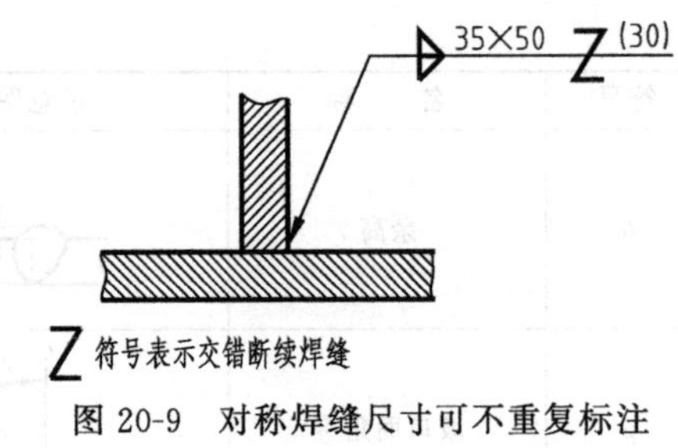

图 20-9 对称焊缝尺寸可不重复标注

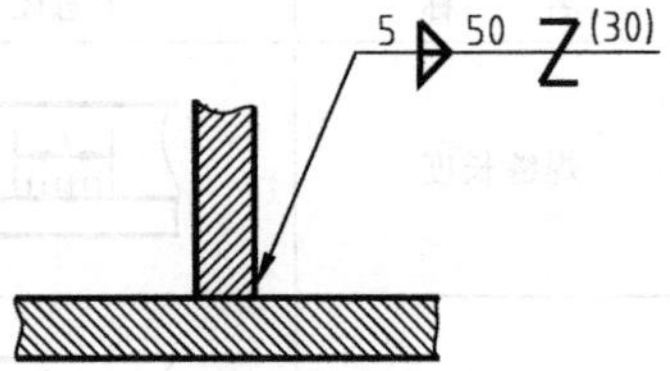

图 20-10 省略了焊缝段数的标注

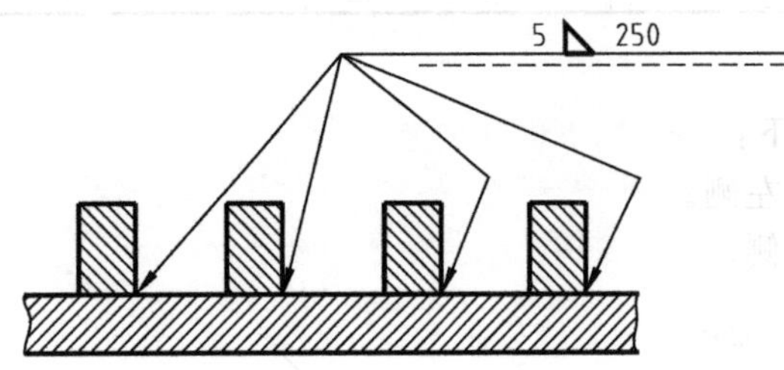

图 20-11 坡口尺寸相同焊缝集中标注

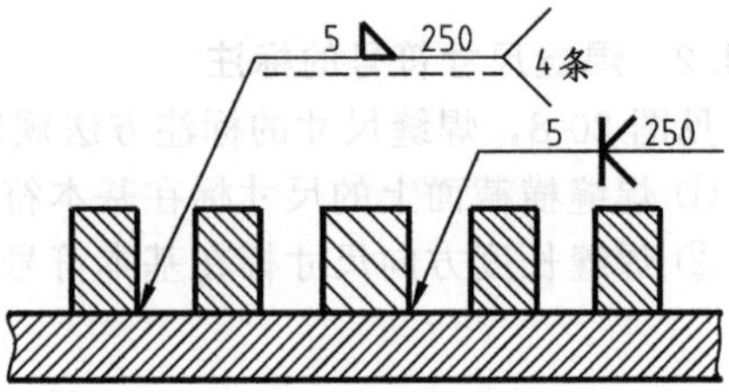

图 20-12 坡口尺寸相同焊缝在尾部符号内注出数量

⑥ 为了使图样清晰或当标注位置受到限制时，可以采用简化代号（或符号）代替通用的符号标注焊缝，但必须在该图的下方或标题栏附近说明这些简化代号的意义，见图 20-13，这时，简化代号的大小应是图样中所注符号的 1.4 倍。

⑦ 在不致引起误解的情况下，当箭头线指向焊缝，而非箭头侧又无焊缝要求时，可省略非箭头侧的基准线（虚线），见图 20-14。

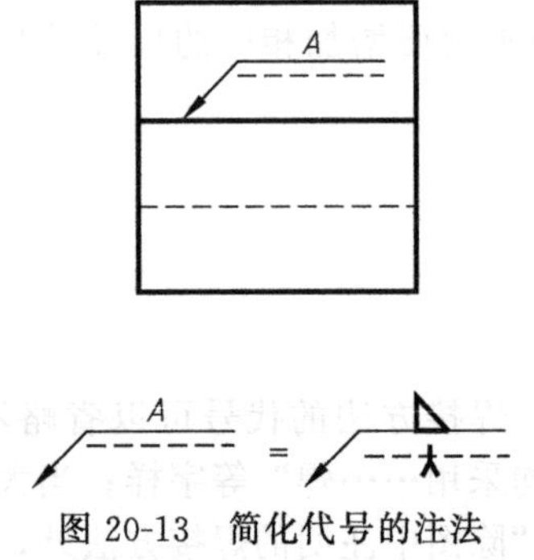

图 20-13 简化代号的注法

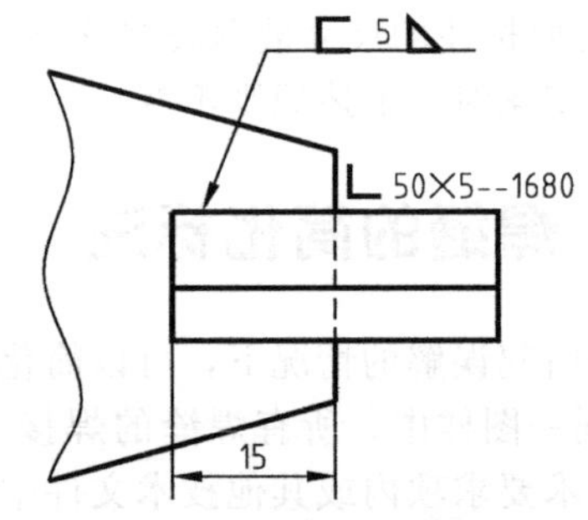

图 20-14 省略非箭头侧基准线和焊缝长度尺寸的注法

⑧ 当焊缝的起始和终止位置明确时，允许在焊缝标注中省略焊缝长度尺寸，如图 20-14。

20.6 焊接图画法实例

20.6.1 画焊接图的基本要求

见图 20-15，画焊接图的基本要求如下：

① 对各构件进行编号，并需填写明细栏。焊接图从形式上看，很像装配图，但它与装配图也有所不同，因装配图表达的应是部件或机器，而焊接图表达的仅仅是一个零件（焊接件）。因此，通常说焊接图是装配图的形式，零件图的内容。

② 焊接图各相邻构件的剖面线的倾斜方向应不同。

③ 对于复杂的焊接构件，应单独画出主要构成件的零件图。

④ 由板料弯曲卷成的构件，可以画出展开图。

⑤ 个别小构件可附于结构总图上。

⑥ 在大型焊接结构总图中，应画出各构成件的零件图。

20.6.2　轴承挂架画法实例

见图 20-15，该焊接件由四个构件焊接而成，构件 1 为立板，构件 2 为横板，构件 3 为肋板，构件 4 为圆筒。

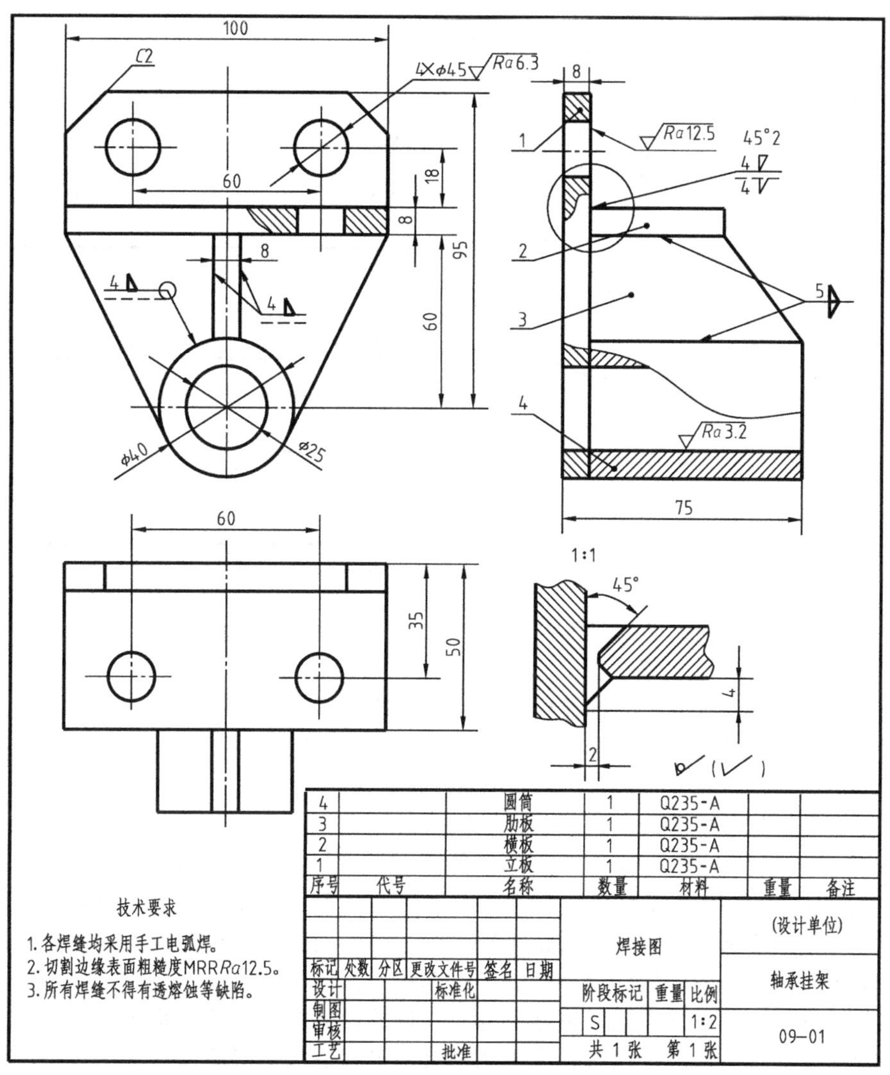

图 20-15　轴承挂架的焊接图

从图上所标的焊接符号可知，立板与横板采用双面焊接，上面为单边 V 型平口焊缝，钝边高为 4mm，坡口角度为 45°，根部间隙为 2mm；下面为角焊缝，焊角高为 4mm。肋板与横板及圆筒采用焊角高为 5mm 的角焊缝，与立板采用焊角高为 4mm 的双面角焊缝。圆筒与立板采用焊角高为 4mm 的周围角焊缝。

20.6.3　高压容器盖体画法实例

如图 20-16 所示，高压容器盖体是由锅盖外壳 1、隔热层 2、锅盖内壳 3、排气孔组件 4、座耳 5、后锅耳组件 6 组成的。

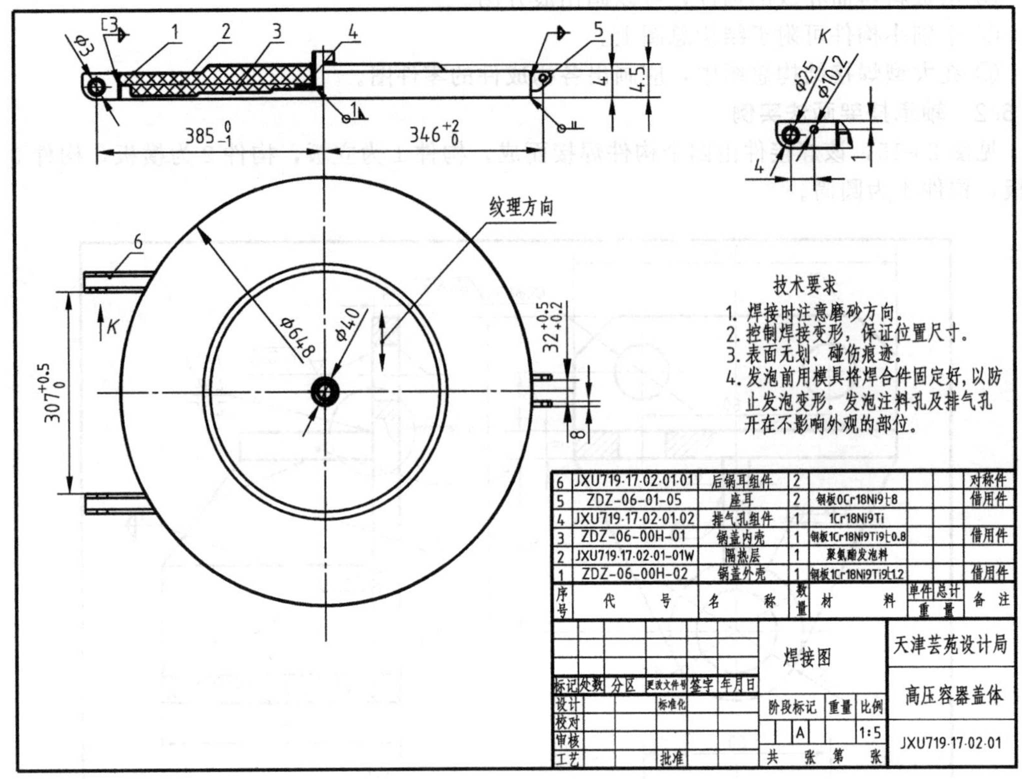

图 20-16 盖体焊接图

图中有四处焊缝标注。后锅耳 6 与锅盖外壳 1 三面角焊缝对称焊接，焊缝尺寸为 3mm；排气孔组件 4 中的两个焊件环绕焊件角焊缝焊接，焊缝尺寸为 1mm；座耳 5 与锅盖外壳 1 对称角焊缝焊接；锅盖外壳 1 与锅盖内壳 3 对接焊缝焊接。

对焊件的技术要求是：图中标有纹理方向，焊接时注意磨砂方向；同时要求控制焊缝变形，保证定位尺寸。

20.6.4 工程车车架总成画法实例

如图 20-17 所示，这是一幅某工程车车架总成确量生产阶段的焊接图，由 4 个基本视图、3 个剖视图、1 个局部放大视图表达。4 个基本视图分别是主视图、俯视图、左视图、后视图。另外，还绘制了车架总成的正等轴测图，用于辅助表达车架构造，以方便读图。该实例主要图示复杂构件的焊缝标记，略去了全部尺寸。

车架总成是车辆的主体骨架，也称龙骨。车辆的动力系统、转向系统、传动系统、行驶系统、驾驶室总成、工作装置以及部分液压系统、电气系统等安装在这个龙骨上。该车架总成由 31 个零部件焊接而成。车架总成主要部件是车架，车架上焊接的拖车挂钩，用于拖车；焊接的螺纹板、螺纹座、阀座、安装座等，用于安装其他设备总成零部件。焊接的板和支撑板，有的用于安装设备总成零部件，有的起支撑作用。

工程车辆焊接必须符合 JB/T 5493—1991《工程机械焊接件通用技术条件》要求。对具体的焊接部位分别标注了焊缝标记。

焊接基本上采用角焊缝，焊缝位置有周围焊缝、三面焊缝、对称焊缝。焊角尺寸最高为 12mm，最小为 5mm，未注焊角尺寸为 5mm。车架总成就是通过这些焊缝焊接在一起，因此，焊接质量对车架总成乃至整车的性能质量影响很大。

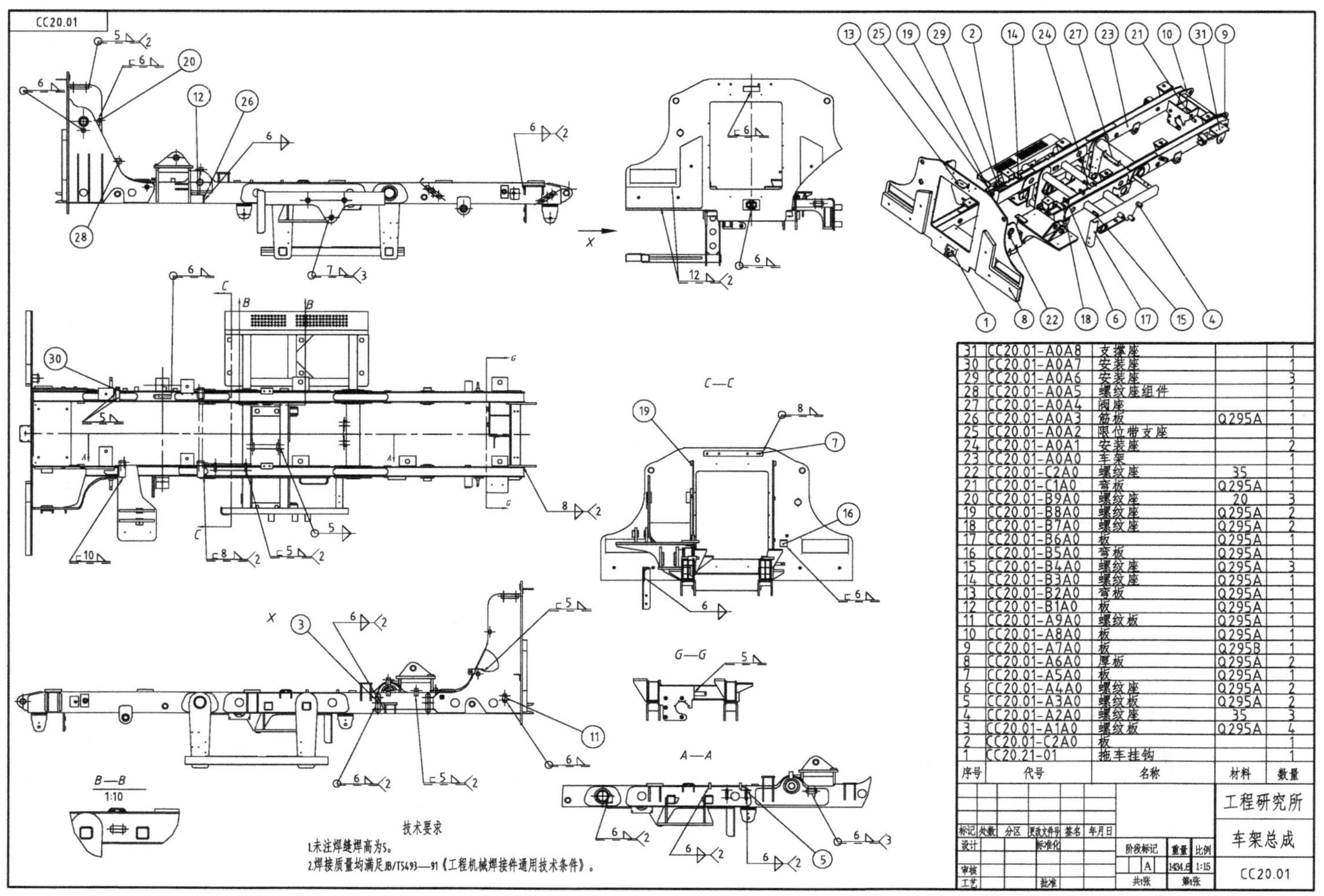

序号	代号	名称	材料	数量
31	CC20.01-A0A8	支撑座		1
30	CC20.01-A0A7	安装座		1
29	CC20.01-A0A6	安装座		3
28	CC20.01-A0A5	螺纹座组件		1
27	CC20.01-A0A4	阀座		1
26	CC20.01-A0A3	筋板	Q295A	1
25	CC20.01-A0A2	限位带支座		1
24	CC20.01-A0A1	安装座		2
23	CC20.01-A0A0	车架		1
22	CC20.01-C2A0	螺纹座	35	1
21	CC20.01-C1A0	弯板	Q295A	1
20	CC20.01-B9A0	螺纹座	20	3
19	CC20.01-B8A0	螺纹座	Q295A	2
18	CC20.01-B7A0	螺纹座	Q295A	2
17	CC20.01-B6A0	板	Q295A	1
16	CC20.01-B5A0	弯板	Q295A	1
15	CC20.01-B4A0	螺纹座	Q295A	3
14	CC20.01-B3A0	螺纹座	Q295A	1
13	CC20.01-B2A0	弯板	Q295A	1
12	CC20.01-B1A0	板	Q295A	1
11	CC20.01-A9A0	螺纹板	Q295A	1
10	CC20.01-A8A0	板	Q295A	1
9	CC20.01-A7A0	板	Q295B	1
8	CC20.01-A6A0	厚板	Q295A	2
7	CC20.01-A5A0	板	Q295A	1
6	CC20.01-A4A0	螺纹座	Q295A	2
5	CC20.01-A3A0	螺纹板	Q295A	2
4	CC20.01-A2A0	螺纹座	35	3
3	CC20.01-A1A0	螺纹板	Q295A	4
2	CC20.01-C2A0	板		1
1	CC20.21-01	拖车挂钩		1

图 20-17　某工程车车架总成焊接图

第 21 章　模具图

21.1　模具基本结构

了解模具的结构，有利于绘制和阅读模具图。模具一般分为两大类：冷冲模、型腔模。其中，冷冲模又分为：冲裁模、弯曲模、成形模、冷挤压模；型腔模又分为：塑料模、压铸模、橡胶模、锻模、粉末冶金模、陶瓷模。

21.1.1　冷冲模基本结构

冷冲模一般在立式冲床上工作，因此按其在冲床上的安装位置，其结构可以分为上模和下模两部分。上模是指模具固定在滑块上的部分，下模是指模具固定在工作台上的部分。

无论简单模，还是连续模或复合模，冷冲模结构均是由以下四大部分零件组成的：

(1) 工作零件

工作零件是直接参加冲压工作的零件，包括凸模、凹模、凸凹模。

(2) 定位零件

定位零件是保证板料（或毛坯）在冲压模中具有准确位置的零件，包括挡料销、导尺、侧刀、导正销。

(3) 退料零件

退料零件包括卸料零件、顶料零件和缓冲零件。

(4) 模架零件

模架零件包括模具的导向零件、支承零件和紧固零件。

21.1.2　型腔模基本结构

以塑料模为例，型腔模可分为定模和动模两大部分，定模部分安装在固定模板上，动模部分安装在移动模板上，动模和定模闭合构成浇注系统和型腔，开模时动模和定模分离，由推出机构推出产品。

(1) 成型零部件

成型零部件是指与注料直接接触、成型产品内表面和外表面的模具部分。它由凸模、凹模、嵌件、镶块等组成。

(2) 浇注系统

浇注系统由主流道、分流道、浇口、冷料穴等组成。

(3) 导向机构

为了保证动模、定模在合模时准确定位，模具必须设计导向机构。导向机构分为导柱、导套导向机构与内外锥面定位导向机构两种形式。

(4) 侧向分型与抽芯机构

在产品推出之前，必须先抽出侧向型芯或侧向成型块，然后才能脱模。带动侧向型芯或侧向成型块移动的机构称为侧向分型与抽芯机构。

(5) 推出机构

推出机构一般由推杆、复位杆、推杆固定板、推板、推板导柱、推板导套等组成。

(6) 温度调节系统

模具结构中的冷却或加热的温度调节系统。

(7) 排气系统

将型腔内气体排出的系统。

(8) 标准模架

模具中的模架基本上标准化。

21.2 模具零件的结构工艺性

模具零件的结构工艺性是指模具的结构、形状是否便于制造、装配和维修等。设计的模具在一定的生产条件下能够高效低耗地制造出来，并易于装配和维修，则认为该模具具有良好的结构工艺性。在模具加工中，常有一些零件结构虽然满足要求，但加工装配却很困难，甚至根本无法加工，或者无法满足其设计要求，这就造成了人力、物力、财力的浪费。因此，在模具设计过程中，对模具的结构工艺性问题必须引起足够的重视。

21.2.1 模具设计时应考虑的问题

① 模具设计必须满足使用要求，结构尽可能简单。经模具生产出来的产品必须符合产品图样要求；模具使用过程中，工作应可靠、稳定，成品率高。这是模具设计和使用的根本目的，也是考虑模具结构工艺性的前提。如设计的模具不能满足使用要求，即使工艺性很好也毫无意义。在保证使用要求的前提下，模具设计应尽可能减少不必要的零件，模具结构越简单越好。

② 合理设计模具的精度。模具的精度直接影响模具零件的加工难易程度和模具寿命及模具制品的质量。精度等级过高，表面粗糙度数值过小，会使模具制造困难，成本提高；反之，则会降低模具制品的质量。因此，设计时应根据制件的精度和表面质量要求，合理确定模具零件的精度和表面粗糙度。

③ 考虑加工工艺。随着加工条件的改善以及新加工手段的出现，一些原来不易实现或不能加工的结构变得容易和可能，例如某种结构采用机械加工的方法工艺性好，而采用电加工方法其结构工艺性就不一定合理。因此，模具设计人员必须时刻关注新工艺、新技术的应用，并在设计过程中运用。

21.2.2 模具结构工艺性示例

(1) 尽可能采用标准化设计

模具的结构形式、外形尺寸应尽可能选用标准设计，这样不但能够简化设计工作，也能简化模具制造过程，缩短模具制造周期，降低模具制造成本，模具零件（卸料螺钉、模柄、模架、推杆、浇口套等）及模具中应使用相应标准的连接螺钉、销钉，以便使用标准刀具、量具，也便于更换。另外，在同一副模具中，应尽可能采用同一规格大小的标准件，以减少制造过程中刀具的种类和数量。一般来说，模具设计时大多采用内六角螺钉和圆柱销等标准件连接。

(2) 便于机床上定位和装夹

模具零件加工时应可靠、方便地在机床上定位并装夹，装夹次数越少越好，有位置精度要求的各表面应尽可能在一次装夹中加工完成。

① 加工凸模或型芯外圆表面时，要求其外形一次磨出，以保证同轴度要求，加工时采用顶尖、拨盘和卡箍装夹。在如图 21-1 所示的凸模中，图 21-1(a) 所示的结构安装较困难；图 21-1(b) 所示的结构为两凸模连在一起，磨好后再从中间分开；图 21-1(c) 所示的结构则增加一工艺凸台，待磨好后再去除。

② 图 21-2 所示为一端部带圆角的异形凸模。图 21-2(a) 所示的结构无法在铣床上安

装，故在不影响凸模使用要求的情况下，在凸模两侧开设两条沟槽，如图 21-2(b) 所示，这样就可方便地在铣床上进行装夹。

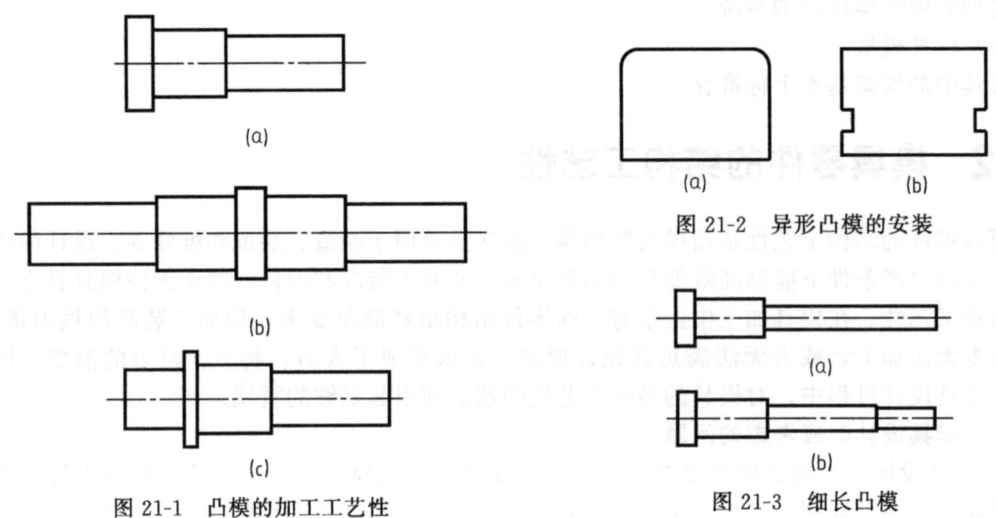

图 21-1 凸模的加工工艺性

图 21-2 异形凸模的安装

图 21-3 细长凸模

(3) 零件应有足够的刚度

图 21-3(a) 所示凸模又细又长，加工时会因切削力作用而变形，若结构允许应设计成阶梯结构，如图 21-3(b) 所示。这样既增加了凸模的刚度，同时也方便了模具装配。

(4) 避免加工困难

① 钻头切入或切出的表面应与孔轴线垂直，否则钻孔时钻头易钻偏甚至折断。图 21-4(a) 所示结构不合理，图 21-4(b) 所示结构较合理。

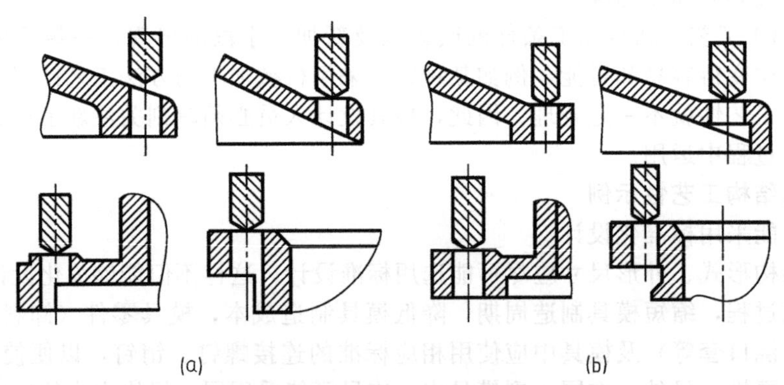

图 21-4 钻头进出表面的合理结构

② 避免采用角部是直角的封闭型腔。图 21-5(a) 所示的结构无法切削加工，图 21-5(b) 所示的结构则可以采用铣削加工。

③ 变型腔内形加工为外形加工。在如图 21-6 所示的凹模中，图 21-6(a) 所示的结构加工较为困难；图 21-6(b) 所示结构将零件沿型腔线分开，变内形加工为外形加工，加工较方便。又如图 21-7(a) 所示的凹模刃口狭小并有尖角，不便加工。将凹模沿中心线分开，将内表面变为外表面，既便于加工，又可避免热处理引起的变形与开裂，如图 21-7(b) 所示。

④ 采用共用安装沉孔。当模具的凸模、型芯或推杆相互位置靠得很近时，可采用图 21-8 所示的结构，以避免加工多个沉孔。

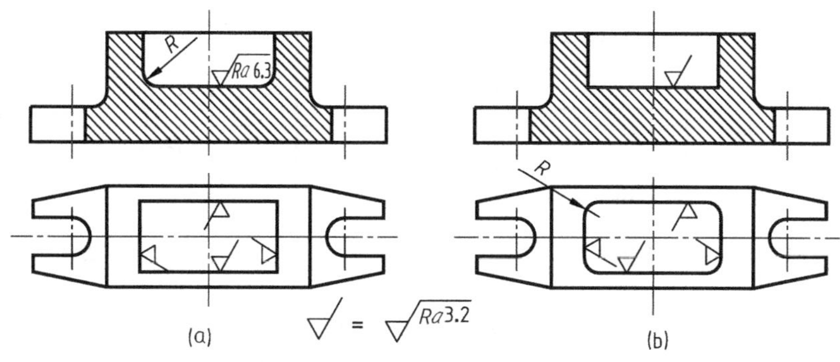

图 21-5　封闭型腔的结构

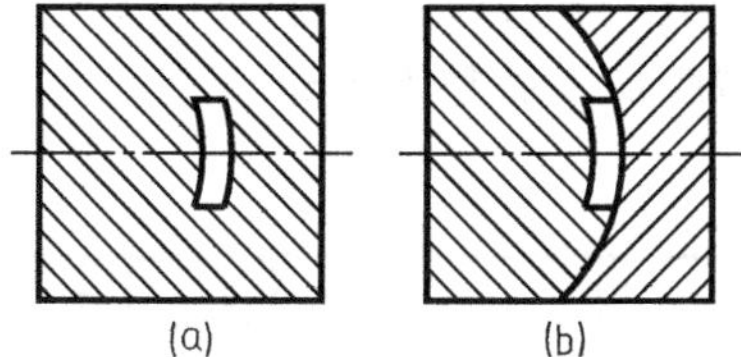

图 21-6　变型腔内形加工为外形加工

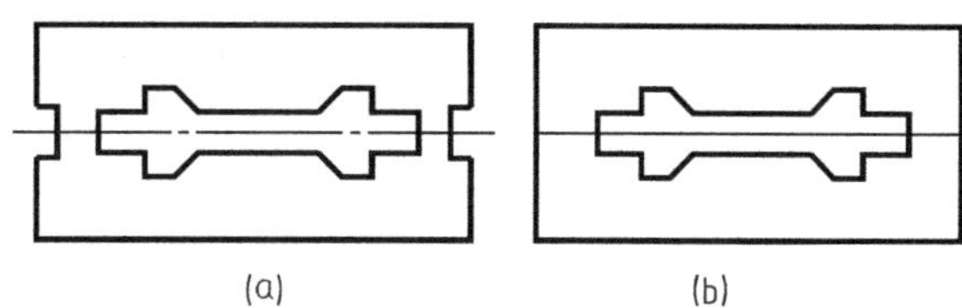

图 21-7　狭小凹模

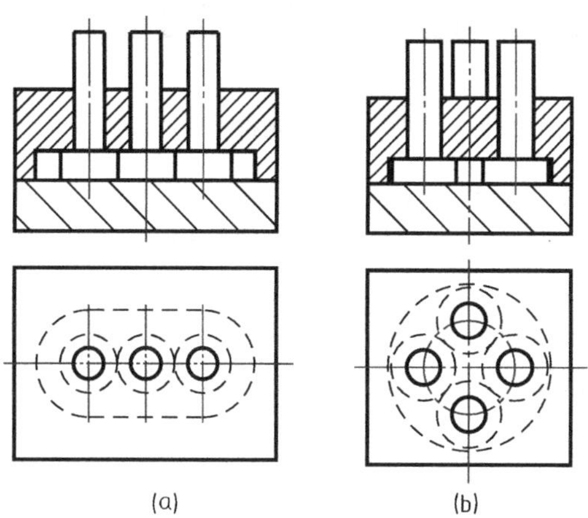

图 21-8　共用安装沉孔

（5）采用镶拼结构

当遇到形状复杂、加工困难或几何尺寸较大的模具零件时，可以把零件分成几个部分进行加工，然后通过局部镶拼或整体镶拼的方法获得零件的要求形状。这样就会使加工简便，并容易提高模具零件的尺寸精度，同时还可以减少热处理引起的变形和开裂，节省贵重的模具材料。

① 简化模具结构形状。如图 21-9 所示凸模形状复杂，砂轮进不去，不能直接利用砂轮磨削，可采用镶拼结构（图中 1、2、3 三块镶件）。磨削后，用螺钉或销钉将各镶件固定在一起。

如图 21-10 所示的凹模由于孔的长壁很窄，只有 0.6mm，故难以加工。采用镶拼结构后，把凹模分成两块，分别加工后将镶块固定在凹模套内，形成所需凹模。这样既简化了制造工艺，又保证了精度要求。

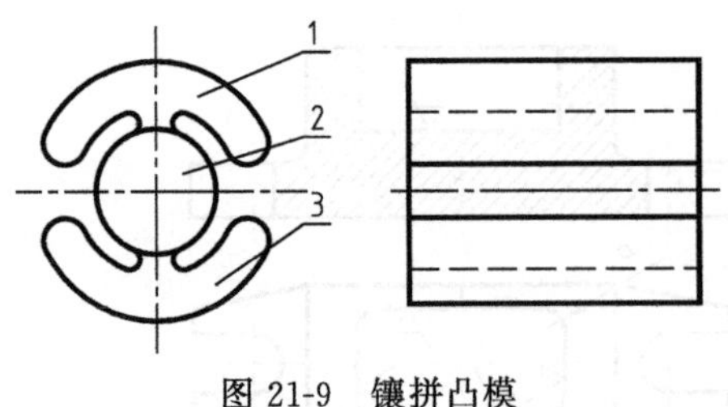

图 21-9　镶拼凸模

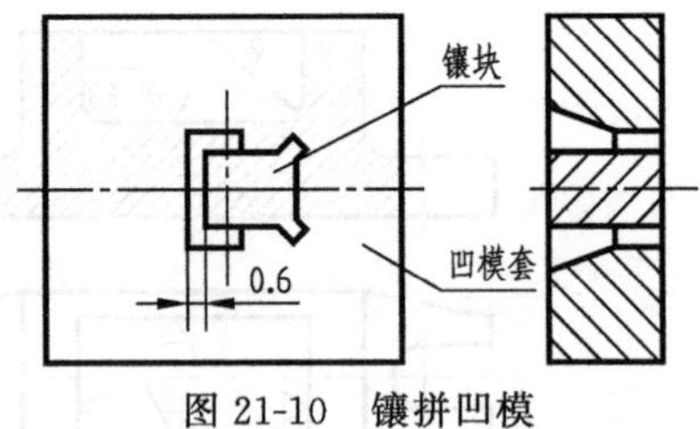

图 21-10　镶拼凹模

② 改善加工条件。如图 21-11 所示的型腔中，图 21-11(a) 所示异形型腔可以先钻周围小孔，再在小孔内镶入芯棒，然后加工大孔，加工完毕后将这些芯棒取出，再调换芯棒插入；图 21-11(b) 是利用局部镶嵌的方法构成圆形凸底的型腔；图 21-11(c) 所示型腔底部形状复杂，故把单独制造的底部零件镶入后，以螺钉固定；图 21-11(d) 由于小槽不好加工，采用镶件嵌入的办法使之易于加工；图 21-11(e) 是将型腔加工后整体镶安。

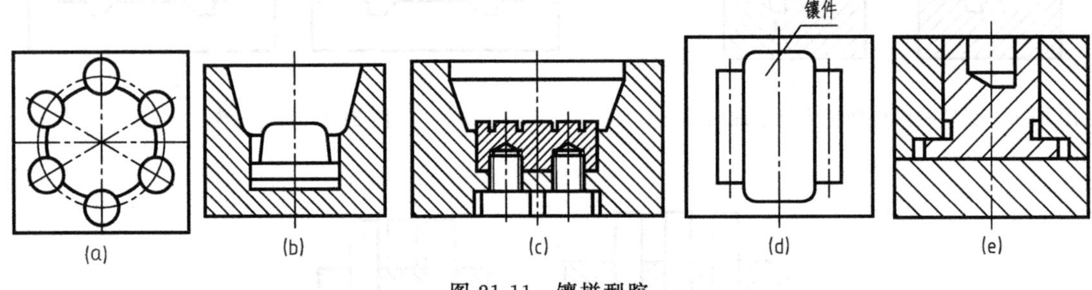

图 21-11　镶拼型腔

(6) 减少和避免热处理变形和开裂

模具零件一般需要进行热处理，因此模具零件结构设计时需考虑热处理要求。设计时应尽量避免尖角、窄槽和狭长的过桥；孔的位置应尽量均匀、对称分布；模具工作型面的截面形状不能急剧变化，以减少和避免热处理过程中因应力集中而引起的变形和开裂。如图 21-12 所示的长方形凹模型孔有一狭长的过桥，淬火时过桥的冷却速度快，会产生内应力造成零件开裂。

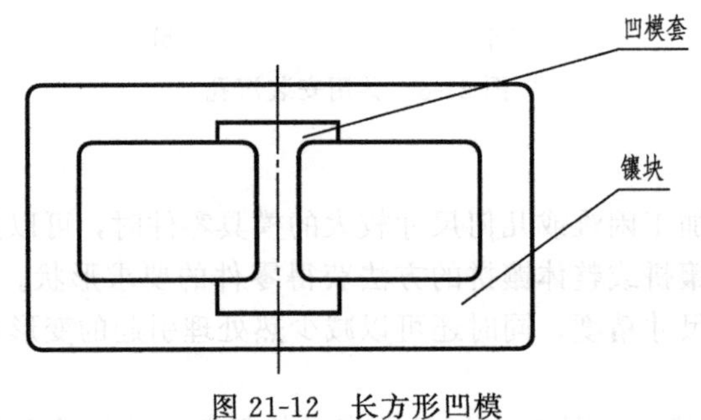

图 21-12　长方形凹模

(7) 便于安装

① 有配合要求的零件端部应有倒角或圆角，以便于装配，而且使外形部分较为美观。图 21-13(a) 所示的导柱、导套配合时，不仅装配不方便，端部毛刺也容易划伤配合面，应采用图 21-13(b) 所示的结构；当凸模或型芯装入固定板时，装入部分也应用倒角导入，如图 21-14(a) 所示；当型芯表面不允许倒角时，则应在固定板上倒角，以方便型芯装入，如

图 21-14(b) 所示。

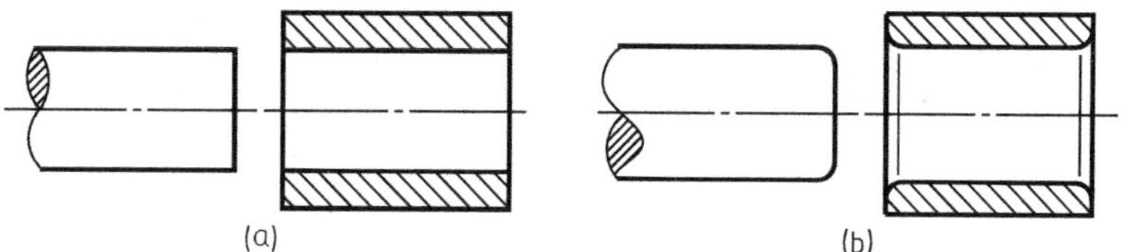

图 21-13　导柱、导套端部结构

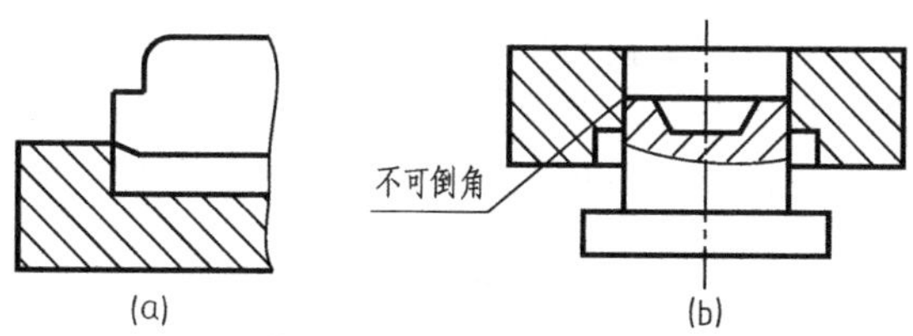

图 21-14　型芯与固定板的配合结构

② 销钉连接孔应尽可能打通，以便于配钻、铰相关零件上的销孔，如图 21-15(a) 所示。当由于结构限制不能设计穿透的销孔时，应设置透气孔，如图 21-15(b)、(c) 所示，以方便销钉装入。图 21-15(d) 所示结构设计无透气孔，设计不合理。

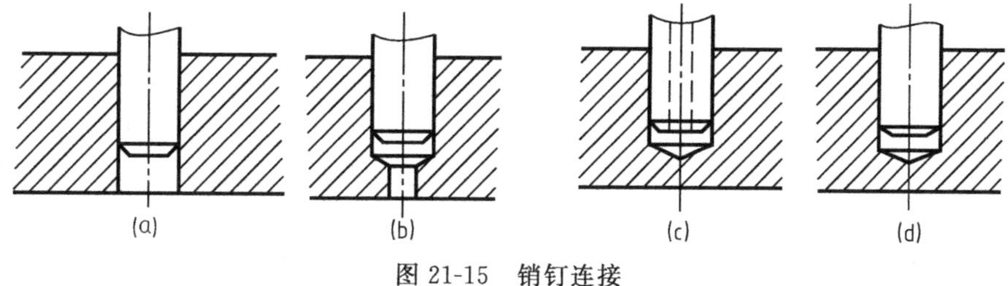

图 21-15　销钉连接

③ 当轴肩与孔的端面要求贴紧时，应在轴上切槽，如图 21-16(b) 所示。图 21-16(a) 所示轴肩与孔不能贴紧，故设计不合理；当轴上不能切槽（例如冷冲模凸模）时则应在相配合的孔口倒角，如图 21-16(c) 所示。

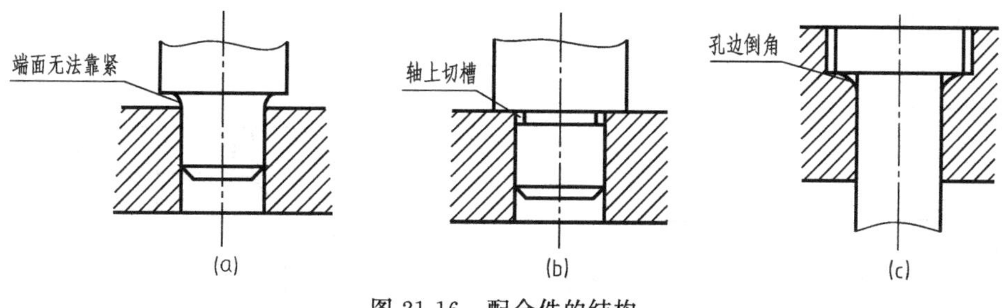

图 21-16　配合件的结构

④ 与装配图中的合理结构一样，相配合的零件在同一方向的接触面只能有一对，例如塑料模中推杆、复位杆的设计等。

⑤ 轴和孔是过渡或过盈配合时，轴应设计成阶梯状，以方便轴的装配。在图 21-17 所示的结构中，图 21-17(a) 所示的结构不合理，应设计成图 21-17(b) 所示结构。

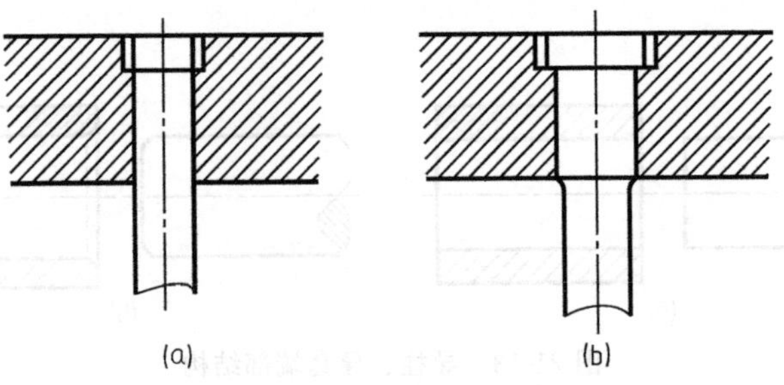

图 21-17　轴与孔的配合

(8) 便于刃磨、维修、调整和更换易损件

① 在图 21-18(a) 所示的结构中，当模具使用一段时间后刃磨时，模具的轴向尺寸 h 发生变化，故设计不合理；采用图 21-18(b) 所示的结构，A 面刃磨时，B 面同样磨去相应的尺寸，轴向尺寸 h 不变。

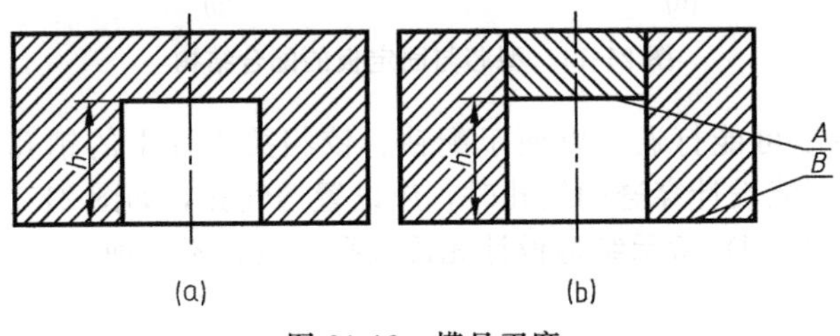

图 21-18　模具刃磨

② 在图 21-19(a) 所示的结构中，凸模从顶部压入后，维修时不易取出，改用图 21-19(b) 所示的结构后，凸模可方便地从下部顶出；在图 21-19(c) 所示结构中，固定凸模的螺钉从下部拧入，维修时不方便，改用图 21-19(d) 所示结构后，螺钉从上部拧入，操作比较方便。

③ 对于形状复杂的镶拼结构模具，在考虑分块时，应将其不规则的形状变成规则或比较规则的形状，将其强弱、易磨损的个别凸出或凹入部分单独做成一块，以便于维修、更换及调整，如图 21-20 所示。

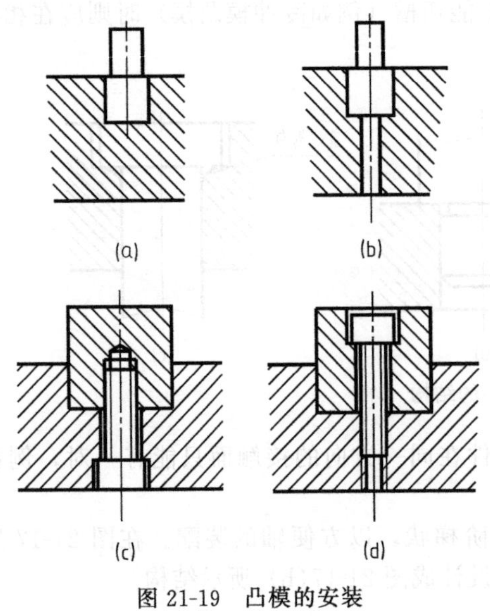

图 21-19　凸模的安装

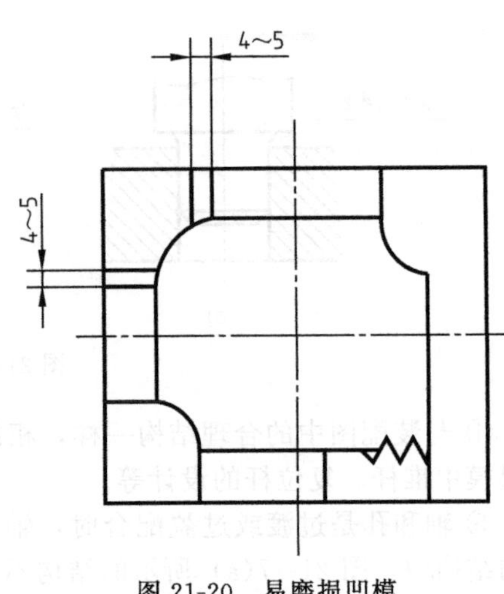

图 21-20　易磨损凹模

21.3 模具零件图

21.3.1 模具零件图画法

模具零件图是模具零件加工的唯一依据，它应包括制造和检验零件的全部内容。目前大部分模具零件已标准化，标准模具不需绘制零件图。非标准模具需绘制零件图，并标注全部尺寸、公差、表面粗糙度、材料及热处理、技术要求等。有些标准模具，如上、下模座，若需要补充加工的结构较多时，也要求画出零件图，并标注加工部位的尺寸及其公差。模具零件图的具体画法如下：

① 合理的表达方案。所选的视图应充分而准确地表达零件内部和外部的结构形状，而且表达方案尽可能简洁明了；两个相互对称的模具零件，一般应分别绘制图样；如果绘制在一张图样上，必须标注两个图样代号；模具零件整体加工、分切后成对或成组使用的零件，只要分切后各部分形状相同，则视为一个零件，编一个图样代号，绘制在一张图样上，有利于加工和管理；模具零件整体加工、分切后尺寸不同的零件，也可绘在一张图样上，但应用引出线标明不同的代号，并用表格列出代号、数量及质量。

② 具备制造和检验零件的尺寸。零件图中的尺寸是制造和检验零件的依据，故应正确、完整、合理地标注。在标注尺寸前，应研究零件的加工和检测的工艺过程，正确选定尺寸的基准面，做到设计、加工、检验基准统一，避免基准不重合造成的误差。零件图的方位应尽量按其在装配图中的方位画出，以防画错，影响装配。

③ 标注加工尺寸公差及表面粗糙度。所有的配合尺寸或精度要求较高的尺寸都应标注公差，未注尺寸公差按 IT4 级制造。模具的工作零件的工作部分尺寸按计算值标注；模具零件在装配后的加工尺寸应标注在装配图上，如必须在零件图上标注时，应在有关的尺寸近旁注明“配作”、“装配后加工”等字样或在技术要求中说明；因装配需要留有一定的装配余量时，可在零件图上标注出装配链补偿量及装配后所要求的配合尺寸、公差和表面粗糙度等；所有的加工表面都应注明表面粗糙度。

④ 技术要求。对材质的要求，如热处理方法及热处理表面所应达到的硬度等；表面处理，表面涂层以及表面修饰等要求，如锐边倒钝、清砂等；未注倒圆半径的说明，其他工艺结构的加工要求；其他特殊要求。

21.3.2 模具零件图识读

识读模具零件图的目的是为了了解零件图所表达的全部信息。一方面要读懂零件的结构形状；另一方面要读懂零件的尺寸和技术要求，为零件的生产做工艺准备。读模具零件图的技巧和步骤如下：

① 读标题栏。了解零件的名称、材料、比例等基本信息，初步了解零件及其用途。

② 分析视图。首先纵览全图，分析各视图的投影方向、对应关系、表达方法、剖切位置，通过分析零件图，想象出零件的轮廓形状。其次，根据视图的投影规律，找出零件上各特征对应关系，想象出零件的结构形状。

③ 分析尺寸。在了解了零件的结构形状的基础上，读出零件的轮廓尺寸，再结合每部分标注的尺寸读懂各结构的定形尺寸和定位尺寸。

④ 分析技术要求。主要分析零件的各项公差要求、表面粗糙度、热处理要求以及特殊加工要求等，得出零件的加工、检验等质量指标。

⑤ 归纳总结。对上述分析得出的结论加以整理，从而全面地了解零件。

21.3.3 模具零件图实例

所示垫片凹模零件图。

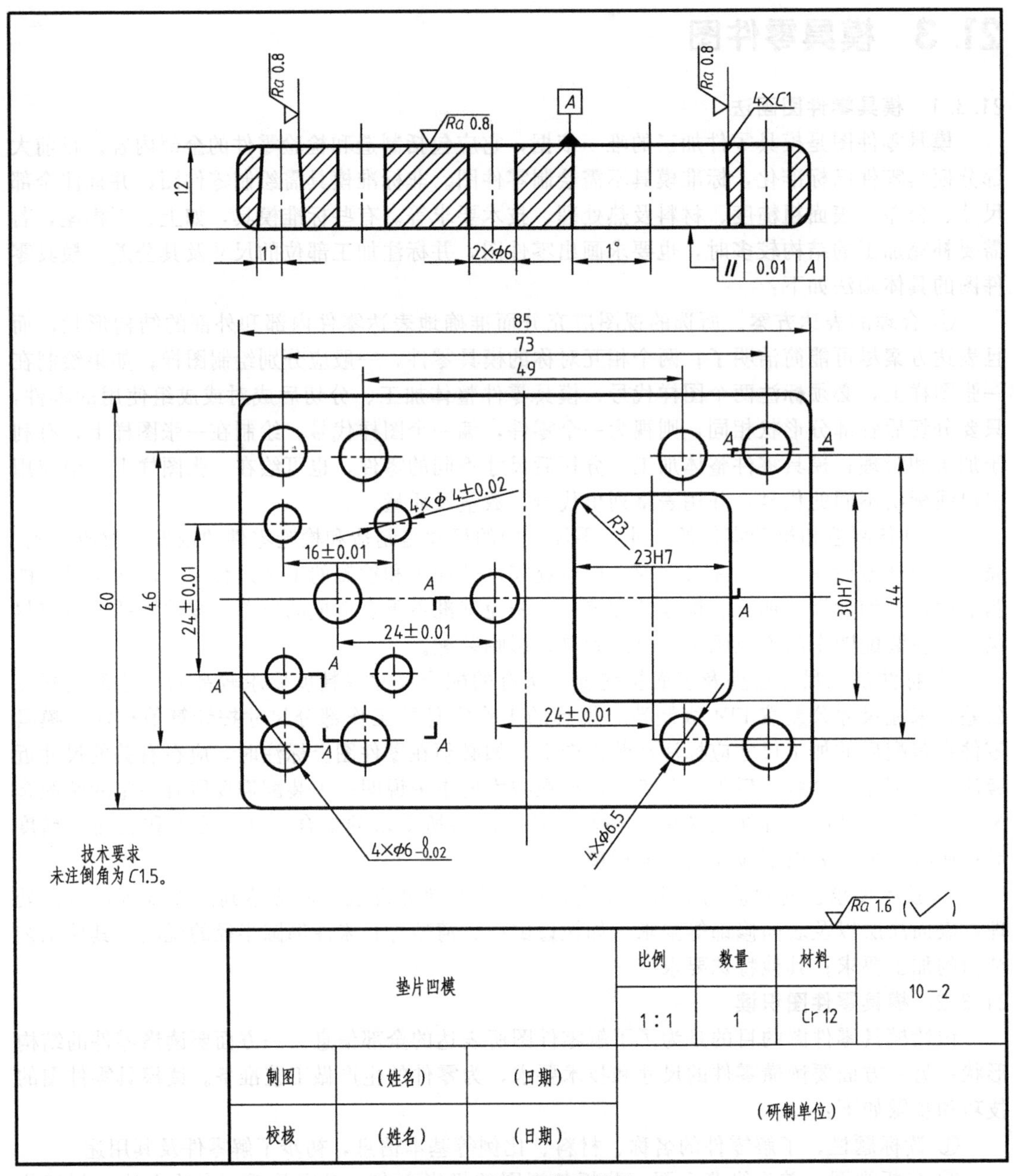

图 21-21 垫片凹模零件图

见图 21-21，分析如下：

① 从标题栏中可以看出，该零件的名称是垫片凹模，材料是 Cr12，图样的比例是 1∶1，数量 1 个，零件图图号为 10-2 号。

② 分析视图。在零件表达方案中采用两个视图，零件的轮廓外形为四周有圆角的长方体，其中主视图为阶梯剖视图，其剖切位置见俯视图中的标注。

根据三视图的投影规律，结合主、俯两个视图，可以看出零件内有一大四小凹模刃口和若干个圆孔。一大四小凹模刃口从主视图上看斜度为 1°，大凹模刃口在俯视图中线右侧，外形为一个有圆角的长方形，四个小凹模刃口为圆形，并且结构相同。

零件四周有两组尺寸各为 $\phi6$、$\phi6.5$ 的四个圆孔，从俯视图上看，这两组圆孔的两端都有倒角；零件中间横线上有两个尺寸均为 $\phi6$ 的圆孔。从主视图上观察，这些孔都是通孔。

③ 分析尺寸。零件的定形尺寸有外侧轮廓线尺寸 85、60、12，倒圆 $R1.5$；孔的尺寸 $\phi6$、$\phi6$、$\phi6.5$；凹模圆孔刃口尺寸为 $\phi4$。

定位尺寸有 46、44、73、49、16、24。

④ 分析技术要求。主要分析尺寸公差、形位公差、表面粗糙度以及文字说明等。

尺寸公差。在图样中，刃口尺寸 $\phi4\pm0.02$ 是为了保证与凸模尺寸配合而标注的，所以精度较高；同样定位尺寸 24 ± 0.01 和 16 ± 0.01，是为了保证四个小凹模刃口之间的位置而定的公差，也具有很高的精度。在图中带有公差的尺寸都是为了保证零件的精度而设计的，都有很高的精度要求，所以在制造时必须保证。

形位公差：图中 | // | 0.01 | A | 的含义是零件的下表面与上表面的平行度误差不大于 0.01。

表面粗糙度：零件加工完成后，除凹模刃口和凹模上表面粗糙度为 MRR $Ra0.8$ 外，其余各表面粗糙度均为 MRR $Ra1.6$。

文字说明。在零件图技术要求中，对在视图上未注的要求进行了补充说明：未注的倒角为 $C1.5$。

⑤ 总结归纳。通过分析，深刻地理解了凹模的结构形状、尺寸要求、技术要求等，为加工和检验零件奠定了基础。凹模的结构形状见图 21-22。

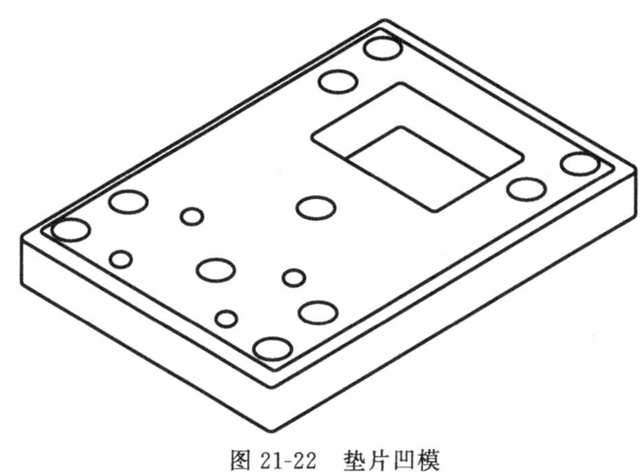

图 21-22　垫片凹模

【例 21-2】 隔套凹模零件图。

如图 21-23，分析如下：

① 从标题栏中可以看出，该零件的名称是隔套凹模，材料是 Cr12，图样的比例是 1∶1，数量 1 个，零件图图号为 10-6 号。

② 分析视图。零件图采用了两个视图表达，其中主视图为旋转剖视图，其剖切位置见俯视图中的标注，隔套凹模为盘形零件。

根据三视图的投影规律，结合主、俯两个视图，可以看出零件中心有一个轮廓封闭的凹模刃口，刃口中两组形状不同的凹槽均匀分布。

③ 分析尺寸。零件的总体尺寸为 $\phi160$ 和 27；$\phi130$ 是螺纹孔和圆柱孔的定位尺寸。

④ 分析技术要求。主要分析尺寸公差、表面粗糙度以及文字说明等。

尺寸公差。在图样中，刃口尺寸因精度要求高，所以各尺寸都标有极限偏差。

表面粗糙度。零件加工完成后，凹模刃口和凹模上下表面粗糙度为 MRR $Ra0.8$，圆柱孔的表面粗糙度为 MRR $Ra1.6$，其余各表面粗糙度均为 MRR $Ra6.3$。

文字说明。在零件图技术要求中，对在视图上未注的要求进行了补充说明：外形棱边及螺纹孔、销孔倒角 $C1.5$；热处理，淬火 60-64HRC。

⑤ 总结归纳。隔套凹模为圆柱形，直通式刃口，有利于采用线切割加工。保证凹模质量的关键是：除注重加工，保证冲件质量要求和装配外，还应着重注意坯件的锻造和热处理质量。选用 Cr12 材料，凹模变形小，耐用度高。

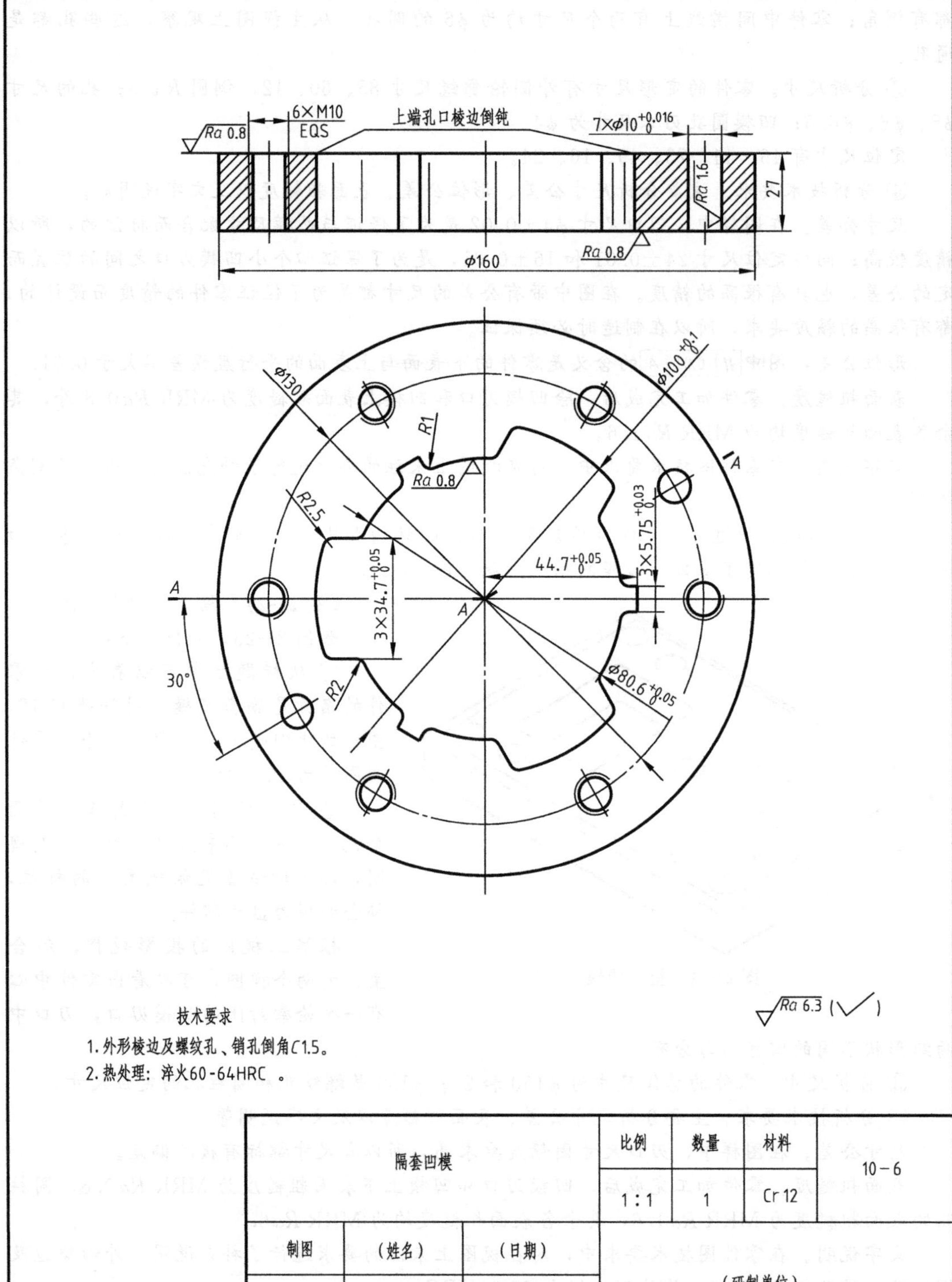
6×M10
EQS
上端孔口棱边倒钝
7×φ10+0.016 0
Ra 0.8
Ra 1.6
27
Ra 0.8
φ160
φ130
φ100+0.1 0
R1
Ra 0.8
A
R2.5
3×5.75+0.03 0
44.7+0.05 0
3×34.7+0.05 0
A
A
φ80.6+0.05 0
R2
30°
Ra 6.3 (√)
技术要求
1.外形棱边及螺纹孔、销孔倒角C1.5。
2.热处理：淬火60-64HRC 。
隔套凹模
比例
数量
材料
1∶1
1
Cr12
10-6
制图
(姓名)
(日期)
校核
(姓名)
(日期)
(研制单位)

图 21-23 隔套凹模

21.4 模具装配图

21.4.1 模具装配图画法

装配图是根据模具结构草图绘制的，装配图应能清楚地表达各零件之间的相互关系。在装配图中还应画出工件图，填写明细表和提出技术要求等。模具装配图画法如下：

① 主视图应按照先里后外、由上而下的顺序绘制，即先绘制产品零件图，然后依次绘制凸模、凹模、模架零件等；主视图上尽可能将模具的所有零件画出，可采用全剖视或阶梯剖视等任何表达方法；模具工作位置一般按闭合状态画出，有些模具，如冷冲压模，可按接近闭合状态画出，也可按一半处于工作状态、另一半处于非工作状态画出。

② 在绘制俯视图时，将模具沿冲压或注射方向“打开”上（定）模，沿着冲压（或注射）方向分别从上往下看已打开的上（定）模和下（动）模；俯视图可只绘出下（动）模或上（定）模和下（动）模各半的视图；俯视图应按投影关系与主视图一一对应画出。

③ 在剖视图中剖切到凸模和顶块等旋转体时，其剖面不画剖面线；有时为了保证装配层次清晰，非旋转形的凸模也可不画剖面线。

④ 模具装配图中工件图的画法。工件图是经过模塑或冲压成型后所得到的冲压件或塑件图形，一般画在总图的右上角，并注明材料名称（或牌号）、厚度及必要的尺寸；工件图的比例一般与模具图上的一致，在特殊情况下可以缩小或放大。工件图的方向应与模塑成型方向或冲压方向一致，即与工件在模具中的位置一致，若在特殊情况下不一致时，必须用箭头注明模塑成型方向或冲压方向。

⑤ 冲压模具装配图中排样图的画法。若利用条料或带料进行冲压加工时，还应画出排样图；排样图一般画在工件图的下面，总图的右上角；排样图应包括排样方法、零件的冲裁过程、定距方式、材料利用率、步距、搭边、料宽及其公差，对有弯曲、卷边工序的零件要考虑材料的纤维方向；通常从排样图的剖切线上可以看出是单工序模还是级进模或复合模。

⑥ 模具装配图中尺寸的注法。模具闭合尺才、外形尺寸、特征尺寸（与成型设备配合的定位尺寸)、装配尺寸（安装在成型设备上螺钉孔中心距)、极限尺寸（活动零件移动起止点)。

⑦ 模具装配图中技术要求的注法。参照国家标准，正确地、恰如其分地拟定所设计模具的技术要求和必要的使用说明。模具装配图的技术要求一般应简要注明对该模具的要求、注意事项、技术条件。技术条件包括所选设备型号、模具闭合高度、模具打的印记、模具的装配要求以及冲裁模的模具间隙等。

⑧ 模具装配图中标题栏和明细栏的填写与机器或部件装配图的填写方法相同。

21.4.2 模具装配图识读

读模具装配图的目的：一是了解模具的工作原理；二是了解凸模、凹模以及模架各零件之间的装配关系；三是了解凸模、凹模以及模架各零件的主要结构形状；四是了解工件的主要形状和尺寸；五是有排样图的需要了解排样的情况。读法如下：

① 概括了解。总览全图，根据标题栏和明细栏读出装配图的基本信息，如装配图的名称、功用，零件的数目、名称及其在装配图中的大致位置等。

② 分析视图。分析装配图所采用的表达方案；分析各视图之间的相互关系；分析各视图表达的重点内容。

③ 分析工作原理和配合关系。首先根据视图所表达的内容和技术要求等信息分析其运动方式，根据运动方式分析部件或机器的工作原理。其次，根据视图的投影规律，从主视图开始，结合其他视图分析零件的配合关系以及零件之间的连接方式。

④ 分析零件形状。通过上述步骤，在了解了零件的作用及零件之间的相对位置的基础上，再根据明细栏一一找出零件的位置，想象出零件的形状。

⑤ 分析排样。分析排样图，了解排样的方法、零件的冲裁过程、定距方式、材料利用率、步距、搭边、料宽及其公差。

⑥ 分析工件图。了解工件的主要形状和尺寸。

⑦ 总结归纳。完成上述分析后，进一步研究装配图，分清零件的装拆顺序和工作状态，从而深入地了解模具。

21.4.3 模具装配图实例

【例 21-3】 切边模具装配图

见图 21-24，分析如下：

① 概括了解。这是一套冲切精锻坯件非圆成型外飞边的切边模。

② 分析视图。该装配图共包括四个视图。其中，采用两个视图表达切边模具，主视图采用了复合剖，即在全剖视中又作了局部剖。另外两个视图表达冲压工件。

③ 分析工作原理和配合关系。边切模由12种不同的零部件组成，凹模与机架由圆柱销定位，并由圆柱头内六角螺钉连接固定。垫板、固定板与机架由圆柱销定位，并由圆柱头内六角螺钉连接固定。凸模和垫板是由圆柱头内六角螺钉连接固定。

冲件为非圆外形锻坯，需冲切成型件。所以，直接用成型件放入凹槽型孔定位。冲切时，凹模孔内不能存留冲件，以免影响下一个坯件放入定位。因此，模具设计和制作时应考虑凸模有足够的工作长度。

套在凸模上的废料，依靠三把废料切刀，从凸起的三个部位中间切开实现卸料。废料切刀在任何时候刃口距凹模大端面 3 个以上飞边厚度。

④ 分析工件图。这个工件是换挡同步内环，材料为铜合金锻坯；工件凸边与圆外廓的圆角半径 $R0.5$，宽度 $7.8^{+0.2}_{0}$；凸边顶部圆的直径 $\phi58.6^{+0.4}_{0}$；凸边根部圆的直径 $\phi51.5^{+0.4}_{0}$。

⑤ 切边模的拆卸顺序：中间导柱模架 1→垫板 8→废料切刀 3→固定板 10→带台冲头把 6→凹模 12。

【例 21-4】 弯曲模具装配图

见图 21-25，分析如下：

① 概括了解。总览全图，根据标题栏和明细栏读出装配图的基本信息：这是一套首次弯曲成深“U”形的弯曲模，共由 14 种不同的零件组成。

② 分析视图。在表达方案中共采用了三个视图，其中主视图和俯视图用来表达弯曲模，主视图采用了局部剖，主要用来表达弯曲模的工作原理以及凹模、凸模和模架各零件之间的装配关系，俯视图主要用来表达凹模及其以下的模架；另外一个视图用来表达冲件工序图。

③ 分析工作原理和配合关系。凹模、凸模和模架各零件之间由圆柱头内六角螺钉连接。冲件利用中间长圆孔套在定位钉 6 上定位，宽度方向还受到定位侧板 13 的控制，不易产生歪斜。组合式凹模 4 便于加工、修配，不受热处理变形的影响。利用底座 14 两侧的台阶和限位板 11 拉进，提高了组合凹模 4 抵抗外移的能力。下模弹压推料，保证有足够的压缩距离，让推件板 7 停留在组合凹模 4 的孔口，便于安放坯件。

④ 分析工件图。这个工件是互锁板，材料 20 号钢板。内圆角 $R3$，侧板内面距 30.1 ± 0.15mm，弯曲后两侧板的高度差小于 0.15mm。

⑤ 弯曲模的拆卸顺序：上模板 1→凸模 3→限位板 11→定位侧板 13→组合凹模 4→螺丝塞 9→圆钢丝弹簧 8→定位钉 6→推件板 7。

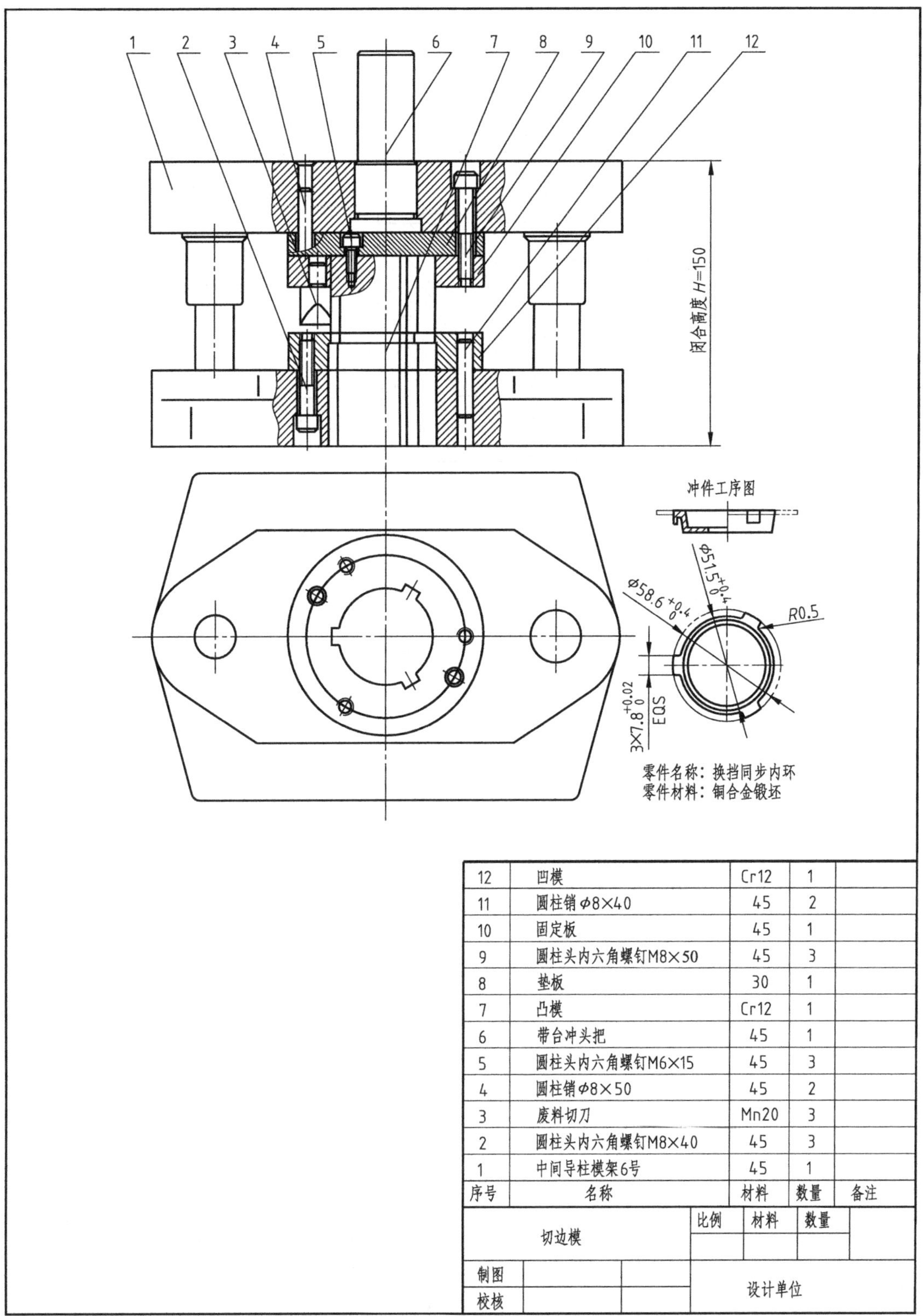

序号	名称	材料	数量	备注
12	凹模	Cr12	1	
11	圆柱销 Φ8×40	45	2	
10	固定板	45	1	
9	圆柱头内六角螺钉M8×50	45	3	
8	垫板	30	1	
7	凸模	Cr12	1	
6	带台冲头把	45	1	
5	圆柱头内六角螺钉M6×15	45	3	
4	圆柱销 Φ8×50	45	2	
3	废料切刀	Mn20	3	
2	圆柱头内六角螺钉M8×40	45	3	
1	中间导柱模架6号	45	1	

切边模	比例	材料	数量
制图		设计单位	
校核			

图 21-24　切边模具装配图

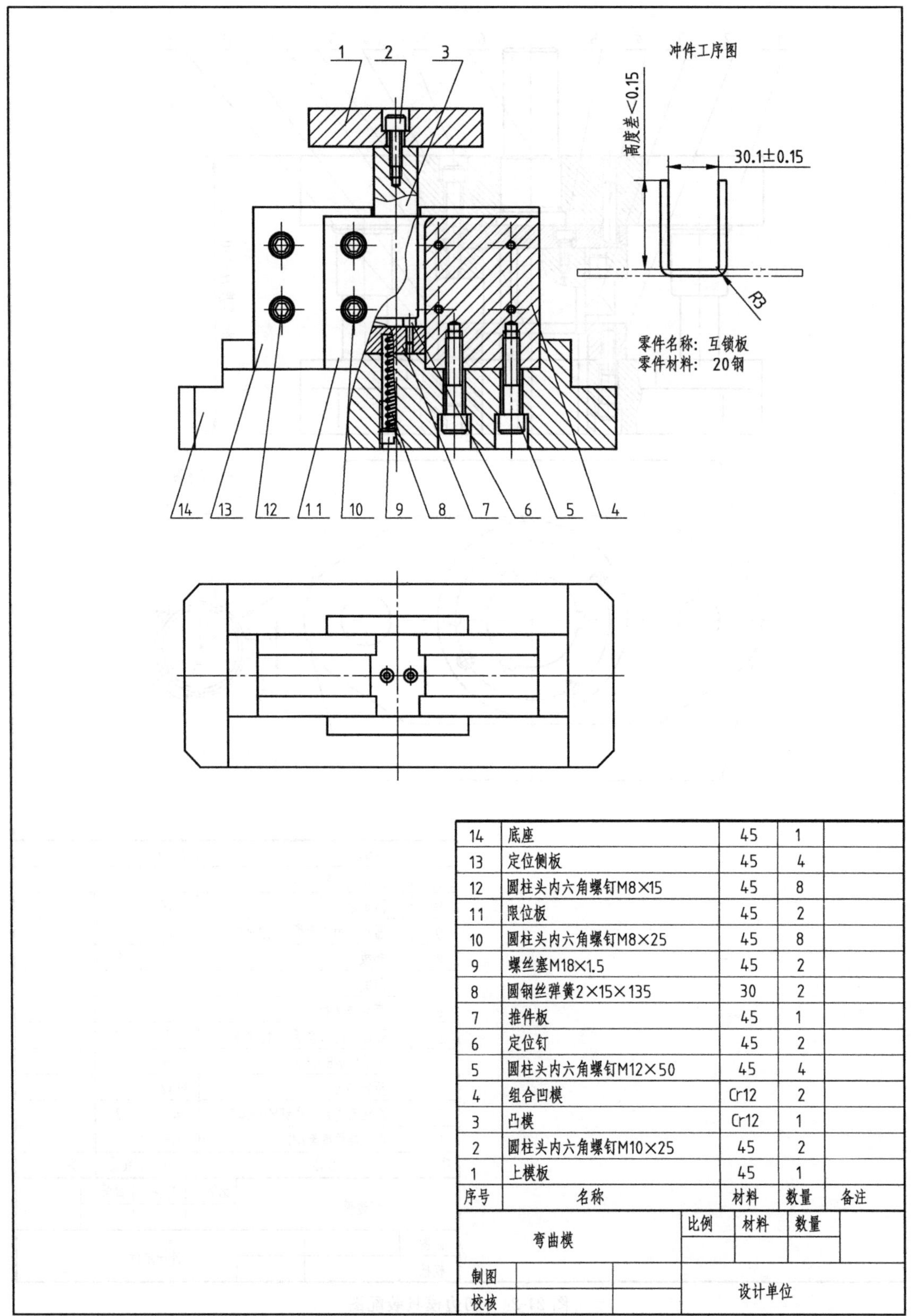

14	底座	45	1	
13	定位侧板	45	4	
12	圆柱头内六角螺钉M8×15	45	8	
11	限位板	45	2	
10	圆柱头内六角螺钉M8×25	45	8	
9	螺丝塞M18×1.5	45	2	
8	圆钢丝弹簧2×15×135	30	2	
7	推件板	45	1	
6	定位钉	45	2	
5	圆柱头内六角螺钉M12×50	45	4	
4	组合凹模	Cr12	2	
3	凸模	Cr12	1	
2	圆柱头内六角螺钉M10×25	45	2	
1	上模板	45	1	
序号	名称	材料	数量	备注

弯曲模	比例	材料	数量
制图	设计单位		
校核			

图 21-25 弯曲模装配图

第 22 章　工序简图

机械加工工艺定位、夹紧和装置符号摘自 JB/T 5061—2006《机械加工定位、夹紧符号》。定位、夹紧和装置符号的使用说明：在专用工艺装备设计任务书中，一般用定位、夹紧符号标注；在工艺规程中一般使用装置符号标注；在上述两种情况中，允许仅用一种符号标注或两种符号混合标注；尽可能用最少的视图标全定位、夹紧或装置符号；夹紧符号的标注方向应与夹紧力的实际方向一致；当仅用符号表示不明确时，可用文字补充说明。

22.1 定位、夹紧及其装置符号的画法

见图 22-1，定位支承符号与辅助支承符号的画法：定位支承符号与辅助支承符号的线型宽度是视图中粗实线宽度的三分之一，即 $d/3$；符号高度 h 应是工艺图中数字高度的 1～1.5 倍；活动式定位支承符号和辅助支承符号内的波纹形状不作具体规定；基本符号间的连线长度可根据工序图中的位置确定，连线允许画成折线；定位支承符号与辅助支承符号允许标注在视图轮廓的延长线上，或面投影的引出线上；未剖切的中心孔引出线应由轴线与端面的交点开始引出；在工件的一个定位面上布置两个以上的定位点，且对每个点的位置无特定要求时，允许用定位符号右边加数字的方法表示，不必将每个定位点的符号都画出，符号右边数字的高度应与符号的高度 h 一致。

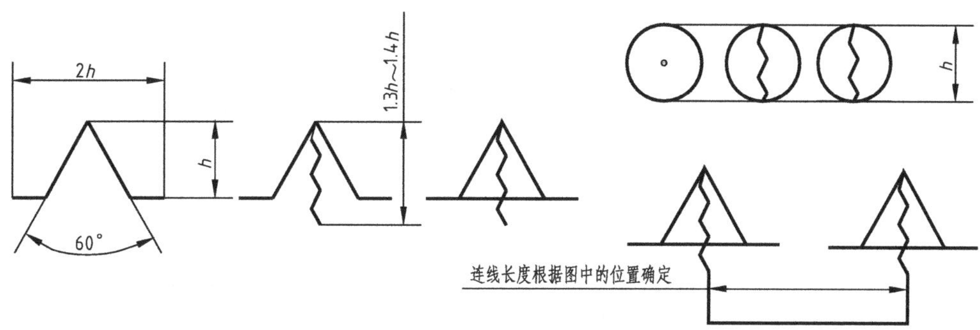

图 22-1　定位符号与辅助支承符号的画法

见图 22-2，夹紧符号画法：夹紧符号的尺寸应根据工艺图的大小与位置确定；夹紧符号的线型宽度为 $d/3$；联动夹紧符号的连线长度应根据工艺图中的位置确定，允许连线画成折线。装置符号的画法：装置符号的大小应根据工艺图中的位置确定；装置符号的线型宽度为 $d/3$。

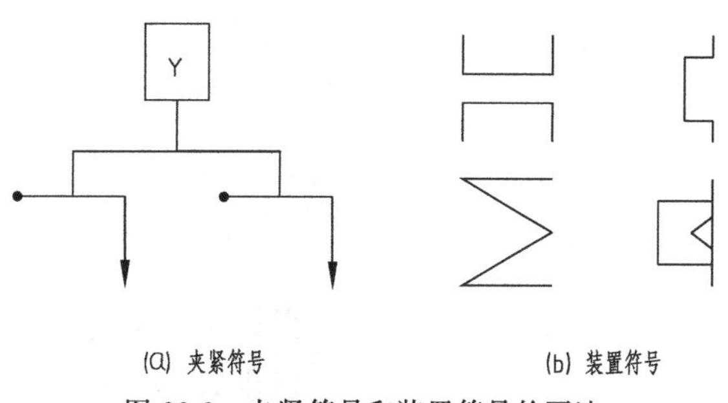

图 22-2　夹紧符号和装置符号的画法

22.2 定位、夹紧和常用装置符号

定位、夹紧符号见表22-1。常用装置符号见表22-2。

表22-1 定位、夹紧符号

分类 \ 标注位置		独立		联动	
		标注在视图轮廓线上	标注在视图正面上	标注在视图轮廓线上	标注在视图正面上
定位支撑符号	固定式				
	活动式				
辅助支撑符号					
机械夹紧					
液压夹紧		Y	Y	Y	Y
气动夹紧		Q	Q	Q	Q
电磁夹紧		D	D	D	D

表22-2 常用装置符号

序号	符号	名称	装置简图	序号	符号	名称	装置简图
1		固定顶尖		4		内拨顶尖	
2		内顶尖		5		外拨顶尖	
3		回转顶尖		6		浮动顶尖	

续表

序号	符　号	名称	装置简图	序号	符　号	名称	装置简图
7		伞形顶尖		18		止口盘	
8		圆柱心轴					
9		锥度心轴		19		拨杆	
10		螺纹心轴					
11		弹性心轴		20		垫铁	
		弹性夹头		21		压板	
12		三爪自定心卡盘		22		角铁	
13		四爪卡盘		23		可调支撑	
14		中心架		24	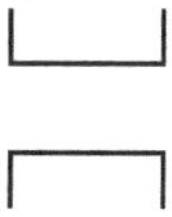	平口钳	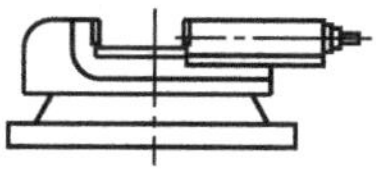
15		跟刀架		25		中心堵	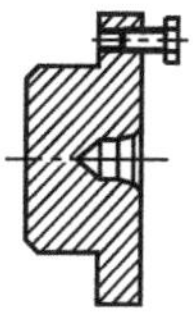
16		圆柱衬套		26		V形铁	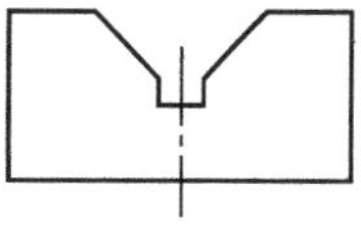
17		螺纹衬套		27		铁爪	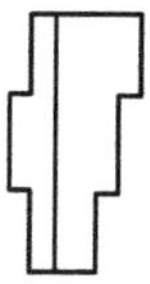

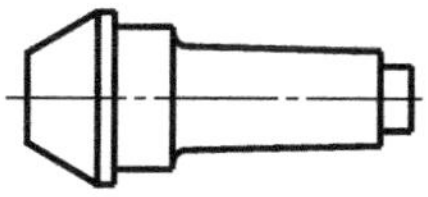

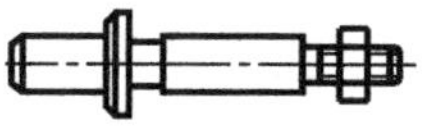

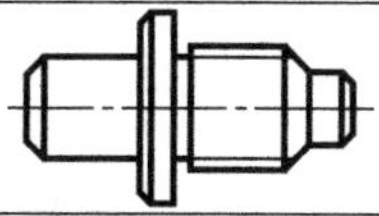

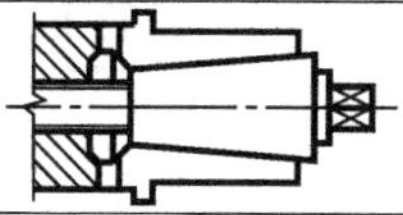

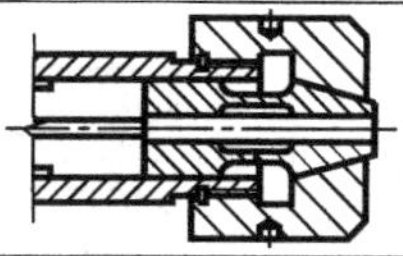

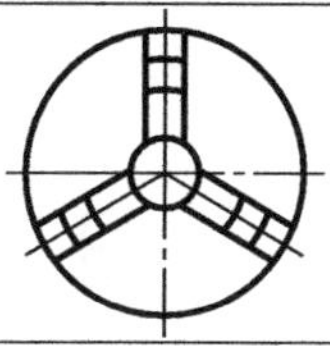

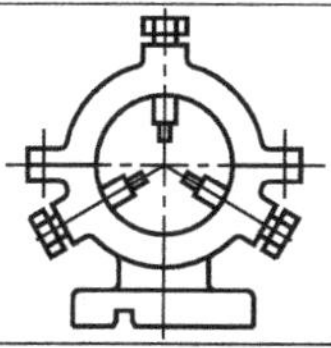

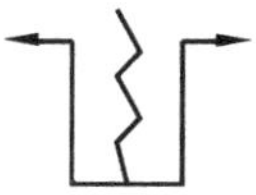

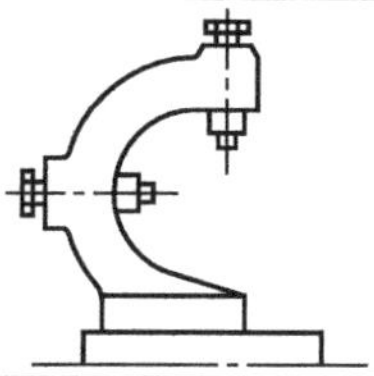

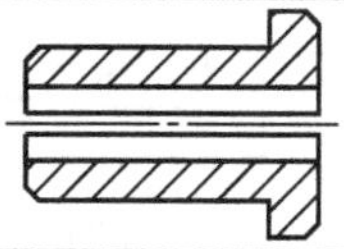

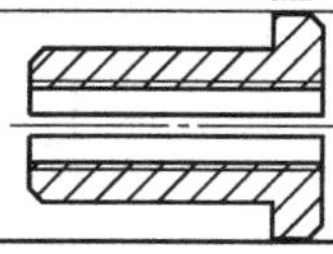

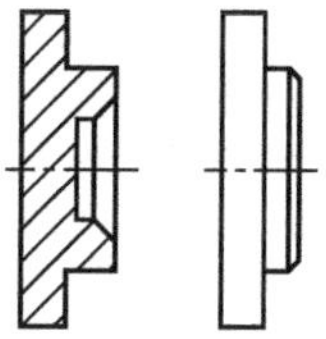

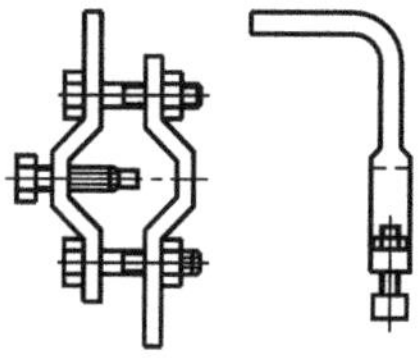

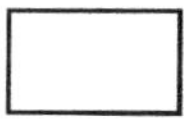

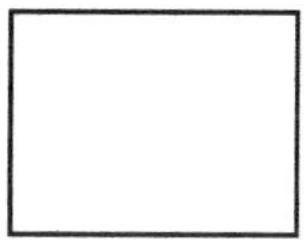

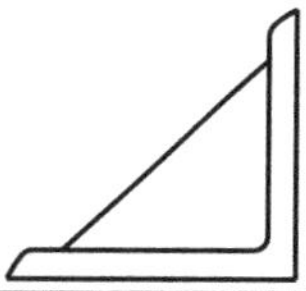

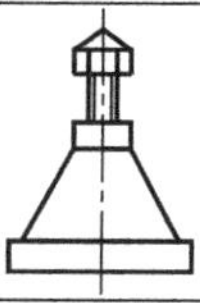

22.3 定位、夹紧符号与装置符号综合标注示例

定位、夹紧符号与装置符号综合标注示例见表 22-3。

表 22-3 定位、夹紧符号与装置符号综合标注示例

序号	说　明	定位、夹紧符号标注示意图	装置符号标注示意图	备　注
1	床头固定顶尖、床尾固定顶尖定位，拨杆夹紧	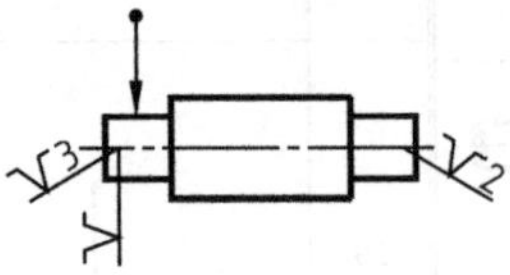	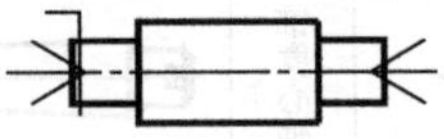	
2	床头固定顶尖、床尾浮动顶尖定位，拨杆夹紧	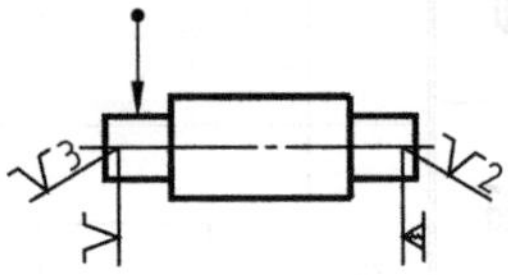		
3	床头内拨顶尖，床尾回转顶尖定位夹紧（轴类零件）	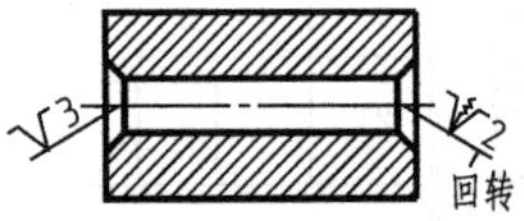 回转	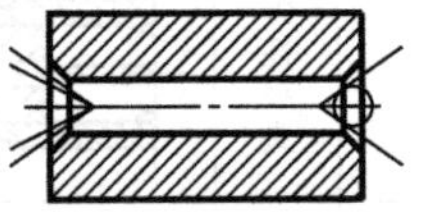	
4	床头外拨顶尖，床尾回转顶尖定位夹紧（轴类零件）	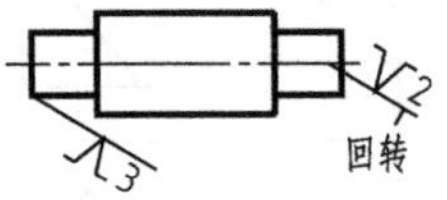 回转	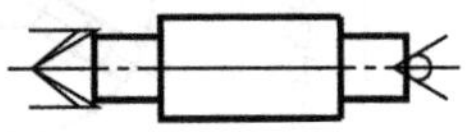	
5	床头弹簧夹头定位夹紧，夹头内带有轴向定位，床尾内顶尖定位（轴类零件）	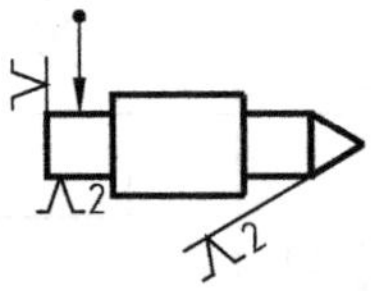	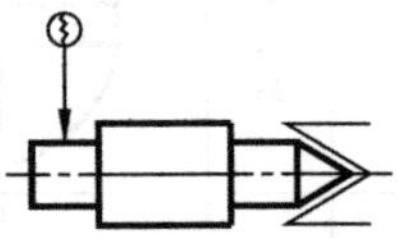	
6	床头弹簧夹头定位夹紧（套类零件）	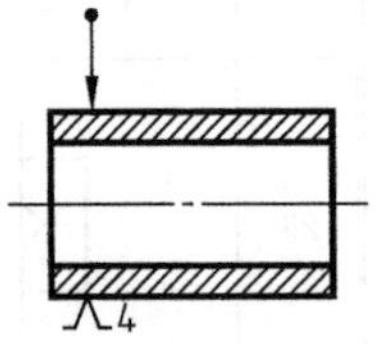	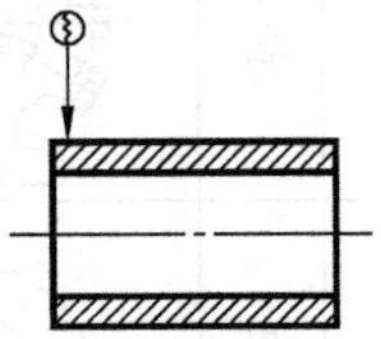	
7	液压弹簧夹头定位夹紧，夹头内带有轴向定位（套类零件）	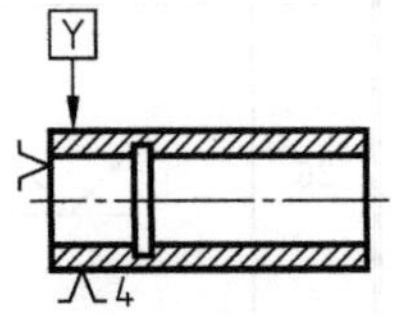 Y	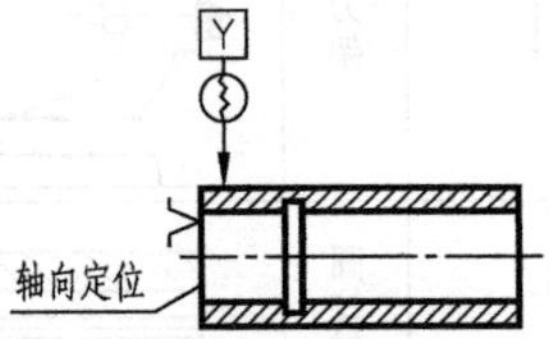 Y 轴向定位	轴向定位由一个定位点控制
8	弹性心轴定位夹紧（套类零件）	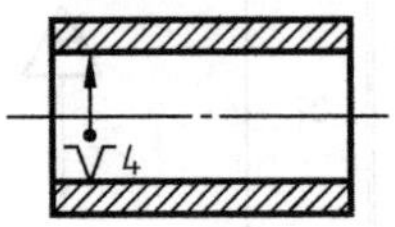	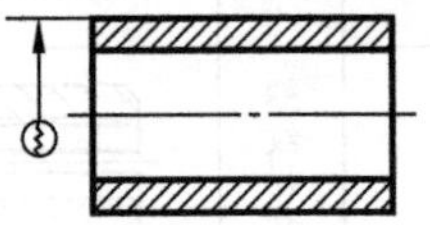	

续表

序号	说　明	定位、夹紧符号标注示意图	装置符号标注示意图	备　注
9	气动弹性心轴定位夹紧，带端面定位（套类零件）	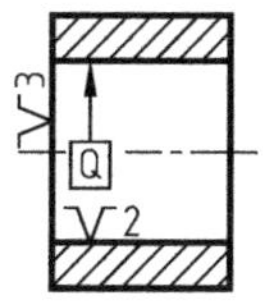	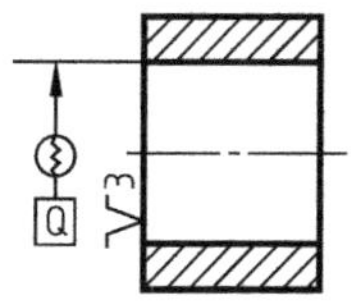	端面定位由三个定位点控制
10	锥度心轴定位夹紧（套类零件）	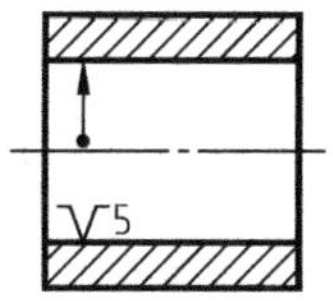	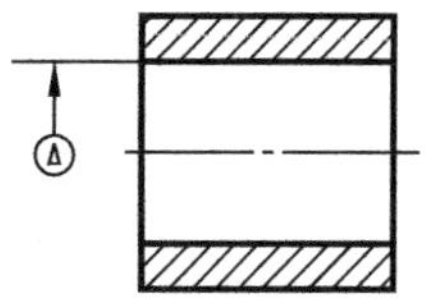	
11	圆柱心轴定位夹紧，带端面定位（套类零件）	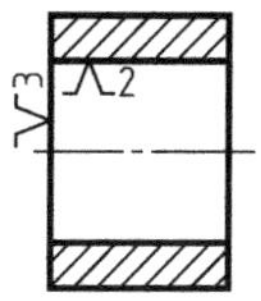	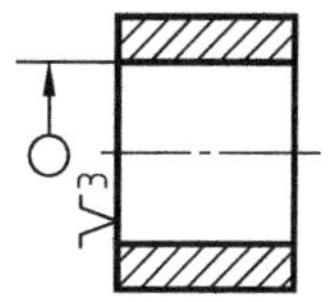	
12	三爪自定心卡盘定位夹紧（短轴类零件）	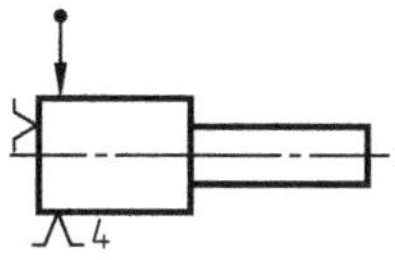	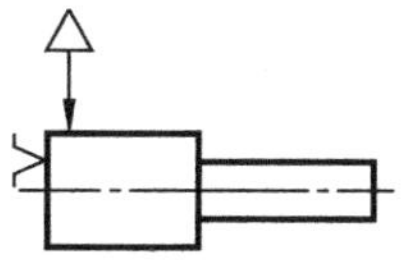	
13	液压三爪卡盘定位夹紧，带端面定位（盘类零件）	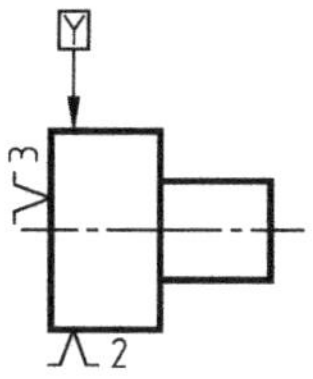	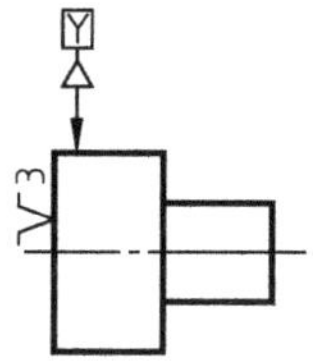	
14	四爪单动卡盘定位夹紧，带轴向定位（短轴类零件）	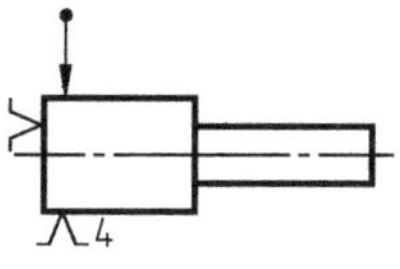	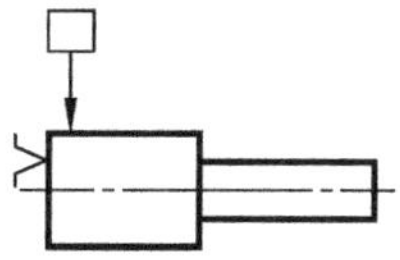	
15	四爪单动卡盘定位夹紧，带端面定位（盘类零件）	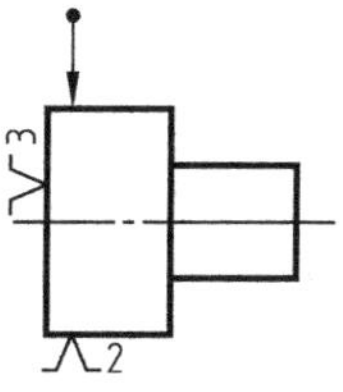	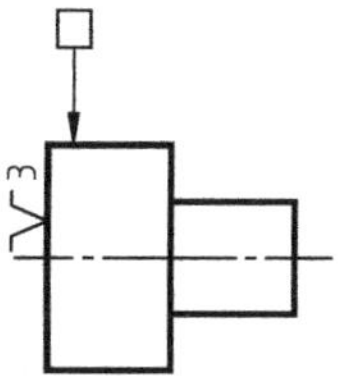	
16	床头固定顶尖，床尾浮动顶尖，中部有跟刀架辅助支撑定位，拨杆夹紧（细长轴类零件）	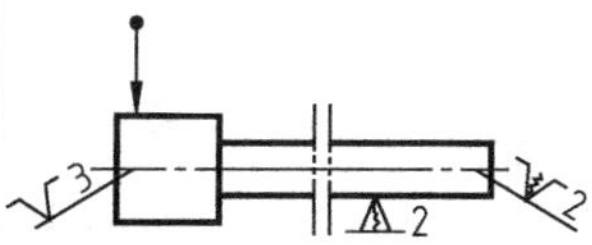	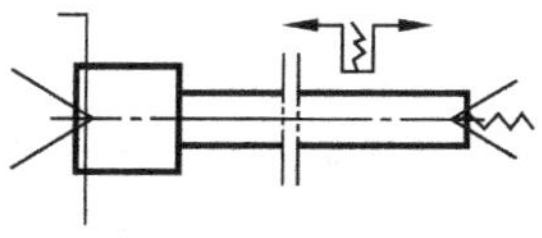	
17	床头三爪自定心卡盘定位夹紧，床尾中心架支撑定位（长轴类零件）	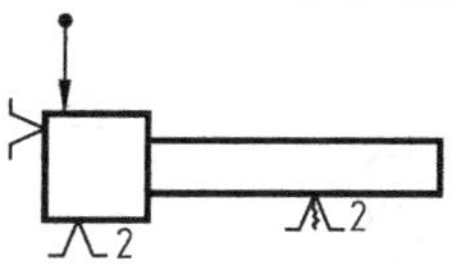	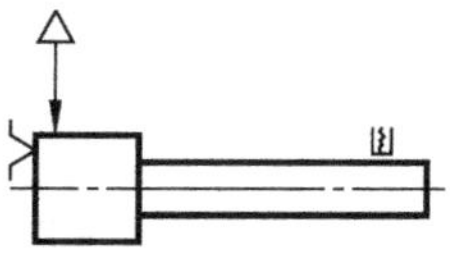	

续表

序号	说　明	定位、夹紧符号标注示意图	装置符号标注示意图	备　注
18	止口盘定位，螺栓压板夹紧	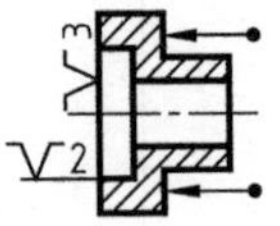	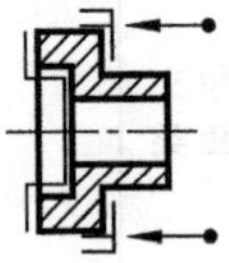	
19	止口盘定位，气动压板夹紧	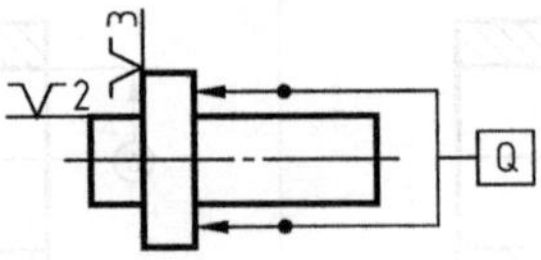	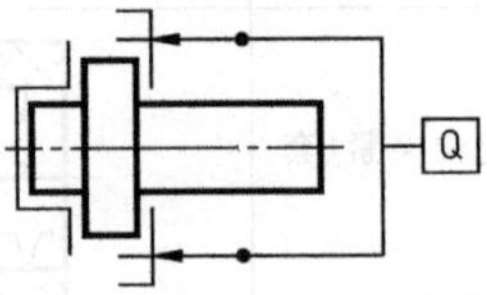	
20	螺纹心轴定位夹紧（环类零件）	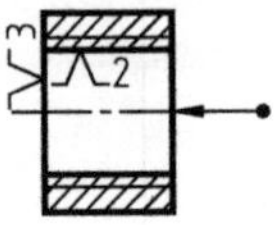	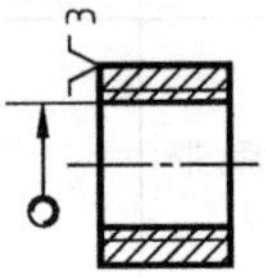	
21	圆柱衬套带有轴向定位，外用三爪自定心卡盘夹紧（轴类零件）	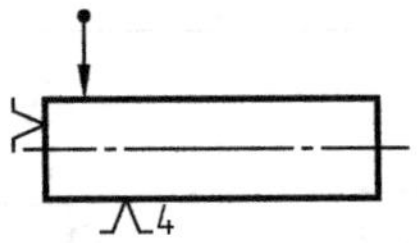	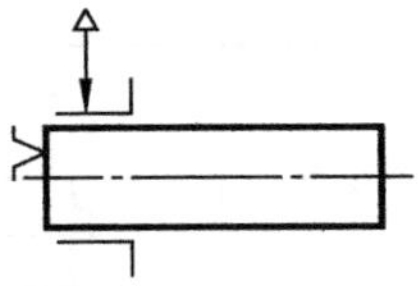	
22	螺纹衬套定位，外用三爪自定心卡盘夹紧	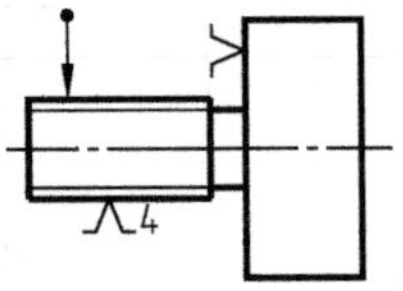	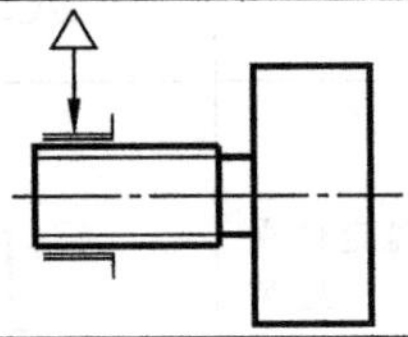	
23	平口钳定位夹紧	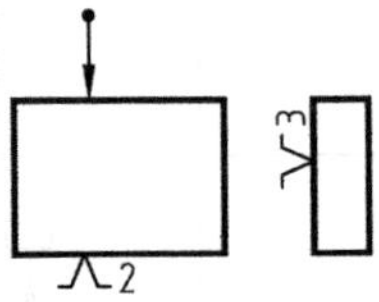	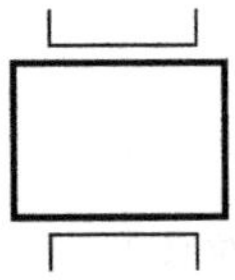	
24	电磁盘定位夹紧	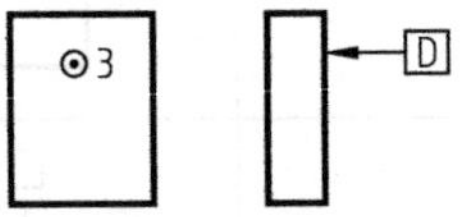		
25	铁爪定位夹紧（薄壁零件）	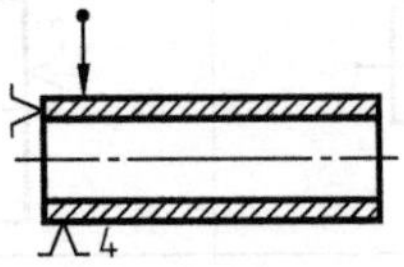	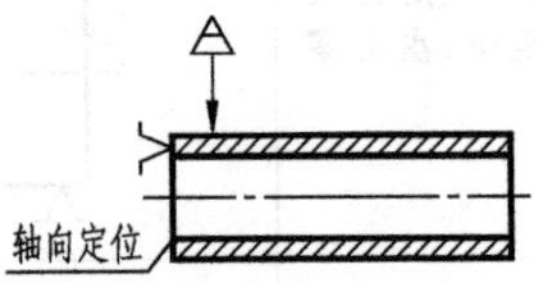 轴向定位	
26	床头伞形顶尖、床尾伞形顶尖定位，拨杆夹紧（筒类零件）	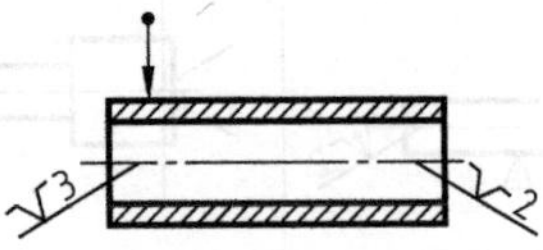	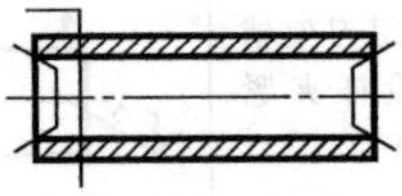	
27	床头中心堵，床尾中心堵定位，拨杆夹紧（筒类零件）	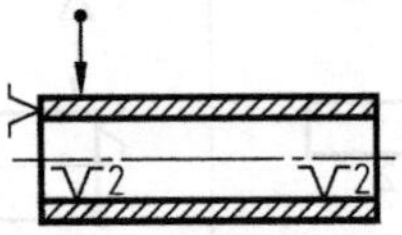	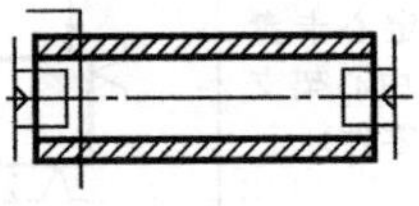	

续表

序号	说　明	定位、夹紧符号标注示意图	装置符号标注示意图	备　注
28	角铁及可调支撑定位，联动夹紧			
29	一端固定 V 形铁，工件平面垫铁定位，一端可调 V 形铁定位夹紧		可调	

22.4 工序简图实例

【例 22-1】 车床主轴钻深孔工序简图。

见图 22-3。加工设备：深孔钻床。定位夹紧：两端固定，两端机械夹紧。加工尺寸：通孔 $\phi 60$。加工质量要求：表面粗糙度轮廓算数偏差为 6.3。

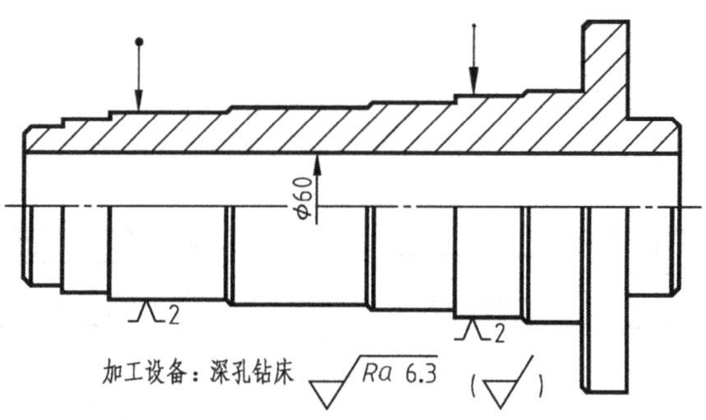

图 22-3　车床主轴钻深孔工序简图

见图 22-4。加工设备：花键铣床。定位夹紧：两端固定，左端轴向定位且机械夹紧。加工尺寸：花键宽度 16mm，花键高度 17mm。加工质量要求：花键两个侧面的表面粗糙度轮廓算数偏差为 1.6，其余为 3.2；键宽尺寸的上、下偏差分别为－0.06、－0.11；花键不等分累积误差和花键对定心直径中心线的偏移公差为 0.02mm；键侧对定心直径中心线的平行度公差为 0.02/100。

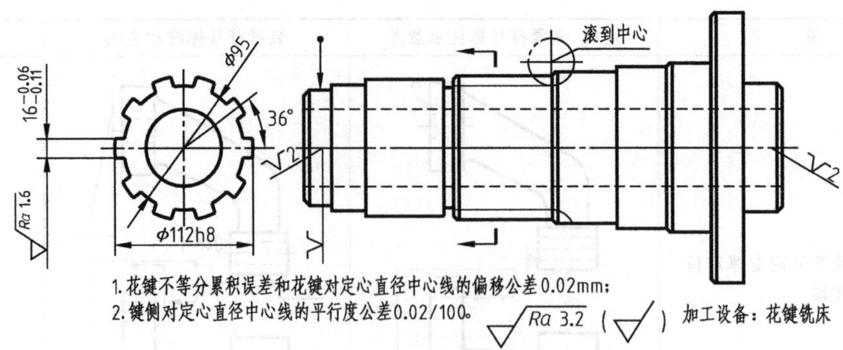

图 22-4　车床主轴粗精铣花键工序简图

【例 22-2】 连杆工序简图。

见图 22-5。加工设备：立式六轴组合机床。定位夹紧：连杆小头端上下固定，前后机械夹紧；连杆大头端下端固定；连杆前端面三点固定。加工尺寸：钻孔直径 $\phi27.7$。加工要求：标记朝上加工。

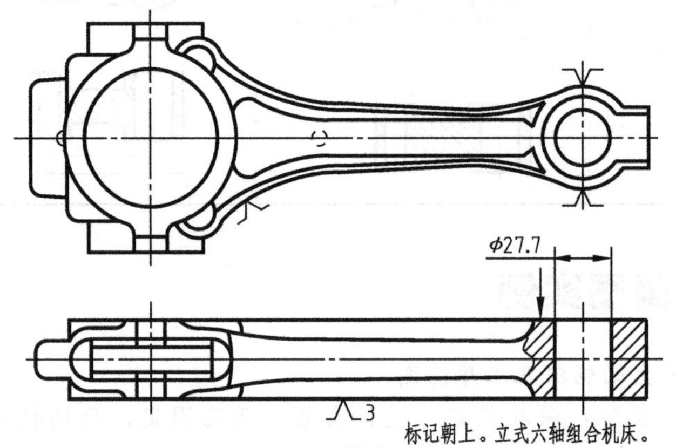

图 22-5　钻连杆小头孔工序简图

见图 22-6。加工设备：立式拉床。定位夹紧：连杆小头端径向固定；连杆前端面三点固定。加工尺寸：拉孔直径 $\phi28.8$。加工精度要求：孔的极限上偏差 $+0.033$，下偏差 0；表面粗糙度轮廓算数平均偏差 3.2；连杆小头孔轴线相对于前端面的垂直度为 $\phi0.15$。

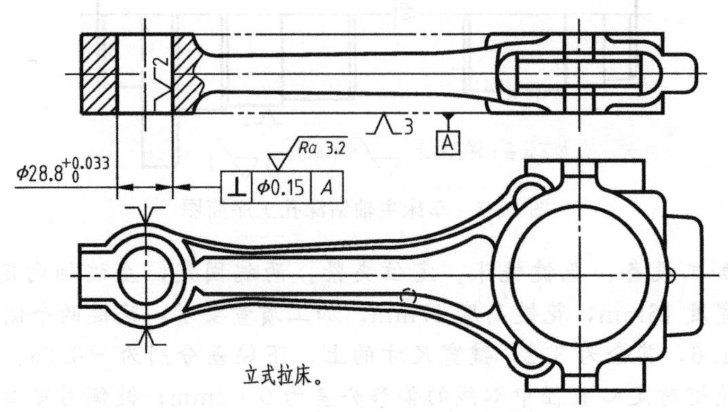

图 22-6　拉连杆小头孔工序简图

第 23 章　螺纹及螺纹紧固件

GB/T 4459.1—1995《机械制图　螺纹及螺纹紧固件表示法》规定了螺纹及螺纹紧固件的表示法。

23.1　螺纹

23.1.1　螺纹的基本知识

① 螺纹的形成。见图 23-1，当一个平面图形（如三角形、梯形、锯齿形等）绕着圆柱面做螺旋运动时，形成的圆柱螺旋体称为螺纹。

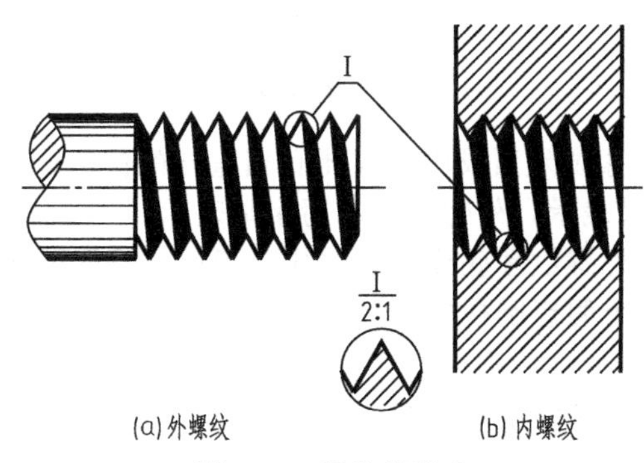

图 23-1　螺纹的形成

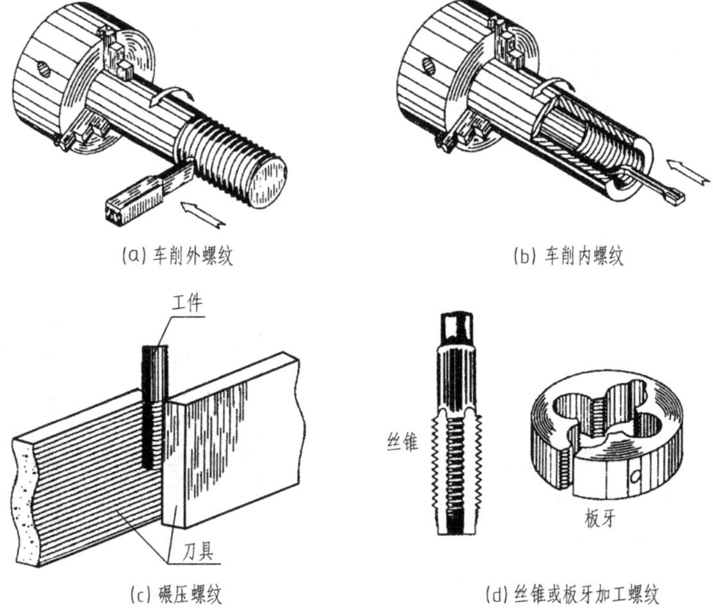

图 23-2　螺纹的加工

在圆柱外表面上形成的螺纹称外螺纹，见图 23-1(a)；在圆柱内表面上形成的螺纹称内螺纹，见图 23-1(b)。

② 螺纹的加工方法。螺纹的加工方法很多，可在车床上车削螺纹，可用碾压法挤压加工螺纹，也可用丝锥或板牙加工螺纹，见图 23-2 所示。

23.1.2 螺纹要素

① 螺纹牙型。在通过螺纹轴线剖面上的螺纹轮廓形状称为牙型。常见的牙型有三角形、梯形和锯齿形等。

② 螺纹直径。分大径、中径和小径，见图 23-3。

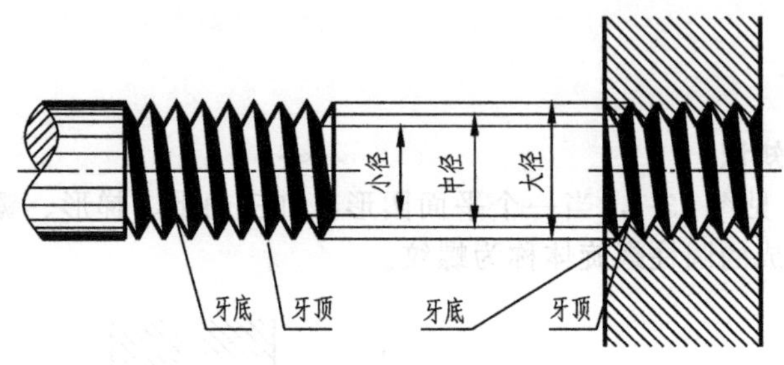

图 23-3 螺纹的直径

大径（D、d）是与外螺纹牙顶或内螺纹牙底相重合的假想圆柱面的直径。大径又称公称直径。内螺纹用大写字母表示，外螺纹用小写字母表示。

小径（D_1、d_1）是与外螺纹牙底或内螺纹牙顶相重合的假想圆柱面的直径。

中径（D_2、d_2）是一个假想圆柱的直径，该圆柱的母线通过牙型上沟槽和凸起宽度相等的地方，此假想圆柱的直径称为中径。

③ 线数（n）。是指形成螺纹的螺旋线的条数，螺纹有单线和多线之分，见图 23-4。

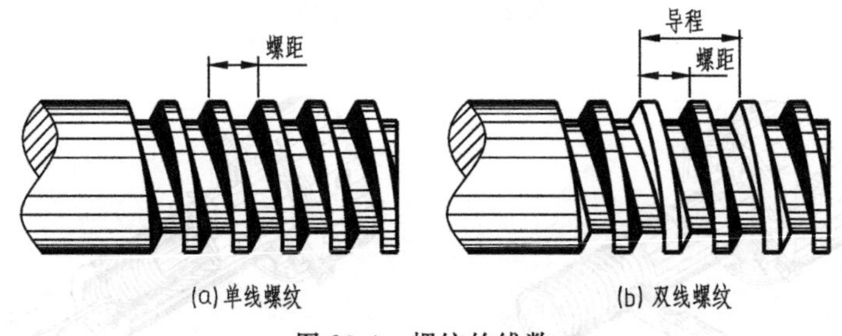

图 23-4 螺纹的线数

④ 螺距（P）。相邻两牙在中径线上对应两点的轴向距离，见图 23-4。

⑤ 导程（P_h）。同一条螺旋线上的相邻两牙在中径线上对应两点间的轴向距离，多线数的导程 $P_h = n \cdot P$，见图 23-4。

⑥ 旋向。螺旋线有左旋和右旋之分。按顺时针方向旋进的螺纹称为右旋螺纹，按逆时针方向旋进的螺纹称为左旋螺纹。竖立螺旋体，左边高即为左旋，右边高即为右旋，见图 23-5。

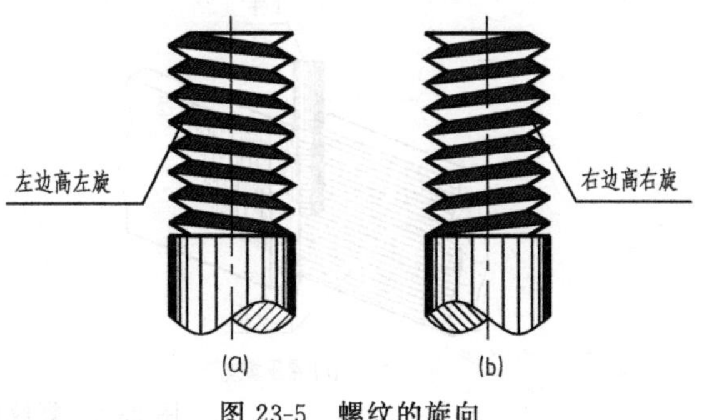

图 23-5 螺纹的旋向

23.1.3 螺纹种类

① 按螺纹要素是否标准分类。可分为标准螺纹、特殊螺纹、非标准螺纹。

标准螺纹：牙型、直径和螺距均符合国家标准的螺纹。

特殊螺纹：牙型符合国家标准，直径和螺距不符合国家标准的螺纹。

非标准螺纹：牙型不符合国家标准的螺纹。

② 按螺纹的用途分类。可以分为连接螺纹和传动螺纹，见表 23-1。

表 23-1　常用标准螺纹的分类、牙型及符号

螺纹分类			牙型及牙型角	特征代号	说　明
连接螺纹	普通螺纹	粗牙普通螺纹	60°	M	用于一般零件连接
连接螺纹	普通螺纹	细牙普通螺纹	60°	M	与粗牙螺纹大径相同时，螺距小，小径大，强度高，多用于精密零件，薄壁零件
连接螺纹	管螺纹	非螺纹密封的管螺纹	55°	G	用于非螺纹密封的低压管路的连接
连接螺纹	管螺纹	用螺纹密封的 圆锥外螺纹	55°	R	用于螺纹密封的中、高压管路的连接
连接螺纹	管螺纹	用螺纹密封的 圆锥内螺纹	55°	R_c	用于螺纹密封的中、高压管路的连接
连接螺纹	管螺纹	用螺纹密封的 圆柱内螺纹	55°	R_p	用于螺纹密封的中、高压管路的连接
传动螺纹		梯形螺纹	30°	T_r	可双向传递运动及动力，常用于承受双向力的丝杠传动
传动螺纹		锯齿形螺纹	3° 30°	B	只能传递单向动力

23.1.4 螺纹的规定画法

螺纹的牙型如果按照其实际形状的投影来画是十分繁杂的，同时也没有必要。对于标准件，可以按国家标准中的规定画法来表达，这样画图和读图都比较方便。

GB/T 4459.1—1995《机械制图　螺纹及螺纹紧固件表示法》规定了内、外螺纹及其连接的表示方法。

① 外螺纹的画法。螺纹的牙顶和螺纹终止线用粗实线表示，牙底用细实线表示，并画到倒角处。在垂直螺杆轴线投影的视图中，表示牙底的细实线圆只画约 3/4 圈，同时，表示倒角的粗实线圆省略不画，见图 23-6。

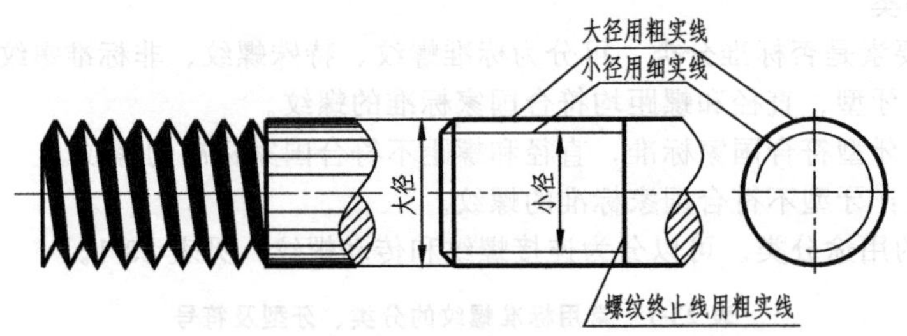

图 23-6 外螺纹画法

② 内螺纹的画法。在螺孔作剖视的图中，牙顶和螺纹终止线用粗实线表示，牙底为细实线。在垂直螺孔轴线的视图中，表示牙底的细实线圆只画约 3/4 圈，同时，表示倒角的粗实线圆省略不画，如图 23-7 所示。当螺纹不作剖视时，螺纹的所有图线均按虚线绘制，如图 23-8 所示。

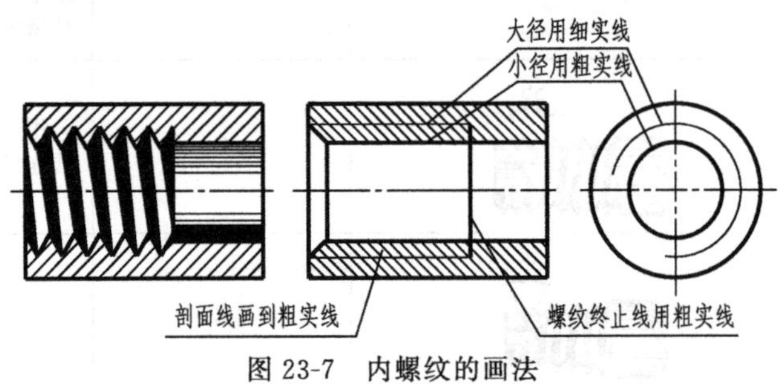

图 23-7 内螺纹的画法

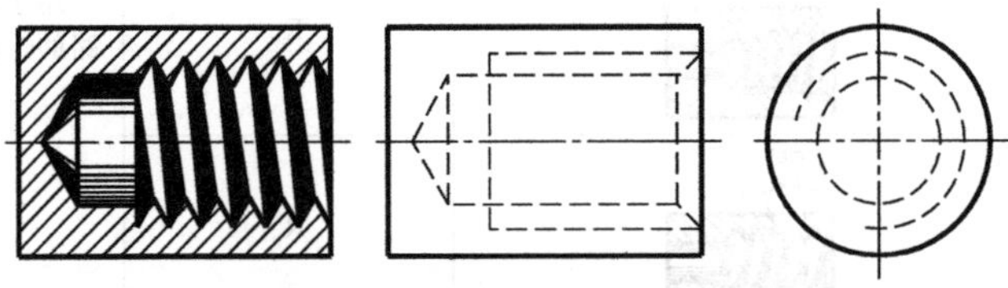
图 23-8 内螺纹未剖时的画法

③ 内、外螺纹的连接画法。在用剖视画法表示内、外螺纹的连接时，其旋合部分应按外螺纹的画法绘制，其余部分仍按各自的规定画法绘制，如图 23-9 所示。

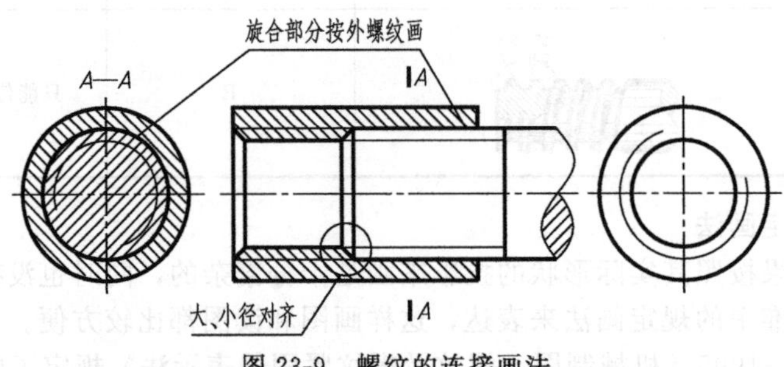

图 23-9 螺纹的连接画法

23.1.5 螺纹及螺纹副的规定标记及其标注

GB/T 4459.1—1995《机械制图 螺纹及螺纹紧固件表示法》规定了螺纹及螺纹副的规定标记及其标注方法。

① 螺纹的标记。螺纹的完整标记由螺纹代号、螺纹公差带代号和螺纹旋合长度代号三项内容组成。

普通螺纹中，粗牙普通螺纹的代号用字母“M”及“公称直径”表示，如 M10。细牙普通螺纹的代号用字母“M”及“公称直径×螺距”表示，如 M16×1.5。

螺纹的公差带代号包括中径公差带代号和顶径公差带代号，如果两者公差带代号相同，则只注一个公差带代号。如果两者不同，则需分别注出，前者为中径公差带代号，后者为顶径公差带代号。

螺纹的旋合长度代号有三种：长旋合长度（L）、中等旋合长度（N）、短旋合长度（S）。常用的中等旋合长度可以省略标注。

② 螺纹副的标记。装配图中应注出螺纹副的标记，螺纹副的标注方法与螺纹的标注方法相同，米制螺纹的标记应直接标注在大径的尺寸线上，见表 23-2；管螺纹的标记应采用引出线由配合部分的大径处引出标注，见图 23-10(a)；米制锥螺纹的标记一般采用引出线由配合部分的大径处引出标注，也可直接标注在从基准面处画出的尺寸线上，见图 23-10(b)。

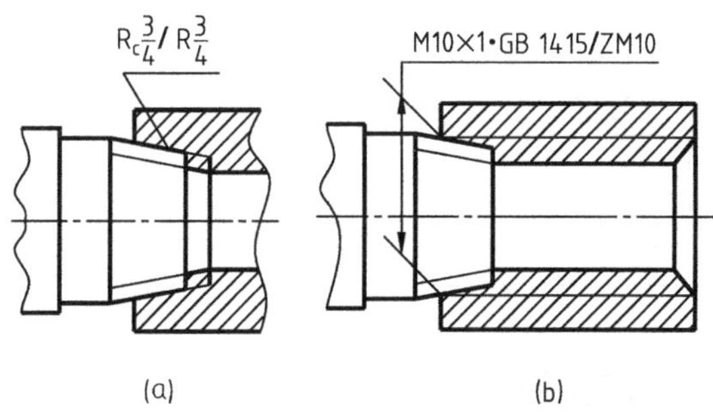

图 23-10 管螺纹副及锥螺纹副的标注

③ 螺纹的标注示例。普通螺纹、梯形螺纹及锯齿形螺纹等标注见表 23-2。

表 23-2 常用螺纹标注示例

螺纹分类			标注示例	特征代号	标注的含义
连接螺纹	普通螺纹	粗牙普通螺纹	M20LH-5g6g-40	M	粗牙普通螺纹不标注螺距，LH 表示左旋，中径公差带代号 5g，顶径公差带代号 6g，旋合长度 40mm
		细牙普通螺纹	M36×2-6g	M	细牙普通螺纹应标注螺距，中等旋合长度不标注
		细牙普通螺纹	M36×2-6H	M	细牙普通螺纹，内螺纹的基本偏差代号用大写字母表示
		内外螺纹旋合标注	M36×2-6H/6g	M	内外螺纹旋合时，公差带代号用斜线分开

续表

螺纹分类			标注示例	特征代号	标注的含义
连接螺纹	管螺纹	非螺纹密封的管螺纹	G1A　G1	G	非螺纹密封的管螺纹，尺寸代号 1 表示管口通径，外螺纹公差等级为 A
		用螺纹密封的管螺纹	R3/4　Rc3/4	R R_c R_p	用螺纹密封的管螺纹，尺寸代号 3/4 表示管口通径，内外螺纹均为圆锥螺纹
传动螺纹		梯形螺纹	Tr40×14(P7)-6e	T_r	梯形螺纹导程 14，螺距 7，线数 2，中径公差带代号同为 6e
		锯齿形螺纹	B40×7LH-7A	B	锯齿形螺纹，螺距 7，左旋，中径公差带代号为 7A

23.2 螺纹紧固件及其连接

23.2.1 螺纹紧固件的种类

常用的螺纹紧固件有螺栓、双头螺柱、螺钉、螺母和垫圈等，如图 23-11 所示。

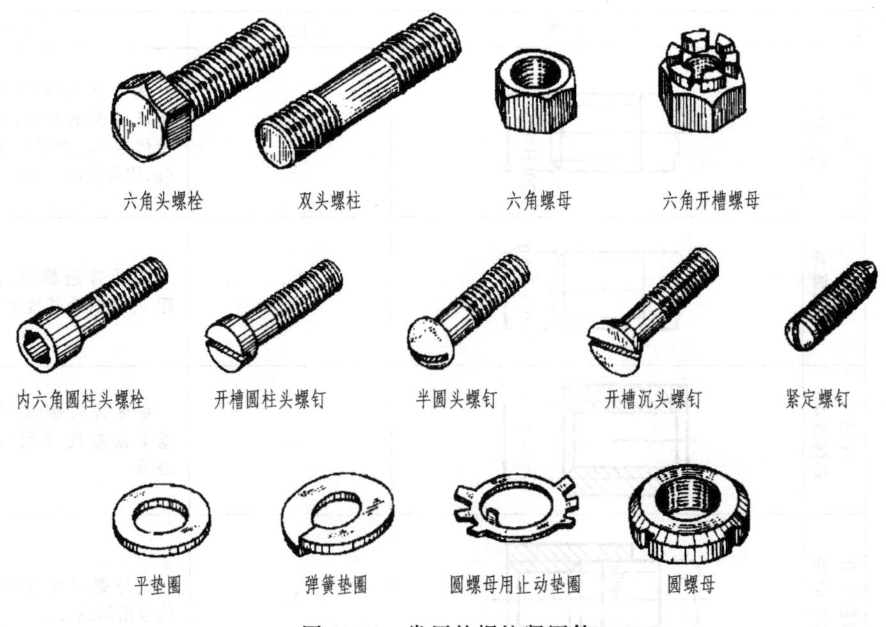

图 23-11　常用的螺纹紧固件

23.2.2　螺纹紧固件的标记

紧固件的结构型式及尺寸均已标准化。各种紧固件均有相应的规定标记，其完整的标记格式为：

名称　标准编号—型式｜规格、精度｜型式与尺寸的其他要求—性能等级或材料及热处理—表面处理

如：螺纹规格 d＝M12、公称长度 l＝80mm、性能等级为 10.9、产品等级为 A、表面氧化处理的六角头螺栓，完整标记为：

螺栓 GB/T 5782—2000-M12×80-10.9-A-O

其简化标记为：

螺栓 GB/T 5782　M12×80

紧固件一般采用简化标记。常用螺纹紧固件的图例及标记见表 23-3。

表 23-3　常用螺纹紧固件的图例及其标记示例

名称及国标号	图　　例	标记及说明
六角头螺栓 A 级和 B 级 GB/T 5782—2000	M10　60	螺栓 GB/T 5782 M10×60 表示 A 级六角头螺栓，螺纹规格 M10，公称长度 l＝60mm
双头螺柱 ($b_m=d$) GB/T 897—1988	M10　10　50	螺柱 GB/T 897 M10×50 表示 B 型双头螺柱，两端均为粗牙普通螺纹，规格是 M10，公称长度 l＝50mm
开槽沉头螺钉 GB/T 68—2000	M10　60	螺钉 GB/T 68 M10×60 表示开槽沉头螺钉，螺纹规格是 M10，公称长度 l＝60mm
开槽长圆柱端紧定螺钉 GB/T 75—2000	M5　25	螺钉 GB/T 75 M5×25 表示长圆柱端紧定螺钉，螺纹规格是 M5，公称长度 l＝25mm
Ⅰ型六角螺母 A 级和 B 级 GB/T 6170—2000	M12	螺母 GB/T 6170 M12 表示 A 级Ⅰ型六角头螺母，螺纹规格 M12
平垫圈 A 级 GB/T 97.1—2002	d_1	垫圈 GB/T 97.1 12-140HV 表示 A 级平垫圈，公称尺寸(螺纹规格)12mm，性能等级为 140，HV 级
标准型弹簧垫圈 GB/T 93—1987	d_1	垫圈 GB/T 93 20 20 表示标准弹簧垫圈的规格(螺纹大径)是 20mm

23.2.3 螺纹紧固件及其连接画法示例

通过查表获得螺纹紧固件各个参数，按照参数进行画图的方法，称为查表法。

将螺纹紧固件各部分尺寸用与公称直径（d、D）的不同比例画出的方法，称为比例法。采用比例法绘制螺纹紧固件，如图 23-12 所示。

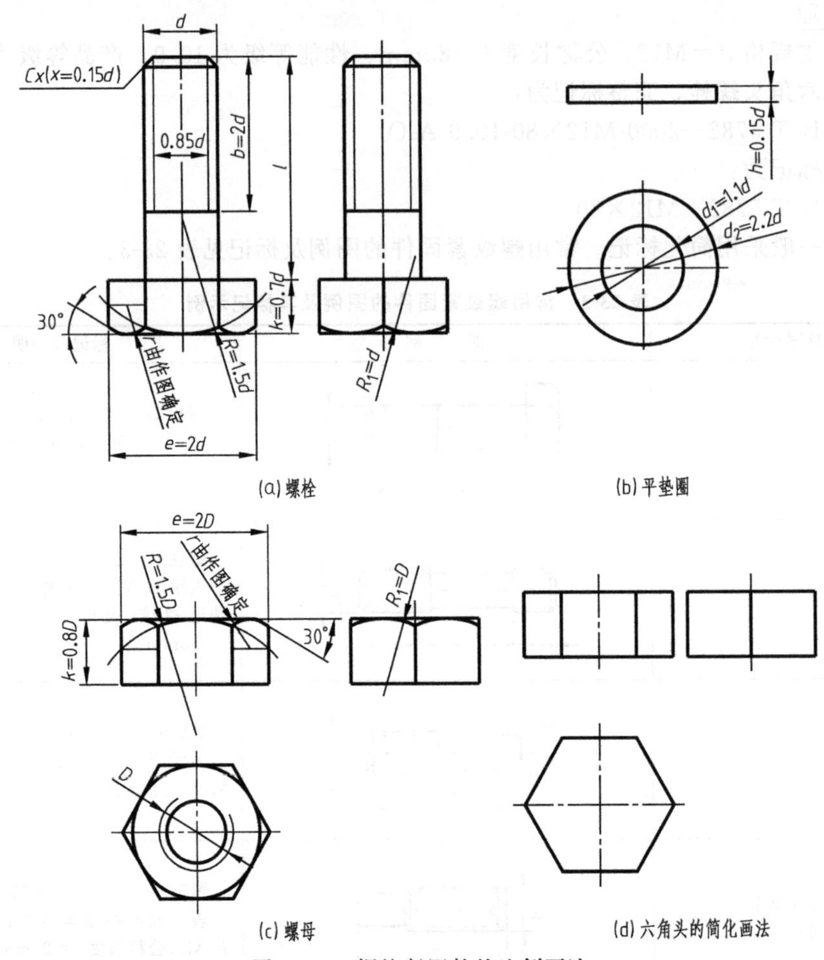

图 23-12　螺纹紧固件的比例画法

（1）螺栓连接

螺栓用于连接厚度不大的两零件。被连接零件上的通孔直径稍大于螺纹的公称直径，将螺栓穿入两零件的通孔，在螺杆的一端套上垫圈，再拧紧螺母使之紧固。其连接画法如图 23-13 所示。

（2）双头螺柱连接

双头螺柱用于被连接零件之一较厚或不便钻通孔的地方。双头螺柱的一端旋入较厚零件的螺纹孔中，称为旋入端，旋入端的长度根据螺孔零件材料的不同而不同：

钢、青铜　　旋入端长度 $b_m = d$　　GB/T 897—1988；

铸铁　　旋入端长度 $b_m = 1.25d$　　GB/T 898—1988；

铝合金　　旋入端长度 $b_m = 1.5d$　　GB/T 899—1988；

铝　　旋入端长度 $b_m = 2d$　　GB/T 900—1988。

双头螺柱的另一端穿过较薄零件上的通孔，再套上垫圈，拧紧螺母，此端称为紧固端。其连接画法如图 23-14 所示。

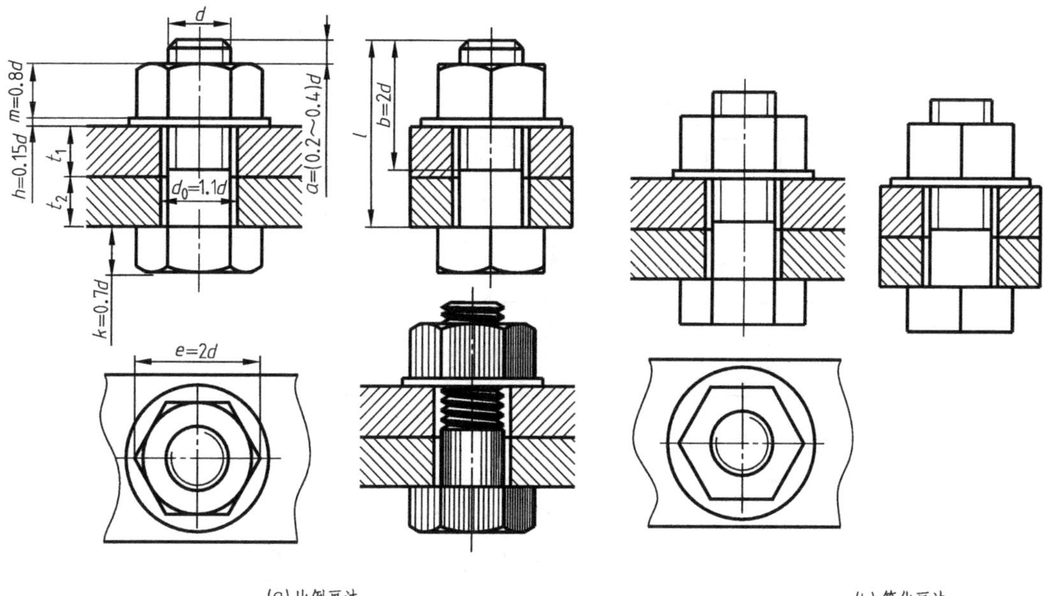

(a) 比例画法 (b) 简化画法

图 23-13 螺栓连接

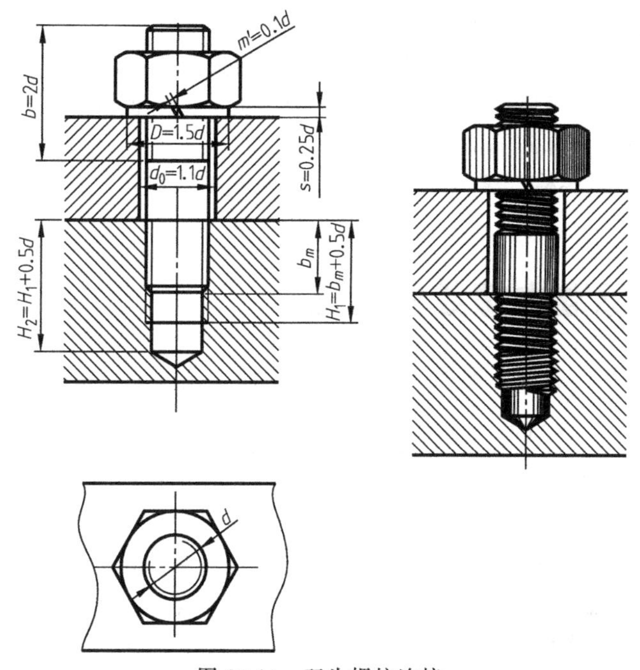

图 23-14 双头螺柱连接

(3) 螺钉连接

螺钉连接主要用于受力不大且需要经常拆卸的场合，它仅靠螺钉头部和螺钉与零件上的螺孔旋紧连接。螺钉的种类较多，常见的螺钉连接画法如图 23-15 所示。螺钉头部的一字槽或十字槽可以画成 (0.5～2)b 宽的单线。对一字槽螺钉，在平行于轴线投影面上的视图中，按槽与投影面垂直的位置画出；在垂直于轴线投影面上的视图中，画成与水平成 45°的斜线。对于十字槽，仍按 45°方向投影画出。

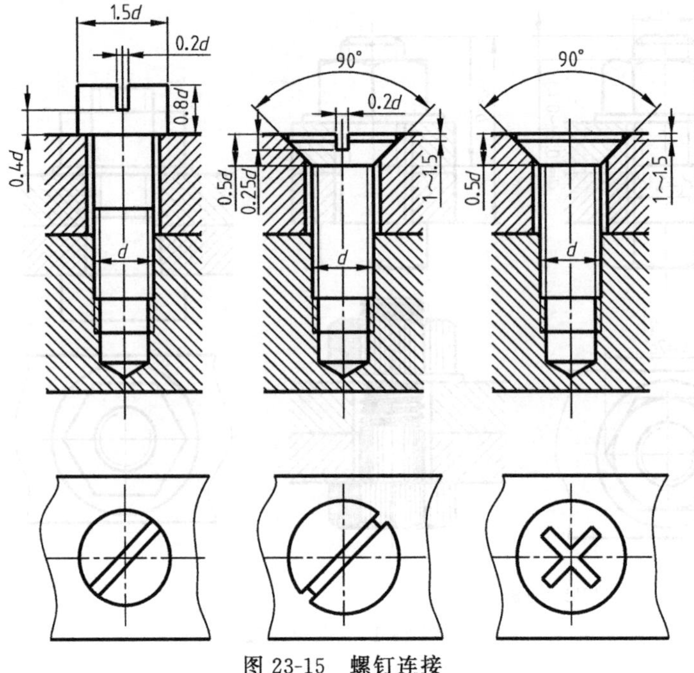

图 23-15　螺钉连接

23.2.4　螺纹紧固件连接画法注意事项

① 相邻两零件的接触表面画一条线，不接触表面画两条线。

② 表示相邻两零件的剖面线应方向相反，或方向一致、间隔不等。同一个零件在不同的视图中，剖面线的方向和间隔应保持一致。

③ 当剖切平面通过螺栓、螺母、垫圈等标准件的轴线时，这些零件均按不剖绘制，即仍按外形画出。

23.3　国外标准中螺纹的画法

ISO 和俄罗斯标准与我国标准相同，表 23-4 介绍了美国和日本的标准。

表 23-4　美国和日本制图标准中螺纹的画法和标注

类型		美国 ANSI Y14.6—2008	日本 JIS B0002—2000
螺纹画法	外螺纹	外螺纹有三种画法： 详细画法 示意画法 简化画法	

续表

类型		美国 ANSI Y14.6—2008	日本 JIS B0002—2000
螺纹画法	内螺纹	内螺纹有三种画法： 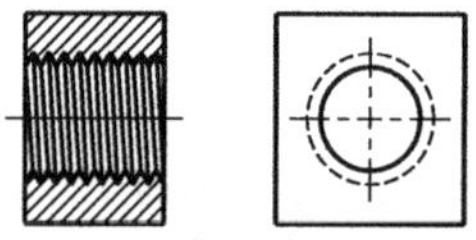 详细画法 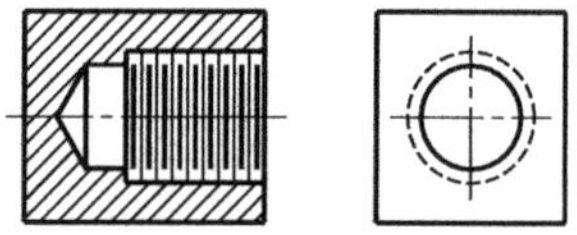 示意画法 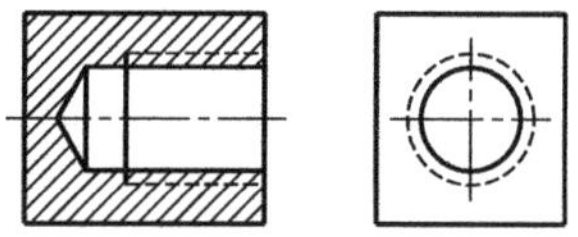 简化画法	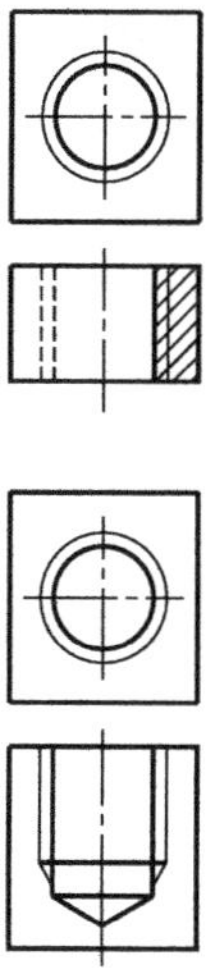
	螺纹连接	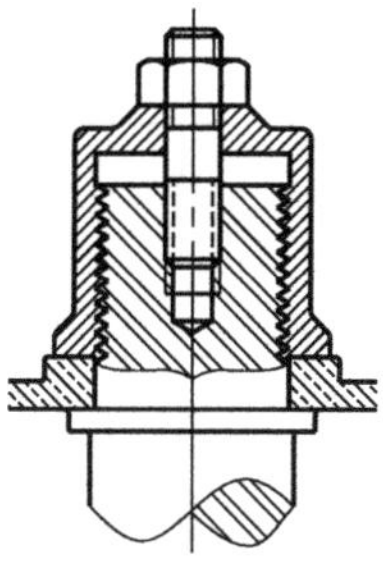	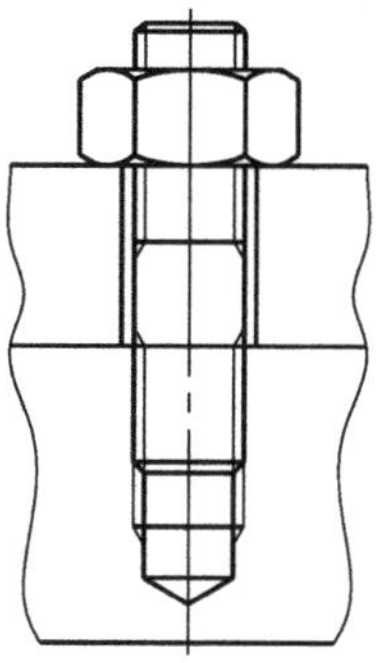
螺纹标注		标注形式：螺纹外径-每英寸牙数　螺纹种类-螺纹等级外螺纹或内螺纹-旋向　头数。 示例说明：UN—统一螺纹；F—粗牙；A—外螺纹；LH—左旋；DOUBLE—双头 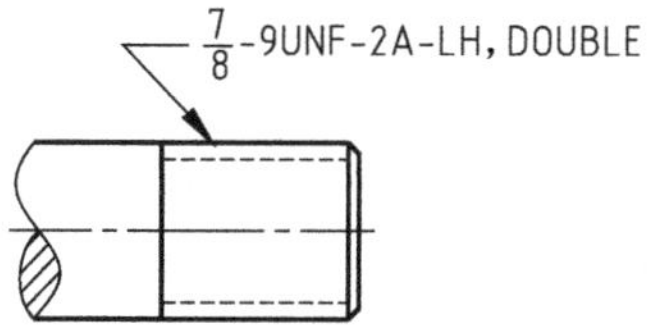 $\frac{7}{8}$-9UNF-2A-LH, DOUBLE	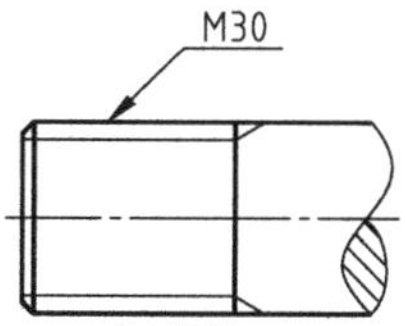 M30 米制螺纹 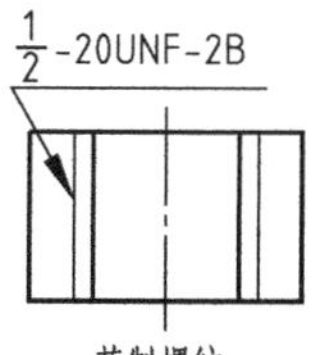 $\frac{1}{2}$-20UNF-2B 英制螺纹 米制螺纹头数放在螺纹尺寸的前面，如：2 条 M20×1.5。梯形螺纹与 ISO 标注相同

23.4 附录螺纹结构

23.4.1 普通螺纹的直径与螺距系列（GB/T 193—2003）

普通螺纹的直径与螺距系列见表 23-5。

表 23-5 普通螺纹的直径与螺距系列　　mm

公称直径 D、d			螺距 P										
第 1 系列	第 2 系列	第 3 系列	粗牙	细牙									
				3	2	1.5	1.25	1	0.75	0.5	0.35	0.25	0.2
1			0.25										0.2
	1.1		0.25										0.2
1.2			0.25										0.2
	1.4		0.3										0.2
1.6			0.35										0.2
	1.8		0.35										0.2
2			0.4									0.25	
	2.2		0.45									0.25	
2.5			0.45								0.35		
3			0.5								0.35		
	3.5		0.6								0.35		
4			0.7							0.5			
	4.5		0.75							0.5			
5			0.8							0.5			
		5.5								0.5			
6			1						0.75				
	7		1						0.75				
8			1.25					1	0.75				
		9	1.25					1	0.75				
10			1.5				1.25	1	0.75				
		11	1.5			1.5		1	0.75				
12			1.75				1.25	1					
	14		2			1.5	1.25①	1					
		15				1.5		1					
16			2			1.5		1					
		17				1.5		1					
	18		2.5		2	1.5		1					
20			2.5		2	1.5		1					
	22		2.5		2	1.5		1					
24			3		2	1.5		1					
		25			2	1.5		1					

续表

公称直径 D、d			螺距 P										
第 1 系列	第 2 系列	第 3 系列	粗牙	细牙									
				3	2	1.5	1.25	1	0.75	0.5	0.35	0.25	0.2
		26				1.5							
	27		3		2	1.5		1					
		28			2	1.5		1					
30			3.5	(3)	2	1.5		1					
		32			2	1.5							
	33		3.5	(3)	2	1.5							
		35[2]				1.5							
36			4	3	2	1.5							
		38				1.5							
	39		4	3	2	1.5							

公称直径 D、d			螺距 P						
第 1 系列	第 2 系列	第 3 系列	粗牙	细牙					
				8	6	4	3	2	1.5
		40					3	2	1.5
42			4.5			4	3	2	1.5
	45		4.5			4	3	2	1.5
48			5			4	3	2	1.5
		50					3	2	1.5
	52		5			4	3	2	1.5
		55				4	3	2	1.5
56			5.5			4	3	2	1.5
		58				4	3	2	1.5
	60		5.5			4	3	2	1.5
		62				4	3	2	1.5
64			6			4	3	2	1.5
		65				4	3	2	1.5
	68		6			4	3	2	1.5
		70			6	4	3	2	1.5
72					6	4	3	2	1.5
		75				4	3	2	1.5
	76				6	4	3	2	1.5
		78						2	
80					6	4	3	2	1.5
		82						2	
	85				6	4	3	2	
90					6	4	3	2	
	95				6	4	3	2	
100					6	4	3	2	
	105				6	4	3	2	
110					6	4	3	2	

续表

公称直径 D、d			螺距 P						
第 1 系列	第 2 系列	第 3 系列	粗牙	细牙					
				8	6	4	3	2	1.5
	115				6	4	3	2	
	120				6	4	3	2	
125				8	6	4	3	2	
	130			8	6	4	3	2	
		135			6	4	3	2	
140				8	6	4	3	2	
		145			6	4	3	2	
	150			8	6	4	3	2	
		155			6	4	3		
160				8	6	4	3		
		165			6	4	3		
	170			8	6	4	3		
		175			6	4	3		
180				8	6	4	3		
		185			6	4	3		
	190			8	6	4	3		
		195			6	4	3		
200				8	6	4	3		
		205			6	4	3		
	210			8	6	4	3		
		215			6	4	3		
220				8	6	4	3		
		225			6	4	3		
		230		8	6	4	3		
		235			6	4	3		
	240			8	6	4	3		
		245			6	4	3		
250				8	6	4	3		
		255			6	4			
	260			8	6	4			
		265			6	4			
		270		8	6	4			
		275			6	4			
280				8	6	4			
		285			6	4			
		290		8	6	4			
		295			6	4			
	300			8	6	4			

①仅用于发动机的火花塞。

②仅用于轴承的锁紧螺母。

23.4.2 普通螺纹的基本尺寸（GB/T 196—2003）

普通螺纹的基本尺寸见表 23-6。

表 23-6 普通螺纹的基本尺寸 mm

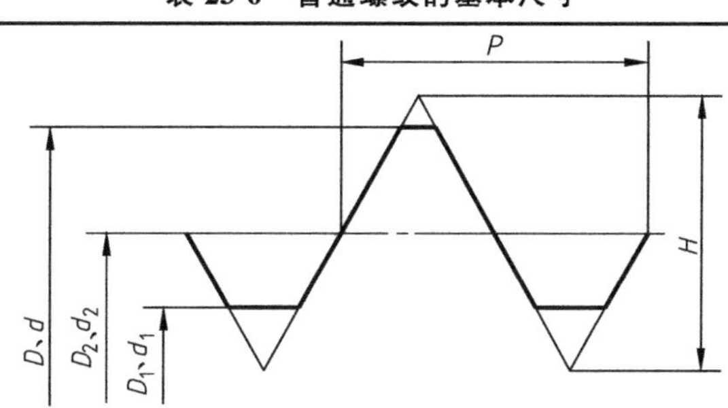

公称直径（大径）D、d	螺距 P	中径 D_2、d_2	小径 D_1、d_1
1	0.25	0.838	0.729
	0.2	0.870	0.783
1.1	0.25	0.938	0.829
	0.2	0.970	0.883
1.2	0.25	1.038	0.929
	0.2	1.070	0.983
1.4	0.3	1.205	1.075
	0.2	1.270	1.183
1.6	0.35	1.373	1.221
	0.2	1.470	1.383
1.8	0.35	1.573	1.421
	0.2	1.670	1.583
2	0.4	1.740	1.567
	0.25	1.838	1.729
2.2	0.45	1.908	1.713
	0.25	2.038	1.929
2.5	0.45	2.208	2.013
	0.35	2.273	2.121
3	0.5	2.675	2.459
	0.35	2.773	2.621
3.5	0.6	3.110	2.850
	0.35	3.273	3.121
4	0.7	3.545	3.242
	0.5	3.675	3.459
4.5	0.75	4.013	3.688
	0.5	4.175	3.959
5	0.8	4.480	4.134
	0.5	4.675	4.459
5.5	0.5	5.175	4.959
6	1	5.350	4.917
	0.75	5.513	5.188
7	1	6.350	5.917
	0.75	6.513	6.188
8	1.25	7.188	6.647
	1	7.350	6.917
	0.75	7.513	7.188
9	1.25	8.188	7.647
	1	8.350	7.917
	0.75	8.513	8.188
10	1.5	9.026	8.376
	1.25	9.188	8.647
	1	9.350	8.917
	0.75	9.513	9.188
11	1.5	10.026	9.376
	1	10.350	9.917
	0.75	10.513	10.188
12	1.75	10.863	10.106
	1.5	11.026	10.376
	1.25	11.188	10.647
	1	11.350	10.917
14	2	12.701	11.835
	1.5	13.026	12.376
	1.25	13.188	12.647
	1	13.350	12.917
15	1.5	14.026	13.376
	1	14.350	13.917
16	2	14.701	13.835
	1.5	15.026	14.376
	1	15.350	14.917
17	1.5	16.026	15.376
	1	16.350	15.917
18	2.5	16.376	15.294
	2	16.701	15.835
	1.5	17.026	16.376
	1	17.350	16.917
20	2.5	18.376	17.294
	2	18.701	17.835
	1.5	19.026	18.376
	1	19.350	18.917
22	2.5	20.376	19.294
	2	20.701	19.835
	1.5	21.026	20.376
	1	21.350	20.917

续表

公称直径（大径）D、d	螺距 P	中径 D_2、d_2	小径 D_1、d_1
24	3	22.051	20.752
	2	22.701	21.835
	1.5	23.026	22.376
	1	23.350	22.917
25	2	23.701	22.835
	1.5	24.026	23.376
	1	24.350	23.917
26	1.5	25.026	24.376
27	3	25.051	23.752
	2	25.701	24.835
	1.5	26.026	25.376
	1	26.350	25.917
28	2	26.701	25.835
	1.5	27.026	26.376
	1	27.350	26.917
30	3.5	27.727	26.211
	3	28.051	26.752
	2	28.701	27.835
	1.5	29.026	28.376
	1	29.350	28.917
32	2	30.701	29.835
	1.5	31.026	30.376
33	3.5	30.727	29.211
	3	31.051	29.752
	2	31.701	30.835
	1.5	32.026	31.376
35	1.5	34.026	33.376
36	4	33.402	31.670
	3	34.051	32.752
	2	34.701	33.835
	1.5	35.026	34.376
38	1.5	37.026	36.376
39	4	36.402	34.670
	3	37.051	35.752
	2	37.701	36.835
	1.5	38.026	37.376
40	3	38.051	36.752
	2	38.701	37.835
	1.5	39.026	38.376
42	4.5	39.077	37.129
	4	39.402	37.670
	3	40.051	38.752
	2	40.701	39.835
	1.5	41.026	40.376
45	4.5	42.077	40.129
	4	42.402	40.670
	3	43.051	41.752
	2	43.701	42.835
	1.5	44.026	43.376
48	5	44.752	42.587
	4	45.402	43.670
	3	46.051	44.752
	2	46.701	45.835
	1.5	47.026	46.376
50	3	48.051	46.752
	2	48.701	47.835
	1.5	49.026	48.376
52	5	48.752	46.587
	4	49.402	47.670
	3	50.051	48.752
	2	50.701	49.835
	1.5	51.026	50.376
55	4	52.402	50.670
	3	53.051	51.752
	2	53.701	52.835
	1.5	54.026	53.376
56	5.5	52.428	50.046
	4	53.402	51.670
	3	54.051	52.752
	2	54.701	53.835
	1.5	55.026	54.376
58	4	55.402	53.670
	3	56.051	54.752
	2	56.701	55.835
	1.5	57.026	56.376
60	5.5	56.428	54.046
	4	57.402	55.670
	3	58.051	56.752
	2	58. 701	57.835
	1.5	59.026	58.376
62	4	59.402	57.670
	3	60.051	58.752
	2	60.701	59.835
	1.5	61.026	60.376
64	6	60.103	57.505
	4	61.402	59.670
	3	62.051	60.752
	2	62.701	61.835
	1.5	63.026	62.376
65	4	62.402	60.670
	3	63.051	61.752
	2	63.701	62.835
	1.5	64.026	63.376
68	6	64.103	61.505
	4	65.402	63.670
	3	66.051	64.752
	2	66.701	65.835
	1.5	67.026	66.376

续表

公称直径（大径）D、d	螺距 P	中径 D_2、d_2	小径 D_1、d_1
70	6	66.103	63.505
	4	67.402	65.670
	3	68.051	66.752
	2	68.701	67.835
	1.5	69.026	68.376
72	6	68.103	65.505
	4	69.402	67.670
	3	70.051	68.752
	2	70.701	69.835
	1.5	71.026	70.376
75	4	72.402	70.670
	3	73.051	71.752
	2	73.701	72.835
	1.5	74.026	73.376
76	6	72.103	69.505
	4	73.402	71.670
	3	74.051	72.752
	2	74.701	73.835
	1.5	75.026	74.376
78	2	76.700	75.835
80	6	76.103	73.505
	4	77.402	75.670
	3	78.051	76.752
	2	78.701	77.835
	1.5	79.026	78.376
82	2	80.701	79.835
85	6	81.103	78.505
	4	82.402	80.670
	3	83.051	81.752
	2	83.701	82.835
90	6	86.103	83.505
	4	87.402	85.670
	3	88.051	86.752
	2	88.701	87.835
95	6	91.103	88.505
	4	92.402	90.670
	3	93.051	91.752
	2	93.701	92.835
100	6	96.103	93.505
	4	97.402	95.670
	3	98.051	96.752
	2	98.701	97.835
105	6	101.103	98.505
	4	102.402	100.670
	3	103.051	101.752
	2	103.701	102.835
110	6	106.103	103.505
	4	107.402	105.670
	3	108.051	106.752
	2	108.701	107.835
115	6	111.103	108.505
	4	112.402	110.670
	3	113.051	111.752
	2	113.701	112.835
120	6	116.103	113.505
	4	117.402	115.670
	3	118.051	116.752
	2	118.701	117.835
125	6	121.103	118.505
	4	122.402	120.670
	3	123.051	121.752
	2	123.701	122.835
130	6	126.103	123.505
	4	127.402	125.670
	3	128.051	126.752
	2	128.701	127.835
135	6	131.103	128.505
	4	132.402	130.670
	3	133.051	131.752
	2	133.701	132.835
140	6	136.103	133.505
	4	137.402	135.670
	3	138.051	136.752
	2	138.701	137.835
145	6	141.103	138.505
	4	142.402	140.670
	3	143.051	141.752
	2	143.701	142.835
150	8	144.804	141.340
	6	146.103	143.505
	4	147.402	145.670
	3	148.051	146.752
	2	148.701	147.835
155	6	151.103	148.505
	4	152.402	150.670
	3	153.051	151.752
160	8	154.804	151.340
	6	156.103	153.505
	4	157.402	155.670
	3	158.051	156.752
165	6	161.103	158.505
	4	162.402	160.670
	3	163.051	161.752
170	8	164.804	161.340
	6	166.103	163.505
	4	167.402	165.670
	3	168.051	166.752

续表

公称直径（大径）D、d	螺距 P	中径 D_2、d_2	小径 D_1、d_1
175	6	171.103	168.505
	4	172.402	170.670
	3	173.051	171.752
180	8	174.804	171.340
	6	176.103	173.505
	4	177.402	175.670
	3	178.051	176.752
185	6	181.103	178.505
	4	182.402	180.670
	3	183.051	181.752
190	8	184.804	181.340
	6	186.103	183.505
	4	187.402	185.670
	3	188.051	186.752
195	6	191.103	188.505
	4	192.402	190.670
	3	193.051	191.752
200	8	194.804	191.340
	6	196.103	193.505
	4	197.402	195.670
	3	198.051	196.752
205	6	201.103	198.505
	4	202.402	200.670
	3	203.051	201.752
210	8	204.804	201.340
	6	206.103	203.505
	4	207.402	205.670
	3	208.051	206.752
215	6	211.103	208.505
	4	212.402	210.670
	3	213.051	211.752
220	8	214.804	211.340
	6	216.103	213.505
	4	217.402	215.670
	3	218.051	216.752
225	6	221.103	218.505
	4	222.402	220.670
	3	223.051	221.752
230	8	224.804	221.340
	6	226.103	223.505
	4	227.402	225.670
	3	228.051	226.752

公称直径（大径）D、d	螺距 P	中径 D_2、d_2	小径 D_1、d_1
235	6	231.103	228.505
	4	232.402	230.670
	3	233.051	231.752
240	8	234.804	231.340
	6	236.103	233.505
	4	237.402	235.670
	3	238.051	236.752
245	6	241.103	238.505
	4	242.402	240.670
	3	243.051	241.752
250	8	244.804	241.340
	6	246.103	243.505
	4	247.402	245.670
	3	248.051	246.752
255	6	251.103	248.505
	4	252.402	250.670
260	8	254.804	251.340
	6	256.103	253.505
	4	257.402	255.670
265	6	261.103	258.505
	4	262.402	260.670
270	8	264.804	261.340
	6	266.103	263.505
	4	267.402	265.670
275	6	271.103	268.505
	4	272.402	270.670
280	8	274.804	271.340
	6	276.103	273.505
	4	277.402	275.670
285	6	281.103	278.505
	4	282.402	280.670
290	8	284.804	281.340
	6	286.103	283.505
	4	287.402	285.670
295	6	291.103	288.505
	4	292.402	290.670
300	8	294.804	291.340
	6	296.103	293.505
	4	297.402	295.670

23.4.3　普通螺纹收尾、间距、退刀槽、倒角 (GB/T 3—1997)

普通螺纹收尾、间距、退刀槽、倒角见表 23-7～表 23-10。

表 23-7　普通外螺纹收尾和肩距　mm

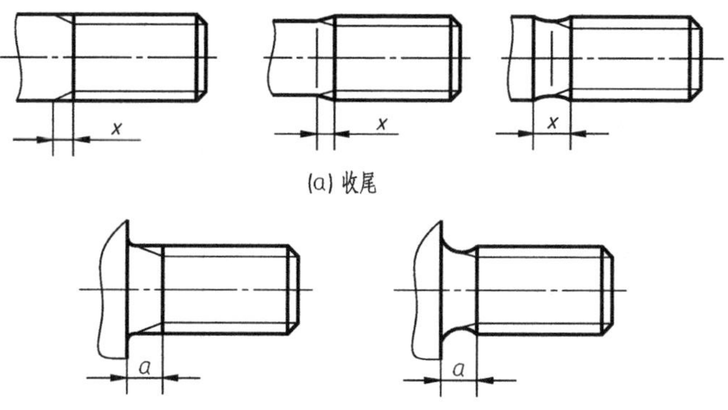

(a) 收尾

(b) 肩距

螺距 P	收尾 x max		肩距 a max		
	一般	短的	一般	长的	短的
0.2	0.5	0.25	0.6	0.8	0.4
0.25	0.6	0.3	0.75	1	0.5
0.3	0.75	0.4	0.9	1.2	0.6
0.35	0.9	0.45	1.05	1.4	0.7
0.4	1	0.5	1.2	1.6	0.8
0.45	1.1	0.6	1.35	1.8	0.9
0.5	1.25	0.7	1.5	2	1
0.6	1.5	0.75	1.8	2.4	1.2
0.7	1.75	0.9	2.1	2.8	1.4
0.75	1.9	1	2.25	3	1.5
0.8	2	1	2.4	3.2	1.6
1	2.5	1.25	3	4	2
1.25	3.2	1.6	4	5	2.5
1.5	3.8	1.9	4.5	6	3
1.75	4.3	2.2	5.3	7	3.5
2	5	2.5	6	8	4
2.5	6.3	3.2	7.5	10	5
3	7.5	3.8	9	12	6
3.5	9	4.5	10.5	14	7
4	10	5	12	16	8
4.5	11	5.5	13.5	18	9
5	12.5	6.3	15	20	10
5.5	14	7	16.5	22	11
6	15	7.5	18	24	12
参考值	$\approx 2.5P$	$\approx 1.25P$	$\approx 3P$	$=4P$	$=2P$

注：应优先选用“一般”长度的收尾和肩距；“短”收尾和“短”肩距仅用于结构受限制的螺纹件上；产品等级为 B 或 C 级的螺纹紧固件可采用“长”肩距。

表 23-8　普通外螺纹退刀槽　mm

螺距 P	g_2 max	g_1 min	d_g	r ≈
0.25	0.75	0.4	$d-0.4$	0.12
0.3	0.9	0.5	$d-0.5$	0.16
0.35	1.05	0.6	$d-0.6$	0.16
0.4	1.2	0.6	$d-0.7$	0.2
0.45	1.35	0.7	$d-0.7$	0.2
0.5	1.5	0.8	$d-0.8$	0.2
0.6	1.8	0.9	$d-1$	0.4
0.7	2.1	1.1	$d-1.1$	0.4
0.75	2.25	1.2	$d-1.2$	0.4
0.8	2.4	1.3	$d-1.3$	0.4
1	3	1.6	$d-1.6$	0.6
1.25	3.75	2	$d-2$	0.6
1.5	4.5	2.5	$d-2.3$	0.8
1.75	5.25	3	$d-2.6$	1
2	6	3.4	$d-3$	1
2.5	7.5	4.4	$d-3.6$	1.2
3	9	5.2	$d-4.4$	1.6
3.5	10.5	6.2	$d-5$	1.6
4	12	7	$d-5.7$	2
4.5	13.5	8	$d-6.4$	2.5
5	15	9	$d-7$	2.5
5.5	17.5	11	$d-7.7$	3.2
6	18	11	$d-8.3$	3.2
参考值	≈$3P$	—	—	—

注：1. d 为螺纹公称直径代号。
2. d_g 公差为 h13（$d>3$mm）；h12（$d\leqslant 3$mm）。

表 23-9　普通内螺纹收尾和肩距　mm

螺距 P	收尾 X max		肩距 A	
	一般	短的	一般	长的
0.2	0.8	0.4	1.2	1.6
0.25	1	0.5	1.5	2
0.3	1.2	0.6	1.8	2.4
0.35	1.4	0.7	2.2	2.8
0.4	1.6	0.8	2.5	3.2
0.45	1.8	0.9	2.8	3.6
0.5	2	1	3	4
0.6	2.4	1.2	3.2	4.8
0.7	2.8	1.4	3.5	5.6
0.75	3	1.5	3.8	6
0.8	3.2	1.6	4	6.4
1	4	2	5	8
1.25	5	2.5	6	10
1.5	6	3	7	12
1.75	7	3.5	9	14
2	8	4	10	16
2.5	10	5	12	18
3	12	6	14	22
3.5	14	7	16	24
4	16	8	18	26
4.5	18	9	21	29
5	20	10	23	32
5.5	22	11	25	35
6	24	12	28	38
参考值	=$4P$	=$2P$	≈$6\sim5P$	≈$8\sim6.5P$

注：应优先选用“一般”长度的收尾和肩距；容屑需要较大空间时可选用“长”肩距，结构限制时可选用“短”收尾。

表 23-10　普通内螺纹退刀槽　mm

螺距 P	G_1		D_g	R ≈
	一般	短的		
0.5	2	1	$D+0.3$	0.2
0.6	2.4	1.2		0.3
0.7	2.8	1.4		0.4
0.75	3	1.5		0.4
0.8	3.2	1.6		0.4
1	4	2	$D+0.5$	0.5
1.25	5	2.5		0.6
1.5	6	3		0.8
1.75	7	3.5		0.9
2	8	4		1
2.5	10	5		1.2
3	12	6		1.5
3.5	14	7		1.8
4	16	8		2
4.5	18	9		2.2
5	20	10		2.5
5.5	22	11		2.8
6	24	12		3
参考值	=$4P$	=$2P$	—	≈$0.5P$

注：1.“短”退刀槽仅在结构受限制时采用。
2. D_g 公差为 H13。
3. D 为螺纹公称直径代号。

23.4.4　常用梯形螺纹

梯形螺纹牙型（GB/T 5796.1—2005）、直径与螺距系列（GB/T 5796.2—2005）、基本尺寸（GB/T 5796.3—2005）。梯形螺纹的基本尺寸值要符合表 23-11 内规定，其中：

$D_1=d-2H_1=d-P$；$D_4=d+2a_c$；$d_3=D_3=d-2h_3=d-P-2a_c$；$d_2=D_2=d-H_1=d-0.5P$；$H_1=0.5P$。

表 23-11　常用梯形螺纹的基本尺寸　mm

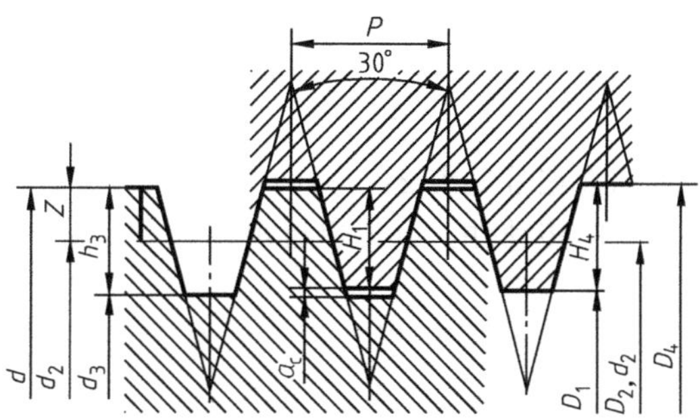

公称直径 d 第一系列	公称直径 d 第二系列	螺距 P	大径 D_4	中径 $d_2=D_2$	小径 d_3	小径 D_1
8		1.5	8.300	7.250	6.200	6.500
	9	1.5	9.300	8.250	7.200	7.500
		$\boxed{2}$	9.500	8.00	6.500	7.000
10		1.5	10.300	9.250	8.200	8.500
		$\boxed{2}$	10.5	9.000	7.500	8.000
	11	$\boxed{2}$	11.500	10.000	8.500	9.000
		3	11.500	9.500	7.500	8.000
12		2	12.500	11.000	9.500	10.000
		$\boxed{3}$	12.500	10.500	8.500	9.000
	14	2	14.500	13.000	11.500	12.000
		$\boxed{3}$	14.500	12.500	10.500	11.000
16		2	16.500	15.000	13.500	14.000
		$\boxed{4}$	16.500	14.000	11.500	12.000
	18	2	18.500	17.000	15.500	16.000
		$\boxed{4}$	18.500	16.000	13.500	14.000
20		2	20.500	19.000	17.500	18.000
		$\boxed{4}$	20.500	18.000	15.500	16.000
	22	3	22.500	20.500	18.500	19.000
		$\boxed{5}$	22.500	19.500	16.500	17.000
		8	23.000	18.000	13.000	14.000
24		3	24.500	22.500	20.500	21.000
		$\boxed{5}$	24.500	21.500	18.500	19.000
		8	25.000	20.000	15.000	16.000
	26	3	26.500	24.500	22.500	23.000
		5	26.500	23.500	20.500	21.000
		8	27.000	22.000	17.000	18.000

公称直径 d 第一系列	公称直径 d 第二系列	螺距 P	大径 D_4	中径 $d_2=D_2$	小径 d_3	小径 D_1
28		3	28.500	26.500	24.500	25.000
		$\boxed{5}$	28.500	25.500	22.500	23.000
		8	29.000	24.000	19.000	20.000
	30	3	30.500	28.500	26.500	27.000
		$\boxed{6}$	31.000	27.000	23.000	24.000
		10	31.000	25.000	19.000	20.000
32		3	32.500	30.500	28.500	29.000
		$\boxed{6}$	33.000	29.000	25.000	26.000
		10	33.000	27.000	21.000	22.000
	34	3	34.500	32.500	30.500	31.000
		$\boxed{6}$	35.000	31.000	27.000	28.000
		10	35.000	29.000	23.000	24.000
36		3	36.500	34.500	32.500	33.000
		$\boxed{6}$	37.000	33.000	29.000	30.000
		10	37.000	31.000	25.000	26.000
	38	3	38.500	36.500	34.500	35.000
		$\boxed{7}$	39.000	34.500	30.000	31.000
		10	39.000	33.000	27.000	28.000
40		3	40.500	38.500	36.500	37.000
		$\boxed{7}$	41.000	36.500	32.000	33.000
		10	41.000	35.000	29.000	30.000
	42	3	42.500	40.500	38.500	39.000
		$\boxed{7}$	43.000	38.500	34.000	35.000
		10	43.000	37.000	31.000	32.000
44		3	44.500	42.500	40.500	41.000
		$\boxed{7}$	45.000	40.500	36.000	37.000
		12	45.000	38.000	31.000	32.000

注：1. 优先选用第一系列直径，其次选用第二系列直径。

2. 框内的螺距 P 值为优先选用的。

第 24 章 键、花键、销、挡圈、弹簧

24.1 键

24.1.1 键的作用

键是标准件，键的国家标准编号见表 24-1。

键一般用于连接轴和轴上的传动件，以传递扭矩或旋转运动。

24.1.2 键的型式、标记和连接画法

① 键的种类。键的种类较多，除花键以外，常见形式有普通平键、半圆键、钩头楔键等，普通平键又分 A 型、B 型、C 型三种，见图 24-1，种类型式、标记和连接画法见表 24-1。

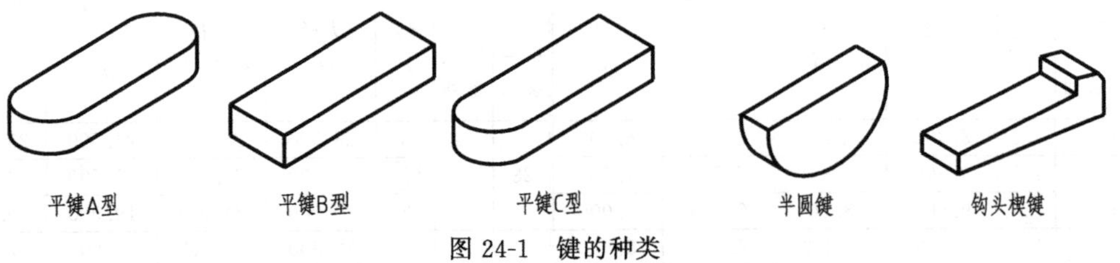

图 24-1 键的种类

表 24-1 种类、型式、标记和连接画法

名称及标准	种类、型式、尺寸与标记	连接画法
普通平键 A 型 GB/T 1096—2003	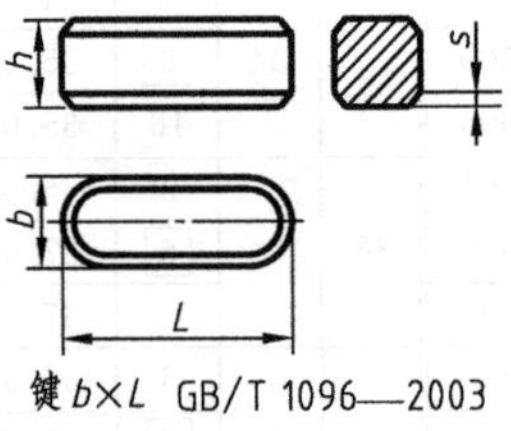 键 $b\times L$ GB/T 1096—2003	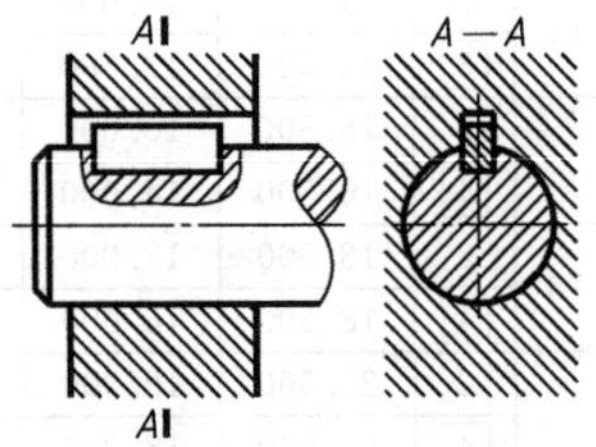
半圆键 GB/T 1099—2003	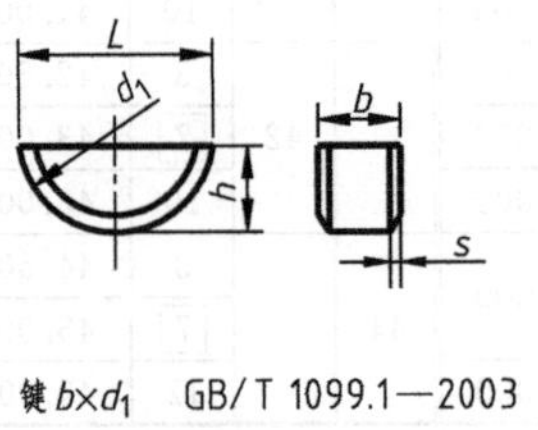 键 $b\times d_1$ GB/T 1099.1—2003	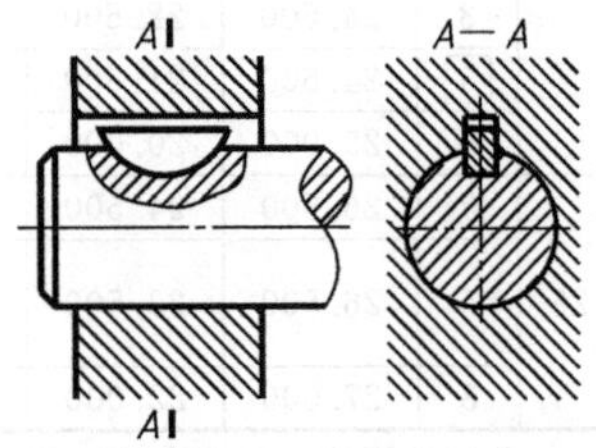

续表

名称及标准	种类、型式、尺寸与标记	连接画法
钩头楔键 GB/T 1565—2003	键 $b\times L$　GB/T 1565—2003	

② 普通平键与半圆键的连接画法。普通平键和半圆键都是以两侧面为工作面，起传递转矩作用。在键连接画法中，键的两个侧面与轴和轮毂接触，键的底面与轴接触，均画一条线；键的顶面为非工作面，与轮毂有间隙，应画成两条线，见表 24-1。

③ 钩头楔键的连接画法。顶面为 1∶100 的斜面，用于过盈配合，利用键的顶面与底面使轴上零件固定，同时传递转矩和承受轴向力。在连接画法中，钩头楔键的顶面和底面分别与轮毂和轴接触，均应画成一条线；而两个侧面有间隙，应画出两条线，见表 24-1。

24.1.3 轴和轮毂上键槽的画法和尺寸标注

如图 24-2 槽的尺寸可根据轴的直径在国家标准规定的相应表中查得。

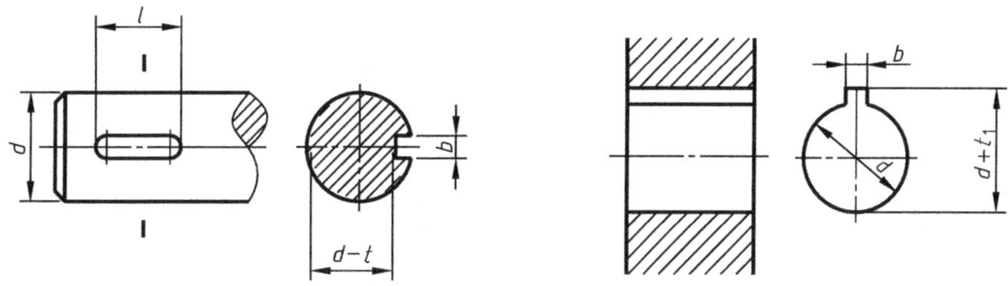

图 24-2　键槽的尺寸注法

24.1.4 常用键尺寸

普通平键（GB/T 1096—2003）尺寸见表 24-2。半圆键（GB/T 1099—2003）尺寸见表 24-3。钩头楔键（GB/T 1565—2003）尺寸见表 24-4。

表 24-2　普通平键的尺寸　　mm

宽度 b	基本尺寸		2	3	4	5	6	8	10	12	14	16	18	20	22
	极限偏差（h8）		0 −0.014		0 −0.018			0 −0.022		0 −0.027				0 −0.033	
高度 h	基本尺寸		2	3	4	5	6	7	8	8	9	10	11	12	14
	极限偏差	矩形（h11）	—		—			0 −0.090					0 −0.110		
		方形（h8）	0 −0.014		0 −0.018			—					—		

续表

倒角或倒圆 s		0.16～0.25			0.25～0.40			0.40～0.60					0.60～0.80	
长度 L														
基本尺寸	极限偏差(h14)													
6	0 −0.36			—	—	—	—	—	—	—	—	—	—	—
8					—	—	—	—	—	—	—	—	—	—
10						—	—	—	—	—	—	—	—	—
12	0 −0.43					—	—	—	—	—	—	—	—	—
14							—	—	—	—	—	—	—	—
16							—	—	—	—	—	—	—	—
18								—	—	—	—	—	—	—
20	0 −0.52							—	—	—	—	—	—	—
22		—			标准				—	—	—	—	—	—
25		—							—	—	—	—	—	—
28		—								—	—	—	—	—
32	0 −0.62	—								—	—	—	—	—
36		—									—	—	—	—
40		—	—								—	—	—	—
45		—	—					长度				—	—	—
50		—	—	—									—	—
56	0 −0.74	—	—	—										—
63		—	—	—	—									
70		—	—	—	—									
80		—	—	—	—	—								
90	0 −0.87	—	—	—	—	—					范围			
100		—	—	—	—	—	—							
110		—	—	—	—	—	—							
125	0 −1.00	—	—	—	—	—	—	—						
140		—	—	—	—	—	—	—						
160		—	—	—	—	—	—	—	—					
180		—	—	—	—	—	—	—	—	—				
200	0 −1.15	—	—	—	—	—	—	—	—	—	—			
220		—	—	—	—	—	—	—	—	—	—	—		
250		—	—	—	—	—	—	—	—	—	—	—	—	
宽度 b	基本尺寸	25	28	32	36	40	45	50	56	63	70	80	90	100
	极限偏差(h8)	0 −0.033		0 −0.039					0 −0.046				0 −0.054	
高度 h	基本尺寸	14	16	18	20	22	25	28	32	32	36	40	45	50
	极限偏差 矩形(h11)	0 −0.110			0 −0.130				0 −0.160					
	极限偏差 方形(h8)	—			—				—					

续表

倒角或倒圆 s		0.60～0.80			1.00～1.20				1.60～2.00			2.50～3.00		
长度 L														
基本尺寸	极限偏差（h14）													
70	0 −0.74		—	—	—	—	—	—	—	—	—	—	—	—
80				—	—	—	—	—	—	—	—	—	—	—
90	0 −0.87				—	—	—	—	—	—	—	—	—	—
100							—	—	—	—	—	—	—	—
110								—	—	—	—	—	—	—
125	0 −1.00								—	—	—	—	—	—
140										—	—	—	—	—
160					标准						—	—	—	—
180												—	—	—
200	0 −1.15												—	—
220														—
250								长度						
280	0 −1.30													
320	0 −1.40	—												
360		—	—								范围			
400		—	—	—										
450	0 −1.55	—	—	—	—	—								
500		—	—	—	—	—	—							

表 24-3　半圆键的尺寸　　mm

键尺寸 $b\times h\times D$	宽度 b		高度 h		直径 D		倒角或倒圆 s	
	基本尺寸	极限偏差	基本尺寸	极限偏差（h12）	基本尺寸	极限偏差（h12）	min	max
1×1.4×4	1	0 −0.025	1.4	0 −0.10	4	0 −0.120	0.16	0.25
1.5×2.6×7	1.5		2.6		7	0 −0.150		
2×2.6×7	2		2.6		7			
2×3.7×10	2		3.7	0 −0.12	10			
2.5×3.7×10	2.5		3.7		10			
3×5×13	3		5		13	0 −0.180		
3×6.5×16	3		6.5	−0.15	16			
4×6.5×16	4		6.5		16			
4×7.5×19	4		7.5		19	0 −0.210	0.25	0.40
5×6.5×16	5		6.5		16	0 −0.180		
5×7.5×19	5		7.5		19	0 −0.210		
5×9×22	5		9		22			
6×9×22	6		9		22			
6×10×25	6		10		25			
8×11×28	8		11	0 −0.180	28		0.40	0.60
10×13×32	10		13		32	0 −0.250		

表 24-4　钩头楔键的尺寸　　mm

宽度 *b*	基本尺寸	4	5	6	8	10	12	14	16	18	20	22	25
	极限偏差 (h8)	0 −0.018			0 −0.022		0 −0.027				0 −0.033		
高度 *h*	基本尺寸	4	5	6	7	8	8	9	10	11	12	14	14
	极限偏差 (h11)	0 −0.075			0 −0.090					0 −0.110			
h_1		7	8	10	11	12	12	14	16	18	20	22	22
倒角或倒圆 *s*		0.16～0.25	0.25～0.40			0.40～0.60					0.60～0.80		
长度 *L*													
基本尺寸	极限偏差 (h14)												
14	0 −0.43				—	—	—	—	—	—	—	—	—
16					—	—	—	—	—	—	—	—	—
18						—	—	—	—	—	—	—	—
20	0 −0.52					—	—	—	—	—	—	—	—
22							—	—	—	—	—	—	—
25							—	—	—	—	—	—	—
28	0 −0.62							—	—	—	—	—	—
32								—	—	—	—	—	—
36									—	—	—	—	—
40					标准				—	—	—	—	—
45										—	—	—	—
50		—									—	—	—
56	0 −0.74	—										—	—
63		—	—										—
70		—	—					长度					
80		—	—	—									
90	0 −0.87	—	—	—									
100		—	—	—	—								
110		—	—	—	—						范围		
125	0 −1.00	—	—	—	—	—							
140		—	—	—	—	—							
160		—	—	—	—	—							
180		—	—	—	—	—	—	—					
200	0 −1.15	—	—	—	—	—	—	—	—				
220		—	—	—	—	—	—	—	—	—			
250		—	—	—	—	—	—	—	—	—	—		
280	0 −1.30	—	—	—	—	—	—	—	—	—	—	—	

续表

宽度 b	基本尺寸	28	32	36	40	45	50	56	63	70	80	90	100
	极限偏差 (h8)	0 −0.033	0 −0.039					0 −0.046				0 −0.054	
高度 h	基本尺寸	16	18	20	22	25	28	32	32	36	40	45	50
	极限偏差 (h11)	0 −0.110		0 −0.130				0 −0.160					
h_1		25	28	32	36	40	45	50	50	56	63	70	80
倒角或倒圆 s		0.50～0.80		1.00～1.20				1.60～2.00			2.50～3.00		
长度 L													
基本尺寸	极限偏差 (h14)												
80	0 −0.74		—	—	—	—	—	—	—	—	—	—	—
90	0 −0.87			—	—	—	—	—	—	—	—	—	—
100						—	—	—	—	—	—	—	—
110							—	—	—	—	—	—	—
125	0 −1.00							—	—	—	—	—	—
140									—	—	—	—	—
160					标准					—	—	—	—
180											—	—	—
200	0 −1.15											—	—
220													—
250								长度					
280	0 −1.30												
320	0 −1.40												
360		—									范围		
400		—	—										
450	0 −1.55	—	—	—	—	—							
500		—	—	—	—	—							

24.2 花键

GB/T 4459.3—2000《机械制图　花键表示法》规定了矩形花键（GB/T 1144—2001）和直齿渐开线花键（GB/T 3478.1—2008）的画法、尺寸注法及花键标记注法。

24.2.1 矩形花键的画法及标注

（1）矩形外花键的画法

如图 24-3 所示，在垂直于花键轴线的投影面的视图中，外花键的大径 D 用粗实线绘制，小径 d 用细实线画出。工作长度 L 的终止线和尾部末端用细实线画出。尾部一般用倾斜于轴线 30°的细实线画出，必要时，可按实际情况画出。在断面图中可剖出部分或全部齿形。在包含轴线的局部剖视图中，小径 d 用粗实线画出，但大径和小径之间不画剖面线。

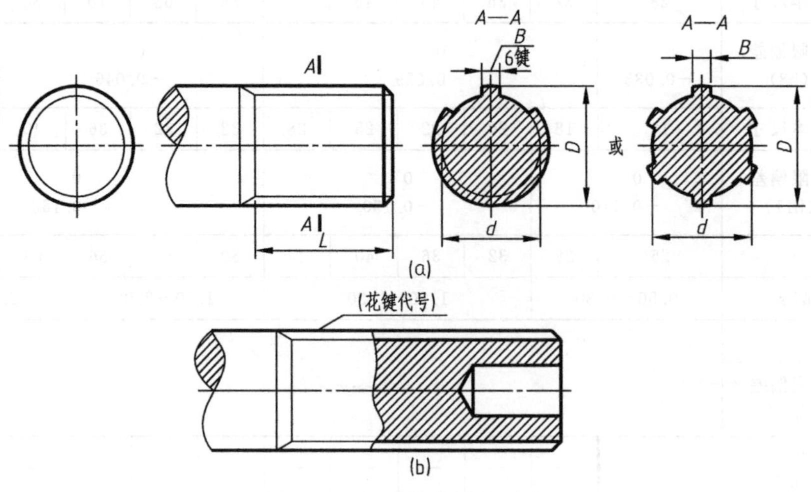

图 24-3　矩形外花键的画法

（2）矩形内花键的画法

如图 24-4 所示键的剖视图中，大径 D、小径 d 均用粗实线绘制。在垂直于轴线的剖视图中，可画出部分齿形，未画齿处，大径用细实线圆表示，小径用粗实线圆表示；也可画出全部齿形。

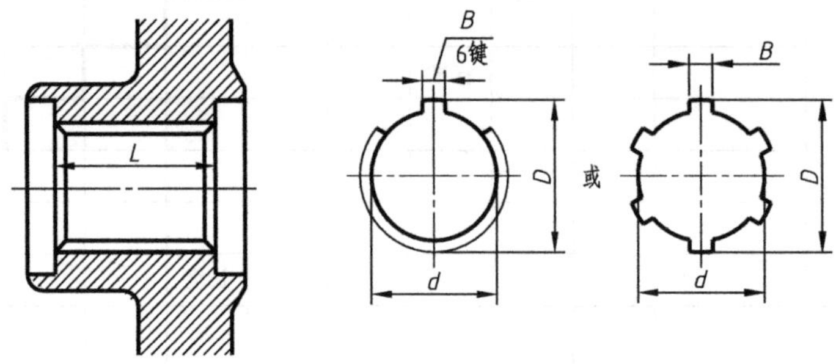

图 24-4　矩形内花键的画法

（3）矩形花键的标记

内外花键的大径 D、小径 d、键宽 B 可采用一般尺寸的注法，见图 24-3(a)、图 24-4。也可采用由大径处引线，并写出花键代号。代号的写法为⎍$N\times d\times D\times B$，⎍为矩形花键符号，$N$ 为键数，d、D、B 的数字后均应加注公差带代号，例如⎍6 × 23H7 × 26H10 × 6H11，如图 24-5 所示。

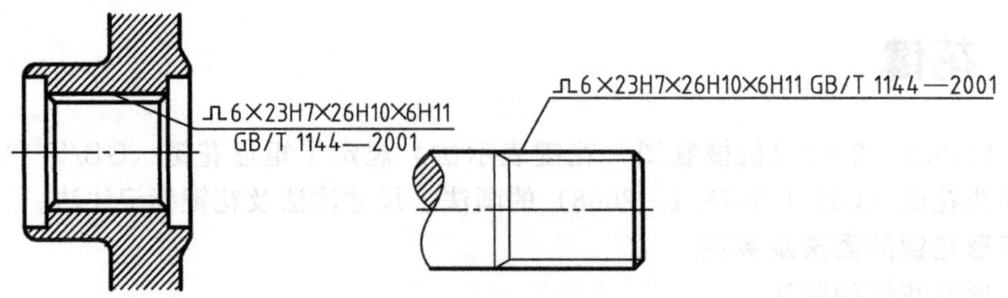

图 24-5　矩形花键的标注方法

外花键的长度 L 的注法有三种：只注写工作长度 L；注写工作长度 L 和尾部长度；注写工作长度 L 和全长，如图 24-6 所示。

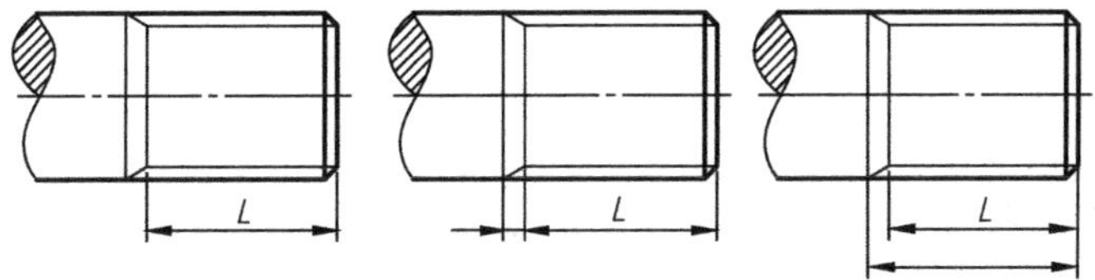

图 24-6　矩形外花键长度的注法

(4) 矩形花键连接画法及标注

花键连接用剖视图表示，其连接部分按外花键的画法画出，如图 24-7 所示，其标注见图 24-7。

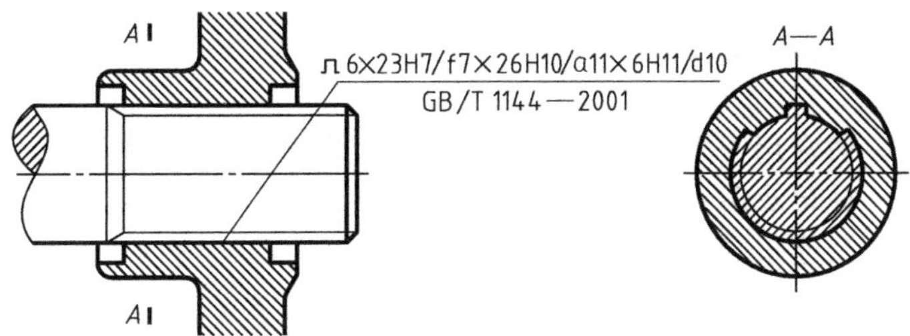

图 24-7　矩形花键的连接画法及标注

24.2.2 渐开线花键的画法及标注

(1) 渐开线花键的画法

渐开线花键的画法如图 24-8 所示，其中分度圆和分度线用细点画线画出，其他均与矩形花键的画法相同。

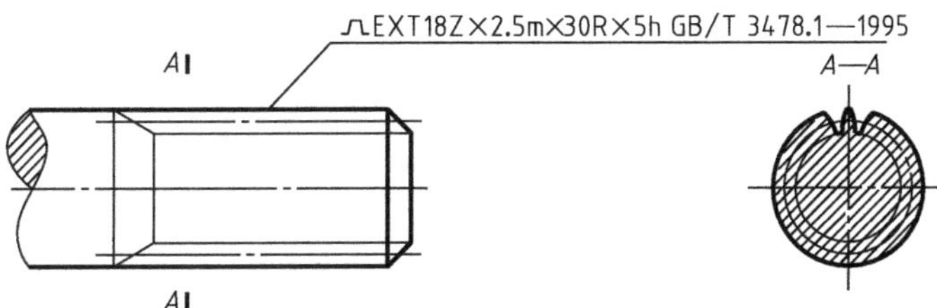

图 24-8　渐开线花键的画法

图 24-9 为渐开线花键的连接画法，其连接部位按外花键的画法画出。

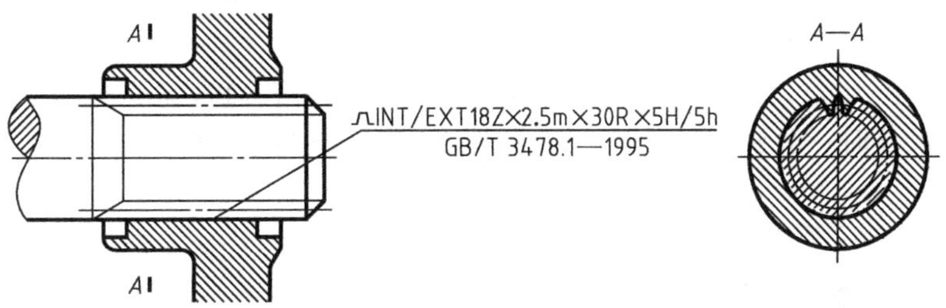

图 24-9　渐开线花键的连接画法

(2) 渐开线花键的标注

渐开线花键按齿形角和齿根分为三种：30°平齿根，代号为 30P；30°圆齿根，代号为 30R；45°圆齿根，代号为 45。

渐开线花键的公差等级：当压力角为 30°时，有 4、5、6、7 四个等级；当压力角为 45°

时，有 6、7 两个等级。

渐开线花键代号的标注示例：

⎍EXT18Z×2.5m×30R×5h GB/T 3478.1—1995，⎍表示渐开线花键；EXT 表示外花键（内花键用 INT 表示）；18Z 表示 18 个齿；2.5m 表示模数为 2.5；30R 表示 30°圆齿根；5h 表示公差等级和配合类别，图样上的标注见图 24-8。

⎍INT/EXT18Z×2.5m×30R×5H/5h GB/T 3478.1—1995，INT/EXT 花键副；5H/5h 表示公差等级和配合类别，图样上的标注见图 24-9。

24.3 销及其连接

销是标准件，各种销的国家标准编号见表 24-5。

24.3.1 销的作用

销的种类较多，通常用于零件间的连接、定位，并能起到防松作用。

24.3.2 销的种类、标记及连接画法示例

销的种类、标记及连接画法见表 24-5。

表 24-5　销的种类、标记和连接画法

名称及标准	主要尺寸与标记	连接画法
圆柱销 GB/T 119.1—2000	标记：销GB/T 119.1 $A d\times l$	
圆锥销 GB/T 117—2000	标记：销GB/T 117 $A d\times l$	
开口销 GB/T 91—2000	标记：销GB/T 91 $d\times l$	

24.3.3 销孔标注注意事项

① 如图 24-10 所示，由于用销连接的两个零件上的销孔通常需一起加工，因此，在图样中标注销孔尺寸时一般要注写“配作”，如图 24-11、图 24-12 所示。

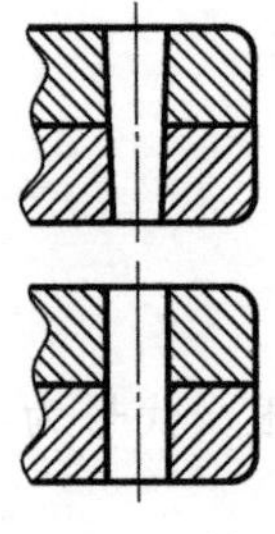
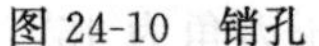

图 24-10　销孔

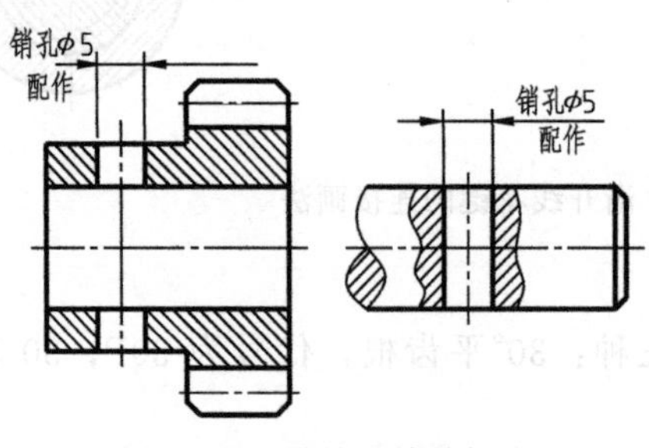

图 24-11　销孔尺寸的标注

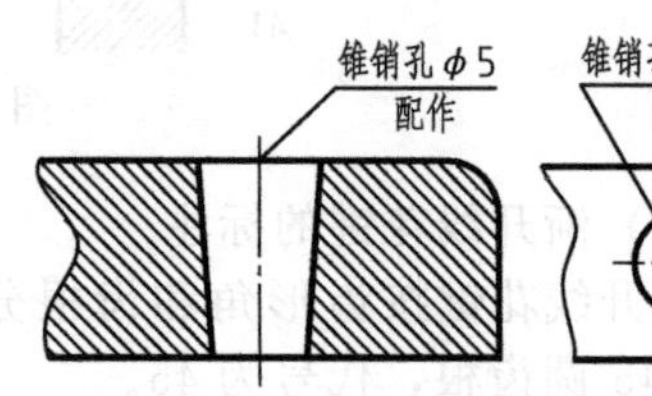

图 24-12　圆锥销孔尺寸的标注

② 圆锥销的公称直径是小端直径，在圆锥销孔上需用引线标注尺寸，如图 24-12 所示。

24.3.4　销的尺寸

圆柱销尺寸（GB/T 119.1—2000）见表 24-6。圆锥销尺寸（GB/T 117—2000）见表 24-7。开口销尺寸（GB/T 91—2000）见表 24-8 和表 24-9。

表 24-6　圆柱销尺寸　mm

d m6/h8①			0.6	0.8	1	1.2	1.5	2	2.5	3	4	5	6	8	10	12	16	20	25	30	40	50
c≈			0.12	0.16	0.2	0.25	0.3	0.35	0.4	0.5	0.63	0.8	1.2	1.6	2	2.5	3	3.5	4	5	6.3	8
l②																						
公称	min	max																				
2	1.75	2.25																				
3	2.75	3.25																				
4	3.75	4.25																				
5	4.75	5.25																				
6	5.75	6.25																				
8	7.75	8.25																				
10	9.75	10.25																				
12	11.5	12.5																				
14	13.5	14.5																				
16	15.5	16.5																				
18	17.5	18.5																				
20	19.5	20.5																				
22	21.5	22.5																				
24	23.5	24.5									商品											
26	25.5	26.5																				
28	27.5	28.5																				
30	29.5	30.5																				
32	31.5	32.5																				
35	34.5	35.5																				
40	39.5	40.5													长度							
45	44.5	45.5																				
50	49.5	50.5																				
55	54.25	55.75																				
60	59.25	60.75																				
65	64.25	65.75																				
70	69.25	70.75																范围				
75	74.25	75.75																				
80	79.25	80.75																				
85	84.25	85.75																				
90	89.25	90.75																				
95	94.25	95.75																				
100	99.25	100.75																				
120	119.25	120.75																				
140	139.25	140.75																				
160	159.25	160.75																				
180	179.25	180.75																				
200	199.25	200.75																				

①其他公差由供需双方协议。

②公称长度大于 200mm，按 20mm 递增。

表 24-7 圆锥销尺寸 mm

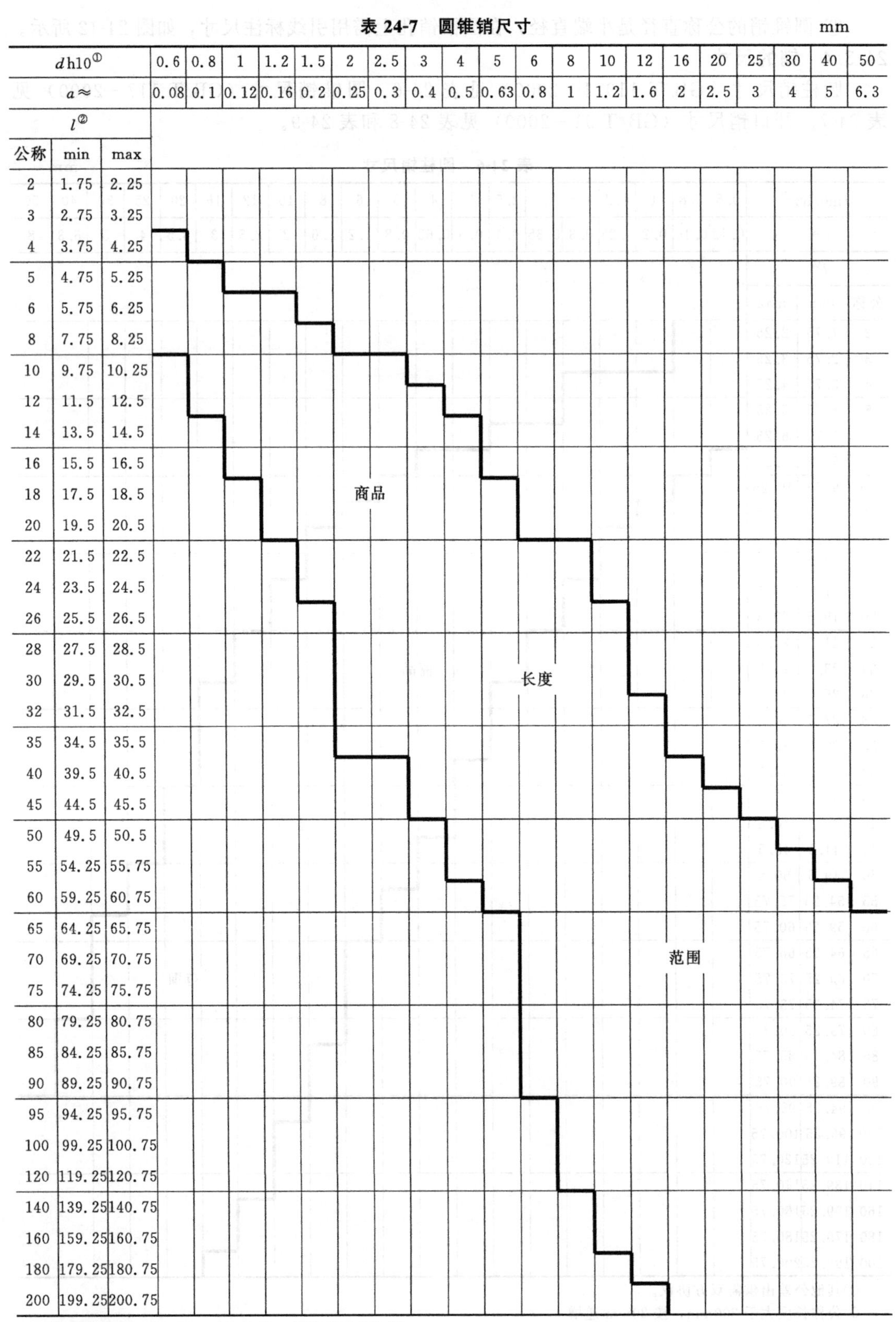

dh10①			0.6	0.8	1	1.2	1.5	2	2.5	3	4	5	6	8	10	12	16	20	25	30	40	50
a≈			0.08	0.1	0.12	0.16	0.2	0.25	0.3	0.4	0.5	0.63	0.8	1	1.2	1.6	2	2.5	3	4	5	6.3
l②																						
公称	min	max																				
2	1.75	2.25																				
3	2.75	3.25																				
4	3.75	4.25																				
5	4.75	5.25																				
6	5.75	6.25																				
8	7.75	8.25																				
10	9.75	10.25																				
12	11.5	12.5																				
14	13.5	14.5																				
16	15.5	16.5																				
18	17.5	18.5							商品													
20	19.5	20.5																				
22	21.5	22.5																				
24	23.5	24.5																				
26	25.5	26.5																				
28	27.5	28.5																				
30	29.5	30.5											长度									
32	31.5	32.5																				
35	34.5	35.5																				
40	39.5	40.5																				
45	44.5	45.5																				
50	49.5	50.5																				
55	54.25	55.75																				
60	59.25	60.75																				
65	64.25	65.75																				
70	69.25	70.75																范围				
75	74.25	75.75																				
80	79.25	80.75																				
85	84.25	85.75																				
90	89.25	90.75																				
95	94.25	95.75																				
100	99.25	100.75																				
120	119.25	120.75																				
140	139.25	140.75																				
160	159.25	160.75																				
180	179.25	180.75																				
200	199.25	200.75																				

①其他公差，如 a11，c11 和 f8，由供需双方协议。

②公称长度大于 200mm，按 20mm 递增。

表 24-8　开口销尺寸　mm

公称规格①			0.6	0.8	1	1.2	1.6	2	2.5	3.2
d		max	0.5	0.7	0.9	1.0	1.4	1.8	2.3	2.9
		min	0.4	0.6	0.8	0.9	1.3	1.7	2.1	2.7
a		max	1.6	1.6	1.6	2.50	2.50	2.50	2.50	3.2
		min	0.8	0.8	0.8	1.25	1.25	1.25	1.25	1.6
b≈			2	2.4	3	3	3.2	4	5	6.4
c		max	1.0	1.4	1.8	2.0	2.8	3.6	4.6	5.8
		min	0.9	1.2	1.6	1.7	2.4	3.2	4.0	5.1
适用的直径②	螺栓	＞	—	2.5	3.5	4.5	5.5	7	9	11
		≤	2.5	3.5	4.5	5.5	7	9	11	14
	U 形销	＞	—	2	3	4	5	6	8	9
		≤	2	3	4	5	6	8	9	12
公称规格①			4	5	6.3	8	10	13	16	20
d		max	3.7	4.6	5.9	7.5	9.5	12.4	15.4	19.3
		min	3.5	4.4	5.7	7.3	9.3	12.1	15.1	19.0
a		max	4	4	4	4	6.30	6.30	6.30	6.30
		min	2	2	2	2	3.15	3.15	3.15	3.15
b≈			8	10	12.6	16	20	26	32	40
c		max	7.4	9.2	11.8	15.0	19.0	24.8	30.8	38.5
		min	6.5	8.0	10.3	13.1	16.6	21.7	27.0	33.8
适用的直径②	螺栓	＞	14	20	27	39	56	80	120	170
		≤	20	27	39	56	80	120	170	—
	U 形销	＞	12	17	23	29	44	69	110	160
		≤	17	23	29	44	69	110	160	—

①公称规格等于开口销孔的直径。对销孔直径推荐的公差为。

公称规格≤1.2：H13；

公称规格＞1.2：H14

根据供需双方协议，允许采用公称规格为 3.6 和 12mm 的开口销。

②用于铁道和在 U 形销中开口销承受交变横向力的场合，推荐使用的开口销规格应较本表规定的加大一挡。

表 24-9 开口销公称长度 l 和商品长度规格 mm

长度 l			公称规格															
公称	min	max	0.6	0.8	1	1.2	1.6	2	2.5	3.2	4	5	6.3	8	10	13	16	20
4	3.5	4.5																
5	4.5	5.5																
6	5.5	6.5																
8	7.5	8.5																
10	9.5	10.5																
12	11	13																
14	13	15																
16	15	17				商品												
18	17	19																
20	19	21																
22	21	23																
25	24	26																
28	27	29																
32	30.5	33.5							长度									
36	34.5	37.5																
40	38.5	41.5																
45	43.5	46.6																
50	48.5	51.5																
56	54.5	57.5																
63	61.5	64.5											范围					
71	69.5	72.5																
80	78.5	81.5																
90	88	92																
100	98	102																
112	110	114																
125	123	127																
140	138	142																
160	158	162																
180	178	182																
200	198	202																
224	222	226																
250	248	252																
280	278	282																

24.4 挡圈

24.4.1 锁紧挡圈及钢丝锁圈（GB/T 883—1986、GB/T 884—1986、GB/T 885—1986、GB/T 921—1986）

(1) 画法

锁紧挡圈及钢丝锁圈的画法见图 24-13。

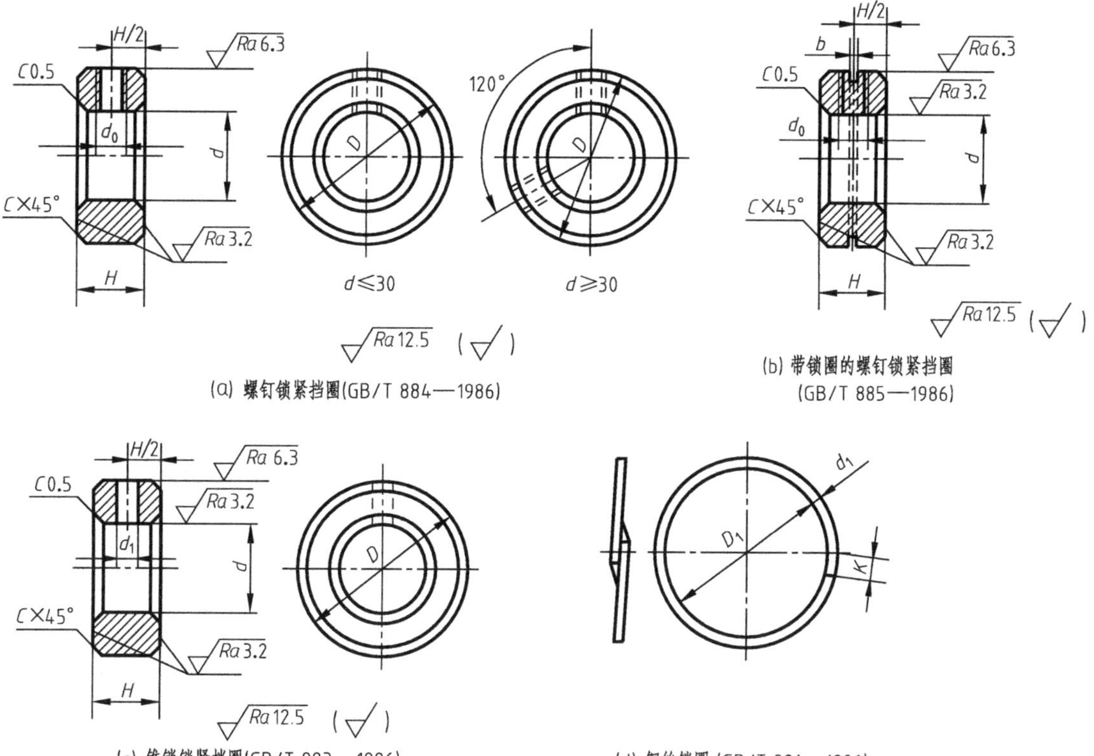

图 24-13 锁紧挡圈及钢丝锁圈的画法

(2) 标记

① 公称直径 d＝20mm，材料为 A3，不经表面处理的螺钉锁紧挡圈的标记：

挡圈 GB/T 884—1986—20

② 公称直径 d＝20mm，材料为 A3，不经表面处理的锥销锁紧挡圈的标记：

挡圈 GB/T 883—1986—20

③ 公称直径 d＝20mm，材料为 A3，不经表面处理的带锁圈的螺钉锁紧挡圈的标记：

挡圈 GB/T 885—1986—20

④ 公称直径 D＝30mm，材料为碳素弹簧钢丝，经低温回火及表面氧化处理的锁圈的标记：

锁圈 GB/T 921—1986—30

(3) 尺寸

锁紧挡圈及钢丝锁圈的尺寸见表 24-10。

表 24-10　锁紧挡圈及钢丝锁圈的尺寸　　mm

公称直径 d		H		D	c		d_1	d_0	b		t		圆锥销	螺钉	钢丝锁圈		
基本尺寸	极限偏差	基本尺寸	极限偏差		GB/T 883—1986	GB/T 884—1986 GB/T 885—1986			基本尺寸	极限偏差	基本尺寸	极限偏差	GB/T 117—2000（推荐）	GB/T 71—1985（推荐）	公称直径 D_1	d_1	K
8	+0.036 0	10	0 −0.36	20	0.5	0.5	3	M5	1	+0.20 +0.06	1.8	±0.18	3×22	M5×8	15	0.7	2
(9)				22											17		
10																	
12	+0.043 0			25									3×25		20		
(13)																	
14		12	0 −0.43	28		1	4	M6			2	±0.20	4×28	M6×10	23		
15				30									4×32		25	0.8	3
16																	
17			0 −0.43	32									4×32		27		
18																	
(19)	+0.052 0			35			5						4×35		30		
20																	
22				38	1		6						5×40		32		
25		14		42				M8	1.2	+0.31 +0.06	2.5	±0.25	5×45	M8×12	35	1	6
28				45											38		
30	+0.062 0			48									6×50		41		
32				52									6×55		44		
35		16		56				M10	1.6		3	±0.30		M10×16	47	1.4	
40	+0.062 0	16	0 −0.43	62	1	1	6	M10	1.6	+0.31 +0.06	3	±0.30	6×60	M10×16	54	1.4	6
45		18		70									6×70		62		
50				80			8						8×80	M10×20	71		9
55	+0.074 0			85									8×90		76		
60		20	0 −0.52	90			10								81		
65				95									10×100		86		
70				100											91		
75		22		110				M12	2		3.6	±0.36	10×120	M12×25	100	1.8	
80				115											105		
85	+0.087 0			120											110		
90				125											115		
95		25		130	1.5	1.5							10×130	M12×25	120		
100				135									10×140		124		12
105				140			12								129		
110		30		150							4.5	±0.45	12×150		136		
115				155											142		
120				160									12×160		147		
(125)	+0.10 0			165											152		
130	+0.10 0	30	0 −0.52	170	1.5	1.5	12	M12	2	+0.31 +0.06	4.5	±0.45	12×180	M12×25	156	1.8	12
(135)				175	—										162		
140				180											166		
(145)				190										M12×30	176		
150				200											186		
160				210											196		
170				220											206		
180				230											216		
190	+0.0115 0			240											226		
200				250											236		

注：1. 尽可能不采用括号内的规格。

2. d_1 孔在加工时，只钻一面，在装配时钻透并铰孔。

24.4.2　轴端挡圈（GB/T 891—1986、GB/T 892—1986）

(1) 轴端挡圈及其装配画法

轴端挡圈及其装配画法见图 24-14。

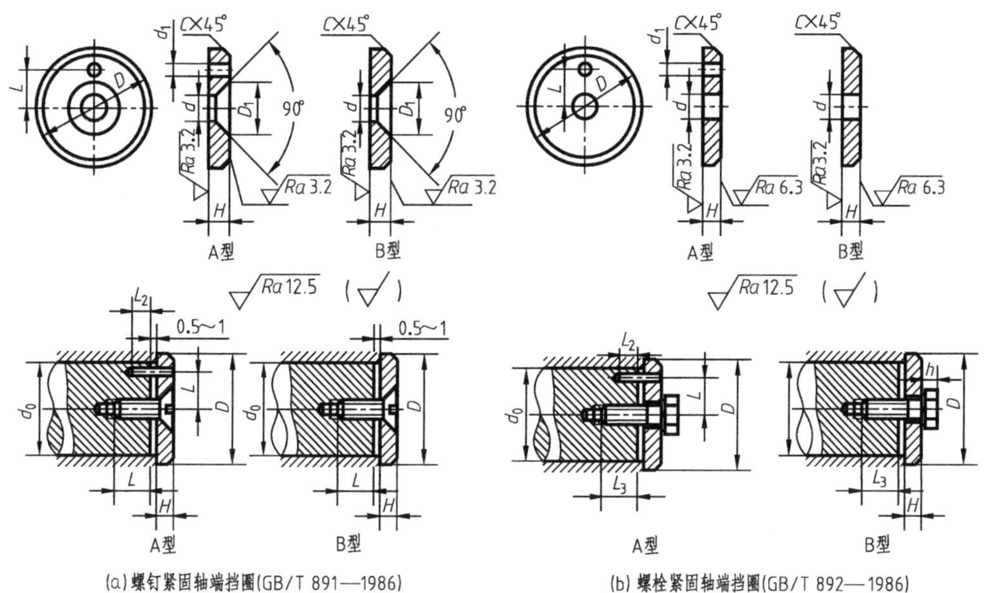

图 24-14　轴端挡圈及其装配画法

(2) 轴端挡圈标记

① 公称直径 D=45mm、材料为 A3、不经表面处理的 A 型螺钉紧固轴端挡圈的标记：

挡圈　GB/T 891—1986—45

按 B 型制造时，应加标记 B：

挡圈　GB/T 891—1986—B45

② 公称直径 D=45mm、材料为 A3、不经表面处理的 A 型螺栓紧固轴端挡圈的标记：

挡圈　GB/T 892—1986—45

按 B 型制造时，应加标记 B：

挡圈　GB/T 892—1986—B45

(3) 轴端挡圈的尺寸

轴端挡圈的尺寸见表 24-11。

表 24-11　轴端挡圈的尺寸　mm

轴径 d_0 ≤	公称直径 D	H	L	d	d_1	C	螺钉紧固轴端挡圈				螺栓紧固轴端挡圈					安装尺寸(参考)			
							D_1	螺钉 GB/T 819—1985（推荐）	1000 个重量/kg≈ A 型	1000 个重量/kg≈ B 型	圆柱销 GB/T 119—1986（推荐）	螺栓 GB/T 5783—1986（推荐）	垫圈 GB/T 93—1987（推荐）	1000 个重量/kg≈ A 型	1000 个重量/kg≈ B 型	L_1	L_2	L_3	h
16	22	4	—	5.5	2.1	0.5	11	M5×12	—	10.7	A2×10	M5×16	5	—	11.2	14	6	16	4.8
18	25		—						—	14.2				—	14.7				
20	28		7.5						17.9	18.1				18.4	18.6				
22	30								20.8	21.0				21.3	21.5				

续表

轴径 d_0 ≤	公称直径 D	H	L	d	d_1	C	螺钉紧固轴端挡圈 D_1	螺钉 GB/T 819—1985（推荐）	1000个重量/kg≈ A型	1000个重量/kg≈ B型	螺栓紧固轴端挡圈 圆柱销 GB/T 119—1986（推荐）	螺栓 GB/T 5783—1986（推荐）	垫圈 GB/T 93—1987（推荐）	1000个重量/kg≈ A型	1000个重量/kg≈ B型	安装尺寸（参考） L_1	L_2	L_3	h
25	32	5	10	6.6	3.2	1	13	M6×16	28.7	29.2	A3×12	M6×20	6	29.7	30.2	18	7	20	5.6
28	35								34.8	35.3				35.8	36.3				
30	38								41.6	42.0				42.9	43.0				
32	40		12						46.3	46.8				47.3	47.8				
35	45								59.5	59.9				60.5	60.9				
40	50								74.0	74.5				75.0	75.5				
45	55	6	16	9	4.2	1.5	17	M8×20	108	109	A4×14	M8×25	8	110	111	22	8	24	7.4
50	60								126	127				128	129				
55	65								149	150				151	152				
60	70		20						174	175				176	177				
65	75								200	201				202	203				
70	80								229	230				231	232				
75	90	8	25					M12×25	381	383	A5×16	M12×30	12	383	390	26	10	28	11.5
85	100								427	429				434	436				

注：1.当挡圈装在带螺纹孔的轴端时，紧固用螺钉允许加长。
2.“轴端单孔挡圈的固定”不属GB/T 891—1986、GB/T 892—1986，供参考。
3.材料：Q235-A、35、45钢。

24.4.3　轴用弹性挡圈（GB/T 894—2017）

（1）轴用弹性挡圈及其装配画法

轴用弹性挡圈及其装配画法见图24-15。

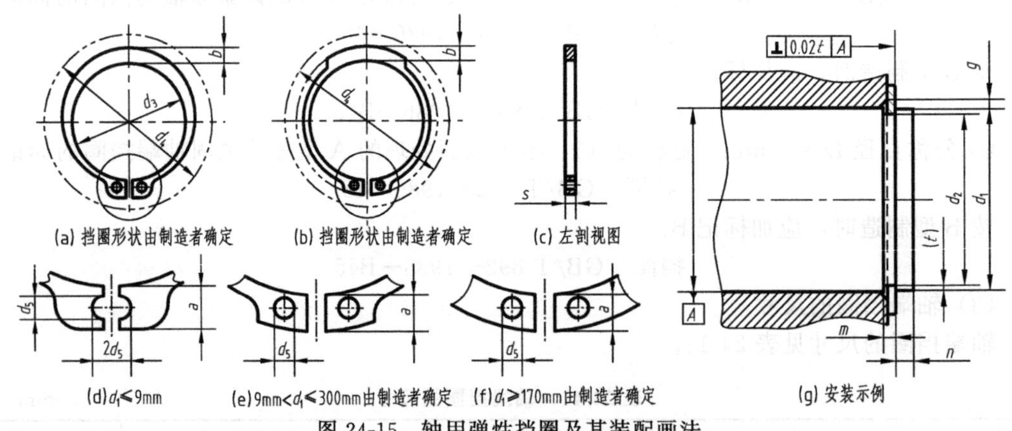

图24-15　轴用弹性挡圈及其装配画法

（2）轴用弹性挡圈标记

① 轴径 d_1=40 mm、厚度 s=1.75 mm、材料C67S、表面磷化处理的A型轴用弹性挡圈的标记：

挡圈　GB/T 894　40

② 轴径 d_1=40 mm、厚度 s=2.00 mm、材料C67S、表面磷化处理的B型轴用弹性挡圈的标记：

挡圈　GB/T 894　40B

（3）轴用弹性挡圈尺寸

轴用弹性挡圈尺寸见表24-12。

表 24-12　标准型(A型)轴用弹性挡圈尺寸

mm

公称规格 d_1	挡圈								沟槽					其他					
	s		d_3		a max	b[1] ≈	d min	千件质量/kg≈	d_2[2]		m[3] H13	t	n min	d_4	F_N/kN	F_R[4]/kN	g	F_{Rg}[4]/kN	安装工具规格[5]
	基本尺寸	极限偏差	基本尺寸	极限偏差					基本尺寸	极限偏差									
8	0.80	0 −0.05	8.7	+0.36 −0.10	2.4	1.1	1.0	0.14	8.4	+0.09 0	0.9	0.20	0.6	3.0	0.86	2.00	0.5	1.50	1.0
9	0.80		9.8		2.5	1.3	1.0	0.15	9.4		0.9	0.20	0.6	3.7	0.96	2.00	0.5	1.50	
10	1.00	0 −0.06	10.8		3.2	1.4	1.2	0.18	10.4	+0.11 0	1.1	0.20	0.6	3.3	1.08	4.00	0.5	2.20	1.5
11	1.00		11.8		3.3	1.5	1.2	0.31	11.4		1.1	0.20	0.6	4.1	1.17	4.00	0.5	2.30	
12	1.00		13		3.4	1.7	1.5	0.37	12.5		1.1	0.25	0.8	4.9	1.60	4.00	0.5	2.30	
13	1.00		14.1		3.6	1.8	1.5	0.42	13.6		1.1	0.30	0.9	5.4	2.10	4.20	0.5	2.30	
14	1.00		15.1		3.7	1.9	1.7	0.52	14.6		1.1	0.30	0.9	6.2	2.25	4.50	0.5	2.30	2.0
15	1.00		16.2		3.7	2.0	1.7	0.56	15.7		1.1	0.35	1.1	7.2	2.80	5.00	0.5	2.30	
16	1.00		17.3		3.8	2.0	1.7	0.60	16.8		1.1	0.40	1.2	8.0	3.40	5.50	1.0	2.60	
17	1.00		18.3	+0.42 −0.13	3.9	2.1	1.7	0.65	17.8		1.1	0.40	1.2	8.8	3.60	6.00	1.0	2.50	
18	1.00		19.5		4.1	2.2	2.0	0.74	19	+0.13 0	1.1	0.50	1.5	9.4	4.80	6.50	1.0	2.60	
19	1.00		20.5		4.1	2.2	2.0	0.83	20		1.1	0.50	1.5	10.4	5.10	6.80	1.0	2.50	
20	1.00		21.5		4.2	2.3	2.0	0.90	21		1.1	0.50	1.5	11.2	5.40	7.20	1.0	2.50	
21	1.00		22.5		4.2	2.4	2.0	1.00	22		1.1	0.50	1.5	12.2	5.70	7.60	1.0	2.60	
22	1.00		23.5		4.2	2.5	2.0	1.10	23		1.1	0.50	1.5	13.2	5.90	8.00	1.0	2.70	
24	1.20		25.9	+0.42 −0.21	4.4	2.6	2.0	1.42	25.2	+0.21 0	1.3	0.60	1.8	14.8	7.70	13.90	1.0	4.60	
25	1.20		26.9		4.5	2.7	2.0	1.50	26.2		1.3	0.60	1.8	15.5	8.00	14.60	1.0	4.70	
26	1.20		27.9		4.7	2.8	2.0	1.60	27.2		1.3	0.60	1.8	16.1	8.40	13.85	1.0	4.60	
28	1.20		30.1	+0.50 −0.25	4.8	2.9	2.0	1.80	29.4		1.3	0.70	2.1	17.9	10.50	13.30	1.0	4.50	
30	1.20		32.1		4.8	3.0	2.0	2.06	31.4	+0.25 0	1.3	0.70	2.1	19.9	11.30	13.70	1.0	4.60	
31	1.20		33.4		5.2	3.2	2.5	2.10	32.7		1.3	0.85	2.6	20.0	14.10	13.80	1.0	4.70	
32	1.20		34.4		5.4	3.2	2.5	2.21	33.7		1.3	0.85	2.6	20.6	14.60	13.80	1.0	4.70	2.5
34	1.50		36.5		5.4	3.3	2.5	3.20	35.7		1.60	0.85	2.6	22.6	15.40	26.20	1.5	6.30	
35	1.50		37.8		5.4	3.4	2.5	3.54	37.0		1.60	1.00	3.0	23.6	18.80	26.90	1.5	6.40	

续表

公称规格 d_1	挡圈								沟槽					其他					
	s		d_3		a max	b[①] ≈	d min	千件质量 /kg≈	d_2[②]		m[③] H13	t	n min	d_4	F_N /kN	F_R[④] /kN	g	F_{Rg}[④] /kN	安装工具规格[⑤]
	基本尺寸	极限偏差	基本尺寸	极限偏差					基本尺寸	极限偏差									
36	1.50		38.8		5.4	3.5	2.5	3.70	38.0		1.60	1.00	3.0	24.6	19.40	26.40	1.5	6.40	
37	1.50		39.8	+0.50 −0.25	5.5	3.6	2.5	3.74	39		1.60	1.00	3.0	25.4	19.80	27.10	1.5	6.50	2.5
38	1.50		40.8		5.5	3.7	2.5	3.90	40		1.60	1.00	3.0	26.4	22.50	28.20	1.5	6.70	
40	1.75	0 −0.06	43.5		5.8	3.9	2.5	4.70	42.5	+0.25 0	1.85	1.25	3.8	27.8	27.00	44.60	2.0	8.30	
42	1.75		45.5	+0.90 −0.39	5.9	4.1	2.5	5.40	44.5		1.85	1.25	3.8	29.6	28.40	44.70	2.0	8.40	
45	1.75		48.5		6.2	4.3	2.5	6.00	47.5		1.85	1.25	3.8	32.0	30.20	43.10	2.0	8.20	
47	1.75		50.5		6.4	4.4	2.5	6.10	49.5		1.85	1.25	3.8	33.5	31.40	43.50	2.0	8.30	
48	1.75		51.5		6.4	4.5	2.5	6.70	50.5		1.85	1.25	3.8	34.5	32.00	43.20	2.0	8.40	
50	2.00		54.2		6.5	4.6	2.5	7.30	53.0		2.15	1.50	4.5	36.3	40.50	60.80	2.0	12.10	
52	2.00		56.2		6.7	4.7	2.5	8.20	55.0		2.15	1.50	4.5	37.9	42.00	60.25	2.0	12.00	
55	2.00		59.2		6.8	5.0	2.5	8.30	58.0		2.15	1.50	4.5	40.7	44.40	60.30	2.0	12.50	
56	2.00		60.2		6.8	5.1	2.5	8.70	59.0		2.15	1.50	4.5	41.7	45.20	60.30	2.0	12.60	
58	2.00		62.2		6.9	5.2	2.5	10.50	61.0		2.15	1.50	4.5	43.5	46.70	60.80	2.0	12.70	
60	2.00		64.2	+1.10 −0.46	7.3	5.4	2.5	11.10	63.0	+0.30 0	2.15	1.50	4.5	44.7	48.30	61.00	2.0	13.00	3.0
62	2.00		66.2		7.3	5.5	2.5	11.20	65.0		2.15	1.50	4.5	46.7	49.80	60.90	2.0	13.00	
63	2.00	0 −0.07	67.2		7.3	5.6	2.5	12.40	66.0		2.15	1.50	4.5	47.7	50.60	60.80	2.0	13.00	
65	2.50		69.2		7.6	5.8	3.0	14.30	68.0		2.65	1.50	4.5	49.0	51.80	121.00	2.5	20.80	
68	2.50		72.5		7.8	6.1	3.0	16.00	71.0		2.65	1.50	4.5	51.6	51.50	121.50	2.5	21.20	
79	2.50		74.5		7.8	6.2	3.0	16.50	73.0		2.65	1.50	4.5	53.6	56.20	119.00	2.5	21.00	
72	2.50		76.5		7.8	6.4	3.0	18.10	75.0		2.65	1.50	4.5	55.6	58.00	119.20	2.5	21.00	
75	2.50		79.5		7.8	6.6	3.0	18.80	78.0		2.65	1.50	4.5	58.6	60.00	118.00	2.5	21.00	
78	2.50		82.5		8.5	6.6	3.0	20.4	81.0		2.65	1.50	4.5	60.1	62.30	122.50	2.5	21.80	
80	2.50		85.5	+1.30 −0.54	8.5	6.8	3.0	22.0	83.5	+0.35 0	2.65	1.75	5.3	62.1	74.60	120.90	2.5	21.80	
82	2.50		87.5		8.5	7.0	3.0	24.0	85.5		2.65	1.75	5.3	64.1	76.60	119.00	2.5	21.40	

续表

公称规格 d_1	挡圈								沟槽					其他					
	s		d_3		a max	b[①] ≈	d min	千件质量 /kg≈	d_2[②]		m[③] H13	t	n min	d_4	F_N /kN	F_R[④] /kN	g	F_{Rg}[④] /kN	安装工具规格[⑤]
	基本尺寸	极限偏差	基本尺寸	极限偏差					基本尺寸	极限偏差									
85	3.00	0 −0.08	90.5	+1.30 0.54	8.6	7.0	3.5	25.3	88.5	+0.35 0	3.15	1.75	5.3	66.9	79.50	201.40	3.0	31.20	3.0
88	3.00		93.5		8.6	7.2	3.5	28.0	91.5		3.15	1.75	5.3	69.9	82.10	209.40	3.0	32.70	
90	3.00		95.5		8.6	7.6	3.5	31.0	93.5		3.15	1.75	5.3	71.9	84.00	199.00	3.0	31.40	
92	3.00		97.5		8.7	7.8	3.5	32.0	95.5		3.15	1.75	5.3	73.7	85.80	201.00	3.0	32.00	
95	3.00		100.5		8.8	8.1	3.5	35.0	98.5		3.15	1.75	5.3	76.5	88.60	195.00	3.0	31.40	
98	3.00		103.5		9.0	8.3	3.5	37.0	101.5		3.15	1.75	5.3	79.0	91.30	191.00	3.0	31.00	
100	3.00		105.5		9.2	8.4	3.5	38.0	103.5		3.15	1.75	5.3	80.6	93.10	188.00	3.0	30.80	
102	4.00	0 −0.10	108		9.5	8.5	3.5	55.0	106.0	+0.54 0	4.15	2.00	6.0	82.0	108.80	439.00	3.0	72.60	4.0
105	4.00		112		9.5	8.7	3.5	56.0	109.0		4.15	2.00	6.0	85.0	112.00	436.00	3.0	73.00	
108	4.00		115		9.5	8.9	3.5	60.0	112.0		4.15	2.00	6.0	88.0	115.00	419.00	3.0	71.00	
110	4.00		117		10.4	9.0	3.5	64.5	114.0		4.15	2.00	6.0	88.2	117.00	415.00	3.0	71.00	
112	4.00		119		10.5	9.1	3.5	72.0	116.0		4.15	2.00	6.0	90.0	119.00	418.00	3.0	72.00	
115	4.00		122	+1.50 −0.63	10.5	9.3	3.5	74.5	119.0		4.15	2.00	6.0	93.0	122.00	409.00	3.0	71.20	
120	4.00		127		11.0	9.7	3.5	77.0	124.0	+0.63 0	4.15	2.00	6.0	96.9	127.00	396.00	3.0	70.00	
125	4.00		132		11.0	10.0	4.0	79.0	129.0		4.15	2.00	6.0	101.9	132.00	385.00	3.0	70.00	
130	4.00		137		11.0	10.2	4.0	82.0	134.0		4.15	2.00	6.0	106.9	138.00	374.00	3.0	69.00	
135	4.00		142		11.2	10.5	4.0	84.0	139.0		4.15	2.00	6.0	111.5	143.00	358.00	3.0	67.00	
140	4.00		147		11.2	10.7	4.0	87.5	144.0		4.15	2.00	6.0	116.5	148.00	350.00	3.0	66.50	
145	4.00		152		11.4	10.9	4.0	93.0	149.0		4.15	2.00	6.0	121.0	153.00	336.00	3.0	65.00	
150	4.00		158		12.0	11.2	4.0	105.0	155.0		4.15	2.50	7.5	124.8	191.00	326.00	3.0	64.00	
155	4.00		164		12.0	11.4	4.0	107.0	160.0		4.15	2.50	7.5	129.8	206.00	324.00	3.5	55.00	
160	4.00		169		13.0	11.6	4.0	110.0	165.0		4.15	2.50	7.5	132.7	212.00	321.00	3.5	54.40	
165	4.00		174.5		13.0	11.8	4.0	125.0	170.0		4.15	2.50	7.5	137.7	219.00	319.00	3.5	54.00	
170	4.00		179.5		13.5	12.2	4.0	140.0	175.0		4.15	2.50	7.5	141.6	225.00	349.00	3.5	59.00	

续表

公称规格 d_1	挡圈								沟槽					其他					
	s		d_3		a max	b[①] ≈	d min	千件质量 /kg≈	d_2[②]		m[③] H13	t	n min	d_4	F_N /kN	F_R[④] /kN	g	F_{Rg}[④] /kN	安装工具规格[⑤]
	基本尺寸	极限偏差	基本尺寸	极限偏差					基本尺寸	极限偏差									
175	4.00	0 −0.10	184.5	+1.70 −0.72	13.5	12.7	4.0	150.0	180.0	+0.63 0	4.15	2.50	7.5	146.6	232.00	351.00	3.5	59.00	4.0
180	4.00		189.5		14.2	13.2	4.0	165.0	185.0	+0.72 0	4.15	2.50	7.5	150.2	238.00	347.00	3.5	58.50	
185	4.00		194.5		14.2	13.7	4.0	170.0	190.0		4.15	2.50	7.5	155.2	245.00	349.00	3.5	57.50	
190	4.00		199.5		14.2	13.8	4.0	175.0	195.0		4.15	2.50	7.5	160.2	251.00	340.00	3.5	57.50	
195	4.00		204.5		14.2	14.0	4.0	183.0	200.0		4.15	2.50	7.5	165.2	258.00	330.00	3.5	55.50	
200	4.00		209.5		14.2	14.0	4.0	195.0	205.0		4.15	2.50	7.5	170.2	265.00	325.00	3.5	55.00	
210	5.00	0 −0.12	222.0		14.2	14.0	4.0	270.0	216.0		5.15	3.00	9.0	180.2	333.00	601.00	4.0	89.50	⑥
220	5.00		232.0		14.2	14.0	4.0	315.0	226.0		5.15	3.00	9.0	190.2	349.00	574.00	4.0	85.00	
230	5.00		242.0		14.2	14.0	4.0	330.0	236.0		5.15	3.00	9.0	200.2	365.00	549.00	4.0	81.00	
240	5.00		252.0	+2.00 −0.81	14.2	14.0	4.0	345.0	246.0		4.15	3.00	9.0	210.2	380.00	525.00	4.0	77.50	
250	5.00		262.0		16.2	16.0	5.0	360.0	256.0	+0.81 0	5.15	3.00	9.0	220.2	396.00	504.00	4.0	75.00	
260	5.00		275.0		16.2	16.0	5.0	375.0	268.0		5.15	4.00	12.0	226.0	553.00	538.00	4.0	80.00	
270	5.00		285.0		16.2	16.0	5.0	388.0	278.0		5.15	4.00	12.0	236.0	573.00	518.00	4.0	77.00	
280	5.00		295.0		16.2	16.0	5.0	400.0	288.0		5.15	4.00	12.0	246.0	593.00	499.00	4.0	74.00	
290	5.00		305.0		16.2	16.0	5.0	415.0	298.0		5.15	4.00	12.0	256.0	615.00	482.00	4.0	71.50	
300	5.00		315.0		16.2	16.0	5.0	435.0	308.0		5.15	4.00	12.0	266.0	636.00	466.00	4.0	69.00	

①尺寸 b 不能超过 a_{max}；

②见 GB/T 893—2017 6.1。

③见 GB/T 893—2017 6.2。

④适用于 C67S、C75S 制造的挡圈。

⑤挡圈安装工具按 JB/T 3411.48 规定。

⑥挡圈安装工具可以专门设计。

重型（B 型）

公称规格 d_1	挡圈								沟槽					其他					
	s		d_3		a max	b[①] ≈	d_5 min	千件质量 /kg≈	d_2[②]		m[③] H13	t	n min	d_4	F_N /kN	F_R[④] /kN	g	F_{Rg}[④] /kN	安装工具规格[⑤]
	基本尺寸	极限偏差	基本尺寸	极限偏差					基本尺寸	极限偏差									
20	1.50		21.5		4.5	2.4	2.0	1.41	21.0		1.60	0.50	1.5	10.5	5.40	16.0	1.0	5.60	
22	1.50		23.5		4.7	2.8	2.0	1.85	23.0	+0.13 0	1.60	0.50	1.5	12.1	5.90	18.0	1.0	6.10	
24	1.50		25.9	+0.42 −0.21	4.9	3.0	2.0	1.98	25.2		1.60	0.60	1.8	13.7	7.70	21.7	1.0	7.20	
25	1.50		26.9		5.0	3.1	2.0	2.16	26.2		1.60	0.60	1.8	14.5	8.00	22.8	1.0	7.30	2.0
26	1.50		27.9		5.1	3.1	2.0	2.25	27.2	+0.21 0	1.60	0.60	1.8	15.3	8.40	21.6	1.0	7.20	
28	1.50	0 −0.06	30.1		5.3	3.2	2.0	2.48	29.4		1.60	0.70	2.1	16.9	10.50	20.8	1.0	7.00	
30	1.50		32.1		5.5	3.3	2.0	2.84	31.4		1.60	0.70	2.1	18.4	11.30	21.4	1.0	7.20	
32	1.50		34.4		5.7	3.4	2.0	2.94	33.7		1.60	0.85	2.6	20.0	14.60	21.4	1.0	7.30	
34	1.75		36.5	+0.50 −0.25	5.9	3.7	2.5	4.20	35.7		1.85	0.85	2.6	21.6	15.40	35.6	1.5	8.60	
35	1.75		37.8		6.0	3.8	2.5	4.62	37.0		1.85	1.00	3.0	22.4	18.80	36.6	1.5	8.70	2.5
37	1.75		39.8		6.2	3.9	2.5	4.73	39.0	+0.25 0	1.85	1.00	3.0	24.0	19.80	36.8	1.5	8.80	
38	2.00		40.8		6.3	3.9	2.5	4.80	40.0		1.85	1.00	3.0	24.7	22.50	38.3	1.5	9.10	
40	2.00		43.5		6.5	3.9	2.5	5.38	42.5		2.15	1.25	3.8	26.3	27.00	58.4	2.0	10.90	
42	2.00		45.5	+0.90 −0.39	6.7	4.1	2.5	6.18	44.5		2.15	1.25	3.8	27.9	28.40	58.5	2.0	11.00	
45	2.00		48.5		7.0	4.3	2.5	6.86	47.5		2.15	1.25	3.8	30.3	30.20	56.5	2.0	10.70	
47	2.00	0 −0.07	50.5		7.2	4.4	2.5	7.00	49.5		2.15	1.25	3.8	31.9	31.40	57.0	2.0	10.80	
50	2.50		54.2	+1.10 −0.46	7.5	4.6	2.5	9.15	53.0		2.65	1.50	4.5	34.2	40.50	95.50	2.0	19.00	3.0
52	2.50		56.2		7.7	4.7	2.5	10.20	55.0	+0.30 0	2.65	1.50	4.5	35.8	42.00	94.60	2.0	18.80	
55	2.50		59.2		8.0	5.0	2.5	10.40	58.0		2.65	1.50	4.5	38.2	44.40	94.70	2.0	19.60	

续表

公称规格 d_1	挡圈								沟槽					其他					
	s		d_3		a max	b[①] ≈	d_5 min	千件质量 /kg≈	d_2[②]		m[③] H13	t	n min	d_4	F_N /kN	F_R[④] /kN	g	F_{Rg}[④] /kN	安装工具规格[⑤]
	基本尺寸	极限偏差	基本尺寸	极限偏差					基本尺寸	极限偏差									
60	3.00		64.2		8.5	5.4	2.5	16.60	63.0		3.15	1.50	4.5	42.1	48.30	137.00	2.0	29.20	
62	3.00		66.2		8.6	5.5	2.5	16.80	65.0		3.15	1.50	4.5	43.9	49.80	137.00	2.0	29.20	
65	3.00		69.2		8.7	5.8	3.0	17.20	68.0		3.15	1.50	4.5	46.7	51.80	174.00	2.5	30.00	
68	3.00	0 −0.08	72.5	+1.10 −0.46	8.8	6.1	3.0	19.20	71.0	+0.30 0	3.15	1.50	4.5	49.5	54.50	174.50	2.5	30.60	
70	3.00		74.5		9.0	6.2	3.0	19.80	73.0		3.15	1.50	4.5	51.1	56.20	171.00	2.5	30.30	
72	3.00		76.5		9.2	6.4	3.0	21.70	75.0		3.15	1.50	4.5	52.7	58.00	172.00	2.5	30.30	3.0
75	3.00		79.5		9.3	6.6	3.0	22.60	78.0		3.15	1.50	4.5	55.5	60.00	170.00	2.5	30.30	
80	4.00		85.5		9.5	7.0	3.0	35.20	83.5		4.15	1.75	5.3	60.0	74.60	308.00	2.5	56.00	
85	4.00		90.5		9.7	7.2	3.5	38.80	88.5		4.15	1.75	5.3	64.6	79.50	358.00	3.0	55.00	
90	4.00	0 −0.10	95.5	+1.30 −0.54	10.0	7.6	3.5	41.50	93.5	+0.35 0	4.15	1.75	5.3	69.0	84.00	354.00	3.0	56.00	
95	4.00		100.5		10.3	8.1	3.5	46.70	98.5		4.15	1.75	5.3	73.4	88.60	347.00	3.0	56.00	
100	4.00		105.5		10.5	8.4	3.5	50.70	103.5		4.15	1.75	5.3	78.0	93.10	335.00	3.0	55.00	

①尺寸 b 不能超过 a_{max}。
②见 GB/T 893—2017 章节 6.1。
③见 GB/T 893—2017 章节 6.2。
④适用于 C67S、C75S 制造的挡圈。
⑤挡圈安装工具按 JB/T 3411.48 规定。

24.4.4　孔用弹性挡圈（GB/T 893—2017）

（1）孔用弹性挡圈及其装配画法

孔用弹性挡圈及其装配画法见图 24-16。

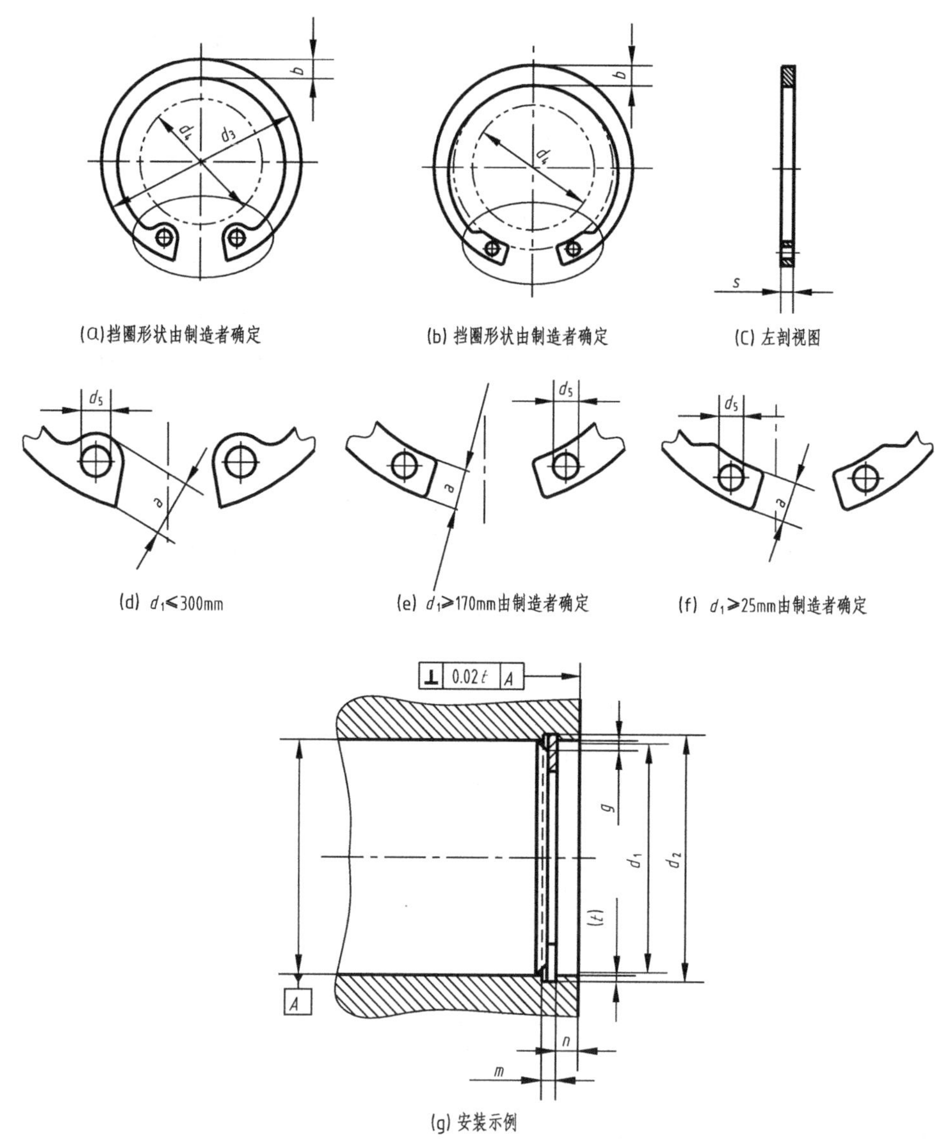

图 24-16　孔用弹性挡圈及其装配画法

（2）孔用弹性挡圈标记

① 孔径 d_1=40mm、厚度 s=1.75mm、材料 C67S、表面磷化处理的 A 型孔用弹性挡圈的标记：

挡圈　GB/T 893　40

② 孔径 d_1=40mm、厚度 s=2.00mm、材料 C67S、表面磷化处理的 B 型孔用弹性挡圈的标记：

挡圈　GB/T 893　40B

（3）孔用弹性挡圈尺寸

孔用弹性挡圈尺寸见表 24-13。

表 24-13　孔用弹性挡圈尺寸

标准型(A 型)　　mm

公称规格 d_1	挡圈								沟槽					其他						
	s		d_3		a max	b[1] ≈	d_5 min	千件质量 /kg≈	d_2[2]		m[3] H13	t	n min	d_4	F_N /kN	F_R[4] /kN	g	F_{Rg}[4] /kN	n_{abl}[4] /(r/min)	安装工具规格[5]
	基本尺寸	极限偏差	基本尺寸	极限偏差					基本尺寸	极限偏差										
3	0.40	0 −0.05	2.7	+0.04 −0.15	1.9	0.8	1.0	0.017	2.8	0 −0.04	0.5	0.10	0.3	7.0	0.15	0.47	0.5	0.27	360000	1.0
4	0.40		3.7		2.2	0.9	1.0	0.022	3.8	0 −0.05	0.5	0.10	0.3	8.6	0.20	0.50	0.5	0.30	211000	
5	0.60		4.7		2.5	1.1	1.0	0.066	4.8		0.7	0.10	0.3	10.3	0.25	1.00	0.5	0.80	154000	
6	0.70		5.6		2.7	1.3	1.2	0.084	5.7		0.8	0.15	0.5	11.7	0.46	1.45	0.5	0.90	114000	
7	0.80		6.5	+0.06 −0.18	3.1	1.4	1.2	0.121	6.7	0 −0.06	0.9	0.15	0.5	13.5	0.54	2.60	0.5	1.40	121000	
8	0.80		7.4		3.2	1.5	1.2	0.158	7.6		0.9	0.20	0.6	14.7	0.81	3.00	0.5	2.00	96000	
9	1.00	0 −0.06	8.4		3.3	1.7	1.2	0.300	8.6	0 −0.11	1.1	0.20	0.6	16.0	0.92	3.50	0.5	2.40	85000	
10	1.00		9.3	+0.10 −0.36	3.3	1.8	1.5	0.340	9.6		1.1	0.20	0.6	17.0	1.01	4.00	1.0	2.40	84000	1.5
11	1.00		10.2		3.3	1.8	1.5	0.410	10.5		1.1	0.25	0.8	18.0	1.40	4.50	1.0	2.40	70000	
12	1.00		11.0		3.3	1.8	1.7	0.500	11.5		1.1	0.25	0.8	19.0	1.53	5.00	1.0	2.40	75000	
13	1.00		11.9		3.4	2.0	1.7	0.530	12.4		1.1	0.30	0.9	20.2	2.00	5.80	1.0	2.40	66000	
14	1.00		12.9		3.5	2.1	1.7	0.640	13.4		1.1	0.30	0.9	21.4	2.15	6.35	1.0	2.40	58000	
15	1.00		13.8		3.6	2.2	1.7	0.670	14.3		1.1	0.35	1.1	22.6	2.66	6.90	1.0	2.40	50000	
16	1.00		14.7		3.7	2.2	1.7	0.700	15.2		1.1	0.40	1.2	23.8	3.26	7.40	1.0	2.40	45000	
17	1.00		15.7		3.8	2.3	1.7	0.820	16.2		1.1	0.40	1.2	25.0	3.46	8.00	1.0	2.40	41000	
18	1.20		16.5		3.9	2.4	2.0	1.11	17.0		1.30	0.50	1.5	26.2	4.58	17.0	1.5	3.75	39000	
19	1.20		17.5		3.9	2.5	2.0	1.22	18.0		1.30	0.50	1.5	27.2	4.48	17.0	1.5	3.80	35000	2.0
20	1.20		18.5	+0.13 −0.42	4.0	2.6	2.0	1.30	19.0	0 −0.13	1.30	0.50	1.5	28.4	5.06	17.1	1.5	3.85	32000	
21	1.20		19.5		4.1	2.7	2.0	1.42	20.0		1.30	0.50	1.5	29.6	5.36	16.8	1.5	3.75	29000	

续表

公称规格 d_1	挡圈								沟槽					其他						
	s		d_3		a max	b[①] ≈	d_5 min	千件质量 /kg≈	d_2[②]		m[③] H13	t	n min	d_4	F_N /kN	F_R[④] /kN	g	F_{Rg}[④] /kN	n_{abl}[④] /(r/min)	安装工具规格[⑤]
	基本尺寸	极限偏差	基本尺寸	极限偏差					基本尺寸	极限偏差										
22	1.20	0 −0.06	20.5	+0.13 −0.42	4.2	2.8	2.0	1.50	21.0	0 −0.13	1.30	0.50	1.5	30.8	5.65	16.9	1.5	3.80	27000	2.0
24	1.20		22.2	+0.21 −0.42	4.4	3.0	2.0	1.77	22.9	0 −0.21	1.30	0.55	1.7	33.2	6.75	16.1	1.5	3.65	27000	
25	1.20		23.2		4.4	3.0	2.0	1.90	23.9		1.30	0.55	1.7	34.2	7.05	16.2	1.5	3.70	25000	
26	1.20		24.2		4.5	3.1	2.0	1.96	24.9		1.30	0.55	1.7	35.5	7.34	16.1	1.5	3.70	24000	
28	1.50		25.9		4.7	3.2	2.0	2.92	26.6		1.60	0.70	2.1	37.9	10.00	32.1	1.5	7.50	21200	
29	1.50		26.9		4.8	3.4	2.0	3.20	27.6		1.60	0.70	2.1	39.1	10.37	31.8	1.5	7.45	20000	
30	1.50		27.9		5.0	3.5	2.0	3.31	28.6		1.60	0.70	2.1	40.5	10.73	32.1	1.5	7.65	18900	
32	1.50		29.6	+0.25 −0.50	5.2	3.6	2.5	3.54	30.3	0 −0.25	1.60	0.85	2.6	43.0	13.85	31.2	2.0	5.55	16900	2.5
34	1.50		31.5		5.4	3.8	2.5	3.80	32.3		1.60	0.85	2.6	45.4	14.72	31.3	2.0	5.60	16100	
35	1.50		32.2		5.6	3.9	2.5	4.00	33.0		1.60	1.00	3.0	46.8	17.80	30.8	2.0	5.55	15500	
36	1.75		33.2		5.6	4.0	2.5	5.00	34.0		1.85	1.00	3.0	47.8	18.33	49.4	2.0	9.00	14500	
38	1.75		35.2		5.8	4.2	2.5	5.62	36.0		1.85	1.00	3.0	50.2	19.30	49.5	2.0	9.10	13600	
40	1.75		36.5	+0.39 −0.90	6.0	4.4	2.5	6.03	37.0		1.85	1.25	3.8	52.6	25.30	51.0	2.0	9.50	14300	
42	1.75		38.5		6.5	4.5	2.5	6.50	39.5		1.85	1.25	3.8	55.7	26.70	50.0	2.0	9.45	13000	3.0
45	1.75		41.5		6.7	4.7	2.5	7.50	42.5		1.85	1.25	3.8	59.1	28.60	49.0	2.0	9.35	11400	
48	1.75		44.5		6.9	5.0	2.5	7.90	45.5		1.85	1.25	3.8	62.5	30.70	49.4	2.0	9.55	10300	
50	2.00	0 −0.07	45.8		6.9	5.1	2.5	10.20	47.0		2.15	1.50	4.5	64.5	38.00	73.3	2.0	14.40	10500	
52	2.00		47.8		7.0	5.2	2.5	11.10	49.0		2.15	1.50	4.5	66.7	39.70	73.1	2.5	11.50	9850	
55	2.00		50.8	+0.46 −1.10	7.2	5.4	2.5	11.40	52.0	0 −0.30	2.15	1.50	4.5	70.2	42.00	71.4	2.5	11.40	8960	
56	2.00		51.8		7.3	5.5	2.5	11.80	53.0		2.15	1.50	4.5	71.6	42.80	70.8	2.5	11.35	8670	

续表

公称规格 d_1	挡圈								沟槽					其他						
	s		d_3		a max	b[①] ≈	d_5 min	千件质量 /kg≈	d_2[②]		m[③] H13	t	n min	d_4	F_N /kN	F_R[④] /kN	g	F_{Rg}[④] /kN	n_{abl}[④] /(r/min)	安装工具规格[⑤]
	基本尺寸	极限偏差	基本尺寸	极限偏差					基本尺寸	极限偏差										
58	2.00		53.8		7.3	5.6	2.5	12.6	55.0		2.15	1.50	4.5	73.6	44.30	71.1	2.5	11.50	8200	
60	2.00		55.8		7.4	5.8	2.5	12.9	57.0		2.15	1.50	4.5	75.6	46.00	69.2	2.5	11.30	7620	
62	2.00		57.8		7.5	6.0	2.5	14.3	59.0		2.15	1.50	4.5	77.8	47.50	69.3	2.5	11.45	7240	
63	2.00		58.8		7.6	6.2	2.5	15.9	60.0		2.15	1.50	4.5	79.0	48.30	70.2	2.5	11.60	7050	
65	2.50		60.8		7.8	6.3	3.0	18.2	62.0		2.65	1.50	4.5	81.4	49.80	135.6	2.5	22.70	6640	
68	2.50		63.5		8.0	6.5	3.0	21.8	65.0		2.65	1.50	4.5	84.8	52.20	135.9	2.5	23.10	6910	
70	2.50	0 −0.07	65.5	+0.46 −1.10	8.1	6.6	3.0	22.0	67.0	0 −0.30	2.65	1.50	4.5	87.0	53.80	134.2	2.5	23.00	6530	
72	2.50		67.5		8.2	6.8	3.0	22.5	69.0		2.65	1.50	4.5	89.2	55.30	131.8	2.5	22.80	6190	
75	2.50		70.5		8.4	7.0	3.0	24.6	72.0		2.65	1.50	4.5	92.7	57.60	130.0	2.5	22.80	5740	3.0
78	2.50		73.5		8.6	7.3	3.0	26.2	75.0		2.65	1.50	4.5	96.1	60.00	131.3	3.0	19.75	5450	
80	2.50		74.5		8.6	7.4	3.0	27.3	76.5		2.65	1.75	5.3	98.1	71.60	128.4	3.0	19.50	6100	
82	2.50		76.5		8.7	7.6	3.0	31.2	78.5		2.65	1.75	5.3	100.3	73.50	128.0	3.0	19.60	5860	
85	3.00		79.5		8.7	7.8	3.5	36.4	81.5		3.15	1.75	5.3	103.3	76.20	215.4	3.0	33.40	5710	
88	3.00		82.5		8.8	8.0	3.5	41.2	84.5		3.15	1.75	5.3	106.5	79.00	221.8	3.0	34.85	5200	
90	3.00	0 −0.08	84.5		8.8	8.2	3.5	44.5	86.5	0 −0.35	3.15	1.75	5.3	108.5	80.80	217.2	3.0	34.40	4980	
95	3.00		89.5		9.4	8.6	3.5	49.0	91.5		3.15	1.75	5.3	114.8	85.50	212.2	3.5	29.25	4550	
100	3.00		94.5	+0.54 −1.30	9.6	9.0	3.5	53.7	96.5		3.15	1.75	5.3	120.2	90.00	206.4	3.5	29.00	4180	
105	4.00		98.0		9.9	9.3	3.5	80.0	101.0		4.15	2.00	6.0	125.8	107.60	471.8	3.5	67.70	4740	
110	4.00	0 −0.10	103.0		10.1	9.6	3.5	82.0	106.0	0 −0.54	4.15	2.00	6.0	131.2	113.00	457.0	3.5	66.90	4340	4.0
115	4.00		108.0		10.6	9.8	3.5	84.0	111.0		4.15	2.00	6.0	137.3	118.20	438.6	3.5	65.50	3970	

续表

公称规格 d_1	挡圈								沟槽					其他						
	s		d_3		a max	b① ≈	d_5 min	千件质量 /kg≈	$d_2$②		m③ H13	t	n min	d_4	F_N /kN	F_R④ /kN	g	F_{Rg}④ /kN	n_{abl}④ /(r/min)	安装工具规格⑤
	基本尺寸	极限偏差	基本尺寸	极限偏差					基本尺寸	极限偏差										
120	4.00	0 −0.10	113.0	+0.54 −1.30	11.0	10.2	3.5	86.0	116.0	0 −0.54	4.15	2.00	6.0	143.1	123.50	424.6	3.5	64.50	3685	4.0
125	4.00		118.0		11.4	10.4	4.0	90.0	121.0	0 −0.63	4.15	2.00	6.0	149.0	128.70	411.5	4.0	56.50	3420	
130	4.00		123.0	+0.63 −1.50	11.6	10.7	4.0	100.0	126.0		4.15	2.00	6.0	154.4	134.00	395.5	4.0	55.20	3180	
135	4.00		128.0		11.8	11.0	4.0	104.0	131.0		4.15	2.00	6.0	159.8	139.20	389.5	4.0	55.40	2950	
140	4.00		133.0		12.0	11.2	4.0	110.0	136.0		4.15	2.00	6.0	165.2	144.5	376.5	4.0	54.4	2760	
145	4.00		138.0		12.2	11.5	4.0	115.0	141.0		4.15	2.00	6.0	170.6	149.6	367.0	4.0	53.8	2600	
150	4.00		142.0		13.0	11.8	4.0	120.0	145.0		4.15	2.50	7.5	177.3	193.0	357.5	4.0	53.4	2480	
155	4.00		146.0		13.0	12.0	4.0	135.0	150.0		4.15	2.50	7.5	182.3	199.6	352.9	4.0	52.6	2710	
160	4.00		151.0		13.3	12.2	4.0	150.0	155.0		4.15	2.50	7.5	188.0	206.1	349.2	4.0	52.2	2540	
165	4.00		155.5		13.5	12.5	4.0	160.0	160.0		4.15	2.50	7.5	193.4	212.5	345.3	5.0	41.4	2520	
170	4.00		160.5		13.5	12.9	4.0	170.0	165.0		4.15	2.50	7.5	198.4	219.1	349.2	5.0	41.9	2440	
175	4.00		165.5		13.5	13.5	4.0	180.0	170.0		4.15	2.50	7.5	203.4	225.5	340.1	5.0	40.7	2300	
180	4.00		170.5		14.2	13.5	4.0	190.0	175.0		4.15	2.50	7.5	210.0	232.2	345.3	5.0	41.4	2180	
185	4.00		175.5		14.2	14.0	4.0	200.0	180.0		4.15	2.50	7.5	215.0	238.6	336.7	5.0	40.4	2070	
190	4.00		180.5	+0.72 −1.70	14.2	14.0	4.0	210.0	185.0	0 −0.72	4.15	2.50	7.5	220.0	245.1	333.8	5.0	40.0	1970	
195	4.00		185.5		14.2	14.0	4.0	220.0	190.0		4.15	2.50	7.5	225.0	251.8	325.4	5.0	39.0	1835	
200	4.00		190.5		14.2	14.0	4.0	230.0	195.0		4.15	2.50	7.5	230.0	258.3	319.2	5.0	38.3	1770	
210	5.00	0 −0.12	198.0		14.2	14.0	4.0	248.0	204.0		5.15	3.00	9.0	240.0	325.1	598.2	6.0	59.9	1835	⑥
220	5.00		208.0		14.2	14.0	4.0	265.0	214.0		5.15	3.00	9.0	250.0	340.8	572.4	6.0	57.3	1620	
230	5.00		218.0		14.2	14.0	4.0	290.0	224.0		5.15	3.00	9.0	260.0	356.6	548.9	6.0	55.0	1445	

续表

公称规格 d_1	挡圈								沟槽					其他						
	s		d_3		a max	b[①] ≈	d_5 min	千件质量 /kg≈	d_2[②]		m[③] H13	t	n min	d_4	F_N /kN	F_R[④] /kN	g	F_{Rg}[④] /kN	n_{abl}[④] /(r/min)	安装工具规格[⑤]
	基本尺寸	极限偏差	基本尺寸	极限偏差					基本尺寸	极限偏差										
240	5.00	0 −0.12	228.0	+0.72 −1.70	14.2	14.0	4.0	310.0	234.0	0 −0.72	5.15	3.00	9.0	270.0	372.6	530.3	6.0	53.0	1305	⑥
250	5.00		238.0		14.2	14.0	4.0	335.0	244.0		5.15	3.00	9.0	280	388.3	504.3	6.0	50.5	1180	
260	5.00		245.0		16.2	16.0	5.0	355.0	252.0	0 −0.81	5.15	4.00	12.0	294	535.8	540.6	6.0	54.6	1320	
270	5.00		255.0	+0.81 −2.00	16.2	16.0	5.0	375.0	262.0		5.15	4.00	12.0	304	556.6	525.3	6.0	52.5	1215	
280	5.00		265.0		16.2	16.0	5.0	398.0	272.0		5.15	4.00	12.0	314	576.6	508.2	6.0	50.9	1100	
290	5.00		275.0		16.2	16.0	5.0	418.0	282.0		5.15	4.00	12.0	324	599.1	490.8	6.0	49.2	1005	
300	5.00		285.0		16.2	16.0	5.0	440.0	292.0		5.15	4.00	12.0	334	619.1	475.0	6.0	47.5	930	

①尺寸 b 不能超过 a_{max}。
②见 GB/T894—2017　7.1。
③见 GB/T894—2017　7.2。
④适用于 C67S、C75S 制造的挡圈。
⑤挡圈安装工具按 JB/T 3411.47 规定。
⑥挡圈安装工具可以专门设计。

重型（B 型）

公称规格 d_1	挡圈								沟槽					其他						
	s		d_3		a max	b[①] ≈	d_5 min	千件质量 /kg≈	d_2[②]		m[③] H13	t	n min	d_4	F_N /kN	F_R[④] /kN	g	F_{Rg}[④] /kN	n_{abl}[④] /(r/min)	安装工具规格[⑤]
	基本尺寸	极限偏差	基本尺寸	极限偏差					基本尺寸	极限偏差										
15	1.50	0 −0.06	13.8	+0.10 −0.36	4.8	2.4	2.0	1.10	14.3	0 −0.11	1.60	0.35	1.1	25.1	2.66	15.5	1.0	6.40	57000	2.0
16	1.50		14.7		5.0	2.5	2.0	1.19	15.2		1.60	0.40	1.2	26.5	3.26	16.6	1.0	6.35	44000	
17	1.50		15.7		5.0	2.6	2.0	1.39	16.2		1.60	0.40	1.2	27.5	3.46	18.0	1.0	6.70	46000	

续表

公称规格 d_1	挡圈								沟槽					其他						
	s		d_3		a max	b[①] ≈	d_5 min	千件质量/kg≈	d_2[②]		m[③] H13	t	n min	d_4	F_N/kN	F_R[④]/kN	g	F_{Rg}[④]/kN	n_{abl}[④]/(r/min)	安装工具规格[⑤]
	基本尺寸	极限偏差	基本尺寸	极限偏差					基本尺寸	极限偏差										
18	1.50	0 −0.06	16.5	+0.10 −0.36	5.1	2.7	2.0	1.55	17.0	0 −0.11	1.60	0.50	1.5	28.7	4.58	26.6	1.5	5.85	42750	2.0
20	1.75		18.5	+0.13 −0.42	5.5	3.0	2.0	2.19	19.0	0 −0.13	1.85	0.50	1.5	31.6	5.06	36.3	1.5	8.20	36000	
22	1.75		20.5		6.0	3.1	2.0	2.42	21.0		1.85	0.50	1.5	34.6	5.65	36.0	1.5	8.10	29000	
24	1.75		22.2	+0.21 −0.42	6.3	3.2	2.0	2.76	22.9	0 −0.21	1.85	0.55	1.7	37.3	6.75	34.2	1.5	7.60	29000	
25	2.00	0 −0.07	23.2		6.4	3.4	2.0	3.59	23.9		2.15	0.55	1.7	38.5	7.05	45.0	1.5	10.30	25000	
28	2.00		25.9		6.5	3.5	2.0	4.25	26.6		2.15	0.70	2.1	41.7	10.00	57.0	1.5	13.40	22200	
30	2.00		27.9		6.5	4.1	2.0	5.35	28.6		2.15	0.70	2.1	43.7	10.70	57.0	1.5	13.60	21100	
32	2.00		29.6		6.5	4.1	2.5	5.85	30.3	0 −0.25	2.15	0.85	2.6	45.7	13.80	55.5	2.0	10.00	18400	2.5
34	2.50		31.5	+0.25 −0.50	6.6	4.2	2.5	7.05	32.3		2.65	0.85	2.6	47.9	14.70	87.0	2.0	15.60	17800	
35	2.50		32.2		6.7	4.2	2.5	7.20	33.0		2.65	1.00	3.0	49.1	17.80	86.0	2.0	15.40	16500	
38	2.50		35.2		6.8	4.3	2.5	8.30	36.0		2.65	1.00	3.0	52.3	19.30	101.0	2.0	18.60	14500	
40	2.50		36.5	+0.39 −0.90	7.0	4.4	2.5	8.60	37.5		2.65	1.25	3.8	54.7	25.30	104.0	2.0	19.30	14300	
42	2.50		38.5		7.2	4.5	2.5	9.30	39.5		2.65	1.25	3.8	57.2	26.70	102.0	2.0	19.20	13000	
45	2.50		41.5		7.5	4.7	2.5	10.7	42.5		2.65	1.25	3.8	60.8	28.6	100.0	2.0	19.1	11400	
48	2.50		44.5		7.8	5.0	2.5	11.3	45.5		2.65	1.25	3.8	64.4	30.7	101.0	2.0	19.5	10300	

续表

公称规格 d_1	挡圈								沟槽					其他						
	s		d_3		a max	b[①] ≈	d_5 min	千件质量 /kg≈	d_2[②]		m[③] H13	t	n min	d_4	F_N /kN	F_R[④] /kN	g	F_{Rg}[④] /kN	n_{abl}[④] /(r/min)	安装工具规格[⑤]
	基本尺寸	极限偏差	基本尺寸	极限偏差					基本尺寸	极限偏差										
50	3.00	0 −0.08	45.8	+0.39 −0.90	8.0	5.1	2.5	15.3	47.0	0 −0.25	3.15	1.50	4.5	66.8	38.0	165.0	2.0	32.4	10500	2.5
52	3.00		47.8		8.2	5.2	2.5	16.6	49.0		3.15	1.50	4.5	69.3	39.7	165.0	2.5	26.0	9850	
55	3.00		50.8	+0.46 −1.10	8.5	5.4	2.5	17.1	52.0	0 −0.30	3.15	1.50	4.5	72.9	42.0	161.0	2.5	25.6	8960	
58	3.00		53.8		8.8	5.6	2.5	18.9	55.0		3.15	1.50	4.5	76.5	44.3	160.0	2.5	26.0	8200	
60	3.00		55.8		9.0	5.8	2.5	19.4	57.0		3.15	1.50	4.5	78.9	46.0	156.0	2.5	25.4	7620	
65	4.00	0 −0.10	60.8		9.3	6.3	3.0	29.1	62.0		4.15	1.50	4.5	84.6	49.8	346.0	2.5	58.0	6640	3.0
70	4.00		65.5		9.5	6.6	3.0	35.3	67.0		4.15	1.50	4.5	90.0	53.8	343.0	2.5	59.0	6530	
75	4.00		70.5		9.7	7.0	3.0	39.3	72.0		4.15	1.50	4.5	95.4	57.6	333.0	2.5	58.0	5740	
80	4.00		74.5		9.8	7.4	3.0	43.7	76.5		4.15	1.75	5.3	100.6	71.6	328.0	3.0	50.0	6100	
85	4.00		79.5		10.0	7.8	3.5	48.5	81.5	0 −0.35	4.15	1.75	5.3	106.0	76.2	383.0	3.0	59.4	5710	3.5
90	4.00		84.5	+0.54 −1.30	10.2	8.2	3.5	59.4	86.5		4.15	1.75	5.3	111.5	80.8	386.0	3.0	61.0	4980	
100	4.0		94.5		10.5	9.0	3.5	71.6	96.5		4.15	1.75	5.3	122.1	90.0	368.0	3.0	51.6	4180	

①尺寸 b 不能超过 a_{max}。
②见 GB/T 894—2017　7.1。
③见 GB/T 894—2017　7.2。
④适用于 C67S、C75S 制造的挡圈。
⑤挡圈安装工具按 JB/T 3411.47 规定。

24.4.5　孔（GB/T 895.1—1986）、轴（GB/T 895.2—1986）用钢丝挡圈

（1）钢丝挡圈画法

钢丝挡圈画法见图 24-17。

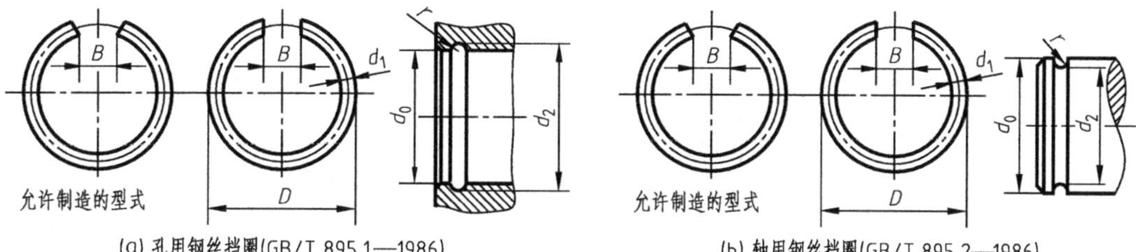

(a) 孔用钢丝挡圈(GB/T 895.1—1986)　(b) 轴用钢丝挡圈(GB/T 895.2—1986)

图 24-17　钢丝挡圈画法

（2）钢丝挡圈标记

孔径 d_0=40mm、材料为碳素弹簧钢丝、低温回火及表面氧化处理的孔用钢丝挡圈标记：

挡圈　GB/T 895.1—1986—40

（3）钢丝挡圈尺寸

钢丝挡圈尺寸见表 24-14。

表 24-14　钢丝挡圈尺寸

孔径轴径 d_0	挡圈								沟槽(推荐)				1000 个质量 /kg≈	
	d_1	r	GB/T 895.1—1986			GB/T 895.2—1986			GB/T 895.1—1986		GB/T 895.2—1986		GB/T 895.1—1986	GB/T 895.2—1986
			D		B	d		B	d_2		d_2			
			基本尺寸	极限偏差		基本尺寸	极限偏差		基本尺寸	极限偏差	基本尺寸	极限偏差		
4	0.6	0.4	—	—	—	3	0 −0.18	1	—	—	3.4	±0.037	—	—
5			—			4			—		4.4		—	0.03
6			—			5			—		5.4		—	0.037
7	0.8	0.5	8.0	+0.22 0	4	6	0 −0.22	2	7.8	±0.045	6.2	±0.045	0.0735	0.076
8			9.0			7			8.8		7.2		0.0859	0.089
10			11.0			9			10.8	±0.055	9.2		0.0934	0.114
12	1.0	0.6	13.3	+0.43 0	6	10.5	0 −0.47	3	13.0		11.0	±0.055	0.205	0.204
14			15.5			12.5			15.0		13.0		0.244	0.243
16	1.6		18.0		8	14.0			17.6		14.4		0.705	0.726
18			20.0	+0.52 0		16.0	0 −0.47		19.6	±0.065	16.4		0.804	0.825
20	2.0	1.1	22.5		10	17.5			22.0	±0.105	18.0	±0.09	1.32	1.437
22			24.5			19.5	0 −0.52		24.0		20.0	±0.105	1.47	1.592
24			26.5			21.5			26.0		22.0		1.63	1.747
25			27.5			22.5			27.0		23.0		1.70	1.824
26			28.5			23.5			28.0		24.0		1.79	1.902
28			30.5	+0.62 0		25.5			30.0		26.0		1.94	2.057
30			32.5			27.5			32.0	±0.125	28.0		2.10	2.212
32	2.5	1.4	35.0	+1.00 0	12	29.0		4	34.5		29.5		3.47	3.639
35			38.0			32.0	0 −1.00		37.6		32.5	±0.125	3.85	4.022
38			41.0			35.0			40.6		35.5		4.20	4.386
40			43.0			37.0			42.6		37.5		4.43	4.628

续表

孔径轴径 d_0	d_1	r	挡圈 GB/T 895.1—1986 D 基本尺寸	D 极限偏差	B	挡圈 GB/T 895.2—1986 d 基本尺寸	d 极限偏差	B	沟槽(推荐) GB/T 895.1—1986 d_2 基本尺寸	d_2 极限偏差	沟槽(推荐) GB/T 895.2—1986 d_2 基本尺寸	d_2 极限偏差	1000个质量/kg≈ GB/T 895.1—1986	1000个质量/kg≈ GB/T 895.2—1986
42	2.5	1.4	45.0	+1.00 0	16	39.0	0 −1.00	4	44.5	±0.125	39.5	±0.125	4.54	4.87
45			48.0			42.0			47.5		42.5		4.89	5.233
48			51.0			45.0			50.5		45.5		5.24	5.596
50			53.0			47.0			52.5		47.5		5.51	5.838
55	3.2	1.8	59.0	+1.20 0	20	51.0	0 −1.20	4	58.2	±0.150	51.8	±0.15	9.805	10.43
60			64.0			56.0			63.2		56.8		10.80	11.43
65			69.0			61.0			68.2		61.8		11.79	12.22
70			74.0		25	66.0		5	73.2		66.8		12.46	13.41
75			79.0			71.0			78.2		71.8		13.47	14.40
80			84.0	+1.40 0		76.0			83.2	±0.175	76.8		14.45	15.39
85			89.0			81.0	0 −1.40		88.2		81.8	±0.175	15.44	16.39
90			94.0			86.0			93.2		86.8		16.43	17.38
95	3.2	1.8	99.0	+1.40 0	25	91.0	0 −1.40	5	98.2	±0.175	91.8	±0.175	17.42	18.31
100			104.0		32	96.0			103.2		96.8		17.97	19.36
105			109.0			101.0			108.2		101.8		18.96	20.35
110			114.0			106.0			113.2		106.8		19.96	21.34
115			119.0			111.0			118.2		111.8		20.95	22.34
120			124.0	+1.60 0		116.0			123.2	±0.200	116.8	±0.20	21.94	23.33
125			129.0			121.0	0 −1.60		128.2		121.8		22.93	24.32

注：材料按 GB/T 959.2—1986 碳素弹簧钢丝，低温回火。

24.5 弹簧

GB/T 4459.4—2003《机械制图　弹簧表示法》规定了弹簧的表示法。

24.5.1 弹簧的作用及种类

弹簧是一种能储存能量的零件，可用来减震、夹紧、储能和测量等。

弹簧的种类很多，常见的弹簧有螺旋弹簧、涡卷弹簧、板弹簧及碟形弹簧。螺旋弹簧又分为压缩弹簧、拉力弹簧和扭簧，如图 24-18。

24.5.2 弹簧的术语及代号

GB/T 1805—2001《弹簧术语》确定的术语和定义适用于 GB/T 4459.4—2003《机械制图　弹簧表示法》，但新国标 GB/T 4459.4—2003 对部分术语的代号作了修改，这是新标准的主要变化之一。弹簧的术语及新旧代号对照，见表 24-15。

表 24-15　弹簧的术语及代号

序号	术语	新代号	旧代号	序号	术语	新代号	旧代号
1	工作负荷	$F_{1,2,\cdots,n}$ $T_{1,2,\cdots,n}$	P_1、P_2… M_1、M_2…	3	试验负荷	F_s	P_s
2	极限负荷	F_j，T_j	P_j	4	压并负荷	F_b	P_b

续表

序号	术语	新代号	旧代号	序号	术语	新代号	旧代号
5	压并应力	τ_b	τ_b	17	弹簧刚度	F'、T'	P'、M'
6	变形量(挠度)	$f_{1、2、\cdots、n}$	F_1、F_2、…	18	初拉力	F_0	P_0
7	极限负荷下变形量	f_j	F_j	19	有效圈数	n	n
8	自由高度(长度)	H_0	H_0	20	总圈数	n_1	n_1
9	工作高度(长度)	$H_{1、2、\cdots、n}$	H_1、H_2…	21	支承圈数	n_2	n_2
10	自由角度(长度)	Φ_0	Φ_0	22	弹簧外径	D_2	D
11	极限高度(长度)	H_j	H_j	23	弹簧中径	D	D_2
12	试验负荷下的高度(长度)	H_s	H_s	24	弹簧内径	D_1	D_1
13	压并高度	H_b	H_b	25	线径	d	d
14	工作扭转角	$\varphi_{1、2、\cdots、n}$	φ_1、φ_2…	26	节距	t	t
15	极限扭转角	φ_j	φ_j	27	间距	δ	δ
16	试验扭转角	φ_s	φ_s	28	旋向		

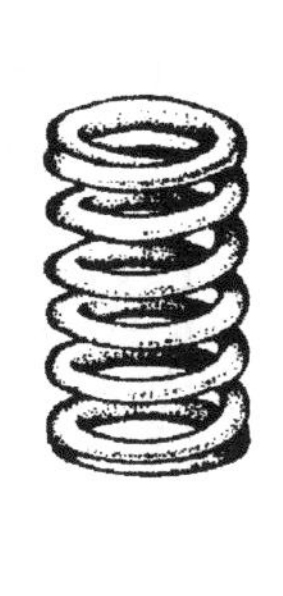

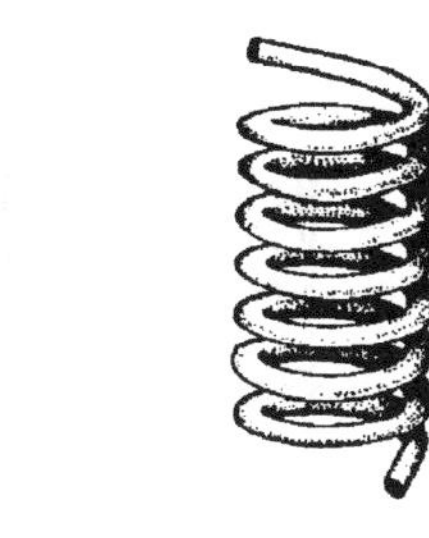

(a) 圆柱螺旋弹簧

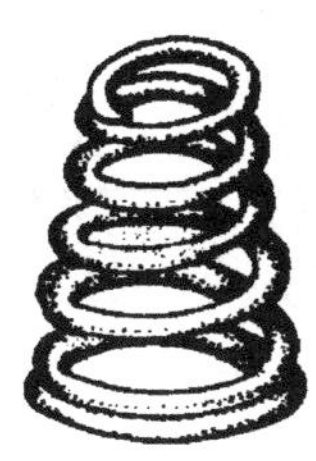

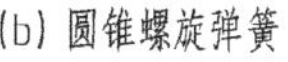
(b) 圆锥螺旋弹簧

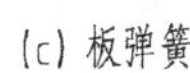
(c) 板弹簧

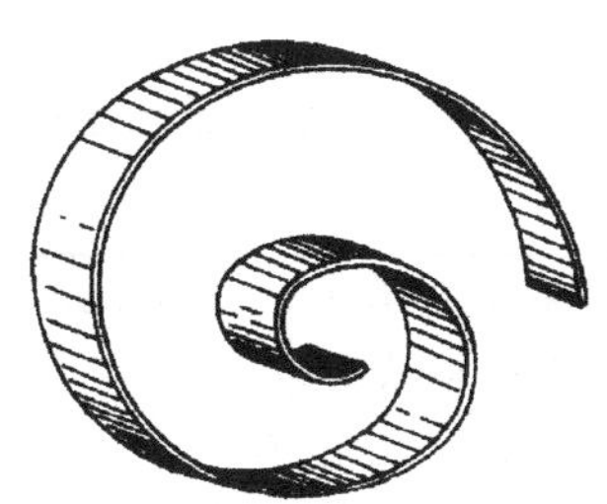

(d) 平面涡卷弹簧

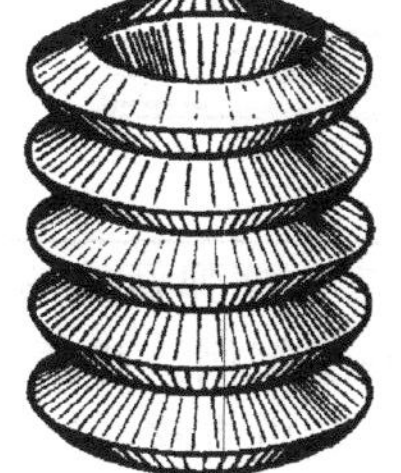

(e) 碟形弹簧

图 24-18　弹簧的种类

24.5.3　螺旋弹簧

(1) 螺旋弹簧的种类

根据 GB/T 1239.6—1992，普通圆柱螺旋弹簧分为三种：

Y型——压缩弹簧；L型——拉伸弹簧；N型——扭转弹簧。

（2）螺旋弹簧的画法规定

在GB/T 4459.4—2003中规定了螺旋弹簧的画法：

① 在垂直于螺旋弹簧轴线方向投影的视图中，各圈的轮廓均画为直线。

② 螺旋弹簧均可画成右旋，对必须保证的旋向要求应在“技术要求”中注明，不论右旋或左旋，必须保证的旋向都要在“技术要求”中注出。本条与旧国标不同，旧国标规定，左旋弹簧不管画成左旋或右旋，一律要注出旋向“左”字，右旋可以不注明。

③ 有效圈数在四圈以上时，螺旋弹簧的中间部分可以省略。省略后，允许适当缩短图形的长度。

（3）螺旋压缩弹簧的画法

① 螺旋压缩弹簧如果要求两端并紧且磨平时，不论支承圈的圈数有多少和末端的紧贴情况如何，其视图、剖视图及示意图均按表24-16绘制。

表24-16 螺旋压缩弹簧的画法

名称	视图	剖视图	示意图
圆柱螺旋压缩弹簧	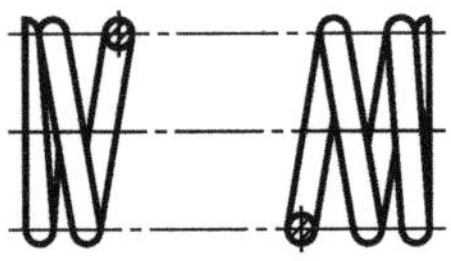	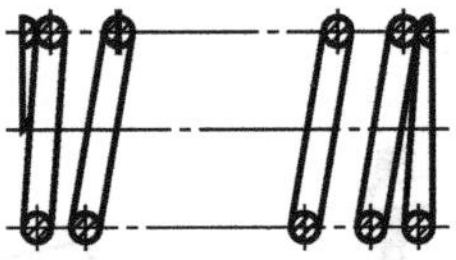	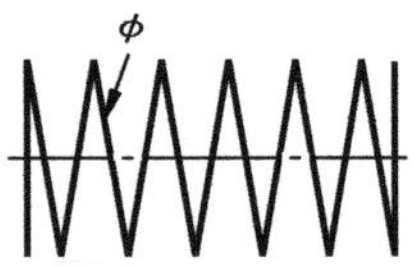 φ
	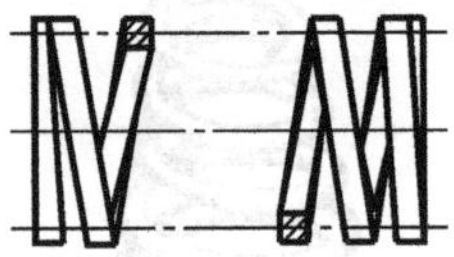	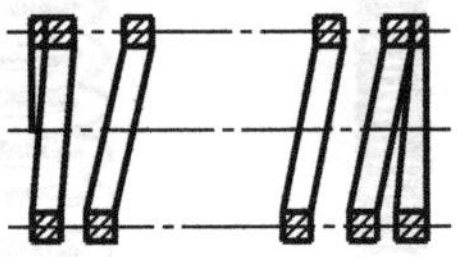	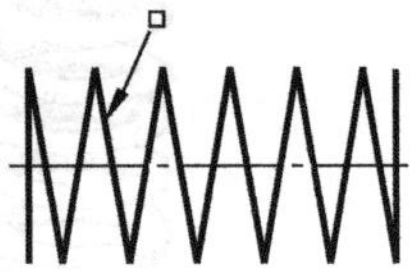 □
圆锥螺旋压缩弹簧	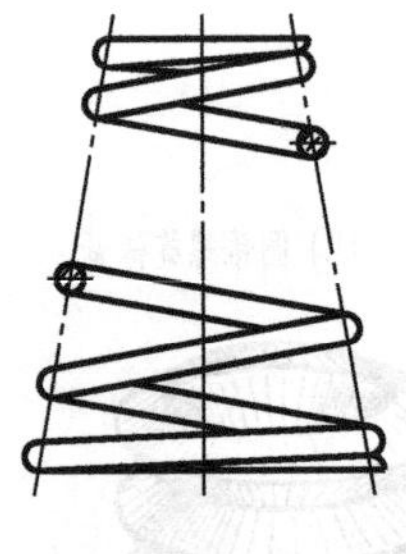	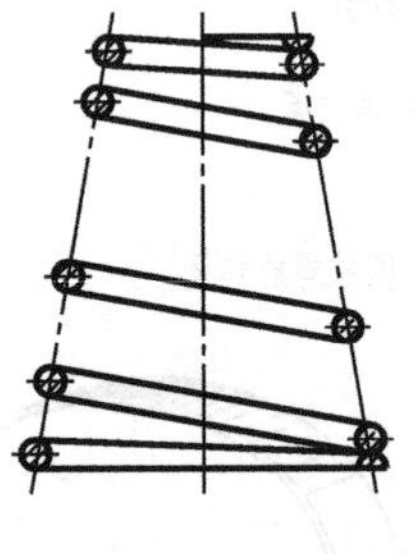	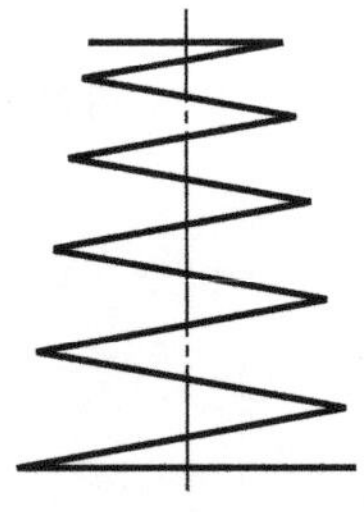

② 圆柱螺旋压缩弹簧的图样格式。在GB/T 4459.4—2003的附录A中规定了弹簧的图样格式，并列举了图例。弹簧的图样格式要求：

a. 弹簧的参数应直接标注在图形上，当直接标注有困难时，可在技术要求中说明。

b. 一般用图解方式表示弹簧特性。圆柱螺旋压缩（拉伸）弹簧的机械性能曲线均画成直线，标注在主视图上方；圆柱螺旋扭曲弹簧的机械性能曲线一般画在左视图上，也允许画在主视图的上方，性能曲线画成直线。机械性能曲线（或直线形式）用粗实线绘制。

c. 当只需给定刚度要求时，弹簧允许不画性能曲线，而在技术要求中说明刚度的要求。

螺旋压缩弹簧的图样格式，如图24-19所示。其他种类弹簧的图样格式雷同，但在画其他弹簧图样时，必须按照标准的要求和各种弹簧的特点，参照GB/T 4459.4—2003附录A中的图例，注写弹簧的参数、特性和技术要求。

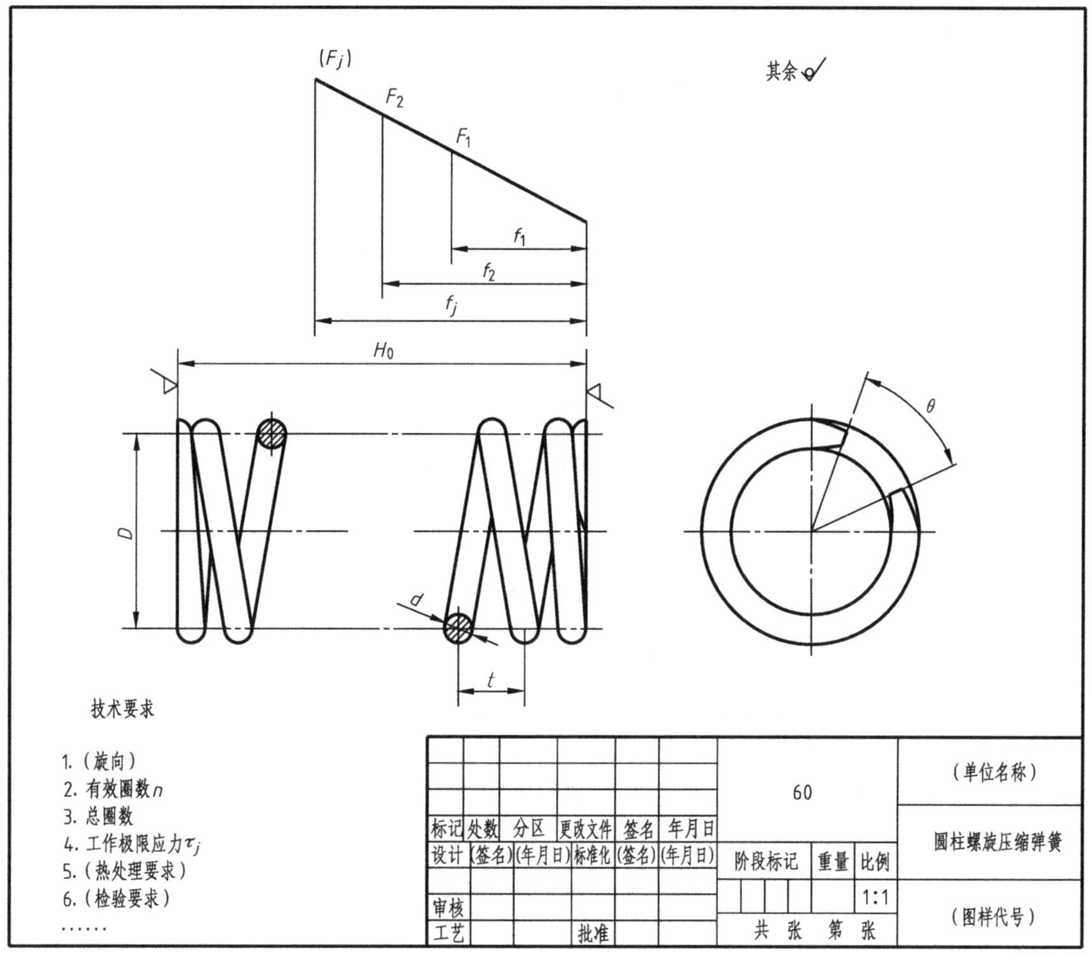

图 24-19　圆柱螺旋压缩弹簧的图样格式

（4）圆柱螺旋拉伸弹簧的画法

圆柱螺旋拉伸弹簧的画法见表 24-17。

表 24-17　圆柱螺旋拉伸弹簧的画法

视图	
剖视图	
示意图	

（5）扭转弹簧的画法

扭转弹簧的画法见表 24-18。

表 24-18 扭转弹簧的画法

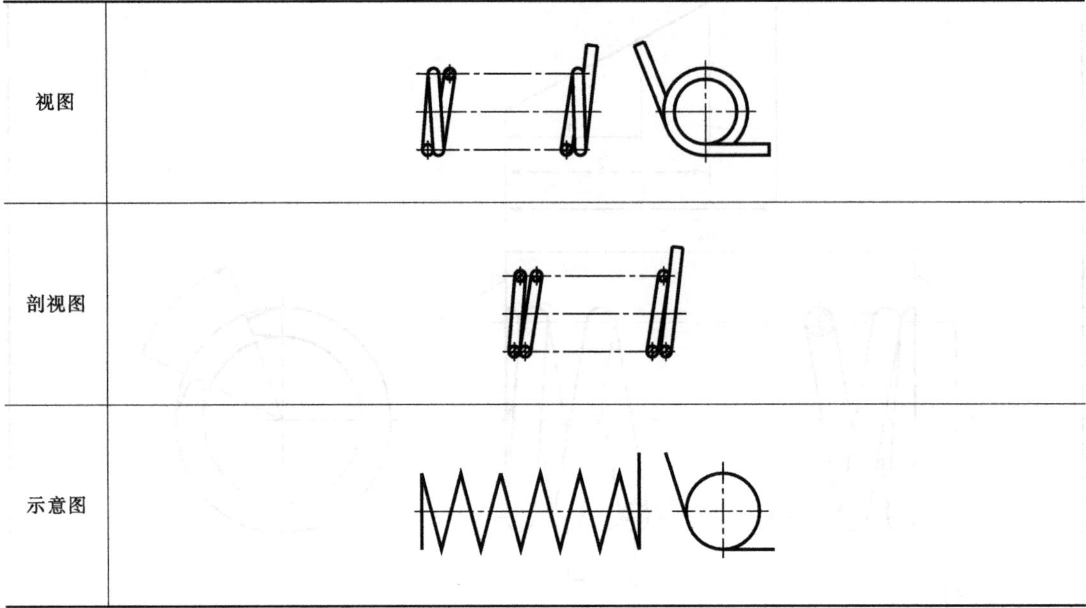

24.5.4 碟形弹簧的画法

碟形弹簧的视图、剖视图、示意图按表 24-19 的形式绘制。

表 24-19 碟形弹簧的画法

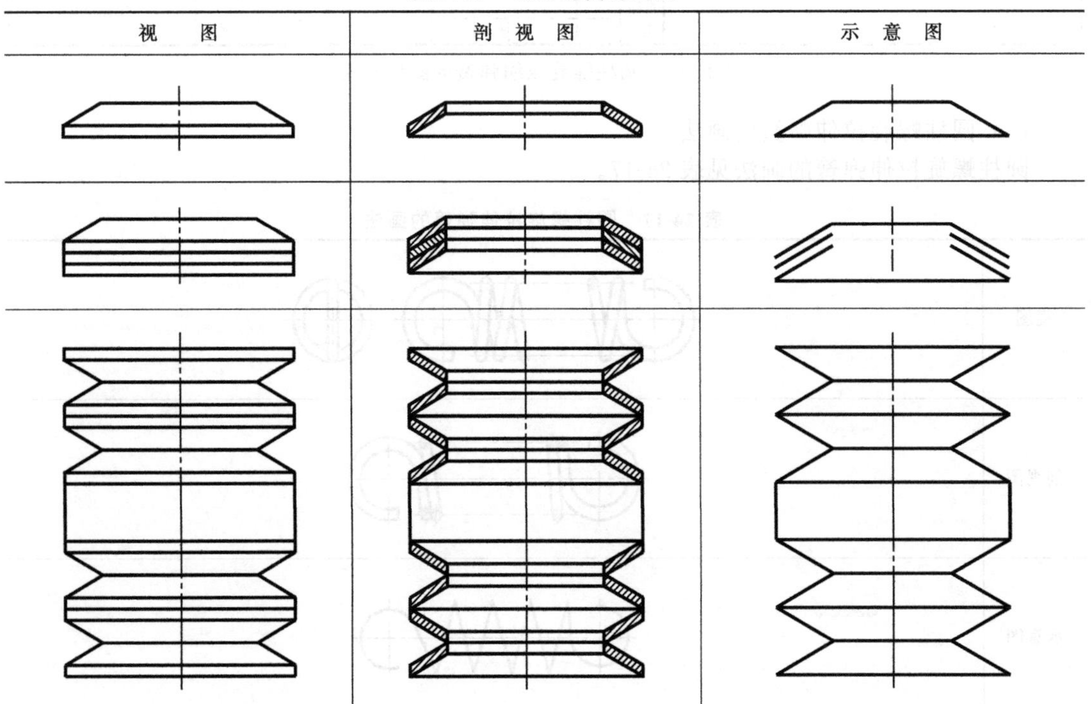

24.5.5　平面涡卷弹簧的画法

平面涡卷弹簧的视图和示意图按表 24-20 的形式绘制。

表 24-20　平面涡卷弹簧的画法

视　图	示　意　图

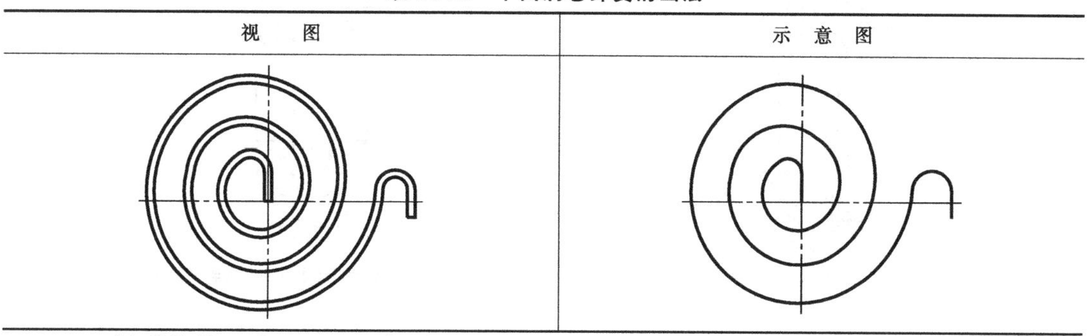

24.5.6　板弹簧的画法

弓形板弹簧由多种零件组成，其画法如图 24-20 所示。

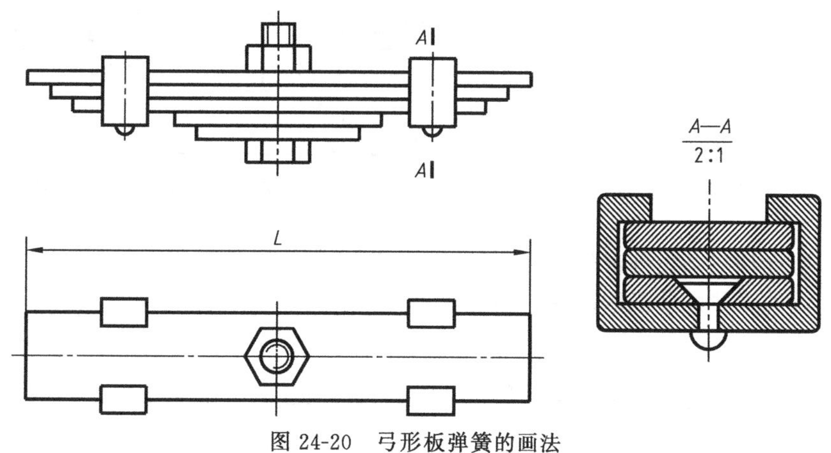

图 24-20　弓形板弹簧的画法

24.5.7　装配图中弹簧的画法

GB/T 4459.4—2003 规定了装配图中各种弹簧的画法，并附以图例，国标规定：

① 被弹簧挡住的结构一般不画出，可见部分应从弹簧的外轮廓线或从弹簧钢丝剖面的中心线画起，如图 24-21 所示。

② 型材尺寸较小（直径或厚度在图形上等于或小于 2mm）的螺旋弹簧、碟形弹簧、片弹簧允许用示意图表示，如图 24-22～图 24-25 所示。当弹簧被剖切时，也可用涂黑表示，如图 24-26 所示。

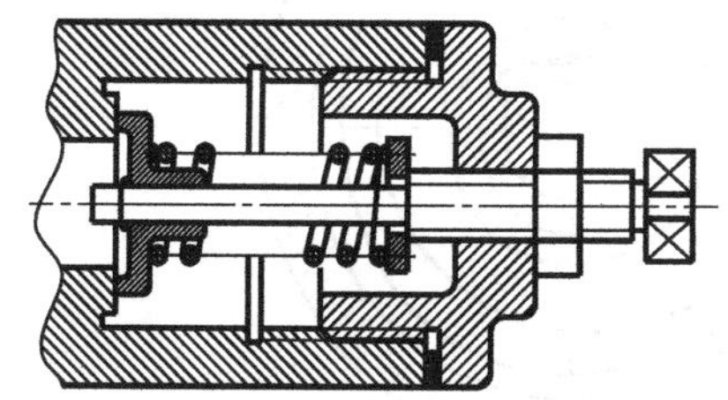

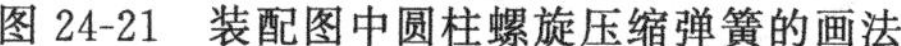

图 24-21　装配图中圆柱螺旋压缩弹簧的画法

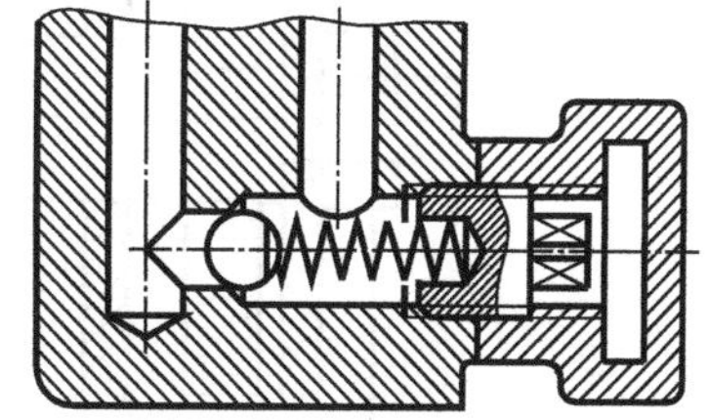

图 24-22　装配图中的圆柱螺旋弹簧示意画法

③ 被剖切弹簧的截面尺寸在图形上等于或小于 2mm，并且弹簧内部还有零件，为了便于表达，可用图 24-23 所示的形式表达。

④ 四束以上的碟形弹簧，中间部分省略后，用细实线画出轮廓范围，如图 24-24 所示。

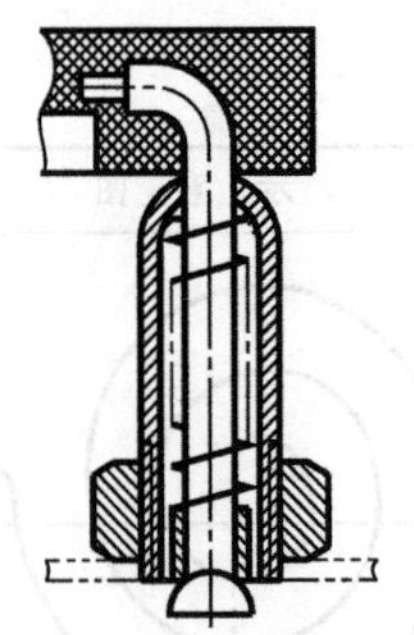

图 24-23 装配图中的圆柱螺旋弹簧示意画法

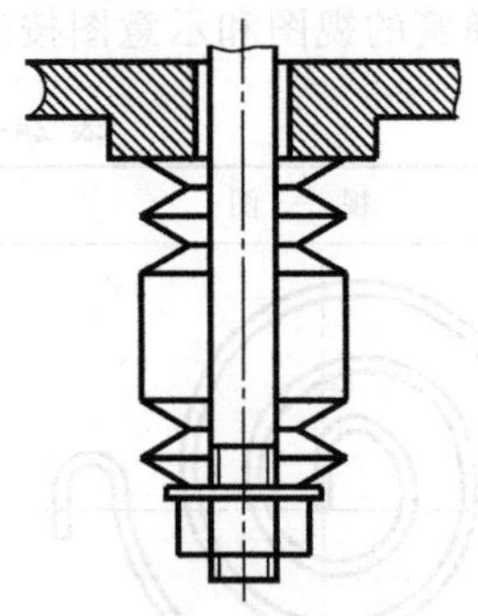

图 24-24 装配图中的碟形弹簧画法

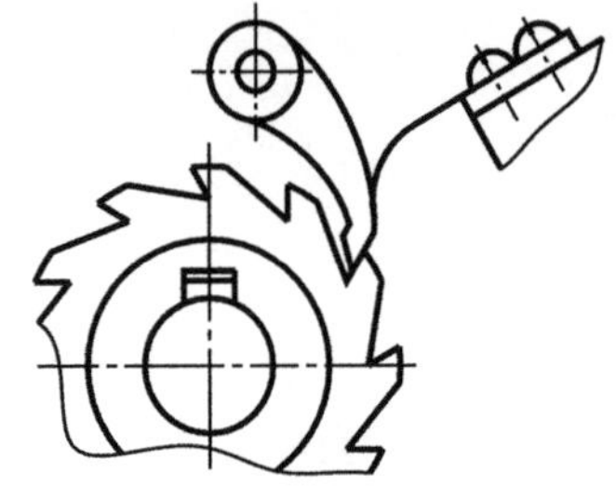

图 24-25 装配图中的片弹簧画法

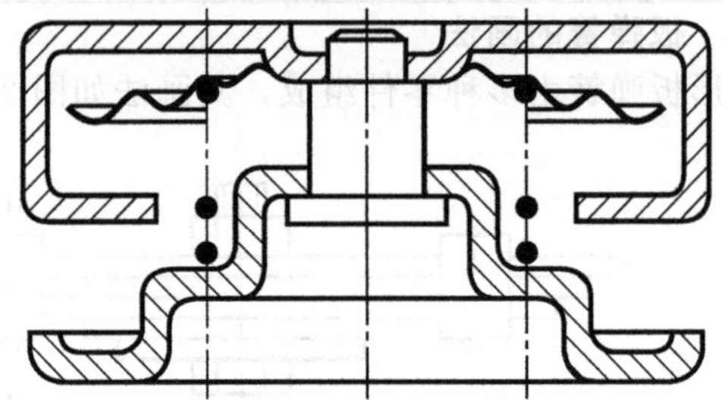

图 24-26 装配图中的型材尺寸较小的弹簧画法

⑤ 板弹簧允许只画出外形轮廓，如图 24-27 所示。

⑥ 平面涡卷弹簧的装配图画法，如图 24-28 所示。

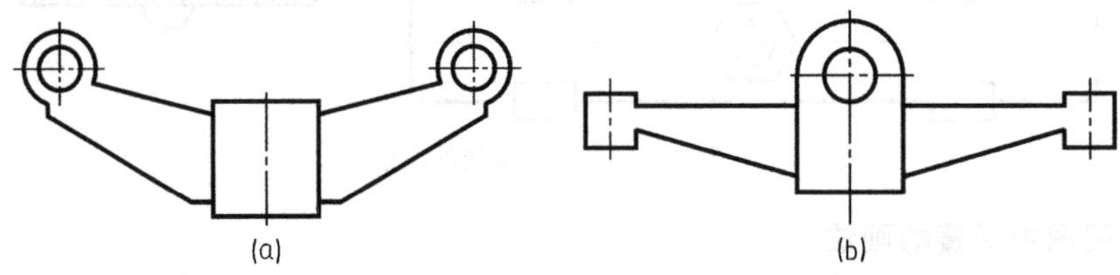

图 24-27 板弹簧的画法

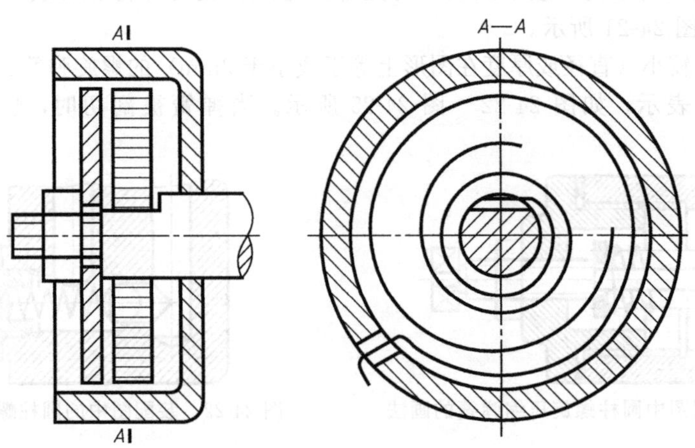

图 24-28 装配图中平面涡卷弹簧的画法

第 25 章　传动轮、轴承、油杯

25.1 圆柱齿轮

GB/T 4459.2—2003《机械制图　齿轮表示法》规定了各种齿轮的表示法。

齿轮是机械设备中常见的传动零件，它可用于传递运动和动力，改变运动速度或旋转方向。常见的齿轮种类有圆柱齿轮、圆锥齿轮和蜗轮蜗杆，如图 25-1 所示。首先介绍圆柱齿轮。

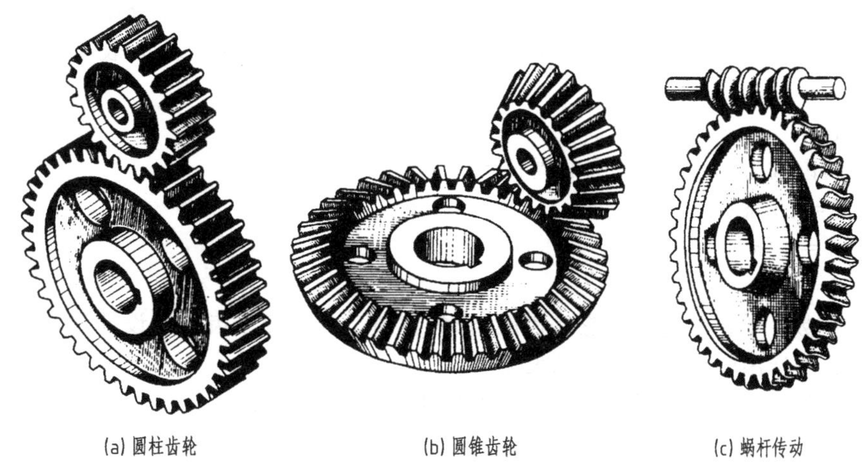

(a) 圆柱齿轮　　(b) 圆锥齿轮　　(c) 蜗杆传动

图 25-1　齿轮传动类型

25.1.1 标准直齿圆柱齿轮各部分名称和尺寸关系

如图 25-2 所示。

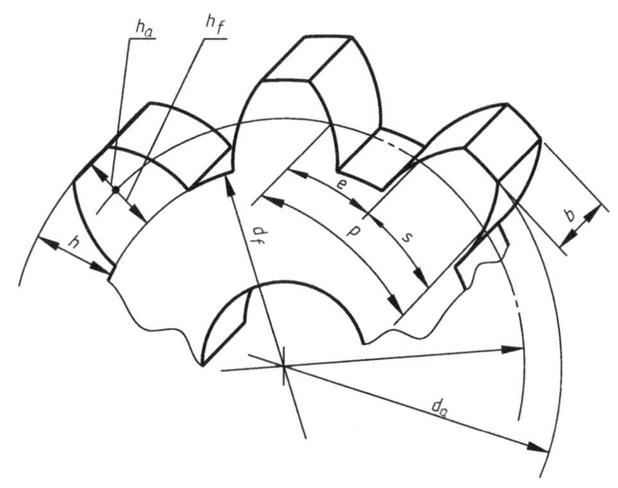

图 25-2　标准直齿圆柱齿轮

（1）齿顶圆

通过轮齿顶部的圆，其直径用 d_a 表示。

（2）齿根圆

通过轮齿根部的圆，其直径用 d_f 表示。

（3）分度圆

在齿顶圆和齿根圆之间。对于标准齿轮，在此圆上的齿厚 s 与槽宽 e 相等，其直径用 d 表示。

（4）齿高

齿顶圆和齿根圆之间的径向距离，用 h 表示。齿顶圆和分度圆之间的径向距离称齿顶高，用 h_a 表示。分度圆和齿根圆之间的径向距离称齿根高，用 h_f 表示。

$$h=h_a+h_f$$

（5）齿距、齿厚、槽宽

在分度圆上相邻两齿对应点之间的弧长称为齿距，用 p 表示。在分度圆上一个轮齿齿廓间的弧长称齿厚，用 s 表示；一个齿槽齿廓间的弧长称为槽宽，用 e 表示。对于标准齿轮，$s=e$，$p=s+e$。

（6）模数

当齿轮的齿数为 z，则分度圆的周长＝ zp ＝πd。

所以 $d=zp/\pi$

令 $m=p/\pi$

则 $d=mz$

m 称为模数，单位是毫米。它是齿距与π的比值。为了便于齿轮的设计和加工，在国家标准中规定了可选用的模数数值，见表 25-1。

齿轮各部分尺寸可以参照标准模数来进行计算，见表 25-2。

表 25-1 标准模数（GB/T 1357—2008） mm

第一系列	1 1.25 1.5 2 2.5 3 4 5 6 8 10 12 16 20 25 32 40 50
第二系列	1.125 1.375 1.75 2.25 2.75 3.5 4.5 5.5 (6.5) 7 9 (11) 14 18 22 28 36 45

注：在选用模数时，应优先选用第一系列，其次选用第二系列，括号内模数尽可能不选用。

表 25-2 标准齿轮各部分尺寸计算举例 mm

基本参数：模数 m，齿数 z			已知：$m=2$，$z=29$
名称	符号	计算公式	计算举例
齿距	p	$P=m\pi$	$P=6.28$
齿顶高	h_a	$h_a=m$	$h_a=2$
齿根高	h_f	$h_f=1.25m$	$h_f=2.5$
齿高	h	$h=2.25m$	$h=4.5$
分度圆直径	d	$d=mz$	$d=58$
齿顶圆直径	d_a	$d_a=m(z+2)$	$d_a=62$
齿根圆直径	d_f	$d_f=m(z-2.5)$	$d_f=53$
中心距	a	$a=m(z_1+z_2)/2$	

25.1.2　单个齿轮的画法

对于单个齿轮，一般用两个视图或一个视图加一个局部视图表达。在平行于齿轮轴线的投影面上的视图可以画成视图、全剖视图或半剖视图。若为斜齿轮或人字齿轮，则用三条与齿线方向一致的细实线表示轮齿的方向，如图 25-3 所示。

在外形视图中，齿轮的齿顶圆和齿顶线用粗实线表示；分度圆和分度线用点画线表示；齿根圆用细实线表示，但一般可以省略不画。当非圆视图画成剖视图时，齿根线用粗实线表示，齿顶线与齿根线之间的区域表示轮齿部分，按不剖绘制。

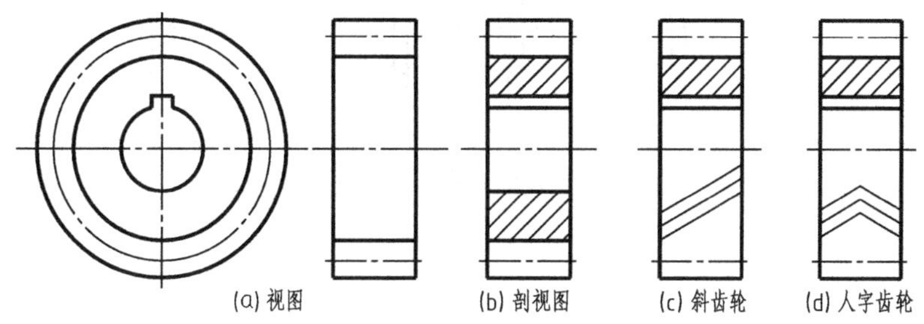

图 25-3　单个齿轮的画法

25.1.3　齿轮副的啮合画法

表达两啮合齿轮，一般采用两个视图。一个是垂直于齿轮轴线方向的视图，而另一个常画成剖视图，如图 25-4 所示。

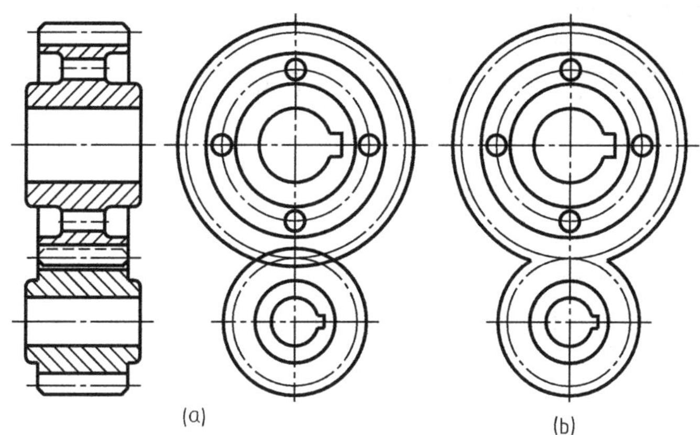

图 25-4　圆柱齿轮副的啮合画法

在垂直于齿轮轴线方向的视图中，它们的分度圆成相切关系。齿顶圆有两种画法，一种是将两齿顶圆用粗实线分别完整画出，如图 25-4 (a)所示；另一种是将两个齿顶圆重叠部分的圆弧省略不画，如图 25-4 (b)所示。齿根圆则和单个齿轮的画法相同。

在剖视图中，规定将啮合区内一个齿轮的轮齿用粗实线画出，另一个齿轮的轮齿被遮挡的部分用虚线画出，如图 25-4 (a)所示，也可省略不画。

在平行于齿轮轴线的视图中，啮合区的齿顶线和齿根线不必画出，只在节线位置画一条粗实线。如果需要表示齿轮的方向，画法与单个齿轮相同，如图 25-5 所示。

25.1.4　圆柱齿轮工作图样的格式

圆柱齿轮图样格式如图 25-6 所示。

图中的参数表一般放在图样的右上角。参数表中列出的参数项目可根据需要增减，检验项目按功能要求而定。技术要求一般放在该图的右下角。

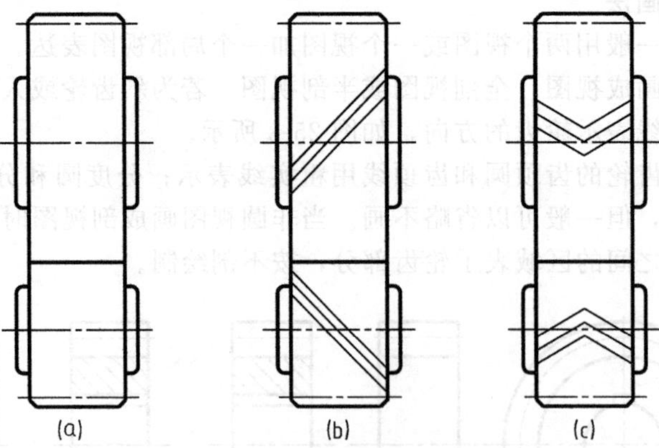

图 25-5 圆柱齿轮副的啮合画法

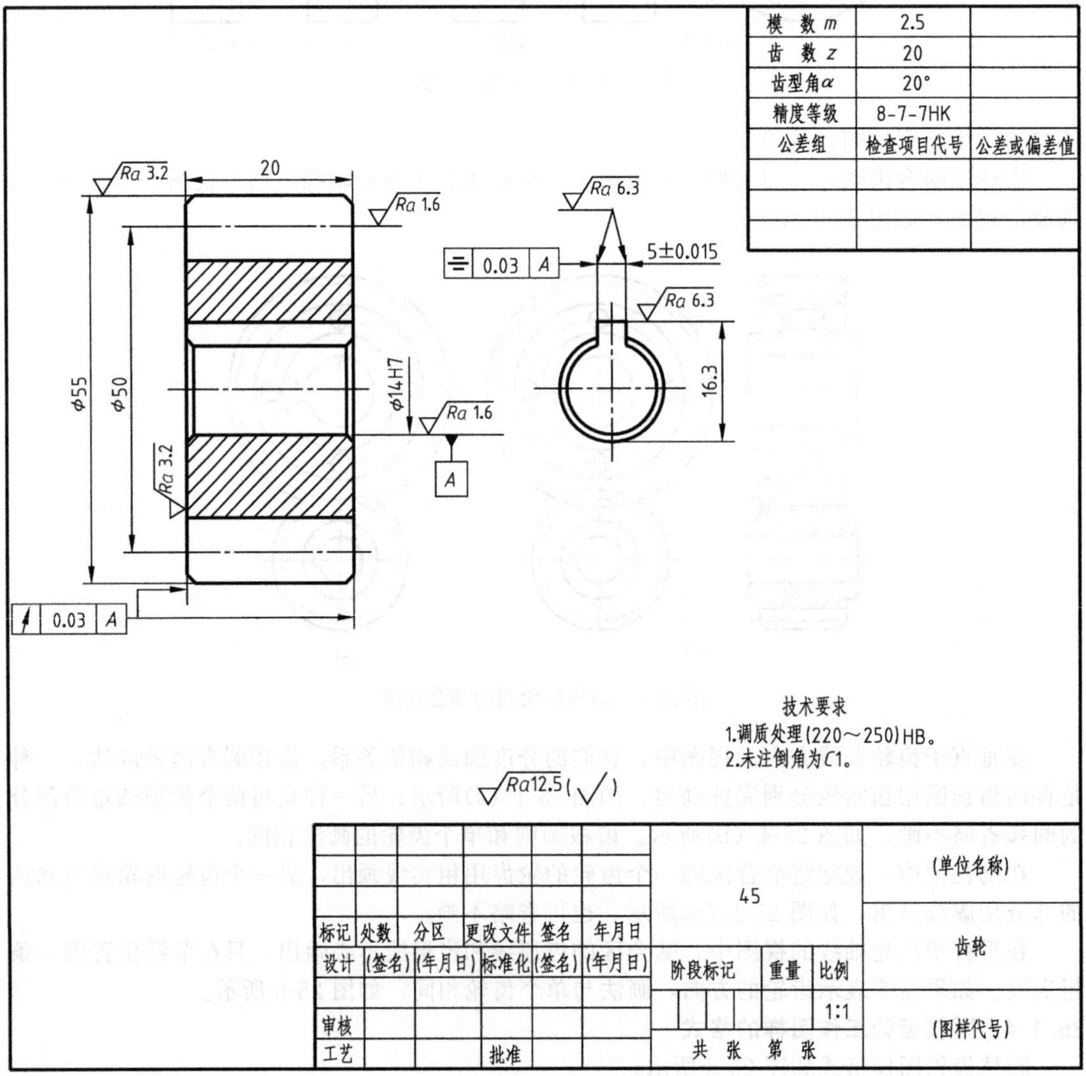

模 数 m	2.5	
齿 数 z	20	
齿型角α	20°	
精度等级	8-7-7HK	
公差组	检查项目代号	公差或偏差值

技术要求

1.调质处理(220～250)HB。

2.未注倒角为C1。

$\sqrt{Ra12.5}$ ($\sqrt{}$)

						45			(单位名称)
标记	处数	分区	更改文件	签名	年月日				齿轮
设计	(签名)	(年月日)	标准化	(签名)	(年月日)	阶段标记	重量	比例	
								1:1	(图样代号)
审核									
工艺			批准			共 张		第 张	

图 25-6 圆柱齿轮图样格式

25.2 锥齿轮

锥齿轮用于交轴间的传动，常见的是两轴相交成直角的锥齿轮传动。由于锥齿轮的轮齿分布在圆锥面上，所以轮齿的厚度、高度都沿着齿宽的方向逐渐地变化，即模数是变化的。为了计算和制造方便，规定大端的模数为标准模数，并以它来决定其他各部分的尺寸，如图 25-7 所示。

25.2.1 单个锥齿轮的画法

在平行于齿轮轴线的视图上作剖视时，轮齿应按不剖处理。在垂直于齿轮轴线的视图上，规定用粗实线画出大端和小端的齿顶圆，用点画线画出大端的分度圆，大、小端的齿根圆和小端的分度圆不画，具体画法如图 25-8 所示。

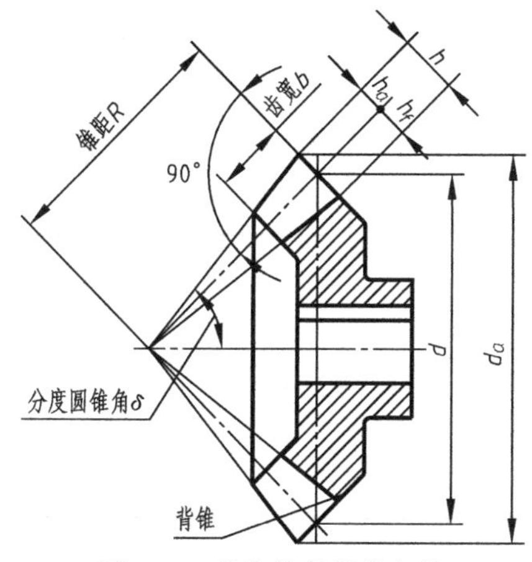

图 25-7　锥齿轮各部分名称

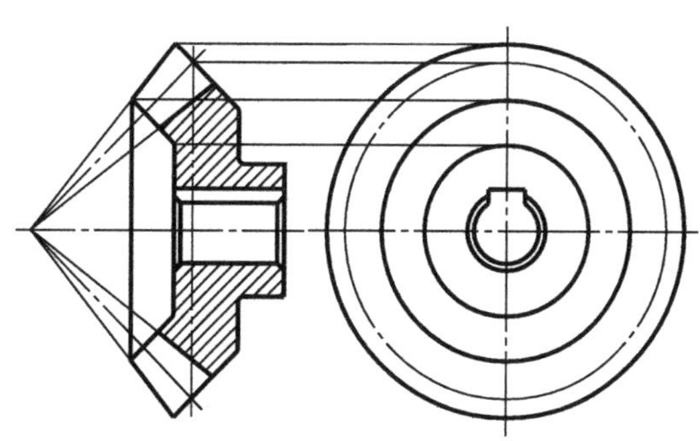

图 25-8　单个锥齿轮的画法

25.2.2 轴线正交的锥齿轮副的啮合画法

轴线正交的锥齿轮副的啮合画法与圆柱齿轮基本相同，在垂直于齿轮轴线的视图上，一个齿轮大端的分度线与另一个齿轮大端的分度圆相切，具体画法如图 25-9 所示。

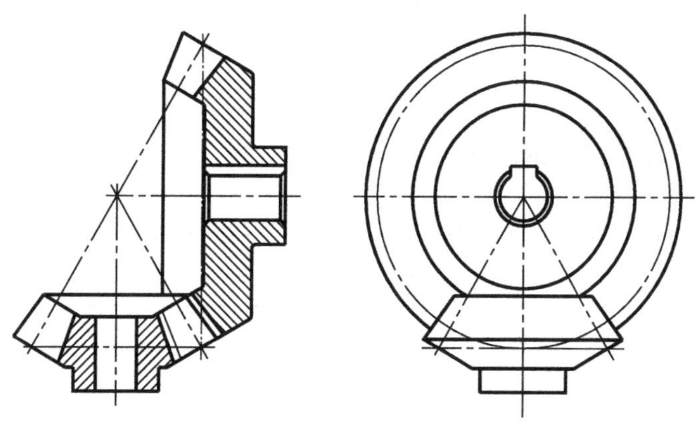

图 25-9　锥齿轮的啮合画法

25.2.3 锥齿轮工作图样的格式

锥齿轮工作图样的格式见图 25-10。

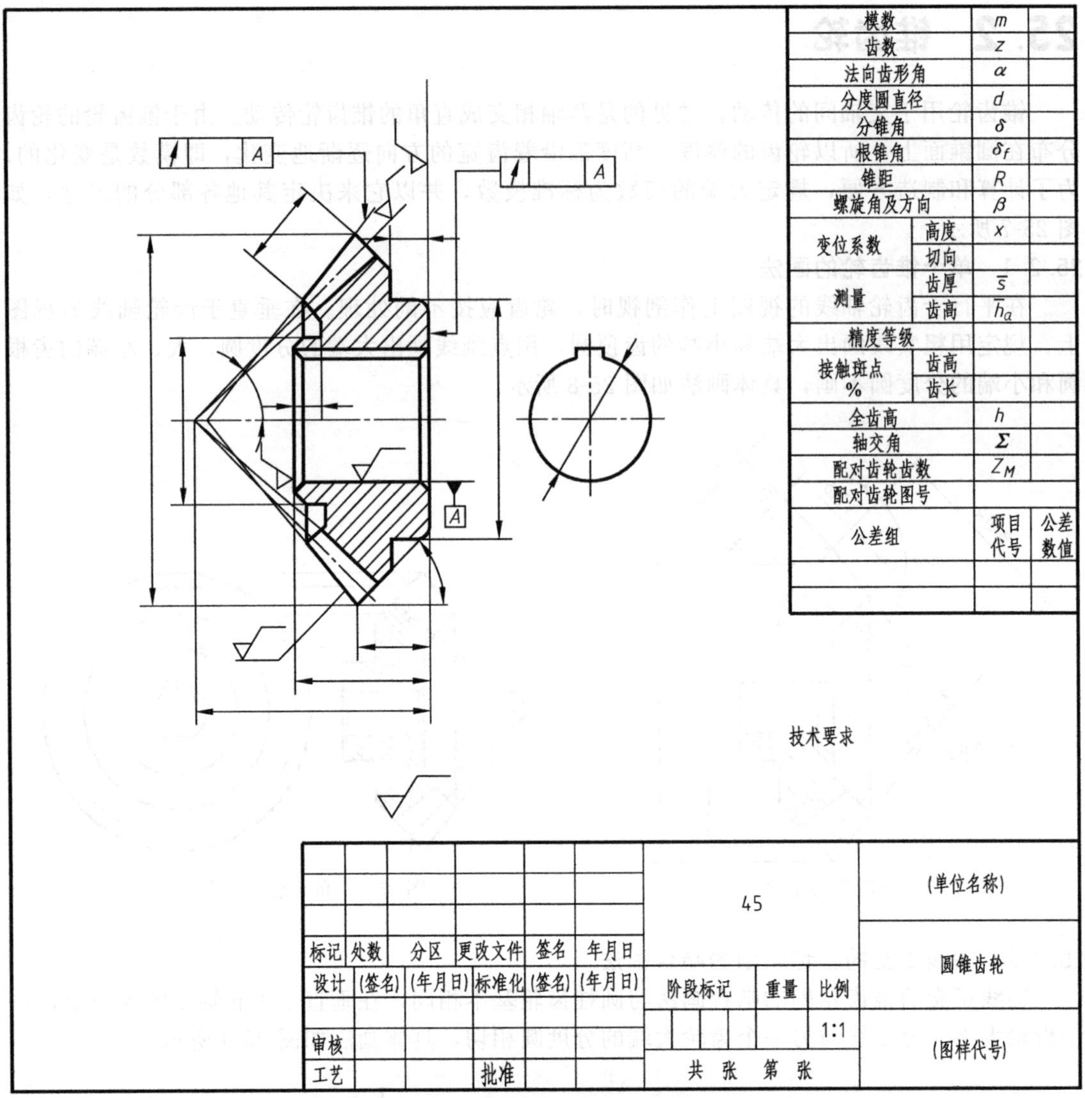

模数		m	
齿数		z	
法向齿形角		α	
分度圆直径		d	
分锥角		δ	
根锥角		δ_f	
锥距		R	
螺旋角及方向		β	
变位系数	高度	x	
	切向		
测量	齿厚	$\overline{s}$	
	齿高	$\overline{h}_a$	
精度等级			
接触斑点%	齿高		
	齿长		
全齿高		h	
轴交角		Σ	
配对齿轮齿数		Z_M	
配对齿轮图号			
公差组		项目代号	公差数值

技术要求

						45			(单位名称)
标记	处数	分区	更改文件	签名	年月日				圆锥齿轮
设计	(签名)	(年月日)	标准化	(签名)	(年月日)	阶段标记	重量	比例	
审核								1:1	(图样代号)
工艺			批准			共 张 第 张			

图 25-10 锥齿轮工作图样的格式

25.3 齿轮的轮体结构

圆柱齿轮和直齿锥齿轮的结构形式如表 25-3 和表 25-4 所示。

表 25-3 圆柱齿轮的结构形式

名称	结构形式	说明
齿轮轴	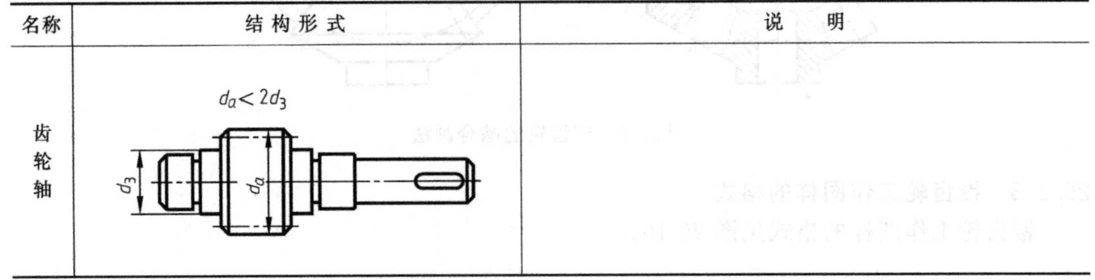	

续表

名称	结构形式	说　明
锻造齿轮	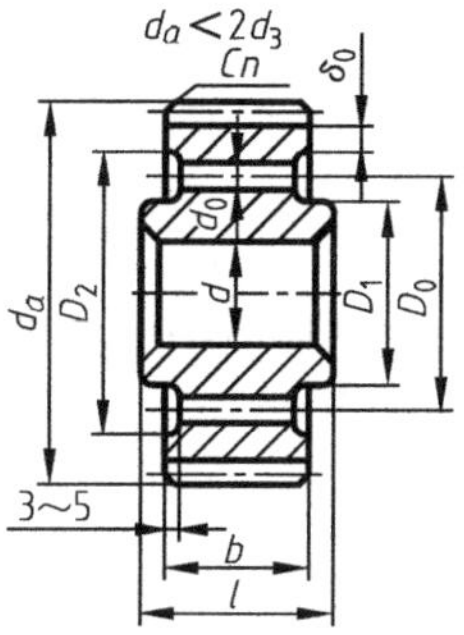 $d_a<2d_3$	$D_1=1.6d$，$1.5d>l\geqslant b$，$\delta_0=2.5m_n$，但不小于 8，$D_0=0.5(D_2+D_1)$，当 $d_0<10$ 时，可不必制孔 $n=0.5m_n$
	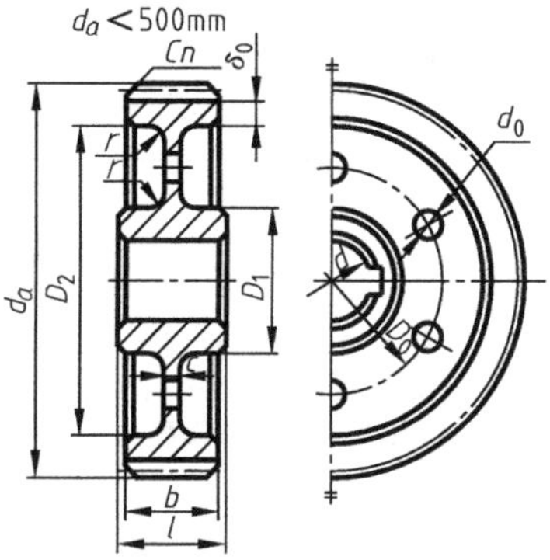 $d_a<500\text{mm}$	$D_1=1.6d$，$1.5d>l\geqslant b$，$\delta_0=(3\sim4)m_n$，但不小于 8，$D_0=0.5(D_2+D_1)$，$c=0.2b$（模锻），$c=0.3b$（自由锻），但不小于 8，$n=0.5m_n$
铸造齿轮	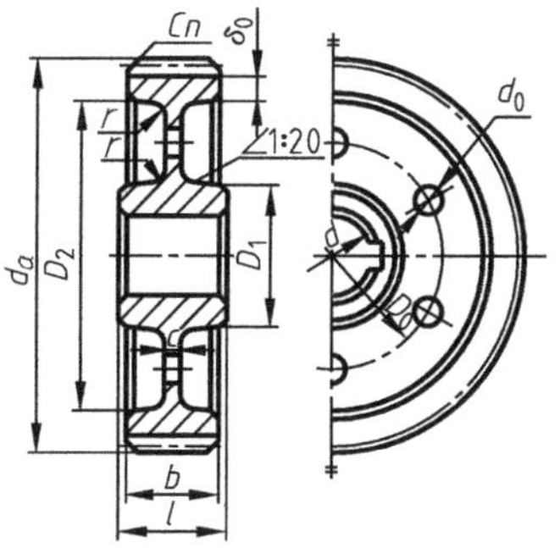	$D_1=1.6d$（铸钢），$D_1=1.8d$（铸铁），$1.5d>l\geqslant b$，$\delta_0=(3\sim4)m_n$，但不小于 8，$D_0=0.5(D_2+D_1)$，$d_0=(0.25\sim0.35)(D_2-D_1)$，$c=0.2b$，但不小于 10，$n=0.5m_n$，$r\approx0.5c$
	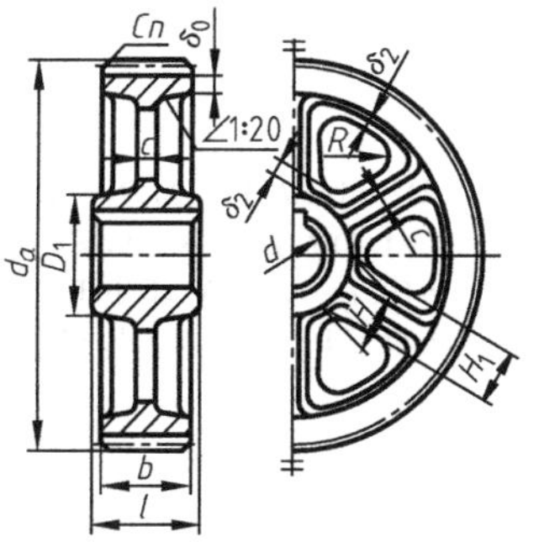	$D_1=1.6d$（铸钢），$D_1=1.8d$（铸铁），$1.5d>l\geqslant b$，$\delta_0=(3\sim4)m_n$，但不小于 8，$H=0.8d$（铸钢），$H=0.9d$（铸铁），$H_1=0.8H$，$c=(1\sim1.3)\delta_0$，$\delta_2=(1\sim1.2)\delta_0$，$n=0.5m_n$，$r\approx0.5c$

续表

名称	结构形式	说　明
铸造齿轮	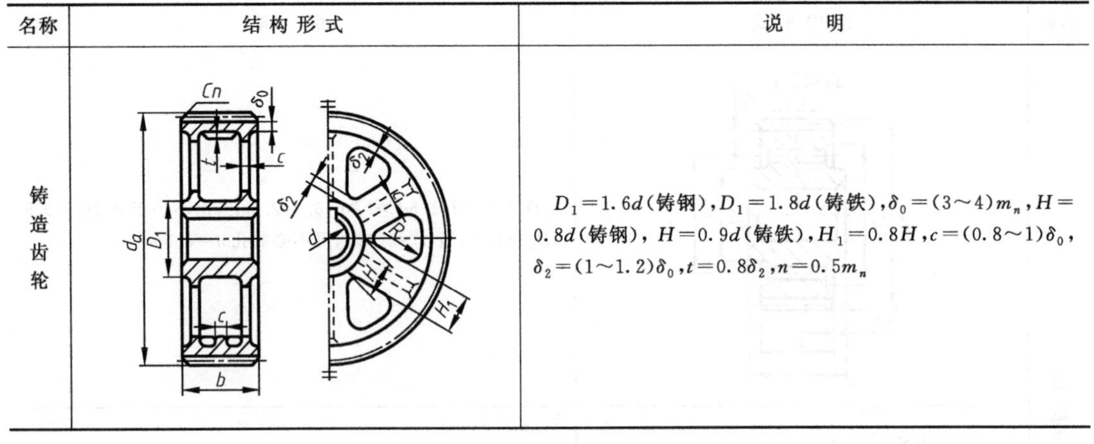	$D_1=1.6d$(铸钢)，$D_1=1.8d$(铸铁)，$\delta_0=(3\sim4)m_n$，$H=0.8d$(铸钢)，$H=0.9d$(铸铁)，$H_1=0.8H$，$c=(0.8\sim1)\delta_0$，$\delta_2=(1\sim1.2)\delta_0$，$t=0.8\delta_2$，$n=0.5m_n$

表 25-4　直齿锥齿轮的结构形式

结构简图	说　明
锻造锥齿轮轴 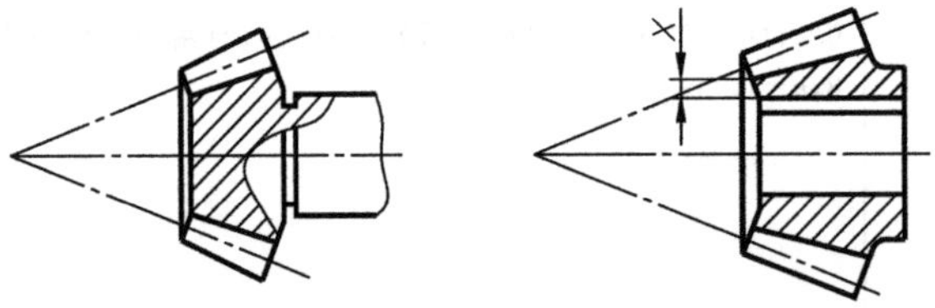 (a)　(b)	当齿轮小端齿根圆角离键槽顶部的距离 $X<(1.6\sim2)$m 时图(b)，齿轮与轴制成整体，其中 m 为大端模数
$d_a\leqslant500$mm 锻造锥齿轮 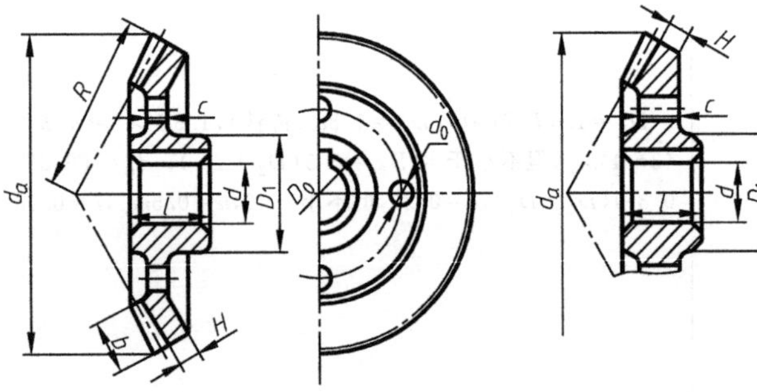	$D_1=1.6d$，$l=(1\sim1.2)d$，$H=(3\sim4)m$(不小于 10mm)，$c=(0.1\sim0.17)R$，D_0、d_0 按结构而定
$d_a>300$mm 锻造锥齿轮 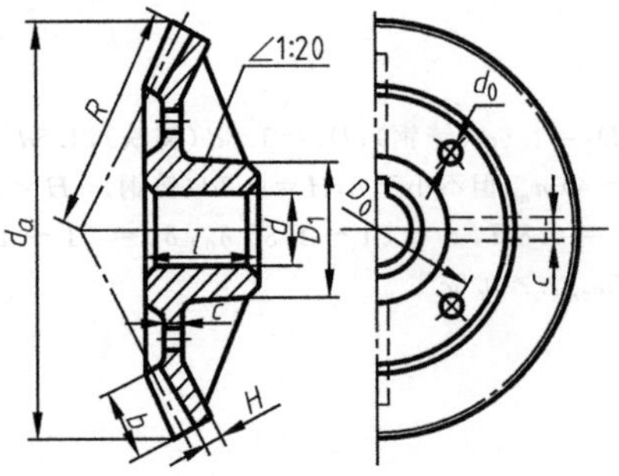	$D_1=1.6d$(铸钢)，$D_1=1.8d$(铸钢)，$l=(1\sim1.2)d$，$H=(3\sim4)m$(不小于 10mm)，$c=(0.1\sim0.17)R$(不小于 10mm)，$s=0.8c$(不小于 10 mm)，D_0、d_0 按结构而定

25.4 蜗杆、蜗轮的画法

蜗杆、蜗轮的模数及蜗杆直径，可从 GB/T 10088—1988 中查得。如图 25-11，齿顶高 $h_a=1m$，工作齿高 $h'=2m$；采用短齿时，$h_a=0.8m$，工作齿高 $h'=1.6m$。顶隙一般为 $c=0.2m$，齿根圆角半径一般为 $\rho_f=0.3m$。

25.4.1 单个蜗杆、蜗轮的画法

如图 25-11 所示，蜗杆的齿根用细实线画出，也可省略不画。

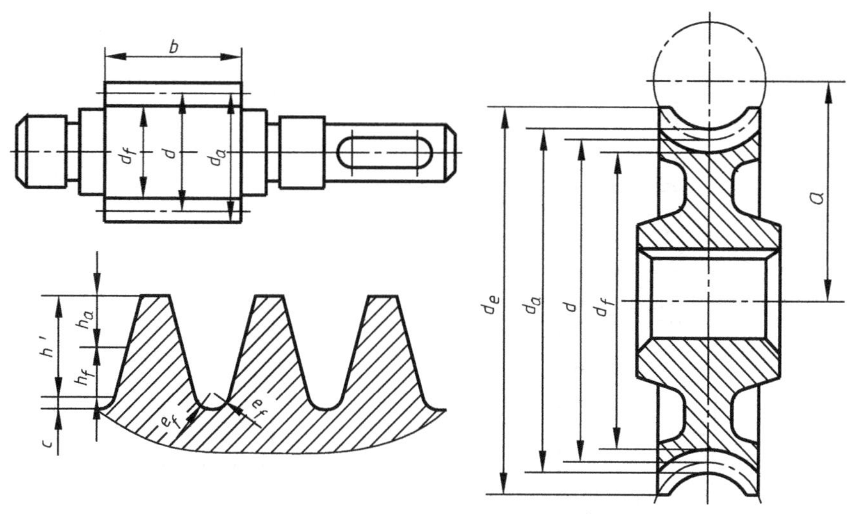

图 25-11　单个蜗杆、蜗轮的画法

25.4.2 圆柱蜗杆副的啮合画法

图 25-12(a) 为两视图不作剖视的画法，图 25-12(b) 为两视图作剖视的画法。

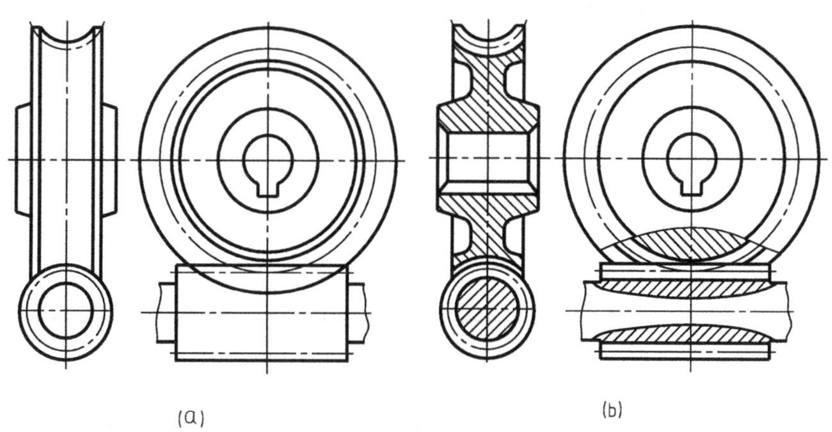

图 25-12　圆柱蜗杆副的啮合画法

25.4.3 蜗杆、蜗轮工作图样的格式

蜗杆工作图样的格式见图 25-13。蜗轮工作图样的格式见图 25-14。

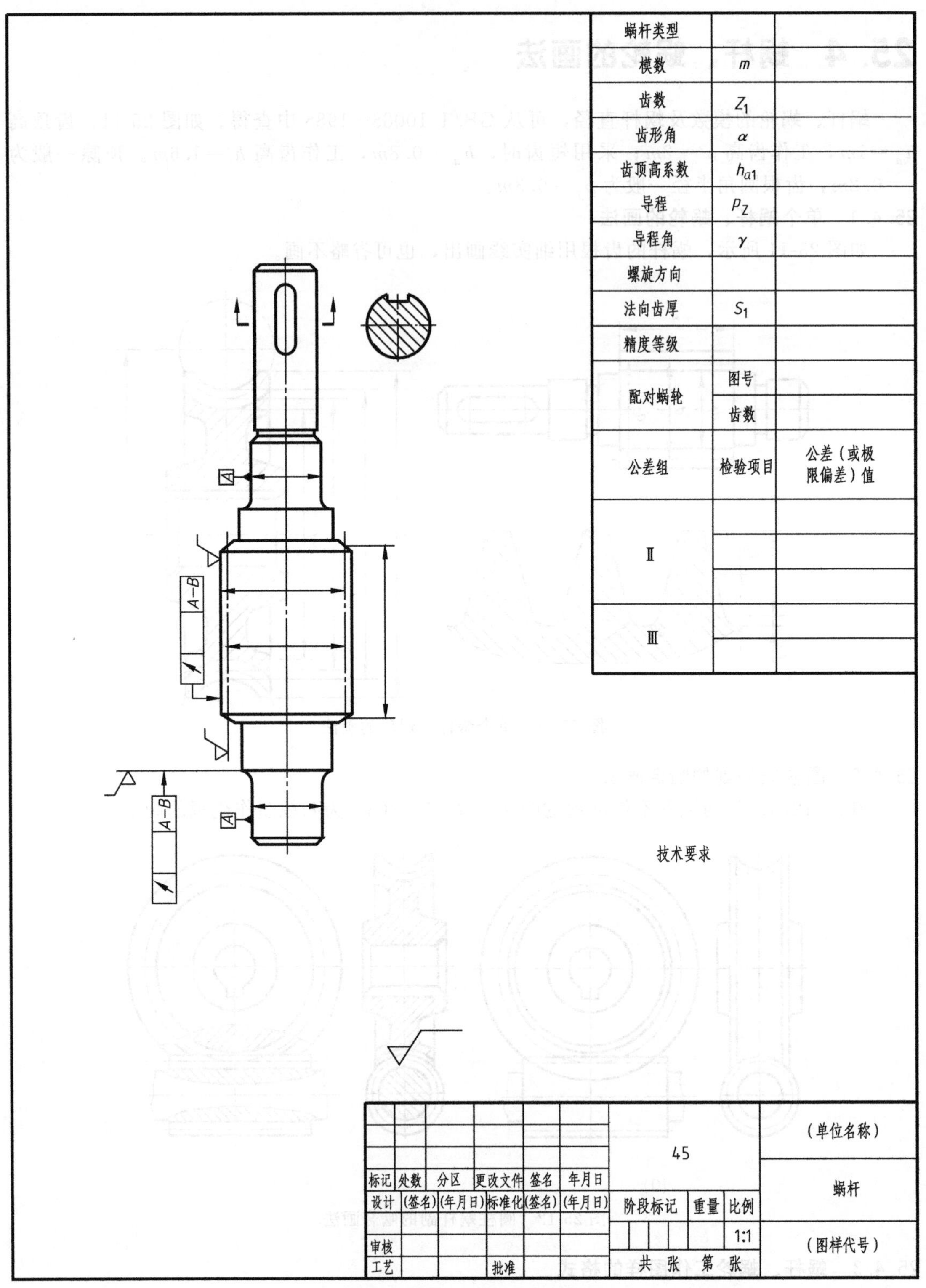

图 25-13 蜗杆工作图样的格式

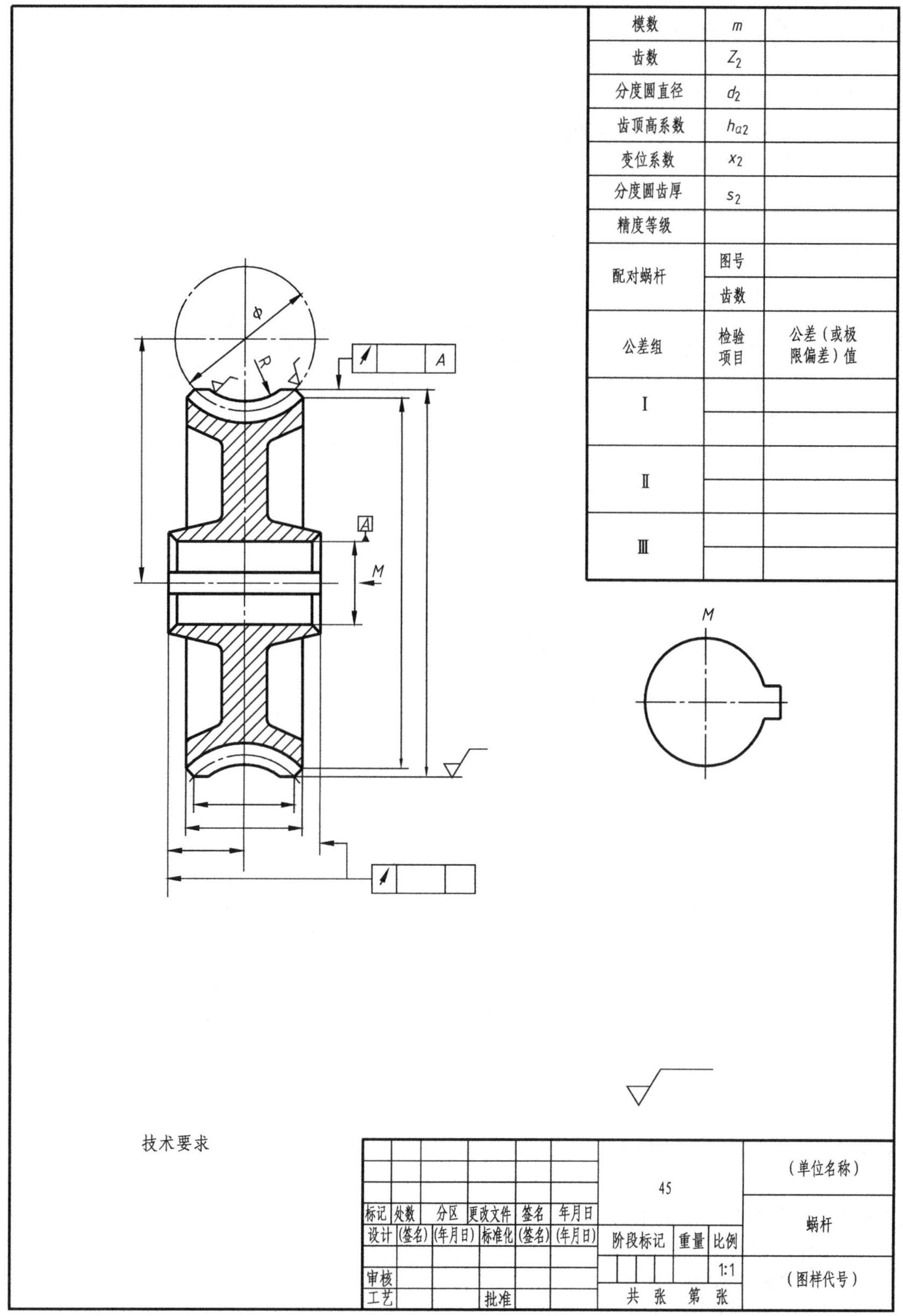

图 25-14　蜗轮工作图样的格式

25.5 链轮的画法

25.5.1 单个链轮的画法

链轮的有关参数，可从相应的国家标准中查得。标准齿形链轮的画法与齿轮的规定画法相同，如图 25-15 所示。

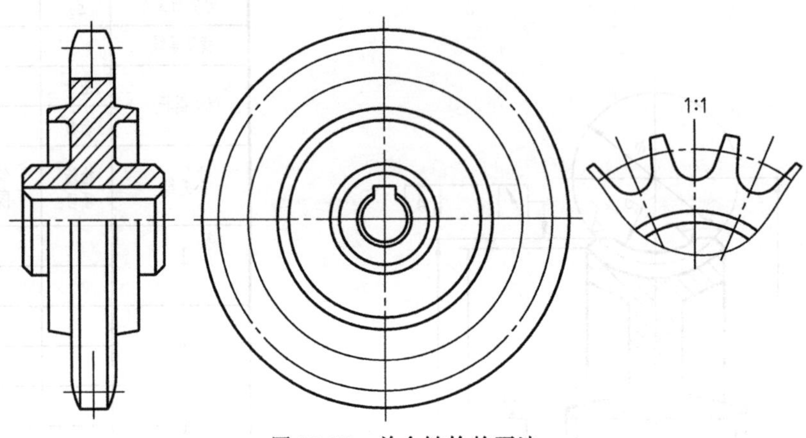

图 25-15 单个链轮的画法

25.5.2 链轮传动图的画法

链轮传动图可采用简化画法，用细点画线表示链条，如图 25-16 所示。

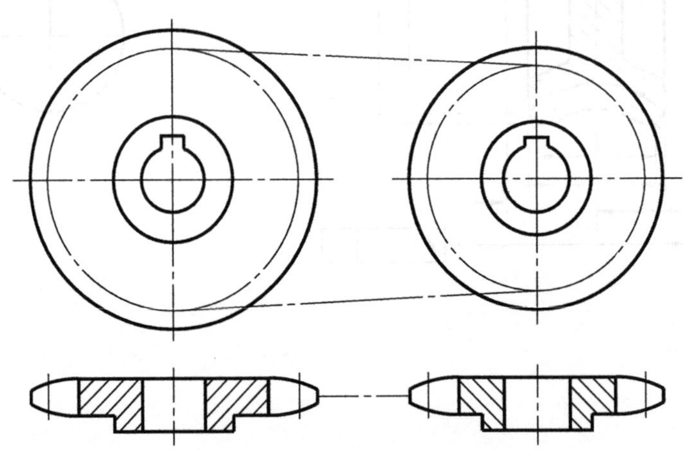

图 25-16 链轮传动的简化画法

25.6 V带轮

25.6.1 V带轮的典型结构

V 带轮的典型结构见图 25-17。

25.6.2 V带轮工作图样的画法

V 带轮工作图样的画法见图 25-18。

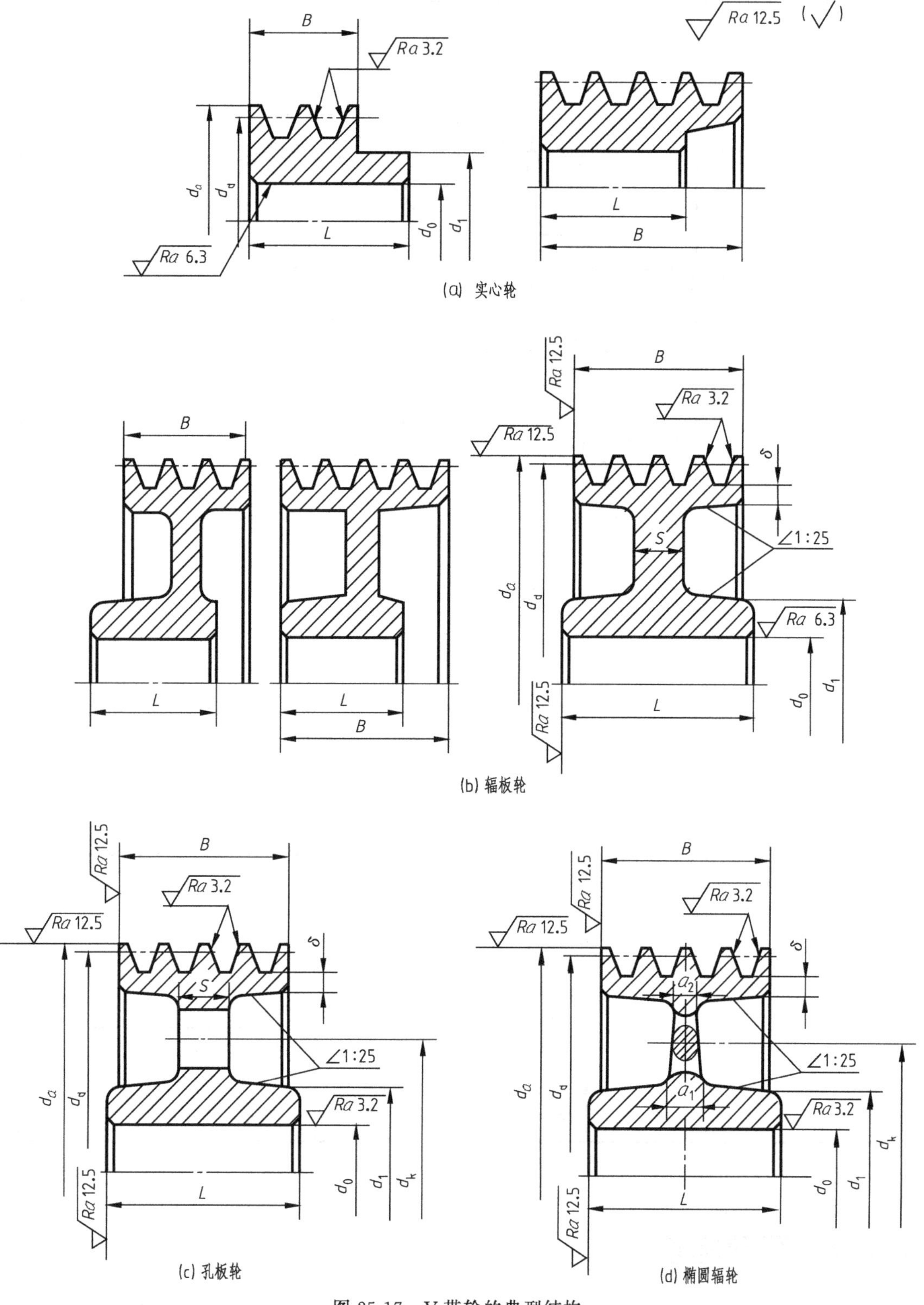

图 25-17　V 带轮的典型结构

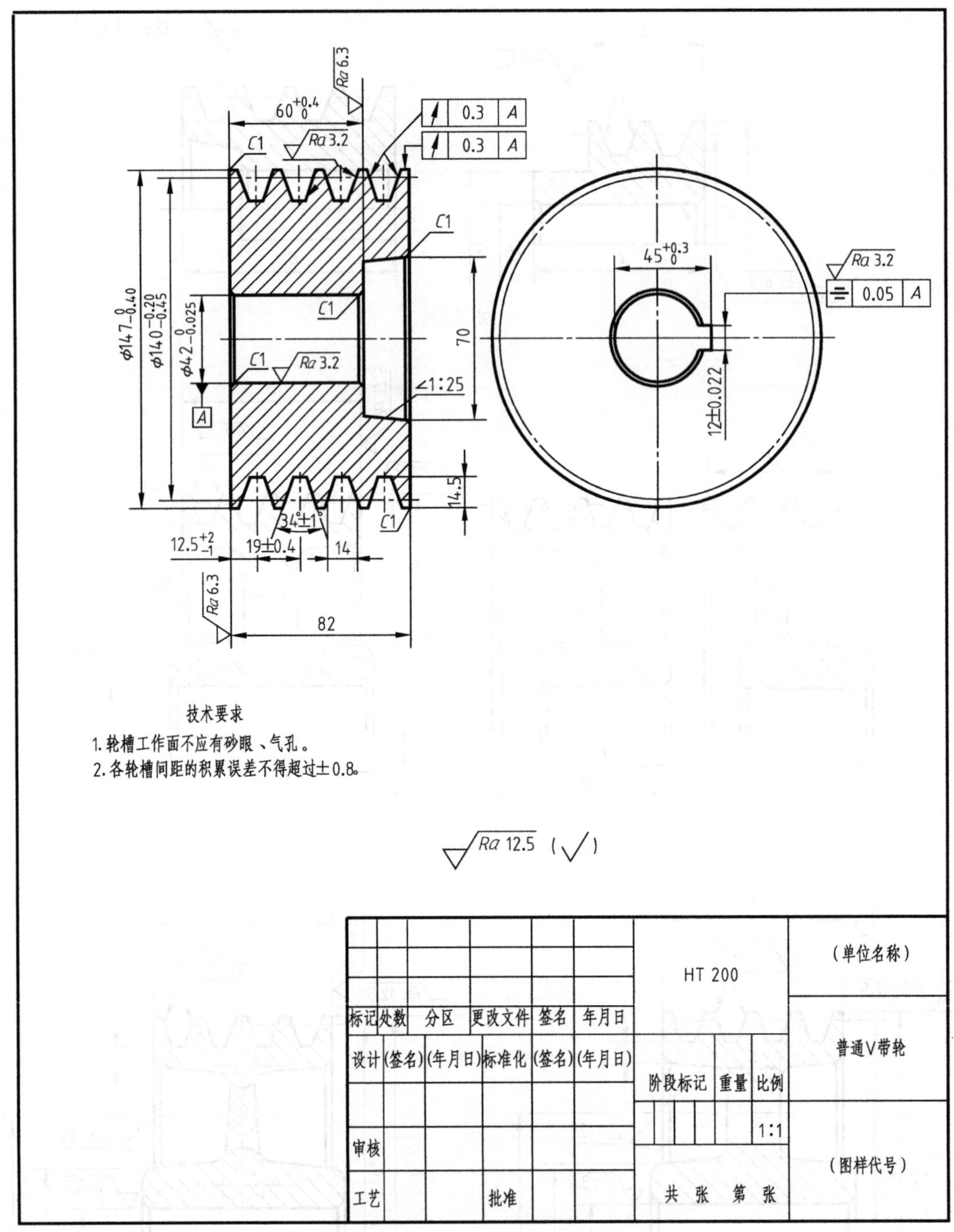

图 25-18　V 带轮工作图样的画法

25.7 滚动轴承

滚动轴承作为标准部件，由于它具有摩擦力小，结构紧凑等优点，被广泛应用于各种机械、仪表和设备中。

25.7.1　滚动轴承的结构、分类和代号

滚动轴承的种类很多，但结构大体相同，一般由外圈、内圈、滚动体和保持架组成，如图 25-19 所示。

轴承代号由基本代号、前置代号和后置代号构成，其排列如图 25-20 所示。基本代号表示轴承的基本类型、结构和尺寸，是轴承代号的基础。前置、后置代号是轴承在结构形状、尺寸、公差、技术要求等有改变时，在其基本代号左右添加的补充代号，在一般情况下，可不必标注。

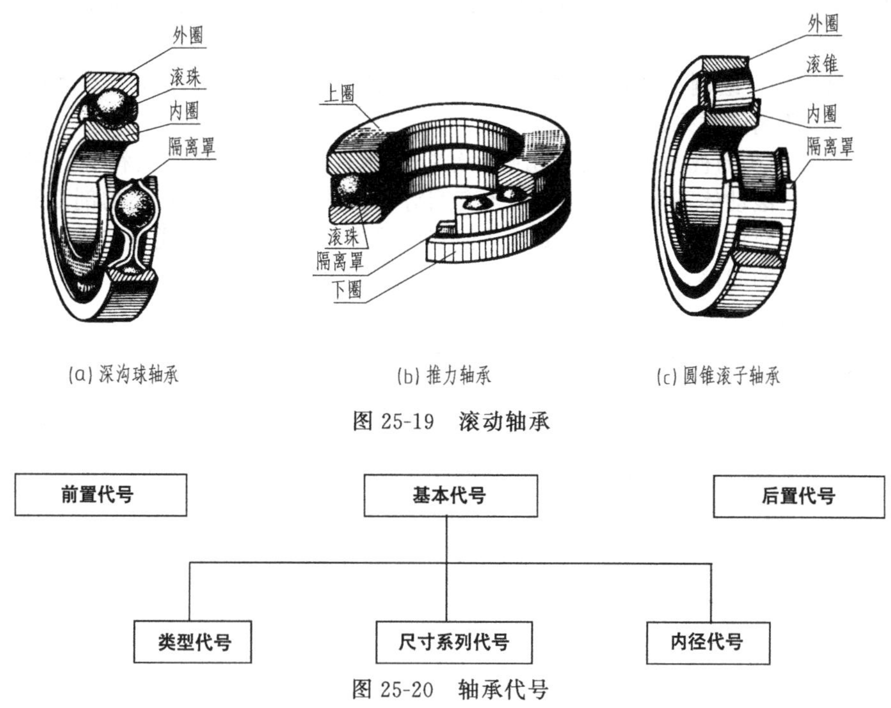

(a) 深沟球轴承　(b) 推力轴承　(c) 圆锥滚子轴承

图 25-19　滚动轴承

图 25-20　轴承代号

25.7.2　滚动轴承标记

滚动轴承标记见例 25-1 和例 25-2。

【例 25-1】 深沟球轴承，规定标记为：轴承　61800　GB/T 276—1994。

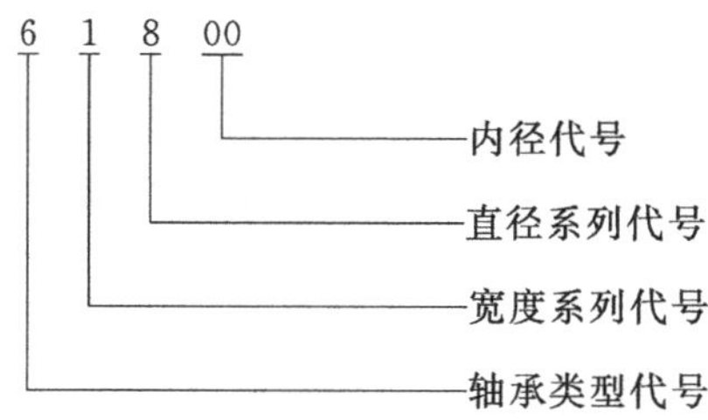

【例 25-2】 推力圆柱滚子轴承，规定标记为：轴承　81107　GB/T 4663—1994。

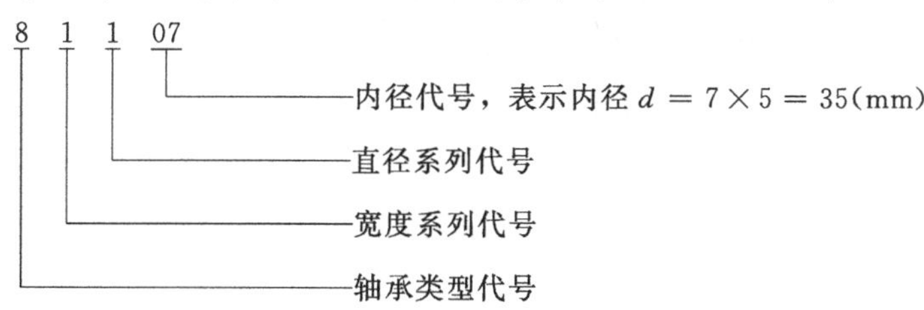

在轴承标记中，表示内径的两位数字从“04”开始用这个数字乘以5，即为轴承的内径尺寸。表示内径的两位数字在“04”以下时，标准规定：00表示 $d=10$mm；01表示 $d=12$mm；02表示 $d=15$mm；03表示 $d=17$mm。

25.7.3 滚动轴承画法

为了清晰、简便地表示它们，GB/T 4459.7—1998《机械制图　滚动轴承表示法》规定了滚动轴承的通用画法、特征画法和规定画法。

(1) 画图的基本规定

① 图线。通用画法、特征画法和规定画法中的各种符号、矩形线框和轮廓线均用粗实线绘制。

② 尺寸及比例。绘制滚动轴承时，其矩形线框或外形轮廓的大小应与滚动轴承的外形尺寸一致，并与所属图样采用同一比例。

③ 剖面符号。在剖视图中，用简化画法绘制轴承时，一律不画剖面符号；采用规定画法绘制滚动轴承，滚动体不画剖面线，其各套圈等可画成方向和间隔相同的剖面线，在不至于引起误解时，也允许不画；若轴承带有其他零件或附件时，其剖面线应与套圈的剖面线呈不同的方向或不同的间隔，在不至于引起误解时，也允许不画。

(2) 简化画法

用简化画法绘制滚动轴承时，应采用通用画法或特征画法，但在同一图样中一般只采用其中的一种画法。

① 通用画法。在剖视图中，当不需要确切地表示滚动轴承的外形轮廓、载荷特性、结构特征时，可用线框及位于线框中央的正立的十字形符号表示，十字符号不应与矩形线框接触，如图25-21所示。通用画法应绘制在轴的两侧，如图25-22所示。

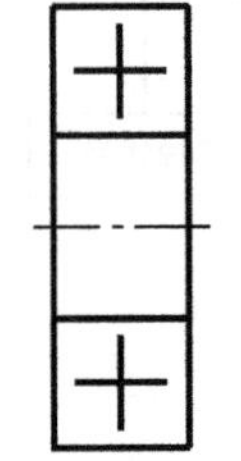

图25-21　通用画法

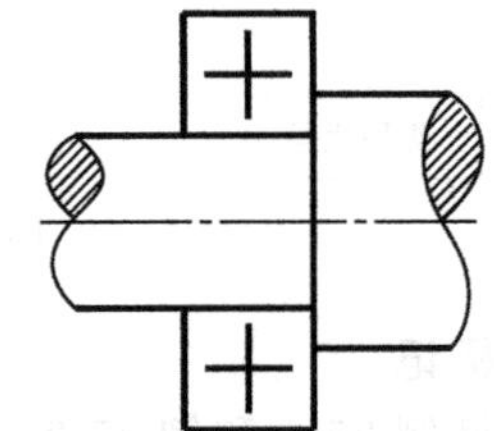

图25-22　绘制在轴两侧的通用画法

如果需要确切地表达滚动轴承的外形，则应画出其剖面轮廓，并在轮廓中央画出正立的十字形符号，十字形符号不与剖面轮廓接触，如图25-23(a)所示。

滚动轴承带有附件或零件时，这些附件或零件可只画出其外形轮廓，如图25-23(b)所示。

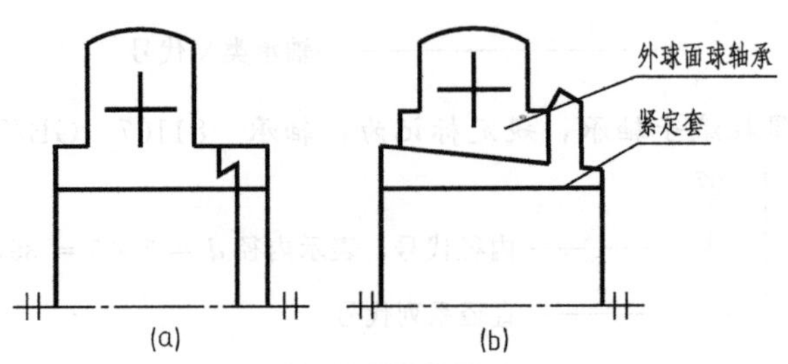

图25-23　画出外形轮廓的通用画法

当需要表示滚动轴承的防尘盖和密封圈时，可按图 25-24 的方法绘制。

当需要表达滚动轴承内、外圈有无挡边时，可按图 25-25 的方法，在十字符号上附加一短画表示内、外圈无挡边的方向。

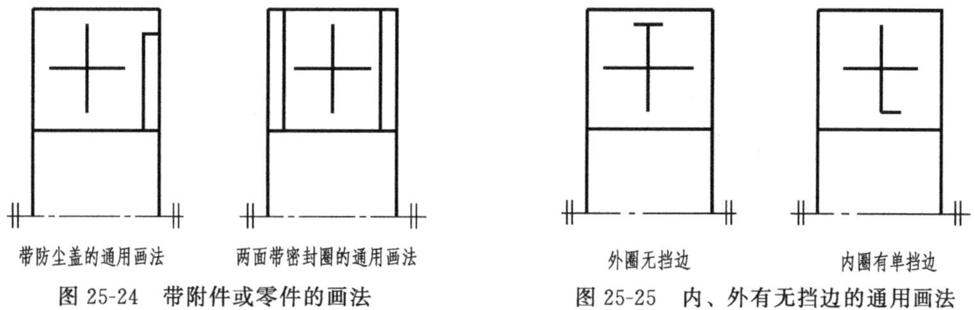

图 25-24　带附件或零件的画法　　图 25-25　内、外有无挡边的通用画法

在装配图中，为了表达滚动轴承的安装方法，可画出滚动轴承的某些零件，如图 25-26 所示。

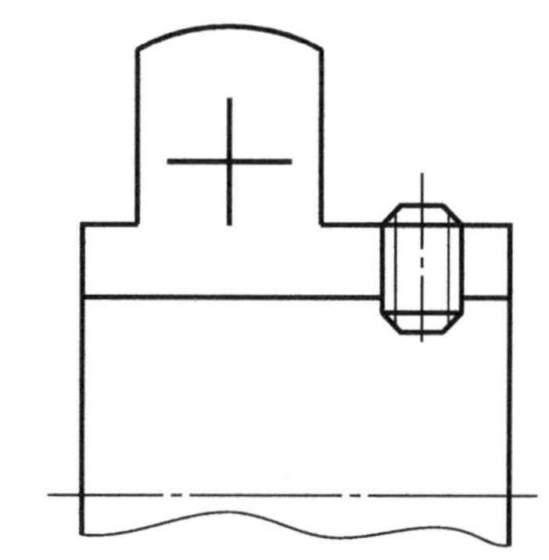

图 25-26　给出滚动轴承某一零件的通用画法

② 特征画法。在剖视图中，如需较形象地表达滚动轴承的结构特征，可采用在矩形框内画出其结构要素符号的方法表示。滚动轴承结构要素符号见表 25-5，滚动轴承结构特征和承载特性的要素符号组合见表 25-6。

表 25-5　滚动轴承结构要素符号

序号	要素符号	说　明	应　用
1	—	长的粗实线	表示不可调心轴承的滚动体的滚动轴线，根据轴承类型可倾斜画出
2	⌒	长粗圆弧线	表示可调心轴承的调心表面或滚动体滚动轴线的包络线，根据轴承类型可倾斜画出
3	|	短的粗实线，与序号 1、2 的要素符号相交成 90°角，或相交于法线方向，并通过每个滚动体的中心	表示滚动体的列数和位置

表 25-6　滚动轴承特征画法中的要素符号的组合

轴承承载特性		轴承结构特征			
		两个套圈		三个套圈	
		单列	双列	单列	双列
径向承载	不可调心				
	可调心				
轴向承载	不可调心				
	可调心				
径向和轴向承载	不可调心				
	可调心				

注：表中的滚动轴承只画出了其轴线一侧的部分。

在垂直于滚动轴承轴线的投影面的视图上，无论滚动体的形状（球、圆柱、针等）及尺寸如何，均可按图 25-27 的方法绘制。

在特征画法中，滚动轴承带有附件或零件时的画法，需要表达滚动轴承内外圈有无挡边时的画法，以及在装配图中为了表达滚动轴承的安装方法的某些零件的画法，与通用画法的规定相同。

③ 规定画法。必要时，在滚动轴承的产品图样、产品样品、用户手册和说明书中，可采用表 25-7 的规定画法绘制滚动轴承。表 25-7 列举了常用滚动轴承的规定画法及特征

画法。

在装配图中，滚动轴承的保持架及倒角等可省略不画。

规定画法一般绘制在轴的一侧，另一侧按通用画法绘制。

25.7.4　装配图中滚动轴承画法图例

装配图中滚动轴承画法图例，如图 25-28 所示。

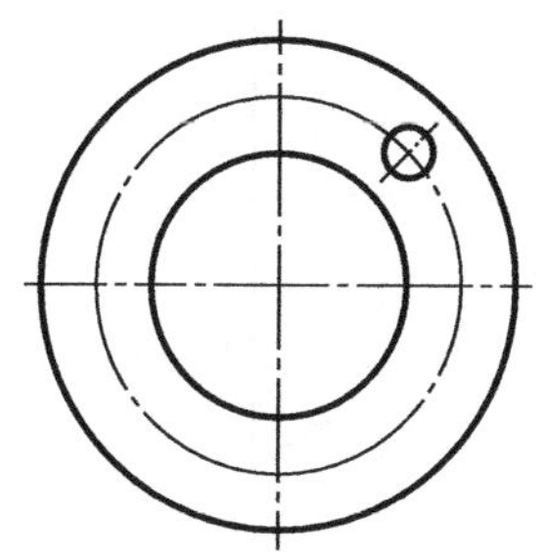

图 25-27　滚动轴承轴线垂直于投影面的特征画法

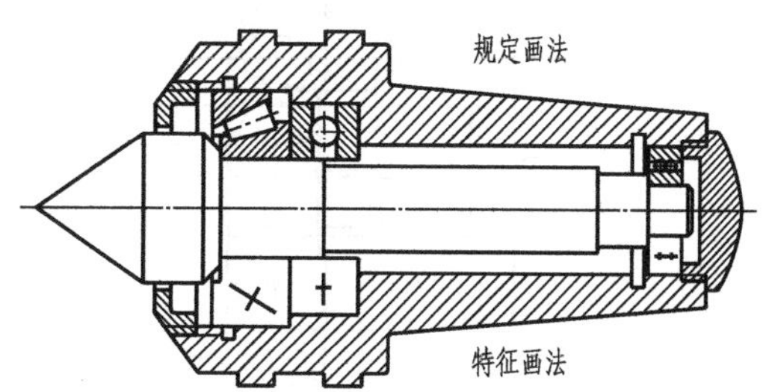

图 25-28　圆锥滚子轴承、推力轴承和双列深沟球轴承在装配图中的画法

表 25-7　常用滚动轴承的类型、规定画法及特征画法

类型	规定画法	特征画法
深沟球轴承	B, B/2, A, A/2, A/2, d, D, 60°	B, B/6, A, D, d, 2B/3
推力球轴承	T/2, 60°, A, A/2, T/2, d, D, T	T, 2A/3, A, D, d, A/6

续表

类型	规定画法	特征画法
圆锥滚子轴承		

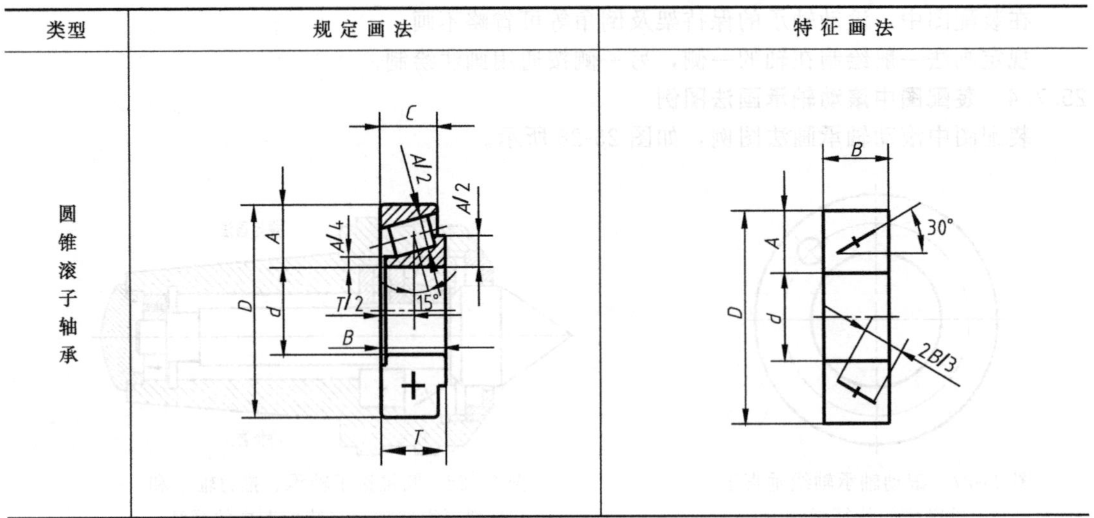

25.8 滑动轴承

25.8.1 滑动轴承座的类型及特点

整体式滑动轴承座和对开式滑动轴承座相比较，前者制造工艺简单，价钱便宜，刚度较大，但安装不便，多用于直径不大的直轴上；后者便于安装，并在轴瓦磨损后有可调性能，应用比较广泛。

见表 25-8，JB/T 2560—2007～JB/T 2563—2007 所列各类滑动轴承座适用于承受径向负荷、环境温度 $t \leqslant 80℃$ 的场合。

表 25-8 滑动轴承座的类型

轴承座名称	标记示例	型号说明	承载性能
整体有衬正滑动轴承座	HZ030 轴承座 JB/T 2560—2007	H——滑动轴承座； Z——整体正座； 030——轴承内径/mm	轴承座的负荷方向应在轴承垂直方向的中心线左、右 35°范围内
对开式两螺柱正滑动轴承座	H2060 轴承座 JB/T 2561—2007	H——滑动轴承座； 2——轴承座螺柱数； 060——轴承内径/mm	轴承座的负荷方向应在轴承垂直方向的中心线左、右 35°范围内；当轴肩直径不小于轴瓦肩部外径时，允许承受的轴向负荷不大于最大径向负荷的 30％
对开式四螺柱正滑动轴承座	H4080 轴承座 JB/T 2562—2007	H——滑动轴承座； 4——轴承座螺柱数； 080——轴承内径/mm	
对开式四螺柱斜滑动轴承座	HX080 轴承座 JB/T 2563—2007	H——滑动轴承座； X——斜座； 080——轴承内径/mm	轴承座的负荷方向应在轴承垂直于分合面中心线左、右 35°范围内；当轴肩直径不小于轴瓦肩部外径时，允许承受的轴向负荷不大于最大径向负荷的 30％

25.8.2 滑动轴承座的结构尺寸

(1) JB/T 2560—2007 整体有衬正滑动轴承座结构尺寸见表 25-9

表 25-9　整体有衬正滑动轴承座结构尺寸　　mm

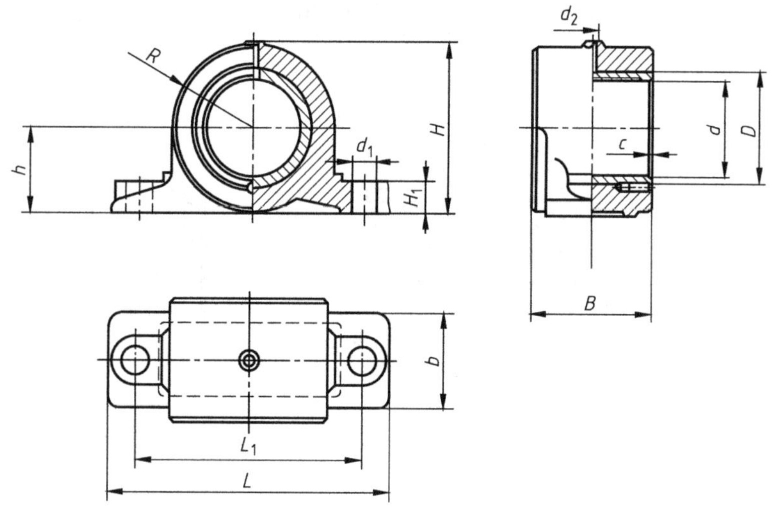

标记示例

d=30mm 的整体有衬正滑动轴承座：HZ030 轴承座 JB/T 2560—2007

<table>
<tr><th>型号</th><th>D(H8)</th><th>D</th><th>R</th><th>B</th><th>b</th><th>L</th><th>L_1</th><th>H≈</th><th>h(h12)</th><th>H_1</th><th>d_1</th><th>d_2</th><th>c</th><th>质量/kg≈</th></tr>
<tr><td>HZ020</td><td>20</td><td>28</td><td>26</td><td>30</td><td>25</td><td>105</td><td>80</td><td>50</td><td>30</td><td>14</td><td>12</td><td rowspan="7">M10×1</td><td rowspan="3">1.5</td><td>0.6</td></tr>
<tr><td>HZ025</td><td>25</td><td>32</td><td rowspan="2">30</td><td>40</td><td>35</td><td>125</td><td>95</td><td>60</td><td rowspan="2">35</td><td>16</td><td>14.5</td><td>0.9</td></tr>
<tr><td>HZ030</td><td>30</td><td>38</td><td>50</td><td>40</td><td>150</td><td>110</td><td>70</td><td rowspan="3">20</td><td rowspan="3">18.5</td><td>1.7</td></tr>
<tr><td>HZ035</td><td>35</td><td>45</td><td>38</td><td>55</td><td>45</td><td>160</td><td>120</td><td>84</td><td>42</td><td rowspan="4">2.0</td><td>1.9</td></tr>
<tr><td>HZ040</td><td>40</td><td>50</td><td>40</td><td>60</td><td>50</td><td>165</td><td>125</td><td>88</td><td>45</td><td>2.6</td></tr>
<tr><td>HZ045</td><td>45</td><td>55</td><td rowspan="2">45</td><td>70</td><td>60</td><td rowspan="2">185</td><td rowspan="2">140</td><td>90</td><td rowspan="2">50</td><td rowspan="2">25</td><td rowspan="2">24</td><td>3.4</td></tr>
<tr><td>HZ050</td><td>50</td><td>60</td><td>75</td><td>65</td><td>100</td><td>3.8</td></tr>
<tr><td>HZ060</td><td>60</td><td>70</td><td>55</td><td>80</td><td>70</td><td>225</td><td>170</td><td>120</td><td>60</td><td rowspan="3">30</td><td rowspan="3">28</td><td rowspan="8">M14×1.5</td><td rowspan="3">2.5</td><td>6.5</td></tr>
<tr><td>HZ070</td><td>70</td><td>85</td><td>65</td><td rowspan="2">100</td><td rowspan="2">80</td><td>245</td><td>190</td><td>140</td><td>70</td><td>9.0</td></tr>
<tr><td>HZ080</td><td>80</td><td>95</td><td>70</td><td>255</td><td>200</td><td>155</td><td>80</td><td>10.0</td></tr>
<tr><td>HZ090</td><td>90</td><td>105</td><td>75</td><td rowspan="2">120</td><td rowspan="2">90</td><td>285</td><td>220</td><td>165</td><td>85</td><td rowspan="3">40</td><td rowspan="3">35</td><td rowspan="5">3.0</td><td>13.2</td></tr>
<tr><td>HZ100</td><td>100</td><td>115</td><td>85</td><td>305</td><td>240</td><td>180</td><td>90</td><td>15.5</td></tr>
<tr><td>HZ110</td><td>110</td><td>125</td><td>90</td><td>140</td><td>100</td><td>315</td><td>250</td><td>190</td><td>95</td><td>21.0</td></tr>
<tr><td>HZ120</td><td>120</td><td>135</td><td>100</td><td>150</td><td>110</td><td>370</td><td>290</td><td>210</td><td>105</td><td rowspan="2">45</td><td rowspan="2">42</td><td>27.0</td></tr>
<tr><td>HZ140</td><td>140</td><td>160</td><td>115</td><td>170</td><td>130</td><td>400</td><td>320</td><td>240</td><td>120</td><td>38.0</td></tr>
</table>

注：轴承座壳体和轴套可单独订货，但需要在订货时说明。

（2）JB/T 2561—2007 对开式二螺柱正滑动轴承座结构尺寸见表 25-10

表 25-10 对开式二螺柱正滑动轴承座结构尺寸 mm

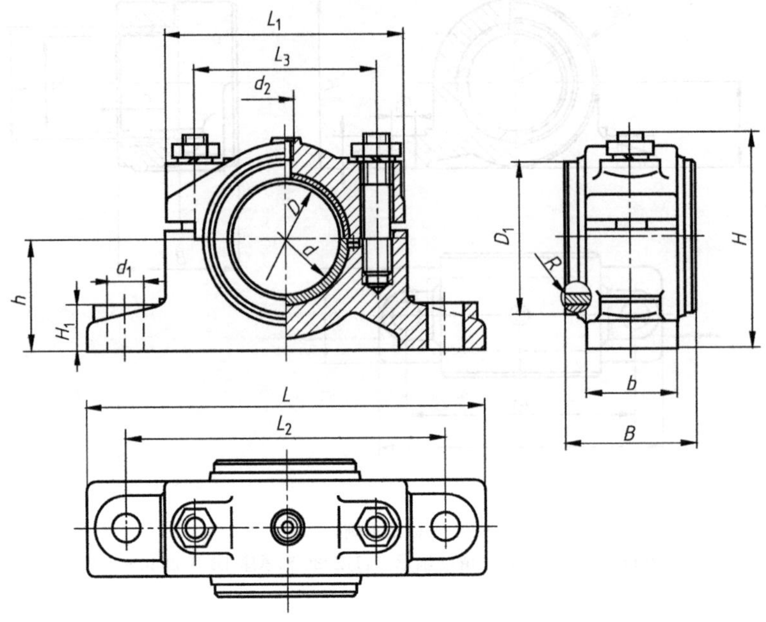

标记示例：

d=50mm 的对开式二螺柱正滑动轴承座：H2050 轴承座 JB/T 2561—2007

<table>
<tr><th>型号</th><th>d(H8)</th><th>D</th><th>D1</th><th>B</th><th>b</th><th>H≈</th><th>H(h12)</th><th>H1</th><th>L</th><th>L1</th><th>L2</th><th>L3</th><th>d1</th><th>d2</th><th>R</th><th>质量/kg≈</th></tr>
<tr><td>H2030</td><td>30</td><td>38</td><td>48</td><td>34</td><td>22</td><td>70</td><td>35</td><td>15</td><td>140</td><td>85</td><td>115</td><td>60</td><td>10</td><td rowspan="5">M10×1</td><td>1.5</td><td>0.8</td></tr>
<tr><td>H2035</td><td>35</td><td>45</td><td>55</td><td>45</td><td>28</td><td>87</td><td>42</td><td>18</td><td>165</td><td>100</td><td>135</td><td>75</td><td>12</td><td rowspan="4">2.0</td><td>1.2</td></tr>
<tr><td>H2040</td><td>40</td><td>50</td><td>60</td><td>50</td><td>35</td><td>90</td><td>45</td><td rowspan="2">20</td><td>170</td><td rowspan="2">110</td><td>140</td><td>80</td><td rowspan="2">14.5</td><td>1.8</td></tr>
<tr><td>H2045</td><td>45</td><td>55</td><td>65</td><td>55</td><td rowspan="2">40</td><td>100</td><td rowspan="2">50</td><td>175</td><td>145</td><td>85</td><td>2.3</td></tr>
<tr><td>H2050</td><td>50</td><td>60</td><td>70</td><td>60</td><td>105</td><td rowspan="2">25</td><td>200</td><td>120</td><td>160</td><td>90</td><td>18.5</td><td>2.9</td></tr>
<tr><td>H2060</td><td>60</td><td>70</td><td>80</td><td>70</td><td>50</td><td>125</td><td>60</td><td>240</td><td>140</td><td>190</td><td>100</td><td rowspan="2">24</td><td rowspan="9">M14×1.5</td><td rowspan="3">2.5</td><td>4.6</td></tr>
<tr><td>H2070</td><td>70</td><td>85</td><td>95</td><td>80</td><td>60</td><td>140</td><td>70</td><td>30</td><td>260</td><td>160</td><td>210</td><td>120</td><td>7.0</td></tr>
<tr><td>H2080</td><td>80</td><td>95</td><td>110</td><td>95</td><td>70</td><td>160</td><td>80</td><td rowspan="2">35</td><td>290</td><td>180</td><td>240</td><td>140</td><td rowspan="2">28</td><td>10.5</td></tr>
<tr><td>H2090</td><td>90</td><td>105</td><td>120</td><td>105</td><td>80</td><td>170</td><td>85</td><td>300</td><td>190</td><td>250</td><td>150</td><td rowspan="4">3.0</td><td>12.5</td></tr>
<tr><td>H2100</td><td>100</td><td>115</td><td>130</td><td>115</td><td>90</td><td>185</td><td>90</td><td rowspan="2">40</td><td>340</td><td>210</td><td>280</td><td>160</td><td rowspan="5">35</td><td>17.5</td></tr>
<tr><td>H2110</td><td>110</td><td>125</td><td>140</td><td>125</td><td>100</td><td>190</td><td>95</td><td>350</td><td>220</td><td>290</td><td>170</td><td>19.5</td></tr>
<tr><td>H2120</td><td>120</td><td>135</td><td>150</td><td>140</td><td>110</td><td>205</td><td>105</td><td>45</td><td>370</td><td>240</td><td>310</td><td>190</td><td>25.0</td></tr>
<tr><td>H2140</td><td>140</td><td>160</td><td>175</td><td>160</td><td>120</td><td>230</td><td>120</td><td rowspan="2">50</td><td>390</td><td>260</td><td>330</td><td>210</td><td rowspan="2">4.0</td><td>33.5</td></tr>
<tr><td>H2160</td><td>160</td><td>180</td><td>200</td><td>180</td><td>140</td><td>250</td><td>130</td><td>410</td><td>280</td><td>350</td><td>230</td><td>45.5</td></tr>
</table>

（3）JB/T 2562—2007 对开式四螺柱正滑动轴承座结构尺寸见表 25-11

表 25-11　对开式四螺柱正滑动轴承座结构尺寸　mm

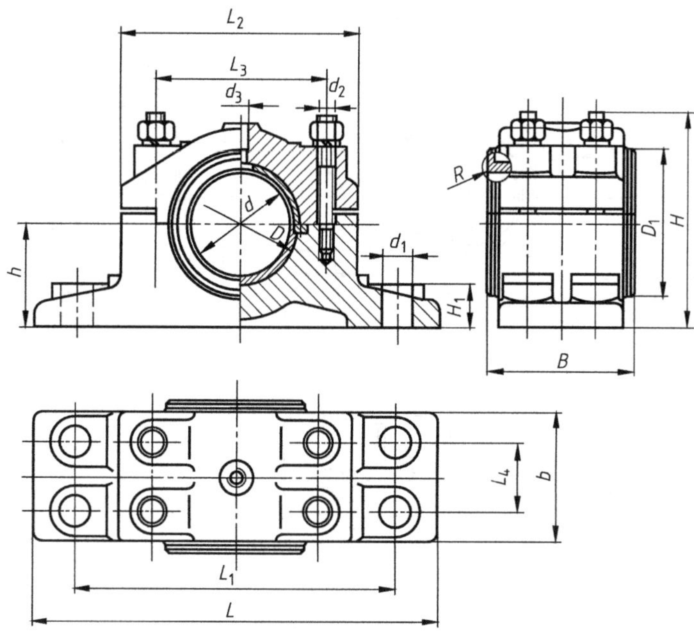

标记示例：
d＝80mm 的对开式四螺柱正滑动轴承座：H4080 轴承座 JB/T 2562—2007

<table>
<tr><th>型号</th><th>d(H8)</th><th>D</th><th>DD_1</th><th>B</th><th>b</th><th>H ≈</th><th>h (h12)</th><th>H_1</th><th>L</th><th>L_1</th><th>L_2</th><th>L_3</th><th>L_4</th><th>d_1</th><th>d_2</th><th>R</th><th>质量 /kg≈</th></tr>
<tr><td>H4050</td><td>50</td><td>60</td><td>70</td><td>75</td><td>60</td><td>105</td><td>50</td><td rowspan="2">25</td><td>200</td><td>160</td><td>120</td><td>90</td><td>30</td><td>14.5</td><td rowspan="2">M10×1</td><td rowspan="4">2.5</td><td>4.2</td></tr>
<tr><td>H4060</td><td>60</td><td>70</td><td>80</td><td>90</td><td>75</td><td>125</td><td>60</td><td>240</td><td>190</td><td>140</td><td>100</td><td>40</td><td rowspan="2">18.5</td><td>6.5</td></tr>
<tr><td>H4070</td><td>70</td><td>85</td><td>95</td><td>105</td><td>90</td><td>135</td><td>70</td><td>30</td><td>260</td><td>210</td><td>160</td><td>120</td><td>45</td><td rowspan="12">M14×1.5</td><td>9.5</td></tr>
<tr><td>H4080</td><td>80</td><td>95</td><td>110</td><td>120</td><td>100</td><td>160</td><td>80</td><td rowspan="2">35</td><td>290</td><td>240</td><td>180</td><td>140</td><td>55</td><td rowspan="4">24</td><td>14.5</td></tr>
<tr><td>H4090</td><td>90</td><td>105</td><td>120</td><td>135</td><td>115</td><td>165</td><td>85</td><td>300</td><td>250</td><td>190</td><td>150</td><td>70</td><td rowspan="4">3.0</td><td>18.0</td></tr>
<tr><td>H4100</td><td>100</td><td>115</td><td>130</td><td>150</td><td>130</td><td>175</td><td>90</td><td rowspan="3">40</td><td>340</td><td>280</td><td>210</td><td>160</td><td>80</td><td>23.0</td></tr>
<tr><td>H4110</td><td>110</td><td>125</td><td>140</td><td>165</td><td>140</td><td>185</td><td>95</td><td>350</td><td>290</td><td>220</td><td>170</td><td>85</td><td>30.0</td></tr>
<tr><td>H4120</td><td>120</td><td>135</td><td>150</td><td>180</td><td>155</td><td>200</td><td>105</td><td>370</td><td>310</td><td>240</td><td>190</td><td>90</td><td rowspan="3">28</td><td>41.5</td></tr>
<tr><td>H4140</td><td>140</td><td>160</td><td>175</td><td>210</td><td>170</td><td>230</td><td>120</td><td>45</td><td>390</td><td>330</td><td>260</td><td>210</td><td>100</td><td rowspan="3">4.0</td><td>51.0</td></tr>
<tr><td>H4160</td><td>160</td><td>180</td><td>200</td><td>240</td><td>200</td><td>250</td><td>130</td><td rowspan="2">50</td><td>410</td><td>350</td><td>280</td><td>230</td><td>120</td><td>59.5</td></tr>
<tr><td>H4180</td><td>180</td><td>200</td><td>220</td><td>270</td><td>220</td><td>260</td><td>140</td><td>460</td><td>400</td><td>320</td><td>260</td><td>140</td><td>35</td><td>73.0</td></tr>
<tr><td>H4200</td><td>200</td><td>230</td><td>250</td><td>300</td><td>245</td><td>295</td><td>160</td><td>55</td><td>520</td><td>440</td><td>360</td><td>300</td><td>160</td><td rowspan="2">42</td><td rowspan="2">5.0</td><td>98.0</td></tr>
<tr><td>H4220</td><td>220</td><td>250</td><td>270</td><td>320</td><td>265</td><td>360</td><td>170</td><td>60</td><td>550</td><td>470</td><td>390</td><td>330</td><td>180</td><td>125.0</td></tr>
</table>

（4）JB/T 2563—2007 对开式四螺柱斜滑动轴承座结构尺寸见表 25-12

表 25-12　对开式四螺柱斜滑动轴承座结构尺寸　　mm

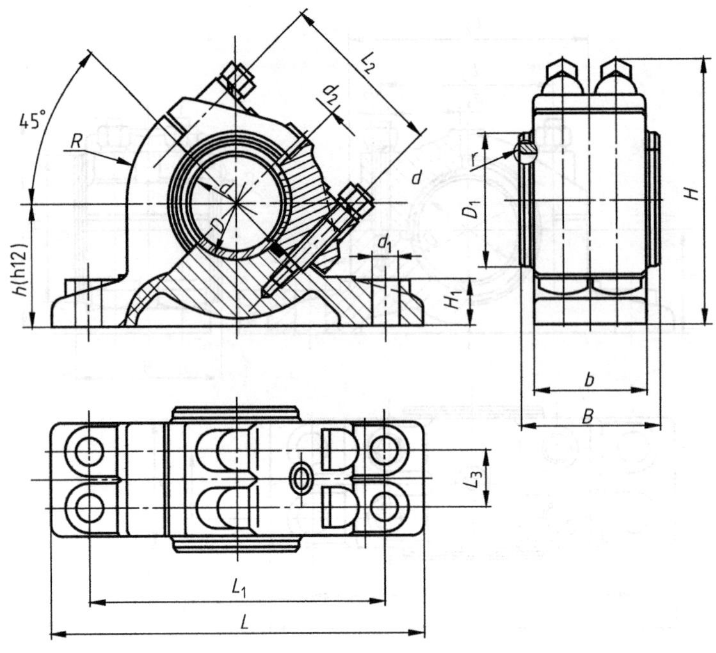

标记示例：

d=80mm 的对开式四螺柱斜滑动轴承座：HX080 轴承座 JB/T 2563—2007

型号	d(H8)	D	D_1	B	b	H≈	h (h12)	H_1	L	L_1	L_2	L_3	R	d_1	d_2	r	质量 /kg≈
HX050	50	60	70	75	60	140	65	25	200	160	90	30	60	14.5	M10×1	2.5	5.1
HX060	60	70	80	90	75	160	75		240	190	100	40	70	18.5			8.1
HX070	70	85	95	105	90	185	90	30	260	210	120	45	80		M14×1.5		12.5
HX080	80	95	110	120	100	215	100	35	290	240	140	55	90	24			17.5
HX090	90	105	120	135	115	225	105		300	250	150	70	95			3	21.0
HX100	100	115	130	150	130	250	115	40	340	280	160	80	105				29.5
HX110	110	125	140	165	140	260	120		350	290	170	85	110				32.5
HX120	120	135	150	180	155	275	130		370	310	190	90	120	28			40.5
HX140	140	160	175	210	170	300	140	45	390	330	210	100	130			4	53.5
HX160	160	180	200	240	200	335	150	50	410	350	230	120	140				76.5
HX180	180	200	220	270	220	375	170		460	400	260	140	160	35			94.0
HX200	200	230	250	300	245	425	190	55	520	440	300	160	180	42		5	120.0
HX220	220	250	270	320	265	440	205	60	550	470	330	180	195				140.0

25.9 油杯结构尺寸

(1) JB/T 7940.1—1995 直通式压注油杯结构尺寸见表 25-13

表 25-13　直通式压注油杯 (JB/T 7940.1—1995)

标记示例：油杯 M10×1JB/T 7940.1—1995

尺寸/mm						材料
d	H	h	h_1	S	球直径（按 GB/T 308—1989）	
M6	13	8	6	$8_{-0.22}^{0}$	3	1—Q235-A（黄铜、铝合金）； 2—弹簧钢丝； 3—GCr6
M8×1	16	9	6.5	$10_{-0.22}^{0}$		
M10×1	18	10	7	$11_{-0.22}^{0}$		

注：入孔倒角数值≤0.2mm。

(2) JB/T 7940.2—1995 接头式压注油杯结构尺寸见表 25-14

表 25-14　接头式压注油杯 (JB/T 7940.2—1995)

标记示例：油杯 M10×1JB/T 7940.1—1995

尺寸/mm			材料
d	d_1	α	
M6	3	45°	1—Q235-A(其他合金材料)； 2—Q235-A(其他合金材料)
M8×1	4	90°	
M10×1	5		

(3) JB/T 7940.4—1995 压配式压注油杯结构尺寸见表 25-15

表 25-15　压配式压注油杯 (JB/T 7940.4—1995)

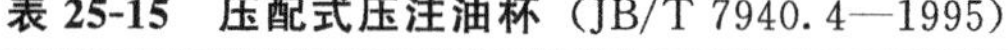

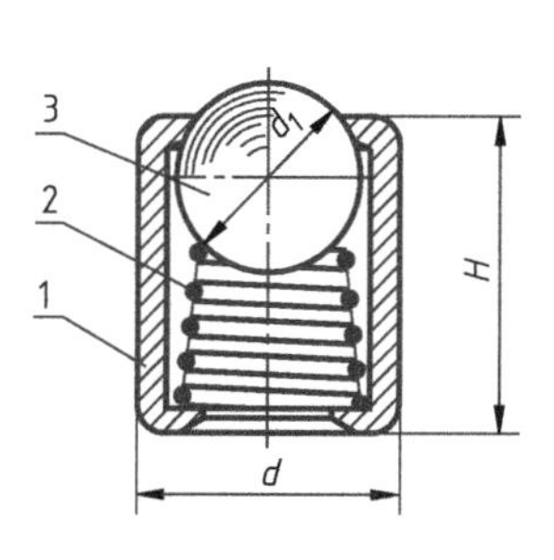

标记示例：油杯 M10×1JB/T 7940.1—1995

尺寸/mm			材料
d	H	球直径（按 GB/T 308—1989）	
$6_{+0.028}^{+0.040}$	6	4	1—Q235-A(其他合金材料)； 2—弹簧钢丝； 3—GCr6
$8_{+0.034}^{+0.049}$	10	5	
$10_{+0.040}^{+0.058}$	12	6	
$16_{+0.045}^{+0.063}$	20	11	
$25_{+0.064}^{+0.085}$	30	18	

（4）JB/T 7940.3—1995 旋盖式油杯结构尺寸见表 25-16

表 25-16　旋盖式油杯（JB/T 7940.3—1995）

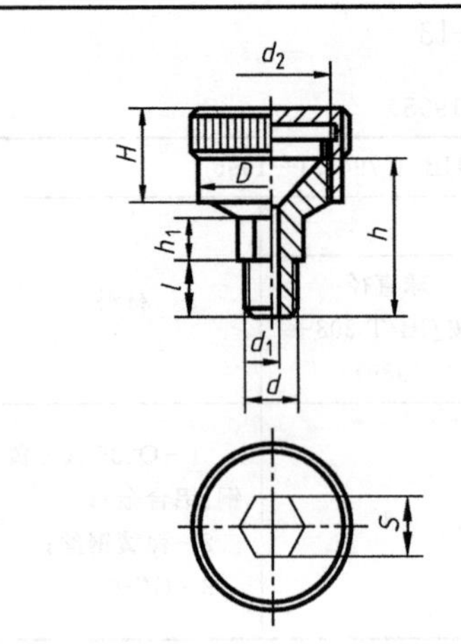

标记示例：油杯 A-25 JB/T 7940.3—1995

最小容量/cm³	尺寸/mm							
	d	l	H	h	h_1	d_1	D	S
1.5	M8×1	8	14	22	7	3	18	$10_{-0.022}^{0}$
3 6	M10×1		15 17	23 26	8	4	22 28	$13_{-0.027}^{0}$
12 18 25	M14×1.5	12	20 22 24	30 32 34	10	5	34 40 44	$18_{-0.027}^{0}$
50 100	M16×1.5		30 38	44 50	16		54 68	$21_{-0.033}^{0}$

第 26 章　毡圈油封、放油螺塞、金属结构件表示法

26.1 毡圈油封

毡封圈及槽的形式及尺寸如表 26-1 所示。

表 26-1　毡封圈及槽的形式及尺寸（JB/ZQ 4606—1997）　　mm

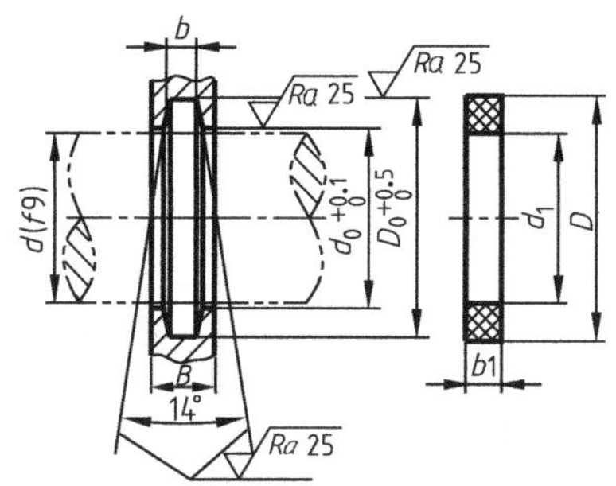

标记示例：d=500mm 的毡圈油封：毡圈 50 JB/ZQ 4606—1997

轴径 d	毡封圈			槽					轴径 d	毡封圈			槽				
	D	d_1	b_1	D_0	d_0	b	B_{min} 钢	B_{min} 铸铁		D	d_1	b_1	D_0	d_0	b	B_{min} 钢	B_{min} 铸铁
16	29	14	6	28	16	5	10	12	120	142	118	10	140	122	8	15	18
20	33	19		32	21				125	147	123		145	127			
25	39	24	7	38	26	6	12	15	130	152	128	12	150	132	10	18	20
30	45	29		44	31				135	157	133		155	137			
35	49	34		48	36				140	162	138		160	143			
40	53	39		52	41				145	167	143		165	148			
45	61	44	8	60	46	7			150	172	148		170	153			
50	69	49		68	51				155	177	153		175	158			
55	74	53		72	56				160	182	158		180	163			
60	80	58		78	61				165	187	163		185	168			
65	84	63		85	66				170	192	168		190	173			
70	90	68		88	71				175	197	173		195	178			
75	94	73		92	77				180	202	178		200	183			
80	102	78	9	100	82	8	15	18	185	207	183		205	188			
85	107	83		105	87				190	212	188		210	193			
90	112	88		110	92				195	217	193	14	215	198	12	20	22
95	117	93	10	115	97				200	222	198		220	203			
100	122	98		120	102				210	232	208		230	213			
105	127	103		125	107				220	242	213		240	223			
110	132	108		130	112				230	252	223		250	233			
115	137	113		135	117				240	262	238		260	243			

注：粗毛毡适用于速度 $v \leqslant 3$m/s，优质细毛毡适用于速度 $v \leqslant 10$m/s。

26.2 放油螺塞

外六角螺塞形式及尺寸如表 26-2 所示。

表 26-2 外六角螺塞（JB/ZQ 4450—2006） mm

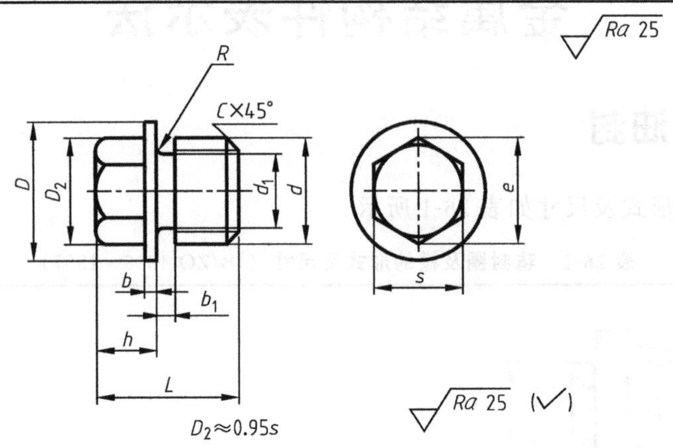

标记示例：螺塞 M12×1.5 JB/ZQ 4450—2006（d 为 M12×1.5 的外六角螺塞）

d	d_1	D	e	s		L	h	b	b_1	R	C	质量/kg
				基本尺寸	极限偏差							
M12×1.25	10.2	22	15	13	0 −0.24	24	12	3	3	1	1.0	0.032
M20×1.5	17.8	30	24.2	21	0 −0.28	30	15	4				0.090
M24×2	21	34	31.2	27		32	16		4		1.5	0.145
M30×2	27	42	39.3	34	0 −0.34	38	18					0.252

注：表面发蓝处理。

26.3 金属结构件表示法

本节内容根据 GB/T 4656—2008 编写而成，适用于型钢、板材构成的金属构件（包括桥梁、构架、桩基等），起重运输设备，储液罐及压力容器，升降机，电梯，传送带以及其他设备中的金属构件。

26.3.1 孔、螺栓及铆钉的表示方法

孔、螺栓及铆钉的表示方法见表 26-3～表 26-7。

表 26-3 垂直于轴线的投影面上的孔的表示方法

描述		孔的符号			
		无沉孔	近侧有沉孔	远侧有沉孔	两侧有沉孔
在垂直于孔轴线的投影面上绘制孔的视图时，应采用右侧的规定符号，孔的符号用粗实线，中心处不得有圆点	在车间钻孔				
	在工地钻孔				

表 26-4　垂直于轴线的投影面上的螺栓、铆钉的表示方法

描　述		螺栓或铆钉装配在孔内的符号			铆钉装在两侧有沉孔的符号
		无沉孔	近侧有沉孔	远侧有沉孔	
在垂直于孔轴线的投影面上绘制螺栓、铆钉的视图时，应采用右侧规定符号	在车间装配				
	在工地装配				
	在工地钻孔及装配				

表 26-5　平行于孔轴线的投影面上孔的表示方法

描　述		孔 的 符 号		
		无沉孔	仅一侧有沉孔	两侧有沉孔
在平行于孔轴线的投影面上绘制孔的视图时，应采用右侧的规定符号，符号内的水平轴线用细实线，其余均为粗实线	在车间钻孔			
	在工地钻孔			

表 26-6　平行于轴线的投影面上螺栓、铆钉的表示方法

描　述		螺栓或铆钉装配在孔内的符号		两侧有沉孔的铆钉连接符号	带有指定螺母位置的螺栓符号
		无沉孔	仅一侧有沉孔		
在平行于孔轴线的投影面上绘制螺栓、铆钉的视图时，应采用右侧规定符号，符号内的水平轴线用细实线，其余均为粗实线	车间装配				
	工地装配				
	工地钻孔及装配				

表 26-7 尺寸标注及标记方法

描　述	示例(尺寸线终端用与尺寸线成 45°的细短线表示)
在平行于孔、螺栓及铆钉轴线的投影面的视图中,尺寸界线应与其符号断开,如右图所示	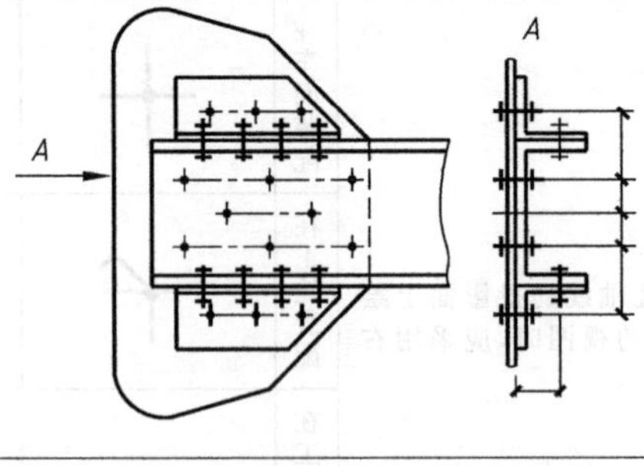 A A
孔的直径应引出标注在孔符号的附近,如图(a)所示	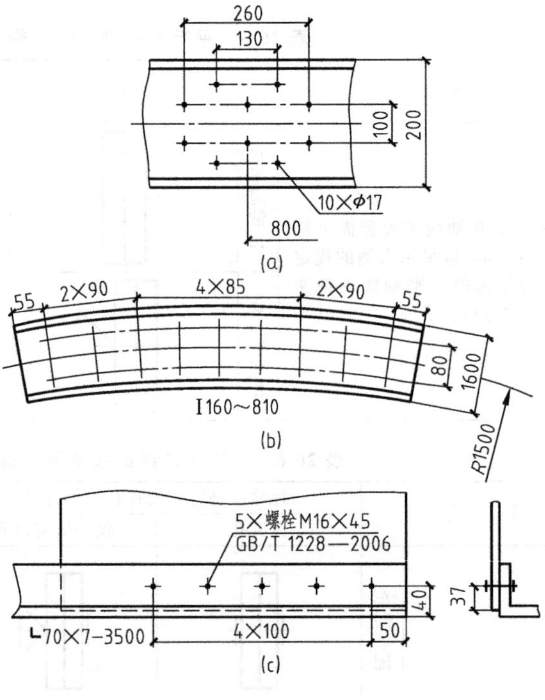 260 130 100 200 10×ϕ17 800 (a)
若孔、螺栓及铆钉离中心线等间距时,标注方法如图(a)和图(b)所示	
若孔、螺栓及铆钉的标记指一组相同的要素时,可以只标注外侧的一个元素。此时,构成该组件的孔、螺栓及铆钉的个数,应写在该标记之前,如图(a)和图(c)所示	55　2×90　4×85　2×90　55 80 1600 I160～810 R1500 (b)
在弧长的展开长度旁,应将这些长度对应的弯曲半径表示在括号内,如图(b)所示	5×螺栓 M16×45 GB/T 1228—2006 40 37 └70×7-3500 4×100 50 (c)
倒角应用线性尺寸标注,如右图所示	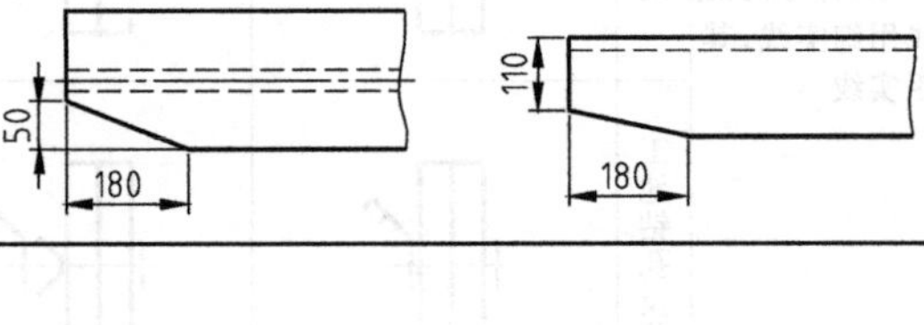 50 180 110 180

26.3.2　棒料、型材及其断面简化表示

棒料、型材及其断面简化表示见表 26-8～表 26-10。

表 26-8　棒料及其断面标记

棒料断面	尺寸	标记		棒料断面	尺寸	标记	
		图形符号	必要尺寸			图形符号	必要尺寸
圆形	 ϕd		d	六角形	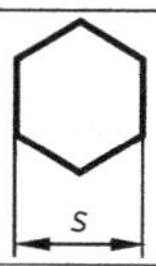 s		s
圆管形	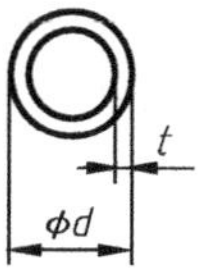 t, ϕd		$d.t$	空心六角管形	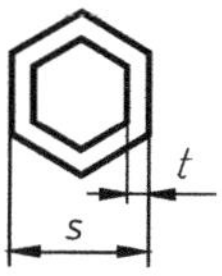 t, s		$s.t$
方形	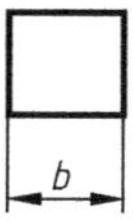 b		b	三角形	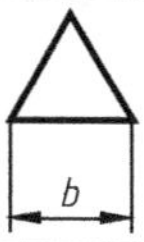 b		b
空心方管形	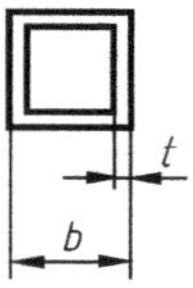 t, b		$b.t$	扁矩形	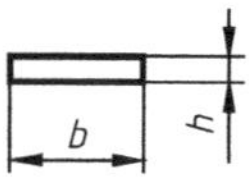 b, h		$b.h$
半圆形	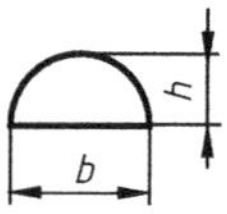 h, b		$b.h$	空心矩形管	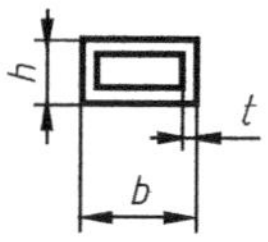 h, t, b		$b.h.t$

表 26-9　型材及其断面用相应的标记

型材	标记			型材	标记		
	图形符号	字母代号	尺寸		图形符号	字母代号	尺寸
角钢		L	特征尺寸	Z 型钢		Z	特征尺寸
T 形钢		T	特征尺寸	钢轨			特征尺寸
工字钢		I	特征尺寸	球头角钢			特征尺寸
H 钢		H	特征尺寸	球扁钢			特征尺寸
槽钢		U	特征尺寸				

表 26-10 型材标注

描 述	示 例
棒料、型材及其断面用相应的标记，见表 26-8 和表 26-9，各参数用短线分割。必要时，可在标记后注出切割长度，如右图所示	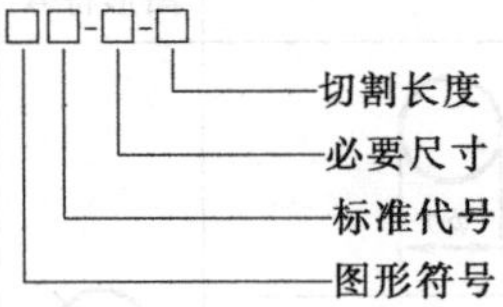 □□-□-□ 切割长度 必要尺寸 标准代号 图形符号
完整标注	角钢：尺寸为 50mm×50mm×4mm，长度为 1000mm；完整标注：L GB/T 9787-50×50×4-1000
在有相应标准但不至于引起误解或在相应标准中没有规定棒料、型材的标记时，可采用表 26-8 和表 26-9 规定的图形符号加必要的尺寸及其切割长度简化表示	扁钢：尺寸为 50mm × 10mm，长度为 100mm；简化标注：▭ 50×10－100
为了简化，也可用大写的字母代号代替表 26-9 中规定的型材的图形符号	角钢：尺寸为 90 mm×56 mm×7mm，长度为 500mm；简化标注：L90×56×7-500
标记应尽可能靠近相应的构件标注，如图(a)～图(c)所示	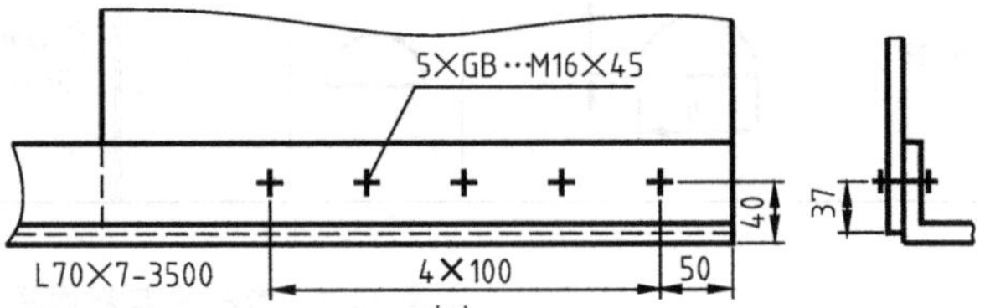 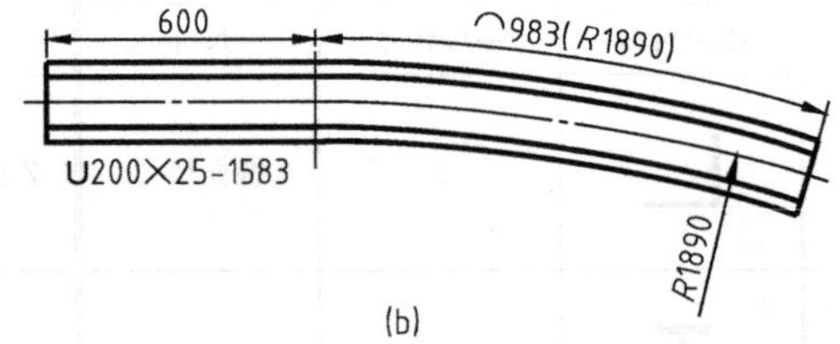 5×GB…M16×45 L70×7-3500 4×100 50 40 37 (a) 600 ⌒983(R1890) U200×25-1583 R1890 (b)
图上的标记应与型钢的位置相一致，如图(c)所示	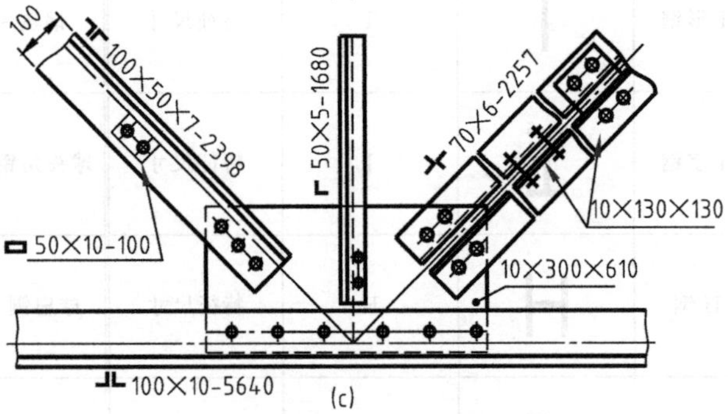 100 T 100×50×7-2398 L 50×5-1680 L 70×6-2257 ▭ 50×10-100 10×130×130 10×300×610 JL 100×10-5640 (c)

26.3.3　金属结构件的简图表示

金属结构件的简图表示见表 26-11。

表 26-11　金属结构件的简图表示

描　　述	示　　例
金属结构件用粗实线画出的简图表示，此时，节点的距离应按右图的方法标注 金属结构件的尺寸允许标注封闭尺寸。在需考虑累计误差时，要指明封闭尺寸环，如右图所示	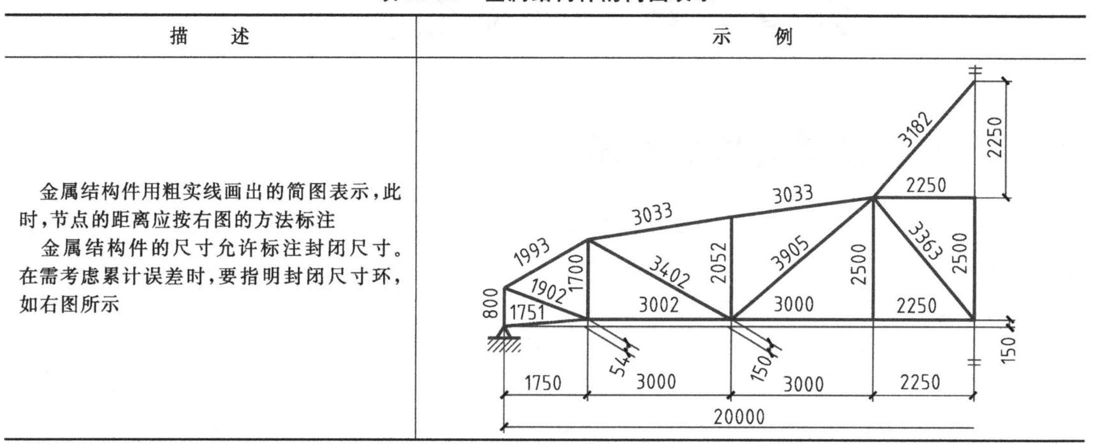

26.3.4　节点板的尺寸标注法

节点板的尺寸标注法见表 26-12。

表 26-12　节点板的尺寸标注

描　　述	示　　例
标注节点板尺寸的基准系时，至少应由两条成定角的汇交重心线组成，其汇交点称为基准点。节点板的尺寸应包括上述以重心线为基准的诸孔的位置尺寸，节点板的全部尺寸，以及节点板边缘与孔中心线间的最小距离，如图(a)和图(b)所示	(a)
结构型钢及钢轴线的斜度应以直角三角形的二短边表明(三角形制)。最好标出各基准点之间的实际距离；或者用相对于 100 的比例值表示，但应加注括号，如图(a)和图(b)所示	(b)

第 27 章　产品图样管理

27.1　产品及其图样文件术语

JB/T 5054.1—2000《产品图样及设计文件　总则》定义了产品及其组成部分和图样文件的有关术语。

27.1.1　产品及其组成部分的术语

① 产品（product）：生产企业向用户或市场以商品形式提供的制成品。

② 成套设备、成套装置、机组（complete set of equipment 、installation、unit）：在生产企业一般不用装配工序连接，但用于完成相互联系的使用功能的两个或两个以上的产品的总和。

③ 零件（part，detail）：不采用装配工序制成的单一成品。

④ 部件（subassembly）：由若干个组成部分（零件、分部件），以可拆或不可拆的形式组成的成品。分部件可按其从属关系划分为一级分部件，二级分部件……

⑤ 专用件、基本件（special-parts）：本产品专用的零部件。

⑥ 模块（module）：具有相对独立功能和通用接口的单元。

⑦ 借用件（grafting part）：在采用隶属编号的产品图样中，使用已有产品的组成部分。

⑧ 通用件（general part）：在不同类型或同类型不同规格的产品中具有互换性的零部件。

⑨ 标准件（standard parts）：经过优选、简化、统一，并给予标准代号的零部件。

⑩ 外购件（bought-in component）：本企业产品及其组成部分中采购其他企业的产品。

⑪ 附件（accessory）：供用户安装、调整和使用产品所必需的专用工具和检测仪表，或为产品完成多种功能（用途）必需的而又不能同时装配在产品上的组成部分。

⑫ 易损件（wear part）：产品在正常使用（运转）过程中容易损坏和在规定期间必须更换的零部件。

⑬ 备件（spare parts）：为保证产品的使用和维修，供给用户备用的易损件和其他件。

27.1.2　有关图样文件的术语

① 工作图设计（working drawing design）：根据技术设计，绘制全部产品工作图样和编制必需的设计文件的工作。

② 图样目录（drawing list）：产品或部件的全套工作图样的清单。

③ 明细表（detail list）：表明产品或部件组成部分构成的清单。

④ 汇总表（itemized list）：根据明细表或明细栏，进行分类、综合整理而编制的表格。如标准件汇总表、外购件汇总表、系列产品模块汇总表等。

27.2　图样分类

JB/T 5054.1—2000《产品图样及设计文件　总则》对图样进行了分类，并对各类图样提出了相应的要求。

27.2.1　按表达的对象分类

① 零件图：制造与检验零件用的图样。应包括必要的数据和技术要求。

② 装配图：表达产品、部件中部件与部件，零件与部件，或零件间连接的图样，包括加工、装配与检验所必需的数据和技术要求。产品装配图亦称总装配图。产品装配图中具有总图所要求的内容时，可作为总图使用。

③ 总图：表达产品及其组成部分结构概况、相互关系和基本性能的图样。当总图中注有产品及其组成部分的外形、安装和连接尺寸时，可作为外形图或安装图使用。

④ 外形图：标有产品外形、安装和连接尺寸的产品轮廓图样。必要时，应注明突出部分间的距离，以及操作件、运动件的最大极限位置尺寸。

⑤ 安装图：用产品及其组成部分的轮廓图形，表示其在使用地点进行安装的图样，并包括安装时必需的数据、零件、材料与说明。

⑥ 简图：用规定的图形符号、代号和简化画法绘制出的示意图样的总称。如原理图、系统图、方框图、接线图等。

原理图：表达产品工作程序、功能及其组成部分的结构、动作等原理的一种简图。如电气原理图、液压原理图等。

系统图：一般是以注释的方框形式，表达产品或成套设备组成部分某个具有完成共同功能的体系中各元器件或产品间连接程序的一种简图。

方框图：一般是用带注释的方框形式，表明产品或成套设备中组成部分的相互关系、布置情况的一种简图。

接线图：根据电气原理图表明整个系统或部分系统中各电气元件间安装、连接、布线的工作图样。各连接部位（端子）分别给予标示。

⑦ 表格图：用表格表示两个或两个以上形状相同的同类零件、部件或产品，并包括必要的数据与技术要求的工作图样。

⑧ 包装图：是为产品安全储运，按照有关规定而设计、绘制的运输包装图样。

27.2.2　按完成的方法和使用特点分类

① 原图（稿）：供制作底图或供复制用的图样（文件）。注：原图（稿）可作为底图（稿）使用，但必须确认图样（文件）责任人员的签署正确无误。

② 底图（稿）：完成规定签署手续，供制作复印图（稿）的图样（文件）。

③ 副底图（稿）：与底图（稿）完全一致的底图（稿）副本。

④ 复印图（稿）：用能保证与底图（稿）或副底图（稿）完全一致的方法制出的图样（文件）。用缩微副底图（稿）制出的缩微复印图（稿）也属于复印图（稿）。

⑤ CAD 图：在 CAD 过程中所产生的图样。是指用计算机以点、线、符号和数字等描绘事物几何特征、形态位置及大小的形式，包括与产品或工程设计相关的各类图样等。

27.2.3　按设计过程分类

① 设计图样：在初步设计和技术设计时绘制的图样。

② 工作图样：在工作图设计时绘制的，包括产品及其组成部分在制造、检验时所必须的结构尺寸、数据和技术要求的图样。样机（样品）试制图样、小批试制图样和正式生产图样均是工作图样。

27.3　产品图样的基本要求

JB/T 5054.2—2000《产品图样及设计文件　图样的基本要求》对不同图样提出了基本要求。

27.3.1 总则

① 根据产品表达的需要，提供必要的零件图、装配图、外形图、总图、安装图、表格图、包装图、系统图、原理图和接线图。

② 图样必须按照现行国家标准如《技术制图》、《机械制图》、《电气制图》等及其他相关标准和规定绘制，达到正确、完整、统一、简明。

③ 采用 CAD 制图时，必须符合 GB/T 14665 及其他相关标准或规定，采用的 CAD 软件应经过标准化审查。

④ 图样上术语、符号、代号、文字、图形符号、结构要素及计量单位等，均应符合有关标准或规定。

⑤ 图样上的视图与技术要求，应能表明产品零、部件的功能、结构、轮廓及制造、检验时所必要的技术依据。

⑥ 图样在能清楚表达产品和零、部件的功能、结构、轮廓、尺寸及各部分相互关系的前提下，视图的数量应尽可能少。

⑦ 每个产品或零、部件，应尽可能分别绘制在单张图样上。如果必须分布在数张图样时，主要视图、明细栏、技术要求应配置在第一张图样上。

⑧ 图样上的产品及零、部件名称，应符合有关标准或规定。如无规定时，应尽量简短、确切。

⑨ 图样上一般不列入有限制工艺要求的说明。必要时，允许标注采用一定加工方法和工艺说明，如“同加工”“ 配作”“车削”等。

⑩ 每张图样按规定应填写标题栏，在签署栏内必须按“技术责任制”规定的有关人员签署。

⑪ 在计算机上交换信息和图样，应按照 GB/T 17825.7 规定或按产品数据（或工程图）档案管理系统进行授权管理。

27.3.2 零件图的要求

① 每个专用零件一般应单独绘制零件图样，特殊情况允许不绘制，例如：型材垂直切断和板材经裁切后不再机加工的零件；形状和最后尺寸均需根据安装位置确定的零件。

② 零件图一般应根据装配时所需要的几何形状、尺寸和技术要求绘制。零件在装配过程中加工的尺寸，应标注在装配图上，如必须在零件图上标注时，应在有关尺寸近旁注明“配作”等字样或在技术要求中说明。装配尺寸链的补偿量，一般应标注在有关零件图上。

③ 两个呈镜像对称的零件，一般应分别绘制图样。也可按 GB/T 16675.1 规定，采用简化画法。

④ 必须整体加工成对或成组使用、形状相同且尺寸相等的分切零件，允许视为一个零件绘制在一张图样上，标注一个图样代号，视图上分切处的连线，用粗实线连接；当有关尺寸不相等时，同样可绘制在一张图样上，但应编不同的图样代号，用引出线标明不同的代号，并按表格图的规定用表格列出代号、数量等参数的对应关系。

⑤ 单独使用而采用整体加工比较合理的零件，在视图中一般可采用双点画线表示零件以外的其他部分。

⑥ 零件有正反面（如皮革、织物）或加工方向（如硅钢片、电刷等）要求时，应在视图上注明或在技术要求中说明。

⑦ 在图样上，一般应以零件结构基准面作为标注尺寸的基准，同时考虑检验此尺寸的可能性。

⑧ 图样上未注明尺寸的未注公差和几何公差的未注公差等，应按 GB/T 1184、GB/T 1804 等有关标准的规定标注；一般不单独注出公差，而是在图样上、技术文件或标准中予

以说明。

⑨ 对零件的局部有特殊要求（如不准倒钝、热处理）及标记时，应在图样上所指部位近旁标注说明。

27.3.3　装配图及总图的要求

① 产品、部件装配图一般包括：产品或部件结构及装配位置的图形；主要装配尺寸和配合代号；装配时需要加工的尺寸、极限偏差、表面粗糙度等；产品或部件的外形尺寸、连接尺寸及技术要求等；组成产品或部件的明细栏。

② 总图一般包括：产品轮廓或成套设备的组成部分的安装位置图形；产品或成套设备的基本特性类别、主要参数及型号、规格等；产品的外形尺寸（无外形图时）、安装尺寸（无安装图时）及技术要求或成套设备正确安装位置的尺寸及安装要求；机构运动部件的极限位置；操作机构的手柄、旋钮、指示装置等；组成成套设备的明细栏。

③ 当零件采用改变形状或黏合等方法组合连接时，应在视图中的变形及黏合部位用指引线引出说明（如翻边、扩管、铆平、凿毛、胶粘等）或在技术要求中说明。

④ 材料与零件组成一体时（如双金属浇注嵌件等），其附属在零件上的成形材料，可填写在图样的明细栏内，不绘制零件图。

⑤ 标注出型号（代号）、名称、规格即可购置的外购件不绘制图样。需改制的外购件一般应绘制图样，视图中除改制部位应标明结构形状、尺寸、表面粗糙度及必要的说明外，其余部分均可简化绘制。

27.3.4　外形图的要求

① 绘制轮廓图形，标注必要的外形、安装和连接尺寸。

② 绘制图形或用简化图样表示应符合 GB/T 16675.1 的规定。必要时，应绘制机构运动部件的极限位置轮廓，并标注其尺寸。

③ 当产品的重心不在图样的中心位置时，应标注出重心的位置和尺寸。

27.3.5　安装图的要求

① 绘制产品及其组成部分的轮廓图形，标明安装位置及尺寸。必要时，用简化图样表示出对基础的要求，基础要求应符合 GB/T 16675.1 的规定。

② 应附安装技术要求，必要时可附接线图及符号等说明。

③ 对有关零、部件或配套产品应列入明细栏。

④ 有特殊要求的吊运件，应表明吊运要求。

27.3.6　包装图的要求

① 应分别绘制包装箱图及内包装图，标注其必要的尺寸，并符合 GB/T 13385 等有关标准的规定。当能表达清楚时，亦可绘制一张图样。

② 产品及其附件的包装应符合有关标准的规定，绘制或用简化图样表示产品及其附件在包装箱内的轮廓图形（见 GB/T 13385）、安放位置和固定方法。必要时，在明细栏内标明包装材料的规格及数量。

③ 箱面应符合有关标准或按合同要求，标明包装、储运图示等标记。

27.3.7　表格图的要求

① 一系列形状相似的同类产品或零、部件，均可绘制表格图。

② 表格图中的变动参数，可包括尺寸、极限偏差、材料、重量、数量、覆盖层、技术要求等。表格中的变数项可用字母或文字标注，标注的字母与符号的含义应统一。

③ 形状基本相同，仅个别要素有差异的产品或零、部件在绘制表格图时，应分别绘制出差异部分的局部图形，并在表格的图形栏内，标注与局部图形相应的标记代号。

④ 表格图的视图，应选择表格中较适当的一种规格，按比例或用简化图样绘制应符合

GB/T 16675.1 的规定，凡图形失真或尺寸相对失调易造成错觉的规格，不允许列入表格。

27.3.8 系统图的要求

① 一般绘制方框图，应概略表示系统、分系统、成套设备等基本组成部分的功能关系及其主要特征。

② 系统图可在不同的层次上绘制，要求信息与过程流向布局清晰，代号（符号）及术语应符合有关标准的规定。

27.3.9 原理图的要求

① 应表示输入与输出之间的连接，并清楚地表明产品动作及工作程序等功能。

② 图形符号（代号）应符合有关标准和规定。

③ 元件的可动部分应绘制在正常位置上。

④ 应注明各环节功能的说明，复杂产品可采用分原理图。

27.3.10 接线图的要求

① 绘制接线图应符合有关标准和规定。

② 应标明系统内部各元件间相互连接的回路标号及方位序号，必要时加注接线的图线规定及色别。

③ 较复杂的产品或设备可使用若干分接线图组成总接线图。必要时，应表示出固定位置与要求。

27.3.11 技术要求

技术要求一般包括如下内容：

① 产品及零、部件，当不能用视图充分表达清楚时，应在“技术要求”标题下用文字说明。

② 技术要求的位置尽量置于标题栏的上方或左方。技术要求的条文应编顺序号。仅一条时，不写顺序号。

③ 技术要求的内容应符合有关标准要求，简明扼要，通俗易懂。

④ 技术要求中引用各类标准、规范、专用技术条件以及试验方法与验收规则等文件时，应注明引用文件的编号和名称。在不致引起辨认困难时，允许只标注编号。

⑤ 技术要求中列举明细栏内零、部件时，允许只写序号或图样代号。

⑥ 零件图的技术要求除了表面质量、尺寸精度和形状与位置公差外，还要标注热处理方法、表面处理方法以及其他制造、检验、试验等方面的要求。一般采用规定的代号、符号、数字和字母等标注在图样上。需要用文字的，可在图样右下方的“技术要求”中填注写。

⑦ 装配图的技术要求应包括：视图中难以表达的尺寸公差、几何公差、表面粗糙度等；对配合及个别结构要素的特殊要求；对校准、调整及密封的要求；对产品及零、部件的性能和质量的要求（如噪声、耐振性、自动、制动及安全等）；试验条件和方法；其他说明等。

27.4 图样文件的格式

JB/T 5054.3—2000《产品图样及设计文件 格式》规定了产品图样的格式。

27.4.1 图样文件格式的内容

① 图册封面，其样式见图 27-1。

② 明细表，其样式见图 27-2 和图 27-3。

③ 图样目录，其样式见图 27-4。

④ 复制图样的折叠方式。

⑤ 图册的装订方法。

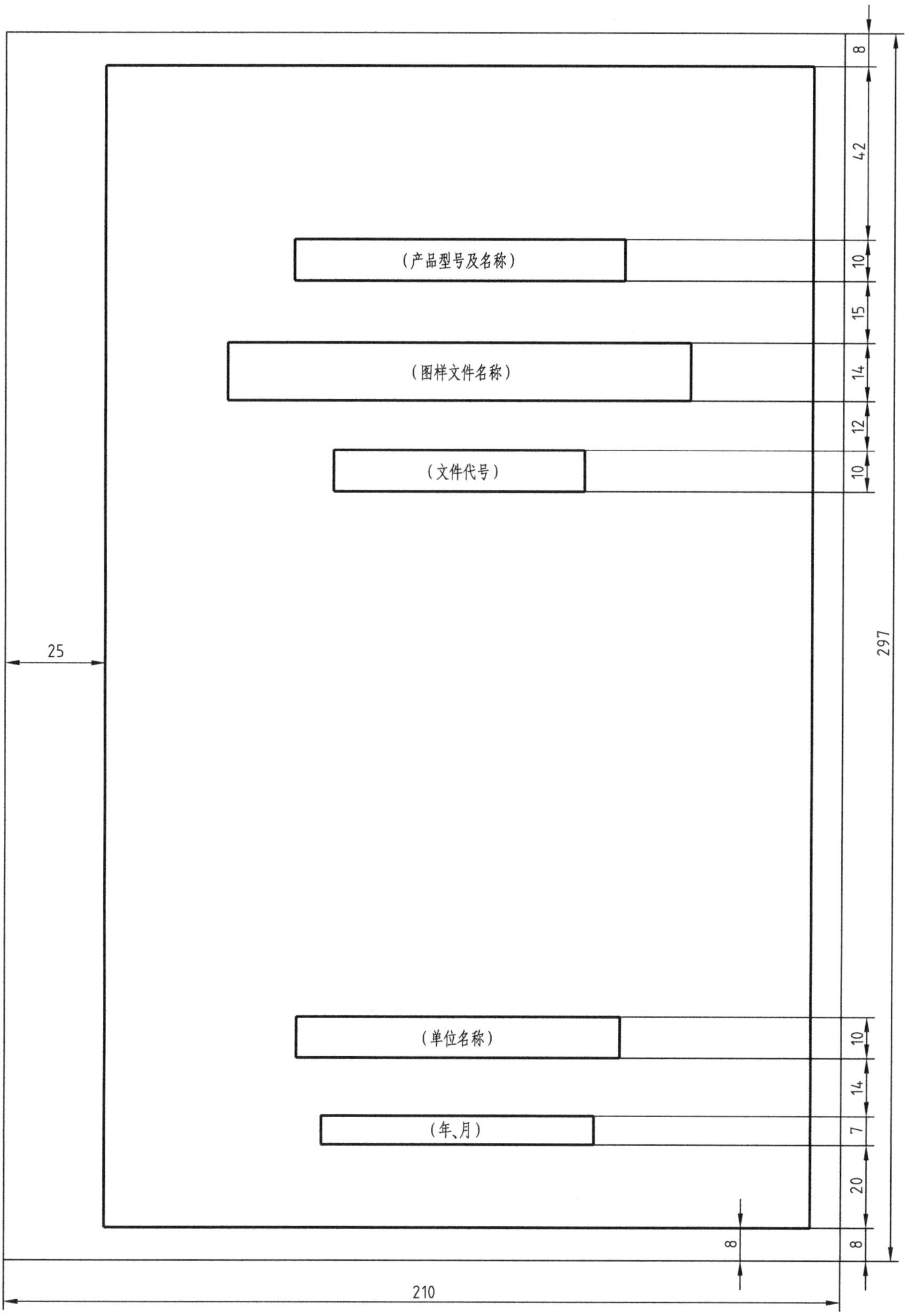

图 27-1　图册封面格式

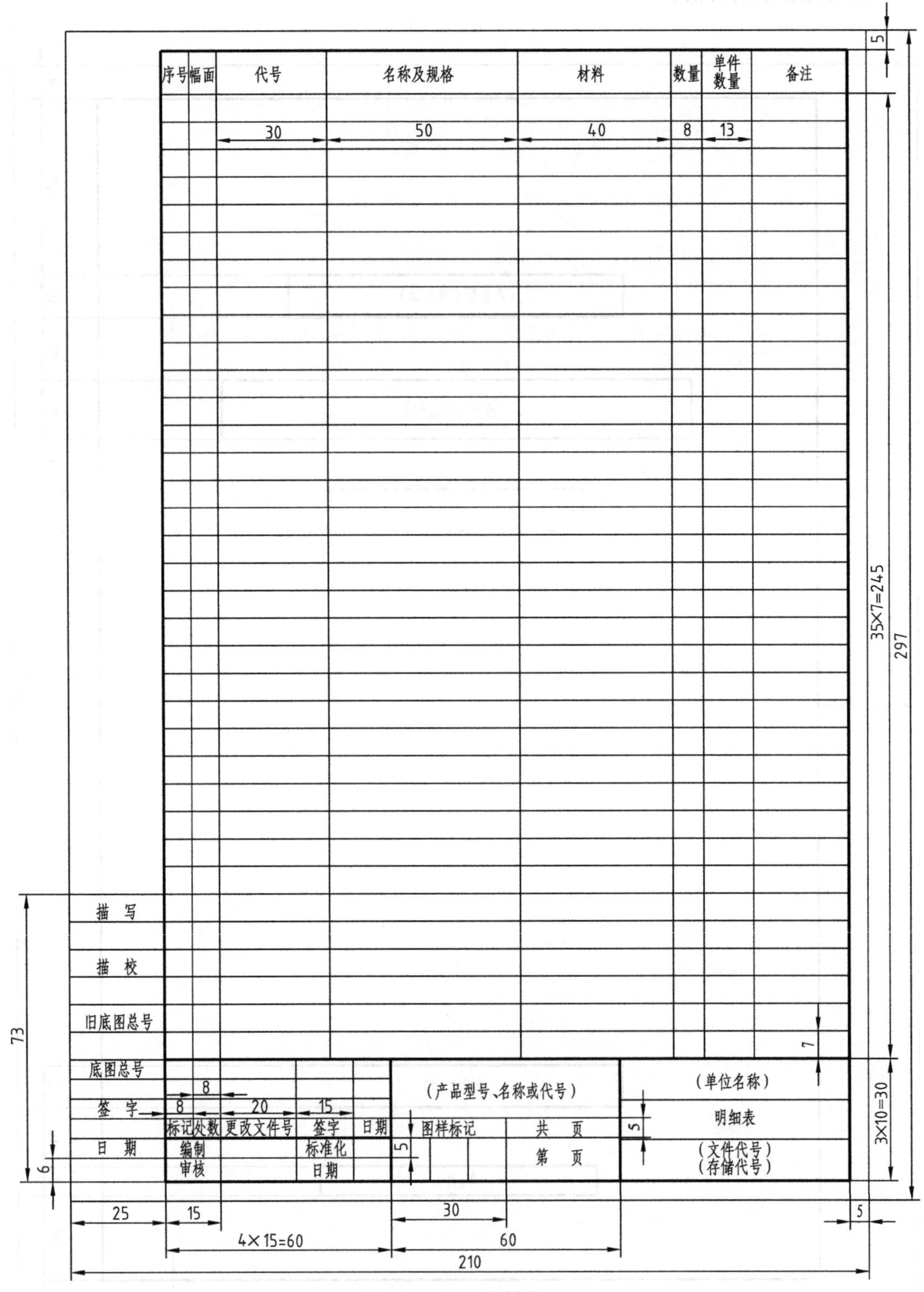

序号
幅面
代号
名称及规格
材料
数量
单件数量
备注
30
50
40
8
13
描 写
描 校
旧底图总号
底图总号
签 字
日 期
8
8
20
15
标记
处数
更改文件号
签字
日期
编制
审核
标准化
日期
(产品型号、名称或代号)
图样标记
共 页
第 页
(单位名称)
明细表
(文件代号)
(存储代号)
5
5
5
5
7
73
6
35×7=245
3×10=30
297
25
15
30
4×15=60
60
210

图 27-2 明细表样式一

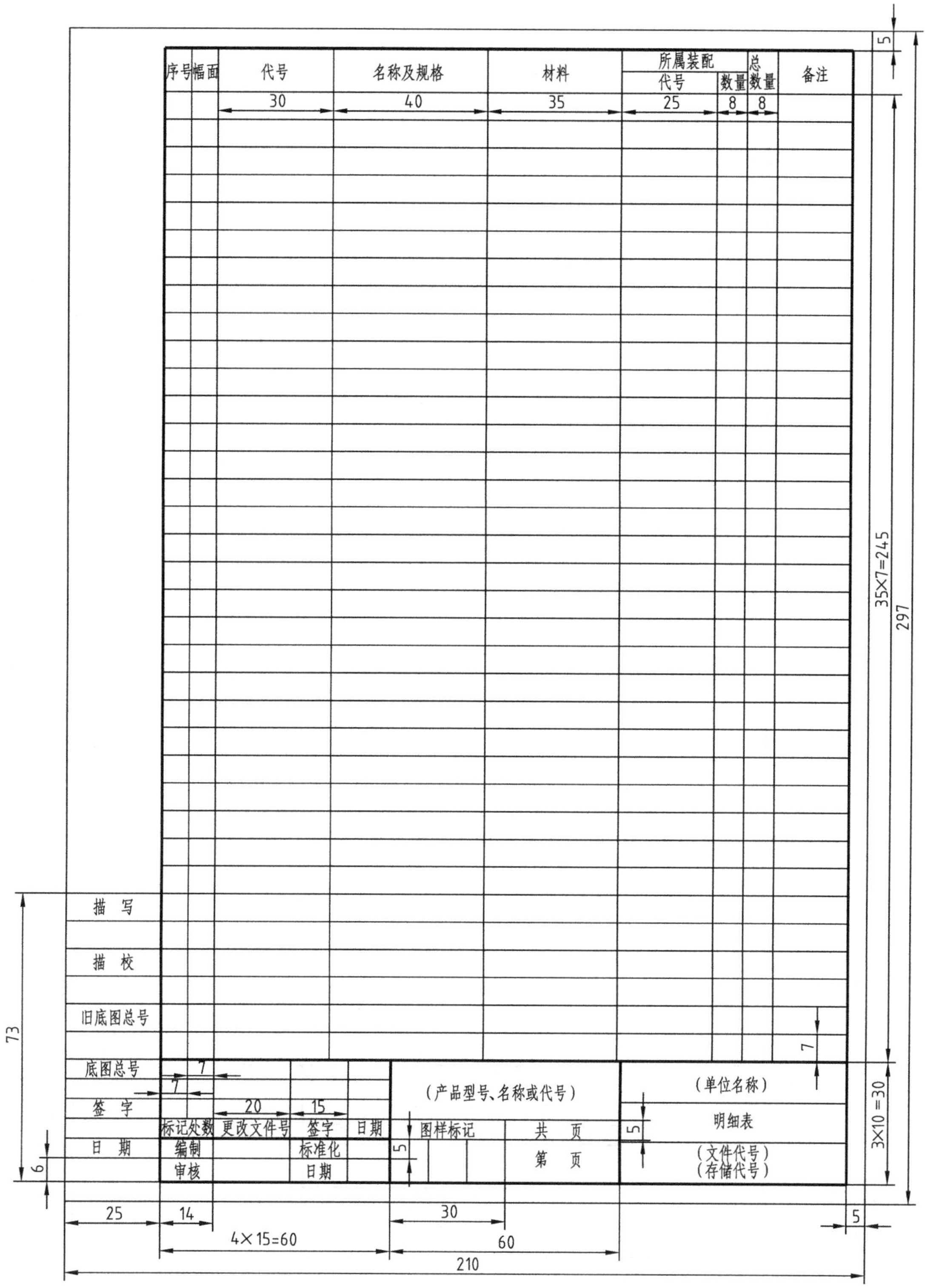
序号
幅面
代号
名称及规格
材料
所属装配
代号
数量
总数量
备注
30
40
35
25
8
8
描　写
描　校
旧底图总号
底图总号
签　字
日　期
标记
处数
更改文件号
签字
日期
编制
标准化
审核
日期
(产品型号、名称或代号)
图样标记
共　页
第　页
(单位名称)
明细表
(文件代号)
(存储代号)
7
7
20
15
5
5
5
5
6
7
73
35×7=245
297
3×10=30
25
14
4×15=60
30
60
210

图 27-3　明细表样式二

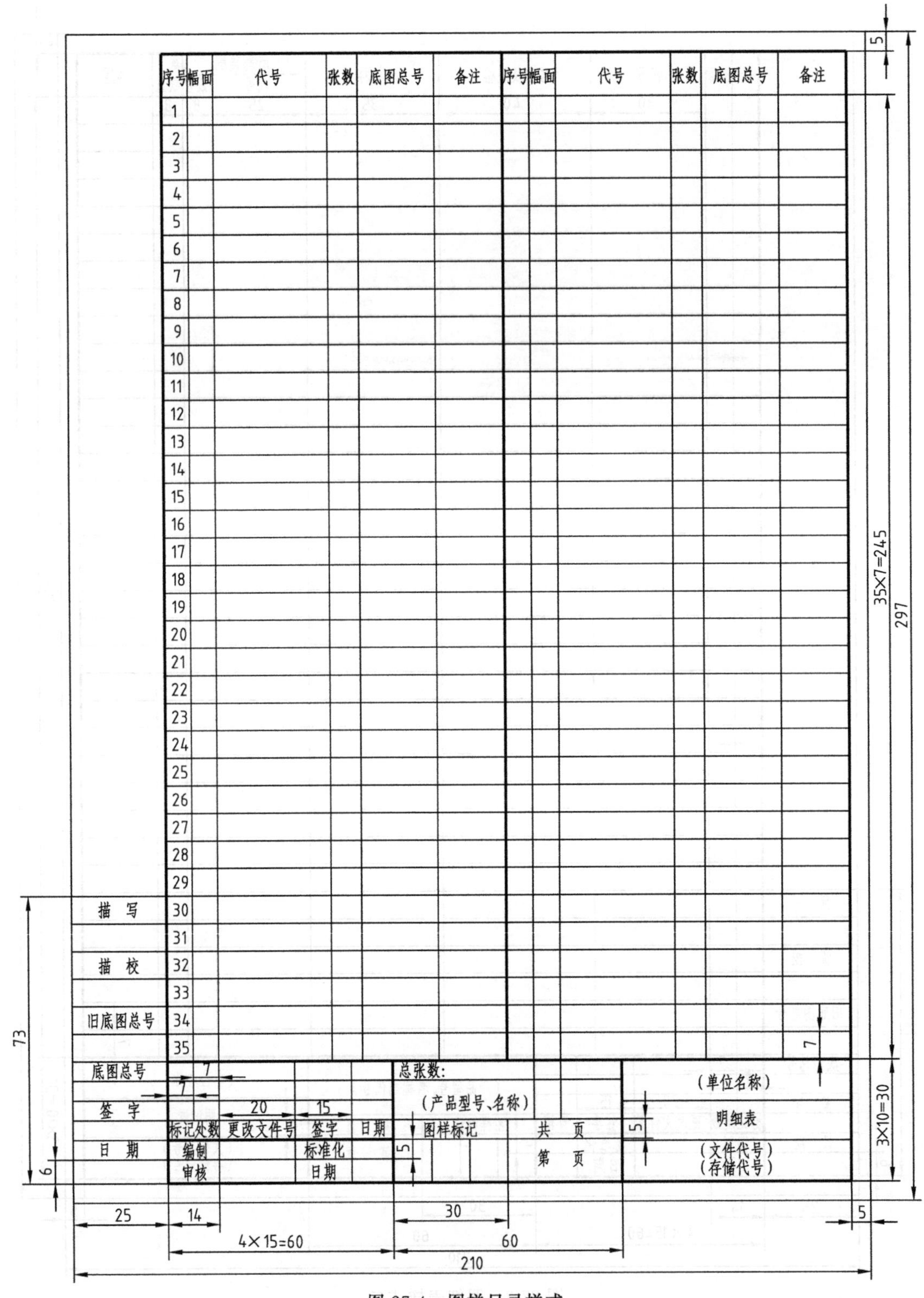

序号
幅面
代号
张数
底图总号
备注
1
2
3
4
5
6
7
8
9
10
11
12
13
14
15
16
17
18
19
20
21
22
23
24
25
26
27
28
29
30
31
32
33
34
35
描 写
描 校
旧底图总号
底图总号
签 字
日 期
标记处数
更改文件号
签字
日期
编制
审核
标准化
日期
总张数:
(产品型号、名称)
图样标记
共 页
第 页
(单位名称)
明细表
(文件代号)
(存储代号)
5
35×7=245
297
3×10=30
73
6
7
20
15
25
14
30
4×15=60
60
210

图 27-4 图样目录样式

27.4.2　表格填写的一般要求

① 根据各研制单位的具体情况，在满足生产管理的前提下力求简单明确。

② 同一系列产品的所有图样中的产品型号、名称、零部件代号、材料、数量等应填写一致。标准件应填写标准号和标准规定的名称与标记。

27.4.3　各表中通用栏目的填写要求

① 幅面：填图样幅面规格代号。

② 代号：填图样代号、存储代号或标准代号。

③ 名称及规格，填相应组成部分的名称及必要的规格。外购件规格的填写可延伸到“材料”栏内。

④ 数量：填一台（套）产品所用组成部分的件数。

⑤ 总数量：填一台（套）产品所用数量的总和。

⑥ 所属装配：填由该零件、部件组合安装的部件（组成部分）。代号：填该零件或部件（组成部分）的代号；数量（件数）：填装配一台（套）产品所用组成部分的件数。

⑦ 备注：填必要的补充说明。如外购、无图、生产厂等。

27.4.4　图册封面的印制要求

① 封面设计应排列均匀、相间适度。如果产品名称及型号较长时，型号可另起一行。

② 书脊应印制产品的名称，或同时印刷产品的名称和型号。

27.4.5　明细表的填写要求

① 在图册的图样目录前面，应填写明细表。

② 产品所隶属的产品、部件、各级分部件，一般应分别编制明细表。

③ 明细表应根据产品的组成结构，将产品、部件、各级分部件的组成部分，逐级逐项详细填写。明细表可按产品或部件编制。

④ 按产品编制时其顺序一般如下：配套产品、部件、专用件（基本件）、通用件、借用件、外购件、标准件（如国标件、操作件及企业标准件等）、随产品出厂的材料。每节间应留有间隔。

27.4.6　图样目录的填写要求

① 在明细表的后面，应填写图样目录表。

② 图样目录应按图样代号逐张填写，并统计总张数。当同一代号有数张不同幅面的图样时，则应按幅面大小分别填写。

③ 图样一般应采用隶属关系编号，其代号应按递增数字填写；若图样采用分类方式编号，则应分类编写，而每类按其代号的递增数字填写。

27.4.7　复制图样折叠方式的规定与要求

① 可以从 GB/T 10609.3《技术制图　复制图的折叠方法》中任选取一种规定的折叠方法。

② 折叠后的图纸幅面一般应为 A4 的规格。对于需要装订成册又无装订边的复制图，折叠后的尺寸可以是 190mm×297mm。当粘贴上装订胶带后，仍应具有 A4 的规格。

③ 无论采用何种装订方法，折叠后复制图上的标题栏均应露在外面。

27.4.8　图册装订要求

应按照 GB/T 10609.3《技术制图　复制图的折叠方法》中附录 A 的规定装订。

27.5　签署规则

JB/T 5054.1—2000《产品图样及设计文件　总则》规定了签署规则。每个产品图样完成前必须按不同的责任进行签署。签署必须完整、清晰，各种媒体文件签署应一致。

27.5.1 签署人员的技术责任

27.5.1.1 设计（编制）人员的责任

① 产品的各项经济、性能指标应达到技术（设计）任务书或技术协议书的要求，并应实施各级现行标准和有关法规。

② 产品的使用、维护、操作、包装、储运等应方便、安全、可靠。

③ 产品设计中应尽量采用系列化、模块化、成组技术、CAD等先进设计技术；尽量采用标准件、通用件。各种设计数据、尺寸应准确无误。

④ 产品设计中应考虑到加工、装配、安装调试、维修等的可行性、经济性、方便性。

⑤ 产品图样和设计文件应完整、成套，应能满足制造、检验、安装、调试和使用等方面的需要。

27.5.1.2 校对人员的责任

保证所校对图样（文件）与技术（设计）任务书或技术协议书要求的一致性与合理性，并应承担一定的设计技术责任。

27.5.1.3 设计审核人员的责任

① 产品设计方案合理、可行，能满足技术（设计）任务书或技术协议书的要求。

② 产品图样和设计文件的内容正确，数据、尺寸准确。

③ 设计人员不在时，应承担设计的技术责任。

27.5.1.4 工艺人员的责任

审查设计文件的工艺性，加工的可行性，实现的经济性。

27.5.1.5 标准化人员的责任

标准化审查人员的责任应符合JB/T 5054.7的规定。

27.5.1.6 批准人员的责任

① 产品的总体结构、主要性能应达到技术（设计）任务书或技术协议书的要求。

② 产品图样和文件完整、准确，符合有关标准和法规文件。

27.5.2 签署的方法

① 产品图样和文件一般应在标题栏中进行签署。应完整地签署姓名，日期（年、月、日）。

② 纸质CAD文件可按有关规定和要求进行手工形式的签署。

③ CAD电子文件应确保密级或安全，有条件时建立产品数据或工程图档管理系统进行授权管理。

27.6 产品图样及设计文件的编号方法

JB/T 5054.4—2000《产品图样及设计文件　编号原则》规定了产品图样和设计文件的编号方法。

27.6.1 一般要求

① 每个产品、部件、零件的图样和文件均应有独立的代号。

② 采用表格图时，表中每种规格的产品、部件、零件都应标出独立的代号。

③ 同一种CAD文件使用两种以上的存贮介质时，每种存储介质中的CAD文件都应标注同一代号。

④ 借用件的编号应采用被借用件的代号。

⑤ 图样和文件的编号一般有分类编号和隶属编号两大类，也可按各行业有关标准规定编号。

27.6.2　分类编号

分类编号，按对象（产品、零部件）功能、形状的相似性，采用十进位分类法进行编号。

分类编号其代号的基本部分由分类号（大类）、特征号（中类）和识别号（小类）三部分组成，必要时可以在尾部加尾注号。

表 27-1　分类码位表

分类号(大类)	特征号(中类)	识别号(小类)	尾注号	校检号
产品、部件、零件的区分码位	产品按类型，部件按特征、结构，零件按品种、规格编码	产品按品种，部件按用途，零件按形状、尺寸、特征编码	设计文件、产品改进尾注号	检验产品代号的码位

注：1. 分类号可参照 JB/T 8823 的规定编号，企业已开展计算机辅助设计者，应将信息分类码中相应的大类号编入分类号。

2. 识别号中的零件也可编顺序号。

3. 根据需要可在分类号前增加企业代号、图样幅面代号。

大、中、小类的编号按十进位分类编号法。每类的码位一般由 1～4 位数（如级、类、型、种）组成。每位数一般分为十挡，如十级（0～9），每级分十类（0～9），每类分十型（0～9），每型分十种（0～9）等。尾注号表示产品改进和设计文件种类。一般改进的尾注号用拉丁字母表示，设计文件尾注号用拼音字头表示。分类码位表见表 27-1。

用计算机自动生成产品代号时，应在代号终端加校验号（校验码）。校验号应按 GB/T 17710 的规定计算、确定。

27.6.3　部分分类编号

部分分类编号的构成和各码位的含义见表 27-2。

表 27-2　部分分类码位表

分类号(大类)	特征号(中类)	识别号(小类)	尾　注　号
产品代号	部件按特征、结构，零件按品种、规格码位	部件按用途，零件按形状、尺寸、特征码位	设计文件、产品改进码位

注：企业已开展计算机辅助设计者，应将信息分类码中相应的大类号编入分类号。

27.6.4　隶属编号

隶属编号是按产品、部件、零件的隶属关系编号。

隶属编号其代号由产品代号和隶属号组成。中间可用圆点或短横线隔开，必要时可加尾注号。隶属编号示例见图 27-5。

隶属编号码位见表 27-3。需要时在首位前加分类号表示计算机辅助管理信息分类编码系统的大类号。

表 27-3　隶属编号码位表

码位	1　2	3　4　5	6　7　8	9　10
含义	产品代号码位	各级部件序号码位	零件序号码位	设计文件、产品改进码位

产品代号由字母和数字组成。隶属号由数字组成，其级数和位数应按产品结构的复杂程度而定。

零件的序号，应在其所属（产品或部件）的范围内编号。

部件的序号，应在其所属（产品或上一级部件）的范围内编号。

尾注由字母组成，表示产品改进和设计文件种类。如两种尾注号同时出现时，两者所用的字母应予以区别，改进尾注号在前，设计文件尾注号在后，并在两者之间空一字间隔，或

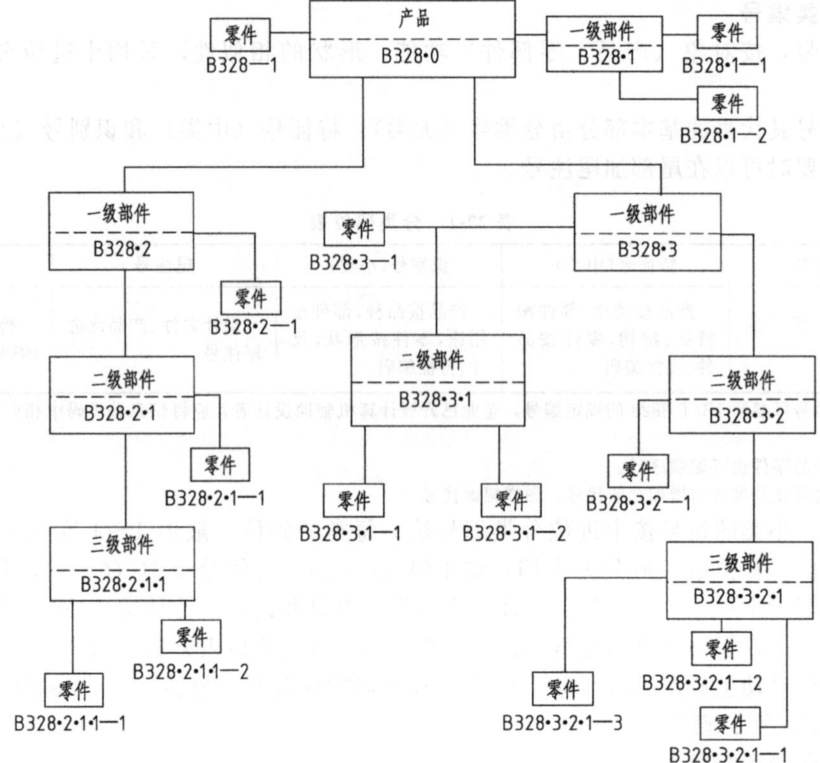

图 27-5 隶属编号示例

加一短横线，见图 27-6。

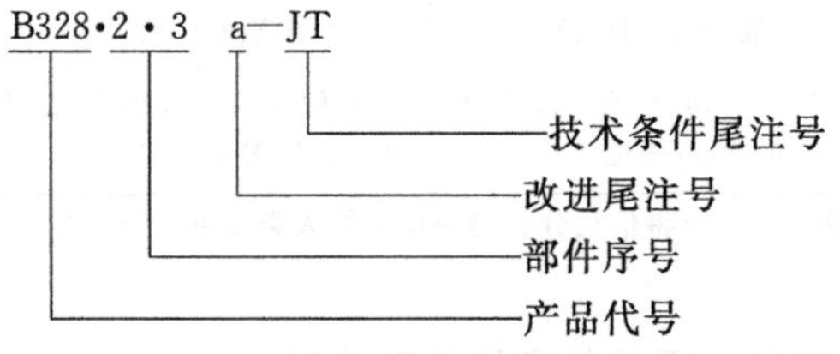

图 27-6 隶属编号示例

27.6.5 部分隶属编号

部分隶属编号，其代号由产品代号、隶属号和识别号组成。其隶属号为部件序号，见图 27-7。部件序号编到哪一级由企业自行规定。识别号是对一级或二级以下的部件（称分部件）与零件混合编序号（流水号）。分部件、零件序号推荐三种编号方法。必要时尾部可加尾注号，尾注号表示产品改进和设计文件种类。一般改进的尾注号用拉丁字母表示，设计文件尾注号用拼音字头表示。

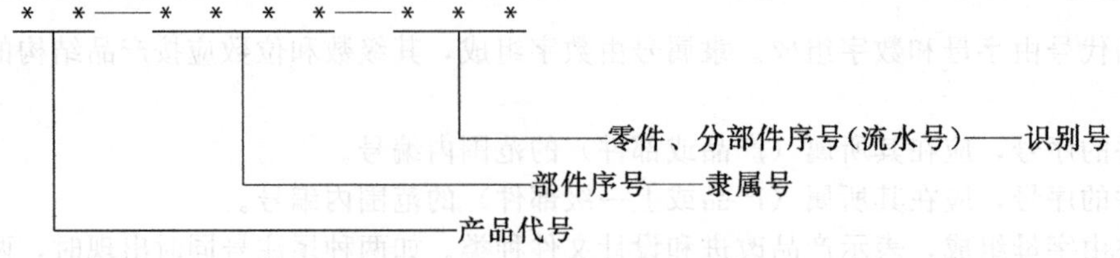

图 27-7 部分隶属编号示例

分部件、零件序号推荐三种编号方法：

① 零件、分部件序号，规定其中 * * *——* * *（如 001～099）为分部件序号，* * *——* * *（101～999）为零件序号，如图 27-8。零件序号也可按材料性质分类编号。

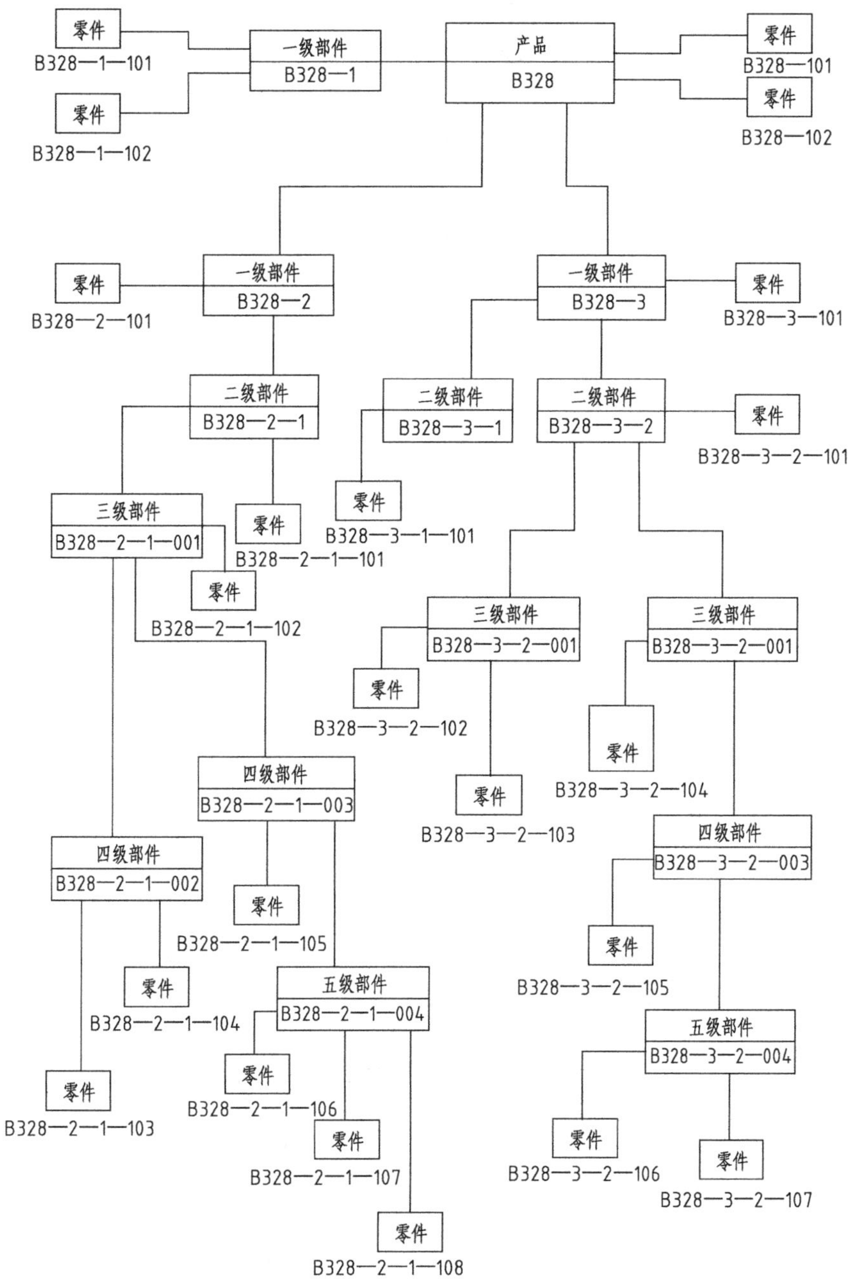

图 27-8　分部件、零件序号编号方法一

② 零件、分部件序号，规定其中逢十的整数（如 0、20、30、…）为分部件序号，余者为零件序号，如图 27-9。

③ 零件、分部件序号的数字后再加一字母 P、Z（如 1P、2P、3P、…）为分部件序号，无字母者为零件序号，如图 27-10。

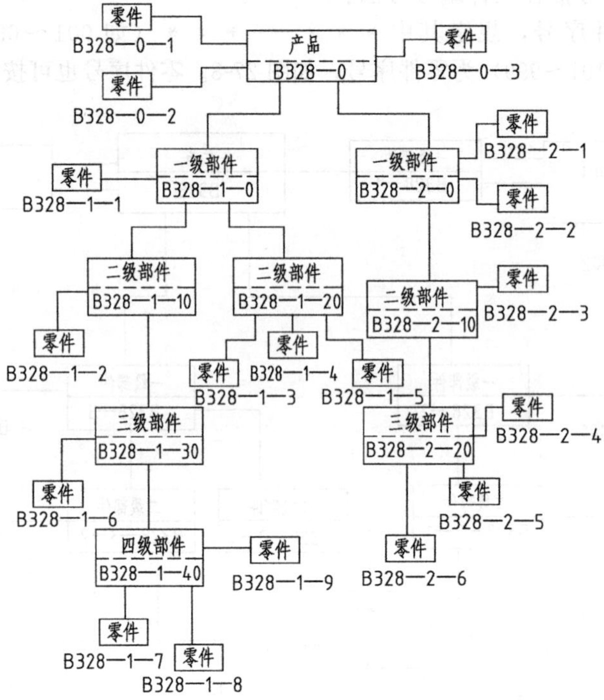

图 27-9　分部件、零件序号编号方法二

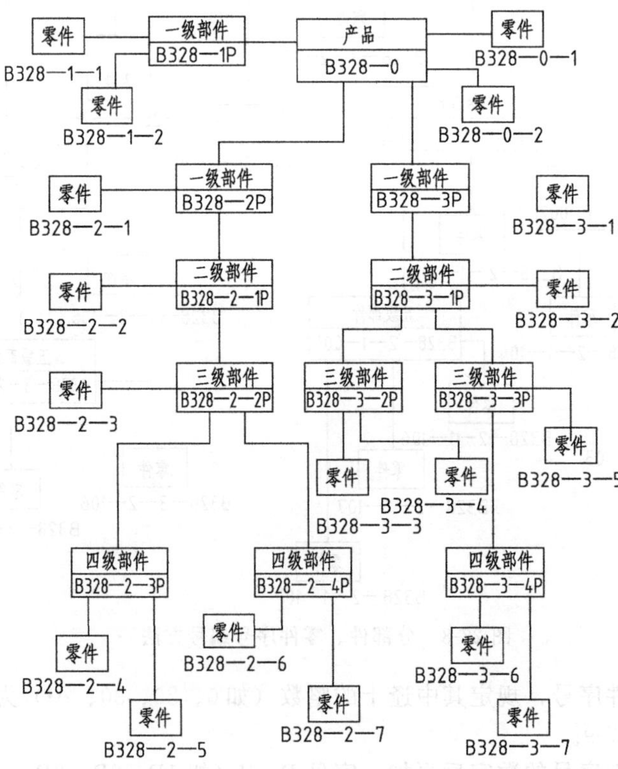

图 27-10　分部件、零件序号编号方法三

27.7 产品图样的更改办法

JB/T 5054.6—2000《产品图样及设计文件　更改办法》规定了产品图样的更改办法。

27.7.1 更改原则

① 图样的更改必须按技术责任制的规定履行签署手续后，方可进行。

② 更改图样时，相关文件如同一代号不同介质的 CAD 文件应进行相应的更改，以保证相关文件的协调一致。

③ 更改后的图样不得降低产品质量，必须符合有关标准的规定，应保持正确、完整、统一、清晰，并保证更改前的原图样有据（档）可查。

27.7.2 更改方法

27.7.2.1 带更改标记的方法

（1）划改

将图样上需要更改的尺寸、文字、符号、图形等用细实线划去，被划去部分应能清楚地看出更改前的内容，然后填写新的尺寸、文字、符号、图形等，在更改部位附近写上更改标记，更改标记一般用加圆的小写汉语拼音字母（1～2 个）表示，如：ⓐ、ⓑ、㉑…，并用细实线将更改标记引至被更改部位，见图 27-11。

更改标记一般按每张图样编排。由多张表示同一代号的图样或文件时，更改标记应按全份图样编排同一更改标记，填写在所更改的各张图样或文件上，也可填写在该份图样的第一张上。

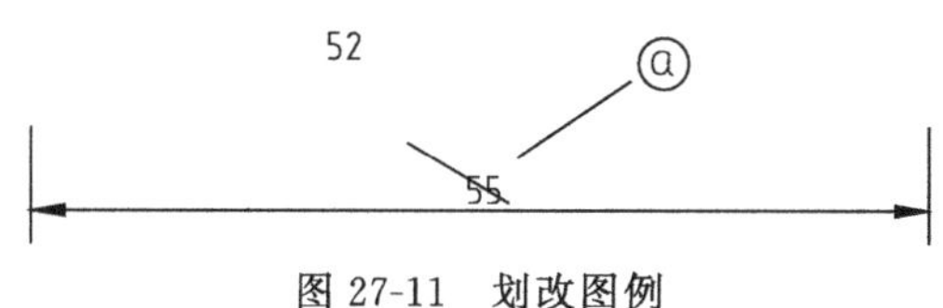

图 27-11　划改图例

（2）刮改或洗改

将图样上需要更改的尺寸、文字、符号、图形等刮、洗清除后，填写新的内容，并按划改的规定在其附近填写相应的更改标记。

（3）CAD 文件的更改

① 删除需更改的部分，输入新的内容，按划改的规定在其附近填写相应的更改标记。

② 增加新层（一般用第 15 层），命名为更改层，存放已被更改的部分。关闭此层，则该层内容既不显示，也不被绘制出来。

③ 更改示例见图 27-12。

④ 必要时，也可采用划改的方法。

27.7.2.2 不带更改标记的方法

CAD 文件的更改方法：

① 删除被更改的部分，在相应的位置上输入新的内容；

② 在更改层相应的部位输入更改标记、指引线及被删除的内容，关闭此层，该层的内容既不显示，也不被绘制出来，见图 27-13。

27.7.2.3 填写更改栏的各项内容

① 更改标记；

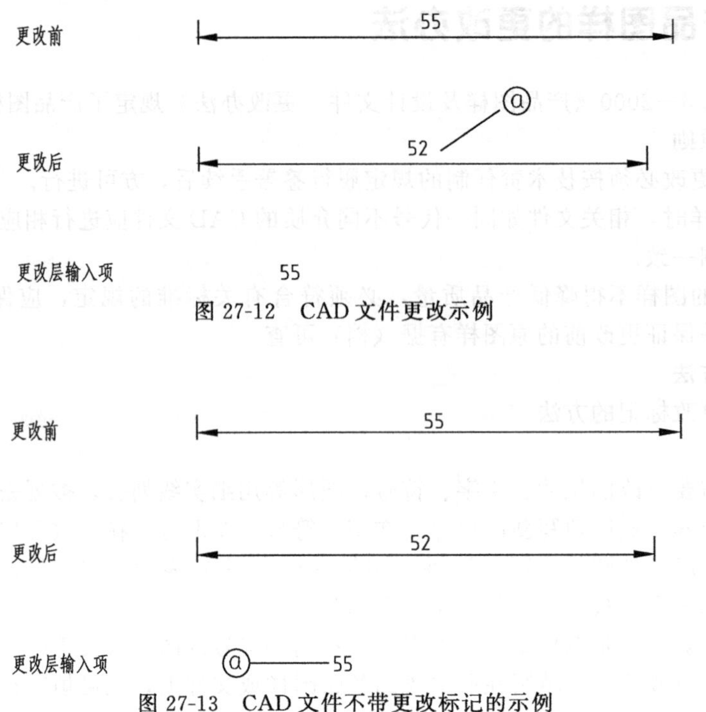

图 27-12 CAD 文件更改示例

图 27-13 CAD 文件不带更改标记的示例

② 更改处数，即同一标记下的更改处数；

③ 更改文件编号，即更改通知单的编号；

④ 更改日期；

⑤ 更改人员签字。

27.7.3 更改程序

① 选定更改通知单格式，并由设计人员按照规定的内容逐项填写。更改通知单推荐格式见图 27-14 和图 27-15。

② 更改通知单应经有关部门按技术责任制的规定签署和（或）有关领导审批后，方可进行更改。

③ 按更改通知单更改有关的图样。非 CAD 设计的图样和文件，由负责更改人员更改底图，并填写更改栏。下述情况的更改可另行处理：

a. 联合设计的图样及文件，由负责保管底图的单位向持有该底图复印图（或副底图）的企业发出更改通知单副本（或复印图），该企业可根据更改通知单副本（或复印图）进行更改；

b. 单台（件）和一次性生产的图样，有明显错误而妨碍正常生产时，允许先更改复印图，事后应及时补办手续；

c. 样机试制的图样及文件，有明显错误而妨碍正常生产时，允许先更改复印图并做好记录，必要时通知有关部门。

27.7.4 更改通知单的编号方法

① 更改通知单的编号由图样及文件类别代号、更改年代号、设计或编制部门代号和更改顺序号四部分组成。如图 27-16 所示。

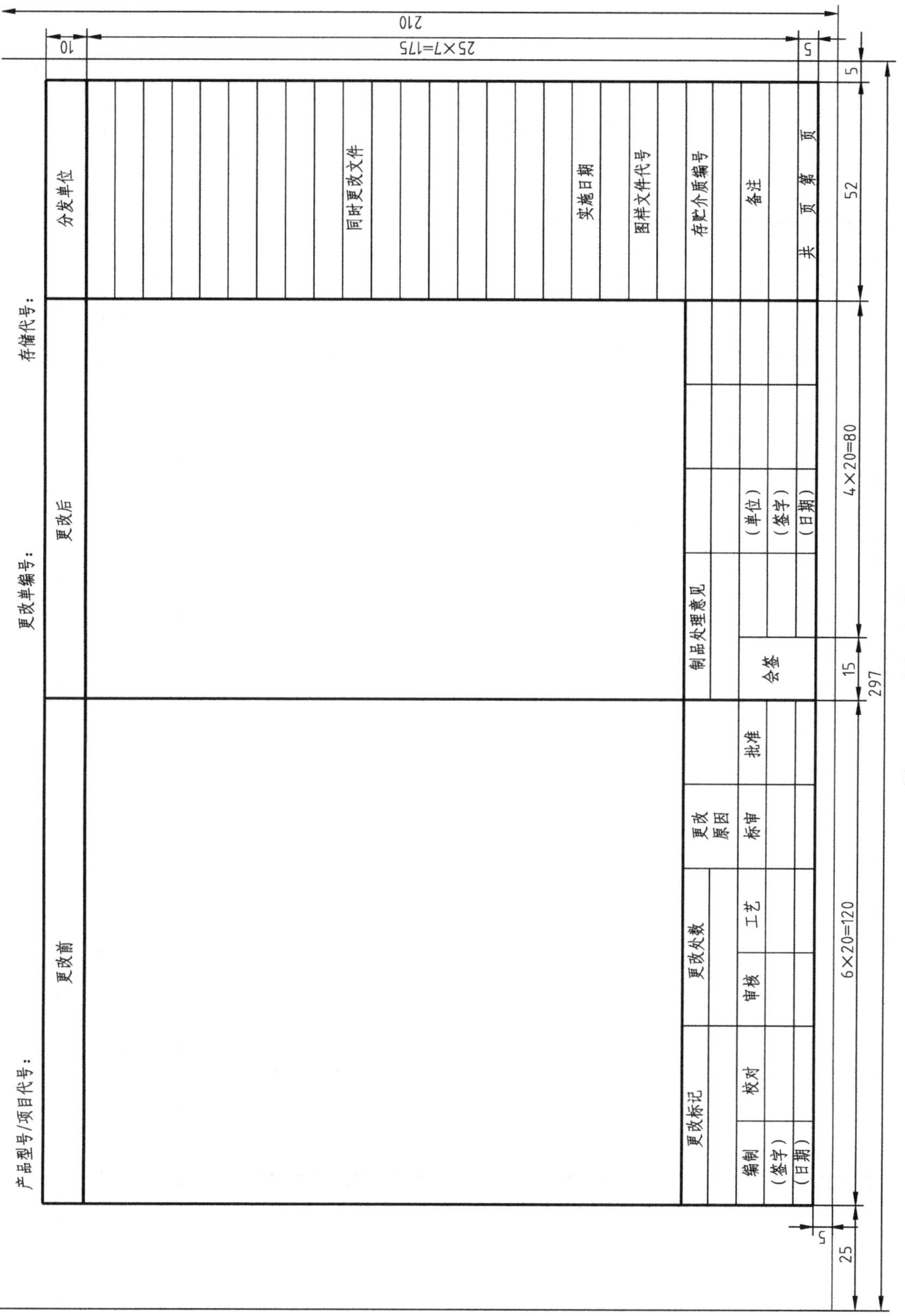

图 27-14　更改通知单格式一

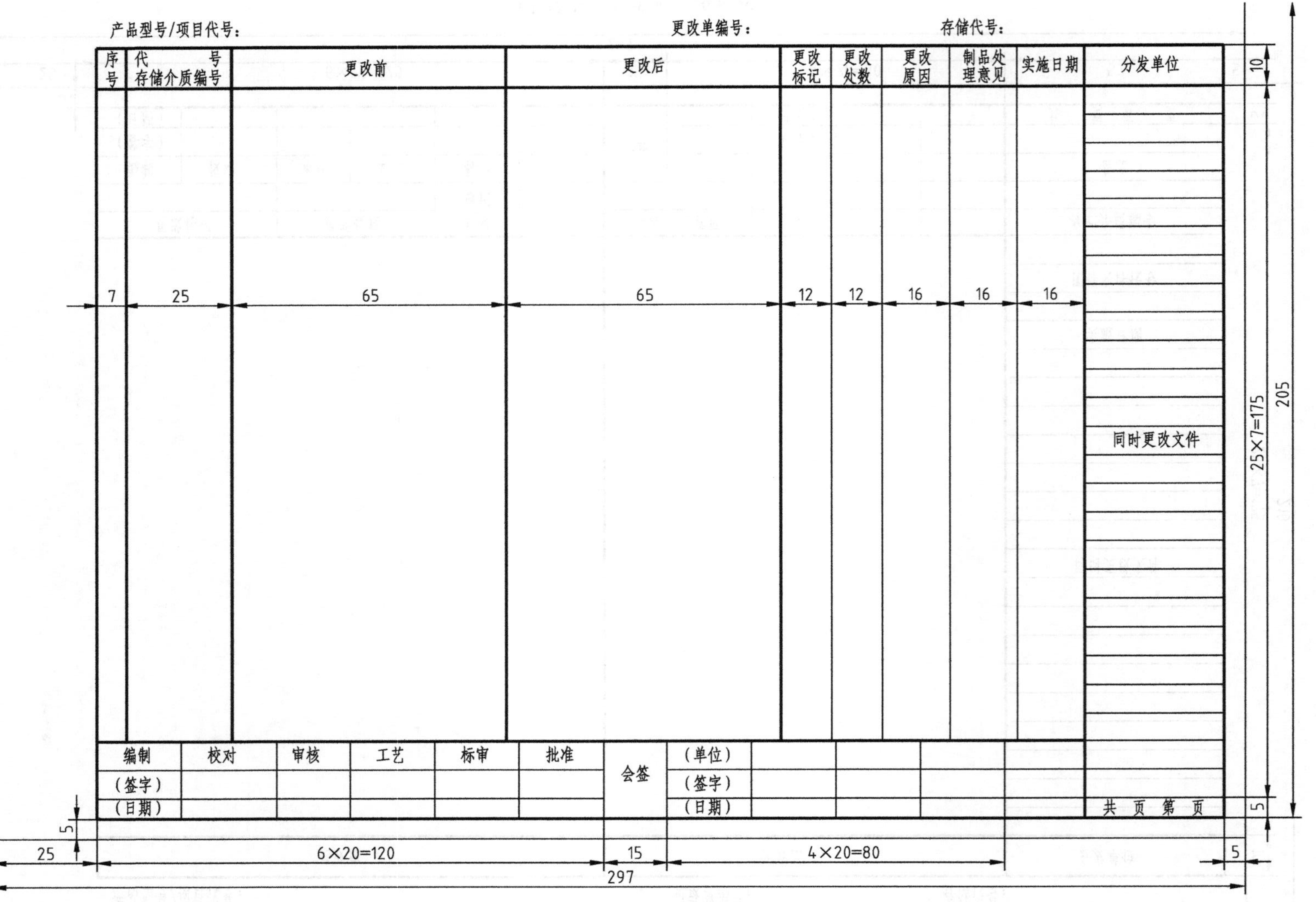

图 27-15 更改通知单格式二

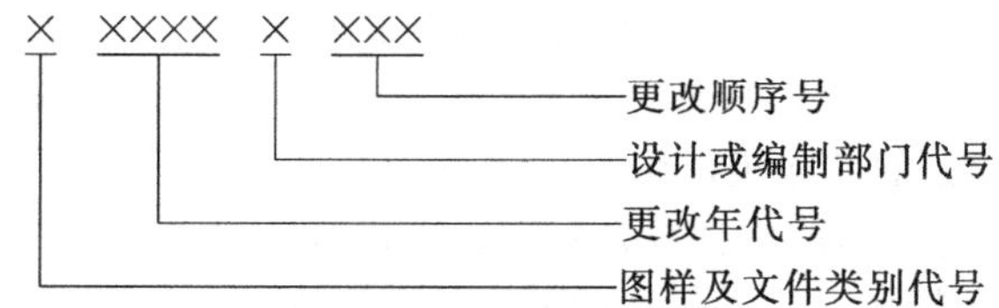

图 27-16　更改通知单的编号方法

② 图样及文件代号类别用大写汉语拼音字母表示，按表 27-4 的规定注写。

表 27-4　图样及文件代号类别

类别	代号	字母含义
产品	P	品
工艺	Y	艺
工装	Z	装
非标准设计	F	非
标准	B	标
质管、检验	J	检
其他	Q	其

③ 更改年代号用四位阿拉伯数字表示。例如：2009 年更改用“2009”四位数。

④ 设计或编制部门代号用大写汉语拼音字母表示，按表 27-5 的规定注写。必要时，可在其后加注一个阿拉伯数字，以区分部门中的组别。

表 27-5　设计或编制部门代号

序号	设计或编制部门	代号
1	设计部门	S
2	工艺部门	Y
3	质量、检验部门	J
4	标准化	B

⑤ 更改顺序号一般用三位阿拉伯数字顺序连续编号。

⑥ 编号示例：

例 1：P2008S—015　为 2008 年度产品方面设计部门发出的第 15 号更改通知单。

例 2：P2009Y1—126　为 2009 年度产品方面工艺部门第一组发出的第 126 号更改通知单。

27.8 图样复制技术简介

27.8.1 晒图

用描好的底图或副底图经晒图机复制出蓝图。这种传统工艺需要人工描图，优点是晒图机价格不高，复印质量可靠，操作维修容易，所以现在仍在广泛应用。目前我国的晒图机复印宽度为 1.2m，复印速度为 300m/h。

27.8.2 复印

现代的复印技术常用胶印机或复印机复制图样或文件，从而可省去描图过程。

① 胶印机。先用制版机将图样或文件复制在氧化锌版上，再将此版经胶印机进行复印。目前我国 A3 幅面的胶印机，复印速度为 900m/h。在少量或大量复印时，其胶印成本较低，复制品质量也好，A1 幅面的胶印机，用照相制版，成本高，不适合少量复印。

② 复印机。可直接将图样或文件放在复印机上进行复印。复印 A3 幅面的小型机应用较普遍。大型机可复印 A1 幅面。质量较高的复印机可进行原大、缩小或放大复印。复印过程中可以先不定影，便于修改。复印纸可以是描图纸、透明胶片、普通纸、卷筒纸等。复印速度为 6m/min。

27.8.3 缩微技术

将图样或文件用缩微拍摄机翻拍在缩微胶卷（或缩微胶片）上，再送进冲洗机冲出胶卷。使用时，将缩微胶卷放在阅读复印机上，用阅读光屏进行阅读。如需复印，可按所需份数放大复印出原样大小的图样或文件。

总的说来，缩微底片较复印成本低，又便于保管，可以大量减少图库设施。

附　　录

附录 1　常用单位的换算

附表 1-1　长度单位换算

千米 (km)	米 (m)	厘米 (cm)	毫米 (mm)	英里 (mile)	码 (yd)	英尺 (ft)	英寸 (in)	海里(国际) (n mile)
1	1000			0.6214	1093.6	3280.8		0.53996
0.001	1	100	1000		1.0936	3.2808	39.37	0.00054
	0.01	1	10			0.0328	0.3937	
	0.001	0.1	1			0.00328	0.03937	
1.6093				1	1760	5280		0.869
	0.9144				1	3	36	
	0.3048	30.48	304.8		0.3333	1	12	
	0.0254	2.54	25.4		0.0278	0.0833	1	
1.852	1852			1.1508		6076.12		1

1 英海里＝1853.184 米 (m)＝6080.00 英尺 (ft)。

2 美海里＝1853.27 米 (m)＝6080.27 英尺 (ft)。

附表 1-2　分数英寸、小数英寸与毫米对照

英寸(in)		毫米(mm)	英寸(in)		毫米(mm)	英寸(in)		毫米(mm)
1/64	0.015325	0.396875	9/64	0.140625	3.571875	17/64	0.265625	6.746875
1/32	0.03125	0.793750	5/32	0.15625	3.968750	9/32	0.28125	7.143750
3/64	0.046875	1.190625	11/64	0.171875	4.365625	19/64	0.296875	7.540625
1/16	0.0625	1.587500	3/16	0.1875	4.762500	5/16	0.3125	7.937500
5/64	0.078125	1.984375	13/64	0.203125	5.159375	21/64	0.328125	8.334375
3/32	0.09375	2.381250	7/32	0.21875	5.556250	11/32	0.34375	8.731250
7/64	0.109375	2.778125	15/64	0.234375	5.953125	23/64	0.359375	9.128125
1/8	0.125	3.175000	1/4	0.25	6.350000	3/8	0.375	9.525000
25/64	0.390625	9.921875	39/64	0.609375	15.478125	53/64	0.828125	21.034375
13/32	0.40625	10.318750	5/8	0.625	15.875000	27/32	0.84375	21.431250
27/64	0.421875	10.715625	41/64	0.640625	16.271875	55/64	0.859375	21.828125
7/16	0.4375	11.112500	21/32	0.65625	16.668750	7/8	0.875	22.225000
29/64	0.453125	11.509375	43/64	0.671875	17.065625	57/64	0.890625	22.621875
15/32	0.46875	11.906250	11/16	0.6875	17.462500	29/32	0.90625	23.018750
31/64	0.48475	12.303125	45/64	0.703125	17.859375	59/64	0.921875	23.415625
1/2	0.5	12.700000	23/32	0.71875	18.256250	15/16	0.9375	23.812500
33/64	0.515625	13.096875	47/64	0.734375	18.653125	61/64	0.953125	24.209375
17/32	0.53125	13.493750	3/4	0.75	19.050000	31.32	0.96875	24.606250
35/64	0.546875	13.890625	49/64	0.765625	19.446875	63/64	0.984375	25.003125
9/16	0.5625	14.287500	25/32	0.78125	19.843750	1	1.000000	25.400000
37/64	0.578125	14.684375	51/64	0.796875	20.240625			
19/32	0.59375	15.081250	13/16	0.8125	20.637500			

附表 1-3 面积和地积单位换算

公里²(km²)	公顷(ha)	公亩(a)	米²(m²)	厘米²(cm²)	毫米²(mm²)	英里²(mile²)	英亩(acre)	码²(yd²)	英尺²(ft²)	英寸²(in²)
1	10^2	10^4	10^6			0.3861				
10^{-2}	1	10^2	10^4							
10^{-4}		1	10^2				0.02471			
			1	10^4	10^6			1.196	10.7639	1550
			10^{-4}	1	10^2			1.196×10^{-4}	10.7639×10^{-4}	0.1550
			10^{-6}	10^{-2}	1			1.196×10^{-6}	10.7639×10^{-6}	0.00155
2.5900						1	640			
			4047						43560	
			0.8361	0.8361×10^4	0.8361×10^6			1	9	1296
			0.0929	0.0929×10^4	0.0929×10^6			0.1111	1	144
			6.4516×10^{-4}	6.4516	645.16			7716×10^{-7}	6944×10^{-6}	1

附表 1-4 体积和容积单位换算

米³(m³)	升(L)	厘米³(cm³)	英加仑(UK gal)	美加仑(US gal)	码³(yd³)	英尺³(ft³)	英寸³(in³)
1	1000	1000000	220	264.2	1.308	35.315	61024
0.001	1	1000	0.22	0.2642	0.0013	0.0353	61.02
	0.001	1					0.061
0.0045	4.546	4546.1	1	1.201	0.006	0.1605	277.42
0.0038	3.7854	3785.4	0.8327	1	0.00495	0.1337	231
0.7646	764.6	764555	168	202	1	27	466656
0.0283	28.317	28317	6.2288	7.4805	0.037	1	1728
	0.0164	16.3871				5.787×10^{-4}	1

1 毫升（ml）=1 厘米³（cm³）=1c. c。

附表 1-5 质量单位换算

吨(t)	公斤(kg)	克(g)	英吨(tn)	美吨(shtn)	磅(lb)	英两(oz)
1	1000		0.9842	1.1023	2204.6	
0.001	1	1000			2.2046	35.274
	0.001	1				0.0353
1.0161	1016.05		1	1.12	2240	
0.9072	907.19		0.8929	1	2000	
	0.4536	453.59			1	16
	0.0284	28.35			0.0625	1

注：1. 公斤又名千克；英吨又名长吨（long ton）；美吨又名短吨（short ton）。

2. 此表的换算关系也适用于重力单位的换算，如 1 公斤力（kgf）=2.2046 磅力（lbf）。

附表 1-6 度、分、秒与弧度对照

秒(″)	弧度(rad)	分(′)	弧度(rad)	度(°)	弧度(rad)	度(°)	弧度(rad)	度(°)	弧度(rad)	度(°)	弧度(rad)
1	0.000005	1	0.000291	1	0.017453	16	0.279253	31	0.541052	70	1.221730
2	0.000010	2	0.000582	2	0.034907	17	0.296706	32	0.558505	75	1.308997
3	0.000015	3	0.000873	3	0.052360	18	0.314159	33	0.575959	80	1.396263
4	0.000019	4	0.001164	4	0.069813	19	0.331613	34	0.593412	85	1.483530
5	0.000024	5	0.001454	5	0.087266	20	0.349066	35	0.610865	90	1.570796
6	0.000029	6	0.001745	6	0.104720	21	0.366519	36	0.628319	100	1.745329
7	0.000034	7	0.002036	7	0.122173	22	0.383972	37	0.645772	120	2.094395
8	0.000039	8	0.002327	8	0.139626	23	0.401426	38	0.663225	150	2.617994
9	0.000044	9	0.002618	9	0.157080	24	0.418879	39	0.680678	180	3.141593
10	0.000046	10	0.002909	10	0.174533	25	0.436332	40	0.698132	200	3.490659
20	0.000097	20	0.005818	11	0.191986	26	0.453786	45	0.785398	250	4.363323
30	0.000145	30	0.008727	12	0.209440	27	0.471239	50	0.872665	270	4.712389
40	0.000194	40	0.011636	13	0.226893	28	0.488692	55	0.959931	300	5.235988
50	0.000242	50	0.014544	14	0.244346	29	0.506145	60	1.047198	360	6.283185
				15	0.261799	30	0.523599	65	1.134464		

附表 1-7　弧度与度对照

弧度 (rad)	度 (°)	弧度 (rad)	度 (°)	弧度 (rad)	度 (°)	弧度 (rad)	度 (°)	弧度 (rad)	度 (°)
1	57.2958	9	515.6620	0.7	40.1071	0.05	2.8648	0.003	0.1719
2	114.5916	10	572.9578	0.8	45.8366	0.06	3.4378	0.004	0.2292
3	171.8873	0.1	5.7296	0.9	51.5662	0.07	4.0107	0.005	0.2865
4	229.1831	0.2	11.4592	0.1	57.2958	0.08	4.5837	0.006	0.3438
5	286.4789	0.3	17.1887	0.01	0.5730	0.09	5.1566	0.007	0.4011
6	343.7747	0.4	22.9183	0.02	1.1459	0.1	5.7296	0.008	0.4584
7	401.0705	0.5	28.6479	0.03	1.7189	0.001	0.0573	0.009	0.5157
8	458.3662	0.6	34.3775	0.04	2.2918	0.002	0.1146	0.01	0.5730

附表 1-8　分、秒与小数度对照

分 (′)	度 (°)	分 (′)	度 (°)	分 (′)	度 (°)	分 (′)	度 (°)	秒 (″)	度 (°)	秒 (″)	度 (°)	秒 (″)	度 (°)	秒 (″)	度 (°)
1	0.0167	16	0.2667	31	0.5167	46	0.7667	1	0.0003	16	0.0044	31	0.0086	46	0.0128
2	0.0333	17	0.2833	32	0.5333	47	0.7833	2	0.0006	17	0.0047	32	0.0089	47	0.0131
3	0.0500	18	0.333	33	0.5500	48	0.8000	3	0.0008	18	0.0050	33	0.0092	48	0.0133
4	0.0667	19	0.3167	34	0.5667	49	0.8167	4	0.0011	19	0.0053	34	0.0094	49	0.0136
5	0.0833	20	0.3333	35	0.5833	50	0.8333	5	0.0014	20	0.0056	35	0.0097	50	0.0139
6	0.1000	21	0.3500	36	0.6000	51	0.8500	6	0.0017	21	0.0058	36	0.0100	51	0.0142
7	0.1167	22	0.3667	37	0.6167	52	0.8667	7	0.0019	22	0.0061	37	0.0103	52	0.0144
8	0.1333	23	0.3833	38	0.6333	53	0.8833	8	0.0022	23	0.0064	38	0.0106	53	0.0147
9	0.1500	24	0.4000	39	0.6500	54	0.9000	9	0.0025	24	0.0067	39	0.0108	54	0.0150
10	0.1667	25	0.4167	40	0.6667	55	0.9167	10	0.0028	25	0.0069	40	0.0111	55	0.0153
11	0.1833	26	0.4333	41	0.6833	56	0.9333	11	0.0031	26	0.0072	41	0.0114	56	0.0156
12	0.2000	27	0.4500	42	0.7000	57	0.9500	12	0.0033	27	0.0075	42	0.0117	57	0.0158
13	0.2167	28	0.4667	43	0.7167	58	0.9667	13	0.0036	28	0.0078	43	0.0119	58	0.0161
14	0.2333	29	0.4833	44	0.7333	59	0.9833	14	0.0039	29	0.0081	44	0.0122	59	0.0164
15	0.2500	30	0.5000	45	0.7500	60	1.0000	15	0.0042	30	0.0083	45	0.0125	60	0.0167

附表 1-9　钢铁洛氏与肖氏硬度对照

肖氏 HS	96.6	95.6	94.6	93.5	92.6	91.5	90.5	89.4	88.4	87.6	86.5	85.7	84.8	84.0	83.1	82.2
洛氏 HRC	68	67.5	67	66.5	66	65.5	65	64.5	64	63.5	63	62.5	62	61.5	61	60.5
肖氏 HS	81.4	80.6	79.7	78.9	78.1	77.2	76.5	75.6	74.9	74.2	73.5	72.6	71.9	71.2	70.5	69.8
洛氏 HRC	60	59.5	59	58.5	58	57.5	57	56.5	56	55.5	55	54.5	54	53.5	53	52.5
肖氏 HS	69.1	68.5	67.7	67.0	66.3	65.0	63.7	62.3	61.0	59.7	58.4	57.1	55.9	54.7	53.5	52.3
洛氏 HRC	52	51.5	51	50.5	50	49	48	47	46	45	44	43	42	41	40	39
肖氏 HS	51.1	50.0	48.8	47.8	46.6	45.6	44.5	43.5	42.5	41.6	40.6	39.7	38.8	37.9	37.0	36.3
洛氏 HRC	38	37	36	35	34	33	32	31	30	29	28	27	26	25	24	23
肖氏 HS	35.5	34.7	34.0	33.2	32.6	31.9	31.4	30.7	30.1	29.6						
洛氏 HRC	22	21	20	19	18	17	16	15	14	13						

附录 2 几何计算公式

附表 2-1 平面图形的计算公式

名　称	计算公式
直角三角形 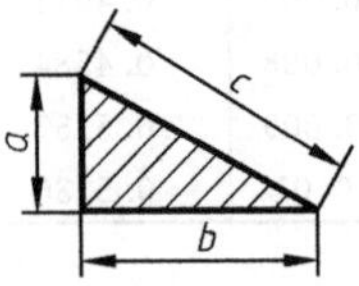	$A=\frac{ab}{2}$ $c=\sqrt{a^2+b^2}$ $a=\sqrt{c^2-b^2}$ $b=\sqrt{c^2-a^2}$
钝角三角形 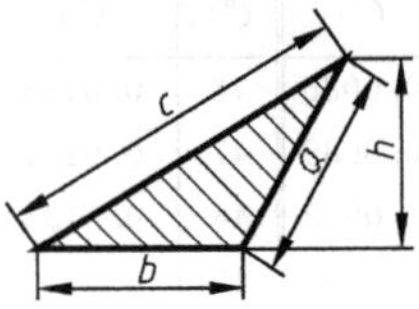	$A=\frac{bh}{2}$ $=\frac{b}{2}\sqrt{a^2-\left(\frac{c^2-a^2-b^2}{2b}\right)^2}$ 设 $S=\frac{1}{2}(a+b+c)$ 则 $A=\sqrt{S(S-a)(S-b)(S-c)}$
锐角三角形 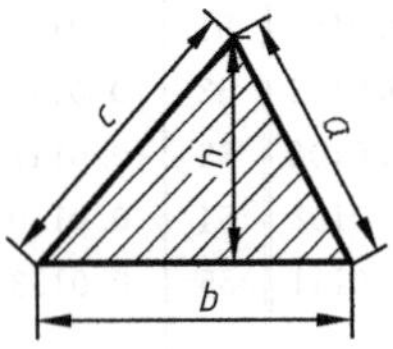	$A=\frac{bh}{2}$ $=\frac{b}{2}\sqrt{a^2-\left(\frac{a^2+b^2-c^2}{2b}\right)^2}$ 设 $S=\frac{1}{2}(a+b+c)$ 则 $A=\sqrt{S(S-a)(S-b)(S-c)}$
正方形 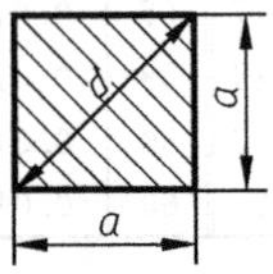	$A=a^2=\frac{1}{2}d^2$ $a=0.7071d$ $d=1.414a$
矩形 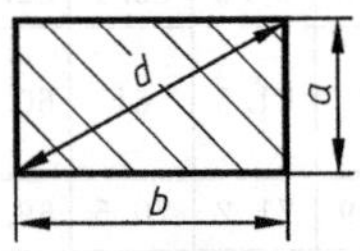	$A=ab$ $A=a\sqrt{d^2-a^2}$ $=b\sqrt{d^2-b^2}$ $d=\sqrt{a^2+b^2}$ $a=\sqrt{d^2-b^2}$ $b=\sqrt{d^2-a^2}$
菱形 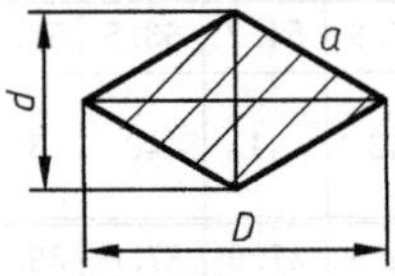	$A=\frac{Dd}{2}$ $D^2+d^2=4a^2$
任意四边形 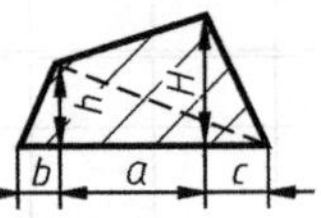	$A=\frac{(H+h)a+bh+cH}{2}$

名　称	计算公式
正多边形 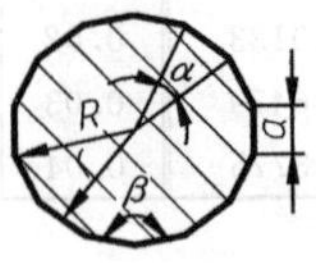	$A=\frac{nar}{2}=\frac{na}{2}\sqrt{R^2-\frac{a^2}{4}}$ $R=\sqrt{r^2+\frac{a^2}{4}}$ $r=\sqrt{R^2-\frac{a^2}{4}}$ $a=2\sqrt{R^2-r^2}$ n——边数
扇形 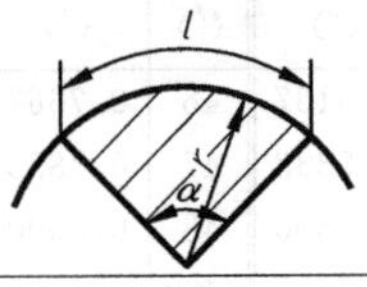	$A=\frac{1}{2}rl=0.008727\alpha r^2$ $l=\frac{3.1416r\alpha}{180}=0.01745r\alpha$
环式扇形 	$A=\frac{\alpha\pi}{360}(R^2-r^2)$ $=0.00873\alpha(R^2-r^2)$ $=\frac{\alpha\pi}{4\times360}(D^2-d^2)$ $=0.00218\alpha(D^2-d^2)$
平行四边形 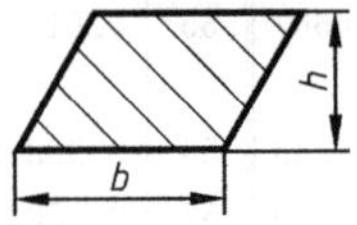	$A=bh$
梯形 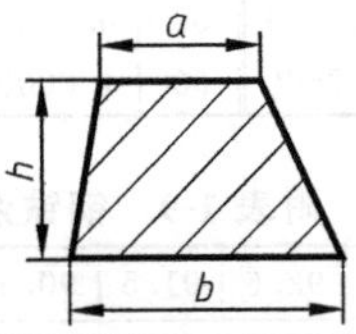	$A=\frac{(a+b)h}{2}$
正六边形 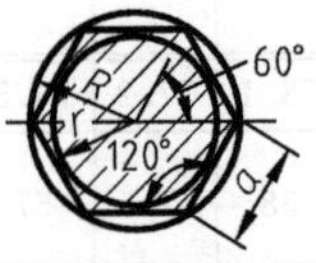	$A=2.598a^2=2.598R^2$ $r=0.866a=0.866R$ $a=R=1.155r$
圆 	$A=\pi r^2=\frac{\pi}{4}d^2$ $C=2\pi r=\pi d$
环形 	$A=\pi(R^2-r^2)$ $=0.7854(D^2-d^2)$

续表

名　　称	计 算 公 式
角椽 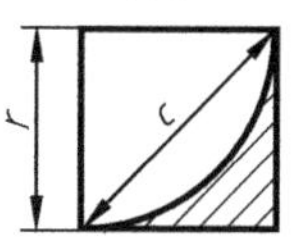	$A=r^2-\frac{\pi r^2}{4}=0.2146r^2$ $=0.1073c^2$
椭圆 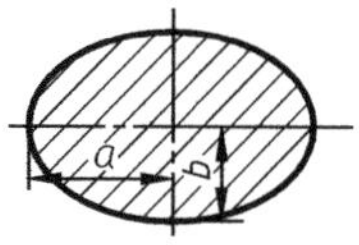	$A=\pi ab$ $P=\pi(a+b)\left[1+\frac{1}{4}\left(\frac{a-b}{a+b}\right)^2+\frac{1}{64}\left(\frac{a-b}{a+b}\right)^4+\cdots\right]$ 当 a 与 b 相差很小时 $P\approx\pi\sqrt{2(a^2+b^2)}$ P——椭圆周长
摆线 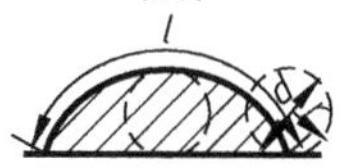	$A=3\pi r^2=\frac{\pi}{4}d^2$ $l=8r=4d$
抛物线弓形 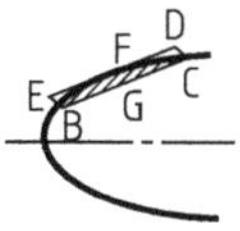	A 面积 $BFC=\frac{2}{3}\square BCDE$ 设 FG 是弓形的高，$FG\perp BC$ 则 $A=\frac{2}{3}BC\times FG$
双曲线 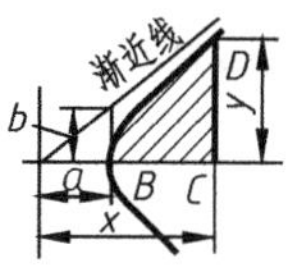	$A=\frac{xy}{2}-\frac{ab}{2}\ln\left(\frac{x}{a}+\frac{y}{b}\right)$
抛物线 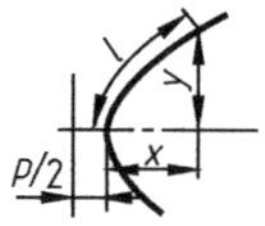	$l=\frac{p}{2}\left[\sqrt{\frac{2x}{p}\left(1+\frac{2x}{p}\right)}+\ln\left(\sqrt{\frac{2x}{p}}+\sqrt{1+\frac{2x}{p}}\right)\right]$ $l\approx y\left[1+\frac{2}{3}\left(\frac{x}{y}\right)^2-\frac{2}{5}\left(\frac{x}{y}\right)^4\right]$ $l\approx\sqrt{y^2+\frac{4}{3}x^2}$
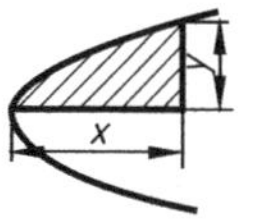	$A=\frac{2}{3}xy$

注：表中 A 为面积，C 为周长，$\pi=3.1416$。

附表 2-2　几何体的计算公式

名　　称	计 算 公 式
正方体 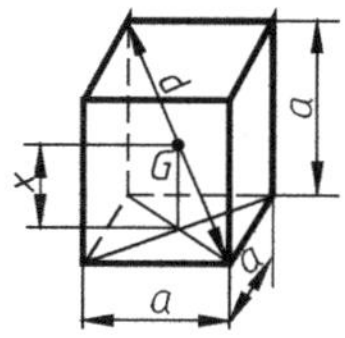	$V=a^3$ $A_n=6a^2$ $A_0=4a^2$ $A=A_s=a^2$ $x=a/2$ $d=\sqrt{3}a$
长方体 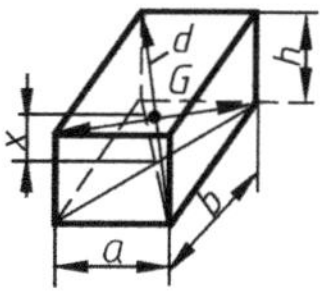	$V=abh$ $A_n=2(ab+ah+bh)$ $A_0=2h(a+b)$ $x=h/2$ $d=\sqrt{a^2+b^2+h^2}$
正六棱柱体 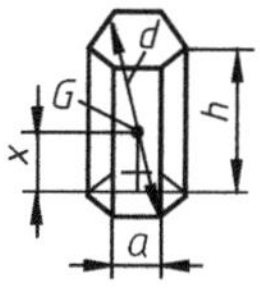	$V=2.598a^2h$ $A_n=5.1963a^2+6ah$ $A_0=6ah$ $x=h/2$ $d=\sqrt{4a^2+h^2}$
矩形棱锥体 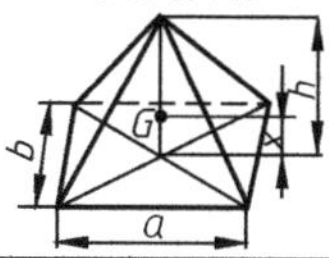	$V=\frac{1}{3}abh$ $A_n=$四个三角形面积＋底面矩形面积(底为矩形) $x=h/4$
楔形体 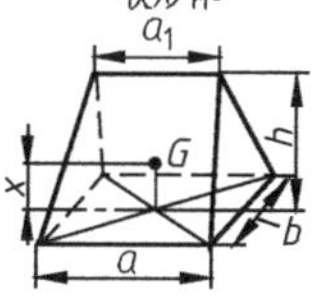	$V=\frac{bh}{6}(2a+a_1)$ $A_n=$两个梯形面积＋两个三角形面积＋底面矩形面积 $x=\frac{h(a+a_1)}{2(2a+a_1)}$
正棱台 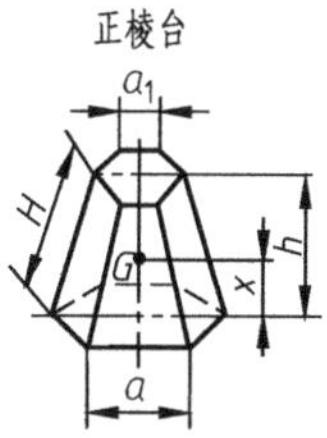	$V=\frac{h}{3}(A+\sqrt{AA_1}+A_s)$ $A_0=\frac{1}{2}H(na_1+na_2)$ $x=\frac{h}{4}\frac{A_s+2\sqrt{AA_s}+3A}{A_s+\sqrt{AA_s}+A}$ n——侧面的面数
斜截圆柱 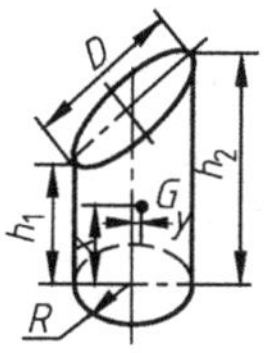	$V=\pi R^2\frac{h_1+h_2}{2}$ $A_0=\pi R(h_1+h_2)$ $D=\sqrt{4R^2+(h_2-h_1)^2}$ $x=\frac{h_2+h_1}{4}+\frac{(h_2-h_1)^2}{16(h_2+h_1)}$ $y=\frac{R(h_2-h_1)}{4(h_2+h_1)}$

续表

名　称	计 算 公 式
正棱锥体 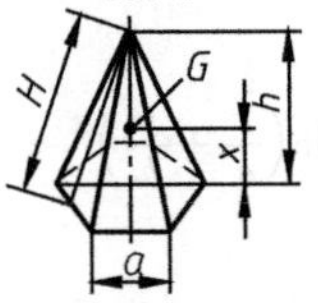	$V=\frac{hA_s}{3}$ $A_0=\frac{1}{2}pH=\frac{1}{2}naH$ $x=h/4$ p——底面周长 n——侧面面数
四面体 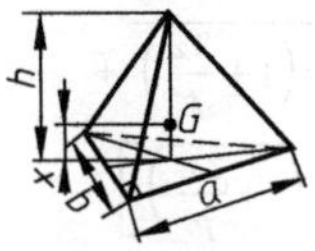	$V=\frac{1}{6}abh$ A_n＝四个三角形面积之和 $x=h/4$ $a\perp b$
正四棱台 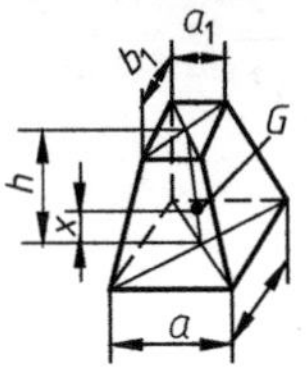	$V=\frac{h}{6}(2ab+ab_1+a_1b+2a_1b_1)$ $x=\frac{h}{2}\frac{(ab+ab_1+a_1b+3a_1b_1)}{(2ab+ab_1+a_1b+2a_1b_1)}$
圆柱 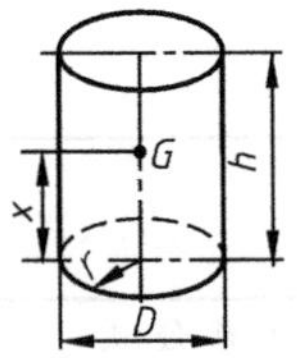	$V=\frac{\pi}{4}D^2h=0.785D^2h$ $=\pi r^2h$ $A_0=\pi Dh=2\pi rh$ $x=\frac{h}{2}$ $A_n=2\pi r(r+h)$
空心圆柱 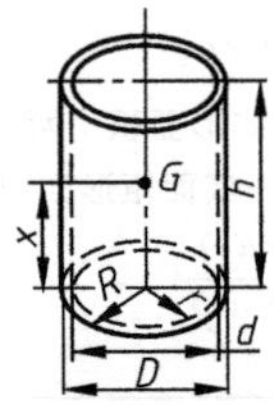	$V=\frac{\pi}{4}h(D^2-d^2)$ $A_0=\pi h(D+d)=2\pi h(R+r)$ $x=\frac{h}{2}$
圆锥体 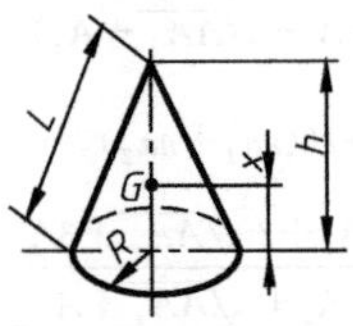	$V=\frac{\pi R^2h}{3}$ $A_0=\pi RL=\pi R\sqrt{R^2+h^2}$ $x=\frac{h}{4}$ $L=\sqrt{R^2+h^2}$
空心圆台 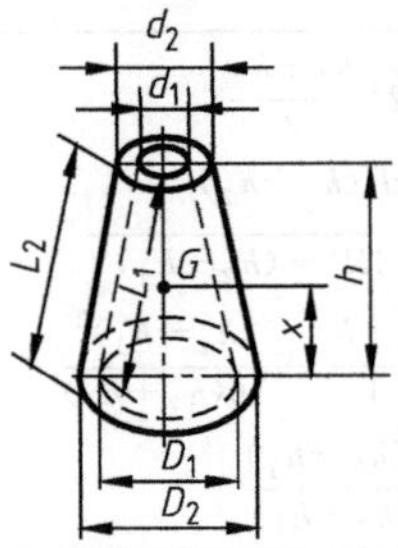	$V=\frac{\pi h}{12}(D_2^2-D_1^2+D_2d_2-D_1d_1+d_2^2-d_1^2)$ $A_0=\frac{\pi}{2}[L_2(D_2+d_2)+L_1(D_1+d_1)]$ $x=\frac{h}{4}\left(\frac{D_2^2-D_1^2+2(D_2d_2-D_1d_1)^2+3(d_2^2-d_1^2)}{D_2^2-D_1^2+D_2d_2-D_1d_1+d_2^2-d_1^2}\right)$

名　称	计 算 公 式
半圆球 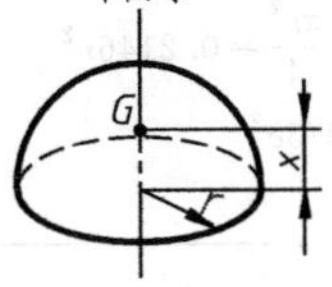	$V=\frac{2}{3}\pi r^3$ $A_n=3\pi r^2$ $x=\frac{3}{8}r$
圆台 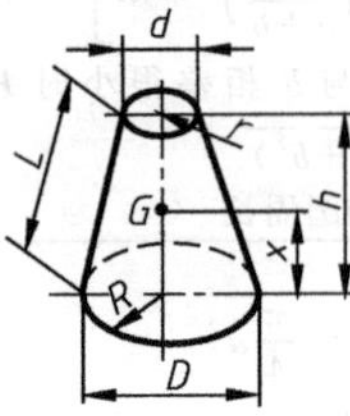	$V=\frac{\pi}{12}h(D^2+Dd+d^2)$ $=\frac{\pi}{3}h(R^2+r^2+Rr)$ $A_0=\frac{\pi}{2}L(D+d)=\pi L(R+r)$ $L=\sqrt{\left(\frac{D-d}{2}\right)^2+h^2}$ $x=\frac{h(D^2+2Dd+3d^2)}{4(D^2+Dd+d^2)}$
圆球 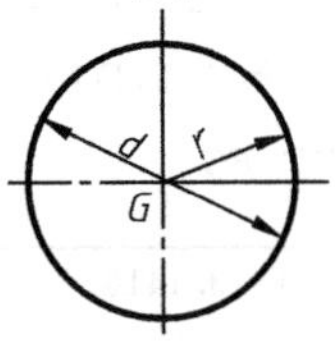	$V=\frac{4}{3}\pi r^3=\frac{\pi d^3}{6}=0.523d^3$ $A_n=4\pi r^2=\pi d^2$
球楔体 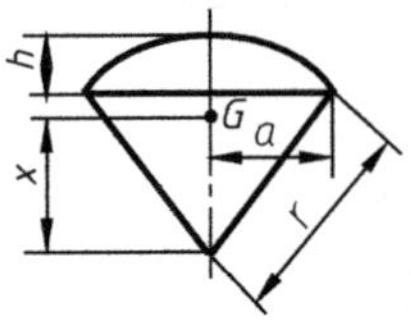	$V=\frac{2\pi r^2h}{3}$ $A_n=\pi r(a+2h)$ $x=\frac{3}{8}(2r-h)$
缺球体 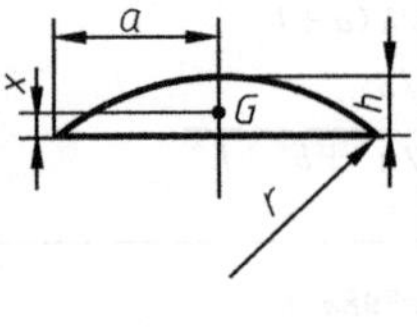	$V=\frac{\pi h}{6}(3a^2+h^2)$ $=\frac{\pi h^2}{3}(3r-h)$ $A_n=\pi(2a^2+h^2)$ $=\pi(2rh+a^2)$ $x=\frac{h(2a^2+h^2)}{2(3a^2+h^2)}$ 或 $x=\frac{h(4r-h)}{4(3r-h)}$ $A_0=2\pi rh=\pi(a^2+h^2)$
抛物线体 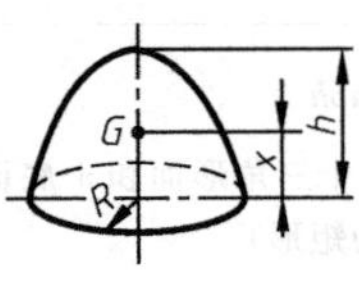	$V=\frac{\pi R^2h}{2}$ $A_0=\frac{2\pi}{3P}[\sqrt{(R^2+P^2)^3}-P^3]$ 其中，$P=\frac{R^2}{2h}$； $x=\frac{1}{3}h$

续表

名　称	计算公式	名　称	计算公式
半椭圆球体	$V=\frac{2}{3}\pi hR^2$ $A_0=\pi R^2+\frac{\pi hR}{e}\arcsin e$ $\approx\pi R\left(h+R+\frac{h^2-R^2}{6h}\right)$ $e=\sqrt{\frac{h^2-R^2}{h}}$ $x=\frac{3}{8}h$ h——长半轴 R——短半轴 e——离心率	椭圆体	$V=\frac{4}{3}\pi abc$
平截球台体	$V=\frac{\pi h}{6}(3a^2+3b^2+h^2)$ $A_0=2\pi Rh$ $R^2=b^2+\left(\frac{b^2-a^2-h^2}{2h}\right)^2$ $x=\frac{3(b^4-a^4)}{2h(3a^2+3b^2+h^2)}\pm\frac{b^2-a^2-h^2}{2h}$ 式中，"+"号为球心在球台体之内；"−"号为球心在球台体之外	圆环体	$V=2\pi^2Rr^2=\frac{1}{4}\pi^2Dd^2$ $A_n=4\pi^2Rr=\pi^2Dd$
平截抛物线体	$V=\frac{\pi}{2}(R^2+r^2)h$ $A_0=\frac{2\pi}{3P}\left[\sqrt{(R^2+P^2)^3}-\sqrt{(r^2+P^2)^3}\right]$ $P=\frac{R^2-r^2}{2h}$ $x=\frac{h(R^2+2r^2)}{3(R^2+r^2)}$	桶形体	对于抛物线形桶： $V=\frac{\pi h}{15}(2D^2+Dd+\frac{3}{4}d^2)$ 对于圆形桶： $V=\frac{1}{12}\pi h(2D^2+d^2)$

注：式中，V—容积；A_n—全面积；A_0—侧面积；A_s—底面积；A—顶面积；G—重心的位置。

附录 3　常用材料

附表 3-1　常用金属材料

名称	牌　号	应用举例	说　明
碳素结构钢	Q215A 级 B 级	金属结构件；拉杆、套圈、铆钉、螺栓、短轴、芯轴、载荷不大的凸轮、吊钩、垫圈；渗碳零件及焊接件	其牌号由代表屈服强度的字母(Q)、屈服强度数值、质量等级符号(A、B、C、D)组成
	Q235A 级 B 级 C 级 D 级	金属结构件；心部强度要求不高的渗碳或氰化零件；吊钩、拉杆、车钩、套圈、气缸、齿轮、螺钉、螺栓、螺母、连杆、轮轴、楔、盖及焊接件	
	Q275A 级 B 级 C 级 D 级	用于制造要求强度较高的零件，如齿轮、轴、链轮、键、螺栓、螺母、农机用型钢、输送链和链节、桥梁工程中比较重要的机械构件，可代替优质碳素钢材使用	

续表

名称	牌　号	应用举例	说　明
优质碳素结构钢	10	屈服点和抗拉强度比值较低。塑性和韧性较高，在冷却状态下，容易压模成型，焊接性能很好。一般用于拉杆、卡头、钢管垫片、垫圈、铆钉	优质碳素结构钢牌号数字表示平均含碳量(以万分之几计)，45钢即表示平均含碳量为0.45%。 含锰量较高的钢需在数字后标“Mn”。 含碳量在≤0.25%碳钢为低碳钢(渗碳钢)。 含碳量在0.25%～0.60%之间的碳钢是中碳钢(调质钢)。 含碳量>0.06%的碳钢是高碳钢
	15	为常用低碳渗碳钢，塑性、韧性、焊接性和冷冲性均良好，但强度较低。用作小轴、小模数齿轮、仿形样板、滚子、销子、摩擦片、套筒、螺钉、螺柱、拉杆垫圈、起重钩焊接容器等	
	20	用于不受很大应力而要求很大韧性的各种机械零件，如杠杆、轴套、螺栓、拉杆、起重钩等。也用于制造压力<6.08MPa、温度<450℃的非腐蚀介质中使用的零件，如管子、导管等	
	25	性能与20钢相似，用于制造焊接设备、轴、辊子、连接器、垫圈、螺栓、螺钉、螺母等	
	35	用于制造曲轴、转轴、销、杠杆、连杆、横梁、套筒、垫圈、螺栓、螺钉、螺母等，一般不作焊接用	
	40	用于制造辊子、轴、曲柄、活塞杆、圆盘等	
	45	用于制造强度较高的零件，如齿轮、齿条、连接杆、蜗杆、压缩机和泵的零件等，可代替渗碳钢作齿轮、曲轴、活塞销等，但表面必须淬火处理	
	50	焊接性不好，常用于耐磨性要求较高、动载荷及冲击作用不大的零件，如锻造齿轮、拉杆、轧辊、轴、次要弹簧	
	55	用于制造齿轮、连杆、轮圈、轮缘、扁弹簧及轧辊	
	60	强度和弹性相当高，用于制造轧辊、轴、弹簧、离合器、凸轮、钢绳等	
	20Mn	用于制造凸轮轴、齿轮、联轴器、铰链等	
	40Mn	用于制造承受疲劳载荷的零件，如轴、万向联轴器、曲柄、连杆及在高应力下工作的螺栓、螺母等	
	65Mn	适用于制造弹簧、弹簧垫圈、弹簧环，也可以用作机床主轴、弹簧卡头、机床丝杠、铁道钢轨等	
碳素工具钢	T7 T7A	能承受振动和冲击，硬度适中时有较大的韧性。用作木工工具、钳工工具，如凿子、钻软岩石的钻头、大锤等	用“碳”或“T”后附以平均含碳量的千分数表示，有T7～T13。高级优质碳素工具钢须在牌号后加注“A”平均含碳量约为0.7%～1.3%
	T8 T8A	韧性和硬度非常好，用于制造能承受振动的工具，如钻中等硬度岩石的钻头、冲头等	
低合金结构钢	16Mn	桥梁、造船、厂房结构、储油罐、压力容器、机车车辆、起重设备、矿山机械及其他代替Q235的焊接结构	普通碳素钢中加入少量合金元素(总量<3%)。其力学性能较碳素钢高，焊接性、耐蚀性、耐磨性比碳素钢好，经济指标与碳素钢相近
	15MnV	中高压容器、车辆、桥梁、起重机等	
	15MnVN	大型罐车、储气罐等	
合金结构钢	20Mn2	用作渗碳小齿轮、小轴、活塞销、柴油机套筒、气门推杆等	钢中加入一定的合金元素，提高了钢的力学性能和耐磨性，同时提高钢的淬透性，保证金属在较大截面上获得较高力学性能
	45Mn2	用于制造较高应力与磨损条件下的零件，在直径≤60mm时，与40Cr相当，可用作万向联轴、齿轮、蜗杆、曲轴等	
	20Cr	用于心部韧性较高的渗碳零件，如机车用小零件，船舶主机用螺栓、活塞销、凸轮、凸轮轴等	

续表

名称	牌　号	应用举例	说　明
合金结构钢	40Cr	用于重要的调质零件，如汽车转向节、连杆、螺栓、进气阀、重要的齿轮、轴等	钢中加入一定的合金元素，提高了钢的力学性能和耐磨性，同时提高钢的淬透性，保证金属在较大截面上获得较高力学性能
	35SiMn	耐磨性和耐疲劳性很好，用作轴、齿轮及430℃以下重要紧固件，有时可代替40Cr或40CrNi	
	20CrMnTi	工艺性能特优，用于汽车上的重要齿轮和一般强度、韧性较高的减速器齿轮，可渗碳处理	
耐热钢	1Cr13	用于在腐蚀条件下，制造承受冲击载荷和塑性较高的零件。如水压机阀体、热裂设备管附件、螺栓、螺母及汽轮机叶片等	能良好地抵抗大气腐蚀，尤其在热处理和磨光后，具有最大的稳定性
	1Cr18Ni9Ti	用于化工设备的各种锻件。航空发动机排气系统的喷管及集合器等零件	耐酸，在600℃以下耐热，在1000℃以下不起皮
铸钢	ZG230-450	铸造平坦的零件，如机座、机盖、箱体，工作温度在450℃以下的管路附件等。焊接性良好	"ZG"为铸钢二字汉语拼音的第一个字母。后面第一组数字表示屈服强度，第二组数字表示抗拉强度
	ZG270-500	用途广泛，可用作轧钢机机架、轴承座、连杆、箱体、曲拐、缸体等	
	ZG310-570	各种形状的机件，如联轴器、轮、气缸、齿轮、齿轮圈及重载荷机架等	
灰铸铁	HT150	用于制造端盖、齿轮泵体、轴承座、阀壳、管子和管路附件、手轮、一般机床底座、床身、滑座、工作台等	"HT"为灰铁二字的汉语拼音的第一个字母，数字表示抗拉强度，如HT150表示灰铸铁的抗拉强度$\sigma_b \geqslant$ 175～120MPa（2.5mm＜铸件壁厚≤50mm）
	HT200	用于制造气缸、齿轮、底架、机架、飞轮、齿条、衬筒、一般机床铸有导轨的床身及中等压力（8MPa以下）油缸、液压泵和阀的壳体等	
	HT250	用于制造液压缸、气缸、齿轮、飞轮、凸轮、联轴器、阀壳、减速箱外壳、轴承座等	
	HT300 HT350 HT400	用于制造齿轮、凸轮、高压液压筒、液压泵和铸有导轨的重载荷机床床身等	
球墨铸铁	QT 450-10 QT 500-7 QT 600-3	具有较高的强度和塑性。广泛用于机械制造业中受磨损和受冲击的零件，如曲轴、齿轮、汽缸套、活塞环、摩擦片、中低压阀门、千斤顶底座、轴承座等	"QT"是球铁两字汉语拼音的第一个字母，代表球墨铸铁，它后面的数字分别表示强度和延伸率的大小
可锻铸铁	KTH 300-05 KTH 300-06 KTH 300-08 KTZ 450-06	用于承受冲击、振动的零件，如汽车零件、机床附件（如扳手等）、各种管接头、低压阀门等。珠光体可锻铸铁在某些场合可代替低碳钢、中碳钢及低合金钢，如用于制造齿轮、曲轴、连杆等	"KT"是可铁两字汉语拼音的第一个字母，"KTH"、"KTZ"分别是黑心和珠光体可锻铸铁的代号。它们后面的数字分别表示强度和延伸率的大小
黄铜	H62	用于制造弹簧、垫圈、螺钉、螺母、铆钉、销钉等	"H"表示黄铜，后面的数字表示含铜量，如H62表示含铜60.5%～63.5%的黄铜
	H68	弹壳、导管、散热片、轴套等	
	H90	双金属片、供水和排水管、管接头、艺术品等	
铸造锡青铜	ZCuSn10Pb1	重要的耐磨、耐腐蚀零件，如轴套、轴承、涡轮、摩擦轮、机床丝杠螺母等	铸造非铁合金牌号的第一个字母"Z"为"铸"字汉语拼音的第一个字母，基本金属元素符号及合金元素符号，按其元素名义含量的递减次序排列在"Z"的后面，含量相等时，按元素符号字母顺序排列
	ZCuSn5Pb5Zn5	中速、中载荷的轴承、轴套、蜗轮等耐磨零件	
加工锡青铜	QSn4-3	弹性元件、管配件、化工机械中耐磨零件及抗磁零件	
	QSn6.5-0.1	弹簧、接触片、振动片、精密仪器中的耐磨零件	

附表 3-2　常用非金属材料

名　称		应用举例	说　明
毛毡		用作密封、防漏、防震、缓冲衬垫等	厚度为 1.5～25mm
有机玻璃		适用于耐腐蚀和需要透明的零件	耐盐酸、硫酸、草酸、烧碱和纯碱等一般酸碱以及二氧化硫、臭氧等气体腐蚀
软钢纸板		用作密封连接处垫片	厚度为 0.5～3mm
陶瓷		用作绝缘材料、半导体材料、热电和磁性材料	
橡胶	耐酸碱橡胶板	具有耐酸碱性能，在温度－30～＋60℃的 20%浓度酸碱液中工作，用作密封性要求较高的垫圈	较高硬度 中等硬度
	耐油橡胶板	可在一定温度的机油、变压器油、汽油介质中工作，可用作各种垫圈	较高硬度
	耐热橡胶板	可在－30～100℃且压力不大的热空气、蒸汽介质中工作，用作各种垫圈和隔热垫板	较高硬度 中等硬度
石棉	耐油石棉橡胶板	用作航空发动机的煤油、润滑油及冷气系统结合处的密封衬垫材料	厚度为 0.4～3mm
	油浸石棉盘根	用作回转轴、往复活塞或阀门杆上的密封材料	盘根形状分为 F(方形)、Y(圆形)、N(扭制)三种
	橡胶石棉盘根	用作蒸汽机、往复泵活塞和阀门杆上的密封材料	盘根形状为 F(方形)

附表 3-3　常用热处理方法及硬度

名称及代号	标注示例	应　用	说　明
淬火 C	C48——淬火回火至 45～50HRC	用来提高钢的硬度和强度极限。但淬火会引起内应力，使钢变脆，所以淬火后必须回火	将钢件加热到临界温度以上，保温一段时间，然后在水、盐水或油中(个别材料在空气中)急速冷却
回火	回火	用来消除淬火后的脆性和内应力，提高钢的塑性和冲击韧性	回火是将淬硬的钢件加热到临界温度以下的温度，保温一段时间，然后在空气中或油中冷却
调质 T	T235——调质至 220～250HB	用来使钢获得高的韧性和足够的强度。重要的齿轮、轴及丝杠等零件常进行调质处理	淬火后在 450～650℃进行高温回火
退火 Th	Th185——退火至 170～200 HB	用来消除铸、锻、焊零件的内应力，降低硬度，便于切削加工，细化金属晶粒，改善组织，增加韧性	将钢件加热到临界温度以上 30～50℃，保温一段时间，然后缓慢冷却(一般在炉中冷却)
发蓝发黑	发蓝或发黑	防腐蚀、美观。用于一般连接的标准件和其他电子类零件	将金属零件放在碱和氧化剂溶液中加热氧化，使金属表面形成一层四氧化三铁薄膜
布氏硬度	HB	用于退火、正火、调质的零件及铸件的硬度检验	材料抵抗硬的物体压入其表面的能力。根据测定方法不同，可分为布氏硬度、洛氏硬度和维氏硬度
洛氏硬度	HRC	用于淬火、回火及表面渗碳、渗氮等处理的零件硬度检验	
维氏硬度	HV	用于薄层硬化零件的硬度检验	

参考文献

[1] 国家质量监督检验检疫总局发布．国家标准《机械制图》．北京：中国标准出版社，2004.

[2] 国家质量技术监督局发布．国家标准《技术制图》．北京：中国标准出版社，1998.

[3] 国家质量技术监督局发布．国家标准《技术制图 图纸的幅面和格式》．北京：中国标准出版社，2008.

[4] 国家质量技术监督局发布．国家标准《技术制图 标题栏》．北京：中国标准出版社，2008.

[5] 国家质量技术监督局发布．国家标准《技术制图 明细栏》．北京：中国标准出版社，2009.

[6] 国家质量技术监督局发布．国家标准《产品几何技术规范（GPS）技术产品文件中表面结构的表示法》．北京：中国标准出版社，2006.

[7] 国家质量技术监督局发布．国家标准《流体传动系统及元件图形符号和回路图 第1部分：用于常规用途和数据处理的图形符号》．北京：中国标准出版社，2009.

[8] 国家质量技术监督局发布．国家标准《包装图样要求》．北京：中国标准出版社，2004.

[9] 国家质量技术监督局发布．国家标准《焊缝符号表示法》．北京：中国标准出版社，2008.

[10] The American Society of Mechanical Engineers．ASME Y14. 1M—2005《Metric Drawing Sheet Size and Format》. New York．Printed in U. S. A.

[11] The American Society of Mechanical Engineers．ASME Y14. 2—2008《Line Conventions and Lettering》. New York．Printed in U. S. A.

[12] British Standards Institution. BS EN ISO 5455：1995；BS 308-1. 4：1995《Technical drawings—Scales》. London. 1995.

[13] British Standards Institution. BS EN ISO 5457：1999《Technical product documentation—Sizes and layout of drawing sheets》. London. 1999.

[14] British Standards Institution. BS EN ISO 5457：1999《Technical product documentation—Sizes and layout of drawing sheets》. London. 1999.

[15] International Standard．ISO128-20：1996《Technical drawing—General principles of presentation-Part 20：Basic conventions for lines》. Switzerland. 1996.

[16] International Standard．ISO128-23：1999《Technical drawing—General principles of presentation-Part 23：lines on construction drawings》. Switzerland. 1999.

[17] International Standard．ISO128-24：1999（E）《Technical drawing—General principles of presentation-Part 24：lines on mechanical engineering drawings》. Switzerland. 1999.

[18] International Standard．ISO128-30：2001（E）《Technical drawing—General principles of presentation-Part 30：Basic conventions for views》. Switzerland. 2001.

[19] International Standard．ISO128-40：2001（E）《Technical drawing—General principles of presentation-Part 40：Basic conventions for cuts and sections》. Switzerland. 2001.

[20] 日本工業規格．JIS B 0001：2000《機械製図》. WGのメンバー兼務であることを示す. 2000.

[21] 焦永和．机械制图．北京：北京理工大学出版社，2001.

[22] 朱育万．画法几何．北京：高等教育出版社，1997.

[23] 大连理工大学．机械制图．北京：高等教育出版社，1993.

[24] 茅正新．机械工程图学．北京：国防工业出版社，2003.

[25] 杨裕根．现代工程图学．北京：北京邮电大学出版社，2003.

[26] 王成刚．工程图学简明教程．武汉：武汉理工大学出版社，2002.

[27] 孙开元．机械识图．北京：化学工业出版社，2004.

[28] 成大先．机械设计手册．北京：化学工业出版社，2004.

[29] 张庆双. 实用电路大全. 北京：机械工业出版社，2008.

[30] 洪亮. 钣金设计教程. 北京：清华大学出版社，2008.

[31] 马志溪. 电气工程设计与绘图. 北京：中国电力出版社，2007.

[32] 李显民. 电气制图与识图. 北京：中国电力出版社，2006.

[33] 李春明，双亚平. 汽车电路识图. 北京：北京理工大学出版社，2006.

[34] 付百学，王庆华. 汽车电路识图. 北京：中国电力出版社，2007.

[35] 李立. 模具机械制图. 北京：机械工业出版社，2007.

[36] 王晖. 模具拆装及测绘实训教程. 重庆：重庆大学出版社，2006.

[37] 黄志坚. 图解液压元件使用与维修. 北京：中国电力出版社，2008.

[38] 刘延俊. 液压与气压传动. 北京：高等教育出版社，2007.
[39] 郑凤翼. 电工识图. 北京：人民邮电出版社，2008.
[40] 杨超培. 零件折弯与展开. 广州：广东科技出版社，2004.
[41] 杨玉杰. 钣金展开 200 例. 北京：机械工业出版社，2003.
[42] 王爱珍. 钣金技术手册. 郑州：河南科技出版社，2003.
[43] 张春丽. 新编实用钣金技术手册. 北京：人民邮电出版社，2007.
[44] 许洪斌. 压铸成型工艺及模具. 北京：化学工业出版社，2008.
[45] 张安全. 液压气动技术与实训. 北京：人民邮电出版社，2007.
[46] 孙开元，于战果. 机械、电气、液压气动识读技巧与实例. 北京：化学工业出版社，2011.
[47] 李魁盛，马顺龙，王怀林. 典型铸件工艺设计实例. 北京：机械工业出版社，2007.
[48] 成百辆. 冲压工艺与模具结构. 北京：电子工业出版社，2006.
[49] 李英龙，李体彬. 有色金属锻造与冲压技术. 北京：化学工业出版社，2007.
[50] 甘永立. 几何量公差与检测. 上海：上海科学技术出版社，2009.
[51] 梁德本，叶玉驹. 机械制图手册. 北京：机械工业出版社，1996.
[52] 杨老记，李俊武. 简明机械制图手册. 北京：机械工业出版社，2009.